Vorwort

Das „Tabellenbuch Bautechnik“ erweitert die bewährte Europa-Fachbuchreihe für Bauberufe. Es kann jedoch seines eigenständigen Charakters wegen sowohl allein als auch in Verbindung mit anderen Lehrbüchern in der Aus- und Weiterbildung sowie in der beruflichen Praxis verwendet werden. Es enthält sowohl Tabellen, Formeln, DIN-Normen, Regeln und Bestimmungen von Behörden und Institutionen als auch viele Stoffwerte und Konstruktionsgrößen.

Die Auswahl der Inhalte dieser Sammlung erfolgte unter weitgehender Berücksichtigung der Bundesrahmenlehrpläne für die Bauberufe und der Inhalte der eingeführten Lehrbücher. Gleichfalls wurde an die Erfordernisse der Praxis und der Weiterbildung gedacht.

Das „Tabellenbuch Bautechnik“ eignet sich als Nachschlagewerk für Auszubildende sowie Schülerinnen und Schüler der Berufsschule, der Berufsfachschule, der Berufsaufbauschule, der Fachoberschule, der Berufsoberschule und der beruflichen Gymnasien. Es ist darüber hinaus auch als Informationsquelle bei praktischen Ausbildungsmaßnahmen, bei der Fortbildung in Polier- und Meisterschulen/Technikerschulen und in der Berufspraxis geeignet.

Das Tabellenbuch ist eingeteilt in die Abschnitte

Ein schneller Zugriff wird durch das bewährte Daumen-Griffregister ermöglicht. Großer Wert wurde auf die Übersichtlichkeit der Darstellung gelegt. Tabellen sind durch Rot- oder Grauraster hervorgehoben, wichtige Formeln werden durch schwarze Rahmen, Beispiele durch rote Rahmen eingeschlossen.

Neben dem Inhaltsverzeichnis hilft ein umfangreiches **Sachwortverzeichnis mit über 2000 Begriffen** beim schnellen Finden einzelner Fakten. Verweise sind durch ein Dreieck ► mit Seitenzahl gekennzeichnet. Die wichtigsten **DIN-Bestimmungen und Richtlinien** sind zusammen mit einer Auswahl weiterführender **Literatur** am Schluss vor dem Sachwortverzeichnis mit Titel und Herkunftsangabe gesammelt.

Die 10. Auflage wurde auf der Grundlage der neuesten Ausgaben aller einschlägigen deutschen und europäischen Regelwerke bearbeitet.

Überall dort, wo die **neue Normengeneration** (Europäisches Regelwerk oder Neufassung deutscher Normen, in denen bereits Inhalte des Eurocode eingearbeitet sind) in Deutschland anwendbar ist, wurde bereits eine in den einzelnen Kapiteln auf die Anwender abgestimmte neue Struktur gewählt.

Allen, die durch ihre Anregungen zur Fortentwicklung des Tabellenbuches beigetragen haben – insbesondere den im Quellenverzeichnis genannten Baufirmen, Institutionen und Verlagen –, sei an dieser Stelle herzlich gedankt.

Für Anregungen zur Weiterentwicklung, Verbesserungsvorschläge und Fehlerhinweise sind wir weiterhin dankbar.

Göttingen, im Sommer 2010 — Autoren und Verlag

1

Inhaltsverzeichnis

1

1

1 Mathematik

1.1 Zeichen und Begriffe

Mathem. Zeichen	Sprechweise	Mathem. Zeichen	Sprechweise	Mathem. Zeichen	Sprechweise
$=$	gleich	Σ	Summe von, Summe aller	$\boldsymbol{L}, \boldsymbol{M}, \ldots$	Menge **L**, **M**, ...
$\neq$	ungleich	Π	Produkt von, Prod. aller	$x \in \boldsymbol{M}$	*x* ist Element von **M**
$:=$	definitionsgemäß gleich	$\sqrt{}$	Quadratwurzel aus	$x \notin \boldsymbol{M}$	*x* ist nicht Element von **M**
$\approx$	ungefähr gleich	$\sqrt[n]{}$	*n*-te Wurzel aus	$\boldsymbol{L} \subset \boldsymbol{M}$	**L** ist Teilmenge von **M**
$\ldots$	usw., bis	$n!$	n-Fakultät	$\boldsymbol{L} \cup \boldsymbol{M}$	**L** vereinigt mit **M**
$\widehat{=}$	entspricht	$\binom{n}{k}$	n über k	$\boldsymbol{L} \cap \boldsymbol{M}$	**L** geschnitten mit **M**
$<$	kleiner als	lim	Limes von ...	$\boldsymbol{L} \setminus \boldsymbol{M}$	**L** vermindert um **M**
$\leq$	kleiner oder gleich	$f(x)$	*f* (Funktion) von *x*	$A \Rightarrow B$	wenn *A*, dann *B*
$>$	größer als	y'	Ypsilon-Strich	$A \Leftrightarrow B$	*A* genau dann, wenn *B*
$\geq$	größer oder gleich	$\int \ldots dx$	Integral über ... dx	$\neg, \wedge, \vee$	nicht, und, oder
$\gg$	sehr groß gegen	Δx	Delta-x	$\overline{AB}$	Strecke
$\ll$	sehr klein gegen	%	Prozent	$\overset{\frown}{AB}$	Bogen
$\simeq$	asymptotisch gleich	‰	Promille	$\overrightarrow{AB}, \vec{a}$	Vektor
$\sim$	proportional	π	pi (= 3,14159...)	g	Gerade
$\cong$	kongruent zu	e	e (= 2,71828...)	$\sphericalangle$	Winkel
$\perp$	senkrecht auf	∞	unendlich	⊾, ∟	rechter Winkel
$\parallel$	parallel zu	$\mathbb{N}^*$,	Menge der natürlichen,	m	Steigung
$\|x\|$	Betrag von x	$\mathbb{Z}, \mathbb{Q}$	ganzen, rationalen und	P, Q	Punkte
$+$	plus	$\mathbb{R}$	reellen Zahlen	x, y, z	Koordinaten
$-$	minus	$\{\ldots\}$	Menge der Elemente ...	l	Länge
$\times, \cdot$	mal	$\emptyset, \{\}$	leere Menge	A	Fläche
$:, /$	durch, geteilt durch			V	Volumen

Römische Zahlen

I	1	XL	40
II	2	L	50
III	3	LX	60
IV	4	LXX	70
V	5	LXXX	80
VI	6	XC	90
VII	7	C	100
VIII	8	CCC	300
IX	9	CD	400
X	10	D	500
XI	11	DCCC	800
XIV	14	CM	900
XIX	19	XM	990
XX	20	IM	999
XXI	21	M	1000

Deutsches Alphabet

A a	B b	C c	D d	E e	F f	G g	H h	I i
J i	K k	L l	M m	N n	O o	P p	Q q	R r
S s	T t	U u	V v	W w	X x	Y y	Z z	
Ä ä	Ö ö	Ü ü	(End-)s	ß	ch	sch	ck	

Große Zahlen

10^6 = Million
10^9 = Milliarde
10^{12} = Billion
10^{18} = Trillion
10^{24} = Quadrillion
10^{30} = Quintillion
10^{36} = Sextillion

Griechisches Alphabet

$A\ \alpha$	$B\ \beta$	$\Gamma\ \gamma$	$\Delta\ \delta$	$E\ \varepsilon$	$Z\ \zeta$	$H\ \eta$	$\Theta\ \vartheta$
Alpha	Beta	Gamma	Delta	Epsilon	Zeta	Eta	Theta
$I\ \iota$	$K\ \varkappa$	$\Lambda\ \lambda$	$M\ \mu$	$N\ \nu$	$\Xi\ \xi$	$O\ o$	$\Pi\ \pi$
Iota	Kappa	Lambda	My	Ny	Xi	Omikron	Pi
$P\ \varrho$	$\Sigma\ \sigma$	$T\ \tau$	$Y\ \upsilon$	$\Phi\ \varphi$	$X\ \chi$	$\Psi\ \psi$	$\Omega\ \omega$
Rho	Sigma	Tau	Ypsilon	Phi	Chi	Psi	Omega

1.2 Tabellen und Tafeln

Umwandlungstabellen

Längeneinheiten 1 km = 1000 m

⇒ × 10	× 10	× 10	
1 m	10 dm	100 cm	1 000 mm
0,1 m	1 dm	10 cm	100 mm
0,01 m	0,1 dm	1 cm	10 mm
0,001 m	0,01 dm	0,1 cm	1 mm
	: 10	: 10	: 10 ⇐

Flächeneinheiten 1km² = 1 000 000 m²

⇒ × 100	× 100	× 100	
1 m^2	100 dm^2	10 000 cm^2	1 000 000 mm^2
0,01 m^2	1 dm^2	100 cm^2	10 000 mm^2
0,0001 m^2	0,01 dm^2	1 cm^2	100 mm^2
0,000 001 m^2	0,0 001 dm^2	0,01 cm^2	1 mm^2
	: 100	: 100	: 100 ⇐

Volumeneinheiten 1 km³ = 1 000 000 000 m³

⇒ × 1000	× 1000	× 1000	
1 m^3	1 000 dm^3	1 000 000 cm^3	1 000 000 000 mm^3
0,001 m^3	1 dm^3	1 000 cm^3	1 000 000 mm^3
0,000 001 m^3	0,001 dm^3	1 cm^3	1 000 mm^3
0,000 000 001 m^3	0,000 001 dm^3	0,001 cm^3	1 mm^3
	: 1000	: 1000	: 1000 ⇐

Masseeinheiten

⇒ × 1000	× 1000	× 1000	
1 t	1000 kg	1 000 000 g	1 000 000 000 mg
0,001 t	1 kg	1 000 g	1 000 000 mg
0,000 001 t	0,001 kg	1 g	1 000 mg
0,000 000 001 t	0,000 001 kg	0,001 g	1 mg
	: 1000	: 1000	: 1000 ⇐

Krafteinheiten

⇒ × 1000	× 1000	
1 MN	1 000 kN	1 000 000 N
0,001 MN	1 kN	1 000 N
0,000 001 MN	0,001 kN	1 N
	: 1000	: 1000 ⇐

Einheiten der Spannung

1 Pa = 1 N/m^2
1 MN/m^2 = 1 N/mm^2
1 kN/cm^2 = 10 N/mm^2
1 kN/m^2 = 0,001 N/mm^2

Masse-/Krafteinheiten 1 kg ≙ 9,81 N (Im Bauwesen darf 9,81 auf 10 aufgerundet werden.)

0,1 kg	1 N
1 kg	10 N
10 kg	100 N
100 kg	1 000 N (1 kN)
1000 kg (1 t)	10 000 N (10 kN)

alte Einheiten:

1 Pfd.	=	0,5 kg	(1 Pfund)
1 Ztr.	=	50 kg	(1 Zentner)
1 dz	=	100 kg	(1 Doppelzentner)

Winkeleinheiten 180° entspricht 200^{gon}

(Grad) 1° = 60′	1 rad = (180/π)°
(Minute) 1′ = 60″	1^{gon} = (9/10)°
(Sekunde) 1″	1° = $(10/9)^{gon}$

Zeiteinheiten

(Jahr) 1 a = 365 d	(Minute) 1′ = 60″
(Tag) 1 d = 24 h	(Sekunde) 1″ = (1/60)′
(Stunde) 1 h = 60′	(Monat) 1 m = (1/12) a

Besondere Längeneinheiten

1 Zoll (″)	= 2,54 cm
1 cm	= 0,394 Zoll (″)
1 inch	= 1 Zoll
1 mile	= 1609 m

Besondere Flächeneinheiten

1 km^2	= 100 ha
1 ha	= 100 a
1 a	= 100 m^2
1 Morgen	= 25 a

Besondere Volumeneinheiten

1 hl	= 100 l
1 barrel	= 1,59 hl
1 gallone	= 4,55 l
1 l	= 1 dm^3

Interpolation

Tabellen z.B. enthalten immer nur eine Auswahl von einander zugeordneten Zahlen- oder Funktionswerten (der Funktionswert y_1 wird dem Argument x_1 zugeordnet).

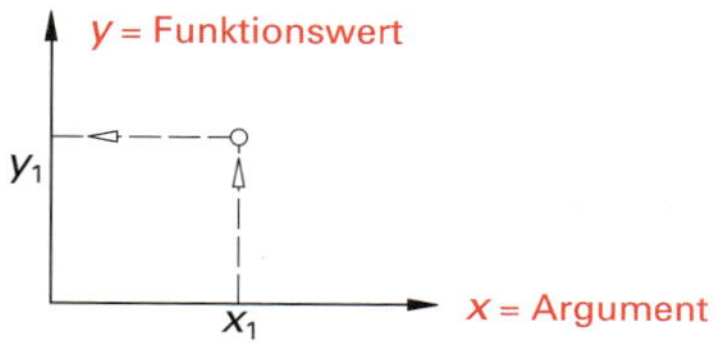

Werte zwischen zwei bekannten Größen lassen sich durch **lineare Interpolation** bestimmen, wenn vorausgesetzt wird, dass der Zuwachs der Funktionswerte y proportional zum Zuwachs der Argumente x erfolgt.

$$\mathbf{y = y_0 + \frac{(y_1 - y_0) \cdot (x - x_0)}{x_1 - x_0}}$$

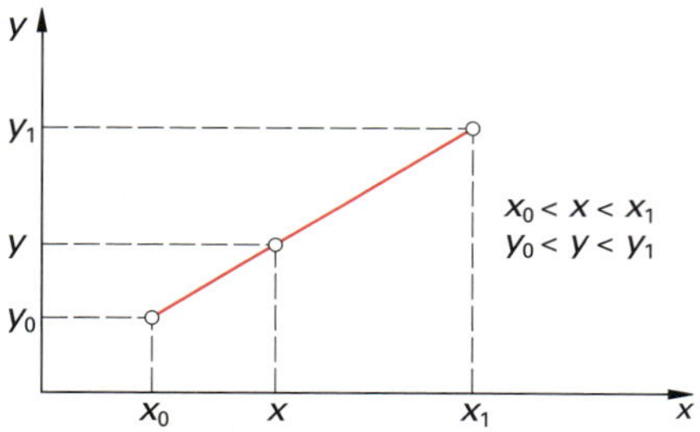

In allen Fällen ist das Argument x größer als das Argument x_0.

Für Tabellen gegenläufiger Tendenz von Argument und Funktionswert gilt:

$$\mathbf{y = y_1 + \frac{(y_0 - y_1) \cdot (x_1 - x)}{x_1 - x_0}}$$

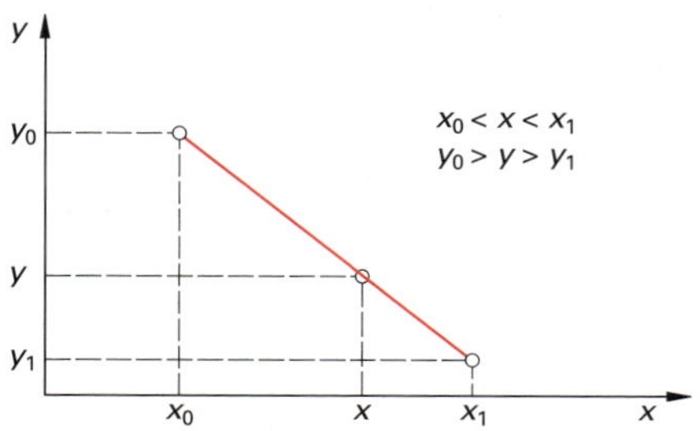

Aufrunden und Abrunden

Aufrunden: Die letzte Ziffer einer gerundeten Zahl ist um 1 zu erhöhen, wenn die nächste Ziffer der nichtgerundeten Zahl 5 oder größer ist.

Abrunden: Die letzte Ziffer einer gerundeten Zahl bleibt unverändert, wenn die nächste Ziffer der nichtgerundeten Zahl kleiner als 5 ist.

Beispiele

π = 3,14159265 ... wird durch

3,1416	aufgerundet auf Zehntausendstel,
3,142	aufgerundet auf Tausendstel,
3,14	abgerundet auf Hundertstel,
3,1	abgerundet auf Zehntel.

Signifikante Stellen

Im Bauwesen genügt häufig eine Bestimmung von Zahlenwerten auf drei Stellen genau (Rechenschiebergenauigkeit). Dabei wird nach den vorgenannten Regeln auf- oder abgerundet.

Beispiele

Bei drei signifikanten Stellen wird

3,14159...	zu	3,14	143,257	zu	143
344 600	zu	345 000	4 339 111	zu	4 340 000

Zehnerpotenzen

0,001	=	10^{-3}	1000	=	10^3
0,01	=	10^{-2}	100	=	10^2
0,1	=	10^{-1}	10	=	10^1
1	=	10^0	1	=	10^0

Beispiel

Gesucht ist der Wasserbedarf w für die Körnungsziffer x = 3,95 (Wasseranspruch der Gesteinskörnung).

	Bezugswert x	Funktionswert w in Liter	
x_1	4,20	195	y_1
x_0	3,30	220	y_0

$$y = 195 + \frac{(220 - 195) \cdot (4{,}20 - 3{,}95)}{4{,}20 - 3{,}30}$$

$\mathbf{y = 201{,}9}$ l $\Rightarrow$ **202** l

1

Trigonometrische Funktionen ► S. 26

φ	0° … 45°		
in Grad	sin φ	tan φ	
0	0,0000	0,0000	90
1	0,0175	0,0175	89
2	0,0349	0,0349	88
3	0,0523	0,0524	87
4	0,0698	0,0699	86
5	0,0872	0,0875	85
6	0,1045	0,1051	84
7	0,1219	0,1228	83
8	0,1392	0,1405	82
9	0,1564	0,1584	81
10	0,1736	0,1763	80
11	0,1908	0,1944	79
12	0,2079	0,2126	78
13	0,2250	0,2309	77
14	0,2419	0,2493	76
15	0,2588	0,2679	75
16	0,2756	0,2867	74
17	0,2924	0,3057	73
18	0,3090	0,3249	72
19	0,3256	0,3443	71
20	0,3420	0,3640	70
21	0,3584	0,3839	69
22	0,3746	0,4040	68
23	0,3907	0,4245	67
24	0,4067	0,4452	66
25	0,4226	0,4663	65
26	0,4384	0,4877	64
27	0,4540	0,5095	63
28	0,4695	0,5317	62
29	0,4848	0,5543	61
30	0,5000	0,5774	60
31	0,5150	0,6009	59
32	0,5299	0,6249	58
33	0,5446	0,6494	57
34	0,5592	0,6745	56
35	0,5736	0,7002	55
36	0,5878	0,7265	54
37	0,6018	0,7536	53
38	0,6157	0,7813	52
39	0,6293	0,8098	51
40	0,6428	0,8391	50
41	0,6561	0,8693	49
42	0,6691	0,9004	48
43	0,6820	0,9325	47
44	0,6947	0,9657	46
45	0,7071	1,0000	45
	cos φ	cot φ	φ
	45° … 90°		in Grad

φ	0° … 45°		
in Grad	sin φ	tan φ	
45	0,7071	1,0000	45
46	0,7193	1,0355	44
47	0,7314	1,0724	43
48	0,7431	1,1106	42
49	0,7547	1,1504	41
50	0,7660	1,1918	40
51	0,7771	1,2349	39
52	0,7880	1,2799	38
53	0,7986	1,3270	37
54	0,8090	1,3764	36
55	0,8192	1,4281	35
56	0,8290	1,4826	34
57	0,8387	1,5399	33
58	0,8480	1,6003	32
59	0,8572	1,6643	31
60	0,8660	1,7321	30
61	0,8746	1,8041	29
62	0,8829	1,8807	28
63	0,8910	1,9626	27
64	0,8988	2,0503	26
65	0,9063	2,1445	25
66	0,9135	2,2460	24
67	0,9205	2,3559	23
68	0,9272	2,4751	22
69	0,9336	2,6051	21
70	0,9397	2,7475	20
71	0,9455	2,9042	19
72	0,9511	3,0777	18
73	0,9563	3,2709	17
74	0,9613	3,4874	16
75	0,9659	3,7321	15
76	0,9703	4,0108	14
77	0,9744	4,3315	13
78	0,9781	4,7046	12
79	0,9816	5,1446	11
80	0,9848	5,6713	10
81	0,9877	6,3138	9
82	0,9903	7,1154	8
83	0,9925	8,1444	7
84	0,9945	9,5144	6
85	0,9962	11,4301	5
86	0,9976	14,3007	4
87	0,9986	19,0811	3
88	0,9994	28,6363	2
89	0,99985	57,2900	1
90	1,0000	∞	0
	cos φ	cot φ	φ
	45° … 90°		in Grad

Bestimmungsstücke eines Kreisabschnitts ► S. 21

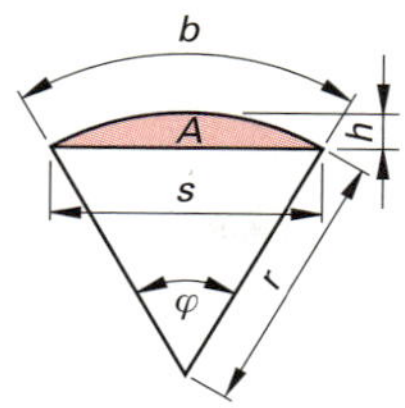

r Halbmesser
b Bogenlänge
h Bogenhöhe
s Sehnenlänge
A Fläche des Kreisabschnitts
φ Bogenmaß
φ° Zentriwinkel (in Grad) ► S. 12

$b = r \cdot \pi \cdot \frac{\varphi°}{180°}$	$s = 2\,r \cdot \sin\left(\frac{\varphi}{2}\right)$
$h = 2\,r \cdot \sin^2\left(\frac{\varphi}{4}\right)$	$A = \frac{r^2}{2} \cdot \left(\pi \cdot \frac{\varphi°}{180°} - \sin\varphi\right)$

φ in Grad	$\frac{b}{r}$	$\frac{h}{r}$	$\frac{s}{r}$	$\frac{A}{r^2}$
1	0,0175	0,0000	0,0175	0,000 00
2	0,0349	0,0002	0,0349	0,000 00
3	0,0524	0,0003	0,0524	0,000 01
4	0,0698	0,0006	0,0698	0,000 03
5	0,0873	0,0010	0,0872	0,000 06
6	0,1047	0,0014	0,1047	0,000 10
7	0,1222	0,0019	0,1221	0,000 15
8	0,1396	0,0024	0,1395	0,000 23
9	0,1571	0,0031	0,1569	0,000 32
10	0,1745	0,0038	0,1743	0,000 44
11	0,1920	0,0046	0,1917	0,000 59
12	0,2094	0,0055	0,2091	0,000 76
13	0,2269	0,0064	0,2264	0,000 97
14	0,2443	0,0075	0,2437	0,001 21
15	0,2618	0,0086	0,2611	0,001 49
16	0,2793	0,0097	0,2783	0,001 81
17	0,2967	0,0110	0,2956	0,002 17
18	0,3142	0,0123	0,3129	0,002 57
19	0,3316	0,0137	0,3301	0,003 02
20	0,3491	0,0152	0,3473	0,003 52
21	0,3665	0,0167	0,3645	0,004 08
22	0,3840	0,0184	0,3816	0,004 68
23	0,4014	0,0201	0,3987	0,005 35
24	0,4189	0,0219	0,4158	0,006 07
25	0,4363	0,0237	0,4329	0,006 86
26	0,4538	0,0256	0,4499	0,007 71
27	0,4712	0,0276	0,4669	0,008 62
28	0,4887	0,0297	0,4838	0,009 61
29	0,5061	0,0319	0,5008	0,010 67
30	0,5236	0,0341	0,5176	0,011 80
31	0,5411	0,0364	0,5345	0,013 01
32	0,5585	0,0387	0,5513	0,014 29
33	0,5760	0,0412	0,5680	0,015 66
34	0,5934	0,0437	0,5847	0,017 11
35	0,6109	0,0463	0,6014	0,018 64
36	0,6283	0,0489	0,6180	0,020 27
37	0,6458	0,0517	0,6346	0,021 98
38	0,6632	0,0545	0,6511	0,023 78
39	0,6807	0,0574	0,6676	0,025 68
40	0,6981	0,0603	0,6840	0,027 67
41	0,7156	0,0633	0,7004	0,029 76
42	0,7330	0,0664	0,7167	0,031 95
43	0,7505	0,0696	0,7330	0,034 25
44	0,7679	0,0728	0,7492	0,036 64
45	0,7854	0,0761	0,7654	0,039 15
46	0,8029	0,0795	0,7815	0,041 76
47	0,8203	0,0829	0,7975	0,044 48
48	0,8378	0,0865	0,8135	0,047 31
49	0,8552	0,0900	0,8294	0,050 25
50	0,8727	0,0937	0,8452	0,053 31
51	0,8901	0,0974	0,8610	0,056 49
52	0,9076	0,1012	0,8767	0,059 78
53	0,9250	0,1051	0,8924	0,063 19
54	0,9425	0,1090	0,9080	0,066 73
55	0,9599	0,1130	0,9235	0,070 39

φ in Grad	$\frac{b}{r}$	$\frac{h}{r}$	$\frac{s}{r}$	$\frac{A}{r^2}$
56	0,9774	0,1171	0,9389	0,074 17
57	0,9948	0,1212	0,9543	0,078 08
58	1,0123	0,1254	0,9696	0,082 12
59	1,0297	0,1296	0,9848	0,086 29
60	1,0472	0,1340	1,0000	0,090 59
61	1,0647	0,1384	1,0151	0,095 02
62	1,0821	0,1428	1,0301	0,099 58
63	1,0996	0,1474	1,0450	0,104 28
64	1,1170	0,1520	1,0598	0,109 11
65	1,1345	0,1566	1,0746	0,114 08
66	1,1519	0,1613	1,0893	0,119 19
67	1,1694	0,1661	1,1039	0,124 43
68	1,1868	0,1710	1,1184	0,129 82
69	1,2043	0,1759	1,1328	0,135 35
70	1,2217	0,1808	1,1472	0,141 02
71	1,2392	0,1859	1,1614	0,146 83
72	1,2566	0,1910	1,1756	0,152 79
73	1,2741	0,1961	1,1896	0,158 89
74	1,2915	0,2014	1,2036	0,165 14
75	1,3090	0,2066	1,2175	0,171 54
76	1,3265	0,2120	1,2313	0,178 08
77	1,3439	0,2174	1,2450	0,184 77
78	1,3614	0,2229	1,2586	0,191 60
79	1,3788	0,2284	1,2722	0,198 59
80	1,3963	0,2340	1,2856	0,205 73
81	1,4137	0,2396	1,2989	0,213 01
82	1,4312	0,2453	1,3121	0,220 45
83	1,4486	0,2510	1,3252	0,228 04
84	1,4661	0,2569	1,3383	0,235 78
85	1,4835	0,2627	1,3512	0,243 67
86	1,5010	0,2686	1,3640	0,251 71
87	1,5184	0,2746	1,3767	0,259 90
88	1,5359	0,2807	1,3893	0,268 25
89	1,5533	0,2867	1,4018	0,276 75
90	1,5708	0,2929	1,4142	0,285 40

Exponential-, Hyperbel-, Logarithmusfunktionen

x	e^x	sinh (x)	cosh (x)	ln (x)	lg (x)
0,0	1,000	0,000	1,000	–	–
0,1	1,105	0,100	1,005	– 2,303	– 1,000
0,2	1,221	0,201	1,020	– 1,609	– 0,699
0,3	1,350	0,305	1,045	– 1,204	– 0,523
0,4	1,492	0,411	1,081	– 0,916	– 0,398
0,5	1,649	0,521	1,128	– 0,693	– 0,301
0,6	1,822	0,637	1,185	– 0,511	– 0,222
0,7	2,014	0,759	1,255	– 0,357	– 0,155
0,8	2,226	0,888	1,337	– 0,223	– 0,097
0,9	2,460	1,027	1,433	– 0,105	– 0,046
1,0	2,718	1,175	1,543	0,000	0,000
1,1	3,004	1,336	1,669	0,095	0,041
1,2	3,320	1,509	1,811	0,182	0,079
1,3	3,669	1,698	1,971	0,262	0,114
1,4	4,055	1,904	2,151	0,336	0,146
1,5	4,482	2,129	2,352	0,405	0,176
1,6	4,953	2,376	2,577	0,470	0,204
1,7	5,474	2,646	2,828	0,531	0,230
1,8	6,050	2,942	3,107	0,588	0,255
1,9	6,686	3,268	3,418	0,642	0,279
2,0	7,389	3,627	3,762	0,693	0,301
2,1	8,166	4,022	4,144	0,742	0,322
2,2	9,025	4,457	4,568	0,788	0,342
2,3	9,974	4,937	5,037	0,833	0,362
2,4	11,023	5,466	5,557	0,875	0,380
2,5	12,182	6,050	6,132	0,916	0,398
2,6	13,464	6,695	6,769	0,956	0,415
2,7	14,880	7,406	7,473	0,993	0,431
2,8	16,445	8,192	8,253	1,030	0,447
2,9	18,174	9,060	9,115	1,065	0,462
3,0	20,086	10,018	10,068	1,099	0,477
3,1	22,198	11,076	11,122	1,131	0,491
3,2	24,533	12,246	12,287	1,163	0,505
3,3	27,113	13,538	13,575	1,194	0,519
3,4	29,964	14,965	14,999	1,224	0,531
3,6	33,115	16,543	16,573	1,253	0,544
3,6	36,598	18,285	18,313	1,281	0,556
3,7	40,447	20,211	20,236	1,308	0,568
3,8	44,701	22,339	22,362	1,335	0,580
3,9	49,402	24,691	24,711	1,361	0,591
4,0	54,598	27,290	27,308	1,386	0,602
4,1	60,340	30,162	30,178	1,411	0,613
4,2	66,686	33,336	33,351	1,435	0,623
4,3	73,700	36,843	36,857	1,459	0,633
4,4	81,451	40,719	40,732	1,482	0,643
4,5	90,017	45,003	45,014	1,504	0,653
4,6	99,484	49,737	49,747	1,526	0,663
4,7	109,947	54,969	54,978	1,548	0,672
4,8	121,510	60,751	60,759	1,569	0,681
4,9	134,290	67,141	67,149	1,589	0,690
5,0	148,413	74,203	74,210	1,609	0,699

Konstanten (gerundet)

Größe	Zahlenwert	Größe	Zahlenwert
π	3,141 593	e	2,718 282
2π	6,283 185	e^2	7,389 056
3π	9,424 778	e^3	20,085 537
$\pi : 3$	1,047 198	$\sqrt{e}$	1,648 721
$\pi : 4$	0,785 398	$\sqrt[3]{e}$	1,395 612
$\pi : 180$	0,017 453	e^{π}	23,140 693
π^2	9,869 604	$e^{2\pi}$	535,491 656
π^3	31,006 277	$e^{\pi/2}$	4,810 477
$\sqrt{\pi}$	1,772 454	$e^{-\pi}$	0,043 214
$\sqrt[3]{\pi}$	1,464 592	$1 : e$	0,367 879
$1 : \pi$	0,318 310	$1 : e^2$	0,135 335
$180 : \pi$	57,295 780	$\sqrt{1/e}$	0,606 531
$1 : \pi^2$	0,101 321	e^e	15,154 262
$\sqrt{1/\pi}$	0,564 190	π^e	22,459 158
$\ln \pi$	1,144 730	ln 10	2,302 585
$\lg \pi$	0,497 150	lg e	0,434 294
$\sqrt{2}$	1,414 214	$\sqrt{3}$	1,732 051

Umrechnungstabelle Grad – Gon – Rad (Bogenmaß)

Grad	Rad	Gon	Rad	Rad	Grad	Gon
1	0,0175	1	0,0157	0,1	5,73	6,37
2	0,0349	2	0,0314	0,2	11,46	12,73
3	0,0524	3	0,0471	0,3	17,19	19,10
4	0,0698	4	0,0628	0,4	22,92	25,46
5	0,0873	5	0,0785	0,5	28,65	31,83
6	0,1047	6	0,0942	0,6	34,38	38,20
7	0,1222	7	0,1100	0,7	40,11	44,56
8	0,1396	8	0,1257	0,8	45,84	50,93
9	0,1571	9	0,1414	0,9	51,57	57,30
10	0,1745	10	0,1571	1,0	57,30	63,66
20	0,3491	20	0,3142	1,2	68,75	76,39
30	0,5236	30	0,4712	1,4	80,21	89,13
40	0,6981	40	0,6283	1,6	91,67	101,9
50	0,8727	50	0,7854	1,8	103,1	114,6
60	1,0472	60	0,9425	2,0	114,6	127,3
70	1,2217	70	1,0996	2,2	126,1	140,1
80	1,3963	80	1,2566	2,4	137,5	152,8
90	1,5708	90	1,4137	2,6	149,0	165,5
100	1,7453	100	1,5708	2,8	160,4	178,3
120	2,0944	126	1,9635	3,0	171,9	191,0
140	2,4435	150	2,3562	3,2	183,3	203,7
160	2,7925	175	2,7489	3,4	194,8	216,5
180	3,1416	200	3,1416	3,6	206,3	229,2

1.3 Rechenarten

Grundrechenarten

Rechenart	Beispiel	a	b	c
Addition	$a + b = c$	Summand	Summand	Summenwert
Subtraktion	$a - b = c$	Minuend	Subtrahend	Differenzwert
Multiplikation	$a \cdot b = c$	Faktor	Faktor	Produktwert
Division	$a : b = c$	Dividend	Divisor	Quotientenwert

Sonstige Rechenarten

Rechenart	Beispiel	a	b	c
Potenzierung	$a^b = c$	Basis	Exponent	Potenzwert
Radizierung	$\sqrt[b]{a} = c$	Radikand	Wurzelexponent	Wurzelwert
Logarithmierung	$\log_b a = c$	Logarithmand	Basis	Logarithmuswert

Stufen der Rechenarten

Stufe 1	Addition, Subtraktion
Stufe 2	Multiplikation, Division
Stufe 3	Potenzierung, Radizierung, Logarithmierung

Rechenregeln ohne Klammern

Gleichstufige Rechenarten werden von links nach rechts ausgeführt.

Beispiel $8 - 2 + 3 = 6 + 3 = 9$

Bei ungleichstufigen Rechenarten wird die Rechenart höherer Stufe zuerst ausgeführt.

Beispiel

$$8 - 2 \cdot 3 = 8 - 6 = 2$$
$$20 : 5 + 3 \cdot 7 = 4 + 21 = 25$$
$$42 - 3 \cdot 9 = 42 - 27 = 15$$
$$14 + 3 \cdot 2^3 = 14 + 3 \cdot 8 = 38$$

Addition und Multiplikation

Kommutativität	$a + b = b + a$ $ab = ba$
Assoziativität	$(a + b) + c = a + (b + c)$ $(ab)\,c = a\,(bc)$
Distributivität	$(a + b)\,c = ac + bc$ $a\,(b + c) = ab + ac$

Addition, Subtraktion

$$a + b = b + a$$
$$(a + b) + c = a + (b + c) = a + b + c$$
$$a + 0 = 0 + a = a$$
$$a + (b - c) = a + b - c$$
$$a - (b + c) = a - b - c$$
$$a - (b - c) = a - b + c$$
$$a - 0 = a$$
$$0 - a = -a$$
$$a + (-b) = a - b$$
$$a - (-b) = a + b$$
$$-(a + b) = -a - b$$
$$-(a - b) = -a + b = b - a$$
$$a - a = 0$$

Multiplikation

- Schreibweise: $a \cdot b = ab$, $2 \cdot a = 2a$
  $ab = ba$

$$abc = acb = bac = bca = cab = cba$$
$$a \cdot 0 = 0 \cdot a = 0a = 0$$
$$a \cdot 1 = 1 \cdot a = 1a = a$$

- Gleiche Vorzeichen ergeben plus, ungleiche Vorzeichen ergeben minus:

$$(+a)(+b) = (-a)(-b) = +ab = ab$$
$$(+a)(-b) = (-a)(+b) = -ab$$

Klammerregeln

Die Rechnung innerhalb einer Klammer wird stets vor der Rechnung außerhalb der Klammer ausgeführt.

Beispiel $(2 + 9) \cdot 6 = 11 \cdot 6 = 66$

Bei mehrfacher Klammerung werden von innen nach außen runde, eckige und geschweifte Klammern benutzt. Die Klammern werden von innen nach außen aufgelöst.

Beispiel

$$2 \cdot \{3 + 4 \cdot [26 - 2 \cdot (3 + 4)] : 3\} =$$
$$2 \cdot \{3 + 4 \cdot [26 - 2 \cdot 7] : 3\} =$$
$$2 \cdot \{3 + 4 \cdot 12 : 3\} =$$
$$2 \cdot 19 = 38$$

Beispiele

$$(a - b)\,c = c\,(a - b) = ac - bc$$
$$(a + b)(c + d) = ac + ad + bc + bd$$
$$(a - b)(c + d) = ac + ad - bc - bd$$
$$(a + b)(c - d) = ac - ad + bc - bd$$
$$(a - b)(c - d) = ac - ad - bc + bd$$

1

Bruchrechnung

Rechenart, Rechenoperation	Formeln und Rechenregeln	Beispiele
Erweitern	Multiplikation von Zähler und Nenner mit gleicher Zahl. Wert bleibt gleich $\frac{a}{b} = \frac{a}{b} \cdot \frac{n}{n} = \frac{a \cdot n}{b \cdot n}$	$\frac{2}{3} = \frac{2}{3} \cdot \frac{7}{7} = \frac{2 \cdot 7}{3 \cdot 7} = \frac{14}{21}$
Kürzen	Division von Zähler und Nenner durch die gleiche Zahl. Wert bleibt gleich $\frac{a}{b} = \frac{a}{b} : \frac{n}{n} = \frac{a : n}{b : n}$	$\frac{14}{21} = \frac{14}{21} : \frac{7}{7} = \frac{14 : 7}{21 : 7} = \frac{2}{3}$
Hauptnenner (HN) bestimmen	Der Hauptnenner ist das kleinste gemeinsame Vielfache (KgV) der Nenner. Berechnung durch Zerlegung der Nenner in Primfaktoren.	Hauptnenner von $\frac{1}{4}, \frac{2}{5}, \frac{1}{6}, \frac{1}{30}$ $4 = 2 \cdot 2$ $5 = 5$ $6 = 2 \cdot 3$ $30 = 2 \cdot 3 \cdot 5$ $\text{HN} = 2 \cdot 2 \cdot 5 \cdot 3 = 60$
Addition gleichnamige Brüche ungleichnamige Brüche	$\frac{a}{b} + \frac{c}{b} = \frac{a + c}{b}$ $\frac{a}{b} + \frac{c}{d} = \frac{a \cdot d}{b \cdot d} + \frac{c \cdot b}{d \cdot b} = \frac{(a \cdot d) + (c \cdot b)}{b \cdot d}$ oder nach vorheriger Ermittlung des Hauptnenners.	$\frac{5}{8} + \frac{3}{8} = \frac{8}{8} = 1$ $\frac{2}{3} + \frac{1}{5} = \frac{2 \cdot 5}{3 \cdot 5} + \frac{1 \cdot 3}{5 \cdot 3} = \frac{10}{15} + \frac{3}{15} = \frac{13}{15}$ $\frac{1}{4} + \frac{2}{5} + \frac{1}{6} + \frac{1}{30} = \frac{15}{60} + \frac{24}{60} + \frac{10}{60} + \frac{2}{60} = \frac{51}{60}$
Subtraktion gleichnamige Brüche ungleichnamige Brüche	$\frac{a}{b} - \frac{c}{b} = \frac{a - c}{b}$ $\frac{a}{b} - \frac{c}{d} = \frac{a \cdot d}{b \cdot d} - \frac{c \cdot b}{d \cdot b} = \frac{(a \cdot d) - (c \cdot b)}{b \cdot d}$ oder nach vorheriger Ermittlung des Hauptnenners.	$\frac{5}{8} - \frac{3}{8} = \frac{2}{8} = \frac{1}{4}$ $\frac{2}{3} - \frac{1}{5} = \frac{2 \cdot 5}{3 \cdot 5} - \frac{1 \cdot 3}{5 \cdot 3} = \frac{10}{15} - \frac{3}{15} = \frac{7}{15}$ $\frac{1}{4} - \frac{2}{5} + \frac{1}{6} - \frac{1}{30} = \frac{15}{60} - \frac{24}{60} + \frac{10}{60} - \frac{2}{60} = -\frac{1}{60}$
Multiplikation Bruch mit Zahl Bruch mit Bruch	$\frac{a}{b} \cdot n = \frac{a \cdot n}{b}$ $\frac{a}{b} \cdot \frac{c}{d} = \frac{a \cdot c}{b \cdot d}$	$\frac{3}{8} \cdot 5 = \frac{3 \cdot 5}{8} = \frac{15}{8} = 1\frac{7}{8}$ $\frac{3}{8} \cdot \frac{2}{5} = \frac{3 \cdot 2}{8 \cdot 5} = \frac{6}{40} = \frac{3}{20}$
Division Bruch durch Zahl Bruch durch Bruch	$\frac{a}{b} : n = \frac{a}{b \cdot n}$ $\frac{a}{b} : \frac{c}{d} = \frac{a}{b} \cdot \frac{d}{c} = \frac{a \cdot d}{b \cdot c}$	$\frac{3}{8} : 5 = \frac{3}{8 \cdot 5} = \frac{3}{40}$ $\frac{3}{8} : \frac{2}{5} = \frac{3}{8} \cdot \frac{5}{2} = \frac{15}{16}$
Umwandeln gemeiner Bruch in Dezimalzahl	übliches Teilen des Zählers durch den Nenner	$\frac{3}{8} = 3 : 8 = 0{,}375$ $\frac{8}{3} = 8 : 3 = 2{,}66\ldots = 2{,}\overline{6}$ $8 : 3 = 2{,}66\ldots$ 6 20 18 20 18 periodische Wiederholung
Umwandeln endliche Dezimalbrüche reinperiodische Dezimalbrüche unreinperiodische Dezimalbrüche	Erweitern mit 10, 100, 1000 usw., gegebenenfalls anschließend kürzen } Rechnung gemäß Beispiel für unreinperiodische Dezimalbrüche	$0{,}375 = \frac{0{,}375 \cdot 1000}{1000} = \frac{375}{1000} = \frac{3 \cdot 125}{8 \cdot 125} = \frac{3}{8}$ $0{,}\overline{3} = \frac{3}{9}$; $0{,}\overline{42} = \frac{42}{99}$ $x = 2{,}3\overline{42}$ $1000 \cdot x = 2342{,}\overline{42}$ $-10 \cdot x = 23{,}\overline{42}$ $990 \cdot x = 2319{,}00$ $x = \frac{2319}{990}$
Vorzeichenregeln beim Dividieren	$(+a) : (+b) = +a : b = +\frac{a}{b}$ $\quad b \neq 0$ $(+a) : (-b) = -a : b = -\frac{a}{b}$ $\quad b \neq 0$ $(-a) : (-b) = +a : b = +\frac{a}{b}$ $\quad b \neq 0$	$(+3) : (+8) = +3 : 8 = +\frac{3}{8}$ $(+3) : (-8) = -3 : 8 = -\frac{3}{8}$ $(-3) : (-8) = +3 : 8 = +\frac{3}{8}$
Division durch 0	Eine Division durch 0 ist unzulässig. $+\infty$ bzw. $-\infty$ sind keine reellen Zahlen.	

Dreisatzrechnung

Verhältnisse beim Dreisatz	direkter Dreisatz	indirekter Dreisatz
Satz	Beispiel:	Beispiel:
1. Aussagesatz	$x \Rightarrow y$	$x \Rightarrow y$
2. Einheitssatz	$1 \Rightarrow \frac{y}{x}$	$1 \Rightarrow y \cdot x$
3. Schlusssatz	$x_1 \Rightarrow \frac{y \cdot x_1}{x}$	$x_1 \Rightarrow \frac{y \cdot x}{x_1}$

Dreisatz mit geradem Verhältnis (direkt) (proportional)

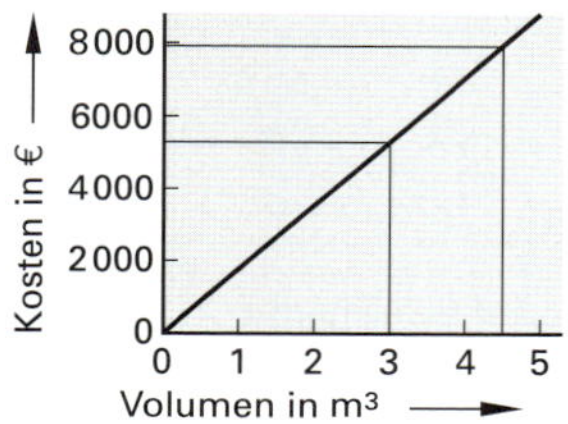

Beispiel: 4,50 m^3 Eichenholz kosten 7875,00 €. Wieviel kosten 3,00 m^3?

1. 4,50 m^3 Eichenholz kosten 7875,00 €
2. 1,00 m^3 Eichenholz kosten $\frac{7875{,}00\ €}{4{,}50}$
3. 3,00 m^3 Eichenholz kosten $\frac{7875{,}00\ € \cdot 3{,}00}{4{,}50}$

= 5250,00 €

Dreisatz mit umgekehrtem Verhältnis (indirekt) (antiproportional)

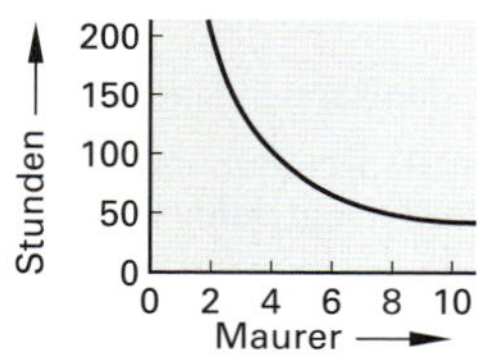

Beispiel: 5 Maurer benötigen für eine Montagearbeit 80 Stunden. Wie lange dauert die Montage, wenn 8 Maurer zur Verfügung stehen?

1. 5 Maurer benötigen 80 h
2. 1 Maurer benötigt $5 \cdot 80$ h
3. 8 Maurer benötigen $\frac{5 \cdot 80\ h}{8}$ **= 50 h**

Zusammengesetzter (doppelter) Dreisatz

Es werden 3 Größen gegenübergestellt. Die gesuchte Größe wird stufenweise errechnet. In jeder Stufe wird nur eine Größe verändert.

Beispiel: 6 Parkettleger verlegen bei 8-stündiger Arbeitszeit pro Tag 210 m^2 Parkett. Wieviel m^2 Parkett verlegen 5 Parkettleger bei einer Arbeitszeit von 9 h/Tag?

1. Dreisatz: 6 Parkettleger verlegen in 8 h 210 m^2

1 Parkettleger verlegt in 8 h $\frac{210\ m^2}{6}$

5 Parkettleger verlegen in 8 h $\frac{210\ m^2 \cdot 5}{6}$

2. Dreisatz: 5 Parkettleger verlegen in 1 h $\frac{210\ m^2 \cdot 5}{6 \cdot 8}$

5 Parkettleger verlegen in 9 h $\frac{210\ m^2 \cdot 5 \cdot 9}{6 \cdot 8}$ **= 196,875 m^2**

Verhältnisgleichung, Proportionen

Zwei Verhältnisse mit gleichen Werten können gleichgesetzt und als Gleichung geschrieben werden. Das Verhältnis (eine Proportion) kann auch als Bruchgleichung geschrieben werden.

Außenglieder

$a : b = 3 : 4$ oder $\frac{a}{b} = \frac{3}{4}$

Innenglieder Bruchgleichung

Eine Verhältnisgleichung kann als Produktengleichung geschrieben werden.

$a : b = 3 : 4$

$3 \cdot b = 4 \cdot a$

Innenglied × Innenglied = Außenglied × Außenglied

1

Potenzen

Definition (Sprechweise: a hoch n)	$a^n = \underbrace{a \cdot a \cdot a \cdot \ldots \cdot a}_{n \text{ Faktoren}}$
Spezialfälle (für $a \neq 0$ und $n \in \mathbb{N}^*$)	$a^1 = a$; $a^0 = 1$ $1^n = 1$; $0^n = 0$
Potenzen mit negativen Exponenten	$a^{-1} = \frac{1}{a}$; $a^{-n} = \frac{1}{a^n}$
Vorzeichen beim Potenzieren (für $n \in \mathbb{N}^*$)	$(+a)^n = +a^n$ für alle n $(-a)^n = +a^n$ für gerade n $(-a)^n = -a^n$ für unger. n
Summe u. Differenz von Potenzen	$2a^3 + 3a^3 - a^3 = 4a^3$ $3a^4 + 4a^2 - 2a^2 = 3a^4 + 2a^2$
Produkt von Potenzen	$a^m a^n = a^{m+n}$ $a^n b^n = (ab)^n$ $(a^m)^n = a^{mn}$
Quotient von Potenzen	$a^m : a^n = a^{m-n}$ $a^m : b^m = (a : b)^m$

Wurzeln

Definition (für $a \geq 0$ und $n \in \mathbb{N}^*$)	$\left(\sqrt[n]{a}\right)^n = a$ $\sqrt{a} = \sqrt[2]{a}$
Darstellung mit Bruchpotenzen (für $a \geq 0$)	$\sqrt[n]{a} = a^{\frac{1}{n}}$ $\sqrt[n]{a^m} = a^{\frac{m}{n}} = \left(\sqrt[n]{a}\right)^m$ $\sqrt[n]{\sqrt[m]{a}} = \sqrt[n]{a^{\frac{1}{m}}} = a^{\frac{1}{mn}}$
Produkte von Wurzeln (für $a \geq 0$ und $b \geq 0$)	$\sqrt[n]{a}\,\sqrt[n]{b} = \sqrt[n]{ab}$ $\sqrt[n]{a^m}\,\sqrt[n]{a^q} = a^{\frac{m+q}{n}}$
Eindeutigkeit von Wurzeln (für $a \geq 0$)	$\sqrt[n]{a^n} = a \geq 0$ $\sqrt{4} = +2$ $\sqrt[3]{27} = +3$

Beispiel (Hinweis auf ± Zeichen)

Sei $x^2 = 3$

$x = \pm\sqrt{3} = \pm 1{,}7321\ldots$

(nicht $x = \sqrt{3} = \pm 1{,}7321\ldots$)

- Wurzeln positiver Radikanden sind positiv.
- Wurzeln negativer Radikanden sind für den reellen Zahlenbereich nicht definiert.

  $\sqrt{-5}$ nicht definiert.

Fakultät, Binomialkoeffizient

Fakultät: $n! = 1 \cdot 2 \cdot 3 \cdot \ldots \cdot n$. Es gilt $0! = 1$

Binomialkoeffizient:

$$\binom{n}{k} = \frac{n!}{k!\,(n-k)!} \quad \text{mit} \quad 0 \leq k \leq n$$

Binomische Formeln

1. binomische Formel	$(a+b)^2 = a^2 + 2ab + b^2$
2. binomische Formel	$(a-b)^2 = a^2 - 2ab + b^2$
3. binomische Formel	$(a+b)(a-b) = a^2 - b^2$

Höhere Potenzen

$$(a+b)^3 = a^3 + 3a^2b + 3ab^2 + b^3$$

$$(a-b)^3 = a^3 - 3a^2b + 3ab^2 - b^3$$

$$(a \pm b)^n = a^n \pm \binom{n}{1} a^{n-1} b + \binom{n}{2} a^{n-2} b^2 \pm \binom{n}{3} a^{n-3} b^3 + \ldots \pm \ldots$$

Spezialfälle

$$a^3 + b^3 = (a+b)(a^2 - ab + b^2)$$

$$a^3 - b^3 = (a-b)(a^2 + ab + b^2)$$

$$a^4 - b^4 = (a^2 + b^2)(a^2 - b^2)$$

$$a^n - b^n = (a-b)(a^{n-1} + a^{n-2}b + a^{n-3}b^2 + \ldots + ab^{n-2} + \ldots + b^{n-1})$$

Logarithmen ► S. 12

Definition	$\log_b a = c$, wenn $b^c = a$ für $b > 0$ und $a > 0$
Brigg'scher (dekadischer) **Logarithmus**	$\lg a = \log_{10} a$
natürlicher Logarithmus (logarithmus naturalis)	$\ln a = \log_e a$ mit $e = 2{,}71828\ldots$
Spezialfälle	$\lg 1 = 0$; $\ln 1 = 0$ $\log_b 1 = 0$; $\log_b b = 1$ $\lg 10 = 1$; $\ln e = 1$
Logarithmengesetze (für alle Basen $b > 0$)	$\log(ac) = \log a + \log c$ $\log \frac{a}{c} = \log a - \log c$ $\log(a^n) = n \log a$ $\log \sqrt[n]{a} = \frac{1}{n} \log a$
Umrechnungen	$\ln a = \ln 10 \cdot \lg a$ $\lg a = \lg e \cdot \ln a$ $\lg e = M = 0{,}4343\ldots$ $\ln 10 = \frac{1}{M} = 2{,}3026\ldots$ $b^{\log_b a} = a$; $\log_b(b^n) = n$

Zahlenmengen, Verknüpfungen

- $\mathbb{N}^*$ ist die Menge der **natürlichen Zahlen,** das sind die Zahlen des Zählens:
  $\mathbb{N}^*: = \{\mathbf{1, 2, 3, \ldots}\}$.
- Zwei natürliche Zahlen ergeben addiert oder multipliziert wieder eine natürliche Zahl:
  $\mathbf{m, n} \in \mathbb{N}^* \Rightarrow \mathbf{m + n, mn} \in \mathbb{N}^*$
- $\mathbb{N}$ ist die Menge der natürlichen Zahlen einschließlich der Null:
  $\mathbb{N}: = \{\mathbf{0, 1, 2, 3, \ldots}\} = \mathbb{N}^* \cup \{\mathbf{0}\}$
- $\mathbb{Z}$ ist die Menge der **ganzen Zahlen:**
  $\mathbb{Z}: = \{\mathbf{0, 1, -1, 2, -2, 3, -3, \ldots}\}$.
- Zwei ganze Zahlen ergeben addiert, subtrahiert oder multipliziert wieder eine ganze Zahl:
  $\mathbf{m, n} \in \mathbb{Z} \Rightarrow \mathbf{m + n, m - n, mn} \in \mathbb{Z}$.
- $\mathbb{B}$ ist die Menge der Bruchzahlen, das sind alle Zahlen, die sich als Bruch zweier natürlicher Zahlen darstellen lassen:
  $\mathbb{B}: = \{\mathbf{b} \mid \mathbf{b} = \frac{\mathbf{m}}{\mathbf{n}}, \mathbf{m, n} \in \mathbb{N}^*\}$.
- $\mathbb{Q}$ ist die Menge der **rationalen Zahlen,** das sind alle Zahlen, die sich als Bruch einer ganzen und einer natürlichen Zahl darstellen lassen:
  $\mathbb{Q}: = \{\mathbf{q} \mid \mathbf{q} = \frac{\mathbf{z}}{\mathbf{n}}, \mathbf{z} \in \mathbb{Z}, \mathbf{n} \in \mathbb{N}^*\}$.
- Zwei Bruchzahlen ergeben addiert, multipliziert oder dividiert wieder eine Bruchzahl.
  $\mathbf{b, e} \in \mathbb{B} \Rightarrow \mathbf{b + c, bc,} \frac{\mathbf{b}}{\mathbf{c}} \in \mathbb{B}$.
- Zwei rationale Zahlen ergeben addiert, subtrahiert, multipliziert oder dividiert wieder eine rationale Zahl. Bei der Division darf der Nenner nicht null sein.
  $\mathbf{p, q} \in \mathbb{Q} \Rightarrow \mathbf{p + q, p - q, pq} \in \mathbb{Q}$,
  $\mathbf{p} \in \mathbb{Q}, \mathbf{q} \in \mathbb{Q} \setminus \{\mathbf{0}\} \Rightarrow \frac{\mathbf{p}}{\mathbf{q}} \in \mathbb{Q}$.
- **Bruchzahlen** sind die positiven rationalen Zahlen.
- $\mathbb{Q}$ umfasst alle natürlichen und ganzen Zahlen sowie alle endlichen und periodischen Dezimalbrüche.
- $\mathbb{R}$ ist die Menge der **reellen Zahlen** und vervollständigt die rationalen Zahlen um die unendlichen nichtperiodischen Dezimalbrüche (irrationale Zahlen z.B. $\sqrt{2}$ und transzendente Zahlen z.B. π).
- $\mathbb{R}$ kann lückenlos durch eine **Zahlengerade** beschrieben werden.
- $\mathbb{R}$ hat alle Eigenschaften der rationalen Zahlen bezüglich der Grundrechenarten und es gilt:
  $\mathbb{N} \subset \mathbb{Z} \subset \mathbb{Q} \subset \mathbb{R}$,
  $\mathbb{N} \subset \mathbb{B} \subset \mathbb{Q} \subset \mathbb{R}$.

Aussagen

A, B, C, ... sind Leerstellen für **wahre** (w) oder **falsche** (f) Aussagen.

Beispiele

A	= Deutschland liegt in Europa!	(w)
B	= 12 ist eine Primzahl!	(f)
C	= Es regnet!	(w oder f)
D	= Die Erde wird nass!	(w oder f)
E	= Aus ***C*** folgt ***D***!	(w)
F	= b > grün	(keine Aussage)

Aussagenverknüpfungen

$\neg$	Negation	$\neg A$	nicht ***A***
$\wedge$	Konjunktion	$A \wedge B$	***A*** und ***B***
$\vee$	Disjunktion	$A \vee B$	***A*** oder ***B***
$\Rightarrow$	Implikation	$A \Rightarrow B$	aus ***A*** folgt ***B*** (wenn ***A***, dann ***B***)
$\Leftrightarrow$	Äquivalenz	$A \Leftrightarrow B$	***A*** genau dann, wenn ***B***

Eine **Tautologie** ist eine aussagenlogische Verknüpfung, die nur den Wahrheitswert w annehmen kann.

Wahrheitstafel

A	B	$\neg A$	$A \wedge B$	$A \vee B$	$A \Rightarrow B$	$A \Leftrightarrow B$
w	w	f	w	w	w	w
w	f	f	f	w	f	f
f	w	w	f	w	w	f
f	f	w	f	f	w	w

Priorität der Verknüpfungen

Treten in einem Ausdruck (Aussage, Term) unterschiedliche Verknüpfungen auf, so werden die Verknüpfungen höherer Priorität vor denen geringerer Priorität abgearbeitet. Bei Verknüpfungen gleicher Priorität erfolgt die Abarbeitung von links nach rechts.

Es gelten die Klammerregeln.

Priorität	Verknüpfung
hoch	Potenzierung, Radizierung, Logarithmierung, Funktionen
	$\cdot$, : (Punktrechnung)
	+, – (Strichrechnung)
	>, ≥, =, ≤, <, ≠ (relationale Operatoren)
	$\neg$ (nicht)
	$\wedge$ (und)
	$\vee$ (oder)
niedrig	$\Rightarrow, \Leftrightarrow$

1

1.4 Prozent- und Zinsrechnung

Prozentrechnung

- **Prozent** (%) heißt „vom Hundert".
- Der **Prozentsatz** $\boldsymbol{p}$ ist die Zahl der Hundertstel, die von einem Grundwert berechnet wird.
  $p\% = 0{,}01\, p = \frac{p}{100}$
- Der **Grundwert** $\boldsymbol{G}$ ist benannt (z.B. kg, m, €) und Bezugsgröße der Prozentrechnung.
- Der **Prozentwert** $\boldsymbol{W}$ ist ein Teil des Grundwertes entsprechend dem Prozentsatz.

Prozentformel: $$W = G \cdot \frac{p}{100}$$

Prozentwert $= \dfrac{\textbf{Grundwert} \cdot \textbf{Prozentsatz}}{100}$

Beispiel

Eine Warensendung wiegt 200 kg, die Verpackung wiegt 2% des Gesamtgewichtes. Zu berechnen ist das Verpackungsgewicht.

W (Verpackungsgewicht), $p = 2$ (Prozentsatz), $G = 200$ kg (Gesamtgewicht der Warensendung)

$$W = \frac{200\text{ kg} \cdot 2}{100} = 4\text{ kg}$$

Zinsrechnung

- Das **Kapital** $\boldsymbol{K}$ ist der Grundwert der Zinsrechnung.
- Die **Zinsen** $\boldsymbol{Z}$ (der Zins) sind eine Vergütung für leihweise überlassenes Kapital. Die Zinsen entsprechen dem Prozentwert.
- Der **Zinssatz** $\boldsymbol{i}$ ist ein Hundertstel des Prozentsatzes (vergl. Prozentrechnung):
  $i = p\% = \frac{p}{100}$
- Mit dem Zinssatz werden die Zinsen für die **Verleihdauer** von einem Jahr berechnet.
- Die **Verleihdauer** $\boldsymbol{n}$ wird in Jahren und das Jahr mit 360 Tagen gerechnet.

Zinsformel: $$Z = \frac{K \cdot p \cdot n}{100} = K \cdot i \cdot n$$

- Zinsen für Bruchteile eines Jahres werden in **Tagen** $\boldsymbol{T}$ gerechnet.

Zinszahl $= \dfrac{K \cdot T}{100}$ **Zinsdivisor** $= \dfrac{360}{p}$

Zinsen: $$Z = \frac{\text{Zinszahl}}{\text{Zinsdivisor}}$$

Zinseszinsrechnung, Renten

- Bei der **Zinseszinsrechnung** werden die Zinsen dem Kapital zugeschlagen und mitverzinst. Ein festes **Kapital** $\boldsymbol{K}$ hat sich nach n Jahren mit Zinseszins auf

$$K_n = K\left(1 + \frac{p}{100}\right)^n$$

erhöht. Mit dem **Zinsfaktor** $\boldsymbol{q}$

$$q = 1 + \frac{p}{100} = 1 + i$$

berechnet sich der **Kapitalendwert** $\boldsymbol{K_n}$ zu

$$K_n = K\, q^n$$

- Eine **Rente** $\boldsymbol{R}$ ist eine regelmäßig wiederkehrende Zahlung von gleich bleibender Höhe, welche mit Zinseszins nach n Jahren zu einem **Kapital** $\boldsymbol{K_n}$ führt.

vorschüssig $$K_n = R\, q\, \frac{q^n - 1}{q - 1}$$

nachschüssig $$K_n = R\, \frac{q^n - 1}{q - 1}$$

- Bei der **vorschüssigen Rente** erfolgt die Zahlung zu Beginn des Jahres und bei **nachschüssiger Rente** am Ende des Jahres.
- Ist ein **Kapital** $\boldsymbol{K}$ schon vorhanden, so lautet die Rentenformel:

vorschüssig $$K_n = K\, q^n + R\, q\, \frac{q^n - 1}{q - 1}$$

nachschüssig $$K_n = K\, q^n + R\, \frac{q^n - 1}{q - 1}$$

- Wird aus einem **Kapital** $\boldsymbol{K}$ eine **Rente** $\boldsymbol{R}$ gezogen, so ist R negativ einzusetzen (Auszahlung als negative Einzahlung).

Beispiel

Aus einem Kapital von $K = 300\,000{,}00$ € wird jährlich eine nachschüssige Rente von 25 000,00 € gezogen. Wie hoch ist das verbleibende Kapital K_n nach 12 Jahren bei einem Zinssatz von 5 Prozent?
$K = 300\,000{,}00$ €, $R = -25\,000{,}00$ €,
$n = 12$, $i = 5\% = 0{,}05$, $q = 1 + i = 1{,}05$.

$$K_{12} = 300\,000{,}00\text{ €} \cdot 1{,}05^{12} - 25\,000\text{ €} \cdot \frac{1{,}05^{12} - 1}{1{,}05 - 1}$$
$$= 538\,756{,}00\text{ €} - 397\,928{,}00\text{ €} = 140\,828{,}00\text{ €}$$

Das verbleibende Kapital beträgt 140 828,00 €. Die letzte Rentenauszahlung nach 12 Jahren ist dabei schon berücksichtigt.

1.5 Flächen

1

Quadrat 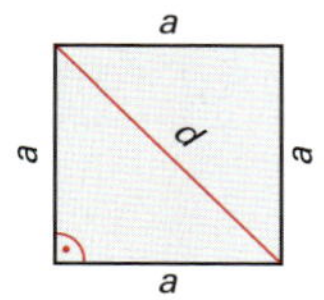	A Fläche a Seitenlänge d Diagonalenlänge U Umfang	$A = a^2$ $U = 4a$ $d = \sqrt{2}\,a \approx 1{,}414\,a$
Rechteck 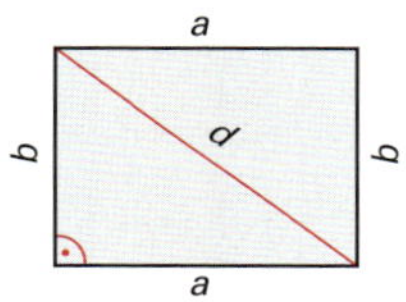	A Fläche a Länge (Grundlinie) b Breite (Höhe) d Diagonalenlänge U Umfang	$A = a \cdot b$ (Fläche = Grundlinie mal Höhe) $U = 2 \cdot (a + b)$ $d = \sqrt{a^2 + b^2}$
Dreieck 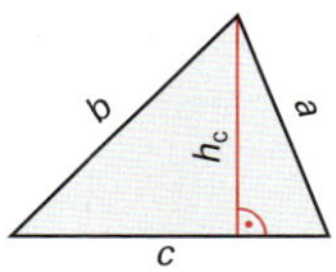	A Fläche a, b, c Seitenlängen c Grundlinie h_c Höhe U Umfang s halber Umfang Einzelheiten der Dreiecksberechnung ▶ S. 20, 25, 26 und 27	$A = \frac{1}{2} c \cdot h_c$ (Fläche = $\frac{1}{2}$ mal Grundlinie mal Höhe) **Heron'sche Formel:** $A = \sqrt{s \cdot (s-a) \cdot (s-b) \cdot (s-c)}$ $s = \frac{1}{2} \cdot (a + b + c)$ $U = a + b + c = 2s$
Rhombus, Raute 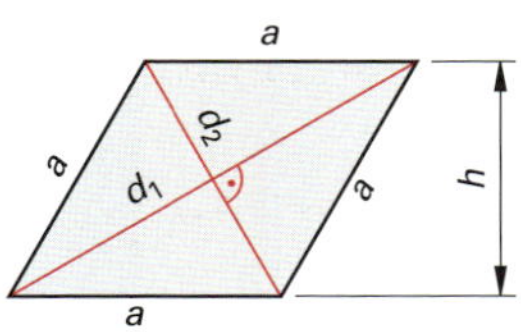	A Fläche a Seitenlänge (Grundlinie) h Höhe d_1, d_2 Diagonalenlängen U Umfang $d_1 \perp d_2$	$A = a \cdot h$ $A = \frac{1}{2} d_1 \cdot d_2$ $a = \frac{1}{2} \cdot \sqrt{d_1^2 + d_2^2}$ $U = 4a = 2 \cdot \sqrt{d_1^2 + d_2^2}$
Parallelogramm 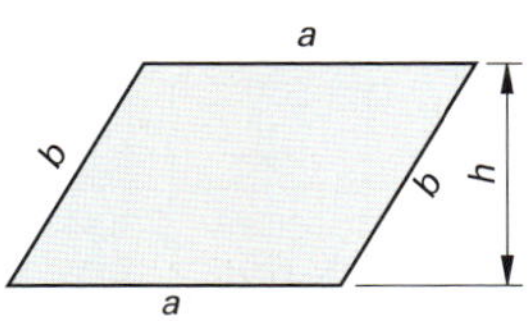	A Fläche a, b Seitenlängen a Grundlinie h Höhe U Umfang	$A = a \cdot h$ (Fläche = Grundlinie mal Höhe) $U = 2 \cdot (a + b)$
Trapez 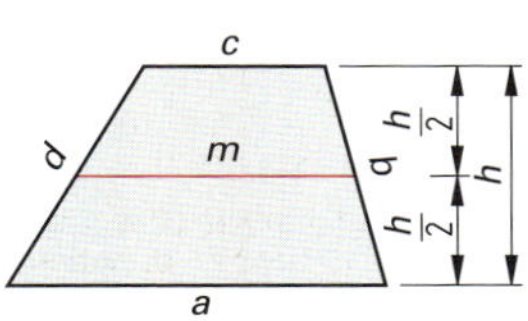	A Fläche a, b, c, d Seitenlängen m mittlere Länge h Höhe U Umfang Flächenschwerpunkt ▶ S. 72	$A = m \cdot h = \frac{a + c}{2} \cdot h$ $m = \frac{a + c}{2}$ $U = a + b + c + d$

Rechtwinkliges Dreieck

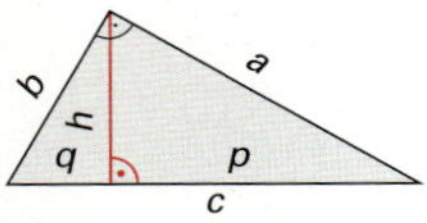

- A Fläche
- a, b Katheten
- c Hypotenuse
- p, q Hypotenusenabschnitte
- h Höhe
- U Umfang

$A = \frac{1}{2} a \cdot b = \frac{1}{2} c \cdot h$

Satz des Pythagoras: $a^2 + b^2 = c^2$

Sätze des Euklid:

$a^2 = p \cdot c$ (Kathetensatz)

$b^2 = q \cdot c$ (Kathetensatz)

$h^2 = p \cdot q$ (Höhensatz)

$U = a + b + c$

Gleichschenkliges Dreieck

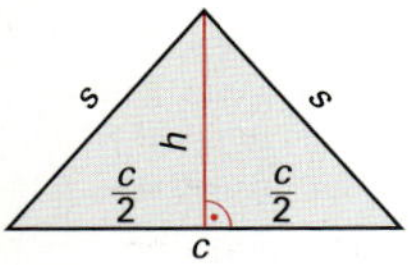

- A Fläche
- s Schenkellänge
- c Grundlinie
- h Höhe
- U Umfang

$A = \frac{1}{2} c \cdot h$

$A = \frac{1}{4} c \cdot \sqrt{4 s^2 - c^2}$

$h = \frac{1}{2} \cdot \sqrt{4 s^2 - c^2}$

$U = 2 s + c$

Gleichseitiges Dreieck

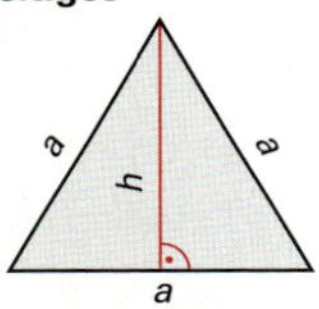

- A Fläche
- a Seitenlänge
- h Höhe
- U Umfang
- Flächenschwerpunkt ▶ S. 71

$A = \frac{1}{2} a \cdot h = \frac{\sqrt{3}}{4} a^2 \approx 0{,}433\, a^2$

$h = \frac{\sqrt{3}}{2} a \approx 0{,}866\, a$

$U = 3 a$

Unregelmäßiges Vieleck

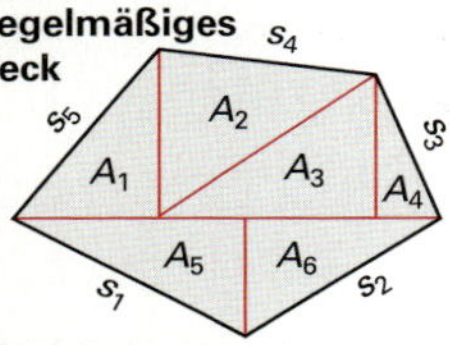

- A Fläche
- A_i Teilflächen (i = 1, 2, ..., m)
- s_i Seitenlängen (i = 1, 2, ..., n)
- n Anzahl der Ecken
- m Anzahl der Teilflächen
- U Umfang

$A = A_1 + A_2 + \ldots + A_m$

$U = s_1 + s_2 + \ldots + s_n$

Vergleiche auch ▶ S. 21

Regelmäßiges Vieleck

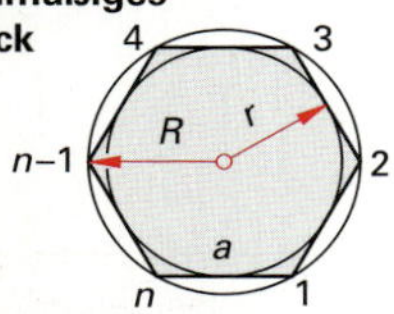

- A Fläche
- a Seitenlänge
- R Umkreisradius
- r Inkreisradius
- n Anzahl der Ecken
- U Umfang

$A = \frac{1}{2} n \cdot a \cdot r$

$R = \frac{1}{2} \sqrt{a^2 + 4 r^2}$

$U = n \cdot a$

Regelmäßige n-Ecke (Vielecke)

Konstruktion ▶ S. 114, 115

n	$\frac{A}{a^2}$	$\frac{A}{R^2}$	$\frac{A}{r^2}$	$\frac{a}{R}$	$\frac{a}{r}$	$\frac{R}{a}$	$\frac{R}{r}$	$\frac{r}{a}$	$\frac{r}{R}$
3	0,4330	1,2990	5,1962	1,7321	3,4641	0,5774	2,0000	0,2887	0,5000
4	1,0000	2,0000	4,0000	1,4142	2,0000	0,7071	1,4142	0,5000	0,7071
5	1,7205	2,3776	3,6327	1,1756	1,4531	0,8507	1,2361	0,6882	0,8090
6	2,5981	2,5981	3,4641	1,0000	1,1547	1,0000	1,1547	0,8660	0,8660
7	3,6339	2,7364	3,3710	0,8678	0,9631	1,1524	1,1099	1,0383	0,9010
8	4,8284	2,8284	3,3137	0,7654	0,8284	1,3066	1,0824	1,2071	0,9239
9	6,1818	2,8925	3,2757	0,6840	0,7279	1,4619	1,0642	1,3737	0,9397
10	7,6942	2,9389	3,2492	0,6180	0,6498	1,6180	1,0515	1,5388	0,9511
12	11,196	3,0000	3,2154	0,5176	0,5359	1,9319	1,0353	1,8660	0,9659
15	17,642	3,0505	3,1883	0,4158	0,4251	2,4049	1,0223	2,3523	0,9781
16	20,109	3,0615	3,1826	0,3902	0,3978	2,5629	1,0196	2,5137	0,9808
20	31,569	3,0902	3,1677	0,3129	0,3168	3,1962	1,0125	3,1569	0,9877

Dreieck mit Koordinaten

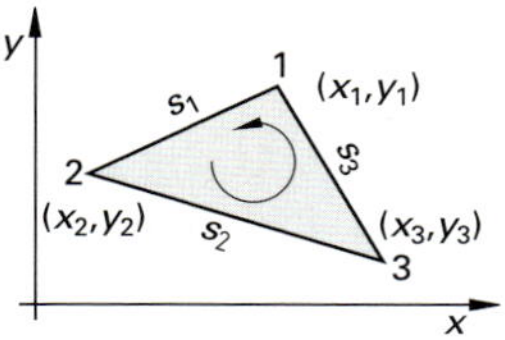

A	Fläche
s_i	Seitenlängen ($i = 1, 2, 3$)
(x_i, y_i)	Koordinaten der Eckpunkte ($i = 1, 2, 3$)
U	Umfang

Eckpunktenummerierung im Gegenuhrzeigersinn

$$A = \frac{1}{2}[(x_1 \cdot y_2 - x_2 \cdot y_1) + (x_2 \cdot y_3 - x_3 \cdot y_2) + (x_3 \cdot y_1 - x_1 \cdot y_3)]$$

$$s_1 = \sqrt{(x_2 - x_1)^2 + (y_2 - y_1)^2}$$

$$s_2 = \sqrt{(x_3 - x_2)^2 + (y_3 - y_2)^2}$$

$$s_3 = \sqrt{(x_1 - x_3)^2 + (y_1 - y_3)^2}$$

$$U = s_1 + s_2 + s_3$$

n-Eck mit Koordinaten

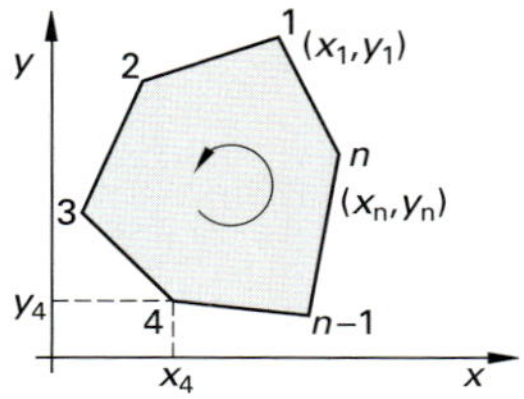

A	Fläche
s_i	Seitenlängen
(x_i, y_i)	Koordinaten der Eckpunkte ($i = 1, 2, \ldots, n$)
U	Umfang

Eckpunktenummerierung im Gegenuhrzeigersinn

Gauß'sche Flächenformeln: ▶ S. 349 ▶ S. 357

$$A = \frac{1}{2}\Sigma y_i \cdot (x_{i-1} - x_{i+1})$$

$$A = \frac{1}{2}\Sigma x_i \cdot (y_{i+1} - y_{i-1})$$

(für $i = 1$ ist $i - 1 = n$ zu setzen)
(für $i = n$ ist $i + 1 = 1$ zu setzen)

$$s_i = \sqrt{(x_{i+1} - x_i)^2 + (y_{i+1} - y_i)^2}$$

$$U = s_1 + s_2 + \ldots + s_n$$

Kreis

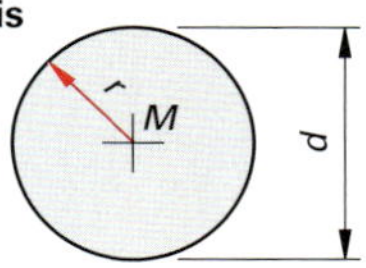

A	Fläche
r	Radius (Halbmesser)
d	Durchmesser
U	Umfang
M	Kreismittelpunkt

▶ S. 71

$$A = \pi \cdot r^2 = \frac{1}{4}\pi \cdot d^2$$

$$d = 2r$$

$$U = 2\pi \cdot r = \pi \cdot d$$

Kreisring

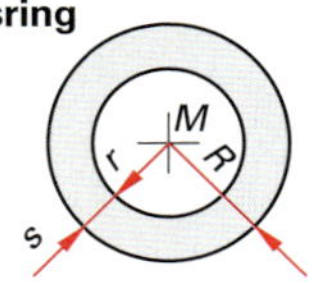

R	Außenradius
r	Innenradius
s	Kreisringdicke

▶ S. 71

$$A = A_{\text{Außenkreis}} - A_{\text{Innenkreis}}$$

$$A = (R^2 - r^2) \cdot \pi$$

$$s = R - r$$

Kreisausschnitt(-abschnitt)

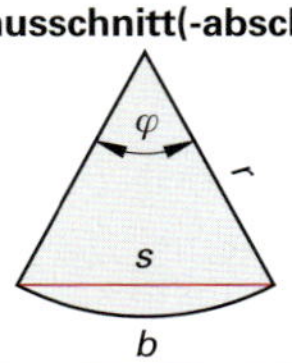

A	Fläche (Kreisausschnitt)
r	Radius
s	Sehnenlänge
b	Bogenlänge
φ	Zentriwinkel im Bogenmaß (Radiant, Einheit: 1 rad)
$\varphi°$	Zentriwinkel im Altgradmaß

$$A = \frac{1}{2} b \cdot r$$

$$b = \varphi \cdot r = \frac{\varphi°}{180°}\pi r$$

$$s = 2r \cdot \sin\left(\frac{\varphi}{2}\right)$$

$$\varphi° = \frac{b \cdot 180°}{\pi \cdot r}$$

Kreisabschnitt siehe Tabellen ▶ S. 11, 250

Ellipse

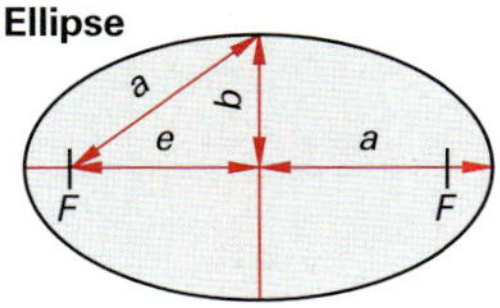

A	Fläche
a	großer Achshalbmesser
b	kleiner Achshalbmesser
e	Brennpunktabstand
U	Umfang
F	Brennpunkte

$$A = \pi a \cdot b$$

$$e = \sqrt{a^2 - b^2}$$

$$U \approx \pi \cdot (a + b)$$

$$U = \pi \cdot (a + b)\left(1 + \frac{1}{4}\lambda^2 + \frac{1}{64}\lambda^4 + \ldots\right)$$

mit $\lambda = \dfrac{a - b}{a + b}$

Quadratische Parabel

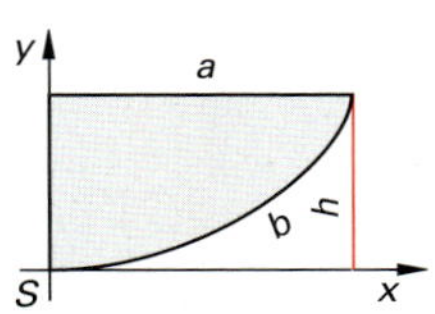

A	Fläche
b	Bogenlänge
a, h	Achsabschnitte
S	Scheitelpunkt

$$A = \frac{2}{3} a \cdot h$$

$$b = \frac{1}{2}\left[\sqrt{a^2 + 4h^2} + a \cdot \ln\left(\lambda + \frac{1}{\lambda} \cdot \sqrt{1 + \lambda^2}\right)\right]$$

mit $\lambda = \dfrac{2h}{a}$

1.6 Körper

Körper	Größen		Formeln
Würfel 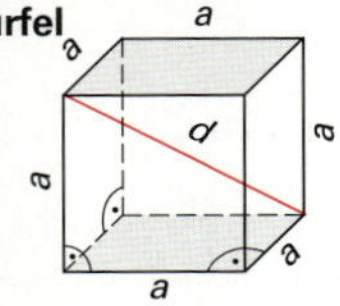	A Grundfläche V Volumen O Oberfläche a Seitenlänge d Raumdiagonale	$V_{\text{Gerade Körper}}$ = Grundfläche × Höhe	$A = a^2$ $V = A \cdot a$ $V = a^3$ $O = 6\,a^2$ $d = \sqrt{3}\,a$ $d \approx 1{,}732\,a$
Quader, Prisma 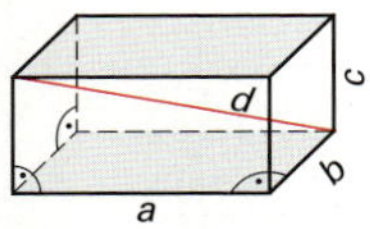	A Grundfläche V Volumen O Oberfläche a, b, c Seitenlängen d Raumdiagonale		$A = a \cdot b$ $V = A \cdot c$ $V = a \cdot b \cdot c$ $O = 2 \cdot (a \cdot b + b \cdot c + c \cdot a)$ $d = \sqrt{a^2 + b^2 + c^2}$
Zylinder 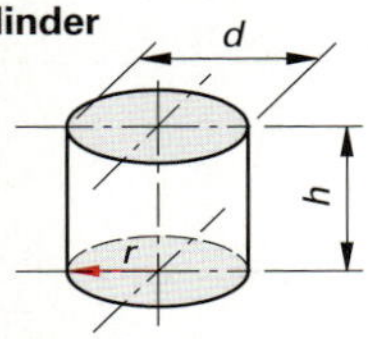	A Grundfläche V Volumen M Mantelfläche O Oberfläche r Radius d Durchmesser h Höhe		$A = \pi \cdot r^2$ $V = A \cdot h$ $V = \pi \cdot r^2 \cdot h$ $M = 2\,\pi \cdot r \cdot h$ $O = 2\,\pi \cdot r \cdot (r + h)$ $d = 2\,r$
Hohlzylinder 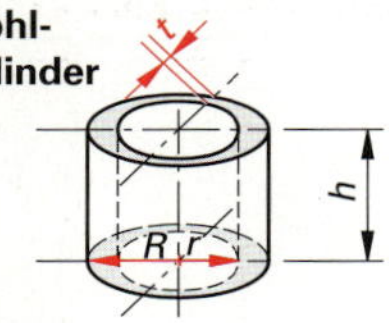	A Grundfläche V Volumen O Oberfläche R Außenradius r Innenradius t Wanddicke h Höhe		$A = \pi \cdot (R^2 - r^2)$ $V = A \cdot h$ $V = \pi \cdot h \cdot (R^2 - r^2)$ $V = \pi \cdot h \cdot t\,(R + r)$ $t = R - r$ $O = 2\,\pi \cdot h \cdot (R + r) + 2\,\pi \cdot (R^2 - r^2)$ $O = 2\,\pi \cdot (R + r) \cdot (h + t)$
Pyramide 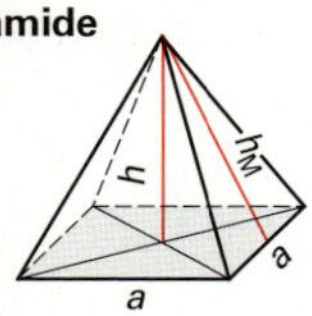	V Volumen A Grundfläche U Grundumfang h_M Mantelhöhe O Oberfläche M Mantelfläche h Höhe	$V_{\text{Spitzer Körper}} = \frac{1}{3}$ Grundfläche × Höhe	$V = \frac{1}{3} A \cdot h$ $M = \frac{1}{2} U \cdot h_M$ $A = a^2$ $O = M + A$ $U = 4\,a$
Tetraeder 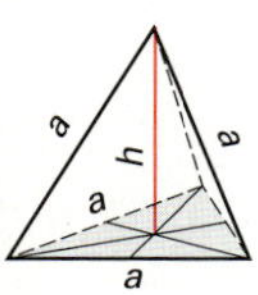	V Volumen A Grundfläche a Seitenlänge h Höhe M Mantelfläche O Oberfläche		$V = \frac{\sqrt{2}}{12} a^3 \approx 0{,}118\,a^3$ $O = \sqrt{3}\,a^2 \approx 1{,}732\,a^2$ $M = \frac{3}{4} O \approx 1{,}299\,a^2$ $A = \frac{1}{4} O \approx 0{,}433\,a^2$ $h = \frac{\sqrt{6}}{3}\,a \approx 0{,}816\,a$
Kegel 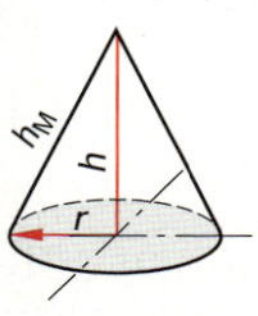	V Volumen A Grundfläche r Radius h Höhe h_M Mantelhöhe M Mantelfläche O Oberfläche		$A = \pi \cdot r^2$ $V = \frac{1}{3} A \cdot h = \frac{\pi}{3} r^2 \cdot h$ $M = \pi \cdot r \cdot h_M$ $O = \pi \cdot r \cdot (h_M + r)$ $h_M = \sqrt{r^2 + h^2}$ $h = \sqrt{h_M{}^2 - r^2}$

Prismatoid und Keil ($d = 0$) **(Obelisk)** 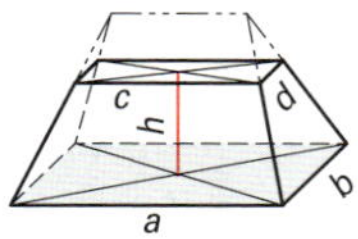 	V Volumen a, b Seitenlängen der Grundfläche c, d Seitenlängen der Deckfläche h Höhe A_0 Grundfläche A_1 Deckfläche	$V = \frac{h}{6} [a \cdot b + c \cdot d + (a + c) \cdot (b + d)]$ $A_0 = a \cdot b$ $A_1 = c \cdot d$ **Sonderfall Keil/Walmdach**: $d = 0$ $V = \frac{1}{6} h \cdot b \cdot (2\,a + c)$
Pyramidenstumpf 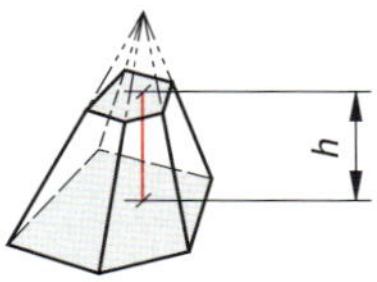 	V Volumen A_0 Grundfläche A_1 Deckfläche h Höhe A_m ist der zur Grundfläche parallele Querschnitt in halber Höhe	$V = \frac{h}{3} \cdot (A_0 + A_1 + \sqrt{A_0 \cdot A_1})$ $V \approx \frac{h}{2} \cdot (A_0 + A_1)$ $A_m = \frac{1}{4} \cdot (A_0 + A_1 + 2\sqrt{A_0 \cdot A_1})$ $V = \frac{h}{6} (A_0 + A_1 + 4\,A_m)$
Kegelstumpf 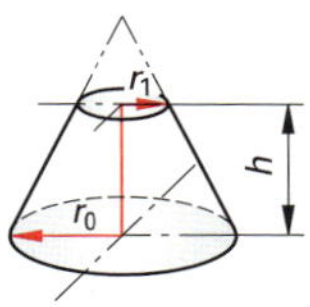 	V Volumen r_0 Radius der Grundfläche r_1 Radius der Deckfläche h Höhe h_M Mantelhöhe M Mantelfläche O Oberfläche	$V = \frac{1}{3} \pi \cdot h\,(r_0^2 + r_0 \cdot r_1 + r_1^2)$ $h_M = \sqrt{(r_0 - r_1)^2 + h^2}$ $M = \pi \cdot h_M \cdot (r_0 + r_1)$ $O = \pi \cdot (r_0^2 + r_1^2 + h_M \cdot r_0 + h_M \cdot r_1)$ Mantelfläche = Oberfläche – Deckfläche – Grundfläche
Kugel 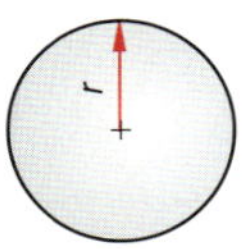 	V Volumen O Oberfläche r Radius d Durchmesser	$V = \frac{4}{3} \pi \cdot r^3$ $V \approx 4{,}189\, r^3$ $O = 4\,\pi \cdot r^2$ $d = 2\,r$
Kugelabschnitt 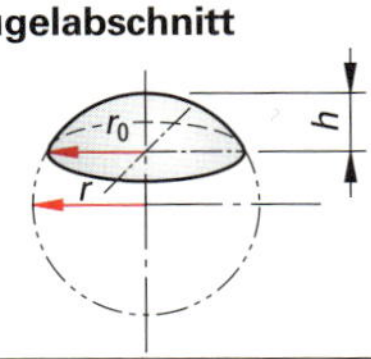 	V Volumen M Mantelfläche (Kugelkappe) O Oberfläche h Höhe r Kugelradius r_0 Radius der Grundfläche	$V = \frac{1}{3} \pi \cdot h^2 \cdot (3\,r - h)$ $M = 2\,\pi \cdot r \cdot h$ $O = \pi \cdot (h^2 + 2\,r_0^2)$ $O = \pi \cdot (4\,r \cdot h - h^2)$ $r_0 = \sqrt{h \cdot (2\,r - h)}$
Kugelausschnitt 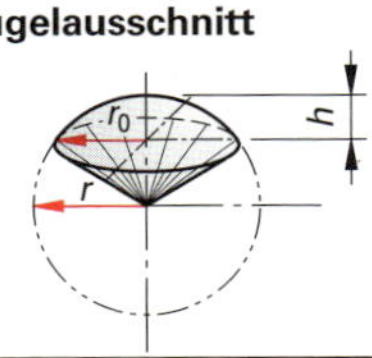 	V Volumen O Oberfläche h Höhe r Kugeltadius r_0 Ausschnittradius	$V = \frac{2}{3} \pi \cdot r^2 \cdot h$ $O = \pi \cdot r\,(2\,h + r_0)$ $r_0 = \sqrt{h \cdot (2\,r - h)}$
Kugelschicht 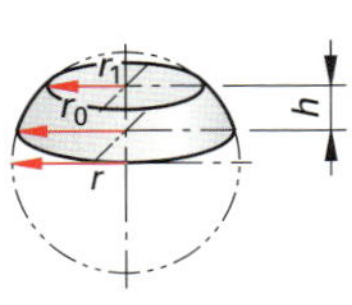 	V Volumen M Mantelfläche O Oberfläche h Höhe r Kugelradius r_0 Radius der Grundfläche r_1 Radius der Deckfläche	$V = \frac{1}{6} \pi \cdot h \cdot (3\,r_0^2 + 3\,r_1^2 + h^2)$ $M = 2\,\pi \cdot r \cdot h$ $O = \pi \cdot (2\,r \cdot h + r_0^2 + r_1^2)$ $r = \frac{1}{2\,h} \sqrt{4\,h^2 \cdot r_0^2 + (r_0^2 - r_1^2 - h^2)^2}$

Reguläre Polyeder (platonische Körper)

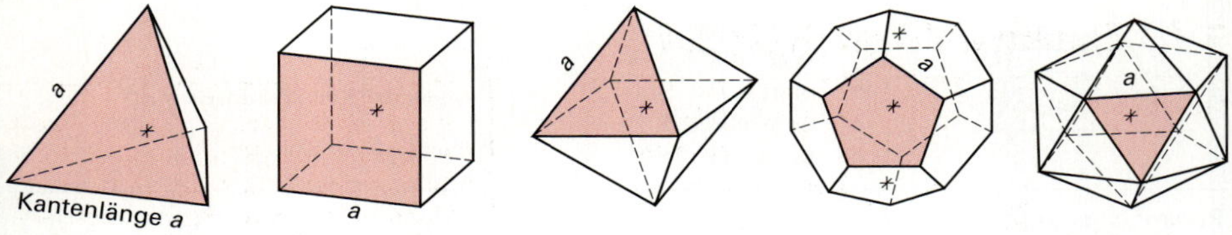

Tetraeder **Hexaeder (Würfel)** **Oktaeder** **Dodekaeder** **Ikosaeder**

Bezeichnung	Volumen	Oberfläche	Radius der umbeschriebenen Kugel	Anzahl der		
				Flächen f	Kanten k	Ecken e
Tetraeder	$0{,}1179\,a^3$	$1{,}7321\,a^2$	$0{,}6124\,a$	4	6	4
Hexaeder	a^3	$6\,a^2$	$0{,}8660\,a$	6	12	8
Oktaeder	$0{,}4714\,a^3$	$3{,}4641\,a^2$	$0{,}7071\,a$	8	12	6
Dodekaeder	$7{,}6631\,a^3$	$20{,}6457\,a^2$	$1{,}4013\,a$	12	30	20
Ikosaeder	$2{,}1817\,a^3$	$8{,}6603\,a^2$	$0{,}9511\,a$	20	30	12

$e + f - k = 2$

Rotationssymmetrische Körper

Fass (Tonnenkörper)

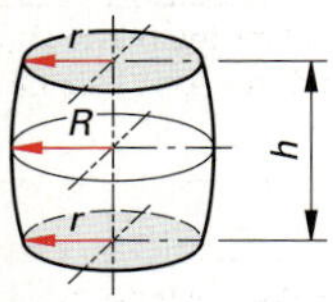

- V Volumen
- h Höhe
- R Radius in der Mitte
- r Radius der Grund- und Deckfläche

Kreisbogen als Erzeugende:

$$V \approx \frac{1}{6}\pi \cdot h \cdot (r^2 + 4\,R^2 + r^2)$$

(Kepler'sche Fassregel)

Parabelbogen als Erzeugende:

$$V = \frac{1}{15}\pi \cdot h \cdot (8\,R^2 + 4\,R\,r + 3\,r^2)$$

Torus

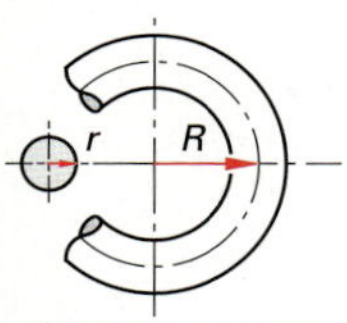

- V Volumen
- O Oberfläche
- R Achsradius
- r Querschnittsradius

$$V = 2\,\pi^2 \cdot R \cdot r^2$$

$$O = 4\,\pi^2 \cdot R \cdot r$$

Rotationsparaboloid

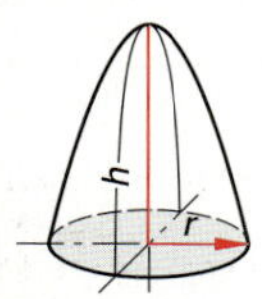

- V Volumen
- r Radius der Grundfläche
- h Höhe

$$V = \frac{1}{2}\pi \cdot r^2 \cdot h$$

Allgemeiner Rotationskörper

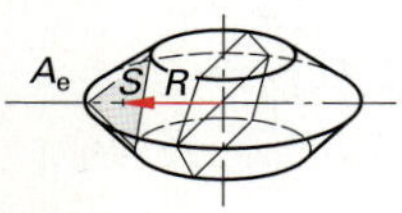

- V Volumen
- A_e Erzeugendenquerschnitt
- S Schwerpunkt des Erzeugendenquerschnitts
- R Schwerpunktsabstand von der Rotationsachse

$$V = 2\,\pi \cdot R \cdot A_e$$

(Guldin'sche Formel)

Flächenschwerpunkte ► S. 72

1.7 Dreiecksberechnung und Winkelfunktionen

1.7.1 Rechtwinklige Dreiecke

Bezeichnungen

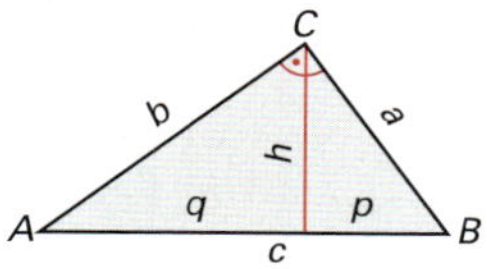

a, *b*	Katheten
c	Hypotenuse
A, *B*, *C*	Eckpunkte
h	Höhe
p, *q*	Hypotenusenabschnitte

Die dem rechten Winkel (1 $R = 90°$) gegenüberliegende Seite heißt Hypotenuse. Die beiden anderen Seiten heißen Katheten. Bezogen auf die an der Hypotenuse liegenden Winkel heißt die gegenüberliegende Kathete Gegenkathete und die anliegende Kathete Ankathete ▶ S. 26

Satz des Pythagoras

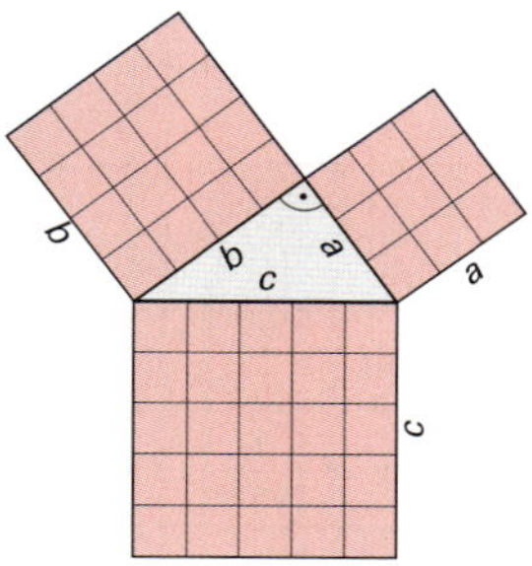

Im rechtwinkligen Dreieck ist die Summe der Flächeninhalte der Quadrate über den Katheten gleich dem Flächeninhalt des Quadrats über der Hypotenuse:

$$a^2 + b^2 = c^2$$

$$a = \sqrt{c^2 - b^2}$$

$$b = \sqrt{c^2 - a^2}$$

$$c = \sqrt{a^2 + b^2}$$

Pythagoräische Zahlentripel

a	*b*	*c*
3	4	5
5	12	13
7	24	25
8	15	17
9	40	41
11	60	61
12	35	37
13	84	85
20	21	29

Pythagoräische Zahlentripel sind ganzzahlige Seitenverhältnisse für rechtwinklige Dreiecke.

Kathetensatz (Euklid)

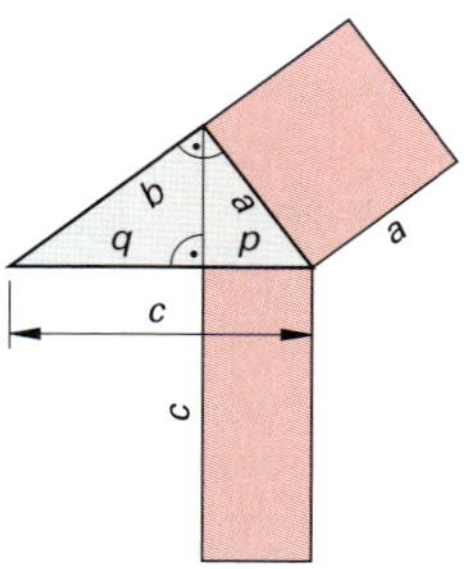

Im rechtwinkligen Dreieck ist der Flächeninhalt des Quadrats über einer Kathete gleich dem Flächeninhalt des Rechtecks aus der Hypotenuse und dem anliegenden Hypotenusenabschnitt:

$$a^2 = c \cdot p$$

$$b^2 = c \cdot q$$

$$a^2 + b^2 = c \cdot (p + q) = c^2$$

Beispiel

In einem rechtwinkligen Dreieck mit $a = 15$, $b = 20$ und $c = 25$ sind die Hypotenusenabschnitte gesucht.

$$p = \frac{a^2}{c} = \frac{15^2}{25} = 9$$

$$q = \frac{b^2}{c} = \frac{20^2}{25} = 16$$

$$c = p + q$$

$$c = 9 + 16 = 25$$

Höhensatz (Euklid)

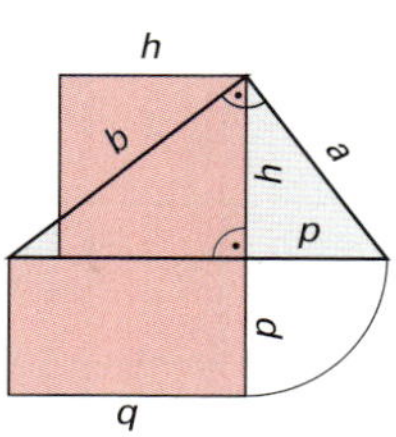

Im rechtwinkligen Dreieck ist der Flächeninhalt des Quadrats über der Höhe gleich dem Flächeninhalt des Rechtecks aus den Hypotenusenabschnitten:

$$h^2 = p \cdot q$$

$$p = \frac{a^2 + c^2 - b^2}{2c}$$

$$q = \frac{b^2 + c^2 - a^2}{2c}$$

Satz des Thales:

Über dem Durchmesser eines Kreises als Grundlinie ist jedes Dreieck, dessen Spitze auf dem Kreisbogen liegt, ein rechtwinkliges Dreieck.

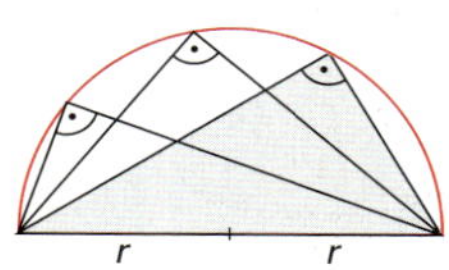

1.7.2 Winkelfunktionen

Rechtwinkliges Dreieck

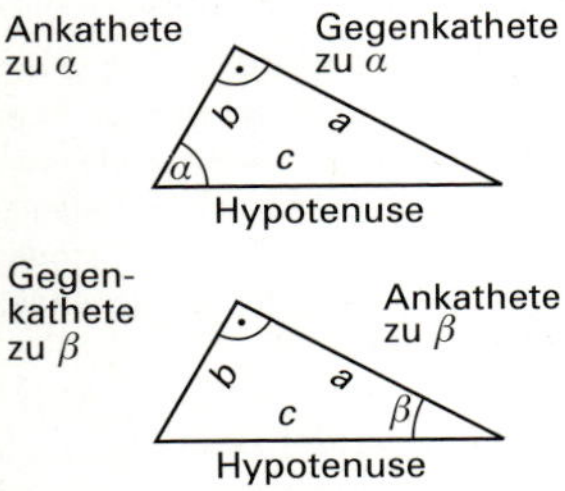

Winkelfunktionen beziehen sich auf einen Winkel.
Im rechtwinkligen Dreieck liegt die Ankathete am Bezugswinkel (α oder β) und die Gegenkathete ihm gegenüber.

Sinus $= \frac{\text{Gegenkathete}}{\text{Hypotenuse}}$		$\sin\alpha = \frac{a}{c}$	$\sin\beta = \frac{b}{c}$
Kosinus $= \frac{\text{Ankathete}}{\text{Hypotenuse}}$		$\cos\alpha = \frac{b}{c}$	$\cos\beta = \frac{a}{c}$
Tangens $= \frac{\text{Gegenkathete}}{\text{Ankathete}}$		$\tan\alpha = \frac{a}{b}$	$\tan\beta = \frac{b}{a}$
Kotangens $= \frac{\text{Ankathete}}{\text{Gegenkathete}}$		$\cot\alpha = \frac{b}{a}$	$\cot\beta = \frac{a}{b}$

Darstellung am Einheitskreis

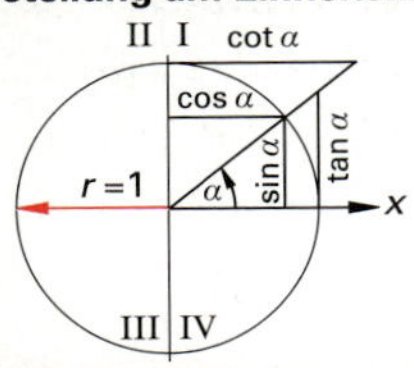

Vorzeichenverteilung der Winkelfunktionen

Quadrant Winkelbereich	I 0° bis 90°	II 90° bis 180°	III 180° bis 270°	IV 270° bis 360°
Funktion $\sin\alpha$	+	+	–	–
$\cos\alpha$	+	–	–	+
$\tan\alpha$	+	–	+	–
$\cot\alpha$	+	–	+	–

Die wichtigsten Umrechnungen und Formeln der Winkelfunktionen

$$\sin^2\alpha + \cos^2\alpha = 1 \qquad \tan\alpha = \frac{\sin\alpha}{\cos\alpha} \qquad \cot\alpha = \frac{1}{\tan\alpha}$$

Bereich I	sin	cos	tan	cot
$\sin\alpha$	–	$\sqrt{1-\cos^2\alpha}$	$\frac{\tan\alpha}{\sqrt{1+\tan^2\alpha}}$	$\frac{1}{\sqrt{1+\cot^2\alpha}}$
$\cos\alpha$	$\sqrt{1-\sin^2\alpha}$	–	$\frac{1}{\sqrt{1+\tan^2\alpha}}$	$\frac{\cot\alpha}{\sqrt{1+\cot^2\alpha}}$
$\tan\alpha$	$\frac{\sin\alpha}{\sqrt{1-\sin^2\alpha}}$	$\frac{\sqrt{1-\cos^2\alpha}}{\cos\alpha}$	–	$\frac{1}{\cot\alpha}$
$\cot\alpha$	$\frac{\sqrt{1-\sin^2\alpha}}{\sin\alpha}$	$\frac{\cos\alpha}{\sqrt{1-\cos^2\alpha}}$	$\frac{1}{\tan\alpha}$	–

Schreibweise

$\sin^2\alpha = (\sin\alpha)^2$

$\cos^2\alpha = (\cos\alpha)^2$

$\tan^2\alpha = (\tan\alpha)^2$

$\cot^2\alpha = (\cot\alpha)^2$

$\sin(90° - \alpha) = \cos\alpha$
$\cos(90° - \alpha) = \sin\alpha$
$\tan(90° - \alpha) = \cot\alpha$
$\cot(90° - \alpha) = \tan\alpha$

$\sin(\alpha + \beta) = \sin\alpha \cdot \cos\beta + \cos\alpha \cdot \sin\beta$
$\sin(\alpha - \beta) = \sin\alpha \cdot \cos\beta - \cos\alpha \cdot \sin\beta$
$\cos(\alpha + \beta) = \cos\alpha \cdot \cos\beta - \sin\alpha \cdot \sin\beta$
$\cos(\alpha - \beta) = \cos\alpha \cdot \cos\beta + \sin\alpha \cdot \sin\beta$

$\sin(180° - \alpha) = \sin\alpha$ $\qquad \tan(\alpha + \beta) = \frac{\tan\alpha + \tan\beta}{1 - \tan\alpha \cdot \tan\beta}$

$\cos(180° - \alpha) = -\cos\alpha$ $\qquad \tan(\alpha - \beta) = \frac{\tan\alpha - \tan\beta}{1 + \tan\alpha \cdot \tan\beta}$

$\tan(180° - \alpha) = \tan\alpha$ $\qquad \cot(\alpha + \beta) = \frac{\cot\alpha \cdot \cot\beta - 1}{\cot\alpha + \cot\beta}$

$\cot(180° - \alpha) = -\cot\alpha$ $\qquad \cot(\alpha - \beta) = \frac{\cot\alpha \cdot \cot\beta + 1}{\cot\beta - \cot\alpha}$

Wichtige Funktionswerte

α	30°	45°	60°
$\sin\alpha$	$\frac{1}{2}$	$\frac{1}{2}\sqrt{2}$	$\frac{1}{2}\sqrt{3}$
$\cos\alpha$	$\frac{1}{2}\sqrt{3}$	$\frac{1}{2}\sqrt{2}$	$\frac{1}{2}$
$\tan\alpha$	$\frac{1}{3}\sqrt{3}$	1	$\sqrt{3}$
$\cot\alpha$	$\sqrt{3}$	1	$\frac{1}{3}\sqrt{3}$

1.7.3 Schiefwinklige Dreiecke

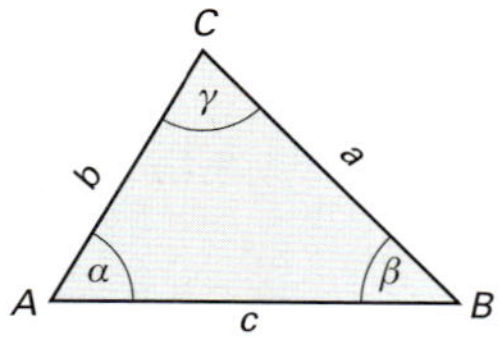

Winkelsumme
$\alpha+\beta+\gamma=180°$

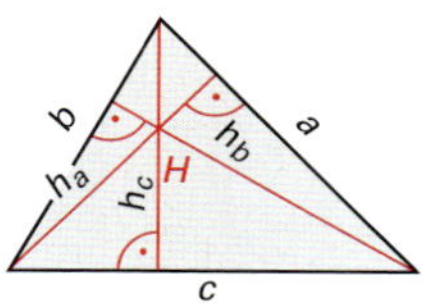

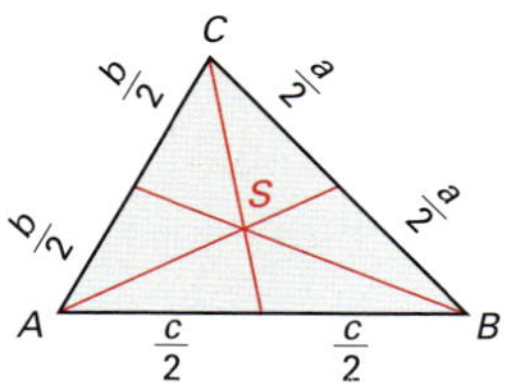

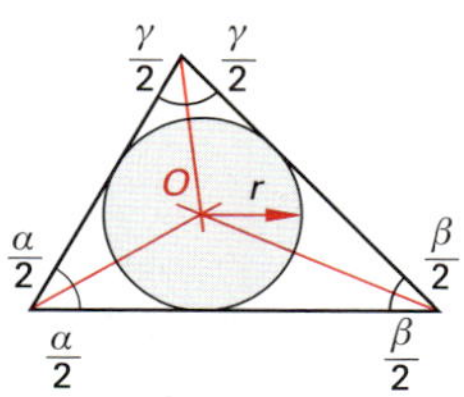

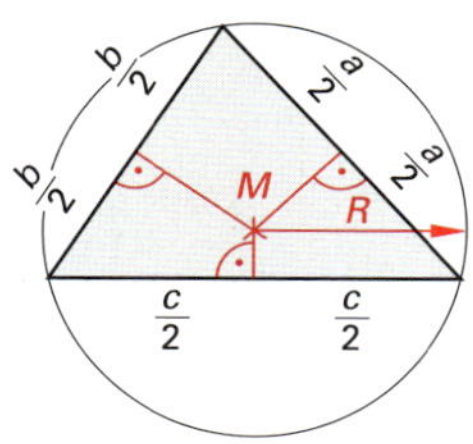

a, b, c	Seiten des Dreiecks
α, β, γ	Winkel im Dreieck (den Seiten a, b, c gegenüber)
A	Flächeninhalt
h_a, h_b, h_c	den Seiten des Dreiecks zugeordnete Höhen
R	Radius des umbeschriebenen Kreises (Umkreis)
r	Radius des eingeschriebenen Kreises (Inkreis)

Die **Höhen** eines Dreiecks schneiden sich in einem Punkt (Höhenschnittpunkt H).

Die **Seitenhalbierenden** eines Dreiecks schneiden sich in einem Punkt. Es ist der Flächenschwerpunkt S der Dreiecksfläche.

Der Schwerpunkt ist von den Seitenmitten halb so weit entfernt wie von den gegenüberliegenden Ecken. Der Schwerpunkt teilt die Seitenhalbierenden im Verhältnis 2 : 1.

Schwerpunktkoordinaten
Mit A (x_A/y_A), B (x_B, y_B) und C (x_C/y_C) folgt für S (x_S/y_S) $\Rightarrow$

$$x_S = \frac{x_A + x_B + x_C}{3}$$

$$y_S = \frac{y_A + y_B + y_C}{3}$$

Die **Winkelhalbierenden** eines Dreiecks schneiden sich in einem Punkt. Es ist der Mittelpunkt O des Inkreises.

Die **Mittelsenkrechten** eines Dreiecks schneiden sich in einem Punkt. Es ist der Mittelpunkt M des Umkreises.

Euler-Gerade:
In jedem Dreieck liegen der Höhenschnittpunkt H, der Schwerpunkt S und der Schnittpunkt M der Mittelsenkrechten auf einer Geraden, der sogenannten Euler-Geraden.

Flächenformeln Heron'sche Formel

$$A = \sqrt{s \cdot (s-a) \cdot (s-b) \cdot (s-c)}$$

mit $s = \frac{1}{2}(a+b+c)$

$$A = \frac{1}{2} a \cdot b \cdot \sin\gamma$$

$$A = \frac{1}{2} \cdot a^2 \cdot \frac{\sin\gamma \cdot \sin\beta}{\sin\alpha}$$

Sinussatz

$$\frac{a}{\sin\alpha} = \frac{b}{\sin\beta} = \frac{c}{\sin\gamma}$$

Kosinussatz

$$a^2 = b^2 + c^2 - 2\,b \cdot c \cdot \cos\alpha$$

$$b^2 = c^2 + a^2 - 2\,c \cdot a \cdot \cos\beta$$

$$c^2 = a^2 + b^2 - 2\,a \cdot b \cdot \cos\gamma$$

Radienbestimmung

$$R = \frac{a}{2\sin\alpha} = \frac{b}{2\sin\beta} = \frac{c}{2\sin\gamma}$$

$$r = \frac{2A}{a+b+c} = \frac{a \cdot b \cdot c}{2R(a+b+c)}$$

Bestimmung fehlender Stücke

- Drei Seiten sind gegeben: a, b, c

$$\cos\alpha = \frac{b^2 + c^2 - a^2}{2\,b \cdot c} \Rightarrow \alpha$$

$$\cos\beta = \frac{c^2 + a^2 - b^2}{2\,c \cdot a} \Rightarrow \beta$$

$$\cos\gamma = \frac{a^2 + b^2 - c^2}{2\,a \cdot b} \Rightarrow \gamma$$

- Zwei Seiten und der eingeschlossene Winkel sind gegeben: a, b, γ

$$c = \sqrt{a^2 + b^2 - 2\,a \cdot b \cdot \cos\gamma}$$

$$\sin\alpha = \frac{a}{c} \cdot \sin\gamma$$

$$\sin\beta = \frac{b}{c} \cdot \sin\gamma$$

$$A = \frac{1}{2} a \cdot b \cdot \sin\gamma$$

- Zwei Seiten und ein gegenüberliegender Winkel sind gegeben: a, b, α mit $a > b$

$$\sin\beta = \frac{b}{a} \cdot \sin\alpha$$

$$\gamma = 180° - \alpha - \beta$$

$$c = \sqrt{a^2 + b^2 - 2\,a \cdot b \cdot \sin\gamma}$$

Für den Fall $a < b$ können zwei Lösungen existieren, eine (Doppel-) Lösung oder keine Lösung.

Beispiele zur Berechnung schiefwinkliger Dreiecke

1

1. Grundaufgabe SSS

alle Seiten bekannt

Gegeben: $a = 3{,}35$ m,
$b = 2{,}50$ m,
$c = 5{,}00$ m

Gesucht: Winkel α, β, γ und Fläche A

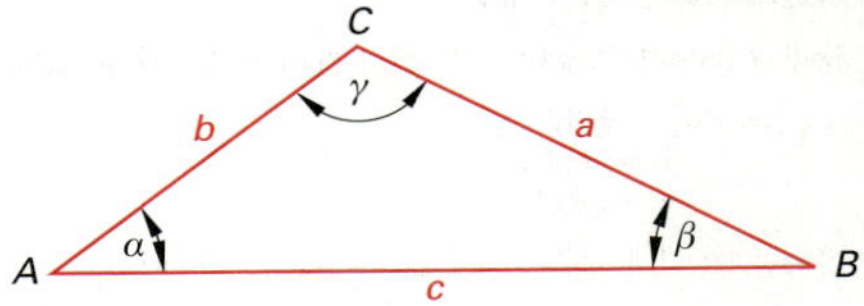

Winkel α: $\cos\alpha = \dfrac{b^2 + c^2 - a^2}{2 \cdot b \cdot c} = \dfrac{2{,}50^2 + 5{,}00^2 - 3{,}35^2}{2 \cdot 2{,}50 \cdot 5{,}00} = 0{,}801 \quad \Rightarrow \quad \alpha = 36{,}8°$

Anmerkung: α erhält man mit Hilfe des Taschenrechners, wenn man nach Berechnung des Wertes 0,788 die Tasten INV + COS bzw. SHIFT + COS drückt.

$\cos\beta = \dfrac{c^2 + a^2 - b^2}{2 \cdot c \cdot a} = \dfrac{5{,}00^2 + 3{,}35^2 - 2{,}50^2}{2 \cdot 5{,}00 \cdot 3{,}35} = 0{,}895 \quad \Rightarrow \quad \beta = 26{,}5°$

$\cos\gamma = \dfrac{a^2 + b^2 - c^2}{2 \cdot a \cdot b} = \dfrac{3{,}35^2 + 2{,}50^2 - 5{,}00^2}{2 \cdot 3{,}35 \cdot 2{,}50} = -0{,}449 \quad \Rightarrow \quad \gamma = 116{,}7°$

Winkelprobe: $\alpha + \beta + \gamma = 36{,}8° + 26{,}5° + 116{,}7° = 180{,}0°$

Umfang U: $U = a + b + c = 3{,}35 + 2{,}50 + 5{,}00 = 10{,}85$ m $\qquad s = \dfrac{U}{2} = \dfrac{10{,}85}{2} = 5{,}425$ m

Fläche A: $A = \sqrt{s \cdot (s-a) \cdot (s-b) \cdot (s-c)} = \sqrt{5{,}425 \cdot (5{,}425 - 3{,}35) \cdot (5{,}425 - 2{,}50) \cdot (5{,}425 - 5{,}00)} = 3{,}74 \text{ m}^2$

2. Grundaufgabe SWS

zwei Seiten und eingeschlossener Winkel bekannt

Gegeben: $b = 2{,}50$ m,
$\alpha = 36{,}8°$,
$c = 5{,}00$ m

Gesucht: Seite a, Winkel β, γ und Fläche A

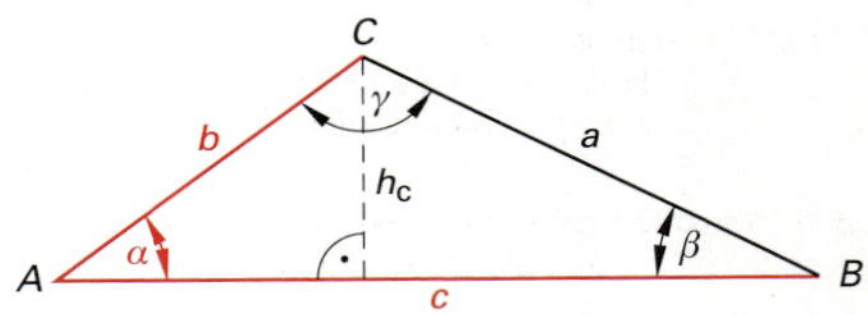

Seite a: $a = \sqrt{b^2 + c^2 - 2 \cdot b \cdot c \cdot \cos\alpha} = \sqrt{2{,}50^2 + 5{,}00^2 - 2 \cdot 2{,}50 \cdot 5{,}00 \cdot \cos 36{,}8°} = 3{,}35$ m

Winkel β: $\sin\beta = \dfrac{b}{a} \cdot \sin\alpha = \dfrac{2{,}50}{3{,}35} \cdot \sin 36{,}8° = 0{,}447 \quad \Rightarrow \quad \beta = 26{,}6°$

Winkel γ: $\sin\gamma = \dfrac{c}{a} \cdot \sin\alpha = \dfrac{5{,}00}{3{,}35} \cdot \sin 36{,}8° = 0{,}894 \quad \Rightarrow \quad \gamma = 116{,}6°$

Anmerkung: Die üblichen Taschenrechner zeigen, wenn man für 0,894 die „Invers-Sinus-Funktion" aufruft, den Wert $\gamma^* = 63{,}4°$ an.

Die Sinusfunktion hat aber zwei Lösungen.
γ beträgt:
$\gamma = 180° - \gamma^* = 180° - 63{,}4° = 116{,}6°$

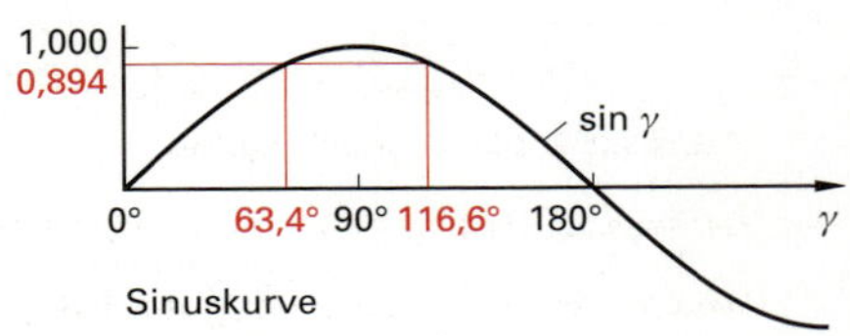

Sinuskurve

Winkelprobe: $\alpha + \beta + \gamma = 36{,}8° + 26{,}5° + 116{,}7° = 180{,}0°$

Höhe h_c: $h_c = b \cdot \sin\alpha = 2{,}50 \cdot \sin 36{,}8° = 1{,}50$ m

Fläche A: $A = \dfrac{1}{2} \cdot b \cdot c \cdot \sin\alpha = \dfrac{1}{2} \cdot 2{,}50 \cdot 5{,}00 \cdot \sin 36{,}8° = 3{,}74 \text{ m}^2$ oder

$A = \dfrac{1}{2} \cdot c \cdot h_c = \dfrac{1}{2} \cdot 5{,}00 \cdot 1{,}50 = 3{,}75 \text{ m}^2$

Anmerkung: Die Zahlenabweichungen bei der Fläche und zur 1. Grundaufgabe basieren auf Abweichungen infolge des Rundens.

Beispiele zur Berechnung schiefwinkliger Dreiecke

3. Grundaufgabe WSW

Seite und beide benachbarten Winkel sind bekannt

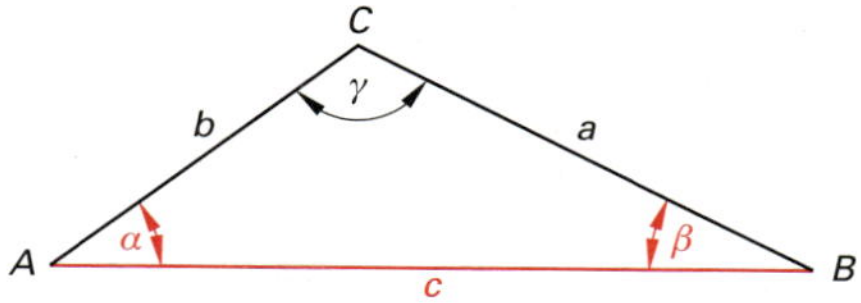

Gegeben: $c = 5{,}00$ m,
$\alpha = 36{,}8°$,
$\beta = 26{,}6°$

Gesucht: Winkel γ, Stecken a und b, Fläche A

Winkel γ: $\gamma = 180° - \alpha - \beta = 180° - 36{,}8° - 26{,}6° = 116{,}6°$

Strecke a: $a = c \cdot \frac{\sin \alpha}{\sin \gamma} = 5{,}00 \cdot \frac{\sin 36{,}8°}{\sin 116{,}6°} = 3{,}35 \text{ m}$

Strecke b: $b = c \cdot \frac{\sin \beta}{\sin \gamma} = 5{,}00 \cdot \frac{\sin 26{,}6°}{\sin 116{,}6°} = 2{,}50 \text{ m}$

Fläche A: $A = \frac{1}{2} \cdot c^2 \cdot \frac{\sin \alpha \cdot \sin \beta}{\sin \gamma} = \frac{1}{2} \cdot 5{,}00^2 \cdot \frac{\sin 36{,}8° \cdot \sin 26{,}6°}{\sin 116{,}6°} = 3{,}75 \text{ m}^2$

4. Grundaufgabe SSW

zwei Seiten und gegenüber liegender Winkel sind bekannt

Bei dieser Aufgabe gibt es, wenn $a < c$ ist, drei Fälle:

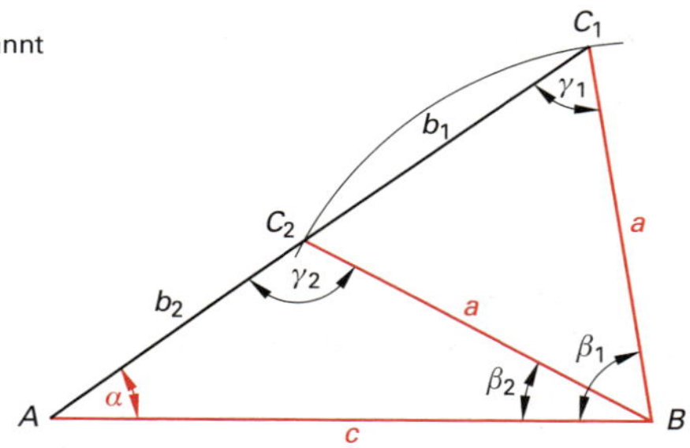

Fall I: Doppel-Lösung (vgl. Zeichnung)

Fall II: Eine Lösung, wenn b genau die Tangente an dem Kreis mit dem Radius a darstellt ⇒ rechtwinkliges Dreieck.

Fall III: Keine Lösung. Wenn a zu kurz oder α zu groß ist, gibt es keinen Schnittpunkt mit b.

I: Gegeben: $a = 3{,}35$ m, $c = 5{,}00$ m,
$\alpha = 36{,}8°$ ⇒ führt zu Fall I

Gesucht: Seite b, Winkel β und γ, Fläche A

Winkel γ: $\sin \gamma = \frac{c}{a} \cdot \sin \alpha = \frac{5{,}00}{3{,}35} \cdot \sin 36{,}8° = 0{,}894 \Rightarrow \gamma_1 = 63{,}4°,\ \gamma_2 = 116{,}6°$
siehe Abb. Vorseite

Winkel β: $\beta_1 = 180° - \alpha - \gamma_1 = 180° - 36{,}8° - 63{,}4° = 79{,}8°$

$\beta_2 = 180° - \alpha - \gamma_2 = 180° - 36{,}8° - 116{,}6° = 26{,}6°$

Strecke b: $b_1 = a \cdot \frac{\sin \beta_1}{\sin \alpha} = 3{,}35 \cdot \frac{\sin 79{,}8°}{\sin 36{,}8°} = 5{,}50 \text{ m}$

$b_2 = a \cdot \frac{\sin \beta_2}{\sin \alpha} = 3{,}35 \cdot \frac{\sin 26{,}6°}{\sin 36{,}8°} = 2{,}50 \text{ m}$

Fläche vgl. 2. oder 3. Grundaufgabe

II: Gegeben: $a = 3{,}00$ m, $c = 5{,}00$ m, $\alpha = 36{,}8°$ (abweichend von der Zeichnung)

Winkel γ: $\sin \gamma = \frac{c}{a} \cdot \sin \alpha = \frac{5{,}00}{3{,}00} \cdot \sin 36{,}8° = 0{,}998 \approx 1 \Rightarrow \gamma = 90°$

Winkel β: $\beta = 180° - \alpha - \gamma = 180° - 36{,}8° - 90° \Rightarrow \beta = 53{,}2°$

Strecke b: $b = c \cdot \frac{\sin \beta}{\sin \gamma} = 5{,}00 \cdot \frac{\sin 53{,}2°}{\sin 90°} = 4{,}00 \text{ m}$

Dies ist das bekannte rechtwinklige Dreieck mit $a = 3{,}00$ m, $b = 4{,}00$ m, $c = 5{,}00$ m

III: Gegeben: $a = 2{,}50$ m, $c = 5{,}00$ m, $\alpha = 36{,}8°$ (abweichend von der Zeichnung)

$\sin \gamma = \frac{c}{a} \cdot \sin \alpha = \frac{5{,}00}{2{,}50} \cdot \sin 36{,}8° = 1{,}198 > 1 \Rightarrow$ Widerspruch ⇒ keine Lösung

1.7.4 Steigung

- Unter der Steigung einer Geraden versteht man den Quotienten aus der Höhe h und der Länge l der Projektion der Strecke auf die Horizontale.
- Eine negative Steigung heißt auch Gefälle.
- Der Begriff Neigung tritt z.B. bei Hausdächern auf und ist dort mit dem Steigungswinkel α der Dachfläche identisch.
- Bei Schiffen und anderen Fahrzeugen wird mit Neigung der Winkel einer Bezugsachse zu seiner ursprünglich vertikalen Richtung bezeichnet (Schlagseite).

$h = \frac{l}{n}$	$l = h \cdot n$	$n = \frac{l}{h}$	$m = \tan\alpha$	$\tan\alpha = \frac{h}{l}$	$\tan\alpha = \frac{1}{n}$
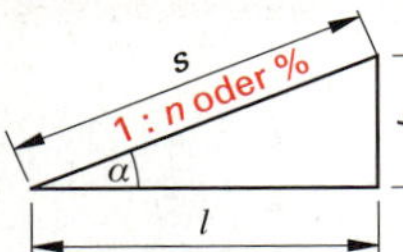 α Steigungswinkel		$p = \frac{h}{l}\,100\%$ $h = \frac{p \cdot l}{100\%}$ $s^2 = h^2 + l^2$	$m = \frac{h}{l}$ $l = \frac{h}{p}\,100\%$ $s = \sqrt{h^2 + l^2}$	m Steigung (Steigungsverhältnis) n Verhältniszahl der Steigung p Prozentsatz der Steigung h Höhe (Höhenunterschied) l Länge der Projektion der Strecke auf die Horizontale	

Beispiel

Ein Baufahrzeug überwindet auf einer konstant geneigten Straße nach zwei Kilometern Fahrt einen Höhenunterschied von 150 m.

$s = 2000$ m, $h = 150$ m, $l = \sqrt{s^2 - h^2}$, $l = \sqrt{(2000\text{ m})^2 - (150\text{ m})^2} = 1994$ m

Steigung $m = \frac{150\text{ m}}{1994\text{ m}} = 1:13{,}3$, $p \approx 7{,}5$ (7,5% Steigung), Verhältniszahl $n = \frac{1994\text{ m}}{150\text{ m}} = 13{,}3$

Prozentsatz der Steigung $p = 7{,}5$ (7,5% Steigung), Steigungswinkel $\tan\alpha = 0{,}075 \Rightarrow \alpha = 4{,}3°$

Beispiel

Ein symmetrisches Kehlriegeldach hat eine Stützweite von $l = 12{,}00$ m und eine Höhe von $h = 4{,}50$ m. In Höhe von $h_u = 2{,}70$ m ist der Kehlriegel angeordnet. Alle Maße sind Systemmaße.

Zu berechnen sind die Dachneigung und die fehlenden Systemabmessungen.

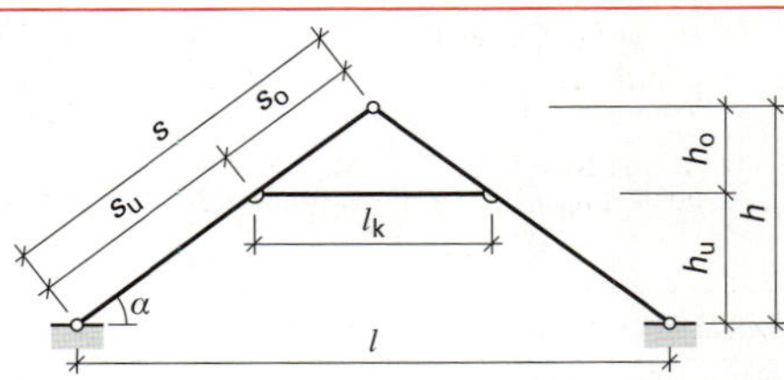

Steigung $m = \frac{h}{l/2}$ $m = \frac{4{,}50}{12{,}00/2} = 0{,}75$

$\tan\alpha = 0{,}75 \Rightarrow$ Dachneigung $\alpha = 36{,}9°$ $h_o = h - h_u$ $h_o = 4{,}50\text{ m} - 2{,}70\text{ m} = 1{,}80$ m

Sparrenlänge $s = \sqrt{h^2 + [l/2]^2}$ $s = \sqrt{4{,}50^2 + 6{,}00^2}$ $\mathbf{s = 7{,}50\text{ m}}$

Fehlende Abmessungen mit Hilfe der Strahlensätze ▶ S. 31

1. Strahlensatz: $\frac{s_o}{s} = \frac{h_o}{h} \Rightarrow s_o = \frac{h_o \cdot s}{h} \Rightarrow \mathbf{s_o} = \frac{1{,}80\text{ m} \cdot 7{,}50\text{ m}}{4{,}50\text{ m}} = \mathbf{3{,}00\text{ m}}$

$\frac{s_u}{s_o} = \frac{h_u}{h_o} \Rightarrow s_u = \frac{h_u \cdot s_o}{h_o} \Rightarrow \mathbf{s_u} = \frac{2{,}70\text{ m} \cdot 3{,}00\text{ m}}{1{,}80\text{ m}} = \mathbf{4{,}50\text{ m}}$

oder $\frac{s_u}{s} = \frac{h_u}{h} \Rightarrow s_u = \frac{h_u \cdot s}{h} \Rightarrow \mathbf{s_u} = \frac{2{,}70\text{ m} \cdot 7{,}50\text{ m}}{4{,}50\text{ m}} = \mathbf{4{,}50\text{ m}}$

2. Strahlensatz: $\frac{l_k}{l} = \frac{h_o}{h} \Rightarrow l_k = \frac{h_o \cdot l}{h} \Rightarrow \mathbf{l_k} = \frac{1{,}80\text{ m} \cdot 12{,}00\text{ m}}{4{,}50\text{ m}} = \mathbf{4{,}80\text{ m}}$

1.7.5 Strahlensätze und Ähnlichkeit

1. Strahlensatz: Werden zwei Strahlen von Parallelen geschnitten, so verhalten sich die Abschnitte auf dem einen Strahl wie die gleich liegenden Abschnitte auf dem anderen Strahl.

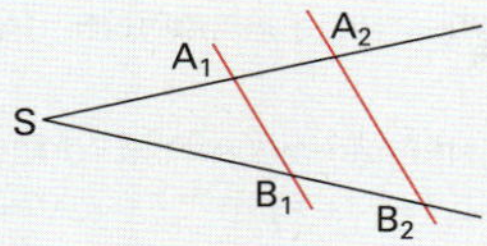

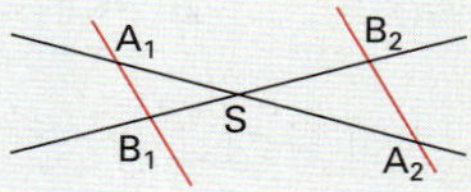

$$\frac{\overline{SA_1}}{\overline{SA_2}} = \frac{\overline{SB_1}}{\overline{SB_2}}$$

$$\frac{\overline{SA_1}}{\overline{A_1A_2}} = \frac{\overline{SB_1}}{\overline{B_1B_2}}$$

2. Strahlensatz: Werden zwei Strahlen von Parallelen geschnitten, so verhalten sich die Abschnitte auf den Parallelen zueinander, wie die vom Scheitel S aus gemessenen zugehörigen Strahlenabschnitte.

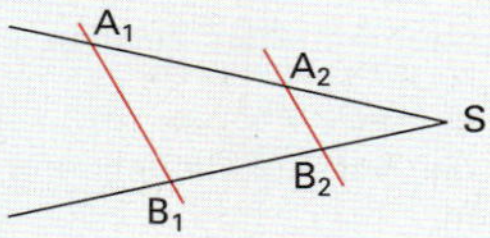

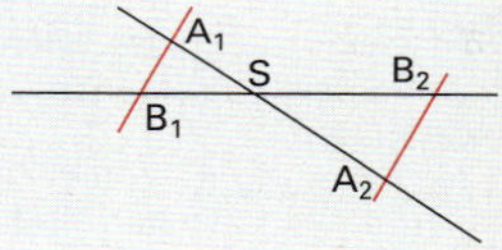

$$\frac{\overline{A_1B_1}}{\overline{A_2B_2}} = \frac{\overline{SA_1}}{\overline{SA_2}}$$

$$\frac{\overline{A_1B_1}}{\overline{A_2B_2}} = \frac{\overline{SB_1}}{\overline{SB_2}}$$

Hauptähnlichkeitssatz für Dreiecke

- Dreiecke sind ähnlich, wenn sie in zwei Winkeln übereinstimmen.
- Die Flächeninhalte ähnlicher Flächen verhalten sich zueinander wie die Quadrate der Längen gleich liegender Strecken.

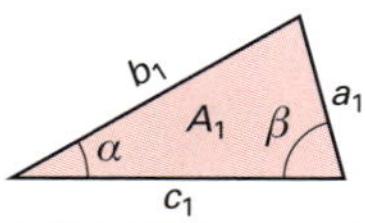

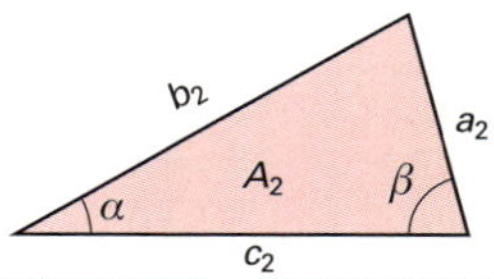

$$\frac{A_1}{A_2} = \left(\frac{a_1}{a_2}\right)^2 \qquad \frac{A_1}{A_2} = \left(\frac{b_1}{b_2}\right)^2 \qquad \frac{A_1}{A_2} = \left(\frac{c_1}{c_2}\right)^2$$

Goldener Schnitt ► S. 114

M Major
m minor

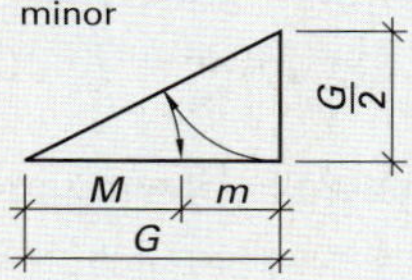

$$M = \frac{G}{2}\left(\sqrt{5}-1\right)$$
$$\approx G \cdot 0{,}618$$
$$m \approx M \cdot 0{,}618$$
$$m \approx G \cdot 0{,}382$$

Beispiel

Eine in 60 cm Abstand vom Auge aufrecht gehaltene Daumenspitze verdeckt gerade den Blick auf einen 1200 m entfernten Kirchturm. Wie hoch ist der Kirchturm („über den Daumen gepeilt"), wenn die Daumenspitze ca. 2,5 cm hoch ist?

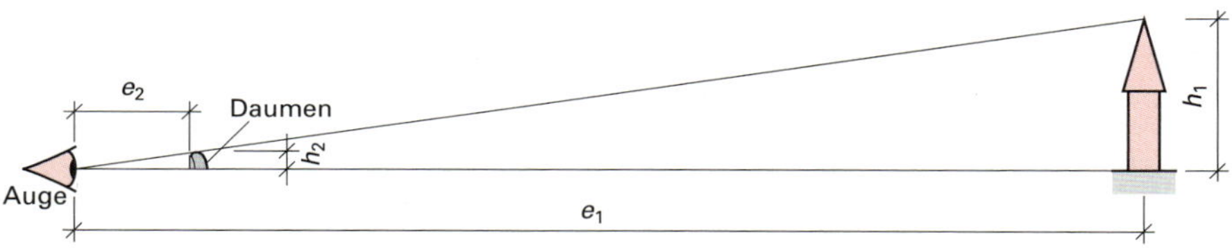

2. Strahlensatz $\frac{h_1}{h_2} = \frac{e_1}{e_2} \Rightarrow h_1 = \frac{0{,}025\ \text{m} \cdot 1200\ \text{m}}{0{,}60\ \text{m}}$ $\quad$ $\mathbf{h_1 = 50\ m}$

Der Kirchturm hat eine Höhe von ca. 50 m.

1

1.8 Gleichungen und Ungleichungen

Definitionen

- Terme T_1, T_2, ... sind Zahlen (Konstanten), Variablen und Verknüpfungen derselben nach den Rechenregeln.

Beispiele
$7,\ x,\ 4-3,\ x+3,\ y-x,\ 4a+3b^2-2ab+5$

- Gleichungen sind Aussageformen, die durch Verbindung zweier Terme mit einem Gleichheitszeichen entstehen: $T_1 = T_2$

Beispiele
$6-x=4+x^2,\quad x=4+y,\quad x^2-4x+9=5$

- Gleichungen, die nur Konstanten enthalten, sind Aussagen. Sie sind entweder wahr (Identitäten) oder falsch.

Beispiele
$3=7-4$ (wahr), $\quad 5\cdot(7+2)\cdot(8-6)=55$ (falsch)

- Gleichungen mit Variablen sind nur dann wahr, wenn die Variablen durch Elemente der Lösungsmenge ersetzt werden.

Äquivalenzumformungen

Äquivalenzumformung heißt jede Umformung einer Gleichung (Ungleichung) in eine andere Gleichung (Ungleichung) mit gleicher Lösungsmenge.

Hierfür gelten folgende Regeln:

① Einsetzen äquivalenter Terme (Klammerauflösung, Zusammenfassung usw.):

$4(x+2)=7-5 \Leftrightarrow 4x+8=2$

② Addition oder Subtraktion gleicher Terme auf beiden Seiten einer Gleichung (Ungleichung):

$4x+2y=3y+2 \Leftrightarrow 4x+2y+z=3y+2+z$

③ Multiplikation oder Division gleicher positiver Terme auf beiden Seiten einer Gleichung (Ungleichung).

④ Multiplikation oder Division gleicher negativer Terme auf beiden Seiten einer Gleichung (Ungleichung) bei gleichzeitiger Änderung des Verbindungszeichens:

$>$ in $<$, $\geq$ in $\leq$, $<$ in $>$, $\leq$ in $\geq$,
$=$ bleibt $=$, $\neq$ bleibt $\neq$

⑤ Vertauschung der Terme auf beiden Seiten einer Gleichung (Ungleichung) bei gleichzeitiger Änderung der Verbindungszeichen wie in Regel ④.

Bestimmungsgleichungen

- Bestimmungsgleichungen sind Zahlengleichungen mit einer Variablen. Sie sind entweder algebraisch oder transzendent (z.B. $x = \sin x$).

- Algebraische Gleichungen haben die Form
$a_0 + a_1x + a_2x^2 + a_3x^3 + \ldots + a_{n-1}x^{n-1} + a_nx^n = 0$
für natürliche Zahlen n ($n \in \mathbb{N}^*$). Sie heißen Gleichungen n-ten Grades für $a_n \neq 0$.

Ungleichungen

- Ungleichungen sind Aussageformen, die durch Verbindung zweier Terme mit einem der nachstehend aufgeführten Zeichen entstehen: $>, \geq, \neq, \leq, <$

- Ungleichungen, die nur Konstanten enthalten, sind Aussagen.

Beispiel für eine Aussage

$$7+3\cdot 6>4$$
$$\Leftrightarrow\quad 25>4 \quad \text{(wahr)}$$

Beispiel für eine lineare Ungleichung

$$5x-4\leq 2x+2 \quad |+4$$
$$5x\leq 2x+6 \quad |-2x$$
$$3x\leq 6 \quad |:3$$

Lösung: $x\leq 2$

Lösungsmenge: $\mathbb{L}=\{x\in\mathbb{R}\mid x\leq 2\}$

Beträge

Definition $|a| = \begin{cases} a & \text{für } a\geq 0, \\ -a & \text{für } a<0. \end{cases}$

Betragsungleichungen

Rechenregeln

$$|-a| = |a|$$
$$|a\cdot b| = |a|\cdot|b|$$
$$|a+b| \leq |a|+|b|$$
$$|a+b| \geq |a|-|b|$$
$$|a-b| \leq |a|+|b|$$
$$|a-b| \geq |a|-|b|$$

Beispiel

$|x-6| \geq 10$
$x-6 \geq 10 \lor x-6\leq -10 \quad |+6$
$x\geq 16 \qquad x\leq -4$
$\mathbb{L}_1 = \{x\in\mathbb{R}\mid x\geq 16\}$
$\mathbb{L}_2 = \{x\in\mathbb{R}\mid x\leq -4\}$
$\mathbb{L} = \mathbb{L}_1\cup\mathbb{L}_2 = \{x\in\mathbb{R}\mid x\geq 16 \lor x\leq -4\}$

Gleichungen 1. Grades (lineare Gleichungen):

Normalform: $ax + b = 0$
Konstanten: a, b mit $a \neq 0$
Variable: x

Lösung: $x = -\frac{b}{a}$

Lösungsmenge: $\mathbb{L} = \left\{-\frac{b}{a}\right\}$

Lineare Gleichungen haben genau eine Lösung.

Beispiel

$4(x+1) - 1 = 15 + 8x$	Klammer lösen
$4x + 4 - 1 = 15 + 8x$	$-8x$
$4x + 4 - 1 - 8x = 15$	-15
$4x + 4 - 1 - 8x - 15 = 0$	Zusammenfassen
$-4x - 12 = 0$	$\cdot(-1)$
$4x + 12 = 0$	Normalform
Lösung: $\mathbf{x = -3}$	
Lösungsmenge: $\mathbb{L} = \{-3\}$	

Gleichungen 2. Grades (quadratische Gleichungen):

Normalform: $x^2 + px + q = 0$
Konstanten: p, q
Variable: x

Diskriminante: $D = \left(\frac{p}{2}\right)^2 - q$

$D > 0$ zwei reelle Lösungen
$D = 0$ eine reelle Lösung (Doppellösung)
$D < 0$ keine reelle Lösung

Lösungen (p-q-Formel):

$$x_{1,2} = -\frac{p}{2} \pm \sqrt{\left(\frac{p}{2}\right)^2 - q}$$

Beispiel

$(3x - 2)(x + 2) = 5 - 2x$	Klammer lösen
$3x^2 + 4x - 4 = 5 - 2x$	$+2x - 5$
$3x^2 + 6x - 9 = 0$	$:3$
$x^2 + 2x - 3 = 0$	Normalform

$x_1 = -\frac{2}{2} + \sqrt{4} = \mathbf{1}$ $\qquad x_2 = -\frac{2}{2} - \sqrt{4} = \mathbf{-3}$

- Quadrieren einer Gleichung erhöht die Lösungsmenge:

  $x + 4 = 5 \qquad \mathbb{L} = \{1\}$
  $(x + 4)^2 = 25 \qquad \mathbb{L} = \{-9, 1\}.$

- Lösung quadratischer Gleichungen mit $q = 0$:
  $x^2 + px = 0 \Rightarrow x(x + p) = 0 \Rightarrow \mathbb{L} = \{0, -p\}$

- Lösung quadratischer Gleichungen mit $p = 0$ und $q \leq 0$:
  $x^2 + q = 0 \quad \Rightarrow \quad \mathbb{L} = \{+\sqrt{-q}, -\sqrt{-q}\}$

- Lösung quadratischer Gleichungen mit $D = 0$:
  $x^2 + px + \left(\frac{p}{2}\right)^2 = 0 \quad \Rightarrow \quad x_1 = x_2 = -\frac{p}{2}$
  $\mathbb{L} = \left\{-\frac{p}{2}\right\}$

Gleichungen 3. Grades (kubische Gleichungen):

Normalform: $x^3 + ax^2 + bx + c = 0$
reduzierte Form: $y^3 + 3py + 2q = 0$

mit $y = x + \frac{a}{3}; \quad 3p = -\frac{a^2}{3} + b$

und $2q = \frac{2a^3}{27} - \frac{ab}{3} + c$

Diskriminante: $D = p^3 + q^2$

$D > 0$ eine reelle Lösung:
$y = \sqrt[3]{-q + \sqrt{D}} + \sqrt[3]{-q - \sqrt{D}}$
(cardanische Formel)

$D \leq 0$ drei reelle Lösungen:
$\left(\text{mit } \varphi \text{ aus } \cos\varphi = \frac{-q}{\sqrt{-p^3}}\right)$

$y_1 = 2\sqrt{-p}\cos\left(\frac{\varphi}{3}\right)$

$y_2 = -2\sqrt{-p}\cos\left(\frac{\varphi}{3} + 60°\right)$ (für $D = 0$ ist

$y_3 = -2\sqrt{-p}\cos\left(\frac{\varphi}{3} - 60°\right)$ $y_2 = y_3$ Doppellösung)

Zugehörige Lösung der Normalform:
$x_1 = y_1 - \frac{a}{3}; \quad x_2 = y_2 - \frac{a}{3}; \quad x_3 = y_3 - \frac{a}{3}$

Gleichungen 4. Grades oder höheren Grades:

Normalform: $x^n + b_{n-1}x^{n-1} + \ldots + b_1x + b_0 = 0$

Gleichungen 4. oder höheren Grades sind nur in Sonderfällen algebraisch lösbar. Ist eine Lösung x_1 bekannt (z.B. durch Probieren), so lässt sich die Gleichung durch Polynomdivision um 1 Grad reduzieren:

$(x^n + b_{n-1}x^{n-1} + \ldots + b_1x + b_0) : (x - x_1) =$
$= x^{n-1} + \ldots + c_1x + c_0$

Beispiel (Polynomdivision)

$(x^4 - x^3 - 7x^2 + 5x - 6) : (x - 3) = x^3 + 2x^2 - x + 2$
$\underline{x^4 - 3x^3}$
$\quad 2x^3 - 7x^2$
$\quad \underline{2x^3 - 6x^2}$
$\qquad -x^2 + 5x$
$\qquad \underline{-x^2 + 3x}$
$\qquad\quad 2x - 6$
$\qquad\quad \underline{2x - 6}$
$\qquad\qquad 0$

1.9 Taschenrechner und DV-Grundlagen

Taschenrechner

Mit einem Taschenrechner lassen sich Zahlenterme berechnen. Die Terme dürfen Verknüpfungen nach den Grundrechenarten und – je nach Ausstattung des Taschenrechners – auch nach Rechenarten höherer Stufe sowie Funktionen enthalten.

Zahlen können nur in einem begrenzten Zahlenbereich mit begrenzter Mantisse erfasst werden. Weitere Nachkommastellen werden gerundet. Bereichsüberschreitungen führen zu Fehlermeldungen.

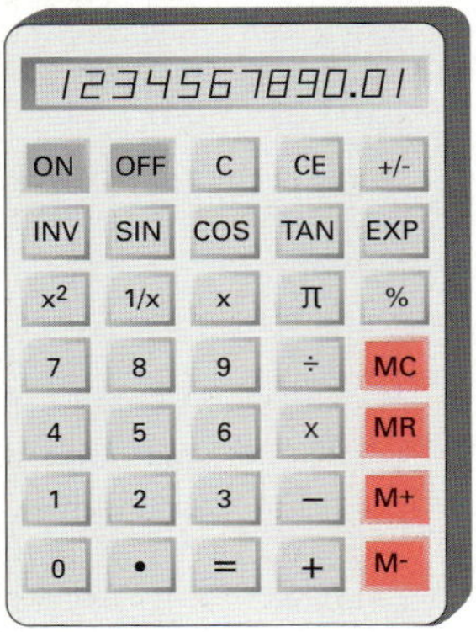

Beispiel

Berechnung des Terms $3 \cdot 5 + 4 \cdot (2 - 3 \cdot 4)$

Tastenfolge	Rechenschritt	Anzeige
ON	einschalten	0
3	3	3
×	3	3
5	$3 \cdot 5$	5
M+	in den Speicher	15
3	3	3
×	3	3
4	$3 \cdot 4$	4
+/-	$3 \cdot (-4)$	-4
+	$+ (-3 \cdot 4)$	-12
2	$2 - 3 \cdot 4$	2
×	$(2 - 3 \cdot 4)$	-10
4	$4 \cdot (2 - 3 \cdot 4)$	4
M+	Speicher addiert	-40
MR	Speicherinhalt, Ergebnis	-25

Ergebnis: $3 \cdot 5 + 4 \cdot (2 - 3 \cdot 4) = -25$

DV-Grundlagen

DV bedeutet Einsatz von Hard- und Software zur Lösung von Aufgaben.

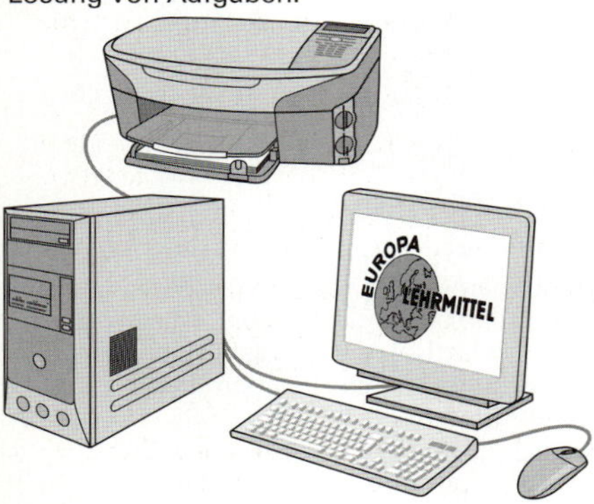

PC mit Tastatur, Monitor, Maus und Drucker, erweiterbar mit Flachbettscanner, Lichtgriffel, Digitalisierungsgerät, Lesestift und Lautsprecher

Bildschirmgrößen (Farbbildschirm)

15 Zoll-Diagonale	38,10 cm
17 Zoll-Diagonale	43,18 cm
19 Zoll-Diagonale	48,26 cm

Konfiguration einer Datenverarbeitungsanlage (DVA)

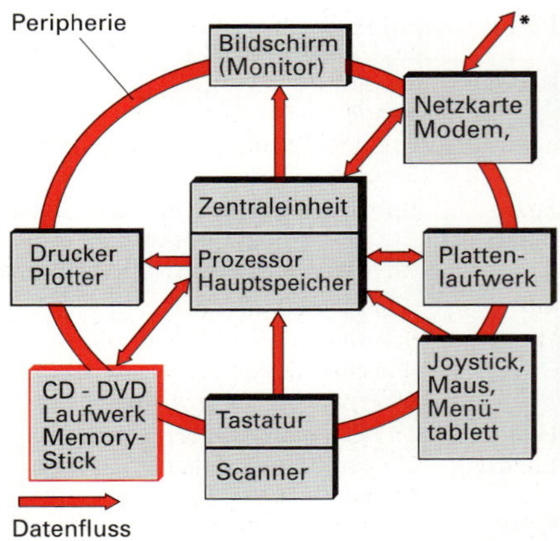

* Verbindung der DVA mit anderen Rechnern (Server, Internet)

DV- und Netzwerkbegriffe

Betriebssoftware		Anwendersoftware	
Betriebssysteme: z.B. MS-DOS© UNIX©, LINUX© Grafische Betriebs-erweiterungen (Benutzeroberflächen): z.B. WINDOWS-VISTA	Übersetzer-programme: Compiler, Interpreter Dienstprogramme: z.B. Editor, Debugger Organisations-programme: z.B. Linker, Treiber	Textverarbeitung Tabellenkalkulation Datenverwaltung Kontenverwaltung Finanzbuchhaltung CAD- Programme FEM-Programme	Programmier-sprachen: z.B. Fortran, C, Pascal, Basic, JAVA, HTML, Assembler

Glossar

Bit	(engl.: binary digit) Dualziffer. Kleinste Informationseinheit in der CPU (0 oder 1)
Bluetooth	Drahtlose Datenübertragung per Funknetz
Browser	Programm zur Erstellung von Internetseiten
Byte	Dualzahl bestehend aus acht Bits
CD	Compakt-Disk zur Speicherung großer Datenmengen
CPU	(engl.: central processing unit) Mikroprozessor mit Rechen- und Leitwerk, RAM und ROM
Dateien (Files)	mit Namen versehene abrufbare Einheiten auf Datenträgern, welche sortierte Datenmengen enthalten. (Textdateien, Binärdateien usw.)
Domain	Teilnetze im Internet. Z.B. .de als Endung (für Deutschland)
Drucker	Ausgabegerät für Texte
DSL	Digital Subscriber Line; Hochgeschwindigkeits-Internetverbindung
E-Mail	elektronische Post. Einrichtung innerhalb des Internets zum Empfangen und Senden von Texten und Dateien
Festplatte	starre Magnetscheibe zur Daten- und Programmspeicherung, welche i.a. fest in ein Laufwerk eingebaut ist.
GB	Gigabyte (1024 MB)
Hardware	Sammelbezeichnung für alle physikalischen Bestandteile einer Datenverarbeitungsanlage
Hauptplatine	Grundbaustein (Karte) im PC mit CPU und Steckplätzen für weitere Karten
HTML	(engl.: Hyper Text Markup Language) Format für Internetseiten
Internet	weltweite Kommunikationsmöglichkeit über Router, Telefonleitung und Provider mit anderen PC-Anwendern
ISDN	(engl.: Integrated Services Digital Network) Internationaler Standard für digitale Datennetze
KB	KiloByte (1024 Byte)
LAN	(engl.: Local Area Network) Auf ein Gebäude beschränktes lokales Computernetz
MB	Megabyte (1024 KB)
Notebook (Laptop)	tragbarer PC mit Bildschirm im aufklappbaren Deckel
Online	mit dem Internet verbunden
Plotter	grafisches Ausgabegerät
RAM	(engl.: Random Access Memory) Direktzugriffsspeicher. Schreib- und Lesespeicher. Teil der CPU
ROM	(engl.: Read Only Memory) Nur-Lese-Speicher. Teil der CPU
Router	Gerät zum Verbinden lokaler Netzwerke an andere Netze (auch an Internet)
Scanner	grafisches Eingabegerät
Schnittstelle	Anschluss für Peripheriegeräte an den PC (Hardwareschnitttstelle).
Slots	freie Steckplätze für den Einbau weiterer Karten (Sound, Grafik)
Software	Sammelbezeichnung für alles in einer Datenverarbeitungsanlage speicherbare geistige Gut
Spam	unerwünschtes E-Mail
USB	(engl.: Universal Serial Bus) serielle Schnittstelle
Viren	eingeschleuste Programme zur Schädigung der Software eines Computers
WLAN	(engl.: Wireless LAN) Drahtloses Lokales Netzwerk
WWW	(engl.: World Wide Web) Weltweites Netz, Internet

1.10 Funktionen und Diagramme

Definition

Eine Funktion ist eine Abbildung mit einer Rechenvorschrift, die jedem Element der Menge A (Ausgangsmenge, Definitionsbereich) genau ein Element der Menge Z (Zielmenge, Bildbereich) zuordnet. Funktionen sind eindeutig.

$$f: \begin{cases} A \rightarrow Z \\ x \mapsto y \end{cases} \qquad \begin{matrix} A, Z \text{ Mengen} \\ x \in A, y \in Z \text{ Elemente} \end{matrix}$$

Der Begriff Abbildung ist allgemeiner gefasst, während der Begriff Funktion häufig nur bei Beschränkung der Mengen A und Z auf Teilmengen der reellen Zahlen verwendet wird.

$$y = f(x), \quad x \in A \subset \mathbb{R}, \quad y \in Z \subset \mathbb{R}$$

Durch die Funktionsgleichung $y = f(x)$ mit der unabhängigen Variablen x und der abhängigen Variablen y wird die Zuordnung der Elemente von A und Z formelmäßig hergestellt.

Z umfasst die Bildmenge B:

$$B := \{y \mid y = f(x) \wedge x \in A\} \subset Z$$

Symbolisch: $B := f(A) \subset Z$

Graph einer Funktion

Der Graph einer Funktion ist die Darstellung der Paarmenge $\{(x, y) \mid x \in A \wedge y = f(x)\}$ in einem Koordinatensystem.

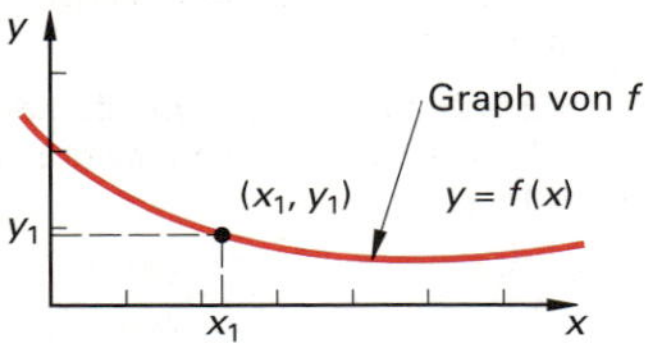

Polynomfunktionen

$f: x \mapsto a_0 + a_1x + a_2x^2 + \ldots + a_nx^n$ mit den Konstanten $a_0, a_1, \ldots, a_n \in \mathbb{R}$ und $a_n \neq 0$ heißt Polynomfunktion n-ten Grades. Dabei ist n eine feste natürliche Zahl.

Verlauf des Graphen einer Polynomfunktion für $|x| \rightarrow \infty$:

ungeraden Grades | geraden Grades

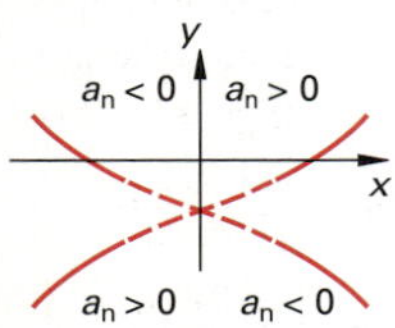

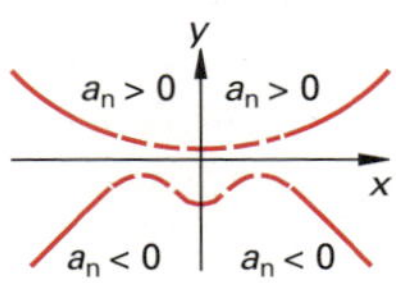

Elementare Polynomfunktionen

- Konstante Funktion
  $f: x \mapsto a_0 \qquad y = f(x) = a_0$
- Proportionale Funktion
  $f: x \mapsto a_1x \qquad y = f(x) = a_1x$
- Lineare Funktion
  $f: x \mapsto a_1x + a_0 \qquad y = f(x) = a_1x + a_0$
- Potenzfunktion
  $f: x \mapsto a_nx^n \qquad y = f(x) = a_nx^n$

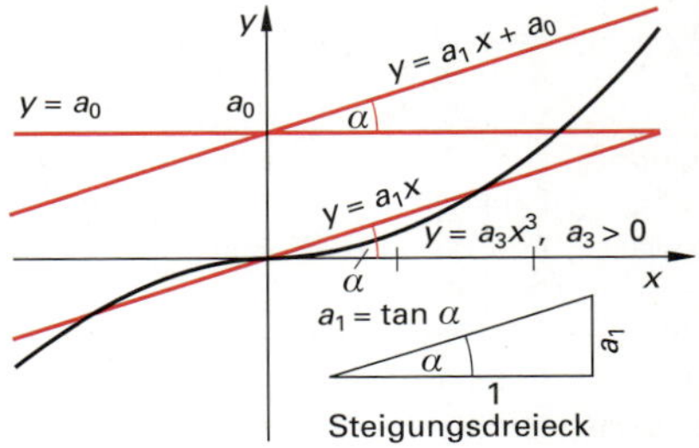

Rationale Funktionen

$$f: x \mapsto \frac{g(x)}{h(x)}, \qquad y = f(x) = \frac{g(x)}{h(x)}$$

g und h sind Polynomfunktionen.

Der Quotient f heißt rationale Funktion.

Beispiele		
$f(x) = \frac{1}{x}$	$f(x) = \frac{x}{1+x}$	$f(x) = \frac{x^2-1}{x+1}$

Eine rationale Funktion heißt echt gebrochen, wenn der Grad des Nennerpolynoms größer ist als der Grad des Zählerpolynoms, sonst heißt die rationale Funktion unecht gebrochen.

An den Nullstellen des Nennerpolynoms ist die rationale Funktion nicht definiert.

Wurzelfunktionen

$f: x \mapsto \sqrt[n]{x}$ mit $n \in \mathbb{N}^*$.

Wurzelfunktionen sind Umkehrfunktionen bzw. inverse Funktionen zu den Potenzfunktionen.

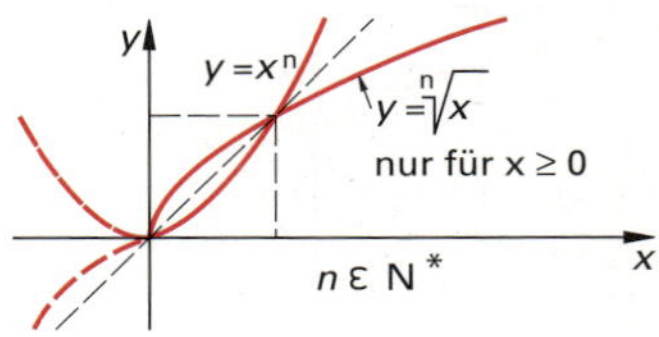

Trigonometrische Funktionen

Trigonometrische Funktionen sind Winkelfunktionen. ▶ S. 26.

$f: x \mapsto \sin x$	Sinusfunktion
$f: x \mapsto \cos x$	Kosinusfunktion
$f: x \mapsto \tan x$	Tangensfunktion
$f: x \mapsto \cot x$	Kotangensfunktion

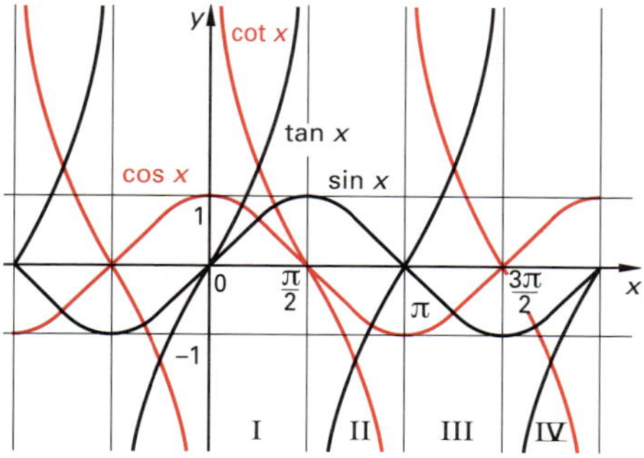

Arkusfunktionen

Arkusfunktionen sind Umkehrfunktionen bzw. inverse Funktionen zu den trigonometrischen Funktionen. Sie heißen auch zyklometrische Funktionen. Bei der Umkehrung wird die Bildmenge der trigonometrischen Funktion zur Ausgangsmenge der zugeordneten Arkusfunktion. Zur Erfüllung der Eindeutigkeit ist diese Menge auf ein Intervall zu beschränken.

Trigonometrische Funktion	Arkusfunktion (Umkehrfunktion)
$y = \sin x$ $\quad -\frac{\pi}{2} \le x \le +\frac{\pi}{2}$	$y = \text{arc} \sin x$ $\quad -1 \le x \le 1$
$y = \cos x, \quad 0 \le x \le \pi$	$y = \text{arc} \cos x$ $\quad -1 \le x \le 1$
$y = \tan x$ $\quad -\frac{\pi}{2} \le x \le +\frac{\pi}{2}$	$y = \text{arc} \tan x, \quad x \in \mathbb{R}$
$y = \cot x, \quad 0 \le x \le \pi$	$y = \text{arc} \cot x, \quad x \in \mathbb{R}$

Mit der Beschränkung auf die Intervalle gilt

① $y = \text{arc} \sin x$ ③ $y = \text{arc} \tan x$
② $y = \text{arc} \cos x$ ④ $y = \text{arc} \cot x$

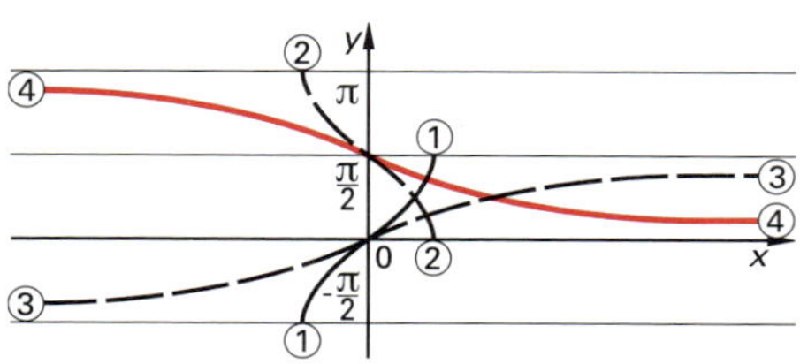

Exponentialfunktionen

$f: x \mapsto a^x, \quad y = a^x$ mit $a > 0$.

Für $a > 1$ steigt die Funktion mit wachsendem x kontinuierlich an (streng wachsend).

Für $a < 1$ fällt die Funktion mit wachsendem x kontinuierlich ab (streng fallend).

Für $a = 1$ ist die Funktion konstant.

Die spezielle Exponentialfunktion

$$f: x \mapsto e^x, \qquad y = \exp x = e^x$$

mit der **Euler'schen Zahl $e = 2{,}718\,281\,828\ldots$** hat in der Mathematik eine besondere Bedeutung.

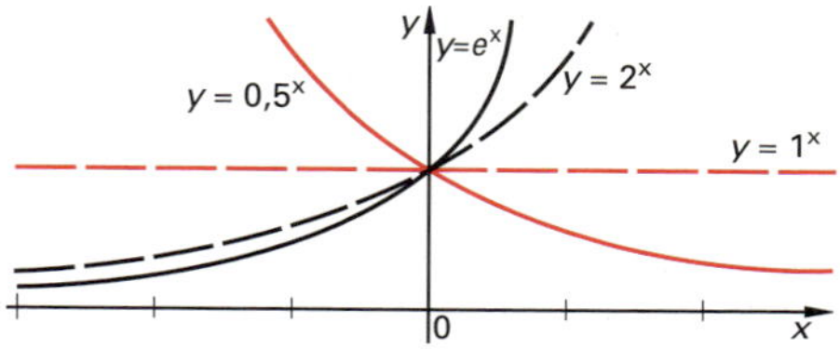

Logarithmusfunktionen

Logarithmusfunktionen sind Umkehrfunktionen zu den Exponentialfunktionen.

$f: x \mapsto \log_a x$ mit $x > 0, a > 0$ und $a \neq 1$.

Es gilt die Aussage

$$y = \log_a x \iff x = a^y.$$

Die Umkehrfunktion zur speziellen Exponentialfunktion heißt natürlicher Logarithmus:

$$y = \ln x \iff x = e^y.$$

Die Umkehrfunktion zur Exponentialfunktion mit der Basis $a = 10$ heißt Brigg'scher oder dekadischer Logarithmus:

$$y = \lg x \iff x = 10^y.$$

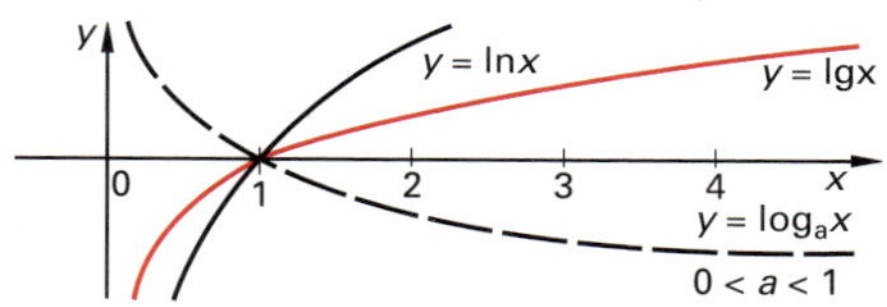

Hyperbelfunktionen

$f: x \mapsto \sinh x$	Hyperbelsinusfunktion
$f: x \mapsto \cosh x$	Hyperbelkosinusfunktion
$f: x \mapsto \tanh x$	Hyperbeltangensfunktion
$f: x \mapsto \coth x$	Hyperbelkotangensfunktion

$$\sinh x = \frac{e^x - e^{-x}}{2} \qquad \cosh x = \frac{e^x + e^{-x}}{2}$$

$$\tanh x = \frac{\sinh x}{\cosh x} \qquad \coth x = \frac{\cosh x}{\sinh x}$$

1

Diagramme mit quantitativer Darstellung

► Netze, Achsen, Kurven S. 101

- **Diagramme mit Netzlinien**

  Die Achsen erhalten eine bezifferte Teilung (Skala).

- **Skalen**

  Die Achsen werden durch von unten lesbare Zahlenwerte beziffert. Die negativen Werte werden mit einem Minuszeichen versehen. Die Zahlen bei den Netzlinien werden an den linken und an den unteren Rand außerhalb des Koordinatensystems geschrieben.

  Merkmale mit metrischen Skalen heißen quantitative Merkmale. Merkmale mit Nominal- oder Ordinalskalen heißen qualitative Merkmale.

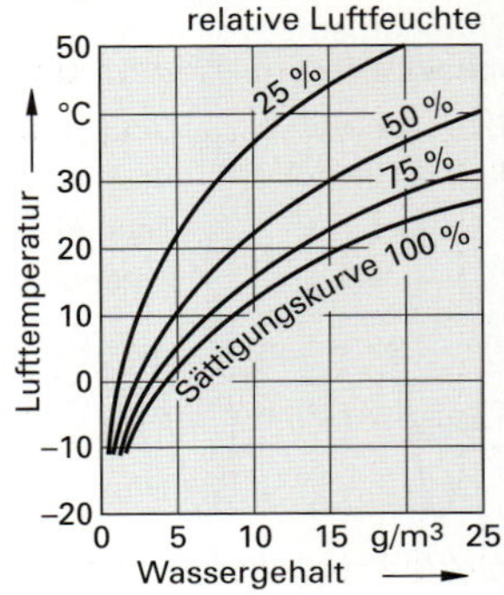

- **Größenangaben**

  Formelzeichen oder Namen der Größen sitzen am Beginn der Pfeile außerhalb des Diagramms. Diese sollen ohne Drehen des Diagramms gelesen werden können. Namen können an der senkrechten Achse von rechts lesbar sein.

- **Einheiten**

  Die Zeichen für die Einheiten stehen zwischen den beiden letzten Zahlen am rechten Ende der Abszisse bzw., am oberen Ende der Ordinate.

  Bei Platzmangel kann die letzte Zahl entfallen.

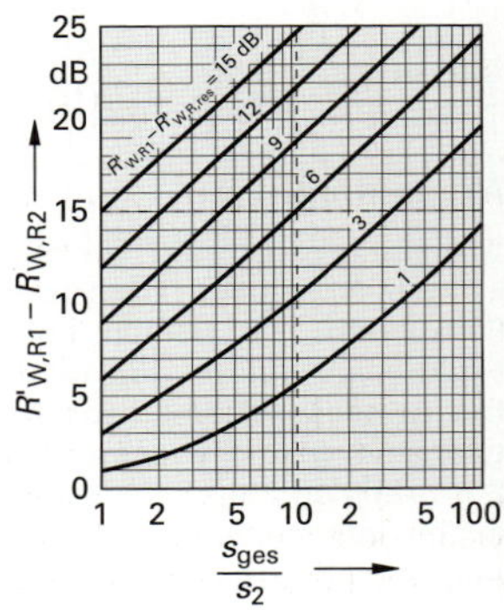

- **Kurvenschar**

  Sind mehrere Kurven in einem Diagramm, so wird jede Kurve mit ihrem Parameter (Formelzeichen, Beschriftung usw.) versehen.

- **Teilung der Achsen**

  Die Achsen können unterschiedlich geteilt sein, z.B. Nullpunkt und ein Teilbereich weggelassen oder das Netz unterbrochen sein. Bei logarithmischer Teilung müssen die Zehnerpotenzen angegeben werden. Für dazwischen liegende Werte reicht eine verkürzte Zahlenangabe.

Nomogramme

- **Netztafeln**

  Der Zusammenhang von drei und mehr Größen wird in Netztafeln dargestellt.

  Bei logarithmischer Teilung von beiden Achsen führt ein proportionaler und umgekehrt proportionaler Zusammenhang zu einer geraden Linie.

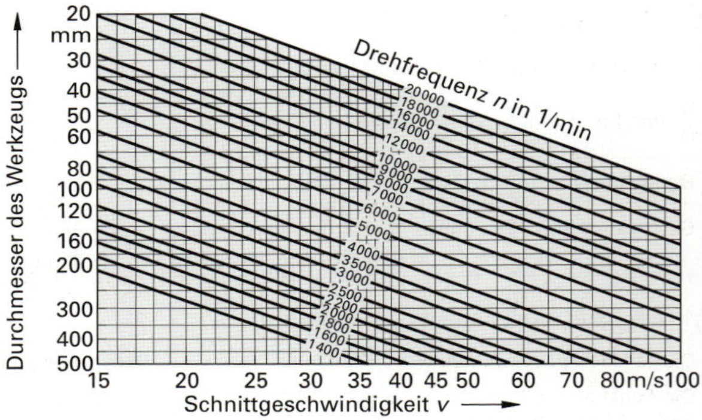

- **Leitertafeln**

  Leitertafeln (hier drei gerade Leitern mit $U = 50$ und $R = 1{,}2$ somit $I = 41{,}\overline{6}$) ermöglichen den Zusammenhang von drei Größen abzulesen.

  Parallele, logarithmisch geteilte Skalen in gleichem Abstand.

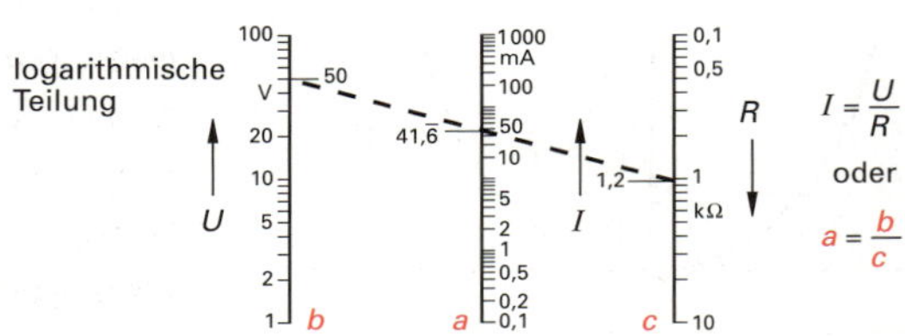

$$I = \frac{U}{R}$$

oder

$$a = \frac{b}{c}$$

1.11 Differenzialrechnung

Ableitung einer Funktion

Die Differenzialrechnung behandelt die Ableitung von Funktionen.

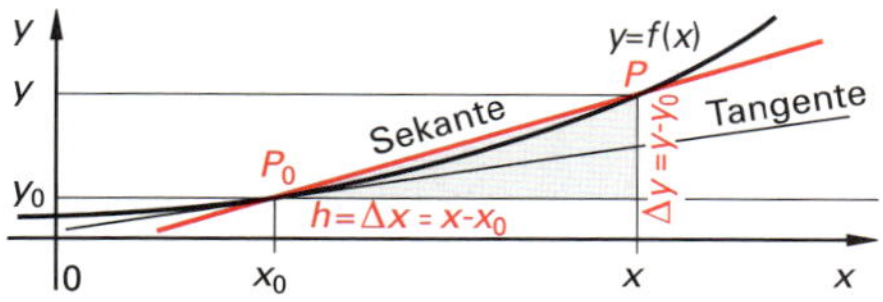

Die Steigung der Sekante, welche durch die Punkte P_0 (x_0, y_0) und P (x, y) einer Funktion $y = f(x)$ geht, heißt Differenzenquotient:

$$m = \frac{f(x) - f(x_0)}{x - x_0} = \frac{y - y_0}{x - x_0} = \frac{\Delta y}{\Delta x}$$

Rückt der Punkt P (x, y) immer näher an den Punkt P_0 (x_0, y_0) heran, so wird im Grenzübergang ($x \to x_0$ bzw. $\Delta x \to 0$) – sofern sich dieser bilden lässt – aus der Sekante eine Tangente im Punkt P_0 mit der Tangentensteigung:

$$m = \lim_{h \to 0} \frac{f(x_0 + h) - f(x_0)}{h} = \frac{dy}{dx}\bigg|_{x_0} = y'(x_0).$$

Die Tangentensteigung m entspricht der Ableitung der Funktion $y = f(x)$ an der Stelle x_0.
Eine Funktion heißt differenzierbar (ableitbar), wenn sie an jeder Stelle bzw. für jedes Element ihrer Ausgangsmenge eine Ableitung besitzt.

$$y' = f'(x) = \frac{dy}{dx} = \lim_{h \to 0} \frac{f(x + h) - f(x)}{h}$$

$y' = f'(x)$ heißt Ableitung der Funktion f.

$\frac{dy}{dx}$ wird auch Differenzialquotient genannt.

Beispiel

Gesucht ist die Ableitung der Funktion $y = f(x) = x^2$.

$$y' = \lim_{h \to 0} \frac{(x + h)^2 - x^2}{h} = \lim_{h \to 0} \frac{x^2 + 2hx + h^2 - x^2}{h}$$

$$= \lim_{h \to 0} (2x + h) = 2x.$$

Die Ableitung der Funktion $y = x^2$ ist $y' = 2x$.

Die Funktion $g(x)$ mit der Eigenschaft $g(x) = f'(x)$ heißt Ableitungsfunktion.

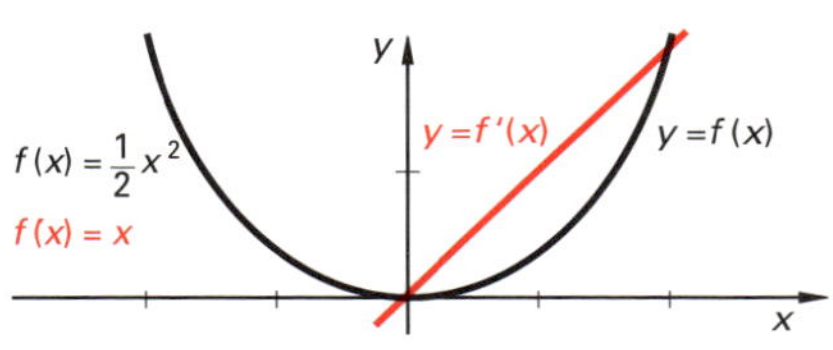

Funktion y	Ableitung y'	Funktion y	Ableitung y'
a_0	0	$\sin x$	$\cos x$
x	1	$\cos x$	$-\sin x$
x^2	$2x$	$\tan x$	$1 + \tan^2 x$
x^n	nx^{n-1}	$\cot x$	$-1 - \cot^2 x$
$\frac{1}{x}$	$-\frac{1}{x^2}$	$\operatorname{arc\,sin} x$	$\frac{1}{\sqrt{1 - x^2}}$
$\frac{1}{x^n}$	$-\frac{n}{x^{n+1}}$	$\operatorname{arc\,cos} x$	$-\frac{1}{\sqrt{1 - x^2}}$
$\sqrt{x}$	$\frac{1}{2\sqrt{x}}$	$\operatorname{arc\,tan} x$	$\frac{1}{1 + x^2}$
$\sqrt[n]{x}$	$\frac{1}{n\sqrt[n]{x^{n-1}}}$	$\operatorname{arc\,cot} x$	$-\frac{1}{1 + x^2}$
a^x	$a^x \ln a$	$\log_a x$	$\frac{1}{x \ln a}$
e^x	e^x	$\ln x$	$\frac{1}{x}$

Ableitungsregeln

Für Funktionen f, g, h und Konstanten a, b, c:

Begriff	Funktion	Ableitung
konstanter Faktor	$y = af$	$y' = af'$
Summe Differenz	$y = g \pm f$	$y' = g' \pm f'$
Produktregel	$y = g \cdot h$	$y' = g' \cdot h + g \cdot h'$
Quotientenregel	$y = \frac{g}{h}$	$y' = \frac{g' \cdot h - g \cdot h'}{h^2}$
Kettenregel	$y = f(x) = g(u) = g(h(x))$ mit $u = h(x)$ und $f = g \circ h$; $y' = \frac{dy}{dx} = \frac{dy}{du} \cdot \frac{du}{dx}$	
höhere Ableitung	$y'' = (y')'$	

Kurvendiskussion

Die Funktion $y = f(x)$ sei hinreichend oft differenzierbar und als Graph darstellbar.

Nullstellen x_N	$f(x_N)$	$= 0$
Maximum x_M	$f'(x_M)$	$= 0 \wedge f''(x_M) < 0$
Minimum x_M	$f'(x_M)$	$= 0 \wedge f''(x_M) > 0$
Sattelpunkt x_S	$f'(x_S)$	$= 0 \wedge f''(x_S) = 0$
Wendepunkt x_W	$f''(x_W)$	$= 0 \wedge f'''(x_W) \neq 0$

1.12 Integralrechnung

Unbestimmte Integrale

Definition durch Umkehrung der Differenziation:
$(F(x) + C)' = f(x) \quad \Leftrightarrow \quad \int f(x)\,dx = F(x) + C$.

$f(x)$	heißt Integrand
$F(x)$	heißt Stammfunktion von $f(x)$
C	heißt Integrationskonstante und
$F(x) + C$	heißt unbestimmtes Integral von $f(x)$.

$F(x) + C$ mit beliebiger Konstante C bildet die Menge aller Stammfunktionen, die $f(x)$ als Ableitung besitzen. Ist $F(x)$ eine Lösung des Integrals $\int f(x)\,dx$, so ist $F(x) + C$ ebenfalls Lösung.

Integrationsregeln

Für Funktionen f, g, h und Konstanten c, C

- Konstanter Faktor $\int cf\,dx = c \int f\,dx$
- Summe/Differenz
  $\int (g \pm h)\,dx = \int g\,dx \pm \int h\,dx$
- Partielle Integration
  $\int g\,h'\,dx = g\,h - \int g'\,h\,dx$
- Substitution
  $\int f(x)\,dx = \int f(g(u))\,g'(u)\,du$
  mit $f(x) = f(g(u))$ und $x = g(u)$.
- Logarithmische Integration
  $\int \frac{f'}{f}\,dx = \ln|f(x)| + C$

Integrale elementarer Funktionen

Integrand $f(x)$	Integral $\int f(x)\,dx$ (ohne C)	Definitionsbereich (ohne Angabe gilt $x \in \mathbb{R}$)
c	cx	–
x^n	$\frac{x^{n+1}}{n+1}$	$x > 0, n \in \mathbb{R} \wedge n \neq -1$ oder $x \in \mathbb{R} \wedge n \in \mathbb{N}$
$\frac{1}{x}$	$\ln\|x\|$	$x \neq 0$
$\sqrt{x}$	$\frac{2}{3}\sqrt{x^3}$	$x \geq 0$
a^x	$\frac{a^x}{\ln a}$	$a > 0 \wedge a \neq 1$
e^x	e^x	–
$\ln x$	$x \ln x - x$	$x > 0$
$\sin x$	$-\cos x$	–
$\cos x$	$\sin x$	–
$\tan x$	$-\ln\|\cos x\|$	$-\frac{\pi}{2} < x < +\frac{\pi}{2}$
$\cot x$	$\ln\|\sin x\|$	$0 < x < \pi$

Allgemeine Integrale (ohne C)

$\int (ax + b)^n dx = \frac{(ax + b)^{n+1}}{a(n+1)}$ für $n \in \mathbb{Z}, n \neq -1$

$$\int \frac{1}{ax^2 + bx + c} = \begin{cases} \frac{2}{\sqrt{D}} \arctan \frac{2a \cdot x + b}{\sqrt{D}} & \text{für } D > 0 \\ \frac{1}{2\sqrt{-D}} \ln \left| \frac{\sqrt{-D} - b - 2a \cdot x}{\sqrt{-D} + b + 2a \cdot x} \right| & \text{für } D < 0 \\ -\frac{1}{ax + b} & \text{für } D = 0 \end{cases}$$

mit $D = 4a \cdot c - b^2$

$\int \sqrt{x^2 \pm a^2}\,dx = \frac{x}{2}\sqrt{x^2 \pm a^2} \pm \frac{a^2}{2} \ln\left|x + \sqrt{x^2 \pm a^2}\right|$

$\int \sqrt{a^2 - x^2}\,dx = \frac{x}{2}\sqrt{a^2 - x^2} + \frac{a^2}{2} \arcsin \frac{x}{a}$

$\int x^n \ln x\,dx = \frac{x^{n+1}}{n+1} \ln x - \frac{x^{n+1}}{(n+1)^2}$ für $n \neq -1$ und $x > 0$

$\int \frac{\ln x}{x}\,dx = \frac{1}{2}(\ln x)^2$

$\int \sin^2 x\,dx = -\frac{1}{4} \sin 2x + \frac{x}{2}$

$\int \sin x \cdot \cos x\,dx = \frac{1}{2} \sin^2 x$

$\int \tan^2 x\,dx = \tan x - x$

Anwendung der Integrationsregeln

- **Konstanter Faktor und Summe**
  $\int (x^2 + 4 \sin x)\,dx = \frac{1}{3} x^3 - 4 \cos x + C$
- **Partielle Integration**
  $\int \underbrace{\sin x}_{g} \cdot \underbrace{\cos x}_{h'}\,dx = \underbrace{\sin}_{g}\underbrace{{}^2 x}_{h} - \int \underbrace{\cos x}_{g'} \cdot \underbrace{\sin x}_{h}\,dx$
  Ergebnis: $\int \sin x \cdot \cos x\,dx = \frac{1}{2} \sin^2 x + C$
- **Substitution**
  $\int (\tan x + \tan^3 x)\,dx$
  $x = \arctan u, \quad u = \tan x, \quad dx = \frac{1}{1 + u^2}\,du$
  $\int (\tan x + \tan^3 x)\,dx = \int \frac{u + u^3}{1 + u^2}\,du =$
  $\int u\,du = \frac{1}{2} u^2 + C$
- **Rücksubstitution**
  $u = \tan x, \quad \frac{1}{2} u^2 + C = \frac{1}{2} \tan^2 x + C$
  Ergebnis: $\int (\tan x + \tan^3 x)\,dx = \frac{1}{2} \tan^2 x + C$

Bestimmte Integrale

Riemann-Integral

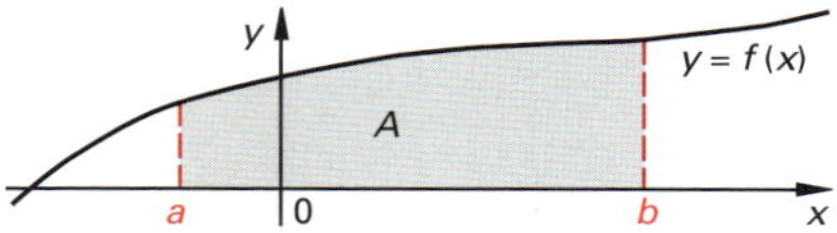

Zur Berechnung der Fläche A, die der Graph der Funktion f mit der x-Achse zwischen a und b einschließt, wird das bestimmte Integral

$$I = \int_a^b f(x)\,dx = F(b) - F(a)$$

gelöst. a heißt untere und b obere Integrationsgrenze. Mit

$[a, b] := \{x \mid x \in \mathbb{R} \wedge a \leq x \leq b\}$

wird das abgeschlossene Intervall bezeichnet, über dem das bestimmte Integral zu berechnen ist. Ist $f(x)$ im Intervall $[a, b]$ nicht negativ, so ist mit $A = I$ der Flächeninhalt bestimmt.

Nach Riemann wird das Intervall $[a, b]$ in n gleiche Teilintervalle mit der Länge $\Delta x = (b - a)/n$ zerlegt.

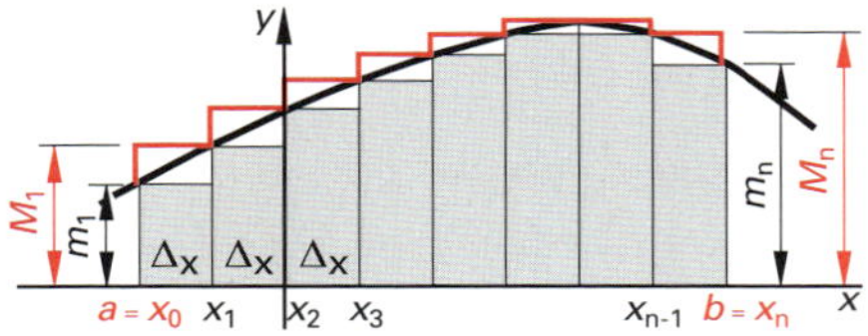

Die durch die obere Treppenlinie begrenzte Fläche heißt Obersumme

$$S_n = \sum_{k=1}^{n} M_k\,\Delta x$$

und die durch die untere Treppenlinie begrenzte Fläche heißt Untersumme

$$s_n = \sum_{k=1}^{n} m_k\,\Delta x. \quad \text{Es gilt } s_n \leqq I \leqq S_n.$$

Im Grenzübergang $n \to \infty$ gilt für stetige Funktionen

$$S = I = s = \int_a^b f(x)\,dx.$$

Im Bereich negativer Funktionswerte $f(x) < 0$ ergeben sich negative Flächeninhalte.

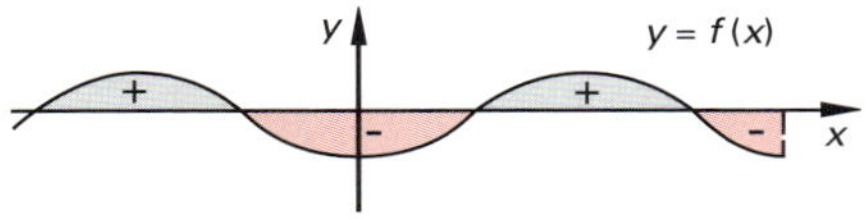

Für bestimmte Integrale verschwindet die Integrationskonstante, ansonsten gelten auch die Integrationsregeln für unbestimmte Integrale.

Rechenregeln für bestimmte Integrale

- Umkehrung des Integrationsweges
  $\int_a^b f(x)\,dx = -\int_b^a f(x)\,dx$
- Zerlegung des Integrationsweges $a < b < c$
  $\int_a^c f(x)\,dx = \int_a^b f(x)\,dx + \int_b^c f(x)\,dx$

Beispiel

Es wird die Fläche unter der Halbwelle einer Sinusfunktion berechnet.

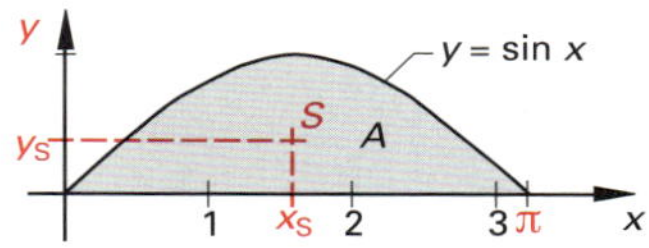

$$A = \int_0^\pi \sin x\,dx = -\cos x\,\Big|_0^\pi$$
$$= (-\cos\pi) - (-\cos 0) = -(-1) - (-1) = \mathbf{2}$$

Anwendungsformeln

- Bogenlänge: $s = \int_a^b \sqrt{1 + y'^2}\,dx$

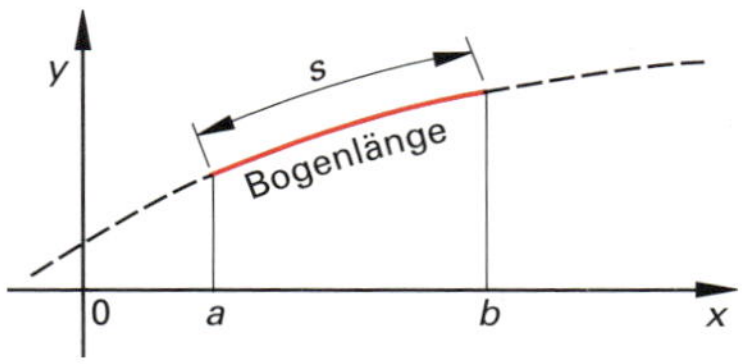

- Fläche: $A = \int_a^b y\,dx$
- Flächenschwerpunkt: $x_s = \dfrac{1}{A}\int_a^b xy\,dx$
  $y_s = \dfrac{1}{2A}\int_a^b y^2\,dx$
- Rotationskörper bei Rotation des Graphen einer Funktion $f(x) \geqq 0$ um die x-Achse:
  Volumen: $V = \pi \int_a^b y^2\,dx$
  Mantelfläche: $M = 2\pi \int_a^b y\sqrt{1 + y'^2}\,dx$
  Es ist jeweils $y = f(x)$ zu setzen.
- Trägheitsmoment einer Fläche A
  Satz von Steiner: $I = I_s + a^2 \cdot A$ ► S. 72
  I_s Trägheitsmoment in Bezug auf den Schwerpunkt (Flächenmoment zweiten Grades)
  a Abstand Bezugsachse zur Schwerpunktachse
  $I_x = \int y^2\,dA, \quad I_y = \int x^2\,dA$

1

1.13 Folgen und Reihen

Definition der Folgen

Sei n eine natürliche Zahl und a_n ein Element der Menge M, dann ist die Abbildung

$$f: \begin{cases} \mathbb{N}^* \to M \\ n \mapsto a_n \end{cases}$$

eine Folge. Eine Folge ist danach eine Abbildung der Menge der natürlichen Zahlen in eine abzählbare Menge M.

Hier werden nur Zahlenmengen $M \subset \mathbb{R}$ betrachtet.

Schreibweise für Folgen:	$(a_n) = a_1, a_2, a_3, \ldots$
Bildungsgesetz:	$a_n = f(n)$
Folgenglied:	a_n mit $n \in \mathbb{N}^*$
Endliche Folgen:	$a_1, a_2, \ldots, a_n$
Grenzwert einer Folge:	$a = \lim\limits_{n \to \infty} a_n$

Definition der Reihen

Als Reihe zu einer Folge (a_n) wird die zugeordnete Folge der Partialsummen (s_n) bezeichnet. Sie wird auch Summenfolge genannt.

$(s_n) = s_1, s_2, s_3, \ldots$ mit

$s_1 = a_1$

$s_2 = a_1 + a_2$

$s_3 = a_1 + a_2 + a_3$ usw.

Auch $\sum\limits_{i=1}^{\infty} a_i$ wird als Reihe bezeichnet:

Endliche Reihe: $s_n = \sum\limits_{i=1}^{n} a_i = a_1 + a_2 + \ldots + a_n$

Grenzwert einer Reihe: $s = \lim\limits_{n \to \infty} s_n = \lim\limits_{n \to \infty} \sum\limits_{i=1}^{n} a_i$

Eigenschaften der Folgen und Reihen

Eine Folge (Reihe) heißt konvergent, wenn sie einen Grenzwert $|a| < \infty$ ($|s| < \infty$) besitzt, sonst heißt sie divergent.

Eine Folge (Reihe) heißt alternierend, wenn $a_n \cdot a_{n+1} < 0$ für alle $n \in \mathbb{N}^*$ gilt.
Eine Folge heißt Nullfolge, wenn $a = 0$ ist.

Leibnizkriterium: Eine alternierende Reihe ist konvergent, wenn die zugehörige Folge (a_n) die Bedingung $|a_n| > |a_{n+1}|$ für alle n erfüllt.

Wichtige Folgen

Zahlenfolge	Bildungsgesetz a_n Grenzwert a
$1, 2, 3, 4, 5, \ldots$	$a_n = n$, divergent
$2, \sqrt{2}, \sqrt[3]{2}, \sqrt[4]{2}, \ldots$	$a_n = \sqrt[n]{2}$, $a = 1$
$\left(\frac{2}{1}\right)^1, \left(\frac{3}{2}\right)^2, \left(\frac{4}{3}\right)^3, \left(\frac{5}{4}\right)^4, \ldots$	$a_n = \left(1 + \frac{1}{n}\right)^n$ $a = e = 2{,}718\ldots$
$1, \sqrt{2}, \sqrt[3]{3}, \sqrt[4]{4}, \sqrt[5]{5}, \ldots$	$a_n = \sqrt[n]{n}$, $a = 1$
$1, 1, 2, 3, 5, 8, 13, \ldots$	Fibonacci-Folge (divergent) $a_n + a_{n+1} = a_{n+2}$
$x, \frac{x^2}{2!}, \frac{x^3}{3!}, \frac{x^4}{4!}, \ldots$	$a_n = \frac{x^n}{n!}$, $a = 0$ für $x \in \mathbb{R}$
$x, x^2, x^3, x^4, \ldots$	$a_n = x^n$, $a = 0$ für $\lvert x \rvert < 1$
$a_n = \frac{5n^3 + 2n^2 - 4}{3n^3 - n + 2}$	$a = \frac{5}{3}$

Wichtige Reihen

$$\frac{\pi}{4} = 1 - \frac{1}{3} + \frac{1}{5} - \frac{1}{7} + - \ldots$$

$$e = 1 + \frac{1}{1!} + \frac{1}{2!} + \frac{1}{3!} + \ldots$$

$$e^x = 1 + \frac{x}{1!} + \frac{x^2}{2!} + \frac{x^3}{3!} + \ldots$$

$$\ln(1+x) = \frac{x}{1} - \frac{x^2}{2} + \frac{x^3}{3} - \frac{x^4}{4} + \ldots \quad -1 < x \leqq 1$$

$$\frac{1}{2} \ln \frac{1+x}{1-x} = x + \frac{x^3}{3} + \frac{x^5}{5} + \frac{x^7}{7} + \ldots \quad -1 < x < 1$$

$$\sin x = x - \frac{x^3}{3!} + \frac{x^5}{5!} - \frac{x^7}{7!} + \ldots$$

$$\cos x = 1 - \frac{x^2}{2!} + \frac{x^4}{4!} - \frac{x^6}{6!} + \ldots$$

$$\tan x = x + \frac{x^3}{3} + \frac{2x^5}{15} + \frac{17x^7}{315} + \ldots \quad x < \frac{\pi}{2}$$

$$\arcsin x = x + \frac{x^3}{2 \cdot 3} + \frac{3x^5}{2 \cdot 4 \cdot 5} + \frac{3 \cdot 5 x^7}{2 \cdot 4 \cdot 6 \cdot 7} + \ldots \quad |x| < 1$$

$$\arctan x = x - \frac{x^3}{3} + \frac{x^5}{5} - \frac{x^7}{7} + \ldots \quad |x| < 1$$

$$\operatorname{arc\,cos} x = \frac{\pi}{2} - \arcsin x$$

$$\operatorname{arc\,cot} x = \frac{\pi}{2} - \arctan x$$

Beispiele

$(a_n) = 1, 2, 3, 4, 5, \ldots$	divergente Folge
$(a_n) = 1, \frac{1}{2}, \frac{1}{3}, \frac{1}{4}, \ldots$	konvergente Folge
$(a_n) = 1, -\frac{1}{2}, \frac{1}{3}, -\frac{1}{4}, \ldots$	alternierende Folge
$s = 1 - \frac{1}{2} + \frac{1}{3} - \ldots$	alternierende Reihe

2 Naturwissenschaften

2.1 Physikalische Größen, Einheiten und Formelzeichen

Nach dem Gesetz über Einheiten im Messwesen sind die SI-Einheiten im Bauwesen nach **DIN 1301** verbindlich vorgeschrieben.

2

Physikalische Grundgrößen mit SI-Basiseinheiten (SI-Systeme International)

Physikalische Größe	Länge	Masse	Zeit	Elektrische Stromstärke	Temperatur	Stoffmenge	Lichtstärke
Einheitenname	Meter	Kilogramm	Sekunde	Ampere	Kelvin	Mol	Candela
Einheitenzeichen	m	kg	s	A	K	mol	cd
Formelzeichen	l, s	m	t	I	T, ϑ	n	I_v

Abgeleitete physikalische Größen mit besonderen SI-Einheitennamen und Zeichen

Physikalische Größe	Kraft	Arbeit, Energie	Mechanische Spannung	Leistung	Elektrische Spannung	Elektrischer Widerstand
Definition	Masse × Beschleunigung	Kraft × Weg	$\frac{\text{Kraft}}{\text{Fläche}}$	$\frac{\text{Arbeit}}{\text{Zeit}}$	$\frac{\text{Leistung}}{\text{Stromstärke}}$	$\frac{\text{Spannung}}{\text{Stromstärke}}$
Einheitenname	Newton	Joule	Pascal	Watt	Volt	Ohm
Einheitenzeichen	N	J	Pa	W	V	Ω
Beziehung	$1\ \text{N} = \frac{1\ \text{kg m}}{\text{s}^2}$	1 J = 1 Nm	$1\ \text{Pa} = 1\ \frac{\text{N}}{\text{m}^2}$	$1\ \text{W} = 1\ \frac{\text{J}}{\text{s}}$	$1\ \text{V} = 1\ \frac{\text{W}}{\text{A}}$	$1\ \Omega = 1\ \frac{\text{V}}{\text{A}}$
Formelzeichen	F	W, E	σ, p	P	U	R

Abgeleitete physikalische Größen

Physikalische Größe	Geschwindigkeit	Beschleunigung	Dichte	Drehmoment	Frequenz, Drehzahl
Definition	$\frac{\text{Weg}}{\text{Zeit}}$	$\frac{\text{Geschwindigkeit}}{\text{Zeit}}$	$\frac{\text{Masse}}{\text{Volumen}}$	Weg x Kraft (Vektor)	$\frac{1}{\text{Zeit}}$
Einheit	m/s	m/s^2	kg/dm^3	Nm	$\frac{1}{\text{s}}$
abgeleitete Einheit	$1\ \text{km/h} = \frac{1}{3{,}6}\ \frac{\text{m}}{\text{s}}$		$1000\ \text{kg/m}^3$		$1\ \text{Hz (Hertz)} = \frac{1}{\text{s}}$
Formelzeichen	v	a	ϱ	M	f, n

SI-Vorsätze zur Bezeichnung von Vielfachen der SI-Einheiten

Name	Deka	Hekto	Kilo	Mega	Giga	Tera	Peta	Exa	Zetta	Yotta
Zeichen	da	h	k	M	G	T	P	E	Z	Y
Faktor	10^1	10^2	10^3	10^6	10^9	10^{12}	10^{15}	10^{18}	10^{21}	10^{24}

SI-Vorsätze zur Bezeichnung von Teilen der SI-Einheiten

Name	Dezi	Zenti	Milli	Mikro	Nano	Piko	Femto	Atto	Zepto	Yocto
Zeichen	d	c	m	µ	n	p	f	a	z	y
Faktor	10^{-1}	10^{-2}	10^{-3}	10^{-6}	10^{-9}	10^{-12}	10^{-15}	10^{-18}	10^{-21}	10^{-24}

Beispiel		Beispiele
Länge l = 200 m	$l = \{l\} \cdot [l]$	1 km = 1 Kilometer = 10^3 m = 1 000 m
Physikalische Größe:	Länge l = 200 m	1 kN = 1 Kilonewton = 10^3 N = 1 000 N
Zahlenwert von l:	$\{l\}$ = 200	1 MPa = 1 Megapascal = 10^6 Pa = 1 000 000 Pa
Einheit von l:	$[l]$ = 1 m	1 ns = 1 Nanosekunde = 10^{-9} s = 0,000 000 001 s

Mathematische Einheiten, Umrechnung mathematischer Größen ▶ S. 8

2.2 Physikalische Grundlagen

Masse

Die Masse m beschreibt die Eigenschaft eines Körpers, die sich sowohl in Trägheitswirkungen gegenüber einer Änderung seines Bewegungszustandes als auch in der Anziehung auf andere Körper äußert.

$$\varrho = \frac{m}{V}$$

$$m = \varrho \cdot V$$

$$V = \frac{m}{\varrho}$$

ϱ Dichte in kg/dm³
m Masse in kg
V Volumen in dm³

Dichte (Werte ▶ S. 78 … 84)

2 Die Dichte ϱ ist der Quotient aus Masse m und Volumen V. Wegen der Wärmeausdehnung ist die Dichte temperaturabhängig. Bei porigen Stoffen und Haufwerken sind unterschiedliche Volumina zu beachten.

Reindichte	Feststoffvolumen
Rohdichte	Volumen des Feststoffes einschließlich von außen unzugänglicher Poren
Raumdichte	Volumen des Feststoffes einschließlich aller Hohlräume
Schüttdichte	Volumen nach lockerer Schüttung ohne Verdichtung

Kraft

Die Kraft F (englisch: force) ist eine nicht sichtbare physikalische Größe. Kräfte verursachen Wirkungen, und zwar Beschleunigungen und Formänderungen. ▶ S. 61

$$F = m \cdot a$$

$$a = \frac{F}{m}$$

Newton'sches Gesetz

Die Beschleunigung a (englisch: acceleration), die ein Körper erfährt, ist der einwirkenden Kraft proportional und erfolgt in der Richtung, in der die Kraft einwirkt.

$$F_G = m \cdot g$$

$$m = \frac{F_G}{g}$$

Gewichtskraft

Die Gewichtskraft F_G eines Körpers hat ihre Ursache in der Anziehung durch die Erde. Die Gewichtskraft F_G ist das Produkt aus der Masse des Körpers und der Fallbeschleunigung. ▶ S. 47

Beispiel

Ein Fahrzeug mit einer Masse von 1500 kg wird durch eine Antriebskraft F von 3000 N angetrieben. Wie groß ist die Beschleunigung?

$$a = \frac{F}{m} \quad \Rightarrow \quad a = \frac{3000\ \text{N}}{1500\ \text{kg}} = \frac{3000\ \text{kgm/s}^2}{1500\ \text{kg}} = \mathbf{2{,}0\ m/s^2}$$

Die Beschleunigung beträgt 2,0 m/s².

F Kraft in N
a Beschleunigung in m/s²
F_G Gewichtskraft in N
m Masse in kg
g Fallbeschleunigung 9,81 m/s² ≈ 10 m/s²

Reibung

Bei einer Bewegung tritt in der Kontaktfläche ein Widerstand, die Reibungskraft, auf. Diese ist vor Beginn der Bewegung am größten (Haftreibung) und nimmt während der Bewegung ab (Gleitreibung, Rollreibung). Die Reibungskraft F_R ist abhängig von der senkrecht zur Berührungsfläche wirkenden Kraft F_N und der materialabhängigen Reibungszahl μ.

Coulomb'sches Gesetz

$$F_R = \mu \cdot F_N$$

F_R Reibungskraft in N
F_N senkrecht wirkende Kraft in N
μ Reibungszahl

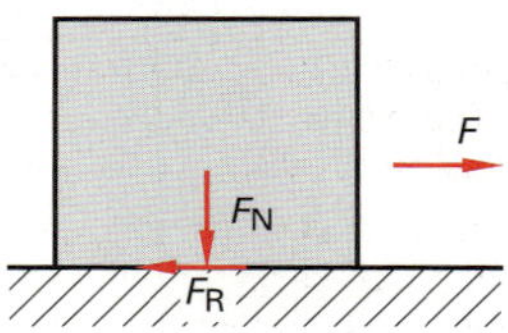

Reibungszahlen

Reibungsart	Beispiel	Reibungszahl μ
Haftreibung	Stahl auf Beton	0,35
Haftreibung	Stahl auf Stahl	0,2 … 0,3
Haftreibung	Stahl auf Holz	0,5
Haftreibung	Holz auf Holz	0,5 … 0,6
Gleitreibung	Stahl auf Beton Reifen auf Asphalt	0,20 0,2 … 0,6
Rollreibung	Wälzlager Luftreifen auf Asphalt	≈ 0,002 ≈ 0,015

Kohäsion (Zusammenhangskraft)

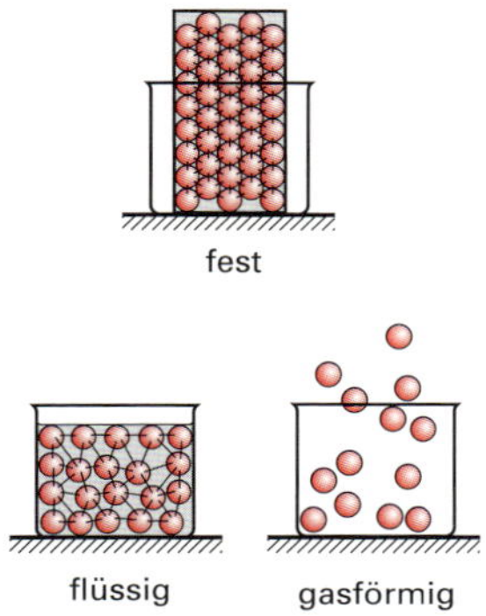

Die Anziehungskräfte zwischen den Molekülen eines Stoffes werden als Kohäsion bezeichnet. Die Größe dieser Molekularkräfte ergibt den Zusammenhang eines Stoffes oder Körpers und damit auch seine Zustandsform (Aggregatzustand). Diese lassen sich durch Energiezufuhr oder Energieentzug ineinander überführen ► S. 52.

Feste Stoffe:	Große Kohäsion – Moleküle befinden sich in einer bestimmten Anordnung innerhalb eines Stoffes. Durch äußere Krafteinwirkung verformen sich diese Körper oder dehnen sich bei Wärmezufuhr aus.
Flüssige Stoffe: (Flüssigkeiten)	Geringe Kohäsion – Moleküle können ihren Platz innerhalb eines Körpers ändern.
Gasförmige Stoffe: (Gase)	Keine Kohäsion Moleküle streben auseinander (Expansion)

Adhäsion (Anhangskraft)

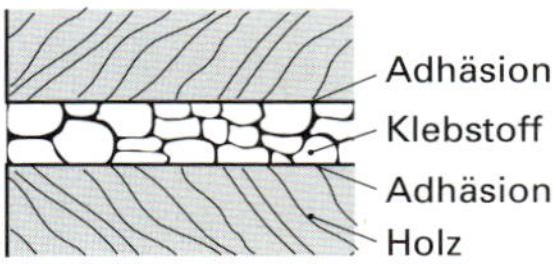

Die Anziehungskräfte der Moleküle verschiedener Stoffe wird als Adhäsion bezeichnet. Dadurch können Körper aus verschiedenen Stoffen aneinander haften.

Beispiele:
- Klebstoffe auf Fügeteile
- Lacke auf Holzoberflächen
- Putz auf Untergrund

Die Anhangskraft wirkt nicht zwischen allen Stoffen.

Oberflächenspannung

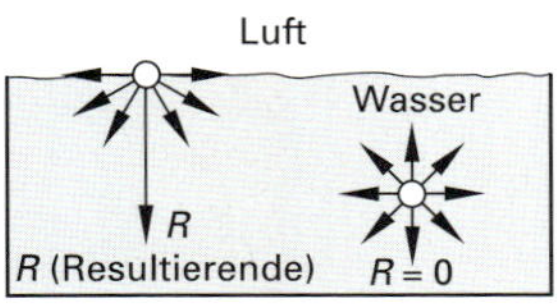

Die Kohäsionskräfte zwischen den Molekülen an der Oberfläche einer Flüssigkeit wirken verstärkt nach innen und verkleinern dadurch die Oberfläche.

Große Kohäsion einer Flüssigkeit bewirkt auch eine große Oberflächenspannung.

Die Oberflächenspannung beeinflusst die Benetzungs- und Fließfähigkeit einer Flüssigkeit, z. B. Klebstoff in Leimfuge.

Kapillarität (Haarröhrchenwirkung)

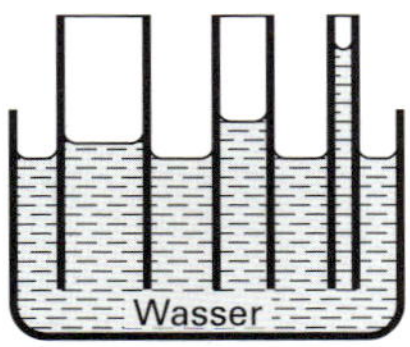

Das Verhalten von Flüssigkeiten in Kapillaren und feinen Poren von Körpern wird als Kapillarität bezeichnet.

Die kapillare Steighöhe hängt von der Wechselwirkung zwischen der Kohäsion der Flüssigkeit, der Adhäsion der verschiedenen Stoffe und den Kapillardurchmessern bzw. den Porengrößen ab.

Die Kapillarität ist die Ursache für das Aufsteigen von Wasser in Baukörpern und in feinkörnigen Böden.

Viskosität

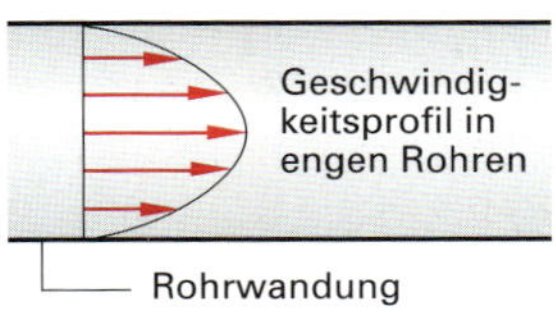

Die Viskosität (Zähigkeit) ist ein Maß für den inneren Widerstand einer Flüssigkeit. Diese Widerstandskraft entsteht durch Reibung zwischen den bewegten Molekülen als Folge von Kohäsionskräften.

Flüssigkeiten mit hoher Viskosität (Klebstoffe) sind zähflüssig, mit niedriger Viskosität (Wasser) dünnflüssig. Die Viskosität ist temperaturabhängig, mit steigender Temperatur nimmt sie ab ► S. 350.

2.3 Gleichförmige und beschleunigte Bewegung

Gleichförmig geradlinige Bewegung

Die gleichförmig geradlinige Bewegung beschreibt die Bewegung eines Körpers mit konstanter Geschwindigkeit auf einer geraden Strecke.

$$v = \frac{s}{t}$$

$$s = v \cdot t$$

$$t = \frac{s}{v}$$

v Geschwindigkeit in m/s
s Wegstrecke in m
t Zeitspanne in s

Wichtige Umrechnungen

1 h = 60 min = 60 · 60 s = 3600 s

$$1\ \text{km/h} = \frac{1000\ \text{m}}{3600\ \text{s}} = \frac{1}{3{,}6}\ \text{m/s}$$

1 m/s = 3,6 km/h

Beispiel

Ein Fahrzeug fährt vom Anfang einer Straße mit einer Geschwindigkeit von 54 km/h. Welche Strecke legt es in 4,0 Minuten zurück?

$v = 54\ \text{km/h} = 54\ \text{km/h} \cdot \frac{1\ \text{m/s}}{3{,}6\ \text{km/h}}$ = **15 m/s**

$t = 4{,}0\ \text{min} = 4{,}0\ \text{min} \cdot 60\ \text{s/min}$ = **240 s**

$s = v \cdot t \Rightarrow s = 15\ \text{m/s} \cdot 240\ \text{s}$ = **3600 m**

Die Abhängigkeiten zwischen der zurückgelegten Strecke, der Geschwindigkeit und der Zeit sind in den Diagrammen dargestellt.

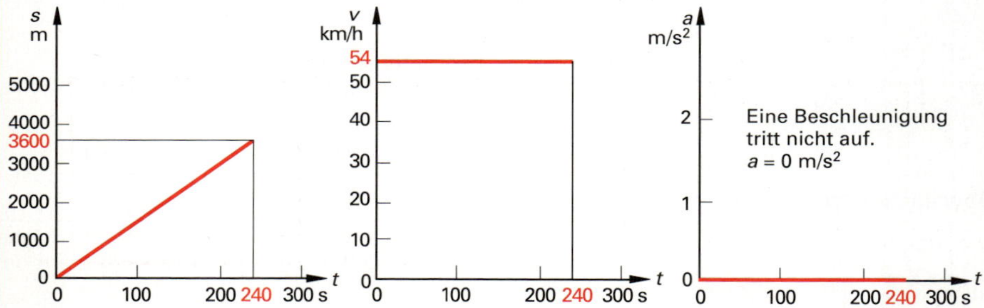

Gleichförmige Kreis- oder Drehbewegung

Die gleichförmige Kreis- oder Drehbewegung beschreibt die gleichmäßige Drehung von Kreisen um eine Achse (Rad, Kreissägeblatt usw.). Bei der Drehbewegung weisen die von der Achse weiter entfernten Punkte eine größere Umfangsgeschwindigkeit als die näher liegenden Punkte mit einer kleineren Umlaufbahn auf. Alle kreisenden Punkte haben die gleiche Umlaufzeit und die gleiche Drehzahl (Anzahl der Umdrehungen in der Zeiteinheit).

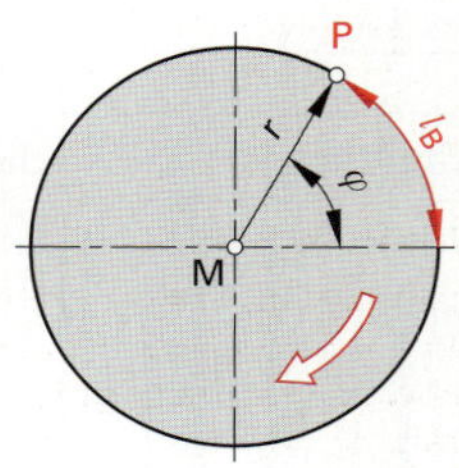

$$n = \frac{1}{t_u}$$

$$v = 2 \cdot \pi \cdot r \cdot n$$

$$\omega = 2 \cdot \pi \cdot n$$

$$v = r \cdot \omega$$

$$\varphi = \omega \cdot t$$

$$l_B = \varphi \cdot r$$

t_u Umlaufzeit in s
n Drehzahl in 1/s oder Hertz (Hz)
v Umfangsgeschwindigkeit in m/s
ω Winkelgeschwindigkeit in 1/s
φ Drehwinkel in Bogenmaß
l_B Bogenlänge in m
r Abstand (Drehachse – Punkt) in m
F_z Zentrifugalkraft in N
m Masse in kg

$$F_z = \frac{m \cdot v^2}{r} \qquad F_z = m \cdot \omega^2 \cdot r$$

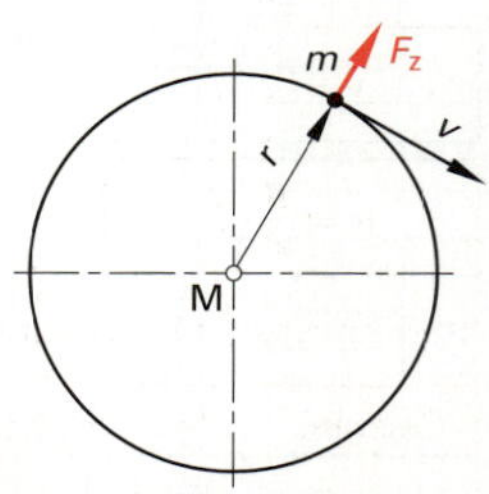

Drehbewegung

Gleichmäßig beschleunigte Bewegung

Die gleichmäßig beschleunigte Bewegung beschreibt die Bewegung eines Körpers mit gleichmäßig zunehmender Geschwindigkeit auf einer geraden Strecke. Die Beschleunigung a ist der Quotient aus der Geschwindigkeitsänderung und der dazu benötigten Zeit. Eine Abnahme der Geschwindigkeit bezeichnet man als Verzögerung, die Beschleunigung bekommt dann einen negativen Wert.

$$\boldsymbol{a = \frac{v_e - v_o}{t}}$$

$$v_e = v_o + a \cdot t$$

$$v_e = \sqrt{v_o^2 + 2 \cdot a \cdot s}$$

$$s = \frac{v_o + v_e}{2} \cdot t$$

$$s = v_o \cdot t + \frac{a \cdot t^2}{2}$$

a Beschleunigung in m/s^2

v_e Endgeschwindigkeit in m/s

v_o Anfangsgeschwindigkeit in m/s

t Zeitspanne in s

s Wegstrecke in m

Beispiel

Ein Fahrzeug bewegt sich vom Zeitpunkt $t_o = 0$ s aus dem Stand $v_o = 0$ m/s mit einer Beschleunigung $a = 1{,}8\ m/s^2$. Wie groß ist die zurückgelegte Strecke und die Geschwindigkeit nach 15 s?

$v_e = v_o + a \cdot t \quad \Rightarrow \quad v_e = 0 + 1{,}8\ m/s^2 \cdot 15\ s = 27\ m/s \cong$ **97,2 km/h**

$s = v_o \cdot t + \frac{a \cdot t^2}{2} \quad \Rightarrow \quad s = 0 + \frac{1{,}8\ m/s^2 \cdot (15\ s)^2}{2} =$ **202,5 m**

$s = \frac{v_o + v_e}{2} \cdot t \quad \Rightarrow \quad s = \frac{0\ m/s + 27\ m/s}{2} \cdot 15\ s =$ **202,5 m**

Die Abhängigkeiten zwischen der zurückgelegten Strecke, der Geschwindigkeit, der Beschleunigung und der Zeit sind in den Diagrammen dargestellt.

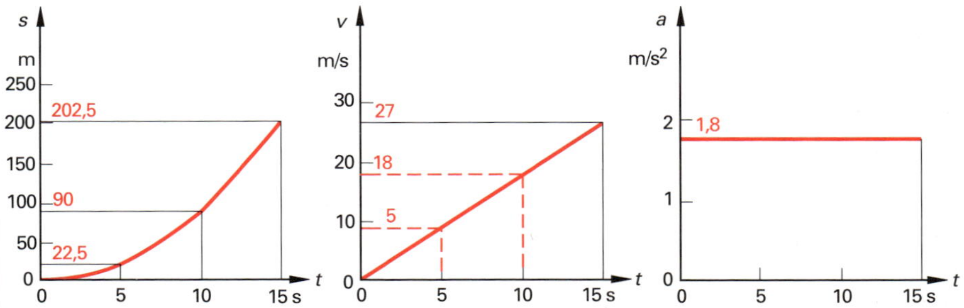

Der freie Fall

Der freie Fall ist die gleichmäßig beschleunigte Bewegung eines Körpers durch die Anziehungskraft der Erde (ohne Luftwiderstand). Die Fallbeschleunigung bezeichnet man mit g, die Anfangsgeschwindigkeit beträgt $v_o = 0$. Durch die Anziehungskraft der Erde erhält jede Masse ihre Gewichtskraft.

$$v = g \cdot t$$

$$s = \frac{g}{2} \cdot t^2$$

g Fallbeschleunigung $9{,}81\ m/s^2$

s Strecke in m

v Geschwindigkeit in m/s

t Zeit in s

$$\boldsymbol{F_G = m \cdot g}$$

F_G Gewichtskraft in N

m Masse in kg

$$\boldsymbol{g = 9{,}81\ m/s^2 \approx 10\ m/s^2}$$

Im Bauwesen wird vereinfacht gerechnet: $g = 10\ m/s^2$

Beispiel

Wie groß ist die Gewichtskraft eines Sackes Zement von 50 kg Masse?

$F_G = m \cdot g \quad \Rightarrow \quad F_G = 50\ kg \cdot 10\ m/s^2 = 500\ \frac{kgm}{s^2} \approx$ **500 N**

2.4 Arbeit, Energie, Leistung und Wirkungsgrad

2

Arbeit

Die Arbeit W (englisch: work) ist das Produkt aus der aufgewendeten Kraft und der Länge der Strecke, um die ein Körper verschoben bzw. angehoben wurde. Die unten angegebene Formel gilt nur, wenn die Kraft konstant ist und in Richtung der Strecke zeigt.

$$W = F \cdot s$$

W Arbeit in Nm
F Kraft in N
s Wegstrecke in m

Die Arbeit ist eine Energieform wie z.B. auch die Wärme. Zwischen den Energieformen kann ein Austausch stattfinden. Die Größen Arbeit, Energie und Wärmemenge haben dieselbe Einheit Joule (J).

1 J = 1 Ws = 1 Nm   Ws Wattsekunde; Nm Newtonmeter

Beispiel

Ein Bauarbeiter trägt einen Sack Fertigmörtel (30 kg) in das 1. Obergeschoss ($h = 2{,}75$ m).

Die Arbeit W ist zu berechnen.

$m = 30\text{ kg} \rightarrow F_G = 300\text{ N}$

$W = F_G \cdot s$

$W = 300\text{ N} \cdot 2{,}75\text{ m}$

$W = 825\text{ Nm}$

$W =$ **825 J**

Energie

Als Energie E bezeichnet man das Vermögen, Arbeit zu verrichten. Mechanische Energie kann als potentielle Energie (= Energie der (Höhen-) Lage sowie Federenergie) und kinetische Energie (= Energie der Bewegung) auftreten. Außerdem gibt es Wärme-, Kern-, Schall-, chemische, magnetische und elektrische Energie. Bei physikalischen Vorgängen geht Energie nicht verloren, sondern wird nur in eine andere Form umgewandelt. Einheiten wie Arbeit.

$$E_p = F_G \cdot s$$

Potentielle Energie

$$E_k = \frac{m}{2} \cdot v^2$$

Kinetische Energie

Leistung

Die Leistung P (englisch: power) beschreibt die in einem bestimmten Zeitraum geleistete Arbeit. Die Einheit für die mechanische und elektrische Leistung ist das Watt (W).

$$P = \frac{W}{t}$$

$$P = \frac{F \cdot s}{t}$$

$$P = F \cdot v$$

P Leistung in W
W Arbeit in Nm
F Kraft in N
s Wegstrecke in m
t Zeitspanne in s
v Geschwindigkeit in m/s

$1\text{ W} = 1\,\frac{\text{J}}{\text{s}} = 1\,\frac{\text{Nm}}{\text{s}}$

0,736 kW = 1 PS
(PS = Pferdestärke, alte Einheit)

Beispiel

Ein Arbeiter zieht mithilfe einer festen Rolle zwei Sack Zement (50 kg) 11 m hoch und benötigt dafür 29 Sekunden. Die Leistung soll in Watt berechnet werden.

$m = 50\text{ kg} \rightarrow F_G = 500\text{ N}$

$P = \frac{F_G \cdot s}{t}$

$P = \frac{500\text{ N} \cdot 11\text{ m}}{29\text{ s}}$

$P = 189{,}7\,\frac{\text{Nm}}{\text{s}}$

$P = 189{,}7\text{ W} \approx$ **190 W**

Wirkungsgrad

Der Wirkungsgrad ist ein Maß für das Verhältnis aus der abgegebenen Leistung und der zugeführten Leistung bzw. Energie; die Verhältniszahl η ist immer kleiner als 1.

$$\eta = \frac{P_{ab}}{P_{zu}}$$

η Wirkungsgrad, ohne Einheit
P_{ab} abgegebene Leistung in W
P_{zu} zugeführte Leistung in W

Der Wirkungsgrad kann auch in Prozent angegeben werden, z.B. $\eta = 0{,}25$ oder $\eta = 25\,\%$.

Beispiel

Eine Motorwinde mit einer Leistung von 10 kW zieht eine Palette mit Steinen ($F_G \approx 5000$ N) in 15 s in eine Höhe von 7,50 m. Der Wirkungsgrad ist zu berechnen.

$P_{zu} = 10\text{ kW}$ $P_{ab} = \frac{W}{t}$

$P_{ab} = \frac{5000\text{ N} \cdot 7{,}50\text{ m}}{15\text{ s}}$

$P_{ab} = 2500\,\frac{\text{Nm}}{\text{s}} = 2{,}5\text{ kW}$

$\eta = \frac{P_{ab}}{P_{zu}}$ $\eta = \frac{2{,}5\text{ kW}}{10\text{ kW}}$

$\eta =$ **0,25**

2.5 Einfache Maschinen

2.5.1 Hebel

Der **Hebel** ist ein starrer, drehbar gelagerter Körper. Man unterscheidet je nach Lage des Drehpunktes (Dp) einarmige und zweiarmige Hebel. Den Abstand vom Drehpunkt bis zum Angriffspunkt der Kraft F bzw. Last F_G, nennt man Kraft- bzw. Lastarm jeweils senkrecht zur Kraftrichtung gemessen. Das Produkt aus der Größe der Kraft und der Länge des dazugehörigen Hebelarmes bildet das Moment ▶ S. 63. Je nach Kraftrichtung um den Drehpunkt entstehen

linksdrehende (positive) Momente + $\overset{\frown}{M}$ und rechtsdrehende (negative) Momente – $\overset{\frown}{M}$.

Kraftschema beim einarmigen Hebel

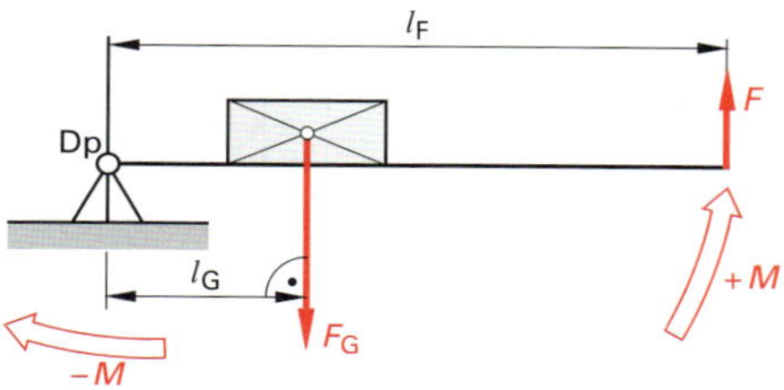

Kraftschema beim zweiarmigen Hebel

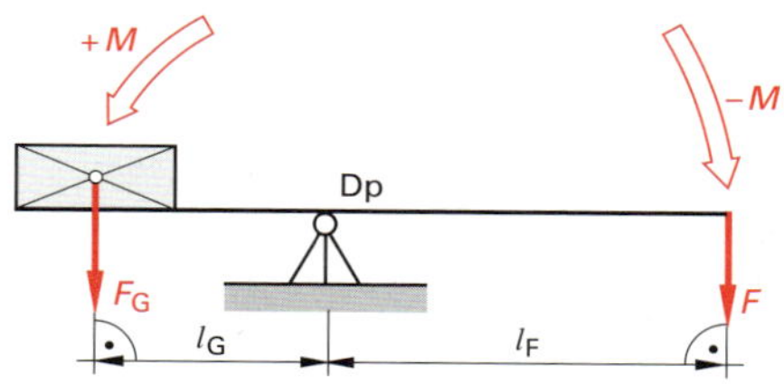

Das **Hebelgesetz** bestimmt den Zustand des Gleichgewichts am Hebel. Am Hebel herrscht Gleichgewicht, wenn die Summe aller linksdrehenden Momente gleich der Summe aller rechtsdrehenden Momente ist, d.h., die Summe aller Momente ist gleich null.

Berechnung der Drehmomente (Hebelgesetz):

$$\boldsymbol{F \cdot l_F = F_G \cdot l_G}$$

$$F \cdot l_F = M_1$$
$$F_G \cdot l_G = M_2$$
$$M_1 = M_2$$

$$\boldsymbol{+\overset{\frown}{M} = -\overset{\frown}{M} \Rightarrow \Sigma M = 0}$$

Kraftschema beim Winkelhebel

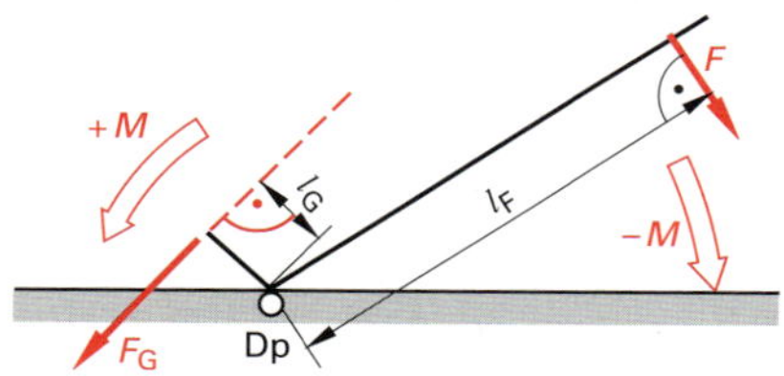

F	Kraft in N	l_G	Lastarm in m
l_F	Kraftarm in m	M_1	Kraftmoment in Nm
F_G	Last in N	M_2	Lastmoment in Nm

Maschinen mindern die Kraft oder den Weg. Arbeit wird nicht vermindert.

Beispiel

Eine Schubkarre wird mit sechs Säcken Zement je 25 kg beladen. Die Kraft, die zum Anheben aufgewendet werden muss, soll in kN berechnet werden.

$m = 6 \cdot 25\ \text{kg} = 150\ \text{kg} \quad \Rightarrow \quad F_G = 1500\ \text{N}$

$l_G = 0{,}45\ \text{m}; \quad l_F = 0{,}45\ \text{m} + 0{,}95\ \text{m} = 1{,}40\ \text{m}$

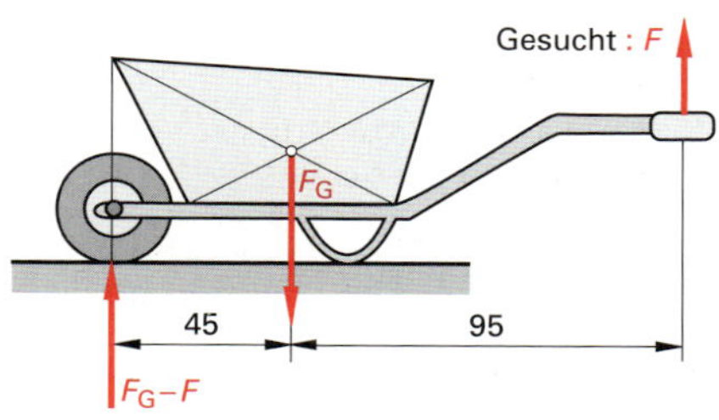

$F \cdot l_F = F_G \cdot l_G$

$F = \dfrac{F_G \cdot l_G}{l_F}$

$F = \dfrac{1{,}5\ \text{kN} \cdot 0{,}45\ \text{m}}{1{,}40\ \text{m}}$

$\boldsymbol{F = 0{,}482\ \text{kN}}$

Zum Anheben der Schubkarre muss eine Kraft $F > 0{,}482$ kN aufgewendet werden.

2.5.2 Feste und lose Rollen

Die feste und lose Rolle bestehen aus einer um ihre Mittelachse drehbaren Scheibe, die eine umlaufende Führungsnut für das Zugseil besitzt. Bei beiden Maschinen findet das Hebelgesetz seine Anwendung; der Hebelarm entspricht dem Radius der Scheibe.

Berechnung des Kraftaufwandes und des Seilweges:

an der festen Rolle	$F \cdot r = F_G \cdot r$ $F = F_G$	$s_1 = s_2$
an der losen Rolle	$F \cdot 2\,r = F_G \cdot r$ $F = \frac{F_G}{2}$	$s_1 = \frac{s_2}{2}$
am Flaschenzug (Kombination von festen und losen Rollen)	$\mathbf{F = \frac{F_G}{n}}$	$\mathbf{s_1 = \frac{s_2}{n}}$

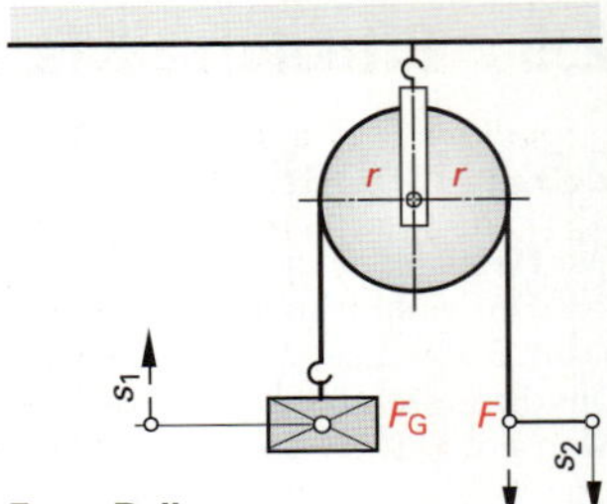

Feste Rolle

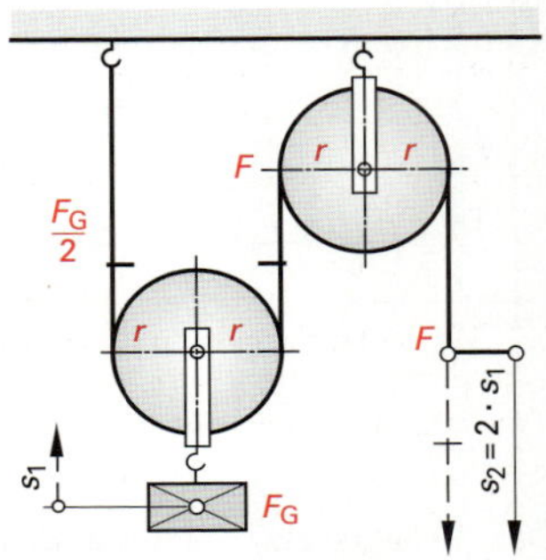

Lose Rolle / Feste Rolle

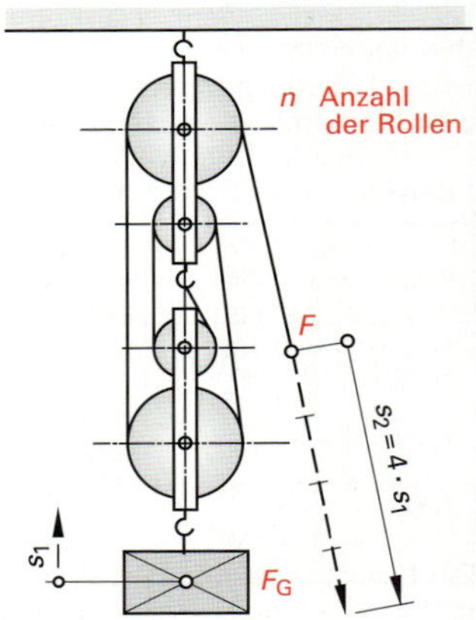

Flaschenzug

Beispiel

Der Kraftaufwand einer festen Rolle, einer losen Rolle und eines Flaschenzuges mit 4 Rollen soll miteinander verglichen werden; die Last F_G ist immer 0,15 kN.

Feste Rolle $\quad F = F_G = \mathbf{0{,}15\ kN}$

Lose Rolle $\quad F = \frac{F_G}{2}$

$F = \frac{0{,}15\ \text{kN}}{2}$

$F = \mathbf{0{,}075\ kN}$

Flaschenzug $\quad F = \frac{F_G}{n}$

$F = \frac{0{,}15\ \text{kN}}{4}$

$F = \mathbf{0{,}0375\ kN}$

Die Reibungswiderstände sind nicht berücksichtigt worden.

2.5.3 Seilwinde

Die Seilwinde ist eine Rolle bzw. Trommel, die mittels Antrieb über die Mittelachse das Zugseil schraubenförmig aufrollt. Diese Drehbewegung wird bei der Seilwinde mit Vorgelege (Bauwinde) auf eine Rolle bzw. Trommel mit größerem Durchmesser übertragen.

Berechnung der Kraft:

an der Seilwinde	$F = \frac{F_G \cdot r_2}{r_1}$	$F_G = \frac{F \cdot r_1}{r_2}$
an der Seilwinde mit Vorgelege	$F = \frac{r_2 \cdot r_4 \cdot F_G}{r_1 \cdot r_3}$	$F_G = \frac{r_1 \cdot r_3 \cdot F}{r_2 \cdot r_4}$

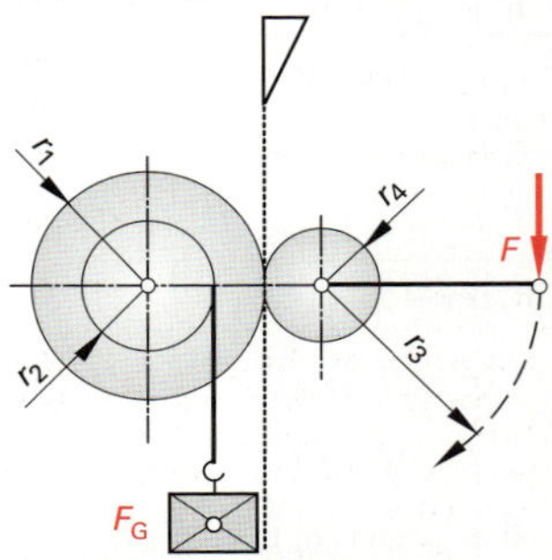

Vorgelege / Seilwinde

Beispiel

Eine Bauwinde (r_1 = 20 cm, r_2 = 10 cm, r_3 = 36 cm, r_4 = 6 cm) wird mit einer Kraft von 200 N angetrieben. Die Last ist zu berechnen.

$F_G = \frac{r_1 \cdot r_3 \cdot F}{r_2 \cdot r_4}$

$F_G = \frac{20\ \text{cm} \cdot 36\ \text{cm} \cdot 200\ \text{N}}{10\ \text{cm} \cdot 6\ \text{cm}}$ $\quad F_G = 2400\ \text{N} = \mathbf{2{,}4\ kN}$

2.5.4 Schiefe Ebene, Keil und Schraube

Die **schiefe Ebene** dient zum Transport eines Körpers in eine bestimmte Höhe. Der Kraftaufwand ist wesentlich geringer als beim Hochheben; dafür ist ein längerer Weg notwendig. Mithilfe des Kräfteparallelogramms ▶ S. 62 zerlegt man die Gewichtskraft in die entsprechenden Teilkräfte.

Berechnung der Kraft parallel zur Fahrbahn:

$$F = \frac{F_G \cdot h}{s}$$

F Kraft in N
s Kraftweg in m
h Hubhöhe in m
F_G Gewichtskraft in N

Beispiel

Über einen 4,00 m langen Steg, der eine Höhe von 0,80 m überbrückt, soll eine Schubkarre (F_G = 650 N) geschoben werden. Die Kraft ist zu berechnen.

F_G = 650 N, h = 0,80 m, s = 4,00 m

$$F = \frac{650\ \text{N} \cdot 0{,}80\ \text{m}}{4{,}00\ \text{m}} \Rightarrow F = \mathbf{130\ N}$$

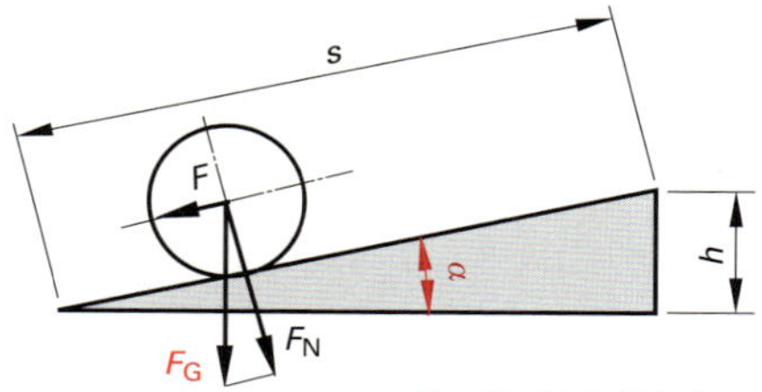

α = Neigungswinkel

F_N = Kraft ⊥ Fahrbahn

$F = F_G \cdot \sin\alpha$

Kraftübersetzung bei der schiefen Ebene

Die **Schraube** ist eine um einen Zylinder gewickelte schiefe Ebene. Die umlaufend steigende bzw. fallende Linie, die Schraubenlinie, entspricht dem Gewinde. Die in der Achse wirkende Kraft lässt sich mithilfe des Hebelgesetzes berechnen.

Berechnung der Vortriebskraft:

$$F_2 = \frac{F_1 \cdot U}{h}$$

$$F_2 = \frac{F_1 \cdot d \cdot \pi}{h}$$

F_1 Drehkraft in N
F_2 Vortriebskraft in N
U Umfang in mm
h Ganghöhe in mm
d Durchmesser in mm

Beispiel

Eine Schraube mit 1,5 mm Ganghöhe soll mit einem Schraubenschlüssel von 125 mm Länge durch eine Handkraft von 50 N angezogen werden. Die Vortriebskraft ist zu berechnen.

F_1 = 50 N, h = 1,5 mm, d = 2 · 125 mm = 250 mm

$$F_2 = \frac{F_1 \cdot d \cdot \pi}{h}$$

$$F_2 = \frac{50\ \text{N} \cdot 250\ \text{mm} \cdot \pi}{1{,}5\ \text{mm}} \Rightarrow F_2 = \mathbf{26{,}2\ kN}$$

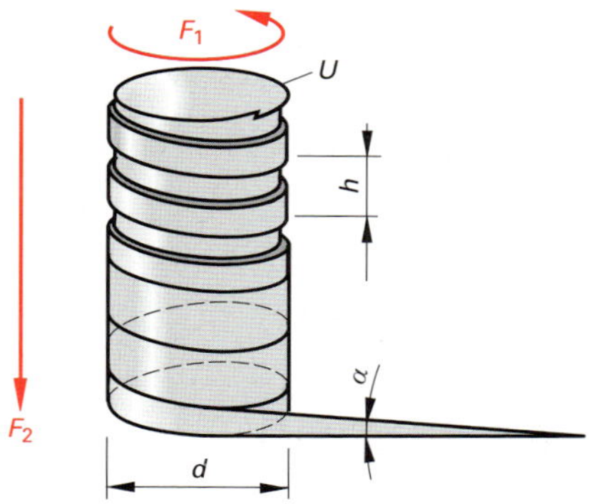

Kraftübersetzung bei der Schraube

Der **Keil** ist die älteste Maschine überhaupt; seine trennende Wirkung ist abhängig vom Keilwinkel und von den Reibungskräften an den Keilseitenflächen.

Berechnung der spaltenden Kraft:

$$F = \frac{F_N \cdot h}{s}$$

F Spaltkraft in N
h Keilhöhe in mm
s Keilseitenlänge in mm
α Keilwinkel
F_N Querkraft in N

Beispiel

Mit einem Stecheisen soll ein Stück Holz (Kohäsionskraft = 60 N) abgetrennt werden. Das Eisen ist 1,8 mm dick und die Fase ist 15 mm lang. Die Schlagkraft ist zu berechnen.

F_N = 60 N, h = 1,8 mm, s = 15 mm

$$F = \frac{60\ \text{N} \cdot 1{,}8\ \text{mm}}{15\ \text{mm}} \Rightarrow F = \mathbf{7{,}2\ N}$$

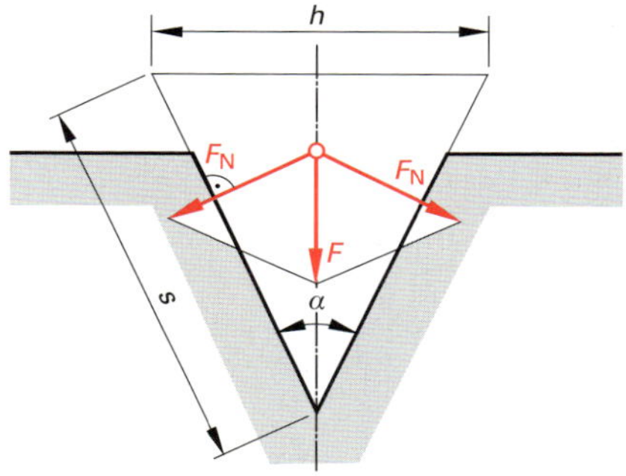

Kraftübersetzung beim Keil

2.6 Wärmelehre

► Wärmedurchgang S. 136

Temperaturskalen

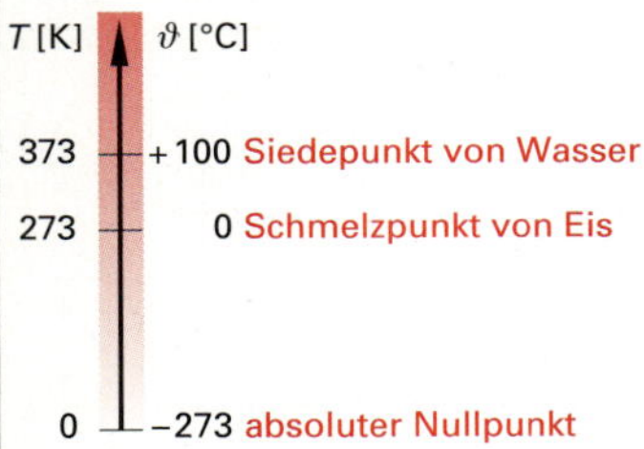

Temperaturen

Die Temperaturen werden in Kelvin (K) oder Grad Celsius (°C) gemessen. Die Kelvinskala geht von der tiefstmöglichen Temperatur, dem absoluten Nullpunkt, die Celsiusskala vom Schmelzpunkt des Eises aus.

Temperaturunterschiede werden in Kelvin angegeben, z.B. $\Delta\vartheta = \vartheta_1 - \vartheta_2 = 45\ °C - 20\ °C = 25\ K$

$$\boldsymbol{T\,[K] = \vartheta\,[°C] + 273}$$

Fahrenheit-Temperatur ϑ_F (nur noch in England und USA üblich)

$$\vartheta_F = 32 + \vartheta_C \cdot \frac{9}{5}\ [°F] \qquad \vartheta_C = (\vartheta_F - 32) \cdot \frac{5}{9}\ [°C]$$

Die Tempertureinheiten K und °C sind international gültige SI-Einheiten.

Aggregatzustände, Schmelz- und Siedepunkte

Die Übergangstemperatur vom festen Zustand zum flüssigen Zustand ist der Schmelzpunkt. Die Übergangstemperatur vom flüssigen Zustand zum gasförmigen Zustand ist der Siedepunkt. Insbesondere der Siedepunkt hängt stark vom Luftdruck ab, der deshalb beim normalen Luftdruck angegeben wird. Der Schmelzpunkt ist nur bei chemisch reinen Stoffen genau definiert. Gemenge erweichen allmählich, wie beispielsweise Bitumen, Kunststoffe, Gesteine.

fest	schmelzen → / ← erstarren	flüssig	verdampfen → / ← kondensieren	gasförmig

Wärmemenge Q ist eine besondere Form der Energie. Einheit: Joule (1 J = 1 Ws = 0,239 cal).

Wärmestrom Φ bezeichnet die Wärmemenge, die in einer Sekunde durch einen Baustoff strömt. Einheit: Watt (1 W = 1 J/s = 1 Nm/s).

Längenänderungen

Die meisten Stoffe dehnen sich bei Erwärmung aus und ziehen sich bei Abkühlung zusammen.

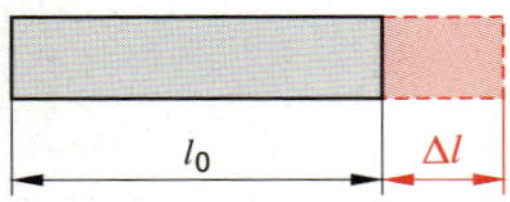

$$\boldsymbol{\Delta l = \alpha_\vartheta \cdot l_0 \cdot \Delta\vartheta}$$

Δl Längenänderung

α_ϑ Längenausdehnungskoeffizient in $\frac{1}{K}$ oder $\frac{1}{°C}$ ► S. 53

l_o ursprüngliche Länge

$\Delta\vartheta$ Temperaturänderung (+ Erwärmung, – Abkühlung)

Beispiel

Wie groß ist insgesamt die Längenänderung einer Stahlbrücke mit l_o = 1400 m, bei einer Erwärmung von 10 °C auf 40 °C?

$\Delta\vartheta = 40\ °C - 10\ °C = 30\ K$

$\Delta l = \alpha_\vartheta \cdot l_o \cdot \Delta\vartheta =$

$= 0{,}000\,012\ \frac{1}{K} \cdot 1400\ m \cdot 30\ K$

$= 0{,}50\ m$

Volumenänderungen

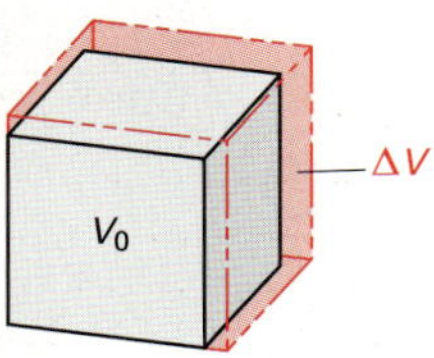

$$\boldsymbol{\Delta V = \gamma_\vartheta \cdot V_0 \cdot \Delta\vartheta}$$

ΔV Volumenänderung

γ_ϑ Volumenausdehnungskoeffizient in $\frac{1}{K}$ oder $\frac{1}{°C}$

V_o Ausgangsvolumen

$\Delta\vartheta$ Temperaturänderung (+ Erwärmung, – Abkühlung)

Beispiel

Wie groß ist die Ausdehnung von Benzin in einem 8000-l-Tank bei einer Erwärmung von 10 °C auf 30 °C?

$\Delta\vartheta = 30\ °C - 10\ °C = 20\ K$

$\Delta V = \gamma_\vartheta \cdot V_o \cdot \Delta\vartheta =$

$= 0{,}0011\ \frac{1}{K} \cdot 8000\ l \cdot 20\ K$

$= 176\ l$

Wärmemenge für Temperaturänderungen, spezifische Wärmekapazität *c*

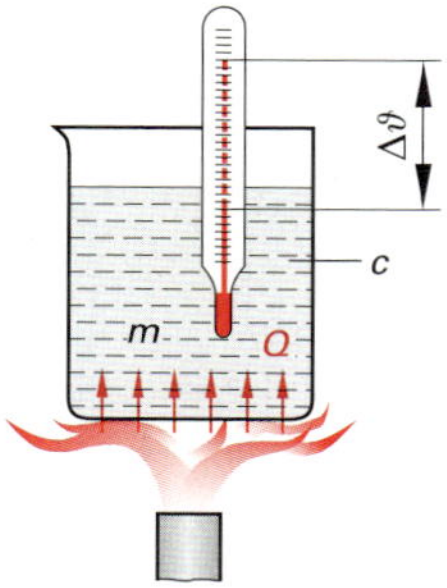

Die spezifische Wärmekapazität *c* gibt die Wärmemenge an, die notwendig ist, um 1 kg eines Stoffes um 1 K (≙ 1 °C) zu erwärmen.

$$Q = c \cdot m \cdot \Delta\vartheta$$

Q	Wärmemenge in kJ
c	spezifische Wärmekapazität in kJ/kg · K
m	Masse in kg
$\Delta\vartheta$	Temperaturänderung in K

Beispiel

Welche Wärmemenge braucht ein Dachdecker um 25 kg Bitumen von 20 °C auf 130 °C zu erwärmen?

$\Delta\vartheta$ = 130 °C – 20 °C = 110 °C = 110 K

$Q = c \cdot m \cdot \Delta\vartheta$ = 2,09 · 25 · 110 = 5 700 kJ

Wärmemenge beim Schmelzen und Verdampfen

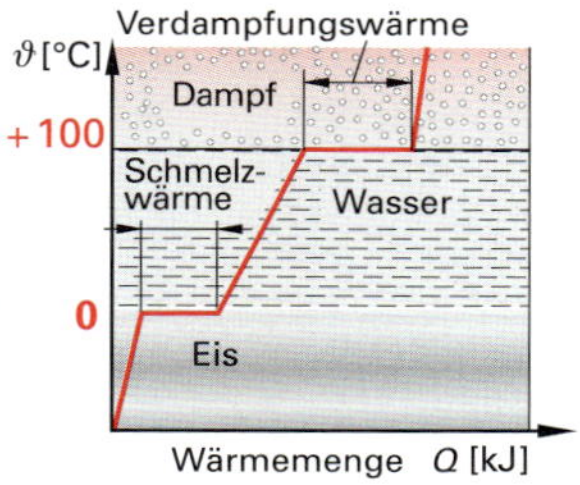

Das Schmelzen und Verdampfen erfordert eine Wärmezufuhr, ohne dass dabei die Temperatur steigt.

$$Q = q \cdot m \qquad Q = r \cdot m$$

Q	Wärmemenge in kJ
q	spezifische Schmelzwärme
r	spezifische Verdampfungswärme in kJ/kg

Die spezifische Schmelz- und Verdampfungswärme von Wasser ist im Vergleich zu anderen Stoffen sehr groß.

q_{Wasser} = 334 kJ/kg

r_{Wasser} = 2256 kJ/kg

Wärmeentstehung durch Verbrennen

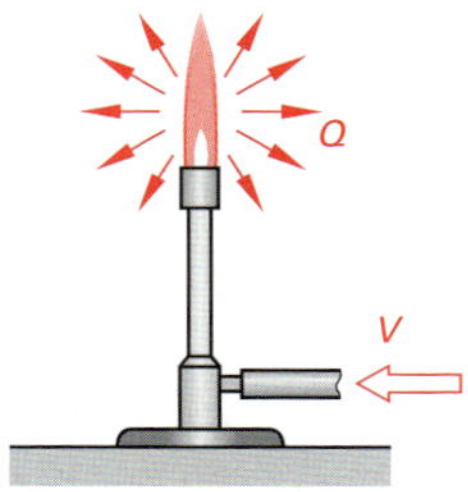

Der spezifische Heizwert eines Stoffes ist die Wärmemenge, die bei vollständiger Verbrennung von 1 kg eines Stoffes entsteht.

$$Q = H \cdot m$$

Q	Wärmemenge in kJ
H	spezifischer Heizwert kJ/kg
m	Masse in kg

Beispiel

Welche Wärmemenge entsteht bei der Verbrennung von 3,0 kg Heizöl?

$Q = H \cdot m$

≙ 42 000 · 3,0 = 126 000 kJ

Wärmetechnische Stoffwerte

Stoff	Schmelztemperatur °C	Siedetemperatur °C	Zündtemperatur °C	Längenausdehnungskoeffizient $\alpha_\vartheta \left[\frac{1}{K} \text{ oder } \frac{1}{°C}\right]$	Volumenausdehnungskoeffizient $\gamma_\vartheta \left[\frac{1}{K} \text{ oder } \frac{1}{°C}\right]$	spezifische Wärmekapazität *c* [kJ/kg · K]	spezifischer Heizwert *H* [kJ/kg]
Wasser H_2O	0	100	–	–	0,00018	4,18	–
Sauerstoff O_2	– 219	– 183	–	–	0,00367	0,91 (p = const)	–
Kohlendioxid CO_2	– 57	– 78	–	–	0,00373	0,82 (p = const)	–
Benzin	– 30 … – 50	25 … 150	200	–	0,0011	2,02	42 000
Heizöl	≈ – 10	> 175	220	–	0,00096	2,07	41 000…43 000
Eisen Fe	1536	3070	–	0,000 012	–	0,47	–
Ziegel	–	–	–	0,000 006	–	≈ 0,9	–
Beton	–	–	–	0,000 011	–	1,0	–
Porenbeton	–	–	–	–	–	1,0	–
Bitumen	–	–	> 250	–	0,000 61	2,09	–
Asphalt	–	–	(> 250)	–	–	≈ 0,9	–

2.7 Elektrotechnik

Elektrizität ist eine Energieart, die aufgrund der Bewegungen von elektrisch geladenen Teilchen (Elektronen) zwischen den Metallatomen entsteht. Die elektrische Energie lässt sich in Wärme- und Lichtenergie, magnetische oder chemische Energie umwandeln. Das Ohm'sche Gesetz beschreibt die Abhängigkeiten zwischen den elektrischen Grundgrößen.

Ohm'sches Gesetz

- **Stromstärke I in Ampere** – Sie beschreibt die Größe des Elektronenflusses in einer bestimmten Zeit.
  Beispiel: $U = 220$ V; $R = 44\ \Omega \Rightarrow I = 220\ \text{V} / 44\ \Omega = 5$ A

$$I = \frac{U}{R}$$

- **Spannung U in Volt** – Sie beschreibt den Ladungszustand von Elektroden. Nach Verbindung durch einen elektrischen Leiter fließt Strom.
  Beispiel: $I = 5$ A; $R = 44\ \Omega \Rightarrow U = 5\ \text{A} \cdot 44\ \Omega = 220$ V

$$U = I \cdot R$$

- **Elektrischer Widerstand R in Ohm** – Er gibt Auskunft über die Reibungsverluste beim Transport der Elektronen durch die verschiedenen Materialien.
  Beispiel: $U = 220$ V; $I = 5$ A $\Rightarrow R = 220\ \text{V} / 5\ \text{A} = 44\ \Omega$

$$R = \frac{U}{I}$$

Der **spezifische Widerstand** ϱ (Materialkonstante) ist der Widerstand eines bestimmten Leiters von 1 m Länge und 1 mm^2 Querschnittsfläche. Der Kehrwert des spezifischen Widerstands ist die elektrische Leitfähigkeit; sie wird bestimmt durch das Material und die Temperatur.

Material	**Spez. Widerstand** bei + 20 °C ϱ in $\frac{\Omega \cdot mm^2}{m}$	
Kupfer (Cu)	0,018	zum Vergleich: Porzellan ≈ 10^{13} je nach Güte
Aluminium (Al)	0,029	
Eisen (Fe)	0,125	
Grafit (C)	12	

Berechnung des Widerstandes:

$$R = \frac{l \cdot \varrho}{A}$$

- R Widerstand in Ω (Ohm)
- A Querschnittsfläche des Leiters in mm^2
- l Länge des Leiters in m
- ϱ spezifischer Widerstand in $\frac{\Omega \cdot mm^2}{m}$

elektrischer Strom	elektrische Leistung	elektrische Arbeit
$I = \frac{U}{R}$	$P = U \cdot I$	$W = P \cdot t$
A (Ampere)	W (Watt)	Ws (Wattsekunde)

Beispiel:

Welche Energie verbraucht eine 60 W Glühbirne in der Stunde?
$W = P \cdot t \Rightarrow 60\ \text{W} \cdot 3600\ \text{s} = 216\,000\ \text{Ws} = 0{,}06$ kWh

Ströme über 0,09 Ampere und Spannungen über 50 Volt sind lebensgefährlich!

Schaltzeichen für die Elektroinstallationen

	Leiter oberirdisch		Leiterverbindung
	Leiter im Erdreich		Abzweigdose
	Leiter auf Putz		Hausanschlusskasten
	Leiter im Putz		Verteiler
	Leiter unter Putz		Sicherung, allgemein
	Leitung mit 3 Leitern		Schukosteckdose
	Schalter, allgemein		Zähler
	Serienschalter		Leuchte, allgemein
	Wechselschalter		Notleuchte
	Kreuzschalter	40 W	Leuchtenband
	Taster	E	Elektrogerät, allgem.

Die **Schaltzeichen** (nach **DIN 40900**) werden vom Fachingenieur in die Grundrisse eingetragen.

Installationszonen

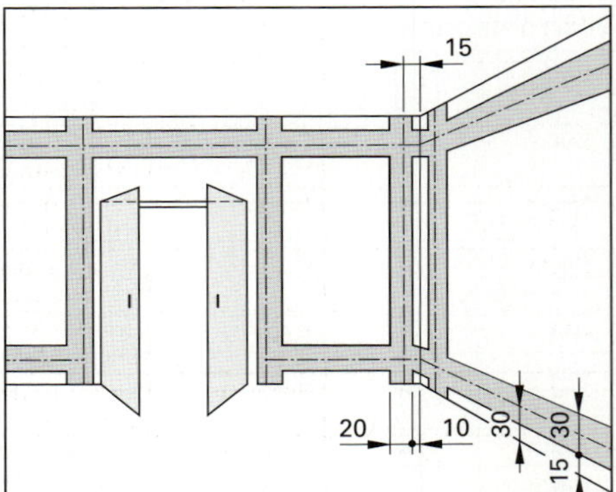

Installationszonen für Räume ohne Arbeitsflächen an den Wänden (Auszug nach DIN 18 015)
- waagerechte Installationszonen = 30 cm breit
- senkrechte Installationszonen = 20 cm breit

2.8 Chemie

Die Chemie ist die Wissenschaft, die sich mit dem Aufbau (Synthese) bzw. mit der Zerlegung (Analyse) von Stoffen und deren veränderbaren Eigenschaften befasst. Die genaue Kenntnis über die Materialbeschaffenheit, die Beständigkeit und die Verträglichkeit ist für die Herstellung und Verwendung der Baumaterialien besonders wichtig.

2.8.1 Elemente

Elemente (Grundstoffe) sind ursprünglicher Natur. Elemente lassen sich nicht mehr in andere Stoffe zerlegen. Ihr kleinstes Bauteil ist das **Atom.** Verbinden sich mindestens zwei Elemente miteinander, so entsteht eine **chemische Verbindung;** ihr kleinstes Bestandteil nennt man **Molekül.**

Wichtige Elemente im Bauwesen (vgl. PSE ▶ S. 56)

Element	Internationale/s Symbol	Internationale/s Bezeichnung	Erscheinungsform, Vorkommen, Eigenschaften	Ordnungszahl
Wasserstoff	H	Hydrogenium	farbloses, geruchloses, brennbares Gas, leichtestes Element; a) künftig: Wasserstoff als Energiespeicher, b) in Wasser H_2O	1
Kohlenstoff	C	Carboneum	fester Stoff, in drei Formen: Diamant, Grafit, Ruß; als Reduktionsmittel; in Kalkstein ($CaCO_3$)	6
Stickstoff	N	Nitrogenium	farb- und geruchloses Gas, nicht brennbar; frei in der atmosphärischen Luft (ca. 78 Vol.-%); Abwässer; Salpeter	7
Sauerstoff	O	Oxygenium	farb- und geruchloses Gas; frei in der atmosphärischen Luft (ca. 21% Vol.); in Gesteinen und Wasser, Ozon (O_3)	8
Fluor	F	Fluor	gelbes, stechend riechendes, sehr giftiges Gas; reaktionsfähiges Element; in Mineralien, Flusssäure	9
Natrium	Na	Natrium	sehr weiches, leicht brennbares Metall; reaktionsstark; in Steinsalz (NaCl = Natriumchlorid)	11
Magnesium	Mg	Magnesium	leichtes, brennbares Metall, sehr witterungsbeständig; in Mineralien, z.B. Dolomit; in Leichtmetalllegierungen	12
Aluminium	Al	Aluminium	leichtes, zähfestes Metall; hochwitterungsbeständig; in Mineralien; Baumetall; nicht mörtelbeständig	13
Silizium	Si	Silicium	fester, schwer brennbarer Stoff; säurefest; in Verbindung mit Sauerstoff in Gesteinen, z.B. Quarz	14
Phosphor	P	Phosphorum	fester, leicht brennbarer, giftiger Stoff; selbst entzündbar; gebunden in Salzen, z.B. Phosphate, Abwässer	15
Schwefel	S	Sulfur	fester, gelber Stoff; wasserunlöslich; gebunden in Sulfiden, z.B. Eisenkies, und in Sulfaten, z.B. Gips	16
Chlor	Cl	Chlorum	grünliches, stechend riechendes Gas; wasserlöslich; gebunden in Steinsalz (NaCl); Salzsäure (HCl)	17
Kalium	K	Kalium	sehr weiches, leicht brennbares Metall; reaktionsstärker als Natrium; nur in gebundener Form in Kalisalz	19
Kalzium	Ca	Calcium	Metall; in Kalziumhydroxid ($Ca(OH)_2$); in Mineralien, z.B. Kalkstein ($CaCO_3$)	20
Eisen	Fe	Ferrum	weiches, sprödes Schwermetall; magnetisch; gebunden in Eisenerzen, z.B. Roteisenstein (Fe_2O_3); Gusseisen; Stahl	26
Nickel	Ni	Nicolum	Schwermetall, magnetisch; nur gebunden in Nickelerzen, z.B. Gelbnickelkies (NiS); Legierungen; Vernickeln	28
Kupfer	Cu	Cuprum	hellrotes, halbedles Metall; gebunden in Erzen, z.B. Kupferglanz (Cu_2S); guter Stromleiter	29
Zink	Zn	Zincum	sprödes Schwermetall; gebunden in Erzen, z.B. Zinkblende (ZnS); Baumetalle; Legierungen, z.B. Messing	30
Zinn	Sn	Stannum	weiches Schwermetall; gebunden in Zinnerz, z.B. Zinnstein (SnO_2); Verzinnen; Legierungen, z.B. Bronze	50
Blei	Pb	Plumbum	weiches, verformbares Schwermetall; giftig; gebunden in Erzen, z.B. Bleiglanz (PbS); Baumetall, Legierungen	82

Die **Wertigkeit (Valenz)** gibt Auskunft über die chemische Verbindungsfähigkeit eines Atoms und legt damit die Eigenschaft fest, sich nur mit einer bestimmten Anzahl von Atomen eines anderen Elementes zu verbinden. Die Wertigkeit eines Atoms kann im Periodensystem der Elemente (PSE) abgelesen werden.

DAS PERIODENSYSTEM DER CHEMISCHEN ELEMENTE (PSE)

Das Periodensystem gibt Auskunft über die Wertigkeit, über die relative Atommasse und über den Aufbau der Atome.

Erklärung:

26 Eisen II, III Fe 55, 847	
	Ordnungszahl = Protonenanzahl und Elektronenanzahl
	Bezeichnung des Elementes
	Wertigkeit
	Symbol des Elementes
	Relative Atommasse

103 Lawren-cium Lr	
	Periodenzahl = Anzahl der Elektronenschalen
	Gruppennummer = Elektronenanzahl auf der Außenschale
	Hohlschrift = künstlich hergestelltes Element

Perioden	Hauptgruppen I	Hauptgruppen II	Nebengruppen III a	IV a	V a	VI a	VII a	VIII a	VIII a	VIII a	I a	II a	Hauptgruppen III	IV	V	VI	VII	VIII
1.	1 Wasserstoff I H 1,00797																	2 Helium 0 He 4,0026
2.	3 Lithium I Li 6,941	4 Beryllium II Be 9,0122											5 Bor III B 10,81	6 Kohlenstoff ± IV, II C 12,01115	7 Stickstoff ± III, V, IV, II N 14,0067	8 Sauerstoff –II O 15,9994	9 Fluor –I F 18,9984	10 Neon 0 Ne 20,183
3.	11 Natrium I Na 22,9898	12 Magnesium II Mg 24,312											13 Aluminium III Al 26,9815	14 Silicium IV Si 28,086	15 Phosphor ± III, V, IV P 30,9738	16 Schwefel ± II, IV, VI S 32,064	17 Chlor ± I, III, V, VII Cl 35,453	18 Argon 0 Ar 39,948
4.	19 Kalium I K 39,10	20 Calcium II Ca 40,08	21 Scandium III Sc 44,96	22 Titan IV, III Ti 47,90	23 Vanadium V, IV, II V 50,942	24 Chrom VI, III, II Cr 51,996	25 Mangan II, III, IV, VI, VII Mn 54,938	26 Eisen II, III Fe 55,847	27 Cobalt II, III Co 58,933	28 Nickel II, III Ni 58,71	29 Kupfer II, I Cu 63,54	30 Zink II Zn 65,37	31 Gallium III Ga 69,72	32 Germanium IV Ge 72,59	33 Arsen III, V As 74,922	34 Selen IV, II, VI Se 78,96	35 Brom I, V Br 79,909	36 Krypton 0, II Kr 83,80
5.	37 Rubidium I Rb 85,47	38 Strontium II Sr 87,62	39 Yttrium III Y 88,905	40 Zirkonium IV Zr 91,22	41 Niob V, III Nb 92,906	42 Molybdän VI, V, IV, III, II Mo 95,94	43 Technetium VII Tc (98)	44 Ruthenium III, IV Ru 101,07	45 Rhodium II, III Rh 102,905	46 Palladium II, IV Pd 106,4	47 Silber I Ag 107,87	48 Cadmium II Cd 112,40	49 Indium III In 114,82	50 Zinn IV, II Sn 118,69	51 Antimon ± III, V Sb 121,75	52 Tellur –II, IV, VI Te 127,6	53 Iod ± I, V, VII I 126,9	54 Xenon 0, III Xe 131,3
6.	55 Cäsium I Cs 132,905	56 Barium II Ba 137,34	57 Lanthan III La 138,91	72 Hafnium IV Hf 178,49	73 Tantal V Ta 180,948	74 Wolfram VI, V, IV, III, II W 183,85	75 Rhenium VII, VI, IV, II, –I Re 186,2	76 Osmium IV, II, III, VI, VIII Os 190,2	77 Iridium IV, II, III, VI Ir 192,2	78 Platin IV, II Pt 195,09	79 Gold III, I Au 196,967	80 Quecksilber II, I Hg 200,59	81 Thallium I, III Tl 204,37	82 Blei Pb 207,19	83 Bismut III, V Bi 208,98	84 Polonium II, IV Po (210)	85 Astat ± I, III, V At (210)	86 Radon 0 Rn (222)
7.	87 Francium I Fr (223)	88 Radium II Ra (226)	89 Actinium III Ac (227)	104 Kurtscha-tovium IV Ku (261)	105 Hahnium V Ha (262)													

Lanthaniden-Elemente	58 Cer III, IV Ce 140,12	59 Praseodym III, IV Pr 140,907	60 Neodym III Nd 144,24	61 Promethium III Pm (147)	62 Samarium III, II Sm 150,35	63 Europium III, II Eu 151,96	64 Gadolinium III Gd 157,25	65 Terbium III, IV Tb 158,924	66 Dysprosium III Dy 162,50	67 Holmium III Ho 164,93	68 Erbium III Er 167,26	69 Thulium III, II Tm 168,93	70 Ytterbium III, II Yb 173,04	70 Lutetium III Lu 174,970
Actiniden-Elemente	90 Thorium IV Th 232,04	91 Protactinium V, IV Pa (231)	92 Uran VI, V, IV, III U 238,03	93 Neptunium VI, V, IV, III Np (237)	94 Plutonium IV, VI, V, III Pu (242)	95 Americium III, IV, V, VI Am (243)	96 Curium III Cm (247)	97 Berkelium III, IV Bk (247)	98 Californium III Cf (249)	99 Einsteinium Es (254)	100 Fermium Fm (257)	101 Mendelevium Md (258)	102 Nobelium No (259)	103 Lawrencium Lr (260)

2.8.2 Chemische Verbindungen

Eine chemische Verbindung besteht mindestens aus zwei Elementen, die sich durch eine chemische Reaktion, bei der Energie zugeführt oder freigesetzt wird, zu einem neuen Stoff mit anderen Eigenschaften verbindet, z.B. Branntkalk + Wasser ⟶ Kalkhydrat + Wärme. Dieser Vorgang lässt sich auch mit einer **chemischen Gleichung** darstellen: **$CaO + H_2O \longrightarrow Ca(OH)_2$ + Energie.** Die Gleichung enthält die chemischen Formeln der Elemente und Verbindungen, die an der chemischen Reaktion beteiligt sind.

2

Gewerbliche Benennung	Chemischer Name/Chemische Formel der chemischen Verbindung		Kurzbeschreibung der Eigenschaften bzw. der Verwendung
Acetylen	Ethin	C_2H_2	Angenehm riechendes, brennbares Gas; Brenngas zum Schweißen und Brennschneiden.
Ethylen	Ethen	C_2H_4	Farbloses, brennbares Gas; Nebenprodukt bei der Erdöldestillation; Kohlenwasserstoff; an der Synthese einiger Kunststoffe beteiligt, Polyethylen, PVC.
Bitumen	Gemisch aus mehreren Kohlenwasserstoffen		Weicher bis zähfester Stoff; Gewinnung bei der Destillation von Erdöl; **Klebemasse und Abdichtungsstoff, mit Trägerstoffen als Dachpappe.**
Formaldehyd	Methanal	HCHO	Farbloses, stechend riechendes Gas, gesundheitsschädlich; Methanoloxid; Ausgangsstoff für Kunststoffe, Klebstoffe; wässrige Lösung = Formalin.
Gips	Calciumsulfat – Doppelhydrat	$CaSO_4 \cdot 2\,H_2O$	Ablagerungsgestein, nicht wetterbeständig; Rohstoff zur Herstellung von dem Bindemittel Stuckgips durch Erhitzen; mit Trägerstoff als Gipskartonplatten.
Kalkstein Branntkalk Kalkhydrat	Calciumcarbonat Calciumoxid[1)] Caiciumhydroxid	$CaCO_3$ CaO $Ca(OH)_2$	Rohstoff für hydraulische Bindemittel; durch Brennen entsteht CaO, das durch Löschen mit Wasser zu dem Bindemittel Kalkhydrat wird; Mörtel, Steine.
Kohlendioxid Kohlensäure Kohlenmonoxid	Kohlenstoffdioxid[1)] Kohlensäure Kohlenstoffmonoxid[1)]	CO_2 H_2CO_3 CO	Geruchloses Gas, Bestandteil der Luft, 0,03% Vol.-%. Wässrige Lösung des CO_2, schwache Säure. Geruchloses, farbloses, sehr giftiges Gas.
Rost	Eisenoxid[1)]	Fe_2O_3	Poröser Stoff; wird durch Feuchtigkeit stark gefördert; Kalklauge schützt Eisen bzw. Stahl vor **Rostbildung;** Schutz durch Anstriche, Verzinken.
Salzsäure	wässrige Lösung des Chlorwasserstoffes	$HCl + H_2O$	Stechend riechende, klare bis gelbe Säure, stark ätzende Dämpfe; Entfernen von Ausblühungen mit verdünnter Salzsäure; Ätzen und Beizen von Metallen.
Schweflige Säure	Schweflige Säure Schwefelsäure	H_2SO_3 H_2SO_4	Schwach ätzende Säure; u.a. als Rückstand in Rauchgasen, verbindet sich mit der Luftfeuchtigkeit; Bauschäden: **Ausblühungen, Versottung von Schornsteinen.**
Natronlauge	wässrige Lösung von Natriumhydroxid	$NaOH + H_2O$	Stark ätzende Lauge; wird zum Reinigen, Ätzen und Beizen verwendet.

[1)] Ein **Oxid** ist eine Sauerstoffverbindung; der chemische Vorgang heißt Oxidation.

Mol, molare Masse, Atommasse, Molekülmasse	
1 Mol	ein Maß für die Teilchenzahl (= Stoffmenge), die sich ergibt, wenn man **0,012 kg** oder **12 g** Kohlenstoff (**^{12}C**) in seine Atome zerlegt, das sind ungefähr $6{,}023 \cdot 10^{23}$ Kohlenstoffatome oder Teilchen
Molare Masse	ist eine Stoffkonstante und gibt die Masse je Mol an **(g/mol)**
1 *u*	**atomare Masseneinheit** = $^1/_{12}$ der Masse des Kohlenstoffatoms
Atommasse	Masse von Atomen in der Atommasseneinheit *u*
Molekülmasse	Masse von Molekülen in der Atommasseneinheit *u*
Relative Atom- oder Molekülmassen	Zahlenwerte der molaren Massen

Beispiel: Die molare Masse des Wassers (2 H_2O).

4 × Atommasse des Wasserstoffs	+	2 × Atommasse des Sauerstoffs	⟶	2 × Molekülmasse des Wassers	**Die molare Masse des Wassers entspricht 18,01534 g/mol**
4 × 1,00797 *u*	+	2 × 15,9994 *u*	⟶ Knallgas	2 × 18,01534 *u*	

2.8.3 Chemie des Wassers

Wasser (H_2O) ist die verbreitetste chemische Verbindung in der Natur. Wasser bedeckt in verschiedenen Arten und Erscheinungsformen ungefähr $^3/_4$ der Erdoberfläche. Chemisch reines Wasser ist eine farblose, geruch- und geschmacklose Flüssigkeit mit einer Dichte von **ϱ = 1 g/cm³ (bei + 4 °C).** Im Bauwesen benötigt man Wasser als Hilfs- oder Werkstoff. Wasser kann zu Bauschäden führen.

⊕ Transportmittel für Wärme; Verdünnungsmittel für Säuren, Farben, Dispersionen und Bindemitteln; chemisches Reaktionsmittel für Bindemittel; Reinigungsmittel.

⊖ Schadensverursacher durch Kapillarität; Kondenswasserbildung, Frostwirkung; Lösungsmittel für Gase (CO_2, SO_2); Transportmittel für Salze; Korrosionsbeschleuniger.

Im natürlichen Wasser sind verschiedene Salze gelöst; man unterscheidet bestimmte Härtebereiche:

- **Hartes Wasser** enthält größere Mengen an Calcium- und Magnesiumsalzen.
- **Weiches Wasser** ist ein an Erdalkalisalzen armes Wasser. ► S. 326

Härte	Gesamthärte	
	in mmol/l	in °dH
weich	bis 1,5	bis 7,3
mittel	1,5 … 2,5	7,3 … 14
hart	2,5 … 3,8	14 … 21,3
sehr hart	> 3,8	21,3

Die früher gültige Härteeinheit Deutscher Härtegrad (°dH) ist nicht mehr zulässig.

1 °dH = 0,179 mmol/l

Die **Wasserhärte** in den Wasserwerken wird durch besondere Testlösungen und Testpapiere (Indikatoren) bestimmt.

Die Einheit der Wasserhärte wird in Millimol (mmol) Calciumkationen pro l Wasser angegeben.

Ion ist ein elektrisch geladenes Atom oder Molekül, das eine verschieden große Anzahl positiver (Protonen) und negativer (Elektronen) Ladungsträger besitzt.

Kationen sind positiv geladene, **Anionen** negativ geladene Ionen.

Der **pH-Wert** (lat.: potentia hydrogenii = Kraft des Wasserstoffes) ist eine Maßzahl für den Gehalt einer Flüssigkeit (Wasser, Lauge, Säure, wässrige Salzlösung) an Wasserstoffionen. Mit dem pH-Wert lässt sich der Grad einer Säurewirkung (sauer) oder einer Laugenwirkung (basisch) darstellen. Reines Wasser ist neutral. Der pH-Wert wird nur für verdünnte Säuren und Laugen bis zu einer Konzentration von 1 mol/l verwendet. Anmachwasser für Mörtel und Beton sollte einen pH-Wert zwischen 6 und 8 aufweisen, da sonst mit schadensauslösenden chemischen Reaktionen zu rechnen ist.

Vergleicht man die Verfärbung des Indikators mit einer Farbskala, so lässt sich der pH-Wert ablesen. Zum Beispiel färbt neutrales Lackmuspapier sich durch Säure rot und durch Lauge blau.

Weitere Indikatoren: Phenolphthalein, Methylorange.

Äquivalentgewicht val oder eq
Die Wasserhärte wird im Wesentlichen durch die Ionen der Alkalielemente **Natrium (Na)** und **Kalium (K)** sowie die der Erdalkalielemente **Magnesium (Mg)** und **Calcium (Ca)** bestimmt. Chemisch gesehen sind Na und K einwertig, Mg und Ca zweiwertig. Um diese Tatsache quantitativ zu berücksichtigen, wird das **Äquivalentgewicht,** ausgedrückt in **val** oder (neuerdings) in **eq** berechnet. Das Äquivalentgewicht eines Stoffes wird als **Molgewicht geteilt durch Wertigkeit** definiert.

pH-Wert	Wirkung		Flüssigkeit
0, 1, 2, 3	stark	sauer	Salzsäure, Schwefelsäure, Schweflige Säure
4, 5, 6	schwach	sauer	Essigsäure, Kohlensäure
7		neutal	Wasser
8, 9, 10	schwach	basisch	Salmiaklauge
11, 12, 13, 14	stark	basisch	Kalklauge, Natronlauge

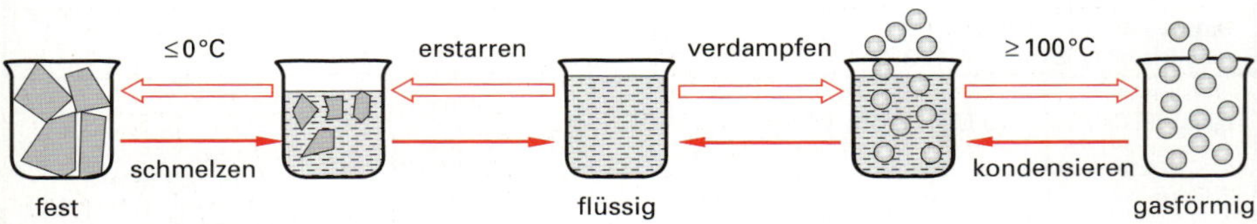

Zustandsformen des Wassers

2.8.4 Säuren, Laugen und Salze

Säuren entstehen, wenn sich ein Nichtmetalloxid in Wasser (sauerstoffhaltige Säure) oder sich ein Halogenwasserstoff in Wasser (sauerstofffreie Säure) löst. **Halogene** sind die Elemente F, Cl, Br und I. Die Stärke einer Säure ist durch den Gehalt einer Lösung an Wasserstoff-Ionen bestimmt.

Säuren im Bauwesen	Entstehung, Herstellung	Eigenschaften, Verwendung
Schweflige Säure H_2SO_3	Bei der Verbrennung schwefelhaltiger, fossiler Brennstoffe wie Steinkohle, Braunkohle und Erdöl wird Schwefeldioxid (SO_2) freigesetzt, das sich mit der Feuchtigkeit (H_2O) aus der Luft chemisch verbindet; es entsteht eine schweflige Säure.	Giftig, ätzend, greift Metalle wie Eisen, Zink, Aluminium an; bilden unter Umständen mit den Bindemitteln wasserlösliche Salze, die zu Bauschäden oder Ausblühungen führen können. Schweflige Salze zersetzen Kalkstein.
Schwefelsäure H_2SO_4	Durch Oxidation des SO_2 entsteht Schwefeltrioxid (SO_3), das in Wasser gelöst die Schwefelsäure bildet. Ungenügende Dämmung eines Rauchrohres kann zu Kondenswasserbildung im Schornstein führen, die dadurch entstehende Säurenbildung, zerstört die Innenflächen des Zuges **(Versottung)**.	
Kohlensäure H_2CO_3	Rauchgase, die Kohlendioxid (CO_2) enthalten, verbinden sich mit der Luftfeuchte.	Kohlensäurehaltiges Wasser zersetzt kalkhaltige Bindemittel.
Salzsäure HCl	Industrielle Herstellung.	In verdünnter Form (1 : 20) zum Reinigen (Absäuern) von Klinkern und zum **Entfernen von Ausblühungen** – danach gut mit Wasser abspülen.

Laugen entstehen, wenn Metalloxide mit Wasser reagieren. Durch Eindampfen der Laugen erhält man die Metallhydroxide, das sind Feststoffe, sogenannte Basen; in Wasser gelöst entstehen wieder Laugen. Alkalimetalle bilden direkt mit Wasser eine Lauge. Laugen reagieren basisch oder alkalisch. Die Stärke einer Lauge ist durch den Gehalt einer Lösung an Hydroxid-Ionen bestimmt.

Laugen im Bauwesen	Entstehung, Herstellung	Eigenschaften, Verwendung
Kalklauge $Ca(OH)_2$	Branntkalk (CaO) wird mit Wasser gelöscht, es entsteht die wässrige Lösung des Calciumhydroxides. Weiterverwendung als Bindemittel im Mörtel.	Ätzende, schwache Lauge, die Zink und Aluminium angreift. Stahl wird durch die alkalische Wirkung des Zementes vor Oxidation (Rosten) geschützt.

Salze entstehen
- wenn sich ein Metall mit einem Säurerest verbindet oder
- durch Neutralisation von einer Säure und einer Lauge oder
- durch Einwirken einer Säure auf ein Metall bzw. Metalloxid oder
- durch die Umsetzungsreaktion von verschiedenen Salzen.

In Wasser gelöste Salze bilden bei der Verdunstung Kristalle, die bei Feuchtigkeitsaufnahme ihr Volumen vergrößern. Diese Volumenvergrößerung führt in Bauteilen bzw. Baustoffen zur Rissbildung oder sogar zu Absprengungen. Gelangt salzhaltige Feuchtigkeit durch Kapillarität an die Außenflächen des Mauerwerks bzw. Betons, so verdunstet das Wasser, das Salz kristallisiert aus und bildet einen weißen bzw. grauen, flächigen Niederschlag, den man als **Ausblühung** bezeichnet.

Salze in Bauwesen	Beispiel, Entstehung, chemische Gleichung	Eigenschaften, Vorkommen
Chloride	Calciumchlorid $CaCO_3 + 2\,HCl \rightarrow CaCl_2 + H_2O + CO_2$	Im Mörtel mit Frostschutzmittel, Sprengwirkung
Karbonate	Calciumcarbonat $Ca(OH)_2 + CO_2 + H_2O \rightarrow CaCO_3 + 2\,H_2O$	Kalkstein, Marmor, Ausblühungen (Kalkfahnen)
Nitrate	Calciumnitrat $Ca(OH)_2 + 2\,HNO_3 \rightarrow Ca(NO_3)_2 + 2\,H_2O$ (+ 4 H_2O = sogenanntes Mauersalpeter)	Starke Ausblühungen und Zersetzungen
Phosphate	Aufwendiges, industrielles Verfahren	Abwasserbehandlung
Silikate	Calciumsilikat $H_2SiO_3 + Ca(OH)_2 \rightarrow CaSiO_3 + 2\,H_2O$ (vereinfacht)	Wasserbindend, Abbinden von Zement und Kalk
Sulfate	Calciumsulfat $CaCO_3 + H_2SO_4 \rightarrow CaSO_4 + CO_2 + H_2O$ (+ 2 H_2O = sogenanntes Sulfattreiben)	Herauslösen von Bindemitteln oder Sprengwirkung

2.8.5 Ausblühungen

Ausblühungen sind Salze ► S. 59, die sich sichtbar auf den Oberflächen von Beton, Mauerwerk und Putz ablagern. Die schädlichen Salze entstehen meist durch Verbindung der im Regenwasser gelösten Säuren ► S. 59 mit im Boden oder Bauteil enthaltenen Stoffen. Häufig gelangen aber auch wasserlösliche Salze durch aufsteigende Bodenfeuchtigkeit in die Bauteile oder es werden die in Baustoffen enthaltenen Salze durch die Feuchtigkeit gelöst. Im Bauteil gelangt die salzhaltige Feuchtigkeit durch Kapillarität ► S. 45 an die Außenfläche, die Feuchtigkeit verdunstet, das Salz kristallisiert aus und schlägt sich als weißer bis grauer Überzug nieder. Die Salzkristallbildung kann mit einer Volumenvergrößerung verbunden sein; diese kann zur Zerstörung des Bauteils führen. Man unterscheidet Carbonat-, Sulfat- und Nitratausblühungen.

Arten von Ausblühungen

Carbonatausblühung (Salze der Kohlensäure)	**Sulfatausblühung** (schwefelsaure Salze)	**Nitratausblühung** (Salze der Salpetersäure)
Eindringende kohlensäurehaltige Feuchtigkeit reagiert chemisch mit dem wasserunlöslichen Calciumcarbonat im Baustoff. Es entsteht das wasserlösliche Calciumhydrogencarbonat, das an die Außenflächen des Bauteils gelangt. Das Wasser verdunstet und Kalkausblühungen entstehen. Die Dichte des Baustoffes und damit seine Festigkeit nehmen ab.	Eindringende schwefelsaure Feuchtigkeit reagiert chemisch mit dem wasserunlöslichen Calciumcarbonat im Baustoff. Es entsteht das wasserlösliche Calciumsulfat (Gips), das an die Außenflächen des Bauteiles gelangt, unter Anlagerung von Hydratwasser auskristallisiert und durch eine achtfache Volumenvergrößerung zu Absprengungen am Bauteil bzw. am Baustoff führt.	Eindringende stickstoffhaltige Feuchtigkeit (Dünger, Jauche) bildet mit Sauerstoff die Salpetersäure, die chemisch mit dem Calciumcarbonat im Baustoff reagiert. Es entsteht Calciumnitrat, das unter Anlagerung von Hydratwasser auskristallisiert und durch Volumenvergrößerung zu Absprengungen und allmählich zur Zerstörung des Baustoffes bzw. des Bauteiles führt.
Absäuern, Feuchtigkeitszufuhr z.B. durch einen Silikonanstrich unterbinden.	Oberflächliche Ausblühungen abbürsten und weiteres Eindringen von Feuchtigkeit verhindern.	Gegen eindringende Feuchtigkeit abdichten und Bauteile gegebenenfalls sanieren.

Bauschäden durch Ausblühungen können durch sorgfältiges Sperren und Abdichten des Bauwerkes gegen Feuchtigkeit vermieden werden ► S. 148 und 150.

2.8.6 Elektrolyse

Unter **Elektrolyse** versteht man die chemische Umsetzung in einer elektrisch leitenden Flüssigkeit (Elektrolyt) durch die Wirkung des elektrischen Stromes. Fließt Strom durch einen Elektrolyt, so werden am Pluspol (Anode) negativ geladene und am Minuspol (Kathode) positiv geladene Teilchen (Ionen) angezogen. **Elektrolyte** sind die wässrigen Lösungen der Säuren, Laugen und Salze. Die elektrische Leitfähigkeit von wässrigen Lösungen beruht auf der Bewegung und Entladung ihrer Ionen an den Elektroden. Die Stromleitung erfolgt durch Ionenwanderung.

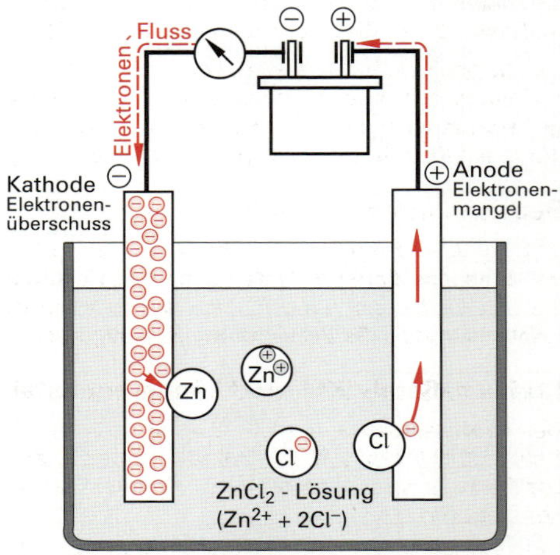

Elektrolyse (schematisch)

Technische Anwendung:

Wichtige chemische Grundstoffe, z.B. Wasserstoff, elementare Halogene und unedle Metalle, wie Kalium, Natrium oder Aluminium, werden durch die Elektrolyse gewonnen. Die elektrolytische Abscheidung von Metallen aus ihren wässrigen Lösungen wird in der Technik zum Verkupfern, Vernickeln (Galvanisieren) eingesetzt. Weiterhin dient dieses Verfahren zum Aufbringen einer korrosionsbeständigen und verschleißfesten Aluminiumoxid-Schicht auf Werkstücke desselben Werkstoffes (Eloxieren). Der Name **Eloxal**-Verfahren ist eine Abkürzung von **el**ektrisch **ox**idiertes **Al**uminium.

3 Statik und Lastannahmen

- **Statik** kommt von stare (lat.: stehen) und ist die Lehre von der Standfestigkeit ruhender Körper unter der Wirkung von Kräften.
- **Festigkeitslehre** ist die Lehre von den Formänderungen und der Belastbarkeit fester Körper.
- **Starrkörper** sind Körper, die sich unter der Wirkung von Kräften nicht deformieren (Idealisierung).
- **Stereostatik** ist die Statik starrer Körper.

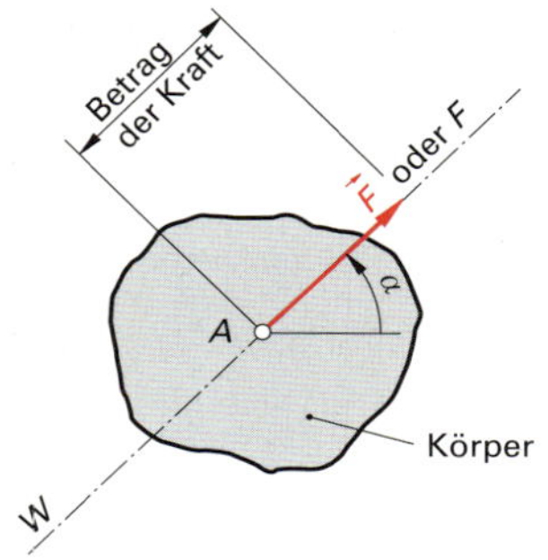

$\vec{F}$	Kraft
F	Betrag der Kraft
A	Angriffspunkt
W	Wirkungslinie
α	Richtungswinkel

3.1 Kräfte und Momente

3

Beschreibung und Einteilung der Kräfte

Kräfte sind nicht direkt, sondern nur in ihrer Wirkung messbar. Sie sind Ursache einer Bewegungsänderung und speziell in der Statik Ursache einer Formänderung. Kräfte wirken als **Volumenkräfte** (Schwerkraft) oder als **Oberflächenkräfte** (Kontaktkräfte). Bei konzentrierter Krafteintragung werden Kräfte in der Statik zu Linien- oder Punktkräften zusammengefasst. Eine **Punktkraft** heißt auch **Einzelkraft** und wird nachfolgend unter dem Sammelbegriff Kraft behandelt.

Bestimmungsstücke einer Kraft

Eine **Kraft** ist ein **Vektor,** das heißt eine gerichtete Größe. Sie ist bestimmt durch

- **Betrag**
- **Richtung**
- **Angriffspunkt**

Der **Betrag** besteht aus **Zahlenwert** und **Einheit.** Die **Richtung** ist durch **Wirkungslinie** und **Richtungssinn** bestimmt. Die Wirkungslinie ist eine Gerade, auf der der Angriffspunkt liegt.

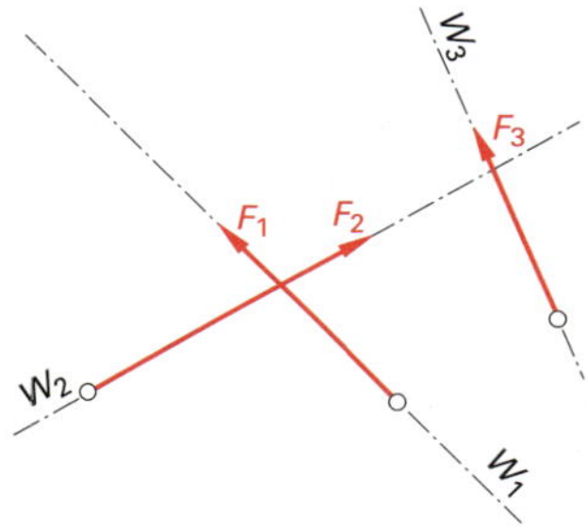

Darstellung mehrerer Kräfte

Darstellung einer Kraft

Eine Kraft wird durch eine Strecke mit Pfeilspitze dargestellt. Die Pfeilspitze zeigt die Richtung der Kraft an. Der Betrag der Kraft entspricht der Länge der Strecke multipliziert mit dem Kräftemaßstab. Die **Einheit** der Kraft ist **1 Newton (1 N).**

Für die analytische Darstellung einer Kraft in der Ebene wird ein rechtwinkliges Koordinatensystem zugrunde gelegt. Der **Angriffspunkt** wird durch ein Koordinatenpaar **(x, y)** und die **Kraft** durch ein Koordinatenpaar **(X, Y)** beschrieben.

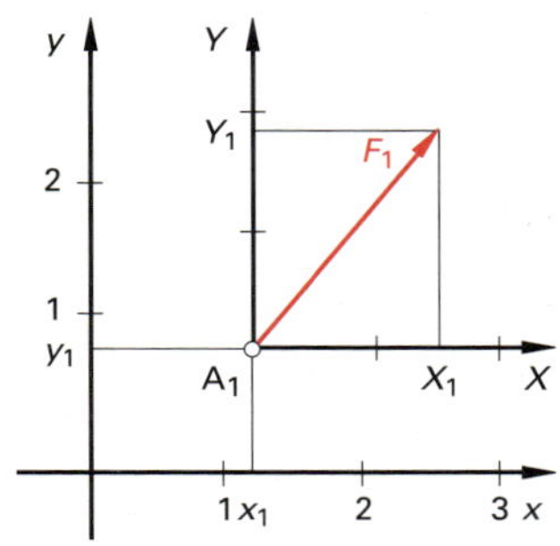

Analytische Darstellung der Kraft

Bezeichnung einer Kraft

Eine **Kraft** wird mit ***F*** und mehrere Kräfte mit F_1, F_2, ... bezeichnet. Eine **resultierende Kraft** – auch kurz **Resultierende** genannt – erhält die Bezeichnung F_R oder als **Teilresultierende** z.B. der Kräfte F_1 und F_2 die Bezeichnung $F_{1,2}$ (allgemein F_i).

Kräftemaßstab (KM) und Längenmaßstab (LM)

Der **Kräftemaßstab** hat die **Einheit 1 N/m.** Die Darstellung **1 cm ≙ 100 kN** bzw. M_K = **100 kN/cm** bedeutet: Ein Zentimeter der Darstellung einer Kraft entspricht hundert Kilonewton seines Betrages.

Der **Längenmaßstab** hat die **Einheit 1.** Er dient der Abstandsbestimmung des Angriffspunktes im Lageplan.

KM: 1 cm ≙ 100 kN

oder 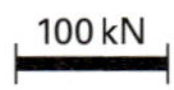

oder M_k=100 kN/cm

Lageplan und Kräfteplan (Krafteck)

Im **Lageplan** sind der Körper und die ihn angreifenden Kräfte mit Angriffspunkten und Wirkungslinien einzutragen. Der Lageplan ist mit einem **Längenmaßstab** zu versehen.

Im **Kräfteplan** – auch **Krafteck** genannt – werden die Kräfte durch Parallelverschieben aus dem Lageplan maßstäblich aneinander gefügt. Dabei ist der Durchlaufsinn (Verlauf der Pfeilspitzen), nicht jedoch die Reihenfolge der Kräfte zu beachten.

Der Kräfteplan dient der Ermittlung des **Kräftegleichgewichts** und ist mit einem **Kräftemaßstab** zu versehen.

Beispiel

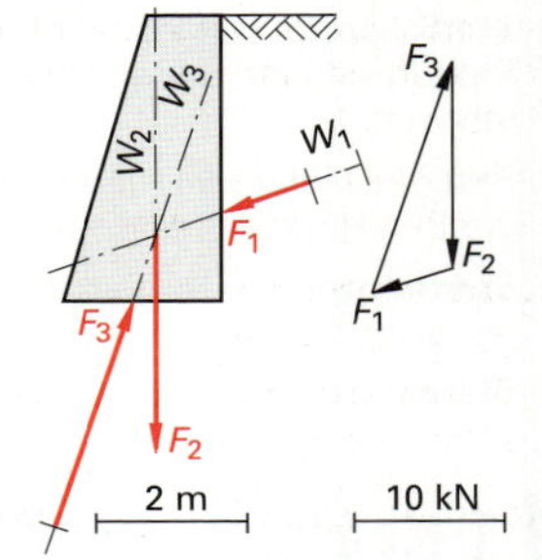

Lageplan Kräfteplan

Schwergewichtsstützwand

Axiom der Linienflüchtigkeit

Der **Angriffspunkt** einer Kraft darf auf der **Wirkungslinie** beliebig verschoben werden. An der Wirkung der Kraft auf Starrkörper ändert sich dabei nichts.

3

Axiom vom Kräfteparallelogramm

Greifen zwei Kräfte in einem Punkt an, so lassen sie sich in ihrer Wirkung durch eine statisch äquivalente Kraft ersetzen. Die Ersatzkraft heißt Resultierende und wird durch das nebenstehend dargestellte **Kräfteparallelogramm** zeichnerisch ermittelt. Die rechnerische Ermittlung erfolgt mit folgender Formel:

$$F_R = \sqrt{F_1^2 + F_2^2 + 2\, F_1 \cdot F_2 \cdot \cos\alpha}$$

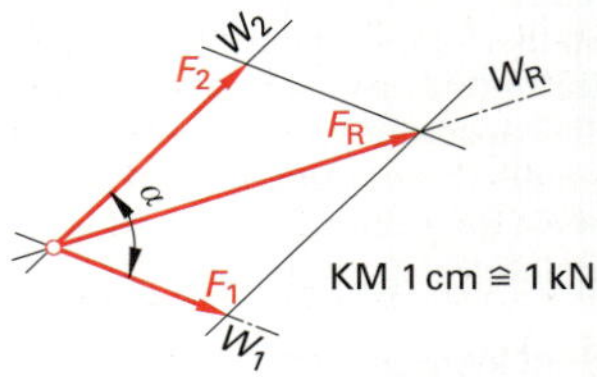

Kräfteparallelogramm

Addition und Subtraktion von Kräften

Bei der grafischen **Addition von Kräften** wird ein Kräfteplan erstellt. Die aneinander zu fügenden Kräfte heißen **Teilkräfte**.

Der Vektor, welcher durch geradlinige Verbindung des Anfangspunktes mit dem Endpunkt der Vektorkette und einer Pfeilspitze im Endpunkt entsteht, entspricht der Vektorsumme und heißt **Resultierende**. Analytisch entsprechen die **Koordinaten (X_R, Y_R) der Resultierenden** der algebraischen Summe der zugeordneten **Koordinaten (X_i, Y_i) der Teilkräfte F_i (i = 1, ..., n).**

Eine Kraft wird subtrahiert, indem eine entgegengesetzt gerichtete Kraft gleichen Betrages addiert wird.

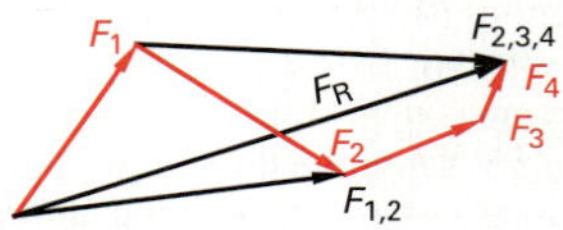

Addition von Kräften

Zerlegung einer Kraft in zwei Richtungen

Eine Kraft lässt sich in der Ebene eindeutig in zwei voneinander verschiedene Richtungen zerlegen. Die Wirkungslinien der gesuchten Teilkräfte werden dabei im Kräfteplan parallel an den Anfangs- und Endpunkt der gegebenen Kraft verschoben. Die Schnittpunkte der verschobenen Wirkungslinien sind – wie beim Kräfteparallelogramm – Anfangspunkt bzw. Endpunkt der Teilkräfte. Im Lageplan müssen sich die Wirkungslinien der Kraft und ihrer Teilkräfte in einem Punkt schneiden.

Zerlegung einer Kraft in drei Teilkräfte

Eine Kraft lässt sich in der Ebene eindeutig in drei Teilkräfte zerlegen, wenn deren Wirkungslinien sich nicht in einem Punkt schneiden. Mit der Wirkungslinie der Kraft sind vier Wirkungslinien gegeben, die im Lageplan paarweise zum Schnitt gebracht werden. Die Verbindungsgerade der Schnittpunkte heißt **Culmann'sche Hilfsgerade c.** Die Kraft wird zunächst in einem der Schnittpunkte in Richtung einer Wirkungslinie und der Hilfsgeraden zerlegt. Die dabei ermittelte **Culmann'sche Hilfskraft $\vec{C}$** kann in die restlichen Kräfte zerlegt werden.

Beispiel

Kaimauer mit Pfählen

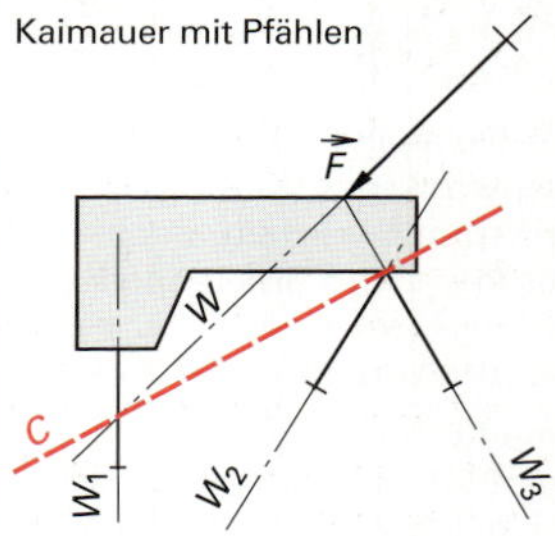

Lageplan

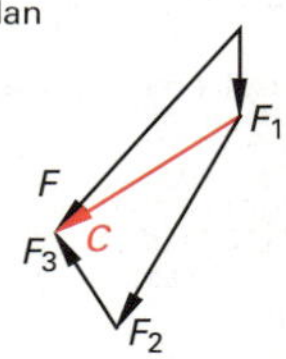

Kräfteplan M_K = 100 kN/cm

Moment einer Kraft (ebenes Kräftesystem)

Das **Moment** einer Kraft in Bezug auf einen **Punkt (Drehpunkt)** ist gleich dem Produkt aus **Hebelarm** und Betrag der Kraft. Der Hebelarm ist der (kürzeste) Abstand der Wirkungslinie vom Drehpunkt.

Ist die Drehwirkung der Kraft im Gegenuhrzeigersinn, so ist das Moment positiv, andernfalls negativ.

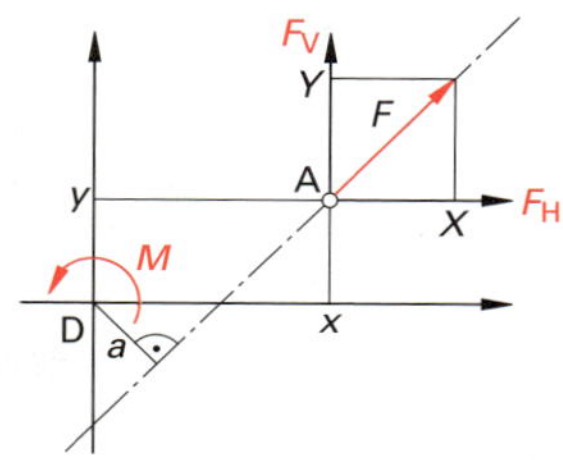

D (0, 0)	Drehpunkt
A (x, y)	Angriffspunkt
M_D	Moment von $\vec{F}$ um D
F (X, Y)	Kraft
a	Hebelarm

Moment = Hebelarm × Kraft
$M = \pm a \times F$

Für D (0, 0) gilt:
$M = x \cdot Y - y \cdot X$

Für D (x_D, y_D) gilt:
$M = (x - x_D)\,Y - (y - y_D)\,X$

Momentensatz

In einem ebenen Kräftesystem lassen sich die Momente mehrerer Kräfte um einen gemeinsamen Drehpunkt unter Beachtung des Vorzeichens addieren.

Moment eines Kräftepaares

Ein **Kräftepaar** besteht aus zwei gleich großen, aber entgegengesetzten Kräften auf **parallelen Wirkungslinien.**

Das mit **Drehkraft** bezeichnete Moment ist gleich dem Produkt aus dem Abstand der Wirkungslinien und dem Betrag einer der Kräfte. Es gilt die gleiche Vorzeichenregelung wie für das Moment einer Kraft. Kräftepaare mit gleichem Moment sind statisch äquivalent. Die Summe der Momente der Einzelkräfte ist für jeden Drehpunkt gleich und entspricht dem Moment des Kräftepaares.

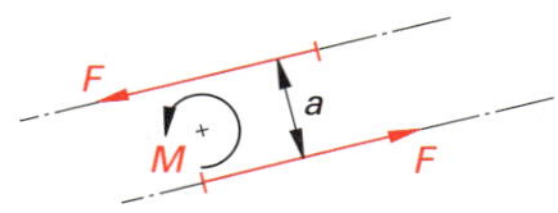

Kräftepaar mit $M = a \cdot F$

Bezeichnung der Momente

Mit $\boldsymbol{M_{D1}}$ wird das Moment einer Kraft $\boldsymbol{F_1}$ um den Drehpunkt **D** bezeichnet. Das resultierende Moment mehrerer Kräfte um denselben Drehpunkt **D** heißt $\boldsymbol{M_D}$. Momente mehrerer Kräftepaare heißen $\boldsymbol{M_1}$, $\boldsymbol{M_2}$, $\boldsymbol{M_3}$, ... Die Einheit des Momentes ist **ein Newtonmeter (1 Nm).**

3

Beispiel

Zu den Kräften $\boldsymbol{F_1}$ **(2 kN, – 2 kN)** und $\boldsymbol{F_2}$ **(2 kN, 4 kN)** mit den Angriffspunkten $\mathbf{A_1}$ **(– 3 m, 1 m)** und $\mathbf{A_2}$ **(– 2 m, – 1 m)** sind rechnerisch die Bestimmungsstücke der Resultierenden zu ermitteln.

Koordinaten der Resultierenden:

$X_R = X_1 + X_2$ $\quad X_R = 2\text{ kN} + 2\text{ kN} = 4\text{ kN}$
$Y_R = Y_1 + Y_2$ $\quad Y_R = -2\text{ kN} + 4\text{ kN} = 2\text{ kN}$

Resultierende:

F_R **(4 kN, 2 kN)**

Betrag der Resultierenden:

$F_R = \sqrt{X_R^2 + Y_R^2}$, $\quad F_R = \sqrt{(4\text{ kN})^2 + (2\text{ kN})^2} = 4{,}472\text{ kN}$

Richtung der Resultierenden:

$\alpha = \arctan\,(Y_R : X_R)$ $\quad \arctan\,(2\text{ kN} : 4\text{ kN}) = 0{,}5$ $\quad \alpha = 26{,}6°$

Resultierendes Moment um den Koordinatennullpunkt:

$M_{01} = x_1 Y_1 - y_1 X_1$ $\quad M_{01} = (-3\text{m})\,(-2\text{ kN}) - (1\text{ m})\,(2\text{ kN}) = 4\text{ kNm}$
$M_{02} = x_2 Y_2 - y_2 X_2$ $\quad M_{02} = (-2\text{ m})\,(4\text{ kN}) - (-1\text{ m})\,(2\text{ kN}) = -6\text{ kN}$
$M_0 = M_{01} + M_{02}$ $\quad M_0 = 4\text{ kNm} + (-6\text{ kNm}) = -2\text{ kNm}$

Für die Resullierende muss gelten:

$M_0 = M_R = x_R Y_R - y_R X_R$ mit dem Angriffspunkt A_R (x_R, y_R).

Da die Resultierende im Lageplan linienflüchtig ist, kann der Angriffspunkt beliebig auf der Wirkungslinie verschoben werden. Für $x_R = 0$ ist $M_0 = -y_R\,(4\text{ kN}) = -2\text{ kNm}$ und damit $y_R = 0{,}5\text{ m}$.

Mögliche Lage des Angriffspunktes: A_R **(0 m, 0,5 m)**

Beispiel

(Siehe nebenstehenden Text mit analytischer Lösung)

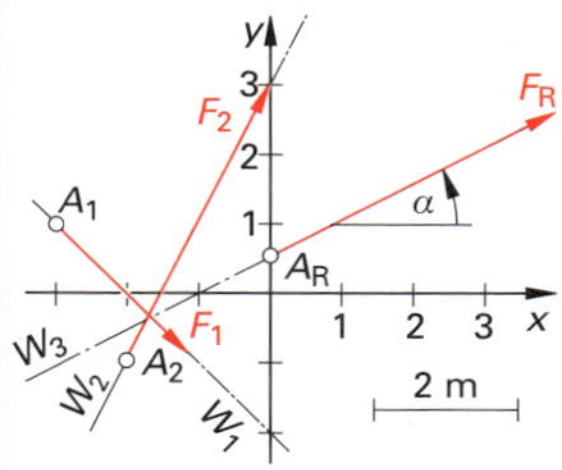

Lageplan

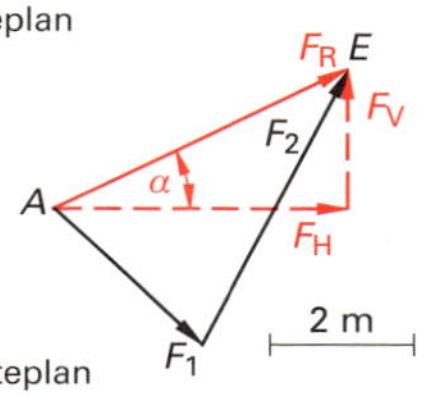

Kräfteplan

$F_H = F \cdot \cos\alpha$ $\quad F_V = F \cdot \sin\alpha$

$F_R = \sqrt{(F_H)^2 + (F_V)^2}$

$\tan\alpha = F_V / F_H$

3.2 Gleichgewichtsbedingungen

Gleichgewichtsbedingungen

$\Sigma V = 0$ oder $\Sigma F_V = 0$

$\Sigma H = 0$ oder $\Sigma F_H = 0$

(Kräftegleichgewicht)

$\Sigma M = 0$ oder $\Sigma M_D = 0$

(Momentengleichgewicht)

V, F_V Sammelbezeichnung für Vertikalkräfte

H, F_H Sammelbezeichnung für Horizontalkräfte

M, M_D Sammelbezeichnung für Momente um einen Drehpunkt D

Notwendigkeit des Gleichgewichts

Körper ohne **Gleichgewicht** erfahren eine Beschleunigung. Für die Standfestigkeit ruhender Körper (Statik) ist die Erfüllung des Gleichgewichts eine notwendige Bedingung.

Arten des Gleichgewichts

Es gibt ein **Kräftegleichgewicht** und ein **Momentengleichgewicht.** Beide Gleichgewichtsarten sind zu erfüllen.

Das **Kräftegleichgewicht** ist erfüllt, wenn die Resultierende aller an einem Körper angreifenden Kräfte verschwindet. Das Krafteck im Kräfteplan schließt sich dann.

Verschwindet zusätzlich das resultierende Moment bezüglich eines frei wählbaren Drehpunktes, so ist auch das **Momentengleichgewicht** erfüllt.

Zur rechnerischen Ermittlung des Kräftegleichgewichts in der Ebene werden alle an einem Körper angreifenden Kräfte in **Vertikalkomponenten** (Teilkräfte in Y-Richtung) und **Horizontalkomponenten** (Teilkräfte in X-Richtung) zerlegt ► S. 63.

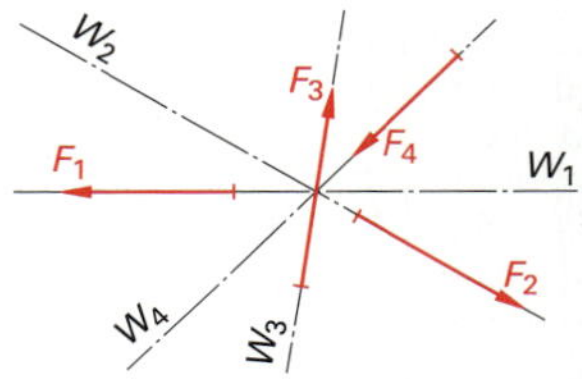

Zentrales Kräftesystem

Zentrales Kräftesystem

In einem **zentralen Kräftesystem** schneiden sich die Wirkungslinien aller Kräfte in einem Punkt. Für diesen Punkt verschwindet das resultierende Moment, sodass nur noch das Kräftegleichgewicht zu überprüfen ist.

Aktionskräfte und Reaktionskräfte

Alle von außen auf einen Körper einwirkenden Kräfte mit physikalischer Ursache heißen **Aktionskräfte** (z.B. **Gewichtskräfte, Lasten** oder in den neuen europäischen Normen **Einwirkungen). Reaktionskräfte** sind Zwangskräfte, die zu einer Einschränkung der Bewegungsmöglichkeit des Körpers führen. Sie sind Kontaktkräfte an den Auflagerungspunkten des Körpers und heißen auch **Auflagerkräfte** oder **Auflagerreaktionen.**

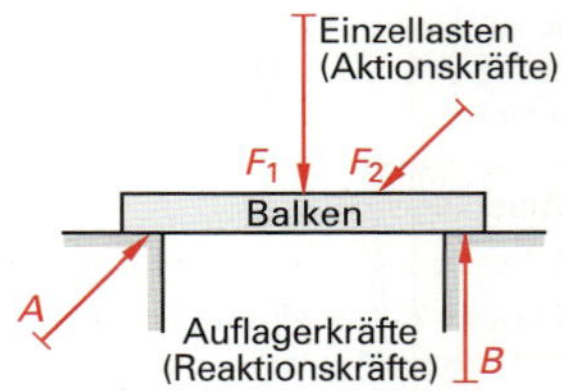

Aktions- und Reaktionskräfte

Axiom von Wirkung und Gegenwirkung (Reaktionsprinzip)

Reaktionskräfte stellen sich so ein, dass sie mit den Aktionskräften die Gleichgewichtsbedingungen erfüllen. Die Auflager müssen so angeordnet sein, dass Gleichgewicht möglich ist.

Lagerungsarten und Lagerungssymbole

In der Statik ebener Stabwerke, bei der der Körper eine stabähnliche Form hat (Holzbalken, Stahlträger usw.), werden Auflager durch **Symbole** dargestellt. Es gibt feste, bewegliche und eingespannte Auflager.

Lagerungsart und Bewegungsmöglichkeit	Symbol und Auflager reaktionen
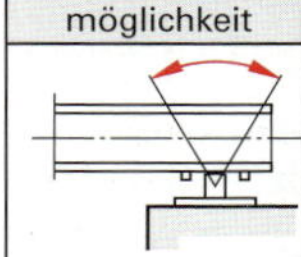 **festes Auflager**	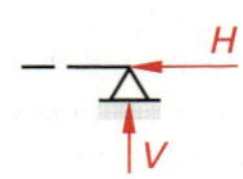
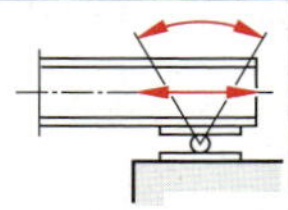 **bewegliches Auflager**	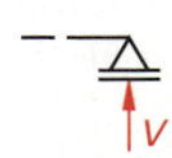
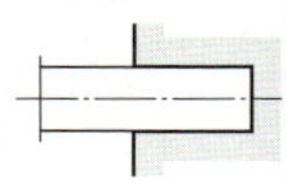 **eingespanntes Auflager**	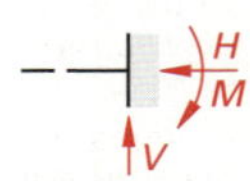

Das Freimachen eines Körpers

Alle Körper, die den freizumachenden Körper berühren, werden gedanklich weggenommen und durch Kräfte gleicher Wirkung ersetzt. Die dabei auftretenden und zunächst unbekannten Kräfte heißen Reaktionskräfte und müssen mit den verbleibenden Aktionskräften die Gleichgewichtsbedingungen erfüllen.

Auch Teile eines Körpers können freigemacht (gedanklich freigeschnitten) werden. Die an der Schnittstelle auftretenden Reaktionen heißen **Schnittgrößen** ► S. 66.

3.3 Statische Systeme

Zur Berechnung der Standfestigkeit eines Bauwerks werden **statische Systeme** verwendet. Sie stellen eine Idealisierung der tragenden Konstruktion des Bauwerks dar. Für statische Systeme können unter der Einwirkung von Kräften und unter Verwendung von Rechenverfahren der Statik **Auflagerreaktionen, Schnittgrößen** und **Formänderungen** bestimmt werden. Diese Größen dienen dazu, mit den Verfahren der Festigkeitslehre die Beanspruchbarkeit und die Gebrauchstauglichkeit der tragenden Teile eines Bauwerks zu bestimmen.

Zu den **statischen Elementen** gehören **Stäbe, Scheiben, Platten, Schalen, rotationssymmetrische** und **allgemeine** (dreidimensionale) **Körper** sowie Kombinationen derselben.

Stäbe

Stäbe sind linienförmige Elemente. Ihre Abmessungen in zwei Richtungen (Querschnitt) sind klein gegenüber der dritten Richtung (Länge). Sie können gerade und in der Ebene oder im Raum gekrümmt sein. Zu den Stäben gehören **Balken, Träger** und **Stützen.**

Scheiben, Platten und Schalen

Scheiben, Platten und **Schalen** sind flächenförmige Elemente. Ihre Abmessung in einer Richtung (Dicke *d*) ist klein gegenüber den anderen beiden Richtungen. **Scheiben** und **Platten** sind ebene Elemente. Bei den Scheiben (z. B. freitragende Wände) wirken alle angreifenden Kräfte nur in der Ebene der Scheibe. Bei den Platten wirken alle angreifenden Kräfte senkrecht zur Plattenebene. **Schalen** sind gekrümmte Flächenelemente.

Stabwerke

Stabwerke sind aus Stäben zusammengesetzte statische Systeme. Die Stäbe können durch Biegung, Normalkräfte (Druck, Zug) und Querkräfte beansprucht werden. Bei ebenen Stabwerken liegen alle Stäbe in einer Ebene und werden auch nur – wie bei Scheiben – in dieser Ebene durch Kräfte beansprucht.

Fachwerke

Fachwerke sind ebene Stabwerke, bei denen die Stäbe aufgrund ihrer besonderen Anordnung und geraden Form **nur durch Normalkräfte** beansprucht werden. Eine Biegebeanspruchung als Folge der Formänderungen wird dabei vernachlässigt. Die Punkte im statischen System, an denen zwei oder mehrere Stäbe zusammenlaufen, heißen **Knoten.** Statt der tatsächlich vorhandenen biegesteifen Verbindung der Stäbe in den Knoten wird idealisierend ein **Vollgelenk** angenommen. Ein Fachwerk mit dieser Idealisierung heißt auch **Gelenkfachwerk.**

Die Fachwerkbinder werden meistens als **Einfeldträger** verwendet. Vor Beginn der Berechnungen muss das Bindersystem festgelegt werden. Mit **System** wird das Netz der Achsen (Schwerpunktlinien) der einzelnen Stäbe benannt.

Die oberen Stäbe bilden den Obergurt. Die unteren Stäbe bilden den Untergurt. Zwischen Obergurt und Untergurt sind als Dreieckssystem die Füllstäbe eingebaut, die entweder als Vertikalstäbe oder Diagonalstäbe angeordnet sind.

Gelenkrahmen

z.B. Kantholzrahmen mit l = 15 m bis l = 30 m und $h > l/12$
z.B. Brettschichtholz mit l = 25 m bis l = 60 m und $h > l/12$

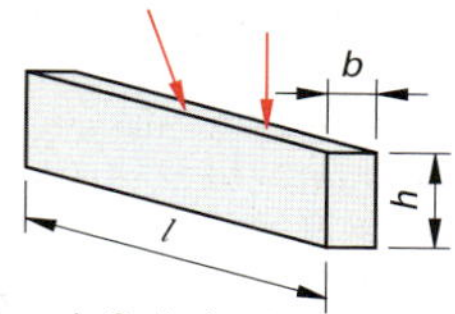

Balken als Stab $b \ll l$
$h \ll l$

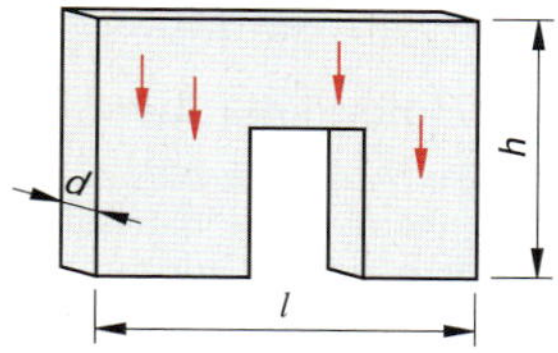

Wand als Scheibe $d \ll l$
$d \ll h$

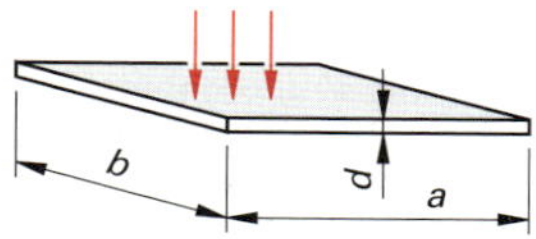

Geschossdecke als Platte $d \ll a$
$d \ll b$

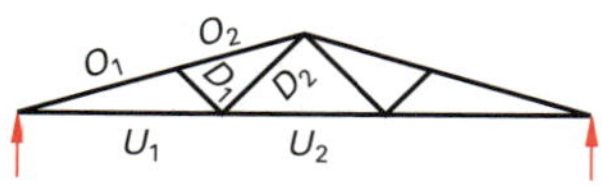

Dreiecksbinder (Satteldach)

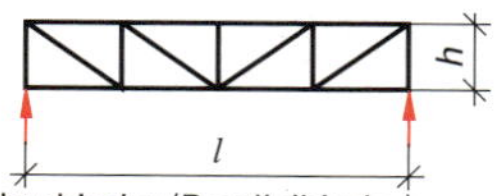

Balkenbinder (Parallelbinder)
z.B. l = 7,5 m und $h > l/12$

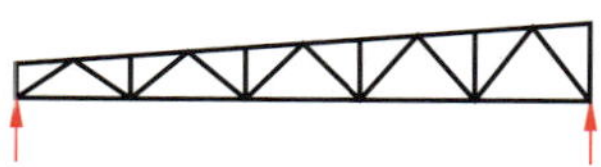
Pultdachbinder

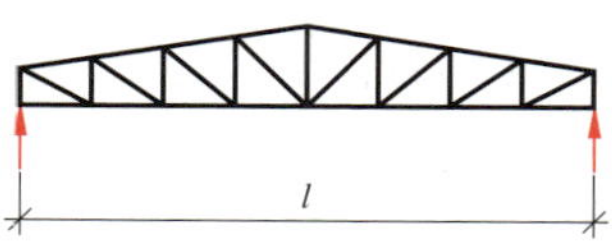

Trapezbinder

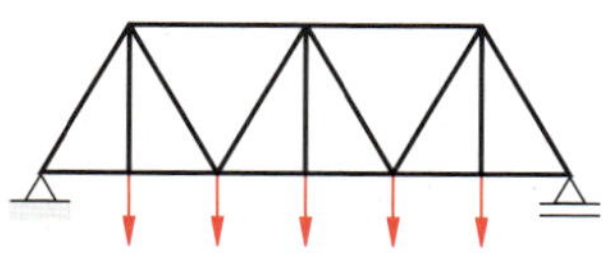
Brücke als Fachwerk

Bezeichnungen am ebenen Stabwerk

Am ebenen Stabwerk werden die Stäbe mit Zahlen und die Stabenden mit Buchstaben bezeichnet. Stabenden sind Auflager-, Knoten-, Eck- und Gelenkpunkte. Zur späteren Festlegung der Vorzeichen für die Biegebeanspruchung wird eine frei wählbare Seite an jedem Stab durch Strichelung als **gestrichelte Zone (Kennfaser, Zugzone)** gekennzeichnet. Die gestrichelte Zone wird – zweckmäßigerweise – bei horizontalen und schrägen Stäben unten, bei einer Stabfolge auf gleicher Seite und bei vertikalen Stäben rechts angeordnet.

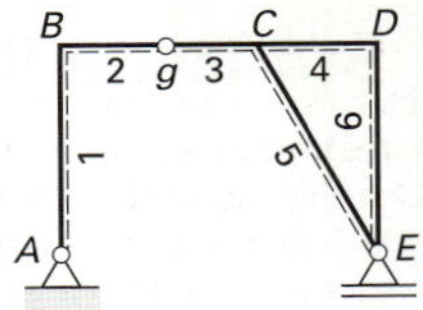

A, E Auflager(punkte)
B, D Eckpunkte
C Knotenpunkt, *g* Gelenkpunkt

Bezeichnung der Auflagerreaktionen

Vertikale Auflagerkräfte und Kräfte an verschieblichen Auflagern werden wie die Auflagerpunkte bezeichnet. Treten im statischen System Horizontalkräfte auf, so heißen sie H_A, H_B ...

3 Momente an Stabenden erhalten als Fußzeiger zu *M* den Buchstaben des Punktes (M_A, M_B, ...).

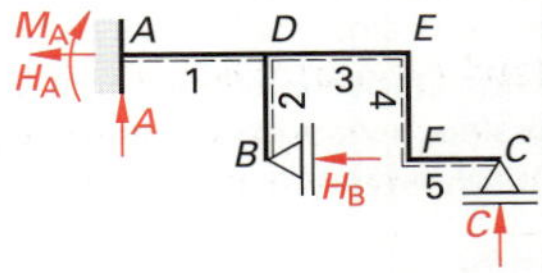

Kennzeichnung der Auflagerreaktionen und Festlegung der gestrichelten Zone

Bezeichnung der Belastung (Einwirkung)

Es werden **Einzellasten, Einzelmomente, Gleichstreckenlasten, Gleichstreckenmomente, lineare** und **nichtlineare Streckenlasten** und **Streckenmomente** unterschieden. Zu den Belastungen zählen auch über den Stabquerschnitt konstante und veränderliche Temperaturzuwächse sowie Zwangsverschiebungen (z. B. Stützensenkungen).

Ständig auftretende Streckenlasten werden mit ***g*** (Eigenlast) und zeitweilig auftretende Streckenlasten mit ***q*** (Nutzlast, Verkehrslast) bezeichnet. Windlasten werden mit ***w*** und Schneelasten mit ***s*** bezeichnet. Die Einwirkungen werden nach ihren charakteristischen Werten (Fußzeiger k) bzw. nach ihren Bemessungswerten (Fußzeiger d) unterschieden.

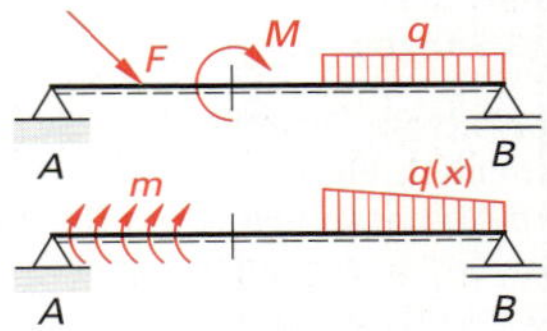

F Einzellast
M Einzelmoment
q Gleichstrecklast
m Gleichstreckenmoment
q (x) Linear veränderliche Streckenlast

Schnittgrößen

Zur Erfassung der Kräfte im Innern eines Stabes wird an der zu untersuchenden Stelle ein gedachter Schnitt durch den Stab quer zur Stabachse geführt. Durch die Trennung entstehen zwei **Schnittflächen (Schnittufer)**. Wie bei dem Freimachen eines Körpers ist der abgeschnittene Teil durch seine Wirkung am Schnittufer des verbleibenden Teiles zu ersetzen. Die Wirkung sind Spannungen, die für ebene Stabwerke zu zwei Kräften und einem Moment zusammengefasst werden können. Eine der beiden Kräfte wirkt quer zur Stabachse und heißt **Querkraft *V*.** Die andere Kraft wirkt in Richtung der Stabachse und heißt **Normalkraft *N*.** Das Moment heißt **Biegemoment *M*.** Querkraft, Normalkraft und Biegemoment heißen zusammen **Schnittgrößen.** Am Schnittufer des abgeschnittenen Teiles treten die gleichen Schnittgrößen in entgegengesetzter Richtung auf, d.h., Schnittgrößen treten stets paarweise auf.

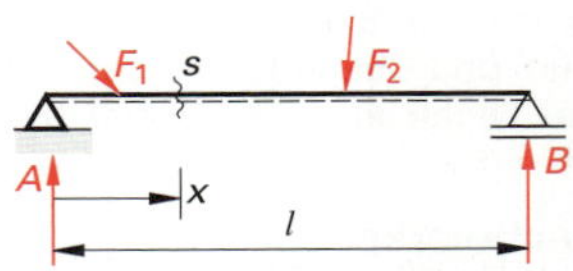

Einfeldträger mit Schnitt *s*

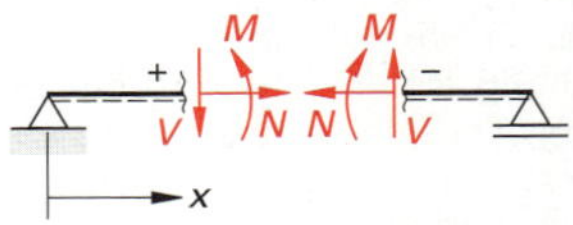

Schnittufer mit positiven Schnittgrößen *M*, *N* und V (vormals *Q*)

N Nomalkraft	+ positives
M Biegemoment	– negatives
V Querkraft	Schnittufer

Koordinaten und Vorzeichenfestlegung (DIN 1080)

Bei den Stabkoordinaten fällt die *x*-Achse mit der Stabachse zusammen. Das Schnittufer, aus dem die *x*-Achse hinauszeigt, heißt **positives Schnittufer.** Ist bei Betrachtung des positiven Schnittufers die gestrichelte Zone unten, so zeigt die *y*-Achse nach links und die *z*-Achse nach unten. Schnittkräfte sind positiv, wenn sie am positiven Schnittufer in positiver Richtung wirken.

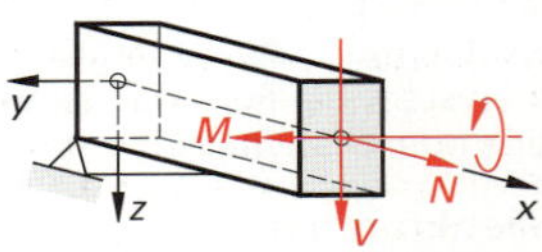

Stabkoordinaten und Schnittgrößen am positiven Schnittufer

Zustandslinien

Schnittgrößen sind von der Lage des Schnittes und damit von der Stabkoordinate x abhängig. Werden die Schnittgrößen getrennt nach **Querkraft, Normalkraft** und **Biegemoment** in das statische System eingetragen, so ergeben sich die **Zustandslinien.** Positive Schnittgrößen werden auf der Seite der gestrichelten Zone angetragen und bei mehrfarbiger Darstellung durch eine grüne Linie gekennzeichnet. Negative Schnittgrößen werden gegenüberliegend angetragen und durch eine rote Linie gekennzeichnet.

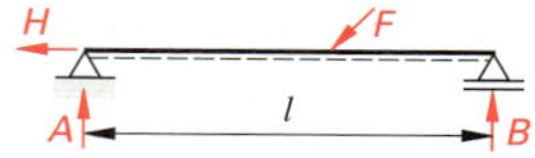

System und Belastung

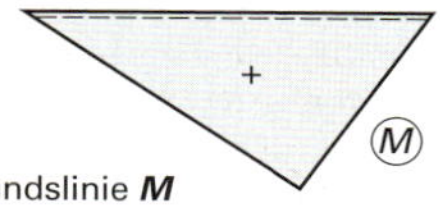

Zustandslinie ***M***

Zustandslinie ***V***

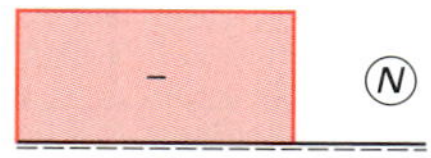

Zustandslinie ***N***

Gleichgewichtsbedingungen

Zur Bestimmung der **Auflagerreaktionen** über **Gleichgewichtsbedingungen** am statisch bestimmten ebenen Stabwerk gilt:

$$\Sigma H = 0 \qquad \Sigma V = 0 \qquad \Sigma M_D = 0 \qquad (D \text{ beliebiger Drehpunkt})$$

3

Beispiel

Der nebenstehend dargestellte Einfeldträger mit Kragarm ist durch zwei Einzelkräfte belastet. Es sind die Auflagerreaktionen zu berechnen und die Zustandslinien zu zeichnen.

$l = 6$ m, $l_k = 2$ m, $F_1 = 3$ kN, $F_2 = 4$ kN.

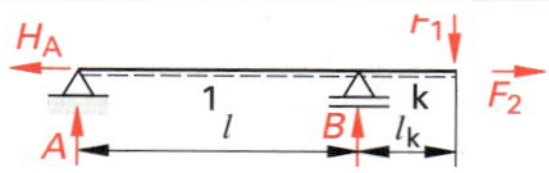

System und Belastung

Mit den Gleichgewichtsbedingungen $\Sigma M_A = 0$, $\Sigma M_B = 0$ und $\Sigma H = 0$ lassen sich die Auflagerreaktionen bestimmen.

$\Sigma H \;= 0 = -H_A + F_2$	$H_A = F_2$	$\boldsymbol{H_A = 4}$ **kN**
$\Sigma M_A = 0 = l\,B - (l + l_k)\,F_1$	$B = \dfrac{l + l_k}{l} \cdot F_1$	
	$B = \dfrac{6\text{ m} + 2\text{ m}}{6\text{ m}}\,3\text{ kN}$	$\boldsymbol{B = 4}$ **kN**
$\Sigma M_B = 0 = -l\,A - l_k\,F_1$	$A = \dfrac{-l_k}{l}\,F_1$	
	$A = \dfrac{-2\text{ m}}{6\text{ m}}\,3\text{ kN}$	$\boldsymbol{A = -1}$ **kN**

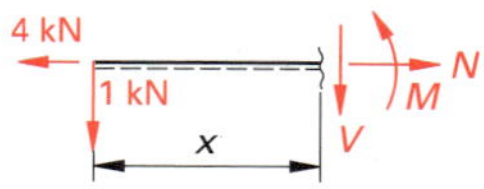

Schnittgrößen im Feld

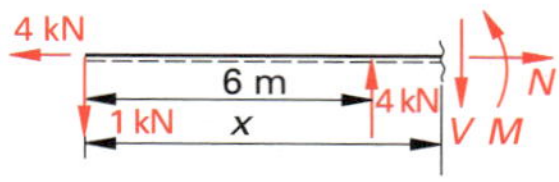

Schnittgrößen im Kragarm

Durch Schneiden und Freimachen lassen sich an dem Teilkörper mit den Gleichgewichtsbedingungen $\Sigma H = 0$, $\Sigma V = 0$ und $\Sigma M_x = 0$ die Schnittgrößen bestimmen.

- Für das **Feld 1** ergibt sich:

$\Sigma H \;= 0 = -H_A + N$	$N = H_A$	$\boldsymbol{N = 4}$ **kN**
$\Sigma V \;= 0 = -A + V$	$V = A$	$\boldsymbol{V = -1}$ **kN**
$\Sigma M_x = 0 = -x\,A + M$	$M = x\,A$	$\boldsymbol{M = x(-1}$ **kN)**

- Für den **Kragarm k** ergibt sich:

$\Sigma H \;= 0 = -H_A + N$	$N = H_A$	$\boldsymbol{N = 4}$ **kN**
$\Sigma V \;= 0 = -A - B + V$	$V = A + B$	$\boldsymbol{V = 3}$ **kN**
$\Sigma M_x = 0 = -x\,A - (x - l)\,B + M$		
$M \;= -l\,B + x\,(A + B)$		$\boldsymbol{M = -24}$ **kN +** $\boldsymbol{x}$ **(3 kN)**

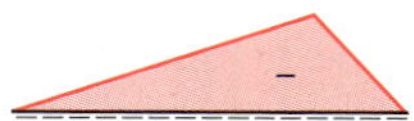

Zustandslinie *M*

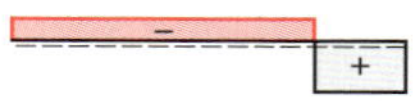

Zustandslinie *V*

Der Verlauf der Querkraft und der Normalkraft ist im Feld 1 und im Kragarm jeweils konstant. Das Biegemoment ist jeweils linear veränderlich und hat am Auflager A ($x = 0$) und am Kragarmende ($x = 8$ m) den Wert 0 kNm. Über dem Auflager B ($x = 6$ m) hat das Biegemoment den Wert:

$M_B = (6\text{ m}) \cdot (-1\text{ kN}) = -24\text{ kNm} + (6\text{ m}) \cdot (3\text{ kN})$ $\qquad$ $\boldsymbol{M_B = -6}$ **kNm**

Zustandslinie *N*

Beispiel

Für die Sparren eines Pfettendaches ► S. 298 sind die Auflagerreaktionen A, B und H_A sowie die Zustandslinien der Schnittgrößen N, V und M zu bestimmen (Standort des Wohngebäudes in der Region Hannover).

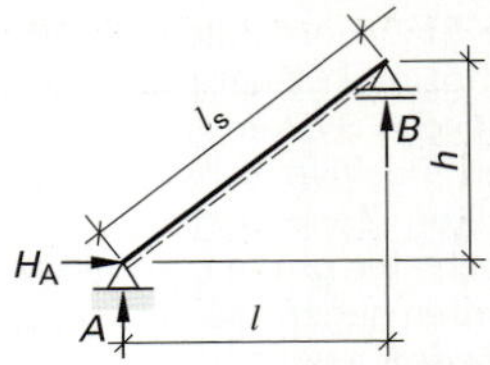

System

System:

Stützweite l = 4,0 m | Sparrenabstand e = 0,8 m

Dachhöhe h = 3,0 m

$l_s = l^2 + h^2$ | $l_s = \sqrt{(4{,}0\ \text{m})^2 + (3{,}0\ \text{m})^2} = 5{,}0$ m

Sparrenlänge l_s = 5,0 m

$\tan\alpha = h/l = 0{,}75$ | Dachneigung $\alpha = 36{,}9°$

$\sin\alpha = h/l_s = 0{,}60$ | $\cos\alpha = l/l_s = 0{,}80$

Belastung / charakteristische Einwirkungen: ► S. 84 ... S. 89

(D Dachfläche, G Grundrissprojektion)

Eigenlast nach DIN 1055 (06.86)

Betondachsteine incl. Lattung		0,50 kN/m² D
Sparrengewicht	(geschätzt)	0,07 kN/m² D
Unterspannbahn	(geschätzt)	0,01 kN/m² D
Unterschalung	(geschätzt)	0,12 kN/m² D
ständige Last		**g_k = 0,70 kN/m² D**

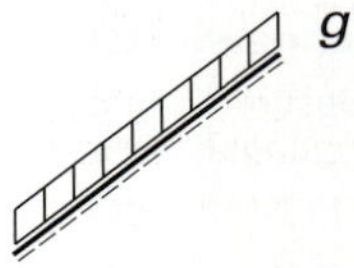

ständige Last

Regelschneelast nach DIN 1055 (08.86)

(Zone 1, Höhe < 200 m über NN, s_o = 0,75 kN/m²)

(Dachneigung α = 36,9°, k_s = 0,82)

Schneelast $k_s \cdot s_o = 0{,}82 \cdot 0{,}75$ ⇒ **s_k = 0,62 kN/m² G**

Schneelast nach DIN 1055 (06.2005) s = 0,54 kN/m² G

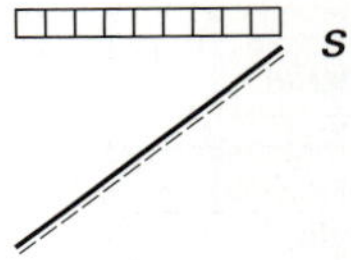

Schneelast

Winddruck nach DIN 1055 (08.86)

(Gebäudehöhe unter 8 m, Staudruck q = 0,5 kN/m²)

(Dachneigung α = 36,9°, Druckbeiwert c = 0,538)

(Erhöhungsfaktor für Einzeltragglied, dessen Windangriffsfläche < 15% der Dachfläche: 1,25)

Windlast $1{,}25 \cdot c \cdot q = 1{,}25 \cdot 0{,}538 \cdot 0{,}5$ ⇒ **w_k = 0,34 kN/m² D**

Winddruck nach DIN 1055 (03.2005) w = 0,63 kN/m² D

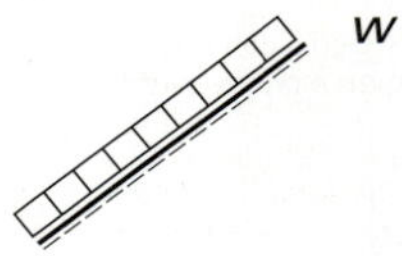

Windlast

Hinweis:

w_H = 0,34 kN/m² auf einer Dachhöhe h = 3,00 m

w_V = 0,34 kN/m² auf einer Stützweite l = 4,00 m

Auflagerreaktionen: (pro lfdm. Dachlänge)

$g_d = 1{,}35 \cdot g_k = 0{,}95$ kN/m² G $s_d = 1{,}50 \cdot s_k = 0{,}93$ kN/m² D

$w_d = 1{,}50 \cdot w_k = 0{,}51$ kN/m² D

$\curvearrowright\!+ \Sigma M_A$: $g \cdot l_s \cdot l/2 + s \cdot l^2/2 + w \cdot l_s^2/2 - B \cdot l = 0$

$B = (0{,}95 \cdot 5{,}0 \cdot 4{,}0/2 + 0{,}93 \cdot 4{,}0^2/2 + 0{,}51 \cdot 5{,}0^2/2)/4{,}0$

B = 5,83 kN/m

$+\!\downarrow \Sigma V$: $g \cdot l_s + s \cdot l + w \cdot l_s \cdot \cos\alpha - B - A = 0$

$A = 0{,}95 \cdot 5{,}0 + 0{,}93 \cdot 4{,}0 + 0{,}51 \cdot 5{,}0 \cdot 0{,}8 - 5{,}83$

A = 4,68 kN/m

$\overset{+}{\rightarrow} \Sigma H_A$: $w \cdot l_s \cdot \sin\alpha + H = 0$

$H_A = -0{,}51 \cdot 5{,}0 \cdot 0{,}60$ **H_A = – 1,53 kN/m**

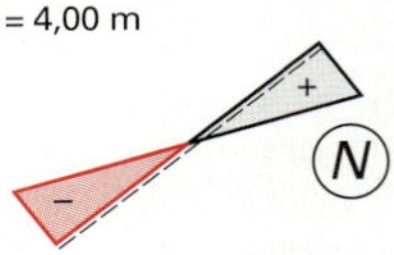

Zustandslinie N

Schnittgrößen: (pro lfdm. Dachlänge)

$N_A = -A \cdot \sin\alpha - H_A \cdot \cos\alpha$

$\boldsymbol{N_A} = -4{,}68 \cdot 0{,}60 - (-1{,}53) \cdot 0{,}80$ = **– 4,03 kN/m**

$N_B = B \cdot \sin\alpha$

$\boldsymbol{N_B} = 5{,}83 \cdot 0{,}60$ = **3,52 kN/m**

$V_A = A \cdot \cos\alpha - H_A \cdot \sin\alpha$

$\boldsymbol{V_A} = 4{,}68 \cdot 0{,}80 - (-1{,}53) \cdot 0{,}60$ = **4,66 kN/m**

$V_B = -B \cdot \cos\alpha$

$\boldsymbol{V_B} = -5{,}83 \cdot 0{,}80$ = **– 4,66 kN/m**

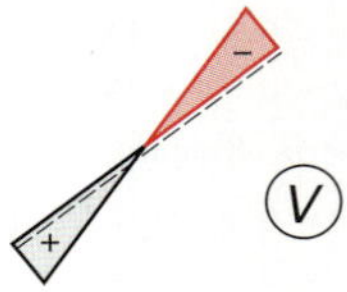

Zustandsline V

$\max M = g_d \cdot l_s \cdot l/8 + s_d \cdot l^2/8 + w_d \cdot l_s^2/8$

$\max M = 0{,}95 \cdot 5{,}0 \cdot 4{,}0/8 + 0{,}93 \cdot 4{,}0^2/8 + 0{,}514 \cdot 5{,}0^2/8$

max M = 5,83 kNm/m

Zustandslinie M

Der Verlauf der **Zustandslinien** für Quer- und Normalkräfte ist bei dem Beispiel linear, der Verlauf der Zustandslinie für die Momente parabelförmig mit dem Maximum in Feldmitte.

Beispiel

Für einen Einfeldträger mit Kragarm sind unter Berücksichtigung feldweise veränderlicher Gleichstreckenlasten die Extremalwerte der Auflagerreaktionen und der Biegemomente zu bestimmten.

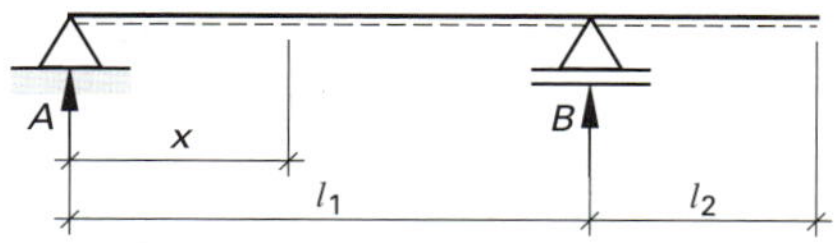

System: Feldlänge $l_1 = 4$ m (4,00 m)
Kragarmlänge $l_2 = 1$ m (1,00 m)

Belastung: ständige Last $g_d = 2$ kN/m
Verkehrslast $q_d = 3$ kN/m

Bemessungseinwirkung $r_d = g_d + q_d = 5$ kN/m

Lastkombinationen:

Kombination 1: Volllast für max B und min M_B

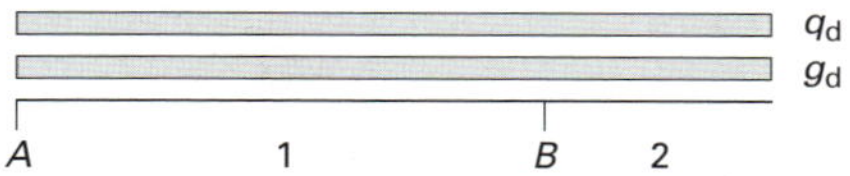

ΣM_A: $r_d \cdot (l_1 + l_2)^2/2 - \max B \cdot l_1 = 0$
$\max B = r_d \cdot (l_1 + l_2)^2/(2 \cdot l_1)$
$\max B = 5 \cdot (4 + 1)^2/(2 \cdot 4)$ = **15,63 kN**

ΣM_{Br}: $r_d \cdot (l_2^2/2) + \min M_B = 0$
$\min M_B = - r_d \cdot l_2^2/2$
$\min M_B = - 5 \cdot 1^2/2$ = **– 2,50 kNm**

Kombination 2: Verkehrslast nur in Feld 1 für max M_B, max A und max M_1

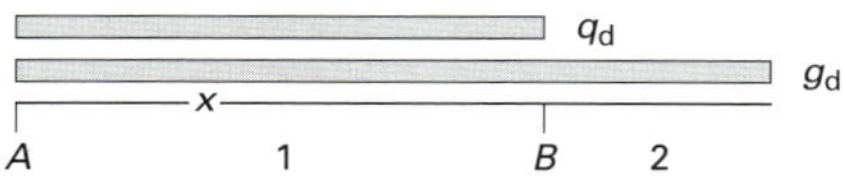

$x = \max A / r_d$ $x = 9{,}75/5 = 1{,}95$ m

ΣM_{Br}: $r_d \cdot (l_2^2/2) + \max M_B = 0$
$\max M_B = - g_d \cdot l_2^2/2$
$\max M_B = - 2 \cdot 1^2/2$ = **– 1,00 kNm**

ΣM_{B1}: $- r_d \cdot l_1^2/2 - M_B + \max A \cdot l_1 = 0$
$\max A = r_d \cdot l_1/2 + \max M_B/l_1$
$\max A = 5 \cdot 4/2 + (-1{,}0)/4$ = **9,75 kN**

ΣM_{x1}: $\max A \cdot x - r_d \cdot x^2/2 - \max M_1 = 0$
$\max M_1 = \max A \cdot x - r_d \cdot x^2/2$
$\max M_1 = 9{,}75 \cdot 1{,}95 - 5 \cdot 1{,}95 \cdot 1{,}95/2$
$\max M_1$ = **9,51 kNm**

Kombination 3: Verkehrslast nur auf dem Kragarm für min A und min M_1

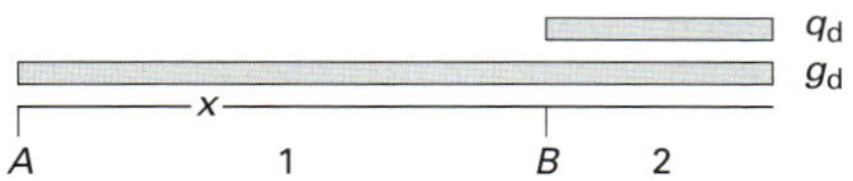

$x = \min A / g_d$ $x = 3{,}37/2 = 1{,}685$ m

ΣM_{B1}: $- r_d \cdot l_1^2/2 - M_B + (\min A) \cdot l_1 = 0$
$\min A = g_d \cdot l_1/2 + \min M_B/l_1$
$\min A = 2 \cdot 4/2 + (-2{,}5)/4$ = **3,37 kN**

ΣM_{x1}: $\min A \cdot x - g_d \cdot x^2/2 - \min M_1 = 0$
$\min M_1 = \min A \cdot x - g_d \cdot x^2/2$
$\min M_1 = 3{,}37 \cdot 1{,}685 - 2 \cdot 1{,}685^2/2$
$\min M_1$ = **2,84 kNm**

Kombination 4: nur ständige Last für min B

ΣM_A: $g_d \cdot (l_1 + l_2)^2/2 - \min B \cdot l_1 = 0$
$\min B = g_d \cdot (l_1 + l_2)^2/(2 \cdot l_1)$
$\min B = 2 \cdot (4 + 1)^2/(2 \cdot 4)$ = **6,25 kN**

Hinweis: Alle Schnittgrößen und Lagerreaktionen ohne Fußzeiger sind Bemessungsgrößen.

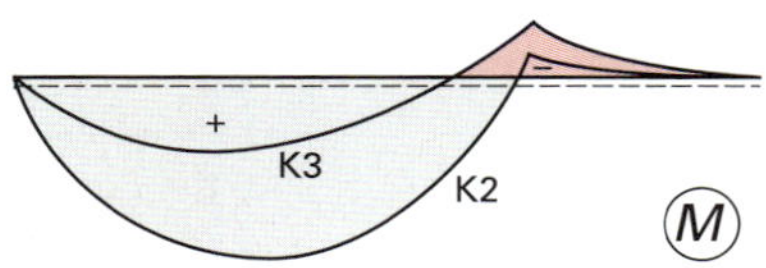

Zustandslinien *M* für Kombinationen 2 und 3

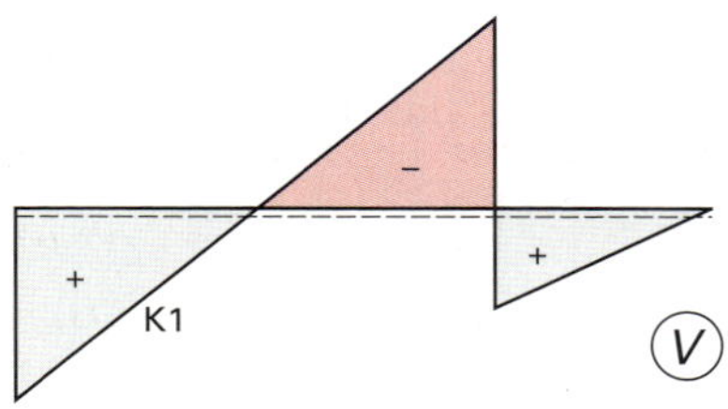

Zustandslinie *V* für Kombination 1

3

Statisch bestimmte Träger (Kragarm und Einfeldträger)				Zweifeldträger ▶ S. 280
Nr.	**System und Belastung**	**Auflagerkräfte**	**Biegemomente**	**Durchbiegung**
1	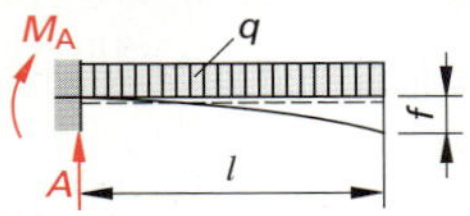	$A = q \cdot l$	$M_A = -\frac{q \cdot l^2}{2}$	$f = \frac{q \cdot l^4}{8\, E \cdot I}$ E Elastizitätsmodul I Flächenmoment 2. Grades
2	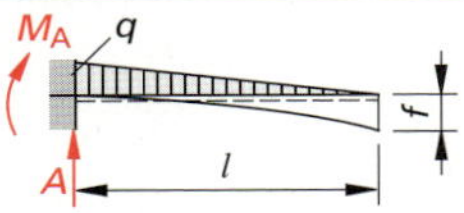	$A = \frac{q \cdot l}{2}$	$M_A = -\frac{q \cdot l^2}{6}$	$f = \frac{q \cdot l^4}{30\, E \cdot I}$
3	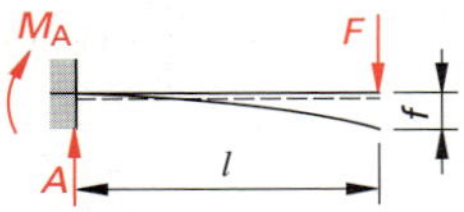	$A = F$	$M_A = -F \cdot l$	$f = \frac{F \cdot l^3}{3\, E \cdot I}$
4	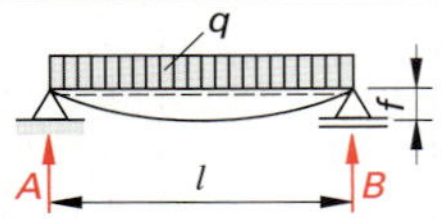	$A = B = \frac{q \cdot l}{2}$	$\max M = \frac{q \cdot l^2}{8}$ in Feldmitte	$\max f = \frac{5\, q \cdot l^4}{384\, E \cdot I}$ $\max f = \frac{M \cdot l^2}{9{,}6\, E \cdot I}$
5	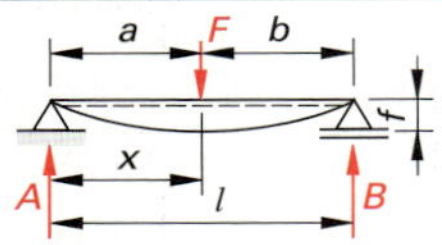	$A = \frac{F}{2}$ $B = \frac{F}{2}$ mit $a = b$	$\max M = \frac{F \cdot l}{4}$ in Feldmitte	$\max f = \frac{1}{48} \cdot \frac{F \cdot l^3}{E \cdot I}$ $\max f = \frac{1}{12} \cdot \frac{M \cdot l^2}{E \cdot I}$
6	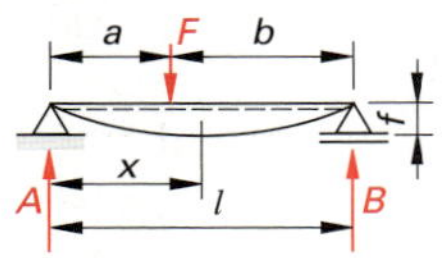	$A = F\,(1-\alpha)$ $B = F \cdot \alpha$ mit $\alpha = \frac{a}{l}$	$\max M = F \cdot l \cdot \alpha\,(1-\alpha)$ bei $x = a$	$\max f = \frac{F \cdot l^3}{27\, E \cdot I} \cdot$ $\cdot\, \alpha \sqrt{3\,(1-\alpha^2)^3}$ für $\alpha \leqq 0{,}5$ bei $x = \frac{1}{3}\, l \sqrt{3\,(1-\alpha^2)}$
Statisch unbestimmte Träger (Einfeldträger mit ein- und beidseitiger Einspanung)				
7	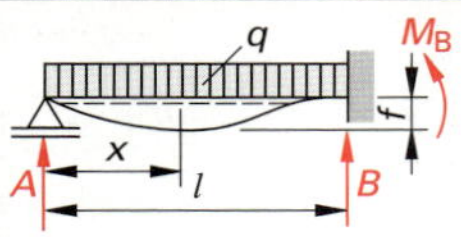	$A = \frac{3\, q \cdot l}{8}$ $B = \frac{5\, q \cdot l}{8}$	$M_B = -\frac{q \cdot l^2}{8}$ $\max M = \frac{9\, q \cdot l^2}{128}$ bei $x = 0{,}375\, l$	$\max f = \frac{2\, q \cdot l^4}{369\, E \cdot I}$ bei $x = 0{,}4215\, l$
8	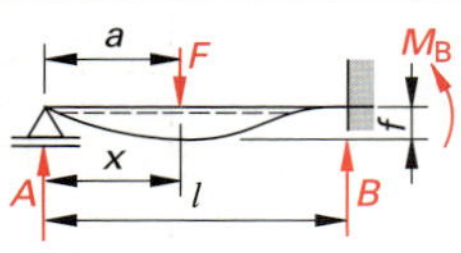	$A = \frac{F}{2}\,(1-\alpha)^2\,(2+\alpha)$ $B = \frac{F}{2}\,(3-\alpha^2)\,\alpha$ mit $\alpha = \frac{a}{l}$	$M_B = -\frac{F \cdot l}{2}\,(1-\alpha) \cdot \alpha \cdot$ $\cdot\,(2-\alpha)$ $M_1 = \frac{F \cdot l}{2}\,\alpha \cdot (1-\alpha^2) \cdot$ $\cdot\,(2+\alpha)$	$f = \frac{F \cdot l^3}{12\, E \cdot I}\,(1-\alpha)^3 \cdot$ $\cdot\,(3+\alpha)\,\alpha^2$ bei $x = a$
9	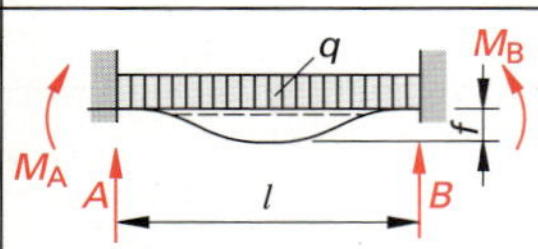	$A = B = \frac{q \cdot l}{2}$	$M_A = M_B = -\frac{q \cdot l^2}{12}$ $\max M = \frac{q \cdot l^2}{24}$ in Feldmitte	$\max f = \frac{q \cdot l^4}{384\, E \cdot I}$ in Feldmitte
10	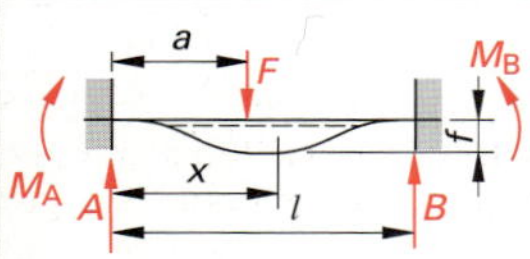	$A = F\,(1-\alpha)^2\,(1+2\,\alpha)$ $B = F \cdot \alpha^2\,(3-2\,\alpha)$ mit $\alpha = \frac{a}{l}$	$M_A = -F \cdot l \cdot \alpha\,(1-\alpha)^2$ $M_B = -F \cdot l \cdot \alpha^2\,(1-\alpha)$ $M_1 = 2\,F \cdot l \cdot \alpha^2\,(1-\alpha)^2$	$\max f = \frac{2\,F \cdot l^3}{3\,E \cdot I} \cdot$ $\cdot\, \frac{\alpha^2\,(1-\alpha)^3}{(3-2\,\alpha)^2}$ für $\alpha \leqq 0{,}5$ bei $x = 1/(3-2\,\alpha)$

3.4 Flächen, Schwerpunkte und Flächenmomente

Einzelquerschnitte

S Schwerpunkt, *A* Fläche, I_y, I_z, I_{yz} Flächenmomente zweiten Grades (früher: Trägheitsmomente), W_y Widerstandsmoment

Nr.	Querschnitt	e	A	I_y	I_z	I_{yz}	W_y
1	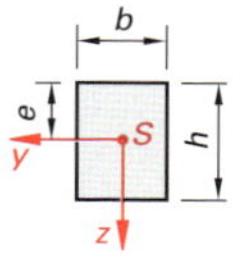	$\frac{h}{2}$	$b \cdot h$	$\frac{b \cdot h^3}{12}$	$\frac{h \cdot b^3}{12}$	0	$\frac{b \cdot h^2}{6}$
2	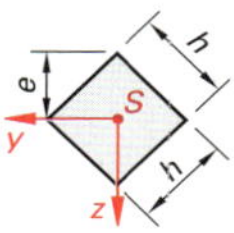	$\frac{\sqrt{2} \cdot h}{2}$	h^2	$\frac{h^4}{12}$	$\frac{h^4}{12}$	0	$\frac{\sqrt{2} \cdot h^3}{12}$
3	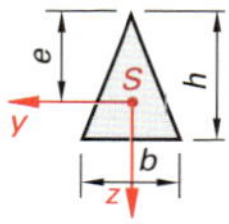	$\frac{2 \cdot h}{3}$	$\frac{b \cdot h}{2}$	$\frac{b \cdot h^3}{36}$	$\frac{h \cdot b^3}{48}$	0	$W_{yo} = \frac{b \cdot h^2}{24}$
4	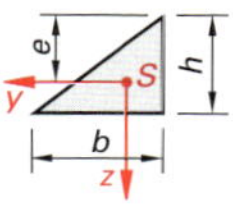	$\frac{2 \cdot h}{3}$	$\frac{b \cdot h}{2}$	$\frac{b \cdot h^3}{36}$	$\frac{h \cdot b^3}{36}$	$-\frac{h^2 \cdot b^2}{72}$	$W_{yu} = \frac{b \cdot h^2}{12}$
5	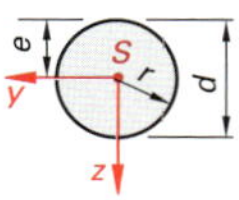	r $\frac{d}{2}$	$\pi \cdot r^2$ $\frac{\pi \cdot d^2}{4}$	$\frac{\pi \cdot r^4}{4}$ $\frac{\pi \cdot d^4}{64}$	$\frac{\pi \cdot r^4}{4}$ $\frac{\pi \cdot d^4}{64}$	0	$\frac{\pi \cdot r^3}{4}$ $\frac{\pi \cdot d^3}{32}$
6	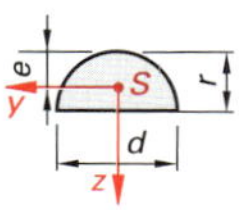	$\left(1 - \frac{4}{3\,\pi}\right) \cdot r$ $0{,}5756\, r$	$\frac{\pi \cdot r^2}{2}$ $\frac{\pi \cdot d^2}{8}$	$\left(\frac{\pi}{8} - \frac{8}{9\,\pi}\right) \cdot r^4$ $0{,}1098\, r^4$	$\frac{\pi \cdot r^4}{8}$ $\frac{\pi \cdot d^4}{128}$	0	$W_{yo} = 0{,}1907\, r^3$ $W_{yu} = 0{,}2586\, r^3$
7	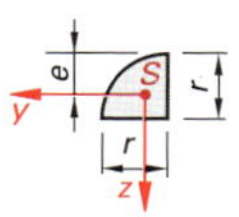	$\left(1 - \frac{4}{3\,\pi}\right) \cdot r$ $0{,}5756\, r$	$\frac{\pi \cdot r^2}{4}$ $\frac{\pi \cdot d^2}{16}$	$\left(\frac{\pi}{16} - \frac{4}{9\,\pi}\right) \cdot r^4$ $0{,}0549\, r^4$	$\left(\frac{\pi}{16} - \frac{4}{9\,\pi}\right) \cdot r^4$ $0{,}0549\, r^4$	$-\left(\frac{4}{9\,\pi} - \frac{1}{8}\right) \cdot r^4$ $-0{,}0165\, r^4$	$W_{yo} = 0{,}0953\, r^3$ $W_{yu} = 0{,}1293\, r^3$
8	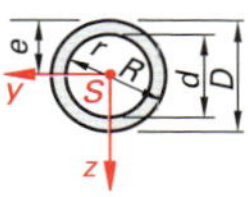	R $\frac{D}{2}$	$\pi \cdot (R^2 - r^2)$ $\frac{\pi}{4} \cdot (D^2 - d^2)$	$\frac{\pi}{4} \cdot (R^4 - r^4)$ $\frac{\pi}{64} \cdot (D^4 - d^4)$	$\frac{\pi}{4} \cdot (R^4 - r^4)$ $\frac{\pi}{64} \cdot (D^4 - d^4)$	0	$\frac{\pi}{4\,R} \cdot (R^4 - r^4)$ $\frac{\pi}{32\,D} \cdot (D^4 - d^4)$

Achtung: Spiegelungen der Querschnitte Nr. 4 und Nr. 7 um die z-Achse und der Querschnitte Nr. 4 und Nr. 7 um die y-Achse führen für I_{yz} zum Vorzeichenwechsel. Durch eine Spiegelung um die y-Achse werden W_{yo} und W_{yu} vertauscht.

3

Schwerpunktabstände Trapez

Der Abstand x_s und y_s des Gesamtschwerpunktes S wird rechnerisch mit Hilfe des Momentensatzes ► S. 63 ermittelt.

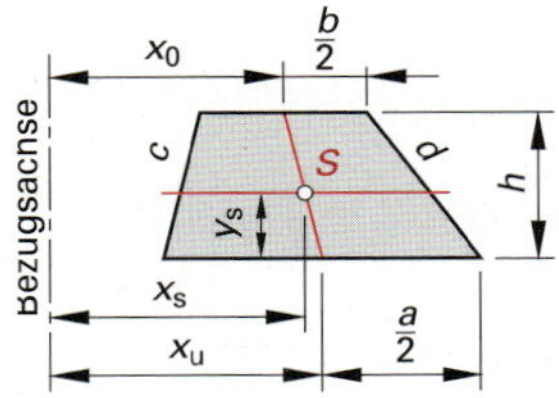

Schwerpunktabstände

$$y_s = \frac{h}{3} \cdot \frac{a + 2\,b}{a + b}$$

$$x_s = x_u - \frac{x_u - x_o}{3} \cdot \frac{a + 2\,b}{a + b}$$

Zeichnerisch lässt sich der Schwerpunkt des Trapezes mittels „verschränkter" Diagonalen bestimmen.

3

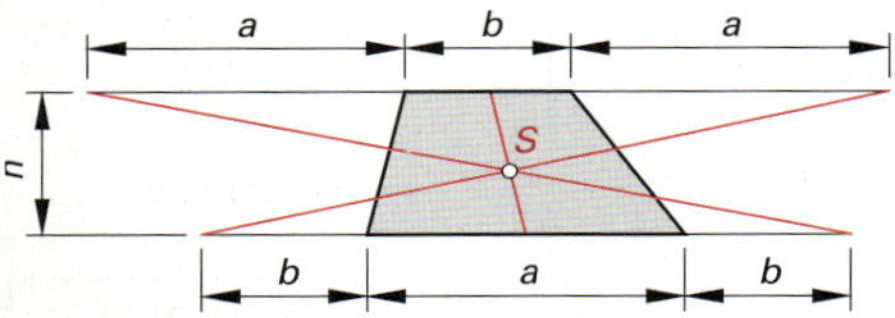

Zusammengesetzte Querschnitte

Fläche $\quad A = \sum_{i=1}^{n} A_i$

Flächenmoment ersten Grades $\quad S_{\bar{y}} = \sum_{i=1}^{n} A_i\,\bar{z}_{S_i}$

$$S_{\bar{z}} = \sum_{i=1}^{n} A_i\,\bar{y}_{S_i}$$

Schwerpunktkoordinaten $\quad \bar{y}_S = \frac{S_{\bar{z}}}{A}$

$$\bar{z}_S = \frac{S_{\bar{y}}}{A}$$

Flächenmomente zweiten Grades (Satz von Steiner) $\quad I_y = \sum_{i=1}^{n} (I_{y_i} + A_i \cdot z_{S_i}^2)$

$$I_z = \sum_{i=1}^{n} (I_{z_i} + A_i \cdot y_{S_i}^2)$$

(Deviationsmoment) $\quad I_{yz} = \sum_{i=1}^{n} (I_{yz_i} - A_i \cdot y_{S_i} \cdot z_{S_i})$

Mit dem Fußzeiger i werden die Einzelquerschnitte benannt. Es sind $\bar{y}_{S_i}$ und $\bar{z}_{S_i}$ die Schwerpunktkoordinaten der Einzelquerschnitte. Es gilt

$$y_{S_i} = \bar{y}_{S_i} - \bar{y}_S \quad \text{und} \quad z_{S_i} = \bar{z}_{S_i} - \bar{z}_S.$$

Beispiel

Für den dargestellten zusammengesetzten Querschnitt sind die Querschnittswerte zu bestimmen.
Abmessungen der Einzelquerschnitte i

i = 1 ⟶ b = 1,0 cm, h = 2,0 cm
i = 2 ⟶ b = 3,0 cm, h = 4,0 cm (ohne Loch)
i = 3 ⟶ r = 0,5 cm (Loch als negative Fläche)

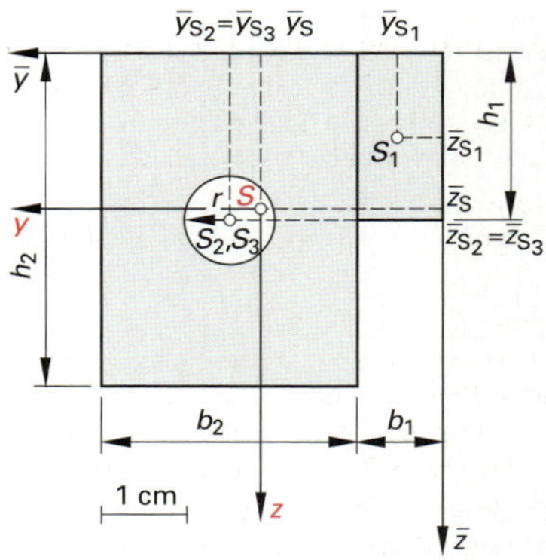

Querschnittswerte der Einzelquerschnitte i

$$I_{y1} = \frac{1{,}0\text{ cm} \cdot (2{,}0\text{ cm})^3}{12} \qquad I_{y1} = 0{,}67\text{ cm}^4$$

$$I_{z1} = \frac{2{,}0\text{ cm} \cdot (1{,}0\text{ cm})^3}{12} \qquad I_{z1} = 0{,}17\text{ cm}^4$$

$$I_{y2} = \frac{3{,}0\text{ cm} \cdot (4{,}0\text{ cm})^3}{12} \qquad I_{y2} = 16{,}00\text{ cm}^4$$

$$I_{z2} = \frac{4{,}0\text{ cm} \cdot (3{,}0\text{ cm})^3}{12} \qquad I_{z2} = 9{,}00\text{ cm}^4$$

$$I_{y3} = -\frac{\pi\,(0{,}5\text{ cm})^4}{4} \qquad I_{y3} = -0{,}05\text{ cm}^4$$

$$I_{z3} = I_{y3} = -0{,}05\text{ cm}^4$$

i	A_i	$\bar{y}_{S_i}$	$A_i\,\bar{y}_{S_i}$	$\bar{z}_{S_i}$	$A_i\,\bar{z}_{S_i}$	y_{S_i}	z_{S_i}	$A_i\,y_{S_i}^2$	I_{z_i}	$A_i\,z_{S_i}^2$	I_{y_i}	$A_i y_{S_i} z_{S_i}$	I_{yz_i}
–	**cm²**	cm	**cm³**	cm	**cm³**	cm	cm	**cm⁴**	**cm⁴**	cm⁴	**cm⁴**	**cm⁴**	cm⁴
1	2,00	0,50	1,00	1,00	2,00	– 1,70	– 0,85	5,78	0,17	1,45	0,67	2,89	0
2	12,00	2,50	30,00	2,00	24,00	0,30	0,15	1,08	9,00	0,27	16,00	0,54	0
3	– 0,79	2,50	– 1,96	2,00	– 1,57	0,30	0,15	– 0,07	– 0,05	– 0,02	– 0,05	– 0,04	0
–	**13,21**	–	**29,04**	–	**24,43**	–	–	**6,79**	**9,12**	**1,70**	**16,62**	**3,39**	0

$$\bar{y}_S = \frac{29{,}04\text{ cm}^3}{13{,}21\text{ cm}^2} = \mathbf{2{,}20\text{ cm}}, \qquad \bar{z}_S = \frac{24{,}43\text{ cm}^3}{13{,}21\text{ cm}^2} = \mathbf{1{,}85\text{ cm}}$$

I_y = 16,62 cm⁴ + 1,70 cm⁴ = **18,32 cm⁴**, I_z = 9,12 cm⁴ + 6,79 cm⁴ = **15,91 cm⁴**, I_{yz} = 0 – 3,39 cm⁴ = **– 3,39 cm⁴**

3.5 Spannungen, Spannungsarten, statische Festigkeit

Spannungen

Die **Spannung** ist eine abgeleitete Dimension. Als Fläche ist die Angriffsfläche der Kraft einzusetzen. Die Formel setzt bei endlichen Flächen voraus, dass sie eben sind, und die Kraft sich gleichmäßig über die Fläche verteilt. Die Spannung ist bezüglich ihrer Angriffsfläche ein Vektor. Ihre Komponente senkrecht (normal) zur Angriffsfläche heißt **Normalspannung.** Die verbleibende Komponente liegt in der Ebene der Angriffsfläche und heißt **Schubspannung.** Schnittkräfte rufen **Schnittspannungen** hervor.

Spannung gleich Kraft durch Fläche	$\sigma = \frac{F}{A}$

Bezeichnung der Spannung

Der Spannungsvektor wird mit $\vec{t}$ bezeichnet. Die Normalspannungskomponente heißt $\vec{\sigma}$ und die Schubspannungskomponente $\vec{\tau}$. Es ist üblich, statt mit Komponenten $\vec{\sigma}$, $\vec{\tau}$ mit (vorzeichenbehafteten) Koordinaten σ, τ bezüglich vorgegebener Koordinatenrichtungen zu arbeiten. Eine Schnittspannung ist positiv, wenn sie am positiven Schnittufer in positive Koordinatenrichtung zeigt.

Einheit der Spannung

Der Betrag der Spannung hat die Einheit 1 Pa (ein Pascal). In der der Baupraxis sind üblich N/mm², MN/m² oder kN/cm².

$$1\,\text{Pa} = 1\,\frac{\text{N}}{\text{m}^2}, \quad 1\,\frac{\text{MN}}{\text{m}^2} = 1\,\frac{\text{N}}{\text{mm}^2} = 1\,\text{MPa}, \quad 1\,\frac{\text{kN}}{\text{cm}^2} = 10\,\text{MPa}$$

Spannungen in einem Balkenquerschnitt

Unter den vereinfachenden Annahmen einer technischen Biegelehre lassen sich die Spannungen infolge der einzelnen Schnittgrößen getrennt berechnen und überlagern.

Die **Normalkraft *N*** ruft bei jeder Querschnittsform eine im Querschnitt gleichmäßig verteilte **Normalspannung σ_N** hervor.

Zugkräfte (+) erzeugen Zugspannungen (+). Druckkräfte (–) erzeugen Druckspannungen (–).

Die **Querkraft *V*** ruft im Rechteckquerschnitt eine parabolisch verteilte **Schubspannung τ** hervor. Am oberen und unteren Querschnittsrand verschwinden die Spannungen. Im Schwerpunkt des Querschnitts sind die Schubspannungen maximal.

Ist der Querschnitt nicht rechteckig, so sind die Schubspannungen infolge Querkraft nach allgemeiner Formel zu berechnen.

Das **Biegemoment *M*** ruft im Querschnitt eine über die Höhe linear verteilte **Normalspannung σ_M** hervor. Die Normalspannung verschwindet in der Schwerpunktsfaser und ist in den Randfasern betragsmäßig am größten. Die Randfasern werden durch die Koordinaten z_u (> 0) und z_o (< 0) beschrieben. Zur Berechnung der Normalspannung infolge Biegung in den Randfasern werden **Widerstandsmomente W_u** und **W_o** nach nebenstehender Formel berechnet. Viele Balkenquerschnitte der Baupraxis sind doppeltsymmetrisch oder zumindest um die y-Achse symmetrisch. Dann ist $W_o = W_u = W$ und für die Randfaserspannung gilt $\sigma_o = -\sigma_u$, wobei das Vorzeichen selbst durch Überlegung herauszufinden ist.

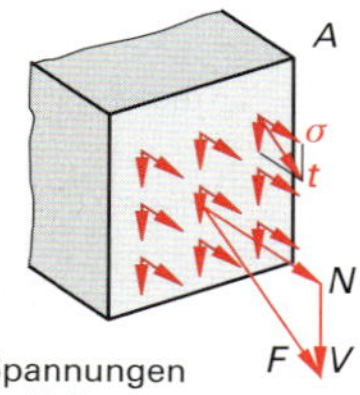

Spannungen im Balkenquerschnitt

N Normalkraft
V Querkraft $\vec{F} = \vec{N} + \vec{V}$
σ Normalspannung
τ Schubspannung $\vec{t} = \vec{\sigma} + \vec{\tau}$

Spannung	$\sigma = \frac{N}{A}$

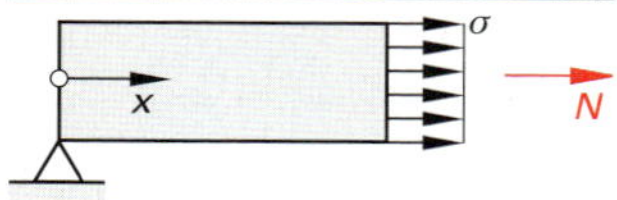

Normalspannungsverteilung σ infolge *N*

$\max \tau = 1{,}5\,\frac{V}{A}$	im Rechteckquerschnitt

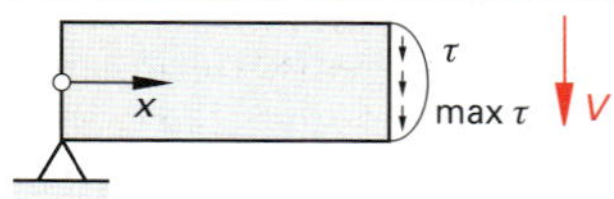

Schubspannungsverteilung im Rechteckquerschnitt infolge *V*

$\tau = \frac{V \cdot S_y}{I_y \cdot b}$	allgemeine Formel

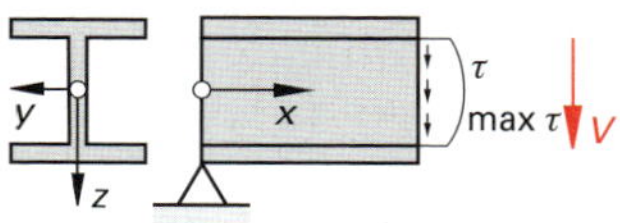

Schubspannungsverteilung im Trägerquerschnitt infolge *V*

$\sigma = \frac{M}{I_y} \cdot z$	allgemeine Formel

$$W_o = -\frac{I_y}{z_o} \qquad W_u = \frac{I_y}{z_u}$$

$$\sigma_o = -\frac{M}{W_o} \qquad \sigma_u = \frac{M}{W_u}$$

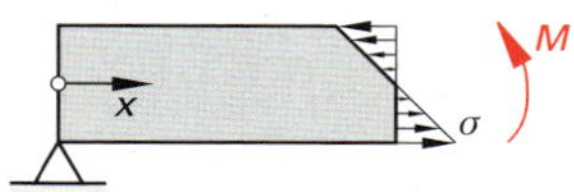

Normalspannungen σ infolge *M*

Beispiel

Für den dargestellten Querschnitt unter Normalkraft- und Querkraftbeanspruchung sind die Normalspannung σ_N und die maximale Schubspannung τ zu ermitteln.

$N = 300$ kN, $V = 100$ kN Querschnittswerte $A_i = b_i \cdot h_i$, $A = \sum_{i=1}^{3} A_i$, $I_{y_i} = \frac{b_i \cdot h_i^3}{12}$, $S_{y_i} = A_i \cdot z_{S_i}$

$I_y = \sum_{i=1}^{3} I_{yi} + \sum_{i=1}^{3} (A_i \cdot z_{S_i}^2)$, $S_y = \sum_{i=1}^{3} S_{y_i}$

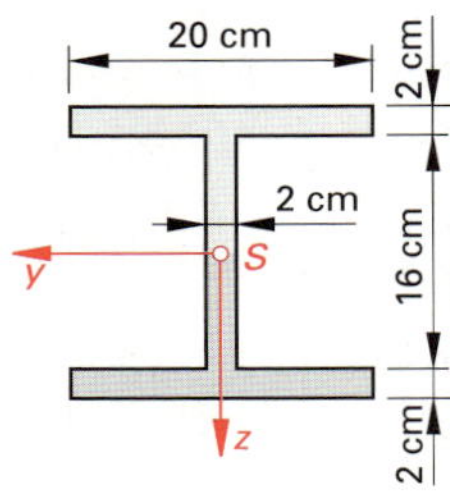

i	A_i	z_{S_i}	$A_i z_{S_i}^2$	I_{y_i}
–	**cm²**	cm	**cm⁴**	**cm⁴**
1	40	– 9,0	3240	13
2	32	0	0	683
3	40	9,0	3240	13
–	**112**	–	**6480**	**709**

i	A_i	z_{S_i}	$A_i z_{S_i}$
–	**cm²**	cm	**cm³**
2 *u*	16	4	64
3	40	9	360
–	–	–	**424**

$A = 112$ cm³, $I_y = 709$ cm⁴ + 6480 cm⁴ = 7189 cm⁴, $S_y = 424$ cm³

3

Normalspannung $\sigma_N = \frac{N}{A}$ $\sigma_N = \frac{300 \text{ kN}}{112 \text{ cm}^2} = 2{,}68$ kN/cm² (konstant im Querschnitt)

Schubspannung $\tau = \frac{V_z \cdot S_y}{I_y \cdot b}$ $\tau = \frac{100 \text{ kN} \cdot 424 \text{ cm}^3}{7189 \text{ cm}^4 \cdot 2 \text{ cm}} = 2{,}95$ kN/cm² (Maximum in Schwerpunkthöhe)

Beispiel

Ein Einfeldträger (Balken auf zwei Stützen) unter Gleichstreckenlast soll sich nicht mehr als ***l*/300** seiner Stützweite durchbiegen. Das mindestens erforderliche Flächenmoment zweiten Grades ist zu ermitteln.
$l = 6{,}00$ m, $q = 1{,}0$ kN/m, $E = 210000$ N/mm² (Stahl).

Nach der Durchbiegungsformel ► S. 70 ist $f = \frac{5\, q \cdot l^4}{384\, E \cdot I}$.

Danach folgt durch Umrechnung

$I = \frac{5\, q \cdot l^4}{384\, E \cdot f}$ und mit $f \leq \frac{l}{300}$ schließlich $I \geq \frac{1500\, q \cdot l^3}{384\, E}$

erf $I = \frac{1500 \cdot 0{,}01 \text{ kN/cm} \cdot (600 \text{ cm})^3}{384 \cdot 21000 \text{ kN/cm}^2}$ **erf I = 402 cm⁴**

Alternativrechnung:
Mit $M = 1{,}0$ kN/m · (6,00 m)²/8 = 4,50 kNm gilt ► S. 77
erf $I = 14{,}9 \cdot M \cdot l = 402$ cm⁴

Ein Träger mit einem Flächenmoment zweiten Grades von mindestens **402 cm⁴** ist erforderlich.

Längenänderung infolge von Temperatureinfluss

Bauteile oder Baukörper dehnen sich infolge einer Temperaturerhöhung aus. Im Bauwesen werden diese Berechnungen auf die Längenänderung eines Bauteils beschränkt. Werden durch konstruktive Maßnahmen für die Bauteile keine Ausdehnungsmöglichkeiten geschaffen, entstehen Spannungen, die Rissbildungen in der Dachhaut, im Mauerwerk, im Putz und der Vorsatzschale bewirken können.

Längenausdehnung und Spannungsermittlung

$$\Delta l = l_0 \cdot \alpha_\vartheta \cdot \Delta\vartheta$$

$$\frac{\Delta l}{l_0} = \frac{\sigma}{E}$$

$$\text{vorh } \sigma = \frac{\Delta l}{l_0} \cdot E$$

Δl Längenänderung
l_0 Ausgangslänge
α_ϑ Temperaturdehnzahl ► S. 52, 78
$\Delta\vartheta$ Temperaturdifferenz
σ Spannung (Druck, Zug)
E Elastizitätsmodul

warm Wärmedehnung (Dilatation)

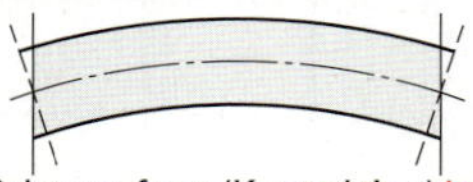

Schrumpfung (Kontraktion) kalt

Beispiel

Ein Betonfertigteil aus C35/45 mit $E = 33\,300$ N/mm² ► S. 79 von 12,00 m Länge nimmt in der neutralen Faser eine Temperaturdifferenz von 85 °C auf. Die Längenausdehnung und die Druckspannung bei fehlender Ausdehnungsmöglichkeit sind zu berechnen.

Längenausdehnung

$\Delta l = 12{,}00 \text{ m} \cdot 0{,}01 \frac{\text{mm}}{\text{mK}} \cdot 85 \text{ K} = \mathbf{10{,}2 \text{ mm}} \Rightarrow$

Druckspannung bei fehlender Ausdehnungsmöglichkeit mit $E = 33\,300$ N/mm²:

$\text{vor } \sigma = \frac{10{,}2 \text{ mm}}{12000 \text{ mm}} \cdot 33\,300 \frac{\text{N}}{\text{mm}^2}$

$\text{vor } \sigma = \mathbf{28{,}3 \frac{N}{mm^2}}$

Statische Festigkeit

Für den Nachweis der **Tragfähigkeit** und **Gebrauchstauglichkeit** eines Bauwerks ist die tragende Konstruktion auf

- **statische Festigkeit** (zulässige Spannungen, Materialversagen),
- **Stabilität** (Knickung, Kippung, Beulung) und
- **Durchbiegung** (allg. Verschiebung, Gebrauchstauglichkeit)

zu untersuchen. Der Nachweis der statischen Festigkeit ist geführt, wenn keine der in den Tragwerksteilen auftretenden Spannungen die zulässigen Spannungen überschreitet. Zulässige Spannungen bzw. Grenzzustände sind durch Normen festgelegt.

Die sich aus den Schnittgrößen und den Querschnittswerten ergebenden Spannungen (vorh σ, vorh τ) werden den vom Baustoff und vom Sicherheitskonzept abhängenden zulässigen Spannungen (zul σ, zul τ) gegenübergestellt. Die Bedingungen lauten:

vorh $\sigma \leq$ zul σ	vorh $\tau \leq$ zul τ	$S_d/R_d \leq 1$

Beispiel

Spannungen aus Biegung und Normalkraft sind zu überlagern.

$$\sigma = \frac{N}{A} + \frac{M}{I_y} \cdot z \qquad |\sigma| \leq \text{zul } \sigma$$

für die Faser mit Koordinate z

$$\sigma = \frac{N}{A} \pm \frac{M}{W} \qquad |\sigma| \leq \text{zul } \sigma$$

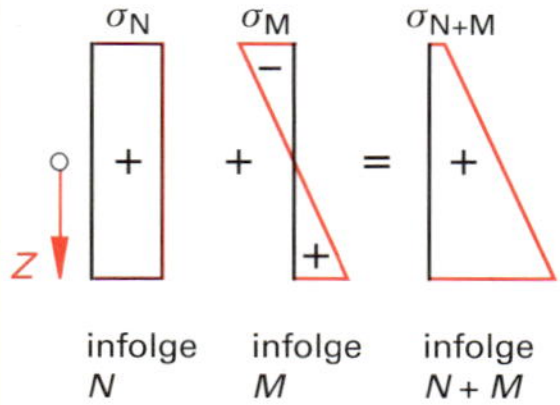

3

Ausgewählte zulässige Normalspannungen verschiedener Baustoffe (1 MN/m² = 1000 kN/m² = 1 N/mm²)

Baustoff	Sorte/ Klasse/Gruppe	f_d	Bemerkungen (s. auch Schubspannungen)
Beton DIN 1045-1 ▶ S. 259	C 16/20 C 20/25 C 25/30 C 30/37 C 35/45 C 40/50 C 45/55	7,6 MN/m² 9,4 MN/m² 11,8 MN/m² 14,2 MN/m² 16,5 MN/m² 18,9 MN/m² 21,3 MN/m²	Bemessungsdruckspannungen für unbewehrten Beton ohne Knicken. $f_{c,d} = \frac{\alpha \cdot f_{c,k}}{\gamma_c}$ α Langzeitfaktor α = 0,85 γ_c = 1,8
Stahl DIN 18800 ▶ S. 311	S 235 JR St 37 S 355 JO St 52	218 N/mm² 327 N/mm²	Bemessungsstreckgrenze $\sigma_{R,d}$ $\sigma_{R,d} = f_{y,k}/\gamma_M$ mit γ_M = 1,1
Betonstahl DIN 488 ▶ S. 208	BSt 500 S (IV·S) BSt 500 M (IV·M)	435 N/mm² 435 N/mm²	γ_S Sicherheitsbeiwert für Betonstahl γ_S = 1,15 nach DIN 1045
Holz DIN 1052 ▶ S. 292	VH (NH) C24 C30 VH (LH) D30	12,9 N/mm² 14,2 N/mm² 14,2 N/mm²	Druckspannungen parallel zur Faserrichtung ohne Knicken. k_{mod} = 0,8, γ_M = 1,3 VH Vollholz NH Nadelholz
	BSH (ENH) GL 24 h GL 28 h	14,8 N/mm² 16,3 N/mm²	BSH Brettschichtholz ENH europäisches Nadelholz
Mauerwerk DIN 1053-100 ▶ S. 243	M6 MG I II IIa	0,5 MN/m² 0,9 MN/m² 1,0 MN/m²	Druckspannungen für Mauerwerk aus künstlichen Steinen ohne Knicken (Grundwerte σ). ausgenommen kurze Wände mit > 35 % Lochanteil oder Schlitzen
	M12 MG I II IIa III IIIa	0,8 MN/m² 1,2 MN/m² 1,6 MN/m² 1,8 MN/m² 1,9 MN/m²	M6, M12 Festigkeitsklassen der Mauersteine MG I bis MG III a Mörtelgruppen MG IIIa erreicht höhere Festigkeit durch verbesserte Kornzusammensetzung

Ausgewählte zulässige Schubspannungen verschiedener Baustoffe

Baustoff	Sorte/ Klasse/Gruppe	**zul τ**	Bemerkungen (s. auch Normalspannungen)
Beton DIN 1045-1	C 25/30 C 30/37 C 35/45	10,7 MN/m² 12,8 MN/m² 14,9 MN/m²	Schubspannungen für Bauteile mit lotrechter Schubbewehrung: $\tau = \alpha_c \cdot f_{c,d}$ bewehrter Beton
Stahl DIN 18800	S 235 JR St 37 S 355 JO St 52	126 N/mm² 189 N/mm²	Bemessungsschubspannung $\tau_{R,d}$
Holz	VH (NH)	1,66 N/mm²	Schubspannungen für alle Sortierklassen

3.6 Formänderungen, Steifigkeiten und Stabilität

Die Dehnung eines Stabes

Wird ein Stab gezogen, so vergrößert sich seine Länge. Der Quotient aus der Längenänderung **Δl** und der Ausgangslänge l heißt **Dehnung ε**. Bei linearelastischem Baustoffverhalten ist die Dehnung proportional zur Zugspannung ► S. 74 und S. 209. Der Proportionalitätsfaktor heißt **Elastizitätsmodul *E***. Das Produkt **$E \cdot A$** heißt **Dehnsteifigkeit.**

$\varepsilon = \dfrac{\Delta l}{l}$	$\sigma = \dfrac{F}{A}$
$\sigma = E \cdot \varepsilon$	**Hooke'sches Gesetz**
$\Delta l = \dfrac{F \cdot l}{E \cdot A}$	**Längenänderung**

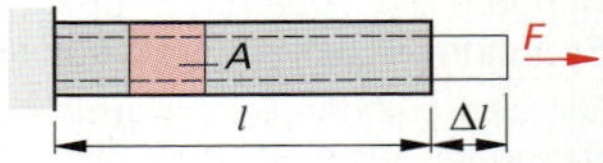

Die Biegung eines Balkens

Wird ein Balken durch ein Biegemoment beansprucht, so krümmt er sich. Mit **Krümmung $\varkappa$** wird der Kehrwert des auf die Balkenachse bezogenen **Krümmungsradius *R*** bezeichnet. Das **Produkt $E \cdot I$** heißt Biegesteifigkeit.

$\varkappa = \dfrac{1}{R}$	$M = E \cdot I \cdot \varkappa$

3

Knickung von Stäben (Knicken)

Druckstäbe können sich von einer bestimmten Last an durch seitliches Ausweichen einer Laststeigerung entziehen. Bei elastischen Stäben heißt diese Last **Euler'sche Knicklast F_{Ki}**. Sie berechnet sich aus der Biegesteifigkeit und der **Knicklänge l_{ef}** des Stabes mit der **Euler'schen Knickformel.** Die **Gebrauchslast F_d** – das ist die zulässige aufzubringende Last – ergibt sich durch Division der Knicklast durch einen **Sicherheitsfaktor γ**. Die **Knicklänge l_{ef}** hängt von der Stablänge und den Lagerungsbedingungen ab und wird aus den Eulerfällen ermittelt. Der Gültigkeitsbereich der Euler'schen Knickformel wird durch die **Proportionalitätsgrenze f_p** des Baustoffes begrenzt.

Baustoff	E	f_p	γ
–	kN/cm²	kN/cm²	–
Stahl S 235 KSL c	21 000	10,7	$1{,}02 + {}^{75}/_{\lambda}$
Nadelholz C24 ‖	1 100	0,89	2,69

Beispiel

Eine Pendelstütze aus Nadelholz C 24 mit einer Höhe h = 4,00 m hat die Abmessungen b = 10 cm und h = 10 cm. Die als mittige Druckkraft aufnehmbare Gebrauchslast ist zu bestimmen.

Euler'sche Knicklast

$l_{ef} = h$ (Fall 2) $\quad h = 4{,}00$ m $\quad F_{ki} = \dfrac{\pi^2 E \cdot I}{l_{ef}^2} \quad F_G = \dfrac{F_{ki}}{\gamma}$

$E = 1100$ kN/cm² ► S. 290 $\quad F_{ki} = \dfrac{\pi^2 \cdot 1100 \text{ kN/cm}^2 \cdot 833 \text{ cm}^4}{(400 \text{ cm})^2}$

$I = 833$ cm⁴ $\quad F_{ki} = 56{,}5$ kN

$A = 100$ cm² $\quad F_G = F_d = \dfrac{56{,}5 \text{ kN}}{2{,}69} = 21{,}0$ kN

$\sigma_{ki} = \dfrac{56{,}5 \text{ kN}}{100 \text{ cm}^2} = 0{,}565 \text{ kN/cm}^2 < \mathbf{0{,}89 \text{ kN/cm}^2}$

Beispiel

Ein Holzbalken aus Nadelholz C 24 mit b/h = 6 cm/12 cm wird als Einfeldträger bei einer Stützweite von l = 4,00 m mit einer Gleichstreckenlast von r = 2 kN/m belastet. Wie groß ist der Krümmungsradius der Balkenachse in Feldmitte?

$M = r \cdot l^2/8$ ► S. 70 (mit $r = q$), Formelzeichen ► S. 90

$M = 2 \text{ kN/m} \cdot (4 \text{ m})^2/8 \quad M = 4$ kNm

$E = 1100$ kN/cm² $\quad I = b \cdot h^3/12$ ► S. 71

$\varkappa = \dfrac{M}{E \cdot I} \quad \varkappa = \dfrac{400 \text{ kN cm}}{(1100 \text{ kN/cm}^2) \cdot (864 \text{ cm}^4)}$

$\varkappa = 0{,}000421 \text{ cm}^{-1}$

$R = 1/\varkappa \quad R = 1/0{,}000421 \text{ cm}^{-1} = 2376$ cm

Der Krümmungsradius beträgt R = 2376 cm

Euler-Fälle

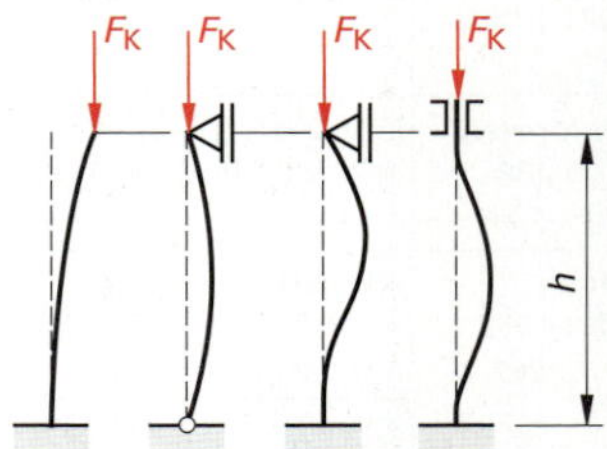

Fall 1	Fall 2	Fall 3	Fall 4
$l_{ef} = 2\,h$	$l_{ef} = h$	$l_{ef} = \dfrac{h}{\sqrt{2}}$	$l_{ef} = \dfrac{h}{2}$

Fall 1: unten eingespannt; oben frei
Fall 2, Normalfall: unten und oben gehalten
Fall 3: unten eingespannt; oben gehalten
Fall 4: unten und oben eingespannt

Für den Euler-Fall 2 gilt näherungsweise:

Euler'sche Knicklast $F_{ki} = \dfrac{\pi^2 E \cdot I}{l_{ef}^2}$

Knickspannung $\sigma_{ki} = \dfrac{F_{ki}}{A} \leq \sigma_p$

Bemessungslast $F_d = F_{ki}/\gamma$

Durchbiegung

Zur Sicherung der Gebrauchstauglichkeit von Bauteilen sind Grenzwerte für die Durchbiegung aus verschiedenen Einwirkungen einzuhalten.

Bemessung von Bauteilen auf Durchbiegung

Nr.	System und Belastung	Stahl (E = 210 000 N/mm²)				Holz (E = 10 000 N/mm²)[1]			
Die Nummerierung entspricht den statischen Systemen auf Seite 70.		erf I (cm⁴)			f	erf I (cm⁴)			f
		l/200	l/300	l/500		l/150	l/300	l/500	
1	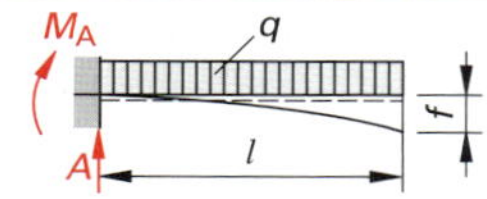	23,8	35,7	59,5	42	375	750	1250	2,0
2	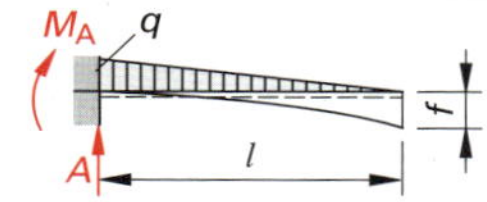	19,1	28,6	47,7	52,2	300	600	1000	2,5
3	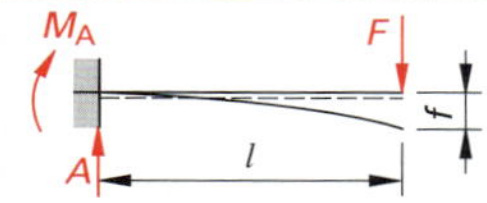	31,8	47,6	79,5	31,5	500	1000	1668	1,5
4	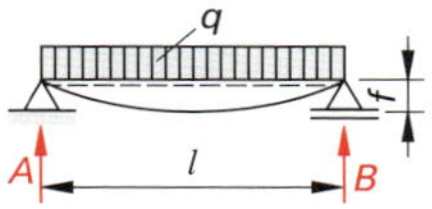	9,91	14,9	24,8	101	156	313	520	4,8
5	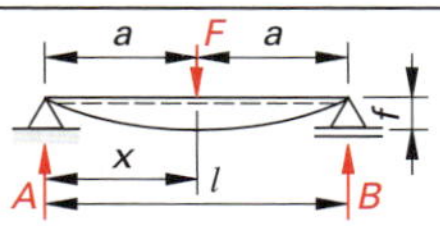	7,95	11,9	19,9	126	125	250	418	6,0
7	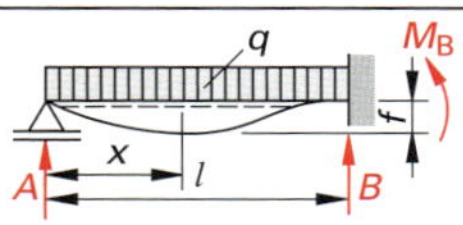	4,12	6,19	10,3	243	65	130	216	11,6
8	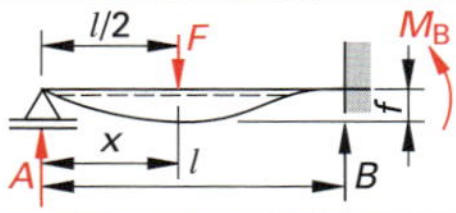	4,73	7,10	11,8	211	74,5	149	250	10,1
9	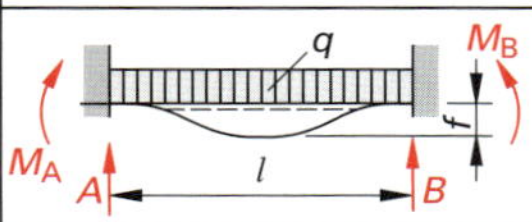	2,98	4,47	7,45	336	46,9	93,8	156	16,0
10	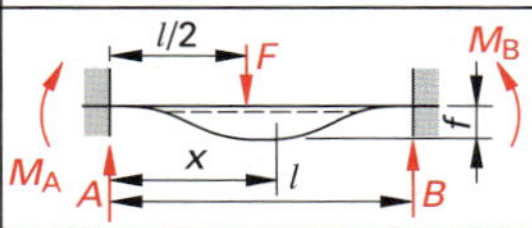	3,97	5,95	9,92	252	62,5	125	208	12,0
Formelansatz ▶▶▶		■ $\cdot M \cdot l$	■ $\cdot M \cdot l$	■ $\cdot M \cdot l$	$\frac{l^2 \cdot \max\sigma}{h \cdot ■}$	■ $\cdot M \cdot l$	■ $\cdot M \cdot l$	■ $\cdot M \cdot l$	$\frac{l^2 \cdot \max\sigma}{h \cdot ■}$

I in cm⁴; f in cm; M = max |M| in kNm; max σ in N/mm² l in m; h in cm; ■ Tabellenwert

[1] Die Werte für Holz sind mit dem Faktor 10 000 N/mm² / $E_{o,mean}$ abzumindern ▶ S. 290.

3.7 Lastannahmen und Stoffkonstanten

Kräfte, die von außen auf ein Bauteil einwirken, werden **Lasten** – nach EUROCODE „Einwirkungen" ► S. 90 ... 91 – genannt. Man unterscheidet:

- Eigenlasten des Bauwerks
- Vorspannung
- Erddruck, Flüssigkeitsdruck

} **ständige Lasten**, **ständige Einwirkungen *G***

- Ausbaulasten mit unbestimmten Einbauorten
- Lasten aus Schnee, Wind
- Lasten aus Personen, Fahrzeugen, Möbeln

} **nicht ständige Lasten**, **Verkehrslasten / Nutzlasten**, **veränderliche Einwirkungen *Q***

Gesamtlast = ständige Lasten + Verkehrslasten

alt:	$q = g + p$	**neu:**	$r = g + q$	**(Last je Länge oder Fläche)**	**in kN/m oder kN/m²**
	$Q = G + P$		$R = G + Q$	**(Einzellasten; auch *N* oder *F*)**	**in N, kN oder MN**

3

3.7.1 Wichte von Baustoffen und Bauteilen

Die Tabelle beinhaltet zur Ermittlung der Eigenlasten die charakteristischen Wichten (grauer Teil der Tabelle, Auszug aus DIN 1055 und den Fachbaustoffnormen), die Rohdichte der Stoffe und die nationalen wärmeschutztechnischen Rechenwerte (roter Teil der Tabelle, Auszug aus DIN 4108 bzw. DIN EN 12524). Bei Dämmwerten (WLG) gibt es zudem harmonisierte europäische wärmetechnische Rechenwerte.

Hinweis: Die Ornungsnummern aus den bisherigen Auflagen bleiben erhalten.

Nr.	Lagerstoffe, Baustoffe, Bauteile	Wichte γ_k **kN/m³**	Reibungswinkel °	Rohdichte **kg/m³**	Wärmeleitfähigkeit **W/mK**	Temperaturdehnzahl **mm/mK**	Elastizitätsmodul **N/mm²**
1	**Stapelgüter, Metalle Lagerstoffe**						
1.1	Aktengerüst, Schrank m. Inh.	6	–	–	–	–	–
1.2	Bücher, Akten geschichtet	8,5	–	–	–	–	–
1.3	Aluminium	27	–	2800	160	0,02	70000
1.4	Blei	114	–	11300	35	0,03	16000
1.5	Kupfer-Zink-Legierung	85	–	8500	380	–	–
1.6	Gusseisen	72,5	–	7500	50	0,01	100000
1.7	Kupfer	89	–	8900	380	0,02	–
1.8	Messing	85	–	8400	120	–	–
1.9	Nickel	89	–	8900	–	–	–
1.10	Stahl	78,5		7800	50	0,01	210000
1.11	Zink	72	–	7200	110	–	–
1.13	Zinn	74	–	7400	66	–	–
1.15	Blähton, Blähschiefer	15	30	≤ 400	0,16	–	–
1.16	Flugasche als Füllstoff	10	25	1000	–	–	–
1.17	Gips, gemahlen	15	25	1500	0,56	–	–
1.18	Glas in Tafeln	25	–	2500	1,00	0,008	50000
1.19	Glas als Acrylglas	12	–	1050	0,20		
1.20	Hochofenschlacke	17	40	–	–		
1.21	Hochofenschlacke, granuliert	13	30	–	–		
1.22	Hüttenbims	9	35	–	–		
1.23	Kalk, gelöscht u. ungelöscht	13	25	–	–		
1.24	Kalk als Luftkalk	6	25	–	-		
1.25	Kalk als Kalkteig	13	0	–	–		
1.26	Kies und Sand, trocken	i.M. 18	35	1800	0,80		
1.27	Kies und Sand, nass	i.M.20	35	2000	1,40		
1.28	Zement, gemahlen	16	28	1800	1,00		
1.30	Ziegelschotter, - sand, -splitt	15	35	–	–		

Formelzeichen

Reibungswinkel	φ
Rohdichte	ϱ
Wärmeleitfähigkeit	λ_R
Temperaturdehnzahl	α
Elastizitätsmodul	E
Wärmespeicherzahl	S
Wärmeleitgruppe	WLG
Wichte	γ_k
i.M.	im Mittel
n.g.	nicht genormt

Nr.	Lagerstoffe, Baustoffe, Bauteile	Wichte γ_k kN/m³	Rohdichte kg/m³	Wärmeleitfähigkeit W/mK	Temperaturdehnzahl mm/mK	Elastizitätsmodul N/mm²	Wärmespeicherzahl Wh/m³K
2	**Holz und Holzwerkstoffe**					E ‖	
2.1	Nadelholz, allgemein	5	500	0,13	–	10 000	222
2.2	Laubholz (Buche, Eiche) D30/D40 D60	7 9	700 1000	0,18 0,20	– –	12 500 12 500	311 444
2.4	Spanplatten (DIN 68761, 68763)	6	600	0,14	–	–	330
2.5	Baufurniersperrholz (DIN 68705)	6 8	500 700	0,13 0,17	– –	– –	267 355
2.6	Holzfaserplatten (DIN 68754), HFM	7	600	0,14	–	–	115 ... 283
2.7	Holzfaserplatte, mittelhart, HFH	10	900	0,18	–	–	425
3	**Beton, Mörtel und Putz**						
3.1	Normalbeton (DIN 1045) Stahlbeton Schwerbeton	24 25 > 28	2000 ≥ 2300 > 2600	1,35 2,3...2,5 –	0,01 0,01 –		555 ... 722
3.2	Leichtbeton (DIN 1045) Stahlleichtbeton	5 ... 20 9 ... 21	≤ 2000 ≤ 2000	0,39 1,6	–		280
3.3	Porenbeton, gehärtet (DIN 4223) getrennt nach Rohdichteklassen	5,2 6,2 7,2 8,4	400 500 600 700	0,13 0,16 0,19 0,22	0,008 0,008 0,008 0,008		– – – –
3.4	Leichtbeton mit haufwerksporigem Gefüge (DIN 4232) und porigen Zuschlägen (DIN 4226) getrennt nach Rohdichteklassen	10 14 16 18	1000 1400 1600 1800	0,36 0,57 0,75 0,92	0,007 0,007 0,007 0,007		– – – –
3.5	Leichtbeton (DIN 4219) mit Zuschlägen aus porigem Gefüge Stahlleichtbeton (DIN 1045) getrennt nach Rohdichteklassen	10 11 12 14	1000 1100 1200 1400	0,49 0,55 0,62 0,79	0,007 0,007 0,007 0,007		– – – –
3.6	Anhydritmörtel	18 22	1800 2200	0,87 1,20	– –	0,18 0,21	– –
3.7	Drahtputz (Rapitz) m. Gipsmörtel	17	1700	–	–	0,17	–
3.12	Gipsmörtel ohne Sand, Gipsputz	12	1200	0,51	–	0,16	290
3.13	Kalkmörtel (Mauer- u. Putzmörtel)	18	1800	1,00	–	0,18	505
3.14	Kalkgipsmörtel, Gipssandmörtel	18	≥ 1400	0,70	–	0,18	–
3.15	Kalkzement- u. Kalktrassmörtel	20	2000	1,60	–	0,20	560
3.16	Luftporenputz, Leichtputz	15	≤ 1200	0,38	–	0,125	–
3.17	Zementestrich	22	2200	1,60	–	0,22	–
3.18	Zementmörtel, Zementputz	21	2000	1,60	–	0,21	560
	Wandbauplatten	**Fläche kN/m²**					
3.8	Drahtputz mit Kalkgipsmörtel	0,6	2000	–	–		–
3.9	Drahtputz mit Zementmörtel	0,8	–	–	–		–
3.10	Gipskalkputz auf Holzwolle-Leichtbauplatte insgesamt 35 mm insgesamt 45 mm	0,35 0,45	– –	– –	– –		– –
3.11	Wärmedämmputzsystem insgesamt 60 mm insgesamt 100 mm	0,32 0,40	≥ 1200 ≥ 1200	WLG 0,060 ... 0,100	–		–

Elastizitätsmodul (N/mm²), rows 3.1–3.5:

Normalbeton C	
12/15	25 800
16/20	27 400
20/25	28 800
25/30	30 500
30/37	31 900
35/45	33 300
40/50	34 500
45/55	35 700
50/60	36 800
55/67	37 800

Leichtbeton LC	
12/13 16/18 20/22 25/88 30/33 35/38 40/44 45/50 50/55 55/60	$E_{Lcm} = E_{cm} \cdot (\varrho/2200)$ ϱ = Trockendichte

Rows 3.6–3.18, values in the Elastizitätsmodul column: Flächenlast **kN/m²** je cm Dicke

3

4	**Mauerwerk aus künstlichen Steinen** Lastannahmen einschließl. Mörtelfugen, jedoch ohne Putz, getrennt nach Steinrohdichteklassen													
4.1	Steinrohdichte kg/m³	500	600	700	800	900	1000	1200	1400	1600	1800	2000	2100	2200	2400
4.2	Rechenwert kN/m³ normaler Mörtel	7	8	9	10	11	12	14	16	16	18	20	21	22	24
4.3	Rechenwert kN/m³ Leichtmauermörtel	6	7	8	9	10	11	13	15	16	18	20	21	22	24

Nr.	Lagerstoffe, Baustoffe, Bauteile	Wichte γ_k **kN/m³**	Rohdichte **kg/m³**	Wärmeleitfähigkeit **W/mK**	Temperaturdehnzahl **mm/mK**	Elastizitätsmodul **N/mm²**	Wärmespeicherzahl **Wh/m³K**
4.4	Vollklinker (DIN 105) getrennt nach Ziegelrohdichte	18	≥ 1900	0,81	0,01	7000/8000	360
		20	≥ 1900	0,96	–	–	–
		22	≥ 1900	1,20	–	–	–
4.5	Hochlochklinker (DIN 105)	18	≥ 1800	0,81	0,01	~ 7000/8000	
4.6	Vollziegel, Lochziegel (DIN 105) getrennt nach Ziegelrohdichte	14	1200	0,50	0,008	MG.II, IIa/III	
		15	1400	0,58	0,008	–	
		17	1600	0,68	0,008	–	
		18	1800	0,81	0,008	–	
		20	2000	0,96	0,008	7000/8000	
4.7	Leichtlochziegel Typ A und Typ B (DIN 105) getrennt nach Ziegelrohdichte	9	700	0,36	0,006	–	
		10	800	0,39	0,006	–	
		11	900	0,42	0,006	–	
		12	1000	0,45	0,006	–	
4.8	Kalksandsteine (DIN 106) getrennt nach Steinrohdichte	12	1000	0,50	0,008	5000/6000	
		14	1200	0,56	0,008	–	
		15	1400	0,70	0,008	–	
		17	1600	0,79	0,008	–	
		18	1800	0,99	0,008	–	
		20	2000	1,10	0,008	7000/8000	
		22	2200	1,30	0,008	–	
4.9	Hüttensteine (DIN 398) getrennt nach Steinrohdichte	12	1000	0,47	0,007	5000/6000	
		14	1200	0,52	0,007	–	
		15	1400	0,58	0,007	–	
		17	1600	0,64	0,007	–	
		18	1800	0,70	0,007	~ 7000/8000	
4.10	Porenbeton-Plansteine PP (DIN 4165) getrennt nach Rohdichte mit Dünnbettmörtel oder Leichtmörtel	4	350	0,11	–	–	–
		4,5	400	0,13	–	–	–
		5	450	0,15	–	–	–
		5,5	500	0,16	–	–	–
		6	550	0,18	–	–	–
		6,5	600	0,19	–	–	–
		8	700	0,22	–	–	–
		8,5	800	0,25	–	–	–
4.11	Porenbeton-Blocksteine (DIN 4165) getrennt nach Rohdichte	7	500	0,22	0,008	–	–
		8	600	0,24	0,008	3000/4000	–
		9	700	0,27	0,008	–	–
		10	800	0,29	0,008	–	–
4.12	Lochsteine aus Leichtbeton (DIN 18149) getrennt nach Rohdichte	8	600	0,35	0,007	3000/4000	–
		9	700	0,40	0,007	–	–
		10	800	0,47	0,007	–	–
		12	1000	0,65	0,007	5000/6000	–
4.13	Hohlblocksteine aus Leichtbeton (DIN 18151) 2K/3K/4K getrennt nach Rohdichte	7	500	0,30	0,007	–	–
		8	600	0,32	0,007	3000/4000	–
		9	700	0,36	0,007	–	–
		10	800	0,41	0,007	–	–
		11	900	0,46	0,007	–	–
		12	1000	0,52	0,007	5000/8000	–
4.14	Vollsteine und Vollblöcke aus Leichtbeton (DIN 18152) getrennt nach Rohdichte Vollsteine/Vollblöcke	8	600	0,34	0,007	3000/4000	–
		9	700	0,37	0,007	–	–
		10	800	0,40	0,007	–	–
		11	900	0,43	0,007	–	–
		12	1000	0,46	0,007	~ 5000/6000	–
		14	1200	0,54	0,007	–	–

Wärmeleitfähigkeit λ darf bei Leichtmauermörtel um 0,06 W/mK verringert werden.

Wärmespeicherzahl S in Wh/m³K

Vergleichswert:
Luft
1,293 kg/m³
bei 0 °C,
1 bar ⇒
S = 0,35 Wh/m³K

Beton
c = 1,0 kJ/kgK
= 1000 Ws/kgK
S = 1000 Ws/kgK ·
· 1/3600 s ·
· 2400 kg/m³
S = 670 Wh/m³K

Nr.	Lagerstoffe, Baustoffe, Bauteile	Wichte γ_k kN/m³	Rohdichte kg/m³	Wärmeleitfähigkeit W/mK			Wärmespeicherzahl Wh/m³K
5	**Mauerwerk aus natürlichen Steinen**						
5.1	Basalt, Diorit, Gabbro, Melaphyr	29	–	–	–	–	–
5.2	Diabas	29	–	–	–	–	–
5.3	Granit, Porphyr, Syenit	28	2800	3,50	–	–	700
5.4	Grauwacke, Sandstein	27	2600	2,30	–	–	700
5.5	Kalkstein, Dolomit, Marmor	28	2800	3,50	–	–	700
5.6	Kalkkonglomerat, Travertin	26	2600	2,30	–	–	700
5.7	Gneis, Granulit, Amphibolit	30	–	–	–	–	–
5.8	Schiefer	28	–	–	–	–	–

Nr.	Baustoffe, Bauteile	Wichte γ_k
6	**Decken und horizontale Dachdecken**	**kN/m³**
6.1	Gewölbte Decken bis 2 m Stützweite	24
6.2	Schaum- und Porenbetonplatten	6,2
6.3	Stahlbetonplatten (DIN 1045)	25
6.4	Stahlbetonrippendecken mit Hohlkörper aus **Leichtbeton** (DIN 4158) mit einer 5 cm dicken Betondruckplatte	**kN/m²**

6.4	Rippenabstand	0,50 m		0,625 m	
	Betonrohdichte g/cm³	1,4	2,3	1,4	2,3
Deckendicke	17 cm	2,95	3,58	2,77	3,36
	19 cm	3,14	3,75	2,99	3,63
	21 cm	3,71	4,38	3,42	4,13
	23 cm	3,79	4,48	3,50	4,16
	25 cm	3,87	4,55	3,57	4,24

6.5 Stahlbetonrippendecken mit statisch mitwirkenden Zwischenbauteilen aus **Ziegeln** (DIN 4159) o. Betondruckplatte — **kN/m²**

	Rippenabstand	0,50 m			0,625 m		
	Ziegelrohdichte g/cm³	0,6	0,8	1,0	0,6	0,8	1,0
Deckendicke	14 cm	1,43	1,68	1,92	1,35	1,60	1,85
	19 cm	1,92	2,25	2,58	1,81	2,15	2,50
	24 cm	2,50	2,91	3,32	2,35	2,77	3,20
	29 cm	3,07	3,56	4 05	2,88	3,39	3,91
	34 cm	3,58	4,16	4,74	3,37	3,96	4,67

6.6 Stahlbetonrippendecken mit statisch mitwirkenden Zwischenbauteilen aus **Deckenziegeln** (DIN 4160) und einer 5 cm dicken Betondruckplatte — **kN/m²**

	Rippenabstand	0,50 m	
	Ziegel-Rohdichte g/cm³	0,6	0,9
Deckendicke	19 cm	2,55	2,95
	21,5 cm	2,80	3,25
	24,0 cm	3,05	3,55
	26,5 cm	3,40	4,00
	29,0 cm	3,65	4,30

Nr.	Baustoffe, Bauteile	Wichte γ_k
6.7	Stahlsteindecken mit Deckenziegeln (DIN 4159)	**kN/m²**

	Ziegelrohdichte g/cm³	teilvermörtelt			vollvermörtelt		
		0,6	0,8	1,0	0,6	0,8	1,0
Deckendicke	11,5 cm	1,26	1,45	1,65	1,45	1,60	1,85
	14 cm	1,50	1,75	2,00	1,80	1,95	2,20
	16,5 cm	1,90	2,15	2,40	2,20	2,40	2,65
	19 cm	2,15	2,45	2,80	2,55	2,80	3,05
	24 cm	2,75	3,10	3,50	3,20	3,55	3,90
	29 cm	3,35	3,80	4,25	4,05	4,45	4,85

6.8 Stahlbeton-Hohldielen (DIN 1045)

Dicke (cm)	8	10	12	14	16
Rechenwert **kN/m²** Leichtbeton	0,72	0,88	1,00	1,17	1,35
Rechenwert **kN/m²** Normalbeton	1,30	1,50	1,65	–	–
Plattendicke	$d \geq 5$ cm				
Plattenbreite	$b = 33$ cm; $b = 50$ cm				

Beispiel

Lastannahme für eine teilvermörtelte Stahlsteindecke mit $d = 24$ cm und Ziegelrohdichte von 0,8 g/cm³.

Ziegelrohdichte g/cm³	teilvermörtelt		
	0,6	0,8 ▼	1,0
11,5 cm		1,45	
14 cm		1,75	
16,5 cm		2,15	
19 cm		2,45	
► 24 cm	2,75	3,10	3,5
29 cm		3,80	

Für die Lastannahme sind als gleichmäßig verteilte Flächenlast aus Eigenlast g_k **= 3,1 kN/m²** anzunehmen.

3

Nr.	Lagerstoffe, Baustoffe, Bauteile	Wichte γ_k kN/m³	Rohdichte kg/m³	Wärmeleitfähigkeit W/mK	Wärmespeicherzahl Wh/m³K
7	**Wandbauplatten**				
7.1	Faserzementplatten (DIN 274)	20	2000	0,58	–
7.2	Leichtbauplatten aus Leichtbeton (DIN 18162) und Hohlwandplatten aus Leichtbeton (DIN 18148) getrennt nach Rohdichte	8 9 10 11 13	600 800 900 1000 1200	– 0,29 0,32 0,37 0,47	– – – – –
7.3	Leichtbauplatten aus Gips (DIN 18163) mit Hohlräumen und Füllstoffen getrennt nach Rohdichte	6 7,5 9 12	600 750 900 1200	0,29 0,35 0,41 0,58	– – – –
7.4	Porenbeton-Bauplatten (Ppl) (DIN 4166) getrennt nach Rohdichte	6 7 8	500 600 700	0,22 0,24 0,27	– – –
7.5	Gipskartonplatten; GKB, GKF, GKBi (DIN 18800)	7 9	700 900	0,21 0,21	270 270
7.6	Glasbaustein-Wände (DIN 4242, 18175)	12,5	–	–	–
7.7	Gipsfaserplatten	–	~ 1200	0,36	–
7.8	Ständertrennwände aus Gipskartonplatten mit Mineralwollausfachung einfache Beplankung doppelte Beplankung	**kN/m²** 0,35 0,50	– –	– –	– –
7.9	Wärmedämmverbundsystem WDVS aus 15 mm Oberputz und Schaumkunststoff	**kN/m²** 0,30	–	0,025 … 0,04	– – –
8	**Fußbödenbeläge und Wandbeläge**	**kN/m³**			
8.1	Asphaltbeton	24	2100	0,70	690
8.2	Betonwerksteinplatten, Terrazzo	24	–	–	–
8.3	Estriche, Anhydritestrich	22	2100	1,20	–
8.4	Kunstharzestrich	22	–	1,20	–
8.5	Magnesiaestrich	22	–	–	–
8.6	Bodenfliesen im Mörtelbett	22	2300	1,20	~ 520
8.7	Wandfliesen im Mörtelbett	19	2300	1,20	–
8.8	Kunststoffböden	15	1700	0,25	–
8.9	Linoleum	13	1200	0,17	–
8.10	Teppichböden	3	200	0,06	–
8.11	Sporthallen-Elastikboden	12	–	–	–
8.12	Sporthallen-Schwingboden	30	–	–	–
8.13	Glasfliesen, Glasmosaik, Glasplatten	25	–	–	–
8.14	Asphaltbeläge als Asphaltmastik Gussasphalt Stampfasphaltplatten	 18 23 22	 – – –	 0,70 0,90 0,80	 – –
8.15	Gummibeläge	15	–	–	360
8.16	Korkplatten	–	≥ 100	≥ 0,045 … 0,055	–
8.17	Fertigparkett (n.g.)	6	–	0,13	–

Erläuterungen

Wichte in kN/m³

- bei flächigen Bauteilen auch auf kN/m² je cm Dicke bezogen,
- bei Bahnen und Platten auch auf kN/m² je Lage bezogen,
- obere und untere Grenzwerte sind durch … gekennzeichnet,
- bei gerundeten Werten ~ ist der Rechenwert in der DIN nicht bekannt gegeben,
- die Werte für Mauerwerk enthalten auch den Mauermörtel,

Rohdichte kg/m³

- dient zur Ermittlung der flächenbezogenen Masse,

Wärmespeicherzahl Wh/m³K

- wird auch Wärmespeicherkennwert genannt,
- die Werte sind nicht genormt.
- $S = c \cdot \varrho$
- Volumenbezogene Speicherzahl

Temperaturdehnzahl mm/mK

- wird auch Längenausdehnungskoeffizient genannt,
- hier in mm pro Meter Länge und einer Temperaturdifferenz von 1 K ≙ 1 °C angegeben,

Elastizitätsmodul N/mm²

- nur in den DIN-Vorschriften der jeweiligen Baustoffe angegeben,
- bei Holz (DIN 1052) ist parallel ∥ und quer ⊥ zur Faser zu unterscheiden,
- bei Mauerwerk ist die Steinart, Steinfestigkeit und die Mörtelgruppe zu berücksichtigen.

Nr.	Lagerstoffe, Baustoffe, Bauteile		Wichte γ_k	Wärmeleitfähigkeit
9	**Sperrstoffe, Dämmstoffe, Füllstoffe**		**je Lage in kN/m²**	**W/mK**
9.1	Bitumendachpappen mit beidseitiger Deckschicht		0,03	0,17
9.2	Bitumenpappe, nackte (DIN 52129)		0,01	0,17
9.3	Bitumen-Dachdichtungsbahnen (DIN 52130)		0,04	0,17
9.4	Bitumen-Schweißbahnen (DIN 18190)		0,07	0,17
9.5	Dichtungsbahnen für Bauwerksabdichtungen aus Kunststoff		0,02	–
9.6	Glasvlies-Bitumen-Dichtungsbahnen besandet (DIN 52143)		0,03	–
9.7	Glasvlies-Bitumen-Dichtungsbahnen bekiest		0,05	–
9.8	Kunststoffbahnen PVC-weich (DIN 16730) (1,5 cm dick)		0,02	–
9.9	Kunststoffbahnen PIB (DIN 16731)		~ 0,02	–
9.10	PVC-Folien		0,015	–
9.11	Perliteplatten		0,02	0,060
9.12	Hanfscheben		0,02	–
			kN/m³	
9.13	Mineralfaser		6	
9.14	Bimskies		7	0,19
9.15	Blähperlit		1	0,060
9.16	Blähglimmer		2	0,070
9.17	Blähschiefer, Blähbeton		1,5	0,160
9.18	Faserdämmstoffe aus Glas, Schlacke oder Stein		1	–
9.19	Schaumkunststoffe		1	–
9.20	Korkschrot, expandiert		≦ 2	0,055
9.21	Schaumlava		10	0,22
9.22	Holzwolle-Leichtbauplatten $d < 10$ mm (DIN EN 13168) ► S. 150 $d \geq 10$ mm		6 4	0,150 0,090
9.23	Mehrschichten-Leichtbauplatten (DIN EN 13168)		5 9	0,030 … 0,050
9.24	Korkplatten (DIN 18161) getrennt nach Wärmeleitfähigkeitsgruppen	045 050 055	1,0 1,0 1,0	0,045 0,050 0,055
9.25	Polyurethan-Ortschaum PUR (DIN 18159)		~ 1	0,030
9.26	Polystyrol-Hartschaum EPS (DIN 18164) getrennt nach Wärmeleitfähigkeitsgruppen	030 035 040	~ 0,4 ~ 0,4 ~ 0,4	0,030 0,035 0,040
9.27	Polyurethan-Hartschaum PUR (DIN 18164) getrennt nach Wärmeleitfähigkeitsgruppen	020 025 030	~ 0,4 ~ 0,4 ~ 0,4	0,020 0,025 0,030
9.28	Phenolharz-Hartschaum PF (DIN 18164) getrennt nach Wärmeleitfähigkeitsgruppen	035 040 045	~ 0,4 ~ 0,4 ~ 0,4	0,035 0,040 0,045
9.29	Mineralische und pflanzliche Faserdämmstoffe (DIN 18165) getrennt nach Wärmeleitfähigkeitsgruppen	035 040 045 050	~ 1,0 ~ 1,0 ~ 1,0 ~ 1,0	0,035 0,040 0,045 0,050
9.30	Schaumglas (DIN 18174) getrennt nach Wärmeleitfähigkeitsgruppen	045 050 055	~ 2,0 ~ 2,0 ~ 2,0	0,045 0,050 0,055

Nach harmonisierter EN mit $\gamma = 1{,}2$ zu multiplizieren

Zusätzliche Werte – aber nicht nach DIN 4108 festgelegt
► Kapitel 5.1

Spanplatten als

Flachpressplatte DIN 68763
Strangpressplatte DIN 68764
Plattentypen V 20, V 100, V 100 G
$\lambda_R = 0{,}13$ W/mK $\mu = 50$ oder 100
$\lambda_{R\parallel} = 0{,}29$ W/mK (in Plattenebene)

Bau-Furniersperrholz

nach DIN 68705
Plattentypen BFU 20, 100, 100 G
$\lambda_R = 0{,}15$ W/mK $\mu = 50$ oder 400

Holzfaserplatten

harte Platten $\lambda_R = 0{,}17$ W/mK
$\varrho = 900$ kg/m³ … 1100 kg/m³ $\mu = 70$
poröse Platten nach DIN 4108
$\lambda_R = 0{,}06$ W/mK $\varrho = 300$ kg/m³
$\lambda_R = 0{,}07$ W/mK $\varrho = 400$ kg/m³
nach DIN 68755 λ_R in WLG 040 bis 070

3

Beispiel

Für die dargestellte Plattenbalkendecke ist die Lastannahme zu treffen.

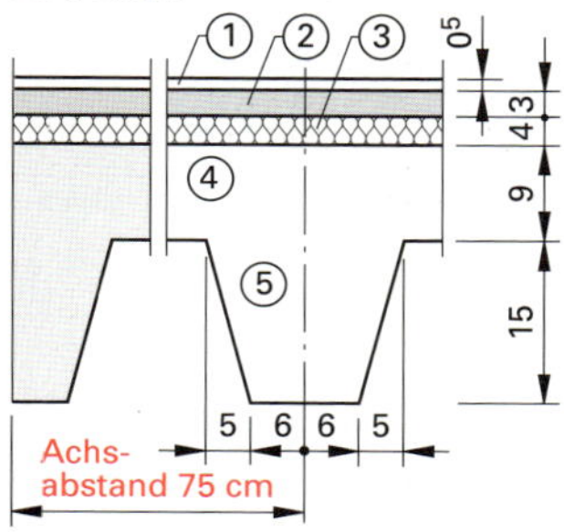

Pos.	Deckenaufbau	Dicke in m	Wichte γ kN/m³
1	Teppichboden	0,005	3 (8.10)
2	Zementestrich	0,03	22 (3.17)
3	Hartschaum PF 040	0,04	0,4 (9.28)
4	Stahlbetonplatte	0,09	25 (3.2)
5	Stahlbetonbalken		25 (3.2)
	$\frac{(0{,}12\text{ m} + 0{,}22\text{ m}) \cdot 0{,}5 \cdot 0{,}15\text{ m}}{0{,}75\text{ m}}$		

① 0,005 m · 3 kN/m³ = 0,015 kN/m²
② 0,03 m · 22 kN/m³ = 0,660 kN/m²
③ 0,04 m · 0,4 kN/m³ = 0,016 kN/m²
④ 0,09 m · 25 kN/m³ = 2,250 kN/m²
⑤ 0,034 m · 25 kN/m³ = 0,850 kN/m²
Σ 3,791 kN/m²

Für die Lastannahme sind als gleichmäßig verteilte Flächenlast aus Eigenlast $g = \mathbf{3{,}8\ kN/m^2}$ anzunehmen.

3.7.2 Eigenlasten für Dächer

Die Tabelle beinhaltet die zur Ermittlung der charakteristischen Eigenlasten notwendigen Wichten (grauer Teil der Tabelle, Auszug aus DIN 1055-1) für 1 m² geneigte Dachfläche ohne Sparren, ohne Pfetten und ohne Mörtel. Bei Vermörtelung sind 0,1 kN/m² Zuschlag zu wählen.

Nr.	Dachdeckung	Wichte γ_k kN/m²
10	**Dachziegel, Betondachsteine, Glasdachsteine** (DIN 456)	
10.1	Betondachsteine, Glasdachsteine mit mehrfacher Fußverrippung und hochliegendem Längsfalz ≤ 10 St/m² tiefliegendem Längsfalz > 10 St/m²	 0,50 0,55
10.2	Biberschwanzziegel, Biberschwanzbetondachsteine, Glasdachsteine als Spließdach einschl. Schindeln Doppeldach, Kronendach	 0,60 0,75
10.3	Falzziegel, Falzpfanne, Flachdachpfanne	0,55
10.4	Großformatige Pfannen	0,50
10.5	Kleinformatiger Biberschwanzziegel	0,95
10.6	Hohlpfanne mit Pappdocken	0,55
10.7	Krempziegel, Hohlpfanne	0,45
10.8	Mönch und Nonne mit Vermörtelung	0,90
10.9	Strangziegel	0,60
11	**Schieferdeckung einschließlich Pappunterlagen**	
11.1	Altdeutsche Deckung auf 22 mm Schalung einfache Deckung doppelte Deckung	 0,50 0,60
11.2	Engl. Schieferdeckung mit Schalung	0,55
12	**Sonstige Deckungen**	
12.1	Schindeldach einschl. Lattung	0,25
12.2	Sprossenlose einschalige Verglasung	0,27
12.3	Kunststoffwellplatten	0,04
12.4	Schablonendeckung auf Lattung	0,45

Nr.	Dachdeckung	Wichte γ_k kN/m²
13	**Metalldeckung einschließlich Pappunterlagen**	
13.1	Aluminium 0,7 mm, 24 mm Schalung	0,25
13.2	Verzinktes Falzblech, 24 mm Schalung	0,30
13.3	Kupferdach 0,7 mm mit 24 mm Schalung	0,30
13.4	Zinkdach und Leisten, 24 mm Schalung	0,30
13.5	Wellblechdach mit Befestigung	0,25
14	**Faserzementdachplatten einschließlich Lattung** (DIN EN 494)	
14.1	Deutsche Deckung, 24 mm Schalung	0,40
14.2	Doppeldeckung Doppeldeckung mit Schalung	0,38 0,48
14.3	Waagerechte Deckung Waagerechte Deckung mit Schalung	0,25 0,35
14.4	Faserzementwellplatten	0,20
14.5	Faserzement-Kurzwellplatten	0,24
15	**Dachabdichtungen einschließlich Klebemasse**	
15.1	Ausgleichsschicht, lose verlegt	0,03
15.2	Bitumen-Dachabdichtung, einlagig	0,04
15.3	Dachabdichtung, zweilagig	0,13
15.4	Dachabdichtung, dreilagig	0,17
15.5	Dampfdruckausgleichsschicht	0,03
15.6	Dampfsperre	0,07
15.7	Kunststoffbahnen, lose Dampfsperre	0,02
15.8	Oberflächenschutz 5 cm dicke Kiesschüttung	1,00
15.9	Kiespressung je cm Dicke	0,20
15.10	Schutzbahnen	0,08
15.11	Polyestergewebe	0,01

Näherungswerte für Eigenlasten g_k von Dachbindern

	Konstruktion einschl. Pfetten und Verbände	**kN/m²** Dachfläche
Holzbinder	Stehender oder liegender Dachstuhl, max. 10 m Spannweite	0,25
Holzbinder	Einfaches Hänge- oder Sprengewerk, max. 18 m Spannweite	0,30
Holzbinder	Zusammengesetzte Dachkonstruktion	0,40
Stahlbinder	Einfache Pultdächer bis 10 m Spannweite	0,25
Stahlbinder	Dachkonstruktion über 10 m Spannweite	0,35
Stahlbinder	Dachkonstruktion einschl. Stahltrapezblech	0,50

Pfetten aus Holz bis 8 m Spannweite als Kantholz	
l (in m)	h/l
< 5	1/25
$5 \leq l \leq 7{,}5$	1/30
Pfetten aus Brettschichtholz über 8 m Spannweite	
$5 \leq l \leq 12$	1/18 … 1/20
$4 \leq l \leq 15$	1/30 … 1/20

3.7.3 Nutzlasten

Lotrechte gleichmäßig verteilte Nutzlasten (Auszug aus DIN 1055-1)

Kategorie		Nutzung	Beispiele	q_k kN/m²	Q_k kN
A	**A1**	Spitzböden	Für Wohnzwecke nicht geeigneter, aber zugänglicher Dachraum bis 1,80 m lichter Höhe.	1,0	1,0
	A2	Wohn- und Aufenthaltsräume	Räume mit ausreichender Querverteilung der Lasten, Räume und Flure in Wohngebäuden, Bettenräume in Krankenhäusern, Hotelzimmer einschl. zugehöriger Küchen und Bäder.	1,5	–
	A3		wie A2, aber ohne ausreichende Querverteilung der Lasten.	2,0	1,0
B	**B1**	Büroflächen, Arbeitsflächen, Flure	Flure in Bürogebäuden, Büroflächen, Arztpraxen, Stationsräume, Aufenthaltsräume einschl. der Flure, Kleinviehställe.	2,0	2,0
	B2		Flure in Krankenhäusern, Hotels, Altenheimen, Internaten usw.; Küchen u. Behandlungsräume einschl. Operationsräume ohne schweres Gerät.	3,0	3,0
	B3		wie B2, jedoch mit schwerem Gerät.	5,0	4,0
C	**C1**	Räume, Versammlungsräume und Flächen, die der Ansammlung von Personen dienen können (mit Ausnahme von unter A, B, D und E festgelegten Kategorien.	Flächen mit Tischen; z.B. Schulräume, Cafés, Restaurants, Speisesäle, Lesesäle, Empfangsräume.	3,0	3,0
	C2		Flächen mit fester Bestuhlung; z.B. Flächen in Kirchen, Theatern oder Kinos, Kongresssäle, Hörsäle, Versammlungsräume, Wartesäle.	4,0	4,0
	C3		Frei begehbare Flächen; z.B. Museumsflächen, Ausstellungsflächen usw. und Eingangsbereiche in öffentlichen Gebäuden und Hotels, nicht befahrbare Hofkellerdecken.	5,0	4,0
	C4		Sport und Spielflächen; z.B. Tanzsäle, Sporthallen, Gymnastik- und Kraftsporträume, Bühnen.	5,0	7,0
	C5		Flächen für große Menschenansammlungen; z.B. in Gebäuden wie Konzertsälen, Terrassen und Eingangsbereiche sowie Tribünen mit fester Bestuhlung.	5,0	4,0
D	**D1**	Verkaufsräume	Flächen von Verkaufsrämen bis 50 m² Grundfläche in Wohn-, Büro- und vergleichbaren Gebäuden.	2,0	2,0
	D2		Flächen in Einzelhandelsgeschäften und Warenhäusern.	5,0	4,0
	D3		Flächen wie D2, jedoch mit erhöhten Einzellasten infolge hoher Lagerregale.	5,0	7,0
E	**E1**	Fabriken und Werkstätten, Ställe, Lagerräume und Zugänge, Flächen mit erheblichen Menschenansammlungen	Flächen in Fabriken und Werkstätten mit leichtem Betrieb und Flächen in Großviehställen.	5,0	4,0
	E2		Lagerflächen, einschließlich Bibliotheken.	6,0	7,0
	E3		Flächen in Fabriken und Werkstätten mit mittlerem oder schwerem Betrieb, Flächen mit regelmäßiger Nutzung durch erhebliche Menschenansammlungen, Tribünen ohne feste Bestuhlung.	7,5	10,0
T	**T1**	Treppen und Treppenpodeste	Treppen und Treppenpodeste der Kategorie A und B1 ohne nennenswerten Publikumsverkehr.	3,0	2,0
	T2		Treppen und Treppenpodeste der Kategorie B1 mit erheblichem Publikumsverkehr, B2 bis E sowie alle Treppen, die als Fluchtweg dienen.	5,0	2,0
	T3		Zugänge und Treppen von Tribünen ohne feste Sitzplätze, die als Fluchtweg dienen.	7,5	3,0
Z		Zugänge, Balkone, Podeste u.ä.	Dachterrassen, Laubengänge, Loggien usw, Balkone Ausstiegspodeste	4,0	2,0

Waagerechte Nutzlasten, Horizontallasten (Auszug aus DIN 1055-1)

Belastete Flächen nach Kategorie		Horizontale Nutzlast q_k in kN/m
A, B, F, H, T1, Z	Gleichmäßig verteilte Nutzlasten in Höhe des Handlaufes, max. 1,20 hoch; keine Überlagerung mit der Windlast notwendig.	0,5
C1 bis **C4, D, E1** und **E2, G, K, T2, Z**		1,0
C5, E3, T3		2,0

3

Lotrechte gleichmäßig verteilte Nutz- und Einzellast für Dächer

Die charakteristischen Werte gleichmäßig verteilter Nutzlasten für Dächer beziehen sich auf die Grundrissprojektion des Daches.

Kategorie	Nutzung	Dachneigung	q_K in kN/m²	Q_k in kN
H	Nicht begehbare Dächer außer für Erhaltungs- und Reparaturmaßnahmen	$\alpha < 20°$ $\alpha > 40°$	0,75 0	1,0 1,0
Zwischenwerte sind linear zu interpolieren.				

Bei Dächern ist in der Mitte der Sparren, Pfetten oder Obergurte von Fachwerken unter Außerachtlassung der Schnee- und Windlasten eine Einzellast von 1 kN anzunehmen.

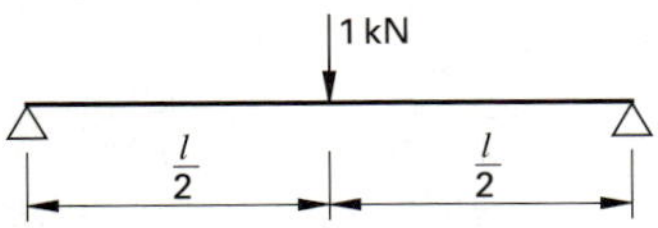

Bei Dachlatten sind zwei Einzellasten von je 0,5 kN in den äußeren Viertelpunkten der Stützweite anzunehmen. Bei Sparrenabständen $l \leq 1{,}00$ m (0,80 m; 0,70 m) und Dachlatten 40 mm/60 mm (30 mm/50 mm; 24 mm/48 mm) ist kein Nachweis erforderlich.

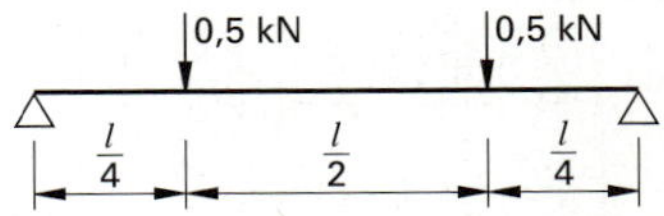

3

3.7.4 Abgrenzung von Eigen- und Nutzlast, Trennwandzuschlag

Die charakteristischen Werte der Eigenlasten eines Bauwerks sind aus den Wichten, Rechenwerten und Flächenlasten der Baustoffe zu ermitteln.
Eigenlast ist die Summe der ständig vorhandenen unveränderlichen Einwirkungen.

Unbelastete leichte Trennwände bis zu einer Höchstlast von 5 kN/m dürfen durch einen Trennwandzuschlag bei der Nutzlast berücksichtigt werden.

Trennwände bis zu einer Last von 3 kN/m	0,8 kN/m²
Trennwände bis zu einer Last von 5 kN/m	1,2 kN/m²

Bei Nutzlasten von 5 kN/m² und mehr ist kein Trennwandzuschlag erforderlich.

Nutzlast ist die veränderliche und bewegliche Einwirkung auf das Bauteil. Lasten von beweglichen Trennwänden sind als Nutzlasten anzunehmen. Windlasten sowie Schneelasten werden als Nutzlast gesondert berechnet. Die Lasten aus losen Kiesschüttungen auf Decken und/oder Dächern sowie Bodenanschüttungen gegen Außenwände im Kellergeschoss sind veränderliche Einwirkungen.

3.7.5 Windlasten nach DIN 1055-4 (03.2005)

Bauwerke sind auf Windlast in Richtung ihrer Hauptachsen zu untersuchen. Die folgenden Ausführungen beziehen sich auf nicht schwingungsanfällige Bauwerke bis 10,00 m Höhe. Mit der Referenzgeschwindigkeit $v_{0,ref}$ können im ebenen Gelände die Geschwindigkeitsdrücke q in Abhängigkeit von der Gebäudehöhe berechnet werden.

q in kN/m² v in m/s

Grundlagend für die Berechnung der Windbelastung sind die zur Windgeschwindigkeit v gehörenden Windgeschwindigkeitsdrücke q.

$$q = 0{,}5 \cdot 1{,}25\ \text{kg/m}^3 \cdot v^2$$

Windgeschwindigkeitsdrücke bis 10,00 m über Grund				Windzonenkarte Seite 87
Windzone	WZ I	WZ II	WZ III	WZ IV
Windgeschwindigkeit $v_{0,ref}$ in m/s	22,5	25,0	27,5	30,0
Geschwindigkeitsdruck q in kN/m²	0,32	0,39	0,47	0,56

Die Windlastzone IV (Windzonenkarte ► S. 87) umfasst das Gebiet der Deutschen Bucht; in der Windlastzone II sind oberhalb 800 m besondere Überlegungen erforderlich; in der Windlastzone I ist oberhalb 800 m ein Erhöhungsfaktor (0,2 + Höhe/1000) zu berücksichtigen. Die Kombinationsregeln ► S. 89 und S. 90 zum Nachweis der Tragfähigkeit und zum Nachweis der Gebrauchstauglichkeit (z.B. der Durchbiegung) sind einzeln aufzustellen.

Schneelastzonen

Zone 1 | Zone 2 | Zone 3

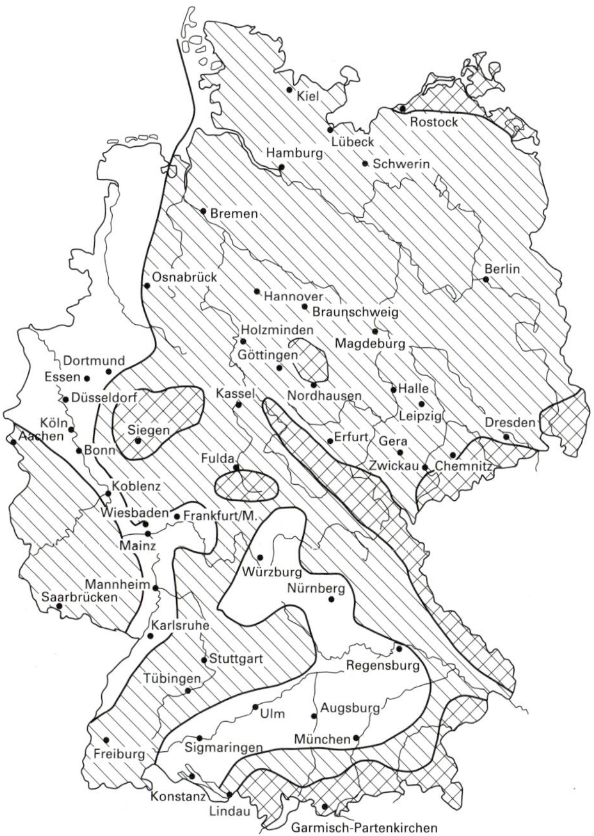

h	q
I	
a	0,50
b	0,65
c	0,75
II	
a	0,65
b	0,80
c	0,90
III	
a	0,80
b	0,95
c	1,10
VI	
a	0,95
b	1,15
c	1,30

Windzonen

Zone I | Zone II | Zone III | Zone IV

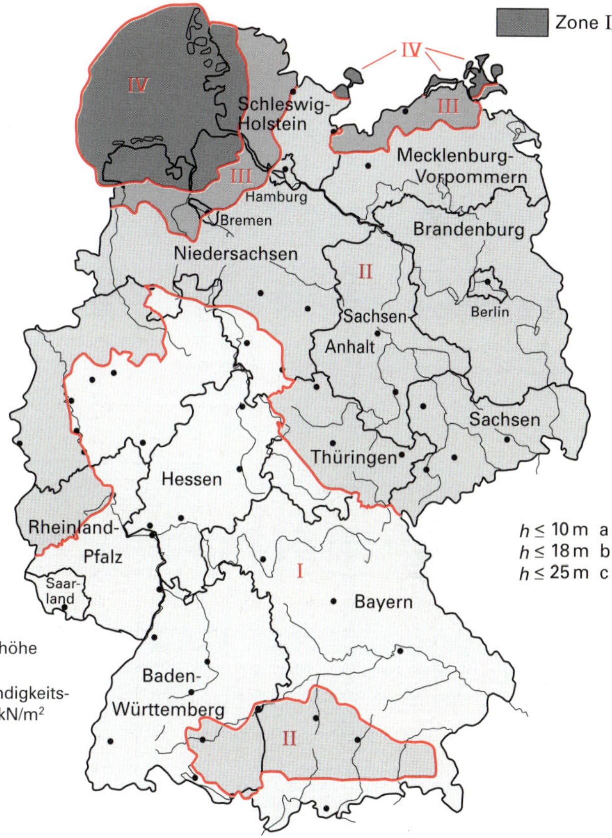

h Gebäudehöhe in m

q Geschwindigkeitsdruck in kN/m²

Winddruck w und Druckbeiwerte c_{pe}

Die resultierende Gesamtwindkraft F_w auf einen Baukörper ergibt sich als

$$F_w = c_r \cdot q_{(ze)} \cdot A_{ref}$$

mit c_r aerodynamischer Kraftbeiwert
$q_{(ze)}$ Geschwindigkeitsdruck in Höhe z_e
A_{ref} in m² der Windangriffsfläche.

Der Winddruck w auf verschiedene Teile des Baukörpers ergibt sich aus

$w = c_{pe} \cdot q$ und $W = w \cdot A$

mit q in kN/m² je Windzone ► S. 87 und
c_{pe} als Beiwert für den Außendruck
A in m² für die ausgewiesene Fläche.

Wände von Baukörpern mit rechteckigem Grundriss

Für vertikale Wände von Baukörpern mit rechteckigem Grundriss wird der Außendruck in Abhängigkeit vom Verhältnis der Baukörperhöhe h zur Baukörperbreite b angesetzt.

Außendruckbeiwert c_{pe}				
Bereiche	A		B	
h/d	$c_{pe,10}$	$c_{pe,1}$	$c_{pe,10}$	$c_{pe,1}$
1 (z.B. EFH)	– 1,2	– 1,4	– 0,8	– 1,1
≧ 5	– 1,4	– 1,7	– 0,8	– 1,1
≤ 0,25	– 1,2	– 1,4	– 0,8	– 1,1
Bereiche	D		E = C	
h/d	$c_{pe,10}$	$c_{pe,1}$	$c_{pe,10}$	$c_{pe,1}$
1(z.B. EFH)	+ 0,8	+ 1,0	– 0,5	– 0,5
≧ 5	+ 0,8	+ 1,0	– 0,5	– 0,7
≤ 0,25	+0,8	+ 1,0	– 0,3	– 0,5

Benennung der Wände
d ist die Tiefe des Baukörpers in Windrichtung
$e = b$ oder $2h$ der kleinere Wert ist maßgebend

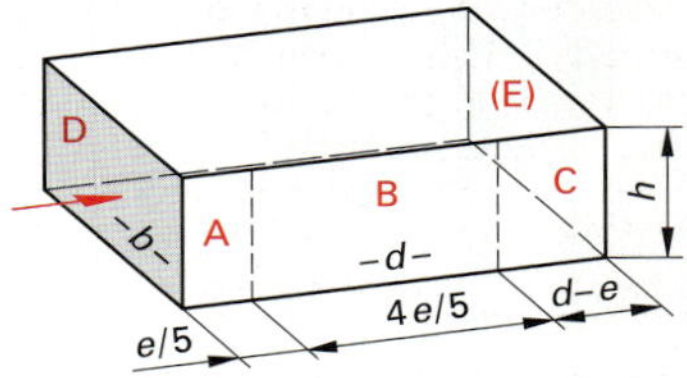

Zwischenwerte dürfen interpoliert werden
$h/d > 5$ hier nicht definiert, da weitere Beiwerte nach DIN 1055-3 benötigt werden.

Pultdächer, Satteldächer, Walmdächer

Die Dächer sind in Bereiche einzuteilen. Die Windströmrichtung wird traufseitig $\Theta = 0°$ und giebelseitig $\Theta = 90°$ ausgewiesen. Die Beiwerte $c_{pe,1}$ gelten (vereinfacht) bis 10 m² Bezugsfläche, die Beiwerte $c_{pe,10}$ für größere Flächen.

Außendruckbeiwert c_{pe} für Pultdächer, Satteldächer und Walmdächer										
Neigungswinkel α	Anströmrichtung $\Theta = 0°$ Bereiche F, G, H, I und J vergleiche ► S. 89									
	F		G		H		I		J	
	$c_{pe,10}$	$c_{pe,1}$	$c_{pe,10}$	$c_{pe,1}$	$c_{pe,10}$	$c_{pe,1}$	$c_{pe,10}$	$c_{pe,1}$	$c_{pe,10}$	$c_{pe,1}$
– 45°	– 0,6		– 0,6		– 0,8		– 0,7		– 1,0	- 1,5
– 30°	– 1,1	– 2,0	– 0,8	– 1,5	– 0,8		– 0,6		– 0,8	– 1,4
– 15°	– 2,5	– 2,8	– 1,3	– 2,0	– 0,9	– 1,2	– 0,5		– 0,7	– 1,2
– 5°	– 2,3	– 2,5	– 1,2	– 2,0	– 0,8	– 1,2	– 0,6 + 0,2		– 0,6 + 0,2	
5°	– 1,7	– 2,5	– 1,2	– 2,0	– 0,6	– 1,2	– 0,6 + 0,2		– 0,6 + 0,2	
15°	– 0,9	– 2,0	– 0,8	– 1,5	– 0,3		– 0,4		– 1,0	– 1,5
	+ 0,2		+ 0,2		+ 0,2					
30°	– 0,5	– 1,5	– 0,5	– 1,5	– 0,2		– 0,4		– 0,5	
	+ 0,7		+ 0,7		+ 0,4					
45°	+ 0,7		+ 0,7		+ 0,6		– 0,2		– 0,5	
60°	+ 0,7		+ 0,7		+ 0,7		– 0,2		– 0,5	
75°	+ 0,8		+ 0,8		+ 0,8		– 0,2		– 0,5	

Hinweise zur Tabelle

- Für die giebelseitige Anströmrichtung gilt max. $c_{pe} = -2{,}5$.
- Bei einem Neigungswinkel zwischen + 15° und + 30° ändert sich der Druck schnell zwischen positiven und negativen Werten.
- Für **Pultdächer** gelten nur die Werte ab 5° für die Bereiche F, G, H.
- Für **Walmdächer** gelten nur die Werte ab 5° für die Bereiche F, G, H.
- Zwischenwerte dürfen interpoliert werden, sofern das Vorzeichen nicht wechselt.
- Die Anströmrichtung zur Giebelseite ergibt bei Pult- und Satteldächern negative Beiwerte.
- Bei Walmdächern ergeben sich die Bereiche G und F ebenso bei der Stirnseite.

Einteilung der Dachflächen für Pult-, Sattel- und Walmdächer

Beim Pultdach wird die Windströmrichtung auf die niedrige Traufe bezogen.

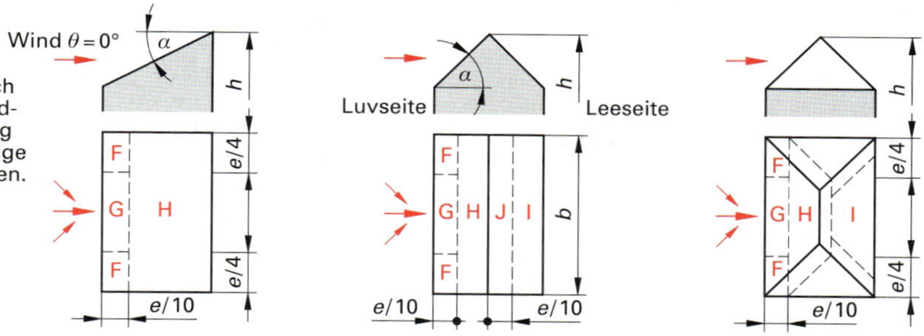

3.7.6 Schneelasten nach DIN 1055-5 (06.2005)

Der charakteristische Wert der Schneelast s_k auf dem Boden ist in Abhängigkeit von der Schneelastzone ► S. 87 und der Geländehöhe üNN zu berechnen. Besonderheiten in den Schneelastzonen, z.B. im Oberharz, in Reit im Winkel und im Fichtelgebirge sind bei den örtlichen Behörden zu erfragen. Die festgelegten Rechenwerte sind dann als außergewöhnliche Einwirkungen nach DIN 1055-100 zusätzlich zu berücksichtigen.

Charakteristischer Wert der Schneelast bei einer Geländehöhe *h* in m			
Schneelastzone	Sockelbetrag s_k		Formelansatz für s_k in kN/m²
Zone 1	0,65 kN/m²	bis 400 m üNN	$0{,}19 + 0{,}91 \cdot ((h + 140)/760)^2$
Zone 2	0,85 kN/m²	bis 285 m üNN	$0{,}25 + 1{,}91 \cdot ((h + 140)/760)^2$
Zone 3	1,10 kN/m²	bis 255 m üNN	$0{,}31 + 2{,}91 \cdot ((h + 140)/760)^2$

Schneelast auf Dächern

Die Schneelast s_i auf Dächern ist abhängig von der Dachneigung α und der charaktistischen Schneelast und bezieht sich auf einen Quadratmeter der Grundrissprojektion der Dachfläche. Die Last ist lotrecht wirkend anzunehmen.

$$s_i = \mu \cdot s_k$$

- μ Formbeiwert der Schneelast
- s_i in kN/m² lotrechter Grundrissprojektion
- s_k charakteristische Schneelast

Formbeiwerte für flache und geneigte Dächer			
α	$0° < \alpha < 30°$	$30° < \alpha < 60°$	$\geq 60°$
μ_1	0,8	$0{,}8\,(60° - \alpha)/30°$	0
μ_2	$0{,}8 + 0{,}8\,\alpha/30°$	1,6	1,6

Bei Tonnendächern, Höhensprüngen im Dachbereich, Schneeüberhang an der Traufe, Schneefanggitter und Schneeanhäufungen sind besondere Nachweise und Maßnahmen notwendig.

Flache und geneigte Dächer

Es gelten folgende Lastbilder. Bei Lastfällen für symmetrische und unsymmetrische Satteldächer ist der ungünstigste für die Bemessung maßgebend.

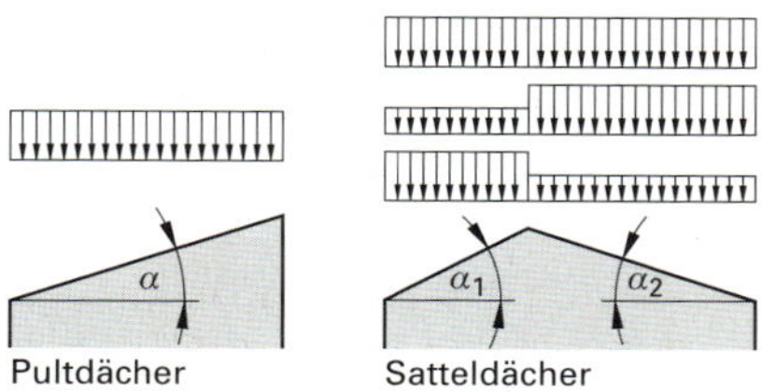

a) beidseitig volle Schneelast ohne Windlast, ohne Windeinfluss $s_i = \mu_1 \cdot s_k$

b) links halbe Schneelast rechts volle Schneelast plus Windlast $s_i = 0{,}5 \cdot \mu_1 \cdot s_{k(\alpha 1)}$; $s_i = \mu_1 \cdot s_{k(\alpha 2)}$

c) links volle Schneelast rechts halbe Schneelast plus Windlast $s_i = \mu_1 \cdot s_{k(\alpha 1)}$; $s_i = 0{,}5 \cdot \mu_1 \cdot s_{k(\alpha 2)}$

3.8 Sicherheitskonzept – DIN 1055-100

Ziel der Planung, der Konstruktion und der Ausführung eines Bauwerkes ist die Einhaltung des vorgegebenen **Nutzungskonzeptes.** Diesbezüglich ist das **Sicherheitskonzept** im gesamten Bauwesen Europa weit überarbeitet und grundsätzlich vereinheitlicht worden. Durch die neuen Ansätze ist es möglich geworden, sehr ähnliche Nachweisverfahren für alle Baustoffe zu entwickeln. Auch die Verwendung von Formelzeichen ist vereinheitlicht worden.

Bisher wurde bei der Bemessung von Bauteilen die vorhandene Spannung (vorh σ) mit der zulässigen Spannung (zul σ) verglichen. Mit der Einführung der neuen DIN 1055-100 beruht das Bemessungskonzept auf dem Nachweis, dass die Grenzzustände nicht überschritten werden. Es werden **Grenzzustände der Tragfähigkeit** (z. B. Tragfähigkeit $\sigma_{t,d}$), **Grenzzustände der Gebrauchstauglichkeit** (z. B. Durchbiegung u_{fin}) und die **Anforderung an die Dauerhaftigkeit** (z. B. Einhaltung der Mindestbetondeckung c_{min}) unterschieden.

Grenzzustand der Tragfähigkeit

3

Mit dem Nachweis der Tragfähigkeit ist rechnerisch zu zeigen, dass der Verlust des statischen Gleichgewichts, eine übermäßige Verformung und der Bruch des Tragwerks während der definierten Lebensdauer des Bauwerks nicht eintritt.
Es ist nachzuweisen (der Tragwiderstand wird nach baustoffspezifischen Normen festgesetzt):

$$\boldsymbol{E_d \leq R_d}$$

mit E_d als Bemessungswert der Beanspruchung
mit R_d als Bemessungswert des Tragwiderstandes bzw. der Beanspruchbarkeit

Einwirkungskombinationen für die Tragfähigkeit
Ständige und vorübergehende Bemessungssituation (Grundkombination)

$$E_d = \Sigma (\gamma_{G,i} \cdot G_{k,i}) \oplus \gamma_P \cdot P_k \oplus \gamma_{Q,j} \cdot Q_{k,j} \oplus \Sigma (\gamma_{Q,i} \cdot \Psi_{0,i} \cdot Q_{k,i})$$

mit G_k wird die Größe der ständigen Einwirkung
mit P_k wird die Größe der Einwirkung der Vorspannung
mit Q_k wird die Größe der veränderlichen Einwirkung benannt

Nicht häufige Bemessungssituation

$$E_d = \Sigma (\gamma_{G,i} \cdot G_{k,i}) \oplus \gamma_P \cdot P_k \oplus \Psi_{1,j} \cdot Q_{k,j} \oplus \Sigma (\Psi_{2,i} \cdot Q_{k,i}) \oplus \Sigma (\gamma_A \cdot Q_{k,i})$$

γ Teilsicherheitsbeiwerte
Ψ Kombinationsbeiwerte
$\oplus$ … in Kombination mit …
dst instabil
stb stabil
A Auflagerkraft

Teilsicherheitsbeiwerte

Nachweis-situation	ständige Einwirkung γ_G	veränderliche Einwirkung γ_Q	Vorspannung γ_P	Stahlbeton-fertigteile γ	Verlust der Lagesicherheit γ_G
günstig	1,0	0	1,0	1,15	0,9 (0,95)
ungünstig	1,35	1,5	1,0	1,15	1,1 (1,0)

Kombinationsbeiwerte

Einwirkungen			Ψ_0	Ψ_1	Ψ_2
Kategorie A, B:	Wohnräume, Aufenthaltsräume, Büroräume	Nutzlast $Q_{k,1}$ auf Decken	0,7	0,5	0,3
Kategorie C, D:	Versammlungsräume, Verkaufsräume		0,7	0,7	0,6
Kategorie E:	Lagerräume		1,0	0,9	0,8
Schneelasten $Q_{k,2}$	Orte bis 1000 m ü. NN		0,5	0,2	0
	Orte über 1000 m ü. NN		0,7	0,5	0,2
Windlasten $Q_{k,3}$			0,6	0,5	0
Temperatureinwirkungen $Q_{k,4}$			0,6	0,5	0
sonstige Einwirkungen $Q_{k,5}$			0,8	0,7	0,5
Baugrundsetzungen $Q_{k,6}$			1,0	1,0	1,0

Verwendete Formelzeichen in alten und neuen Normen

Bezeichnung	ständige Last	veränderliche Last	Lastkombination	Querkraft
alt	G, g	P, p	$q = g + p$	Q
neu	G_k, g_k, G_d, g_d	Q_k, q_k, Q_d, q_d	$r_d = g_d + q_d$	V_k, V_d

Grenzzustand der Gebrauchstauglichkeit

Mit dem Nachweis der Gebrauchstauglichkeit (z. B. der Durchbiegung) ist rechnerisch zu zeigen, dass Verformungen das Erscheinungsbild oder die beabsichtigte Nutzung des Bauwerkes (z. B. der Geschossdecke) nicht beeinträchtigt.

$E_d \leq C_d$ mit C_d wird der Nennwert des Gebrauchstauglichkeitskriteriums benannt. Die entsprechenden Werte werden in den baustoffspezifischen Normen festgesetzt.

Einwirkungskombinationen für die Gebrauchstauglichkeit

Häufige Kombinationen

$$E = \Sigma\, G_{k,i} \oplus P_k \oplus \Psi_{1,j} \cdot Q_{k,j} \oplus \Sigma\,(\Psi_{2,i} \cdot Q_{k,i})$$

Quasi-ständige Kombinationen

$$E = \Sigma\, G_{k,i} \oplus P_k \oplus \Sigma\,(\Psi_{2,i} \cdot Q_{k,i})$$

Seltene Kombinationen

$$E = \Sigma\, G_{k,i} \oplus P_k \oplus Q_{k,j} \oplus \Sigma\,(\Psi_{0,i} \cdot Q_{k,i})$$

Zeichen und Begriffe

3

Große lateinische Buchstaben		Kleine lateinische Buchstaben		Indizes	
E	Elastizitätsmodul	a	Abstand, Auflagerbreite	b	Verbund
F	Kraft	b	Breite	c	Beton, Druck, Kriechen
M	Moment	c	Betondeckung	d	Bemessungswert
N	Längskraft	d	Statische Nutzhöhe; Durchmesser	k	charakteristisch
V	Querkraft	f	Festigkeit	vorh	vorhanden
A_c	Betonquerschnitt	h	Höhe, Bauteildicke	ind	indirekt
A_s	Betonstahl	s	Abstand, Stababstand	erf	erforderlich
G	ständige Einwirkung	l	Länge, Stützweite	max	maximaler Wert
I	Flächenmoment 2. Grades	x	Höhe der Druckzone	min	minimaler Wert
Q	Verkehrslast	z	Hebelarm der inneren Kräfte	t	Zug, quer
A_N	Querschnittsfläche netto			y	Fließ-, Streckgrenze

Zusammengesetzte Formelzeichen (Auswahl)

M_{Rd}	Bemessungswert des aufnehmbaren Moments	f_{ctm}	Mittelwert der zentrischen Zugfestigkeit des Betons
M_{Ed}	Bemessungswert des einwirkenden Biegemoments	$f_{ck,\,cube}$	charakteristische Würfeldruckfetigkeit des Betons
N_{Rd}	Bemessungswert der aufnehmbaren Normalkraft	f_{cm}	Mittelwert der Zylinderdruckfestigkeit des Betons
N_{Ed}	Bemessungswert der einwirkenden Normalkraft	d_s	Stabdurchmesser der Betonstahlbewehrung
R_d	Bemessungswert des Tragwiderstands	c_V	Verlegemaß der Bewehrung
V_{Ed}	einwirkende Bemessungsquerkraft	f_{tk}	charakteristischer Wert der Zugfestigkeit des Betonstahls
V_{Rd}	Querkrafttragwiderstand	$f_{tk,\,cal}$	charakteristischer Wert der Zugfestigkeit des Betonstahls für die Bemessung
γ_c	Teilsicherheitsbeiwert für Beton	f_{yd}	Bemessungswert der Streckgrenze des Betonstahls
γ_s	Teilsicherheitsbeiwert für Betonstahl	f_{yk}	charakteristischer Wert der Streckgrenze des Betonstahls
ε_c	Dehnung des Betons		
ε_{cu}	rechnerische Bruchdehnung des Betons		

Beispiel: Lagesicherheit $A_{d,\,dst} < A_{d,\,stb}$ am Auflager A

Für den skizzierten Einfeldträger mit Kragarm ist die Lagesicherheit am Auflager A nachzuweisen.

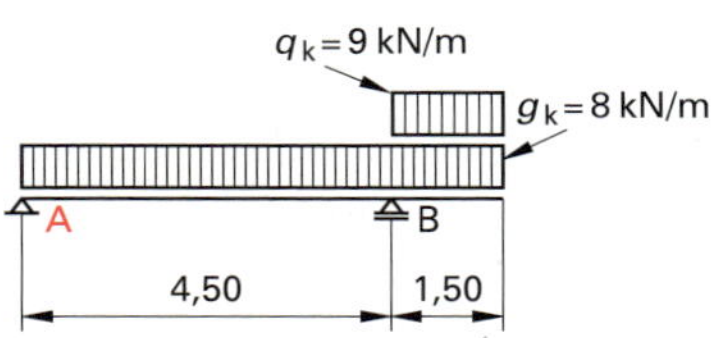

Hinweis: Es handelt sich um einen Sonderfall für $E_{d,\,dst} < E_{d,\,stb}$ für die Auflagerkraft A.

$E_{d,\,dst}$ destabilisierende Einwirkung

$E_{d,\,stb}$ stabilisierende Einwirkung

$A_{d,\,dst} = (1{,}1 \cdot 8{,}0 \cdot 1{,}50^2 / (2 \cdot 4{,}50)) + (1{,}5 \cdot 9{,}0 \cdot 1{,}50^2 / (2 \cdot 4{,}50))$

$A_{d,\,dst} = 5{,}6$ kN müsste kleiner oder gleich $A_{d,\,stb}$ sein.

$A_{d,\,stb} = 0{,}9 \cdot 8{,}0 \cdot 4{,}50 / 2 = 16{,}2$ kN Nachweis erfüllt.

4 Technisches Zeichnen

4.1 Normschrift

Die Schriftzeichen können vertikal und kursiv, im Winkel von 15° rechtsseitig geneigt, angeordnet werden. Folgende Nennhöhen (Höhe der Großbuchstaben) sind festgelegt: **2,5 – 3,5 – 5,0 – 7,0 – 10,0 – 14,0 und 20,0 mm.** Die Höhe **c** der Kleinbuchstaben ist aus der unten abgebildeten Tabelle zu entnehmen. Groß- und Kleinbuchstaben sind in gleich bleibender Linienbreite **d** zu schreiben. Die Linienbreite ist im Verhältnis zur Nennhöhe zu wählen.

- Linienbreite d = h/14 Schriftform A
- Linienbreite d = h/10 Schriftform B

Die wichtigsten Anforderungen an die Beschriftung von Bauzeichnungen sind:

- Lesbarkeit
- Eindeutigkeit
- Eignung für verschiedene Reproduktionsverfahren

Die Normschrift lässt sich mit der Schablone, mit dem Schreibautomaten oder auch frei Hand gut darstellen. Aufgrund der Anforderung der Norm heißt es:

Die Normschrift wird gezeichnet!

Normschrift

- Grundregeln nach DIN EN ISO 3098-0
- Schriftform B – vertikal nach DIN EN ISO 3098-2
- Griechische Schriftzeichen nach DIN EN ISO 3098-3

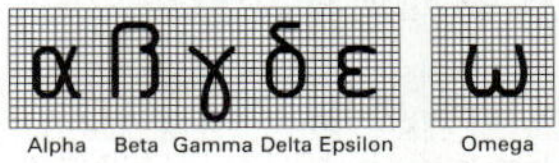

Hinweis: Erfolgt die Zeichenarbeit mit der CAD-Technik sind die Möglichkeiten der Beschriftung äußerst vielfältig. Texte und Maßzahlen können in beliebiger Schriftform, Schrifthöhe und Buchstabenbreite linksbündig, zentriert oder rechtsbündig eingefügt werden.

Um das Auge für die vorgeschriebenen Größenverhältnisse der Buchstaben zu schulen, empfiehlt es sich zur Einübung, die Schriftzeichen auf DIN-A4-Blätter mit vorgezeichneten Hilfslinien und mit Hilfsnetzen zu zeichnen.

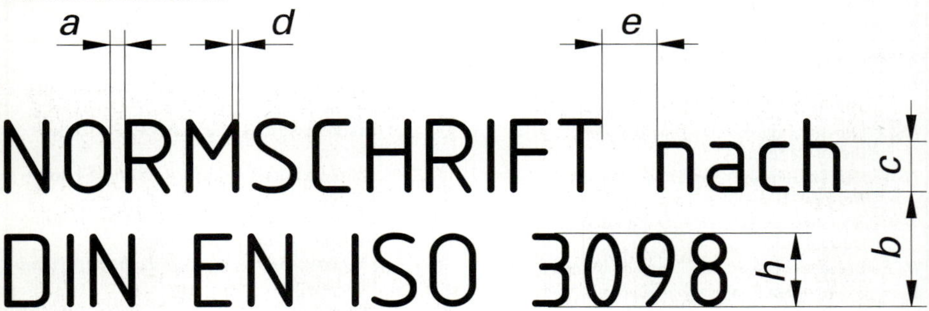

Größen und Abstände des Schriftbilds

Größen und Abstände		Schriftform A vertikal/kursiv	Schriftform B vertikal/kursiv
Linienbreite	(d)	d = (1/14) h	d = (1/10) h
Höhe der Großbuchstaben	(h)	h = Nennhöhe	h = Nennhöhe
Höhe der Kleinbuchstaben	(c)	c = (10/14) h	c = (7/10) h
Mindestabstand zwischen den Schriftzeichen	(a)	a = (2/14) h	a = (2/10) h
Mindestabstand zwischen den Grundlinien	(b)	b = (20/14) h	b = (14/10) h
Mindestabstand zwischen den Wörtern	(e)	e = (6/14) h	e = (6/10) h

Beispiel	
A	B
0,5 mm	0,7 mm
7 mm	7 mm
5 mm	(5) mm
1 mm	1,4 mm
10 mm	(10) mm
3 mm	4,2 mm

Schriftmuster

Schriftform A vertikal

ABCDEFGHIJKLMNOP
QRSTUVWXYZ
aɑbcdefghijklmnopq
rstuvwxyz
[(!?:;"-=+x·:√%&)]Ø
1234567890IVX
ÄÖÜäɑ̈öüß±□

Schriftform B vertikal

ABCDEFGHIJKLMNO
PQRSTUVWXYZ
aɑbcdefghijklmnop
qrstuvwxyz
[(!?:;"-=+x·:√%&)]Ø
1234567890IVX
ÄÖÜäɑ̈öüß±□

4

kursiv (Schriftform A)

ABCDEFGHIJKLMNO
PQRSTUVWXYZ
aɑbcdefghijklmnop
qrstuvwxyz
[(!?:;"-=+x·:√%&)]Ø
1234567890IVX
ÄÖÜäɑ̈öüß±

kursiv (Schriftform B)

ABCDEFGHIJKLMN
OPQRSTUVWXYZ
aɑbcdefghijklmno
pqrstuvwxyz
[(!?:;"-=+x·:√%&)]Ø
1234567890IVX
ÄÖÜäɑ̈öüß±

4.2 Zeichengeräte und Materialien

Papier

Grundsätzlich sind zwei Papierarten für Bauzeichnungen geeignet. Entsprechend dem Verwendungszweck der Zeichnung ist die Dicke des Papiers zu wählen. Die Maßeinheit für die Dicke ist das Gewicht in g/m². Es besteht eine Sortierung von 125, 150, 200 und 250 g/m².

Weißes Zeichenpapier ist als Einzelblatt in den DIN-Formaten A4 bis A0 erhältlich. Darüber hinaus sind unbeschnittene Blätter im Handel, d.h., sie werden erst nach Fertigstellung der Zeichnung auf ein DIN-Format geschnitten. Weißes Zeichenpapier findet für Bleistift- und Tuschezeichnungen gleichermaßen Verwendung.

Transparentpapier hat aufgrund seiner besonderen Eigenschaften hohe Reiß- und Bruchfestigkeit, Radierfestigkeit sowie einwandfreie Lichtpausfähigkeit und ist für Tuschezeichnungen geeignet. Verschiedene Oberflächenstrukturen kennzeichnen das Papier. Beidseitig matt, beidseitig glatt oder einseitig glatt und umseitig matt ist das Papier erhältlich. Für Tuschezeichnungen sollte eine glatte Oberfläche gewählt werden. Die Dicke des Papiers wird ebenfalls durch Gewichtsklassen gekennzeichnet; 40 g/m² (dünn), 80/85 g/m² (mittel) bis 115 g/m² (dick). Transparentpapier ist als Einzelblatt in den Größen nach DIN 476 sowie auf Rollen mit Breiten von 0,66 m, 0,75 m, 0,91 m, 1,10 m und 1,57 m bei einer Länge von 20 m oder 25 m erhältlich.

Zeichnungen auf Formaten größer als DIN A4 sind gem. Abb. ► S. 95 zu falten. Mehrfachausführungen als Lichtpausen oder Fotokopien finden so, auf handliches Format gebracht, Eingliederung in das herkömmliche Ablagesystem. Das Schriftfeld ist immer sichtbar auf der Oberseite. Originale werden üblicherweise ungefaltet in besonderen Ablageschränken archiviert.

Papierformate nach DIN EN ISO 216 und DIN EN ISO 5457			
Format Reihe A DIN	unbeschnittenes Blatt Kleinstmaß mm	beschnittenes Blatt Fertigmaß mm	Rand vom Fertigmaß mm
2 A0	1230 × 1720	1189 × 1682	10
A0	880 × 1230	841 × 1189	10
A1	625 × 880	594 × 841	10
A2	450 × 625	420 × 594	10
A3	330 × 450	297 × 420	5
A4	240 × 330	210 × 297	5

Zeichengeräte und Materialien		
Gruppe	**Art und Bezeichnung**	**Ausführung und Verwendung**
Zeichnungsträger	Zeichenkarton	nicht transparent, 150 g/m² bis 300 g/m², rau (Bleistiftzeichnung), glatt (Tuschezeichnung)
	Transparentpapier	transparent, lichtpausfähig, 80/85 g/m² und 90/95 g/m², matt (Bleistiftzeichnung), glatt (Tuschezeichnung)
	Folien	hochtransparent, nur für Spezialtusche
	Triplexpapier	mit Kunststofffolie verstärktes Transparentpapier, einreißfest, Dokumentzeichnungen
Minenzeichengeräte	Feinminenstifte Fallminenstifte	Druckbleistifte für bestimmte Linienbreiten in mm 0,3/0,5/0,7/0,9, Minenhärtegrad 2H bis 2B Minenhalter für lose Minen, Härtegrade 6H bis 6B
Minenspitzer	Minenspitzdose	für Fallminenstifte
Radiermittel	Bleiradierer Tuscheradierer Zeichenbesen	Kunststoff Zeichengummi für Transparentpapier zum Entfernen der Radierreste
Tuschezeichner	Tuschefüller Zeichentusche	für Linienbreiten in mm 0,13/0,18/0,25/0,35/0,5/0,7/1,0/1,4 und 2,0 nachfüllbar oder Patronen für Transparentpapier, für Folie
Zirkel	Schnellverstellzirkel Stechzirkel Nullenzirkel	mit Bleieinsatz mit Tuscheeinsatz mit Verlängerung Abtragen von Teilungen für kleine Kreise
Zeichenunterlage	Zeichenbrett Zeichenplatte	für Aufnahme des Zeichnungsträgers
Zeichenschiene	Reißschiene	mit oder ohne Maßteilung
Zeichendreieck	Zeichendreieck	45°/45°/90°, 30°/90°/60° Techniker-Dreieck mit Griff
Schablonen	Schriftschablonen Kreisschablonen Ellipsenschablone Kurvenschablone	für verschiedene Schriftarten und -größen für Tusche und Bleistift Burmestersatz
Maßstäbe	Präzisionsmaßstab	Flachlineal, Flach- und Dreikantreduktionsmaßstab

Faltung der Zeichnungen auf DIN-A4-Format nach DIN 824

- linksseitig 20 mm Heftrand
- dreiseitig 5 mm Restrand
- keine Faltung

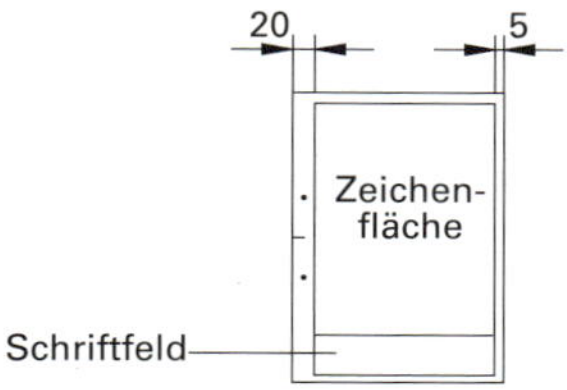

DIN A 4

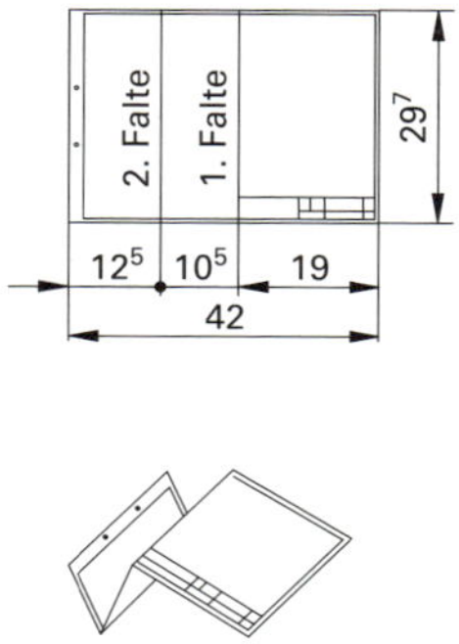

DIN A 3

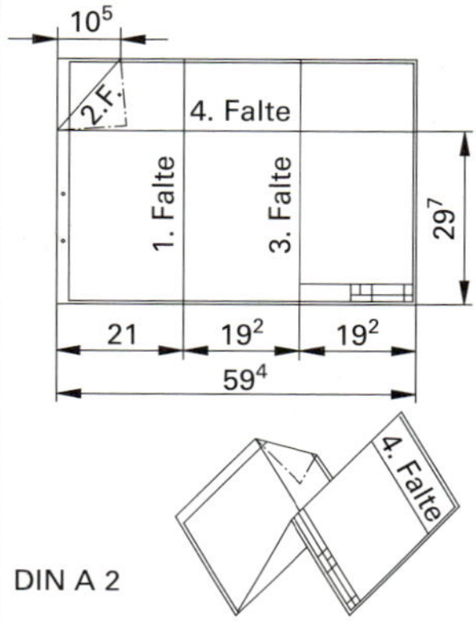

DIN A 2

Zeichengeräte und ihr Gebrauch

Bleistifte

Neben den herkömmlichen Holzmantelbleistiften mit sechseckigem Querschnitt und den Druckbleistiften mit auswechselbarer Mine sind Feinminenstifte erhältlich. Diese ermöglichen dem Zeichner stets mit gleicher Strichstärke die Zeichnung zu erstellen. Druckbleistifte und Feinminenbleistifte sind bei der Verwendung über einen längeren Zeitraum preislich wesentlich günstiger. Alle drei Arten werden in unterschiedlichen Härtegraden – 20 insgesamt – angeboten. Die Härtegrade gelten für Bleistifte und Ersatzminen.

Zeichenarbeit oder Zeichnungsträger	6H	5H	4H	3H	2H	H	F	HB	B	2B	3B	4B	5B	6B
Vorzeichnen auf Transparentpapier														
Maßlinien ausziehen a. Transparentpapier														
Zeichnung ausziehen a. Transparentpapier														
Beschriftung auf Transparentpapier														
Vorzeichnen auf Zeichenkarton														
Maßlinien auf Zeichenkarton														
Zeichnung ausziehen auf Zeichenkarton														
Beschriftung auf Zeichenkarton														
Freihandzeichnen														

Empfohlene Härtegrade bei Zeichenminen in Bezug auf die Zeichenaufgabe und Zeichnungsträger.

Tuschefüller

Tuschefüller dienen zum Nachziehen und Beschriften von Zeichnungen. Unterschiedliche Strichstärken nach DIN 1356 erfordern die Anschaffung mehrerer Stifte. Die Liniendicken entsprechen im Wesentlichen den Nennhöhen *h* der Normschrift. Diese Vereinheitlichung ermöglicht den Einsatz dieser Zeichengeräte bei der Beschriftung von Bauzeichnungen unter Verwendung von Schriftschablonen. Ohne Halterschaft sind die Einsätze mit entsprechendem Zubehör auch am Zirkel zu verwenden. Seit einiger Zeit finden die Einsätze dieser Tuschefüller auch bei computergesteuerten Zeichenanlagen (Plotter) Verwendung.

Lineal und Zeichenwinkel

Für geringe Ansprüche reichen Geräte aus Buchenholz. Gehobene Ausführungen bestehen aus Birnbaumholz, dessen Oberfläche geglättet und poliert sein kann. Wegen ihrer relativ hohen Maßbeständigkeit sind auch Zeichengeräte aus Kunststoff zu empfehlen. In klarer oder getönter Ausführung sind sie mit und ohne Millimetereinteilung erhältlich. Es werden stets zwei Zeichenwinkel benötigt, um durch deren Kombination häufige Winkelgrößen aufzutragen.

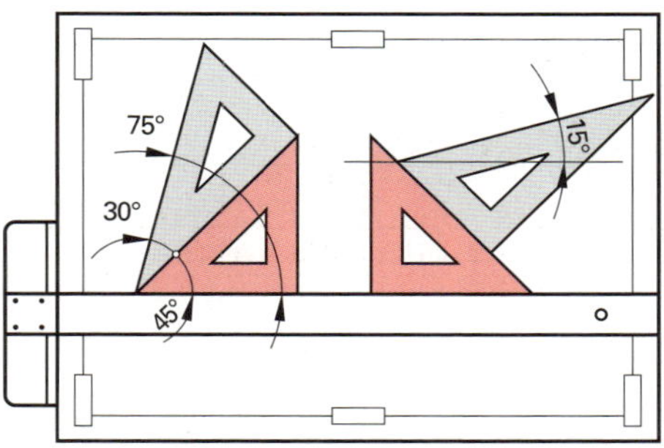

Gebrauch der Zeichenwinkel

4.3 Bemaßung

Die tatsächlichen Abmessungen eines Bauteils müssen ohne zeitintensive Berechnung aus der Zeichnung zu entnehmen sein. Ausführungsfehler am Bauteil werden vermieden, wenn die zur Herstellung erforderlichen Maße eindeutig und übersichtlich angeordnet sind. Die Bemaßungsregeln für Bauzeichnungen sind in der **DIN 1356** (02.1995) zusammengefasst. Darüber hinaus gehende Regelungen ergeben sich nach **DIN 406** (12.94). Im Allgemeinen sind im Mauerwerksbau Rohbaumaße anzugeben ► S. 241.

Rohbaumaße in m nach DIN 4172

Achtelmeter **am** (Kopfzahl)	Pfeilermaß	Anbaumaß	Öffnungsmaß
0,5	0,0525	0,0625	0,0725
1	0,115	0,125	0,135
1,5	0,1775	0,1875	0,1975
2	0,24	0,25	0,26
2,5	0,3025	0,3125	0,3225
3	0,365	0,375	0,385
3,5	0,4275	0,4375	0,4475
4	0,49	0,50	0,51
4,5	0,5525	0,5625	0,5725
5	0,615	0,625	0,635
5,5	0,6775	0,6875	0,6975
6	0,74	0,75	0,76
6,5	0,8025	0,8125	0,8225
7	0,865	0,875	0,885
7,5	0,9275	0,9375	0,9475
8	0,99	1,00	1,01

Kurzzeichen und Symbole

Zur Verbesserung der Lesbarkeit von technischen Zeichnungen, zur Übersichtlichkeit und zur Vereinfachung der Bemaßung sind fachübergreifende Kurzzeichen und Symbole zu bevorzugen.

Symbol	Bedeutung
⌀ 52	Durchmesser 52 mm
□52	Quadrat Seitenlänge 52 mm
[14/8]	Rechteck, Breite/Höhe 14 cm/8 cm
R 26	Radius 26 mm
⌀—	ringsum
◺14%	Neigung 14%

Symbol	Bedeutung
$\overset{\frown}{26}$	Bogenmaß 26 mm
(26)	Hilfsmaß
$\underline{27}$	nicht maßstäblich
$d = 27$	(Material-) Dicke 27 cm
√	vgl. ► S. 112 Oberflächenbeschaffenheit

Bemaßungsbestandteile

Die Bemaßung ist grundsätzlich unter dem Bauteil und neben der rechten Bauwerkskante anzuordnen. Bei komplexen Bauwerken ist die Einhaltung dieser Regel nicht möglich, sodass eine andere übersichtliche Anordnung der Maße zu wählen ist. Maßlinien innerhalb des Bauteils sind so anzuordnen, dass die Fläche im mittleren Bereich der Räume für weitere Angaben frei bleibt.

In der Regel sind mehrere parallel verlaufende Maßlinien notwendig. Auf der dem Bauteil nächstliegenden Maßlinie sind die kleinsten Teilmaße anzugeben. Die äußerste Maßlinie kennzeichnet die Außenmaße des Bauteils bzw. des Bauwerks.

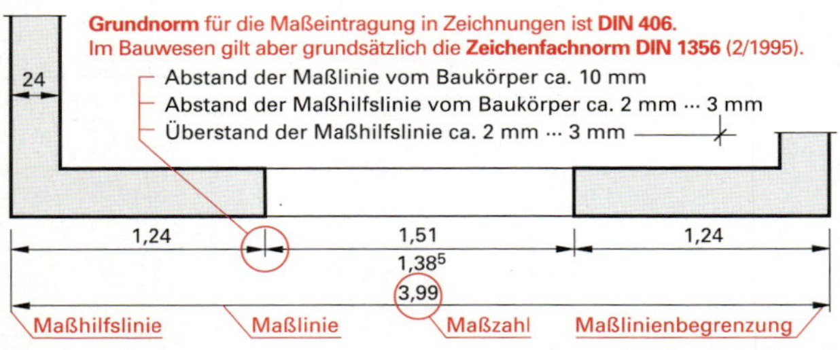

Bemaßungsbestandteile

Beispiel

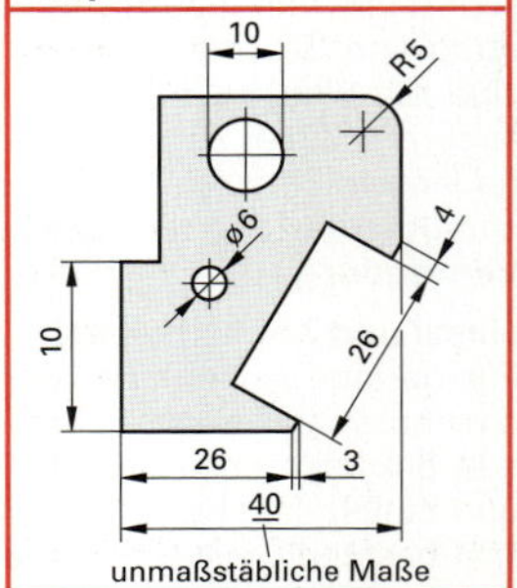

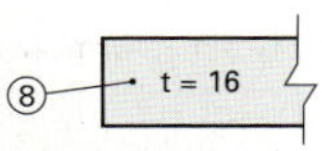

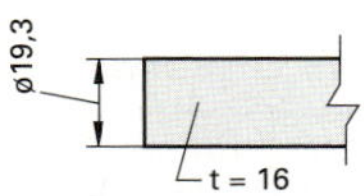

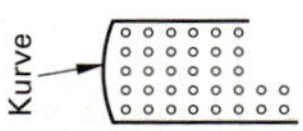

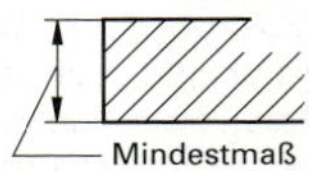

Hinweislinien

Maßhilfslinien und Maßlinien sind als schmale Volllinien zu zeichnen. Maßlinien verlaufen stets parallel und in einem Abstand von 10 mm zur Außenkante des Baukörpers. Der Abstand der Maßlinien untereinander beträgt 7 mm.

Maßbegrenzungen liegen im Schnittpunkt von Maßlinie und Maßhilfslinie; sie können

- als Kreis
- als kurzer Strich unter 45° von links unten nach rechts oben
- als Maßpfeil } nach DIN 406, 12/1994 möglich
- als Punkt } nach DIN 1356, 2/1995 Ausnahme

gezeichnet werden. Die Verwendung von Maßpfeilen ist weniger gebräuchlich, da sehr arbeitsintensiv. Für die Maßbegrenzung bei Kreisbögen sind Maßkreise in jedem Fall zu verwenden.

Maßzahlen sind über und parallel zur Maßlinie anzuordnen. Darüber hinaus sind Maßzahlen

- von unten oder von rechts lesbar (oder in Leselage des Schriftfeldes nach DIN 406 Vereinfachung)
- nicht durch Maßlinien zu kreuzen oder zu berühren
- für Maße ≥ 1 m als Meterangabe (z. B. 1.25); für Maße unter einem Meter als Zentimeterangabe (z. B. 99) einzutragen.
- ohne Maßeinheit einzutragen
- bei Platzmangel unmittelbar rechts neben der Maßhilfslinie anzuordnen
- bei zwei dicht aneinander liegenden Maßen einmal links unten und einmal rechts oben einzutragen
- Anstelle des Punktes darf auch ein Komma gesetzt werden (nach DIN 1356, 2/95)

Umfang und Anordnung von Maßangaben

Art, Umfang und Anordnung von Maßangaben sind abhängig vom Zweck bzw. der Art der Bauzeichnung. In Ausführungszeichnungen sind wesentlich umfangreichere Maßangaben zugeordnet als zum Beispiel in Entwurfszeichnungen.

Höhenmaße

Geschosshöhen, Brüstungshöhen und Durchgangshöhen sind grundsätzlich zwischen den Kanten zu kennzeichnen. Die Höhenangabe besteht aus Höhenkote, entsprechendem Pfeil und Maßbegrenzungslinie.

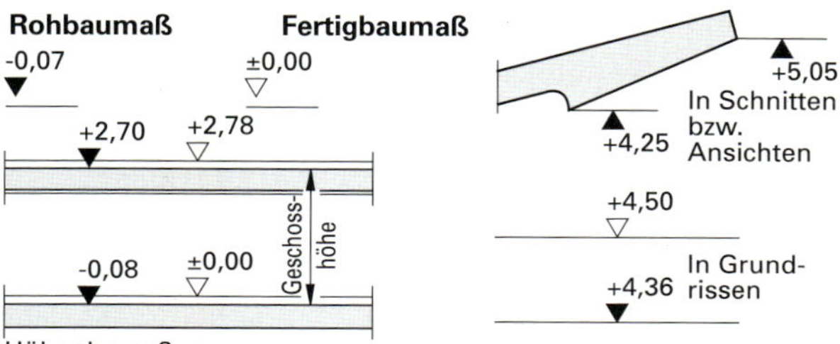

Höhenbemaßung

Wand- und Deckenöffnungen

Die Breite von Türen, Fenstern und sonstigen Öffnungen wird über, die Höhe unter die Maßlinie bzw. die Achslinie geschrieben. Erfolgt eine Bemaßung außerhalb der dargestellten Bemaßungssysteme ▶ S. 98, so entspricht die Folge der Maßangabe den Größen Länge/Breite.

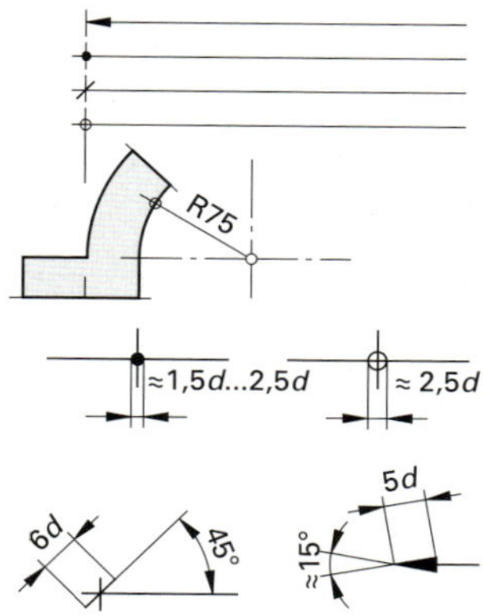

d: Linienbreite der breiten Volllinie

Maßbegrenzungen

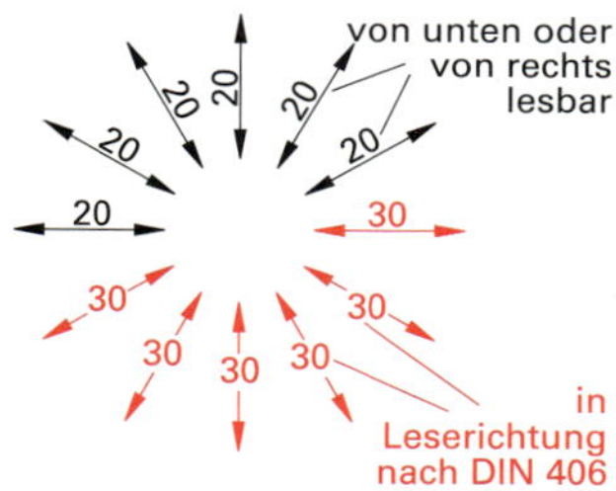

Schreibrichtung von Maßen

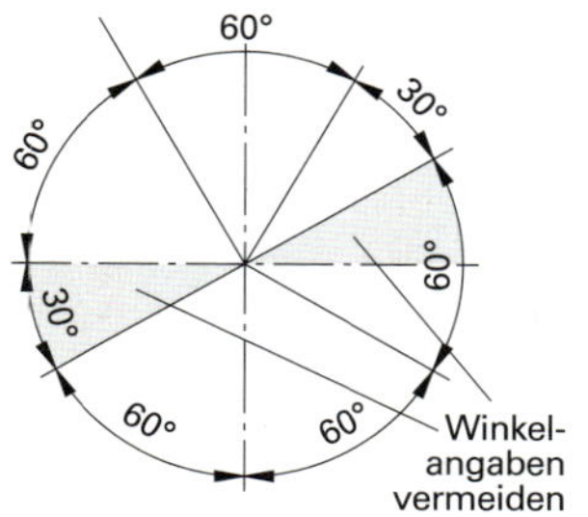

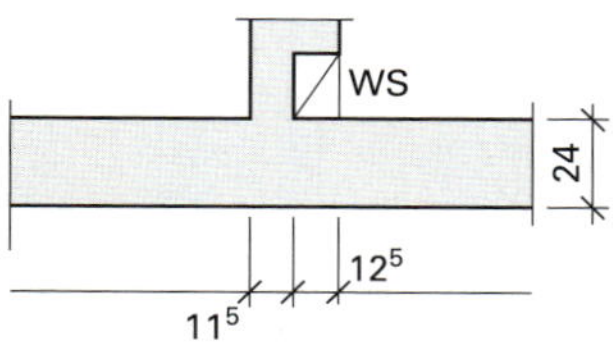

dicht liegende Maße bei Platzmangel

Anordnung der Maßzahlen

4

Das System der Maßeintragung nach DIN 1356 in Bauzeichnungen unterscheidet sich gegenüber der Zeichengrundnorm DIN 406 und der Zeichenfachnorm im Holzbau DIN 916.

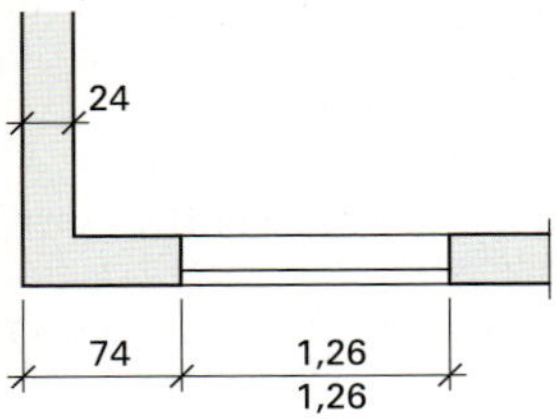

Maßkette

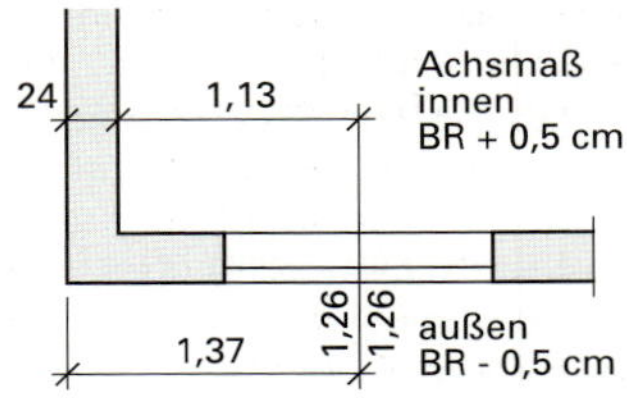

Achsbemaßung

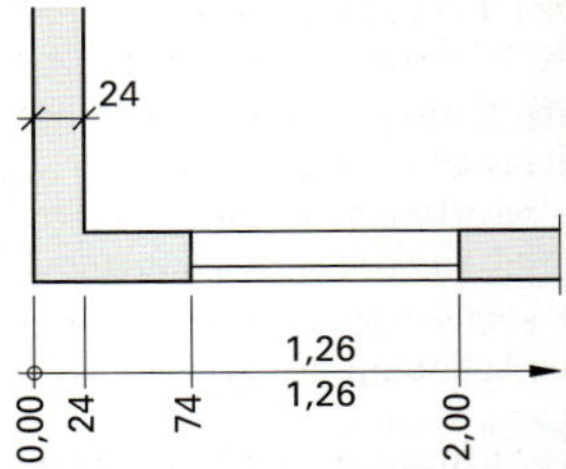

Koordinatenbemaßung

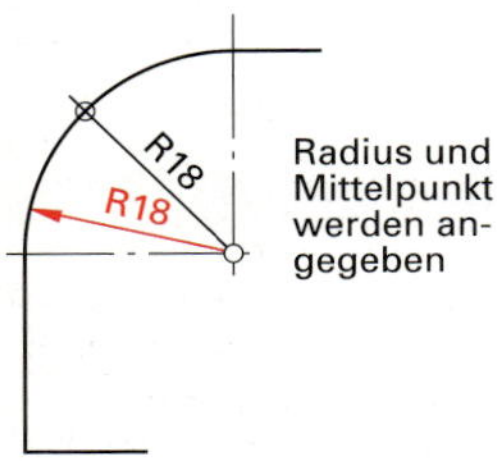

Gebogenes Bauteil

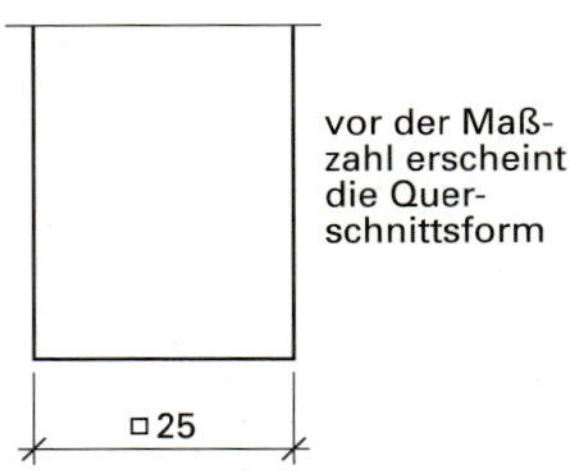

Quadratisches Bauteil

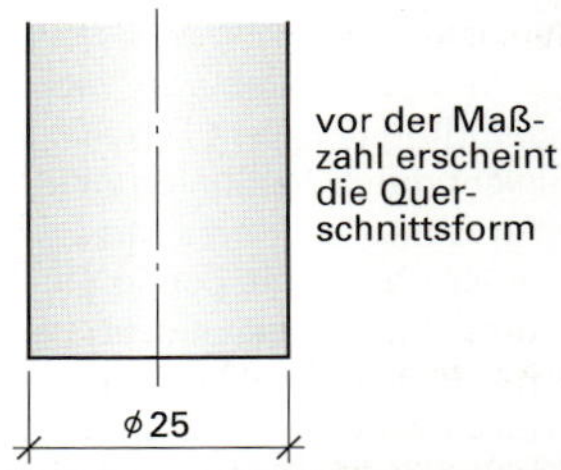

Rundes Bauteil

Darstellungsbeispiel

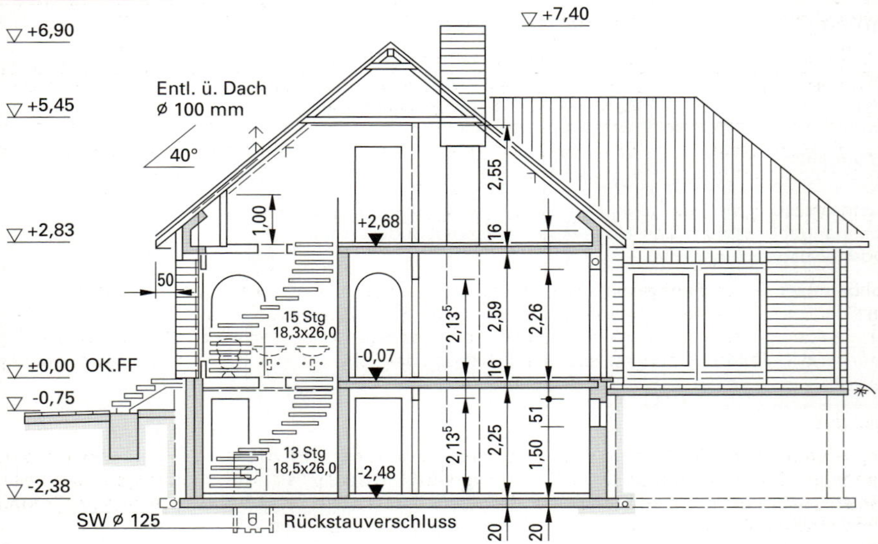

Bemaßung einer Ausführungszeichnung durch Maßketten und Höhenkoten

4.4 Darstellungsarten

DIN 199 unterscheidet alle in Technik und Wirtschaft vorkommenden bildlichen Darstellungen. Sie ist Zeichnungsgrundnorm und dient als Grundlage bei der Benennung von Zeichnungen innerhalb der einzelnen Fachnormen. Daneben gilt im Bauwesen die **DIN 1356 Bauzeichnungen.**

Bauzeichnungen werden je nach Art in verschiedenen Maßstäben erstellt ▶ S. 100. Vorentwurfs-, Entwurfs- und Ausführungszeichnungen unterscheiden sich durch Art und Umfang der Darstellung von Einzelteilen des Bauwerks (z. B. Tür-, Fenster-, Wand- und Deckenöffnungen).

Die folgende Tabelle verdeutlicht die Zuordnung der Bauzeichnungen nach DIN 1356 zu ausgewählten Fachbegriffen der Zeichnungsgrundnorm DIN 199.

Technische Zeichnungen (nach DIN 199)

Bezeichnung	Definition	Zuordnung von Bauzeichnungen nach DIN 1356
Anordnungs-Plan	Technische Zeichnung, die die räumliche Lage von Gegenständen zueinander darstellt.	Lageplan, Entwässerungsplan, Fundamentplan
Entwurf	Technische Zeichnung, die durch die Wortkombination „–Entwurf–“ auf eine vorläufige Fassung der geplanten Konstruktion verweist.	Vorentwurfszeichnung Entwurfszeichnung, Zeichnungen für die Bauvorlage: Grundrisse, Schnitte, Ansichten
Konstruktions-Zeichnung	Technische Zeichnung, die einen Gegenstand in seinem vorgesehenen Endzustand zeigt.	Ausführungszeichnungen: Grundrisse, Schnitte, Ansichten
Ergänzungszeichnung	Zeichnungen solcher Einzelheiten von Gegenständen, auf die in anderen Zeichnungen Bezug genommen wird.	Sonderzeichnungen: Bewehrungszeichnung Abrechnungszeichnung Darstellung von Sanitär-, Elektro-, Heizungsanlagen
Teil-Zeichnungen	Technische Zeichnung, die einen Teil der Konstruktion darstellt, ohne räumliche Zuordnung zur Gesamtkonstruktion.	Teil-Zeichnungen, Detail-Zeichnungen
CAD-Zeichnung	Durch ein Rechenprogramm erzeugte Zeichnung, die auf einem Drucker, Plotter oder Bildschirm/Monitor dargestellt wird.	

Eine in jedem Stadium der Bauwerksplanung sinnvolle Darstellung des gesamten Bauwerks oder einzelner Bauteile ergibt sich durch die Fixierung von Grundriss, Schnitt und Ansicht.

Darstellungsbestandteile (nach DIN 6 und DIN ISO 128-30)

Grundriss

Abbildungen der unter einer waagerechten Schnittebene befindlichen Bauteile.
Der Grundriss bildet somit die Draufsicht auf diese Bauteile. In Hochbauzeichnungen ist die Schnittebene so zu legen, dass Tür-, Fenster- und sonstige Öffnungen geschnitten werden. In Ingenieur- und Tiefbauzeichnungen zeigt die Abbildung der Schnittebene markante Teile des jeweiligen Bauwerks.

Schnitt

Projektion der Bauteile, die parallel zu einer senkrechten Schnittebene angeordnet sind. Wand- und Deckenöffnungen sowie Treppenverlauf sind ebenso als Schnittführungsbestandteile zu wählen wie andere markante Teile eines Bauwerks. Der Verlauf der Schnittebene wird im Grundriss durch Strichpunktlinie und Angabe der Blickrichtung gekennzeichnet.

Angabe der Schnittführung in Blickrichtung

Ansicht

Die Darstellungsebene liegt parallel zur betrachteten Seite des Bauwerks oder Bauteils.
Bei geknickten oder gekrümmten Ansichtsflächen kann statt der rechtwinkligen Projektion die Abwicklung gezeichnet werden. Symmetrische Bauteile dürfen unterbrochen dargestellt werden.

4.5 Bauzeichnungen

Arten und Inhalt der Bauzeichnungen

Bauzeichnungen für Entwurf und Bauvorlage nach DIN 1356		Üblicher Maßstab
Lagepläne	Darstellung des Baukörpers in den örtlichen Gegebenheiten	1 : 1000 1 : 500
Vorentwurfszeichnungen	Raumaufteilung, Bauglieder sowie Eingliederung des Baukörpers in die Örtlichkeit in vorläufiger Anordnung und Abmessung	1 : 500 1 : 200
Entwurfszeichnung	Darstellung der Bauaufgabe in genauen Abmessungen	1 : 100
Zeichnungen für die Bauvorlage (Bauantragszeichnungen)	Lageplan sowie Entwurfszeichnungen, ergänzt durch Zeichnungen gemäß Vorschriften der zuständigen Baugenehmigungsbehörde	Maßstab je nach Erfordernis und Bauvorlagenverordnung
Bauzeichnungen für die Bauausführung noch DIN 1356		**Üblicher Maßstab**
Ausführungszeichnungen	Enthalten alle für die Bauausführung erforderlichen Maße und Angaben	1 : 50
Teilzeichnungen (Detailzeichnungen)	Darstellung von Teilbereichen des Baukörpers/Bauteils in allen Einzelheiten der Konstruktion (Sondermaßstab 1 : 25)	1 : 20 1 : 5 1 : 10 1 : 1
Sonderzeichnungen	Darstellung besonderer Konstruktionselemente (z. B. Lüftungsschächte, Klima-, Heizungs- und Sanitäranlage)	Maßstab je nach Erfordernis
Abrechnungszeichnungen	Enthalten die für die Abrechnung notwendigen Angaben (in der Regel dienen auch die oben genannten Bauzeichnungen diesem Zweck)	Maßstab je nach Erfordernis
Bestandszeichnungen	Darstellung eines vorhandenen Baukörpers/Bauteils	Maßstab je nach Erfordernis

4

Maßstäbe

Der Maßstab 1 : *n* gibt an, in welchem Verhältnis die Abmessungen des Originals **(Originalmaße)** in der Zeichnung **(Zeichnungsmaße)** wiedergegeben werden sollen. Die Verhältniszahl *n* verdeutlicht, welches Vielfache bzw. welcher Teil des Zeichnungsmaßes dem Originalmaß entspricht.

Verhältniszahl, Originalabmessungen (Originalmaß) und die Abmessungen der Abbildung (Zeichnungsmaß) stehen in folgender Beziehung zueinander:

$$\text{Originalmaß} = \text{Zeichnungsmaß} \times \text{Verhältniszahl}$$

$$\text{Verhältniszahl} = \frac{\text{Originalmaß}}{\text{Zeichnungsmaß}}$$

$$\text{Zeichnungsmaß} = \frac{\text{Originalmaß}}{\text{Verhältniszahl}}$$

Je geringer die Verhältniszahl, desto größer die Aussagekraft der Zeichnung.

Maßstäbe nach DIN ISO 5455.

Beispiel		
1 : 2	Verhältniszahl 2	Die Originalmaße sind zweimal so groß wie die Zeichnungsmaße.
1 : 1 Originalmaß	Verhältniszahl 1	Die Originalmaße sind genauso groß wie die Zeichnungsmaße.
1 : 0,5	Verhältniszahl 0,5	Die Originalmaße sind 0,5-mal so groß wie die Zeichnungsmaße.

Linienarten und Linienbreiten

Linien werden in der Zeichnungsgrundnorm **DIN EN ISO 128-20** (früher DIN 15), DIN EN ISO 10 628 und in der Fachnorm DIN 1356 Bauzeichnungen festgelegt. Nachfolgende Ausführungen beziehen sich auf die DIN 1356.

In Bauzeichnungen sind die Linienarten nach folgender Tabelle zu verwenden. Die Linienbreiten **breit, mittelbreit und schmal** stufen sich nach dem Verhältnis **2 : 1 : 0,7** und entsprechen den Anforderungen der Mikroverfilmung (vgl. Liniengruppe III).

Werden die Linien nicht in Tusche, sondern in Bleistift gezogen, so sollen die Breiten annähernd eingehalten werden. Es ist im Sinne der Anschaulichkeit zweckmäßig, die angegebenen Linienbreiten zu verwenden. Für Blattgrößen DIN A4 und DIN A3 sind folgende Linien empfohlen:

Breite Linien 0,5 mm – in Ausnahmefällen 0,7 mm

Schmale Linien 0,25 mm – in Ausnahmefällen 0,35 mm.

Überdecken sich in einer Zeichnung zwei oder mehrere Linien verschiedener Art, ist folgende Reihenfolge einzuhalten:

① Sichtbare Kanten oder Umrisse
② Verdeckte Kanten oder Umrisse
③ Schnittebenen
④ Mittellinien
⑤ Schwerelinien
⑥ Maßhilfslinien

Linienbreiten für graphische Darstellungen können etwa im Verhältnis

Netz : Achsen : Kurven = 1 : 2 : 3

gezeichnet werden.

Normhinweis:
Ausführungen von Linien mit CAD-System nach DIN EN ISO 128-21.

Linienarten nach DIN 1356	Anwendungsbereich	Linienbreiten in mm			
	Maßstab	≤ 1 : 100		≥ 1 : 50	
	Liniengruppe	I	II	III[1]	IV[2]
Volllinie (breit)	Begrenzung von Schnittflächen	0,5	**0,5**	**1,0**	1,0
Volllinie (mittelbreit)	Sichtbare Kanten und sichtbare Umrisse von Bauteilen, Begrenzung von Schnittflächen von schmalen oder kleinen Bauteilen	0,25	**0,35**	**0,5**	0,7
Volllinie (schmal)	Maßlinien, Maßhilfslinien, Hinweislinien, Lauflinien, Begrenzung von Ausschnittdarstellungen, vereinfachte Darstellungen	0,18	**0,25**	**0,35**	0,5
Strichlinie	Verdeckte Kanten und verdeckte Umrisse von Bauteilen	0,25	**0,35**	**0,5**	0,7
Strichpunktlinie (breit)	Kennzeichnung der Lage der Schnittebenen	0,5	**0,5**	**1,0**	1,0
Strichpunktlinie (schmal)	Achsen	0,18	**0,25**	**0,35**	0,5
Punktlinie	Bauteile vor bzw. über der Schnittebene	0,25	**0,35**	**0,5**	0,7
Maßzahlen 1...	Schriftgröße	2,5	**3,5**	**5,0**	7,0

[1] Die Liniengruppe I ist nur dann anzuwenden, wenn eine Zeichnung mit der Liniengruppe III angefertigt, im Verhältnis 2 : 1 verkleinert wurde und die Verkleinerung weiterbearbeitet werden soll. In der Zeichnung mit der Liniengruppe III ist dann die Schriftgröße 5,0 mm zu wählen.

[2] Die Liniengruppe IV ist für Ausführungszeichnungen anzuwenden, wenn eine Verkleinerung z. B. vom Maßstab 1 : 50 in den Maßstab 1 : 100 vorgesehen ist und die Verkleinerung den Anforderungen der Mikroverfilmung zu entsprechen hat. Die Verkleinerung kann dann gegebenenfalls mit den Breiten der Liniengruppe II weiterbearbeitet werden.

Schraffuren für Baustoffe und Bauteile

Für die Kennzeichnung der verschiedenen Baustoffe bzw. Bauteile wurden die in der folgenden Tabelle zusammengestellten Schraffuren und farblichen Darstellungen festgelegt. Die Kennzeichnung erfolgt wahlweise als Schraffur (Schwarzweißdarstellung) oder durch farbiges Anlegen der Schnittflächen.

Baustoffe bzw. Bauteile (Schraffuren nach DIN ISO 128-50 ► S. 103)		Darstellungsart DIN 1356 (2/95) schwarzweiß	farbig	Hinweise:
Beton	unbewehrt		olivgrün	Nach DIN 1356 (02/1995) sind nur die Kennzeichnungen der Schnittflächen für Boden (Erdreich), Kies, Sand, Beton (unbewehrt), Beton (bewehrt, Stahlbeton), Mauerwerk, Holz (quer zur Faser), Holz (längs zur Faser), Metall (Stahl), Mörtel und Putz, Dämmstoffe, Abdichtungen (Sperrstoffe), Dichtstoffe als Schraffur in Abstimmung mit DIN 201 (alt) festgelegt. Die neue DIN ISO 128-50 (05.2002) findet in der Baupraxis kaum Anwendung. Die links aufgeführten Darstellungsarten und Farben ergeben sich aus der alten DIN 1356 (07/1974) und der Praxis. Weitere Darstellungsarten zur Kennzeichnung von Baustoffen und Bauteilen sind auf den Seiten ► S. 103 und 108 aufgeführt, vermessungstechnische Zeichen und Symbole auf den ► S. 104. Die Darstellung von Bauteilen in Zeichnungen für Holzbearbeitung erfolgt nach DIN 919.
	bewehrt, ohne Darstellung der Bewehrung		blaugrün	
Betonfertigteile	ohne Darstellung der Bewehrung	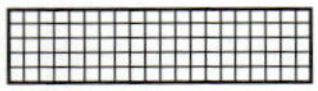	violett	
Mauerwerk	künstlicher Stein		braunrot	
	natürlicher Stein	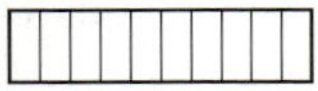	blaugrau	
Mörtel und Putz			weiß	
Erdreich	aufgefüllt	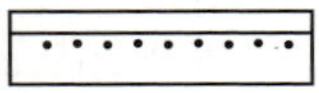	–	
	gewachsen	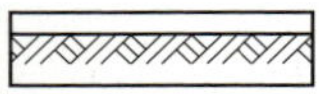	–	
Holz	Hirnholz quer zur Faser		braun	
	Längsholz längs zur Faser	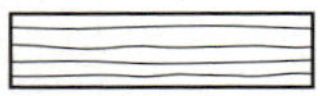	braun	
Stahl			schwarz	
Sperrstoffe	gegen Feuchtigkeit		schwarzweiß	
Dämmstoffe	zur Wärme- und Schalldämmung		grau	
Alte Bauteile	im Schnitt	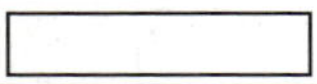	blaugrau	
Neue Bauteile	im Schnitt		nach Baustoff	
	in der Ansicht	–	gelb lasiert	
Abzubrechende Bauteile	im Schnitt		gelb	
	in der Ansicht		gelb umrandet	
Abzutragender Boden			gelb umrandet	

Schraffuren

Vollholz und Plattenwerkstoffe nach DIN 919

Vollholz Hirnholz

Vollholz Längsholz

Trägerplatten allgemein

Kurzzeichen Nenndicke in mm

Furnierte oder beschichtete Platten

x Hirnholz
→ Längsholz

Art der Furnierung (Holzart) bzw. Beschichtung (Dekor) ist durch Kurzzeichen der Holzart oder Beschichtung anzugeben.

4

Tiefbau- und Straßenbauzeichnungen (Schraffuren)

Ausgewählte Symbole für Erd- und Tiefbauzeichnungen[1]				Bodenarten[2]	
	Asphalt-Deckschicht		Hydraulisch gebundene Tragschicht		Steine, Blöcke
	Asphalt-Tragdeckschicht		EPS-Beton		Kies[3]
	Asphalt-Binderschicht		Fahrbahndecke aus Beton		Sand[3]
	Asphalt-tragschicht		Frostschutzschicht (Frost unempfind-liches Material)		Schluff
	Verfestigung		Pflaster mit Pflasterbett		Ton
	Schotter-tragschicht		Beton-Steinpflaster		Torf
	Kiestragschicht		Natur-Steinpflaster		Lehm

[1] nach RStO [2] nach DIN 4023 [3] auch nach DIN 1356

Schraffuren für Werkstoffe

In einer technischen Zeichnung unterscheidet man Ansichtsflächen und Schnittflächen. Die Schnittdarstellung erfolgt nach **DIN 6**. Führt ein gedachter Schnitt durch ein Werkstück bzw. Bauteil, sind diese Flächen zu schraffieren (oder farblich anzulegen), hohle Räume bleiben frei. Eine Schraffur kann aus Linien, Rastern, Punkten oder geometrischen Figuren bestehen. Treffen Schnittflächen mehrerer Teile zusammen, so sind die Schraffurlinien entgegengesetzt (unter 45° bzw. 135°) anzuordnen und außerdem die Abstände der Schraffur in den verschiedenen Schnittflächen zu variieren. Die Grundschraffur nach DIN 6 und DIN ISO 128-50 (früher DIN 201) für Schnittflächen ist werkstoffunabhängig als schmale Volllinie unter 45° zum Bauteil anzuordnen, schmale Schnittflächen sind zu schwärzen.

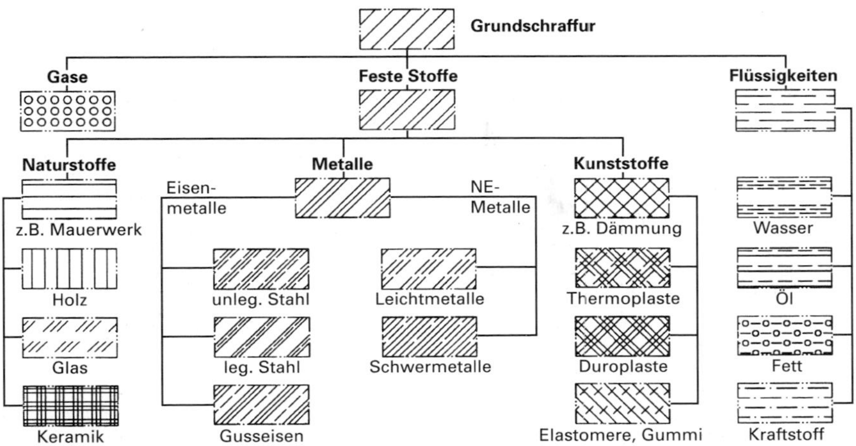

Kennzeichnung von Schnittflächen nach DIN ISO 128-50

Symbole in verschiedenen Bauzeichnungen

Lageplan

Der Lageplan gibt Auskunft über die Lage des Bauwerks in seiner Umgebung, über die Beschaffenheit des Geländes und über Besonderheiten der Nachbargrundstücke. Als Ergänzung zu den abgebildeten Symbolen wird der Lageplan durch schriftliche Angaben vervollständigt:

- Maßstab
- Lage des Grundstücks zur Himmelsrichtung
- Straßenbezeichnung, Hausnummer, Eigentümer sowie Grundstücksbezeichnung (Gemarkung, Parzelle)
- Flächenmaß und katastermäßige Grenzen
- Äußere Abmessungen der neuen und vorhandenen Bauwerke
- Abstände der neuen und vorhandenen Bauwerke zu den Nachbargrundstücken sowie zu öffentlichen Verkehrs- und Grünflächen, Wäldern und Gewässern
- Bestimmungen des Bebauungsplans über die zulässige Nutzung des Grundstücks
- Nutzungsangabe der nicht überbauten Flächen, insbesondere Hof- und Garageneinfahrten, Kfz-Stellplätze, Gartenland usw.
- Flächen, deren Nutzung durch Baulasten vorbestimmt wurde
- Lage von Versorgungsleitungen (Gas, Wasser, Elektrizität)
- Unter Naturschutz stehende Baum- oder Gebäudebestände

Grundstücksgrenze	———————
Baulinie, zinnoberrot	—··—··—··—
Baugrenze, ultramarinblau	— — · — — · — —
Höhenangabe über NN	123,53 m ü. NN
neue Gebäude	////////
vorhandene Gebäude	grau, RAL 7001
geplante Gebäude	rotbraun, RAL 3016
Grenzpunkt in Steinmitte	—[•]—

Vermessungstechnische Zeichen S. 358

Graben	
Böschung	
Gartenland	
Grünland	
Laubwald	
Nadelwald	

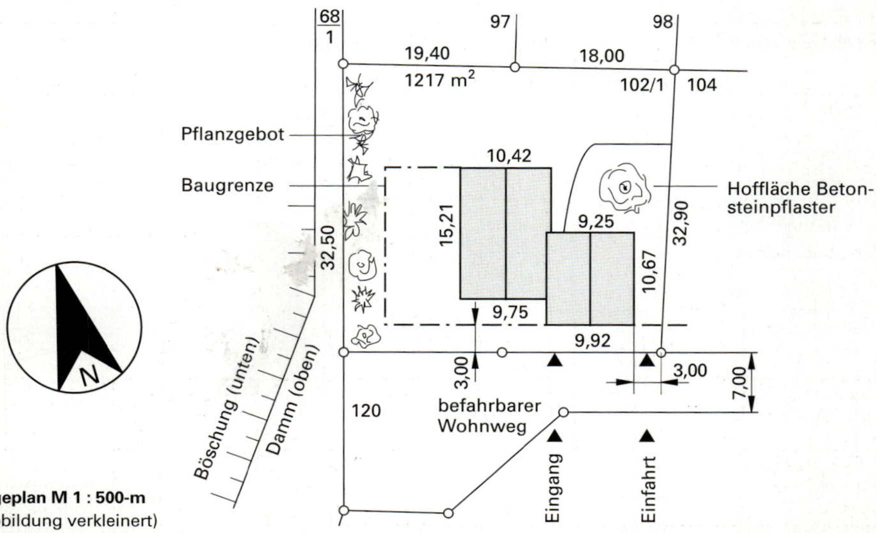

Lageplan M 1 : 500-m
(Abbildung verkleinert)

4

Entwässerungszeichnungen

Im Gegensatz zur Darstellung von Versorgungsleitungen für Frischwasser und Elektrizität ist für die Erteilung der Baugenehmigung die Kennzeichnung der Entsorgungsleitungen erforderlich. Entwässerungszeichnungen sind als Sonderzeichnungen einzustufen ► S. 106, 107.

Grundriss, Schnitt und Ansicht werden durch die Darstellung der Leitungsführung ergänzt. Regen- und Schmutzwasserleitungen sind unter Verwendung der entsprechenden Symbole einzutragen.

Durch diese Darstellungsform erfolgt der Nachweis gegenüber der Bauaufsichtsbehörde, dass die geplante Entsorgung des Gebäudes den städtischen Tief- und Kanalbaugegebenheiten angemessen zur Ausführung kommt.

Ausgewählte Symbole in Entwässerungszeichnungen nach DIN 1986-100 (02.2003)

Bauteil des Entwässerungs-Systems	**Darstellung im**		**Bauteil des Entwässerungs-Systems**	**Darstellung im**	
	Grundriss	**Schnitt**		**Grundriss**	**Schnitt**
Regenwasserleitung DR: Druckleitung	DR	DR	**Reinigungsschacht mit geschlossenem Durchfluss**		
Schmutzwasserleitung DS: Druckleitung	DS	DS			
Mischwasserleitung			**Reinigungsschacht mit offenem Durchfluss**		
Werkstoff-Wechsel leitung			**Ablauf mit Rückstauverschluss**		
Rohrendverschluss			**Kellerablauf mit Rückstauverschluss**		
Reinigungsrohr				**Fallleitung**	**Geruchsverschluss**
Querschnittsänderung der Rohrleitung	100 125	100 125	**Bidet**		
Bodenablauf	ohne mit Geruchverschluss	ohne mit Geruchverschluss	**Urinalbecken**		
Schlammfang	S	S	**Doppelspüle**		
Fettabscheider	F	F	**Waschbecken**		
Benzinabscheider	B	B	**Klosettbecken**		
Heizölabscheider	H	H	**Dusche**		
Heizölsperre ohne Rückstauverschluss	H Sp	H Sp	**Badewanne**		
Lüftungsleitung mit und ohne Dunsthaube			**Waschtisch, Handwaschbecken**		

4

Dargestellt ist die Entwässerung eines Einfamilienhauses. Vollständig werden die Unterlagen für das Baugenehmigungsverfahren erst durch eine Ergänzung der Darstellung in Schnitt und Grundriss.

Die Einmessung der einzelnen Bauteile des Entwässerungssystems erfolgt in vertikaler und horizontaler Richtung durch Summierung der Abstände. Als Ausgangspunkt wird der tiefste Punkt des Systems gewählt; getrennt für vertikale und horizontale Einmessung.

Rohr-Nennweiten (DN-Angaben) ▶ Kapitel 7.7 sind stets in mm anzugeben und dürfen ohne Durchmesser-Zeichen und Einheitsangabe verwendet werden.

Entwässerungsgrundriss

Normhinweise

- DIN EN 752-1
  Entwässerungssysteme außerhalb von Gebäuden - Teil 1: Allgemeines und Definitionen; Deutsche Fassung
- DIN EN 752-4
  Entwässerungssysteme außerhalb von Gebäuden - Teil 4: Hydraulische Berechnung und Umweltschutzaspekte
- DIN 1986-1
  Entwässerungsanlagen für Gebäude und Grundstücke

4

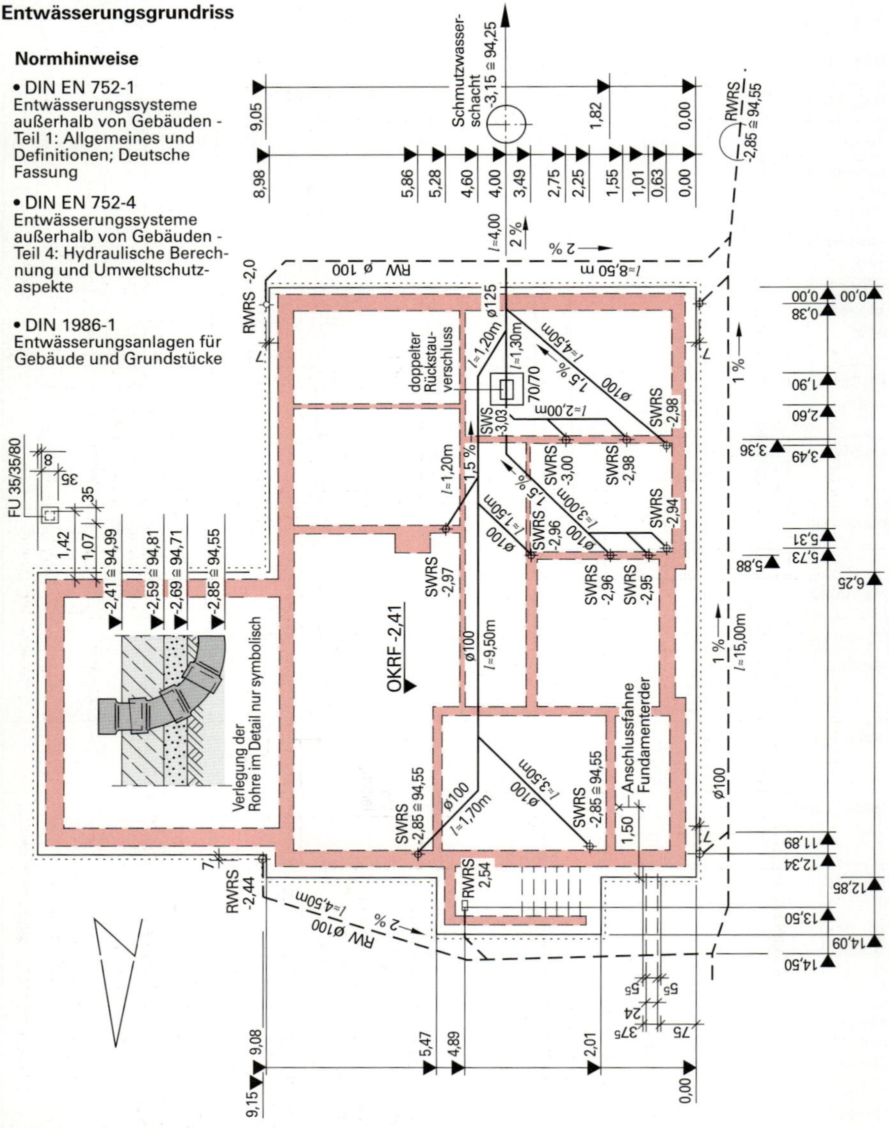

Darstellung eines Entwässerungs-Grundleitungssystems (Abbildung verkleinert)

Das abgebildete Schnittschema enthält die nach DIN 1986 geforderten Sinnbilder und Zeichen für Entwässerungsgegenstände und Rohrleitungen ▶ Kapitel 7.7.

Dargestellt ist der Verlauf der Entwässerungs- und Fallleitungen getrennt nach Schmutz- und Regenwasser sowie die Kontrolleinrichtungen und Schächte.
Farbliche Kennzeichnung: BLAU

Entwässerungsschnitt

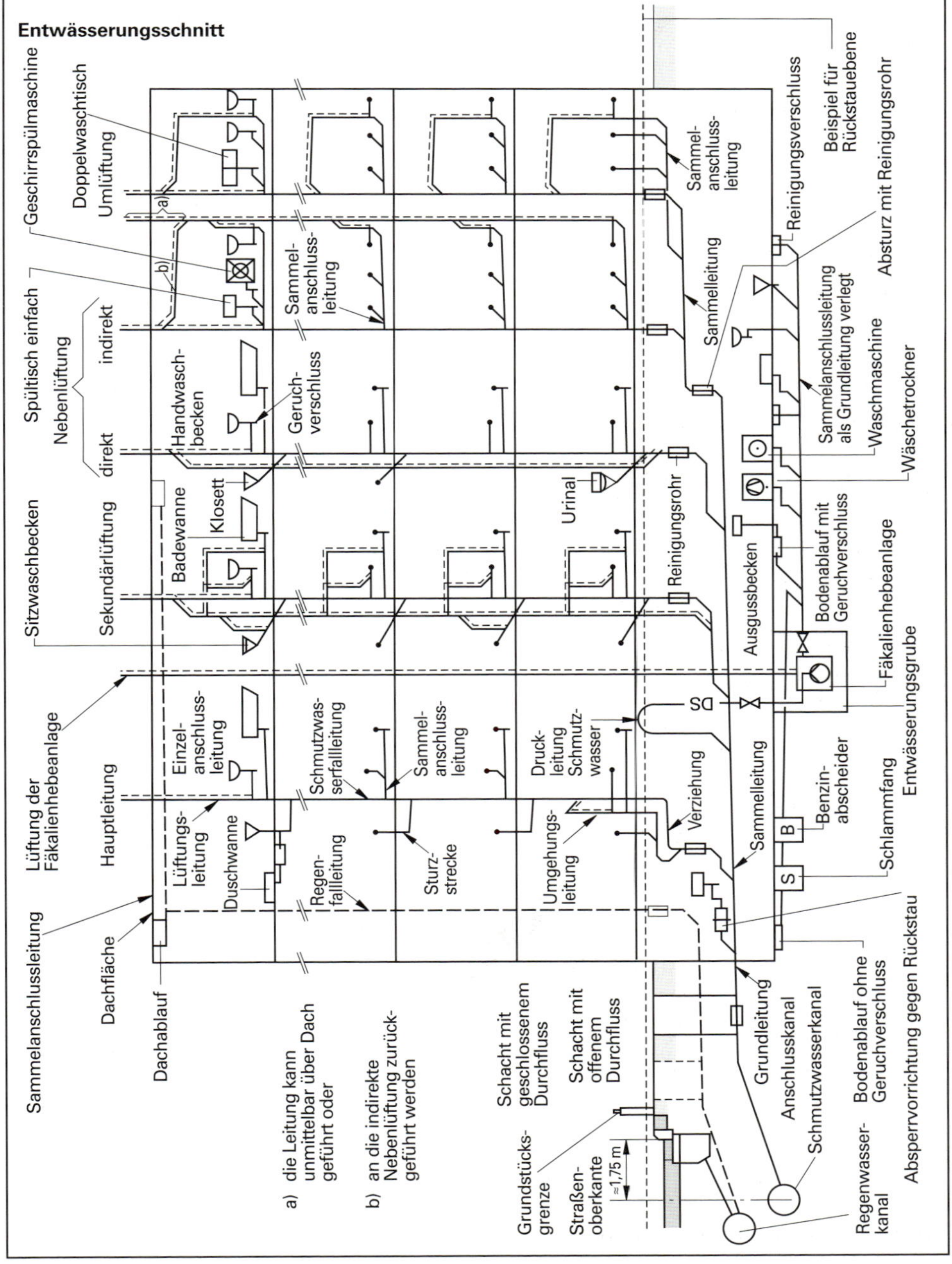

4

Ausführungszeichnungen (Hochbau)

Abkürzungen

Um Bauzeichnungen übersichtlich zu gestalten, können häufig vorkommende Begriffe abgekürzt werden.

EG	Erdgeschoss
KG	Kellergeschoss
UG	Untergeschoss
OG	Obergeschoss
RFB	Rohfußboden
FFB	Fertigfußboden
OK	Oberkante
UK	Unterkante
Stg	Steigung
FHT	Feuer hemmende Tür
RD	Rauchdicht
WD	Wanddurchbruch
WS	Wandschlitz
DD	Deckendurchbruch
DA	Deckenaussparung
HKN	Heizkörpernische
BA	Bodenablauf
KS	Kontrollschacht
BRH	Brüstungshöhe
mNN	m über Normalnull
mHN	m über Höhennormal
Roll	Rollladen

Symbole für Abdichtung und Dämmung ► Kapitel 5.1 und 6.14.4

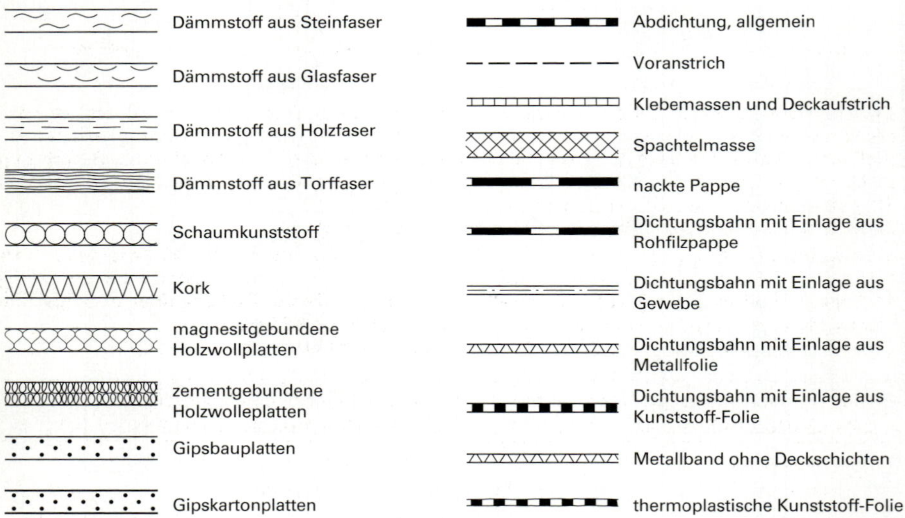

Symbole für Verbindungsmittel ► S. 316

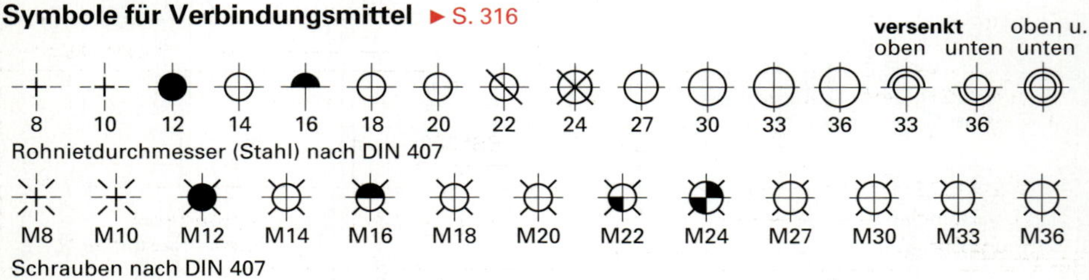

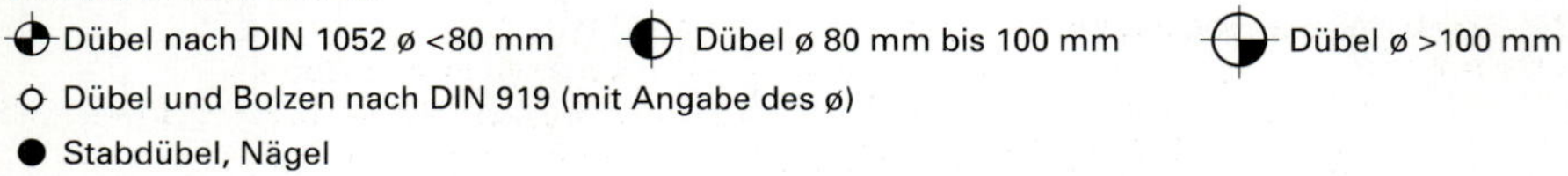

Hinweis: Die Rechtsvorschriften der Bundesländer enthalten konkrete – nicht einheitliche – Forderungen für Zeichen, Symbole und Farben. Die Kennzeichnungen, Zeichen, Symbole und Schraffuren ersetzen keinesfalls die genaue Werkstoffangabe. Insbesondere infolge vermehrter CAD-Darstellungen werden die Verbindungsmittel gem. **DIN ISO 5261** als Kreis (○ ◌) und/oder Punkt ● dargestellt.

Bewehrungszeichnungen

Die Stahleinlagen im Beton nennt man Bewehrung. Damit der Bauausführende und der Prüfstatiker die Lage der Bewehrung genau erkennen können, wird sie üblicherweise in die Längs- und Querschnitte der stabförmigen Bauteile (Balken, Stützen) und in die Ansichten und Draufsichten der flächigen Bauteile (Wände, Decken) eingezeichnet und vermaßt. Zusätzlich werden Stahllisten oder Mattenlisten angefertigt. Einzel- und Teillängen sowie notwendige Einbaumaße sind auf der Zeichnung anzugeben. Weiterhin sind bei komplexen Bauteilen zusätzlich die Biegeformen der Bewehrungsstäbe eindeutig auf die Positionsangaben zu beziehen. Dabei darf die zeichnerische Darstellung unmaßstäblich erfolgen.

- **Tragrichtung von Platten**

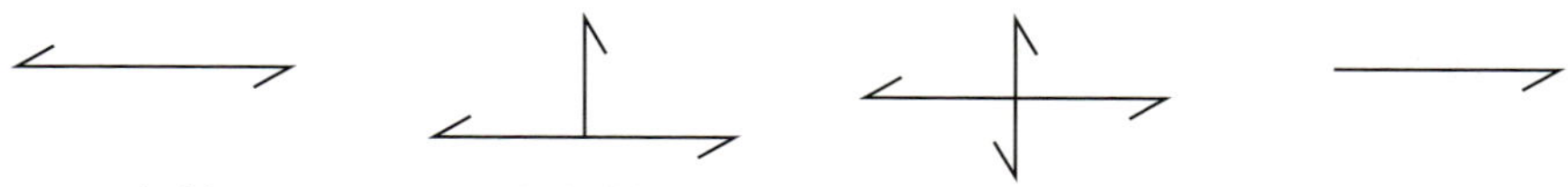

zweiseitig — dreiseitig — vierseitig — auskragend

- **Bewehrungsstäbe** sind bei flächigen Bauteilen (z. B. Wände, Decken) unmittelbar durch die Positionsangabe zu kennzeichnen. Bei Abweichungen von dieser Regelung ist in jedem Falle eine innerhalb der jeweiligen Zeichnung einheitliche Anordnung anzustreben. Angaben zur Bewehrung stabförmiger Bauteile (z. B. Balken, Stützen) sind entlang einer Bezugslinie anzuordnen, die den Zusammenhang mit der Bewehrung herstellt ▶ Kap. 7.2. 4
  Jeder Stabvariante ist eine neue Positionsangabe zuzuordnen.
- **Geschweißten Betonstahlmatten** wird die Mattenbezeichnung bzw. die den Mattenaufbau kennzeichnenden Daten entlang einer Diagonale zugeordnet. Bei achsenbezogener Darstellung ist die Mattenkurzbezeichnung in Mattenlängsrichtung anzuordnen, die den Mattenaufbau in Längs- und Querrichtung kennzeichnenden Daten entlang der Bewehrungsrichtung.
  Jeder Mattenvariante ist eine neue Positionsangabe zuzuordnen.

Positionsangaben ständig erforderlicher Angabenbestandteil	Positionsangaben gegebenenfalls erforderlicher Angabenbestandteil
Bewehrungsstäbe ⑩ 9 ∅ 14 ⑩ – Positionsnummer 9 – Anzahl der Stäbe ∅ 14 – Stabdurchmesser	BSt IV S -15- V -95- -95- – Einzellänge V – Lage des Stabes -15- – Abstand zwischen den Stäben S – Stabstahl BSt IV – Betonstahlsorte
Geschweißte Betonstahlmatten (Lagermatten) 2 [101] Q 257A 2 – Anzahl (n > 1) 101 – Positionsnummer Q 257A – Mattenbezeichnung	BSt 500 M M – Mattenstahl BSt 500 – Betonstahlsorte Streckgrenze in N/mm²
Geschweißte Betonstahlmatten (Listenmatten) [2] 150 · 6,5 d / 5,0 – 4/4 – Angaben zur Längsrichtung 250 · 5,5 – Angaben zur Querrichtung d – Doppelstab 5,0 – Stabdurchmesser, Randbereich 4/4 – Anzahl der Einzelstäbe am linken/rechten Rand 5,5 – Stabdurchmesser, Innenbereich 150, 250 – Stababstand in mm 2 – Positionsnummer	

- **Symbole für Bewehrungszeichnungen**

Grundlage der Darstellung von Bewehrungselementen bildet die **DIN EN ISO 3766**. Die in der Tabelle abgebildeten Symbole zeigen einen Auszug; in der Praxis werden oft selbst gewählte Symbole verwendet. Auf nationaler Ebene ist der NATG-F.6 »Dokumentation im Bauwesen« zuständig.

Bewehrungsstäbe	Ansicht / Schnitt	Gruppen gleicher Bewehrungsstäbe	
allgemein	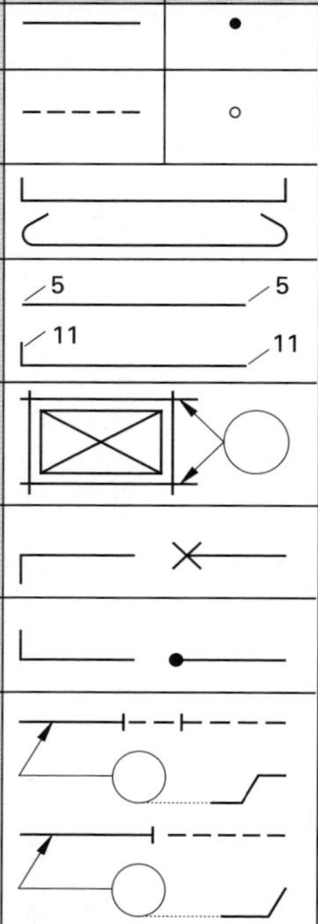	Bewehrungsstäbe gleicher Positionsangabe bilden Gruppen und können bei Darstellung mindestens eines Bewehrungsstabes und einer dünnen, sich über den Verlegebereich der Stabgruppe erstreckenden Gruppenlinie gekennzeichnet werden. Um einen dem Verlegebereich zugehörigen Bewehrungsstab zu kennzeichnen, ist der Schnittpunkt von Bewehrungsstab und Gruppenlinie durch einen Kreis zu markieren.	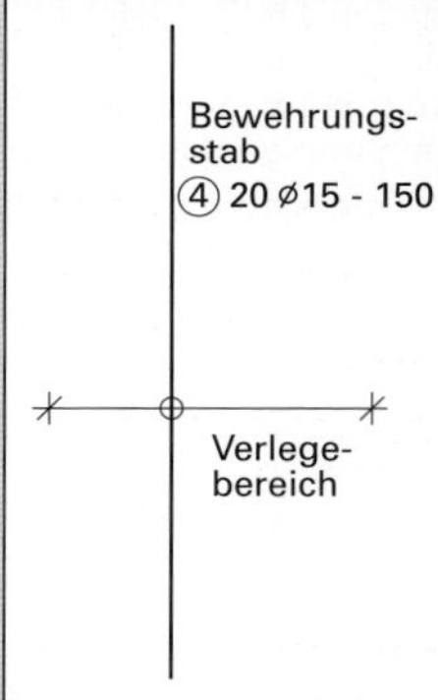
die bereits auf anderer Zeichnung dargestellt und positioniert wurden			
mit Endhaken als Winkelhaken als Rundhaken			
mit zusätzlicher Markierung der Stabenden durch Positionsnummern (ohne Kreis)			
mit gleicher Positionsangabe			
die rechtwinklig aus der Zeichenebene abgebogen sind		Gruppen gleicher Bewehrungsstäbe, jedoch unterschiedlicher Stababstände und Stückzahl sind innerhalb des Verlegebereiches entlang der Gruppenlinie als solche zu markieren. (6) Stückzahl 100 Stababstand in mm	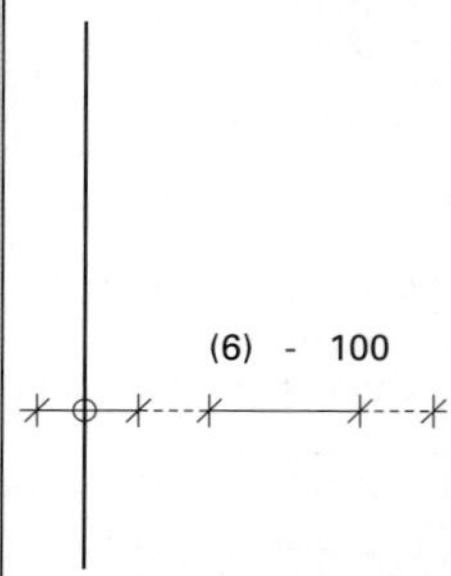
die rechtwinklig aus der Zeichenebene aufgebogen sind			
mit Aufbiegung < 90° die Knickkanten werden im Schnitt durch Querstriche markiert; der unten liegende Stabteil wird in mittelbreiter Volllinie gezeichnet			

Betonstahlmatten	allgemein	vereinfacht	achsenbezogen
Einzelmatten Draufsicht Schnitt	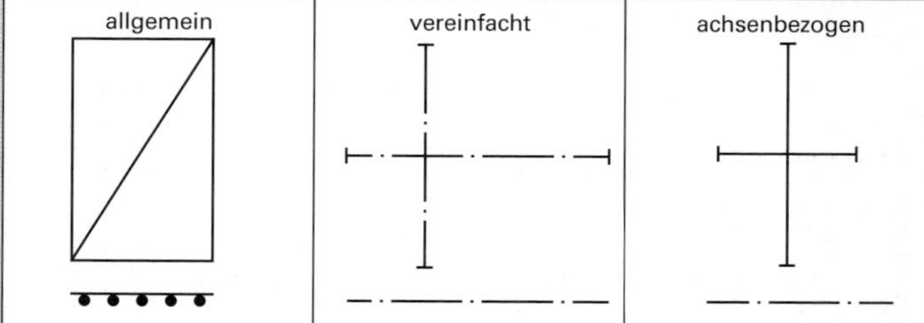		
Gruppen gleicher Bewehrungsmatten Draufsicht l_s Länge der Übergreifungsstöße in Verlegerichtung Schnitt	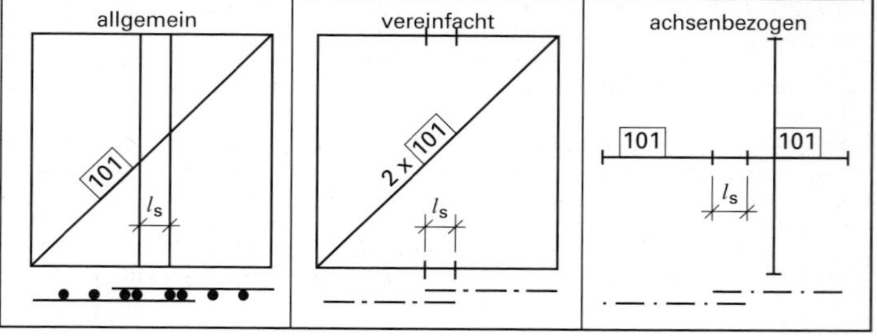		

• Darstellungsstufen bei Bewehrungszeichnungen stabförmiger Bauteile

Unter Einhaltung der genannten Mindestanforderung ist die **Vereinfachung der Bewehrungsdarstellung** für stabförmige und flächige Bauteile in der Praxis in zwei Stufen möglich.

Darstellungsstufe 1

Maßstäbliche Darstellung der Bewehrung in maßstäblichen Schnitten des Bauteils und mit maßstäblichem Stahlauszug mit vollständiger Bemaßung. Zum Biegen der Bewehrung ist der Stahlauszug erforderlich.

Eine Liste über die erforderliche Stahlmenge sowie die verschiedenen Biegeformen können auch gesondert erstellt werden. Darstellung in üblichen Maßstäben des Hochbaus.

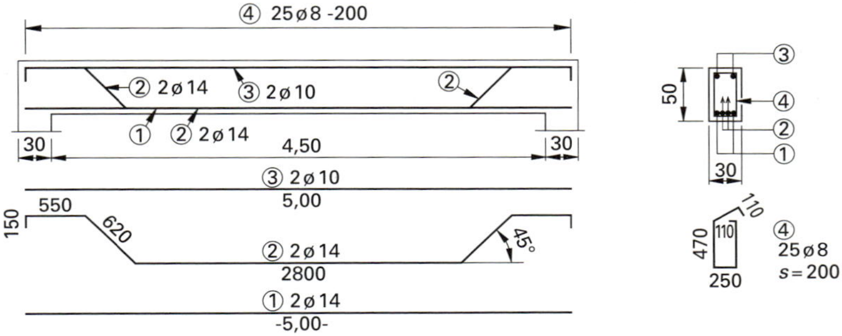

Bauteillängen in m, cm

Baustahl Teillängen in mm

Baustahl Gesamtlänge in m

Darstellungsstufe 2

Maßstäbliche Darstellung der Bewehrung in maßstäblichen Schnitten **ohne** maßstäblichen Stahlauszug. Der Stahlauszug wird ersetzt durch eine bemaßte Darstellung der Biegeform als Ergänzung zur Positionsangabe.

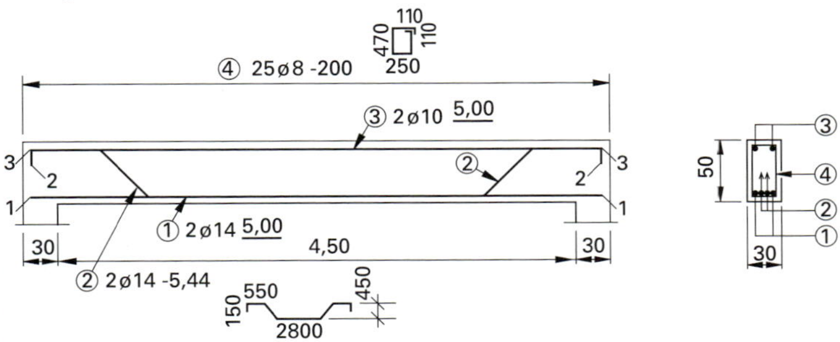

Durchmesser und Radien sind Innenmaße, alle anderen Maßangaben sind Außenmaße.

4

• Darstellungsstufen bei Bewehrungszeichnungen flächiger Bauteile

Einzelmatten	Mattengruppen	Achsen von Mattengruppen
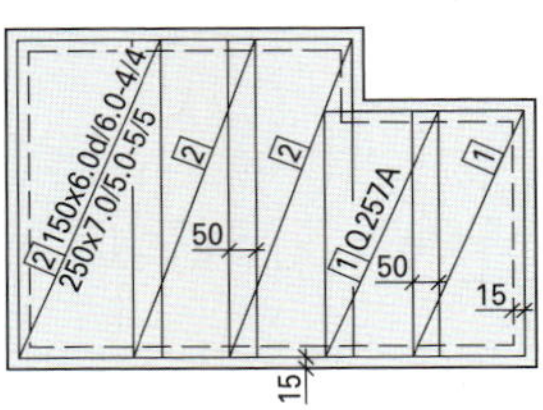 Bei der herkömmlichen Darstellung werden die Umgrenzungslinien der einzelnen Matten gezeichnet und mit einer von links unten nach rechts oben verlaufenden Diagonalen versehen.	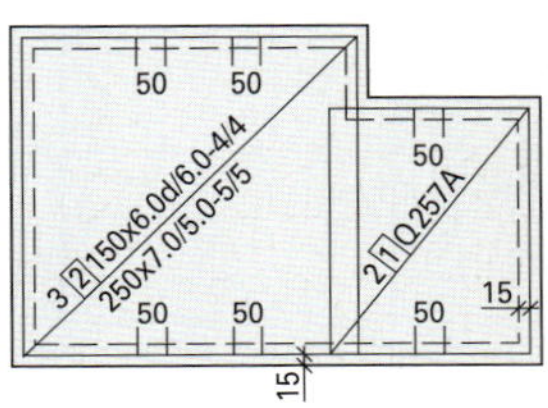 Eine Vereinfachung tritt ein, indem nur die Umgrenzungslinien des Bereiches gezogen werden, in dem Matten gleicher Position verlegt sind. Der Gesamtbereich wird mit einer Diagonalen gekennzeichnet.	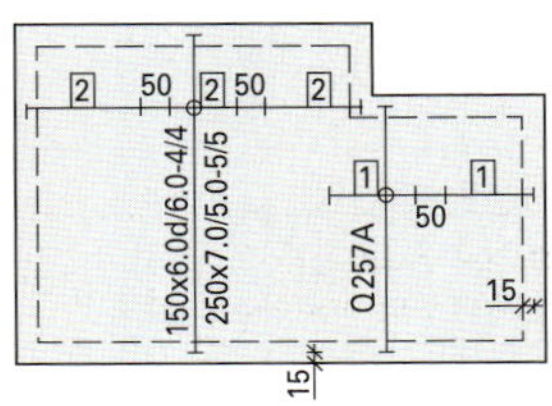 Die rationellste Darstellung beschränkt sich auf die Kennzeichnung der Achsen (Länge und Breite) von Mattengruppen.

Oberflächenzeichen

Mit Oberflächenzeichen kann in technischen Zeichnungen der Endzustand der bearbeiteten Oberfläche angegeben werden. In DIN EN ISO 1302 sind das **Grundsymbol (1)** und die Symbole für **materialabtragende Bearbeitung (2)** und **materialauftragende Bearbeitung (3)** zu unterscheiden. Wortangaben für Fertigungsverfahren (auf der Hinweislinie) und besondere Zeichen können die Oberflächenzeichen ergänzen.

Beispiele:

- **a** Grundsymbol mit Wortangabe
- **b** Symbol für materialabtragende Bearbeitung, parallel zur Faser mit Angabe des Fertigungsverfahrens
- **c** Symbol für abtragende Bearbeitung, durch Schleifen rechtwinklig zur Faser (240er Schleifpapier)
- **d** Symbol für abtragende Bearbeitung, durch Kreuzschliff (180er Schleifpapier)
- **e** Symbol für abtragende Bearbeitung, durch Schleifen in mehrfacher Richtung (240er Schleifpapier)
- **f** Symbol für auftragende Bearbeitung, z.B.: Lackauftrag

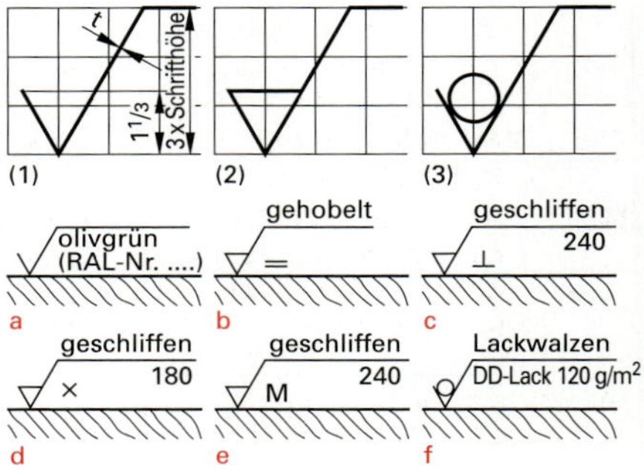

Vereinfachte Darstellungen nach DIN 1356 (Auswahl)

Aussparungen, deren Tiefe kleiner als die Bauteiltiefe ist

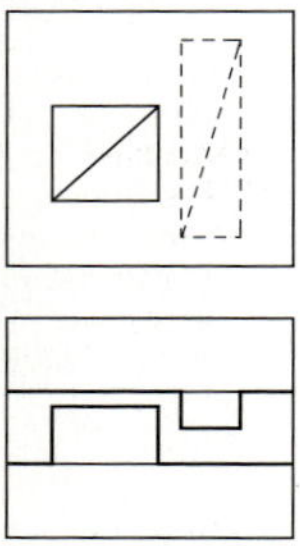

ANSICHT

GRUNDRISS

Aussparung, deren Tiefe gleich der Bauteiltiefe ist

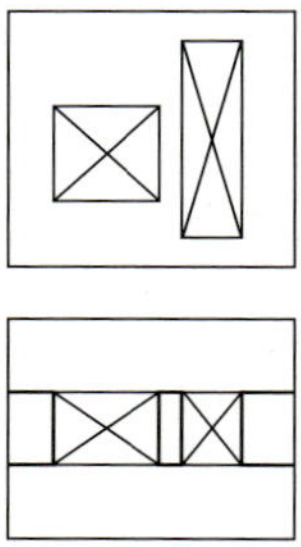

ANSICHT

GRUNDRISS

Treppen ► S. 129 ... 133

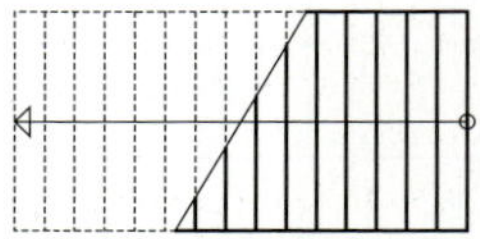

Bauteil oberhalb der Schnitthöhe als Punktlinie

Türen und Fenstern in der Ansicht		**Türen** im Grundriss
Drehflügel 	Hebe-Dreh-Flügel 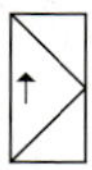	Drehflügel, einflügelig 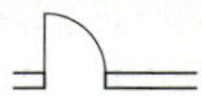
Kippflügel 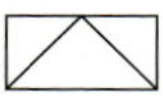	Schwingflügel 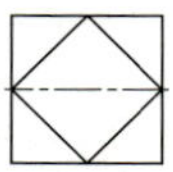	Drehflügel, zweiflügelig 
Klappflügel 	Wendeflügel 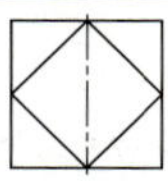	Drehflügel, zweiflügelig gegeneinander schlagend 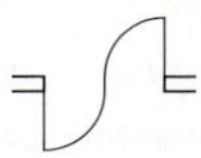
Dreh-Kipp -Flügel 	Schiebeflügel, vertikal 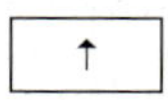	Pendelflügel, einflügelig 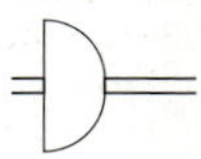

4

4.6 Geometrische Grundkonstruktionen

Mit den Grundgebilden Punkt, Gerade und Ebene sowie Winkel und Strecke, lassen sich die geometrischen Grundkonstruktionen ausführen.

- **Punkt** mit lateinischen Großbuchstaben (P, A, B, C, ...) benannt, seltener mit arabischen (1, 2, 3, ...) oder römischen Ziffern (I, II, III, ...),
- **Gerade** mit lateinischen Kleinbuchstaben (g, a, b, c, ...) benannt,
- **Ebene** mit griechischen Großbuchstaben (Π, E, Σ, ...) benannt,
- **Winkel** als Richtungsunterschied zweier Geraden, Ebenen oder zwischen Gerade und Ebene im Gegenuhrzeigersinn, benannt mit griechischen Kleinbuchstaben (α, β, γ),
- **Strecke** als durch zwei Punkte begrenztes Stück einer Geraden mit lateinischen Kleinbuchstaben (s, d, ...) oder mit $\overline{\mathbf{AB}}$ benannt.

Konstruktion von Senkrechten

Senkrechte im Endpunkt A einer Strecke errichten

Mit beliebigem Radius Kreisbogen um A schlagen, Zirkel nicht verändern und Kreisbögen hintereinander um B, C und D markieren. Die Punkte A und E verbinden.

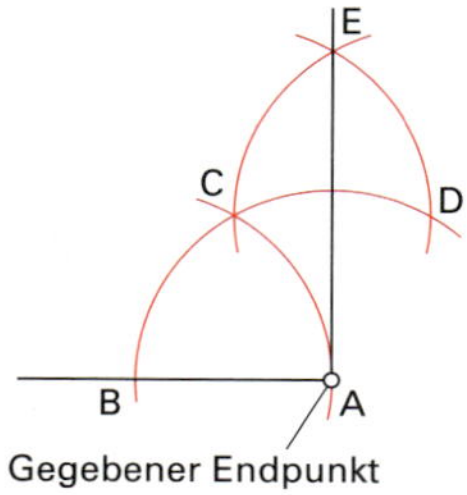

Senkrechte von einem gegebenen Punkt A auf eine gegebene Strecke führen

Mit beliebigem Radius Kreisbogen um A schlagen, dessen Schnittpunkte mit der Strecke B und C ergeben. Kreisbogen um B und C ergeben D. Die Verbindung von A und D bildet das Lot.

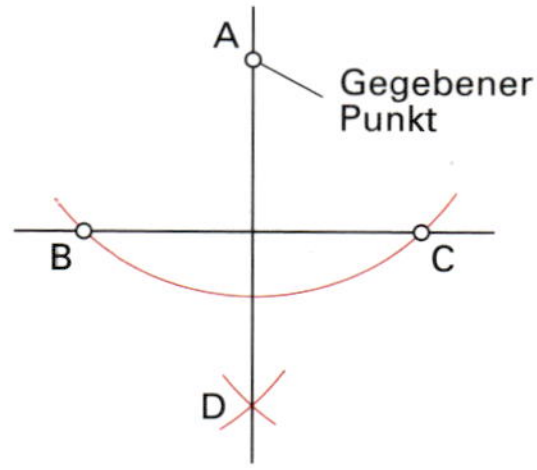

Senkrechte im gegebenen Punkt A errichten

Um A einen Kreisbogen schlagen, dessen Schnittpunkte B und C auf der Strecke ergeben. Mit größerem Radius jeweils um B und C Kreisbögen führen und zum Schnitt bringen. Die Verbindung AD markiert die gesuchte Senkrechte AD.

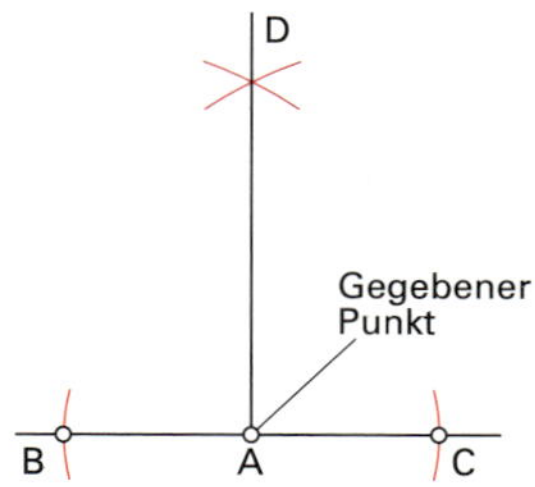

Streckenteilung

Strecke halbieren

Um die Endpunkte A, B beliebigen Kreisbogen schlagen. Radius so wählen, dass eindeutige Schnittpunkte entstehen: die Punkte C und D. Die Verbindung CD halbiert die gegebene Strecke.

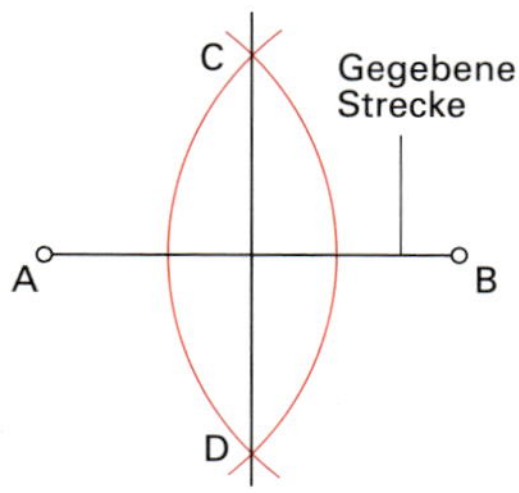

Strecke in beliebig viele, gleich große Teile teilen

Von A aus unter einem beliebigen Winkel eine Gerade zeichnen. Auf dieser Linie so viel gleiche Teile mit dem Zirkel abtragen, wie für die Strecke AB gefordert sind. C mit B verbinden und Parallelen durch die Teilpunkte ziehen.

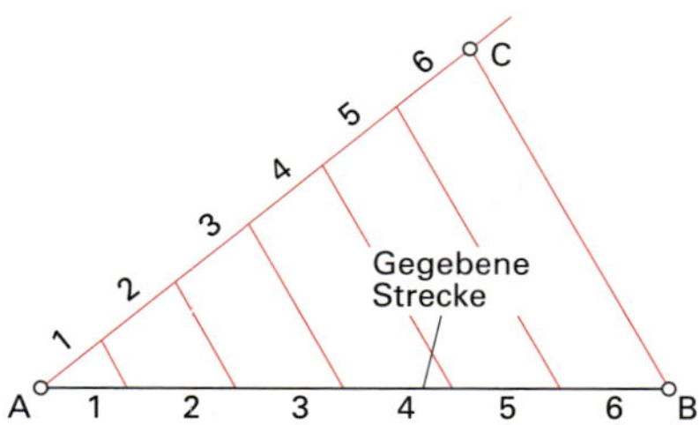

Goldener Schnitt

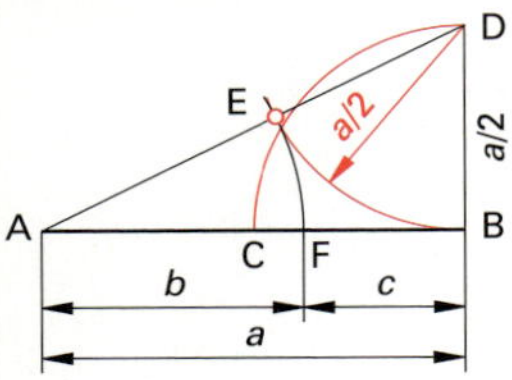

$\overline{BD} = a/2$
A mit D verbinden
Kreis um D mit $a/2$ erhalte E
Kreis um A mit $\overline{AE}$ ergibt F

$c : b = b : (b + c)$
$c : b = b : a$

Merkzahlen $5 : 8 \cong 8 : 13 \cong 0{,}62$
oder $8 : 5 \cong 13 : 8 \cong 1{,}62$

Mathematischer Zusammenhang

$$\Phi = \frac{1 + \sqrt{5}}{2} = 1{,}61803\ldots \mid \Phi_0 = \frac{\sqrt{5} - 1}{2} = 0{,}61803\ldots$$

Winkelkonstruktionen

Winkel halbieren 1

Durch Kreisbogen um A, Punkte B und C auf den Schenkeln markieren. Schnittpunkte der Kreisbögen um B und C ergeben D. Verbindung $\overline{AD}$ halbiert den Winkel.

Rechten Winkel dreiteilen 2

Kreisbogen um A schlagen. Mit unveränderter Zirkelöffnung von B und C aus jeweils einen Schnittpunkt auf Kreisbogenlinie markieren (D, E). Die Verbindung von A nach D und von A nach E teilt den Winkel in drei gleich große Teile.

Winkel übertragen 3

Ein um A des gegebenen Winkels geschlagener Kreisbogen schneidet die Schenkel in B und C. Mit unveränderter Zirkelöffnung Kreisbogen um Punkt A° des neu aufzutragenden Winkels markieren. Schnittpunkt B° entsteht. Strecke $\overline{AB}$ in den Zirkel nehmen und in B° so antragen, dass C° entsteht. Schenkel $\overline{A°C°}$ zeichnen.

Regelmäßige Vielecke

Dreieck 4

Umkreis schlagen, C und D festlegen. Mit Radius des Kreises in D einen Kreisbogen schlagen; Schnittpunkte A und B markieren. A, B und C bilden die Eckpunkte des gleichseitigen Dreiecks.

Viereck (Quadrat) 5

Umkreis schlagen, A und C festlegen, Strecke $\overline{AC}$ halbieren, die Punkte B und D ergeben sich. A, B, C und D miteinander verbunden bilden ein Quadrat.

1

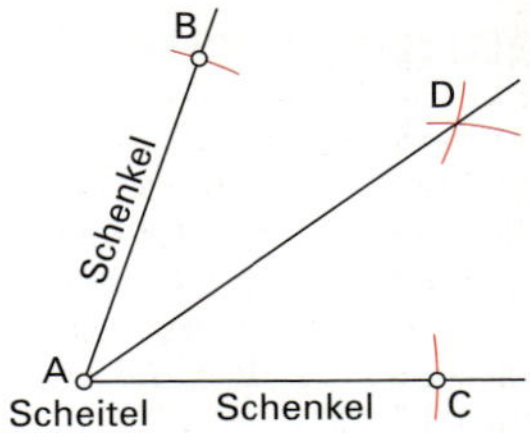

2

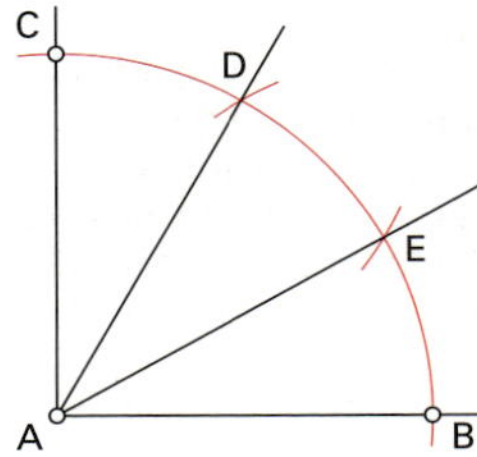

3

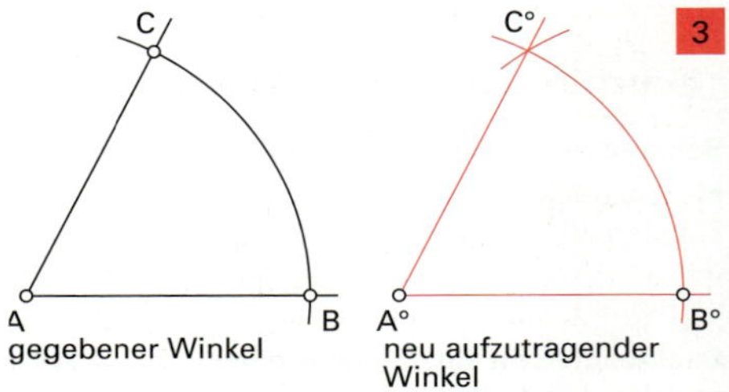

4

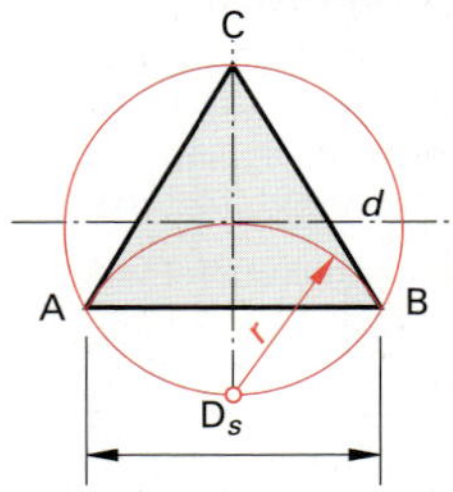

Hinweis: $d \approx 1{,}155 \cdot s$ $s \approx 0{,}866 \cdot d$
$s \approx \sqrt{3} \cdot d/2$

5

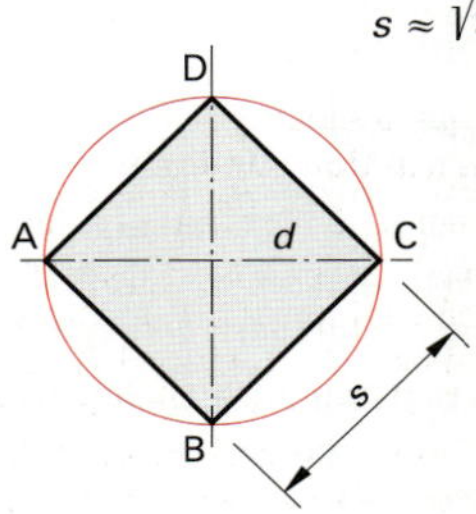

Hinweis: $d \approx 1{,}414 \cdot s$ $s \approx 0{,}707 \cdot d$
$d = \sqrt{2} \cdot s$ $s = \sqrt{2} \cdot d/2$

4

Fünfeck 1

Umkreis schlagen, Mittelsenkrechte und -waagerechte zeichnen. Halbieren der Strecke $\overline{AM}$ und B einzeichnen. Entfernung $\overline{BD}$ als Zirkelöffnung wählen, um B einen Kreisbogen schlagen und die Punkte C und D markieren. Die Strecke $\overline{CD}$ ist die Seitenlänge des regelmäßigen Fünfecks. Von D auf dem Umkreis mit dem Zirkel die Strecke $\overline{CD}$ abtragen.

Sechseck 2

Umkreis schlagen, Mittelsenkrechte und -waagerechte zeichnen. Den Radius *r* des Umkreises als Zirkelöffnung wählen und um A und D einen Bogen schlagen. Die restlichen Eckpunkte des Sechsecks entstehen in den Schnittpunkten mit dem Umkreis.

Achteck 3

Umkreis schlagen, Mittelsenkrechte und -waagerechte zeichnen. Innerhalb der entstandenen Segmente die Winkelhalbierende zeichnen; deren Schnittpunkte mit dem Außenkreis bilden die restlichen Eckpunkte des Achtecks. Punkte A bis H sind miteinander zu verbinden.

Zehneck 4

Umkreis schlagen, Mittelsenkrechte und -waagerechte zeichnen. Halbierung der Geraden $\overline{AM}$ und B markieren. Die Entfernung $\overline{BD}$ als Zirkelöffnung wählen, um B einen Kreisbogen schlagen und C markieren. Die Gerade $\overline{MC}$ ist die gesuchte Seitenlänge des Zehnecks, welche beginnend von D auf dem Umkreis mit dem Zirkel abgetragen wird.

Zwölfeck 5

Umkreis schlagen, Mittelsenkrechte und -waagerechte zeichnen; A, D, G und K markieren. Mit dem Radius des Umkreises um diese Punkte Kreisbögen schlagen, deren Schnittpunkte mit dem Umkreis die restlichen Eckpunkte des Zwölfecks bilden. Die Punkte A bis K sind miteinander zu verbinden.

Regelmäßige Vielecke
Grundkonstruktion, Umkreis

Der senkrechte Durchmesser $\overline{AB}$ wird z.B. in neun gleiche Teile geteilt. Dann werden um A und B mit dem gegebenen Kreisdurchmesser als Halbmesser Kreise geschlagen, die sich in den Punkten C und D auf der horizontalen Achse außerhalb des Grundkreises schneiden. Von C und D aus werden durch die geradzahligen Teilungspunkte 2, 4, 6 und 8 auf der Strecke $\overline{AB}$ Linien gezogen, die den Kreis in den Eckpunkten des Vieleckes schneiden.

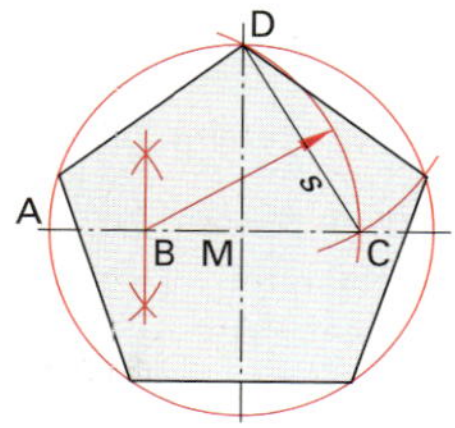

1

Hinweis: $d \approx 1{,}701 \cdot s$ $s \approx 0{,}588 \cdot d$

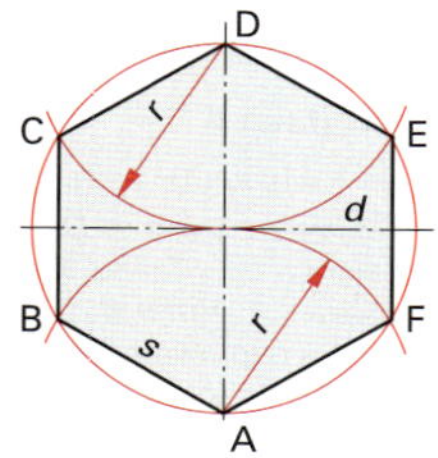

2

Hinweis: $d \approx 2 \cdot s$ $s \approx d/2$

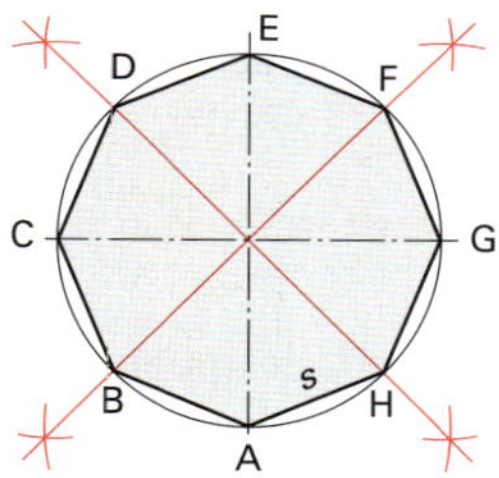

3

4

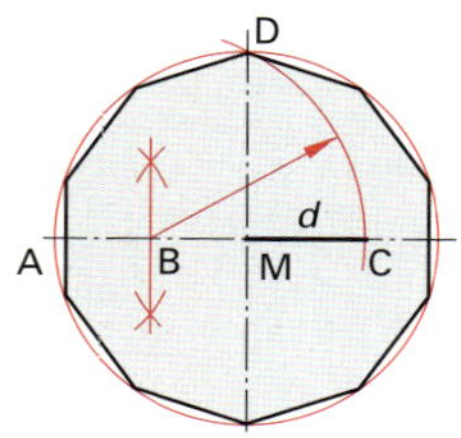

4

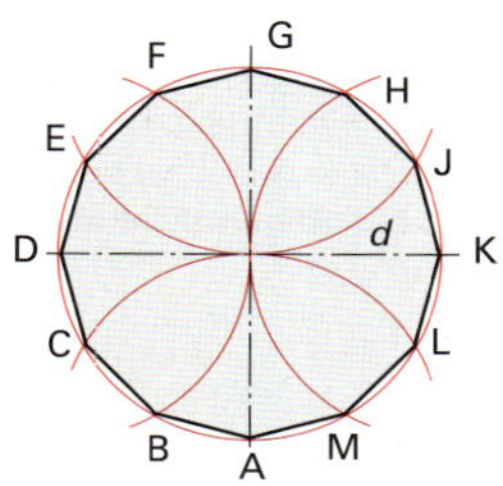

5

Ellipsen

Grundsätzlich müssen bei allen Verfahren der große waagerechte Durchmesser (d_1) und der kleine senkrechte Durchmesser (d_2) gegeben sein.

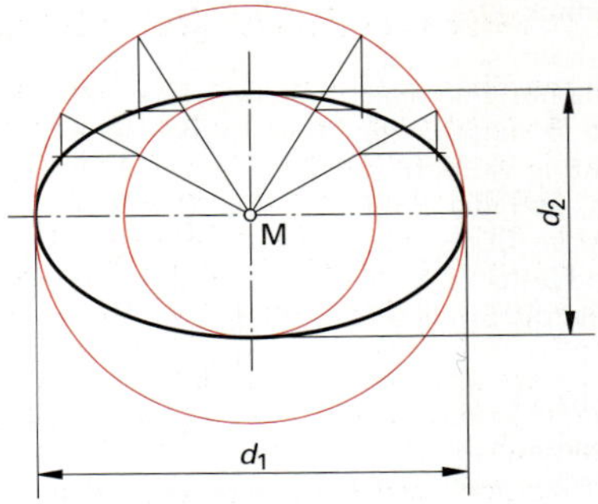

Konstruktionsverfahren I

Um M einen Kreis führen mit r_1, = $\frac{d_1}{2}$ und $r_2 = \frac{d_2}{2}$.

Von M aus sind in gleichen Abständen Strahlen über beide Kreislinien zu führen. Im Schnittpunkt Strahl/Innenkreis ist jeweils eine Parallele zu d_1, im Schnittpunkt mit dem Außenkreis eine Parallele zu d_2 zu zeichnen. Die so erhaltenen Schnittpunkte kennzeichnen Punkte der Ellipsenform. Alle Schnittpunkte, die zwischen Innen- und Außenkreis entstehen, sind zu verbinden.

Konstruktionsverfahren II

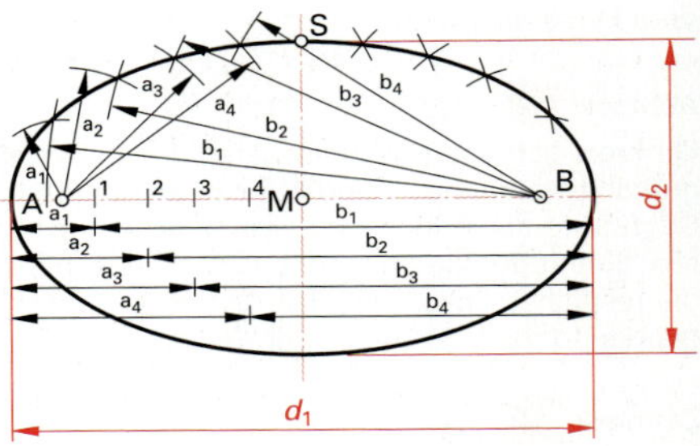

Um S mit $\frac{d_1}{2}$ einen Kreisbogen schlagen. Die Schnittpunkte A und B entstehen auf d_1. Auf d_1, werden zwischen A und M maximal vier Teilpunkte in beliebigem Abstand markiert (hier 1, 2, 3 und 4). Die Abstände dieser Punkte zu beiden Endpunkten von d, ergeben die Radien der um A und B zu führenden Kreisbögen. Abstand zum linken Endpunkt – Radien für Kreisbögen um A, Abstand zum rechten Endpunkt – Radien für Kreisbögen um B.

Die Schnittpunkte der um A und B geführten Kreisbögen ergeben die Punkte der Ellipsenbahn.

Gärtnerkonstruktion

Die Brennpunkte F_1 und F_2 sind zu ermitteln ▶ S. 21.
Eine Kordel (Faden) mit der Länge d_1, wird in F_1 und F_2 befestigt und angespannt. Durch Verschieben entsteht die Ellipse.

Kreisbogenverbindungen

Parallel zueinander verlaufende Geraden sind durch Kreisbögen (Karniesform) zu verbinden

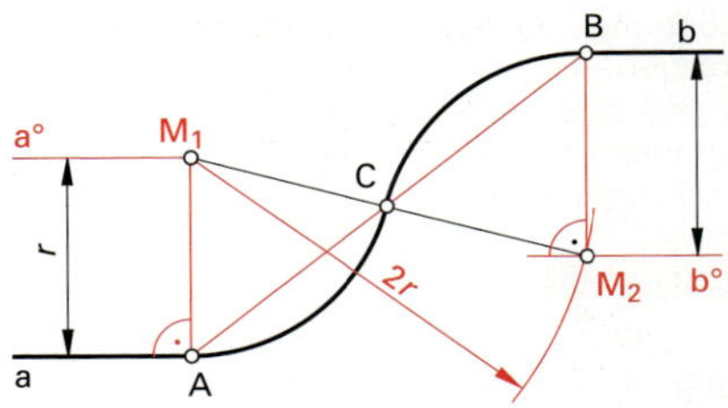

Radius r und Anschlusspunkt A sind gegeben. Zu den Geraden a und b ist im Abstand von r jeweils eine Parallele (a° und b°) zu zeichnen. Die Senkrechte, in A errichtet, markiert auf a° den Mittelpunkt M_1. In M_1 mit einer Zirkelöffnung von 2 r einen Kreisbogen führen, der b° in M_2 schneidet. Die Senkrechte, in M_2 errichtet, bildet auf b den Anschlusspunkt B. Kreisbögen von M_1, und M_2 her zeichnen. Bei genauer Ausführung bilden die Kreisbögen und die Strecke $\overline{AB}$ in C einen Schnittpunkt.

Segmentbogen

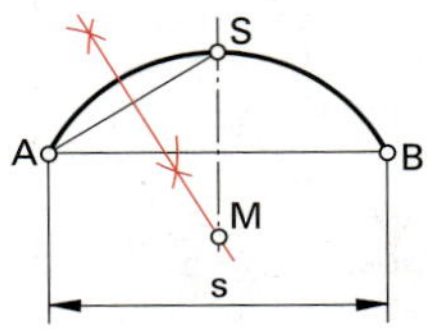

Die Punkte A und B sind gegeben, ebenfalls die Scheitelhöhe (h_s) und somit der Punkt S. Der Segmentbogen ist Teil eines Kreisbogens, dessen Mittelpunkt zu ermitteln ist. In S ist ein Lot zu fällen. Die Sehne $\overline{AS}$ ist zu halbieren. Sehnenhalbierende und Lot bilden in ihrem Schnittpunkt M.

Schenkel eines beliebigen Winkels durch Kreisbogen verbinden

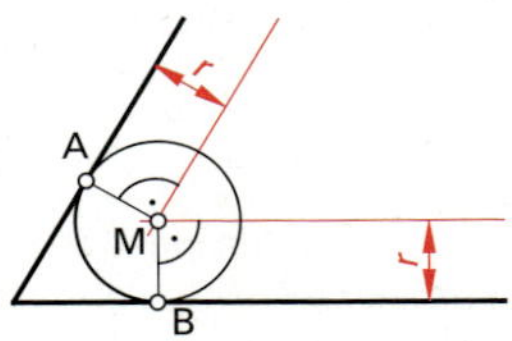

Radius r ist gegeben. Im Abstand von r ist zu den Schenkeln jeweils eine Parallele zu zeichnen. Deren Schnittpunkt markiert den Mittelpunkt M des Bogenanschlusses. Die Anschlusspunkte A und B findet man durch die Errichtung entsprechender Senkrechten in M auf den Parallelen zu den Schenkeln.

4.7 Rechtwinklige Parallelprojektion

Den Ausführungszeichnungen im Bauwesen liegt eine Darstellungsweise (rechtwinklige Parallelprojektion) zugrunde, die das gesamte Bauwerk bzw. Bauwerksteile (Körper) in seinen wesentlichen Ansichten zeigt (nach **DIN ISO 5456-1 ... 4** früher nach **DIN ISO 128-30** bzw. **DIN 5 und DIN 6**).

Ausgangspunkt dieser Darstellungsweise ist die Stellung des Körpers in einer gedachten Raumecke. Als Annahme gilt, dass der Körper von allen Projektionsebenen den gleichen Abstand einnimmt.

Die Ansichten des Körpers ergeben sich, indem der Betrachter durch Verlängerung des Sehstrahls (Projektionslinie) die Eckpunkte auf der jeweiligen Projektionsebene markiert und dem Original entsprechend verbindet. Der Projektionsstrahl trifft die Eckpunkte des Körpers sowie die Oberfläche der Projektionsebene stets senkrecht.

Durch Klappung der Projektionsebenen aus der dreidimensionalen Darstellung in eine zweidimensionale Zeichenebene erfolgt gleichzeitig eine Überlagerung der Projektionsstrahlen; die Projektionsstrahlen erscheinen als Konstruktionslinien. Die so jedem Eckpunkt zugeordneten Projektionsstrahlen werden auf den Projektionsebenen für Vorderansicht und Seitenansicht sowie Draufsicht zum Schnitt gebracht und markieren dort die Lage des jeweiligen Eckpunktes. Das endgültige Bild entsteht durch – dem Original entsprechende – Verbindung der markierten Punkte; die Nummerierung der verdeckt liegenden Eckpunkte wird eingeklammert.

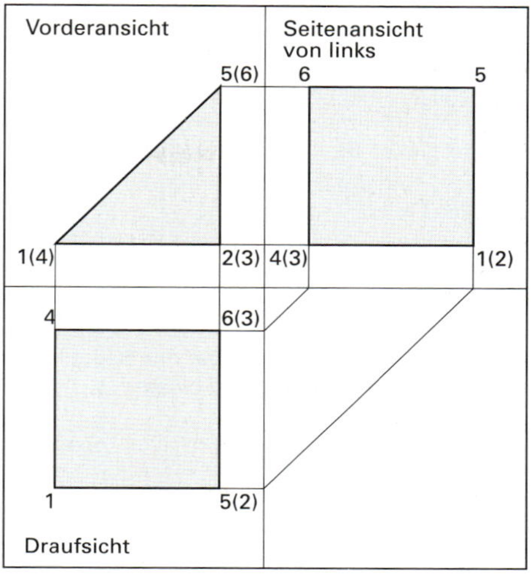

Konstruktion fehlender Ansichten

Dreitafelprojektion

Bezogen auf die Vorderansicht sind die anderen Ansichten folgendermaßen angeordnet:

- **die Draufsicht liegt unterhalb**
- **die Seitenansicht von links liegt rechts,**
- **die Untersicht liegt oberhalb,**
- **die Rückansicht darf links oder rechts liegen,**
- **die Seitenansicht von rechts liegt links.**

4

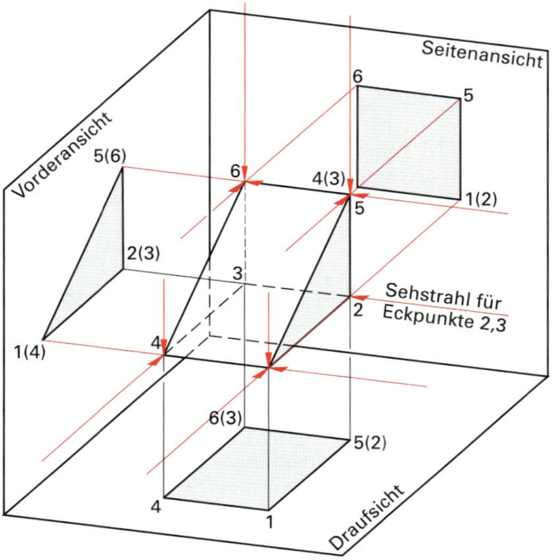

Dreidimensionale Raumecke

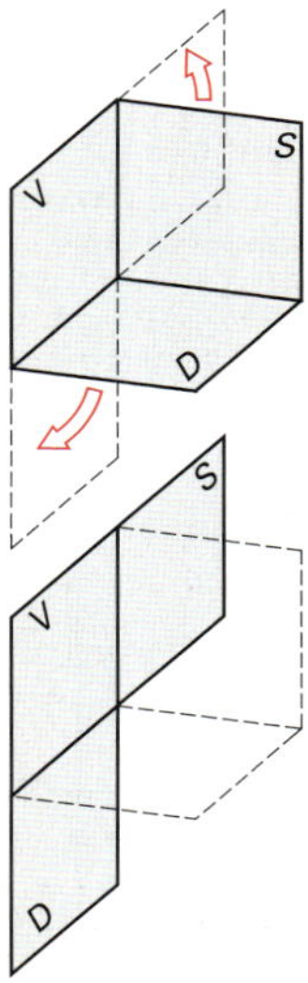

Klappung der Projektionsebenen zur eindimensionalen Zeichenebene

4.8 Isometrie, Dimetrie, Kavalierprojektion

Die zeichnerische Darstellung von Baukörpern in einer Ebene, der Projektionsebene, wird als Projektion bezeichnet. Die Darstellungsverfahren der isometrischen Projektion, dimetrischen Projektion und rechtwinkligen Parallelprojektion werden unter dem Oberbegriff **Schrägbild** (nach **DIN ISO 5456-3** früher DIN 5) zusammengefasst. Bei allen Verfahren entsteht ein räumliches Gebilde. Das Bild verdeutlicht die Dreidimensionalität des Bauteils. Dem Betrachter wird die Vorstellung gerade bei komplexen Bauteilen wesentlich erleichtert.

Die im Original parallel verlaufenden Körperkanten bilden auch in der zeichnerischen Darstellung parallele Linien.

Bei isometrischer und dimetrischer Darstellungsweise wird der Standort so gewählt, dass der Blick des Betrachters auf eine senkrechte Körperkante gerichtet ist. Deren untere Ecke bildet den Ansatzpunkt für das Schrägbild.

Soll ein Körper in rechtwinkliger Parallelprojektion dargestellt werden, so blickt der Betrachter zunächst auf eine Körperfläche des Bauteils, deren untere waagerechte Kante den Ansatzpunkt für die zeichnerische Darstellung bildet.

4

Isometrische Projektion (Isometrie)		**Dimetrische Projektion (Dimetrie)**		**Kavalierprojektion (Kavalierperspektive)**	
Rechtwinklige axonometrische Projektion				Schiefwinklige axonometrische Projektion	
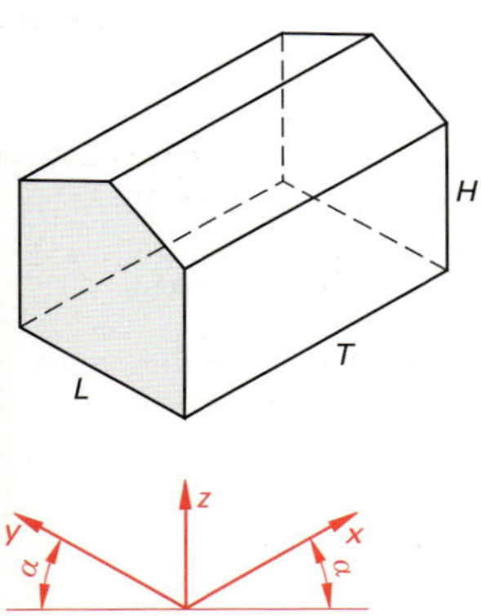		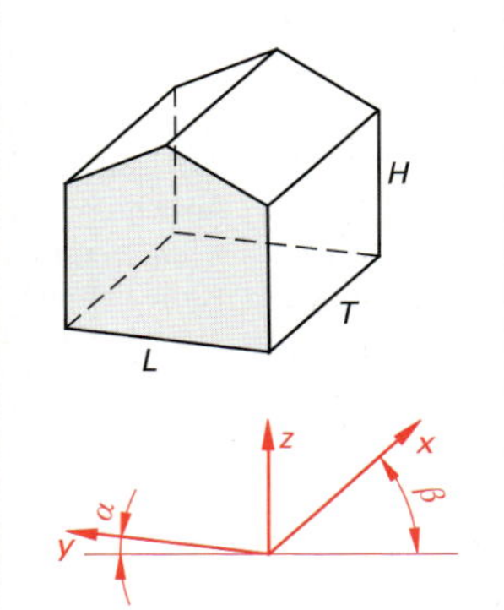		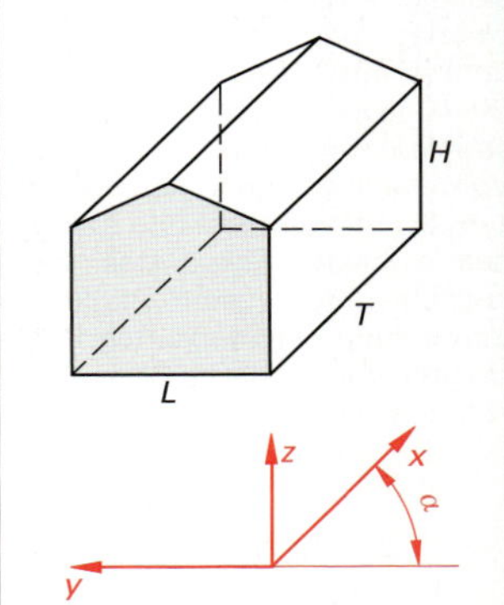	
Winkel zur Waagerechten: α = 30°		Winkel zur Waagerechten: α = 7°, β = 42°		Winkel zur Waagerechten: α = 45°	
Hauptansichtsfläche: wird verändert		**Hauptansichtsfläche:** wird verändert		**Hauptansichtsfläche:** bleibt unverändert	
Körperhöhe *H*: nicht verkürzt	1	**Körperhöhe *H*:** nicht verkürzt	1	**Körperhöhe *H*:** nicht verkürzt	1
Körperlänge *L*: nicht verkürzt	1	**Körperlänge *L*:** nicht verkürzt	1	**Körperlänge *L*:** nicht verkürzt	1
Körpertiefe *T* (Dicke): nicht verkürzt	1	**Körpertiefe *T*** (Dicke): verkürzt um $^1/_2$	$^1/_2$	**Körpertiefe *T*** (Dicke): verkürzt um $^1/_3$ (alternativ um $^1/_2$)	$^2/_3$
		Verkürzung der Körpertiefe *T* auf $^1/_2$ des ursprünglichen Maßes		**Übliche Verkürzung der Körpertiefe *T*** auf $^2/_3$ des ursprünglichen Maßes	

4.9 Pyramiden- und Kegelschnitte

Beim Zeichnen ist grundsätzlich von der gesamten Figur (Pyramide, Kegel) auszugehen. So ist zunächst die Draufsicht ohne die Schnittlinie und erst dann darüber die Vorderansicht mit der geplanten Schnittlinie darzustellen. Die Seitenansicht wird in der Regel aus Draufsicht und Vorderansicht konstruiert.

Sechseck-Pyramide schräg zur Längsachse geschnitten

Durch den schrägen Schnitt erscheint keine der seitlichen Kanten in der Vorderansicht als wahre Länge. In der Seitenansicht zeigen die beiden äußeren Kanten jedoch ihr Originalmaß, weil sie parallel zur Zeichenebene verlaufen.

Die Ziffern 1, 2, 4 und 5 markieren in der Vorderansicht auf den äußeren Bauteilkanten die seitlichen Eckpunkte der Schnittfläche mit den Körperkanten; direkte Projektion auf die entsprechenden Körperkanten in Draufsicht und Seitenansicht ist möglich.

Auf den mittleren Bauteilkanten befinden sich die Eckpunkte 3 und 6. Ihre Fixierung in der Seitenansicht wird durch direkte Projektion auf die entsprechende Körperkante möglich. Durch Fortführung dieser Projektionslinien in die Draufsicht und denen aus der Vorderansicht lassen sich in deren Schnittpunkten die Endpunkte 3 und 6 des Baukörpers mit der Schnittfläche in der Draufsicht bilden. Die Seitenansicht bietet die Möglichkeit, die wahren Längen der Körperkanten direkt mit dem Zirkel abzugreifen und so die Mantelfläche zu erstellen.

Durch die Fortführung der Schnittebene auf die Grundlinie ergibt sich ein Drehpunkt, um den die Punkte 1 bis 6 in die Draufsicht projiziert werden. Nach entsprechender Verbindung ergibt sich die **wahre Größe** der Schnittfläche.

4

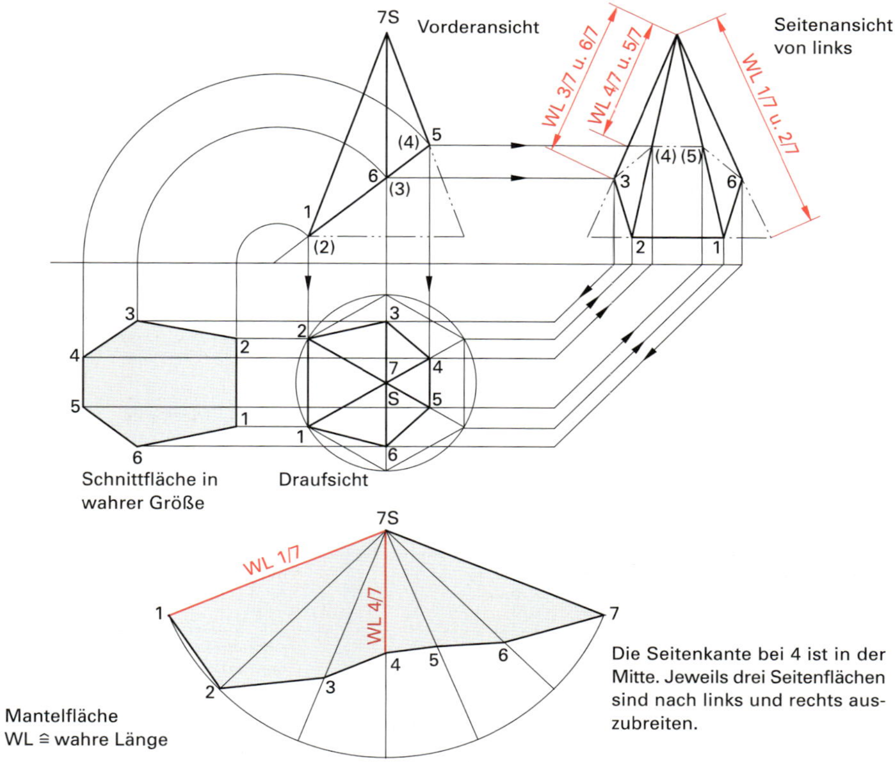

Sechseck-Pyramide schräg geschnitten

Kegel schräg zur Drehachse geschnitten

Alle zur Zeichenebene parallel verlaufenden Bauteilkanten erscheinen in wahrer Länge. Der erste Arbeitsschritt ist die Teilung des Kreisumfangs (Draufsicht) in 12 gleiche Segmente. Ausgehend von den auf dem Außenkreis entstehenden Teilpunkten sind Hilfsschnitte durch den Mittelpunkt S und Mantellinien in Vorderansicht und Seitenansicht zu zeichnen.

Aus der Vorderansicht werden die Schnittpunkte, welche Schnittebene und Mantellinie bilden (1 bis 12), auf die entsprechenden Hilfsschnittlinien in die Draufsicht projiziert. Das Bild der Seitenansicht entsteht durch direkte Projektion der Teilpunkte 1 bis 12 auf die dazugehörigen Mantellinien.

Die Mantelfläche entsteht, indem mit der Mantelhöhe als Radius zunächst ein Kreisbogen gezeichnet und vom Mittelpunkt aus senkrecht bis zum Kreisbogen eine Mantellinie geführt wird. Sechs gleiche Abstände, die der Entfernung der Teilpunkte des äußeren Kreises entsprechen, werden auf dem Kreisbogen jeweils nach links und rechts abgetragen. Die Verbindungslinien dieser markierten Punkte mit dem Mittelpunkt S ergeben die Mantellinien, auf denen dann die dazugehörigen wahren Längen aufzutragen sind. Die wahre Länge der Mantellinie kann in der Vorderansicht abgegriffen werden.

4

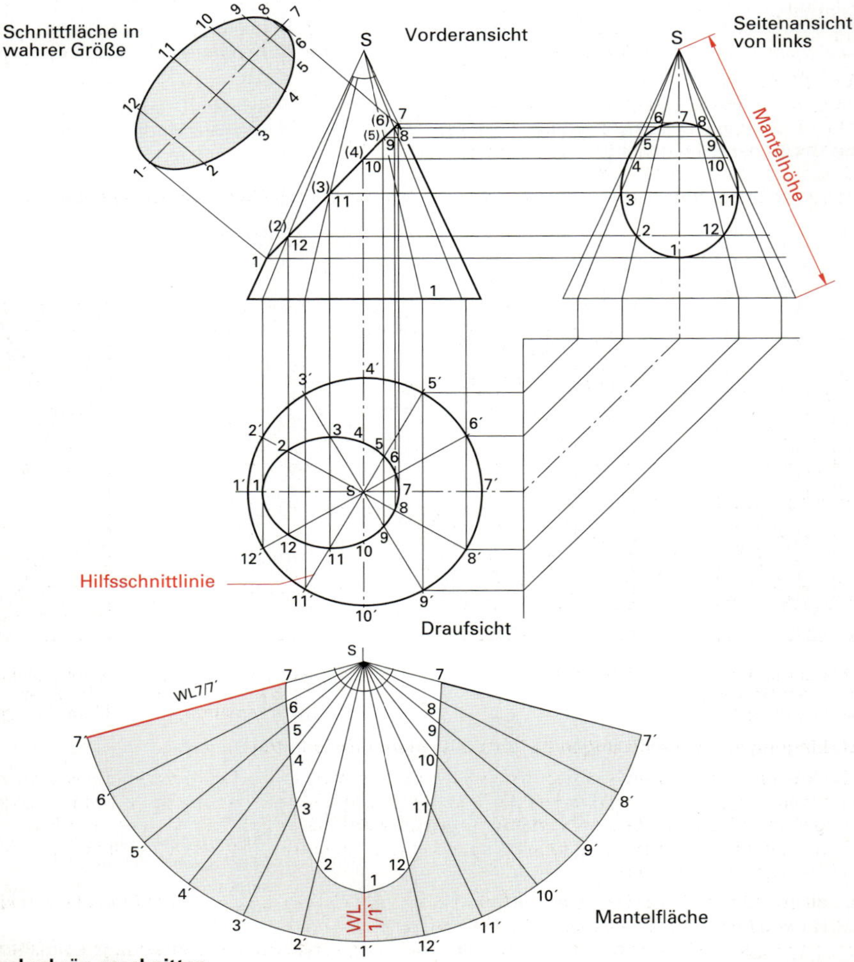

Kegel schräg geschnitten

4.10 Durchdringungen

Prinzipiell sind zu unterscheiden

- **Durchdringungen ebenflächiger, eckiger Körper (Prisma, Pyramide) und**
- **Durchdringungen ebenflächiger Körper mit krummlinigen Körpern (Zylinder, Kegel)**

Die Nahtlinie zwischen sich durchdringenden Körpern heißt Durchdringungslinie.

Durchdringen sich **ebenflächige, eckige Körper,** so ergeben sich geradlinige Durchdringungslinien. Die Endpunkte der Körperkanten, die sich auf der ebenen Oberfläche des zu durchdringenden Körpers als Eckpunkte der Durchdringungslinie markieren, können zeichnerisch ohne Hilfsschnitte ermittelt werden.

Bei Durchdringungen **ebenflächiger mit krummlinigen Körpern** ergeben sich krummlinige Durchdringungslinien (Durchdringungskurve). Zur Ermittlung ihres Verlaufs sind mehrere Hilfsschnitte, d.h. senkrecht durch das Gebilde gedacht verlaufende Schnittlinien erforderlich. Die Hilfsschnitte ermöglichen die Ermittlung mehrerer Durchdringungspunkte, die nach Verbinden die Form der Durchdringungskurve ergeben.

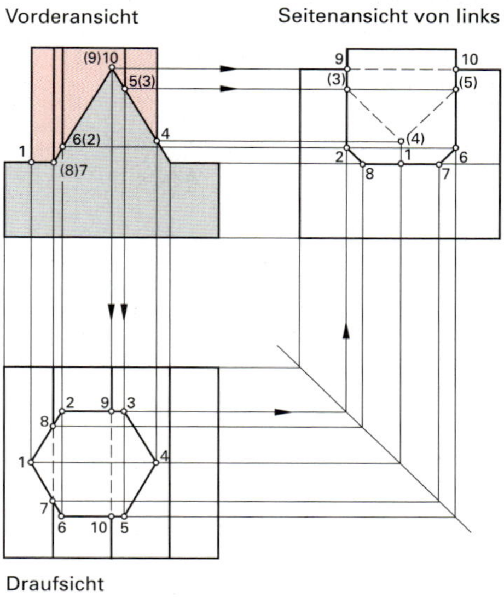

Durchdringung ebenflächiger Bauteile

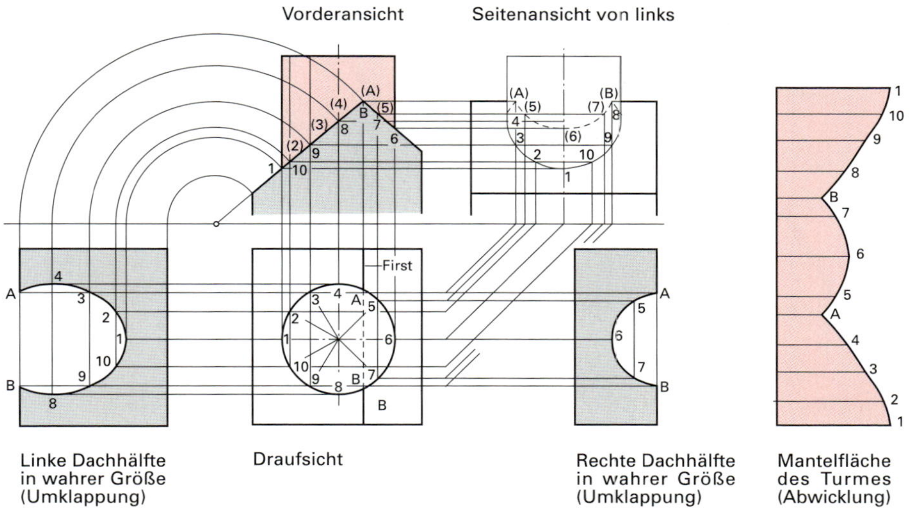

Durchdringung eines ebenflächigen Bauteils mit einem gekrümmten Bauteil

Durch Einteilung der krummlinig begrenzten Flächen in gleich große Teile werden die Hilfsschnittebenen festgelegt. In der Abbildung ist die linke Hälfte des Turms in sechs und die rechte Hälfte in vier Segmente eingeteilt, da die Durchdringungskurve links länger ist als rechts. A und B werden durch die Firstlinie bestimmt. Hilfsschnitte sind demnach in diesem Beispiel vom Mittelpunkt M zu den Teilpunkten 1 bis 10 geführt.

Folgende Schnittverfahren sind üblich: Schnitte über eine Hilfskugel, Schnitte mit Mantellinien, waagerechte Scheibenschnitte, senkrechte Scheibenschnitte.
Durchdringungspunkte werden oft als ° (kleiner Kreis) dargestellt. Bei Verschmelzungen entfällt dieser kleine Kreis.

4

4.11 Dachausmittlung und Schiftung

4.11.1 Dachformen

Die jeweilige Dachform eines Hauses wird durch die Anzahl, Form und Lage der Dachflächen zueinander bestimmt. Das heutige Angebot an Deckungs- und Dichtungsstoffen ▶ S. 171 und 235, lässt viele Varianten der ursprünglichen Dachformen zu ▶ Kapitel 7.3 und 7.4.

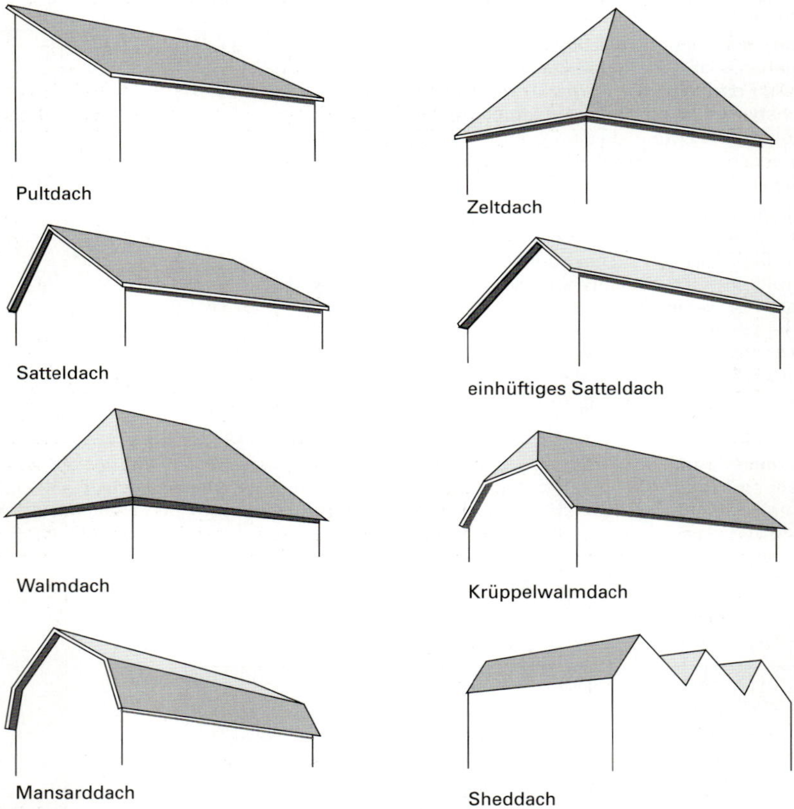

Dachformen

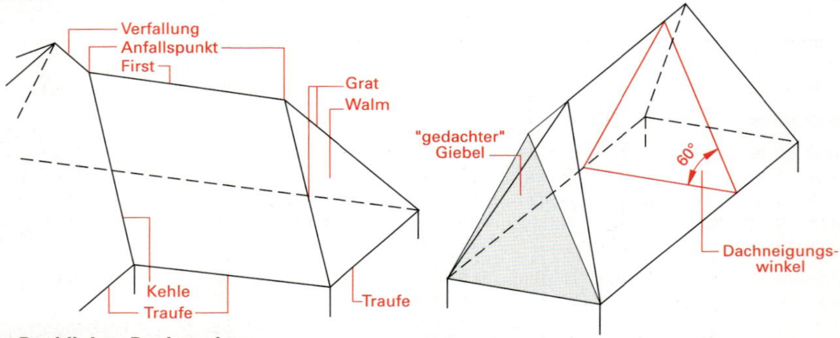

Dachteile, Dachlinien, Dachpunkte

4.11.2 Dachausmittlung gleich / ungleich geneigter Dächer

Gleich geneigtes Walmdach ggWD (α = 30°)	Ungleich geneigtes Walmdach uggWD (α_{HD} = 30°, α_{WD} = 60°)

Profil

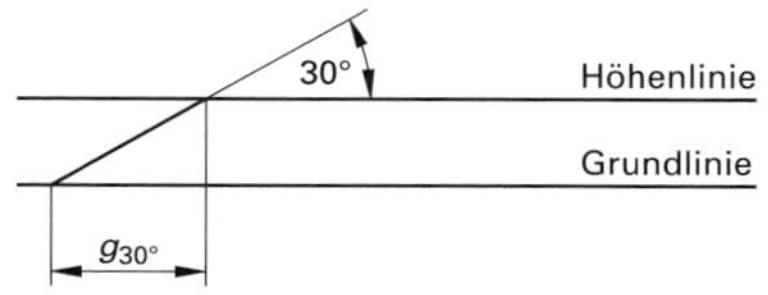

Profil

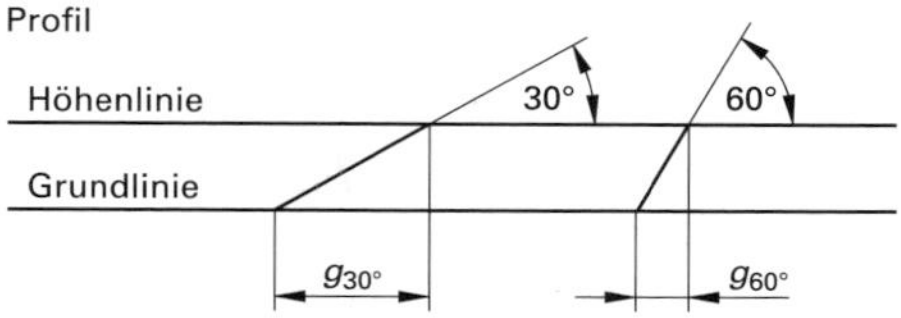

Die **Richtungslinien** gehen von den Traufeckpunkten A, B, C, D, E aus: Die Traufparallelen werden im Abstand $g_{30°}$ für das ggWD und $g_{30°}$ und $g_{60°}$ für das uggWD gezeichnet und zum Schnitt gebracht.

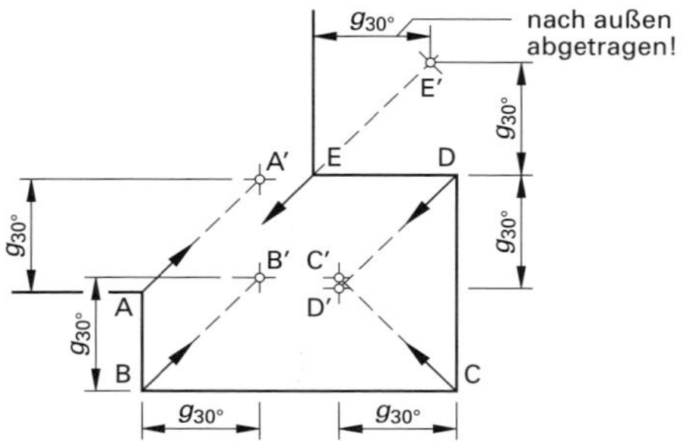

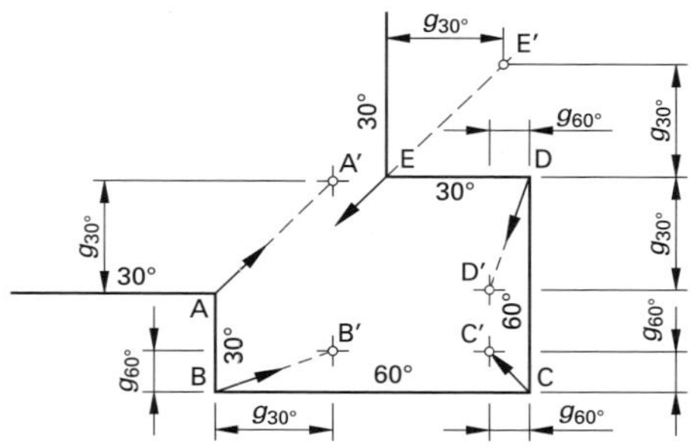

Zusammenführung: Walmflächen schließen (AP_1) und die angrenzenden Traufen (O) zum Schnitt bringen. Von diesen virtuellen Traufschnittpunkten (vTS) die Richtungslinien wie oben konstruieren und zum erstmöglichen Schnitt bringen. (Anmerkung: Bei parallelen Traufen liegt der Schnittpunkt (vTS) im Unendlichen, die Dachlinie (First) verläuft dann parallel zu den Traufen (AP_1, AP_2).

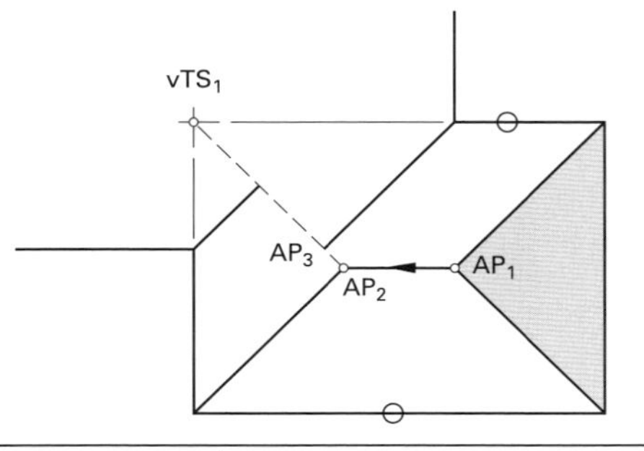

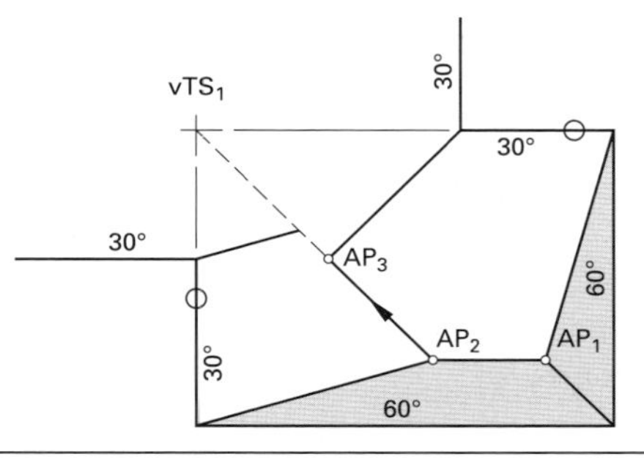

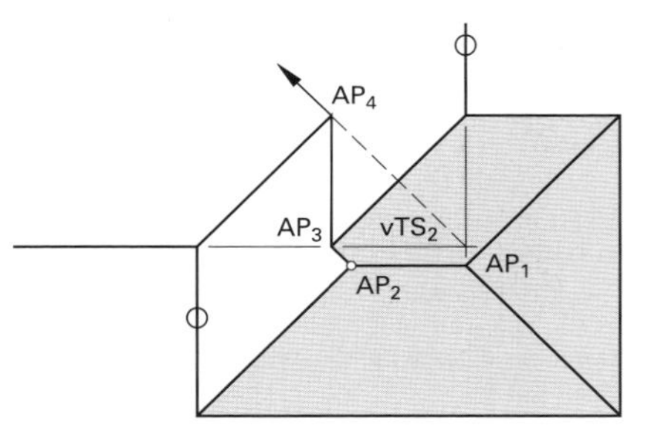

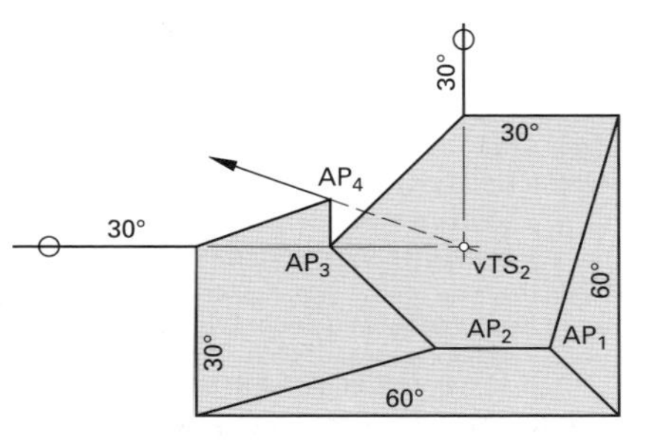

4

4.11.3 Dachausmittlung bei ungleich hohen Traufen

Gleich geneigtes Walmdach ggWD (α = 60°) mit ungleich hohen Traufen: ± 0,000 m, + 1,000 m

Hilfsprofil (im Maßstab)

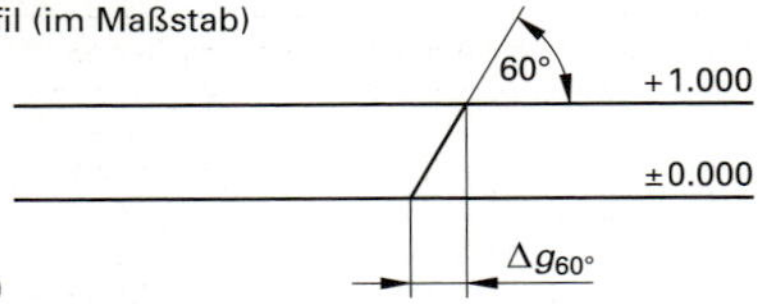

M. 1:100

Gleich geneigtes Walmdach ggWD (α = 40°) mit ungleich hohen Traufen: ± 0,000 m, – 1,000 m

Hilfsprofil (im Maßstab)

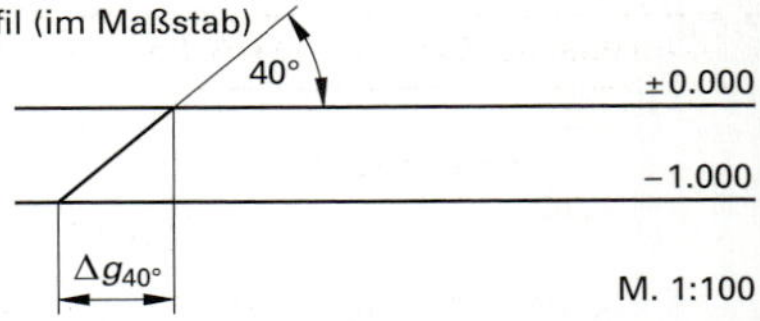

M. 1:100

Nur am Übergang ungleich hoher Traufen „verschiebt" sich der Traufeckpunkt (TE) um das Maß Δg aus dem Hilfsprofil ⇒ (Trauf-)Linien **gleicher Höhe** werden zum Schnitt gebracht.

Die Traufen ± 0,000 m werden virtuell um Δg auf die Höhe + 1,000 m verschoben und die Traufen bzw. Höhenlinien zum Schnitt TE A' und TE E' gebracht. Die höher liegende Traufe wird verlängert.

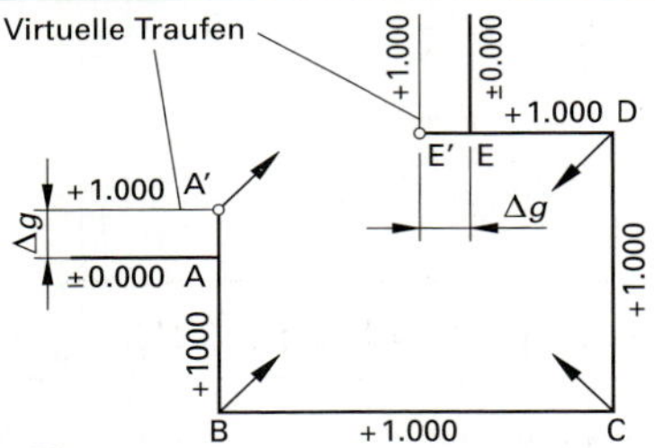

M. 1 : 100

Die Traufen – 1,000 m werden virtuell um Δg auf die Höhe ± 0,000 m verschoben und die Traufen bzw. Höhenlinien zum Schnitt TE A' und TE E' gebracht. Die höher liegende Traufe wird verlängert.

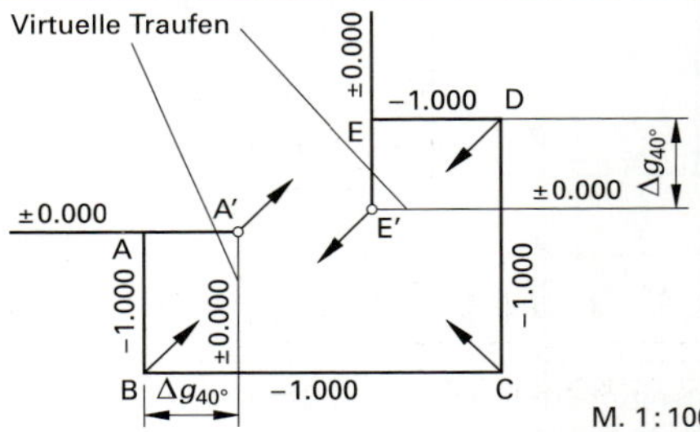

M. 1 : 100

Die Ausmittlung erfolgt dann wie auf S. 123 beschrieben. (Trauf-)Linien gleicher Höhe zum Schnitt bringen.

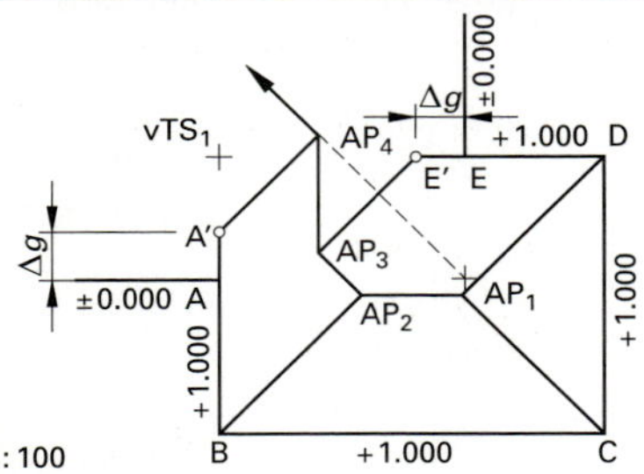

M. 1 : 100

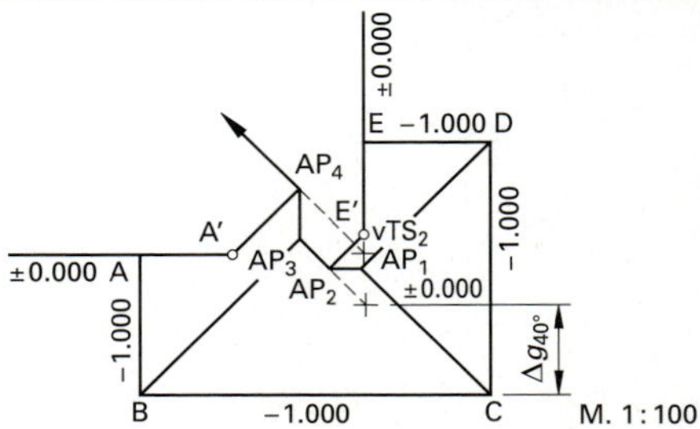

M. 1 : 100

Regeln zur Ausmittlung

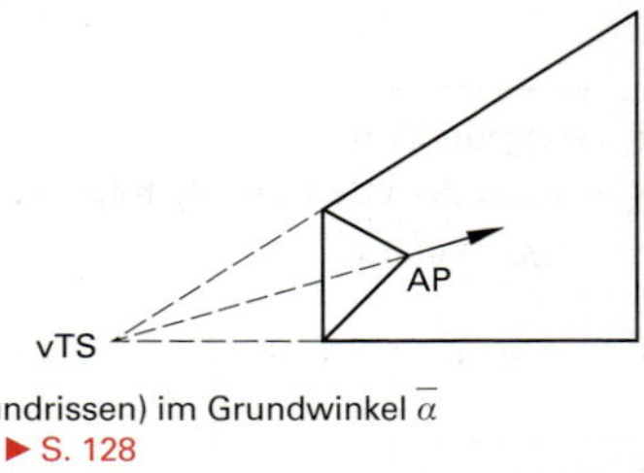

① Das **Profil** dient der Ermittlung der Grundmaße g bzw. Δg

② **Grate** sind Verschneidungslinien zweier Dachflächen, deren Traufen sich in einer ausspringenden Ecke (TE) schneiden

③ **Kehlen** sind Verschneidungslinien zweier Dachflächen, deren Traufen sich in einer einspringenden Ecke (TE) schneiden

④ Beim **ggWD** verlaufen die Grate und Kehlen in Richtung der Winkelhalbierenden (Gleiches Grundmaß g an beiden Traufen)

⑤ Beim **uggWD** verlaufen die Grate und Kehlen (bei rechtwinkligen Grundrissen) im Grundwinkel $\bar{\alpha}$ ($\tan \bar{\alpha} = \tan \alpha_{HD} / \tan \alpha_{WD}$) ⇒ ungleiche Grundmaße an beiden Traufen ▶ S. 128

⑥ **Firstlinien** sind Verschneidungslinien gegenüberliegender Hauptdachflächen ⇒ bei parallelen Traufen (waagerechte First) verlaufen sie ebenfalls parallel zu den Traufen
⇒ bei nicht parallelen Traufen (steigende/fallende First) verlaufen sie durch den Schnittpunkt der (verlängerten) virtuellen Traufen (vTS) und dem zugehörigen Anfallspunkt AP.

⑦ **Verfallungen** sind steigende oder fallende Firste

4.11.4 Konstruktion der wahren Länge (wL) der Gratlinie

Die Idee besteht darin, dass ein Dreieck aufgespannt wird mit der Kathete **Höhe *h*** (vertikaler Abstand zwischen Firstpunkt FP und Traufpunkt TP), der Kathete **Gratgrundline g_g** (Projektion des Grates auf den Grund) und der Hypotenuse **Gratlinie g_s** (Länge des Gratsparrens). Das so konstruierte Dreieck ist das / entspricht dem **Gratprofil.**

Konstruktion der Gratline im Profil (Normalprofil)	Konstruktion der Gratline über dem Grund

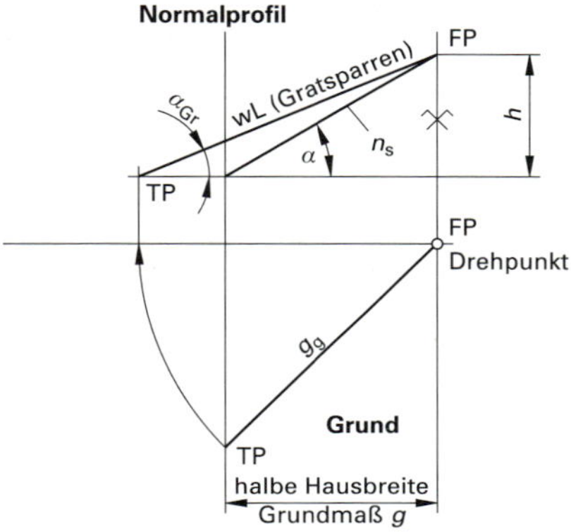

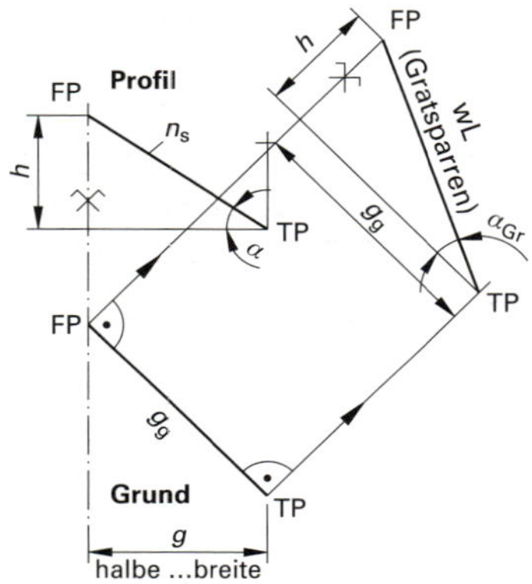

4.11.5 Berechnungen am gleich geneigten Walmdach

rechteckiger Grundriss

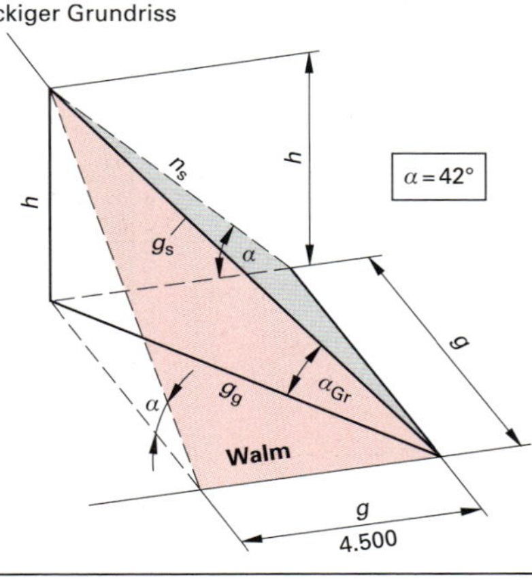

① **Höhe *h***

$$\tan \alpha = \frac{\text{Gegenkathete}}{\text{Ankathete}}$$

$$\tan \alpha = \frac{h}{g} \Rightarrow \quad h = \tan \alpha \cdot g$$

$$h = \tan 42° \cdot 4{,}500 = \mathbf{4{,}052\ m}$$

② **Normalsparren n_s**

$$\cos \alpha = \frac{\text{Ankathete}}{\text{Hypotenuse}}$$

$$\cos \alpha = \frac{g}{n_s} \Rightarrow \quad n_s = \frac{g}{\cos \alpha}$$

$$n_s = \frac{4{,}500}{\cos 42°} = \mathbf{6{,}055\ m}$$

③ **Gratgrundlinie g_g**

$g_g \Rightarrow$ nach dem Satz des **Pythagoras**
($g_g = \sqrt{g^2 + g^2}$)

$$g_g = g \cdot \sqrt{2} = 4{,}500 \cdot \sqrt{2} = \mathbf{6{,}364\ m}$$

④ **Gratsparrenlänge g_s**

$g_s \Rightarrow$ nach dem Satz des **Pythagoras**

$$g_s = \sqrt{g_g^2 + h^2} = \sqrt{6{,}364^2 + 4{,}052^2} = \mathbf{7{,}544\ m}$$

⑤ **Winkel des Gratsparrens α_{Gr}**

$$\tan \alpha_{Gr} = \frac{\text{Gegenkathete}}{\text{Ankathete}}$$

$$\tan \alpha_{Gr} = \frac{h}{g_g} = \frac{\tan \alpha \cdot g}{g \cdot \sqrt{2}} = \frac{\tan \alpha}{\sqrt{2}}$$

$$\tan \alpha_{Gr} = \frac{\tan 42°}{\sqrt{2}} = 0{,}637$$

$$\alpha_{Gr} = \mathbf{32{,}48°}$$

4

4.11.6 Austragung eines Gratsparrens (ggWD)

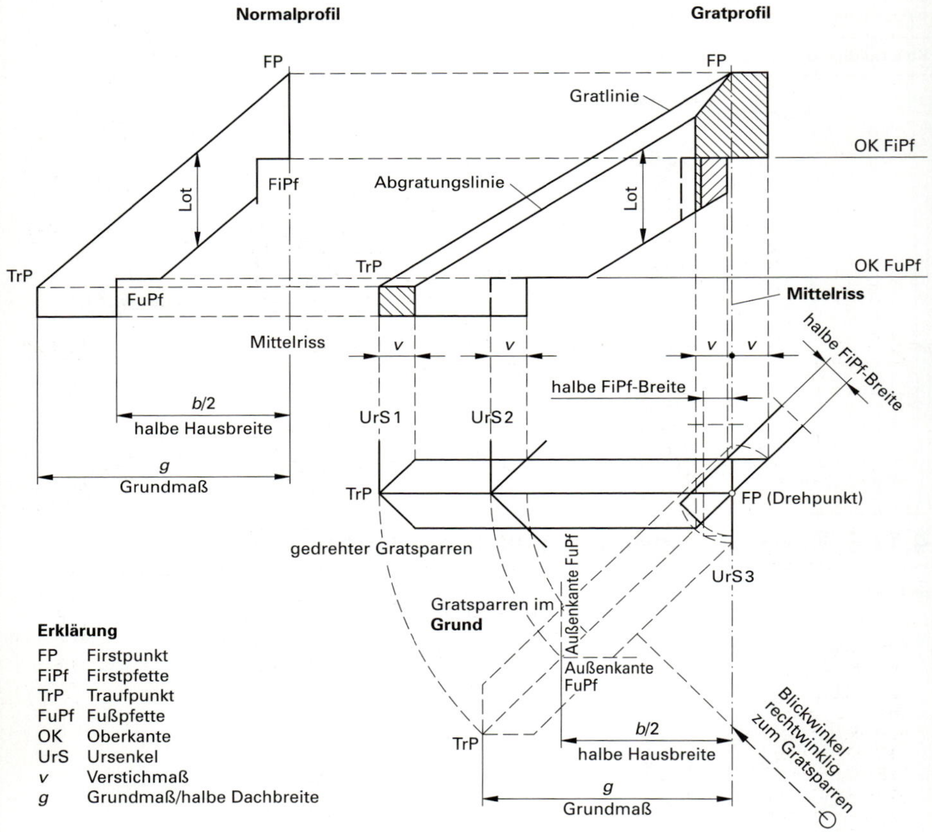

Erklärung

FP	Firstpunkt
FiPf	Firstpfette
TrP	Traufpunkt
FuPf	Fußpfette
OK	Oberkante
UrS	Ursenkel
v	Verstichmaß
g	Grundmaß/halbe Dachbreite

① Die Höhepunkte werden durch Waagerisse vom Normalprofil ins Gratprofil übertragen

② Um den Gratsparren in der wahren Größe wie den Normalsparren darzustellen, wird er im Grund in die „Horizontale" gedreht

③ Die Gratlinie ergibt sich aus den Schnittpunkten der Ursenkel 1 und 3 mit den zugehörigen Waagerissen (Trauf- und Firstwaage)

④ Die Fußpfettenkerve wird mit Hilfe des Ursenkels 2 konstruiert

⑤ Das Verstichmaß beträgt v = Gratsparrenbreite/2

⑥ Der Austritt der Firstpfette aus dem Gratsparren ist hier sichtbar (kleine Schraffur)

Schiftungsgrundsätze

Lot bleibt Lot ⇒ Bei der „geometrischen" Konstruktion der Gratsparrenhöhe wird das Lot aus dem Normalprofil an die Abgratungslinie des Gratprofils „gehängt".

Waage bleibt Waage ⇒ Die Waagerisse/Höhenlinien im Normalprofil bleiben im Gratprofil erhalten: Firsthöhe – Firstpfettenhöhe – Fußpfettenhöhe – Traufhöhe

4.11.7 Austragung eines Gratsparrens (uggWD)

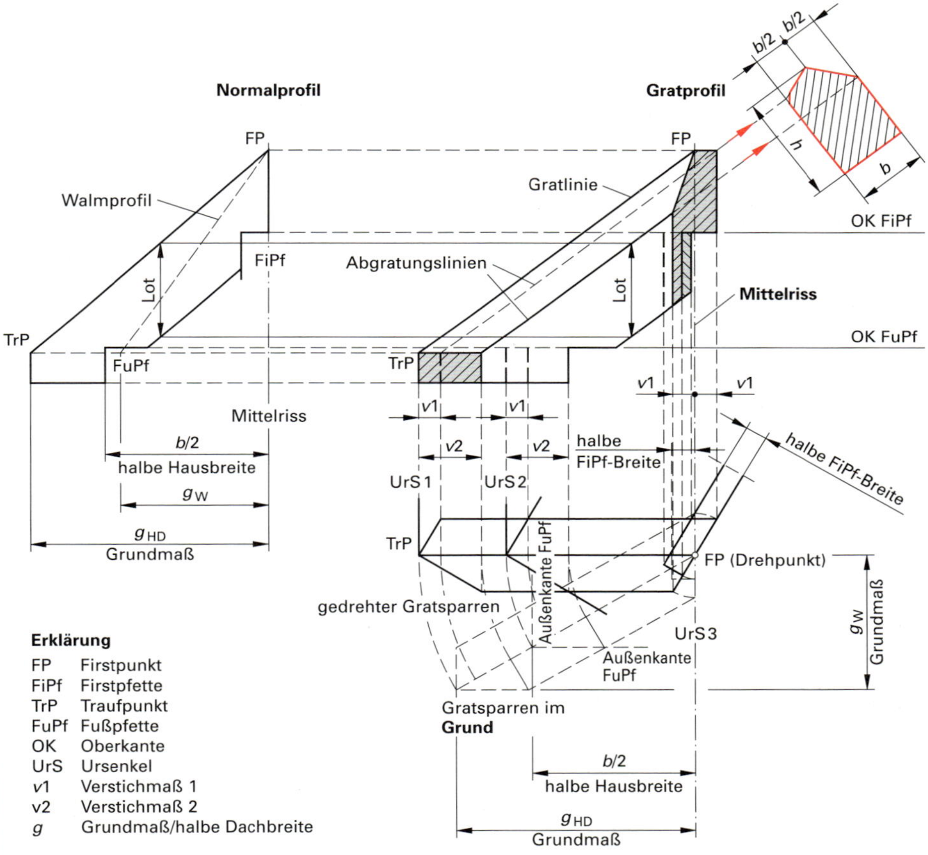

Erklärung

FP	Firstpunkt
FiPf	Firstpfette
TrP	Traufpunkt
FuPf	Fußpfette
OK	Oberkante
UrS	Ursenkel
*v*1	Verstichmaß 1
v2	Verstichmaß 2
g	Grundmaß/halbe Dachbreite

Gratgrundverschiebung

Querschnitt vor der...

Querschnitt nach der...

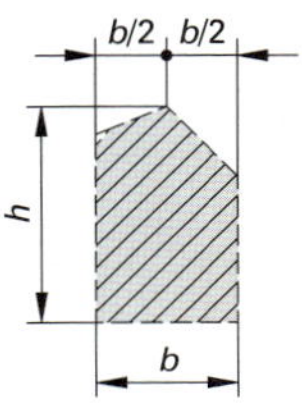

nicht verlegter Gratsparren

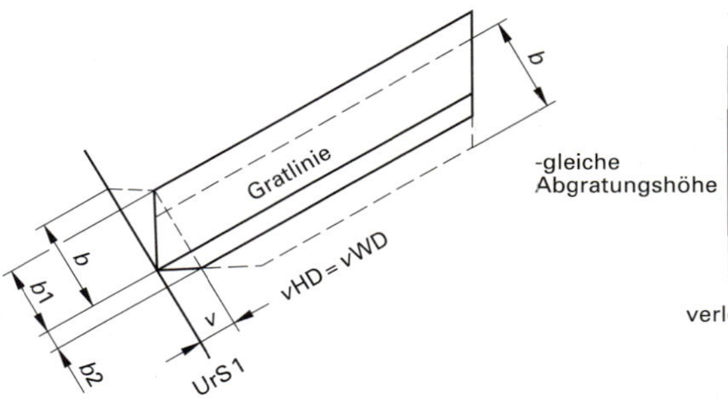

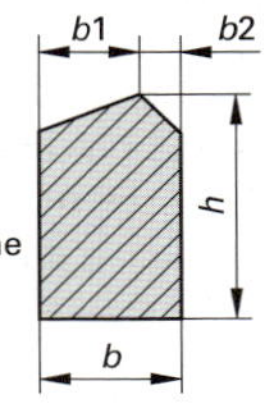

verlegter Gratsparren

4.11.8 Formeln für den Zimmermann

Normalprofil

Grundmaß	g	$= \dfrac{h_{Dach}}{\tan\alpha}$
Höhe	h_{Dach}	$= g \cdot \tan\alpha$
Normal-sparrenlänge	n_s	$= \sqrt{h_{Dach}^2 + g^2} = \dfrac{h_{Dach}}{\sin\alpha}$
Lot	l_{ot}	$= \dfrac{h}{\cos\alpha}$
Waage	w_{aa}	$= \dfrac{h}{\sin\alpha}$

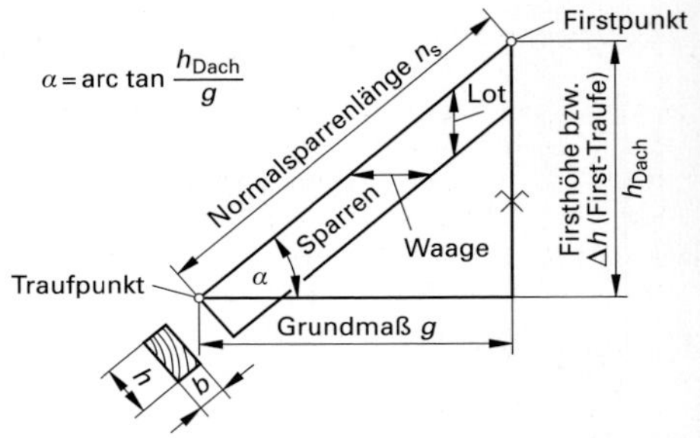

Dachfläche A_{Dach}

$A_{Dach} = \dfrac{A_{Grund}}{\cos\alpha}$ für Sattel- und Walmdächer mit gleicher Dachneigung

Gratgrundwinkel $\bar{\alpha}$

$\bar{\alpha}_{HD} = \arctan \dfrac{\tan\alpha_{WD}}{\tan\alpha_{HD}}$ $\qquad \bar{\alpha}_{WD} = \arctan \dfrac{\tan\alpha_{HD}}{\tan\alpha_{WD}}$

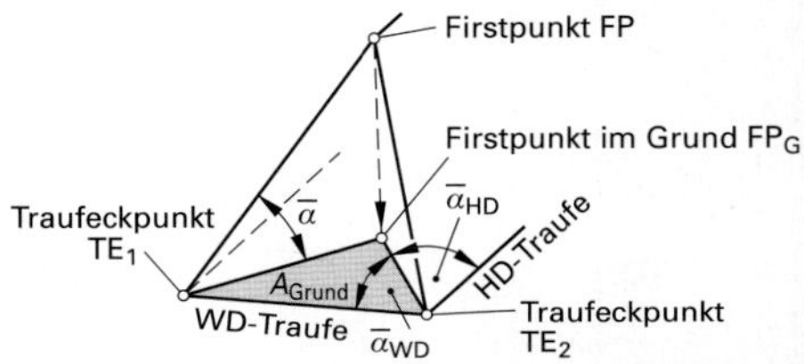

Gleich geneigtes Walmdach (ggWD)
Dachneigung α

Gratwinkel α_{Grat}

$\alpha_{Grat} = \arctan \dfrac{\tan\alpha}{\sqrt{2}} = \arctan \dfrac{h_{Dach}}{g_g}$

Gratgrund g_g

$g_g = \sqrt{2} \cdot g$

Länge des Grates l_{Grat}

$l_{Grat} = \dfrac{g_g}{\cos\alpha_{Grat}} = \sqrt{h^2_{Dach} + g^2_g}$

$l_{Grat} = h_{Dach}\sqrt{2(\cot\alpha)^2 + 1}$

Ungleich geneigtes Walmdach (uggWD)
Dachneigung α_{HD}, α_{WD}

Gratwinkel $\alpha_{Grat} = \arctan \dfrac{h_{Dach}}{g_g}$

$\alpha_{Grat} = \arctan \dfrac{1}{\sqrt{(\cot\alpha_{HD})^2 + (\cot\alpha_{WD})^2}}$

Gratgrund g_g

$g_g = \dfrac{h_{Dach}}{\tan\alpha_{Grat}} = \dfrac{g_{HD}}{\sin\bar{\alpha}_{HD}} = \sqrt{l^2_{Grat} - h^2_{Dach}}$

Länge des Grates l_{Grat}

$l_{Grat} = \dfrac{g_g}{\cos\alpha_{Grat}} = \sqrt{h^2_{Dach} + g^2_g}$

$l_{Grat} = h_{Dach}\sqrt{(\cot\alpha_{HD})^2 + (\cot\alpha_{WD})^2 + 1}$

Winkel und Längen beim Hexenschnitt (ggWD)

$\alpha_{Grat} \Rightarrow$ s.o.

$\alpha_{Rest} = \arctan \dfrac{\cot\alpha}{\sqrt{2}}$

$\alpha_{Rest} = \dfrac{h_{hex}}{ü_{GP}}$

$h_{hex} = \cot\alpha \cdot ü_{NP}$

$ü_{GP} = \sqrt{2}\, ü_{NP}$

$v = \dfrac{b}{2}$

$l_{Grat} \Rightarrow$ s.o.

Walmprofil

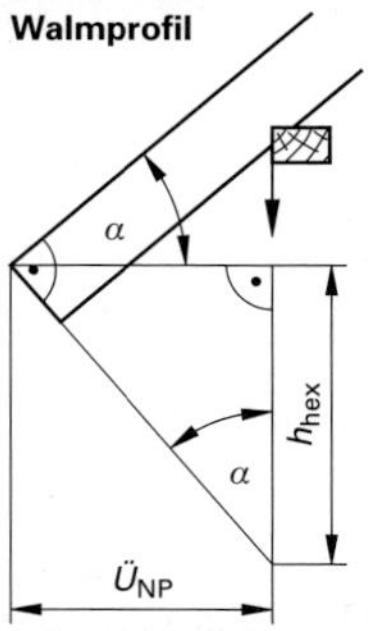

Gratprofil

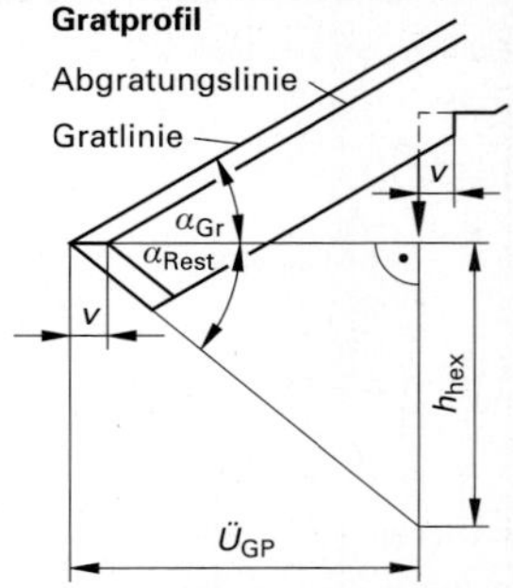

Anmerkung: arc tan … $\Rightarrow$ Rechenoperation: … [shift] [tan] oder … [2nd] [tan]
cot α $\Rightarrow$ $\cot\alpha = \tan(90° - \alpha)$ oder $\cot\alpha = 1/\tan\alpha$

4.12 Treppen

Grundlagen

Bequemlichkeit und Sicherheit beim Begehen einer Treppe sind vom Steigungsverhältnis (dem Verhältnis von Auftrittsbreite *a* zur Steigungshöhe *s*) und der Treppenneigung abhängig. Dem Steigungsverhältnis ist eine durchschnittliche Schrittlänge von 63 cm zugrunde gelegt. Anzahl der Steigungen *n* und Steigungshöhe *s* richten sich nach dem zu überwindenden Höhenunterschied. Als Orientierung für die Planungsmaße sollten die gewählten Abmessungen in allen Fällen der Schrittmaßformel und der Gehsicherheitsformel entsprechen.

Schrittmaßformel (nach DIN 18065)

2 Steigungen	+	1 Auftritt	=	59 cm bis 65 cm
2 s	+	a	=	63 cm (üblich)

Gehsicherheitsformel (Empfehlung)

Auftrittsbreite	+	Steigung	=	46 cm + 1 cm
a	+	s	=	46 cm (üblich)

Bequemlichkeitsregel (Empfehlung)

Auftrittsbreite	–	Steigung	=	12 cm
a	–	s	=	12 cm

$$\textbf{Steigungsverhältnis} = \frac{\text{Steigungshöhe}}{\text{Auftrittsbreite}}$$

$$\textbf{Anzahl der Steigungen } n = \frac{\text{Geschosshöhe}}{\text{Steigungshöhe}}$$

Anzahl der Auftritte = Anzahl der Steigungen – 1

Lauflänge = Anzahl der Auftritte × Auftrittsbreite

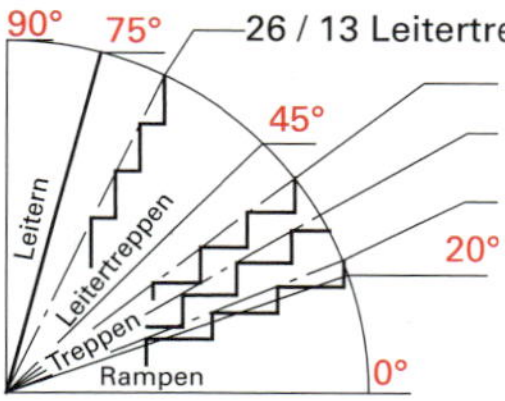

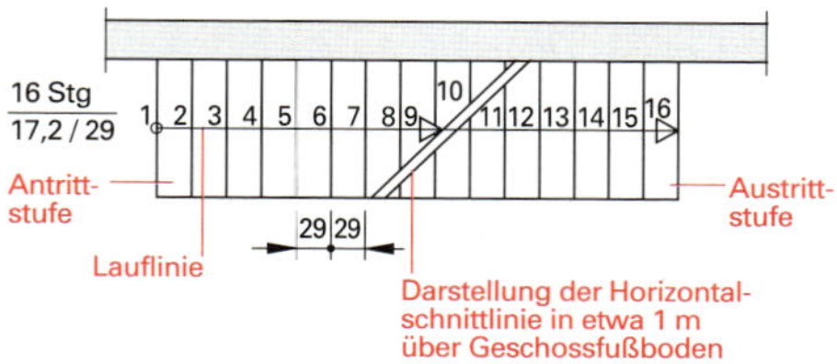

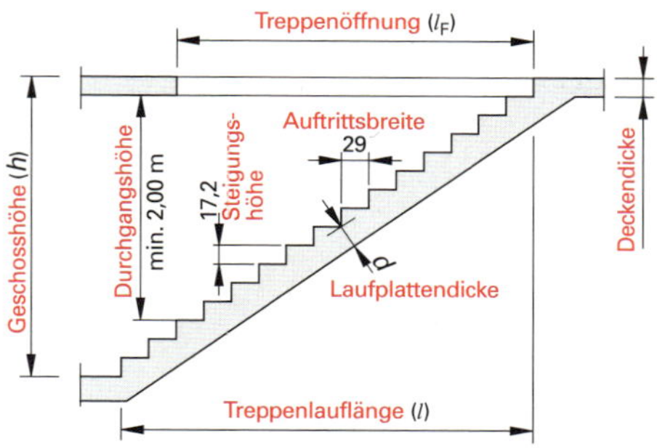

Richtwerte für Wohnhaustreppen

Geschosshöhe (*h*)	Steigungsanzahl (*n*)	Steigungshöhe (*s*)	Auftrittsanzahl (*n* – 1)	Auftrittsbreite (*a*)	Lauflänge (*l*)
2,25 m Kellertreppen	12	18,8	11	25	2,75
	13	17,3	12	26	3,12
2,74 m	14	19,6	13	23,9	3,11
	15	18,3	14	26,5	3,71
	16	17,1	15	28,8	4,32

Maßliche Anforderungen (DIN 18 065) — Maße in cm

Gebäudeart	Treppenart	Treppenlaufbreite	Steigung s[2]	Auftritt a[3]
Wohngebäude mit mehr als zwei Wohnungen[1]	Treppen, die zu Aufenthaltsräumen führen	80	≤ 20	≥ 23[4]
	Kellertreppen, die nicht zu Aufenthaltsräumen führen	80	≤ 21	≥ 21[5]
	Bodentreppen, die nicht zu Aufenthaltsräumen führen	50	≤ 21	≥ 21[5]
Sonstige Gebäude	Baurechtlich notwendige Treppen	100	≤ 19	≥ 26
Alle Gebäude	Baurechtlich nicht notwendige (zusätzliche) Treppen	50	≤ 21	≥ 21

1) schließt auch Maisonette-Wohnungen in Gebäuden mit mehr als zwei Wohnungen ein.
2) aber nicht < 14 cm } Festlegung des Steigungsverhältnisses *s/a*
3) aber nicht > 37 cm }
4) Bei Stufen, deren Treppenauftritt *a* unter 26 cm liegt, muss die Unterschneidung *u* mindestens so groß sein, dass insgesamt 26 cm Trittfläche (*a* + *u*) erreicht werden
5) Bei Stufen, deren Treppenauftritt *a* unter 24 cm liegt, muss die Unterschneidung *u* mindestens so groß sein, dass insgesamt 24 cm Trittfläche (*a* + *u*) erreicht werden.

4

Berechnung gerader Treppen

Geschosshöhe =
Lichte Geschosshöhe
+ Dicke der Decke
+ Fußbodenaufbau EG
– Fußbodenaufbau UG

Die Zahl der Auftritte ist um 1 kleiner als die Zahl der Steigungen. Das optimale **Steigungsverhältnis** ergibt bei einer Steigung von 17 cm und einem Auftritt von 29 cm einen Steigungswinkel von 30°.

$2\,s + a = 63$

Steigung, Auftritt, Unterschneidung

Bezeichnung an Stufen

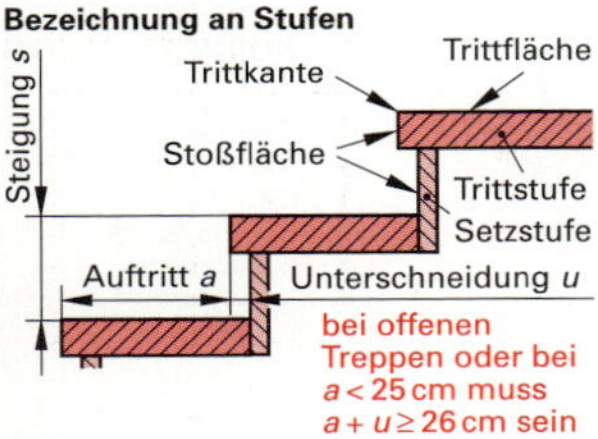

4

Toleranzen in cm

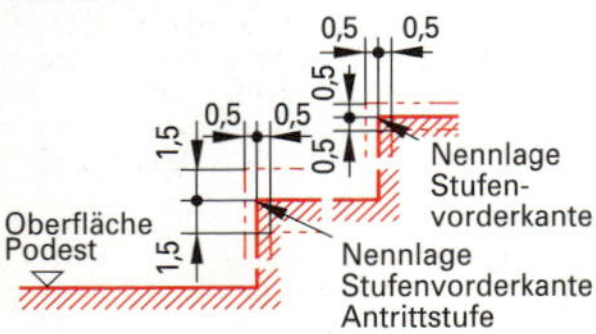

Podestflächen sind am An- bzw. Austritt von Treppenläufen sowie bei längeren Treppenläufen nach mehr als 18 Steigungen erforderlich. Podestflächen im Zuge von langen Treppenläufen (**Zwischenpodeste**) sind auf die Schrittlänge bzw. das Schrittmaß der Treppe abzustimmen.

Podestlänge = $(a + 2\,s) + a$

Die lichte **Treppendurchgangshöhe** muss mindestens **200 cm** betragen ► S. 129 und ► Kapt. 8.3.2

Geschosshöhe in cm	Anzahl der Steigungen	Steigung cm	Anzahl der Auftritte	Auftrittsbreite cm	Grundmaß cm	Grundmaßbereich cm
272	14	19.43	13	24.14	314	288 … 342
	15	18.13	14	26.73	374	343 … 403
	16	17.00	15	29.00	435	404 … 465
273	14	19.50	13	24.00	312	286 … 341
	15	18.20	14	26.60	372	342 … 401
	16	17.06	15	28.88	433	402 … 463
275	14	19.64	13	23.72	308	284 … 339
	15	18.33	14	26.34	369	340 … 399
	16	17.19	15	28.62	429	400 … 461
279	15	18.60	14	25.80	361	333 … 390
	16	17.44	15	28.13	422	391 … 451
	17	16.41	16	30.18	483	452 … 515
280	15	18.67	14	25.67	359	331 … 388
	16	17.50	15	28.00	420	389 … 449
	17	16.47	16	30.06	481	450 … 513
281	15	18.73	14	25.53	357	329 … 386
	16	17.56	15	27.88	418	387 … 447
	17	16.53	16	29.94	479	448 … 511
290	15	19.33	14	24.33	341	313 … 369
	16	18.13	15	26.75	401	370 … 430
	17	17.06	16	28.88	462	431 … 494
291	15	19.40	14	24.20	339	311 … 368
	16	18.19	15	26.63	399	369 … 428
	17	17.12	16	28.76	460	429 … 492
292	15	19.47	14	24.07	337	309 … 366
	16	18.25	15	26.50	398	367 … 426
	17	17.18	16	28.65	458	427 … 490
293	15	19.53	14	23.93	335	307 … 364
	16	18.31	15	26.38	396	365 … 425
	17	17.24	16	28.53	456	426 … 488
300	16	18.75	15	25.50	338	353 … 411
	17	17.65	16	27.71	443	412 … 472
	18	16.67	17	29.67	504	473 … 538
301	16	18.81	15	25.38	381	351 … 410
	17	17.71	16	27.59	441	411 … 471
	18	16.72	17	29.56	502	472 … 536
302	16	18.88	15	25.25	379	349 … 408
	17	17.76	16	27.47	440	409 … 469
	18	16.78	17	29.44	501	470 … 535
305	16	19.06	15	24.88	373	343 … 402
	17	17.94	16	27.12	434	403 … 463
	18	16.94	17	29.11	495	464 … 529
306	16	19.13	15	24.75	371	341 … 400
	17	18.00	16	27.00	432	401 … 461
	18	17.00	17	29.00	493	462 … 527
307	16	19.19	15	24.63	396	339 … 398
	17	18.06	16	26.88	430	399 … 459
	18	17.06	17	28.89	491	460 … 525

Treppenarten

Funktionalität und Bauweise eines Gebäudes fordern oft eine Abweichung von geradlinig verlaufenden Treppen. Auf alle von der Grundform (einläufig gerade Treppe) abweichenden Planungen sind ebenfalls die oben genannten Richtwerte und Planungsgrößen anzuwenden.

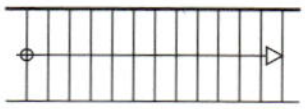

einläufige gerade Treppe

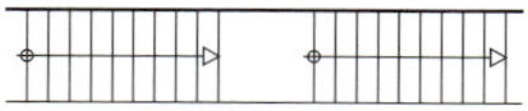

zweiläufige gerade Treppe mit Zwischenpodest

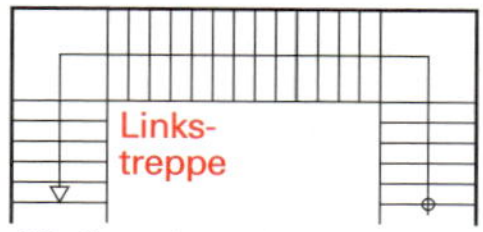

dreiläufige abgewinkelte Treppe mit Zwischenpodesten

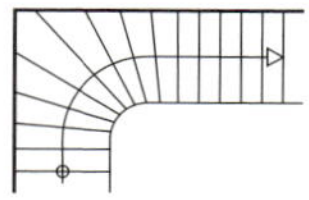

einläufige viertelgewendelte Treppe

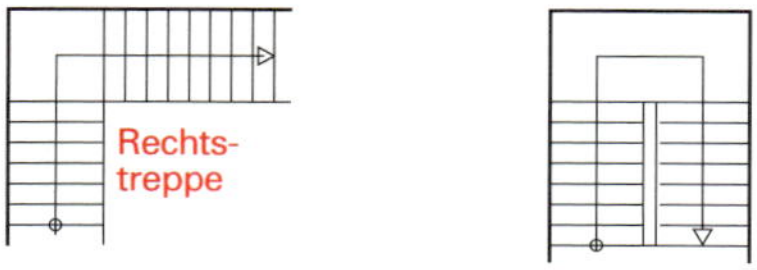

zweiläufige gewinkelte bzw. gegenläufige Treppe mit Zwischenpodest

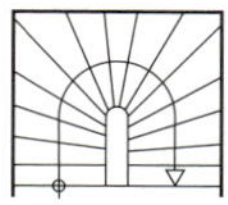

einläufige halbgewendelte Treppe

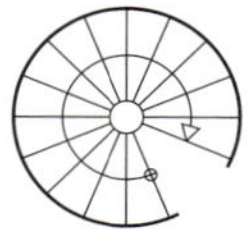

Wendeltreppe (volle Wendelung)

Verziehen von Treppen

Wird es erforderlich, eine Treppe durch Verziehen der Stufen zu wendeln, ergibt sich eine kreisbogenförmige Krümmung der Lauflinie. Die Auftrittsbreite erfährt weder im geraden Teilbereich der Lauflinie noch im gekrümmten eine Reduzierung.

Im geraden Teilbereich verläuft die Auftrittsbreite konstant über die gesamte Stufenbreite. Keilförmige Auftritte ergeben sich im gewendelten Treppenbereich durch unterschiedliche Abmessungen an Innen- und Außenwange.

Die Stufen sind so zu verziehen, dass ein gleichförmiger Übergang entsteht. Um symmetrische Anordnung zu erzielen, sollte die Anzahl der zu verziehenden Stufen ungerade sein. Bei **viertelgewendelten Treppen** sind in der Regel sieben Stufen, bei **halbgewendelten Treppen** dreizehn Stufen zu verziehen. Je größer die Anzahl der verzogenen Stufen, desto weniger Sprünge beinhaltet der Treppenverlauf und desto sicherer wird die Benutzung der Treppe. Die nutzbare Auftrittsbreite kann von der Innenwange aus bei **15 cm Abstand** bis auf 10 cm reduziert werden. Kleinere Auftrittsbreiten sind unzulässig.

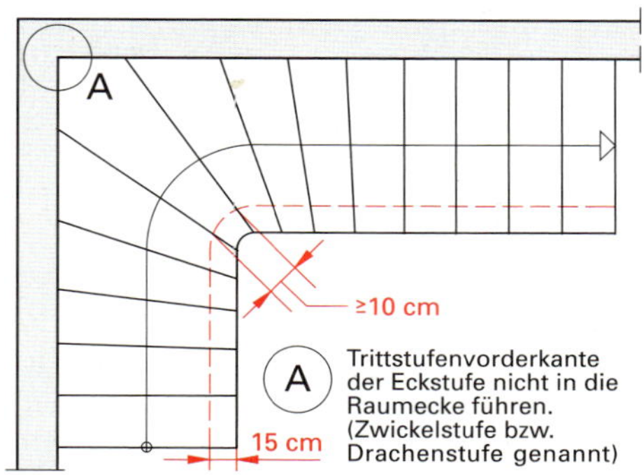

Einläufige viertelgewendelte Treppe mit 15 Steigungen und 14 Auftritten

Arbeitsschritte (zeichnerisches Verziehen)

- Umrisse der Treppe, Lauflinie, Treppenachse und Eckstufe einzeichnen
- Von der Eckstufe aus nach links und rechts die Auftrittsbreiten auf der Lauflinie antragen und nummerieren
- Vorder- und Hinterkante der Eckstufe verlängern, ergibt den Punkt A auf der Treppenachse
- Erste und letzte gerade Steigungslinie (2 und 11) festlegen und verlängern, ergibt Punkt F
- Strecke AF im Verhältnis 1 : 2 : 3 : 4 ... teilen ▶ S. 113 beim Verziehen von 9 Stufen mit 10 dazugehörigen Steigungslinien; **Anzahl der Teile** entspricht der Anzahl verzogener Steigungslinien, plus erste und letzte gerade Steigungslinie der Draufsicht

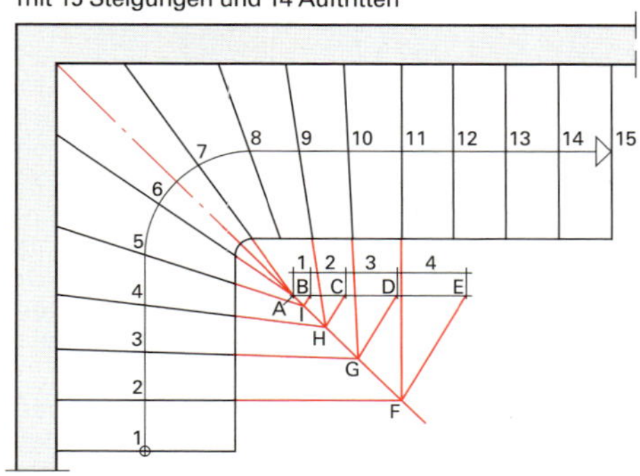

Konstruktives Verziehen einer einläufig viertelgewendelten Treppe

DIN 18065 legt die **Toleranzen** für ***s*** und ***a*** mit maximal ± 0,5 cm fest.

Bei gewendelten Treppen darf davon abgewichen werden.

Beispiel für die Berechnung gewendelter Treppen

Eine viertelgewendelte Treppe mit 14 Steigungen wird als Winkeltreppe ausgeführt. Es sind die Stufen 2 bis 8 zu verziehen.

Die auszugleichende Differenz zwischen der Lauflinienlänge und der Innenwangenlänge entspricht der Differenz der Viertelkreise von Lauflinie und Innenwange.

$$\Delta l = \frac{\pi \cdot 2 \cdot r_g}{4} - \frac{\pi \cdot 2 \cdot r_i}{4} = \frac{\pi}{2}(r_g - r_i)$$

$$\Delta l = \frac{\pi}{2}\left(\frac{100\text{ cm}}{2} - 15\text{ cm}\right) \qquad \Delta l = 55\text{ cm}$$

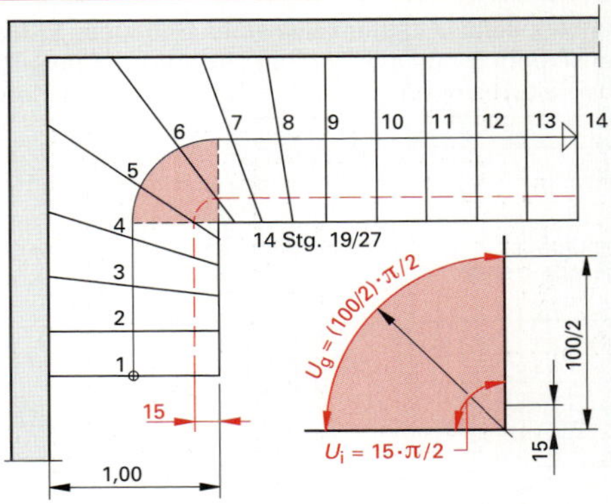

Stufe	Verjüngung um einzeln	Verjüngung um zusammen
5	4 Teile	4 Teile
4 und 6	3 Teile	6 Teile
3 und 7	2 Teile	4 Teile
2 und 8	1 Teil	2 Teile
		16 Teile

$$\frac{\Delta l}{16} = 3{,}44\text{ cm}$$

Die **Stufe 5** wird um 4 · 3,44 cm von 27 cm auf **13,2 cm** Randbreite verkürzt; die anderen Stufen entsprechend weniger verzogen.

Bei der Festlegung der Anzahl der zu verziehenden Stufen ist möglichst eine **ungerade Zahl** zu wählen. Ist der am stärksten verjüngte Auftritt im 15-cm-Abstand von der Innenwange kleiner als 10 cm, muss die nächstgrößere Zahl an ungeraden Stufen verzogen werden.

Treppen-Lichtraumprofil

- Bei nutzbaren Laufbreiten bis 100 cm hat der Gehbereich eine Breite von 2/10 der Laufbreite und liegt im Mittelbereich der Treppen, Krümmungsradien der Begrenzungslinien des Gehbereiches müssen mindestens, 30 cm betragen.
- Bei Laufbreiten über 100 cm (außer Spindeltreppen) beträgt die Breite des Gehbereiches 20 cm. Der Abstand des Gehbereiches von der inneren Begrenzung der Laufbreite beträgt 40 cm. Der Auftritt ist in der Lauflinie zu messen. Im Krümmungsbereich der Lauflinie ist der Auftritt gleich der Sehne, die sich durch die Schnittpunkte der gekrümmten Lauflinie mit den Stufenvorderkanten ergibt.
- Die Lauflinie kann vom Planer bei Treppen mit gewendelten Läufen frei innerhalb des Gehbereiches gewählt werden. Sie ist stetig und hat keine Knickpunkte. Ihre Richtung entspricht der Laufrichtung der Treppe.
- Krümmungsradien der Lauflinie müssen mindestens 30 cm betragen. Nach höchstens 18 Stufen soll ein Zwischenpodest angeplant werden.

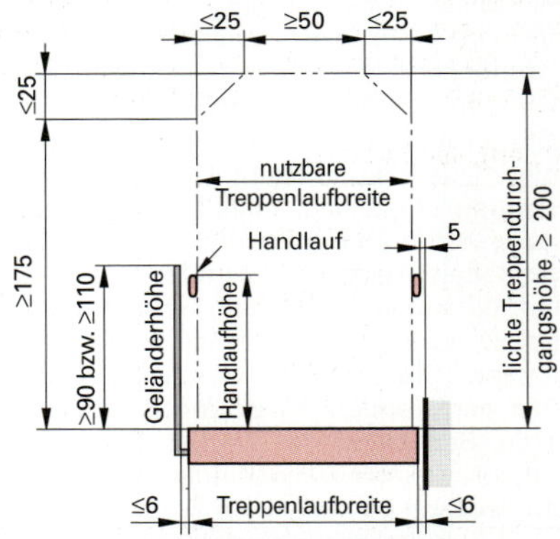

Treppen-Lichtraumprofil

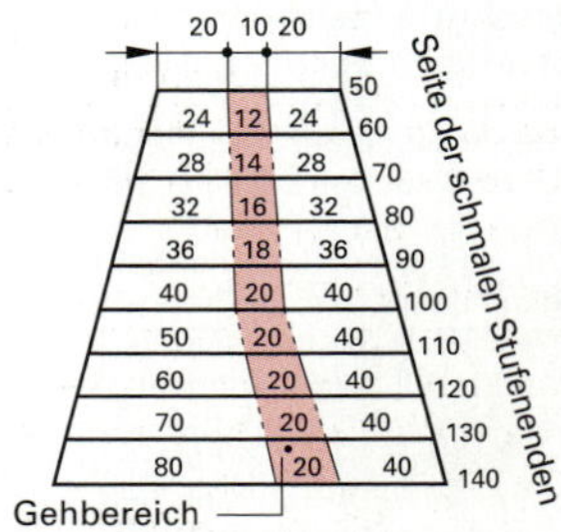

Nutzbare Treppenlaufbreite

Beispiel Treppenhaus

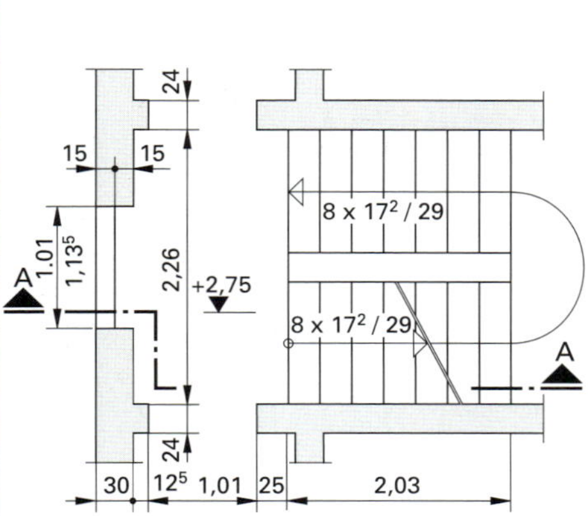

Grundriss (Ausschnitt) M 1:50 - m, cm

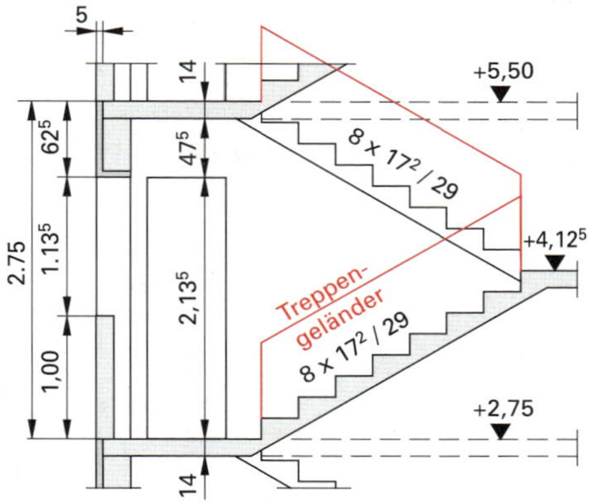

Schnitt A - A M 1:50 - m, cm

Treppengeländer

Treppengeländer sind als Abschluss freier Treppen vorgeschrieben und bestehen aus **Handlauf** und **Geländerfüllung.** Die lotrechte Höhe des Handlaufes muss mindestens 90 cm betragen, gemessen von der vorderen Kante der Trittstufe. Senkrechte Geländerfüllungen dürfen einen lichten Abstand von 12 cm nicht überschreiten. In Treppenneigung verlaufende Geländerfüllungen dürfen untereinander einen maximalen Abstand von 12 cm nicht überschreiten.

Treppengeländerhöhe

Absturzhöhen	Gebäudearten	Geländerhöhe
bis 12 m[1]	Wohngebäude und andere Gebäude, die nicht der Arbeitsstättenverordnung unterliegen	≥ 90 cm[2]
bis 12 m[1]	Arbeitsstätten	≥ 110 cm[3]
über 12 m	für alle Gebäudearten	≥ 110 cm

[1] außerdem bei größeren Absturzhöhen, wenn das Treppenauge bis 20 cm breit ist.

[2] nach Bauordnungsrecht

[3] nach Arbeitsschutzrecht

Liegt das Treppengeländer neben dem Treppenlauf oder dem Treppenpodest, so muss seine Unterkante so weit heruntergezogen werden, dass sie mit der gedachten Verbindungslinie von *a*/2 jeder Stufe zusammenfällt.

Treppenhandlaufhöhe

Treppenhandläufe sind in der Höhe so anzubringen, dass sie bequem genutzt werden können. Sie sollen dabei nicht tiefer als 80 cm und nicht höher als 115 cm angebracht sein, gemessen lotrecht über Stufenvorderkante bis Oberkante Handlauf.

Es ist üblich die Oberkante des Treppengeländers als Treppenhandlauf auszubilden. Dabei müssen jedoch die vorgenannten Bedingungen eingehalten werden. Ein Treppengeländer höher als 115 cm benötigt daher einen gesonderten tiefer liegenden Handlauf.

Der Seitenabstand des Handlaufes von benachbarten Bauteilen muss mindestens 5 cm betragen.

Gestaltung von Schutzkonstruktionen

Die einzelnen Stäbe werden direkt mit den Stufen verbunden oder es werden Rahmenkonstruktionen mit dem Treppenlauf verbunden. Als Gestaltungselemente bieten sich Füllstäbe, Bänder, Seile, Drähte oder Gitter, Lochbleche, Gasfüllungen an.

5 Bauphysik

Bauobjekte sind sehr verschiedenen physikalischen Einflüssen ausgesetzt. Die hier behandelte Bauphysik kann auch als **Bautenschutz** bezeichnet werden. Dabei hat der Bautenschutz die Aufgabe, gesundheitliche Beeinträchtigungen und Bauschäden schon durch eine sorgfältige Bauplanung zu verhindern.

Bauphysik/Bautenschutz

Wärmeschutz	**Feuchtigkeitsschutz**	**Schallschutz**	**Brandschutz**
DIN 4108 - Teile 2 … 7 DIN 4108, Beibl. 2 DIN EN ISO 6946 Energieeinsparverordnung EnEV 2009 dämmen Wärmedämmstoffe	DIN EN 12524 DIN 18195 sperren, abdichten Abdichtungsmittel Abdichtungsstoffe	DIN 4109, DIN EN 12345 - Teile 1 … 3 DIN EN ISO 140 dämmen, absorbieren (Schallschluckung) Dämmstoffe für die Schalldämmung	DIN 4102 DIN EN 13501-2 Landesbauordnung Klassifizierung von Brandverhalten Ausführungsbeispiele

5.1 Dämm-, Dichtungs- und Sperrstoffe

Im Bauwesen dürfen nur genormte oder bauaufsichtlich zugelassene Dämm-, Dichtungs- und Sperrstoffe verwendet werden. Die Baustoffe sind entsprechend auszuzeichnen:

- Herstellungsnorm
- Baustoffklasse hinsichtlich Brandverhalten
- Güteüberwachung

Baustoff	**Verwendung**	**Eigenschaften** **Brandverhalten** ▶ S. 157	**Bestandteile** **Herstellungsnorm**
Anorganische Dämmstoffe			
Blähperlit $\mu = 3 \ldots 5$	Leichtzuschlag für Feuer dämmende Ummantelung	hitze-, alterungs-, säurebeständig, **porig,** A1	Abfallglimmer
Schaumglas dampfdicht	Wärmedämmung, Feuchtigkeitsschutz, Dachdämmung	unbrennbar, korrosionsbeständig, **porig** A1 (ohne Kaschierung)	aufgeschäumtes Glas DIN 18174
Mineralische und pflanzliche Faserdämmstoffe (Mineralfaser) $\mu = 1 \ldots 2$	als loser Füllstoff zum Ausstopfen von Hohlräumen zur Wärmedämmung, als trittfeste Platten zur Wärme- und Trittschalldämmung unter schwimmendem Estrich, Wanddämmung	schallschluckend, wärmedämmend, nicht brennbar, fäulnisfest, **faserig** A1 oder A2 ober B1 Dickenabweichung bis 15 mm beachten	dünne Fasern aus geschmolzenem Glas, Mergel, Hochofenschlacke DIN 18165 DIN 18164-2 neu
Organische Dämmstoffe			
Polystyrol-Hartschaum (PS) (einschl. Extruder- und Partikelschaum) (Schaumkunststoff)	Wärmedämmung, Trittschalldämmung, Dachdämmung	maßhaltig, verrottungsfest, entflammbar oder schwer entflammbar, Wasser abweisend, **porig** B1	aus Röhöl und Treibmitteln zu Platten geformt DIN 18164 DIN 18164-2 neu
Polyurethan-Hartschaum (PUR)	Flachdachwärmedämmung	elastisch bei Temperaturschwankungen, alterungsbeständig, **porig** B1 oder B2	mit oder ohne beidseitig gasdiffusionsdichte Deckschichten DIN 18164
Korkdämmstoffe $\mu = 1 \ldots 5$	Dachdämmung, Körperschalldämmung, Wanddämmung	fäulnisfest, nachgiebig, oft imprägniert, **faserig** B2	zu Granulat gemahlene Korkrinde, mit Harzen gebunden und zu Platten geschnitten DIN 18161
Holzwolle-Leichtbauplatten (Holzfaser)	Wärmedämmung, verlorene Schalung, Putzträger	saugend, B1 schwer entflammbar, nicht wetterbeständig	Nadelholzwolle und mineralisches Bindemittel DIN 1101
Mehrschichtige Leichtbauplatten (Verbundbauplatten)	Vorsatzschale, leichte Trennwände, Putzträger	saugend, schwer entflammbar, nicht wetterbeständig B1	Kern aus Schaumkunststoff mit ein oder zwei Holzwolle-Leichtbauplatten DIN 1104, DIN 18184

Baustoff	Verwendung und Eigenschaften	Bestandteile Herstellungsnorm
Bitumenhaltige Abdichtungsstoffe ► S. 232		
reines Bitumen Bitumen mit Kunststoff Bitumen mit Füllstoff Der Ausdruck „bituminöse Stoffe" soll zukünftig nicht mehr verwendet werden. Neuer Begriff: bitumige Stoffe.	senkrechte Abdichtungen nach DIN 18195 und bei Decken und Dächern als **Lösung oder Emulsion** entweder als Voranstrich einmal kalt und zweimal heißflüssiger Deckanstrich oder als Voranstrich einmal kalt und dreimal kaltflüssiger Deckanstrich als **Spachtelmasse** einmal Voranstrich und zweimal Spachtelmasse	durch Destillation von Erdöl
nackte Bitumenbahnen **Bitumendachbahnen** (einschl. Dichtungsbahnen)	als **fabrikfertige Bitumenbahnen** einmal Voranstrich und eine Bahn mit heißer Klebemasse aufbringen, bei nackten Bitumenbahnen ein zusätzlicher Bitumenanstrich	Rohfilzpappe bezeichnet nach dem Quadratmetergewicht 333 g/m^2 oder 500 g/m^2 DIN 52128, DIN 52129, DIN 52130 und DIN 18190
Bitumenschweißbahnen	mit und ohne Kaschierung, wasserdicht, können im Schweißverfahren aufgebracht werden	Jutegewebe oder Glasgewebe mit Bitumen getränkt DIN 52131
Abdichtungen mit Kunststoffdichtungsbahnen ► S. 232		
Ethylencopolymerisat-Bitumen (ECB)	senkrechte Abdichtung nach DIN 18195 und bei Dächern	DIN 1629
PVC-Weichbahnen (PVC-P)	bitumenverklebte oder mechanisch eingebrachte Bahnen	DIN 16734 und DIN 16735
Polyisobutylen-Bahnen (PIB)	Wandfläche heiß vorstreichen und mit heiß zu verarbeitender Klebemasse mit Flämmverfahren aufzubringen, Warm- oder Quellschweißen, geschlossene Außenhaut	DIN 16934 und DIN 16735
Abdichtungsmaterialien ► S. 148		
bauaufsichtlich zugelassene mineralische **Dichtungsschlämme**	senkrechte Abdichtungen nach DIN 18195 streich- oder spachtelfähige Masse wird auf geeigneter Grundierung oder Voranstrich aufgetragen	bauaufsichtliche Zulassung lieferfirmenabhängig
Sperrmörtel	als Sperrschutz Wasser abweisend und dicht	DIN 18550
Sperrbeton	wasserundurchlässig, nur bei Sonderkonstruktionen	DIN 1045, DIN 1047
Mauerwerk	als Ersatz für eine o.g. Abdichtung im Bereich der sichtbaren Außenwand (Sockel)	DIN 1053, DIN 105 Klinkermauerziegel in Mörtelgruppe III
Bitumendachbahnen **Dichtungsbahnen** für Bauwerksabdichtung	waagerechte Abdichtungen nach DIN 18195 die Auflageflächen sind mit Mörtel der Mörtelgruppe II oder III abzugleichen	Trägerbahn aus Rohfilzpappe, Jutegewebe oder Kunststofffaser, auch Aluminium- oder Kupferfolien
Dampfsperren ► S. 232		
Voporex normal, bitumiert, besandet	bei innenseitiger Wärmedämmschicht in Feuchträumen aufzukleben mit Kunstharzkleber	Fertigung in Bahnen oder Planen. Durch Schmelzprozesse von Glas, Kunststoff, Bitumen oder Metall entstandene dichte Stoffe. Dampfsperren sind Schichten mit $s_d \geq 100$ m ► S. 149. PE-Folien mit $d = 1{,}2$ mm und $\mu \geq 100000$ ► S. 149. Al-Folien mit $d = 1{,}0$ mm sind praktisch dampfdicht.
Vaporex super	Sperrschicht aus Aluminiumfolie und zwei Kunststofffolien, bitumiert und besandet, bei Räumen, die hohe Raumluftfeuchte erwarten lassen und für die gleichzeitig Dampfdichtheit zu fordern ist	
Nepa-Dampfbremse **PVC-Folie** **Polyethylen-Folie**	im Fertighaus und bei Leichtbaukonstruktionen, kleben, einspannen oder nageln	**Hilfsstoffe** aus Ölpapier, Rohglasvliese, Vliese aus Chemiefasern, PE-Folie und Lochglasvlies-Bitumenbahnen werden für Trennschichten und Trennlagen verwandt.
Aluminium- Folie	bei Dächern und Außenwänden, praktisch dampfdicht, einlagig aufkleben, oft als Kaschierung auf Wärmedämmmatten	

5

5.2 Wärmeschutz

Der Wärmeschutz im Hochbau soll unter Berücksichtigung wechselnder klimatischer Einflüsse

- für das Wohlbefinden der Menschen in den Wohngebäuden sorgen (vgl. z. B. § 1 NBauO),
- die Bewirtschaftskosten (Heizkosten) der Bauten mindern und
- Feuchtigkeitsschäden (z.B. Schimmel) infolge von Tauwasser (Kondenswasser-Niederschlag) an den Innenseiten der Außenwände verhindern.

Für unsere Gesundheit ist das physikalische Wohlbefinden (Behaglichkeit) eine wichtige Voraussetzung. Die Behaglichkeitsfaktoren eines Menschen sind abhängig vom individuellen Wärmehaushalt und von der Art der Tätigkeit. Wohl fühlt sich ein Mensch bei einer

- **Raumtemperatur von 20 °C bis 22 °C**
- **Oberflächentemperatur der Raumbegrenzung von 16 °C bis 20 °C**
- **geringen Luftbewegung von 0 cm/s bis 20 cm/s**
- **relativen Luftfeuchtigkeit von 30 % bis 70 %**

Wärmeschutztechnische Rechenwerte für die Baustoffe und Bauteile vgl. Kapitel 3.7 ▶ S. 78 … 84.

Wärmelehre Kapitel 2.6 ▶ S. 52 und 53.

Physikalische Grundlagen

Temperatur ϑ

Temperaturen werden in Kelvin (K) oder Grad Celsius (°C) gemessen.

ϑ_i Temperatur der Rauminnenteile in °C
ϑ_a Temperatur der Raumaußenteile in °C
$\Delta\vartheta$ Temperaturdifferenz 1K ≙ 1°C

0	+ 273	+ 373	Kelvin
– 273°	0°	100°	Celsius

Wärmemenge Q

Wärme entsteht mechanisch, chemisch, elektrisch oder durch Atomspaltung. Die Einheit für die Wärmemenge ist Joule (J), wobei im Bauwesen Wattsekunde (Ws) und Kilowattstunde (kWh) verwendet werden.

$Q = c \cdot m$ — c spezifische Wärmekapazität
1 J ≙ 1 Ws — m Masse des Bauteils

Der Wärmestrom fließt stets von der höheren zur niedrigeren Temperatur. Wärme will immer zur kalten Seite.

Wärmeleitfähigkeit λ in $\frac{W}{mK}$

Dies ist die Wärmemenge Q, die in einer Sekunde durch einen Quadratmeter einer einen Meter dicken Stoffschicht beim Dauerzustand der Beheizung hindurchgeht, wenn die Temperaturdifferenz der beiden Oberflächen 1 °C beträgt.

Die Wärmeleitfähigkeit λ (Lambda) ist entscheidend von der Stoffdichte abhängig. Die Rechenwerte λ_R sind in den Stoffwerttabellen angegeben.

Je kleiner die Wärmeleitfähigkeit (Wärmeleitzahl), desto besser der Wärmeschutz.

Wärmedurchlasskoeffizient Λ in $\frac{W}{m^2K}$

Unter Berücksichtigung der Stoffdicke d gilt $\Lambda = \frac{\lambda_R}{d}$

Hinweis: Der Wärmedurchlasskoeffizient ist in der DIN 4108 nicht mehr definiert.

Wärmedurchlasswiderstand R in $\frac{m^2K}{W}$

Eine Baukonstruktion wird in der Regel beurteilt nach dem Wärmedurchlasswiderstand. Dabei ist die Wärmedämmung eines Bauteils bestimmt durch die Baustoffdicke d und den Wert λ_R.

$R = \frac{d}{\lambda_R}$ wobei d in m einzusetzen ist

$R = \frac{d_1}{\lambda_1} + \frac{d_2}{\lambda_2} + \ldots \frac{d_n}{\lambda_n}$ oder $R = \Sigma \frac{d_i}{\lambda_i}$

für mehrere Baustoffschichten mit $i = 1,2,3, \ldots, n$

Wärmeübergangswiderstände R_{si}, R_{se} in $\frac{m^2K}{W}$

Unter Berücksichtigung der Luftbewegung am Bauteil werden die Wärmeübergangswiderstände auf der inneren Bauteiloberfläche und der äußeren Bauteiloberfläche beschrieben. Die Rechenwerte sind nach DIN 4108 vorgegeben.

Wärmedurchgangswiderstand R_T in $\frac{m^2K}{W}$

$R_T = R_{si} + R + R_{se}$

Wärmedurchgangskoeffizient U in $\frac{W}{m^2K}$

Der U-Wert ergibt sich aus dem Wärmedurchlasswiderstand und den Wärmeübergangswiderständen.

$$U = \frac{1}{R_{si} + R + R_{se}} = \frac{1}{R_T}$$

Der mittlere Wärmedurchgangskoeffizient U_m für ein Bauteil ergibt sich entsprechend den nebeneinander liegenden Bauteilbereichen zu

$$U_m = \frac{U_1 \cdot A_1 + U_2 \cdot A_2 + \ldots + U_n \cdot A_n}{\Sigma A}$$

ΣA ist die Summe aller Teilflächen

$$U_{m,W+F} = \frac{U_W \cdot A_W + U_F \cdot A_F}{A_W + A_F}$$

U_W Außenwandbereich
U_F Fensterbereich

Je kleiner der U-Wert, desto besser die Wärmedämmung.

5.2.1 Wärmetechnische Mindestanforderungen

Bei Temperaturunterschieden zwischen dem beheizten Gebäudeinneren und dem unbeheizten Gebäudeinneren bzw. dem winterlichen Außen kommt es zur Wärmeübertragung durch die Umfassungsbauteile. Diese Wärmeübertragung ist durch ausreichend große Widerstände bzw. kleine Wärmeleitfähigkeiten zu begrenzen. Die inneren Bauteiloberflächen sollen behaglich warm sein und frei von gesundheitsschädlichem Tauwasser. Für den winterlichen Wärmeschutz werden an die Außenbauteile eines Bauwerks Mindestanforderungen definiert. Danach dürfen die Anforderungen der Tabelle für den **Wärmedurchlasswiderstand *R*** nicht überschritten werden.

Alle nationalen Regelwerke benutzen die internationalen Symbole.

Der Heizenergieverbrauch eines Gebäudes wird durch eine Vielzahl von Einflüssen bei der baulichen Gestaltung und Gebäudenutzung bestimmt. Der bauliche Wärmeschutz ist die sicherste und nachhaltigste Maßnahme des energiesparenden Bauens.

Bei Erfüllung der Tabellenwerte ist zu erwarten, dass sich im Geäude ein hygienisches Raumklima einstellt und Tauwasserfreiheit sichergestellt sowie das Risiko der Schimmelbildung verringert ist.

Mindestwerte der Wärmedurchlasswiderstände *R* für wärmeübertragende Bauteile
(mit einer flächenbezogenen Gesamtmasse vom ≥ 100 kg/m²) nach DIN 4108-2

Bauteile		Wärmedurchlasswiderstand *R*	m² · K/W
Außenwände einschl. Nischen und Brüstungen unter Fenstern, Fensterstürzen und Wärmebrücken			1,20
Wände von Aufenthaltsräumen gegen Bodenräume, Durchfahrten, offene Hausflure, Garagen			1,20
Wohnungstrennwände, Wände zu fremdgenutzten Räumen			0,07
Treppenraumwände zum Treppenraum	mit Innentemperaturen $\vartheta \leq 10$ °C, aber Treppenraum frostfrei		0,25
	mit Innentemperaturen $\vartheta > 10$ °C, z.B. in Verwaltungsgebäuden, Geschäftshäusern, Schulen, Hotels, Gaststätten und Wohngebäuden		0,07
Wände von Aufenthaltsräumen, die an das Erdreich grenzen			1,20
Wohnungstrenndecken, Decken zwischen fremden Arbeitsräumen, Decken unter ausgebauten Dachräumen mit gedämmten Dachschrägen und Abseitenwänden		allgemein	0,35
		in zentralbeheizten Bürogebäuden	0,17
Decken unter nicht ausgebauten Dachräumen, Decken unter belüfteten Räumen zwischen Dachschrägen und Abseitenwänden bei ausgebauten Dachräumen, wärmegedämmten Dachschrägen			0,90
Decken und Dächer, die Aufenthaltsräume nach oben gegen die Außenluft abgrenzen, Decken und Dächer unter Terrassen, Umkehrdächer			1,20
Kellerdecken, Decken gegen abgeschlossene, unbeheizte Hausflure			0,90
Decken, die Aufenthaltsräume nach unten gegen die Außenluft abgrenzen, z.B. über Garagen, Durchfahrten und belüfteten Kriechkellern			1,75
Unterer Abschluss nicht unterkellerter Aufenthaltsräume, wenn unmittelbar an das Erdreich (bis zu einer Raumtiefe von 5 m) oder über einem nicht belüfteten Hohlraum an das Erdreich grenzend			0,90

Mindestwerte der Wärmedurchlasswiderstände *R* für leichte Bauteile (mit einer flächenbezogenen Gesamtmasse vom < 100 kg/m², sowie für Rahmen und Skelettbauarten) nach DIN 4108-2

Bauteile		Wärmedurchlasswiderstand *R*	m² · K/W
Außenwände, Decken unter nicht ausgebauten Dachräumen und Dächer (< 100 kg/m²)			1,75
Rahmen und Skelettbauarten	nur im Gefachebereich		1,75
	für das gesamte Bauteil im Mittel (R_m)		1,00
Rollladenkästen			1,00
Deckel von Rollladenkästen			0,55
Nichttransparenter Teil der Ausfachung von Fensterwänden und Fenstertüren	bei > 50 % der Gesamtausfachungsfläche		1,20
	bei < 50 % der Gesamtausfachungsfläche		1,00

Grundsatz: Der Mindestwärmeschutz muss an jeder Stelle eines Bauteils vorhanden sein. Dies gilt insbesondere für Nischen, Brüstungen, Fensterstürze und Rohrkanäle. Werden die Anforderungen der Tabellen bereits von einer oder mehreren Schichten erfüllt, erübrigt sich ein weiterer Nachweis.

<table>
<tr><th colspan="2">Wärmeübergangswiderstände
DIN 4108/DIN EN ISO 6946 in $\frac{m^2 K}{W}$</th><th>innen
R_{si}</th><th>außen
R_{se}</th></tr>
<tr><td>Außenwand (ausgenommen nach Zeile 2)</td><td>1</td><td rowspan="6">0,125</td><td>0,043</td></tr>
<tr><td>Außenwand mit hinterlüfteter Außenhaut, Abseitenwand zum nicht wärmegedämmten Dachraum</td><td>2</td><td>0,083</td></tr>
<tr><td>Wohnungstrennwand, Trennraumwand, Wand zwischen fremden Arbeitsräumen, Trennwand zu dauernd unbeheizten Raum, Abseitenwand zum wärmegedämmten Dachraum</td><td>3</td><td>0,125</td></tr>
<tr><td>An das Erdreich grenzende Wand</td><td>4</td><td>0</td></tr>
<tr><td>Decke oder Dachschräge, die Aufenthaltsraum nach oben gegen die Außenluft abgrenzt (nicht belüftet)</td><td>5</td><td>0,043</td></tr>
<tr><td>Decke unter nicht ausgebautem Dachraum, unter Spitzboden oder unter belüftetem Raum (z. B. belüftete Dachschräge)</td><td>6</td><td>0,083</td></tr>
<tr><td>Wohnungstrenndecke und Decke zwischen fremden Arbeitsräumen, Wärmestrom von unten nach oben</td><td rowspan="2">7</td><td>0,10</td><td>0,10</td></tr>
<tr><td>Wärmestrom von oben nach unten</td><td rowspan="4">0,167</td><td>0,167</td></tr>
<tr><td>Kellerdecke</td><td>8</td><td>0,167</td></tr>
<tr><td>Decke, die einen Aufenthaltsraum nach unten gegen die Außenluft abgrenzt</td><td>9</td><td>0,043</td></tr>
<tr><td>Unterer Abschluss eines nicht unterkellerten Aufenthaltsraumes (an das Erdreich grenzend)</td><td>10</td><td>0</td></tr>
</table>

5

Luftschichten

Wärmedurchlasswiderstand R_g in m^2K/W ruhender Luftschichten (nach DIN EN ISO 6946)			
Dicke der Luftschicht in mm	Richtung des Wärmestromes		
	Aufwärts	Horizontal	Abwärts
0	0,00	0,00	0,00
5	0,11	0,11	0,11
7	0,13	0,13	0,13
10	0,15	0,15	0,15
15	0,16	0,17	0,17
25	0,16	0,18	0,19
50	0,16	0,18	0,21
100	0,16	0,18	0,22
300	0,16	0,18	0,23

Zwischenwerte können interpoliert werden.
Geneigte Flächen bis ± 30° gelten als horizontal.

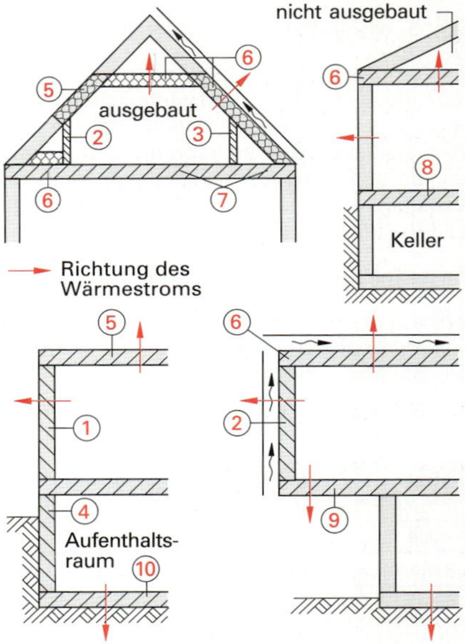

- Lage und Ausbildung der Bauteile (Die Positionen ① bis ⑩ entsprechen der Nummerierung in der Tabelle)
- Bei innen liegenden Bauteilen ist zu beiden Seiten mit dem selben Wärmeübergangswiderstand zu rechnen.
- Nach DIN EN ISO 6946 darf vereinfacht mit $R_{si} = 0{,}13\ m^2K/W$ und $R_{se} = 0{,}04\ m^2K/W$ außer Position ④ und ⑩ gerechnet werden.

Luftschichten

- Bei Außenbauteilen mit stark belüftetem Gefachebereich erbringen die Bauteile zwischen der Luftschicht und der Außenluft keinen wesentlichen Anteil zum Wärmeschutz. Sie werden beim rechnerischen Ansatz nicht berücksichtigt. Hier darf $R_{se} = R_{si}$ gesetzt werden.
- Schwach belüftet ist eine Luftschicht wenn die Verbindungsöffnungen 1500 mm^2/m^2 nicht übersteigt. Für solche Luftschichten darf für den Wärmedurchgangswiderstand R_g die Hälfte des entsprechenden Tabellenwertes angesetzt werden, allerdings nur bis zum maximal regulären Tabellenwert 0,15 m^2K/W.
- Ruhende Luftschichten bezeichnen Luftschichten, die nicht mit der das Bauteil umgebenden Luft in Verbindung stehen.
- Bei Außenmauern nach DIN 1053 darf Luftschicht und Vorsatzschale in die Berechnung mit einbezogen werden. Die Luftschicht wird als ruhend eingestuft, wenn die Verbindungsöffnung 500 mm^2/m nicht überschreitet.

Einzelbauteile

- Bei Fußbodenheizungen gehen nur die Schichten unterhalb der Estrichplatte in die Berechnung ein.
- Bei ausgebauten Dachräumen ist die Wärmedämmung in den Abseiten bis zum Dachfußpunkt zu führen.
- Genügt beim ausgebauten Dachgeschoss die obere Geschossdecke den Mindestanforderungen mit $R = 0{,}90$ m²K/W bzw. $R = 1{,}75$ m²K/W, ist ein weiterer Wärmeschutznachweis des Daches nicht gefordert.

Temperaturverlauf

Durch ein Bauteil mit der Fläche $A = 1{,}00$ m² fließt bei einer beidseitig angrenzenden Luftschicht mit ϑ_{Le} (Temperatur der Luftschicht außen) bzw. ϑ_{Li} (Temperatur der Luftschicht innen) ein Wärmestrom der Dichte q (in W/m²).

$$q = U \cdot (\vartheta_{Li} - \vartheta_{Le})$$

$$\Delta\vartheta = q \cdot d/\lambda$$

Daraus ergeben sich die Oberflächentemperaturen auf der Innenseite ϑ_{oi}, auf der ersten, zweiten bis n-ten Schicht ϑ_1, ϑ_2 ... ϑ_n und auf der Außenseite ϑ_{oe}.

$\vartheta_{oi} = \vartheta_{Li} - R_{si} \cdot q$ $\quad$ $\vartheta_1 = \vartheta_{oi} - (d/\lambda_1) \cdot q$

$\vartheta_2 = \vartheta_1 - (d/\lambda_2) \cdot q$ $\quad$ $\vartheta_3 = \vartheta_2 - (d/\lambda_3) \cdot q$

$\vartheta_{oe} = \vartheta_n - R_{se} \cdot q$

Hinweis: Als Formelzeichen für die Celsius-Außentemperatur wird auch Θ verwandt.

Indizes: L Luftschicht, i innen (interior), e außen (exterior), s Oberfläche (surface)

Rippen und Gefache

- Die Rippenhöhe ist in Abhängigkeit von der Anordnung der Dämmschicht (Dämmhöhe) zu berücksichtigen.

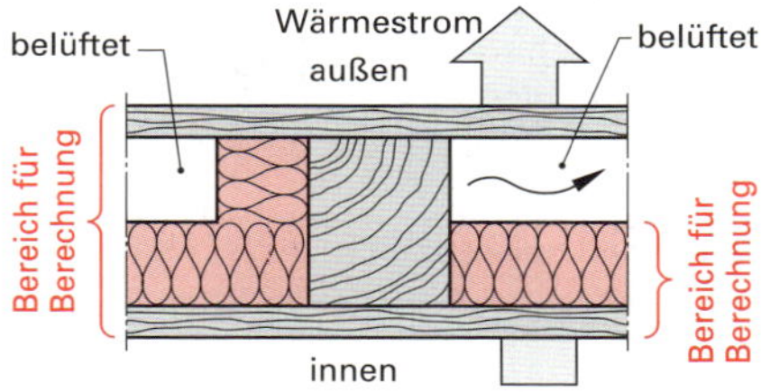

Abdichtungen

- Bei der Berechnung des Wärmedurchlasswiderstandes werden nur die Schichten von innen nach außen bis zur Bauwerksabdichtung berücksichtigt (z.B. beim Flachdach). Davon ausgenommen sind Dämmschichten, die beim Umkehrdach auf der Dachhaut liegen, sowie Perimeterdämmungen.
- Dämmplatten dürfen nicht im Grundwasser liegen. Die maximale Wasseraufnahme darf 3 % nicht überschreiten.
  Schaumglas muss dicht gestoßen, im Verbund gelegt und mit Bitumenkleber angeklebt werden.
- Holzwolleschichten mit $d < 15$ mm dürfen zur Berechnung von R nicht berücksichtigt werden.

5

Beispiel: Einschalige Massivwand

Der Wärmedurchgang durch eine einschalige massive Außenwand ist zu berechnen. Der vorhandene Wärmedurchlasswiderstand ist mit dem geforderten Mindestwert zu vergleichen, der vorhandene Wärmedurchgangskoeffizient mit dem zulässigen Maximalwert. Die Außentemperatur beträgt – 12 °C, die Innentemperatur + 23 °C. Der Temperaturverlauf ist grafisch darzustellen. Die Wanddicke beträgt 24 cm, als Baustoff wurden Leichtlochziegel mit einer Rohdichte von 1000 kg/m³ ausgewählt.

Masse des Bauteils $\quad m = 0{,}24\ \text{m} \cdot \dfrac{1000\ \text{kg}}{\text{m}^3} \Rightarrow \mathbf{m = 240\ kg/m^2 > 100\ kg/m^2}$

Wärmedurchlasswiderstand (Wärmedämmwert) $\quad R = \dfrac{0{,}24\ \text{m}}{0{,}45\ \dfrac{\text{W}}{\text{m K}}} \Rightarrow$ **vorh.** $\mathbf{R = 0{,}53\ \dfrac{m^2 K}{W} < 1{,}20\ \dfrac{m^2 K}{W}}$

der erforderliche Mindestwert ist unterschritten; Konstruktion nicht zulässig!

Wärmedurchgangskoeffizient

$R_{si} = 0{,}13\ \dfrac{\text{m}^2\text{K}}{\text{W}}$ und $R_{se} = 0{,}04\ \dfrac{\text{m}^2\text{K}}{\text{W}}$

vorh $R_T = 0{,}13\ \dfrac{\text{m}^2\text{K}}{\text{W}} + 0{,}53\ \dfrac{\text{m}^2\text{K}}{\text{W}} + 0{,}04\ \dfrac{\text{m}^2\text{K}}{\text{W}}$

vorh $R_T = 0{,}70\ \dfrac{\text{m}^2\text{K}}{\text{W}} \Rightarrow \mathbf{U = 1{,}43\ \dfrac{W}{m^2 K} > 0{,}45\ \dfrac{W}{m^2 K}}$ **nach EnEV**

der zulässige Maximalwert ist überschritten, Konstruktion nicht zulässig!

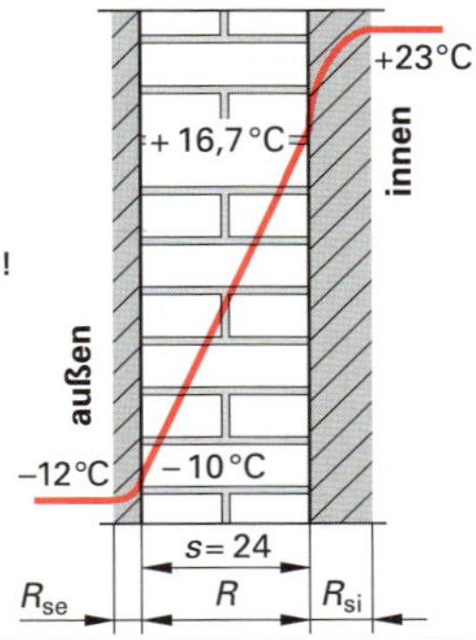

Fenster

Fenster bzw. Fenstertüren bestehen aus Rahmen und Verglasung. Für Fenster- und Türrahmen werden Holz, Aluminium und Kunststoff verwendet. Die Verglasung ► S. 229 besteht meist aus einer Doppelverglasung, auch Isolierverglasung oder Warmglas genannt. Einfachverglasungen dürfen nicht mehr eingebaut werden. Bei der Anwendung der DIN EN 10077 ist zu beachten, dass sie den Bemessungswärmedurchgangskoeffizienten von Verglasung, Fenster, Fenstertüren DIN V 4108-4 entsprechen müssen. Bei der Änderung von Bauteilen oder Erneuerung von Fenstern und Fenstertüren darf der U_{max} = 1,7 W/(m² · K) nicht überschritten werden. Beim Ersatz der Verglasung darf deren *U*-Wert 1,5 W/m²K nicht überschreiten.

Wärmedurchgangskoeffizient U_w für Fenster (DIN V 4108-4 07.2004)

Flächenanteil des Rahmens in % der Gesamtfensterfläche (Auswahl)

Art der Verglasung	U_g W/(m² · K) ↓ / U_f →	20 % der Gesamtfläche U_w in W/(m² · K)									30 % der Gesamtfläche U_w in W/(m² · K)								
		1,0	1,4	1,8	2,2	2,6	3,0	3,4	5,0	7,0	1,0	1,4	1,8	2,2	2,6	3,0	3,4	5,0	7,0
Einscheiben Verglasung	5,7	4,8	4,8	4,9	5,0	5,1	5,2	5,2	5,3	5,9	4,3	4,4	4,5	4,6	4,8	4,9	5,0	5,1	6,1
Zwei-scheiben-Isolier-verglasung	2,9	2,6	2,7	2,8	2,8	3,0	3,0	3,1	3,2	3,7	2,4	2,5	2,7	2,8	3,0	3,1	3,2	3,3	4,1
	2,7	2,4	2,5	2,6	2,7	2,8	2,9	3,0	3,0	3,6	2,3	2,4	2,5	2,6	2,8	2,9	3,1	3,2	4,0
	2,5	2,3	2,4	2,5	2,6	2,7	2,7	2,8	2,9	3,4	2,2	2,3	2,4	2,6	2,7	2,8	3,0	3,1	3,9
	2,3	2,1	2,2	2,3	2,4	2,5	2,6	2,7	2,7	3,3	2,1	2,2	2,3	2,4	2,6	2,7	2,8	2,9	3,8
	2,1	2,0	2,1	2,2	2,2	2,3	2,4	2,5	2,6	3,1	1,9	2,0	2,2	2,3	2,4	2,6	2,7	2,8	3,6
	1,9	1,8	1,9	2,0	2,1	2,2	2,3	2,3	2,4	3,0	1,8	1,9	2,0	2,1	2,3	2,4	2,5	2,7	3,5
	1,7	1,7	1,8	1,8	1,9	2,0	2,1	2,2	2,3	2,8	1,6	1,8	1,9	2,0	2,2	2,3	2,4	2,5	3,3
	1,5	1,5	1,6	1,7	1,8	1,9	1,9	2,0	2,1	2,6	1,5	1,6	1,7	1,9	2,0	2,1	2,3	2,4	3,2
	1,3	1,4	1,4	1,5	1,6	1,7	1,8	1,9	2,0	2,5	1,4	1,5	1,6	1,7	1,9	2,0	2,1	2,2	3,1
	1,1	1,2	1,3	1,4	1,4	1,5	1,6	1,7	1,8	2,3	1,2	1,3	1,5	1,6	1,7	1,9	2,0	2,1	2,9
Dreischeiben-Isolier-verglasung	1,2	1,3	1,4	1,5	1,7	1,8	1,9	2,1											
	1,1	1,2	1,3	1,5	1,6	1,7	1,9	2,0											
	1,0	1,1	1,3	1,4	1,5	1,7	1,8	1,9											
	0,9	1,1	1,2	1,3	1,4	1,6	1,7	1,8											
	0,8	1,0	1,1	1,3	1,4	1,5	1,7	1,8											
	0,7	0,9	1,1	1,2	1,3	1,5	1,6	1,7											
	0,6	0,9	1,0	1,1	1,2	1,4	1,5	1,6											
	0,5	0,8	0,9	1,0	1,2	1,3	1,4	1,6											

Index f engl. frame, früher R
Indes g engl. glazing, früher V
Index W engl. window, früher F

Material des Abstandhalters in W/m K

Aluminium	Ψ	0,08
Edelstahl		0,053
Kunststoff		0,045

5

Berechnung Fenster

$$U_W = \frac{A_f \cdot U_f + A_g \cdot U_g + l_G \cdot \psi_G}{A_f + A_g}$$

A_f Fläche Fensterrahmen
U_f Wärmedurchgangskoeffizient Fensterrahmen
A_g Fläche Glas
U_g Wärmedurchgangskoeffizient Glas
l_G Länge Verglasungsdichtung
ψ_G Wärmedurchgangskoeffizient Abstandshalter (MIG)
ψ_{BW} Wärmedurchgangskoeffizient Einbaudämmung

Berücksichtigung der Wärmebrücken ψ_{BW}

- Erhöhung für die gesamte wärmeübertragende Umfassungsfläche pauschal: ΔU_{BW} = 0,10 W/(m² · K)
- Erhöhung für die gesamte wärmeübertragende Umfassungsfläche bei Anwendung DIN 4108 Bbl 2: ΔU_{BW} = 0,10 W/(m² · K)

Bei Planung und Einbau ist darauf zu achten, dass die 13 °C Isotherme in den Bauteilen verläuft, um so die Kondenswasserbildung und Schimmelbildung zu vermeiden.

Wärmebrücken an einem Fenster

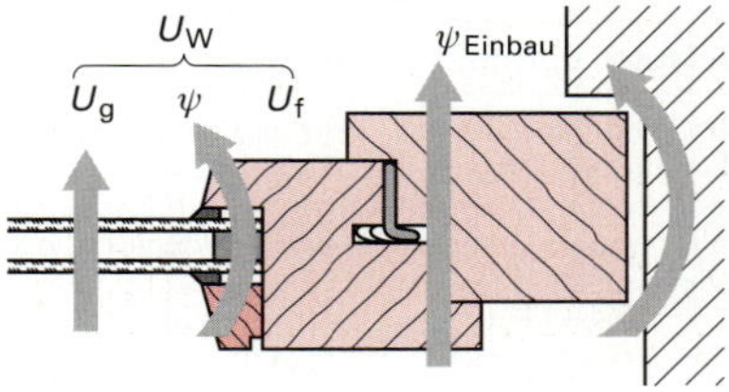

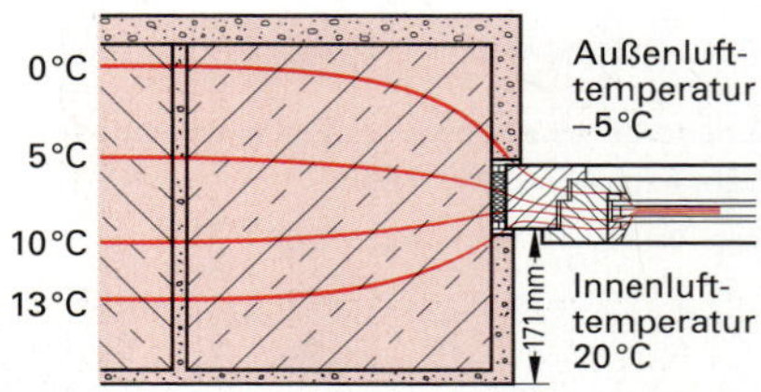

$f_{0,25}$ = 0,75
ψ_e = 0,04 W/(m·K)

5.2.2 Energieeinsparverordnung

Die Energieeinsparverordnung (EnEV), die aus der europäischen Norm DIN EN 832 abgeleitet wurde, legt den Grenzwert des Primärenergiebedarfes fest und verbindet Wärmeschutzverordnung und Heizungsanlagenverordnung (DIN 4701). Grundsätzlich gelten DIN 4108 und die Energieeinsparverordnung nebeneinander. Die jeweils weitestgehende Anforderung muss eingehalten werden. In das Nachweisverfahren der EnEV werden einbezogen:

- die Gebäudegeometrie (Grundfläche, Raumhöhe, Volumen, Umhüllungsfläche)
- die Wärmedurchgangskoeffizienten der Bauteile
- die Zahl der Heizgradtage im Jahr (statistischer Mittelwert)
- der solare Wärmegewinn durch Glasflächen
- der Wärmegewinn aus internen Wärmequellen
- der Lüftungswärmeverlust unter Berücksichtigung einer evtl. Wärmerückgewinnung
- Korrekturfaktoren der Gebäudedichtheit
- das Vermeiden von Wärmeverlusten durch Wärmebrücken

Höchstwerte nach EnEV 2007

Zu errichtende Wohngebäude sind so auszuführen, dass der Jahres-Primärenergiebedarf für Heizung, Lüftung und Wasseraufbereitung sowie die spezifische auf die Wärme übertragende Umfassungsfläche bezogenen Transmissionswärmeverluste die **Höchstwerte** nach der Tabelle auf ► Seite 143 nicht überschreitet. Das Berechnungsverfahren nach dem vereinfachten Jahresbilanzverfahren ist auf den ► Seiten 144 bis 146 dargestellt.

Höchstwerte nach EnEV 2009

Der Höchstwert des Jahres-Primärenergiebedarfs eines zu errichtenden Wohngebäudes ist der auf die Gebäudenutzfläche bezogene Jahres-Primärenergiebedarf eines Referenzgebäudes.

Vier Aspekte bestimmen die Qualität der Energieeffizient-Häuser

- die Gebäudeform
- die Wärmedämmwerte der einzelnen eingesetzten Baustoffe
- die Wärmebrücken mindernde Architektur
- die Luftdichtheit

Planungshinweise zur Gebäudeform

- Kompakter Baukörper
- Vermeidung von Vor- und Rücksprüngen von mehr als 0,50 m
- Einfache Dachformen, Verzicht auf Erker und Gauben
- Süd-/Westorientierung der Fensterflächen

Referenzgebäude

• Gleiche Ausrichtung • Gleiche Nutzfläche • Gleiche Geometrie • Gleiche Nutzung

Der zulässige Transmissionswärmeverlust H'_T ist grundsätzlich von den Referenzgebäuden nach untenstehender Tabelle abhängig.

RMH/Baulücke Erweiterungen	Gebäude, freistehend $A_N > 350\ m^2$	DHH/REH einseitig angebaut	Gebäude, freistehend $A_N \leq 350\ m^2$
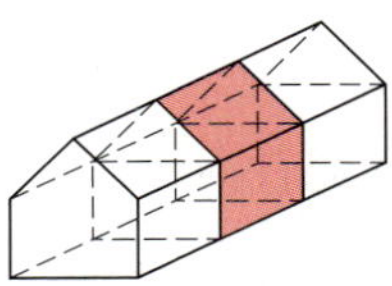	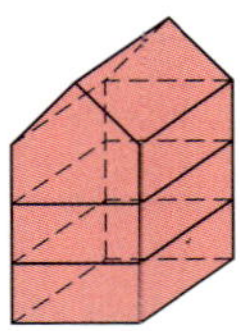	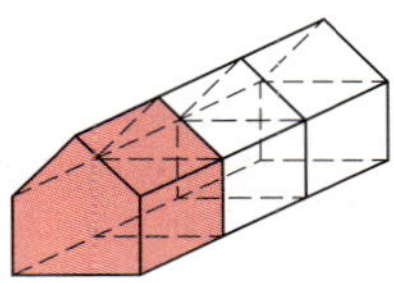	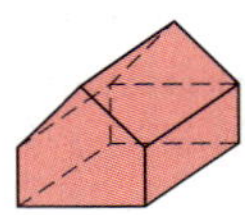
$H'_T = 0{,}65\ W/(m^2 \cdot K)$	$H'_T = 0{,}5\ W/(m^2 \cdot K)$	$H'_T = 0{,}45\ W/(m^2 \cdot K)$	$H'_T = 0{,}4\ W/(m^2 \cdot K)$

Das Berechnungsverfahren kann wie auf den ► Seiten 144 bis 146 dargestellt durchgeführt werden. Die Vorgaben für das Referenzgebäude sind auf Seite 142 tabellarisch zusammen gefasst.

Ausführung des Referenzgebäudes		
Bauteil/System	**Referenzausführung/Wert (Maßeinheit)**	
	Eigenschaft	
Außenwand, Geschossdecke gegen Außenluft	Wärmedurchgangskoeffizient	$U = 0{,}28$ W/(m² · K)
Außenwand gegen Erdreich, Bodenplatte, Wände und Decken zu unbeheizten Räumen	Wärmedurchgangskoeffizient	$U = 0{,}35$ W/(m² · K)
Dach, oberste Geschossdecke, Wände zu Abseiten	Wärmedurchgangskoeffizient	$U = 0{,}20$ W/(m² · K)
Fenster, Fenstertüren	Wärmedurchgangskoeffizient	$U = 1{,}30$ W/(m² · K)
	Gesamtenergiedurchlass der Verglasung	$g_{\perp} = 0{,}60$
Dachflächenfenster	Wärmedurchgangskoeffizient	$U = 1{,}40$ W/(m² · K)
	Gesamtenergiedurchlass der Verglasung	$g_{\perp} = 0{,}60$
Lichtkuppeln	Wärmedurchgangskoeffizient	$U = 2{,}70$ W/(m² · K)
	Gesamtenergiedurchlass der Verglasung	$g_{\perp} = 0{,}64$
Außentüren	Wärmedurchgangskoeffizient	$U = 1{,}80$ W/(m² · K)
Wärmebrückenzuschlag		$\Delta U_{WB} = 0{,}05$ W/(m² · K)
Luftdichtheit der Gebäudehülle	Bemessungswert n_{50}	Bei Berechnung nach • DIN V 4108-6:2003-06: mit Dichtheitsprüfung • DIN V 18599-2:2007-02: nach Kategoerie I
Sonnenschutzvorrichtung	Soweit hier Sonnenschutzverglasung zum Einsatz kommt, ist bei Fenstern, Türen und Dachflächenfenstern $g_{\perp} = 0{,}35$ anzusetzen.	

Heizungsanlage

- Wärmeerzeugung durch Brennwertkessel (verbessert), Heizöl EL. Aufstellung:
  - für Gebäude bis zu 2 Wohneinheiten innerhalb der thermischen Hülle
  - für Gebäude mit mehr als 2 Wohneinheiten außerhalb der thermischen Hülle
- Auslegungstemperatur 55 °C/45 °C, zentrales Verteilsystem innerhalb der Wärme übertragenden Umfassungsfläche, innen liegende Stränge und Anbindeleitungen, Pumpe auf Bedarf ausgelegt (geregelt, Δp konstant), Rohrnetz hydraulisch abgeglichen, Wärmedämmung der Rohrleitungen
- Wärmeübergabe mit freien statischen Heizflächen, Anordnung an normaler Außenwand, Thermostatventile mit Proportionalbereich 1 K

Anlage zur Warmwasserbereitung

- zentrale Warmwasserbereitung mit Heizungsanlage
- Solaranlage (Kombisystem mit Flachkollektor) entsprechend den Vorgaben nach DIN V 4701-10: 2003-08 oder DIN V 18599-5:2007-02
- Speicher, indirekt beheizt (stehende), gleiche Aufstellung wie Wärmeerzeuger, Auslegung nach DIN V 4701-10:2003-08 oder DIN V 18599-5:2007-02 als
  - kleine Solaranlage bei $A_N < 500$ m² (bivalenter Solarspeicher)
  - große Solaranlage bei $A_N \geq 500$ m²
- Verteilsystem innerhalb der Wärme übertragenden Umfassungsfläche, innen liegende Stränge, gemeinsame Installationswand, Wärmedämmung der Rohrleitungen, mit Zirkulation, Pumpe auf Bedarf ausgelegt (geregelt, Δp konstant)

Anforderungen an zu errichtende Wohngebäude nach EnEV 2007

Im Sinne der Energieeinsparverordnung sind

- **Gebäude mit normalen Innentemperaturen** solche Gebäude, die auf eine Innentemperatur von mindestens 19 °C und jährlich mehr als 4 Monate beheizt werden,
- Wohngebäude solche Gebäude, die ganz oder überwiegend zum Wohnen genutzt werden,
- Wohngebäude solche Gebäude, deren Fensterflächenanteil 30 % der Umfassungsfläche nicht überschreiten,
- **Gebäude mit niedrigen Innentemperaturen** solche Gebäude, die auf eine Innentemperatur von mindestens 12 °C und weniger als 19 °C und jährlich mehr als 4 Monate beheizt werden.

Zu errichtende Wohngebäude mit normalen Innentemperaturen sind so auszuführen, dass

- der auf die Gebäudenutzung bezogene Jahres-Primärenergiebedarf und
- der spezifische, auf die Wärme übertragene Umfassungsfläche bezogene Transmissionswärmeverlust die Höchstwerte nicht überschreitet.

Beispiel: Lage der Systemgrenzen

Die beheizte Umfassungsfläche wird nach DIN EN ISO 13789 ermittelt und umschließt alle Räume, die beheizt werden.

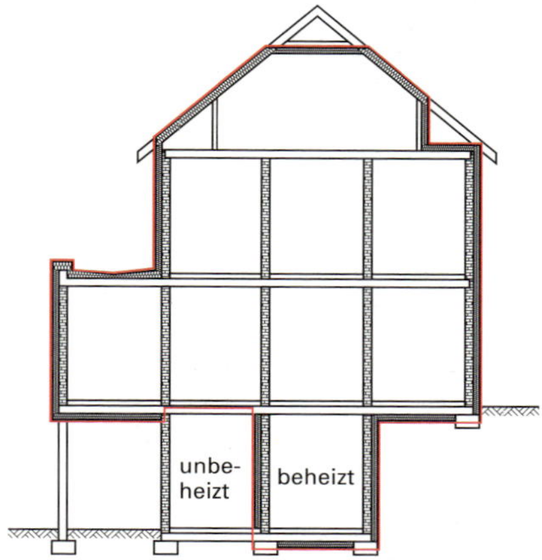

Höchstwerte des Jahres-Primärenergiebedarfs und des Transmissionswärmeverlustes

Verhältnis A/V_e	Q_p'' in kWh/(m² · a) bezogen auf die Gebäudenutzfläche: Wohngebäude mit fossiler Warmwasserbereitung[1]	Q_p'': Wohngebäude mit Warmwasserbereitung aus elektrischem Strom	Transmissionswärmeverlust H_T' in W/(m² · K): Nichtwohngebäude mit einem Fensterflächenanteil ≤ 30 % und Wohngebäude
≤ 0,2	$66{,}00 + 2600/(100 + A_N)$	83,00[2]	1,05[3]
0,3	$73{,}53 + 2600/(100 + A_N)$	91,33	0,80
0,4	$81{,}06 + 2600/(100 + A_N)$	98,86	0,68
0,5	$88{,}58 + 2600/(100 + A_N)$	106,39	0,60
0,6	$96{,}11 + 2600/(100 + A_N)$	113,91	0,55
0,7	$103{,}64 + 2600/(100 + A_N)$	121,44	0,51
0,8	$111{,}17 + 2600/(100 + A_N)$	128,97	0,49
0,9	$118{,}70 + 2600/(100 + A_N)$	136,50	0,47
1	$126{,}23 + 2600/(100 + A_N)$	144,03	0,45
≥ 1,05	$130{,}00 + 2600/(100 + A_N)$	147,79	0,44

Zwischenwerte

1) $Q_p'' = 50{,}94 + 75{,}29 \cdot A/V_e + 2600/(100 + A_N)$ in kWh/(m² · a)

2) $Q_p'' = 68{,}74 + 75{,}29 \cdot A/V_e$ in kWh/(m² · a)

3) $H_T' = 0{,}3 + 0{,}15 / (A/V_e)$ in W/(m² · K)

und bei einem Fensteranteil > 30 %

$H_T' = 0{,}35 + 0{,}24 / (A/V_e)$ in W/(m² · K)

Definition der Bezugsgrößen A, A_N und V_e

Die Wärme übertragende **Umfassungsfläche A** des Gebäudes ist mit den Abmessungen der äußeren Begrenzungsflächen des beheizten Gebäudeteils zu berechnen.

Das **Gebäudevolumen V_e** wird mit den Außenmaßen der fertigen, Wärme übertragenden Umfassungsfläche ermittelt. Darin sind alle Räume inbegriffen, die entweder direkt oder indirekt durch Raumverbund (z.B. Flure, Dielen) beheizt werden.

Die **Gebäudenutzfläche A_N** wird wie folgt ermittelt:

$$A_N = 0{,}32\ V_e$$

Fensterflächenanteil

$$f = A_w / (A_W + A_{AW})$$

mit A_W Fensterfläche;
A_{AW} Fläche der Außenwände

Bei beheizten Dachgeschossen sind die Dachflächenfenster in A_W, die beheizte Dachschräge in A_{AW} einzurechnen.

Jahres-Primärenergieverbrauch Q_P

Der Jahres-Primärenergiebedarf ist vereinfacht wie folgt zu ermitteln:

$$Q_P = (Q_H + Q_W) \cdot e_p$$

Q_H Jahres-Heizwertbedarf in kWh/a
Q_W Zuschlag für Warmwasser in kWh/a
e_p Anlageaufwandszahl ► S. 145

Warmwasserbereitung Q_W

Als Nutz-Wärmebedarf für die Warmwasserbereitung Q_W sind vereinfacht 12,5 kWh/(m² · a) mit A_N in m² in Ansatz zu bringen.

Transmissionswärmeverlust H_T

Die Berechnung des Transmissionswärmeverlustes erfolgt gemäß DIN 4108 aus den Wärmedurchlasskoeffizienten U_i, der Bezugsfläche A_i und dem Temperaturkorrekturfaktor F_{xi}.

$$H_T = \Sigma (F_{xi} \cdot U_i \cdot A_i) + \Delta U_{WB} \cdot A$$

Beheiztes Volumen

Bei Gebäuden bis 3 Vollgeschossen gilt:

$$V = 0{,}76\ V_e$$

In allen übrigen Fällen:

$$V = 0{,}80\ V_e$$

Wärmebrücken

Die Wärmebrücken sind besonders zu berücksichtigen und nachzuweisen. Im vereinfachten Fall gilt für die, die gesamte Wärme übertragende Umfassungsfläche:

$$\Delta U_{WB} = 0{,}05\ \text{W/m}^2\ \text{K}$$

Lüftungswärmeverlust H_V

Der Lüftungswärmeverlust ermittelt sich nach folgender Formel:

mit Dichtheitsprüfung

$$H_V = 0{,}163\ V_e$$

ohne Dichtheitsprüfung

$$H_V = 0{,}19\ V_e$$

Solare Wärmegewinne Q_S

Die solaren Wärmegewinne werden nach der Orientierung der Fensterflächen, der solaren Einstrahlung und dem Gesamtenergiedurchlassgrad berechnet.
Dachflächen mit einer Neigung > 30° sind hinsichtlich der Orientierung wie senkrechte Fenster zu berechnen.

$$Q_S = \Sigma (I_j \cdot 0{,}567 \cdot A_{F,i} \cdot g_i)$$

Temperaturkorrekturfaktoren F_{xi}		
Wärmestrom nach außen über Bauteil		Temperaturkorrekturfaktor F_{xi}
Außenwand	A_W	1,0
Dach (als Systemgrenze)	A_D	1,0
Oberste Geschossdecke (Dachraum nicht ausgebaut)	A_{DG}	0,8
Abseitenwand (Drempelwand)	A_{AW}	0,8
Wände und Decken zu unbeheizten Räumen	A_{WB}	0,5
Unterer Gebäudeabschluss Kellerdecke/-wände zu unbeheiztem Keller, Fußboden auf Erdreich; Keller gegen Erdreich	A_G	0,6
Fenster	A_F	1,0

Solare Einstrahlung I_j nach Orientierung	
Südost bis Südwest	270 kWh/(m² · a)
Nordwest bis Nordost	100 kWh/(m² · a)
übrige Richtungen	155 kWh/(m² · a)
Dachflächenfenster mit Neigung < 30°	225 kWh/(m² · a)
Die Fläche der Fenster A_i mit der Orientierung j (Süd, West, Ost, Nord und horizontal) ist nach den lichten Fassadenöffnungsmaßen zu ermitteln.	

Interne Wärmegewinne Q_i

Die internen Wärmegewinne in kWh/a werden pauschal angerechnet mit:

$$Q_i = 22\ A_N$$

Jahres-Heizwärmebedarf Q_h

Unter Berücksichtigung der Heizgradtage gilt der Faktor f_{Gt} = 66 für die Berechnung des Heizwärmebedarfes in kWh/a.

$$Q_H = 66\ (H_T + H_V) - 0{,}95\ (Q_S + Q_i)$$

Gesamtenergiedurchlassgrad g

Die Energiedurchlässigkeit von Verglasungen wird durch den Energiedurchlassgrad g ausgedrückt; z.B. 0,58 bedeutet, dass 58 % der auf die Verglasung auftretenden Wärmeenergie hindurchgeht. Niedrigere Energiedurchlassgrade sind anzustreben.

g-Werte üblicher Fenstergläser (Richtwerte)	
Einfachverglasung	g = 0,87
Doppelverglasung	g = 0,80
Wärmeschutzverglasung	g = 0,58
Dreifachverlasung normal	g = 0,55
Sonnenschutzverglasung	g = 0,55

Anlageaufwandszahl e_p

In der DIN 4701 (Energetische Bewertung heiztechnischer Anlagen) werden insgesamt 8 Heizanlagen grafisch erfasst. Im Beiblatt 1 zur DIN sind mehr als 70 Beispielheizungen aufgelistet.

Abhängig von der beheizten Nutzfläche A_N und dem Jahres-Heizwärmebedarf ist die Anlageaufwandszahl zu ermitteln. Wichtig ist daher eine Verwendung produktspezifischer Kennwerte. Die nebenstehende Grafik zeigt Vergleichswerte von Anlagen bei 150 m² bis 500 m² Gebäudenutzfläche.

Formel e_p für Wohngebäude

$$e_p = \frac{Q_{H,P} + Q_{L,P} + Q_{TW,P}}{Q_h + 12{,}5}$$

Anhaltswerte für die Anlageaufwandszahl e_p	
Niedertemperatur-Kessel 70/55 °C mit Horizontal-Verteilung und Kesselaufstellung im Keller	1,4 … 2,0
Niedertemperatur-Kessel 70/55 °C komplett im beheizten Bereich aufgestellt (NT-Kessel)	1,3 … 1,8
Brennwert-Kessel 55/45 °C komplett im beheizten Bereich aufgestellt	1,2 … 1,6
Brennwert-Kessel 55/45 °C komplett im beheizten Bereich aufgestellt und solare Trinkwassererwärmung	1,1 … 1,15
Brennwert-Kessel 55/45 °C komplett im beheizten Bereich aufgestellt und Lüftungsanlage mit Wärmerückgewinnung (BW-Kessel)	1,15 … 1,5

Vergleichsgrafik Anlageaufwandszahl

① NT-Kessel + TW-Speicher, HK 70/55 °C außerhalb thermischer Hülle, Zirkulation
② wie 1) jedoch BW statt NT-Kessel
③ wie 2) innerhalb thermischer Hülle
④ wie 3) ohne Zirkulation
⑤ wie 3) mit Lüftungsanlage
⑥ wie 2) mit solarer Wasseraufbereitung
⑦ Wärmepumpe + TW-Speicher Fußbodenheizung 35/28 °C

NT Niedrigtemperatur (-kessel)
TW Trinkwasser (-erwärmung)
BW Brennwert (-kessel)

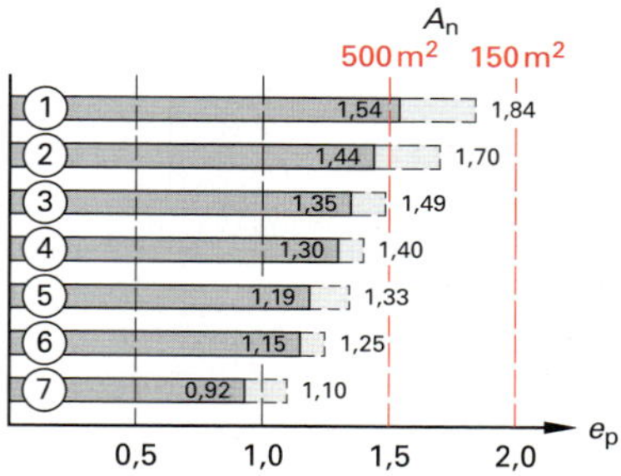

Beispiel: Energiebilanzverfahren (Formeln ► S. 143 und 144)

Aus den Architektenunterlagen für ein eingeschossiges Einfamilienhaus mit Flachdach ergeben sich folgende Angaben und Berechnungen.

V_e = 590,00 m³ $A_N = 0{,}32 \cdot V_e$ = 188,8 m³ ⇒ max H_T' = 0,843 W/m² K

Bauteil	Kurzbezeichnung	Fläche A in m²	Wärmedurchgangskoeffizient U in W/(m² K)	$U \cdot A$ in W/K	Faktor	Wärmeverlust $F_{xi} \cdot A_i \cdot U_i$ in W/K
Wand	W1 (Nord)	29,4	0,395 aus U-Wert	11,61	1,0	11,61
	W2 (West)	40,6	0,395 Berechnung	16,04		16,04
	W3 (Ost)	40,0	0,395	15,80		15,80
	W4 (Süd)	35,0	0,395	13,83		13,83
Fenster einschließlich	F1 (Nord)	16,0	1,4	22,40		22,40
solare Wärmegewinne	F4 (Süd)	16,0	1,4	22,40		22,40
Haustür	T1	3,5	1,8	6,30	1,0	6,30
Dach, Decke zum nicht ausgebauten Dachgeschoss	D1	200,0	0,27 aus U-Wert	–	0,8[1]	43,20
	D2	–	Berechnung	–		–
Grundfläche, **Kellerdecke**, Wände gegen Erdreich	G1	200,0	0,32 aus U-Wert-	64,00	0,6	38,40
	G2	–	Berechnung	–		–
Σ V = 590,00 m³	Σ A =	580,50		Σ $F_{xi} \cdot U_i \cdot A_i$ =		189,98
Wärmebrückenzuschlag			580,50 · 0,05			29,03
[1] statt 0,8 kann auch 1,0 begründet werden Hinweis: Systemgrenzen von Fenstern, Dach und Decken beachten.						219,01

5

Zusammenstellung der Berechnungsgrößen

1. Transmissionswärmeverlust

$$H_T = \Sigma(U_i \cdot A_i \cdot F_{xi}) + \Delta U_{WB} \cdot A$$

Wärmedurchgangskoeffizient bei Wärmebrücken:

Gemäß DIN 4108 Bbl. 2 gilt $\Delta U_{WB} = 0{,}05$ W/(m² · K), ansonsten der erhöhte Wert von 0,10 W/(m² · K).

Bei aneinander gereihten Gebäuden (z.B. Reihenhäuser) werden die Trennwände zwischen Gebäuden bei normalen Innentemperaturen bei der Ermittlung von A und A/V_e nicht berücksichtigt.

2. Wärmegewinne

Solare Wärmegewinne Q_S [kWh/a]

Orientierung	Solare Einstrahlung I_j [kWh/(m² · a)]	Fenster-Teilfläche $A_{F,i}$ [m²]	Gesamtenergiedurchlassgrad g_i [–]	$I_j \cdot 0{,}567 \cdot A_{F,i} \cdot g_i$ [kWh/a]
Südost bis Südwest (Süd)	270			
Nordwest bis Nordost (Nord)	100			
übrige Richtungen	155			
Dachflächenfenster mit Neigung < 30°	225			
Solare Wärmegewinne			Q_S =	

Interne Wärmegewinne Q_i [kWh/a]

Interne Wärmegewinne	$Q_i = 22 \cdot A_N$ Q_i =	

3. Jahres-Heizwärmebedarf

Jahres-Heizwärmebedarf [kWh/a] 66 Heizgradtagszahlfaktor (2 900 Kd · 0,95 / 24 h/d / 1 000 W/kW) 0,95 Nutzungsgrad der Wärmegewinnung	$Q_H = 66 \cdot (H_T + H_V) - 0{,}95 \cdot (Q_S + Q_i)$ Q_H =	
Flächenbezogener Jahres-Heizwärmebedarf [kWh/(m² a)]	$Q''_H = Q_h/A_N$ Q''_H =	

Spezifischer flächenbezogener Transmissionswärmeverlust [W/(m² K)]

vorhandener flächenbezogener Transmissionswärmeverlust	$H'_{T,vorh} = H_T/A$ $H'_{T,vorh}$ =	
zulässiger spezifischer flächenbezogener Transmissionswärmeverlust $H'_{T,max} = 1{,}05$ bei $A/V_e \leq 0{,}2$ $H'_{T,max} = 0{,}3 + 0{,}15/(A/V_e)$ bei $0{,}2 < A/V_e < 1{,}05$ $H'_{T,max} = 0{,}44$ bei $A/V_e \geq 1{,}05$	$H'_{T,max}$ =	

4. Jahres-Primärenergiebedarf

vorhandener Jahres-Primärenergiebedarf [kWh/(m² a)]	$Q''_{p,vorh} = e_p \cdot (Q''_H + Q''_w)$ $Q''_w = 12{,}5$ kWh/(m² · a) $Q''_{p,vorh}$ =	

zulässiger Jahres-Primärenergiebedarf

Wohngebäude $Q''_{p,max} = 66 + 2600/(100 + A_N)$ bei $A/V_e \leq 0{,}2$ $Q''_{p,max} = 50{,}94 + 75{,}29 \cdot A/V_e + 2600/(100 + A_N)$ bei $0{,}2 < A/V_e < 1{,}05$ $Q''_{p,max} = 130 + 2600/(100 + A_N)$ bei $A/V_e \geq 1{,}05$	$Q''_{p,max}$ =	
Wohngebäude mit überwiegender Warmwasserbereitung aus elektrischem Strom $Q''_{p,max} = 83$ bei $A/V_e \leq 0{,}2$ $Q''_{p,max} = 68{,}74 + 75{,}29 \cdot A/V_e$ bei $0{,}2 < A/V_e < 1{,}05$ $Q''_{p,max} = 147{,}79$ bei $A/V_e \geq 1{,}05$	$Q''_{p,max}$ =	

5.3 Feuchtigkeitsschutz

► Wasser S. 58, 326, 327

Jedes Bauwerk muss durch besondere bauliche Maßnahmen vor dem Eindringen von Wasser und Feuchtigkeit geschützt werden. Ständig feuchte Baustoffe verlieren im Laufe der Zeit ihre Festigkeit und Wärmedämmfähigkeit (Wasser leitet die Wärme 25-mal besser als die Luft). Wasser und Feuchtigkeit sammeln sich im Erdreich und fallen im Bauwerksinneren an. Man unterscheidet:

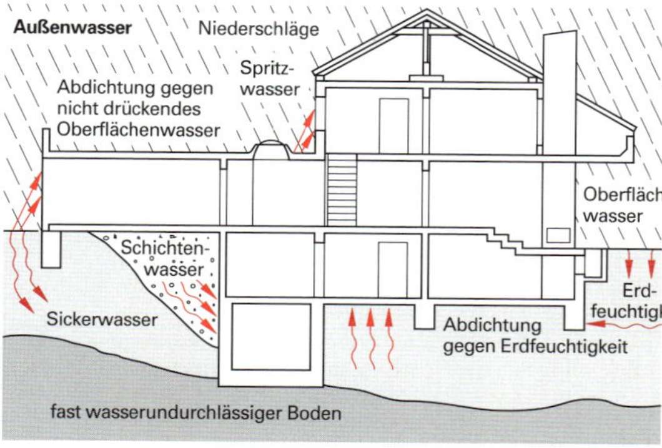

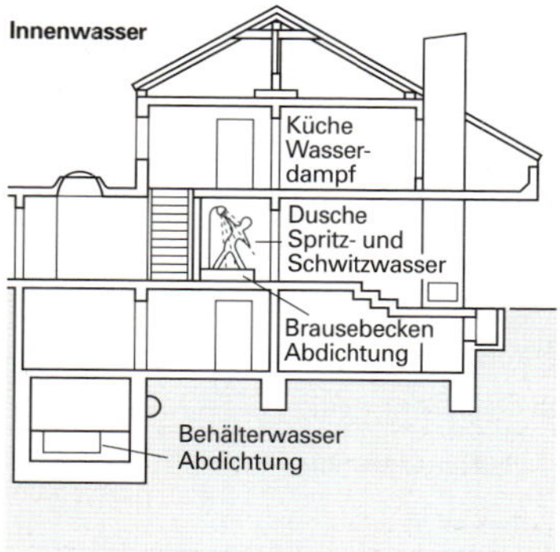

Nicht drückendes Wasser bezeichnet das Niederschlagswasser, das im Erdreich versickert, und die aufsteigende Feuchtigkeit aus dem Grundwasser. Gegen aufsteigende Feuchtigkeit sind waagerechte und gegen seitlich einwirkende Feuchtigkeit sind senkrechte Sperrschichten anzuordnen. Vgl. auch Baumaterialien, Dichtungsbahnen ► S. 135, 149 und 235.

Drückendes Wasser beinhaltet alles Schichtenwasser, das sich zwischen bindigen oder sonst wasserundurchlässigen Bodenschichten sammelt und auf Bauteile einen Druck ausübt. Bauteile, die durch drückendes Wasser gefährdet sind, müssen eine wasserdruckhaltende Abdichtung oder eine aus wasserundurchlässigem Beton hergestellte Wanne erhalten.

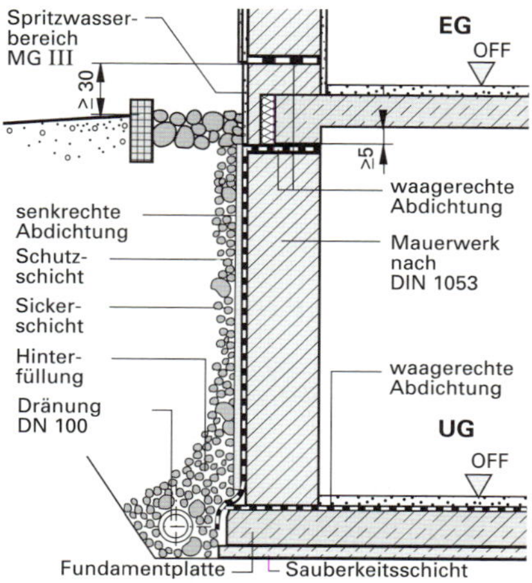

Abdichtung gegen nicht drückendes Wasser

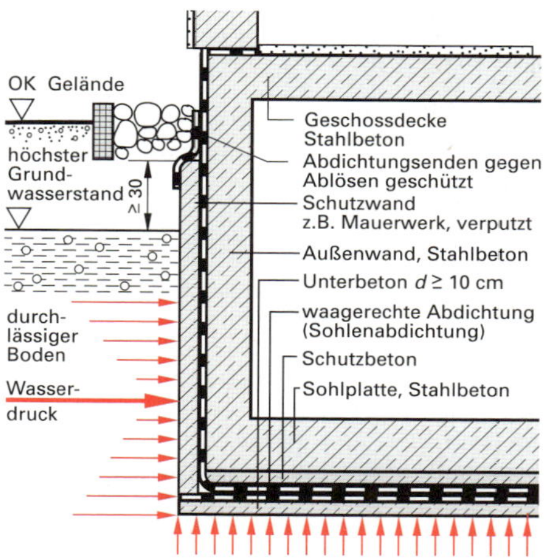

Abdichtung gegen drückendes Wasser

Die **DIN 18195 „Bauwerksabdichtungen"** regelt in 10 Teilen u.a.: (1) Grundsätze, Zuordnungen der Abdichtungsarten, (2) Stoffe – auch DIN 1045, DIN 1053, DIN 185550, (3) Untergrund und Verarbeitung, (4) Abdichtungen gegen Bodenfeuchte, (5) Abdichtung gegen nicht drückendes Wasser auf Deckenflächen, (6) Abdichtung gegen von außen drückendes Wasser, (7) Abdichtung gegen von innen drückendes Wasser.

Die **DIN 4108, Teil 3,** beschreibt u.a. die Belastung der Bauteile durch Schlagregen in mm/m² pro Jahr. Die Beanspruchungsgruppen I, II und III sind unter Berücksichtigung der regionalen klimatischen Bedingungen festgelegt. I gering < 600 mm; II mittel 600 mm … 800 mm; III stark > 800 mm

Bauwerksabdichtungen

Bauwerksabdichtungen werden benötigt bei nicht wasserdichten Bauwerken oder Bauteilen, die auf Bodenfeuchte, nichtdrückendes Wasser, von außen drückendes Wasser und von innen drückendes Wasser beansprucht werden. Die Abbildungen auf Seite 138 gelten auch für die neue DIN 18195.

Anforderungen an den Untergrund

Abdichtungen dürfen nur auf Bauwerksflächen aufgebracht werden, die frostfrei, fest, eben, frei von Nestern und Rissen, Graten und Verunreinigungen sind. Nicht verschlossene Vertiefungen größer als 5 mm sind mit Mörtel zu verschließen.

Abdichtungsstoff	Anwendungsbereich	Verarbeitungshinweise für Abdichtungen gegen Bodenfeuchtigkeit
Bitumen-Voranstrichmittel	Abdichtung von Außenwänden	1 × kaltflüssiger Voranstrich bei Deckaufstrichmittel oder bei Bitumenbahnen
Bitumen- und Polymerbitumenbahnen	Abdichtung von Außenwänden Horizontale Abdichtung der Bodenplatte mit Schutzschicht	1 × Voranstrich mindestens eine Lage mit Klebemasse aufkleben
Kunststoff- und Elastomer-Dichtungsbahnen	Abdichtung von Außenwänden Horizontale Abdichtung der Bodenplatte mit Schutzschicht	1 × Voranstrich mindestens eine Lage PIB-Bahnen mit Aufstrich aus Bitumenklebemasse, im Flammverfahren aufkleben
Elastomer-Dichtungsbahnen mit Selbstklebeschicht	Abdichtung von Außenwänden Horizontale Abdichtung der Bodenplatte mit Schutzschicht	1 × Voranstrich Dichtungsbahn aufkleben, Überlappung verschweißen
Klebemassen und Deckaufstrichmittel	Abdichtung von Außenwänden	1 × Voranstrich und 2 × heißflüssiger Deckanstrich
Asphaltmastix und Gussasphalt	Horizontale Abdichtung der Bodenplatte mit Schutzschicht	Feuchtigkeitsbrücken im Bereich der Putzflächen vermeiden
Bitumenverträgliche Kunststoff-Dichtungsbahnen aus Ethylen-Vinyl-Acetat-Terpolymer (EVA)	Abdichtung von Außenwänden	wie Kunststoffdichtungsbahnen, sowohl mit Bitumenklebemasse als auch im Flämmverfahren aufzukleben
Kunststoffmodifizierte Bitumendickbeschichtung (KBM)	Abdichtung von Außenwänden Horizontale Abdichtung der Bodenplatte mit Schutzschicht	2 Arbeitsgänge frisch in frisch, Gesamtdicke mind. 3 mm Trockenschicht
Kaltselbstklebende Bitumen-Dichtungsbahnen (KSK)	Abdichtung von Außenwänden Horizontale Abdichtung der Bodenplatte mit Schutzschicht	1 × Voranstrich mindestens eine Lage

5

Schutzmaßnahmen gegen Tauwasserbildung

Tauwasserbildung auf Bauteiloberflächen hängt von dem Wasserdampfgehalt der Luft und von der Temperatur der angrenzenden Flächen ab. Je höher die Lufttemperatur, desto mehr Feuchtigkeit kann die Luft aufnehmen. Die Luft kann jedoch bei einer bestimmten Temperatur ϑ_L nur eine bestimmte Wasserdampfmenge f aufnehmen: **100 % Wasserdampf ≙ der Sättigungsmenge** c_S.

Die **relative Luftfeuchte** φ errechnet sich aus dem Verhältnis der tatsächlich vorhandenen **(absoluten) Luftfeuchte** zur Sättigungsmenge.

$$\text{Relative Luftfeuchte in \%} = \frac{\text{absolute Luftfeuchte}}{\text{Sättigungsmenge}} \cdot 100\,\%$$

Kühlt sich die Luft nun so weit ab, dass die relative Luftfeuchte 100 % beträgt, dann wird bei weiterer Abkühlung Wasserdampf kondensiert (Kondenswasser). Er schlägt sich an den kalten Umgebungsflächen der Luft als Tauwasser nieder. Die Temperatur, bei der dies geschieht, heißt Taupunkttemperatur ϑ_s, kurz **Taupunkt.**

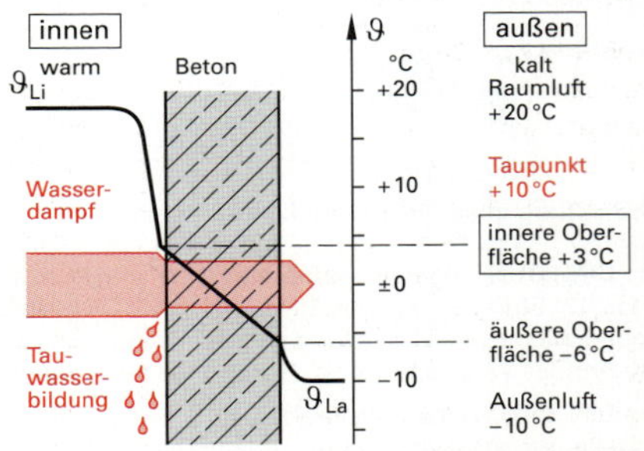

Tauwasserbildung bei 53% relativer Luftfeuchte

Feuchteschutztechnische Berechnungen

Die **DIN 4108** unterscheidet zwischen den Normalfällen und den Sonderfällen. Bei den in der Tabelle aufgeführten Normalfällen ist kein Nachweis der Tauwasserbildung erforderlich, da bei üblicher Nutzung der Räume und Einhaltung der Wärmeschutzvorgaben Schäden vermieden werden können.

Außenbauteile, Außenwände

Mauerwerk
- einschalig, beidseitig verputzt oder verblendet
- zweischalig nach DIN 1053 mit oder ohne Wärmedämmung
- einschalig mit raumseitiger Wärmedämmung $s_d \geq 0{,}50$ m
- einschalig mit außenseitiger Wärmedämmung und Außenputz $s_d \geq 4{,}0$ m
- einschalig mit außenseitiger Wärmedämmung und hinterlüfteter Bekleidung

Großformatige Platten
- Porenbeton, Kunstharzputz außen $s_d \geq 4{,}0$ m
- Normalbeton, gefügedichter Leichtbeton
- Beton oder Leichtbeton mit außenseitiger Wärmedämmschicht mit Außenputz oder hinterlüfteter Bekleidung

Holzfachwerkwände
- mit Innendämmung (über Fachwerk und Gefache) aus Holzwolleleichtbauplatten nach DIN 1101
- mit Außendämmung (über Fachwerk und Gefache) mit $s_d > 2$ m oder hinterlüftete Außenwandverkleidung

Dächer (Auszug)

Nichtbelüftete Dächer
- einschalige Dächer aus Porenbeton ohne Dampfsperre
- Dächer mit Dampfsperre $s_d \geq 100$ m unter oder in der Wärmedämmschicht
- Umkehrdächer mit dampfdurchlässiger Auflast, z.B. aus Kies

Belüftete Dächer
- mit einer Dachneigung < 5° und unterhalb der Dämmung eine diffusionshemmende Schicht mit $s_d \geq 100$ m
- mit einer Dachneigung ≥ 5°
  a) Höhe des freien Zwischenraums über der Wärmedämmung mindestens 2 cm
  b) Lüftungsquerschnitt bezogen auf die Dachfläche
     Traufe 2 ‰ mindestens 200 cm²/m
     First 0,5 ‰ mindestens 50 cm²/m
  c) Bauteilschichten unterhalb der Belüftungsschicht mit $s_d \geq 2$ m
- **Hinweis**
  Bauteilschicht $s_d \leq 0{,}5$ m diffusionsoffen
  Bauteilschicht $0{,}5 \text{ m} < s_d$ diffusionshemmend
  Bauteilschicht $s_d \geq 150$ m diffusionsdicht

Die Berechnung der **wasserdampfdiffusionsäquivalenten Luftschichtdicke s_d** in m erfolgt, um einen Vergleichswert zu haben, wie dick eine ruhende Luftschicht ist, die den gleichen Wasserdampf-Diffusionsdurchlasswiderstand hat wie das Bauteil mit der Dicke *d* in m.

$$s_d = \mu \cdot d$$

Diffusionswiderstandszahl μ ohne Einheit
s_d, d in m

Je größer der Wert s_d ist, desto dampfdichter ist die Bauteilschicht.

Beispiel

Außenwand aus Stahlbeton mit $d = 18$ cm

$s_d = 0{,}18 \text{ m} \cdot 70$ $\quad$ $s_d = 12{,}60$ **m**

5

Wasserdampf-Diffusionswiderstandszahlen μ nach DIN 4108

Baustoff	μ
Putz, Estrich, Mörtel	
Kalkmörtel, Kalkzementmörtel, Zementmörtel, Leichtmörtel/-estrich	15/35
Kalkgipsmörtel, Gipsmörtel, Anhydritmörtel/-estrich	10
Wärmedämmputzsysteme	5/20
Großformatige Bauplatten	
Stahlbeton	80/130
Normalbeton	60/100
Leichtbeton	70/150
Mauerwerk allgemein	5/10
Vollklinker, Hochlochklinker	50/100
Mauerwerk mit KSV ab 1600 kg/m³	5/25
Leichtbeton(haufwerksporiges Gefüge)	3/10
Holz	
Fichte, Kiefer, Tanne, Buche, Eiche	50
Sperrholz, Flachpressplatten	50/150
Hartfaserplatten; MDF	12/50

Baustoff	μ
Bauplatten	
Gipsplatten	4/10
Mehrschicht-Leichtbauplatten	20/50
Faserzementplatten	20/50
Porenbeton-Bauplatten, Wandbauplatten aus Leichtbeton / aus Gips	5/10
Sperrholz	50/150
OSB-Platte	30/50
Wärmedämmstoffe	
Holzwolle-Leichtbauplatten	3/5
Korkdämmstoffe	5/10
Mineralische und pflanzliche Faserdämmstoffe	1
Schaumkunststoffe PUR	30/100
Abdichtungsbahnen	
Bitumendachbahnen	10 000/80 000
PVC-Folien $d \geq 0{,}1$ mm	20 000/50 000
PE-C $d \geq 0{,}1$ mm	100 000
Alu-Folie $d \geq 0{,}05$ mm	dampfdicht

Sättigungsmenge c_s der Luft in Abhängigkeit von der Temperatur ϑ_L

ϑ_L in °C	c_s g/m³	ϑ_L in °C	c_s g/m³	ϑ_L in °C	c_s g/m³	ϑ_L in °C	c_s g/m³	ϑ_L in °C	c_s g/m³
– 20	0,88	– 10	2,14	0	4,84	10	9,4	20	17,3
– 19	0,96	– 9	2,33	1	5,2	11	10,0	21	18,3
– 18	1,05	– 8	2,54	2	5,6	12	10,7	22	19,4
– 17	1,15	– 7	2,76	3	6,0	13	11,4	23	20,8
– 16	1,27	– 6	2,99	4	6,4	14	12,1	24	21,8
– 15	1,38	– 5	3,24	5	6,8	15	12,8	25	23,0
– 14	1,51	– 4	3,51	6	7,3	16	13,6	26	24,4
– 13	1,65	– 3	3,81	7	7,8	17	14,5	27	26,8
– 12	1,80	– 2	4,13	8	8,3	18	15,4	28	27,2
– 11	1,98	– 1	4,47	9	8,8	19	16,3	29	28,7
– 10	2,14	0	4,84	10	9,4	20	17,3	30	30,3

Taupunkttemperatur ϑ_s der Luft in Abhängigkeit von der Lufttemperatur ϑ_L

Lufttemperatur ϑ_L	Taupunkttemperatur ϑ_s in °C bei einer relativen Luftfeuchte φ von													
	30 %	35 %	40 %	45 %	50 %	55 %	60 %	65 %	70 %	75 %	80 %	85 %	90 %	95 %
30 °C	10,5	12,9	14,9	16,8	18,4	20,0	21,4	22,7	23,9	25,1	26,2	27,2	28,2	29,1
29 °C	9,7	12,0	14,0	15,9	17,5	19,0	20,4	21,7	23,0	24,1	25,2	26,2	27,2	28,1
28 °C	8,8	11,1	13,1	15,0	16,6	18,1	19,5	20,8	22,0	23,2	24,2	25,2	26,2	27,1
27 °C	8,0	10,2	12,2	14,1	15,7	17,2	18,6	19,9	21,1	22,2	23,3	24,3	25,2	26,1
26 °C	7,1	9,4	11,4	13,2	14,8	16,3	17,6	18,9	20,1	21,2	22,3	23,3	24,2	25,1
25 °C	6,2	8,5	10,5	12,2	13,9	15,3	16,7	18,0	19,1	20,3	21,3	22,3	23,2	24,1
24 °C	5,4	7,6	9,6	11,3	12,9	14,4	15,8	17,0	18,2	19,3	20,3	21,3	22,3	23,1
23 °C	4,5	6,7	8,7	10,4	12,0	13,5	14,8	16,1	17,2	18,3	19,4	20,3	21,3	22,2
22 °C	3,6	5,9	7,8	9,5	11,1	12,5	13,9	15,1	16,3	17,4	18,4	19,4	20,3	21,2
21 °C	2,8	5,0	6,9	8,6	10,2	11,6	12,9	14,2	15,3	16,4	17,4	18,4	19,3	20,2
20 °C	1,9	4,1	6,0	7,7	9,3	10,7	12,0	13,2	14,4	15,4	16,4	17,4	18,3	19,2
19 °C	1,0	3,2	5,1	6,8	8,3	9,8	11,1	12,3	13,4	14,5	15,5	16,4	17,3	18,2
18 °C	0,2	2,3	4,2	5,9	7,4	8,8	10,1	11,3	12,5	13,5	14,5	15,4	16,3	17,2
17 °C	– 0,6	1,4	3,3	5,0	6,5	7,9	9,2	10,4	11,5	12,5	13,5	14,5	15,3	16,2
16 °C	– 1,4	0,5	2,4	4,1	5,6	7,0	8,2	9,4	10,5	11,6	12,6	13,5	14,4	15,2
15 °C	– 2,2	– 0,3	1,5	3,2	4,7	6,1	7,3	8,5	9,6	10,6	11,6	12,5	13,4	14,2
14 °C	– 2,9	– 1,0	0,6	2,3	3,7	5,1	6,4	7,5	8,6	9,6	10,6	11,5	12,4	13,2
13 °C	– 3,7	– 1,9	– 0,1	1,3	2,8	4,2	5,5	6,6	7,7	8,7	9,6	10,5	11,4	12,2
12 °C	– 4,5	– 2,6	– 1,0	0,4	1,9	3,2	4,5	5,7	6,7	7,7	8,7	9,6	10,4	11,2
11 °C	– 5,2	– 3,4	– 1,8	– 0,4	1,0	2,3	3,5	4,7	5,8	6,7	7,7	8,6	9,4	10,2
10 °C	– 6,0	– 4,2	– 2,6	– 1,2	0,1	1,4	2,6	3,7	4,8	5,8	6,7	7,6	8,4	9,2

Zusätzliche Forderungen

An den Berührflächen nicht wasseraufnahmefähiger Schichten dürfen höchstens 0,5 kg Tauwasser je m² auftreten, z. B. zwischen Luftschicht und Klinkervorsatzschale.

Die während der Wintermonate (Tauperiode) anfallende Kondensatmenge darf nur ein bestimmtes Maß erreichen:

- für Wände und Dächer maximal 1 kg/m²
- für Holz, maximale Zunahme um 5 Masse-% nach DIN 68800
- für Holzwerkstoffe (Stabsperrholzplatten, Furniersperrholzplatten, Spanplatten) maximale Zunahme um 3 Masse-%.
- Holzwolle-Leichtbauplatten und Mehrschicht-Leichtbauplatte nach DIN 1101 sind von der %-Regelung ausgenommen.
  Die anrechenbare Wärmeleitfähigkeit wird i.d.R. mit λ = 0,15 W/mK angesetzt, wenn die Gesamtdicke zwischen 10 mm und 25 mm beträgt.
- Bezüglich der Schimmelbildung ist bei $\varphi \geq 80$ % Vorsicht geboten; auch ohne Tauwasserbildung.

Feuchteschutztechnische Größen

Größe	Kurzzeichen	Zusammenhang	Einheit
Sättigungsdruck Teildruck im Raum Teildruck im Freien	p_s p_i p_e	$p = \frac{F}{A}$	1 N/m² = 1 Pa
Feuchte: Luft, absolut Luft, relativ	φ	$\varphi = \frac{W}{Ws} = \frac{p}{p_s}$	1 %
Wasserdampf-Diffusionsstromdichte	g_i	$g_i = \frac{p_i - p_e}{Z}$	kg/(m² · h)
Wasserdampf-Diffusionswiderstandszahl	μ	Stoffkennwert ▶ S. 149	1
diffusionsäquivalente Luftschichtdicke	s_d	$s_d = \mu \cdot d$	m
flächenbezogene Wassermasse	m		kg/m²
Tauwassermasse verdunstende Wassermasse	$m_{W,T}$ $m_{W,V}$	$m_{W,T} = t_T \cdot (g_i - g_e)$ $m_{W,V} = t_V \cdot (g_i + g_e)$	
Dauer der Tauperiode	t_T	1440 h	h
Dauer der Verdunstungsperiode	t_V	2160 h	h
Wasserdampf-Diffusionsdurchlasswiderstand	Z Z_i Z_e	gebunden in m² hPa/kg	

Berechnungen des Tauwasserausfalls
(Glaser-Diagramm, Diffusionsdiagramm)

4 Fälle sind zu unterscheiden

(1) → Wasserdampfdiffusion ohne Tauwasserausfall
(2) → Tauwasserausfall in einer Ebene
(3) → Tauwasserausfall in zwei Ebenen
(4) → Tauwasserausfall in einem Bereich

Klimabedingungen nach DIN 4108

Tauperiode t_T = 1440 Stunden (h)

$\vartheta_{Li} = 20$ °C $\varphi_i = 50$ % $p_{si} = 2340$ Pa $p_i = 1170$ Pa
$\vartheta_{La} = -10$ °C $\varphi_i = 80$ % $p_{se} = 260$ Pa $p_e = 208$ Pa

Verdunstungsperiode t_V = 2160 Stunden (h)

$\vartheta_{Li} = 12$ °C $\varphi_i = 70$ % $p_{si} = 1403$ Pa $p_i = 982$ Pa
$\vartheta_{La} = 12$ °C $\varphi_i = 70$ % $p_{se} = 1403$ Pa $p_e = 982$ Pa

$$m_{W,T} = t_T\,(g_i - g_e) \qquad m_{W,V} = t_V\,(g_i + g_e)$$

$$g_i = \frac{p_i - p_{sw}}{Z_i} \qquad g_e = \frac{p_{sw} - p_e}{Z_e}$$

$$Z = 1{,}5 \cdot 10^6\,(\mu_1 \cdot d_1 + \mu_2 \cdot d_2 + \dots + \mu_n \cdot d_n)$$

bei mehrteiligen Bauteilen aus der Dicke der Bauteile und der Wasserdampfdiffusionswiderstandszahl

Wasserdampfsättigungsdruck p_s in Pa in Abhängigkeit von der Temperatur ϑ

°C	,0	,5	,9
25	3169	3266	3343
24	2985	3077	3151
23	2810	2897	2968
22	2645	2727	2794
21	2487	2566	2629
20	2340	2413	2473
19	2197	2268	2324
18	2065	2132	2185
17	1937	2001	2052
16	1818	1878	1926
15	1706	1762	1806
14	1599	1653	1695
13	1498	1548	1588
12	1403	1451	1458
11	1312	1 358	1394
10	1228	1270	1304
9	1148	1187	1218
8	1073	11 10	1140
7	1002	1038	1066
6	935	968	995
5	872	902	925
4	813	843	866
3	759	787	808
2	705	732	753
1	657	682	700
0	611	635	653
– 0	611	587	567
– 1	562	538	522
– 2	517	496	480
– 3	476	456	440
– 4	437	419	405
– 5	401	385	372
– 6	368	353	340
– 7	337	324	312
– 8	310	296	286
– 9	284	272	262
– 10	260	249	239
– 11	237	228	219
– 12	217	208	200
– 13	198	190	182
– 14	181	173	167
– 15	165	158	152
– 16	150	144	138
– 17	137	131	126
– 18	125	120	115
– 19	114	109	104
– 20	103	98	94

Zwischenwerte sind geradlinig zu interpolieren.

Für die nebenstehenden Formeln g_i ist bei der Verdunstungsperiode die gegenläufige Diffusionsstromrichtung zu beachten (also zum Raum $p_{sw} - p_i$ bzw. zum Freien $p_{sw} - p_e$).

5

Beispiel: Feuchtschutztechnische Berechnung für ein zweischaliges Mauerwerk aus Kalksandsteinen mit Dämmung und hinterlüfteter Vorsatzschale

- **Wandaufbau und Temperaturverlauf**
  vgl. Zeichnung; $U \approx 0{,}35$ W/m² K

  Nach DIN EN ISO 6946 darf bei zweischaligen Außenwänden nach DIN 1053-1 die Luftschicht und die Vorsatzschale wärmetechnisch berücksichtigt werden, wenn diese als ruhend eingestuft wird (Querschnitt der Öffnungen ≤ 500 mm² je m² Oberfläche).

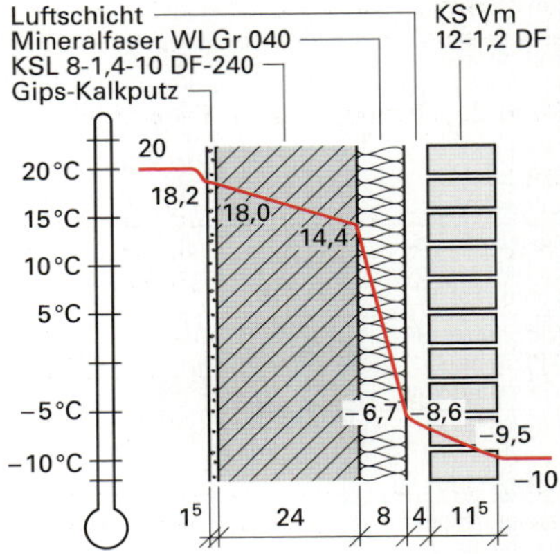

- **Diffusionswiderstände/äquivalente Luftschicht**

Innenputz	10 · 0,015 m =	0,15 m
KSL	5 · 0,240 m =	1,20 m
Dämmschicht	1 · 0,080 m =	0,08 m
Luftschicht	1 · 0,040 m =	0,04 m
KSV	25 · 0,115 m =	2,885 m

  Von der Innenfläche bis zur Tauwasserebene ist der kleinere μ-Wert einzusetzen, da der trockene Baustoff dem einströmenden Wasserdampf einen geringeren Widerstand entgegensetzt.

- **Glaser-Diagramme**
  Im Glaser-Diagramm für die Tauperiode ist eine direkte Verbindung von p_i = 1170 Pa mit p_e = 208 Pa ohne Durchkreuzen der Dampfsättigungskurve nicht möglich. Es wird daher eine Tangente von p_i und p_e an die Dampfsättigungskurve gelegt. Der Tangentenpunkt wird mit p_{sw} benannt.

Glaser-Diagramm: Verdunstungsperiode

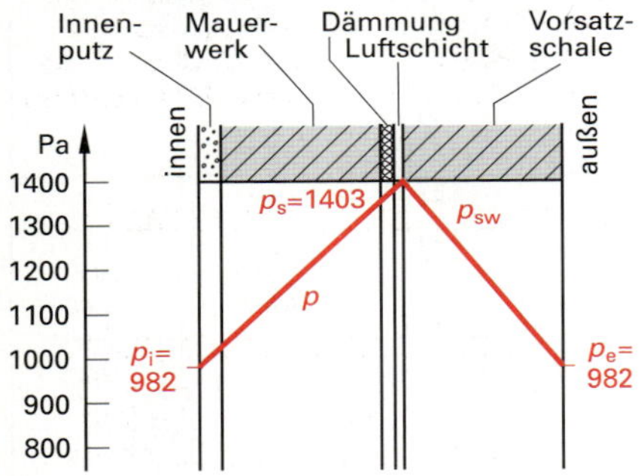

Glaser-Diagramm: Tauperiode

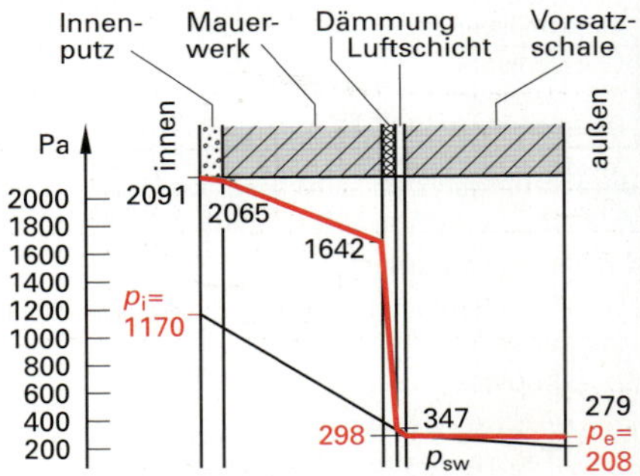

- **Rechenwerte**
  Z_i = 2 205 000 m²h Pa/kg
  Z_e = 4 312 500 m²h Pa/kg

Tauperiode			Verdunstungsperiode	
g_i = 0,40 g/m²h	⊕		g_i = 0,19 g/m²h	⊖
g_e = 0,02 g/m²h			g_e = 0,08 g/m²h	
$m_{W,T}$ = 0,55 kg/m²		<	$m_{W,V}$ = 0,62 kg/m²	

- **Bautechnische Beurteilung**
  Eine Tauwasseranreicherung ist nicht zu erwarten, da Tauwasser an der Innenseite der kalten Vorsatzschale und nach unten und durch die Belüftungsschlitze ablaufen bzw. in Dampfform durch die Entlüftungsschlitze entweichen kann. Damit das Abtropfen begrenzt bleibt, darf (eigentlich) der Tauwasserwert je m² nicht größer 0,5 kg sein, wenn das Tauwasser an nicht wasseraufnahmefähigen Schichten auftritt. Die Konstruktionen nach DIN 1053 sind nach DIN 4108 als Normalform feuchteschutztechnisch ohne Nachweis $m_{W,T} < m_{W,V}$ zulässig.

- **Fallunterscheidung** ▶ S. 151
  (3) Für den Tauwasseranfall in zwei Ebenen gelten die Formeln:

$$g_Z = \frac{p_{sw1} - p_{sw2}}{Z_Z} \quad \text{und} \quad m_{W,T1} = t_T \cdot (g_i - g_z), \quad m_{W,T2} = t_T \cdot (g_z - g_e)$$

  (4) Für den Tauwasseranfall in einem Bereich gelten die Formeln:

$$g_i = \frac{p_i - p_{sw1}}{Z_i} \quad \text{und} \quad g_e = \frac{p_{sw2} - p_e}{Z_e}$$

Tauwassermenge < austrocknende Wassermenge	$m_{W,T} < m_{W,V}$

5

Unter Schallschutz versteht man nach **DIN 4109** Maßnahmen gegen die Schallentstehung (Primärmaßnahmen) und gegen die Schallübertragung (Sekundärmaßnahmen). Bei den Sekundärmaßnahmen wird in Schalldämmung und Schallschluckung unterschieden.

Schalltechnische Grundbegriffe

Schall

Unter Schall versteht man mechanische Schwingungen und Wellen, die sich in festen Körpern, Flüssigkeiten oder Gasen ausbreiten.

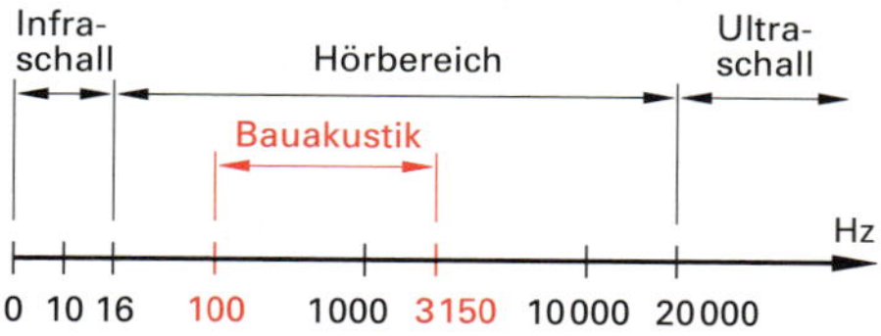

Es werden Längswellen (Longitudinalwellen), Dehnwellen (treten nur in festen Körpern auf, z. B. Platten, Stäben) und Querwellen (Transversalwellen) unterschieden.

Schallausbreitung

Zur Ausbreitung von Schwingungen ist Materie erforderlich.

Aggregatzustände	Materie	Geschwindigkeit
gasförmig	z. B. Luft	340 m/s
flüssig	z. B. Wasser	1400 m/s
fest	z. B. Eisen z. B. Holz z. B. Beton	4800 m/s 4100 m/s 3800 m/s

Frequenz

Anzahl der Schwingungen in einer Sekunde in Hz (Hertz)

1 Hz = 1 Schwingung/s

Luftschalldämmung

Schwere Wände, große flächenbezogene Massen (biegesteife Schalen) dämmen den Luftschall am besten (Berger'sches Massegesetz).

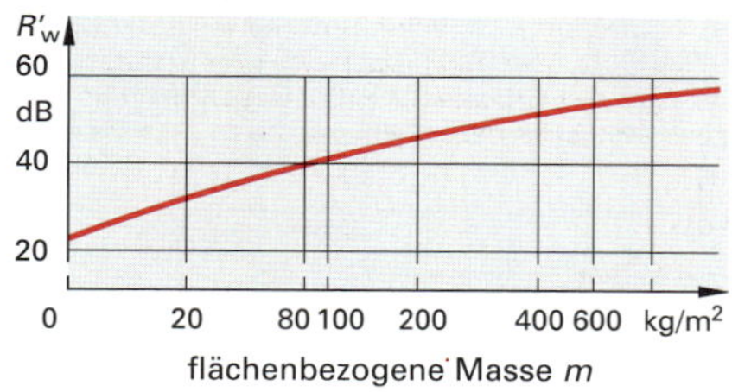

Das bewertete Schalldämm-Maß R'_W kennzeichnet die Luftschalldämmung von Bauteilen.

Schallpegel

Der Schallpegel ist ein logarithmisches Maß des gemessenen Schalldrucks *p* in **Dezibel dB,** bezogen auf einen Ton mit der Frequenz von 1000 Hz.

Schallabsorption

oder Schallschluckung tritt beim Reflexionsvorgang einer Schallwelle an einer Wand- oder Deckenoberfläche auf. Dabei wird je nach Oberflächenbeschaffenheit ein Teil der Schallenergie in Wärme umgewandelt. Der Schall wird teilweise in den Raum zurückgeworfen.

Schalldämmung

Beim Auftreffen von Schallwellen auf ein Bauteil wird das Bauteil in Schwingungen versetzt. Der Schall gelangt gedämmt in den Nebenraum.

Schallarten

Luftschall ist der in Luft sich ausbreitende Schall. Das Berger'sche Massegesetz beschreibt die Abhängigkeit des Schalldämm-Maßes von der Frequenz und der Flächenmasse. Eine Verdopplung der Flächenmasse erhöht das Schalldämm-Maß *R* i.d.R. um + 6 dB.

Luftschall

Körperschall ist der in festen Stoffen sich ausbreitende Schall.

Trittschall ist der Schall, der beim Begehen oder ähnlicher Anregung als Körperschall entsteht und teilweise als Luftschall abgestrahlt wird. Der Standard-Trittschallpegel wird nach DIN EN ISO 140-7 ermittelt.

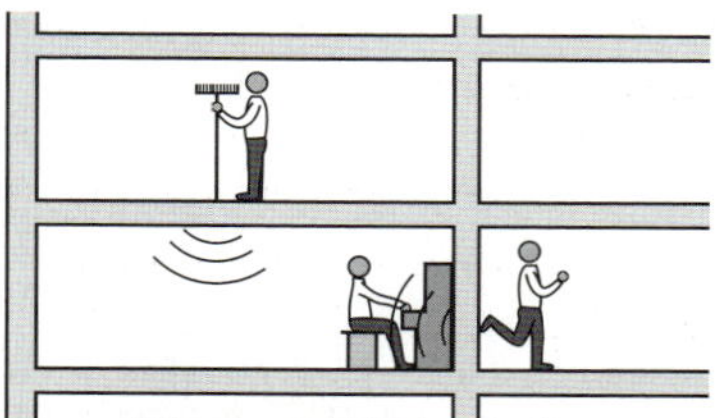
Körperschall / Trittschall

Kennzeichnende Größen für die Luft- und Trittschalldämmung

	Wände	Decken	Treppen	Türen	Fenster
Berücksichtigte Schallübertragung	über die trennenden und die flankierenden Bauteile sowie gegebenenfalls über Nebenwege			nur über die Türen bzw. über die Fenster	
Luftschalldämmung	erf. R'_w	erf. R'_w	–	erf. R'_w	erf. R'_w
Trittschalldämmung	– –	erf. $L'_{n,w}$ (erf. TSM)	erf. $L'_{n,w}$ (erf. TSM)	– –	– –

R'_w Dämm-Maß **mit** flankierenden Bauteilen

R_w Dämm-Maß **ohne** flankierende Bauteile

$L'_{n,w}$ Norm-Trittschall-Pegel

TSM Trittschallschutzmaß

TSM = 63 dB – $L'_{n,w}$

Grenzwerte für die Luftschalldämmung R'_w und die Trittschalldämmung $L'_{n,w}$ zum Schutz, gegen Schallübertragung aus einem **fremden** Wohn- oder Arbeitsbereich (nach DIN 4109)

Wohn- und Arbeitsbereich	Decken		Treppen		Wände		Türen	
Mindestanforderung in dB	R'_w	$L'_{n,w}$	R'_w	$L'_{n,w}$	R'_w	$L'_{n,w}$	R'_w	$L'_{n,w}$
Geschosshäuser mit Wohnungen und Arbeitsräumen (mehrere Spezifikationen in der DIN)	52 … 55	46 … 53	–	58	52 … 55	–	27 … 37	–
Einfamilien-Doppelhäuser Einfamilien-Reihenhäuser	–	48 … 53	–	53	57	–	–	–
Beherbergungsstätten	54 … 55	46 … 53	–	58	47	–	32	–
Krankenanstalten, Sanatorien	54 … 55	46 … 53	–	58	37 … 47	–	32 … 37	–
Schulen und vergleichbare Bereiche	55	46 … 53	–	–	47 … 55	–	32	–

Schalldämm-Maße R_w für Doppelscheibenverglasungen

Konstruktionsart	Scheibendicke in mm d_1	Scheibendicke in mm d_2	Scheiben-abstand in mm	Schalldämm-Maß R_w in dB Luftfüllung	Schalldämm-Maß R_w in dB Gasfüllung	Konstruktionsart mit umlaufender Dichtung
Doppelscheiben-Isolierglas (luftdicht abgeschlossener Hohlraum)	4	4	≥ 12	30	35	Einfachfenster 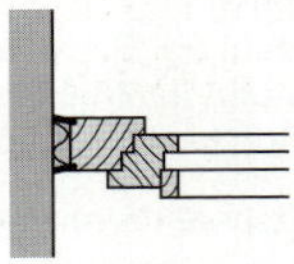
	8	4	≥ 16	36	38	
	10	4	≥ 20	39	39	
	6	4	≥ 16	35	39	
	8	4	≥ 16	36	40	
Verbundfenster (mit Falzdichtung)	4	4	≥ 30	32	–	Verbundfenster 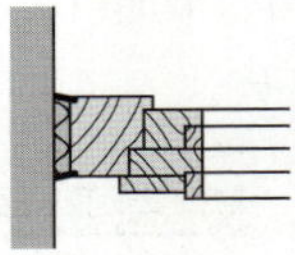
	4	6	≥ 40	37	–	
	4	8	≥ 50	40	–	
	6	4 (12) 4	≥ 40	35	–	
Kastenfenster mit Falzdichtung und Randdämpfung	4	4	≥ 100	37	–	Kastenfenster 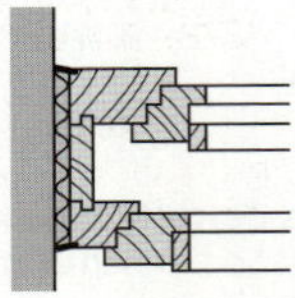
	4	6	≥ 100	42	–	
	6	10	≥ 100	45	Über 48 dB Nachweis nach EN DIN ISO 140-1 und EN DIN 20 140-3 erforderlich.	
	4 (12) 4	4	≥ 100	37		
	6 (12) 6	6	≥ 100	40		

5

Einschalige und zweischalige Bauteile

Einschalige Wände und Decken sind schalltechnisch **biegesteife Schalen,** wenn ihre Grenzfrequenz $f_g \leq 2000$ Hz beträgt (das entspricht ungefähr einer flächenbezogenen Masse $m' \geq 85$ kg/m²), Bauteile mit $f_g > 2000$ Hz sind **biegeweiche Schalen** ($m' < 85$ kg/m²).

Bewertetes Schalldämm-Maß R'_w von einschaligen, biegesteifen Decken und Wänden											
Masse kg/m²	85	150	175	210	250	295	350	410	490	580	680
R'_w in dB	34	41	43	45	47	49	51	53	55	57	59

Vergleich zwischen einer einschaligen und einer zweischaligen Wand

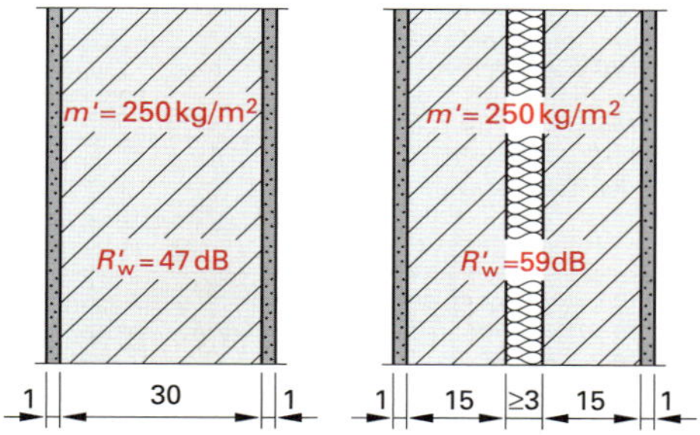

Vergleich zwischen leichten Trennwänden mit und ohne Hohlraumdämpfung

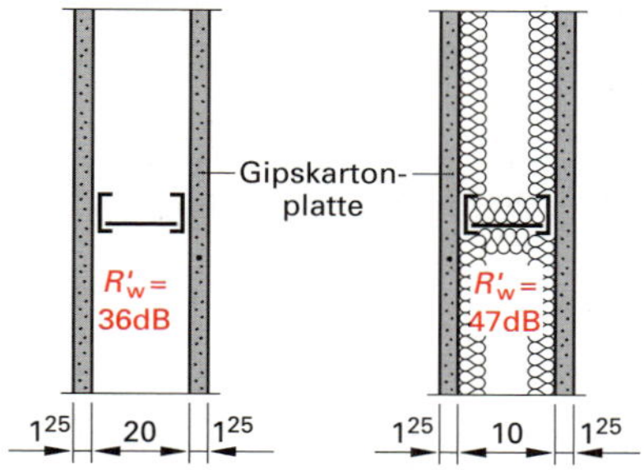

Vergleich verschiedener Deckenaufbauten (nach Gösele)

ⓐ einschalige Trenndecken

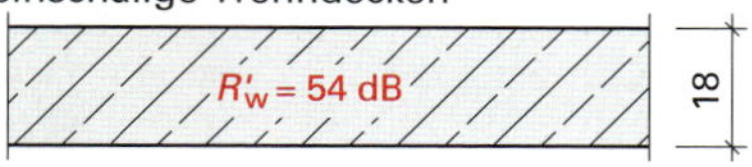

$m'_D = 0{,}18 \text{ m} \cdot 2500 \text{ kg/m}^3 = 450 \text{ kg/m}^2$

ⓑ Trenndecken mit schwimmendem Estrich

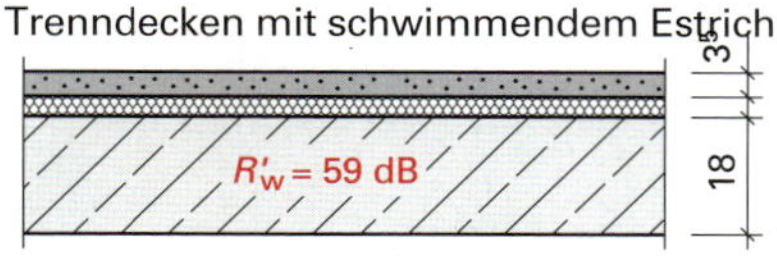

$m'_D = 0{,}18 \text{ m} \cdot 2500 \text{ kg/m}^3 = 450 \text{ kg/m}^2$
$m'_E = 0{,}035 \text{ m} \cdot 2200 \text{ kg/m}^3 = 75 \text{ kg/m}^2$
$= 525 \text{ kg/m}^2$

ⓒ Trenndecken mit schwimmendem Estrich und biegeweicher Vorsatzschale

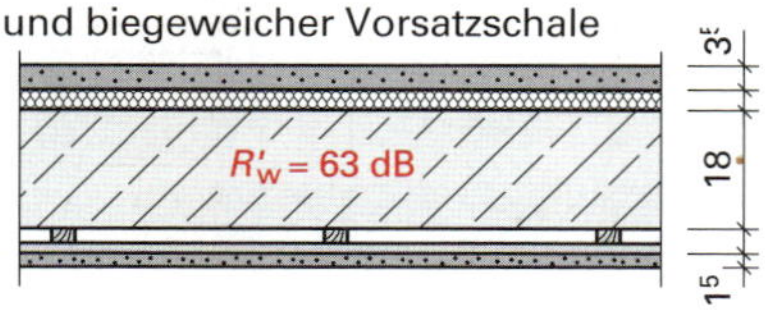

$m'_D = 0{,}18 \text{ m} \cdot 2500 \text{ kg/m}^3 = 450 \text{ kg/m}^2$
$m'_E = 0{,}035 \text{ m} \cdot 2200 \text{ kg/m}^3 = 75 \text{ kg/m}^2$
$m'_G = 0{,}015 \text{ m} \cdot 900 \text{ kg/m}^3 = 15 \text{ kg/m}^2$
$= 540 \text{ kg/m}^2$

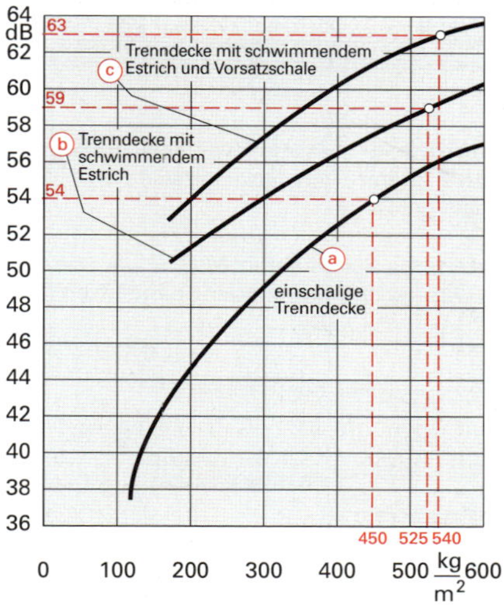

Bewertetes Schalldämm-Maß R'_w in Abhängigkeit von der flächenbezogenen Masse m'

R_w bzw R'_w ist das bewertete Schalldämm-Maß für die Luftschalldämmung.
Je größer der Wert, um so besser die Luftschalldämmung.

5

Vergleich verschiedener Wandaufbauten (nach DIN 4109, Beiblatt 1)

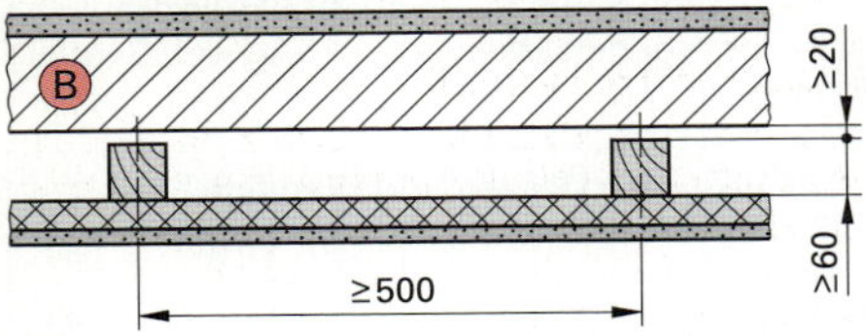

Vorsatzschale aus Holzwolle-Leichtbauplatten, Dicke ≥ 25 mm, verputzt, Holzstiele mit Abstand ≥ 20 mm vor schwerer Schale freistehend

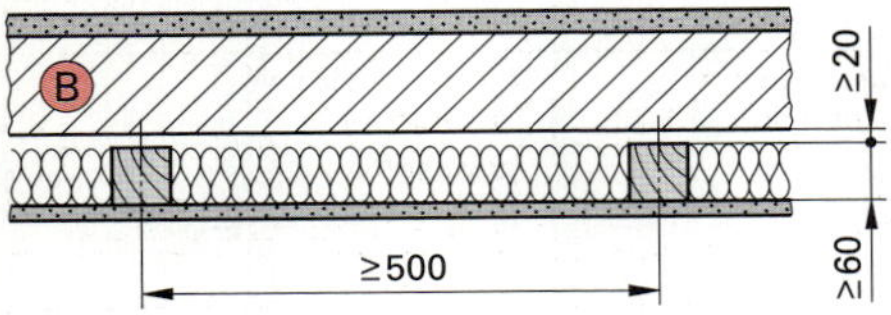

Vorsatzschale aus Gipskartonplatten, Dicke 12,5 mm oder 15 mm, oder aus Spanplatten, Dicke 10 mm bis 16 mm, Holzstiele mit Abstand ≥ 20 mm vor schwerer Schale freistehend mit Hohlraumfüllung zwischen den Holzstielen

Bewertetes Schalldämm-Maß $R'_{w,R}$ von einschaligen, biegesteifen Wänden mit einer biegeweichen Vorsatzschale

	Flächenbezogene Masse der Massivwand in kg/m²	$R'_{w,R}$ in dB
Tabelle gilt für **flankierende Bauteile** mit einer Masse von 300 kg/m². Der Korrekturwert ΔK beträgt ± 1 dB je 50 kg Masse; z.B. für 200 kg/m² folgt – 2 dB auf den Tabellenwert.	100	49
	150	49
	200	50
	250	52
	275	53
	300	54
	350	55
	400	56
	450	57
	500	58

Für die Wandaufbauten nach Bild Ⓑ gilt die Tabelle bezogen auf die flächenbezogene Masse der Massivwand.

Für die Wandaufbauten nach Bild Ⓐ sind die Werte um 1 dB abzumindern.

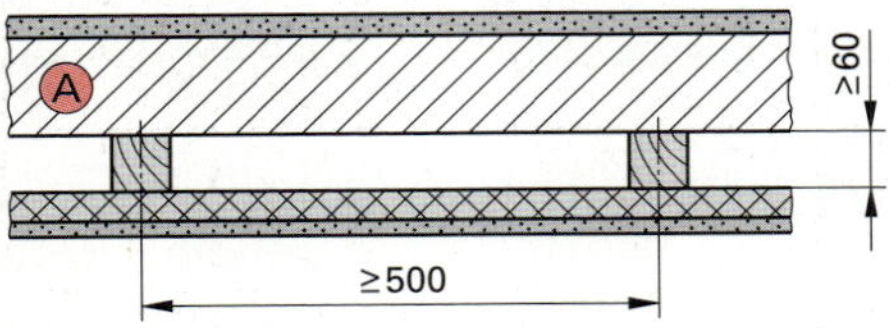

Vorsatzschale aus Holzwolle-Leichtbauplatten, Dicke ≥ 25 mm, verputzt, Holzstiele an schwerer Schale befestigt

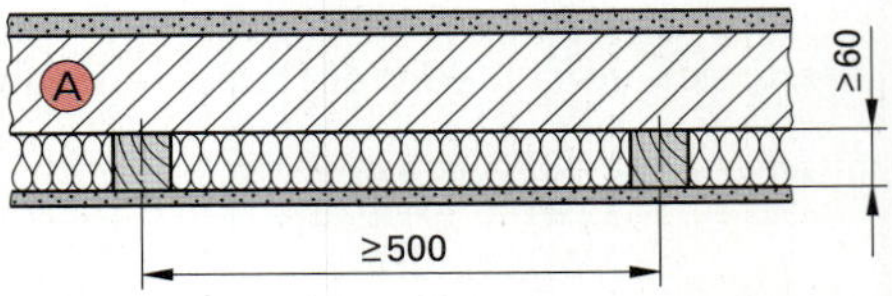

Vorsatzschale aus Gipskartonplatten, Dicke 12,5 mm oder 15 mm, oder aus Spanplatten, Dicke 10 mm bis 16 mm, mit Hohlraumausfüllung, Holzstiele an schwerer Schale befestigt

5

Bewertetes Schalldämm-Maß $R'_{w,R}$ von zweischaligen Wänden aus zwei biegeweichen Schalen aus Gipskartonplatten oder Spanplatten (Maße in mm)

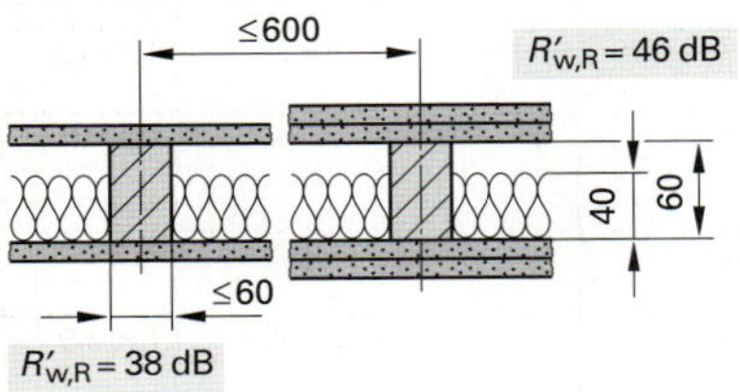

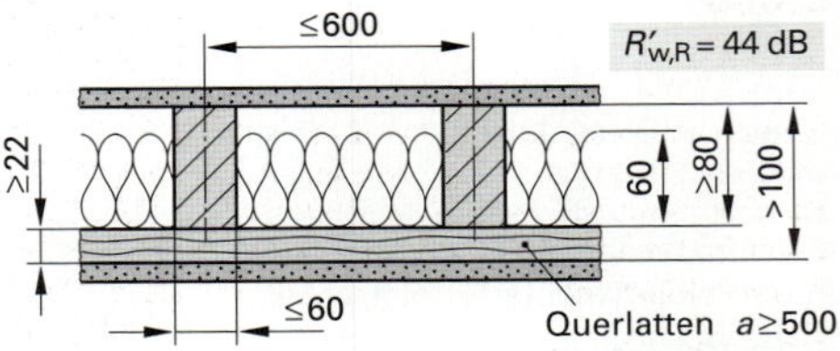

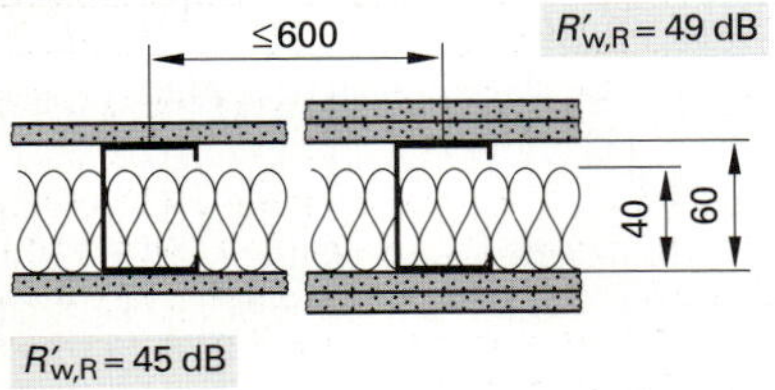

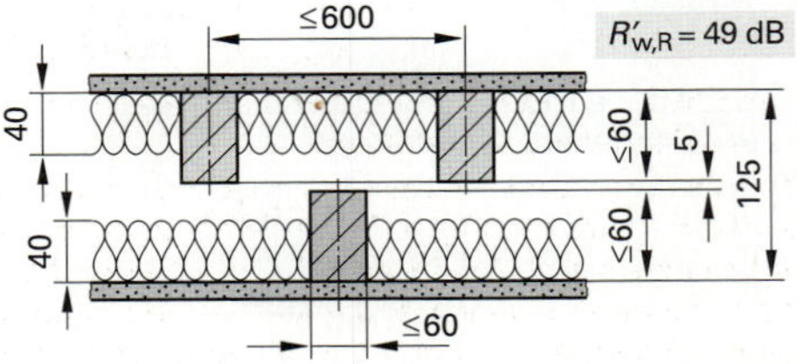

5.5 Brandschutz

- Die Hauptnorm für den Brandschutz ist die **DIN 4102** Teil 1...11 über Brandverhalten von Baustoffen und Bauteilen, Begriffe, Anforderungen und Prüfungen.
- Baustoffe werden nach ihrem Brandverhalten in Baustoffklassen eingeteilt.
- Baustoffe, die nicht in der DIN 4102 aufgeführt sind, sind nur zugelassen, wenn sie je nach Brennbarkeit und Einstufung durch einen Prüfbescheid mit Prüfzeichen als geeignet ausgewiesen sind.
- Feuerwiderstandsklassen enthalten die Zeitdauer in Minuten, die ein Bauteil beim Brandversuch dem Feuer Widerstand bietet.
- Nach DIN EN 13501 gibt es Hauptklassen und Unterklassen ► S. 158

Baustoffklassen und Benennungen

Klasse	bauaufsichtliche Benennung
A	nichtbrennbare Baustoffe
A1	
A2	
B	brennbare Baustoffe
B1	schwerentflammbar
B2	normalentflammbar
B3	leichtentflammbar

Nachweisverfahren

Klasse	Zusatzkriterium	Nachweis durch
A1	genormt	DIN 4102
	nicht genormt	Prüfzeugnis
A2	mit brennbaren Bestandteilen (< 1 %)	Prüfbescheid mit Prüfzeichen
B1	genormt	DIN 4102
	nicht genormt	Prüfbescheid mit Prüfzeichen
B2	normal entflammbar	Prüfzeugnis
B3	leicht entflammbar	(nicht zugelassen; z. B. Papier)

Feuerwiderstandsklassen

Klasse	Zusatz	Bauteil
30 60 90 120 180	F	Wände, Decken, Stützen Balken, Treppen
	W	nichttragende Außenwände, Brüstungen, Schürzen
	T	Türen, Tore
	G	Verglasungen
	L	Lüftungsleitungen
	K	Klappen für Lüftungsleitungen
	R	Rohrleitungen
	I	Installationsschächte und -kanäle

Beispiel

F30-AB

Bauteil in wesentlichen Teilen aus nichtbrennbaren Stoffen, das mindestens 30 Minuten dem Feuer Widerstand bieten kann. Wesentliche Teile sind alle tragenden Teile.

F180, W30, G90 usw.

Mindestanforderung des baulichen Brandschutzes

Bauwerk / Bauteil	Frei stehende Wohngebäude mit nicht mehr als einer Wohnung	Wohngebäude geringer Höhe mit nicht mehr als zwei Wohnungen	Gebäude geringer Höhe (kein Fußboden eines Aufenthaltsraumes über 7 m)	Sonstige Gebäude außer Hochhäuser (alle Fußböden unter 22 m)
Tragende und aussteifende Wände, Pfeiler, Stützen	keine	F30-B	F30-B	F90-AB
wie vor, jedoch in Kellergeschossen	keine	F30-AB	F90-AB	F90-AB
Nichttragende Außenwände	keine	keine	keine	F30 oder A
Dämmstoffe u. Verkleidungen in und an Außenwänden	B2	B2	B2	B1
Wohnungstrennwände	–	F30-B	F30-B	F90-AB
Gebäudetrenn- und -abschlusswände	–	F90-AB	Brandwand	Brandwand
Decken über Dachräumen	keine	keine	keine	keine
Decken über Kellergeschossen	keine	F30-B	F90-AB	F90-AB
sonstige Decken	keine	F30-B	F30-AB	F90-AB

- Brandwände müssen mindestens der Klasse F90-A angehören. Ihre Standsicherheit muss bei einem Brand gewährleistet sein.
- Brandwände sind bei Gebäuden geringer Höhe durchgehend bis unmittelbar unter die Dachhaut zu führen. Bei sonstigen Gebäuden sind sie entweder durchgehend 0,30 m über die Dachhaut zu führen oder in Höhe der Dachhaut mit einer beidseitig je 0,50 m auskragenden Stahlbetonplatte zu versehen. Brennbare Bauteile dürfen Brandwände weder überbrücken noch durchdringen. Durchgehende Leitungen dürfen weder Feuer noch Rauch übertragen können.

Hauptklassen A bis F und Unterklassen (Auszug DIN EN 13501)

EURO-Klassen für Baustoffe nach DIN EN 13501-1

EURO-Hauptklassen	EURO-Unterklassen*)		
A1	A1		
A2	A2 – s1, d0		
		A2 – s1, d1	A2 – s1, d2
	A2 – s2, d0	A2 – s2, d1	A2 – s2, d2
	A2 – s3, d0	A2 – s3, d1	A2 – s3, d2
B	B – s1, d0	B – s1, d1	B – s1, d2
	B – s2, d0	B – s2, d1	B – s2, d2
	B – s3, d0	B – s3, d1	B – s3, d2
C	C – s1, d0	C – s1, d1	C – s1, d2
	C – s2, d0	C – s2, d1	C – s2, d2
	C – s3, d0	C – s3, d1	C – s3, d2
D	D – s1, d0	D – s1, d1	D – s1, d2
	D – s2, d0	D – s2, d1	D – s2, d2
	D – s3, d0	D – s3, d1	D – s3, d2
E	E – d2		
F	(F), keine Leistung festgestellt		

Baustoffklassen nach DIN 4102

	Baustoffklasse	Bauaufsichtliche Benennung	Beispiele
A = Nicht brennbare Baustoffe	A1	ohne brennbare Bestandteile	Gips, Kalk, Zement, Steine Beton, Glas, Faserbetonplatten
		mit brennbaren Bestandteilen (< 1 %)	bestimmte Mineralfaser-Feuerschutzplatten, Fiber-Silikat-Platten
	A2	mit brennbaren Bestandteilen	Gipsplatten, Mineralfasererzeugnisse
B = Brennbare Baustoffe	B1	schwer entflammbare Baustoffe	Gipsplatten mit gelochter Oberfläche, Holzwolle-Leichtbauplatten, schwer entflammbare Spanplatten, bestimmte Kunststoff-Hartschaumplatten, bestimmte PVC-Erzeugnisse, Eichenparkett, Gussasphaltestriche
	B2	normal entflammbare Baustoffe	Holz und Holzwerkstoffe, $\varrho > 400$ kg/m³ und über 2 mm Dicke, genormte Dachpappen und PVC-Bodenbeläge
	B3	leicht entflammbare Baustoffe	Papier, Holzwolle, Holz bis 2 mm Dicke

*) **Unterklassen** für die Rauchentwicklung s1 (gering), s2 (mittel) und s3 (hoch) sowie für das brennende Abtropfen oder Abfallen d0 (nicht zutreffend), d1 (gering) und d2 (stark)

Feuerwiderstandsklassen von Bauteile nach DIN 4102 (Auszug)

Feuerwiderstandsklassen für Wände, Decken, Stützen, Unterzüge, Treppen	Nicht tragende Außenwände, Brüstungen	Feuerschutzabschlüsse, Türen, Tore, Klappen	Bauaufsichtliche Benennungen nach der Landesbauordnung
F 30	W 30	T 30	feuerhemmend
F 60	W 60	T 60	hochfeuerhemmend
F 90	W 90	T 90	feuerbeständig
F 120	W 120	T 120	–
F 180	W 180	T 180	–

Bauteile nach DIN EN 13501-2

Feuerwiderstandsdauer in Minuten:
≥ 15; ≥ 20; ≥ 30, ≥ 45, ≥ 60, ≥ 90, ≥ 120, ≥ 240, ≥ 360
Kriterien für Euro-Feuerwiderstandsklassen:
R, I, S, M, E, W, K und C*)

*) R Erhalt der Tragfähigkeit, I Oberflächen-Grenztemperatur, S Rauchdurchtritt, M Erhöhte mechanische Festigkeit, E Raumabschluss, W Wärmestrahlungsdurchtritt, C Selbstschließend, K Brandschutzfunktion

Im Brandschutznachweis wird für die tragenden, aussteifenden und raumabschließenden Bauteile die erforderliche Feuerwiderstandsklasse festgelegt. Es wird der Nachweis geführt, dass das Bauteil im Brandfall seine Funktion für eine definierte Zeitdauer erfüllt, ohne das Gesamtsystem zu betrachten. Dagegen bietet die brandschutztechnische Bemessung nach DIN EN 13 501 die Möglichkeit, das Tragverhalten im Gesamtsystem zu berücksichtigen.
Die deutsche Brandschutznorm DIN 4102 mit dem bisherigen deutschen Klassifizierungssystem ist dem europäischen Klassifizierungssystem DIN EN 13 501-1 (Brandverhalten) bzw. DIN EN 13501-2 (Feuerwiderstand) noch anzupassen. Die Anpassung erfolgt mit einer entsprechenden Ergänzung in der nächsten Bauregelliste. In der Übergangszeit kann wahlweise mit der deutschen Norm oder der europäischen Norm gearbeitet werden. In den Anlage 0.1 und 0.2 zur Bauregelliste A Teil 1 ist die Zuordnung der bauaufsichtlichen Benennungen zu den jeweiligen Klassen und Leistungsstufen aufgeführt. Die Zuordnung ist so gewählt, dass bei Anwendung des europäischen Klassifizierungssystems die deutschen Sicherheitsniveaus mindestens erfüllt werden.

Beispiele von Bauteilen und ihre Feuerwiderstandsklassen

Brandverhalten klassifizierter Betonbauteile (Auszug DIN 4102-4)

Konstruktionsmerkmale / Mindestdicken in mm		Feuerwiderstandsklasse-Benennung[3)] F 30-A	F 60-A	F 90-A	F 120-A	F 180-A
Mindestdicke *d* in mm unbekleideter Platten ohne Anordnung eines Estrichs bei statisch bestimmter Lagerung statisch unbestimmter Lagerung	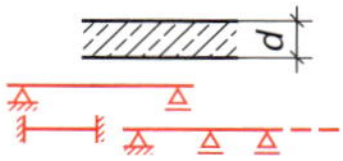	60[1) 2)] 80[1) 2)]	80[2)] 80[1) 2)]	100 100	120 120	150 150
Mindestdicke *d* in mm punktförmig gestützter Platten unabhängig von der Anordnung eines Estrichs bei Decken mit Stützenkopfverstärkung Decken ohne Stützenkoptverstärkung	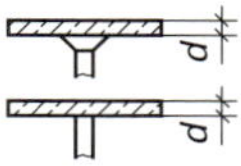	150 150	150 200	150 200	150 200	150 200
Mindestdicke *d* in mm unbekleideter Platten mit nichtbrennbarem Estrich oder Asphaltestrich		50	50	50	60	75
Mindestdicke *D* in mm = *d* + *Estrichdicke* bei statisch bestimmter Lagerung statisch unbestimmter Lagerung	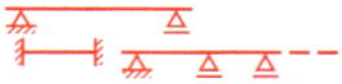	60[1) 2)] 80[1) 2)]	80[2)] 80[1) 2)]	100 100	120 120	150 150
Mindestdicke *d* in mm unbekleideter Platten mit schwimmendem Estrich bei einer Dämmschicht bei statisch bestimmter Lagerung statisch unbestimmter Lagerung	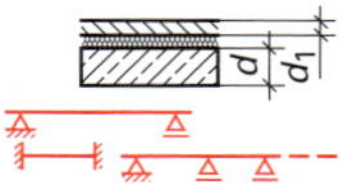	60[1) 2)] 80[1) 2)]	60[1) 2)] 80[1) 2)]	60[1) 2)] 80[1) 2)]	60[1) 2)] 80[1) 2)]	80[2)] 80[1) 2)]
Mindestestrichdicke d_1 in mm bei Estrichen aus nichtbrennbaren Baustoffen oder Asphalt[3)]		25	25	25	30	40
Holzwolle-Leichtbauplatten auch ohne Putz bei einer Dicke der Holzwolle-Leichtbauplatten ≥ 25 mm einer Dicke der Holzwolle-Leichtbauplatten ≥ 50 mm		50 50	50 50	– 50	– 50	– 50
Mindestdicken in mm bei Unterdecken		$d \geq 50$				

1) Bei Betonfeuchtigkeitsgehalten > 4 Masse-% sowie bei sehr dichter Bewehrungsanordnung (Stababstände < 100 mm) sind die Mindestdicken *d* sowie die Mindestdicken *D* um 20 mm zu vergrößern.
2) Bei Platten mit mehrseitiger Brandbeanspruchung – z. B. bei auskragenden Platten – müssen die Mindestdicken *d* sowie die Mindestdicken *D* jeweils ≥ 100 mm sein.
3) Bei Anordnung von Asphaltestrich, bei Verwendung von schwimmendem Estrich mit einer Dämmschicht der Baustoffklasse B und bei Verwendung von Holzwolle-Leichtbauplatten muss die Beanspruchung jeweils F 30-AB, F 60-AB, F 90-AB, F 120-AB und F 180-AB lauten.

Brandverhalten klassifizierter Wände aus Mauerwerk (Auszug DIN 4102-4)

Die ( )-Werte gelten für gemauerte Wände mit beidseitigem Putz, der bei Verwendung der Mörtelgruppe P IV eine Dicke d_1 ≥15 mm besitzen muss.

Konstruktionsmerkmale 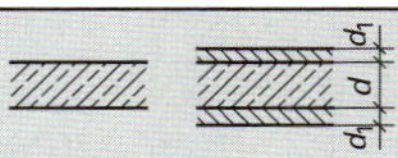	Feuerwiderstandsklasse-Benennung[3)] F 30-A	F 60-A	F 90-A	F 120-A	F 180-A
Mindestdicke *d* in mm **tragender[1)] Wände** aus Kalksandsteinen nach DIN 106 Ausnutzungsgrad α_2 = 0,2	115 (115)	115 (115)	115 (115)	115 (115)	175 (140)
Ausnutzungsgrad α_2 = 0,6	115 (115)	115 (115)	140 (115)	175 (140)	200 (175)
Ausnutzungsgrad α_2 = 1,0	115 (115)	115 (115)	140 (115)	190 (175)	240 (190)

1) Die Angaben gelten für tragende raumabschließende Wände.
Ähnliche Werte gelte für Porenbeton-Steine, Hohlblöcke aus Leichtbeton, Mauerziegel und Leichthochlochziegel (vgl. DIN 4102-4). Klammerwerte gelten für Wände mit beidseitigem Putz.

Beispiele von Bauteilen und ihre Feuerwiderstandsklassen

Brandverhalten klassifizierter Stahlbauteile
(Auszug DIN 4102-4)

Konstruktionsmerkmale Abmessungen in mm	Profilverhältnis *U/A* in m^{-1}	Feuerwiderstandsklasse F30-A Mörtelgruppe P II oder P IVc	F60-A	F90-A	F30-A Mörtelgruppe P IVa ober PIVb	F60-A	F90-A
Putzdicke *d* über Putzträger aus Rippenstreckmetall, Streckmetall oder Drahtgewebe bei Stahlträgern.		**Stahlträger**			**Stahlträger**		
	< 90	5	15	–	5	5	15
	90 bis 119	5	15	–	5	5	15
	120 bis 179	5	15	–	5	15	15
	180 bis 300	5	15	–	5	15	25
Putzdicke *d* über Putzträgern aus Rippenstreckmetall, Streckmetall oder Drahtgewebe bei Stahlstützen.		**Stahlstützen**			**Stahlstützen**		
	< 90	15	25	45	10	20	35
	90 bis 119	15	25	45	10	20	35
	120 bis 179	15	25	45	10	20	45
	180 bis 300	15	25	55	10	20	45
Wandbauplatten aus Gips nach DIN 18163 Teil 1	–	60	60	60			
Gipskarton-Bauplatten (GKF) als Bekleidung von Stahlträgern	≤ 300	**Stahlträger** 12,5	12,5 + 9,5	2 × 15,0	für F30-A einschalig		
Gipskarton-Bauplatten (GKF) als Bekleidung von Stahlstützen	≤ 300	**Stahlstützen** 12,5	12,5 + 9,5	3 × 15,0	für F 60-A und F 90-A mehrschalig		

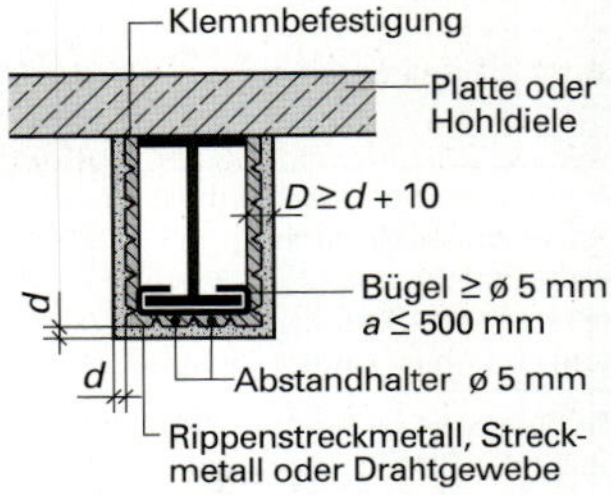

verputzter Stahlträger

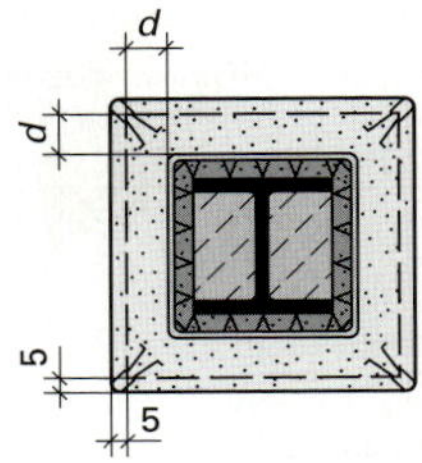

verputzte Stahlstütze

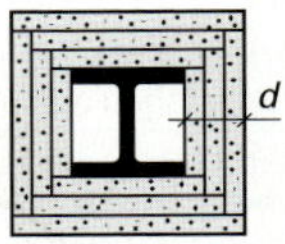

bekleidete Stahlstütze

Brandverhalten von unbekleideten Holzbalken und Holzstützen für F 30-B (Auszug DIN 4102-4 – 03.1994) (mit DIN 4102-4 / A1 – 11.2004 zurückgezogen) Werte können als Anhalt dienen.

Biegung[1] $\frac{\sigma_B}{zul\ \sigma_B^*}$ Druck $\frac{\sigma_{D\|\|}}{zul\ \sigma_k}$		Mindestbreite *b* in mm bei einem Seitenverhältnis *h/b* 1,0 und einem **Abstützungsabstand** *s* bzw. einer **Knicklänge** s_k in m 2,0	3,0	4,0	5,0	6,0	*h/b* 2,0 2,0	3,0	4,0	5,0	6,0
Vollholzbalken											
3-seitig	0,2	80	80	80	80	80	80	80	80	80	83
	1,0	114	114	114	114	114	96	103	109	114	120
4-seitig	0,2	86	86	86	86	87	80	80	80	82	84
	1,0	160	160	160	160	160	113	113	118	123	128
Brettschichtholzbalken											
3-seitig	0,2	80	80	80	80	83	80	80	80	80	83
	1,0	100	100	100	100	100	84	90	95	100	105
4-seitig	0,2	80	80	80	80	83	80	80	80	80	83
	1,0	140	140	140	140	140	99	99	103	108	112
Vollholzstützen											
4-seitig	1,0	187	204	219	229	237	161	179	193	202	204
	0,2	102	105	105	105	105	91	92	92	92	92
Brettschichtholzstützen											
4-seitig	1,0	169	188	202	202	202	147	167	168	168	168
	0,2	90	90	90	90	90	80	80	80	80	83

[1] $zul\ \sigma^*_B = 1{,}1 \cdot k_B \cdot zul\ \sigma_B$ mit $1{,}1 \cdot k_B \leq 1{,}0$; $zul\ \sigma_k = \sigma_{D||}/\omega$

3-seitig 4-seitig

Holzbalken unter Brandbeanspruchung

Stütze aus BSH (Brettschichtholz)

Hinweis: Anforderungen an die Bauausführung ergeben sich ausschließlich aus LBauO. Die Ausführungsbeispiele nach DIN 4102, Teil 4, dürfen ohne zusätzlichen Nachweis verwendet werden. Ansonsten ist ein Prüfzeugnis erforderlich.

6 Technologie der Baustoffe

6.1 Natürliche Gesteine

Einteilung der natürlichen Gesteine

Erstarrungsgesteine oder **magmatische Gesteine** sind aus glutflüssiger Magma in der Tiefe (Tiefengesteine), in Spalten oder Gängen (Ganggesteine) oder an der Erdoberfläche (Ergussgesteine) entstanden. Zu den Erstarrungsgesteinen zählt man auch das aus den Vulkanen herausgeworfene Material (Vulkanauswürfe, Pyroklastite), das sich in der Umgebung der Vulkane abgelagert und eventuell danach verfestigt hat.

Ablagerungs- oder **Sedimentgesteine** sind aus Trümmern anderer Gesteine und nachfolgender Verfestigung (Trümmersedimente) entstanden, aus Lösungen ausgeschieden (chemische Sedimente) oder aus organischen Stoffen wie Pflanzen- oder Tierresten aufgebaut (organische Sedimente).

Umwandlungsgesteine oder **metamorphe Gesteine** sind durch Umwandlung infolge von Druck oder Hitze während geologischer Zeiträume aus anderen Gesteinen entstanden.

Gesteinsgruppe	Unterteilung		Gesteinsnamen
Erstarrungsgesteine	Tiefengesteine		Granit, Syenit, Diorit, Gabbro
	Ganggesteine		Porphyr
	Ergussgesteine		Basalt, Diabas, Rhyolith, Obsidian, Bimsstein
	Vulkanauswürfe		Tuff (Trass), Asche
Ablagerungsgesteine	Trümmersedimente		Sandstein, Breckzie, Konglomerat, Grauwacke, Tonstein
	chemische Sedimente		Kalkstein, Dolomit, Gipsstein, Steinsalz, Flint (Feuerstein)
	organische Sedimente		Muschelkalk, Korallenkalk, Kreide, Kohle, Torf
Umwandlungsgesteine	Ursprungsgestein	Tiefengesteine (Granit)	Gneis
		Sandstein	Quarzit
		Kalkstein, Dolomit	Marmor
		Tonstein	Schiefer (Glimmerschiefer, Tonschiefer)

Minerale

Die natürlichen Gesteine sind aus unterschiedlichen Mineralen aufgebaut. Minerale sind stofflich einheitliche Bestandteile der Gesteine.

Wichtige gesteinsbildene Minerale und deren Eigenschaften

Mineral	Chemische Formel	Farbe	Dichte g/cm³	Härte nach Mohs
Quarz	SiO_2	weiß, grau	2,65	7
Orthoklas = roter Feldspat	$K\,Al\,Si_3\,O_8$	rötlich, rot	2,56	6
Plagioklas = heller Feldspat	$Ca\,Al_2\,Si_2\,O_8$; $Na\,Al\,Si_2\,O_8$	grau	2,6 … 2,7	6
Muskovit = heller Glimmer	$K\,Al_2\,(Al\,Si_3\,O_{10})\,(OH)_2$	silberweiß	2,8 … 2,9	2,5 … 3
Biotit = dunkler Glimmer	$K\,(Mg, Fe)_3\,Al\,Si_3\,O_{10}\,(OH)_2$	schwarz	2,8 … 3,2	2 … 3
Augit	$Mg\,Si\,O_3$	schwarz, braun	3,3 … 3,5	6
Hornblende	$(Ca, Na)_2\,(Mg, Fe, Al)_5\,(Si, Al)_8\,O_{22}\,(OH)_2$	schwarz	3,0 … 3,5	5 … 6
Olivin	$(Mg, Fe)_2\,Si\,O_4$	dunkelgrün	3,3 … 3,4	6,5 … 7
Calzit (Kalziumkarbonat)	$Ca\,CO_3$	weiß, grau	2,7	3
Gips	$Ca\,SO_4 \cdot 2\,H_2O$	weiß, grau	2,3	2

Talk	Gips	Calzit	Flussspat	Apatit	Feldspat	Quarz	Topas	Korund	Diamant
1	2	3	4	5	6	7	8	9	10

Mohs'sche Härteskala

Bautechnische Eigenschaften und Verwendung der Gesteine

Gestein	Bestandteile	Gefüge	Farbe	Rohdichte[1] g/cm³
Granit	Feldspat, Quarz und Glimmer	dicht, körnig, Minerale einzeln erkennbar	weißlich grau – rötlich – schwarz gesprenkelt	2,6 … 2,8
Diorit	heller Feldspat, Hornblende, Quarz	dicht, körnig	grau – schwarz gesprenkelt	2,6 … 2,9
Syenit	roter Feldspat, Hornblende, Quarz, dunkler Glimmer	dicht, körnig	dunkelgrau – rötlich – gelblich gesprenkelt	2,6 … 2,8
Gabbro	verschiedene dunkle Minerale, Olivin, heller Feldspat	dicht, körnig	dunkelgrau, schwarz, grünlich	2,8 … 3,1
Porphyr	Feldspat, Quarz, Glimmer	dicht, große Kristalle in feinkristalliner Grundmasse	grau, rot, gelbbraun	2,6 … 2,8
Basalt	verschiedene dunkle Minerale, Plagioklas, Hornblende und Olivin	dicht, feinkörnig	blaugrau, schwarz	2,8 … 3,0
Diabas	wie Basalt, Diabas ist geologisch älter	dicht, fein bis mittelkörnig	dunkelgrau, grünlich	2,8 … 3,0
Bimsstein	unterschiedliche Zusammensetzung	porös, schaumig	grau, braun, schwarz, auch rot	0,2 … 1,3
Tuff (Trass)	unterschiedliche Zusammensetzung	porös	grau, grauschwarz, auch gelblich – weiß	1,3 … 2,0
Sandstein	Quarzkörner mit kalkigem oder tonigem Bindemittel	sandkörnig, geschichtet	hellgrau, braun, rot, gelbbraun	2,0 … 2,6
Grauwacke	Quarz, Feldspat Muskovit und andere Minerale	dicht, körnig	grau, dunkelgrau, (grünlich, rötlich)	2,6 … 2,7
Kalkstein	Calzit $CaCO_3$ und verschiedene Beimengungen	dicht, geschichtet, leicht polierbar	weiß, weißgrau, rötlich, bräunlich	2,4 … 2,8
Travertin	Calzit $CaCO_3$ mit Beimengungen	porös, löchrig	weiß, gelblich, grau, Verfärbungen	2,4 … 2,6
Gipsstein	Gips ($CaSO_4 \cdot 2\,H_2O$) mit Beimengungen	dicht, feinkörnig	grau bis weiß	2,0 … 2,2
Gneis	wie Granit, Syenit oder Diorit	dicht, körnig, gebändert, fleckig	weißlichgrau rötlich – schwarz	2,6 … 2,9
Marmor	Calzit $CaCO_3$	körnig – kristallin, leicht polierbar	weiß, grau mit streifigen Verfärbungen	2,7 … 2,9
Schiefer (Glimmerschiefer)	Quarz, Muskovit, Biotit und weitere Minerale	schiefrig, glimmerglänzend leicht spaltbar	hellgrau, dunkelgrau, bläulich	2,5 … 2,7

[1] Die Rohdichte ist der Quotient aus der Masse und dem Volumen einschließlich der vom Gestein umschlossenen Poren $\varrho_R = \frac{m}{V_R}$

[2] Die Reindichte ist der Quotient aus der Masse und dem Feststoffvolumen (≙ der Dichte) $\varrho = \frac{m}{V}$

6

Bautechnische Eigenschaften und Verwendung der Gesteine

Reindichte[2] g/cm³	Druckfestigkeit N/mm²	Verwendung	Fundorte in Mitteleuropa	Gestein
2,6 … 2,8	160 … 240	Pflaster-, Bordsteine, Natursteinmauern, Schotter, Betonzuschlag, Werksteine[3]	Harz, Fichtelgebirge, Bayerischer Wald, Spessart, Odenwald, Schwarzwald	**Granit**
2,7 … 2,9	170 … 300	wie Granit	Odenwald, Hunsrück, Bayerischer Wald	**Diorit**
2,6 … 2,8	150 … 240	wie Granit	Sachsen	**Syenit**
2,8 … 3,1	200 … 350	wie Granit	Schwarzwald, Harz, Odenwald	**Gabbro**
2,6 … 2,8	150 … 240	wie Granit	Erzgebirge, Harz, Sachsen, Thüringer Wald	**Porphyr**
2,8 … 3,0	250 … 440	Straßen-, Böschungs- und Buhnenpflaster, Schotter	Rhön, Vogelsberg, Eifel, Erzgebirge, Westerwald	**Basalt**
2,8 … 3,0	180 … 250	wie Basalt	Harz, Thüringen, Sachsen, Westerwald, Fichtelgebirge	**Diabas**
2,6 … 2,7	5 … 30	Leicht-Mauerwerk, Schleifmittel	Eifel	**Bimsstein**
2,6 … 2,7	20. … 50	Auskleidungen, Zementherstellung (Trass)	Eifel, Sachsen	**Tuff (Trass)**
2,6 … 2,7	30 … 180	Fassadensteine, Verblendsteine, Werksteine	Elbsandsteingebirge, Weserbergland, Thüringen, Baden-Württemberg, Pfalz	**Sandstein**
2,6 … 2,7	150 … 250	Straßenbaustoff, Betonzuschlag	Harz, Weserbergland, Lausitz, Sauerland	**Grauwacke**
2,7 … 2,9	80 … 150	Rohstoff für Baukalk und Zement, Fassadensteine, Wand- und Bodenplatten	Alpen, Weserbergland, Fränkische und Schwäbische Alp, Schweizer Jura	**Kalkstein**
2,7 … 2,9	30 … 80	Werkstein, Verblendungen	Baden-Württemberg, Thüringen	**Travertin**
≈ 2,3		Rohstoff für Baugips	Südharz, Nordbayern, Thüringen	**Gipsstein**
2,6 … 2,9	100 … 260	Natursteinmauern, Schotter, Betonzuschlag, Werksteine	Erzgebirge, Böhmerwald, Bayerischer Wald, Odenwald, Vogesen, Zentralalpen	**Gneis**
2,7 … 2,9	140 … 180	Platten, Verblendsteine, Bildhauergestein	Italien, Erzgebirge	**Marmor**
2,6 … 2,7	sehr gering	Dachdeckungen, Fassadenbekleidung, Natursteinmauern	Rheinisches Schiefergebirge, Alpen, Thüringen, Riesengebirge, Harz	**Schiefer** (Glimmerschiefer)

[3] Werkstein = bearbeiteter Naturstein

6

6.2 Künstliche Steine/Mauersteine

Mauerwerksbau ► S. 241

6.2.1 Ziegel und Klinker

Herstellung und Begriffe

Ziegel werden aus einem Gemisch von Lehm, Ton und Sand unter Wasserzugabe geformt, bei ≈ 100 °C getrocknet und bei 900 °C ... 1200 °C gebrannt.

Klinker werden bei Temperaturen bis 1500 °C gebrannt. Dabei schmelzen die Bestandteile zu einer glasartigen Masse (Sinterung).

Wärmedämmziegel mit geringer Scherbenrohdichte bestehen aus einem Rohstoff, dem brennbare Bestandteile (z.B. Sägemehl) zugegeben werden. Nach dem Brennen entstehen Luftporen für eine hohe Wärmedämmung.

HD-Ziegel (englisch: High Density) sind Mauerziegel zur Verwendung in
- ungeschütztem Mauerwerk oder
- mit einer Brutto-Trockenrohdichte > 1000 kg/m³ für geschütztes Mauerwerk.

Geschütztes Mauerwerk ist gegen das Eindringen von Wasser z.B. durch Putzschicht, Verkleidung u.ä. geschützt.

Brutto-(Netto-)Trockenrohdichte

$$\varrho_{\text{Brutto(Netto)}} = \frac{\text{Masse, trocken}}{\text{Brutto-(Netto-)volumen}}$$

Brutto-(Netto-)Volumen
Volumen errechnet aus Länge, Breite und Höhe abzüglich des Volumens der Lochungen, Löcher, Aussparungen, die mit (nicht mit) Mörtel zu verfüllen sind.

Vollziegel (Mz) haben einen Gesamtlochanteil von ≤ 15 % in der Lagerfläche. Mit Ausnahme von Grifflöchern ist der Einzelqerschnitt der Löcher ≤ 6 cm².

Hochlochziegel haben Löcher senkrecht zur Lagerfläche mit einem Gesamtlochquerschnitt bei HD-Ziegeln von 15 % bis 50 %.

Lochungsart A, B, C für HD-Ziegel und A, B, Cd, W, WDz ist eine Einteilung hinsichtlich der Einzel-Querschnittsflächen und Abmessungen der Löcher.

Langlochziegel haben Löcher parallel zur Lagerfläche.

Mulde: Vertiefung in der Lagerfläche, die 20 % des Gesamtvolumens des Mauerziegels ($l \times b \times h$) nicht überschreiten darf.

Griffloch: geformtes Loch zur Handhabung des Mauerziegels.

Füllziegel: Mauerziegel mit Lochung zur Verfüllung mit Beton oder Mörtel.

Kammer: Aussparung, die den Mauerstein nicht durchdringt.

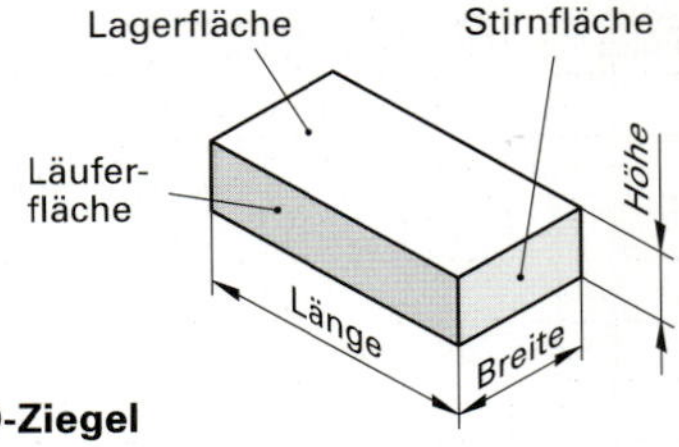

HD-Ziegel

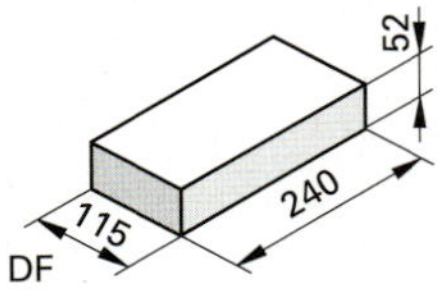

Vollziegel (Mz)

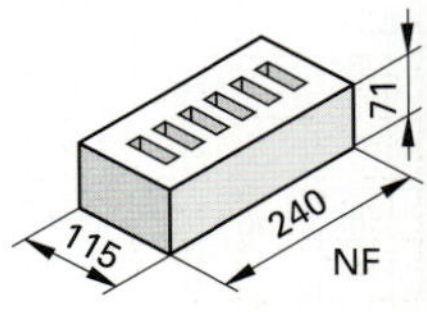

Vollziegel mit Löchern

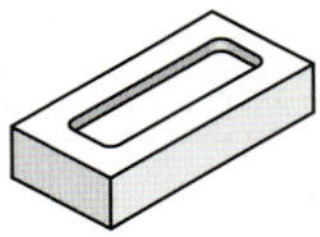
Mauerziegel mit Mulde

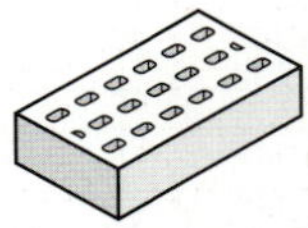
Hochlochziegel

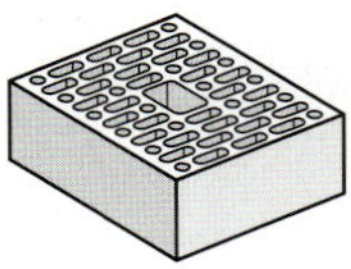
Hochlochziegel

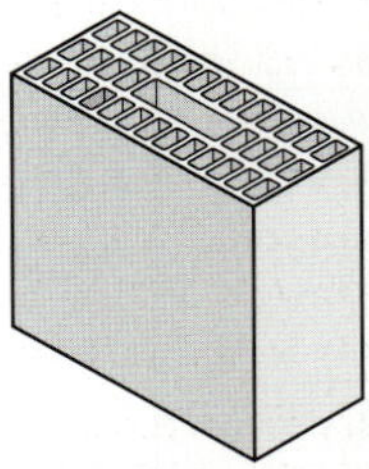
Hochlochziegel

Ziegelarten, Kurzzeichen

Ziegelart	Kurzzeichen	Brutto-Trockenrohdichte kg/dm³
Vollziegel	Mz	1,6 ... 2,0
Vormauer-Vollziegel	VMz	1,6 ... 2,0
Hochlochziegel	HLz*	1,0 ... 1,6
Vormauer-Hochlochz.	VHLz*	1,0 ... 1,6
Vollklinker	KMz	1,8 ... 2,2
Hochlochklinker	KHLz*	1,0 ... 1,8
Keramikvollklinker	KK	1,8 ... 2,4
Keramik-Hochlochkl.	KHK	1,6 ... 2,2
Wärmedämmziegel	WDz	0,5 ... 0,8
Langlochziegel	LLz	0,5 ... 1,0

* Hochlochziegel erhalten gegebenenfalls zusätzlich entsprechend der Lochungsart die Buchstaben A, B oder C.

Steinformate

Format-Kurzzeichen	Maße in mm			Maße in	Wanddicke
	l	*b*	*h*	am[3]	mm
DF[1]	240	115	52	$2 \cdot 1 \cdot 1/2$	115/240
NF[2]	240	115	71	$2 \cdot 1 \cdot 2/3$	115/240
2DF	240	115	113	$2 \cdot 1 \cdot 1$	115/240
3DF	240	175	113	$2 \cdot 1\,1/2 \cdot 1$	175/240
4DF	240	240	113	$2 \cdot 2 \cdot 1$	240
5DF	240	300	113	$2 \cdot 2\,1/2 \cdot 1$	240/300
6DF	240	365	113	$2 \cdot 3 \cdot 1$	240/365
8DF	240	240	238	$2 \cdot 2 \cdot 2$	240
10DF	240	300	238	$2 \cdot 2\,1/2 \cdot 2$	240/300
12DF	240	365	238	$2 \cdot 3 \cdot 2$	240/365
14DF	425	240	238	$3\,1/2 \cdot 2 \cdot 2$	240
15DF	365	300	238	$3 \cdot 2\,1/2 \cdot 2$	300/365
16DF	490	240	238	$4 \cdot 2 \cdot 2$	240
18DF	365	365	238	$3 \cdot 3 \cdot 2$	365
20DF	490	300	238	$4 \cdot 2\,1/2 \cdot 2$	300
21DF	425	365	238	$3\,1/2 \cdot 3 \cdot 2$	365
24DF	490	365	238	$4 \cdot 3 \cdot 2$	365

[1] DF = Dünnformat [3] am = Achtelmeter
[2] NF = Normalformat

Maßtoleranzen für HD-Ziegel bezogen auf Mittelwert:
Klasse T1: $\pm 0{,}40 \cdot \sqrt{\text{Sollmaß}}$ oder ± 3 mm
Klasse T2: $\pm 0{,}25 \cdot \sqrt{\text{Sollmaß}}$ oder ± 2 mm

gesamte Maßspanne:
Klasse R1: $0{,}6 \cdot \sqrt{\text{Sollmaß}}$
Klasse R2: $0{,}3 \cdot \sqrt{\text{Sollmaß}}$

Druckfestigkeit, Kennzeichnung

Druckfestigkeitsklasse	Kleinster Einzelwert N/mm²	Kennzeichnung der Steine[2]
2	2,0	grün
4	4,0	blau
6	6,0	rot
8	8,0	ohne, [1]
10	10,0	ohne, [1]
12	12,0	ohne
16	16,0	ohne, [1]
20	20,0	gelb
28	28,0	braun
36	36,0	ein violetter Streifen
48	48,0	zwei schwarze Streifen
60	60,0	drei schwarze Streifen

[1] Farbaufdruck der Festigkeitsklasse.
[2] Jeder 200. Stein, ab 10 DF jeder 50. Stein oder auf der Verpackung oder auf Beipackzettel.

LD-Ziegel

Mauerziegel mit niedriger Brutto-Trockenrohdichte für die Verwendung in geschütztem Mauerwerk.

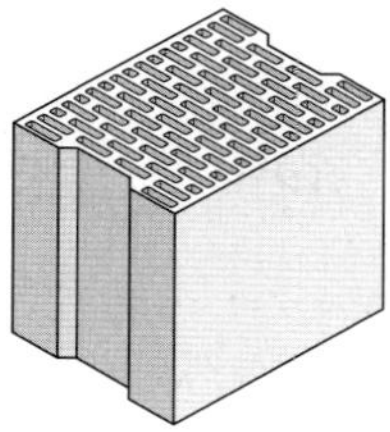
Hochlochziegel mit Mörteltasche

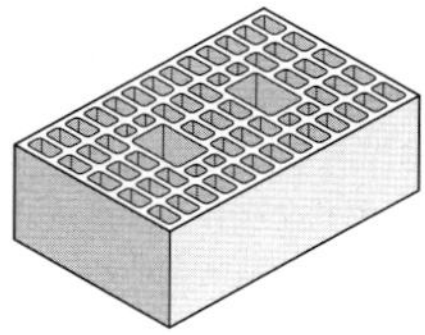
Hochlochziegel mit Grifföffnung

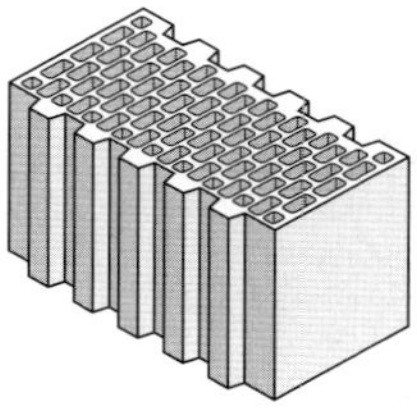
Hochlochziegel mit Nut- und Federsystem

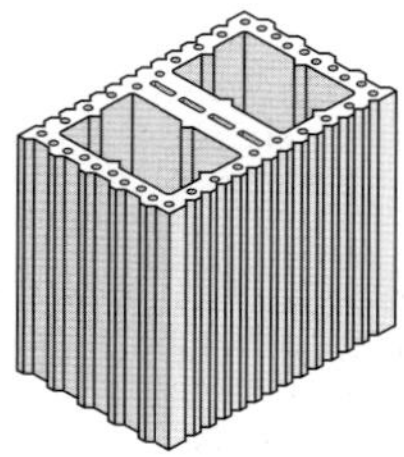
Füllziegel

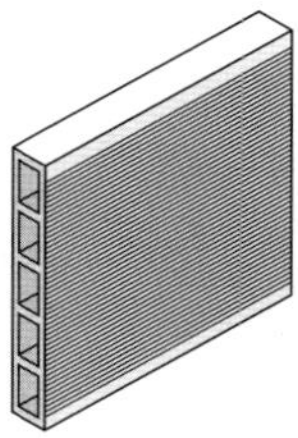
Langlochziegel

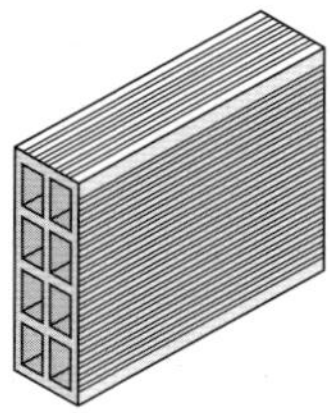
Langlochziegel mit Putzrillen

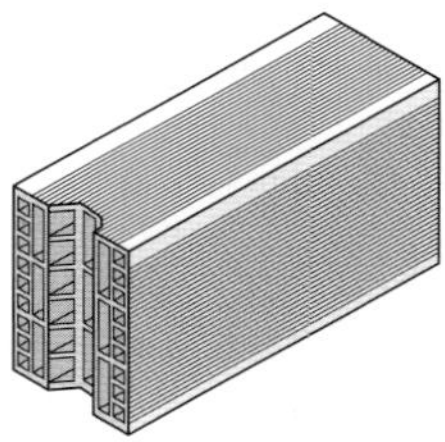
Langlochziegel mit Mörteltaschen

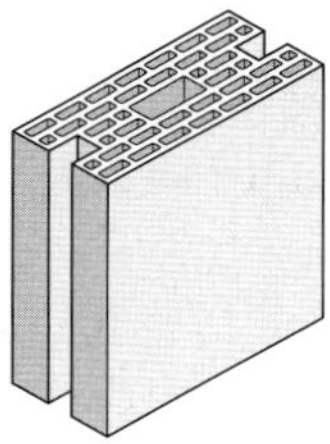
Mauertafelziegel

6

CE-Kennzeichnung

Nach der europäischen Norm (DIN EN 771-1) hat der Hersteller ein System der werkseigenen Produktionskontrolle einzurichten. Bei Einhalten der Bedingungen darf das Produkt das CE-Zeichen tragen. Das CE-Zeichen soll folgende Angaben enthalten:

- Name, Anschrift, eventuell Bildzeichen des Herstellers
- Jahreszahl, z.B. 06 für 2006
- Nummer der europäischen Norm, für Ziegel EN 771-1 – 05.2005
- Art des Produkts, z.B. HD-Mauerziegel der Kategorie I
- Soll-Abmessungen
- Grenzabmaße oder Maßtoleranzen, z.B. Klasse R1, R2, T1 oder T2
- Mittlere Druckfestigkeit
- Qualitätsniveau:
  Kategorie I : Wahrscheinlichkeit des Nichterreichens der Druckfestigkeit ≤ 5 %
  Kategorie II: Mauerziegel, die das Vertrauensniveau der Kategorie I nicht erreichen
- Weitere Angaben, z.B. Feuchtedehnung mm/m, Gehalt an löslichen Salzen, Wasserdampfdiffusions-Koeffizient, Brutto-Trockenrohdichte, Wärmeleitfähigkeit, Frostwiderstand.

Bezeichnung der Ziegel

Nach der DIN 105 werden die Ziegel mittels Kurzzeichen, Druckfestigkeitsklasse, Rohdichte und Format bezeichnet. Die Restnorm DIN V 105-100 – 10.2005 ergänzt die europäische Norm so, das die bisherige Nutzung der Mauerwerksbaustoffe uneingeschränkt möglich ist.

Beispiel

Ziegel DIN 105 – Mz 12 – 1,8 – DF
Vollziegel (Mz) der Druckfestigkeitsklasse 12, der Rohdichteklasse 1,8 der Länge 240 mm, der Breite 115 mm und der Höhe 52 mm ≙ DF

Klinker DIN 105 – KHLz A 20 – 1,4 – 8DF
Hochlochklinker (KHLz) der Lochungsart A mit der Druckfestigkeitsklasse 20, der Rohdichteklasse 1,4 mit der Länge 240 mm, der Breite 240 mm und der Höhe 238 mm ≙ 8DF

Mauertafelziegel

Mauertafelziegel haben Lochkanäle (Länge 50 mm bis 90 mm; Breite 30 mm bis 60 mm, Querschnitt max. 50 cm^2) oder Aussparungen. Übliche Steinlängen: 24,7 cm; 30,7 cm; 37,2 cm und 49,7 cm. Die Steine sind so zu vermauern, dass sich senkrechte Lochkanäle ergeben, die als Vergusskanäle dienen. Abbildung vgl. S. 165.

6

Ziegelflachstürze

Ziegelflachstürze bestehen aus einem vorgefertigten, bewehrten Zuggurt und erlangen im Zusammenwirken mit einer Druckzone aus Mauerwerk ihre Tragfähigkeit.

Die Schalenbreite ist 11,5 cm bzw. 17,5 cm; die Schalenhöhe 7,1 cm (= Schichthöhe) und die Längen ≤ 3,00 m.

Ziegel U-Schalen

Ziegel U-Schalen werden schlaff bewehrt und mit Beton gefüllt. Sie dienen als verlorene Schalung für einen Stahlbetonbalken oder für einen Ringbalken.

Übliche Breiten: 11,5 cm; 17,5 cm; 24,0 cm; 30,0 cm; 36,5 cm

Übliche Höhe: 24,0 cm

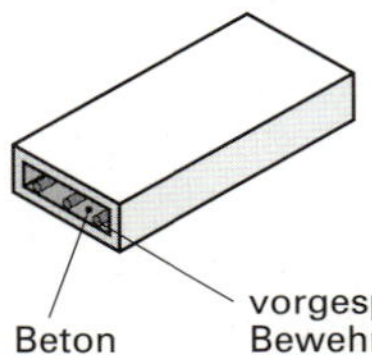

Ziegelflachsturz

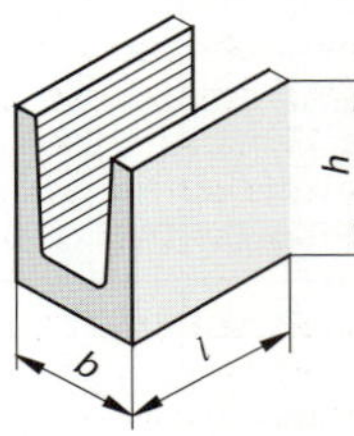

Ziegel U-Schale

6.2.2 Kalksandsteine

Herstellung und Begriffe

Für die Herstellung von Kalksandsteinen werden Sand und Branntkalk (CaO) im Massenverhältnis 12 : 1 mit Wasser gemischt, zu Rohlingen gepresst und im Härtekessel unter Dampfdruck von 16 bar bei einer Temperatur von 200 °C innerhalb von 5 bis 8 Stunden gehärtet.
Kalksandsteine sind nach DIN EN 771-2 – 05.2005 unterteilt. Die Restnorm DIN V 106 – 10.2005 ergänzt die europäische Norm so, dass die bisherige Nutzung der Mauerwerksbaustoffe uneingeschränkt möglich ist.

Kalksand-Vollsteine (KS) haben keine Löcher oder einen Lochanteil < 15 % senkrecht zur Lagerfläche.
Außer von Grifföffnungen sind die Steine 5-seitig geschlossen. Steinhöhe ≤ 113 mm.

Kalksand-Lochsteine (KSL) haben einen Lochanteil zwischen 15 % und 50 %. Die obere Lagerfläche ist mit Ausnahme von Grifföffnungen geschlossen. Steinhöhe ≤ 113 mm.

Kalksand-Blocksteine (KS) haben die gleichen Eigenschaften wie Vollsteine. Die Steinhöhe ist jedoch > 113 mm.

Kalksand-Hohlblocksteine (KSL) haben die gleichen Eigenschaften wie Lochsteine. Die Steinhöhe ist jedoch > 113 mm.

Kalksand-Vormauersteine (KS-Vm) haben mindestens die Druckfestigkeitsklasse 10 und den Nachweis des Frostwiderstandes erbracht.

Kalksand-Verblender (KS-Vb) haben mindestens die Druckfestigkeitsklasse 16 und haben höhere Anforderungen hinsichtlich der Grenzabmaße und des Frostwiderstandes als Vormauersteine.

Plansteine haben erhöhte Anforderungen an die Grenzabmaße der Höhe sowie der Planparallelität und eignen sich für Dünnbettmörtel.

Planelemente sind großformatige Vollsteine mit einer Höhe von > 249 mm und einer Länge von ≥ 498 mm, dessen Querschnitt durch Lochung bis 15 % der Lagerfläche gemindert sein kann. Sie müssen hinsichtlich der Maßhaltigkeit für Dünnbettmörtel geeignet sein.

Bauplatten für nichttragende innere Wände haben ein umlaufendes Nut-Feder-System.
Übliche Abmessungen: l = 498 mm
b = 50 mm oder 70 mm
h = 249 mm

Kalksand-Vollstein
KS NF

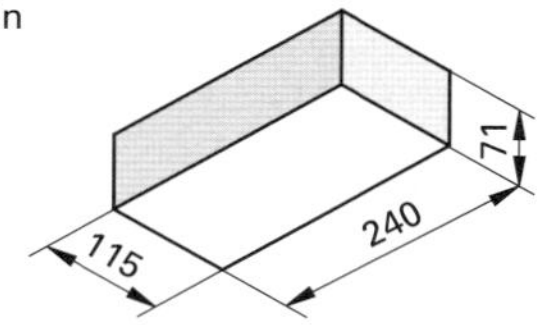

Kalksand-Lochstein
KSL 2DF ($1\frac{1}{2}$ NF)
auch als KS Vb

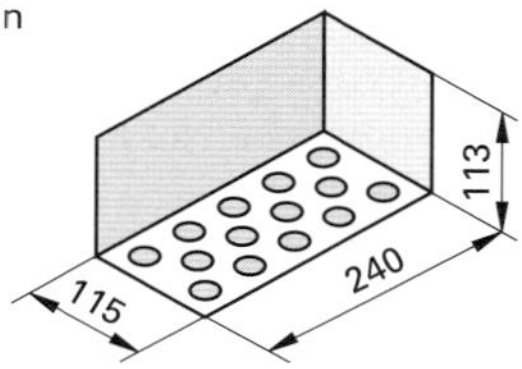

Kalksand-Lochstein
mit Griffloch
KSL 3DF ($2\frac{1}{4}$ NF)

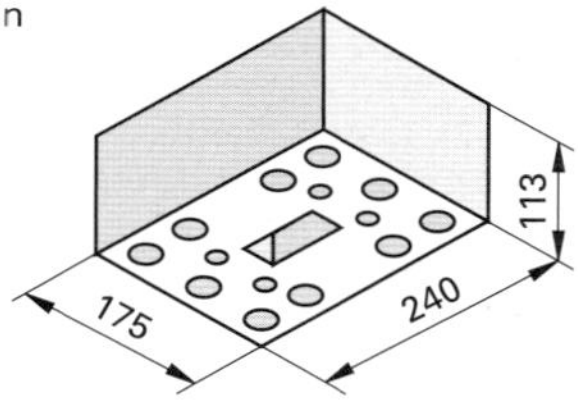

Kalksand-Hohlblockstein
KSL

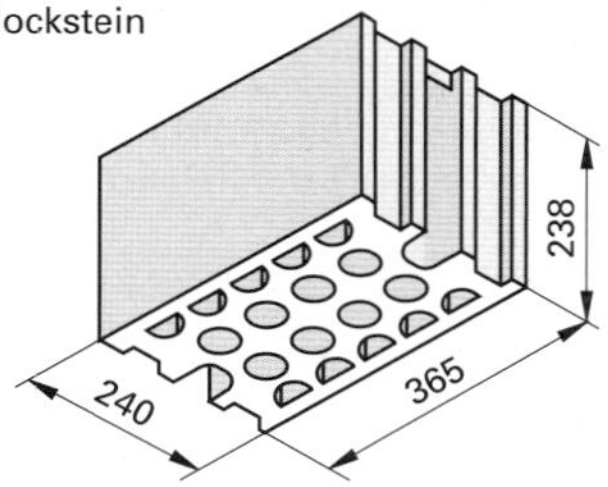

Druckfestigkeitsklassen, Kennzeichnung

Druck-festigkeits-klasse	Kennzeichnung außenliegender Steine oder auf Verpackung oder Begleitzettel
4	Stempelaufdruck oder blau
6	Stempelaufdruck oder rot
8	Stempelaufdruck oder rot
10	Stempelaufdruck oder grün
12	keine Kennzeichnung erforderlich
16	Stempelaufdruck oder 2 grüne Streifen
20	Stempelaufdruck oder gelb
28	Stempelaufdruck oder braun
36	Stempelaufdruck oder violett
48	Stempelaufdruck o. 2 schwarze Streifen
60	Stempelaufdruck o. 3 schwarze Streifen

Formate

Die Formate der üblichen Kalksandsteine entsprechen denen der Ziegel ▶ S. 165

Formate von Planelementen

Länge (mm)	498, 623, 898, 998
Breite (mm)	100*, 115, 120, 150, 175, 200, 240
Höhe (mm)	498, 598, 623
* nur für nichttragende Wände	

Grenzabmaße, Maßtoleranzen in mm

Maß	Steine für Normal- und Leichtmörtel	Steine für Dünnbettmörtel
Höhe: Mittelwert der Probe Länge: Mittelwert der Probe Breite: Mittelwert der Probe	Sollhöhe ± 2 mm Solllänge ± 2 mm Sollbreite ± 2 mm	Sollhöhe ± 1 mm* Solllänge ± 2 mm Sollbreite ± 2 mm
Höhe: Einzelwert der Probe Länge: Einzelwert der Probe Breite: Einzelwert der Probe	Mittelwert ± 2 mm Mittelwert ± 2 mm Mittelwert ± 2 mm	Sollhöhe ± 1 mm Solllänge ± 3 mm Sollbreite ± 3 mm
* nach DIN 106		

Bezeichnung der Kalksandsteine

Nach DIN 106 werden die Ziegel mittels Kurzzeichen, Druckfestigkeitsklasse, Rohdichte und Format bezeichnet.

Steinart	Kurzzeichen
Vollsteine	KS
Lochsteine	KS L
Blocksteine	KS
Hohlblocksteine	KS L
Vormauersteine	KS Vm
Verblender	KS Vb
Plansteine	KS P
Planelemente	
ohne Längsnut, ohne Lochung	KS XL
mit Längsnut, ohne Lochung	KS XL-N
ohne Längsnut, mit Lochung	KS XL-E
Fasensteine	KS F
Bauplatten	KS BP
Nut- und Federsystem an der Stirnseite	-R

Beispiel

Kalksandstein DIN 106 – KS L 12 – 1,2 – 2 DF

Kalksandstein mit > 15 % Lochflächenanteil, mit der Druckfestigkeitsklasse 12, mit der Rohdichteklasse 1,2, mit der Länge 240 mm, der Breite 115 mm, der Höhe 113 mm ≙ 2 DF

Kalksandstein DIN 106 – KS L-RP 12 – 1,2 – 248 x 240 x 248

Kalksandstein mit > 15 % Lochflächenanteil, mit Nut- und Federsystem an den Stirnseiten (R) als Planstein (P), mit der Druckfestigkeitsklasse 12, mit der Rohdichteklasse 1,2, mit der Länge 248 mm, der Breite 240 mm und der Höhe 248 mm

Formsteine

Formsteine haben eine nicht nur durch Rechtecke begrenzte Form. Sie dienen als Verblender mit schrägen oder runden Ecken.

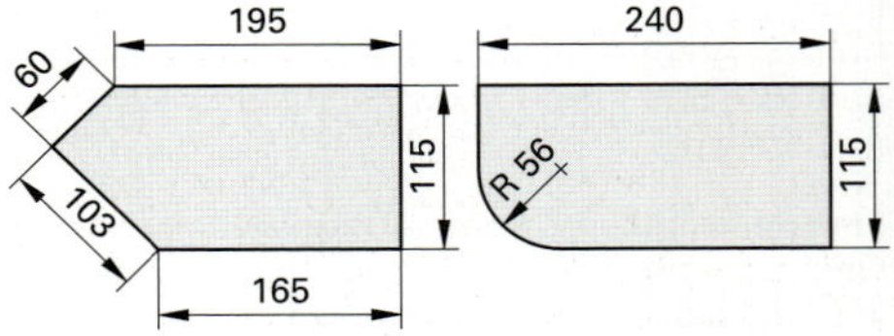

KS-Winkelstein KS Vb-rund

Kalksand U-Schalen-Steine

Kalksand U-Schalen werden als Schalungssteine für Stürze und Ringbalken verwendet. Sie erhalten eine schlaffe Bewehrung und werden mit Beton gefüllt.

Kalksand-Flachstürze

KS-Flachstürze sind Fertigteile für die Herstellung von Öffnungen im Verblendmauerwerk. Eine außen offene Fuge ermöglicht eine einheitliche Verfugung.

Abmessungen: Höhe 71 mm, 113 mm
Breite 115 mm, 175 mm
Länge 1000 mm bis 3000 mm

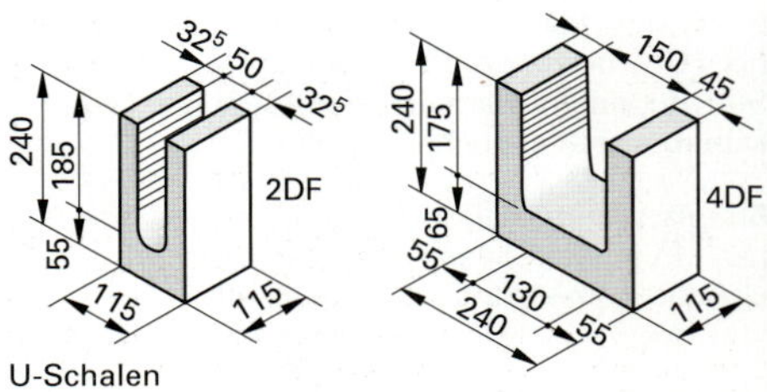

U-Schalen

6.2.3 Mauersteine aus Beton / Betonsteine

Mauersteine aus Beton bestehen aus dicken oder porigen Gesteinskörnungen und Zement als Bindemittel (DIN EN 771-3 – 05.2005). Sie werden unterteilt in

- Hohlblöcke aus Leichtbeton (DIN V 18 151-100)
- Hohlblöcke aus Normalbeton (DIN V 18 153-100)
- Leichtbeton Vollsteine und Vollblöcke (DIN V 18 152-100)

Begriffe	Kurzzeichen	Begriffsfestlegung
Vollstein	V	Mauerstein für Dickbettmörtel, Sollhöhe 52 mm bis 240 mm
Vollblock	Vbl	sechsseitig geschlossener Mauerstein aus Leichtbeton, Sollhöhe 238 mm
Vollblock	Vbl S	vier- oder fünfseitig geschlossener Mauerstein mit Schlitzen
Vollblock	Vbl SW	5-seitig geschl. Mauerstein mit Schlitzen u. besonderen Wärmedämmeigenschaften
Plan-Vollbl.	Vbl SW-P	wie oben, jedoch für Vermauerung mit Dünnbettmörtel, Fugenhöhe 1 mm ... 3 mm
Hohlblock	Hbl	fünfseitig geschlossener Mauerstein mit Kammern senkrecht zur Lagerfläche
Plan-Hohlbl.	Hbl-P	wie vor, jedoch zur Vermauerung mit Dünnbettmörtel.

Außenmaße der Hohlblöcke in mm

Form	Format-kurz-zeichen	System-länge	Breite ± 3 mm	Höhe Hbl ± 4 mm	Höhe Hbl-P ± 1 mm
1 K Hbl	10 DF	500	150		
1 K Hbl	9 DF	375	175		
2 K Hbl	12 DF	500	175		
2 K Hbl	14 DF	500	200		
2 K Hbl	8 DF	250			
3 K Hbl	12 DF	375	240		
4 K Hbl	16 DF	500			
2 K Hbl	10 DF	250			
3 K Hbl	15 DF	375	300	238	238 oder 248
4 K Hbl	20 DF	500			
5 K Hbl					
3 K Hbl	12 DF	250			
4 K Hbl	18 DF	375	365		
5 K Hbl	24 DF	500			
6 K Hbl					
5 K Hbl	14 DF	250	425		
6 K Hbl	16 DF	250	490		

Einkammer-Hohlblock, 1K Hbl

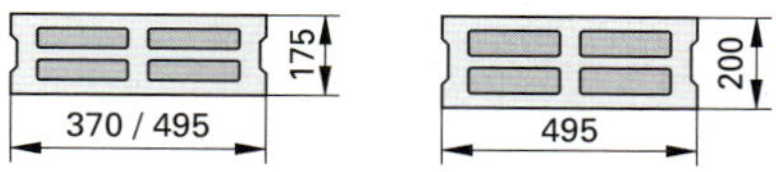

Zweikammer-Hohlblock, 2K Hbl

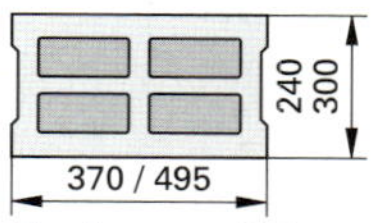

Zweikammer-Hbl

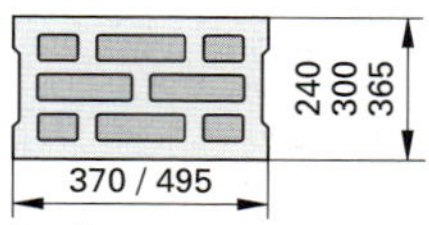

Dreikammer-Hohlblock

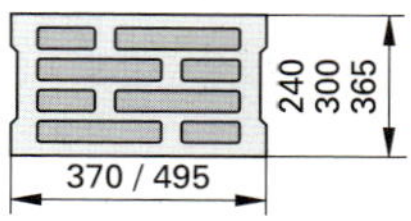

Vierkammer-Hbl

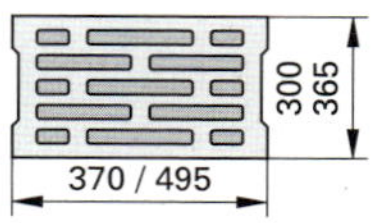

Fünfkammer-Hohlblock

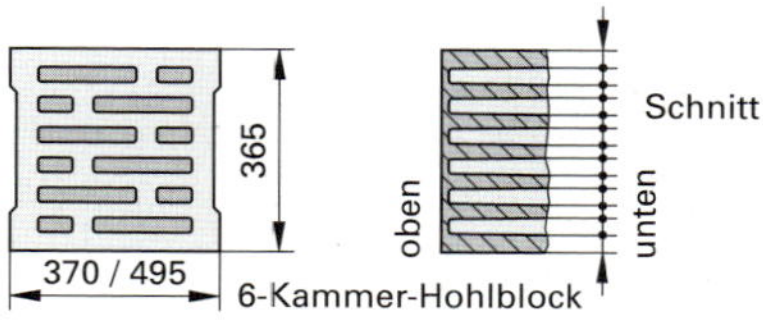

6-Kammer-Hohlblock

Stirnseitenausbildung

Druckfestigkeitsklasse, Kennzeichnung

Druck-festig-keits-klasse	Druckfestigkeit		Kennzeichnung[1]	
	Mittel-wert N/mm²	Mindest-wert N/mm²	Anzahl der Nuten	Farbkenn-zeich-nung
2	2,5	2,0	–	grün
4	5,0	4,0	1	blau
6	7,5	6,0	2	rot
8	10,0	8,0	–	„8" in schwarz
12	15,0	12,0	3	schwarz

[1] Jede Lieferung, jeder 50. Stein entweder Nuten oder Farbkennzeichung.

Beispiel für Bezeichnungen: Hohlblock DIN 18 151 – 3 K Hbl – P 2 – 0,50 – 10 DF – 247 / 300 / 248 – N + F

3-Kammer-Hohlblock nach DIN 18 151 zur Vermauerung mit Dünnbettmörtel (P = Planstein), mit der Festigkeitsklasse 2, mit der Rohdichteklasse 0,50, des Formates 10 DF mit der Länge 247 mm, der Breite 300 mm und der Höhe 248 mm mit Nut und Feder (N + F).

6

6.2.4 Porenbetonsteine

Herstellung und Begriffe

Porenbetonsteine werden aus feingemahlenen oder feinkörnigen kieselsandhaltigen Stoffen (z.B. Sand) mit Zement oder Kalk als Bindemittel, Wasser und porenbildenden Zusatzmitteln (z.B. auf Aluminiumbasis) hergestellt und unter Dampfdruck gehärtet. Infolge dieser Poren beträgt die Rohdichte nur 0,3 kg/dm³ … 1,0 kg/dm³ und die Wärmeleitfähigkeit λ = 0,2 W/mK.

Porenbetonsteine werden nach DIN EN 771-4 – 05.2005 unterschieden. Die Restnorm DIN V 4165-100 – 10.2005 ergänzt die europäische Norm so, dass die bisherige Nutzung der Mauerwerksbaustoffe uneingeschränkt möglich ist.

Planstein PP	Quaderförmiger Vollstein, eventuell mit Griffhilfen oder Hantierlöchern, für Dünnbettmörtel Steinhöhe ≤ 249 mm
Planelement PPE	Quaderförmiger Vollstein, eventuell mit Griffhilfen oder Hantierlöchern, für Dünnbettmörtel Steinhöhe > 249 mm, Länge ≥ 499 mm
Blockstein	Großformatiger Vollstein, der in Normal- oder Leichtmauermörtel zu versetzen ist. (Die Anwendung dieser Steine geht zurück.)
Bauplatte	Porenbetonstein für nichttragende innere Trennwände mit erhöhten Anforderungen hinsichtlich der Grenzabmaße.

Druckfestigkeits-, Rohdichteklassen, Kennzeichnung

Druckfestigkeitsklasse-Farbkennzeichnung	Druckfestigkeit N/mm² Mittelwert minimal	Druckfestigkeit N/mm² kleinster Einzelwert	Rohdichteklasse	Mittlere Rohdichte kg/dm³
2 grün	2,5	2,0	0,35	> 0,30 bis 0,35
			0,40	> 0,35 bis 0,40
			0,45	> 0,40 bis 0,45
			0,50	> 0,45 bis 0,50
4 blau	5,0	4,0	0,55	> 0,50 bis 0,55
			0,60	> 0,55 bis 0,60
			0,65	> 0,60 bis 0,65
			0,70	> 0,65 bis 0,70
			0,80	> 0,70 bis 0,80
6 rot	7,5	6,0	0,65	> 0,60 bis 0,65
			0,70	> 0,65 bis 0,70
			0,80	> 0,70 bis 0,80
8 keine[1)]	10,0	8,0	0,80	> 0,70 bis 0,80
			0,90	> 0,80 bis 0,90
			1,00	> 0,90 bis 1,00

[1)] Keine Farbkennzeichnung – Aufstempelung von Festigkeits- und Rohdichteklassen.

Maße

	Länge mm	Breite mm	Höhe mm
Porenbeton-Plansteine	249	115	124
		120	
		125	
		150	
		175	
		200	
	624		249
		240	
Porenbeton-Planelemente	499		374
		250	
		300	
		365	
		375	
		400	
	1499	500	624

Beispiel: Bezeichnung

Porenbeton – Planstein DIN 4165 – PP2 – 0,45 – 499 x 249 x 249

Porenbeton-Planstein zur Vermauerung mit Dünnbettmörtel, Festigkeitsklasse 2, Rohdichteklasse 0,45, Steinlänge 499 mm, Steinbreite 240 mm, Steinhöhe 249 mm

6.2.5 Hüttensteine

Hüttensteine nach DIN 398 werden aus schnell gekühlter, granulierter Hochofenschlacke (Hüttensand) und Bindemitteln (Kalk, Zement) hergestellt. Die Rohstoffe werden unter Wasserzugabe gemischt, in Formen gepresst und – je nach dem verwendeten Bindemittel – an der Luft, unter Dampf oder kohlendioxidhaltigem Gas gehärtet. Die Formate und Druckfestigkeiten entsprechen denen von Kalksandsteinen. Das Kurzzeichen von Hüttensteinen ist HS.

Eigenschaften von Hüttensteinen
Rohdichte 1,0 kg/dm³ … 2,0 kg/dm³
Druckfestigkeit 7,5 N/mm² … 35 N/mm²
Wärmeleitzahl 0,58 W/mK … 0,76 W/mK

6.2.6 Dachsteine und Dachziegel

Dachmaterialien ▶ S. 84 und 236

Für die Dachdeckung gibt es Pfannen in verschiedenen Formen. Die Formen, die Ausbildung und die Anordnung von Falzen sowie die Art der Oberlappung erfordern eine auf die jeweilige Pfanne abgestimmte Verlegeart. Hinsichtlich der Materialien unterscheidet man Dachziegel, Dachsteine aus Beton sowie Faserzementplatten. Alle Materialien müssen frostbeständig sein.

Dachziegel/Dachsteine/Dachpfannen		Baustoffbedarf Stück/m²	Deckbreite mm	Dachlast mit Latten kN/m²	Regeldachneigung
Frankfurter Pfanne **Dachstein mit symmetrischer Mittelwulst** 1) mit Unterdach 2) ohne Vermörtelung	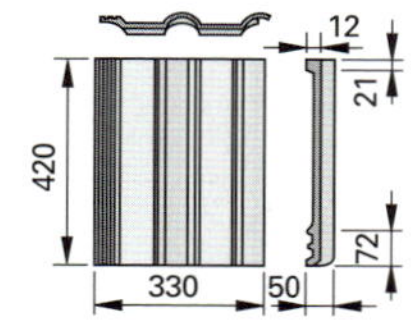	10	300	0,50 … 0,55[2)]	≥ 22° (> 10°)[1)]
Doppel-S-Pfanne **Dachstein mit unsymmetrischer Mittelwulst** 1) mit Unterdach 2) ohne Vermörtelung	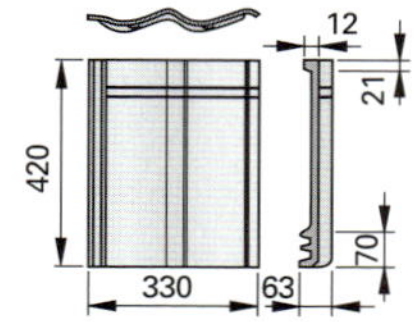	10	300	0,50 … 0,55[2)]	≥ 22° (> 10°)[1)]
Doppelfalzziegel Größe 25 cm × 42 cm 1) mit Unterdach 2) ohne Vermörtelung	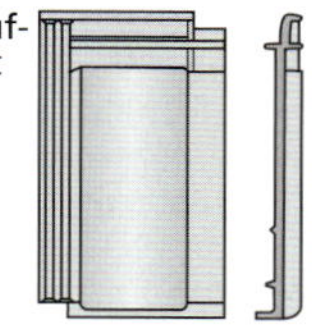	15		0,55[2)]	≥30° (> 10°)[1)]
Mönch und Nonne (Ziegel) Größe 11 cm × 40 cm 21 cm × 40 cm 1) mit Unterdach 3) einschließlich Vermörtelung	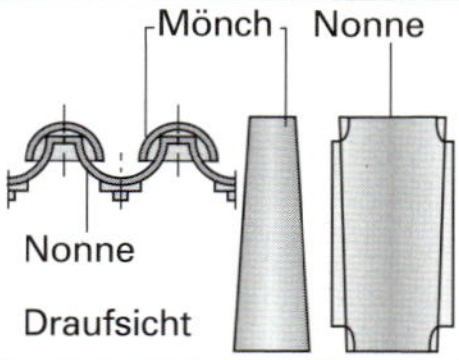			0,90[3)]	≥ 40° (> 10°)[1)]
Hohlpfanne (Ziegel) Größe 23 cm × 40 cm 1) mit Unterdach 2) ohne Vermörtelung	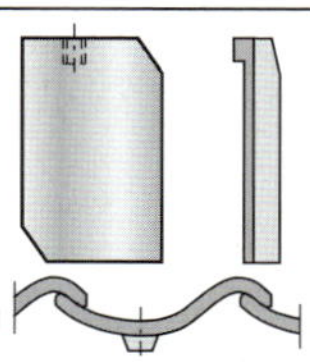	15 … 16		0,45	≥ 35° (> 10°)[1)]
Biberschwanzziegel (auch als Dachstein) Format 17 cm × 42 cm 18 cm × 38 cm 15,5 cm × 36,5 cm 2) ohne Vermörtelung	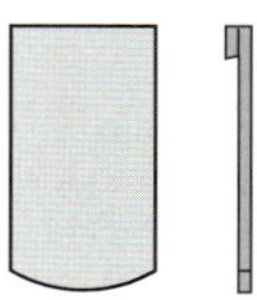	30 … 35		0,60[2)]	≥ 30°
Berechnung der maximalen Lattweite	max. Lattweite = Ziegel-/Dachsteinlänge – Mindestüberdeckung				

Traglattenabstand für profilierte Dachsteine

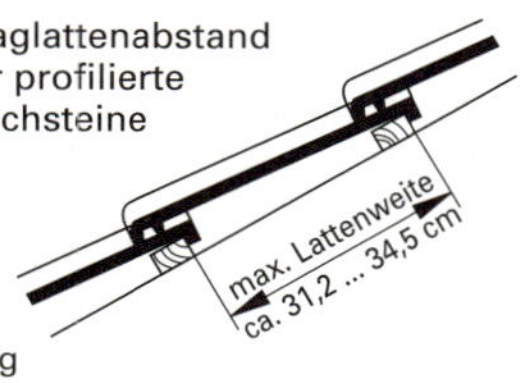

6.3 Fliesen, Platten und Pflastersteine

6.3.1 Keramische Fliesen und Platten

Als Platten werden alle mineralischen Baustoffe bezeichnet, die als Belag für Wände und Böden dienen. Der Begriff Fliese bedeutet ursprünglich kleine Steinplatte (von vliese mittelniederdeutsch). Die Benennung der Plattenformate richtet sich nach ihren Abmessungen:

- **Fliesen** sind rechteckige Platten mit genormten Abmessungen (alt: Ansichtsfläche ≥ 90 cm^2).
- **Mosaiken** sind kleinformatige, vieleckige oder runde Platten mit einer Ansichtsfläche < 90 cm^2.
- **Riemchen** sind Rechteckplatten mit einem Kantenverhältnis von mindestens 1 : 3 und einer Ansichtsfläche größer als 90 cm^2.
- **Formplatten** sind speziell profilierte Platten für Sockel, Rinnen usw.

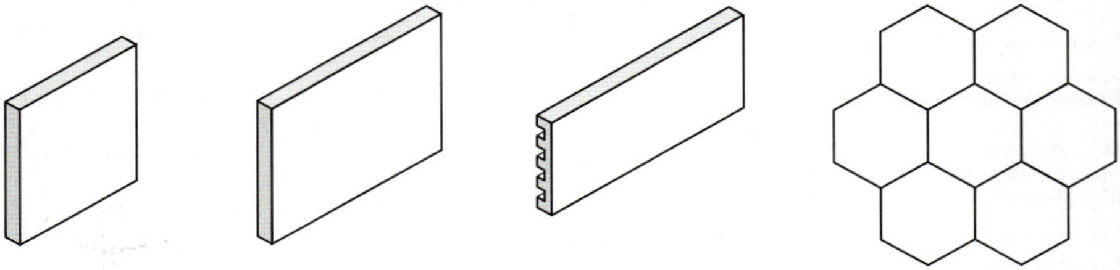

Quadrat, z.B. 15 x 15 / 0,55 Rechteck, z.B. 30 x 15 / 1,2
Rechteckformate

Riemchenformat

Sechseckformat
Mosaikformate ($A < 90$ cm^2)

Für keramische Fliesen und Platten gelten einheitliche europäische Normen. Die Norm **DIN EN 87** unterscheidet stranggepresste Platten (Gruppe A), trockengepresste Fliesen und Platten (Gruppe B) und gegossene Fliesen und Platten (Gruppe C), gegliedert nach Wasseraufnahmefähigkeit I, II a, II b und III.

Klassifizierung und Normung

Art der Formgebung		Wasseraufnahme *E*			
		< 3% Gruppe I	3% … 6% Gruppe II a	6% … 10% Gruppe II b	> 10% Gruppe III
A	Stranggepresste Platten	Gruppe A I EN 121	Gruppe A II a EN 186	Gruppe A II b EN 187	Gruppe A III EN 188
B	Trockengepresste Fliesen und Platten	Gruppe B I EN 176	Gruppe B II a EN 177	Gruppe B II b EN 178	Gruppe B III EN 159
C	Gegossene Fliesen und Platten	Gruppe C I	Gruppe C II a	Gruppe C II b	Gruppe C III

Einteilung, Verwendung und Herstellung

Bezeichnung	Gruppe	Verwendung	Herstellung
Steingutfliesen (STG) weißer Scherben, glasiert Irdengutfliesen (IG) farbiger Scherben, glasiert	**B III** **B III**	Wand- und Bodenbeläge im Innenbereich nicht frostbeständig	Brennen unterhalb der Sintergrenze ($\vartheta < 1150°C$) Porenvolumen > 20%
Steinzeugfliesen, Steinzeugplatten (STZ) – unglasiert, glasiert	**B I**	Innen- und Außenbereich Beanspruchungsgruppen I leicht bis IV stärker (z. B. Schulen)	Brenntemperatur $\vartheta > 1100°C$ Glasfluss durch hohen Feldspatanteil, porenarm
Keramische Spaltplatten – unglasiert, glasiert	**A I** **A II a**	Innen- und Außenbereich paarweise Herstellung	Strangpressen
Bodenklinkerplatten unglasiert	(**DIN 18188**)	Bodenbeläge innen und außen	wie Klinker ► S. 164

Abmessungen der Fliesen

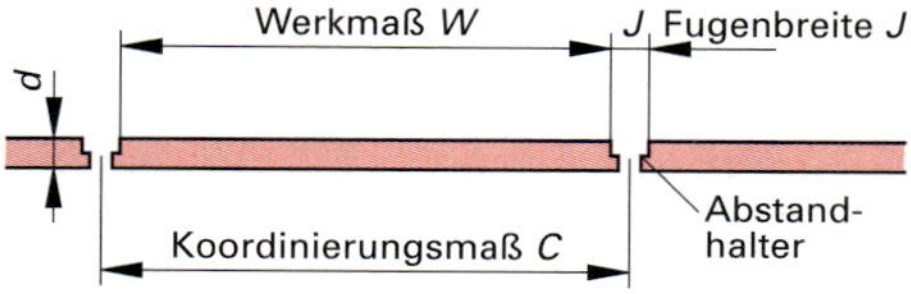

Nennmaß $C = W + J$

für modulare Fliesen, d.h. Fliesen mit Breiten von 100 mm sowie Teilen oder Vielfachen dieses Modulmaßes.

Plattendicke *d* üblicherweise 5 mm bis 18 mm

Modulare Vorzugsmaße
(+ Vorzugsmaß, – kein Vorzugsmaß)

Koordinierungsmaß *C* cm × cm	Spaltplatten		Fliesen und Platten		
	A I	A II a	B I	B II a/b	B III
M 30 × 30	+	+	+	+	+
M 30 × 15	+	+	–	–	+
M 25 × 25	+	+	–	–	+
M 25 × 12,5	+	+	–	–	–
M 25 × 6,25	+	+	–	–	–
M 20 × 20	–	+	+	+	+
M 20 × 15	–	–	+	+	+
M 20 × 10	+	+	+	+	+
M 20 × 5	+	+	–	–	–
M 15 × 15	–	+	+	–	+
M 15 × 7,5	–	–	–	–	+
M 15 × 5	+	–	–	+	–
M 10 × 10	+	+	+	+	+

Vorzugsmaße der Bodenklinkerplatten nach DIN 18158

Koordinierungsmaße *C* in mm	Werkmaße *W* in mm		
	Breite *b*	Länge *a*	Dicke *d*
300 × 300	290	290	10, 15, 20, 25, 30, 35 oder 40
250 × 250	240	240	
125 × 250	115	240	
200 × 200	194	194	
100 × 200	94	194	

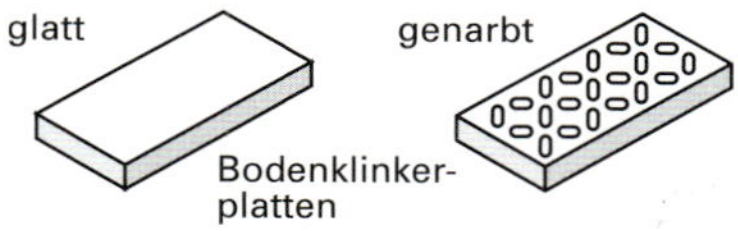

6.3.2 Natursteinplatten

Von den natürlich gewachsenen Gesteinen ▶ S. 162 werden hauptsächlich Granit, Sandstein, Kalkstein (Travertin) und Marmor verwendet. Die bearbeiteten Natursteinplatten nennt man **Naturwerkstein**. Die Plattenoberflächen werden glatt poliert bis rau behauen angeboten (nach DIN EN 1341).

Formate: 15 cm/15 cm bis 70 cm/70 cm oder als Bahnenbeläge bis 20 cm/60 cm oder als polygone Formen. Dicken von 1 cm bis 8 cm.

6.3.3 Betonwerksteinplatten

Betonwerkstein nach **DIN 18500** ist ein Kunststein aus Beton, der besondere Zuschläge und/oder Farbstoffe enthalten kann. Die Platten werden unter hohem Druck gepresst oder in Schalungen betoniert oder aus Blockbeton gesägt. Die Platten werden ein- oder zweischichtig, bewehrt oder unbewehrt hergestellt. Die Plattenoberfläche kann werksteinmäßig behandelt oder ausgewaschen (Waschbetonplatten) sein. Zweischichtige Platten, die gleichkörnigen, farbigen Natursteinsplitt enthalten, nennt man **Terrazzo**.

Abmessungen für Betonwerksteinplatten

Material	Nennmaße, Länge/Breite/Dicke in cm						
Betonwerkstein	15/15/2	20/20/2	25/25/2	30/30/3	40/40/5	50/50/5 und größer	DIN 18500
Gehwegplatten	30/30/4	35/35/5	40/40/5	50/50/6 und 75/50/6			DIN EN 1339

6.3.4 Asphaltplatten

Asphalt ist ein Gemisch aus Bitumen und Gesteinen ▶ S. 233. Man unterscheidet Naturasphalt, z. B. Trinidad-Asphalt, und künstlich hergestellten Asphalt. Die aufbereiteten Rohstoffe werden unter hohem Druck und Hitze zu ein- oder zweischichtigen Platten gepresst, die je nach Ausführung widerstandsfähig sind gegen Benzin, mineralische Öle oder Säuren. Bestimmte Asphaltplatten dürfen nicht mit lösungsmittelhaltigen Putzmitteln gereinigt werden (Herstellerhinweise beachten)!

Arten: Hochdruck- und Terrazzo-, Asphaltplatten

Formate: 20 cm × 10 cm; 25 cm × 12,5 cm; 25 cm × 25 cm; Dicken: von 2,0 cm bis 5,0 cm.

6.3.5 Pflastersteine

Betonpflastersteine

Pflastersteine aus Beton haben eine Höhe von 60 mm, 80 mm, 100 mm, 120 mm oder 140 mm bei einer maximalen Länge von 280 mm. Die Qualitätsmerkmale und die Prüfverfahren enthält **DIN EN 1338**. Sie bestehen aus Beton mit einer ausreichenden Widerstandsfähigkeit gegen starke Frosteinwirkung und Frosttausalzeinwirkung. Als Betonziersteine werden sie in verschiedenen Farben mit runden oder gebrochenen Kanten hergestellt.

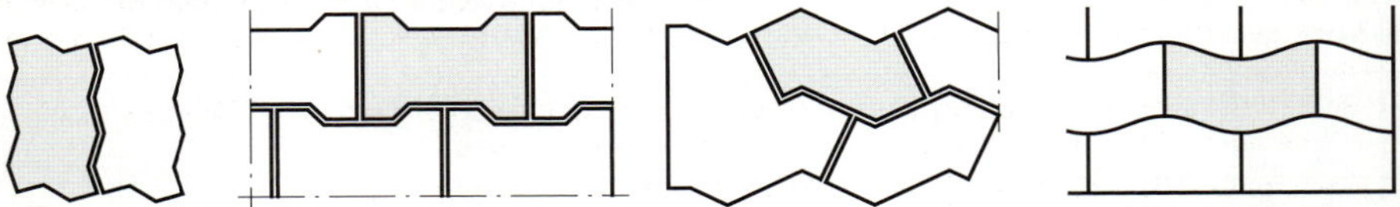

UNI®-Verbundstein d = 6 cm, 8 cm, 10 cm | H-Verbundstein | SF-Verbundstein Normal- und Randstein | V-Verbundstein Normal- und Anfangsstein

Formen von Beton-Verbundpflastersteinen

Gehwegplatten

Gehwegplatten aus Beton haben Abmessungen von 300 mm × 300 mm × 40 mm, 400 mm × 400 mm × 50 mm und 500 mm × 500 mm × 60 mm. Die Qualitätsmerkmale enthalten die **TL Pflaster** und die **DIN EN 1339**.

Naturstein-Pflastersteine

Pflastersteine aus Natursteinen bestehen gemäß **DIN EN 1342** aus witterungsbeständigen Gesteinen wie Granit, Diorit, Basalt, Grauwacke u.a. ► S. 162.

Zulässige Abweichungen von den Nennmaßen

Art der Flächen	Abweichungen von den / der Nenn-Flächenmaßen	Nenndicke Klasse 1	Nenndicke Klasse 2
Zwischen zwei gespaltenen Flächen	± 15 mm	± 30 mm	± 15 mm
Zwischen bearbeiteter und gespaltener Fläche	± 10 mm	± 30 mm	± 10 mm
Zwischen zwei bearbeiteten Flächen	± 5 mm	± 30 mm	± 5 mm

Pflasterklinker, Pflasterziegel

6

Pflasterziegel nach **DIN EN 1344** werden für die Verwendung in Deutschland aus Lehm oder Ton bis zur Sinterung gebrannt (Pflasterklinker). Die rechteckigen oder quadratischen Grundflächen haben Formate für ein Fugenraster zwischen 100 mm und 300 mm. Man unterscheidet Pflasterklinker für engfugige Verlegung (Kennzeichnung durch Buchstabe E) und für Verlegung mit einer Fuge von ≈ 10 mm (Kennzeichnung Buchstabe F).

Bordsteine

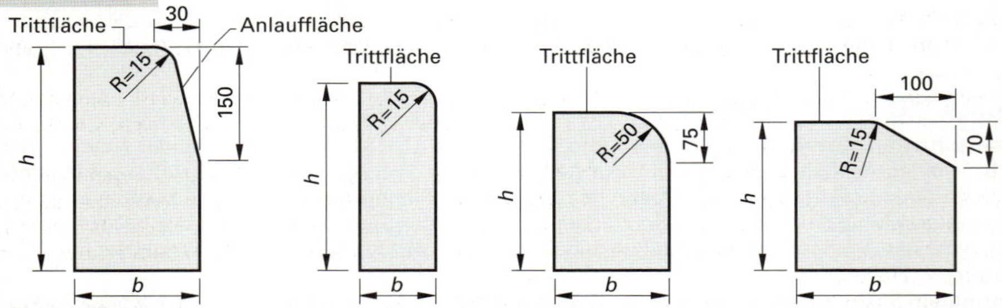

Hochbordstein Form H | **Tiefbordstein Form T** | **Rundbordstein Form R** | **Flachbordstein Form F**

6.4 Bindemittel

Beton ► S. 194

Als Bindemittel bezeichnet man die aufbereiteten (... gebrannten) Stoffe, die natürliche oder künstliche Zuschläge nach Zugabe von Wasser druck- und zum Teil wasserfest miteinander verbinden. Bindemittel erhärten an der Luft (Aufnahme von Kohlendioxid [CO_2] = **Karbonaterhärtung**) oder/und durch die chemische Bindung des Wassers (**hydraulische Erhärtung**).

6.4.1 Zemente

Zement nach **DIN 1164** und **DIN EN 197-1** ist ein hydraulisches Bindemittel für Beton, Mauer- und Putzmörtel, das in Verbindung mit Wasser sowohl an der Luft als auch unter Wasser erhärtet und wasserfest bleibt.

- **Rohstoffe:** Kalkstein ($CaCO_3$) sowie Ton als Träger der **Hydraulefaktoren** Siliciumoxid (SiO_2), Aluminiumoxid (Al_2O_3) und Eisenoxid (Fe_2O_3) im Verhältnis 3 : 1.
- **Technologische Merkmale**: Hohe Druckfestigkeit; Raumbeständigkeit.

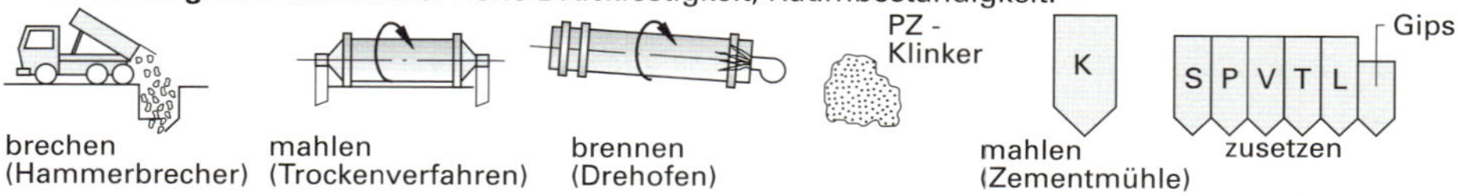

- **Betontechnische Eigenschaften der Zementbestandteile**

Zement = Kalkstein + Hydraulefaktoren + Hüttensand/Puzzolane/Flugasche/gebrannter Ölschiefer/Kalkstein + Gips

↓ PZ-Klinker + ↓ latent-selbstständig- hydraulische Stoffe + ↓ Verzögerer

- **Klinkerphasen**

Als Klinkerphasen werden Tricalciumsilikat, Dicalciumsilikat, Tricalciumaluminat und Calciumaluminatferrit bezeichnet.

- **Zementbestandteile**

Portlandzementklinker (K) ist ein selbstständig hydraulischer Stoff. Ausgangsmaterialien sind Kalkstein und Ton im Verhältnis 3 : 1, die bei ca. 1450 °C bis zur Sinterung im Drehrohrofen gebrannt werden. Fein gemahlen und mit Wasser angemacht erhärtet der PZ-Klinker i.W. zu Calciumsilicaten.
Hüttensand (S) ist schnell gekühlte, granulierte Hochofenschlacke, feinkörnig und glasig. Er benötigt zum Abbinden einen Anreger (z.B. Kalk im Zementklinker), entwickeit eine niedrige Hydratationswärme und ist sehr widerstandsfähig gegenüber chemischen Angriffen.
Natürliche Puzzolane (P) (Trass, Lava, Phonolith) sind vulkanische Stoffe, die einen hohen Anteil an Kieselsäure und Tonerde aufweisen. In Verbindung mit Wasser und Kalkhydrat entwickeln sie hydraulische Eigenschaften und bilden dann wasserunlösliche Verbindungen. Natürlich getemperte Puzzolane werden mit **Q** gekennzeichnet.
Flugasche (V) ist ein künstliches Puzzolan, das als Verbrennungsrückstand in industriellen Großfiltern bei der Abgasreinigung von Kohlekraftwerken anfällt. Es ist wie das natürliche P erst dann hydraulisch, wenn die reaktionsfähige Kieselsäure mit Wasser und Kalkhydrat in Verbindung kommt. Kalkreiche Flugasche wird mit **W** gekennzeichnet.
Gebrannter Ölschiefer (T) ist ein fein gemahlener bitumenhaltiger, kalkhaltiger Schiefer, der durch Brennen bei ca. 800 °C zum **selbstständig hydraulischen Zusatzstoff** wird.
Kalkstein (L ≤ 0,5 M.-%; LL ≤ 0,2 M.-% an organischem Kohlenstoff TOC) ist ein Sedimentgestein mit einem definierten Tongehalt (Methylenblau-Adsorption) und einem $CaCO_3$-Anteil von mind. 75 Masse-%.
Silicastaub (D), auch Mikrosilica genannt, ist glasartig erstarrtes Siliciumdioxid (SiO_2), das entsteht, wenn Filterstaub aus der Herstellung von Siliciummetall abkühlt. Dabei bilden sich Kugeln mit einem Durchmesser von 0,1 µm.
Gips, z.B. als Calciumsulfat-Halbhydrat ($CaSO_4 \cdot {}^1/_2\, H_2O$), wird in geringen Mengen zugegeben, um den Erstarrungsbeginn hinauszuzögern. Zu viel Gips fördert das Ettringittreiben (Zementbazillus).
Hydratation ist die chemisch-physikalische Reaktion des Wassers mit dem Zementkorn (Wasserbindung). Die dabei entstehende Wärme nennt man **Hydratationswärme** (LH). Das chemische Endprodukt ist ein Silicat.
Die **Mahlfeinheit** bestimmt im Wesentlichen die Frühfestigkeit der Zemente. Je feiner der Zement, desto schneller hydratisiert das wasserbenetzte Zementkorn.

Zementarten und Zusammensetzung nach DIN EN 197-1 + A1

Hauptzementart	Benennung Normalzementarten	Kurzzeichen	Hauptbestandteile (Masse-%) Portlandzementklinker K	Hüttensand S	Silicastaub D	Puzzolan[1] P	Puzzolan[1] Q	Flugasche[2] V	Flugasche[2] W	Gebrannter Schiefer T	Kalkstein[3] L	Kalkstein[3] LL	Dichten[*] ϱ kg/dm³
CEM I	Portlandzement	CEM I	95 … 100	–	–	–	–	–	–	–	–	–	3,10
CEM II	Portlandhüttenzement	CEM II/A-S	80 … 94	6 … 20	–	–	–	–	–	–	–	–	3,05
		CEM II/B-S	65 … 79	21 … 35	–	–	–	–	–	–	–	–	
	Portlandsilicastaubzement	CEM II/A-D	90 … 94	–	6 … 10	–	–	–	–	–	–	–	~ 3,20
	Portlandpuzzolanzement	CEM II/A-P	80 … 94	–	–	6 … 20	–	–	–	–	–	–	2,90
		CEM II/B-P	65 … 79	–	–	21 … 35	–	–	–	–	–	–	
		CEM II/A-Q	80 … 94	–	–	–	6 … 20		–	–	—	–	
		CEM II/B-Q	65 … 79	–	–	–	21 … 35		–	–	—	–	
	Portlandflugaschezement	CEM II/A-V	80 … 94	–	–	–	–	6 … 20	–	–	–	–	2,98
		CEM II/B-V	65 … 79	–	–	–	–	21 … 35	–	–	–	–	
		CEM II/A-W	80 … 94	–	–	–	–	–	6 … 20	–	–	–	
		CEM II/B-W	65 … 79	–	–	–	–	–	21 … 35	–	—	–	
	Portlandschieferzement	CEM II/A-T	80 … 94	–	–	–	–	–	–	6 … 20	–	–	3,05
		CEM II/B-T	65 … 79	–	–	–	–	–	–	21 … 35	–	–	
	Portlandkalksteinzement	CEM II/A-L	80 … 94	–	–	–	–	–	–	–	6 … 20	–	3,05
		CEM II/B-L	65 … 79	–	–	–	–	–	–	–	21 … 35	–	
		CEM II/A-LL	80 … 94	–	–	–	–	–	–	–	–	6 … 20	
		CEM II/B-LL	65 … 79	–	–	–	–	–	–	–	–	21 … 35	
	Portlandkompositzement	CEM II/A-M	80 … 94	← 6 … 20 →									2,95
		CEM II/B-M	65 … 79	← 21 … 35 →									
CEM III	Hochofenzement	CEM III/A	35 … 64	36 … 65	–	–	–	–	–	–	–	–	3,00
		CEM III/B	20 … 34	66 … 80	–	–	–	–	–	–	–	–	
		CEM III/C	5 … 19	81 … 95	–	–	–	–	–	–	–	–	
CEM IV	Puzzolanzement	CEM IV/A	65 … 89	–	← 11 … 35 →					–	–	–	~ 2,90
		CEM IV/B	45 … 64	–	← 36 … 55 →					–	–	–	
CEM V	Kompositzement	CEM V/A	40 … 64	18 … 30	–	← 18 … 30 →			–	–	–	–	
		CEM V/B	20 … 58	31 … 50	–	← 31 … 50 →			–	–	–	–	

[1] **P** natürliches Puzzolan, **Q** getempertes (temperaturbehandeltes) Puzzolan

[2] **V** kieselsäurereiche Flugasche, **W** kalkreiche Flugasche.

[3] **L** hoher organischer Kohlenstoffgehalt, **LL** niedriger organischer Kohlenstoffgehalt.

[*] Schüttdichten: lose eingelaufen 0,9 … 1,2 kg/dm³, eingerüttelt 1,6 … 1,9 kg/dm³

6

Festigkeitsklassen und Kennfarben

Festigkeitsklasse	Norm	Druckfestigkeit in N/mm² bzw. MPa: Anfangsfestigkeit 2 Tage	Anfangsfestigkeit 7 Tage	Normfestigkeit 28 Tage		Kennfarbe	Erstarrungsbeginn	Raumbeständigkeit
22,5	DIN EN 14216	–	–	≥ 22,5	≤ 42,5	–	≥ 75 min	≤ 10 mm
32,5 L	DIN EN 197-4	–	≥ 12	≥ 32,5	≤ 52,5	hellbraun	≥ 75 min	≤ 10 mm
32,5 N	DIN EN 197-1	–	≥ 16					
32,5 R	DIN EN 197-1	≥ 10	–					
42,5 L	DIN EN 197-4	–	≥ 16	≥ 42,5	≤ 62,5	grün	≥ 60 min	≤ 10 mm
42,5 N	DIN EN 197-1	≥ 10	–					
42,5 R	DIN EN 197-1	≥ 20	–					
52,5 L	DIN EN 197-4	≥ 10	–	≥ 52,5	–	rot	≥ 45 min	≤ 10 mm
52,5 N	DIN EN 197-1	≥ 20	–					
52,5 R	DIN EN 197-1	≥ 30	–					

R Rapid (schnellhärtende Zemente); **N** Normalhärtende Zemente; **L** langsamhärtende Zemente.

Besondere Eigenschaften der Normzemente

LH Niedrige Hydratationswärme	Wärmemenge nach 7 Tagen ≤ 270 J/g Zement. Kalkarmer Zement reagiert langsamer mit Wasser als kalkreicher.	DIN 197-1 + A1
VLH Sehr niedrige Hydrationswärme	Wärmemenge nach 7 Tagen ≥ 220 J/g Zement Hochofenzement VLH III/B, VLH III/C Puzzolanzement VLH IV/A, VLH IV/B Kompositzement VLH V/A, VLH V/B	DIN 14216
HS **H**oher **S**ulfatwiderstand	Bei CEM I Begrenzung des C_3A auf 3%, des Al_2O_3 auf 5% CEM III/B Hüttensandanteil ≥ 66 M.-%	DIN 1164-10
NA **N**iedrig wirksamer **A**lkaligehalt	Bei CEM I Begrenzung des Natriumoxids (Na_2O) CEM II mit ≥ 50 M.-% Hüttensand	DIN 1164-10

Bezeichnung der Zemente: Zemente (CEM) sind mindestens nach der Zementart und dem Zahlenwert für die Normfestigkeit zu kennzeichnen, z. B.

Zement DIN 1164 CEM III/B - 32,5 N - HS	**III**:	Hochofenzement
	B :	mit hohem Anteil an Zumahlstoff (Hüttensand)
	32,5:	der Festigkeitsklasse 32,5 (N/mm^2)
	N:	normal erhärtender Zement
Zement DIN EN 197-1 CEM III/B – 32,5 N – LH	**LH**:	Niedrige Hydratationswärme
	HS:	Hoher Sulfatwiderstand

Zement

Reizt die Augen und die Haut. Sensibilisierung durch Hautkontakt möglich. Berührung mit den Augen und der Haut vermeiden. Geeignete Schutzhandschuhe tragen.
Nach der Gefahrstoffverordnung ist Zement als **reizend (Xi)** und mit dem Gefahrensymbol zu kennzeichnen.

Xi

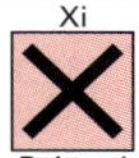

Reizend

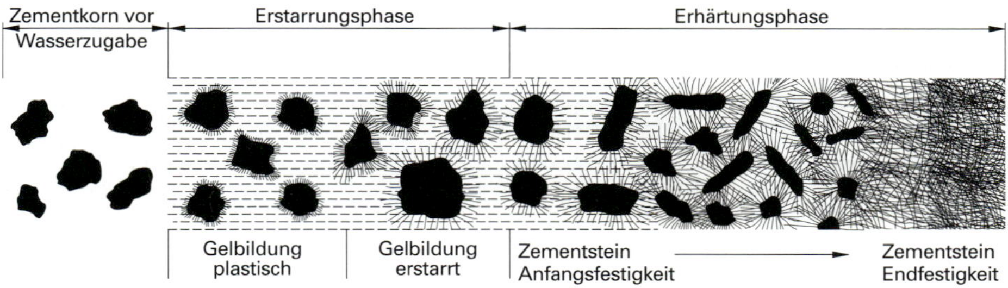

Prüfung der Normzemente nach DIN EN 196 (Versuchsaufbau ► S. 178)

Prüfung der Mahlfeinheit mit dem Luftduchlässigkeitsprüfer (nach Blaine)

Grobe Bestandteile durch Siebung (**0,2-mm-Prüfsieb**). Siebrückstand ≤ 3 Masse-%

Spezifische Oberfläche (Blaine-Wert) mit dem **Luftpyknometer**. Es wird unter festgelegten Bedingungen ein Unterdruck erzeugt. Beim Druckausgleich durchströmt die Luft in einer bestimmten Zeit das Zementbett. Berechnung der spezifischen Oberfläche als Funktion der Durchströmzeit, Reindichte, Porosität: $O_{sp} \geq 2200\ cm^2/g$.

Prüfung der Erstarrungszeit mit dem Nadelgerät (Vicatgerät)

Der Zementleim wird in einen Hartgummiring gefüllt. Mit dem Tauchstab wird die Normsteife, mit der Nadel Erstarrungsbeginn (≥ 1 h) und Erstarrungsende (≤ 12 h) gemessen (Eindringtiefe).

Prüfung der Raumbeständigkeit mit dem Le-Chatelier-Versuch

Ziel ist es, die mögliche Gefahr eines späteren Ausdehnens abzuschätzen. Zwei vorbereitete Zementleime sind in den Le-Chatelier-Ring einzubringen. Die Abstände der Zeiger dürfen in den Phasen nach dem Lagern (a), nach dem Kochen (b) bzw. nach dem Abkühlen (c) ein bestimmtes Maß (c-a) nicht überschreiten.

Prüfung der Festigkeit mit Form und Presse

Herstellung und Lagerung der **Probekörper** (40 mm × 40 mm × 160 mm) nach Norm.

Biegefestigkeit $R_f = (2,34/1000) \cdot F$ in N/mm^2. Prüfung mit einem Gerät für kleine Belastungen zwischen 600 N und 6000 N (keine Normfestigkeit gefordert).

Druckfestigkeit $R_c = F/1600$ in N/mm^2. Die Druckpresse muss einen Bereich von 20 kN … 200 kN abdecken (geforderte Mindestdruckfestigkeit s. Tabelle Festigkeitsklassen).

6

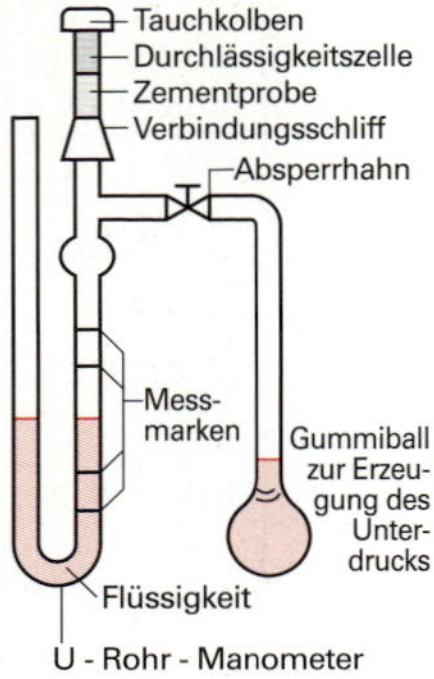

Luftpyknometer

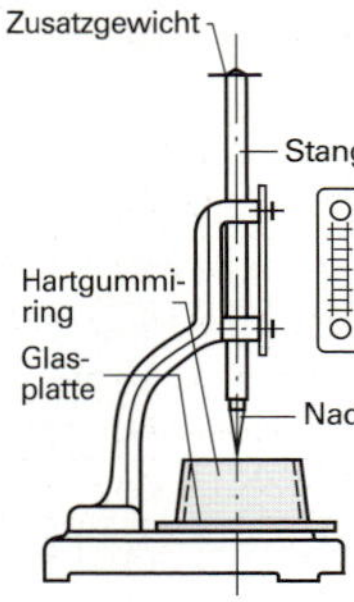

Nadelgerät

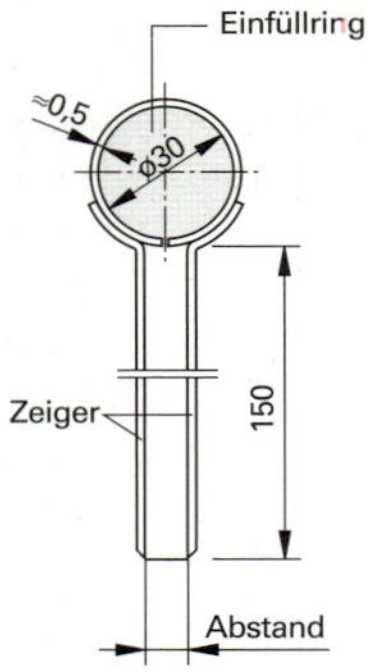

Le-Chatelier-Ring

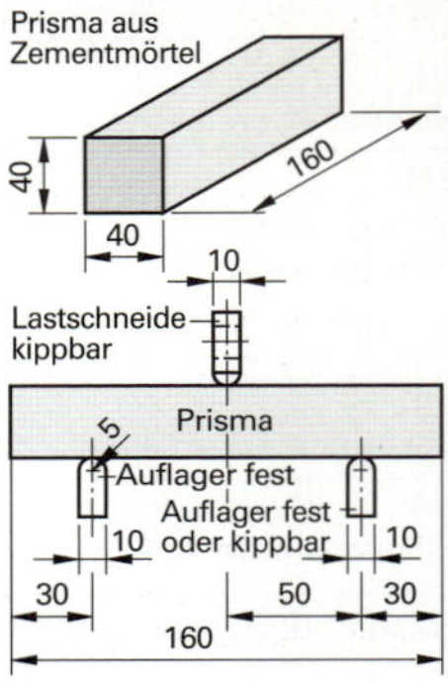

Form und Presse

6.4.2 Baukalke

Baukalke nach **DIN EN 459** sind Bindemittel für Mauer- und Putzmörtel, die je nach Zusammensetzung

① langsam an der Luft erhärten[1] ⇒ **Luftkalke** und
[1] Aufnahme von Kohlendioxid (CO_2 ⇒ Korbonaterhärtung)

② unter Wasser erstarren und erhärten (chemische Bindung des Wassers = hydraulische Erhärtung). Atmosphärisches Kohlendioxid trägt zum Erhärtungsprozess bei ⇒ **hydraulische Kalke**.

- **Rohstoffe**: Kalkstein ($CaCO_3$), Dolomitstein ($CaCO_3$, $MgCO_3$), Kalkmergel (Kalkstein + Hydraulefaktoren) ► S. 175.
- **Technologische Merkmale:** gut verarbeitbar; ergiebig; hohes Wasserrückhaltevermögen; geschmeidig; geringere Festigkeit als Zement.
- **Klassifizierung:** Die Ziffer hinter den Luftkalken gibt den Mindestanteil an Calcium und Magnesium in % an (CaO + MgO-Anteil), die Ziffer hinter den hydraulischen Kalken gibt die Druckfestigkeit in N/mm² nach 28 Tagen an ► S. 179.

Kalkarten, Eigenschaften und Anwendungsgebiete

Baukalke	Luftkalke Weißkalke (CL) Dolomitkalke (DL)	Hydraulische Kalke (HL) und natürliche hydraulische Kalke (NHL) HL 2 und NHL 2	HL 3,5 und NHL 3,5	HL 5 und NHL 5
Erhärtung	Karbonaterhärtung (CO_2 aus der Luft)	Diese Kalke erstarren und erhärten unter Wasser (hydraulische Erhärtung). CO_2 trägt zum Erstarrungsprozess bei.		
Zusammen-setzung	Kalkstein/ Dolomitstein ≥ 70% (CaO + MgO)-Anteil	HL: Kalkmergel, eine Verbindung aus Calciumhydroxiden, Calciumsilikaten und Calciumaluminaten. Wie Zement, jedoch mit ≥ 3 M.-% freiem CaO (Karbonathärtung) NHL: Mehr oder weniger ton- oder kieselsäurehaltiger Kalkstein.		
Eigenschaften	nicht feuchtigkeitsbeständig, geringe Festigkeit, kräftiges Löschen	vollständiges, aber träges Löschen, Festigkeit ~ 1 N/mm²; 1,8fache Ergiebigkeit	unvollständiges Löschverhalten, mittlere Festigkeit	druckfest und wasserfest
Anwendungs-bereiche	nicht tragendes MW, Innenputz, Zusatz zum Zementmörtel, nicht für dichte Steine	Kellermauerwerk, Innen- und Außenputz, auch für schwach saugende Mauersteine	Kellermauerwerk, stärker belastetes MW, Putz, schwach und nicht saugende Mauersteine	Kellermauerwerk, stark belastetes MW, Putz, Mauerwerk mit hoher Feuchtigkeitsbelastung
Schüttdichte ϱ in kg/dm³	CL 0,3 … 0,6 DL 0,4 … 0,6	HL 2 0,4 … 0,8 NHL 2 0,4 … 0,8	HL 3,5 0,5 … 0,9 NHL 3,5 0,5 … 0,9	HL 5 0,6 … 1,0 NHL 5 0,6 … 1,0
Druckfestigkeit f_c in N/mm² bzw. MPa	„…weisen eine Druckfestigkeit auf …"	7 Tage: – 28 Tage: 2 … 7	7 Tage: 28 Tage: 3,5 … 10	7 Tage: ≥ 2 28 Tage: 5 … 15

6

Baukalkarten Benennung	Kurzzeichen
Weißkalk 90[1]	CL 90
Weißkalk 80	CL 80
Weißkalk 70	CL 70
Dolomitkalk 85	DL 85
Dolomitkalk 80	DL 80
Hydraulischer Kalk 2[2]	HL 2
Hydraulischer Kalk 3,5	HL 3,5
Hydraulischer Kalk 5	HL 5
Natürlicher hydraulischer Kalk 2	NHL 2
Natürlicher hydraulischer Kalk 3,5	NHL 3,5
Natürlicher hydraulischer Kalk 5	NHL 5

Bezeichnung der Baukalke
Baukalke sind mit der Benennung, der DIN-Nummer und dem Kurzzeichen zu bezeichnen
Bezeichnung für Weißkalk 90 (CL 90):
Weißkalk DIN EN 459 - CL 90 Q[3]
Bezeichnung für hydraulischen Kalk 5 (HL 5)
Hydraulischer Kalk DIN EN 459 - HL 5
Bezeichnung für natürlichen hydraulischen Kalk 3,5 (NHL 3,5)
Natürlicher hydraulischer Kalk DIN EN 459 - NHL 3,5-Z[4]

[1] Die Ziffer hinter den Luftkalken gibt den (CaO + MgO)-Anteil in % an.
[2] Die Ziffer hinter den hydraulischen Kalken gibt die Druckfestigkeit in N/mm² an.
[3] Ungelöschter Kalk. [4] Hydraulischer / puzzolanischer Zusatz.

Prüfung der Baukalke

Prüfung der Kornfeinheit durch Handsiebung	DIN EN 459-2
Siebrückstand auf dem 0,09 mm-Sieb: ≤ 7 M.-% (CL, DL); ≤ 15 M.-% (HL, NHL) Siebrückstand auf dem 0,2 mm-Sieb: ≤ 2 M.-% (CL, DL); ≤ 5 M.-% (HL, NHL)	
Prüfung der Schüttdichte mit dem Einlaufgerät nach Böhme	**DIN EN 459-2**
Vor dem Versuch den Kalk trocknen und mahlen, Prüfgerät füllen, bis sich über dem Rand der Schüttkegel ausbildet. Verschlussklappe lösen, Prüfgut fällt in ein zylindrisches Litergefäß, Masse nach 2 min wägen.	
Prüfung der Verarbeitbarkeit / Erstarrungszeit	**DIN EN 459-2**
Gemessen wird das Eindringen eines 90 g schweren Fallkörpers in einen Kalkmörtel aus einer Fallhöhe von 100 mm. Eindringmaß liegt zwischen 12 mm und 60 mm.	
Prüfung der Druckfestigkeit	**DIN EN 459-2**
Nur bei hydraulischen Kalken; Herstellung und Lagerung nach Norm; 6 Prismenhälften werden abgedrückt, die Ergebnisse gemittelt	

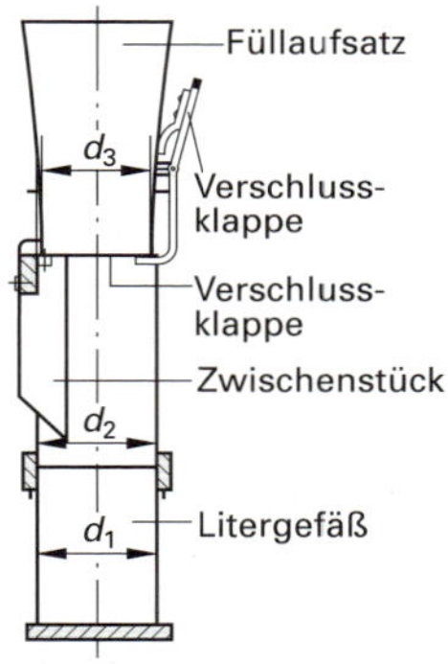

Einlaufgerät nach Böhme

6.4.3 Baugipse und gipshaltige Wandbauplatten

Gipsbinder nach **DIN EN 13279** ist ein nichthydraulisches Bindemittel für Putz- und Mauermörtel. Er erhärtet an der Luft, indem er das „herausgebrannte“ Kristallwasser (z.B. **Halbhydrat**) über das Anmachwasser wieder aufnimmt.

- **Rohstoff**: Gipsstein ($CaSO_4 \cdot 2\,H_2O$)
- **Technologische Merkmale**: atmungsaktiv; gut haftend; feuerhemmend; wärmedämmend; schallabsorbierend; nicht raumbeständig; fördert Rostbildung; fault in dauerfeuchten Räumen.

6

Arten von Gipsbindern und Gips-Trockenmörteln (KZ = Kurzzeichen)

Gipsbinder (A)	Gips-Trockenmörtel (B)	KZ	Gips-Trockenmörtel für besondere Zwecke (C)	KZ
Gipsbinder zur Direktverwendung oder Weiterverarbeitung (Trockenpulver-Produkte)	Gips-Putztrockenmörtel	B 1	Gips-Trockenmörtel für faserverstärkte Gipselemente	C 1
	gipshaltiger Putztrockenmörtel	B 2	Gips-Mauermörtel	C 2
	Gipskalk-Putztrockenmörtel	B 3		
Gipsbinder zur Direktverwendung auf der Baustelle	Gipsleicht-Putztrockenmörtel	B 4	Akustikputz-Gips-Trockenmörtel	C 3
	gipshaltiger Leicht-Putztrockenmörtel	B 5	Wärmedämmputz-Gips-Trockenmörtel	C 4
Gipsbinder zur Weiterverarbeitung (z.B. Gips-Wandbauplatten, Gipsplatten, Gipselemete für Unterdecken)	Gipskalkleicht-Putztrockenmörtel	B 6	Brandschutz-Gips-Trockenmörtel	C 5
	Gips-Trockenmörtel für Putz mit erhöhter Oberflächenhärte	B 7	Dünnlagenputz-Gips-Trockenmörtel	C 6

Anforderungen

Gipsbinder **(A)**	Der Gehalt an Calciumsulfat muss mind. 50 % betragen. Die Kennwerte sind nach EN 13279-2 zu bestimmen.						
Gips-Trocken-mörtel **(B)**		$CaSO_4$-Binder	Versteifungsbeginn Gipshandputz	Versteifungsbeginn Gipsmaschinenp.	Biege-zugfestigkeit	Druck-festigkeit	Oberflächen-härte
	B 1	> 50 %	> 20 Min.	> 50 Min.	≥ 1,0 N/mm²	≥ 2,0 N/mm²	–
	B 2	< 50 %					
	B 3	a					
	B 4	> 50 %					
	B 5	< 50 %					
	B 6	a					
	B 7	> 50 %			≥ 2,0 N/mm²	≥ 6,0 N/mm²	≥ 2,5 N/mm²
		a Nach DIN 13279-1, Kap. 3.3, 3.4, 3.5 und 3.6					
Gips-Trockenmörtel für besondere Zwecke **(C)** nach DIN EN 13279-1 (2005), Tabelle 4, S. 12							

Gipsbinder (A) nach der DIN EN 13279 ist der (bekannte) Stuckgips. Die alten Bezeichnungen der Gipsputze: Hand- und Maschinenputzgips, Fertigputz- und Haftputzgips sind ersetzt durch die Gips-Trockenmörtel (B, C).

„Gipskleber" ⇒ Ansetzbinder ist in der DIN EN 14496 bzw. DIN EN 12860 festgelegt

„Fugenspachtelmaterial" ⇒ Fugen- und Spachtelbinder in der DIN EN 13963.

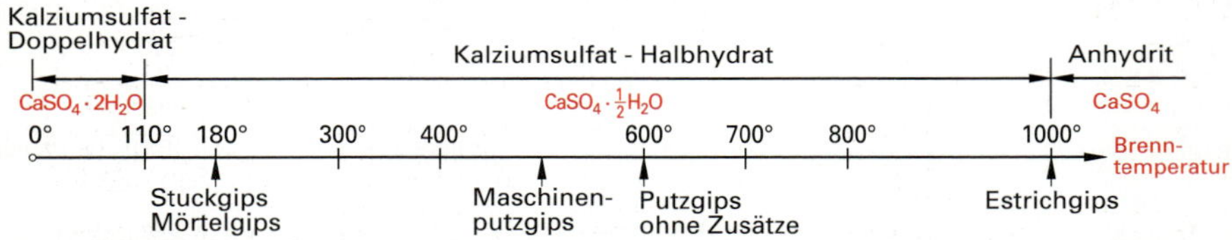

Prüfung der Baugipse nach DIN EN 13279-2	
Prüfung des Versteifungsbeginns	
Mit dem Messer	Zeitpunkt, bei dem die Ränder eines durch den Gipskuchen geführten Messerschnitts nicht mehr zusammenfließen.
Mit dem Tauchkonus	Dauer, nach der ein Tauchkonus (Vicatgerät) beim Eindringen in eine Gipsprobe bei einer bestimmten Höhe stecken bleibt. Die Dauer wird von Beginn des Einstreuens des Baugipses an gerechnet.
Prüfung der Biegezugfestigkeit, Druckfestigkeit und Härte	
Biegezugfestigkeit	Wie bei der Zementprüfung ▶ S. 177. Mittelwert aus 3 Versuchen bilden. Geforderte Biegezugfestigkeit Tabelle ▶ S. 180.
Druckfestigkeit	Wie bei der Zementprüfung ▶ S. 177. 6 Prismenhälften werden abgedrückt, die Ergebnisse gemittelt. Geforderte Mindestwerte Tabelle ▶ S. 180.
Härte	Die Härte wird über die Eindringtiefe einer definiert belasteten Kugel bestimmt (Brinellhärtebestimmung ∅ 10 mm, Prüfkraft 200 N).

6

Wandbauplatten aus Gips nach DIN EN 12859

Wände aus großformatigen Wandbauplatten sind äußerst brandsicher. 10 cm dicke Platten sind hoch feuerbeständig (F 180) und ausreichend schalldicht (R'_w = 42 dB bei einschaligen Wänden; R'_w = 56 dB bei mehrschaligen Wänden).

l = 66,6 cm
h = 50 cm
d = 8 cm

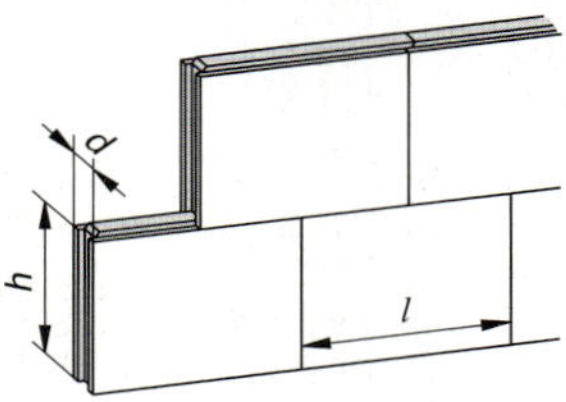

Plattenmaße in cm			**Plattenrohdichten in kg/dm³**		
			0,7	**0,9**	**1,2**
l	***h***	***d***	**Wandgewicht in kg/m²**		
66,6	50	6	42	54	72
66,6	50	8	56	72	96
66,6	50	10	70	90	–

Gipskartonplatten nach DIN 18180 / zukünftige DIN EN 520 (rot)

Gipskartonplatten sind werkmäßig hergestellte dünne Verbundelemente.

Plattenart	Zeichen	Verwendung
Gipskarton-Bauplatte B	**GKB** **(A)**	Blauer Aufdruck auf der Rückseite Wand-Trockenputz, Wand- und Deckenbekleidungen ($d \geq 12{,}5$ mm) auf Unterkonstruktionen, Montagewände ($d \geq 12{,}5$ mm)
Gipskarton-Bauplatte F	**GKF** **(DF)**	Roter Aufdruck auf der Rückseite; Feuerschutzplatte (Zusätze von mineralischen Fasern, z. B. Glasfasern); Verwendbar wie GKB mit Anforderungen an den Brandschutz; Beplankung aussteifender Wände.
Gipskarton-Bauplatte B imprägniert	**GKBI** **(H2)**	Blauer Aufdruck auf der Rückseite, verzögerte Wasseraufnahme. Verwendung wie GKB ($d \geq$ 12,5 mm).
Gipskarton-Bauplatte F imprägniert	**GKFI** **(DFH2)**	Roter Aufdruck auf der Rückseite, verzögerte Wasseraufnahme. Verwendung wie GKF ($d \geq$ 12,5 mm).
Gipskarton-Putzträgerplatten	**GKP** **(D)**	Blauer Aufdruck auf der Rückseite. Putzträger auf Unterkonstruktion.
Gipskartonplatten-Vorsatzschalen	–	Nach DIN 18183 zur Verbesserung des Schall- und Wärmeschutzes, meist in Verbindung mit Dämmstoffen, Befestigung auf Unterkonstruktion.
Gipskarton-verbundplatten	–	Gipskarton-Bauplatten mit Schaumkunststoffplatten für erhöhten Wärmeschutz, nach (DIN EN 13950)

Abmessungen (DIN 18180)		
Dicke (mm)	Breite (mm)	Länge (mm)
9,5 **12,5**	1250	2000; 2250; ... 2500; 2750; ... 3000; 3500; 3750; 4000
15	1250	2000; 2250; 2500; 2750; ... 3000
18	1250	2000; 2250; 2500
25	600	2500; 2750; 3000; 3250; ... 3500
9,5	400	1150; 2000

Kantenausbildung

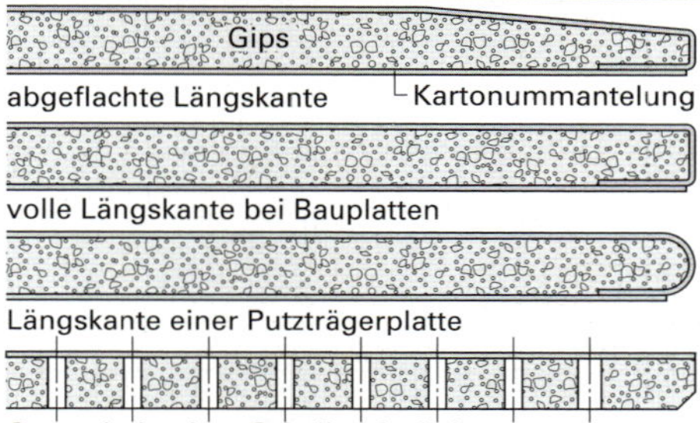

Platten aus Gips und Zellulosefasern	**Besondere Eigenschaften, Verwendung**
Ausbau-Platte; Estrich-Platte Verbund-Platte (10 mm + 15 mm ... 50 mm Schaumkunststoff)	Baustoffklasse A2, F30 ... F90, hohe Luft- und Trittschalldämmung, wärme- und schalldämmend, mit und ohne Dampfsperre (Al-Folie)
Formate	**Verarbeitung**
150 cm × 100 cm; 200 cm × 124,5 cm 250 cm × 124,5 cm; 254 cm × 124,5 cm 275 cm × 124,5 cm; 300 cm × 124,5 cm Dicke in mm: 10; 12,5; 15; 18	bis 10 mm Plattenrand schraub- und nagelbar leicht bearbeitbar Bei Verarbeitung DIN 18181 und DIN 18183 berücksichtigen!

6

6.4.4 Anhydritbinder (AB)

Anhydritbinder nach **DIN 4208** ist ein nichthydraulisches Bindemittel für Putze und Estriche, bestehend aus Anhydrit und Anreger (Baukalk, Sulfat). Anhydritbinder erhärtet an der Luft.

- Rohstoffe: natürlicher Anhydrit (NAT), synthetischer Anhydrit (SYN)
- Technologische Merkmale: atmungsaktiv; relativ hohe Festigkeit (AB 5, AB 20); wärmedämmend; fault in dauerfeuchten Räumen.

Mindestfestigkeiten in N/mm²		**AB 5**	**AB 20**
Nach 3 Tagen	Biegezugfestigkeit Druckfestigkeit	0,5 2,0	1,6 8,0
Nach 28 Tagen	Biegezugfestigkeit Druckfestigkeit	1,5 5,0	5,0 20,0

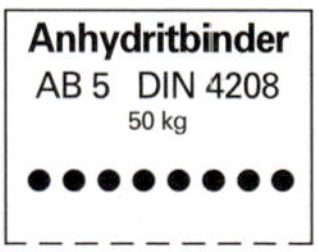

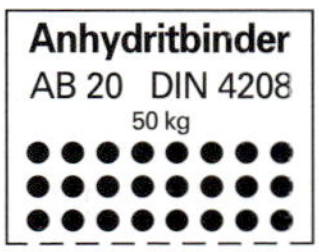

6.5 Gesteinskörnungen

Durch die Vorgabe der Bauproduktenrichtlinie der Europäischen Gemeinschaft gibt es verschiedene Anforderungsklassen für Gesteinskörnungen, die in 5 europäischen Normen enthalten sind. Die Umsetzung dieser Anforderungen in das deutsche Regelwerk ist in den **nationalen Anwendungsdokumenten (NAD)** enthalten: **DIN (V) 20 000** für den allgemeinen Hochbau, **TL Gestein StB** für den Straßen- und Ingenieurbau.

Europäische Anforderungsnormen DIN EN / (Nationales Anwendungsdokument NAD)	
DIN EN 12 620	Gesteinskörnungen für Beton / (DIN V 20 000-103, TL Gestein-StB)
DIN EN 13 043	Gesteinskörnung für Asphalt und Oberflächenbehandlungen für Straßen … / (TL Gestein-StB)
DIN EN 13 055-1	Leichte Gesteinskörnungen für Beton, Mörtel und Einpressmörtel / (DIN V 20 000-104)
DIN EN 13 139	Gesteinskörnungen für Mörtel / (DIN V 20 000-103)
DIN EN 13 242	Gesteinskörnungen für ungebundene und hydraulisch gebundene Gemische … / (TL Gestein-StB)

6.5.1 Arten und Anforderungen

Art der Gesteinskörnung	Norm	nicht gebrochen	Rohdichte (kg/dm³)	gebrochen	Rohdichte (kg/dm³)
Leichte Gesteinskörnung $\varrho \leq 2\,\frac{kg}{dm^3}$	DIN 4226-2	Naturbims Lava Tuff	0,2 … 1,3 1,3 … 2,0	Hüttenbims Blähbeton Blähschiefer	0,5 … 1,5 0,7 … 1,7
Normale Gesteinskörnung $2\,\frac{kg}{dm^3} \leq \varrho \leq 3\,\frac{kg}{dm^3}$	DIN 4226-1	Quarzit Kalkstein Granit Basalt	2,6 … 2,7 2,4 … 2,8 2,6 … 2,8 2,8 … 3,0	Hochofenschlacke Schmelzgranulat Hüttensand	2,5 … 2,6 2,6 … 2,7 2,5
Schwere Gesteinskörnung $\varrho > 3\,\frac{kg}{dm^3}$	DIN 4226-1	Schwerspat Baryt Magnetit Hämatit	4,0 … 4,3 4,6 … 4,8 4,9 … 5,3	Schwermetallschlacke Sintererz Stahlsand	~ 3,5 4,4 … 5,3 7,5
Rezyklierte Gesteinskörnung	DIN 4226-100	–	–	Betonsplitt, Betonbrechsand, Mauerwerksbruch	≥ 2,0

Allgemeine Anforderungen an die Kornzusammensetzung nach DIN EN 12 620

Gesteinskörnungen	Korngröße	Durchgang in Massenanteil in Prozent[1]					Kategorie G[2]	Korngruppe d/D z.B.
		$2\,D$	$1{,}4\,D$	D	d	$d/2$		
Grob (Kies) (Kies-Sand)	$D/d \leq 2$ oder $D \leq 11{,}2$ mm	100 100	98 … 100 98 … 100	85 … 99 80 … 99	0 … 20 0 … 20	0 … 5 0 … 5	G_C 85/20 G_C 80/20	4/8 2/4
	$D/d > 2$ oder $D > 11{,}2$ mm	100	98 … 100	90 … 99	0 … 15	0 … 5	G_C 90/15	4/16 4/32
Fein (Sand)	$D \leq 4$ mm und $d = 0$	100	95 … 100	85 … 99	–	–	G_F 85	0/4 0/2
natürlich zusammengesetzte Gesteinskörnung	$D = 8$ mm und $d = 0$	100	98 … 100	90 … 99	–	–	G_{NG} 90	0/8
Korngemisch	$D \leq 45$ mm und $d = 0$	100 100	98 … 100 98 … 100	90 … 99 85 … 99	–	–	G_A 90 G_A 85	0/16 0/32

D Siebweite des oberen Begrenzungssiebes d Siebweite des unteren Begrenzungssiebes

[1] Erklärung: Bei einer **groben Gesteinskörnung** z.B. Korngruppe 4/8 dürfen max. 15 M.-% / müssen min. 1 M.-% auf dem oberen Sieb als Überkorn liegen bleiben (Siebdurchgang 8 mm: 85 M.-% bis 99 M.-%) und max. 20 M.-% als Unterkorn durch das untere Sieb (D/d = 2) hindurchfallen (Siebrückstand 4 mm: 0 M.-% bis 20 M.-%)

[2] G = Grading ⇒ Kornzusammensetzung / Korngrößenverteilung; C = Coarse ⇒ grobkörnig; F = Fine ⇒ feinkörnig; NG = Natural Grading ⇒ natürlich zusammengesetzte Gesteinskörnung; A = All-in ⇒ (Korn-)Gemisch

6.5.2 Eigenschaften und Anforderungen nach DIN EN 12620

Die Eigenschaften von Gesteinskörnungen werden durch Regelanforderungen in den Nationalen Anwendungsdokumenten (DIN V 20000 – 103 und TL Gestein-StB) festgelegt bzw. kategorisiert; die europäischen Normen geben eine „Bandbreite von Werten" an.

Eigenschaft	Einsatz-bereich	Beschreibung *Prüfung nach Norm ...*	Kategorie / Anforderung
Geometrische Anforderungen (HB Hochbau; SIB Straßen- und Ingenieurbau)			
Korngruppe	HB/SIB	Kategorie für die Korngrößenverteilung	***D/d*** **≥ 1,4**
Kornzusam-mensetzung (G: **G**rading)	HB/SIB	Zulässige Anteile an Unter- und Überkorn bei nicht gebrochener Gesteinskörnung (▶ s.S. 182: Allgemeine Anforderungen ...") *DIN EN 933-1*	**G_C 85/20** ... **G_A 85**
Kornform (SI: **S**hape **I**ndex)	HB/SIB	aus dem Anteil ungünstig geformter Körper (Länge : Dicke > 3 : 1) ergibt sich die **Kornformkennzahl** Durchgang ≤ 15 M.-%, ≤ 20 M.-%, ≤ 40 M.-%, ≤ 55 (M.-%) *DIN EN 933-3* 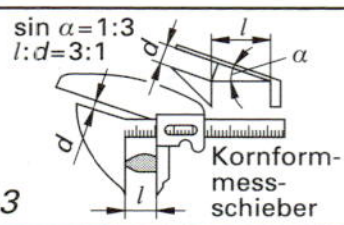	**SI_{15}** **SI_{20}** **SI_{40}** **SI_{55}**
Plattigkeit (FI: **F**lakiness **I**ndex)	HB/SIB	Stabsieb 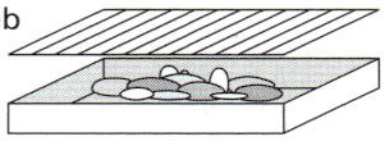 bei Stabsiebung ≤ 15 M.-% (FI_{15}), ≤ 20 M.,% (FI_{20}) ≤ 35 M.-% (FI_{35}), ≤ 50 M.,% (FI_{50}) *DIN EN 1367-2, DIN EN 933-3*	**FI_{15}** **FI_{20}** **FI_{35}** **FI_{50}**
Feinanteile (f: **f**ine)	HB/SIB	Gesteinskörnungen, die durch das 0,063-mm-Sieb hindurchgehen: **a) grobe Körnung** (Kies-Sand-Gemisch); **b) feine Körnung** (Sand), **c) natürlich zusammengesetzte Körnung; d) Korngemisch** *DIN EN 933-1*	**a) $f_{1,5}$ ... f_4** **b) f_3 ... f_{22}** **c) f_3 ... f_{16}** **d) f_3 ... f_{11}**
Physkalische Anforderungen			
Widerstand gegen Zer-trümmerung	SIB	Festigkeit von groben Gesteinskörnungen wird überprüft mit Hilfe – des **L**os-**A**ngeles-Koeffizienten oder – des **S**chlag**z**ertrümmerungswertes *DIN EN 1097-2*	**LA_{15} ... LA_{20}** **SZ_{18} ... SZ_{32}**
Verschleiß	SIB	Gemessen wird der **M**icro-**De**val-Koeffizient *DIN EN 1097-1*	**M_{DE}10 ... M_{DE}35**
Abrieb	SIB	Widerstand gegen Polieren / gegen Oberflächenabrieb *DIN EN 1097-8*	**PSV_{68} ... PSV_{44}** **AAV_{10} ... AAV_{20}**
Spikes	SIB	Abrieb durch Spike-Reifen (**N**ordic **A**brasion Value)	**A_N7 ... A_N30**
Rohdichte / Wasseraufnahme	HB/SIB	Soweit gefordert, müssen Werte und Prüfverfahren angegeben werden *DIN EN 1097-1*	**kg/dm³ / M.-%**
Chemische Anforderungen			
Chloride	HB/SIB	Anteil wasserlöslicher **C**hlorid-**I**onen (CI) muss auf Anfrage angegeben werden. *DIN EN 1744-1*	**z.B. $CI_{0,02}$**
Erstarrungs- und erhärtungs-störende Stoffe	HB/SIB	Stoffe organischen Ursprungs (Humine) wie Zucker oder Kohle stören den Erhärtungsverlauf und führen zu Schäden in der Beton-oberfläche (Absprengungen) *DIN EN 1744-1*	**≤ 0,5 M.-%**
Säurelösliches Sulfat	HB/SIB	Begrenzung der schwefelhaltigen Bestandteile in Gesteinkörnun-gen/Hochofenschlacken in M.-% *DIN EN 1744-1*	**$AS_{0,2}$ $AS_{0,8}$ / $AS_{1,0}$**
Organische Verun-reinigungen	HB/SIB	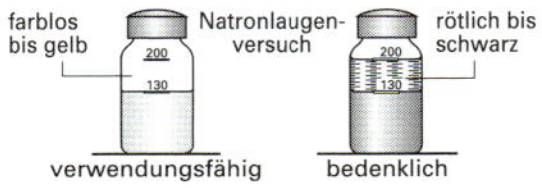 Sogenannte „leichtgewichtige organische Verunreinigungen" (Eisensulfide) *DIN EN 1744-1*	**Farbe der überstehenden Flüssigkeit**
Carbonatgehalt	SIB	Soweit gefordert, müssen die Carbonatgehalte für Deckschichten aus Beton angegeben werden *DIN EN 196-21*	–
Dauerhaftigkeit			
Frost- und Tauwiderstand	HB/SIB	Masseverlust nach 10 Frost-Tau-Wechsel (FTW) im Wasser: ≤ 1 M.-%, 2 M.-%, ≤ 4 M.-% *DIN EN 1367-1*	**F 1, F 2, F 4**
Magnesium-Sulfat-Widerst.	HB/SIB	Masseverlust nach 5-maligem Eintauchen in gesättigte Magnesium-sulfatlösung ≤ 18 M.-%, 25 M.-%, ≤ 35 M.-% *DIN EN 1367-2*	**MS_{18}, MS_{25} MS_{35}**
Raum-beständigkeit	HB/SIB	Trockungsschwinden von Gesteinskörnungen *DIN EN 1367-4*	**≤ 0,075 M.-%**

6

6.5.3 Kornzusammensetzung für Betone

Betontechnologische Forderungen

- Die Gesteinskörnung soll ein dichtes, hohlraumarmes Kornhaufwerk bilden
- Die Oberfläche des Korngemisches soll klein sein
- Die Gesteinskörnung soll einen gut verarbeitbaren und gut verdichtbaren Beton ermöglichen

Konstruktive Forderung

- Der Größtkorndurchmesser soll $\leq \frac{1}{3}$ des kleinsten Bauteilmaßes sein
- Die Gesteinskörnung soll kleiner sein als der Abstand der Bewehrungsstäbe untereinander und von der Schalung

Sieblinien[1] für Beton und Stahlbeton mit einem Größtkorn von 8 mm, 16 mm, 32 mm, 63 mm

[1] Bei Sand und Kies mit annähernd gleichen Rohdichten ist die Angabe in Massenprozenten üblich und ausreichend.

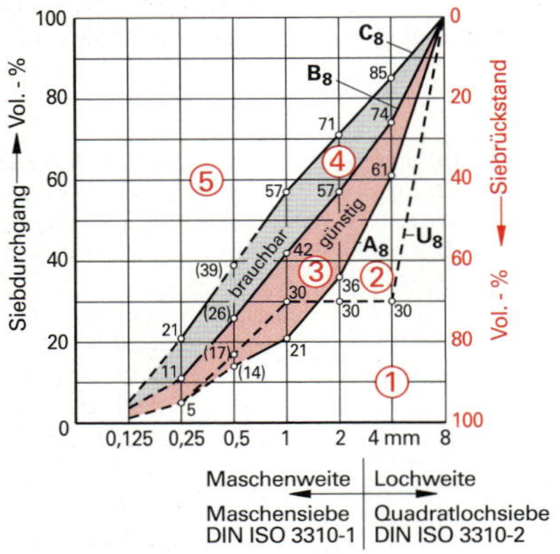

Regelsieblinien für Korngemisch 0/8

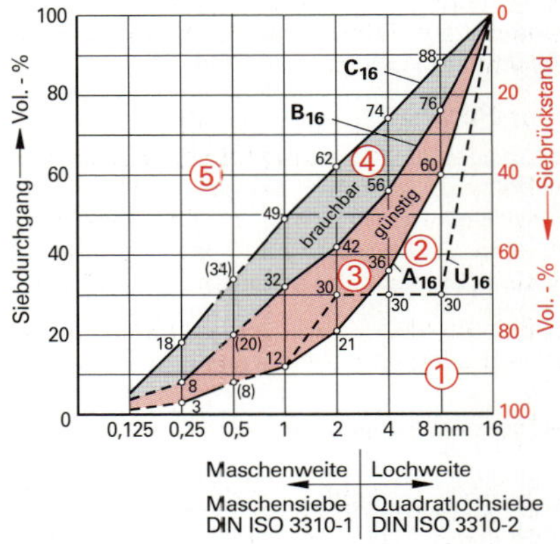

Regelsieblinien für Korngemisch 0/16

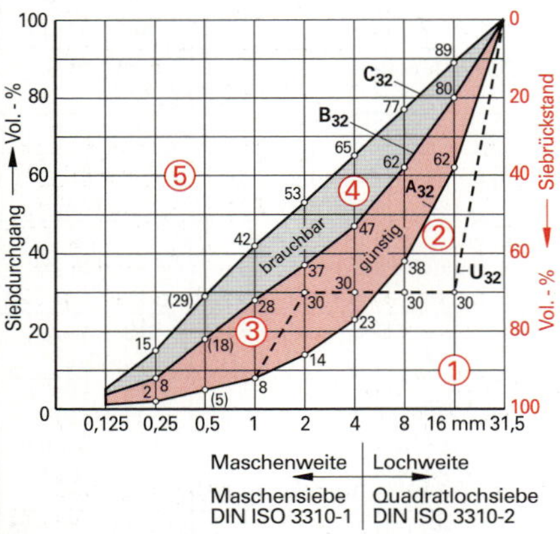

Regelsieblinien für Korngemisch 0/32

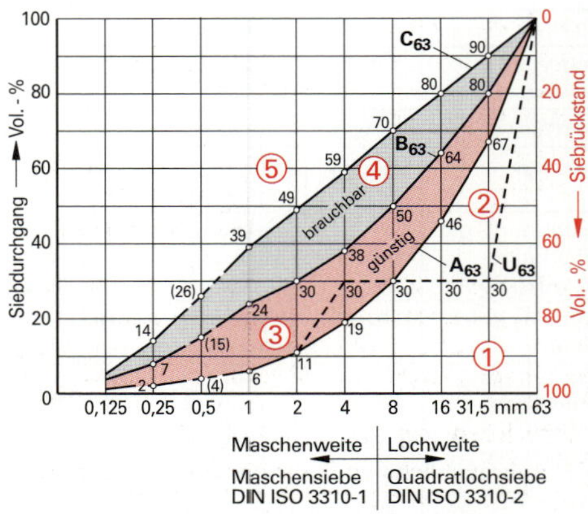

Regelsieblinien für Korngemisch 0/63

(1) grobkörnig (2) Ausfallkörnung (3) grob- bis mittelkörnig (4) mittel- bis feinkörnig (5) feinkörnig

Stetige Sieblinien: Eine Sieblinie ist stetig, wenn jede Korngruppe vorhanden ist. Stetige Sieblinien für Beton sollen zwischen den Sieblinien A und C verlaufen.

Unstetige Sieblinie: Eine Sieblinie ist unstetig, wenn einzelne Korngruppen fehlen **(Ausfallkörnung, Sieblinie U)**. Unstetige Sieblinien sollen zwischen der unteren Grenzsieblinie U und der Sieblinie C verlaufen.

Beurteilung der Sieblinienbereiche

- Sieblinien oberhalb der Grenzsieblinie **C** sind sehr sandreich und benötigen deshalb (große Oberfläche des Korngemisches) zu viel Wasser und Zement. Damit wird der Beton unwirtschaftlich (hoher Zementgehalt) und betontechnologisch **ungünstig** ⑤ (starkes Schwinden; u.U. auch Festigkeitseinbußen durch zu hohen Feinkornanteil).
- Der Bereich zwischen den Sieblinien **C** und **B** liefert einen **mittel- bis feinkörnigen** ④ Zuschlag. Der Beton ist gut verarbeitbar, jedoch bei gleichem Zementgehalt nicht so druckfest (höherer Wassergehalt) wie ein Beton, dessen
- Gesteinskörnung im **grob- bis mittelkörnigen** ③ Bereich liegt, begrenzt durch die Sieblinien **A** und **B**. Hinsichtlich der Betoneigenschaften handelt es sich um eine ideale Kornzusammensetzung.
- Unterhalb der Sieblinie **A** besteht das Korngemisch aus zu viel Grobkorn **(ungünstiger** ① Bereich). Das hat zur Folge, dass der Beton schwer zu verarbeiten und zu verdichten ist; außerdem entmischt er sich leicht.

Fuller-Parabel

Die Korngrößenverteilung und die Kornform haben einen entscheidenden Einfluss auf die Festigkeit des Betons. Fuller hat als erster 1907 durch theoretische Überlegungen und praktische Untersuchungen eine Formel (s.u.) für eine stetig verlaufende Korngrößenverteilung gefunden, die bis heute Grundlage für die Kornverteilung des Normalbetons darstellt: Bei einem Exponenten von $n = 0{,}5$ ergibt sich eine Packungsdichte von ca. 90 % bei einem Hohlraumgehalt von ca. 10 %.

Am Beispiel der **0/32**er-Körnung wird der Verlauf der Fullerparabel gezeigt:

$$F_d = \left(\frac{d}{D}\right)^{0{,}5} \cdot 100\ [\%]$$

F Siebdurchgang bzw. Anteil der Korngruppe 0/d [%]
d beliebiger Korn-/Siebdurchmesser [mm]
D Größtkornduchmesser [mm]

$$F_{16} = \left(\frac{16}{32}\right)^{0{,}5} \cdot 100\ [\%] = 70{,}7\ \%$$

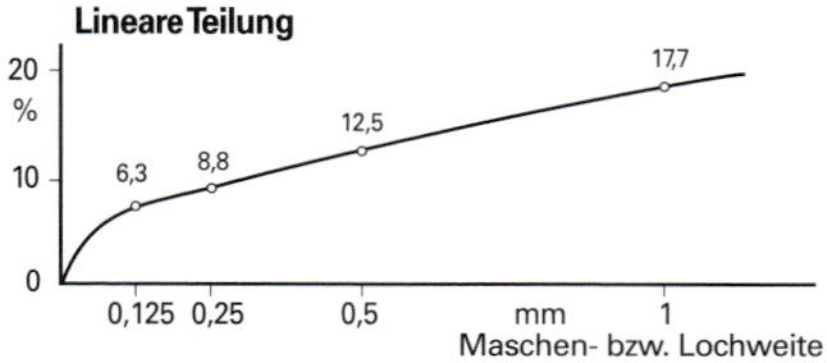

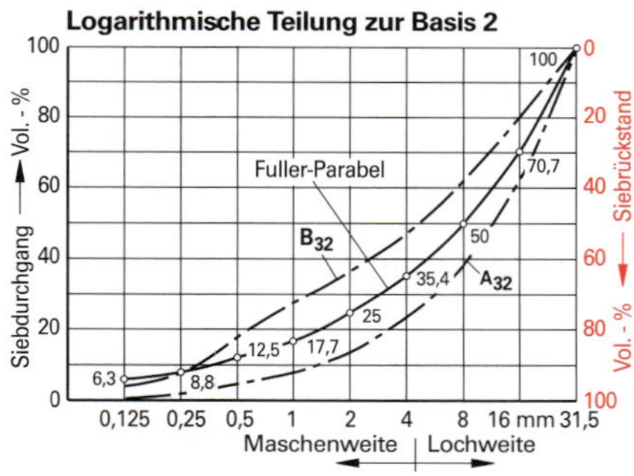

F_{32} = 100 %	F_8 = 50 %	F_4 = 35,4 %
F_2 = 25 %	F_1 = 17,7 %	$F_{0,5}$ = 12,5 %
$F_{0,25}$ = 8,8 %	$F_{0,125}$ = 6,3 %	F_0 = 0 %

Die Regelsieblinien, die oberhalb der Fuller-Parabel liegen, haben einen kleineren Exponenten als $n = 0{,}5$, die unterhalb liegen einen größeren.
Für die C_{32} errechnet sich der Exponent beim 16-mm-Sieb zu:

$$0{,}89 = \left(\frac{16}{32}\right)^n \Rightarrow n = \frac{\log 0{,}89}{\log 16/32} = 0{,}17$$ ► S. 16

Lieferkörnung nach DIN EN 12620

Die gebräuchlichsten Lieferkörnungen (Korngruppen) für die Mörtel- und Betonherstellung sind:

Gesteinskörnung	Korngruppe *d* / *D* in mm				
Feine Gesteinskörnung (Sand) *d* = 0 mm und *D* ≤ 4 mm	0 / 1	0 / 2	0 / 4		
Grobe Gesteinskörnungen enggestuft *D* ≤ 11,2 mm und *D* / *d* ≤ 4 oder *D* > 11,2 mm und *D* / *d* ≤ 2	2 / 4	2 / 8	4 / 8	8 / 16	16 / 32
Grobe Gesteinskörnung weitgestuft *D* ≤ 11,2 mm und *D*/*d* > 4 *D* > 11,2 mm und *D* / *d* > 2	2 / 11 2 / 16	4 / 16	4 / 32	8 / 32	
D Siebweite des oberen Begrenzungssiebes; *d* Siebweite des unteren Begrenzungssiebes					

6

Siebversuch

Größtkorn	PM = Probemenge, MP = Messprobe		
	2,00 kg/dm³ ≤ ϱ ≤ 3,00 kg/dm³		Die minimale Masse der Messprobe von Gesteinskörnungen mit anderen Größen kann von nebenstehenden Massen interpoliert werden.
mm	PM (kg)	MP (kg)	
bis 4	0,5	0,2	
8	2,5	0,6	
16	10,5	2,6	
32	35,5	10	
63	85,5	40	

Anmerkung: Die Prüfung der Kornzusammensetzung besteht aus Waschen (zur Bestimmung der Feinartikel mit dem 0,063-mm-Sieb) und dem bekannten Siebversuch, der hier beschrieben wird.

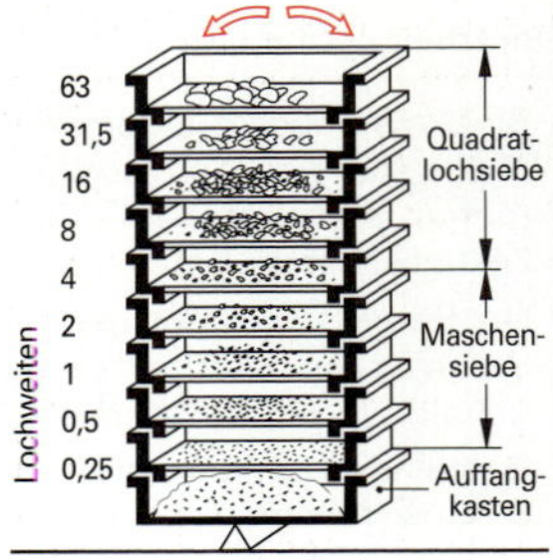

Prüfsiebsatz

Arbeitsschritte

In der Praxis wird die Zusammensetzung häufig mit der Sieblinien-Prozentwaage ermittelt.

- Messprobe bei 110 °C ± 5 ° C trocknen.
- MP auf das oberste Sieb schütten und gründlich sieben (auf heller Unterlage (Kunststoffplane) nachsieben).
- Rückstand des obersten Siebes wägen und das Ergebnis ins Prüfformular eintragen (letzte Spalte/Größtkorn).
- Die weiteren Korngruppen der Reihe nach dazuwägen.
- Nach der letzten Wägung (Auffangkasten) muss der Gewichtsunterschied zur Ausgangsmenge ≤ 1% sein.
- Mindestens 2 Wägungen durchführen und Mittelwert bilden.

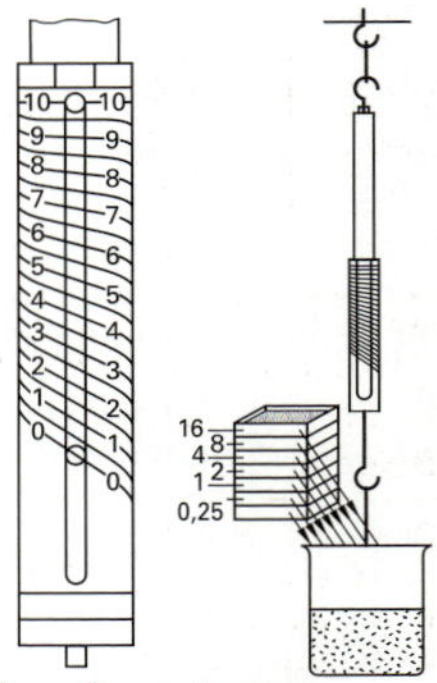

Sieblinien - Prozentwaage

Berechnung

		0	0,25	0,50	1,0	2,0	4,0	8,0	16	31,5	63
Rückstände in Gramm	Probe 1	10000	8900	7020	6050	5500	4460	3000	1540	0	0
	Probe 2	10000	8900	7600	6250	5400	5000	2980	1580	0	0
	Probe 3	nur, wenn die Proben 1 + 2 stark abweichen									
	SUMME	20000	17800	14620	12300	10900	9460	5980	3120	0	0
Rückstand R in %			89,0	73,1	61,5	54,5	47,3	29,9	15,6	0	0
Durchgang D in %			11,0	26,9	38,5	45,5	52,7	70,1	84,4	100	100

6

Körnungsziffer $\varkappa$: (Formelzeichen k)

Sie ist die Summe aller prozentualen Sieb-Rückstände (ab Sieb 0,25 mm) dividiert durch 100 und gibt einen Anhaltswert für den Wasserbedarf

$$\varkappa = \frac{\Sigma \text{ Sieb-Rückstände}}{100}$$

Durchgangssumme D: Sie ist die Summe aller prozentualen Sieb-Durchgänge (bis Sieb 63 mm).

$D = \Sigma$ Sieb-Durchgänge

D = (Anzahl aller Siebe $- \varkappa) \cdot 100$

Feinheitsziffer F: Sie lässt sich mit guter Genauigkeit aus der Körnungsziffer errechnen

$F = 30 \cdot \varkappa + 25$

Je sandärmer der Zuschlag, desto größer sind die Körnungsziffer und der F-Wert und umso geringer ist der Wasserbedarf!

Beispiel

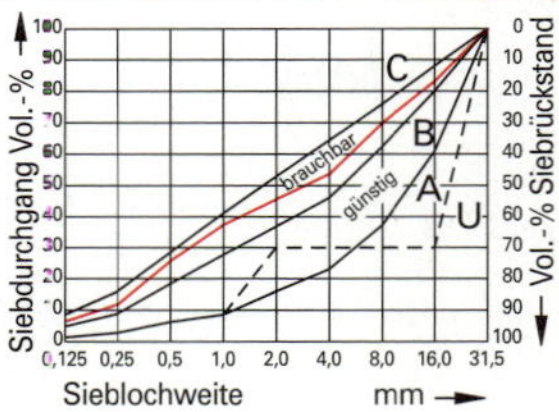

Gewichtsverlust bis 1 % zulässig (Rückstand pro Sieb). Die Prozente für die Rückstände und Durchgänge beziehen sich auf die Ausgangsmenge.

Körnungsziffer $\varkappa$

$$\varkappa = \frac{89{,}0 + 73{,}1 + \ldots + 15{,}6}{100}$$

$\varkappa = 3{,}71$

D-Summe

D = 11,0 + 26,9 + 38,5 + 45,5 + + 52,7 + 70,1 + 84,4 + 100 + + 100 = **529**

F-Wert

$F = 30\,\varkappa + 25$
$= 30 \cdot 3{,}71 + 25 =$ **136**

Wasseranspruch F1-Beton ▶ S. 187

w = **155** l (153,6 l)

6.5.4 Wasseranspruch

Regel-sieblinie	Körnungs-ziffer $\varkappa$	**Wasseranspruch *w*** (l) für 1 m³ Frischbeton F1	F2	F3
A8	3,64	155	190	210
B8	2,89	175	205	225
C8	2,27	200	230	250
U8	3,87			
A16	4,61	140	170	190
B16	3,66	150	185	205
C16	2,75	185	215	235
U16	4,88			
A32	5,48	130	155	175
B32	4,20	140	175	195
C32	3,30	165	200	220
U32	5,65			
A63	6,15	120	145	160
B63	4,91	135	160	180
C63	3,72	145	180	200
U63	6,57			

Richtwerte für hohen Wasseranspruch
Quelle: Bauberatung Zement

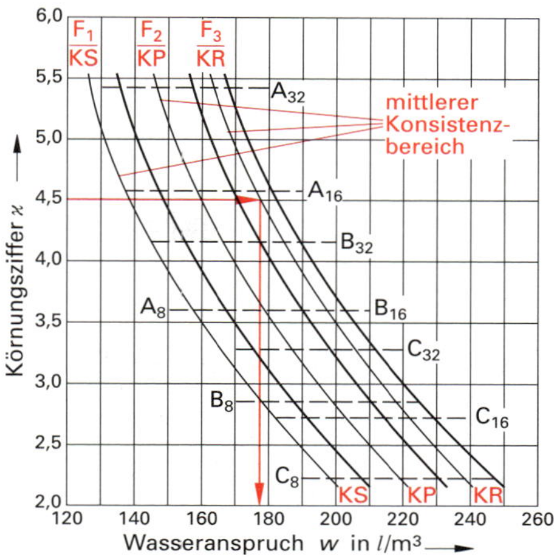

Richtwerte für niedrigen Wasseranspruch
Quelle: Transportbeton Unternehmen

Beispiel

Die Körnungsziffer betrage bei einer 0/32-er Körnung $\varkappa$ = 4,50. Der Wasseranspruch ***w*** für 1 m³ Frischbeton ist zu bestimmen, wenn die Konsistenz **F3** angestrebt wird.

Lösung nach Kap. 1.2; Interpolation ▶ S. 9 und nach den Richtwerten für hohen Wasseranspruch

$$y = y_1 + \frac{(y_0 - y_1)\,(x_1 - x)}{x_1 - x_0}$$

$y_0 = 195$ l/m³; $y_1 = 175$ l/m³; $x_1 = 5{,}48$; $x = 4{,}50$; $x_0 = 4{,}20$

$$y = 175 + \frac{(195 - 175)\,(5{,}48 - 4{,}50)}{5{,}48 - 4{,}20} = 190{,}3 \text{ l/m}^3$$

Der Wasseranspruch ***w*** beträgt **190,3 l/m³**

$$w = \frac{1100}{\varkappa + 3} + a$$

$a = 0$	bei Konsistenz ***steif***	**F1**
$a = 20$	bei Konsistenz ***plastisch***	**F2**
$a = 40$	bei Konsistenz ***weich***	**F3**
$\varkappa$	Körnungsziffer der Gesteinkörnung	

Beispiel

(Aufgabenstellung wie nebenstehendes Beispiel) $w = \frac{1100}{4{,}50 + 3} + 40 = 186{,}7$ l/m³

Richtwerte für durchschnittlichen Wasserbedarf nach TIETZE; Quelle: Backe, Hiese; Baustoffkunde

6.5.5 Mehlkorngehalt

Mehlkorn fördert die Verarbeitbarkeit des Frischbetons und bewirkt ein dichtes Gefüge des Festbetons: gut und wichtig bei **Pumpbeton, Sichtbeton, wu-Beton** und für **dünnwandige, eng bewehrte Bauteile.**

Mehlkorngehalt (Kornanteil ≤ 0,125 mm) aus Gesteinskörnung, Zement und (ggf.) Zusatzstoffen

Zement-gehalt[1] (kg/m³)	**Höchstzulässiger Mehlkorngehalt** (kg/m³) – Expositionsklassen ▶ Kapitel 6.7 – XF, XM: 8 mm	XF, XM: 16…63 mm	XO, XC, XD, XS, XA: 8 … 63 mm	alle: 8…63 mm	**Beton-festigkeits-klasse** (N/mm²)
≤ 300	450[2]	400[2]	550	–	≤ C 50/60 ≤ LC 50/55
≥ 350	500[2]	450[2]	550	–	
≤ 400	–	–	–	500[3]	≤ C 55/67 ≤ LC 55/60
450	–	–	–	550[3]	
≥ 500	–	–	–	600[3]	

1) Zwischenwerte sind geradlinig zu interpolieren.
2) Die Werte dürfen insgesamt um max. 50 kg/m³ erhöht werden, wenn
– der Zementgehalt 350 kg/m³ übersteigt, um den über 350 kg/m³ hinausgehenden Zementgehalt
– ein puzzolanischer Zusatzstoff Typ II (z. B. Flugasche, Silica) verwendet wird, dann um dessen Gehalt
3) Bei 8 mm Größtkorn darf der Mehlkorngehalt um zusätzlich 50 kg/m³ erhöht werden.

6.5.6 Begriffe

Gesteinskörnung	Körniges Material für die Verwendung im Bauwesen. Gesteinskörnungen können natürlich, industriell hergestellt oder recycelt sein.
Natürliche Gesteinskörnung	Gesteinskörnung aus mineralischen Vorkommen, die ausschließlich einer mechanischen Aufbereitung unterzogen worden ist.
Industriell hergestellte Gesteinskörnung	Gesteinskörnung mineralischen Ursprungs, die in einem industriellen Prozess unter Einfluss einer thermischen oder sonstigen Veränderung entstanden ist.
Recycling-Gesteinskörnung	Gesteinskörnung aus aufbereitetem anorganischem Material, das zuvor als Baustoff eingesetzt war.
feine Gesteinskörnung	Bezeichnung für kleinere Korngruppen mit $D \leq 4$mm
grobe Gesteinskörnung	Bezeichnung für Korngrößen mit $D \geq 4$ mm und $d \geq 2$ mm (DIN 4226-1)
Natürlich zusammen-zusammengesetzte Gesteinskörnung 0/8	Bezeichnung für natürliche Gesteinskörnung glazialen (während der Eiszeit entstandenes Gestein) und/oder fluvialen (von einem Fließgewässer mitgeführtes zerkleinertes Gestein) Ursprungs mit $D \leq 8$ mm
Korngemisch	Gesteinskörnung, die aus einer Mischung grober Gesteinskörnung und feiner Gesteinskörnung besteht (▶ Kap. 6.5.1)
Größt- und Kleinstkorn	Die obere bzw. untere Korngröße einer Korngruppe bzw. Lieferkörnung.
Kornzusammensetzung	Korngrößenverteilung, ausgedrückt durch die Siebdurchgänge als Massenanteil (bzw. Volumenanteil ▶ 6.5.3 Sieblinien) in Prozent durch eine festgelegte Anzahl von Sieben.
Korngruppe	Bezeichnung einer Gesteinskörnung mittels unterer (*d*) und oberer (*D*) Siebgröße, ausgedrückt *d*/*D*.
Kornklasse	Bereich zwischen zwei benachbarten Prüfkorngrößen, z.B. 4 mm bis 8 mm (4/8)
Unter- und Überkorn	Unterkorn ist der Anteil, der bei der Prüfsiebung durch das untere Prüfsieb der jeweiligen Korngruppe hindurchfällt (max. 20 M.-%); Überkorn der Anteil, der auf einem entsprechenden oberen Sieb *D* liegen bleibt (max. 20 M.-%).
Füllkorn	Körner mit einer Korngröße, die gerade in die Zwickel zwischen den nächstgrößeren passt.
Einkorn	Körner aus nahezu gleicher Korngröße (ca. 33 % Haufwerksporen)
Haufwerk	Aus Einzelkörnern ohne Verkittung bestehendes Kornvolumen (lose geschüttet oder verdichtet).
Füller (Gesteinsmehl)	Gesteinskörnung, deren überwiegender Teil durch das 0,063-mm-Sieb hindurchgeht und den Baustoffen zur Erreichung bestimmter Eigenschaften zugegeben werden kann.
Kategorie	Niveau für die Eigenschaft einer Gesteinskörnung, ausgedrückt als eine Bandbreite von Werten oder als Grenzwert, z.B. wird die Eigenschaft der Kornzusammensetzung beschrieben mit **G_C 85/20**: **G** = Grading (Kornzusammensetzung – **c** = coarse (grobkörnig) – **85** = mind. 85 M.-% Siebdurchgang auf dem oberen Sieb (Überkorn max. 15 M.-%) – **20** = max. 20 M.-% Unterkorn (Siebdurchgang durch das untere Sieb max. 20 M.-%).
Lieferkörnung	Siehe Korngruppe.
Kernfeuchte	Wassermenge, die in den Gesteinsporen enthalten ist, auch Porenfeuchte genannt.
Oberflächenfeuchte	Wassermenge, die an der Kornoberfläche haftet – ist beim Zugabewasser des Betons zu berücksichtigen (Zugabewasser + Oberflächenfeuchte = Wasseranspruch des Frischbetons ▶ Kap. 6.5.4.
Eigenfeuchte	Summe aus Kernfeuchte und Oberflächenfeuchte.
Siebsatz	Der Prüfsiebsatz für Gesteinskörnungen besteht i.d.R. aus Einzelsieben mit quadratischen Öffnungen. Der **Grundsiebsatz** umfasst die Siebgrößen: **0; 1; 2; 4; 8; 16; 31,5 (32); 63 mm** Der **Ergänzungssiebsatz 1** enthält zusätzlich die Siebgrößen **5,6 (5); 11,2 (11); 22,4 (22) und 45 mm.** Die Zahlen in Klammern können zur vereinfachten Benennung von Lieferkörnungen verwendet werden. Der **Ergänzungssiebsatz 2** enthält zusätzlich zum Grundsieb die Siebgrößen **6,3 (6); 10; 12,5 (12); 14; 20 und 40 mm.**
Mehlkorn	Feinstanteile der Körnung (≤ 0,125 mm), Zement, mineralische Zusatzstoffe
Siebdurchgang/ Siebrückstand	Gesteinskörnung, die durch das Sieb fällt / Gesteinskörnung, die auf dem Sieb liegen bleibt

6.6 Mörtel

Mörtel besteht überwiegend aus mineralischen Bindemitteln, mineralischer feiner Gesteinskörnung (Sand bis 4 mm Korndurchmesser) und Wasser. Er wird auf der Baustelle gemischt oder als Werkmörtel, Werkvormörtel und Werkfrischmörtel angeliefert. Einige Bindemittel können mit anderen gemischt werden, z. B. Kalk mit Zement oder Luftkalk mit Gips. Zement und Gips jedoch sind unverträglich. Baugipse und Anhydritbinder verlangen kein **Magerungsmittel** (Sand).
Baustellenmörtel, Werkmörtel als Werk-Frischmörtel oder Werk-Trockenmörtel vgl. ► Kap. 7.1.5.

6.6.1 Mauermörtel

Mauermörtel hat die Aufgabe, Mauersteine miteinander zu verbinden und in ihrer Lage fest zu halten sowie Maßabweichungen und Ungenauigkeiten auszugleichen.

DIN 1053 : Mauerwerk, Teil 1; Berechnung und Ausführung, Anhang A: Mauermörtel (11.1996)
DIN EN 998 : Festlegungen für Mörtel im Mauerwerk, Teil 2: Mauermörtel (09.2003)
DIN V 18580 : Mauermörtel mit besonderen Eigenschaften (03.2004), („Nationale Restnorm")
DIN V 20000 : Anwendung von Bauprodukten in Bauwerken, Teil 412: Regeln für die Verwendung von Mauermörtel nach DIN EN 998-2 (Anwendungsnorm)

Mörtelarten nach DIN 1053

Mörtelart	Kurzzeichen	Mörtelgruppen	Herstellung als	Beschreibung
Normalmauermörtel	**NM**	**MG I** **MG II, IIa** **MG III, IIIa**	Baustellenmörtel (BM) Werk-Frischmörtel (WF) Werk-Trockenmörtel (WT) Werk-Vormörtel (WV)	**BM** ⇒ wird nach DIN 1053 Teil 1 auf der Baustelle hergestellt. Hier ist keine Überwachung erforderlich. Dieser Mörtel wird auch Rezeptmörtel genannt. **WF** ⇒ wird gebrauchsfertig in verarbeitbarer Konsitenz auf die Baustelle geliefert. **WT** ⇒ ist ein fertiges Gemisch der Ausgangsstoffe. **WV** ⇒ ist ein Gemisch aus Sand und Kalk, ev. weiteren Zusätzen. Zugabe Zement und Wasser auf der Baustelle.
Leichtmauermörtel	**LM**	**LM 21** **LM 36**	Werk-Trockenmörtel (WT) Werk-Frischmörtel (WF)	
Dünnbettmörtel	**DM**	**MG III**	Werk-Trockenmörtel (WT)	

Leichtmörtel ist nicht zulässig für Gewölbe und der Witterung ausgesetztes Mauerwerk. **Dünnbettmörtel** haben ein Größtkorn von 1 mm. Sie werden der MG II zugeordnet und dürfen nur für Plansteine verwendet werden.

Mörtelgruppen und Mörtelklassen

Mörtelart	Kurzzeichen	Mörtelgruppen DIN 1053	CE	**Mörtelklassen** nach DIN EN 998-2 und DIN V 18580 **CE-** und **Ü**-Kennzeichnung
Normalmauermörtel	**NM**	**MG I** **MG II** **MG IIa** **MG III** **MG IIIa**	**M1** **M 2,5** **M 5** **M 10** **M 20**	Der verwendete Mauermörtel entspricht (auch) den Anforderungen der DIN 1053. CE-Kennzeichnung: Angabe von Mörteleigenschaften nach der Euronorm; überwacht und zertifiziert. Ü-Zeichen: Übereinstimmung des Mörtels mit der DIN V 18580, nur in Zusammenhang mit dem CE-Zeichen, überwacht und zertifiziert. ⇒ **Dieser Mörtel sollte bevorzugt ausgeschrieben und eingesetzt werden!**
Leichtmauermörtel	**LM**	**LM 21** **LM 36**	**M 5** **M 5**	
Dünnbettmörtel	**DM**	**MG III**	**M 10**	

Mörtel- und Fugendruckfestigkeit nach 28 Tagen (zusätzlich in der DIN V 18580 gefordert)

Mörtelart	Kurzzeichen	Mörtelgruppen DIN 1053	Mörtelklassen nach DIN EN 998-2	**Fugendruckfestigkeit** (N/mm²)		
				Verfahren I	Verfahren II	Verfahren III
Normalmauermörtel	**NM**	**MG I**	**M1**	–	–	–
		MG II	**M 2,5**	1,25	2,5	1,75
		MG IIa	**M 5**	2,5	5,0	3,5
		MG III	**M 10**	5,0	10,0	7,0
		MG IIIa	**M 20**	10,0	20,0	14,0
Leichtmauermörtel	**LM**	**LM 21**	**M 5**	2,5	5,0	3,5
		LM 36	**M 5**	2,5	5,0	3,5

Anforderungen an die Mörteleigenschaften

Mörtelgruppen	Trockenrohdichte kg/m³	Wärmeleitfähigkeit W/(m K)	Verbundfestigkeit[3)] Anfangswert N/mm²	Verbundfestigkeit[3)] Mittelwert N/mm²	Chloridgehalt M.-%	Verarbeitungszeit h	Korrigierbarkeitszeit Min.	Brandverhaltensklasse
Normalmauermörtel (NM)								
I	≥ 1500	–	–	–	≤ 0,1	–	–	A1
II		–	≥ 0,04	≥ 0,10		–	–	A1
IIa		–	≥ 0,08	≥ 0,20		–	–	A1
III		–	≥ 0,10	≥ 0,25		–	–	A1
IIIa		–	≥ 0,12	≥ 0,30		–	–	A1
Leichtmauermörtel (LM)								
LM 21	≤ 700	≤ 0,21[1)] ≤ 0,18[2)]	≥ 0,08	≥ 0,20	≤ 0,1	–	–	A1
LM 36	> 700 ≤ 1000	≤ 0,36[1)] ≤ 0,27[2)]	≥ 0,8	≥ 0,20		–	–	A1
Dünnbettmörtel (DM)								
DM	≥ 1500	–	≥ 0,20	≥ 0,50	≤ 0,1	≥ 4	≥ 7	A1

[1)] λ_R Rechenwert, [2)] $\lambda_{10,tr}$ Messwert bei einer Durchschnittstemperatur von 10 °C in trockenem Zustand
[3)] Prüfung nach DIN EN 1052-3 für die charakteristische Anfangsscherfestigkeit, nach DIN 18555-5 für Mittelwert.

Mischungsverhältnis für Baustellenmörtel (Rezeptmörtel, MV in RT)

Mörtelgruppe MG	Luftkalk Kalkteig	Luftkalk Kalkhydrat	Hydraulischer Kalk (HL2)	Hydraulischer Kalk (HL5), Putz- und Mauerbinder (MC5)	Zement	Sand aus natürlichem Gestein (lagerfeuchter Zustand)
I	1	–	–	–	–	4
	–	1	–	–	–	3
	–	–	1	–	–	3
	–	–	–	1	–	4,5
II	1,5	–	–	–	1	8
	–	2	–	–	1	8
	–	–	2	–	1	8
	–	–	–	1	–	3
IIa	–	1	–	–	1	6
	–	–	–	2	1	8
III	–	–	–	–	1	4

Mörtelfaktor und Mörtelausbeute

3 Eimer Sand und 1 Eimer Bindemittel ergeben **mit Wasser angemischt** statt 4 Eimer nur 2 1/2 Eimer Mörtel

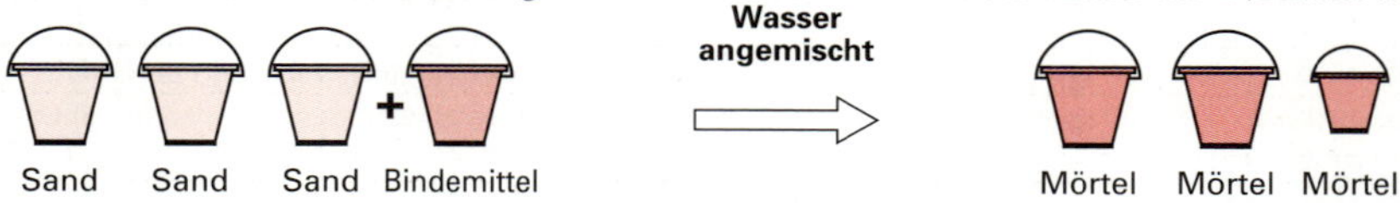

Durch die Zugabe von Wasser „verdichtet" sich der Mörtel und es tritt ein Volumenverlust ein. Dieses „Phänomen" nennt man **Mörtelausbeute (%)** oder **Mörtelfaktor** (ohne Einheit). Der Mörtel wird nach **Raumteilen (RT)** zusammengesetzt.

$$\downarrow \textbf{MA} = \frac{\text{Volumen des angemachten Mörtels}}{\text{Volumen des Trockenmörtes}} \cdot 100\,\%$$

Mörtelausbeute	Feuchtigkeit des Zuschlags	Mörtelfaktor
71 %	trockener Sand	1,4
63 %	lagerfeuchter Sand	1,6
71 %	nasser Sand	1,4

$$\frac{\text{Volumen des Trockenmörtels}}{\text{Volumen des angemachten Mörtels}} = \textbf{MF} \uparrow$$

Beispiel

Bestimme das Volumen an Zementmörtel, das sich aus 26 l lagerfeuchtem Sand bei einem Mischungsverhältnis MV in Raumteilen RT von 1 : 4 bei 63% Mörtelausbeute (MA) herstellen lässt!

Zementmenge: $z = 26\,\text{l} \cdot \frac{1}{4} = 6{,}5\,\text{l}$

Trockenmörtel: $V = 26\,\text{l} + 6{,}5\,\text{l} = 32{,}5\,\text{l}$

Mörtelmenge:
MA = 63% $32{,}5\,\text{l} \cdot 0{,}63 = \mathbf{20{,}5\,l}$

6.6.2 Putzmörtel

Putz soll Gebäude von außen vor Witterungseinflüssen schützen, innen Unebenheiten im Mauerwerk ausgleichen und einen glatten Untergrund für Tapeten und Farbanstriche abgeben **(DIN 18550).**

Mörtelgruppen für Außenputze und Innenputze (Rezeptmörtel, MV in RT)

Mörtelgruppe	P I		P II			P III	
	a, b Luft-, Wasser-kalk-mörtel	c Hydrau-lischer Kalkmörtel	a Hydrau-lischer Kalkmörtel	a Mörtel mit Putz- und Mauer-binder	b Kalk-Zement-Mörtel	a Zement-mörtel mit Zusatz Luftkalk	b Zement-mörtel
Luftkalk CL Hydraulischer Kalk HL 2	1,0[1]	–	–	–	1,5 oder 2,0	0,5	–
Hydraulischer Kalk HL 3,5	–	1,0	–	–	–	–	–
Hydraulischer Kalk HL 5	–	–	1,0	–	–	–	–
Putz- und Mauerbinder	–	–	–	1,0	–	–	–
Zement	–	–	–	–	1,0	2,0	1,0
Sand	3,5 ... 4,5	3,0 ... 4,0	3,0 ... 4,0	3,0 ... 4,0	9,0 ... 11,0	6,0 ... 8,0	3,0 ... 4,0
Mittlere Mindest-druckfestigkeit N/mm²	–	1,0	2,5	2,5	2,5	10,0	10,0
Eigenschaften des Putzmörtels	gut zu verarbeiten; elastisch und geschmeidig; sehr wasserdampfdurchlässig		gut zu verarbeiten; elastisch und stoßfest; wasserdampfdurchlässig			sehr fest und dicht; kaum wasserdampfdurchlässig	
Anwendung des Putzmörtels	wenig beanspruchte Bauteile		normal beanspruchte Bauteile; Innenputz stark beanspruchbar			stark beanspruchte Bauteile, z. B. Sockel	

[1] Bei Luftkalkmörtel ist ein begrenzter Zementzusatz möglich

Gipsmörtel für Innenputze

Mörtelgruppe	P IV				P V	
	a Gips-mörtel	b Gipssand-mörtel	c Gipskalk-mörtel	d Kalkgips-mörtel	a Anhydrit-mörtel	b Anhydrit-kalkmörtel
Stuck- gips Putz- gips	1,0	1,0	0,50...1,0 1,0...2,0	0,1...0,2 0,2...0,5	– –	– –
Anhydritbinder	–	–	–	–	1,0	3,0
Luftkalk CL, HL	–	–	1,0	1,0	–	1,0 ... 1,5
Sand	–	1,0 ... 3,0	3,0 ... 4,0	3,0 ... 4,0	2,5	12,0
Mittlere Mindest–druckfestigkeit N/mm²	2,0	2,0	2,0	–	2,0	2,0

Putzregeln

- Putzgrund muss sauber und darf nicht gefroren sein
- Risse über 2 mm sollten nicht verputzt, sondern vorher mit Mörtel ausgeworfen werden
- Glatter Putzgrund ist aufzurauen oder mit Spritzbewurf zu decken, evtl. sind Putzträger anzubringen!
- Stark saugender Putzgrund ist vorzunässen
- Die einzelnen Putzlagen gleichmäßig dick aufbringen, sorgfältig abziehen und gut verreiben
- Der Oberputz darf keine höhere Festigkeit erreichen als der Unterputz

Putzdicken

Außenputze	20 mm
Innenputze, die den allgemeinen Anforderungen genügen	15 mm
Innenputze aus einlagigem Werk-Trockenmörtel	10 mm
Einlagige Wasser abweisende Außenputze aus Werkmörtel	15 mm
Wärmedämmputze	≥ 20 mm

Werkputzmörtel nach DIN EN 998-1

Diese Norm gilt für **im Werk hergestellte Putzmörtel** aus anorganischen Bindemitteln, die als **Außen- und Innenputz** für Wände, Decken, Pfeiler und Trennwände Verwendung finden. Diese Norm gilt nicht für Mörtel, deren Hauptbindemittel **Gips** ist.

Gegenüber der DIN 18550 wurden folgende Änderungen vorgenommen:

- Ersatz der Putzmörtelgruppen durch Klassifizierung nach **Druckfestigkeit, kapillarer Wasseraufnahme** und der **Wärmeleitfähigkeit.**
- Einführung **neuer Kurzzeichen** für Putzmörtelarten.
- Ergänzung des **Einlagenputzmörtels für außen.**
- Angabe des **Brandverhaltens.**
- Anstelle der Eigen- und Fremdüberwachung erfolgt eine **Herstellererklärung** (Übereinstimmungsnachweis durch das Konformitätsbescheinigungsverfahren 4 (CE-Kennzeichen)).

Bei **Putzmörteln** (nach DIN EN 991-1) wird unterschieden	
Nach den Eigenschaften und/oder dem Verwendungszweck	**Nach dem Herstellungskonzept**
Normalputzmörtel	Mörtel nach Eignungsprüfung
Leichtputzmörtel	Mörtel nach Rezept
Edelputzmörtel	**Nach Herstellungsort oder Herstellungsart**
Einlagenputzmörtel für außen	Werkmörtel
Sanierputzmörtel	Werkmäßig hergestellter Mörtel
Wärmedämmputzmörtel	Baustellenmörtel

Klassifizierung der Eigenschaften von Festmörtel			
Eigenschaften	**Prüfung**	**Kategorie**	**Werte**
Druckfestigkeit nach 28 Tagen	DIN EN 1015 Teil 11	CS I CS II CS III CS IV	0,4 bis 2,5 N/mm² 1,5 bis 5,0 N/mm² 3,5 bis 7,5 N/mm² ≥ 6 N/mm2
Kapillare Wasseraufnahme	DIN EN 1015 Teil 18	W 0 W 1 W 2	nicht festglegt $c \le 0{,}40 \frac{kg}{m^2} \times \sqrt{min}$ $c \le \frac{kg}{m^2} \times \sqrt{min}$
Wärmeleitfähigkeit	DIN EN 1745	T 1 T 2	$\le 0{,}1 \frac{W}{m \cdot K}$ $\le 0{,}2 \frac{W}{m \cdot K}$

Zertifizierung

CE

Europa Mörtel GmbH
Düsseldorfer Str. 23
42781 Haan-Gruiten
05
(für Jahreszahl)

EN 998-1
Normalputzmörtel CS IV
für außen
Brandverhalten: Klasse A 1
Haftzugfestigkeit: 0,3 N/mm² - **Bruchbild:** B
Wasseraufnahme: W 1
Koeffizient der Wasserdampfdurchlässigkeit: μ 25
Wärmeleitfähigkeit: ($\lambda_{25,\ dry}$) 0,93 W/mK (Tabellenwert)
Dauerhaftigkeit (Frostwiderstand): Beurteilung nach den am vorgesehenen Verwendungsort des Putzmörtels geltenden Bestimmungen)

6

Werkputzmörtelarten

Putzmörtelart	**Kurzzeichen**	**Kategorie Druckfestigkeit**	**Kategorie Kapillare Wasseraufnahmefähigkeit**	**Kategorie Wärmeleitfähigkeit**
Normalputzmörtel	**GP**	CS I ... CS IV	W 0 ... W 2	Tabellenwert
Leichtputzmörtel	**LW**	CS I ... CS III	W 0 ... W 2	Tabellenwert
Edelputzmörtel	**CR**	CS I ... CS IV	W 0 ... W 2	Tabellenwert
Einlagenputzmörtel für außen	**OC**	CS I ... CS IV	W 1 ... W 2	Tabellenwert
Sanierputzmörtel	**R**	CS II	≥ 0,3 kg/m² nach 24 h	Tabellenwert
Wärmedämmputzmörtel	**T**	CS I ... CS II	W 1	T1 ≤ 0,10 W/m K T2 ≤ 0,20 W/m K

6.6.3 Estrichmörtel

Estrich nach **DIN 18560 (DIN EN 13813)** ist eine Mörtelschicht, die entweder auf Rohdecken aufgebracht **(Verbundestrich)** oder durch eine elastische Dämmschicht (Estrichdämmplatten und -dämmstreifen) von der Rohdecke und den Wänden getrennt wird **(schwimmender Estrich).**

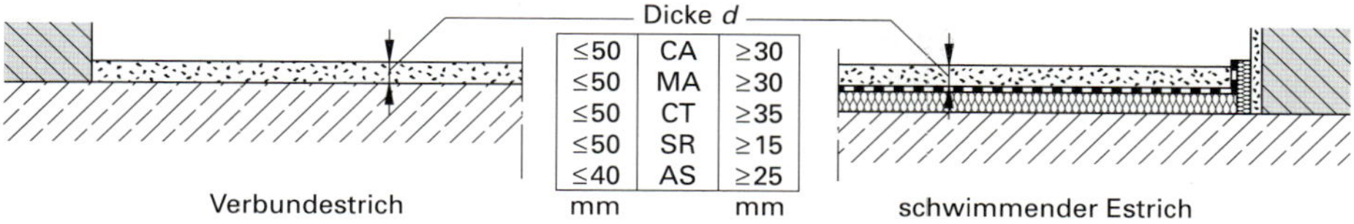

Estrichart / Kurzzeichen	Eigenschaften und Verwendung
Calciumsulfatestrich CA (Calciumsulfatscreed)	Im Wohnungsbau als Verbund- und schwimmender Estrich. Mindestens 450 kg/m³ Anhydritbinder. Schichtdicke *d* (z. B. 35 mm)
Magnesiumestrich MA (Magnesiumscreed)	Im Wohnungs- und Industriebau: angenehme Begehbarkeit, sehr gute Wärmedämmung. Nur von Spezialfirmen auszuführen.
Zementestrich CT (Cementscreed)	Für Böden mit Fußgängerverkehr, Fahrverkehr mit weicher und harter Bereifung, Gütertransporte. Industrieböden mit hohem Verschleißwiderstand.
Gussasphaltestrich AS (Asphaltscreed)	Verbund- und schwimmender Estrich. Feuchtigkeitsfreie Belagunterlage. Estrichdicke 20 mm ... 30 mm. Schichtdicke *d* (z. B. 20 mm)
Kunstharzestrich SR (Synthetic resin screed)	Bindemittel: Epoxidharz, Polyesterharz, Polymethacrylharz, Polyurethanharz. Für schwerste mechanische Beanspruchungen, wärmeempfindlich.

Druckfestigkeitsklassen (**C** ⇒ **C**ompression, engl. = Druck)

Klasse	C5	C7	C12	C16	C20	C25	C30	C35	C40	C50	C60	C70	C80
Druckfestigkeit in N/mm²	5	7	12	16	20	25	30	35	40	50	60	70	80

Biegezugfestigkeitsklassen (**F** ⇒ **F**lexural, engl. = Biege-)

Klasse	F1	F2	F3	F4	F5	F6	F7	F10	F15	F20	F30	F40	F50
Biegezugfestigkeit in N/mm²	1	2	3	4	5	6	7	10	15	20	30	40	50

6.6.4 Spezialmörtel

Einpressmörtel für Spannkanäle	Mörteldruckfestigkeit nach 28 Tagen ≥ 30 N/mm²; Verwendung von CEM 32,5 R, evtl. Feinsandzusatz; w/z-Wert ≤ 0,44; Zugabe von Einpresshilfen.
Zementeinpressung (Injektionen)	Verfestigung von Lockergesteinen, Abdichtung gegen Wasser im Tunnelbau. Die Zementsuspension ist ein Zement-Wasser-Gemisch, meist mit Zusätzen, bei größeren Spalten auch mit Sandzusatz.
Fugenmörtel für Betonfertigteile	Zementfestigkeitsklasse ≥ CEM 32,5 R; Zementgehalt ≥ 400 kg/m³; gemischtkörniger Sand 0/4 mm.
Fugenmörtel für Mauerwerk	Die Wasserundurchlässigkeit der Fugen setzt eine gemischtkörnige Zusammensetzung des Sandes 0/2 voraus, dem zur Dichtung und verbesserten Geschmeidigkeit **Trass** ▶ S. 162 zugemischt wird.
Kunststoffmörtel	Setzt sich aus hydraulischen Bindemitteln, abgestuften Sanden und geeigneten **alkaliwiderstandsfähigen Glasfasern** zusammen.

Kunststoff- und faservergütete Mörtel sind geeignet:

- für wasserundurchlässige, hochbelastbare und schwindrissfreie Putze (Putzdicke ≥ 10 mm)
- im Tunnel-/Stollenbau
- bei der Betoninstandsetzung und -sanierung

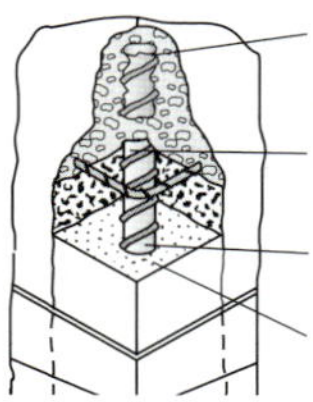

6

6.7 Beton

Definition nach DIN 1045-2

Baustoff, erzeugt durch Mischen von Zement, groben und feinen Gesteinskörnungen und Wasser, mit oder ohne Zugabe von Zusatzstoffen oder Zusatzmitteln. Er erhält seine Eigenschaften durch das Erhärten des Zementleims.

Technologische Merkmale

Beton ist sehr druckfest (max. Nennfestigkeit $f_{ck, cube}$ = 115 N/mm²), wasserundurchlässig (wu-Beton), widerstandsfähig gegen chemische/physikalische Angriffe (siehe Expositonsklassen), formbar und gut verarbeitbar.

6.7.1 Einteilung des Betons in Klassen

Umweltbedingungen	Frischbeton	Festbeton	Betonkategorien	
7 Expositonsklassen: X0, XC1, XC2, XC3, XC4 XD1, XD2, XD3 XS1, XS2, XS3 XF1, XF2, XF3, XF4 XA1, XA2, XA3 XM1, XM2, XM3	**Konsistenzklassen** mit 4 Messverfahren • Setzmaß • Setzzeit • Verdichtungsmaß • Ausbreitmaß	**Druckfestigkeitsklassen:** • je 16 Klassen für C, HC • 14 Klassen für LC	Kategorie 1 *(BI)* X0, XC1,2	≤ C 16/20 • Normalbeton • Standardbeton mit Auflagen
	4 Klassen bezogen auf das Größtkorn des Zuschlags (8, 16, 32, 63 mm)	**3 Rohdichteklassen** • Normalbeton C • Leichtbeton LC • Schwerbeton HC	Kategorie 2 *(BII)*	alle Festigkeitsklassen alle Betone alle X

X = Umgebungsbedingungen, **C,D,S** = Bewehrungskorrosionen, **F** = Frostangriff,
A = chemischer Angriff a.d. Beton, **M** = Verschleiß; **0 ... 4** = kein ... extremer Angriff

6.7.2 Beton nach Expositionsklassen, Eigenschaften und Zusammensetzung

Der Beton muss so zusammengesetzt und hergestellt werden, dass unter Berücksichtigung des gewählten Ausführungsverfahrens für die Betonarbeiten die festgelegten Anforderungen für Frischbeton und Festbeton, einschließlich Konsistenz, Rohdichte, Festigkeit, Dauerhaftigkeit und Schutz des eingebetteten Stahls gegen Korrosion, erfüllt werden.

Klasse	Umgebung	Beispiele	max w/z –	min f_{ck} N/mm²	min z[1)] kg/m³	min z[2)] kg/m³	min p %
kein Korrosions- oder Angriffsrisiko: Bauteile ohne Bewehrung oder eingebettetes Metall in nicht Beton angreifender Umgebung							
X0	alle Klassen außer XF, XA, XM	Fundamente ohne Bewehrung und ohne Frost; Innenbauteile ohne Bewehrung		C 12/15 C 8/10	–	–	–
Bewehrungskorrosion durch Karbonatisierung: Beton, der Bewehrung oder anderes eingebettetes Metall enthält und Luft sowie Feuchtigkeit ausgesetzt ist							
XC1	trocken oder ständig nass	Bauteile in Innenräumen mit üblicher Luftfeuchte; Beton, der ständig unter Wasser ist	0,75	C 16/20	240	240	–
XC2	nass, selten trocken	Teile von Wasserbehältern, Gründungsbauteile					
XC3	mäßige Feuchte	Bauteile, zu denen die Außenluft häufig oder ständig Zugang hat; Innenräume mit hoher Luftfeuchtigkeit	0,65	C 20/25	260	240	–
XC4	wechselnd nass und trocken	Außenbauteile mit direkter Beregnung; Bauteile in Wasserwechselzonen (Tide)	0,60	C 25/30	280	270	–

1) Bei 63 mm Größtkorn darf der Zementgehalt (min z) um 30 kg/m³ verringert werden.
2) Bei Anrechnung von Zusatzstoffen.
X = Umgebungsbedingungen, **0 ... 4** = kein ... extremer Angriff
C, D, S = Bewehrungskorrosion durch **C**arbonatisierung, **D**eicing-Salt (Streusalz), **S**eawater (Meersalz/salzhaltige Seeluft),
F, A, M = Betonangriff durch **F**reezing (Frost), Chemical **A**ttack (chemischen Angriff), **M**echanical Abrasion (Verschleiß)

Klasse	Umgebung	Beispiele	max w/z –	min f_{ck} N/mm²	min z[1] kg/m³	min z[2] kg/m³	min p %
Bewehrungskorrosion, verursacht durch Chloride außer Meerwasser: Beton, der Bewehrung oder anderes eingebettetes Metall enthält und chloridhaltigem Wasser einschließlich Taumittel ausgesetzt ist							
XD1	mäßige Feuchte	Bauteile im Sprühnebelbereich von Verkehrsflächen	0,55	C*) 30/37	300	270	–
XD2	nass, selten trocken	Solebäder; Bauteile, die chloridhaltigen Industrieabwässern ausgesetzt sind	0,50	C*) 35/45	320	270	–
XD3	wechselnd nass und trocken	Teile von Brücken mit häufiger Spritzwasserbeanspruchung: Fahrbahndecken; Parkdecks	0,45	C*) 35/45	320	270	–
Bewehrungkorrosion durch Chloride aus Meerwasser: Beton, der Bewehrung oder anderes eingebettetes Metall enthält, Chloriden aus Meerwasser oder salzhaltiger Seeluft ausgesetzt ist							
XS1	salzhaltige Luft, kein Meerwasserkontakt	Außenbauteile in Küstennähe	0,55	C*) 30/37	300	270	–
XS2	unter Wasser	Bauteile in Häfen, die ständig unter Wasser liegen	0,50	C*) 35/45	320	270	–
XS3	Tidebereiche, Spritzwasser- und Sprühnebelbereiche	Kaimauern in Hafenanlagen	0,45	C*) 35/45	320	270	–
Betonangriff durch Frost ohne und mit Taumittel: durchfeuchteter Beton, der in erheblichem Umfang Frost-Tau-Wechseln ausgesetzt ist.							
XF1	mäßige Wassersättigung, ohne Taumittel	Außenbauteile	0,60	C 25/30	280	270	–
XF2	mäßige Wassersättigung mit Taumitteln	Bauteile im Sprühnebelbereich von taumittelbehandelten Verkehrsflächen	0,55	C 25/30	300	–	mit LP[3]
		Bauteile im Sprühnebelbereich von Meerwasser	0,50	C 35/45	320	–	–
XF3	hohe Wassersättigung ohne Taumittel	offene Wasserbehälter	0,55	C 25/30	300	270	mit LP[3]
		Bauteile in der Wechselzone von Süßwasser	0,50	C 35/45	320	270	–
XF4	hohe Wassersättigung mit Taumittel	Verkehrsflächen; Bauteile im Spritzwasserbereich; Räumerlaufbahnen von Kläranlagen; ...	0,50	C 30/37	320	–	mit LP[3]
Betonangriff durch aggressive chemische Umgebung: Beton, der chemischem Angriff durch Böden, Grundwasser und Meerwasser ausgesetzt ist.							
XA1	chemisch schwach angreifende Umgebung	Behälter von Kläranlagen; Güllebehälter $6{,}5 \geq$ pH-Wert $\geq 5{,}5$	0,60	C 25/30	280	270	–
XA2	chemisch mäßig angreifende Umgebung	Bauteile, die mit Meerwasser in Berührung kommen; Bauteile in stark Beton angreifenden Böden $5{,}5 >$ pH-Wert $\geq 4{,}5$	0,50	C *) 35/45	320	270	–
XA3	chemisch stark angreifende Umgebung	Industrieabwasseranlagen mit sehr stark chemisch angreifenden Abwässern $4{,}5 >$ pH-Wert $\geq 4{,}0$	0,45	C *) 35/45	320	270	–
Betonangriff durch Verschleißbeanspruchung: Beton, der einer erheblichen mechanischen Beanspruchung ausgesetzt ist							
XM1	mäßige Verschleißbeanspruchung	tragende oder aussteifende Industrieböden mit Beanspruchung durch luftbereifte Fahrzeuge	0,55	C *) 30/37	300	270	–
XM2	starke Verschleißbeanspruchung	tragende oder aussteifende Industrieböden mit Beanspruchung durch luftbereifte und vollgummibereifte Gabelstapler	0,55	C *) 30/37	300	270	–
		Flächen mit schwerem Gabelstapler	0,45	C*) 35/45	320	270	–
XM3	sehr starke Verschleißbeanspruchung	tragende oder aussteifende Industrieböden mit Beanspruchung durch elastomer- oder stahlrollenbereifte Gabelstapler; Oberflächen, die häufig mit Kettenfahrzeugen befahren werden	0,45	C *) 35/45	320	270	–

[1] Bei 63 mm Größtkorn darf der Zementgehalt (min z) um 30 kg/m³ verringert werden. [2] Bei Anrechnung von Zusatzstoffen. [3] Besondere Hinweise in der DIN 1045 / DIN EN 206-1. *) bei LP wegen XF eine Festigkeitsklasse niedriger

6.7.3 Konsistenzklassen des Frischbetons

Die Konsistenz des Betons kann nach mehreren Verfahren geprüft werden. Die Bezeichnung der Konsistenzklasse des Betons ist an das jeweilige Prüfverfahren gebunden.
Das bevorzugte Prüfverfahren ist die Prüfung des Ausbreitmaßes *d*.

Hochfester Beton muss eine Konsistenzklasse F3 oder weicher haben.

Setzmaß-Klassen (slump)			**Setzzeit-Klassen** (Vébé)		
Klasse	Setzmaß (mm)	Konsistenz-bereich	Klasse	Setzzeit (s)	Konsisztenz-bereich
S1	10 ... 40	plastisch	V0	≥ 31	sehr steif
S2	50 ... 90	weich	V1	30 ... 21	steif
S3	100 ... 150	(sehr) weich	V2	20 ... 11	plastisch
S4	160 ... 210	sehr weich	V3	10 ... 6	weich
S5	≥ 220	fließfähig	V4	5 ... 3	fließfähig

Verdichtungsmaß-Klassen			**Ausbreitmaß-Klassen**		
Klasse	Verdichtungs-maß *c*	Konsistenz-bereich	Klasse	Ausbreitmaß *d* (mm)	Konsistenz-bereich
C0	≥ 1,46	sehr steif	–		
C1	1,45 ... 1,26	steif	F1 (*KS*)	≤ 340	steif
C2	1,25 ... 1,11	plastisch	F2 (*KP*)	350 ... 410	plastisch
C3	1,10 ... 1,04	weich	F3 (*KR*)	420 ... 480	weich
–			F4 (*KF*)	490 ... 550	sehr weich
–			F5 (*KF*)	560 ... 620	fließfähig
–			F6	≥ 630	sehr fließfähig

6.7.4 Druckfestigkeitsklassen des Festbetons

Festigkeitsklassen für Normalbeton [C], Schwerbeton [HC] und Leichtbeton [LC]
$f_{ck,\,cyl}$ charakteristische Zylinderfestigkeit; $f_{ck,\,cube}$ charakteristische Würfelfestigkeit;
$f_{c,\,cube}$ Entwurfsfestigkeit;

Festigkeits-klassen		$f_{ck,\,cyl}$ in N/mm²	$f_{ck,cube}$ in N/mm²	$f_{c,cube}$ in N/mm²	Festigkeits-klasse		$f_{ck,\,cyl}$ in N/mm²	$f_{ck,\,cube}$ in N/mm²
C 8/10	(*B10*)	8	10	≥ 18	LC 8/9	(*LB 8*)	8	9
C 12/15	(*B15*)	12	15	≥ 23	LC 12/13	(*LB 10*)	12	13
C 16/20		16	20	≥ 28	LC 16/18	(*LB 15*)	16	18
C 20/25	(*B25*)	20	25	≥ 33	LC 20/22		20	22
C 25/30		25	30	≥ 38	LC 25/28	(*LB 25*)	25	28
C 30/37	(*B35*)	30	37	≥ 45	LC 30/33		30	33
C 35/45	(*B45*)	35	45	≥ 53	LC 35/38	(*LB 35*)	35	38
C 40/50		40	50	≥ 58	LC 40/44		40	44
C 45/55	(*B55*)	45	55	≥ 63	LC 45/50	(*LB 45*)	45	50
C 50/60		50	60	≥ 68	LC 50/55		50	55
C 55/67		55	67	≥ 75	LC 55/60	(*LB 55*)	55	60
C 60/75		60	75	≥ 83	LC 60/66		60	66
C 70/85		70	85	≥ 93	LC 70/77		70	77
C 80/95		80	95	≥ 103	LC 80/88		80	88
C 90/105		90	105	≥ 113				
C 100/115		100	115	≥ 123				

$f_{ck,\,cyl}$ = die am Zylinder (*d*/*h* = 150 mm/300 mm) bestimmte Festigkeit; sie ist mit der im EC 2 verwendeten charakteristischen Festigkeit (*Normfestigkeit*) identisch, 28 Tage Wasserlagerung.
$f_{ck,\,cube}$ = die am 150 mm-Würfel bestimmte Festigkeit; ( ) Vergleichsbeton alte DIN 1045 (07.88)

6

6.7.5 Expositionsklassen und Rohdichteklassen

Expositionsklassen

Betonangriff	Expositionsklassen	Druckfestigkeitsklassen	Umgebungsbedingungen
kein Korrosions- oder Angriffsrisiko	X0	C 8/10	alle Expositionsklassen außer XF, XA, XM
Bewehrungskorrosion durch Karbonatisierung	XC1, XC2 XC3, XC4	C 16/20 C 20/25, C25/30	trocken … ständig nass
Bewehrungskorrosion durch Chloride	XD1, XD2, XD3	C 30/37, C 35/45	mäßige Feuchte … wechselnd nass/trocken
Bewehrungskorrosion durch Chloride aus Meerwasser	XS1, XS2, XS3	C 30/37, C35/45	salzhaltige Luft … Tidebereich
Frostangriff mit und ohne Tausalz	XF1, XF2, XF3, XF4	C 25/30, C 35/45, C 30/37	mäßige … hohe Wassersättigung
Betonangriff durch Verschleißbeanspruchung	XM1, XM2, XM3	C 30/37, C 35/45	mäßige … starke Verschleißbeanspruchung
Betonangriff durch aggressive chemische Umgebung	XA1, XA2, XA3	C 25/30, C35/45	chemisch schwach … chemisch stark angreifend

Rohdichteklassen

Beton	Trockenrohdichte	Gesteinkörnungen
Leichtbeton (LC)	800 kg/m³ $\leq \varrho \leq$ 2000 kg/m³	Blähschiefer, Blähton, Bims
Normalbeton (C) (Beton)	2000 kg/m³ $< \varrho \leq$ 2600 kg/m³	Quarz, Grauwacke, Basalt, Granit, Kalkstein
Schwerbeton (HC)	$\varrho >$ 2600 kg/m³	Schwerspat, Eisenerz, Stahlschrott

6.7.6 Wasserzementwert

Walz-Diagramm: Zusammenhang zwischen Betondruckfestigkeit, Normfestigkeit des Zementes und Wasserzementwert. Das Diagramm dient im Wesentlichen zum Verständnis der Zusammenhänge, um eine Abschätzung der zu erwartenden Festigkeit vorzunehmen.

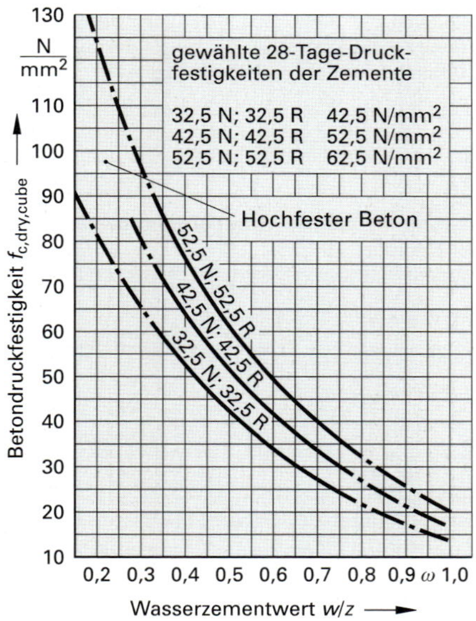

Beispiel

Bestimmen Sie die Zementmenge z (Cem 32,5 R) für ein Bauvorhaben (140 m³ Beton der Ausbreitmaß-Klasse F2, Exposisitonsklasse XS1), wenn die Betondruckfestigkeitsklasse C 30/37 angestrebt wird.

Körnungsziffer $\varkappa$ = 4,20; Sieblinie B 0/32

Erforderliche Druckfestigkeit:
$f_{ck,\,cube}$ + Vorhaltemaß $\quad f_{c,\,cube}$ = 45 N/mm²

Wasserzementwert ω
nach Diagramm $\quad w/z$ = 0,47

Wasserbedarf *w*
nach Tabelle ► S. 187 $\quad w$ = 175 l/m³

Zementmenge *z*
$z = w/\omega$ = 175 / 0,47 $\quad z$ = 372,3 kg/m³
für 140 m³ $\quad z \cong$ 52 150 kg

Vergleich mit den Grenzwerten der XS1 ► S. 195
$\omega \leq$ 0,55 N/mm² $\quad f_{ck} \geq$ C 30/37
$z \geq$ 300 kg/m³ $\quad$ erfüllt!

$f_{c,\,dry,\,cube}$: mittlere 28-Tage-Betondurckfestigkeit von 150-mm-Probewürfeln; Lagerung nach DIN EN 12390-2, Nationaler Anhang (1 Tag in Form, 6 Tage in Wasser, 21 Tage an der Luft)

6

6.7.7 Leistungsbeschreibung und Lieferformen

Standardbeton

Die Leistungsbeschreibung muss enthalten:

Grundangaben	
• **Druckfestigkeitsklasse** • **Expositionsklasse** • **Größtkorn der Gesteinskörnung** • **Konsistenz** • **Festigkeitsentwicklung,** falls erforderlich	Normalbeton ohne Betonzusatzmittel und Betonzusatzstoffe gilt als **Standardbeton,** wenn der Zementgehalt mindestens den Bedingungen der Tabelle auf dieser Seite unten und den folgenden Anforderungen entspricht. Er darf nur verwendet werden für die Expositionsklassen **X0**, **XC1** und **XC2**.

Beton nach Eigenschaften

Die Leistungsbeschreibung muss enthalten:

Der „Planer" fordert bestimmte Betoneigenschaften. Das Betonwerk muss die richtigen Ausgangsstoffe auswählen und den Beton herstellen.

Grundangaben	Ggf. zusätzliche Angaben
• **Bezug auf die DIN 1045-2** • **Druckfestigkeitsklasse** • **Expositionsklasse** • **Größtkorn der Gesteinskörnung** • **Art der Verwendung** (unbewehrter Beton, Stahlbeton, Spannbeton) • **Konsistenz**	• **Zement** • **Besondere Anforderungen an die Gesteinskörnung** • **Luftporen** • **Festigkeitsentwicklung** • **Wärmeentwicklung** • **Verzögertes Ansteifen**

Beton nach Zusammensetzung

Die Leistungsbeschreibung muss enthalten:

Der „Planer" gibt die Ausgangsstoffe, die Zusammensetzung und die Eigenschaften des Betons vor. Das Betonwerk stellt nach diesen Vorgaben den Beton her.

Grundangaben	Ggf. zusätzliche Angaben
• **Bezug auf die DIN 1045-2** • **Zement:** Art, Festigkeitsklasse, Gehalt • **Wasserzementwert oder Konsistenz** • **Größtkorn der Gesteinskörnung** • **Gesteinskörnung:** Art, Größtkorn, Sieblinie • **Zusätze:** Art, Menge, Herkunft	• **Herkunft aller Ausgangsstoffe** • **Zusätzliche Anforderungen an die Gesteinskörnung** • **Frischbetontemperatur** • **Besondere technische Anforderungen**

6.7.8 Standardbeton-Betonrezepte

6

Normalbeton ohne Betonzusatzmittel und Betonzusatzstoffe gilt als **Standardbeton**, wenn der Zementgehalt mindestens den Bedingungen der Tabelle entspricht.

Mindestzementgehalt für Standardbeton mit einem Größtkorn von 32 mm und Zement der Festigkeitsklasse 32,5 nach DIN 1164-1

Festigkeitsklasse des Betons	Mindestzementgehalt in kg je m^3 verdichteten Betons für Konsistenzbereich		
	steif	plastisch	weich
C 8/10	210	230	260
C 12/15	270	300	330
C 16/20	290	320	360

Der Zementgehalt **muss vergrößert** werden	Der Zementgehalt **darf verringert** werden
• um 10 % bei einem Größtkorn der Gesteinskörnung von 16 mm • um 20 % bei einem Größtkorn der Gesteinskörnung von 8 mm	• um 10% bei Zement der Festigkeitsklasse 42,5 • um 10% bei einem Größtkorn der Gesteinskörnung von 63 mm

Folgende Annahmen wurden bei der Berechnung der **Betonrezepte** zu Grunde gelegt. **Oberflächenfeuchte** der Gesteinskörnung **4,5 Gew.-%, Kornrohdichte ϱ_g = 2,60 kg/dm³, Dichte des Zementes ϱ_z = 3,00 kg/dm³, Luftporengehalt p = 2 Vol.-%.**

Betonrezepte für 1 m³ unbewehrten Frischbeton der Festigkeitsklasse C 8/10

Festigkeitsklasse des Zementes CEM	Größtkorn der Gesteinskörnung (mm)	Konsistenz	Zement z (kg)	Zugabewasser w_Z (l)	Gesteinskörnung feucht g (kg)
32,5	16	steif	231	107	1937
		plastisch	253	130	1864
		weich	286	153	1780
	32	steif	210	83	2011
		plastisch	230	107	1937
		weich	260	130	1856
42,5	16	steif	210	106	1956
		plastisch	230	129	1883
		weich	260	152	1802
	32	steif	189	83	2029
		plastisch	207	106	1959
		weich	234	129	1880

Beispiel

Gegeben: CEM 42,5; Größtkorn 16 mm; Konsistenz: steif

Gesucht: z; w_Z; g; V_g

Lösung:

$z = 210$ kg

$w_Z = 106$ l

$g = 1956$ kg

$$V_g = \frac{m_g}{\varrho_g} = \frac{1956}{2{,}60} \left[\frac{\text{kg} \cdot \text{dm}^3}{\text{kg}}\right]$$

$$\mathbf{V_g = 752\ dm^3 = 0{,}752\ m^3}$$

Betonrezepte für 1 m³ unbewehrten Frischbeton der Festigkeitsklasse C12/15

Festigkeitsklasse des Zementes CEM	Größtkorn der Gesteinskörnung (mm)	Konsistenz	Zement z (kg)	Zugabewasser w_Z (l)	Gesteinskörnung feucht g (kg)
32,5	16	steif	297	109	1878
		plastisch	330	133	1793
		weich	363	156	1709
	32	steif	270	86	1956
		plastisch	300	109	1875
		weich	330	133	1793
42,5	16	steif	270	108	1902
		plastisch	300	132	1820
		weich	330	155	1739
	32	steif	243	85	1980
		plastisch	270	108	1902
		weich	297	131	1824

Beispiel

Wie groß ist die trockene Masse der Gesteinskörnung für CEM 32,5; Größtkorn 32 mm; Konsistenz: weich?

Lösung:

$g_{feucht} = 1793$ kg

104,5 % ≙ 1793 kg

100 % ≙ g_{tr}

$$g_{tr} = \frac{1793 \cdot 100}{104{,}5} = \mathbf{1716\ kg}$$

Die Feuchtigkeitsangabe (4,5 %) bezieht sich immer auf die trockene Gesteinskörnung.

Betonrezepte für 1 m³ unbewehrten Frischbeton der Festigkeitsklasse C16/20

Festigkeitsklasse des Zementes CEM	Größtkorn der Gesteinskörnung (mm)	Konsistenz	Zement z (kg)	Zugabewasser w_Z (l)	Gesteinskörnung feucht g (kg)
32,5	16	steif	319	110	1878
		plastisch	352	134	1774
		weich	396	158	1679
	32	steif	290	87	1937
		plastisch	320	110	1856
		weich	360	134	1766
42,5	16	steif	290	109	1883
		plastisch	320	132	1802
		weich	360	156	1712
	32	steif	361	85	1965
		plastisch	288	109	1885
		weich	324	133	1798

Beispiel

Wie groß ist der Wasser-Zementwert w/z bei der Mischung (CEM 32,5; 32 mm; plastisch)?

Lösung:

$$w_o = \frac{1856 \cdot 4{,}5}{104{,}5} = 79{,}9\ \text{kg}$$

$w = w_o + w_z$

$= 79{,}9 + 110 = 189{,}9$ l

$$\frac{\mathbf{w}}{\mathbf{z}} = \frac{189{,}9}{320} = \mathbf{0{,}59}$$

Der Wassergehalt w setzt sich aus der Oberflächenfeuchte w_o und dem Zugabewasser w_z zusammen.

6

6.7.9 Betonzusätze

- **Betonzusatzmittel:** Zusatzmittel (in der Regel flüssige Stoffe) werden dem Beton in geringer Menge zugegeben (≤ 50 g bzw. cm³ je kg Zement), sie haben daher keinen Einfluss auf den **Stoffraum** ▶ S. 201 des Betons. Die Ausführungen sind nach neuer wie alter DIN 1045 gültig.

Zusatzmittel und Wirkung	Farbzeichen
Betonverflüssiger (BV) vermindern die Oberflächenspannung des Wassers. Bei gleichem Wassergehalt verbessern sie die Verarbeitbarkeit des Frischbetons. Bei gleich guter Verarbeitbarkeit setzen sie den Wasseranspruch herab und erhöhen damit Festigkeit und Dichtigkeit des Festbetons.	gelb
Fließmittel (FM) vermindern den Wasseranspruch und/oder verbessern die Verarbeitbarkeit zur Herstellung von Beton mit fließfähiger Konsistenz (Fließbeton). Die hohe Verflüssigungswirkung klingt schnell ab (30 – 60 min).	grau
Luftporenbildner (LP) erzeugen gleichmäßig verteilte Luftporen (∅ = 0,3 mm), die den Frost- und Frosttauwiderstand erhöhen. 1 Vol.-% Poren ersetzt ungefähr 15 kg/m³ Mehlkorn. ▶ S. 187	blau
Dichtungsmittel (DM) vermindern die Wasseraufnahme des Festbetons.	braun
Verzögerer (VZ) verlängern die Verarbeitungszeit, verzögern den Erstarrungsvorgang und verlangsamen die Wärmeentwicklung.	rot
Beschleuniger (BE) werden auch als Frostschutzmittel angewendet.	grün
Einpresshilfen (EH): hohe Fließfähigkeit, geringerer Wasseranspruch.	weiß
Stabilisierer (ST): Zusammenhaltevermögen, Verarbeitbarkeit, Bluten	violett
Chromatreduzierer (CR): Reduzierung des wasserlöslichen Chromanteils in zementhaltigen Produkten; dadurch werden allergische Hautreaktionen unterbunden.	rosa
Recyclinghilfen (RH): Sollen eine Wiederverwendung von Waschwasser, das beim Reinigen von Mischfahrzeugen anfällt, ermöglichen.	schwarz
Schaumbildner (SB) dienen der Herstellung von Schaumbeton bzw. Betons mit porosiertem Zementleim durch hohen Luftporengehalt.	orange

Diagramm zum Fließmittel

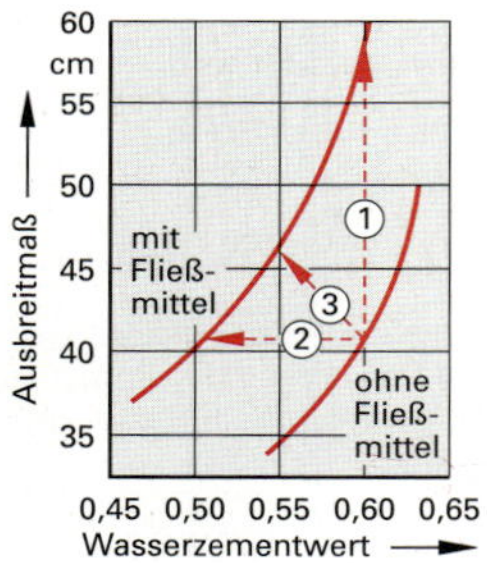

Anwendungsmöglichkeiten von FM

1. Verflüssigung bis zum Fließbeton bei
   ⇒ filigranen Bauteilen (leichter Betoneinbau mit kürzeren Betonierzeiten)
2. niedriger Wasserzementwert bei gleicher Konsistenz
   ⇒ Verbesserung der Betonqualität (Dauerhaftigkeit, Festigkeit, Verformungseigenschaften),
   ⇒ Erhöhung der Frühfestigkeit (z.B. in Betonfertigteilen)
   ⇒ Verringerung des Schwindmaßes
3. Wassereinsparung und gleichzeitig Verflüssigung
   ⇒ einfacher Betoneinbau und gleichzeitige Verbesserung der Betonqualität
   ⇒ breites Anwendungsfeld im konstruktiven Ingenierbau

- **Betonzusatzstoffe:** Zusatzstoffe (in der Regel pulverförmige Stoffe) werden im Gegensatz zu den Zusatzmitteln in größeren Mengen zugegeben und bei der Stoffraumrechnung ▶ S. 201 berücksichtigt. Die Ausführungen sind nach neuer wie alter DIN 1045 gültig.

Zusatzstoffart	Typ	Spezifische Oberfläche cm²/g	Dichte kg/dm³	Schüttdichte kg/dm³	Anmerkungen
Quarzmehl		≥ 1000	~ 2,65	1,3 … 1,5	verbessern die Siebline und die Verarbeitbarkeit des Betons
Kalksteinmehl	I[1]	≥ 3500	2,6 … 2,7	1,0 … 1,3	
Pigmente		50 000 … 200 000	4,0 … 5,0	–	mineralische Farbstoffe
Flugasche		2000 … 8000	2,2 … 2,4	0,9 … 1,1	künstliches Puzzolan
Trass		≥ 5000	2,4 … 2,6	0,7 … 1,0	natürliches Puzzolan, vulkanisches Gesteinsmehl
Silicastaub (SF)	II[2]	180 000 … 220 000	~ 2,2	0,3 … 0,6	künstliches Puzzolan, extrem feinkörniger, mineralischer Zusatz
Silicasuspension		–	~ 1,4	–	wie Silicastaub, nur wässrig

[1] inaktive Zusatzstoffe; [2] aktive Zusatzstoffe (selbstständig oder latent hydraulische Stoffe)

6.7.10 Betonzusammensetzung – Mischungsentwurf

Der rechnerischen Abschätzung der Betonzusammensetzung liegt die sog. Stoffraumgleichung zugrunde. Sie besagt, dass das Volumen von 1 m³ verdichtetem Frischbeton sich aus der Summe der Volumenanteile an **Zement (z), Wasser (w), Gesteinskörnung (g), Betonzusatzstoffen (f) und Luftporen (p)** ergibt. (z Zement in kg/m³; g Gesteinkörnung in kg/m³; w Wasser in kg/m³)

Stoffraumgleichung für 1 m³ Frischbeton

$$1000 = \frac{z}{\varrho_z} + \frac{g}{\varrho_g} + \frac{w}{\varrho_w} + \frac{f}{\varrho_f} + p$$

Menge der Gesteinskörnung

$$g = \varrho_g \cdot \left(1000 - \frac{z}{\varrho_z} - \frac{w}{\varrho_w} - \frac{f}{\varrho_f} - p\right)$$

- **Rohdichten der Zemente** ▶ Kap. 6.4.1
- **Rohdichte der Gesteinskörnung i.M.** $\varrho_g = 2{,}60$ kg/dm³
- **Rohdichte von Flugasche i. M.** $\varrho_f = 2{,}45$ kg/dm³
- **Der Luftporengehalt für 1 Kubikmeter Beton beträgt i. M.** $p = 1{,}5 \ldots 2{,}0\,\%$ in dm³/m³

Beispiel

Eine Kläranlage aus wasserundurchlässigem Beton soll aus einem C30/37 hergestellt werden. Verfügbar sind: CEM 32,5, Gesteinskörnung 0/32 im günstigen Bereich mit der Körnungsziffer $\varkappa = 5{,}00$ und einer Rohdichte von $\varrho_g = 2{,}60$ kg/dm³, Konsistenz F2.

Entwurfsfestigkeit $f_{c,\,cube}$ $f_c = 45$ N/mm²

charakteristische Festigkeit und Vorhaltemaß
37 N/mm² + 8 N/mm² = 45 N/mm²

Wasserzementwert ω

nach Diagramm ▶ S. 197 $\omega = 0{,}47$

Der ermittelte Wert ist kleiner als der Grenzwert für Expositionsklasse XA1 ($\omega \leqq 0{,}60$)

Erforderlicher Wassergehalt w

nach Tabelle ▶ S. 187

Tabellenwerte

A_{32}: $\varkappa = 5{,}48 \rightarrow w = 155$ l
B_{32}: $\varkappa = 4{,}20 \rightarrow w = 175$ l
Nach Interpolation $w = 162{,}5$ l

Zementmenge z

$$z = \frac{w}{\omega} = \frac{162{,}5\ \text{kg}}{0{,}47} \qquad z = 346\ \text{kg}$$

Dichte ϱ_z vom CEM I $\varrho_z = 3{,}1$ kg/dm³

Luftporengehalt p gewählt 1,5 %

Wenn kein LP zugegeben wird, kann der Luftporengehalt p zwischen 1...3 Vol.-% angenommen werden.

1,5 % von 1000 dm³ $p = 15$ dm³

Gesteinskörnung g

$$g = 2{,}6\ \text{kg/dm}^3\ \left(1000\ \text{dm}^3 - \frac{346\ \text{kg}}{3{,}1\ \text{kg/dm}^3} - 162{,}5\ \text{dm}^3 - 15\ \text{dm}^3\right) \qquad g = \mathbf{1848\ kg}$$

Beispiel

Bei Betonen nach Eigenschaften können zusätzliche Anforderungen nach DIN 1045-2 an die Gesteinskörnung gestellt werden, z.B. Verwendung von 3 abgestuften Korngruppen.

Zuschlag	Anteile	Rohdichte	Feuchte
0/2	20 Vol.-%	2,62 kg/dm³	4,5 %
2/8	25 Vol.-%	2,75 kg/dm³	3,0 %
8/32	55 Vol.-%	2,90 kg/dm³	1,0 %

Aus Lösung des linken Beispiels:

- $w = 162{,}5$ kg
- $z = 346$ kg
- $p = 1{,}5\,\%$

Zu berechnen sind:

- Rohdichte der Gesteinskörnung
- Stoffraum der Gesteinskörnung
- Stoffraum der einzelnen Korngruppen
- Masse der trockenen und feuchten Gesteinskörnung
- Masse der trockenen und feuchten Korngruppen
- Menge des Zugabewassers

Rohdichte der Gesteinskörnung

$$\varrho_g = 0{,}20 \cdot 2{,}62\ \frac{\text{kg}}{\text{dm}^3} + 0{,}25 \cdot 2{,}75\ \frac{\text{kg}}{\text{dm}^3} + 0{,}55 \cdot 2{,}90\ \frac{\text{kg}}{\text{dm}^3} = 2{,}81\ \frac{\text{kg}}{\text{dm}^3}$$

Tabellarische Auswertung

	Korngruppe 0/2	Korngruppe 2/8	Korngruppe 8/32
Stoffraum	142 dm³	178 dm³	391 dm³
Stoffraum ges.	711 dm³		
Masse trocken	372 kg	490 kg	1134 kg
Masse feucht	389 kg	504 kg	1145 kg
Masse trocken	1996 kg		
Masse feucht	2038 kg		
Wasseranteil	17 kg	14 kg	11 kg
Zugabewasser	120,5 kg		

6

6.7.11 Transportbeton

Transportbeton ist Beton, der „außerhalb der Baustelle" oder Beton, der „auf der Baustelle, aber nicht vom Verwender" hergestellt wird. Er wird im Transportbetonwerk zusammengesetzt, in geeigneten Fahrzeugen zur Baustelle befördert und dort einbaufertig übergeben. In Betonwerken dürfen **Betone nach Eigenschaften, Betone nach Zusammensetzung** und **Standardbetone** hergestellt werden. Unter der Verantwortung des Herstellers ist eine Produktionskontrolle durchzuführen, eine

PÜZ-Stelle überwacht und zertifiziert den Beton, auf der Baustelle sind Prüfungen entsprechend der Überwachungklasse (▶ S. 204) nach DIN 1045-3 durchzuführen.

Transport von Beton zur Baustelle und Übergabe

• Frischbeton steifer Konsistenz (F1) darf mit Fahrzeugen ohne Mischer transportiert werden.	• Fahrzeuge ohne Mischer sollen 45 Minuten nach der ersten Wasserzugabe vollständig entladen sein!
• Fahrzeuge mit Mischer sollen 90 Minuten nach der ersten Wasserzugabe vollständig entladen sein!	• Bei kühler Witterung und bei Frost muss der Transportbeton eine „gewisse Mindesttemperatur" aufweisen .
• Im Allgemeinen ist jede Zugabe von Zusatzmitteln und Wasser bei und nach Lieferung verboten.	• Derjenige, der eine „nicht zulässige Zugabe" veranlasst (Wasser, Verflüssiger, ...) ist auf dem Lieferschein zu vermerken!

• **Auszug aus einem Betonsortenverzeichnis**

Betonsorten Nr.	Festigkeitsklasse	Konsistenz	Verwendungszweck	Festigkeitsentwicklung	Zement	Gehalt kg/m³		w/z bzw. $\frac{w}{z+0{,}3f}$	Gesteinskörnung		Zusatzstoff		Zusatzmittel	
						z	w		Bereich	Gehalt kg/m³	Art	Gehalt kg/m³	Art	% CEM
31230.F	C 12/15	F3	b c		CEM I 32,5 R	240	180	0,71	A/B 32	1872	FA	40	BV 1	0,30
41930	C 20/25	F3	b d e	m	CEM I 32,5 R	350	190	0,54	A/B 32	1798				
62433	C 30/37	F3	b d h	l	CEMIII/B 32,5 NW/HS	385	182	0,47	A/B 16	1780			BV 1	0,40

Betonsorten-Nr.: **1.** Ziffer: Betonfestigkeit, **2.** Ziffer: Körnung, **3.** Ziffer: Eignung, **4.** Ziffer: Konsistenz, **5.** Ziffer: Zement/Festigkeitsklasse
Verwendungszweck: **a** unbewehrter Beton, **b** bewehrter Beton, **c** Innenbauteile, **d** Außenbauteile, **e** wu-Beton, **h** starker chem. Angriff
Festigkeitsentwicklung: **l** langsam, **m** mittel, **s** schnell
Wasserzementwert $w/(z + 0{,}3\,f)$ Die Flugasche FA wird mit 30 % ihres Gewichtes bei der Berechnung des w/z-Wertes berücksichtigt.

6.7.12 Nachbehandlung von Beton

Die Nachbehandlung garantiert in erster Linie die Oberflächenhärte und Dichtigkeit des Betons. Die DIN 1045-3 fordert die Nachbehandlung während der ersten Tage der Hydratation, um das Frühschwinden gering zu halten und eine ausreichende Festigkeit und Dauerhaftigkeit des Betons sicherzustellen.

Zweck der Nachbehandlung Der junge Beton ist zu schützen gegen ...	**Arten der Nachbehandlung** Schutzmaßnahmen gegen vorzeitiges Austrocknen
• vorzeitiges Austrockenen • extreme Temperaturen • mechanische Beanspruchungen • chemische Angriffe • schädliche Erschütterungen	• Belassen in der Schalung • Abdecken mit Kunststofffolien • Aufbringen wasserspeichernder Abdeckungen (Jutegewebe, Strohmatte, Sandschichten) • Aufbringen flüssiger Nachbehandlungsmittel (Curingmittel) • kontinuierliches Besprühen mit Wasser

Mindestdauer der Nachbehandlung
Für alle Expositionsklassen außer X0, XC1, XM

Oberflächen-/Lufttemperatur ϑ in °C	Mindestdauer der Nachbehandlung in Tagen – Festigkeitsentwicklung des Betons $r = f_{cm2}/f_{cm28}$			
	$r \geq 0{,}50$	$r \geq 0{,}30$	$r \geq 0{,}15$	$r < 0{,}15$
$\vartheta \geq 25$	1	2	2	3
$25 > \vartheta \geq 15$	1	2	4	5
$15 > \vartheta \geq 10$	2	4	7	10
$10 > \vartheta \geq 5$	3	6	10	15

Festigkeitsentwicklung von Beton bei 20 °C
(2 Tage- / 28 Tage-Festigkeit)

Festigkeitsentwicklung	Schätzwert des Festigkeitsverhältnisses f_{cm2}/f_{cm28}
Schnell	$\geq 0{,}5$
Mittel	$\geq 0{,}3$ bis $< 0{,}5$
Langsam	$\geq 0{,}15$ bis $< 0{,}3$
Sehr langsam	$< 0{,}15$

6.7.13 Betonprüfungen

Prüfung der Konsistenz

Verdichtungsversuch

In einem Blechbehälter mit quadratischer Grundfläche 20 cm × 20 cm und einer Höhe $h = 40$ cm wird lose über eine Längsseite einer trapezförmigen Kelle Beton eingefüllt. Mit einem Stahllineal soll vorsichtig das Prüfmaterial bündig von der Oberkante abgezogen werden. Der Beton wird nun so lange verdichtet, bis keine Setzungen mehr zu beobachten sind.

Das Abstichmaß s_i wird an allen 4 Ecken festgestellt, um das Mittel s zu bilden.

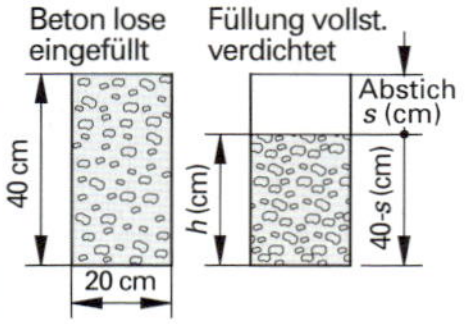

$$s = \frac{s_1 + s_2 + s_3 + s_4}{4}$$

Verdichtungsmaß v

$$v = \frac{40}{40 - s}$$

$s_1 = 10{,}5$ cm; $s_2 = 9$ cm; $s_3 = 10$ cm;
$s_4 = 11{,}3$ cm $\Rightarrow$ $s = 10{,}2$ cm
$v = 1{,}34$ $\Rightarrow$ C1 (steifer Beton) ► S. 196

Ausbreitungsversuch

In einem Blechbehälter von der Form eines Kegelstumpfes, aufgesetzt auf den „Ausbreittisch", wird der Beton in 2 Schichten eingefüllt und mit einem Stampfer verdichtet. 30 Sekunden nach dem bündigen Abziehen mit einem Stahllineal hebt der Prüfer die Form langsam ab und die Tischplatte 4 cm bis zum Anschlag hoch und lässt sie dann fallen (15-mal innerhalb von 30 sec ... 75 sec.). Das Ausbreitmaß ist durch Mittelung der Durchmesser a_1 und a_2 anzugeben.

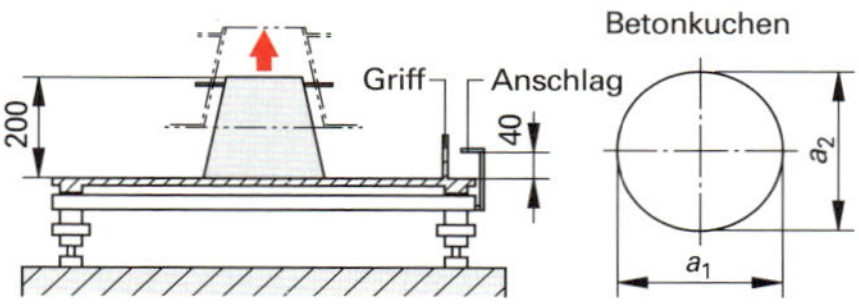

$a_1 = 440$ mm; $a_2 = 460$ mm $\Rightarrow$ $a_m = 450$ mm
Konsistenz F3 (weicher Beton)
$a_m = 420$ mm ... 480 mm ► S. 196

Prüfung auf Druckfestigkeit

Umrechnung der Würfeldruckfestigkeit

Würfelgröße:

$f_{c,\,dry\,(150\,mm)} = 0{,}97 \cdot f_{c,\,dry\,(100\,mm)}$

Lagerungsbedingungen:

Normalbeton ≤ C50/60
$f_{c,\,cube} = 0{,}92 \cdot f_{c,\,dry}$

hochfester Normalbeton ≥ C55/67
$f_{c,\,cube} = 0{,}95 \cdot f_{c,\,dry}$

Würfelgröße und Lagerungsbedingungen:

10er Würfel, C30/37, Luftlagerung
$f_{c,\,cube\,(150\,mm)} = 0{,}97 \cdot 0{,}92 \cdot f_{c,\,dry\,(100\,mm)}$

$f_{c,\,dry}$ $\Rightarrow$ 7 Tage Wasser-, 21 Tage Luftlagerung
$f_{c,\,cube}$ $\Rightarrow$ 28 Tage Wasserlagerung

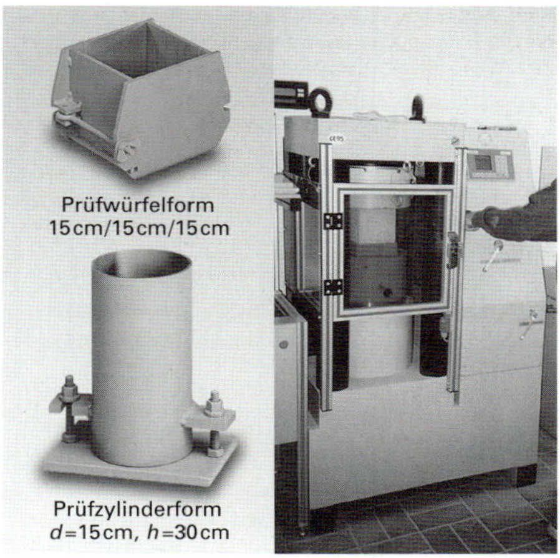
Prüfwürfelform 15cm/15cm/15cm
Prüfzylinderform d=15cm, h=30cm

Beispiel: Qualitätsprüfung auf der Baustelle

Die Betonfestigkeitsklasse (C20/25) wird an 3 (oder 4) 10er Würfeln (10 cm/10 cm/10 cm) überprüft:

$f_{c1,\,dry} = 26{,}3$ N/mm², $f_{c2,\,dry} = 29{,}7$ N/mm², $f_{c3,\,dry} = 34{,}5$ N/mm²; Mittlere Druckfestigkeit $f_{cm,\,dry} = 30{,}2$ N/mm²

Referenzwerte $f_{cm,\,cube}$ und $f_{c1,\,cube}$ zur Berücksichtigung der Würfelgröße und „Trockenlagerung": ► S. 204

$f_{cm,\,cube} = 0{,}97 \cdot 0{,}92 \cdot 30{,}2 = \mathbf{27{,}0\ N/mm^2}$ $f_{cm,\,cube} \geq \mathbf{f_{ck} + 1} \geq 25 + 1 = \mathbf{26\ N/mm^2}$ zulässig!

$f_{c1,\,cube} = 0{,}97 \cdot 0{,}92 \cdot 26{,}3 = \mathbf{23{,}5\ N/mm^2}$ $f_{c1,\,cube} \geq \mathbf{f_{ck} - 4} \geq 25 - 4 = \mathbf{21\ N/mm^2}$ zulässig!

Beide Kriterien müssen erfüllt sein!

6

6.7.14 Betonüberwachung

Probewürfel und Lagerungsbedingungen

$f_{c,\,cube\,(150\,mm)}$: Druckfestigkeit von würfelförmigen Probekörpern bei Lagerung nach EN 12390-2
Druckfestigkeit von würfelförmigen Probekörpern nach DIN 1048-5

Probewürfel $f_c \geq f_{ck}$ + Vorhaltemaß Vorhaltemaß zwischen 6 N/mm² und 12 N/mm²	Lagerungsbedingungen nach DIN 1048-5 $f_{c,\,dry}$	Umrechnung auf das europäische Referenzverfahren EN 12 390-2 $f_{c,\,cube}$
150 mm Kantenlänge	bis zum 7. Tag unter Wasser, dann bis zum 28 Tag trocken (15 °C ... 22 °C)	≤ C 50/60: $f_{c,\,cube} = 0{,}92 \times f_{c,\,dry,\,cube}$ ≥ C 55/67 $f_{c,\,cube} = 0{,}95 \times f_{c,\,dry,\,cube}$
100 mm Kantenlänge	bis zum 7. Tag unter Wasser, dann bis zum 28 Tag trocken (15 °C ... 22 °C)	≤ C 50/60 $f_{c,\,cube} = 0{,}92 \times 0{,}97 \times f_{c,\,dry,\,cube}$ ≥ C 55/67 $f_{c,\,cube} = 0{,}95 \times 0{,}97 \times f_{c,\,dry,\,cube}$

Betonprüfung (Qualitätssicherung)

Prüfungsart	**Zeitpunkt**	**Aufgabe**	**Anforderungen**
Erstprüfung	Vor der Verwendung des Betons	Prüfungen vor Herstellungsbeginn, um die geforderten Frisch- und Festbetoneigenschaften eines Betons/ einer Betonfamilie sicher zu stellen	$f_c \geq f_{ck}$ + Vorhaltemaß (Vorhaltemaß 6 N/mm² … 12 N/mm²)
Konformitäts-kontrolle	Während der Produktion des Betons	Statistische Produktionskontrolle	**Erstherstellung**: Mittelwert: $f_{cm} \geq f_{ck}$ + 4 N/mm² Einzelwert: $f_{ci} \geq f_{ck}$ – 4 N/mm² **stetige Herstellung:** Mittelwert: $\geq f_{ck} + 1{,}48 \cdot \sigma$, $\sigma \geq$ 3 N/mm² Einzelwert: $\geq f_{ck}$ – 4 N/mm²
Überwachungs-prüfung der Baustelle	Während der Bauausführung	Beurteilung der Identität des gelieferten Betons mit der Grundgesamtheit für die eine Übereinstimmungsbescheinigung (ÜH) erstellt wurde	**3 … 4 Probewürfel** Mittelwert: $f_{cm} \geq f_{ck}$ + 1 N/mm² Einzelwert: $f_{ci} \geq f_{ck}$ – 4 N/mm² **5 … 6 Probewürfel** Mittelwert: $f_{cm} \geq f_{ck}$ + 2 N/mm² Einzelwert: $f_{ci} \geq f_{ck}$ – 4 N/mm²

Zur Überprüfung der maßgebenden Frisch- und Festbetoneigenschaften wird der Beton in 3 Überwachungsklassen eingeteilt. Bei mehreren zutreffenden Überwachungsklassen ist die höchste maßgebend.

6

Betonüberwachung (Qualitätssicherung)

Gegenstand	**Überwachungsklasse**		
	1 Bauunternehmen	2 Bauunternehmen[1)]	3 Fremdüberwachung
Festigkeitsklasse für Normal- und Schwerbeton	≤ C 25/30	≥ C 30/37 und ≤ C 50/60	≥ C 55/67
Festigkeitsklasse für Leichtbeton der Rohdichteklassen D1,0 … D1,4	nicht anwendbar	≤ LC 25/28	≥ LC 30/33
D1,6 … D2,0	≤ LC 25/28	LC 30/33 und LC 35/38	≥ LC 40/44
Expositionsklassen	X0, XC, XF1	XS, XD, XA, XM, XF2, XF3, XF4	
Besondere Betoneigenschaften		• Unterwasserbeton • wu-Beton (weiße Wanne) • Beton für hohe Gebrauchstemperaturen ≤ 250 °C • Strahlenschutzbeton (außer Kernkraftwerke)	

1) ständige Betonprüfstelle

6.7.15 Betondeckung *c* der Bewehrung

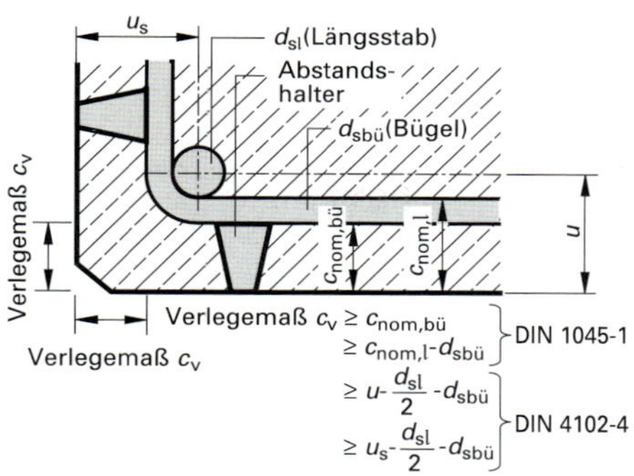

Das Verlegemaß c_V ergibt sich als größtes Maß aus den Nennmaßen der Betondeckung für die Längsstäbe und die Querbewehrungen (Bügel) bzw. aus den erforderlichen Betondeckungen für den Brandschutz.

Expositionsklasse	Stabdurchmesser d_s [mm]	Mindestmaße c_{min} [cm]	Nennmaße Verlegemaß c_{nom} [cm]
XC1	bis 10 12, 14 16,20 25 28	1,0 1,5 2,0 2,5 3,0	2,0 2,5 3,0 3,5 4,0
XC2, XC3	bis 20 25 28	2,0 2,5 3,0	3,5 4,0 4,5
XC4	bis 25 28	2,5 3,0	4,0 4,5
XD1, XD2, XD3	bis 28	4,0	5,5
XS1, XS2, XS3	bis 28	4,0	5,5

[1] Bei mehreren zutreffenden Expositionsklassen für ein Bauteil ist jeweils die Expositionsklasse mit der höchsten Anforderung maßgebend.

- **Betondeckung:** Abstand zwischen Betonoberfläche und Außenkante Stahl

- **Aufgabe:** Sicherung des Verbundes zwischen Stahl und Beton
  Schutz der Bewehrung gegen Rosten
  Schutz der Bewehrung gegen Brandeinwirkung

- **Abmessungen: Nennmaß = Mindestmaß + Vorhaltemaß** $\quad c_{nom} = c_{min} + \Delta c$

c_{min} Mindestmaß der Betondeckung
Kontrollmaß für das erhärtete Betonbauteil

c_{nom} Nennmaß der Betondeckung
maßgebend für die statische Berechnung zur Berechnung der Nutzhöhe *d* (statische Höhe)

Δc Vorhaltemaß zur Sicherstellung von c_{nom}
für Expositionsklasse XC1 mindestens 1,0 cm
für Expositionsklassen XC2, XC3, XC4, XD, XS mindestens 1,5 cm

- **Verlegemaß c_V:** Ist mindestens gleich c_{min} und ist in der Bewehrungszeichnung als Verlegemaß anzugeben.

Vergrößerung der Betondeckung zusätzlich zur Tabelle

- Bauteile aus Leichtbeton: c_{min} muss mindestens um 0,5 cm größer sein als der Durchmesser der größten, porigen leichten Gesteinskörnung – außer bei XC1
- Betonieren gegen unebene Flächen (z.B. bei architektonischer Gestaltung, Waschbeton und strukturierten Flächen): mindestens um 2,0 cm

Verminderung der Betondeckung gegenüber der Tabelle

- Bauteile mit hoher Druckfestigkeit: Wenn f_{ck} um zwei Festigkeitsklassen höher liegt als gefordert: um höchstens 0,5 cm – außer XC1
- Bauteile mit kraftschlüssiger Verbindung von Fertigteil/Ortbeton: Verminderung möglich auf c_{min} mindestens 0,5 cm im Fertigteil bzw. c_{min} mindestens 1,0 cm im Ortbeton

6.7.16 Begriffe

Beton nach Eigenschaften	Grundangaben (für die Leistungsbeschreibung) a) Bezug auf die Norm DIN 1045-2, b) Druckfestigkeitsklasse, c) Expositionsklasse(n), d) Festigkeitsentwicklung, g) Konsistenzklasse, h) Rohdichteklasse (nur für Leicht- und Schwerbeton).
Beton nach Zusammensetzung	Beton, bei dem die Zusammensetzung des Betons und die verwendeten Ausgangsstoffe dem Hersteller gegenüber festgelegt sind und bei welchem der Hersteller für die Bereitstellung eines Betons mit der festgelegten Zusammensetzung verantwortlich ist.
Erstprüfung	Prüfung, die bei Produktionsbeginn einer neuen Betonsorte oder einer Produktionseinrichtung als erste Prüfung unter Produktionsbedingungen durchgeführt wird, um zu ermitteln, wie ein neuer Beton oder eine neue Betonfamilie zusammengesetzt sein und hergestellt werden müssen, um alle festgelegten Anforderungen im frischen und erhärteten Zustand zu erfüllen.
Expositionsklasse	Klassifizierung der chemischen und physikalischen Umgebungsbedingungen, denen der Beton ausgesetzt werden kann und die auf den Beton, die Bewehrung oder metallische Einbauteile einwirken können und die nicht als Lastannahmen in die Tragwerksplanung eingehen.
Festbeton	Beton, der sich in einem festen Zustand befindet und eine betimmte Festigkeit entwickelt hat.
Fremdüberwachungsprüfung	Prüfung, die unter der Verantwortung einer Zertifizierungsstelle durchgeführt wird, um das Vertrauen in die Prüfungsergebnisse der Produktionslenkung sicherzustellen.
Frischbeton	Beton, der fertig gemischt ist, sich noch in einem verarbeitbaren Zustand befindet und durch das gewählte Verfahren verdichtet werden kann.
hochfester Beton	Beton mit einer Festigkeitsklasse ab 55/67 im Fall von Normalbeton oder Schwerbeton und einer Festigkeitsklasse ab LC 55/60 im Fall von Leichtbeton.
Kubikmeter Beton	verdichteter Frischbeton mit einem Volumen von 1 m^3.
Leichtbeton	Beton mit einer Trockenrohdichte von nicht weniger als 800 kg/m^3 und nicht mehr als 2000 kg/m^3. Er wird ganz oder teilweise unter Verwendung von Leichtzuschlag hergestellt.
Normalbeton	Beton mit einer Trockenrohdichte über 2000 kg/m^3, höchstens aber 2600 kg/m^3.
Normalzuschlag	Zuschlag mit einer Kornrohdichte $\varrho > 2000$ kg/m^3 und $\varrho < 3000$ kg/m^3, bestimmt nach DIN 4226-3.
Ortbeton	Beton, der als Frischbeton in Bauteile in ihrer endgültigen Lage eingebracht wird und dort erhärtet.
Schwerbeton	Beton mit einer Trockenrohdichte über 2600 kg/m^3.
Standardbeton	Beton niedriger Festigkeit für eingeschränkte Anwendungsfälle, für den in dieser Norm ein auf der sicheren Seite liegender Mindestzementgehalt vorgeschrieben ist.
Transportbeton	Beton, der im frischen Zustand dem Verwender von einer Person oder Stelle, die nicht der Verwender ist, geliefert wird. Transportbeton im Sinne dieser Norm ist auch: – Beton, der vom Verwender außerhalb der Baustelle hergestellt wird. – Beton, der auf der Baustelle hergestellt wird, jedoch nicht vom Verwender.
Wasserzementwert *w/z*	Masseverhältnis des wirksamen Wassergehalts zum Zementgehalt im Frischbeton.
äquivalenter *w/z*-Wert	Massenverhältnis des wirksamen Wassergehalts zum Zementgehalt und zu den anderen anrechenbaren Zusatzstoffen f, z. B. $w/z\,(eq) = w/(z + 0{,}4 \cdot f)$
wu-Beton	Wasserundurchlässiger Beton übernimmt neben der tragenden auch eine abdichtende Funktion; XC4 für Bauteildicke $d \leq 40$ cm.
Zertifizierungsstelle	anerkannte unparteiliche Stelle, die die Übereinstimmung des Betons mit dieser Norm feststellt, die Ergebnisse bewertet und ein Zertifikat erteilt.

6.8 Stahl, Betonstahl, Baumetalle

6.8.1 Eisenwerkstoffe

Ausgangsstoff aller Eisenwerkstoffe ist das Roheisen aus dem Hochofen. Durch verschiedenartige Verarbeitungsverfahren entstehen **Gusseisen** und **Stahl**.

Gusseisen, Kohlenstoffgehalt > 2 % Sorte	Kurzzeichen mit Mindestzugfestigkeit in N/mm²	Verwendung	**Stahl,** Kohlenstoffgehalt ≤ 2 % (nach Euro-Norm 20) unlegiert nur Kohlenstoffanteil	niedrig legiert < 5 % Legierungsanteile	hoch legiert > 5 % Legierungsanteile
Gusseisen mit Lamellengrafit (**G**rau**g**uss)	GG-100 GG-250	Bodeneinläufe, Sinkkästen, Schachtabdeckungen	Baustahl, Betonstahl, Spannstahl, Werkzeugstahl	Baustahl, Spannstahl, Werkzeugstahl	Nichtrostender Stahl, Hochleistungswerkzeugstahl
Gusseisen mit Kugelgrafit	GGG-450 GGG-700	Druckrohre, Ventile, Pumpenteile	Für eine Wärmebehandlung ungeeignet	Für eine Wärmebehandlung geeignet	
Temperguss weiß schwarz	GTW-400 GTS-450	Beschläge, Kupplungen, Fittings	Benennung nach der Zugfestigkeit z. B. St 42	**Legierungselemente:** Chrom, Silicium, Nickel, Mangan, Vanadium, Wolfram, Kupfer	

Unlegierte Baustähle für warmgewalzte Flach- und Langerzeugnisse
Auszug aus DIN EN 10025 (3.94)

Kurzname nach DIN EN 10027	Stahlsorte Frühere nationale Bezeichnung DIN 17100[1)] Kurzname	Werkstoffnummer	Desoxidationsart [2)]	Stahlart [3)]	Streckgrenze R_{eH} in ≧ N/mm²	Zugfestigkeit R_m in N/mm²
S235JR	St 37-2	1.0037	–	GS	235	–
S235JRG1	USt 37-2	1.0036	FU	GS	225 bis 235	
S235JRG2	RSt 37-2	1.0038	FN	GS		
S235J0	St 37-3 U	1.0114	FN	QS	215 bis 235	340 bis 470
S235J2G3	St 37-3 N	1.0116	FF	QS		
S355J0	St 52-3 U	1.0553	FN	QS	315 bis 355	490 bis 630
S355J2G3	St 52-3 N	1.0570	FF	QS		

1) zurückgezogen
2) FU Unberuhigter Stahl; FN Unberuhigter Stahl nicht zulässig; FF Vollberuhigter Stahl
3) GS Grundstahl; QS Qualitätsstahl

Handelsformen (Profile, Auswahl)

Flachstähle	Formstähle $h \geq 80$ mm	Stabstähle $h < 80$ mm	Hohlprofile
Bleche Feinbleche $d \leq 2{,}75$ mm Mittelbleche 3,00 mm ≤ d ≤ 4,75 mm Grobbleche d > 4,75 mm	schmale I-Träger 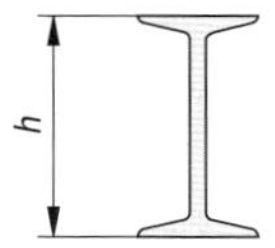 I 80 … I 600	rundkantiger [-Stahl 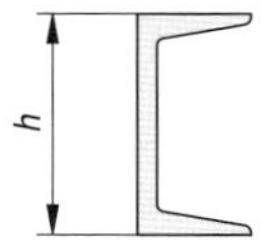 U 30 … U 65	geschweißte nahtlose Stahlrohre 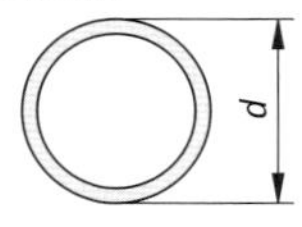 51 mm < d < 1016 mm
Blanker Flachstahl 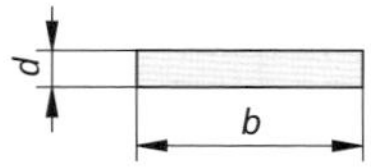 1,6 mm ≤ d ≤ 50 mm 5 mm ≤ b ≤ 100 mm	breite I-Träger 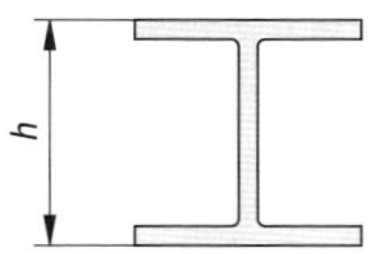 HE-100 B … HE-1000 B	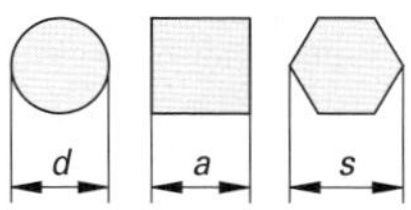 2 mm ≤ d, a, s ≤ 100 mm	rechteckige Hohlprofile 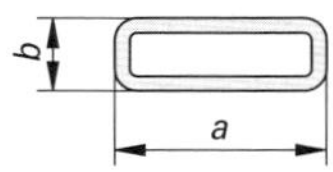 50 mm ≤ a ≤ 260 mm 30 mm ≤ b ≤ 180 mm

6

6.8.2 Betonstähle

Betonstahl BSt nach **DIN 488** ist ein Stahl mit annähernd kreisförmigem Querschnitt zur Bewehrung von Beton. Man unterscheidet nach

Lieferform	Betonstabstahl (S), Bewehrungsdraht, Betonstahlmatten (M), Spannstahl
Festigkeit	Gruppe III: BSt 420 – wird z. Zt. nicht angeboten; Gruppe IV: BSt 500 A oder BSt 500 B Der Kennwert für die Festigkeit ist die Streckgrenze R_e in N/mm²
Oberfläche	gerippte Stähle (Schräg- und Längsrippen) profilierte Betonstähle, glatte Betonstähle } Bewehrungsdraht Zur Kennzeichnung des Herstellerwerkes werden einzelne Schrägrippen dicker ausgebildet.
Herstellung	Betonstabstahl: warmgewalzt, ohne Nachbehandlung (naturhart) oder warmgewalzt und aus der Walzhitze wärmebehandelt oder kaltverformt (durch Verwinden oder Recken der warmgewalzten Ausgangserzeugnisse). Betonstahlmatten: Kaltverformung (durch Ziehen und/oder Kaltwalzen des warmgewalzten Ausgangserzeugnisses)
Duktilität Dehnfähigkeit	Gruppe **A**: normale Duktilität mit $\varepsilon_{uk} \geq 25‰$ Gruppe **B**: Hohe Duktilität mit $\varepsilon_{uk} \geq 50‰$ } in Anlehnung an DIN 1045-neu

Einteilung der Betonstähle nach DIN 488 und bauaufsichtlicher Zulassung

Lieferform	Bezeichnung	Darstellung Alle Stähle sind schweißgeeignet	zul. σ N/mm²	Streck-grenze N/mm²	Schweißprozesse nach DIN EN ISO 463; Kennzahl-Verfahren
BSt Stab	IV S **BSt 500 S (A)** **BSt 500 S (B)** ∅ mm 6, 8, 10, 12 14, 16, 20 25, 28, 32, 40	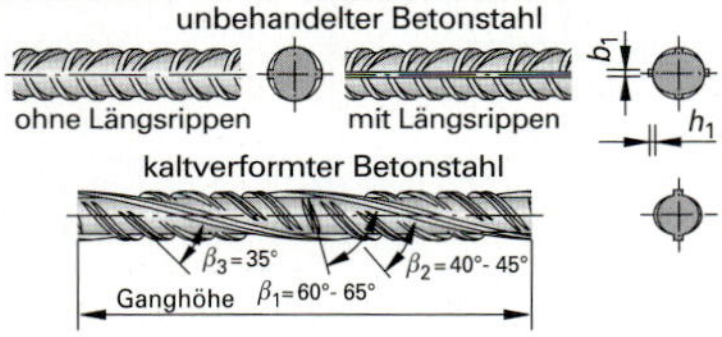	286	500	21 Widerstands-punkt-schweißen (RP) 24 Abbrenn-stumpf-schweißen (RA) 42 Reib-schweißen (FR) 111 Lichtbogen-schweißen (E) 114 Metall-Lichtbogen-schweißen (MF) 135 Metall-Aktivgas-schweißen (MAG) 136 Metall-Aktivgas-schweißen mit Fülldraht-elektrode (MAG)
BSt Matte ► S. 210 ► S. 273	IV M **BSt 500 M (A)** **BSt 500 M (B)** ∅ mm 4 … 12	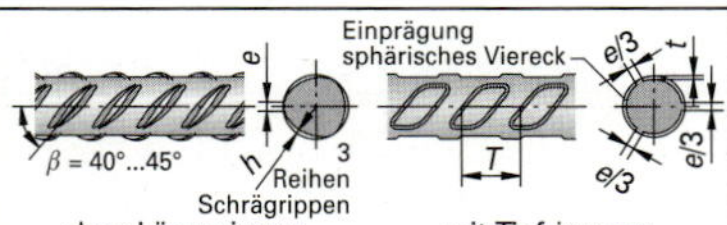	286	500	
Bewehrungs-draht	**BSt 500 P (A)** **BSt 500 G (A)** ∅ mm 4 … 12		286	500	
BSt in Ringen	**BSt 500 KR (A)** **BSt 500 WR (B)** ∅ mm 6, 8, 10, 12, 14	 kaltgewalzt, Oberfläche wie BSt 500 M warmgewalzt, Oberfläche wie BSt 500 S	286	500	

6

Kennwerte von geripptem Betonstahl

Durchmesser d_s mm	6	8	10	12	14	16	20	25	28	32	40
Querschnitt A_s cm²	0,283	0,503	0,785	1,13	1,54	2,01	3,14	4,91	6,16	8,04	12,57
Gewicht m kg/m	0,22	0,395	0,617	0,888	1,21	1,58	2,47	3,85	4,83	6,31	9,86

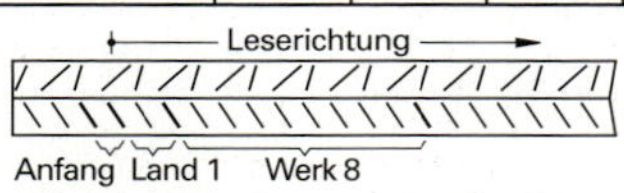

Land 1: Deutschland

Werk 8: Baustahlgewebe, Produktionsgesellschaft mbH Aalen

Idealisierte Spannungs-Dehnungs-Linie (für Betonstahl BSt 500 nach DIN 1045 – 07.2001)

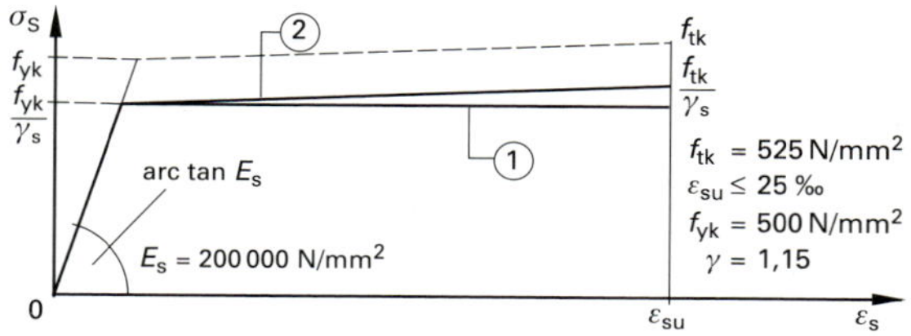

Linie 1: Die Stahlspannung wird auf f_{yk} bzw. f_{yk}/γ begrenzt.

Linie 2: Der Anstieg der Stahlspannung von der Streckgrenze f_{yk} zur Zugfestigkeit f_{tk} wird berücksichtigt.

E-Stahl nach EC2

Spannungs-Dehnungs-Diagramm (σ-ε-Diagramm) nach DIN EN 10 002-1 – 12.2001)

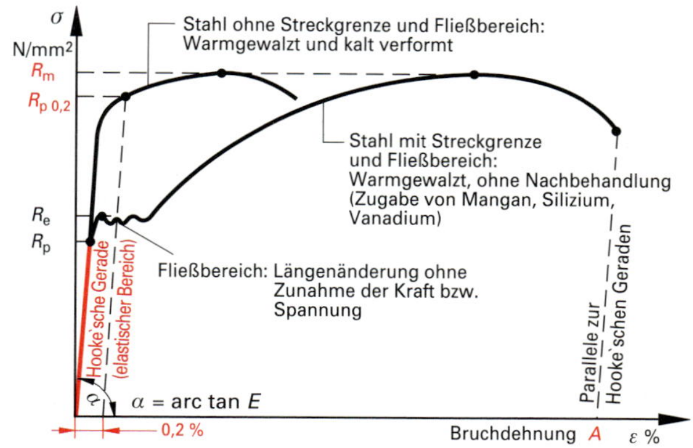

F	Zugkraft
F_m	Höchstzugkraft
L	Messlänge
L_o	Anfangslänge
S_o	Anfangsquerschnitt
ε	Dehnung
A	Bruchdehnung
σ_z	Zugspannung
R_m	Zugfestigkeit (resistance) nach DIN 1045 f_{tk}
R_e	Streckgrenze nach DIN 1045 f_{yk}
$R_{p\,0,2}$	Dehngrenze bei 0,2 % Dehnung
E	Elastizitätsmodul
R_p	Proportionalitätsgrenze

Spannung

$$\sigma_z = \frac{F}{S_o}$$

Dehnung

$$\varepsilon = \frac{L - L_o}{L_o} \cdot 100\,\%$$

Hooke'sches Gesetz

$$E = \frac{\sigma_z}{\varepsilon} \cdot 100\,\%$$

Beispiel

Zugstab, L_o = 125 mm, d_o = 25 mm
F_m = 340 kN, L = 143 mm

ges.: R_m, A

$$\boldsymbol{S_o} = \frac{\pi \cdot d^2}{4} = \frac{\pi \cdot (25\text{ mm})^2}{4} = 490{,}9\text{ mm}^2$$

$$\boldsymbol{R_m} = \frac{F_m}{S_o} = \frac{340\,000\text{ N}}{490{,}9\text{ mm}^2} = 692{,}6\text{ N/mm}^2$$

$$\boldsymbol{A} = \frac{L - L_o}{L_o} \cdot 100\,\% = \frac{143\text{ mm} - 125\text{ mm}}{125\text{ mm}} \cdot 100\,\%$$

= **14,4 %** (Bruchdehnung)

Dehnung ε	Auf die Anfangslänge L_o bezogene Längenänderung ΔL (= $L - L_o$) in %. Sonderfall: Bruchdehnung ***A***
Zugfestigkeit R_m	Ist eine Spannung (N/mm²), Höchstzugkraft F_m geteilt durch den Anfangsquerschnitt S_o
Streckgrenze R_e	Ist eine Spannung (N/mm²); bei zunehmender Verlängerung bleibt die Zugkraft gleich oder fällt ab
Proportionalitätsgrenze R_p	Bis zu dieser Grenzspannung verhält sich der Stahl ideal elastisch bzw. ist die Spannung der Dehnung proportional: Hooke'sches Gesetz
Dehngrenze $R_{p0,2}$	Festgelegte Dehnung, die der Betonstahl nicht überschreiten darf. Ist wichtig für Baustoffe, bei denen die Streckgrenze nicht ausgeprägt ist (z. B. kalt verformte Stähle)
Elastizitätsmodul *E*	Ist die Spannung, die in einem Zugstab herrschen würde, wenn sich seine Länge unter dem Einfluss einer Zugkraft verdoppeln würde. *E*-Stahl = 200 000 N/mm²

6

6.8.3 Betonstahlmatten

Die DIN 1045-1 definiert erhöhte und damit neue Anforderungen an die Duktilität von Betonstählen. Diese liegen über den Anforderungen der DIN 488. Dieser Forderung nach höherer Qualität kommen die Hersteller mit der tiefgerippten Betonstahlmatte nach (▶ S. 208): Tiefgerippter Betonstahl BSt 500 M (A) nach allgemeiner bauaufsichtlicher Zulassung **Z – 1.3 – 152** erteilt durch das Deutsche Institut für Bautechnik (DIBT) an das Institut für Stahlbetonbewehrung e.V. (ISB). Optisch gut erkennbar, trägt die Tiefrippung auch zur Unterscheidung zwischen alten und neuen Lagermatten bei. Das neue Lieferprogramm für Lagermatten gilt ab 01.01.2008. Die Matten haben keine Doppelstäbe mehr, sind grundsätzlich 6,00 m lang und 2,30 m (2,35 m) breit. ▶ S. 274

Betonstahlmatten		
	Lagermatten	Lagermatten sind standardisierte normalduktile Betonstahlmatten mit festgelegten Abmessungen und festgelegtem Aufbau. Sie können direkt ab Lager geliefert werden.
	Vorratsmatten	Vorratsmatten sind standardisierte hochduktile Betonstahlmatten, die die Vorteile der Lagermatten und der Designmatten miteinander verknüpfen. Sie werden in der Regel direkt vom Werk zur Verwendungsstelle geliefert.
	Designmatten (Listenmatten)	Designmatten sind hochduktile Betonstahlmatten, die vom Anwender nach dessen individuellen Anforderungen konstruiert werden. Länge, Breite, Stabdurchmesser und Stababstand können nach statischen und konstruktiven Gesichtspunkten frei gewählt werden. Im Gegensatz zu den herkömmlichen Listenmatten ist die Anordnung der Mattenstäbe rasterfrei, wodurch sich beliebige Stababstände realisieren lassen und somit jeder Stahlquerschnitt genau umgesetzt werden kann.
	Normbezeichnung	Betonstahlmatte DIN 488 – BSt 500 M

Mattenaufbau bei Baustahlgewebe-Lagermatten (am Beispiel der R 424 A)

150 Stababstand	× 9,0 ∅ innen	/ 8,0 ∅ Rand	– 2 / 2 links / rechts	Überstand oben / unten	250 Stababstand	× 8,0 ∅	Überstand links / rechts
in **Längsrichtung** mm	mm	mm	Anzahl Randstäbe	125 / 125 mm	in **Querrichtung** mm	mm	25 / 25 mm

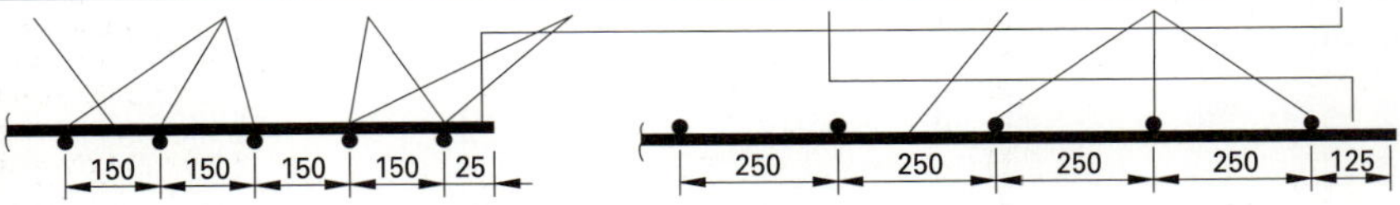

Bestellung: 48 Stück Betonstahlmatten DIN 488 – BSt 500 M (Lagermatten)
– 150 × 9,0 / 8,0 – 2 / 2 – 125 / 125: Längsrichtung L = 6,00 m; $ü_L$ = 125 mm
– 250 × 8,0 – 25 / 25: Querrichtung B = 2,30 m; $ü_Q$ = 25 mm

Wichtig für Kalkulation und Abrechnung

Bezeichnung nach 100fachem Querschnitt

Stahlquerschnitt cm² pro Meter in Längsrichtung a_{sl}

Stahlquerschnitt cm² pro Meter in Querrichtung a_{sq}

Maschenabstand in
- Längsrichtung 15 cm
- Querrichtung 25 cm

Mattentyp	Querschnitte längs / quer (cm²/m)	Länge / Breite (m)	Gewicht je Matte (kg)	Mattenaufbau in Längs- und Querrichtung: Stababstände (mm)	Stabdurchmesser Innenbereich (mm)	Stabdurchmesser Randbereich (mm)	Anzahl der Längsrandstäbe (Randeinsparung) links	rechts	Überstände Anfang/Ende links/rechts (mm)
Q 188 A	1,88 1,88	6,00 / 2,30	41,7	150 150	6,0 6,0				75 25
Q 257 A	2,57 2,57		56,8	150 150	7,0 7,0				75 25
Q 335 A	3,35 3,35		74,3	150 150	8,0 8,0				75 25
Q 424 A	4,24 4,24		84,4	150 100	9,0 7,0	7,0	4	4	75 25
Q 524 A	5,24 5,24		100,9	150 100	10,0 10,0	7,0	4	4	75 25
Q 636 A	6,36 6,28	6,00 / 2,35	132,0	100 125	9,0 10,0	7,0	4	4	62,5 25
R 188 A	1,88 1,13	6,00 / 2,30	33,6	150 250	6,0 6,0				125 25
R 257 A	2,57 1,13		41,2	150 250	7,0 6,0				125 25
R 335 A	3,35 1,13		50,2	150 250	8,0 6,0				125 25
R 424 A	4,24 2,01		67,2	150 250	9,0 8,0	8,0	2	2	125 25
R 524 A	5,24 2,01		75,7	150 250	10,0 8,0	8,0	2	2	125 25

Überstände in
- Längsrichtung
- Querrichtung

Randeinsparung s. u. Randausbildung

ø Längsstab innen

ø Längsstab außen

ø Querstab

Längsbewehrung a_{sl}

Querbewehrung a_{sq} (Verteilerstäbe)

ø der Randstäbe

Q 424 A, Q 524 A, Q 636 A

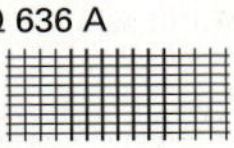

Q-Matten: Betonstahlmatten des Typs Q mit annähernd gleichem Querschnitt in Längs- und Querrichtung für **zweiachsig** gespannte Platten.
R-Matten: Betonstahlmatten des Typs R mit unterschiedl. Querschnitten in Längs- und Querrichtung (≥ 1/5a_{sl}) für **einachsig** gespannte Platten.

R 424 A, R 524 A

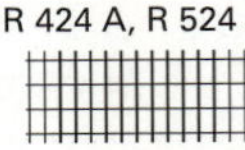

6

6.8.4 Nichteisenmetalle

Nichteisenmetalle (NE-Metalle) werden nach ihrer Dichte in Schwermetalle ($\varrho \geq 5{,}0$ kg/dm³) und in Leichtmetalle ($\varrho < 5{,}0$ kg/dm³) eingeteilt. Die wichtigsten NE-Metalle sind Zink, Zinn, Kupfer und Blei. Von den Leichtmetallen wird im Bauwesen am häufigsten Aluminium verwendet.

Außer Kupfer werden alle NE-Schwermetalle von frischem Mörtel und Beton angegriffen. Sie müssen deshalb durch Anstriche oder durch Abkleben mit Papier oder Folie so lange geschützt werden, bis der Mörtel oder der Beton erhärtet ist.

Name	Dichte	Schmelzpunkt	Eigenschaften	Legierung	Verwendung im Bauwesen
Aluminium Al DIN 1725	2,7 kg/dm³	660 °C	Silberglänzendes Metall, an der Luft mit mattweißer Oxidschicht überzogen: witterungsbeständig, weich, leicht zu biegen, geringe Festigkeit. Kalk- und Zementmörtel greifen Al an.	Höhere Härte und Festigkeit durch Zusatz v. Magnesium und Silicium	Dacheindeckungen, Bauprofile, Wandverkleidungen, Abdichtungsfolien, Rohre
Zink Zn DIN 1706	7,2 kg/dm³	420 °C	Bläulichweißes, glänzendes Metall mit grobkörnigem Bruch: witterungsbeständig, hart und spröde, geringe Festigkeit. Starke Wärmeausdehnung. Gips-, Kalk- und Zementmörtel greifen Zn an.	Höhere Festigkeit und geringere Wärmeausdehnung durch Titan	Verzinkung von Stahlteilen gegen Korrosion, Mauer- und Gesimsabdeckungen
Zinn Sn DIN 1704	7,3 kg/dm³	232 °C	Silberweiß, nach längerer Luftlagerung glänzend. Beim Biegen Knirschgeräusche.	Mit Bleizusatz Lötzinn	Leitungsrohre, Folien zu Isolierzwecken
Kupfer Cu DIN 1708	8,9 kg/dm³	1083 °C	Rot glänzendes Metall; an der Luft bildet sich erst eine bräunliche Oxidschicht, dann die grüne Patina. Sehr witterungsbeständig und weich, geringe Festigkeit. Kalk- und Zementmörtel greifen Cu nicht an.	Höhere Festigkeit durch Zusatz von Zink, Zinn, Nickel oder Blei	Rohrleitungen, Dach- und Fassadeneinkleidungen, Folien zur Feuchtigkeitsabdichtung
Blei Pb DIN 1719	11,3 kg/dm³	327 °C	Bläulich-hellgraue Farbe; silberglänzender feinkörniger Bruch: korrosionsbeständig, geringe Härte und Elastizität; gut bearbeitbar. Pb ist schwer und dicht, absorbiert radioaktive Strahlen. Blei und Bleiverbindungen sind giftig. Kalk- und Zementmörtel greifen Pb an.	Metallzusätze, z. B. 0,03 % Cu, erhöhen die Festigkeit	Bitumenkaschierte Bleifolien für Abdichtungen; Gipsplatten mit Bleikaschierung für Strahlenschutz, Anschlussblech zw. Dach u. Schornstein

Profile aus Aluminium und Al-Legierungen

L-Profile (mm)	U-Profile (mm)	T-Profile (mm)
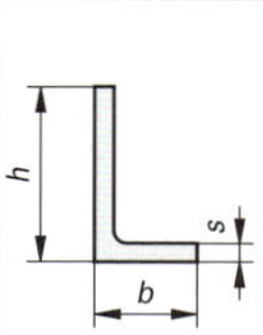	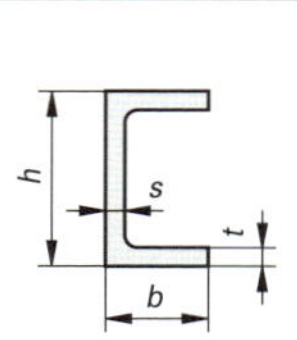	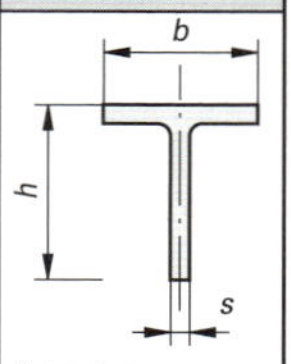
$h \times b \times s$	$h \times b \times s \times t$	$h \times b \times s$
10 × 10 × 1,5	40 × 20 × 2 × 2	20 × 30 × 2
20 × 10 × 2	40 × 20 × 3 × 3	25 × 40 × 3
20 × 20 × 2,5	40 × 30 × 3 × 3	30 × 30 × 3
30 × 20 × 3	40 × 40 × 4 × 4	30 × 45 × 4
40 × 20 × 4	40 × 40 × 5 × 5	30 × 60 × 5
40 × 40 × 5	50 × 30 × 3 × 3	40 × 40 × 4
50 × 25 × 4	50 × 30 × 4 × 4	40 × 60 × 5
50 × 30 × 5	50 × 40 × 5 × 5	40 × 80 × 7
60 × 30 × 4	60 × 30 × 4 × 4	50 × 50 × 4
60 × 60 × 5	60 × 40 × 5 × 5	50 × 70 × 6
80 × 40 × 6	80 × 45 × 6 × 8	80 × 80 × 9
80 × 80 × 8		

Feuerverzinkter Betonstahl ist dort einzusetzen, wo unverzinkte Bewehrungen zu Schwierigkeiten führen können, z. B.:

- bei Gefahr vorzeitiger Karbonatisierung des Betons (bzw. Neutralisation durch andere saure Substanzen) infolge zu geringer Überdeckungen, Einwirkungen von saurer Industrieatmosphäre oder geringer Betongüten,
- bei Einsatz in Meeresluft und Meerwasser (Kühlkanäle, Leuchtturmfundamente, Bohrinseln),
- bei Gefahr der Einwirkung von Halogeniden, insbesondere von Chloriden infolge Streusalzbelastung (Schrammborde, Garagen, deren Zufahrten und Fahrbahnbeläge),
- bei Gefahr von PVC-Bränden,
- bei Sichtbeton zur Verhinderung der Ablauffahnen von Korrosionsprodukten, die den optimalen Eindruck beeinträchtigen,
- bei der Möglichkeit von Korrosionsschäden an erdverlegten Stahlrohren und Behältern, Bandstahlerdern u. Ä. durch Kontakt mit der (edleren unverzinkten) Bewehrung, um das Potenzial der Bewehrung zu negativeren Werten herabzuziehen (um ∅ 0,3 V ... 0,4 V)
- um zusätzliche Sicherheit zu gewinnen.

6.9 Holz

Holzbau ► S. 289

Holz ist ein leichter Baustoff, gut zu bearbeiten, hat eine relativ hohe Festigkeit, ist wärmedämmend, im Vergleich preiswert und findet vielfältige Verwendung im Bauwesen.

6.9.1 Aufbau des Holzes und Bauholzarten

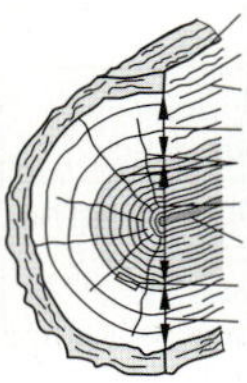

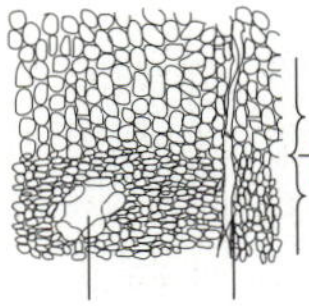

Ausschnitt (Jahresringgrenze)

Aufbau des Holzes

Baumarten nach dem Querschnittsaufbau

Chemische Zusammensetzung		Anteile	Holzsubstanzen Kohlen-, Wasserstoff-Verbindungen	Anteile
Kohlenstoff	C	50 %	Cellulose (Zellstoff)	~ 50 %
Sauerstoff	O	44 %	Lignin („Holzstoff")	~ 25 %
Wasserstoff	H	5 %	Zucker	~ 20 %
Stickstoffe, Phosphate, Nitrate		1 %	Fette, Harze, u.a.	~ 5 %

NADELHÖLZER (NH) langfaserig

- besonders geeignet für Biegebeanspruchung
- wachsen schnell und sehr gleichmäßig
- leichter Werkstoff und preiswert

Holzart	Eigenschaften	Verwendung
Fichte (FI) $\varrho = 0{,}47$ kg/dm³ $\sigma_B = 68$ N/mm² $\sigma_D = 40$ N/mm²	weich; gute Festigkeits- u. Elastizitätswerte bei geringem Gewicht; schwindet mäßig; nicht witterungsfest; leicht zu bearbeiten; problemlos zu verleimen; Harztaschen	Rundholz, Schnittholz; Brettschichtholz; Brettschichtträger; für sämtliche Zimmererarbeiten
Kiefer (KI) $\varrho = 0{,}52$ kg/dm³ $\sigma_B = 80$ N/mm² $\sigma_D = 45$ N/mm²	mittelschwer und mäßig hart; bessere Festigkeits- und Elastizitätswerte als FI; zäh; schwindet mäßig; gute Warnfähigkeit; Kernholz sehr dauerhaft; leicht zu bearbeiten	Rundholz; Schnittholz; Furniere; Bau- und Konstruktionsholz; Wasserbau; Holzwerkstoffe
Lärche (LA) $\varrho = 0{,}59$ kg/dm³ $\sigma_B = 93$ N/mm² $\sigma_D = 48$ N/mm²	härtestes und schwerstes NH; beste Festigkeits- und Elastizitätswerte; zäh; schwindet mäßig; neigt zum Drehwuchs; Kernholz sehr witterungsbeständig und wasserfest; harzig; langsam trocknend; gut leimbar	Rundholz; Schnittholz; Bau- und Konstruktionsholz für den Außen- und Innenbereich; Erd-, Brücken-, Wasserbau
Tanne (TA) $\varrho = 0{,}45$ kg/dm³ $\sigma_B = 68$ N/mm² $\sigma_D = 40$ N/mm²	wie Fichte; aber spröder und filziger; nicht so harzig; astiger als Fichte und besser geeignet bei wechselnder Feuchtigkeit; schlechter bearbeitbar	wie Fichte; Bau- und Konstruktionsholz; Erd- und Wasserbau; Holzwerkstoffe

LAUBHÖLZER (LH) kurzfaserig

- besonders geeignet für Druckbeanspruchung
- wachsen langsam und nicht immer gleichmäßig
- höheres Eigengewicht und teurer als NH

Holzart	Eigenschaften	Verwendung
Rotbuche (BU) $\varrho = 0{,}72$ kg/dm³ $\sigma_B = 120$ N/mm² $\sigma_D = 60$ N/mm² Laubholz Gruppe A	homogen und schwer; hart, zäh, wenig elastisch; sehr gute Festigkeitswerte; hohe Abriebfestigkeit; schwindet und arbeitet stark; pilzanfällig; nicht witterungsbeständig; leicht zu bearbeiten; gut leimbar	Innenausbau, vorzugsweise Treppen; Schicht-Sperrhölzer, Span- und Faserplatten
Eiche (EI) $\varrho = 0{,}69$ kg/dm³ $\sigma_B = 105$ N/mm² $\sigma_D = 60$ N/mm² Laubholz Gruppe A	hart und schwer; ausgezeichnete Festigkeits- und Elastizitätswerte; schwindet nur wenig; Kernholz sehr dauerhaft, unter Wasser unbegrenzt haltbar; Splintholz extrem schnell vergänglich; leicht zu bearbeiten; gut leimbar	Rundholz; Schnittholz; bestes Konstruktionsholz; Wasserbau
Rüster (Ulme) (RÜ) $\varrho = 0{,}68$ kg/dm³ $\sigma_B = 80$ N/mm² $\sigma_D = 50$ N/mm²	elastisch, zäh und langfaserig; ziemlich hart und schwer	gutes Bauholz; geringe Mengen
Robinie (ROB) $\varrho = 0{,}76$ kg/dm³ $\sigma_B = 130$ N/mm² $\sigma_D = 65$ N/mm²	wertvollste einheimische Holzart; sehr hart, sehr zäh und sehr elastisch; sehr biegsam; überdurchschnittlicher Abnutzungswiderstand; neigt zum Werfen und Verziehen; schwindet und quillt wenig	Konstruktionsholz für starke Beanspruchungen im Erd- und Wasserbau; Brückenbau; Holzschrauben

6.9.2 Eigenschaften

Holzfeuchtigkeit

Der Feuchtigkeitsgehalt u wird auf das Darrgewicht bezogen, das durch Darren im Trockenschrank bei 103 °C bestimmt wird.

DIN 1052, Holz und Holzwerkstoffe

Zur Vermeidung von Schwindrissen und Maßänderungen sind folgende Einbaufeuchten u einzuhalten:

u = 20 % in den Nutzungsklassen 1 und 2

u = 25 % in der Nutzungsklasse 3 ▶ S. 289

Beispiel

Holzgewicht vor dem Trocknen	213 g
Holzgewicht nach dem Trocknen	197 g
Feuchtigkeitsgehalt	$u = \frac{213 - 197}{197} \cdot 100 = \mathbf{8{,}1}\,\%$

Schwinden und Quellen (Volumen- und Formänderung durch Abgabe/Aufnahme von Wasser)

Beim Schwinden und Quellen unterhalb des Fasersättigungspunktes (≤ 30 %) krümmen sich Bretter und Bohlen vom Kern weg, sodass stets die rechte Seite rund und linke Seite hohl wird.

Schwind- und Quellrichtungen an typischen Querschnitten

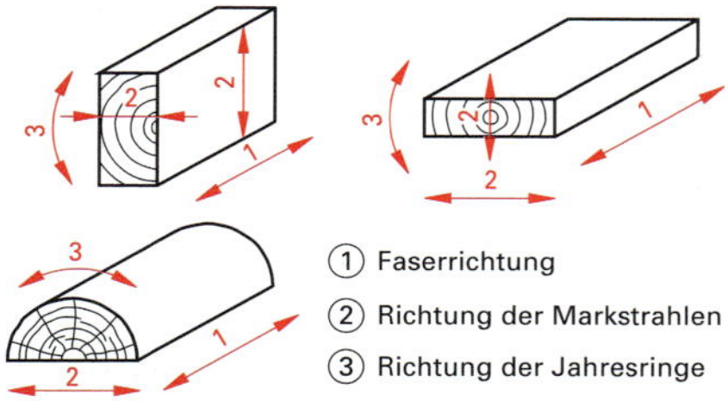

Schwindmaße	Holz-Handbuch[1]	nach DIN 1052[2]
① längs	≈ 0,3 %	0,01 %
② radial	≈ 3,7 %	0,24 % (0,16 %) im Mittel
③ tangential	≈ 7,5 %	0,24 % (0,32 %)

[1] Gesamtschwund [2] Schwund je 1 % Holzfeuchteabnahme (≤ 30 %)

Verformung von Holzquerschnitten durch Schwinden

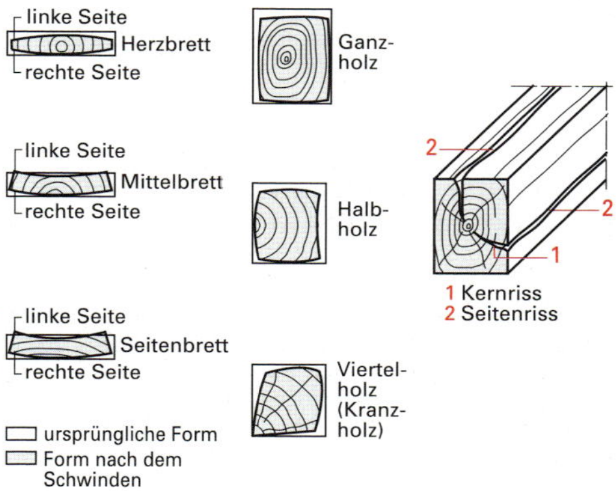

Werfen von Brettern **Verformung von Kanthölzern** **Rissbildung in einem Ganzholzquerschnitt**

Mittlere Festigkeitswerte von NH (Bruchfestigkeit)

Die Festigkeit wird stark von der Holzfeuchtigkeit beeinflusst. Die Prüffeuchte u beträgt 12 %. Halb trockenes Holz (≈ 25 %) hat nur noch 1/3 der Druckfestigkeit des darrgetrockneten Holzes (0 %).

Die Druckfestigkeit parallel zur Faser ($\sigma_{D\parallel}$) ist größer als die Druckfestigkeit quer zur Faser ($\sigma_{D\perp}$)

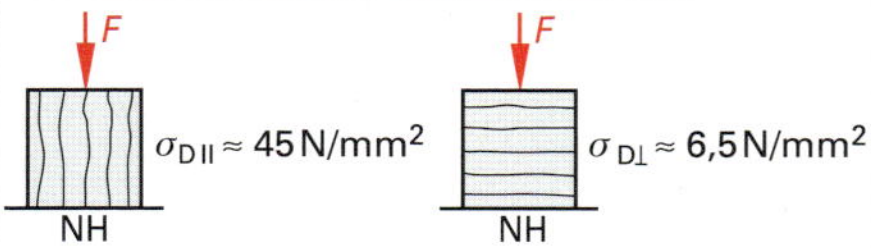

Die Zugfestigkeit in Faserrichtung ($\sigma_{Z\parallel}$) ist größer als die Druckfestigkeit, aber auch anfälliger gegen Holzfehler, daher die zulässige Spannung geringer.

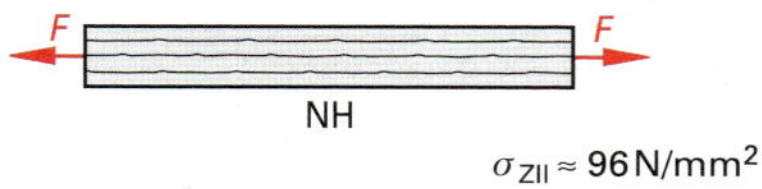

Die Biegefestigkeit (σ_B) wird an einem geradfaserigen Stab (Last⊥ zur Faser) mit quadratischem Querschnitt bestimmt.

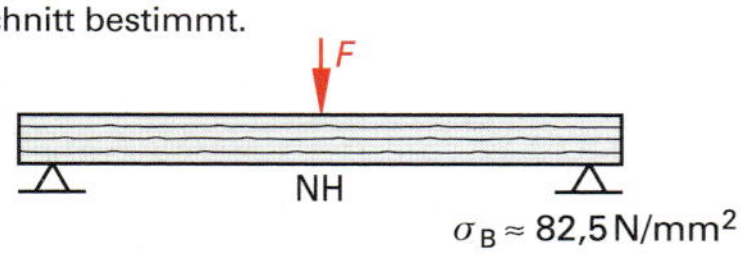

Die Scherfestigkeit (τ_a) wird in Faserrichtung tangential und radial geprüft.

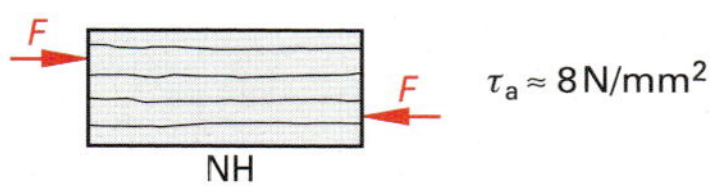

6

6.9.3 Bauschnittholz und Konstruktionsvollholz

Entsprechend der Holzart, der Dimension und dem Verwendungszweck werden 3 Einschnittarten bzw. Einschnittrichtungen unterschieden: 1. der **Hirnschnitt** oder Querschnitt, 2. der **Spiegelschnitt** oder Radialschnitt, auch als Riftschnitt oder Quartier bezeichnet (Längsschnitt) und 3. der **Fladerschnitt,** Tangential-, Brett- oder Sehnenschnitt genannt (Längsschnitt).

Kantholzschnitte | **Brett-, Dielen-, Rift- und Spiegelschnitte**

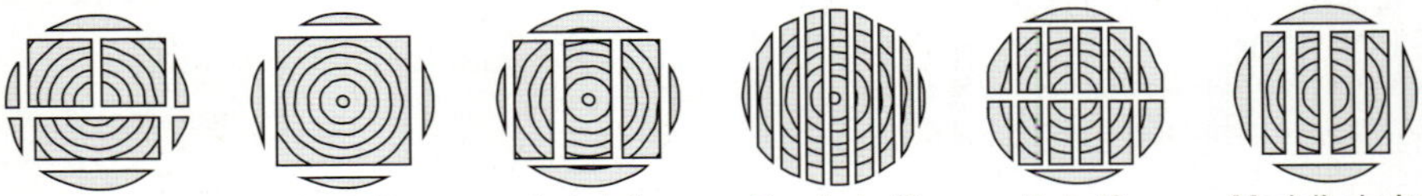

dreistielig | einstielig | dreistielig | Rundschnitt | Halbrift | Modellschnitt

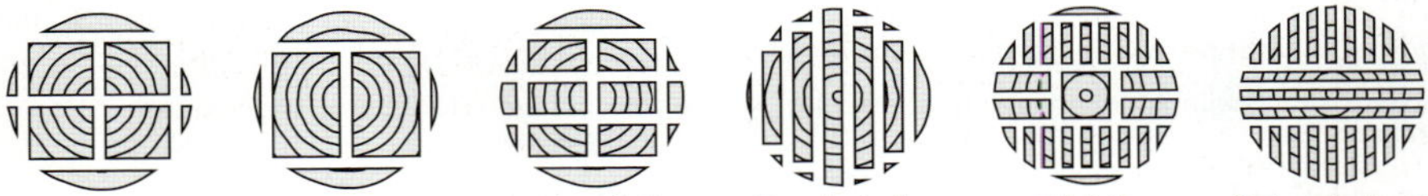

vierstielig (Kreuzholz) | zweistielig (Halbholz) | sechsstielig (Rahmen) | Rundschnitt besäumt | Edelrift | Spiegelschnitt unbesäumt

Die im Hirnholz sichtbaren Jahresringe sollten kurz und von gleichmäßiger Länge sein ⇒ vierstieliges herzfreies Kreuzholz mit Kernbohle; einstielige Hölzer neigen zu starker Rissbildung.
Schnittholz ist **herzfrei,** wenn es keine Markröhre enthält; **herzgetrennt** ist das Schnittholz, wenn der Sägeschnitt durch die Markröhre geht und diese ganz oder teilweise sichtbar ist.

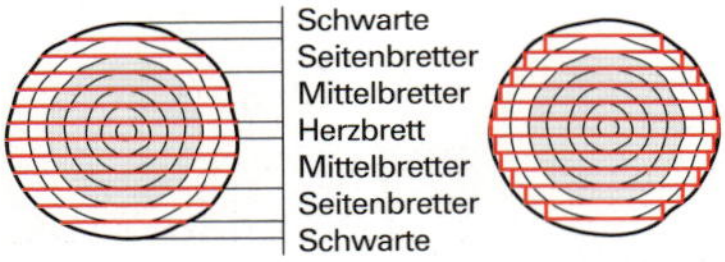

unbesäumt | **besäumt**

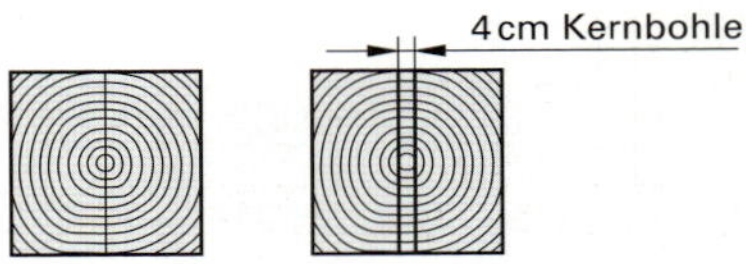

herzgetrennt | **herzfrei**

Schnittholzgrößen

Schnittholzart	Schnittholzeinteilung					
	DIN 4074		TG		DIN 68 252	
	Dicke / Höhe	Breite	Dicke / Höhe	Breite	Dicke / Höhe	Breite
Balken	–	–	–	–	Querschnittsfläche > 200 cm²	
Kreuzholz (siehe oben)	–	–	Querschnittsfläche > 32 cm²		Querschnittsfläche > 32 cm² 4 Stück kerngetrennt	
Kantholz	$b \leq h \leq 3\,b$	$b > 40$ mm	–	–	$d \geq 60$ mm	$b \leq 3\,d$
Bohle	$d > 40$ mm	$b > 3\,d$	Querschnitts-fläche > 32 cm²	$b > 80$ mm	$d \geq 40$ mm	$b > 2\,d$
Brett	$d \leq 40$ mm	$b \geq 80$ mm	Querschnitts-fläche > 32 cm²	$b > 80$ mm	8 mm $\leq d$ $d \leq 40$ mm	$b > 80$ mm
Latte	$d \leq 40$ mm	$b < 80$ mm	Querschnitts-fläche > 32 cm²	$b < 80$ mm	Querschnitts-fläche > 32 cm²	$b < 80$ mm

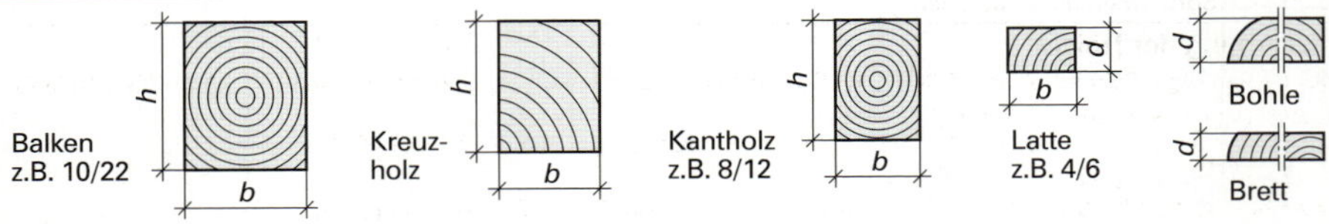

TG: Tegernseer Gebräuche; *b* Breite; *d* Dicke; *h* Höhe

Sortierklassen DIN 4074-1 (Kanthölzer und vorwiegend hochkant (K) biegebeanspruchte Bohlen und Bretter)			**Nadelholz**
Sortiermerkmale (visuelle Sortierung)	**Sortierklassen (Nadelschnittholz)**		
	S 7, S 7 K	**S 10, S 10 K**	**S 13, S 13 K**
Äste	≤ 3/5 Ästigkeit	≤ 2/5 Ästigkeit	≤ 1/5 Ästigkeit
Faserneigung	≤ 16 %	≤ 12 %	≤ 7 %
Markröhre	zulässig	zulässig	nicht zulässig
Jahrringbreite – allgemein – Douglasie	 ≤ 6 mm ≤ 8 mm	 ≤ 6 mm ≤ 8 mm	 ≤ 4 mm ≤ 6 mm
Risse – Schwindrisse – Blitzrisse / Ringschäle	 ≤ 3/5 der kurzen Kante nicht zulässig	 ≤ 1/2 der kurzen Kante nicht zulässig	 ≤ 2/5 der kurzen Kante nicht zulässig
Baumkante K	≤ 1/3 der Querschnittsseite	≤ 1/3 der Querschnittsseite	≤ 1/4 der Querschnittsseite
Krümmung – Längskrümmung – Verdrehung	 ≤ 12 mm bei 2 m Länge ≤ 2 mm je 25 mm Breite / 2 m	 ≤ 8 mm bei 2 m Länge ≤ 1 mm je 25 mm Breite / 2 m	 ≤ 8 mm bei 2 m Länge ≤ 1 mm je 25 mm Breite / 2 m
Verfärbung – Bläue – nagelfeste braune und rote Streifen – Rotfäule / Weißfäule	 zulässig ≤ 3/5 Umfang nicht zulässig	 zulässig ≤ 2/5 Umfang nicht zulässig	 zulässig ≤ 1/5 Umfang nicht zulässig
Druckholz	≤ 3/5 Umfang	≤ 2/5 Umfang	≤ 1/5 Umfang
Insektenfraß	Fraßgänge bis 2 mm von Frischholzinsekten zulässig		
Sonstige Merkmale	sind in Anlehnung an die übrigen Sortiermerkmale sinngemäß zu berücksichtigen		

Baumkante *K*

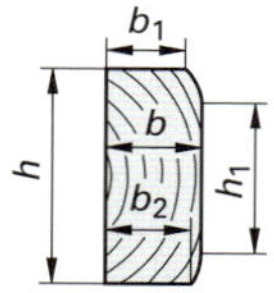

$$K = \frac{h - h_1}{h} \leq \ldots \qquad K = \frac{b - b_1}{b} \leq \ldots \qquad K = \frac{b - b_2}{b} \leq \ldots$$

Beispiel:

$$K = \frac{h - h_1}{h} = \frac{20 - 16}{20} = \frac{1}{5} \leq \frac{1}{3} \text{ bzw. } \frac{1}{4} \quad \Rightarrow \quad \text{zulässig}$$

Sortierklassen DIN 4074-1 (Bohlen, Bretter)

Sortiermerkmale (visuelle Sortierung)	**Sortierklassen (Nadelschnittholz)**		
	S 7	**S 10**	**S13**
Äste – Einzelast – Astansammlung – Schmalseitenast	 ≤ 1/2 der Breite ≤ 2/3 der Breite –	 ≤ 1/3 der Breite ≤ 1/2 der Breite ≤ 2/3 der Breite	 ≤ 1/5 der Breite ≤ 1/3 der Breite ≤ 1/3 der Breite
Faserneigung	≤ 16 %	≤ 12 %	≤ 7 %
Markröhre	zulässig	zulässig	nicht zulässig[1)]
Jahrringbreite – allgemein – Douglasie	 ≤ 6 mm ≤ 8 mm	 ≤ 6 mm ≤ 8 mm	 ≤ 4 mm ≤ 6 mm
Risse – Schwindrisse – Blitzrisse / Ringschäle	 zulässig nicht zulässig	 zulässig nicht zulässig	 zulässig nicht zulässig
Baumkante K	≤ 1/3 der Querschnittsseite	≤ 1/3 der Querschnittsseite	≤ 1/4 der Querschnittsseite
Krümmung – Längskrümmung – Verdrehung – Querkrümmung	 ≤ 12 mm bei 2 m Länge ≤ 2 mm je 25 mm Breite / 2 m ≤ 1/20 der Breite	 ≤ 8 mm bei 2 m Länge ≤ 1 mm je 25 mm Breite / 2 m ≤ 1/30 der Breite	 ≤ 8 mm bei 2 m Länge ≤ 1 mm je 25 mm Breite / 2 m ≤ 1/50 der Breite
Alle übrigen Sortiermerkmale wie oben.			

6

Bezeichnung der Hölzer

In der Reihenfolge: Schnittholzart – DIN 4074 – Sortierklasse – trockensortiert (soweit zutreffend) – Holzart (DIN 4076-5)

Bezeichnung eines visuell sortierten Kantholzes
Sortierklasse S 10, trockensortiert (TS), aus Fichte (FI): Kantholz DIN 4074 – S 10 TS – FI

Bezeichnung einer visuell sortierten Bohle,
als Kantholz sortiert (K) Sortierklasse S 13, aus Kiefer (KI): Bohle DIN 4074 – S 13 K – KI

Bezeichnung eines machinell (M) sortierten Brettes
der Festigkeitsklasse C40, aus Lärche (LA): Brett DIN 4074 – C 40 M – LA

Sortierklassen DIN 4074-5 (Kanthölzer und vorwiegend hochkant (K) biegebeanspruchte Bohlen und Bretter) — Laubholz

Sortiermerkmale (visuelle Sortierung)	**Sortierklassen (Laubschnittholz)**		
	LS 7, LS 7 K	**LS 10, LS 10 K**	**LS 13, LS 13 K**
Äste – allgemein – Eiche	≤ 3/5 Ästigkeit ≤ 3/5 Ästigkeit	≤ 2/5 Ästigkeit ≤ 2/5 Ästigkeit	≤ 1/5 Ästigkeit ≤ 1/6 Ästigkeit
Faserneigung	≤ 16 %	≤ 12 %	≤ 7 %
Markröhre	nicht zulässig	nicht zulässig	nicht zulässig
Jahrringbreite	–	–	–
Risse – Schwindrisse – Blitzrisse / Frostrisse / Ringschäle	≤ 3/5 der kurzen Kante nicht zulässig	≤ 1/2 der kurzen Kante nicht zulässig	≤ 2/5 der kurzen Kante nicht zulässig
Baumkante K	≤ 1/3 der Querschnittsseite	≤ 1/3 der Querschnittsseite	≤ 1/4 der Querschnittsseite
Krümmung – Längskrümmung – Verdrehung	≤ 12 mm bei 2 m Länge ≤ 2 mm je 25 mm Breite / 2 m	bis 8 mm bei 2 m ≤ 1 mm je 25 mm Breite / 2 m	bis 8 mm bei 2 m ≤ 1 mm je 25 mm Breite / 2 m
Verfärbung, Fäule – nagelfeste braune und rote Streifen – Fäule	≤ 3/5 Umfang nicht zulässig	≤ 2/5 Umfang nicht zulässig	≤ 1/5 Umfang nicht zulässig
Insektenfraß	nicht zulässig		
Sonstige Merkmale	sind in Anlehnung an die übrigen Sortiermerkmale sinngemäß zu berücksichtigen		

Riss R

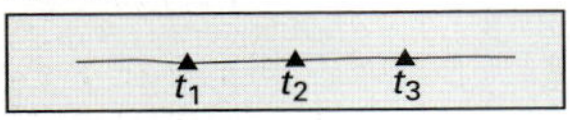

$$r = \frac{t_1 + t_2 + t_3}{3}$$

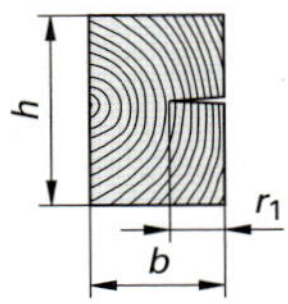

$$R = \frac{r_1}{b} \leq \ldots \qquad R = \frac{r_4 + r_2}{b} \leq \ldots$$

Beispiel: $R = \frac{1 + 3}{12} = \frac{1}{3} \leq \frac{3}{5}$ bzw. $\frac{1}{2}$ bzw. $\frac{2}{5}$

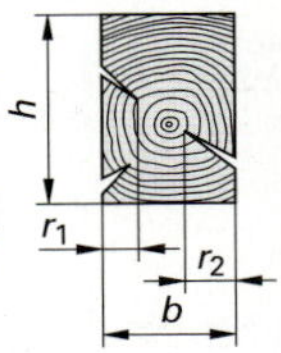

[1] Ringschäle ist ein Riss, der dem Verlauf der Jahresringe folgt.

Sortierklassen DIN 4074-5 (Bohlen, Bretter)

Sortiermerkmale (visuelle Sortierung)	**Sortierklassen (Laubschnittholz)**		
	LS 7	**LS 10**	**LS 13**
Äste – Einzelast – Astansammlung – Schmalseitenast	≤ 1/2 der Breite ≤ 2/3 der Breite –	≤ 1/3 der Breite ≤ 1/2 der Breite ≤ 2/3 der Breite	≤ 1/5 der Breite ≤ 1/3 der Breite ≤ 1/3 der Breite
Faserneigung	≤ 16 %	≤ 12 %	≤ 7 %
Markröhre	nicht zulässig	nicht zulässig	nicht zulässig
Jahrringbreite	–	–	–
Risse – Schwindrisse – Blitzrisse / Frostrisse / Ringschäle[1]	zulässig nicht zulässig	zulässig nicht zulässig	zulässig nicht zulässig
Baumkante K	≤ 1/3 der Querschnittsseite	≤ 1/4 der Querschnittsseite	≤ 1/8 der Querschnittsseite
Krümmung – Längskrümmung – Verdrehung – Querkrümmung	≤ 12 mm bei 2 m Länge ≤ 2 mm je 25 mm Breite / 2 m ≤ 1/20 der Breite	≤ 8 mm bei 2 m Länge ≤ 1 mm je 25 mm Breite / 2 m ≤ 1/30 der Breite	≤ 8 mm bei 2 m Länge ≤ 1 mm je 25 mm Breite / 2 m ≤ 1/50 der Breite
Alle übrigen Sortiermerkmale wie oben.			

Bezeichnung der Hölzer

In der Reihenfolge: Schnittholzart – DIN 4074 – Sortierklasse – trockensortiert (soweit zutreffend) – Holzart (DIN 4076-5)

Bezeichnung eines visuell sortierten Kantholzes
Sortierklasse LS 13, trockensortiert (TS), aus Buche (BU): Kantholz DIN 4074 – LS 13 TS – BU

Bezeichnung einer Bohle,
als Kantholz sortiert (K) Sortierklasse S 10, aus Eiche (EI): Bohle DIN 4074 – LS 10 K – EI

6

Konstruktionsvollholz KVH®/ Massivholz MH®[1)]

aus Fichte, Tanne, Kiefer, Lärche, Douglasie

Bund Deutscher Zimmerer

Sortiermerkmal	Anforderungen an KVH® und MH®: Sichtbarer Bereich (KVH - Si / MH-Plus - Si)	Anforderungen an KVH® und MH®: NichtSichtbarer Bereich (KVH - NSi / MH-Fix - NSi)	Anmerkungen
Sortierklasse	DIN 4074-1 Sortierklasse mind. S 10 TS	DIN 4074-1 Sortierklasse mind. S 10 TS	Die für die Tragfähigkeit maßgebenden Materialeigenschaften ergeben sich aus der DIN 1052.
Holzeinbaufeuchte	$u = 15\ \% \pm 3\ \%$	$u = 15\ \% \pm 3\ \%$	$u \geq 20\ \%$ bei Bauschnittholz
Einschnittart / Markröhre auf Wunsch herzfrei	herzgetrennt 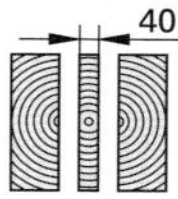	herzgetrennt 	**herzgetrennt:** Bei einem ideal gewachsenen Stamm würde die Markröhre bei zweistieligem Einschnitt durchschnitten **herzfrei:** Herzbohle mit $d \geq 40$ mm
Baumkante	nicht zulässig	schräg gemessen ≤ 10 % der kleineren Querschnittseite	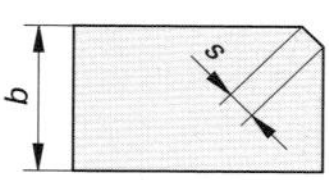 $\frac{s}{b} \leq \frac{1}{10}$
Maßhaltigkeit des Querschnitts	DIN EN 336, Maßhaltigkeitsklasse 2 ≤ 10 cm = ± 1 mm > 10 cm = ± 1,5 mm		Die Maßhaltigkeit für die Längenabmessungen ist zu vereinbaren.
Äste 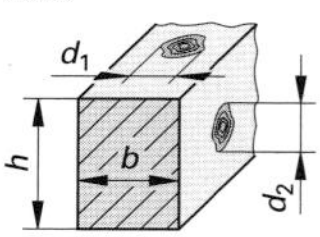 $A = \frac{d_1}{b}$ bzw. $A = \frac{d_2}{h}$	S 10: $A \leq \frac{2}{5}$ S 13: $A \leq \frac{1}{5}$ nicht über 70 mm	S 10: $A \leq \frac{2}{5}$ S 13: $A \leq \frac{1}{5}$ nicht über 70 mm	Astigkeit wird nach DIN 4074-1 ermittelt. Bei maschineller Sortierung gilt für **KVH/MH - NSi** bleiben die Astgrößen unberücksichtigt für **KVH/MH - Si** gilt $A \leq 2/5$
Rindeneinschluss	nicht zulässig	DIN 4074-1	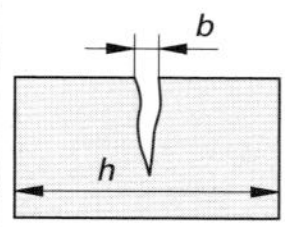 $\frac{b}{h} \leq 0{,}03$ $b \leq 6$ mm
Risse radiale Schwindrisse (Trockenrisse)	Rissbreite $b \leq 3\ \%$ der jeweiligen Querschnittseite, nicht mehr als 6 mm	DIN 4074-1	
Harzgallen	Breite $b \leq 5$ mm	DIN 4074-1	
Verfärbungen	nicht zulässig	DIN 4074-1	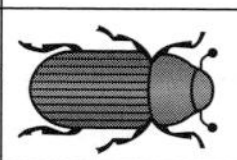 Borkenkäfer
Insektenbefall	nicht zulässig	DIN 4074-1	
Verdrehung	Das zulässige Maß der Verdrehung wird nicht näher definiert, da bei Einhaltung aller anderen Kriterien keine untolerierbaren Verdrehungen zu erwarten sind.		
Längskrümmung	bei herzgetrenntem Einschnitt ≤ 8 mm / 2,000 m bei herzfreiem Einschnitt ≤ 4 mm / 2,000 m	bei herzgetrenntem Einschnitt ≤ 8 mm / 2,000 m	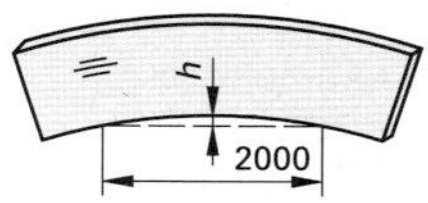
Oberflächenbeschaffenheit	gehobelt und gefast	egalisiert und gefast	egalisieren = Holzoberfläche gleichmäßig machen
Ausschreibungstext von KVH	... m^3 Konstruktionsvollholz NSi (Nicht Sichtbar), Festigkeitsklasse C 24 nach DIN 1052, $u = 15 + 3\ \%$, Einschnittart herzgetrennt, Oberfläche egalisiert und gefast, Maßhaltigkeitsklasse 2 nach DIN EN 336.		

[1)] Entsprechend den BDZ-Vereinbarungen mit der Überwachungsgemeinschaft Konstruktionsvollholz e.V. (**KVH**®) und der Herstellergemeinschaft MH Massivholz e.V. (**MH**®) vom 11.2003.

Eurocode 5 (EC 5) und DIN 1052

Nach Eurocode 5 werden Festigkeitsklassen für Bauschnittholz nach DIN EN 338, Balkenschichtholz nach BDZ-Vereinbarungen und Brettschichtholz nach DIN EN 1194 eingeführt. Eurocode 5 gestattet, dass das Bauholz auch weiterhin nach nationalen Vorschriften sortiert werden kann. Es ist dann aber nach einheitlichen Regeln in eine der unten aufgeführten Festigkeitsklassen einzustufen.

– 12 Festigkeitsklassen (C 14 – C 50) für **NH** – 6 Festgkeitsklassen (D 30 – D 70) für **LH** – 2 Festikeitsklassen (C 24 - C 30) für **KVH** – 4 Festigkeitsklassen (GL 24 – Gl 36) für **BSH**	– 3 visuelle Sortierklassen (S 7 – S 13) für **NH** – 3 maschinelle Sortierklassen (MS 7 – MS 13) für **NH*** – 3 visuelle Sortierklassen (LS 7 – LS 13) für **LH** – 3 maschinelle Sortierklassen (MSL 7 – MSL 13 für **LH*** *** Diese Sortierklassen werden durch die Angaben der Festigkeitsklassen mit dem Zusatz M gekennzeichnet (s.u.).**

Festigkeitsklassen und Sortierklassen nach DIN 1052 und DIN 4074-1/5

Sortierklassen DIN 4071-1/5 visuell sortiertes Nadel-/Laubschnittholz	**Festigkeitsklassen** DIN 1052 (Festigkeitswert der Biegespannung)	**Festigkeitsklassen** DIN 4074-1 maschinell sortiertes Nadelschnittholz	**Festigkeitsklassen** DIN 4074-5 maschinell sortiertes Laubschnittholz
S 7 / LS 7	**C 16**	**C 16M**	**D 16M**
S 10 / LS 10	**C 24**	**C 24M**	**D 24M**
S 13 / LS 13	**C 30**	**C 30M**	**D 30M**
–	**C 35**	**C 35M**	**D 35M**
–	**C 40**	**C 40M**	**D 40M**

Zuordnung von Nadelholzarten und Sortierklassen zu den Festigkeitsklassen

Holzart	**Sortierklassen** nach DIN 4074-1/5	**Güteklassen** nach DIN 4074-2	**Festigkeitsklassen** nach DIN 1052
Fichte Tanne	S 7 TS / C 16 M	III	C 16
Kiefer Lärche	S 10 TS / C 24 M	II	C 24
Douglasie Southern Pinie	S 13 TS / C 30 M	I	C 30
Western Hemlock	C 35M	–	C 35
Yellow Cedar	C 40M	–	C 40

Zuordnung von Laubholzarten und Sortierklassen zu den Festigkeitsklassen

Eiche Teak Keruing	LS 10	I	D 30
Buche	LS 10	I	D 35
Buche	LS 13	I	D 40
Afzelia Merbau Angelique (Basralocus)	LS 10	–	D 40
Azobe' (Bongossi)	LS 10	–	D 60
Ipe	LS 10	–	D 60 ($\varrho \geq 1000$ kg/m³)

Zuordnung von konstruktiven Vollholzprodukten und Sortierklassen zu den Festigkeitsklassen

KVH®, MH® Balkenschichtholz	S 10 TS[1]	–	C 24
KVH®, MH® Balkenschichtholz (Duo- und Triobalken)[2]	S 13 TS	–	C 30
Brettschichtholz BSH[3]	S 10 / MS 10 - BS 11 S 13 - BS 14 MS 13 - BS 16 BS 18	– – – –	GL 24[4] GL 28 GL 32 GL 36

[1] TS für trockensortiert.
[2] Nadelholz aus zwei (duo) bzw. drei (trio) miteinander verklebten Bohlen oder Kanthölzern gleicher Querschnittsmaße, sonstige Eingenschaften wie KVH.
[3] Brettschichtholz (abgekürzt auch BS-Holz) ist ein industriell gefertigtes Produkt für tragende Konstruktionen. BS-Holz besteht aus mindestens drei faserparallel miteinander verklebten und getrockneten Brettern oder Brettlamellen aus Nadelholz.
[4] GL (für Glulam = Glued laminateted timber = Brettschichtholz) und dem Zahlenwert der charakteristischen Biegefestigkeit.

6.9.4 Holzwerkstoffe

Holzwerkstoffe sind Platten, die aus Furnieren zu Sperrholz verleimt oder aus Spänen, Fasern oder Holzwolle gepresst und verklebt werden. Die Güte (Qualität der Verklebung V) wird angezeigt durch die Zahlen 20, 100 und 100 G (Holzwerkstoffklassen); sie geben die Beständigkeit gegen Feuchteeinwirkung an (vgl. ► S. 83).

Maximale **Holzfeuchtigkeit *u***: 15 % (20), 18 % (100); 21 % (100 G), (G = geschützt gegen Pilzbefall).
Holzwerkstoffe lassen sich in die Gruppen einteilen:
Lagenwerkstoffe (z.B. Furniersperrholz); Verbundwerkstoff (z.B. Stäbchensperrholz); Holzspanwerkstoffe (z.B. OSB-Platten); Holzfaserwerkstoffe.

Bau-Sperrholz

Plattentyp	Plattenaufbau	Biegefestigkeit	Brandverhalten
BFU	Deckfurniere max. 3,2 mm Absperr- u. Innenfurniere max. 4,4 mm	40 N/mm² längs; 15 N/mm² quer zur Faserrichtung des Deckfurniers	B2 normalentflammbar (ohne Nachweis)
BFU-BU	Furnierdicken bis 3,7 mm vorzugsweise 1,5 mm bis 3,2 mm Mindestanzahl der Furniere ist abhängig von Plattendicke	siehe Tabelle unten links	**Holzwerkstoffklasse**
BST/BSTAE	Deckfurniere max. 2,5 mm Unterfurnier max. 3,7 mm Mindestfurnierdicke 1,5 mm bei 3-lagigen Platten über 16 mm	20 N/mm² jeweils längs und quer zur Deckfurnier-Faserrichtung	20 sowie 100 und 100G; BFU-BU nur 100 und 100G

BFU-BU-Klassen

Mindestwerte der Festigkeit längs und quer zur Faserrichtung der Deckfurniere (in N/mm²)

Eigenschaft	Klasse				
	1	2	3	4	5
Biegefestigkeit flach, längs	54	60	68	79	88
Biegefestigkeit flach, quer	51	44	37	24	15
Druckfestigkeit längs	21	26	26	31	26
Druckfestigkeit quer	22	21	17	14	17

Beispiele: Bezeichnung

Sperrholz DIN 68 705 - BSTAE 20 - 18
Bau-Stäbchensperrholz des Plattentyps BSTAE 20 mit 18 mm Dicke

Sperrholz DIN 68 705 - BFU-BU100-18-2
Sperrholz aus Buche,
Holzwerkstoffklasse 100,
mit 18 mm Dicke,
Festigkeitsklasse 2

Beispiel: Kennzeichnung

(Herstellerwerk)- DIN 68 705 - BST 20-18 - (Zeichen der Prüfstelle)

Holzspanwerkstoffe

sind plattenförmige Holzwerkstoffe, die durch Verpressen von kleinen Teilen aus Holz und/oder anderen lignozellulosehaltigen Teilchen mit Klebstoff hergestellt werden.

Flachpressplatten für allgemeine Zwecke (DIN EN 312 für P1 … P3)		
FPY	Späne vorzugsweise parallel zur Plattenebene ein-, mehrschichtig oder mit stetigem Übergang in der Struktur	für Möbel- und Innenausbau Geräte- und Behälterbau
FPO	mit feinspaniger Oberfläche für Direktlackierung, Folienkaschierung, Pressbeschichtung u.ä.	

Flachpressplatten für das Bauwesen (DIN EN 312 für P4 … P7)			
V20	beständig in Räumen mit allgemeiner niedriger Luftfeuchtigkeit	nicht wetterbeständig	für tragende und aussteifende Zwecke
V100	beständig gegen hohe Luftfeuchte	begrenzt wetterbeständig	
V100G	wie V100, jedoch mit Holzschutzmittel gegen Pilzbefall		

6

Holzfaserwerkstoffe

Faserplatten, mit der Dicke von 1,5 mm und größer, hergestellt aus Lignozellulosefasern unter Anwendung von Druck und/oder Hitze. Der Holzwerkstoff kann auch als kunststoffbeschichtete Holzfaserplatte im Innenausbau (z.B. als MDF oder Leicht MDF) verwendet werden.

Begriffe (DIN EN 316)

Kurzzeichen	Benennung	Rohdichte in kg/m³	Erklärung
SB	Poröse Faserplatte	< 400	Isolier- oder Dämmplatte
SB.I	Poröse Faserplatte mit zusätzlichen Eigenschaften		mit Bitumenzusatz
MB.L	Mittelharte Faserplatte geringer Dichte	400 … 560	nach dem Nassverfahren hergestellt (ebenfalls die porösen und harten Faserplatten)
MB.H	Mittelharte Faserplatte hoher Dichte	560 … 900	
MB.I	Mittelharte Faserplatte; hohe Dichte , zusätzliche Eigenschaften		z.B. Feuerschutz, Feuchteresistenz
HB	Harte Faserplatte	≥ 900	Hartplatte
HB.I	Harte Faserplatte mit zusätzlichen Eigenschaften		z.B. Feuerschutz, Feuchteresistenz, Resistenz gegen biologische Angriffe, besondere Bearbeitbarkeit
MDF	Mitteldichte Faserplatte	≥ 600	nach dem Trockenverfahren hergestellt
MDF.I	Mitteldichte Faserplatte mit zusätzlichen Eigenschaften		z.B. Feuerschutz, Feuchteresistenz, Resistenz gegen biologische Angriffe

Harte und mittelharte Holzfaserplatten für das Bauwesen (DIN 68754 und DIN EN 622-3)

Plattentyp	Zulässige Maßabweichungen				Dickenquellung und Festigkeit			
	Dicke in mm	Abweichung in mm von der Dicke	Breite	Länge	Plattendicke (mm)	Dickenquellung %	Biegefestigkeit (N/mm²)	Querzugfestigkeit (N/mm²)
HB	≤ 6	± 0,4	± 3	± 5	≤ 4	20	40	0,7
	> 6	± 0,6	bei einer Schenkellänge > 1000 mm		> 4	18	35	0,6
MB	5 … 16	±0,7			5 … 16	15	12	0,1

Poröse und harte Holzfaserplatten (DIN 68750 und DIN EN 622-4)

Normtyp	Dicke	Herstellungstoleranz Dicke	Breite	Länge	Dickenquellung	Dicke (mm)	Biegefestigkeit (N/mm²)
SB	< 8 mm > 8 mm	± 6% ± 5%	± 3 mm	± 5 mm	8%	< 10 10 … 15 >15	2,0 1,8 1,5
HB	< 4 mm > 4 mm	± 8% ± 7%	± 3 mm	± 5 mm	18%	–	40

Platten müssen rechtwinklig, parallel und vollkantig sein. Abweichung vom rechten Winkel maximal 2 mm, bezogen auf 1000 mm Schenkellänge.

6

Anforderungen an Platten Typ MDF (DIN EN 622-5)

Eigenschaft	Einheit	Nenndickenbereich in mm: 1,8 bis 2,5	> 2,5 bis 4,0	> 4 bis 6	> 6 bis 9	> 9 bis 12	> 12 bis 19	> 19 bis 30	> 30 bis 45	> 45
Dickenquellung	%	45	35	30	17	15	12	10	8	6
Querzugfestigkeit	N/mm²	0,65	0,65	0,65	0,65	0,60	0,55	0,55	0,50	0,50
Biegefestigkeit	N/mm²	23	23	23	23	22	20	18	17	15
Elastizitätsmodul	N/mm²	–	–	2700	2700	2500	2200	2100	1900	1700

6.9.5 Holzschutz

Holzschädlinge

Pilze befallen nur feuchtes Holz ($u \geq 20\,\%$), Insekten dagegen vorwiegend lufttrockenes Holz ($u \geq 12\,\%$). Gegen Säuren und Salzlösungen ist Holz relativ widerstandsfähig, Laugen greifen Hölzer mit extremen pH-Werten ($3 < pH < 10$) an.

Pilze und Insekten	Holzschädlinge	Holzfeuchten
Holz verfärbende Pilze	**Bläuepilze:** wachsen auf Splintholz der Nadel- und Laubhölzer, ebenso die Schimmelpilze ⇒ keine Festigkeitsminderung	mind. 20 %
Holz zerstörende Pilze Braunfäule: würfelförmig zerstörtes, braun verfärbtes Holz	**Hausschwamm:** gefährlicher Schädling, breitet sich schnell aus, zerstört Laub- und Nadelholz vollständig (außer Eiche) ⇒ Altbauten **Weißer Porenschwamm:** greift vorwiegend Nadelhölzer an, kann durch Trockenlegung vernichtet werden ⇒ feuchte Keller, Alt- und Neubauten	20 % ... 28 % 40 % ... 50 %
Holz zerstörende Insekten Hölzer imprägnieren oder mit Heißluft behandeln, Kernholz verwenden.	**Hausbock:** bevorzugt Dachböden, Nadelsplintholz. 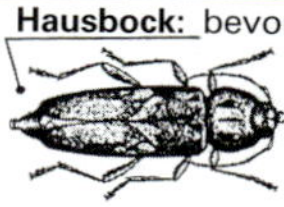 Larve entwickelt sich 4 bis 5 Jahre, ernährt sich von Zellulose und Eiweiß. **Pochkäfer** (kleiner Holzwurm): verbautes Holz, bes. Treppen. Dicht liegende Fraßgänge. **Splintholzkäfer:** Nur an Laubhölzern.	mind. 9 % mind. 11 % mind. 7 %

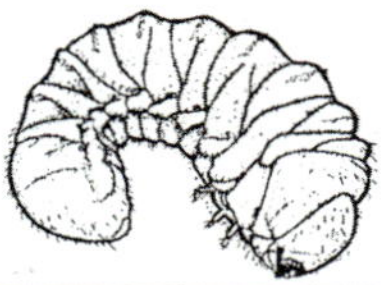

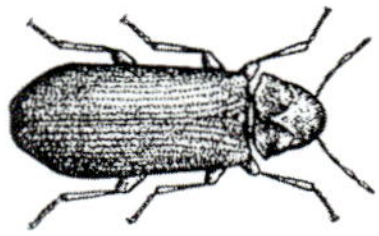

Poch- oder Nagekäfer

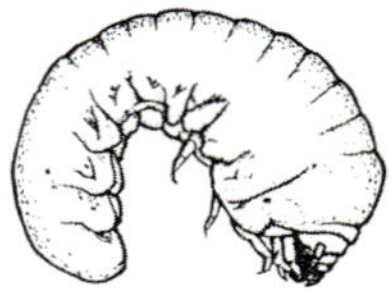

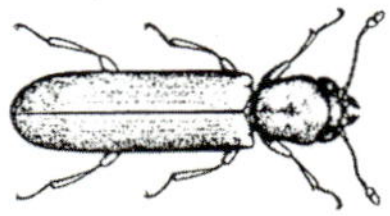

Splintholzkäfer

Holzschutzmittel

Ölige oder **salzhaltige Holzschutzmittel** sind prüfzeichenpflichtig (Institut für Bautechnik, Berlin), ebenso Feuerschutzmittel. Je nach Wirksamkeit unterscheidet man:

P ≙ wirksam gegen **P**ilze (Fäulnisschutz)
Iv ≙ gegen **I**nsekten **v**orbeugend wirksam
Ib ≙ gegen **I**nsekten **b**ekämpfend wirksam
S ≙ zum **S**pritzen und **S**treichen geeignet[1)]

[1)] Seit 1990 nicht mehr in der DIN-Vorschrift

W ≙ für Holz, das der **W**itterung ausgesetzt ist
E ≙ für Holz, das **e**xtremer Beanspruchung ausgesetzt ist (Erdkontakt, Wasser)
M ≙ Mittel zur Bekämpfung von Schwamm im Mauerwerk

Ölige Holzschutzmittel Holzfeuchte $u \leq 30\,\%$	Wirksamkeit	Salzhaltige Holzschutzmittel Holzfeuchte $u \leq 30\,\%$	Wirksamkeit
Teerölpräparate (seit 1989 verboten) Außenbau, auch bei Erdfeuchtigkeit und ständigem Kontakt mit Wasser. Heißanstrich bis Kesseldrucktränkung. Starker, penetranter Geruch.	P, Iv, W, E	**B-Salz:** Anorganische Borverbindungen; nicht für Holz, das der Witterung und der Erdfeuchtigkeit ausgesetzt ist.	P, Iv, S[1)] zum Teil auch M
		CF-Salz: Alkalifluoride und Bichromat; für Holz mit geringer Auswaschbeanspruchung, kein dauernder Erdkontakt.	P, Iv, S, W
Bindemittelfreie Präparate: Organische Fungizide und Insektizide in organischen Lösemitteln. Innen- und Außenbau. Es werden im Bauwesen nur DIBt-Holzschutzmittel oder RAL-Holzschutzmittel eingesetzt.	P, Iv, W teilweise Ib	**CK-Salz:** Kupfersalz, Bichromat, Arsen-, Bor- oder Fluorverbindungen; nach Anwendung nicht auswaschbar, auch für Hölzer, die in fließendem Wasser oder ständigem Erdkontakt stehen.	P, Iv, W, E, S[1)], teilweise auch L (Leimverträglichkeit)

6

Brandschutz für Holzbauteile

Der Brandschutz ist neben dem Schutz vor Insekten und Pilzen ein Teil des Holzschutzes. Er kann auf zweierlei Art erfolgen, durch Feuerschutzmittel oder durch Beplankung. Die Ausführung und Einstufung wird in der DIN 68 800 „Holzschutz im Hochbau" und in der DIN 4102 „Brandverhalten von Baustoffen und Bauteilen" (vergleiche ▸ Kapitel 5) beschrieben.

6.10 Kunststoffe

Einteilung und Arten der Kunststoffe

Gruppe	Thermoplaste (Thermomere)		Duroplaste (Duromere)		Elastoplaste (Elastomere)	
Molekülaufbau	 fadenförmig		 engmaschig vernetzt		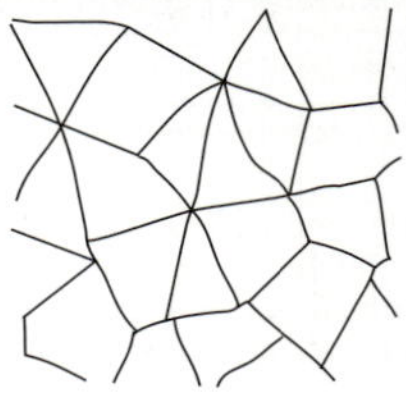 weitmaschig vernetzt	
Eigenschaften	je nach Temperatur hart, verformbar-weich bis zähflüssig		hart durch Verbindung von flüssigen Vorprodukten mit Härtern		gummi-elastisch in großem Temperaturbereich Bruchdehnung 100 % ... 1000 %	
Bearbeitung Bearbeitungseigenschaften	kalt: Sägen, Hobeln, Bohren warm: Biegen, Ziehen; Strangpressen = Extrudieren heiß: Spritzen, Gießen, Schweißen		Sägen, Feilen, Hobeln klebbar, nicht schweißbar		nicht schmelzbar, nicht schweißbar sie werden bei der Herstellung den spezifischen Anforderungen angepasst	
Beispiele für die obere Einteilung	Bezeichnung	Kurzzeichen	Bezeichnung	Kurzzeichen	Bezeichnung	Kurzzeichen
	Polyethylen (Polyethen)	PE	Polyester, ungesättigt	UP	Polyurethan-Kautschuk	PUR
	Polystyrol (Polyphenylethen)	PS	Polyester, glasfaserverstärkt	GF-UP	Styrol-Butadien-Kautschuk	SBR
	Polyvinylchlorid (Polychlorethen)	PVC	Epoxidharz	EP	Nitril-Kautschuk	NBR
	Polyisobutylen) (Polyisobuthen)	PIB	Polyurethan	PU	Butyl-Kautschuk	BR
	Polycarbonat	PC	Phenol-Formaldehydharz	PF	Polysulfid-Kautschuk	SR
	Polyamid	PA	Harnstoff-Formaldehydharz	UF	Silikon-Kautschuk	SI
	Polypropylen	PP	Melamin-Formaldehydharz	MF	Chloropren-Kautschuk	CR

Silikone

Silikonöle, Silikonkautschuke, Silikonharze; Wasser abstoßend, temperaturbeständig von – 90 °C bis 280 °C; verwendet zum wasserdichten Verschließen von Fugen und zum Abdichten von Glasfälzen im Fensterbau.

6

Vergleich Kunststoffe – Metalle

Merkmale	Metalle	Kunststoffe	Auswirkungen, auf Eigenschaften der Kunststoffe
Kleinste Teilchen	Atome der Metalle	Makromoleküle unterschiedlicher Größe aus Nichtmetallen	niedrige Dichte
Bindungskraft der Teilchen	große gegenseitige Anziehung zwischen Metallionen und freien Elektronen	schwache Bindung zwischen Molekülen, keine freien Elektronen	große Wärmedehnung, geringe Festigkeit, elektrische Nichtleiter
Bindungsart der Teilchen	kristallin (Metallgitter)	amorph (richtungslose Anordnung der Moleküle, wattebauschartig verfilzt) oder teilkristallin räumliche Vernetzung	**Thermoplaste:** bei höherer Temperatur plastisch verformbar, zäh, elastisch, durch Recken höhere Zugfestigkeit, keine definierten Schmelz- und Siedepunkte **Duroplaste:** hart, spröde

Eigenschaften und Anwendungsbereiche von Kunststoffen

Kurzzeichen DIN 7728	Chemische Bezeichnung	Handelsname ®	Dichte g/cm³	Zugfestigkeit bzw. Streckspannung N/mm²	Anwendungs-Grenztemperaturen °C	Chemische Beständigkeit bei 20 °C				Anwendungsbeispiele
						Mineralöle	Benzin	verd. Säuren	verd. Laugen	
PE	Polyethylen	Hostalen, Lupolen	0,92 ... 0,96	9 ... 28	100 ... 120	◐	◐	●	●	Rohre, Behälter, Kabelisolierungen, textile Fasern, Folien
PP	Polypropylen	Hostalen PP, Novolen	0,91	33	140	◐	◐	●	●	Rohre, Behälter, textile Fasern, Seile
PS	Polystrol	Hostyren	1,05	56	85	◐	○	▲	●	Beschläge
	Polystrol Hartschaum	Styropor	0,01 ... 0,03			◐	○	◐	▲	Wärmedämmung, Trittschalldämmung
PVC hart	Polyvinylchlorid, hart	Hostalit, Vinoflex	1,38	55	70	●	▲	●	●	Wasserleitungen, Behälter, Dränrohre
PVC schlagzäh	Polyvinylchlorid schlagzäh	Hostalit Z Vinnol K	1,35	50	70	●	▲	▲	●	Fensterrahmen, Dachrinnen
PVC weich	Weich-Polyvinylchlorid	Dynadur Trodal	1,2 ... 1,3	10 ... 30	40 ... 60	▲	▲	▲	▲	Schläuche, Folien, Fußbodenbeläge, Unterspannbahnen, Fugenbänder
PTFE	Polytetrafluorethylen	Hostaflon TF Teflon	2,1 ... 2,2	20 ... 40	260	●	●	●	●	Gleitbahnenlager, Brückenlager, Beschichtungen
PMMA	Polymethylmethacrylester	Plexiglas, Resorit, Degalan	1,18	70	70 ... 90	●	●	◐	◐	Acrylglas, Leuchten, Badewannen
PC	Polycarbonat	Makrolon	1,20	50	90 ... 130	●	●	▲	▲	Schusssichere Verglasungen, Duschkabinenwände
PA	Polyamid	Ulramid	1,01 ... 1,14	50 ... 70	60 ... 140	●	●	◐	●	Schutzhelme, Schläuche
UP	Polyesterharz	Leguval Palatal	1,2 ... 1,3	30	120	●	●	●	●	Bindemittel für Kunstharzmörtel
EP	Epoxidharz	Compacta, Epoxin Epobit	1,2	40 ... 60	120					Zweikomponentenkleber, Metallkleber, Rostschutzbeschichtung, glasfaserverstärkte Kunststoffe
PU	Polyurethan Ceresit	Baydur Desmodur,	1,26		100 ... 130	▲	▲	▲	▲	Zweikomponentenkleber, Dichtungsmassen, Risseüberbrückende Beschichtung.
	Polyurethanschaum	Herathan	0,04		80 ... 100	▲	▲	▲	▲	Wärmedämmmaterial
UR	Harnstoff-Formaldehydharz-Ortschaum		0,008 ... 0,015		80 ... 100	▲	▲	▲	▲	Wärmedämmortschaum
SI	Silikon-Kautschuk	Baysilon Bostik	1,25	110	... 150	◐	◐	◐	◐	Dauerelastische Dichtungsmassen

● beständig ▲ weitgehend beständig ◐ bedingt beständig △ wenig beständig ○ nicht beständig

6

6.11 Befestigungssysteme

6.11.1 Befestigungstechnik

Baustoff (Ankergrund)

Die Art und Beschaffenheit des Baustoffs, in dem verankert werden soll, bestimmt ganz entscheidend die Auswahl des Dübelsystems.

Beton
Zu Beton gehören die beiden Untergruppen Leichtbeton und Normalbeton.

Mauerwerksbaustoffe
Mauerwerk ist ein Verbundwerkstoff aus Steinen und Mörtel. Dabei ist die Druckfestigkeit der Steine bei Altbaumauerwerk oft höher als die des Mörtels. Eine Verankerung sollte deshalb im Mauerwerksstein erfolgen.

Vollbausteine mit dichtem Gefüge
Diese Baustoffe sind sehr gut zur Verankerung von Dübeln geeignet, da sie überwiegend keine Hohlräume haben und sehr druckfest sind.

Lochbausteine mit dichtem Gefüge (Loch- und Hohlkammersteine)
Sie sind meist aus den gleichen druckfesten Materialien wie die Vollsteine hergestellt, jedoch mit Hohlräumen versehen. Werden höhere Lasten an diesen Baustoffen befestigt, sollten spezielle Dübel verwendet werden, die Hohlräume überbrücken oder ausfüllen können.

Vollbaustoffe aus porigem Gefüge
Diese Baustoffe haben meist eine geringe Druckfestigkeit und sehr viele Poren. Geeignet sind Dübel mit langer Spreizzone oder stoffschlüssige Dübel.

Vollstein aus Leichtbeton (i.A. als Schwemmstein bezeichnet, Vollstein aus Blähton, z.B. „Liapor", Leca")

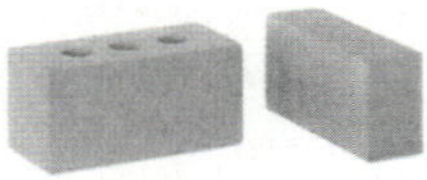

Porenbeton („Ytong", „Hebel", „Siporex", „Durox", „Greisel")

6

Lochbaustoffe mit porigem Gefüge (Leicht-Lochsteine)
Sie haben meist eine geringe Druckfestigkeit, Hohlräume und Poren. Geeignet sind Dübel mit langer Spreizzone oder formschlüssig wirkende Injektionsanker.

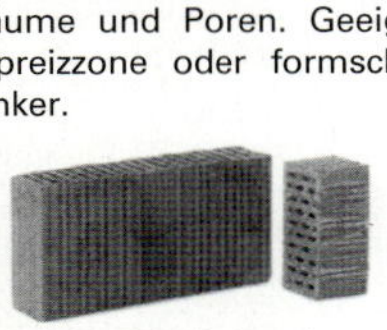

Leichthochlochziegel (z.B. Unipor, Poroton)

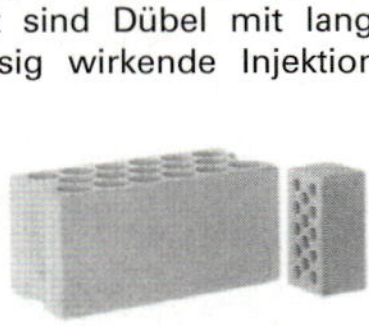

Leichtbetonhohlblockstein, (z.B. aus Bims oder Blähton)

Platten und Tafeln (Plattenbauelemente)
Zu dieser Gruppe gehören dünnwandige Baustoffe, die häufig eine geringe Festigkeit aufweisen. Geeignet sind Dübel mit langer Spreizzone oder formschlüssige Dübel (Hohlraumdübel).

Bohrverfahren

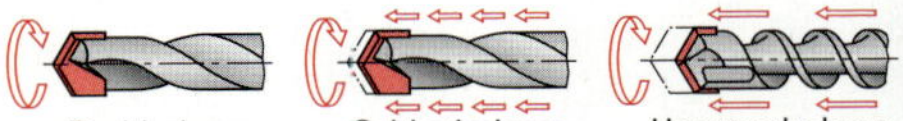

Der Baustoff bestimmt das Bohrverfahren. Grundsätzlich gilt: Vollbaustoffe mit dichtem Gefüge → Schlag- und Hammerbohren. Lochbausteine, Baustoffe mit geringer Festigkeit und Porenbeton nur im Drehgang bohren, damit das Bohrloch nicht zu groß wird und in Lochsteinen die Stege nicht ausbrechen.

Montage

Rand- und Achsabstand, Bauteildicke
Um ein Abplatzen des Baustoffs oder Rissebildung zu vermeiden und um die erforderliche Last mit Dübeln übertragen zu können, müssen Rand- und Achsabstände sowie die erforderliche Bauteilbreite und -dicke nach Vorschrift eingehalten werden. Bei Kunststoffdübeln kann üblicherweise von einem Randabstand $2 \times h_V$ (h_V Verankerungstiefe, auch üblich h_{ef} effektive Verankerungstiefe) und einem Achsabstand $4 \times h_V$ ausgegangen werden.

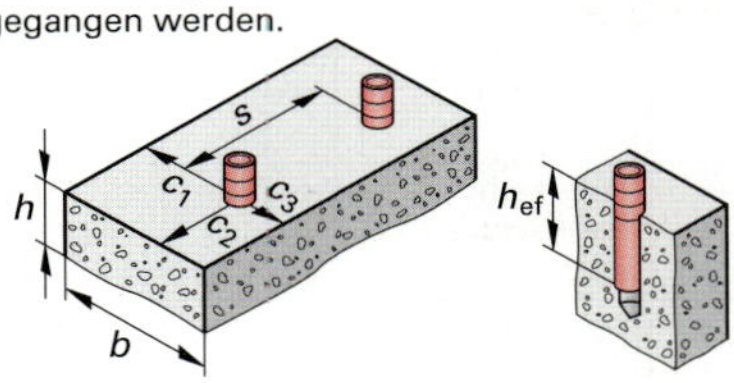

Bohrlochtiefe
Die Bohrlochtiefe muss bei vielen Dübeln größer sein als die Verankerungstiefe. Nach dem Bohren muss das Bohrmehl entfernt werden. Ein ungesäubertes Bohrloch reduziert die Haltewerte!

Nutzlänge
Die Nutzlänge d_a (auch üblich: t_{fix} Klemmdicke) entspricht meist der Dicke des befestigten Montagegegenstandes. Ist der Ankergrund mit Putz oder Isoliermaterial verkleidet, müssen Schrauben oder Dübel gewählt werden, deren Nutzlänge mindestens der Putzstärke und der Dicke des Montagegegenstandes entspricht.

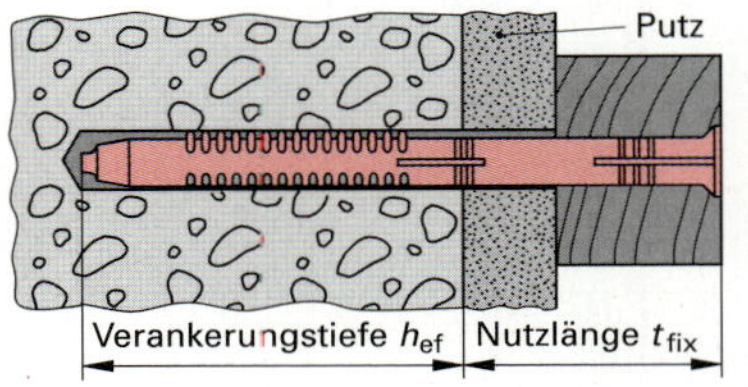

Verankerungstiefe
Die Verankerungstiefe h_V entspricht bei Kunststoff und Stahldübeln der Distanz zwischen Oberkante des tragenden Bauteiles bis zur Unterkante des Spreizteiles.

Belastung

Größe und Art der Belastung

Ebenso wichtig wie die Abmessungen und die Art des Ankergrundes sind für die Dübelauswahl die Lasten bzw. Kräfte, die bei der Befestigung eines Gegenstandes auftreten.
Zur Ermittlung der maximalen Gebrauchslast wird die Bruchkraft durch einen Sicherheitsbeiwert dividiert.

$$\text{max. Gebrauchslast} = \frac{\text{Bruchkraft } (F)}{\text{Sicherheitsfaktor } (\gamma)}$$

Als Sicherheitsfaktor gelten:
gegenüber Bruchkraftmittelwert: Stahldübel $\gamma \geq 4$
Kunststoffdübel $\gamma \geq 7$

Ankereinteilung und Wirkungsweise

Reibschluss
Das Spreizteil des Dübels wird an die Bohrlochwandung gepresst und trägt durch Reibung die äußeren Zuglasten.

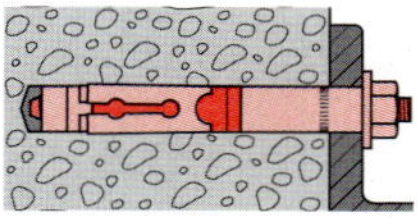

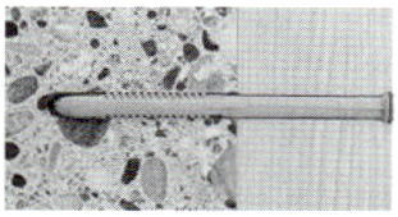

Formschluss
Die Dübelgeometrie passt sich der Form des Untergrundes bzw. des Bohrlochs an.

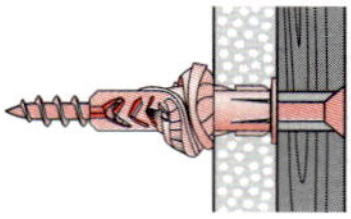

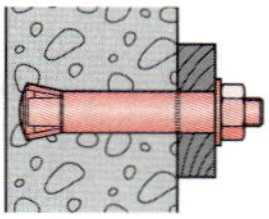

Stoffschluss
Ein Mörtel verbindet sich mit dem Dübel- und Ankergrund.

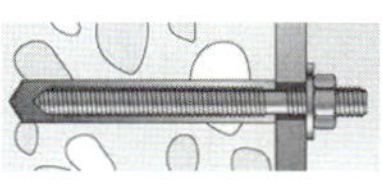

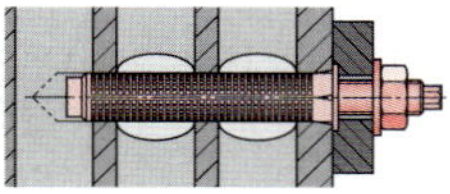

Versagensarten

Überbeanspruchung, falsche Montage und nicht ausreichend tragfähiger Untergrund können zum Versagen von Dübelsystemen führen.

- Bruch des Ankergrundes
  - zu hohe Last „*N*"
  - zu geringe Festigkeit des Ankergrundes
  - zu geringe Setztiefe
- Spalten des Bauteils
  - zu geringe Bauteilabmessungen
  - Rand- und Achsabstände nicht eingehalten
  - Spreizdruck zu hoch
- Herausziehen des Dübels
  - Reib- oder Stoffschluss versagt durch zu hohe Last oder fehlerhafte Montage
- Stahlbruch
  - Dübel- oder Schraubenfestigkeit zu gering für angehängte Last

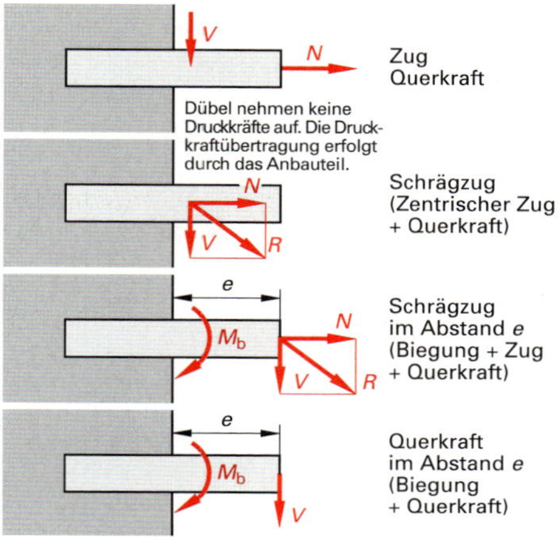

fischer Dübel S

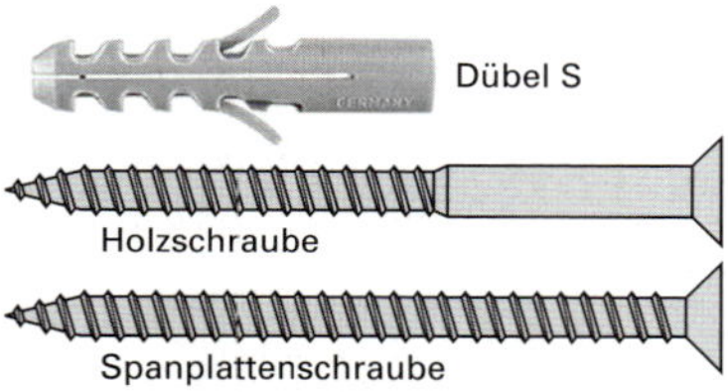

Charakteristische Versagenslasten in kN

- Bei Verwendung von Hammerbohrern und größtem Holzschrauben-∅ (Stahlschraube).
- Bei der Verwendung von Spanplattenschrauben sind die Werte um 30 % zu reduzieren.
- Auf diese Versagenslasten ist ein Sicherheitsbeiwert zu berücksichtigen.

Dübeltyp	S4	S5	S6	S8	S10	S12	S14	S16	S20
Schrauben-∅ in mm	3	4	5	6	8	10	12	12	16
Beton ≥ C12/15	0,8	1,4	2,0	3,3	6,1	9,0	11,9	11,3	19,4
Vollziegel ≥ Mz 12	0,7	1,2	1,9	3,3	–[1]	–[1]	–[1]	–[1]	–[1]
Kalksandvollstein ≥ KS 12	0,7	1,2	1,9	3,3	–[1]	–[1]	–[1]	–[1]	–[1]
Porenbeton ≥ PP2	–	–	0,25	0,35	0,8	1,4	2,0	–[1]	–[1]

[1] Das Versagen des Untergrundes ist so unterschiedlich, dass keine Werte angegeben werden können.

Schraubenlänge

Die Schraubenlänge richtet sich nach
- der Dübellänge A
- der Dicke des zu befestigenden Bauteils B
- der Unterkonstruktion und
- dem Schraubendurchmesser C.

Z.B. A + B + C = 50 mm + 20 mm+ 6 mm = 76 mm
Standardlänge 80 mm ► S. 300

6

6.11.2 Befestigungs-Systemplan

▲ = DIBt-Zulassung ■ = ETA-Zulassung ● gut geeignet

DIBt Deutsches Institut für Bautechnik
ETA European Technical Approval (europäische technische Zulassung)

			Zugelassen für					Werkstoff			Verankerungsgrund													
			gerissener Beton	ungerissener Beton	Fassadenbefestigungen	abgehängte Decken	Mauerwerk	Stahl galvanisch verzinkt	Edelstahl A4	Hochkorrosionsbeständiger Stahl 1.4529	Beton	Spannbeton-Hohldeckenplatten	Naturstein dichtes Gefüge	Vollziegel	Kalksand-Vollstein	Vollstein aus Leichtbeton	Porenbeton	Vollgips-Platten	Hochlochziegel	Kalksand-Lochstein	Hohlblockstein aus Leichtbeton	Hohldecken aus Ziegel, Beton o.ä.	Gipskarton- und Gipsfaserplatten	Spanplatten
Allgemeine Befestigungen																								
Dübel SX	SX										●	●	●	●	●	●	●	●	●	●	●	●		
Dübel S	S										●	●	●	●	●	●	●	●	●	●	●	●		
Universaldübel	UX										●	●	●	●	●	●	●	●	●	●	●	●	●	●
Gasbetondübel	GB					▲	▲										●							
Dämmstoffdübel	FID																							
Turbo Porenbetonanker	FTP/FTPK																●							
Metallspreizdübel	FMD										●	●	●	●	●	●	●	●	●	●	●	●		
Reparaturvlies	FIX.it										●	●	●	●	●	●	●	●	●	●	●	●	●	
Balkonbefestigung mit Abdeckklappe	BBF																							
Treppenbefestigung	TB/TBB										●		●	●	●	●								
Hohlraum-Befestigungen																								
Hohlraum-Metalldübel	HM	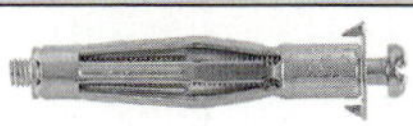						●															●	●
Kippdübel	KD							●				●											●	●
Plattendübel	PD																						●	●
Gipskartondübel	GK																						●	
Gipskartondübel	GKM	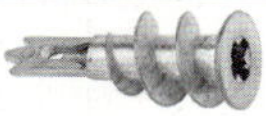																					●	

Fortsetzung Befestigungs-Systemplan

▲ = DIBt-Zulassung ■ = ETA-Zulassung • gut geeignet

			Zugelassen für					Werkstoff			Verankerungsgrund													
			gerissener Beton	ungerissener Beton	Fassadenbefestigungen	abgehängte Decken	Mauerwerk	Stahl galvanisch verzinkt	Edelstahl A4	Hochkorrosionsbeständiger Stahl 1.4529	Beton	Spannbeton-Hohldeckenplatten	Naturstein dichtes Gefüge	Vollziegel	Kalksand-Vollstein	Vollstein aus Leichtbeton	Porenbeton	Vollgips-Platten	Hochlochziegel	Kalksand-Lochstein	Hohlblockstein aus Leichtbeton	Hohldecken aus Ziegel, Beton o.ä.	Gipskarton- und Gipsfaserplatten	Spanplatten
Schwerlast-Befestigungen – Stahl																								
Ankerbolzen	FAZ II		■	■				•	•	•	•		•											
Bolzen	FBN II			■				•	•		•		•											
Schwerlastdübel	TAM			■				•			•		•											
Einschlaganker	EA II	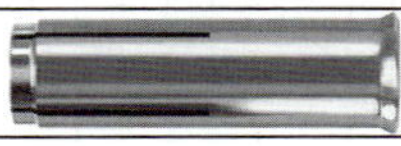		■		■		•	•		•		•											
Nagelanker	FNA II					■		•	•	•	•	•	•	•	•									
Deckennagel	FDN					■		•			•	•	•	•	•									
Betonschraube	FBS		■	■		▲		•			•	•	•	•	•									
Hohldeckenanker	FHY							•			•	•	•											
Schwerlast-Befestigungen – Chemie																								
Highbond-Anker	FHB II FHB II-P FIS HB	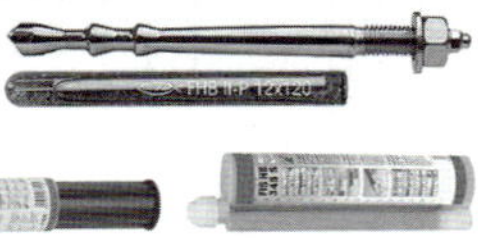	■	■				•	•	•	•													
Reaktionsanker R (Eurobond)	RM RG M			■				•	•	•	•		•											
Injektions-System für Beton	FIS A FIS V	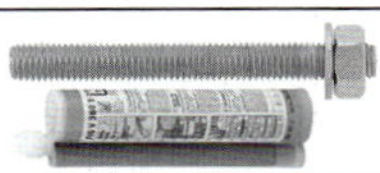		■				•	•	•	•													
Injektions-System für Mauerwerk	FIS V FIS E FIS A FIS H K	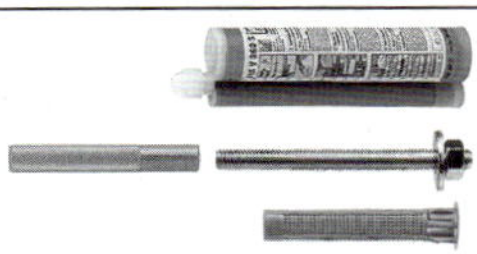					▲	•	•	•		•	•	•	•	•	•		•	•	•	•		
Injektions-System für Porenbeton	PBB FIS A						▲	•	•								•							

6

Fortsetzung Befestigungs-Systemplan

▲ = DIBt-Zulassung ■ = ETA-Zulassung • gut geeignet

			Zugelassen für					Werkstoff			Verankerungsgrund													
			gerissener Beton	ungerissener Beton	Fassadenbefestigungen	abgehängte Decken	Mauerwerk	Stahl galvanisch verzinkt	Edelstahl A4	Hochkorrosionsbeständiger Stahl 1.4529	Beton	Spannbeton-Hohldeckenplatten	Naturstein dichtes Gefüge	Vollziegel	Kalksand-Vollstein	Vollstein aus Leichtbeton	Porenbeton	Vollgips-Platten	Hochlochziegel	Kalksand-Lochstein	Hohlblockstein aus Leichtbeton	Hohldecken aus Ziegel, Beton o.ä.	Gipskarton- und Gipsfaserplatten	Spanplatten
Langschaftdübel																								
Langschaftdübel	SXS		▲		▲			•	•		•		•	•	•	•		•			•			
Universal-Rahmendübel	FUR				▲			•	•		•		•	•	•	•		•	•	•	•			
Langschaftdübel	SXR				■			•	•		•		•	•	•	•	•	•	•	•	•			
Nageldübel	N/NU							•	•		•		•	•	•	•	•	•	•	•	•			
Nagelhülse	FNH										•		•	•	•									
Fensterschraube	FS 45							•																
Fensterrahmen-dübel	F-S							•			•		•	•	•	•	•	•	•	•	•			
Metall-Rahmendübel	F-M							•			•		•	•	•	•	•	•	•	•	•			
Fensterrahmen-Schraube	FFS/FFSZ							•			•		•	•	•	•	•	•	•	•	•			
Justierdübel	S 10 J							•			•		•	•	•	•	•	•						
Justierschraube	JUSS JS							•																
Abstandschraube Universal	ASL							•																

6

Befestigungslösungen für den Betonfertigteilbau

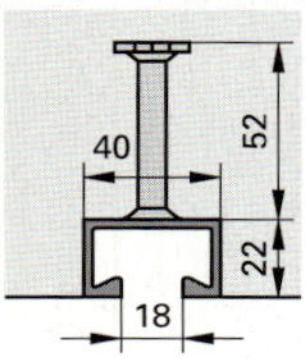

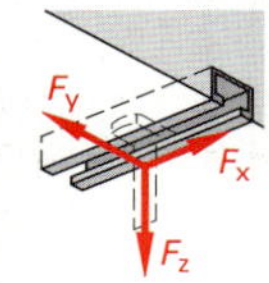

F = Zug in alle Lastrichtungen

Montageschienen

Durch Einbauteile für Befestigungen können tragfähige, dauerhafte oder demontable Verbindungen hergestellt werden.

Die Einbauteile (Ankerschienen) bestehen aus U-förmigen Stahlprofilen mit angeschweißten Verankerungselementen. Sie werden vor dem Betoniervorgang auf der Schalung befestigt und ausgeschäumt. Für die anzuhängenden Bauteile werden entsprechende Hammer- oder Hakenkopfschrauben befestigt.

Schienen und Schrauben müssen bauaufsichtlich und für die Brandschutzklasse F90 bzw. F60 zugelassen sein.

Einzellasten bis ca. 25 kN Gesamtlast möglich.

6.12 Bauglas

Fensterglas ▶ S. 140 und 154

Glas besteht aus etwa 60 % Quarzsand (SiO_2), 20 % Soda (Na_2CO_3) oder Pottasche (K_2CO_3), 10 % Kalkstein ($CaCO_3$) und 10 % Dolomit ($CaCO_3 \cdot MgCO_3$). Diese Rohstoffe werden fein gemahlen, gemischt und bei ≈ 1500 °C geschmolzen. Nach Abkühlung auf ≈ 1000 °C entsteht eine dickflüssige, formbare Glasschmelze. Durch Zugabe von Metalloxiden kann Glas gefärbt oder getrübt werden.

Herstellungsverfahren

Ziehverfahren	Endloses Glasband wird aus der Schmelzwanne gezogen und nach Abkühlung in Tafeln geschnitten.
Float- oder Schwimmverfahren	Endloses Glasband wird über flüssiges Zinnbad gezogen. Durch Rollen wird das Glasband auf gewünschte Dicke gestreckt und nach Abkühlung in Tafeln geschnitten. Häufigstes Verfahren zur Herstellung von Fenster-, Spiegelglas u.Ä.
Walzverfahren	Die Glasschmelze fließt auf Walzen und wird von diesen auf die gewünschte Dicke gewalzt.
Pressverfahren	Eine abgewogene Menge der Glasschmelze wird zwischen einer Metallform und einer Gegenform gepresst. Verfahren zur Herstellung von Glasbausteinen, Glasdachziegeln, Flaschen usw.
Glasfaserherstellung	Die Glasschmelze wird durch feine Düsen gepresst, gezogen, abgekühlt und auf drehenden Trommeln zu dünnen Fäden aufgewickelt.

Arten von Baugläsern

Fensterglas DIN 1249/DIN EN 572	Ungefärbtes Flachglas; Regellänge bis 6000 mm, Regelbreite bis 3210 mm Dünnglas 0,7 mm ... 1,9 mm, mittlere Dicke 2,8 mm, Dickglas > 3,8 mm
Kristallspiegelglas	Flachglas mit völlig verzerrungsfreier Durchsicht. Herstellung im Floatverfahren oder durch beidseitigen Schliff.
Isolierglas	Zwei oder mehrere Flachgläser im Abstand von 12 mm ... 16 mm. Der Raum zwischen den Scheiben enthält trockene Luft und ist luftdicht verschlossen.
Sonnenschutzglas	Durch Beschichten der Oberfläche mit Metallen werden Wärmestrahlen zurückgeworfen (reflektiert), sodass je nach Lage der Schicht das Aufheizen von Innenräumen bzw. deren Abkühlung vermindert wird.
Drahtglas	Bei der Herstellung wird ein feines Drahtnetz zwischen die Glasmasse eingewalzt.
Gussglas	Charakteristisches Merkmal ist die stark ausgeprägte Ornamentierung der Oberfläche.
Dekorglas	Baugläser, die natürliches Tageslicht spenden, dennoch eine Durchsicht verhindern.

Eigenschaften von Bauglasern

Rohdichte		2,4 kg/dm³ … 2,9 kg/dm³
Ritzhärte nach Mohs		6 … 7
Wärmeleitzahl		0,81 W/m K
Erweichungstemperatur		600 °C
Festigkeit	Druck	900 N/mm²
	Zug	60 N/mm²
Elastizitätsmodul		75 000 N/mm²
Querdehnzahl		0,25

Bestimmung der Scheibendicke

Staudruck 0,8 kN/m² ≙ Gebäudehöhe 8 m ... 20 m
4-seitige Lagerung

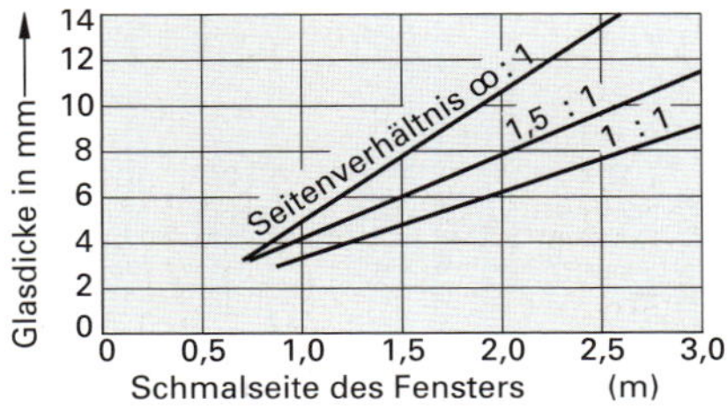

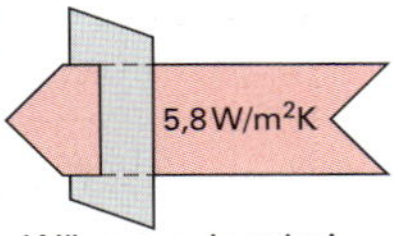

Wärmeverlust bei Einfachscheiben

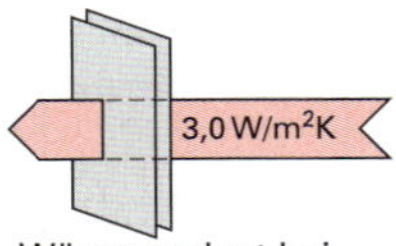

Wärmeverlust bei Isolierglas

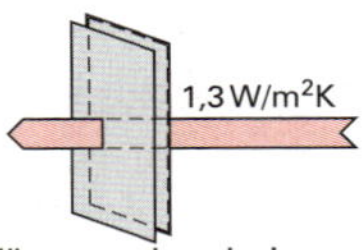

Wärmeverlust bei Wärmedämm-Isolierglas

6

6.13 Ungebundene Schichten im Verkehrswegebau

Ungebundene Schichten bilden den volumenmäßig größten Anteil des Oberbaus von Straßen, Wegen und Eisenbahnlinien, aber auch von Terrassen oder Zufahrten. Sie bestehen aus geeigneten Gesteinskörnungen (▶ S. 182 ... 188) gemäß den Technischen Lieferbedingungen für Gesteinskörnungen im Straßenbau (TL Gestein-StB).

Die Anforderungen der zu liefernden Baustoffgemische enthalten die Technischen Lieferbedingungen für Baustoffgemische und Böden zur Herstellung von Schichten ohne Bindemittel im Straßenbau (TL SoB-StB), die Anforderungen der fertigen Schicht die Zusätzlichen Technischen Vertragsbedingungen und Richtlinien für den Bau von Schichten ohne Bindemittel im Straßenbau (ZTV SoB-StB).

Grenzsieblinien nach den ZTV SoB für Schichten ohne Bindemittel

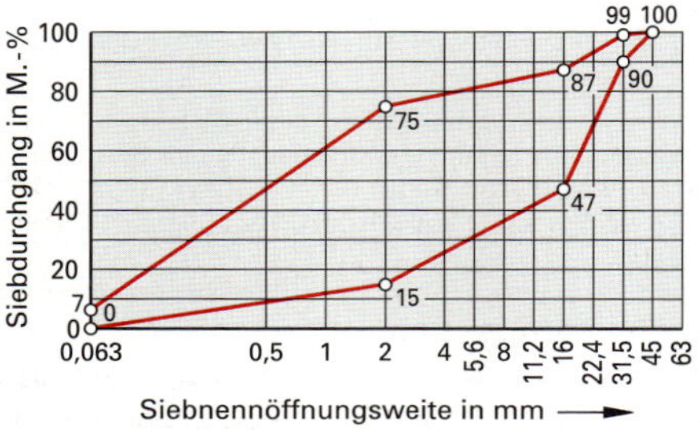

Frostschutzschicht 0/32

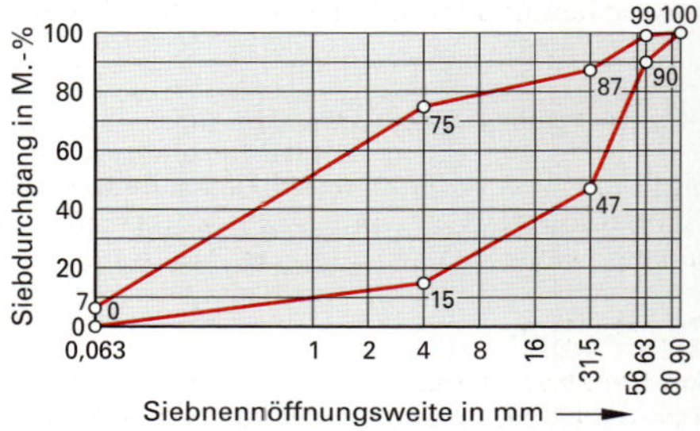

Frostschutzschicht 0/63

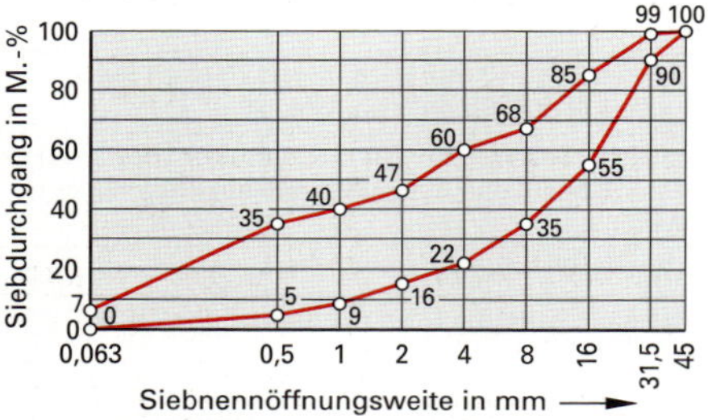

Kies- und Schottertragschicht 0/32

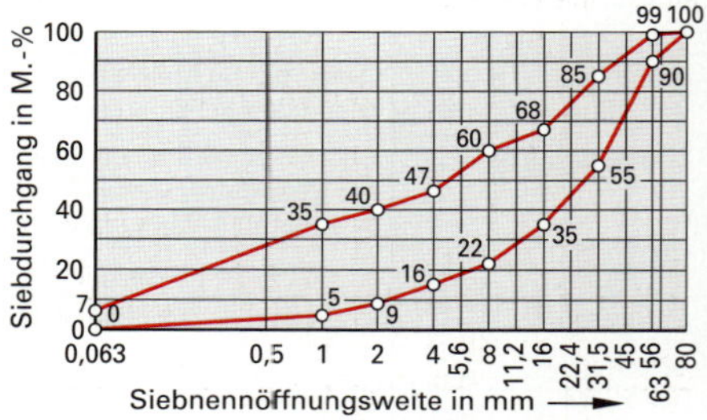

Kies- und Schottertragschicht 0/56

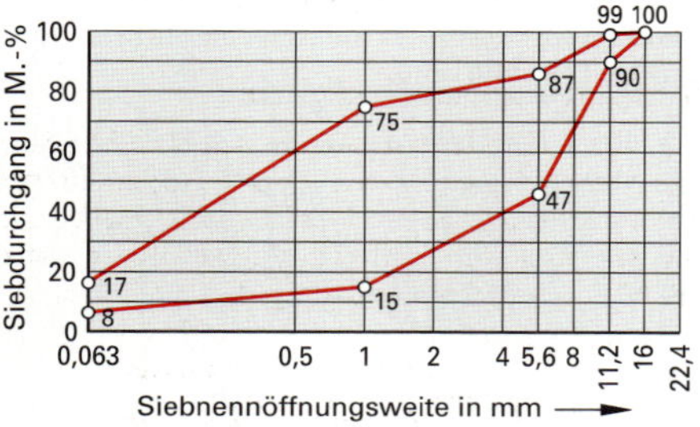

Deckschicht ohne Bindemittel 0/11

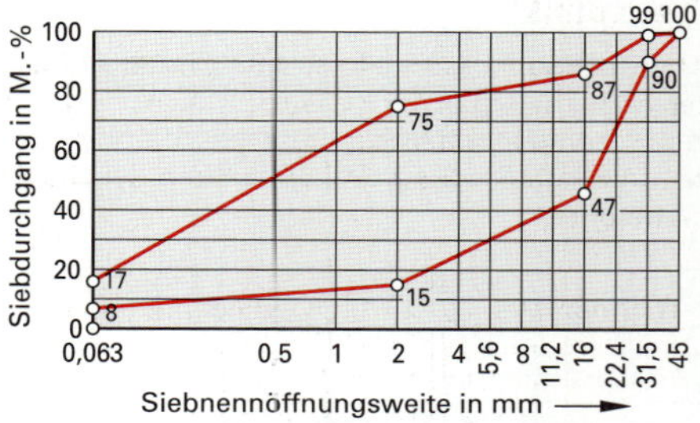

Deckschicht ohne Bindemittel 0/32

Einbaudicken von Tragschichten ohne Bindemittel

Größtkorn	11 mm	16 mm	32 mm	45 mm	56 mm	63 mm
Mindestschichtdicke der verdichteten Schicht	3 cm	5 cm	12 cm	15 cm	18 cm	20 cm

6.14 Bitumige Stoffe

Bitumen, Teer und Pech sind Baustoffe organischen Ursprungs, die schwarz aussehen und deren Eigenschaften stark von der Temperatur abhängen. Alle Stoffe, die Bitumen, Teer oder Pech enthalten, also auch deren Mischung mit Gesteinen und deren Weiterverarbeitung in der Form von Dachbahnen, werden zusammengefasst als bitumige Stoffe bezeichnet. Bitumen und Teer sind organische Stoffe und chemisch gesehen Kohlenwasserstoffe.

6.14.1 Bitumen

Bitumen ist der Rückstand bei der Destillation von Erdöl. Durch die Destillation (= Verdampfung und anschließende Verflüssigung) wird das Erdöl in seine Bestandteile zerlegt. Je höher die Temperatur, je niedriger der Druck und je länger die Destillation gewählt wird, desto mehr flüssige Bestandteile entweichen und desto härter ist das verbleibende Bitumen.

Prüfungen von Bitumen

Bitumen verändern ihre mechanischen Eigenschaften in Abhängigkeit von der Temperatur. Je nach Temperatur sind sie springhart, zähplastisch, weich oder flüssig. Diese thermoplastischen Eigenschaften werden durch spezielle Prüfverfahren bestimmt.

Penetration

Als Penetration nach **DIN EN 1426** bezeichnet man die Eindringtiefe einer Nadel von 100 g Gewicht in 25 °C warmes Bitumen während einer Zeitspanne von 5 s.

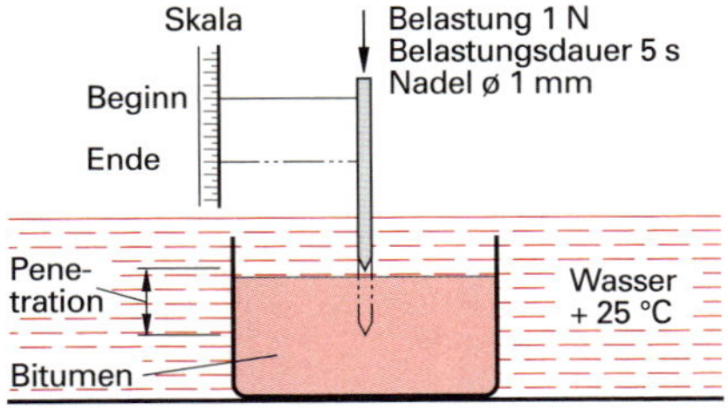

Brechpunkt

Als Brechpunkt nach Fraaß **DIN EN 12 593** bezeichnet man die Temperatur, bei der ein auf einer Stahlplatte aufgebrachter Bitumenfilm bei wiederholter Biegung und Entlastung der Stahlplatte bricht.

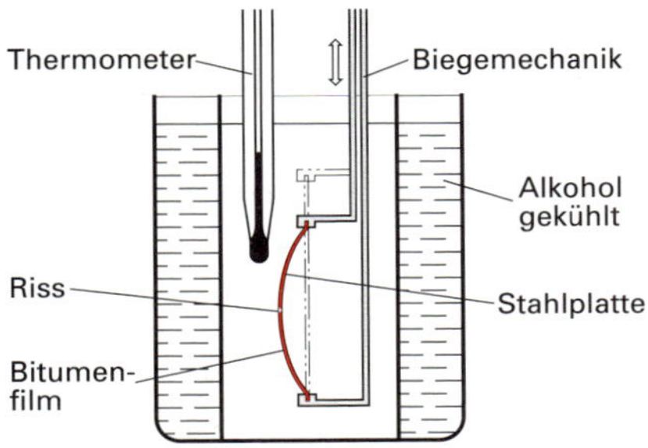

Erweichungspunkt

Als Erweichungspunkt nach **DIN EN 1427** bezeichnet man die Temperatur, bei der ein durch eine Stahlkugel belasteter Bitumenfilm unter definierten Prüfbedingungen 25 mm durchhängt.

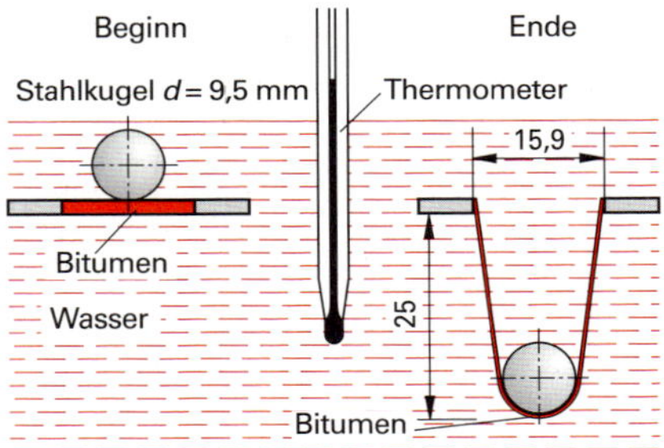

Straßenteer-Ausflussgerät

Mit dem Straßenteer-Ausflussgerät (Straßenteer-Viskosimeter) wird die Viskosität bestimmt, indem die Ausflusszeit einer vorgegebenen Menge (50 ml) bei definierter Temperatur (30 °C … 50 °C) gemessen wird.

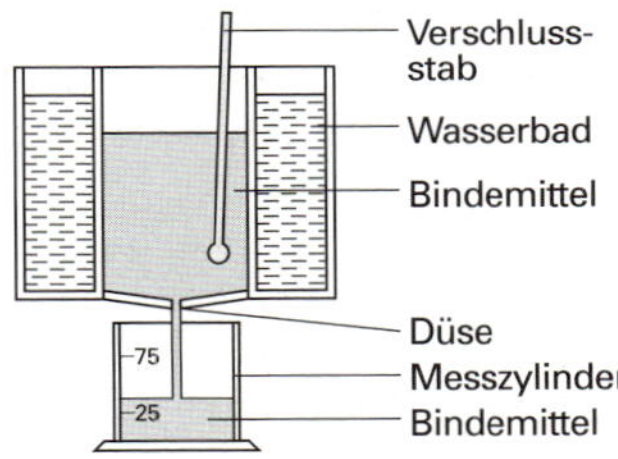

Arten von Bitumen und von Bitumenprodukten	Herstellung und Verarbeitungseigenschaften
Destillations- oder Straßenbaubitumen	Rückstand nach Vakuumdestillation bei hoher Temperatur und geringem Druck (≈ 300 °C, ≈ 65 hPa). Destillationsbitumen werden zur Verarbeitung auf 160 °C ... 240 °C erhitzt und flüssig verarbeitet.
Hartbitumen (Hochvakuumbitumen)	Rückstand nach Vakuumdestillation bei hoher Temperatur und geringem Druck (≈ 400 °C, ≈ 25 hPa). Verarbeitung flüssig bei ca. 250 °C.
Oxidationsbitumen (geblasene Bitumen)	Oxidationsbitumen entstehen nach Einblasen von Luft in flüssiges, ≈ 300 °C heißes Bitumen. Verarbeitung bei ca. 230 °C.
Polymermodifizierte Bitumen	Bitumen mit Zusätzen von 3 % ... 30 % Polymere zur Verbesserung der Eigenschaften (Haftung, Erhöhung des Erweichungspunktes).
Fluxbitumen, Weichbitumen	Durch Verschnitt von Bitumen mit dünnflüssigen Ölen erhält man weiches Fluxbitumen. Fluxbitumen braucht zur Verarbeitung nur auf ≈ 140 °C erhitzt werden.
Kaltbitumen, Bitumenlösungen	Kaltbitumen sind Lösungen von Bitumen in Lösungsmitteln wie Benzin. Kaltbitumen werden kalt verarbeitet. Die Erhärtung erfolgt durch Verdunsten des Lösungsmittels, wobei gesundheitsschädliche Dämpfe entstehen können.
Bitumenemulsionen	Bitumenemulsionen sind Mischungen von 60 % ... 70 % Bitumen, Wasser und ca. 1 % Emulgatoren. Der Emulgator verhindert, dass die Bitumentröpfchen von 1 µm ... 5 µm ∅ zusammenfließen und sich von Wasser trennen. Bitumenemulsionen binden ab, indem durch Kontakt mit Gestein die Emulgatorwirkung aufgehoben wird und anschließend das Wasser verdunstet. Nach der Zeit und bis zum Zerfall der Bitumenemulsion (Brechen) unterscheidet man: unstabile Bitumenemulsionen (U) halbstabile Bitumenemulsionen (H) stabile Bitumenemulsionen (S). Bitumenemulsionen können bei jeder Temperatur > 0 °C verarbeitet werden. Stabile Bitumenemulsionen lassen sich mit Gestein mischen.
Bituminöse Dickbeschichtung	Ein- oder zweikomponentige Masse aus polymermodifizierter Bitumenemulsion, Füller, Feinsand und Faserstoffen zum Auftrag auf Mauerwerk zum Schutz gegen nichtdrückende Feuchtigkeit.

6

Anforderungen an Bitumen nach DIN EN 12 591 und nach Herstellerangaben

Bitumensorte		Penetration $\frac{1}{10}$ mm	Erweichungspunkt Ring und Kugel °C Europa	Deutschland	Brechpunkt nach Fraaß °C
Straßenbaubitumen	160/220	160 ... 220	35 ... 43	37 ... 43	< – 15
	70/100	70 ... 100	43 ... 51	43 ... 49	< – 10
	50/70	50 ... 70	46 ... 54	48 ... 54	< – 8
	30/45	30 ... 45	52 ... 60	53 ... 59	< – 5
	20/30	20 ... 30	55 ... 63	57 ... 63	–
Hartbitumen	HVB 90/100	3 ... 8	90 ... 100		–
Oxidationsbitumen	85/25	20 ... 30	80 ... 90		< – 10
Fluxbitumen	FB 500	≈ 500	–		–

6.14.2 Teer und Pech

Während der thermischen Zersetzung von Steinkohle bei etwa 1000 °C unter Luftabschluss entstehen neben Koks auch Gase. Während der Abkühlung der Gase scheidet sich Teer als Destillat ab. Die Trennung des Destillates ergibt flüssige Teeröle, zähflüssige Teerharze und Peche (Teerpeche). Die Begriffe Teer und Pech werden oft nicht genau unterschieden. Teer und Pech enthalten giftige Substanzen, werden seit 1989 nicht mehr hergestellt und sind deshalb als Sondermüll zu entsorgen.

6.14.3 Asphalt

Asphalt ist die Mischung von Gesteinskörnungen (Mineralstoffen) und Bitumen (Bindemittel). Je nach Zusammensetzung unterscheidet man Gussasphalt und Walzasphalt. Beim Gussasphalt ist der Bindemittelanteil so groß, dass alle Hohlräume der Gesteinskörnung mit Bitumen ausgefüllt sind. Beim Walzasphalt verbleiben nach der Mischung der Gesteinskörnungen und dem Bitumen Hohlräume im Mischgut. Dieses Mischgut muss während der Verarbeitung verdichtet werden (Walzen). Durch die neuen europäischen Normen für Asphalt DIN EN 13 108 werden die bisherigen deutschen Mischgutsorten für Asphaltbeton, Asphaltbinder, Asphalttragschicht und Asphalttragdeckschicht zusammengefasst unter dem Begriff „Asphaltbeton" (engl. Asphalt-concrete AC), der alle Walzasphalte mit kontinuierlicher Sieblinie sowie mit einem geringen Hohlraumgehalt umfasst. Nach wie vor sind jedoch für die verschiedenen Schichten einer Straßenkonstruktion unterschiedliche Mischgutsorten erforderlich. Je nach Einbaudicke haben die einzelnen Sorten angepasste Größtkörner.

Sorte und Anwendung	Abk.	Größtkorn[1]	Anwendung	Abk.	Beanspruchungsart	Abk.
Asphaltbeton	AC	5, 8, 11, 16	Deckschichten	D		
Asphaltbeton	AC	11, 16, 22	Binderschichten	B		
Asphaltbeton	AC	16, 22, 32	Tragschichten	T	Besondere	S
Splittmastixasphalt	SMA	5, 8, 11	Deckschichten		Normale	N
Gussasph., Mastix A.	MA	5, 8, 11	Deckschichten		Leichte	L
Asphaltbeton	AC	16	Tragdeckschichten	TD		
Offenporiger Asphalt	PA	8, 11, 16	Deckschichten			

[1] Das Größtkorn wird gerundet angegeben. Es sind die Quadratlochsiebe 5,6; 8; 11,2; 22,4 und 31,5 (in mm) zu verwenden.

Verdichtungsgrad zur Überprüfung des Einbaus von Walzasphalt

$$k = \frac{\varrho_{BK}}{\varrho_{MPK}} \cdot 100$$

k Verdichtungsgrad in %
ϱ_{BK} Raumdichte Bohrkern
ϱ_{MPK} Raumdichte Marshall-Probekörper (Labor)

Beispiel

AC 32 T S: Asphaltbeton mit dem Größtkorn von 32 mm für Asphalttragschichten von Straßen mit besonderer Belastung

Zusammensetzung von Asphalt (Auswahl nach TL Asphalt 07)

Splittmastixasphalt SMA 8 S

Gesteinskörnung	$C_{100/0}$; $C_{95/1}$; $C_{90/1}$ SZ_{18}/LA_{20}
Bindemittelgehalt:	> 7,2 Masse-%
Bindemittelsorte:	PmB 25/55-55 Bitumen 50/70
Bindemittelträger:	0,3 bis 1,5 M.-%
Hohlraumgehalt MPK:	2,5 bis 3,0 Vol.-%
Einbaudicke nach ZTV:	3,0 bis 4,0 cm
Einbaugewicht nach ZTV:	75 bis 100 kg/m²
Verdichtungsgrad:	> 97,0 %
Hohlraumgehalt eingebaut:	< 5,0 Vol.-%
Anwendung:	Deckschichten von stark belasteten Straßen

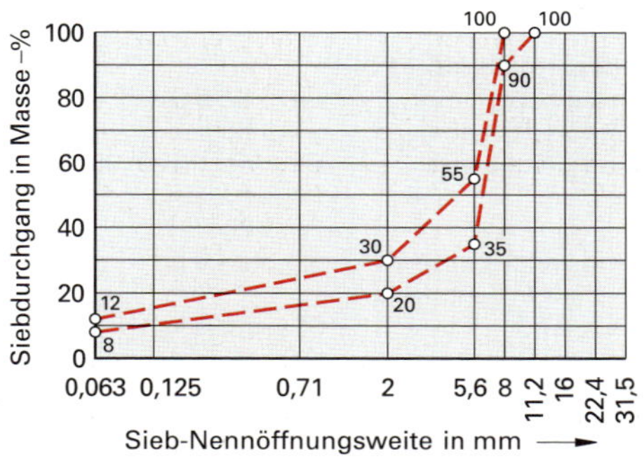

Zusammensetzung von Asphalt (Auswahl, Fortsetzung)

Asphaltbeton für Deckschichten AC 11 D N

Gesteinskörnung:	$C_{90/1}$; SZ_{22}/LA_{25}
Bindemittelgehalt:	> 6,2 Masse-%
Bindemittelsorte:	Bitumen 70/100 Bitumen 50/70
Hohlraumgehalt MPK:	1,5 bis 3,5 Vol.-%
Einbaudicke nach ZTV:	3,5 bis 4,5 cm
Einbaugewicht nach ZTV:	85 bis 115 kg/m^2
Verdichtungsgrad:	> 97,0 %
Hohlraumgehalt eingebaut:	< 5,5 Vol.- %
Anwendung:	Deckschichten von normal belasteten Straßen

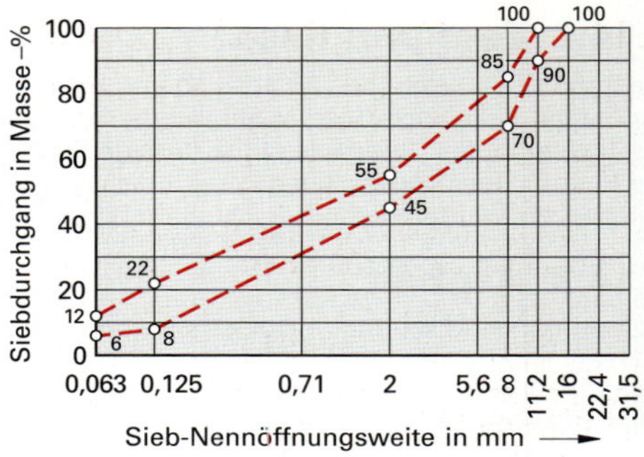

Asphaltbeton für Binderschichten AC 16 B N

Gesteinskörnung:	$C_{90/1}$; SZ_{22}/LA_{25}
Bindemittelgehalt:	> 4,4 Masse-%
Bindemittelsorte:	Bitumen 50/70 Bitumen 30/45
Hohlraumgehalt MPK:	2,5 bis 5,5 Vol.-%
Einbaudicke nach ZTV:	5,0 bis 6,0 cm
Einbaugewicht nach ZTV:	125 bis 150 kg/m^2
Verdichtungsgrad:	> 97,0 %
Anwendung:	Binderschichten von normal belasteten Straßen

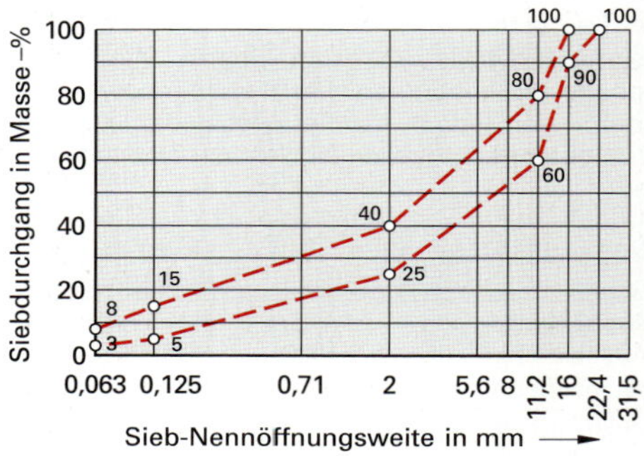

Asphaltbeton für Tragschichten AC 32 T N

Gesteinskörnung:	keine Bruchflächigkeitsanforderungen
Bindemittelgehalt:	> 4,0 Masse-%
Bindemittelsorte:	Bitumen 50/70 Bitumen 70/100
Hohlraumgehalt MPK:	4,0 bis 10,0 Vol.-%
Einbaudicke nach ZTV:	> 8,0 cm
Einbaugewicht nach ZTV:	> 185 kg/m^2
Verdichtungsgrad:	> 97,0 %
Anwendung:	Asphaltschichten von normal belasteten Straßen

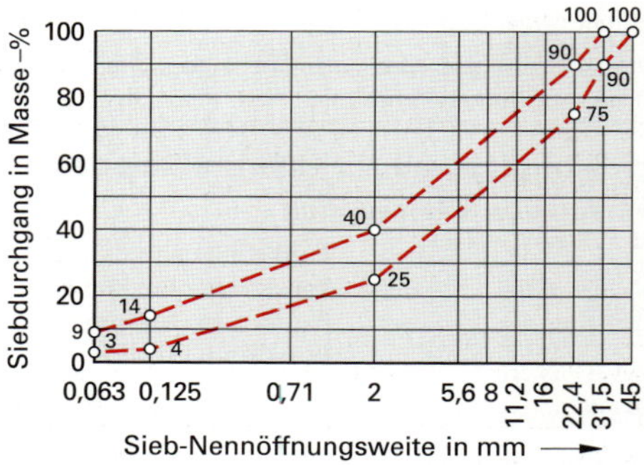

Gussasphalt MA 11 S

Gesteinskörnung:	$C_{90/1}$; SZ_{18}/LA_{20}
Bindemittelgehalt:	> 6,8 Masse-%
Bindemittelsorte:	Bitumen 20/30; 30/45 PmB 10/40-65 PmB 25/55-55
Einbaudicke nach ZTV:	3,5 bis 4,0 cm
Einbaugewicht nach ZTV:	85 bis 100 kg/m^2
Anwendung:	Deckschichten von stark belasteten Straßen, Deckschichten auf Brücken

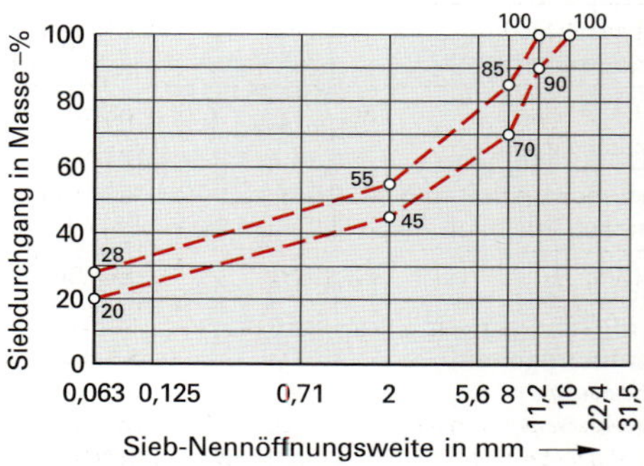

6

6.14.4 Dachpappen, Dachbahnen und Dichtungsbahnen

Nach der europäischen Norm, der DIN EN 13707, können die Hersteller von Bitumendachdichtungsbahnen verschiedene Eigenschaften ihres Produktes angeben. Dieses sind u.a. das Brandverhalten, das Zug-Dehnungsverhalten, die maximale Dehnung, der Widerstand gegen statische Belastung, das Kaltbiegeverhalten, die Wasserdichtheit sowie der Widerstand gegen Durchwurzelung.

Durch die Kombination von mechanischen und thermischen Beanspruchungsstufen werden 4 Beanspruchungklassen gebildet: IA, IIA, IB und IIB.

IA hohe thermische Beanspruchung, Stufe A + hohe mechanische Beanspruchung, Stufe I

IIB mäßige thermische Beanspruchung, Stufe B + mäßige mechanische Beanspruchung, Stufe II

Bitumenbahnen

Arten / Bezeichnung		Verarbeitung	Art der Einlage		DIN-Norm
Bitumendachbahn	R 333 R 500	Gießverfahren Gießverfahren	Rohfilzeinlage Rohfilzeinlage	333 g/m² 500 g/m²	52128
Nackte Bitumenbahn	R 333 N R 500 N	Gießverfahren Gießverfahren	Rohfilzeinlage Rohfilzeinlage	333 g/m² 500 g/m²	52129
Bitumen-Dachdichtungsbahn	G 200 J 300 PV 200	Gießverfahren Gießverfahren Gießverfahren	Glasgewebe Jutegewebe Polyestervlies	200 g/m² 300 g/m² 200 g/m²	52130
Bitumen-Schweißbahn	V 60 S G 200 J 300 PV 200	Schweißverfahren Schweißverfahren Schweißverfahren Schweißverfahren	Glasvlies Glasgewebe Jutegewebe Polyestervlies	60 g/m² 200 g/m² 300 g/m² 200 g/m²	52131
Bitumen-Dachbahn	V 13	Gießverfahren	Glasvlies Bitumenmenge	 1300 g/m²	52143
Polymerbitumen-Dachdichtungsbahn	PYE-G 200 PYE-PV 200	Gießverfahren Gießverfahren	Glasgewebe Polyestervlies	200 g/m² 200 g/m²	52132
Polymerbitumen-Schweißbahn	PYE-G 200 S4 PYE-PV 200 S4	Schweißverfahren Schweißverfahren	GW 200 g/m², PV 200 g/m²,	$d = 4$ mm $d = 4$ mm	52133

Kunststoff-/Elastomerbahnen

Art / Bezeichnung		Verbindung	Dicke, Aufbau	DIN-Norm
Polyvinylchlorid-Dachbahn	PVC-P-NB-V-PW	Quell-, Warmgasschweißen	verstärkt mit PW Dicken 1,2 mm; 1,5 mm; 2,0 mm	16 734
Polyvinylchlorid-Dachbahn	PVC-P	Quell-, Warmgasschweißen	nicht verstärkt Dicken 1,2 mm; 1,5 mm; 2,0 mm	16 730
Polyvinylchlorid-Dichtungsbahn	PVC-P-BV	Quell-, Warmgasschweißen	Dicken 1,2 mm; 1,5 mm; 2,0 mm	16 937
Polyvinylchlorid-Dichtungsbahn	PVC-P-NB	Quell-, Warmgasschweißen		16 938
Polyisobutylen-Dichtungsbahn	PIB	Quellschweißen, Kleben	Dicke > 1,5 mm	16 935
Polyisobutylen-Dachbahn	PIB	Quellschweißen, Kleben	Dicke > 1,5 mm	16 731
Polyethylen-Dachbahn	PE-C-E-PW	Schweißen, Kleben	Dicken 1,2 mm; 1,5 mm; 2,0 mm kaschiert, mit Gewebeeinlage	16736

Kurzzeichen:
N nackte Bahn, d.h. keine Abstreuung mit Sand oder ähnlichen Stoffen
K kaschiert,
V verstärkt,
NB nicht bitumenverträglich
BV bitumenverträglich,
GV Glasvlies
GW Glasgewebe
PV Polyestervlies
PW Polyestergewebe
J Jutegewebe

6

6.15 Anstrichstoffe

Anstrich- und Beschichtungsstoffe sind flüssige Stoffe, die gleichmäßig durch Streichen, Spritzen oder Tauchen auf Bauteile aufgetragen werden. Nach der Lichtdurchlässigkeit unterscheidet man zwischen deckenden, durchscheinenden (lasierenden) und durchsichtigen Anstrichen. Die Farben sind nach **RAL 840 HR** bzw. nach der **DIN-Farbkarte 6164** genormt.

Imprägnierungen dringen tief in einen porösen Untergrund. Sie schützen Holz vor Fäulnis oder wirken Wasser abweisend auf Putz- und Mauerwerksflächen.

Versiegelungen dringen in die Poren des Untergrundes ein und verschließen sie, z. B. Parkettfußböden.

Beschichtungsstoffe wie Spachtelmassen, Lacke und Bodenbeschichtungen bestehen aus:

Pigmente = Farbstoffe + Bindemittel + Lösungs- und Verdünnungsmittel + Zusatzmittel

Beschichtungen

Öle, **Wachse**, **Lasuren** ► Transparente, schwach pigmentierte Beschichtungsstoffe, sie dringen ca. 2 mm ... 3 mm in das Holz ein, Innen und Außen geeignet, geringer UV-Schutz bei farbloser Beschichtung

- lösungsmittelhaltige Systeme: Basis Naturharze, Alkydharze
- lösungsmittelarme, Systeme: Basis Alkydharze
- wasserverdünnbare Acrylate

Lacke ► Transparente, schwach oder stark pigmentierte oder farbstoffhaltige Beschichtungsstoffe, sie bestehen aus den schichtbildenden Harzen, den Löse- und/oder Verdünnungsmitteln, einige Lacke benötigen noch einen Härter, Innen und/oder Außen geeignet

- lösungsmittelhaltige Systeme: Basis Alkydharze, Polyesterharze, Acrylharze, Nitrocellulose, Polyurethanharze
- lösungsmittelarme Systeme: Basis Alkydharze
- wasserverdünnbare Acrylharze

Eigenschaften und Anwendungsgebiete von Anstrichstoffen

Beschichtungsstoffe	Bindemittel	Lösungsmittel ≙ Verdünnungsmittel	Untergrund Anwendungsgebiete	i = innen, a = außen
Kalkfarbe	Weißkalkhydrat	Wasser	Putz, Beton, Mauerwerk	i, a
Kaseinleimfarbe	Leim aus Milcheiweiß (Kasein)	Wasser	Putz, Beton, Mauerwerk	i
Kunststoff-dispersionsfarbe (KD-Farbe, Binderfarbe)	Polymerisationsharze Acrylharze	Wasser	Putz, Beton, Mauerwerk Metalle, sehr häufige Anwendung	i, a
Bitumenemulsion[1]	Bitumen	Wasser	Sperranstriche	i, a
Wasserglasfarbe	Kaliwasserglas K_2SiO_3	Wasser	Glas	i, a
Ölfarben[2]	Leinölfirnis = Leinöl + Bleiglätte PbO	Testbenzin, Terpentin	Holz, Metall	i, a
Alkydharzlack[2]	Alkydharz aus Polyester, mehrwertigen Alkoholen und Ölen	Testbenzin, Terpentin Spezialverdünner	sehr häufige Anwendung für fast jeden Untergrund, Erhärtung nach 8 h ... 24 h durch Verdunstung und Polymerisation	i, a
Nitrozelluloselack[2]	Nitrozellulose	Nitroverdünner, Azeton	Möbel	i, a
Kaltbitumen (Bitumenlösung)[1] [2]	Bitumen	Testbenzin	Sperranstriche Korrosionsschutz	i, a
Reaktionslack[2]	Harz + Härter	Spezialverdünner	Hoch beanspruchte Lacke	i, a

[1] siehe auch ► S. 232.
[2] Lösungsmitteldämpfe können schädlich sein, hierzu sind die Angaben der Hersteller zu beachten.

6.16 Gefahrstoffe im Bauwesen

Der Umgang mit Gefahrstoffen ist auf der Grundlage des Chemikaliengesetzes durch die Gefahrstoffverordnung (GefStoffV), der Liste über die maximal am Arbeitsplatz zulässige Konzentration (MAK-Liste) sowie in einer Reihe von Unfallverhütungsvorschriften der Berufsgenossenschaften geregelt.

Die folgende Tabelle ist nicht vollständig. Weitere Informationen über die Gefährdung und den sachgerechten Umgang erteilen die Berufsgenossenschaften sowie die Gewerbeaufsichtsämter.

Gefahrensymbol	Bedeutung, Untergruppen	Stoffe	Anwendung im Bauwesen
	Explosionsgefährlich E E: engl. explosive	Sprengstoffe Stoffe, in festem oder flüssigem Zustand, die durch Erwärmung oder eine nicht außergewöhnliche Beanspruchung durch Schlag zur Explosion gebracht werden.	Sprengarbeiten
	Hochentzündlich F+ Leichtentzündlich F F: engl. flammable	Propan, Nitro-Verdünnung Kaltbitumen, Klebstoffe Stoffe, die sich bei gewöhnlicher Temperatur erhitzen und entzünden können oder in festem Zustand durch Einwirkung einer Zündquelle entzündet werden.	Heizgas Anstricharbeiten Dichtungsanstrich Fußbodenverlegung Bauwerksabdichtungen
	Brandfördernd 0 0: engl. oxidizing	Stoffe, die bei Berühren mit anderen, insbesondere entzündlichen Stoffen, so reagieren, dass Wärme in großer Menge frei wird.	
	Ätzende Chemikalie C C: engl. corrosive	Natronlauge Stoffe, die durch Berühren die Haut oder Material zerstören können.	Baustoffprüfungen
	Sehr giftig T+ Giftig T T: engl. toxic	Unkraut-bekämpfungsmittel Stoffe, die durch Einatmen, Verschlucken oder Aufnahme durch die Haut erhebliche Gesundheitsschäden oder den Tod verursachen können.	Unkrautbekämpfung
	Mindergiftig Xn / Reizend Xi Die Maurerkrätze wird begünstigt durch die Alkalität des Frischmörtels und wird vor allem durch den Chromatgehalt des Zementes ausgelöst. Das Chromat entsteht naturbedingt bei der Zementherstellung, ebenso wie die Alkalität des Frischmörtels.	Nitro-Verdünnung, Abbeizer CKB-Holzschutzmittel (Chrom-, Kupfer-, Borverbindungen) Zement (außer chromatarme Zemente)	Anstricharbeiten Holzschutz Stoffe, die durch Einatmen, oder Aufnahme durch die Haut Gesundheitsschäden geringeren Ausmaßes verursachen können.
Stoffe in der MAK-Liste (Maximale Arbeitsplatzkonzentration)	III, A1 Stoffe, die erfahrungsgemäß bösartige Geschwülste verursachen können III, A2 Stoffe die sich bisher im Tierversuch als krebserzeugend erwiesen haben VI Holzstaub (Ei) (Bu)	Quecksilberverbindungen, Asbest (< 0,05 mg/m³ Luft) seit ~ 1990 verboten Teerpech (seit 1989 keine Anwendungen) Dichlormethan CH_2Cl_2	Rohre, Verkleidungen aus Faserbeton (veraltet), feuerbeständige Auskleidungen Alte Straßen Abbeizarbeiten

Sicherheitskennzeichnung am Arbeitsplatz

vgl. VBG 125 (2002)[1]
und DIN 4844 T3 (2002)

Verbotszeichen

Rauchen verboten

Feuer, offenes Licht und Rauchen verboten

Für Fußgänger verboten

Mit Wasser löschen verboten

Kein Trinkwasser

Für Flurförder-fahrzeuge verboten

Nichts abstellen oder lagern

Zutritt für Unbefugte verboten

Warnzeichen

Warnung vor feuer-gefährlichen Stoffen

Warnung vor explosi-onsgefährlichen Stoffen

Warnung vor giftigen Stoffen

Warnung vor ätzenden Stoffen

Warnung vor radioaktiven Stoffen

Warnung vor Flurförderfahrzeugen

Warnung vor schwebender Last

Warnung vor gefährlicher elektrischer Spannung

Warnung vor einer Gefahrenstelle

Warnung vor Laserstrahl

Gebotszeichen

Augenschutz tragen

Schutzhelm tragen

Gehörschutz tragen

Atemschutz tragen

Schutzschuhe tragen

Schutzhandschuhe tragen

6

Rettungszeichen

Rettungsweg nach links

Richtungsangabe für Rettung[2]

Erste Hilfe

Notdusche

Augenspül-einrichtung

Krankentrage

Arzt ↑

Notausgang[3] →

[1] Verzeichnis der Einzel-Unfall-Verhütungsvorschriften der Gewerblichen Berufsgenossenschaften.
[2] Nur in Verbindung mit weiteren Rettungszeichen anzuwenden.
[3] Über dem Notausgang anzubringen.

Sicherheitsfarben

vgl. DIN 4844 T1 (2002)

Farbe	rot	gelb	grün	blau
Bedeutung	Halt, Verbot	Vorsicht! Mögliche Gefahr	Gefahrlosigkeit erste Hilfe	Gebotszeichen Hinweise
Kontrastfarbe	weiß	schwarz	weiß	weiß
Farbe des Bildzeichens	schwarz	schwarz	weiß	weiß
Anwendungsbeispiele (vgl. auch Sicherheitskennzeichnung)	Haltezeichen, Not-Aus, Verbotszeichen, Material zur Feuerbekämpfung	Hinweis auf Gefahren (z. B: Feuer, Explosion, Strahlen); Hinweis auf Hindernisse (z. B. Schwellen, Gruben)	Kennzeichnung von Rettungswegen und Notausgängen; Erste-Hilfe- und Rettungsstationen	Verpflichtung zum Tragen einer persönlichen Schutzausrüstung. Standort eines Telefons

MAK- und TRK-Werte ausgewählter Stoffe/krebserzeugende, erbgutverändernde oder fortpflanzungsgefährdende Stoffe (TRGS 905)

Grenzwerte in der Luft am Arbeitsplatz lt. GefStoffV (TRGS 900):

- Maximale Arbeitsplatzkonzentration (MAK) ist die Konzentration eines Stoffes in der Luft, bei der i.A. die Gesundheit des Beschäftigten nicht beeinträchtigt wird.
- Technische Richtkonzentration (TRK) ist die Konzentration eines Stoffes in der Luft am Arbeitsplatz, die nach dem Stand der Technik erreicht werden kann.

Stoff	Grenzwert		TRGS 900		TRGS 905	
	MAK (ml/m^3)	TRK (mg/m^3)	Kategorie	Bemerkung	Einstufung/ Kategorie	Kennbuchstabe
Aceton	500	1200	II, 2			F
Acrylnitril	3	7	VI	H, TRK	K / 2	F, T
Ammoniak	50	35	I	Y		T
Arsenverbindungen		0,1 G	VI	TRK	K / 1	T
Benzol	1	3,2			K / 1, M / 2	F, T
2-Butanol	100	300	II, 1			Xn
Chlorwasserstoff	5	7	I	Y		C
Chrom-Verbindungen		0,1 G	VI	TRK	K / 1, 2	
Dichlormethan	100	360	II, 2		K / 3	Xn
Ethanol	1000	1900	IV			F
Ethylacetat	400	1400	I			F
Fluoride		2,5 G	I			
Formaldehyd	0,5	0,6	I	Y, H	K / 3	T
Holzstaub (Ei, Bu)		2 G	VI	TRK	K / 1	
Kohlenmonoxid	30	33	II			F; T
Methanol	200	260	II, 1	H		F; T
Nicotin	0,07	0,5	II, 1	H		T
Oxalsäure		1 G		H		
Ozon	0,1	0,2	I			
Phenol	5	19	I	H		T
Quecksilberverbindungen		0,01 G	III	H		
Styrol	20	85	II, 1	Y		Xi
Vinylacetat	10	35	I		K / 3	F
Vinylchlorid	2	5	VI	TRK	K / 1	F; T
Wasserstoffperoxid	1	1,4	I			

Spalte Grenzwerte	G gemessen als Gesamtstaub
Spalte Kategorie	I ... VI Kategorie für Kurzzeitwerte
Spalte Bemerkung	H hautresorptiv; TRK Technische Richtkonzentration; Y kein Risiko der Fruchtschädigung bei Einhaltung der MAK und BAT
Spalte Einstufung/Kategorie	K krebserzeugend; M erbgutverändernd; R_E fruchtschädigend; 1 – 3 Kategorien nach GefStoffV

Hersteller, Einführer oder Inverkehrbringer gefährlicher Stoffe oder Zubereitungen müssen den Abnehmern ein EG-Sicherheitsdatenblatt in deutscher Sprache zur Verfügung stellen (§ 14 GefStoffV). Hinweise zur Erstellung gibt die TRGS 220.

Muster eines Sicherheitsdatenblattes (Auszugsweise, da Original 5 Seiten umfasst)

Seite: 1/5

Sicherheitsdatenblatt

gemäß 91/155/EWG

Druckdatum: 29.08.05 überarbeitet am: 02.04.06

1 Stoff-/Zubereitungs- und Firmenbezeichnung

Angaben zum Produkt

Handelsname: DD-Härter

Artikelnummer: 21127001

Hersteller/Lieferant: Tel: Fax:

Auskunftgebender Bereich: Abteilung Labor

2 Zusammensetzung/Angaben zu den Bestandteilen

Chemische Charakterisierung

Beschreibung:

Gemisch aus nachfolgend angeführten Stoffen mit ungefährlichen Beimengungen.

Gefährliche Inhaltsstoffe:

CAS-Nr.	Bezeichnung	%	Kennb.	R-Sätze
108-10-1	Methylisobutylketon	50-100	F	11
123-86-4	n-Butylacetat	10-25		10
108-65-6	2-Methoxy-1-methylethylacetat	2,5-10	XL	10-36
26471-62-5	2.4-/2.6-Diisocyanat-Toluol	< 0,5	T	23-36/37/38-42

zusätzl. Hinweise: siehe Pkt. 8

3 Mögliche Gefahren

Gefahrenhinweise (R-Sätze)

R 1	Im trockenen Zustand explosionsgefährlich
R 5	Bei Erwärmen explosionsfähig
R 6	Mit und ohne Luft explosionsfähig
R 10	Entzündlich
R 14	Reagiert heftig mit Wasser
R 17	Selbstentzündlich an der Luft
R 19	Kann explosionsfähige Peroxide bilden
R 20	Gesundheitsschädlich beim Einatmen
R 23	Giftig beim Einatmen
R 27	Sehr giftig bei Berührung mit der Haut
R 28	Sehr giftig beim Verschlucken
R 35	Verursacht Verätzungen
R 36	Reizt die Augen
R 37	Reizt die Atmungsorgane
R 38	Reizt die Haut
R 40	Irreversibler Schaden möglich
R 41	Gefahr ernster Augenschäden
R 45	Kann Krebs erzeugen
R 46	Kann vererbbare Schäden verursachen
R 47	Kann Missbildungen hervorrufen

Sicherheitsratschläge (S-Sätze)

S 1	Unter Verschluss aufbewahren
S 7	Behälter dicht geschlossen halten
S 8	Behälter trocken halten
S 13	Von Nahrungsmitteln, Getränken und Futtermitteln fernhalten
S 15	Vor Hitze schützen
S 17	Von brennbaren Stoffen fernhalten
S 20	Bei der Arbeit nicht essen und trinken
S 22	Staub nicht einatmen
S 24	Berührung mit der Haut vermeiden
S 30	Niemals Wasser zugießen
S 35	Abfälle und Behälter müssen in gesicherter Weise beseitigt werden
S 36	Bei der Arbeit geeignete Schutzkleidung tragen
S 39	Schutzbrille/Gesichtsschutz tragen
S 46	Bei Verschlucken sofort ärztlichen Rat einholen und Verpackung oder Etikett vorzeigen
S 49	Nur im Originalbehälter aufbewahren

7 Bautechnik und Baukonstruktion

7.1 Mauerwerksbau

Mauerwerk besteht aus natürlichen Steinen ▶ S. 161 oder künstlichen Steinen ▶ S. 164, die mit Mauermörtel ▶ S. 189 zusammengefügt sind. Es dürfen nur Baustoffe verwendet werden, die den Normen entsprechen; ansonsten ist ein Nachweis der Brauchbarkeit (eine bauaufsichtliche Zulassung) erforderlich. Die Ausführung erfolgt nach DIN 1053 – Teil 1 bis 4. Berechnung und Ausführung nach DIN 1053-100 setzt eine Lastannahme nach DIN 1055-100 voraus.

7.1.1 Maßordnung im Hochbau

Rohbaurichtmaße sind in der **DIN 4172** festgelegt, wobei **1 am** (Achtelmeter) 12,5 cm entspricht. **Rohbaurichtmaße** sind Maße aus den Steinmaßen plus den Fugenmaßen.

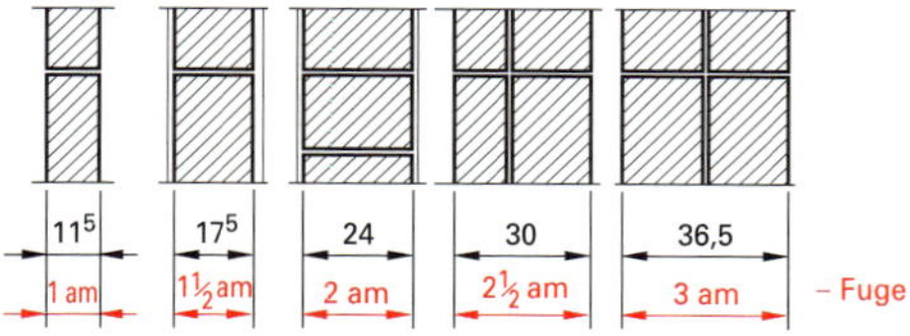

Wanddicken in cm und als **am**-Maß

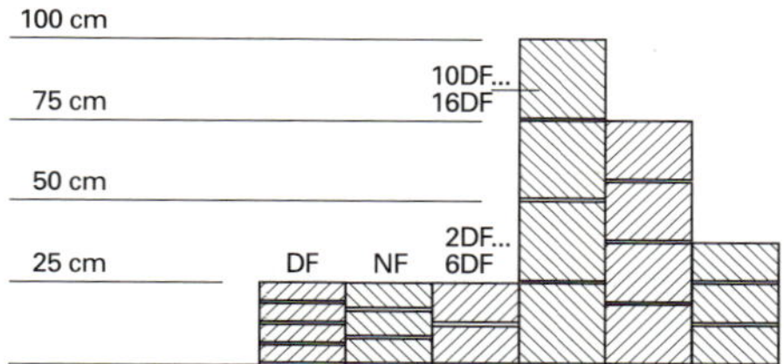

	DF	NF	2DF...6DF	10DF...16DF		
Steinhöhe cm	5,2	7,1	11,3	23,8	17,5	11,3
Schichthöhe cm	6,25	8,33	12,5	25,0	18,75	12,5
Schichten pro m	16	12	8	4	–	8

Gegenseitige Abhängigkeit der Steinhöhen

Rohbaunennmaße sind reale Maße der Bauteile. Diese Maße werden aus den Rohbaurichtmaßen durch Zuzählen von 1 cm bei **Innenwänden** (lichten Maßen) oder durch Abziehen von 1 cm bei Außenwänden (Pfeilermaßen) errechnet. **Anbaumaße** (anstoßendes Mauerwerk) entsprechen genau den Rohbaurichtmaßen.

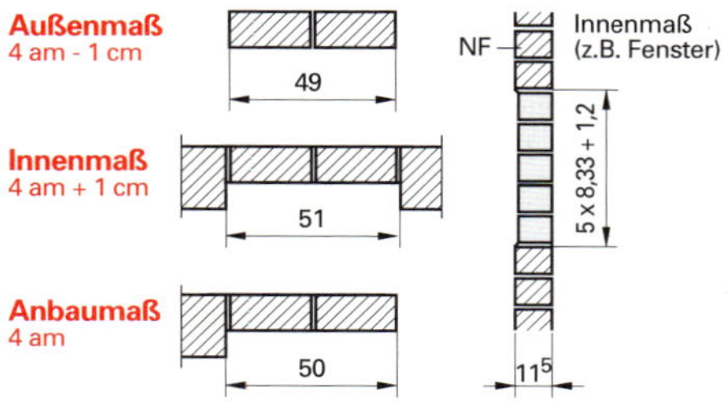

Errechnung der Nennmaße aus den Rohbaurichtmaßen.

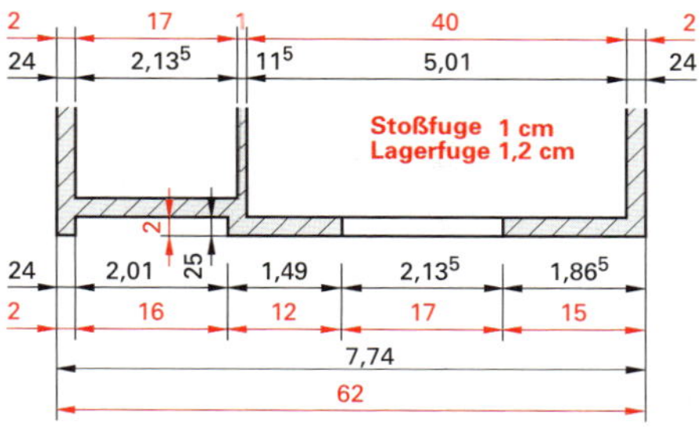

Abhängigkeit der Mauermaße (Rohbaumaße) vom am und Rohbaurichtmaß.

Rohbaurichtmaße

100/16	6,25	12,5	18,75	**25**	31,25	37,5	43,75	**50**	56,25	62,5	68,75	**75**	81,25	87,5	93,75	**100 cm**
100/12	8,33		16,67	**25**	33,33		41,67	**50**	58,33		66,67	**75**	83,33		91,67	**100**
100/8		12,5		**25**		37,5		**50**		62,5		**75**		87,5		**100**
100/4				**25**				**50**				**75**				**100**

7

7.1.2 Gemauerte Wände

Wandarten und Wanddicken

Wänden kommen neben der raumabschließenden Funktion und den bauphysikalischen Funktionen ▶ S. 136 insbesondere statisch-konstruktive Funktionen zu. Maßgebend sind die DIN 1055 Lastannahmen für Bauten und **DIN 1053** Mauerwerk, Berechnung und Ausführung. Bei leichten Trennwänden ist die DIN 4103 zu beachten. Bei Außenwänden aus nicht frostbeständigen Steinen ist ein Außenputz nach DIN 18550, eine Fassadenverkleidung nach DIN 18515 oder DIN 18516 oder ein anderer Wetterschutz ▶ S. 247 vorzusehen. Bei Wänden unterscheidet man nach

- Lage (z. B. Außenwände, Innenwände, freistehende Wände)
- Geschosszugehörigkeit (z. B. Kellerwände, Dachgeschosswände, Erdgeschosswände)
- raum- und wohnungsbezogenen Funktionen (z. B. Treppenhauswände, Wohnungstrennwände)
- Schutzfunktionen (z. B. Brandschutzwand, Schallschutzwand)
- statischen Funktionen

tragende Wände	aussteifende Wände	nicht tragende Wände
• tragende Innenwände $d \geq 11{,}5$ cm • tragende Außenwände $d \geq 17{,}5$ cm sind überwiegend auf Druck beanspruchte scheibenartige Bauteile zur Aufnahme lotrechter und horizontaler Lasten.	• Mindestlänge $\frac{1}{5}$ der Wandhöhe • sind auch tragende Wände • Mindestdicke $\geq \frac{1}{3}\, d \geq 11{,}5$ cm sind scheibenartige Bauteile zur Knickaussteifung tragender Wände.	• werden überwiegend nur durch ihre Eigenlast belastet • dürfen nicht zur Knicksicherung herangezogen werden sind nichtaussteifende Wände. • vergl. Ausfachungen ▶ S. 246

Wandarten	Voraussetzungen d mm	 h_s	 p kN/m²
Innenwände	≥ 115 < 240	≤ 2,75 m	≤ 5
	≥ 240	–	
einschalige Außenwände	≥ 175[1)] < 240	≤ 2,75 m	
	≥ 250	$\geq 12 \cdot d$	
Tragschale zweischaliger Außenwände und zweischalige Haustrennwände	≥ 115 < 175	≤ 2,75 m	≤ 3
	≥ 175 < 240		≤ 5
	≥ 240	$\geq 12 \cdot d$	

1) bei eingeschossigen Garagen ist auch d = 115 mm zulässig

Die DIN 1053 unterscheidet **Rezeptmauerwerk** (Teil 1) und **Mauerwerk nach Eignungsprüfung** (Teil 2). Rezeptmauerwerk entspricht dem bisher üblichen Mauerwerk; geändert haben sich die Bemessungsverfahren. Beim Übergang auf die DIN 1055-100 wurde das Sicherheitsniveau auf Druckbeanspruchung beibehalten. Die **Teilsicherheitsbeiwerte** sind wie folgt festgelegt:

Bauteil-Widerstand (Material)		γ_M	= 1,7
Einwirkungen	ständige	γ_G	= 1,5
	veränderliche	γ_Q	= 1,35
	günstig wirkende	γ_G	= 1,0
		γ_Q	= 0,0

Hier wird nur das einfachere Verfahren dargestellt. Folgende Voraussetzungen müssen erfüllt sein:

- Gebäudehöhe ≤ 20,00 m
- Deckenstützweiten $l \leq 6{,}00$ m
- mittiger Lastangriff
- Wanddicken d, lichte Geschosshöhen h_s, Geschossanzahl, Verkehrslasten p nach Tabelle
- Zusammensetzung und Konsistenz des Mörtels müssen vollfugiges Vermauern ermöglichen

Aussteifung tragender Wände

7

Tragende Wände sind ausgesteift, wenn sie rechtwinklig zur Wandfläche durch aussteifende Wände und Decken unverschiebbar gehalten werden. Dabei sollen **aussteifende Wände** mit auszusteifenden Wänden gleichzeitig im Verband hochgemauert werden.

Anschlüsse von Wänden an Massivdecken sind durch Haftung und Reibung sichergestellt, wenn Hauptbewehrung und Querbewehrung bis zur halben Wanddicke durchgeführt sind und das aufgehende Mauerwerk über die Massivdecke weitergeführt wird.

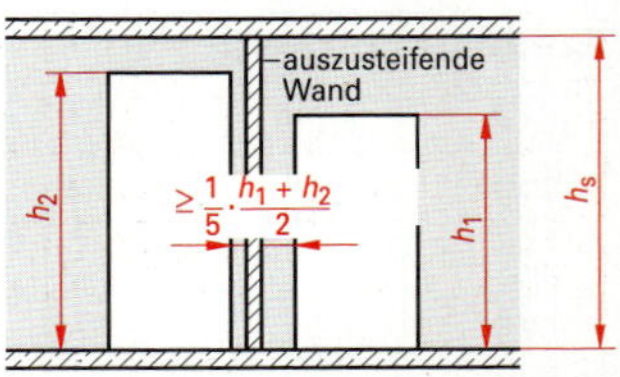

Mindestbreite der aussteifenden Wand im Bereich einer oder mehrerer Wandöffnungen

Bemessung auf Druck nach DIN 1053-1, vereinfachtes Verfahren

Zulässige Druckspannungen sind in Abhängigkeit von der Steinfestigkeitsklasse und der Mörtelgruppe getrennt nach Normalmörtel, Dünnbettmörtel und Leichtmörtel zusammengestellt. Als unterschiedliche Halterung von auf Druck belasteten Wänden dürfen Deckenscheiben und aussteifende Querwände angesetzt werden. Der vereinfachte Spannungsnachweis ist unter Ausschluss klaffender Fugen zu führen.

Zweiseitig gehaltene Wände

Rechengang: Die unter mittig angreifender Last N ermittelte Spannung vorh σ wird der zulässigen Spannung zul σ gegenübergestellt. Die Schlankheit wird durch einen Abminderungsfaktor k berücksichtigt.

$$\text{vorh } \sigma = \frac{N}{A} \leq \text{zul } \sigma = k \cdot \sigma_0$$

$$k = \begin{cases} k_1 \cdot k_2 & \text{oder} \\ k_1 \cdot k_3 & \text{der kleinere Wert gilt} \end{cases}$$

Der für die Bemessung maßgebende Wert $\boldsymbol{k}$ berücksichtigt die Schlankheit und den Deckendrehwinkel unter Berücksichtigung der Wanddicke $\boldsymbol{d}$ und der Deckenspannweite $\boldsymbol{l}$.

$k_1 = 1{,}0$ für Wände
$k_1 = 0{,}8$ für Pfeiler und kurze Wände

$k_2 = 1{,}0$ für $h_k/d \leq 10$
$k_2 = \dfrac{25 - h_k/d}{15}$ für $10 < h_k/d < 25$

$k_3 = 1{,}0$ für $l \leq 4{,}20$ m
$k_3 = 1{,}7 - l/6$ für $4{,}20 \text{ m} \leq l \leq 6{,}0$ m

Knicklänge von Wänden

Die Knicklänge $\boldsymbol{h_k}$ von Wänden ist abhängig von der lichten Geschosshöhe $\boldsymbol{h_s}$ und von der Aussteifung der Wand. Vereinfacht gilt:

- zweiseitig gehaltene Wände $\boldsymbol{h_k = h_s}$
- bei flächig aufgelagerten Massivdecken darf die Einspannung der Wand durch Abminderung berücksichtigt werden $\boldsymbol{h_k = \beta \cdot h_s}$
- Mindestauflager ist zu beachten
- **Mindestauflagertiefe *a*** der Decke auf Wänden der Dicke d
  $d < 240$ mm $\Rightarrow$ $a = d$
  $d \geq 240$ mm $\Rightarrow$ $a \geq 175$ mm
- **Abminderung der Knicklänge**
  $d \leq 175$ mm $\Rightarrow$ $\beta = 0{,}75$
  175 mm $< d \leq 250$ mm $\Rightarrow$ $\beta = 0{,}90$
  $d > 250$ mm $\Rightarrow$ $\beta = 1{,}00$
- **Deckenspannweite *l***
  Bei Stützweiten $l > 6$ m ist die Deckenauflagerkraft mittig einzuleiten.
- **Auflagerpressung**
  Unter Einzellasten darf eine gleichmäßig verteilte Auflagerpressung von zul $\sigma_D = 1{,}3 \cdot \sigma_0$ angenommen werden.

Steinfestigkeitsklasse	Grundwerte σ_0 für Normalmörtel ( ) Charakteristische Druckfestigkeit f_k (DIN 1053-100) Mörtelgruppe I MN/m²	II MN/m²	II a MN/m²	III MN/m²	III a MN/m²	Grundwerte σ_0 ( ) Festigkeit f_k (DIN 1053-100) Dünnbettmörtel MN/m²	Leichtmörtel LM 21 MN/m²	Leichtmörtel LM 36 MN/m²
2	0,3 (0,9)	0,5 (1,5)	0,5[1] (1,5)	–	–	0,6 (1,8)	0,5 (1,2)	0,5[1] (1,2)
4	0,4 (1,2)	0,7 (2,2)	0,8 (2,5)	0,9 (2,8)	–	1,1 (3,4)	0,7 (1,5)	0,8 (2,2)
6	0,5 (1,5)	0,9 (2,8)	1,0 (3,1)	1,2 (3,7)	–	1,5 (4,7)	0,7 (2,2)	0,9 (2,8)
8	0,6 (1,8)	1,0 (3,1)	1,2 (3,7)	1,4 (4,4)	–	2,0 (6,2)	0,8 (2,5)	1,0 (3,1)
12	0,8 (2,5)	1,2 (3,7)	1,6 (5,0)	1,8 (5,6)	1,9 (6,0)	2,2 (6,9)	0,9 (2,8)	1,1 (3,4)
20	1,0 (3,1)	1,6 (5,0)	1,9 (6,0)	2,4 (7,5)	3,0 (9,4)	3,2 (10,0)	0,9 (2,8)	1,1 (3,4)
28	–	1,8 (5,6)	2,3 (7,2)	3,0 (9,4)	3,5 (11,0)	3,7 (11,6)	0,9 (2,8)	1,1 (3,4)
36	–	–	–	3,5 (11,0)	4,0 (12,5)			
48	–	–	–	4,0 (12,5)	4,5 (14,0)			
60	–	–	–	4,5 (14,0)	5,0 (15,5)			

[1] $\sigma_0 = 0{,}6$ MN/m² bei Außenwänden mit Dicken ≥ 300 mm. Diese Erhöhung gilt jedoch nicht bei Auflagerpressung.

( ) nur DIN 1053-100

7

Drei- und vierseitig gehaltene Wände

dreiseitig gehaltene Wand						vierseitig gehaltene Wand			
Wanddicke (mm) 240	175	115	b' m	β	b m	Wanddicke (mm) 115	176	240	300
			0,65	0,35	2,00				
			0,75	0,40	2,25				
			0,85	0,45	2,50				
			0,95	0,50	2,80				
			1,05	0,55	3,10				
$b' \geq 3{,}60$ m	$b' \geq 2{,}60$ m	$b' \geq 1{,}75$ m	1,15	0,60	3,40	$b \leq 3{,}45$ m	$b \leq 5{,}25$ m	$b \leq 7{,}20$ m	$b \leq 9{,}00$ m
			1,25	0,65	3,80				
			1,40	0,70	4,30				
			1,60	0,75	4,80				
			1,85	0 80	5,60				
			2,20	0,85	6,60				
			2,80	0,90	8,40				

b' Randabstände von der aussteifenden Wand

b Abstand der aussteifenden Wände

- Für die Knicklänge ► S. 243 gilt $h_k = \beta \cdot h_s$
- Für das einfachere Verfahren darf bei drei- und vierseitig gehaltenen Wänden mit einer lichten Geschosshöhe $h_s \leq 3{,}50$ m der Abminderungsfaktor β nach nebenstehender Tabelle angenommen werden.
- Ungünstigere β-Werte als bei einer zweiseitig gehaltenen Wand, ► S. 243 brauchen nicht angenommen zu werden.
- Die Wanddicke der aussteifenden Wand soll $^1/_3$ der Dicke der auszusteifenden Wand, mindestens aber 115 mm betragen.
- Wandteile zwischen den Wandöffnungen und der aussteifenden Wand gelten als dreiseitig gehalten, wenn die Öffnung
  in der lichten Höhe > $^1/_4$ der Geschosshöhe
  in der lichten Breite > $^1/_4$ der Wandbreite
  misst.

Auflager für Balken und Platten

Die Auflagertiefe a ist so zu wählen, dass

- die zulässigen Pressungen in der Auflagerfläche nicht überschritten werden
- die Verankerungslänge der Bewehrung untergebracht werden kann
- die Mindestauflagertiefe (Anhaltswerte)
  bei Balken **$a \geq$ 10 cm**
  bei Platten ab ≥ C25 und Stahl **$a \geq$ 5 cm**
  bei Platten aus ≤ C20 **$a \geq$ 7 cm**
  bei Mauerwerk beträgt **$a \geq$ 7 cm**

Die rechnerische Auflagerlinie ► S. 275 wird mit $a/3$ von der Innenseite angenommen (der vordere Drittelspunkt der dreieckförmig angenommenen Auflagerpressung).

Stützlänge

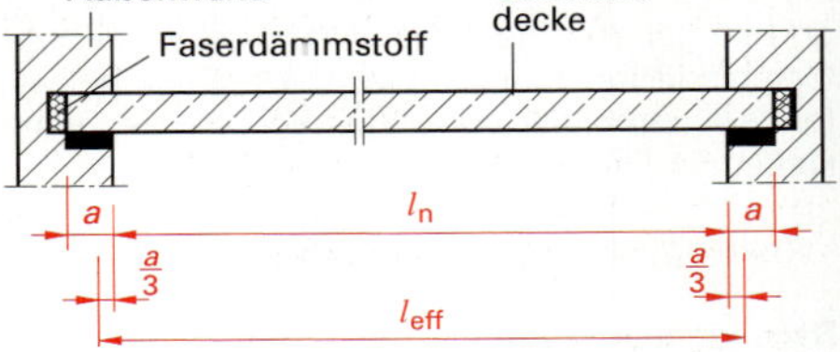

$$l \text{ bzw. } l_{eff} \geq l_n + \frac{2}{3} a$$

Außenwände des Kellergeschosses

und Sockel bis mindestens 50 cm über OK Gelände sollen nur aus Mauerwerk mit Steinfestigkeitsklasse ≥ 5 MN/m² und Mauermörtel der Gruppe III, II a oder II erstellt werden. Kelleraußenwände werden durch die lotrechten Lasten auf Druck und durch den Erddruck auf Biegung belastet. Der Erddruck wirkt sich besonders ungünstig aus, wenn die Belastung durch die Obergeschosse gering ist und wenn in unmittelbarer Nähe des Gebäudes eine Straße verläuft. Ein Nachweis kann entfallen, wenn gilt

- lichte Höhe des Kellergeschosses $h_s \leq 2{,}60$ m
- Anschütthöhe $h_e \leq h_s$
- Kellerdecke wirkt als Scheibe
- Verkehrslast $p \leq 5$ kN/m²
- Mindestwanddicke $d \geq 240$ mm

Wanddicke d	min N_0 in kN/m bei einer Höhe der Anschüttung h_e von 1,0 m	1,5 m	2,0 m	2,5 m
240 mm	6	20	45	75
300 mm	3	15	30	50
365 mm	0	10	25	40
490 mm	0	5	15	30

Die Auflast N der Kelleraußenwand unterhalb der Kellerdecke liegt innerhalb folgender Grenzen: **Auflast N** $\geq$ min N_o und max $N \leq 0{,}45 \cdot d \cdot \sigma_o$

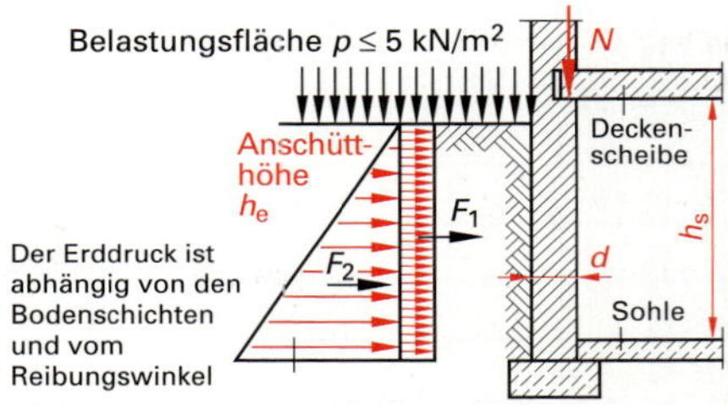

7

Nachweis nach DIN 1053-100, vereinfachtes Verfahren

Das vereinfachte Berechnungsverfahren hat sich im Mauerwerksbau als Standardverfahren herauskristallisiert. Am häufigsten nachzuweisende Bauteile sind Wände unter vertikaler Belastung und Kellerwände.

Die DIN 1053-1 und DIN 1053-100 unterscheiden sich im Sicherheitskonzept und in den Nachweisformaten. Mit der Einführung der DIN 1053-100 erfolgt auch im Mauerwerksbau die Umstellung auf das Teilsicherheitskonzept. Für die Anwendung des vereinfachten Verfahrens gelten die gleichen Bedingungen wie nach DIN 1053-1.

Wandnachweis

Gebäudehöhe ≤ 20,00 m; Stützweite der aufliegenden Decken $l \leq 6{,}00$ m; Höhe und Belastung gemäß Tabelle Seite 242;

$N_{Ed} = 1{,}35 \cdot N_{Gk} + 1{,}5 \cdot N_{Qk}$

min $N_{Ed} = 1{,}0\ N_{Gk}$

$N_{Rd} = \Phi \cdot A \cdot f_d$ mit $f_d = \eta \cdot \frac{f_k}{\gamma_M}$ und $\eta = 0{,}85$

mit $\gamma_M \geq 1{,}5$ und $\gamma_M \leq 1{,}8$ für normale Einwirkungen

bei Biegung

$\Phi = \Phi_1 = 1 - \frac{2 \cdot e}{d}$ mit $d = b$ = Wanddicke

$e = M_{Ed} / N_{Ed}$ Außermittigkeit

bei Knickgefahr

$\Phi = \Phi_2 = 0{,}85 - 0{,}0011 \cdot \left(\frac{h_k}{d}\right)^2$

mit $d = b$ = Wanddicke

Wände als einseitiges Endauflager

$$\Phi = \Phi_3 = \begin{cases} 0{,}5 \text{ bei Dachdecken} \\ 0{,}9 \text{ wenn } l \leq 4{,}20 \text{ m} \\ 1{,}6 - l/6 \leq 0{,}9 \text{ wenn } f_k \geq 1{,}8 \text{ N/mm}^2 \\ 1{,}6 - l/5 \leq 0{,}9 \text{ wenn } f_k < 1{,}8 \text{ N/mm}^2 \end{cases}$$

Nachweis $\boldsymbol{N_{Ed} \leq N_{Rd}}$

Kellerwand

Wandkopf

$N_{o,Rd} = 0{,}33 \cdot d \cdot \frac{f_k}{\gamma_M}$

$N_{o,lim,d}$ = nach Tabelle ► S. 244

halbe Anschütthöhe

$N_{1,Rd} = 0{,}33 \cdot d \cdot \frac{f_k}{\gamma_M}$

$N_{1,lim,d} = \frac{\gamma_e \cdot h_s \cdot h_e^2}{20 \cdot d}$

Nachweis $\boldsymbol{N_{o,Ed,sup} \leq N_{o,Rd}}$ bzw. $\boldsymbol{N_{1,Ed,sup} \leq N_{1,Rd}}$

$b \leq h_S$: $N_{o,Ed,inf} \geq \frac{1}{2} \cdot N_{o,lim,d}$

$b \geq 2 \cdot h_S$: $N_{o,Ed,inf} \geq N_{o,lim,d}$

Beispiel

Bemessungsschnittgrößen für die Nachweisführung

	Wandfuß N_F (kN/m)
Aus ständiger Last N_{Gk}	57,00
Aus veränderlicher Last N_{Qk}	25,00
Bemessungswert N_{Ed}	115,00

Die Gebäudehöhe beträgt ca. 10 m. Die einachsig gespannten Geschossdecken aus C20/25 mit $h = 19$ cm haben eine Spannweite von $l = 4{,}50$ m.

Knicklänge

$h_S = 2{,}51$ m $\beta = 0{,}75$ $h_k = 1{,}96$ m

Die Ermittlung der Knicklänge entspricht dem genaueren Verfahren nach DIN 1053-1

Abminderungsfaktoren

$\Phi_2 = 0{,}85 - 0{,}0011 \cdot \left(\frac{h_k}{d}\right)^2$

$= 0{,}85 - 0{,}0011 \cdot \left(\frac{1{,}86}{0{,}30}\right)^2 = \mathbf{0{,}81}$ (Knicken)

$\Phi_3 = 1{,}6 - \frac{l_1}{6} = 1{,}6 - \frac{4{,}50}{6} = \mathbf{0{,}85} < 90$

am Wandkopf und -fuß, da $l_1 > 4{,}20$m und $f_k = 2{,}5$ N/mm² > 1,8 N/mm² (Deckenverdrehung)

$\Phi = \min \begin{cases} \Phi_2 = 0{,}81 \\ \Phi_3 = 0{,}85 \end{cases}$

Nachweise

Charakteristischer Wert der Druckfestigkeit für HLz 8 – 0,9/LM21 $f_k = 2{,}5$ MN/m²

Teilsicherheitsbeiwert

$k_0 = 1{,}00$ für Wände

$\gamma_M = 1{,}5 \cdot k_0 = 1{,}5 \cdot 1{,}00 = 1{,}5$

$\eta = 0{,}85$ Berücksichtigung der Langzeitwirkung

Bemessungswert der aufnehmenbaren Normalkraft

$N_{Rd} = \Phi \cdot A \cdot \eta \cdot \frac{f_k}{\gamma_M}$ mit $a = 0{,}135$ Auflagertiefe

$= 0{,}85 \cdot 1{,}00 \cdot 0{,}135 \cdot 0{,}85 \cdot \frac{2{,}5 \cdot 1000}{1{,}5}$

$= \mathbf{162{,}6\ kN/m}$

$\boldsymbol{N_{Ed,F} = 115{,}00\ kN/m < 162{,}6\ kN/m = N_{Rd}}$

7

Statische und konstruktive Maßnahmen

Ringanker

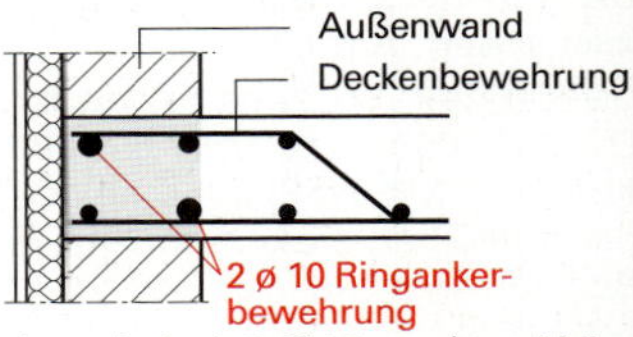

sind in allen Außenwänden und Querwänden mit statischer Aufgabe (Aufnahme von Zugkräften) zu verlegen:

- bei Bauten, die insgesamt länger als 18 m sind oder mehr als zwei Vollgeschosse haben
- bei Wänden mit vielen oder besonders großen Öffnungen
- wenn die Baugrundverhältnisse es erfordern.

Die Ringanker sind mit zwei durchlaufenden Rundstäben zu bewehren (mind. 2 ∅ 10 mm) und können im Bereich der Massivdecke, der Tür- oder Fensterstürze mit diesen vereinigt werden. Ringanker können in vorgefertigten U-Schalen (Sonderbauteile der Ziegel- und Mauersteinindustrie ▶ S. 166 f) hergestellt werden, Zugkraftaufnahme mindestens 30 kN. Die Ausführung eines Ringankers aus bewehrtem Mauerwerk setzt in zwei Lagerfugen MG III und je 2 ∅ 6 mm BSt IV S voraus.

Ringbalken

sind in einer Wandebene liegende horizontale Balken, die Biegemomente aufnehmen können. Die Ausführung ist problematisch, wenn hinter dem Außenputz liegende Wärmedämmung bei Sonneneinstrahlung einen Wärmestau bewirkt.

Bewehrtes Mauerwerk

kann bei besonders beanspruchten Mauerwerkskörpern ausgeführt werden, z. B. bei kleinen Silos, Kellerwänden oder durch Winddruck beanspruchten Außenwänden. Die Bewehrung aus Stahl nach DIN 488 wird angeordnet, um die Biegefestigkeit des Baukörpers zu steigern. Bei genormten Mauersteinen kann die Lagerfuge bewehrt werden.

Formsteine ▶ S. 166, 169 wie z. B. **U-Schalen,** sind für die horizontale Bewehrungsführung gut einsetzbar. Die Konstruktion und Ausführung eines **Ringankers** aus bewehrtem Mauerwerk erfordert in zwei Lagerfugen insgesamt 4 ∅ 6 BSt IV S. Folgende Anforderungen müssen eingehalten werden:

- die Wanddicke darf 11,5 cm nicht unterschreiten
- die Steinfestigkeit darf 15 MN/m² nicht unterschreiten
- die Fugen dürfen mit Bewehrung nicht dicker als 2 cm sein
- der Durchmesser der Stäbe darf 8 mm nicht überschreiten
- der Mauerverband darf nicht zerstört werden
- die Stahleinlagen sind satt in Mörtel MG III, III a zu verlegen

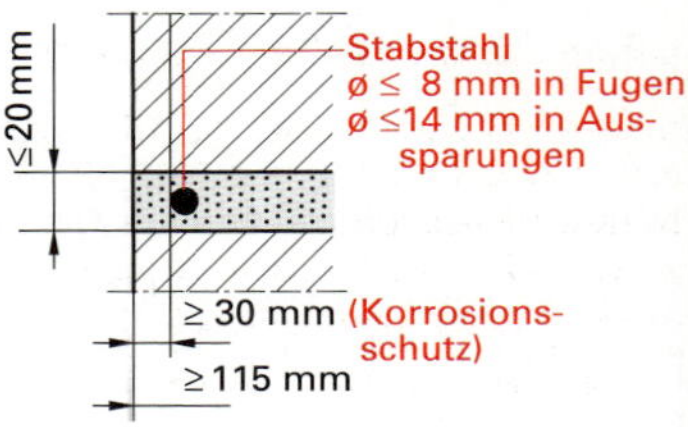

Füllziegel/Hohlkammersteine eignen sich für senkrecht bewehrtes Mauerwerk. Hier ist ein Beton ≥ C 12/15 notwenig. Das Größtkorn darf 8 mm nicht überschreiten.

Ausfachungen

bzw. Ausfachungswände von Fachwerk, Skelett- und Schottensystemen sind nichttragende Außenwände, bei denen auf einen Nachweis verzichtet werden kann, wenn

- die Wände vierseitig gehalten sind (z. B. durch Verzahnung, Versatz, Anker)
- die zulässigen Größtwerte der Ausfachungsfläche nicht überschritten werden
- Mörtel der Mörtelgruppe II a, III oder III a verwendet werden
- seitliche Anschlussfugen im Allgemeinen gleitend und elastisch (nachgiebig) konstruiert sind.

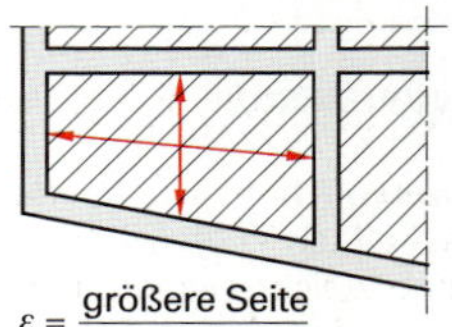

$\varepsilon = \frac{\text{größere Seite}}{\text{kleinere Seite}}$

Zulässige Größtwerte der Ausfachungsfläche von nichttragenden Außenwänden in m²

Wanddicke	Zulässiger Größtwert der Ausfachungsfläche bei einer Höhe über Gelände von					
	0 m bis 8 m		8 m bis 20 m		20 m bis 100 m	
	ε = 1,0	$\varepsilon \geq 2{,}0$	ε = 1,0	$\varepsilon \geq 2{,}0$	ε = 1,0	$\varepsilon \geq 2{,}0$
11,5 cm*	12 m²	8 m²	8 m²	6 m²	6 m²	4 m²
17,5 cm	20 m²	14 m²	13 m²	9 m²	9 m²	6 m²
≥ 24 cm	36 m²	26 m²	23 m²	16 m²	16 m²	12 m²

* Bei Verwendung von Steinen der Festigkeitsklasse 12 MN/m² und höher dürfen die Werte dieser Zeile um 1/3 vergrößert werden.

7

7.1.3 Außenmauerwerk

Sichtmauerwerk für Außenwände und zweischaliges Mauerwerk für Außenwände. Darüber hinaus gibt es verputzte Außenwände und Außenwände mit Fassadenverkleidung.

Einschaliges Verblendmauerwerk,

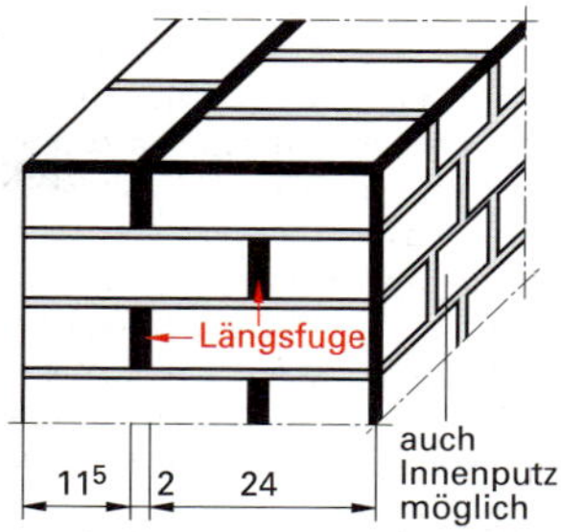

das mit der Hintermauerung im Verband ausgeführt wird, wird als Sichtmauerwerk bezeichnet. Werden Vormauersteine oder Klinker einer Steinsorte und einer Steinhöhe verwendet, bildet das Mauerwerk eine homogene Konstruktion. Diese kann als ein- oder beidseitiges Sichtmauerwerk ausgeführt werden. Nach DIN 1053 muss es aus Gründen der **Schlagregensicherheit** für Wohngebäude je Mauerschicht mindestens zwei Steinreihen aufweisen, zwischen denen eine durchgehende – schichtenweise versetzte – hohlraumfreie, vermörtelte **2 cm dicke Längsfuge** verläuft. Die gesamte Wandkonstruktion bildet den statisch wirksamen Querschnitt. Für die zulässige Beanspruchung ist die im Querschnitt verwendete niedrigste Steinfestigkeitsklasse maßgebend zu berücksichtigen. **Mindestwanddicke 31 cm** für geringe Schlagregenbeanspruchung; für mittlere Schlagregenbeanspruchung 37,5 cm.

Einschalige verputzte Außenwände

sind aus konstruktiven Gründen mit einer Mindestdicke von 24 cm auszuführen. Der nicht frostbeständige Hintermauerstein wird durch einen zweilagigen Wasser hemmenden oder Wasser abweisenden Außenputz nach DIN 18550 oder einem Kunstharzputz vor Witterungseinflüssen geschützt. Die Regenschutzwirkung von Putzen wird durch deren Wasseraufnahmekoeffizien-ten *w* bestimmt. Die erhöhten Anforderungen des Wärmeschutzes werden nicht erfüllt; ein Wärmedämmaußenputz oder eine Thermohaut (verputzte Dämmschicht) bietet ein einwandfreies Außendämmsystem. Zusätzlich ist durch eine differenzierte Farbgebung eine architektonische Gestaltung möglich.

Einschalige Außenwände mit wetterbeständiger Fassadenbekleidung

müssen entweder **DIN 18515** „Fassadenbekleidung aus Naturstein, Betonwerkstein und keramischen Baustoffen" oder **DIN 18516** „Außenverkleidungen, hinterlüftet" entsprechen. Bei der Planung und Ausführung ist eine Mindestporigkeit zum Atmen der Außenwand, die Regenschutzwirkung und eine sichere Verbindung mit dem Hintermauerwerk zu beachten. Wandkonstruktionen für starke Schlagregenbeanspruchung möglich.

Hinterlüftete Fassadenbekleidung:	Angemauerte oder angemörtelte Fassadenbekleidung:
Naturwerkstein, Betonwerkstein, Spaltplatten, kleinformatiger Dachschiefer, kleinformatige Dachplatten, großformatige Fassadenplatten. Luftschicht ≥ 2 cm Plattengröße ≤ 0,1 m² und ≤ 3 cm dick	Keramische Platten, Sparverblender, Spaltklinker. Schichtfolge: 1) deckender Spritzputz 2) Unterputz 1,5 cm ≤ *d* ≤ 2,5 cm 3) Ansetzmörtel 1,5 cm ≤ *d* ≤ 2,5 cm

Zweischalige Trennwände

können bei aneinander gereihten Wohngebäuden (z. B. Reihenhäusern, Kettenhäusern) anstelle von einschaligen Trennwänden ausgeführt werden. Die Trennung der Wandschalen lässt sich durch den Einbau weicher Faserdämmplatten bewerkstelligen. Die Fuge sollte eine **Dicke von 2 cm** aufweisen. Offene Längsfugen können auch ausgeführt werden, starre Verbindungen zwischen den Wandscheiben durch Steinbrocken oder Mörtelansammlungen sind unzulässig. Die Dicke der Wandschalen richtet sich nach der Tabelle „Mindestdicke der Innenschale" bei zweischaligem Mauerwerk.

Trennfugen

(Gebäudetrenn-, Dehnfugen) sollen Ausdehnungen der Baukörper infolge Setzung, Schwinden und Temperaturbelastung ermöglichen. Trennfugen sind durchgehend anzuordnen. Ihr Abstand soll 35 m nicht überschreiten. Werden Gleitfugen bei Flachdächern zwischen den tragenden Wänden und der Decke angeordnet, so kann die Stahlbetondecke nicht gleichzeitig Ringanker sein Fugenbänder ► S. 318.

Dehungsfugenabstand (ca.-Werte)	
Außenmauerwerk ohne Dämmung	25,00 m bis 30,00 m
Dämmung mit ≥ 60 mm außen	50,00 m bis 55,00 m
Dämmung mit ≥ 60 mm innen	15,00 m bis 20,00 m

Zweischaliges Mauerwerk für Außenwände

- kann mit oder ohne Luftschicht und mit oder ohne Dämmschicht ausgeführt werden
- kann schlagregensicher; mit erhöhter Wärmedämmung und Schalldämmung hergestellt werden

Statisch wirksam und für den Spannungsnachweis ist nur die Dicke der Innenschale anzunehmen. Die Außenschalen müssen mindestens 90 mm dick sein.

Die Mauerschalen sind je m² durch mindestens 5 Drahtanker aus nichtrostendem Stahl ∅ 3 mm zu verbinden. An allen freien Rändern (z. B. Gebäudeecken, Fensteröffnungen, Türöffnungen, Dehnungsfugen, Gebäudeabschluss) sind zusätzlich mindestens 3 Drahtanker je m freier Rand einzubauen.

Der lotrechte Abstand der Drahtanker soll 50 cm, der waagerechte Abstand 75 cm nicht überschreiten.

Ist der Wandbereich höher als 12 m oder der Abstand der Mauerschalen zwischen 70 mm und 120 mm, sind 5 Drahtanker ∅ 4 mm anzuordnen. Ist der Abstand der Mauerschalen größer als 120 mm, sind 7 Drahtanker ∅ 4 mm oder 5 Drahtanker ∅ 5 mm je m² Wandfläche anzuordnen.

Zweischaliges Mauerwerk

Ⓐ mit Putzschicht ohne Luftschicht

Ⓑ mit Luftschicht und Wärmedämmung

Ⓒ mit Luftschicht

Ⓓ mit Wärmedämmung ohne Luftschicht

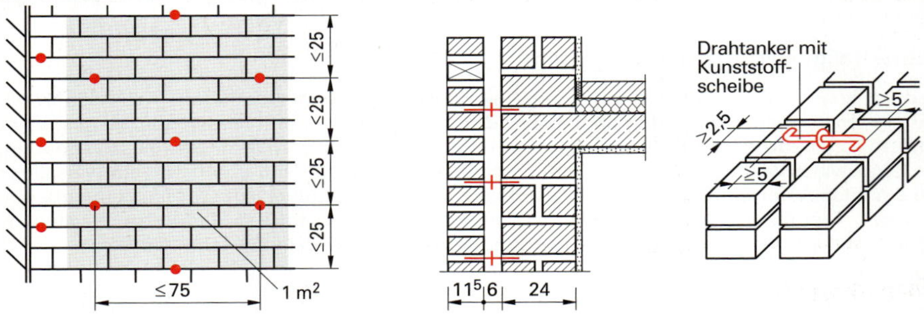

Verankerung der Außenschale mit der Innenschale

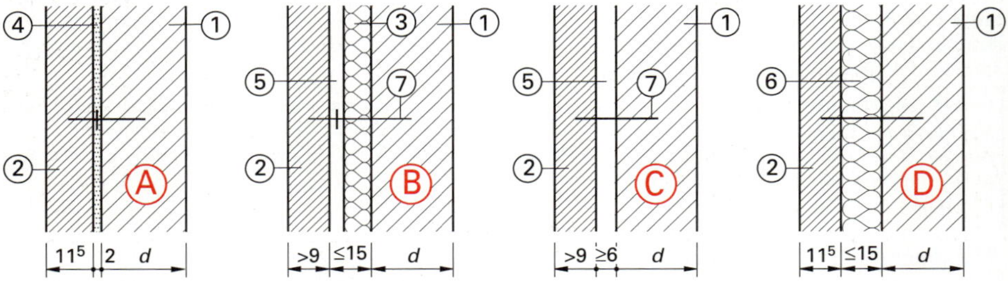

Zweischaliges Mauerwerk für Außenwände

① Innenschale *d*
Zusätzliche Bedingung, wenn d = 11,5 cm:
  a) maximal 2 Vollgeschosse zuzüglich ausgebautem Dachgeschoss
  b) Verkehrslast einschließlich Zuschlag für unbelastete Trennwände $q \leq 3$ kN/m²
  c) Abstand der aussteifenden Querwände $e \leq 4{,}50$ m bzw. Randabstand ≤ 2,0 m

② Außenschale aus Vormauersteinen bzw. Hintermauersteinen mit Außenputz

③ Dämmplatten, Luftschicht ≥ 4 cm für Ⓑ

④ 2 cm Putzschicht in Mörtelgruppe II oder II a

⑤ Luftschicht 6 cm ≤ d_L ≤ 15 cm

⑥ Kerndämmung nach bauaufsichtlicher Zulassung, Außenschale ≥ 115 mm

⑦ Drahtanker mit und ohne Klemm- und Abtropfscheibe, Drahtanker für Ⓐ ∅ 3 mm ausreichend; Verankerung in Leichtmörtel mit LM 36

Die Luftschicht darf 10 cm über dem Gelände beginnen und muss von dort bis zum Dach ohne Unterbrechung hochgeführt werden. Die Außenschalen sind jeweils unten und oben mit Lüftungsöffnungen zu versehen: für 20 m² Wandfläche jeweils unten und oben mindestens 7500 mm² (bei Kerndämmung unten 5000 mm²) Öffnungsfläche als offene Stoßfugen oder Lüftungssteine.

7

7.1.4 Sonderbauteile aus Mauerwerk

Waagerechte Überdeckungen

wie Stahlträger, Stahlbetonbalken oder vorgefertigte Flachstürze aus Ziegel oder Kalksandstein sind statisch nachzuweisen. Bei Überschreitung der zulässigen Mauerwerksspannungen im Auflager kann eine Verstärkung des Auflagers aus

- Mauerwerk mit einer höheren Steinfestigkeit ► S. 167
- Beton und Stahlbeton ► S. 258

vorgenommen werden, um durch den Lastausbreitungswinkel von 60° die Auflagerlasten auf einen größeren Mauerquerschnitt zu verteilen.

- Unter Einzellasten darf eine geichmäßig verteilte Auflagerpressung angenommen werden. Die Bemessungsauflagerkraft F_d beträgt 1,4 · F; noch ungünstiger kann die Abschätzung der rechnerischen Normalspannung aus der Auflagerkraft F_A mit folgender Formel nachgewiesen werden:

$$\textbf{vorh } \sigma = \frac{2 \cdot F_A}{b \cdot l}$$

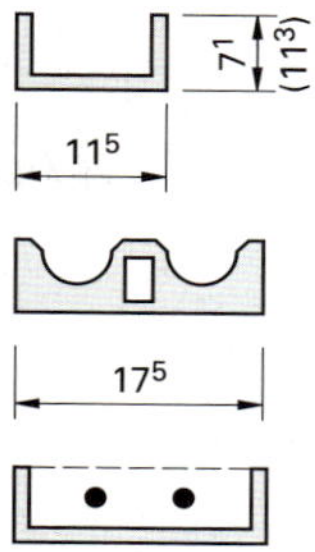

Bewehrte Flachstürze in üblicher Mauerdicke in den Längen um 25 cm abgestuft 1,00 m bis 3,00 m. Mindestens C20/25, IV S ∅ 6 ... ∅ 12

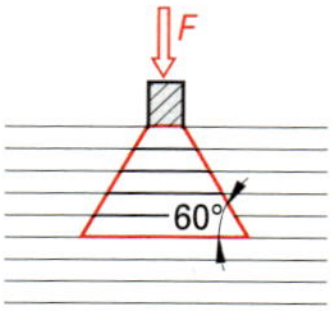

Last unter 60°

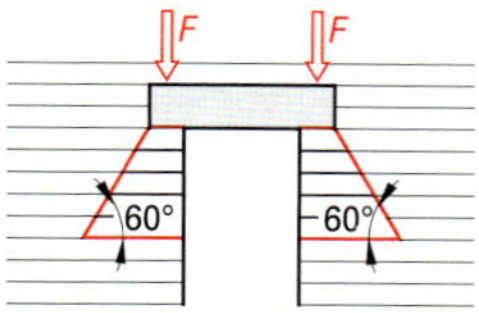

symmetrische Last

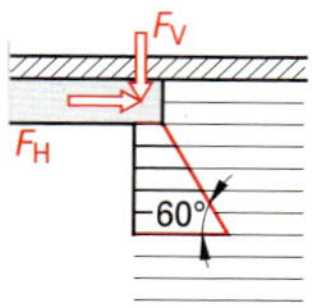

einseitige Last

Vorgefertigte Flachstürze

Ziegel-Flachsturz DIA
lichte Weite bis 2,76 m

KS-Flachsturz SM oder HM
für Sicht- oder Hintermauerwerk
lichte Weite bis 2,76 m

Beton-Flachsturz
lichte Weite 0,885 m

Porenbeton-Sturz
lichte Weite bis 1,75 m

Stahlbeton-Flachsturz
lichte Weite bis 2,75 m

Mauerbögen

beziehungsweise Bogenkonstruktionen haben die Aufgabe, Öffnungen zu überdecken und die vorhandenen Einzellasten, Deckenlasten und Wandlasten des Einzugsbereiches auf das angrenzende Mauerwerk zu übertragen.

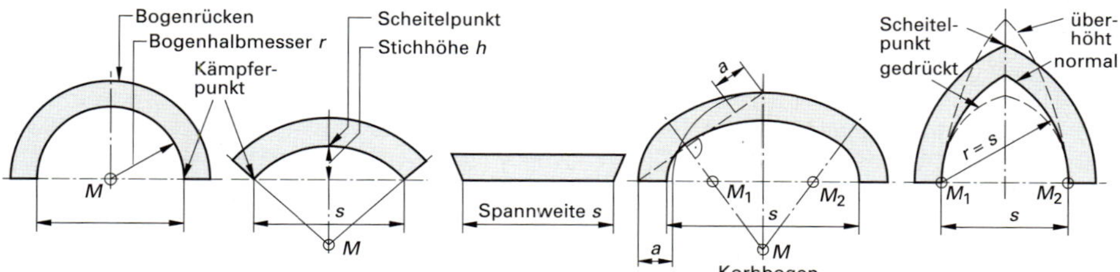

Rundbogen | Segmentbogen | scheitrechter Bogen | Korbbogen aus drei Kreisbögen | Spitzbogen

Bogen- und Gewölbeformen

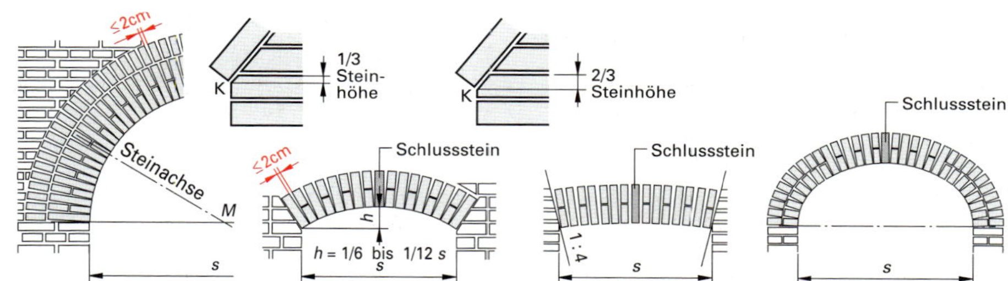

Rundbogen (Ausschnitt) | Segmentbogen | Flachbogen | Korbbogen

Gemauerte Bögen

7

Der **Rundbogen** ist die optimale Lösung für die Überdeckung, da die Druckkräfte lotrecht zum Auflagermauerwerk übertragen werden. Andere Bogenformen bewirken am Auflager aus der Stützlinie abzuleitende Schubkräfte, die rechnerisch in Vertikalkräfte und Horizontalkräfte zerlegt werden.

Der **Segmentbogen** ist ein flacher Bogen, der am Widerlager Horizontalkräfte bewirkt, bei gleicher Stützweite wie der Rundbogen wesentlich niedriger ist und eine optisch gelungene Schichteinteilung zulässt.

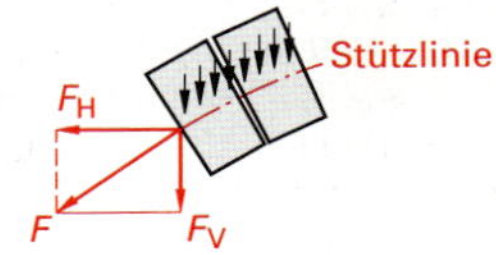

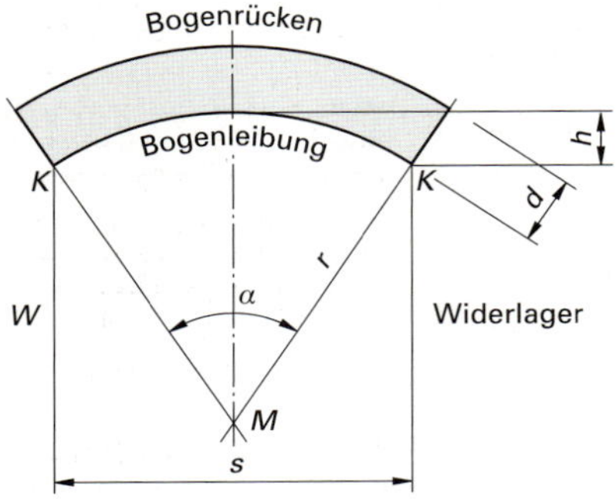

W	Widerlager, Wandbereich
s	Spannweite, lichte Weite
r	Bogenradius ▶ S. 11
b_a	Bogenrückenlänge (außen)
b_i	Bogenleibungslänge (innen)
K	Kämpferpunkt, Bogenanfang
h	Stichhöhe, Bogenhöhe ▶ S. 11
d	Bogendicke

Anfängerstein, der erste Stein an den Widerlagern

Schlussstein, der zuletzt gesetzte Stein im Scheitel.

Stoßfugen am Bogenrücken ≤ 2 cm.

Stoßfugen an der Bogenleibung ≥ 0,5 cm, aber ≤ 2 cm.

$$r = \frac{h}{2} + \frac{s^2}{8\,h}$$

$$b_i = \frac{2 \cdot r \cdot \pi \cdot \alpha}{360°}$$

$$\sin\frac{\alpha}{2} = \frac{s}{2 \cdot r}$$

s	1,01	1,51	1,76	2,01	2,51	3,01
h	15 cm	15 cm	$\frac{1}{8}$ s	$\frac{1}{10}$ s	$\frac{1}{12}$ s	1,505 m
r	0,926 m	1,975 m	1,87 m	2,62 m	3,855 m	1,505 m
α	~ 66°	~ 45°	~ 56°	~ 45°	~ 38°	180°

Freistehende Mauern

werden als Abgrenzungen für Gärten, Parkplätze, Freiplätze und als Lärmschutzwände erstellt. Diese Wände werden durch Querwände oder Stützen gehalten. Sie werden vorwiegend durch Windkräfte belastet. Ihre Kippsicherheit muss durch die Bemessung der Fundamente, Mauerdicke und Mauerhöhe gewährleistet werden. Es sind frostbeständige Steine und Mörtel mindestens der Mörtelgruppe II zu verwenden. Zu beachten sind

- Frostfreie Gründung, mindestens 80 cm tief, besser 1,00 m bis 1,20 m
- Betonsockel mindestens bis 30 cm über Gelände, evtl. Sperrmörtel
- Sperrschicht zwischen Betonsockel und Mauerwerk, DIN 18 195
- Mauerabdeckung, z. B. aus Betonwerkstein oder als Ziegelrollschicht
- Längen der Mauerabschnitte 6 m bis maximal 8 m

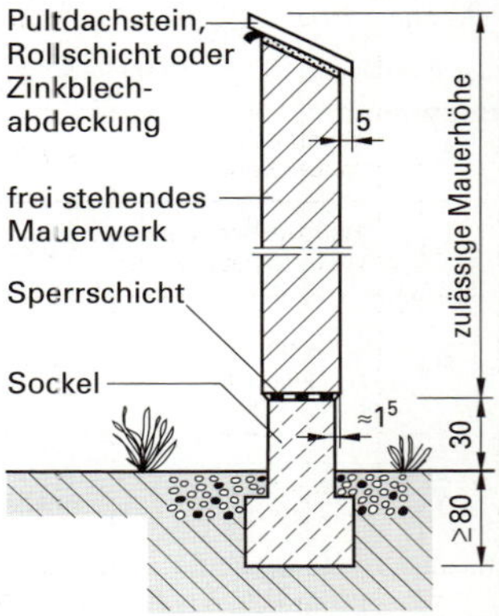

7

Zulässige Mauerhöhe (Näherungswerte) in m				
Eigenlast γ in kN/m³	Mauerhöhe h in m bei Wanddicken d in m			
	0,365	0,30	0,24	0,175
20	2,73	1,85	1,18	0,63
18	2,45	1,66	1,03	0,57
15	2,05	1,57	0,86	
12	1,64	1,11	0,69	
10	1,36	0,92	0,59	

Faustformel für die Berechnung der Mauerhöhe in m bis 8 m Höhe über Gelände:

$$h = 1{,}05 \cdot \gamma \cdot d^2$$

Mauerwerk aus Naturstein

gehört zu den ältesten Bauweisen für massive Bauwerke. Der heutige Anwendungsbereich liegt vorwiegend in der architektonischen Gestaltung. Natursteine ► S. 162 für Mauerwerk dürfen nur aus fehlerfreiem Gestein gewonnen werden. Gemäß DIN 1053 muss Natursteinmauerwerk im gesamten Querschnitt handwerksgerecht ausgeführt werden:

- es dürfen nirgends mehr als drei Fugen zusammenstoßen
- es dürfen keine Stoßfugen durch mehr als zwei Schichten verlaufen
- Läuferschichten und Binderschichten müssen abwechseln oder auf zwei Läufer muss mindestens ein Binder kommen
- die Dicke der Binder muss mindestens 30 cm betragen und möglichst das 1,5fache der Schichthöhe betragen
- die Dicke der Läufer soll etwa gleich der Schichthöhe sein
- an den Ecken sind die größeren Steine einzubauen
- die Überdeckung der Stoßfugen muss mindestens 10 cm beim Schichtenmauerwerk und 15 cm beim Quadermauerwerk betragen
- Zwischenräume oder weite Fugen sind zu vermeiden, ansonsten mit allseits ummörtelten Steinstücken auszufüllen
- Sichtflächen sind nachträglich zu verfugen

Bruchsteinmauerwerk

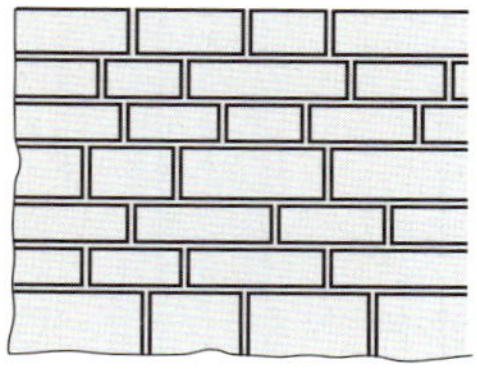

Quadermauerwerk

Man unterscheidet Natursteinmauerwerk nach Art der Ausführung und Behandlung der Steine.

Feldsteinmauerwerk	unbearbeitete Steine, steifer Mörtel
Trockenmauerwerk	geringe Bearbeitung der Steine, ohne Mörtel, im Verband
Zyklopenmauerwerk und Bruchsteinmauerwerk N1	geringe Beabeitung der Steine, satt im Mörtel, im Verband, verschiedene Höhen, Ausgleich alle 1,50 m
Hammergerechtes Schichtenmauerwerk N2	Mindesttiefe der Steine 12 cm, verschiedene Steinhöhen, Ausgleich alle 1,50 m
Unregelmäßiges Schichtenmauerwerk N3	mindestens 15 cm Tiefe der Steine der Sichtfläche bearbeitet, Lager- und Stoßfugen ungefähr rechtwinklig zueinander, Fugendicke maximal 3 cm, die Steinhöhe darf innerhalb einer Schicht mäßig wechseln
Quadermauerwerk N4	Steine sind nach angegebenen Maßen bearbeitet, nummeriert und nach Setzplänen vermauert
Mischmauerwerk oder Verblendmauerwerk	mittragendes Verblendmauerwerk, Hintermauerung aus künstlichen Steinen oder hinterer Wandteil aus Beton oder Leichtbeton, Verzahnung durch Einbindung von mindestens 30 % der Bindersteine

Die Güteklassen **N1** bis **N4** unterteilen das Natursteinmauerwerk nach Ausführungsart, Lagerfugenneigung α, dem Verhältnis „Fugenhöhe zu Steinlänge" und einem Verhältniswert „Natursteinfläche zu Wandquerschnitt im Grundriss". Die Grundwerte σ_0 der zulässigen Druckspannungen ergeben sich in Abhängigkeit von der Güteklasse, der Steinfestigkeit und der Mörtelgruppe.

Güteklasse	Grundeinstufung	Fugenhöhe/Steinlänge	Neigung der Lagerfuge tan α	Steinfestigkeit β_{St} MN/m²	Grundwerte σ_0[1] / (Druckfestigkeit f_k) Mörtelgruppe I MN/m²	II MN/m²	II a MN/m²	III MN/m²
N1	Bruchsteinmauerwerk	≤ 0,25	≤ 0,30	≥ 20	0,2 (0,6)	0,5 (1,5)	0,8 (2,4)	1,2 (3,6)
				≥ 50	0,3 (0,9)	0,6 (1,8)	0,9 (2,7)	1,4 (4,2)
N2	Hammerrechtes Schichtmauerwerk	≤ 0,20	≤ 0,15	≥ 20	0,4 (1,2)	0,9 (2,7)	1,4 (4,2)	1,8 (5,4)
				≥ 50	0,6 (1,8)	1,1 (3,3)	1,6 (4,8)	2,0 (6,0)
N3	Schichtenmauerwerk	≤ 0,13	≤ 0,10	≥ 20	0,5 (1,5)	1,5 (4,5)	2,0 (6,0)	2,5 (7,5)
				≥ 50	0,7 (2,1)	2,0 (6,0)	2,5 (7,5)	3,5 (10,5)
				≥ 100	1,0 (3,0)	2,5 (7,5)	3,0 (9,0)	4,0 (12,0)
N4	Quadermauerwerk	≥ 0,07	≥ 0,05	≥ 20	1,2 (3,6)	2,0 (6,0)	2,5 (7,5)	3,0 (9,0)
				≥ 50	2,0 (6,0)	3,5 (10,5)	4,0 (12,0)	5,0 (15,0)
				≥ 100	3,0 (9,0)	4,5 (13,5)	5,5 (16,5)	7,0 (21,0)

[1] Bei Fugendicken über 40 mm sind die Grundwerte σ_0 um 20 % zu vermindern. ( ) nur DIN 1053-100

7.1.5 Baustoffe

Mauermörtel muss die DIN EN 998-2 und DIN V 18580 ► S. 166 erfüllen. **Mauerwerk nach Eignungsprüfung** ist Mauerwerk, das aufgrund von Prüfungen an Mauerwerksprobekörpern in Mauerwerksfestigkeitsklassen eingestuft wird (Eignungsprüfungskonzept). Die Druckfestigkeit wird vom Hersteller mit **M** gekennzeichnet. Es darf nur Mörtel der Gruppe II a, III oder III a verwendet werden. Mörtel der Gruppe III a hat die Zusammensetzung wie der Mörtel der Gruppe III, aber eine Festigkeitssteigerung durch Auswahl geeigneter Sande.

Mindestanforderungen an die Druckfestigkeit

Mörtelart		Mörtelgruppe DIN 1053	Mörtelklasse DIN EN	Druckfestigkeit N/mm²	Fugendruckfestigkeit in N/mm²		
					Verfahren I	Verfahren II	Verfahren III
Normalmauermörtel	NM	I	M1	1	–	–	–
		II	M2,5	2,5	1,25	2,5	1,75
		II a	M5	5	2,5	5,0	3,5
		III	M10	10	5	10,0	7,0
		III a	M20	20	10,0	20,0	14,0
			M d[1]	> 25	≥ 10,0	≥ 20,0	≥ 14,0
Leichtmauermörtel	LM	LM21	M5	5	2,5	5,0	3,5
		LM36	M5	5	2,5	5,0	3,5
Dünnbettmörtel	DM	DM	M10	10	–	–	–

[1] d bedeutet eine vom Hersteller angegebene Druckfestigkeit, die höher als 25 N/mm² ist.

Verfahren I: Quaderförmige Prüfkörper werden vollflächig belastet.
Verfahren II: Plattenförmige Prüfkörper werden teilflächig quadratisch belastet.
Vefahren III: Plattenförmige Prüfkörper, jedoch kleinere Prüfkörper als beim Verfahren II, werden teilflächig kreisrund belastet.

Mauerwerk im Dünnbettverfahren

Beim Dünnbettverfahren mit Fugendicken von 1 mm bis 3 mm ist es möglich, mit diesen Mörtelfugendicken die Toleranzen der Steine auszugleichen. Man verwendet großformatige Vollsteine, die aus dampfgehärtetem Porenbeton hergestellt werden (Plansteine). Die Steinlängen sind z.B. 50 cm, 60 cm, 62,5 cm und 1,00 m. Diese Maße sind Nennmaße, die tatsächlichen Steinlängen sind 1 mm bis 3 mm kleiner. In der Praxis hat sich der Begriff „geklebtes Mauerwerk" eingebürgert.

Mauermörtel

wird als Baustellenmörtel oder als Werkmörtel verwendet. **Baustellenmörtel** werden auf der Baustelle maschinengemischt oder handgemischt hergestellt, unterliegen daher vielen ungünstigen Bedingungen und ist nur als Normalmauermörtel (NM) zugelassen. **Werkmörtel** werden kellenfertig im Werk als Vormörtel, Frischmörtel, Mehrkammer-Silomörtel oder Trockenmörtel hergestellt.

Charakterisierung der Mörtelarten

Normalmörtel (DIN 1053)	Leichtmörtel (DIN 18 555)	Dünnbettmörtel (DIN 18 555)
Dichte Zuschläge, $\varrho \geq 1{,}5$ kg/dm³, als Baustellen- und Werkmörtel Mgr. I. II, IIa, III, III a	Leichte Zuschläge, $\varrho < 1{,}5$ kg/dm³, Wärmeleitfähigkeitsgruppen LM 21 ($\lambda = 0{,}18$) und LM 36 ($\lambda = 0{,}27$) nur als Werkmörtel; wie Mgr. II	Dichte Zuschläge, Größtkorn 1,0 mm, Druckfestigkeit ≥ 10 N/mm² nur als Werkmörtel; wie Mgr. III

7.1.6 Mauerwerksverbände

Nach DIN 1053 muss im Verband gemauert werden, d.h. die Stoßfugen und die Längsfugen übereinander liegender Schichten müssen versetzt sein. Für das **Überbindemaß *ü*** gilt

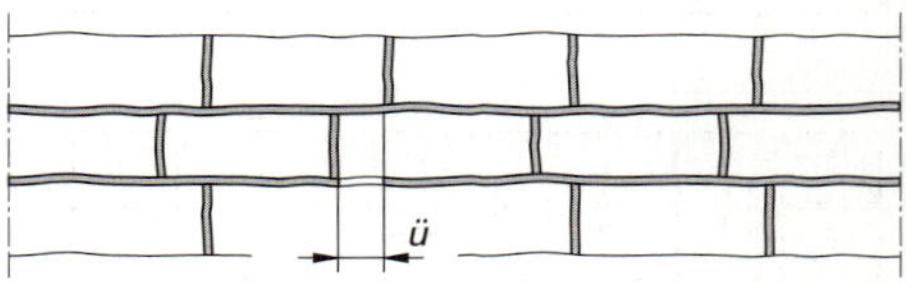

Steinformate	Mindest-überbindemaße
DF NF 2 DF 3 DF 5 DF	4,5 cm
7,5 DF 9 DF	7,0 cm
10 DF 12 DF 16 DF	9,5 cm

$ü \geq 0{,}4\, h \geq 4{,}5$ cm mit h ≙ Steinhöhe

Die Überbindung sollte möglichst nach der Baumaßordnung mit **0,5 am** (6,25 cm) oder **1 am** (12,5 cm) erfolgen, um so ein entsprechend gutes Fugenbild zu erhalten.

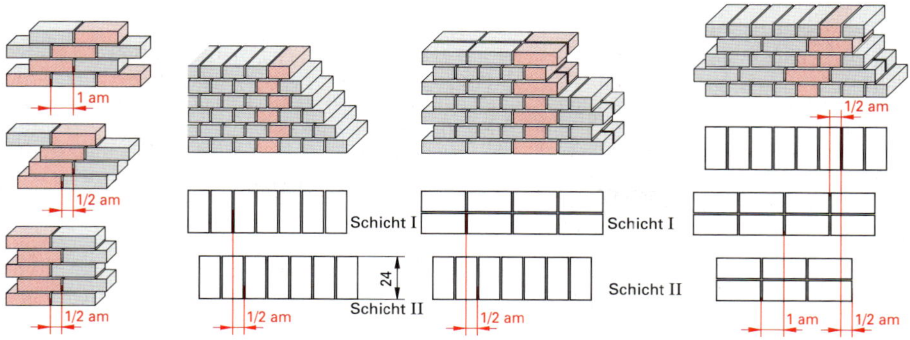

Läuferverbände | Binderverband | Blockverband | Kreuzverband

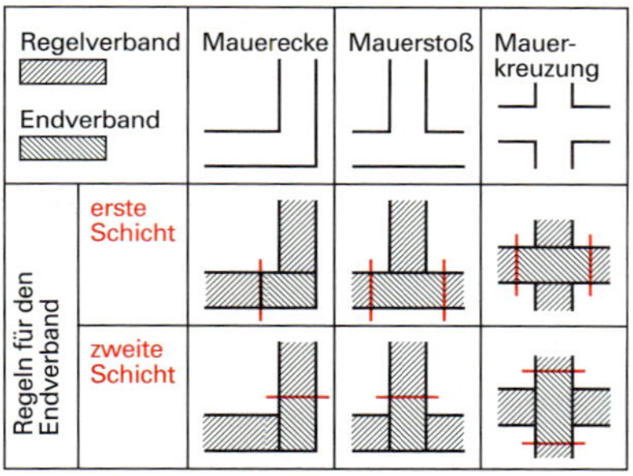

(Durch Verschieben der Schichten noch veränderbar)

Regelfugen durchbindender Schichten | Zierverbände

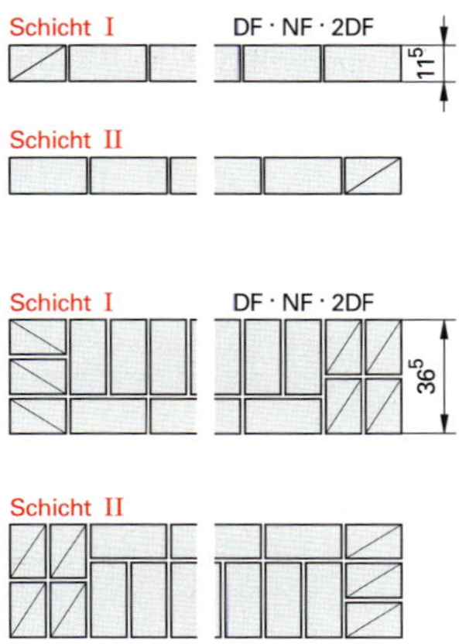

Köpfe durch 1/2 am teilbar

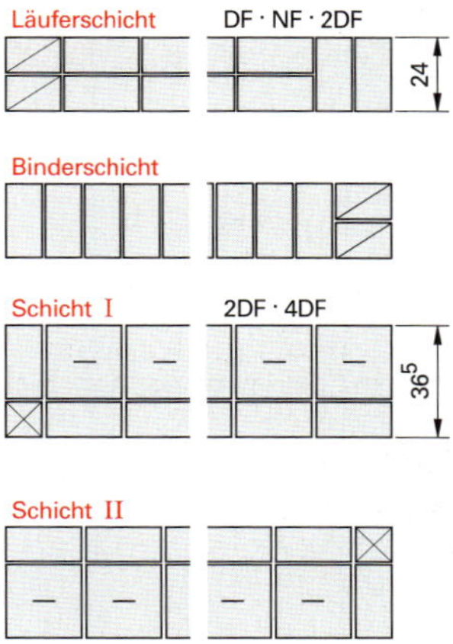

Läuferverband mit ungerader Kopfanzahl

Dreiviertelsteinverbände | Umgeworfene Verbände

Mauerenden und Mauerpfeiler sind meist sehr hoch, daher sind unnötige Teilsteine zu vermeiden!

Maueranschlüsse und Mauerkreuzungen sind gleichzeitig oder mit Abtreppungen hochzumauern. Man unterscheidet:

- liegende Verzahnung
- stehende Verzahnung
- Verzahnung mit Vorlage

Die liegende Verzahnung (Abtreppung) ist der beste vorläufige Mauerabschluss, da später die Anschlussfugen regelgerecht vermörtelt werden können.

Stehende Verzahnung (Lochverzahnung) und Verzahnung mit Vorlage sind für tragende und aussteifende Wände nicht zugelassen.

Anschläge (auch Tür- und Fensterleibungen) werden als gerade oder abgesetzte Mauerenden ausgeführt. Die häufigsten Anschlagtiefen betragen **0,5 am** und **1 am.**

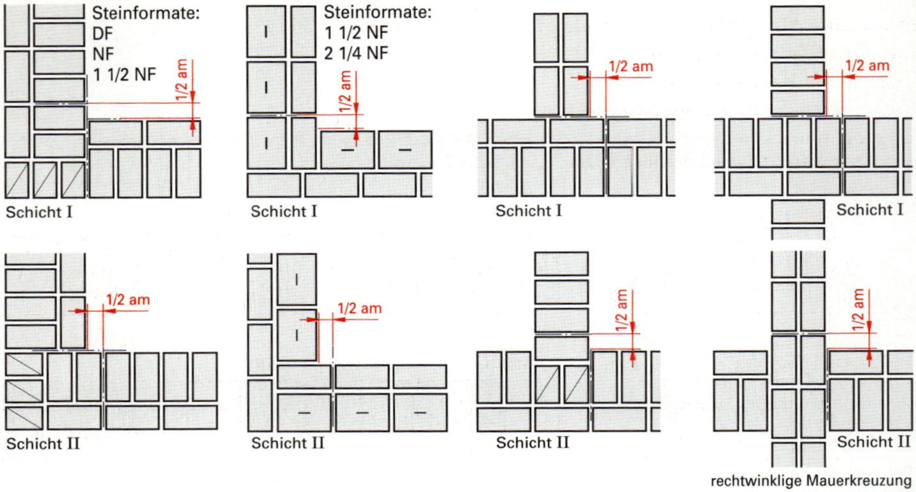

Mauerecken

Mauerstoß und Mauerkreuzung

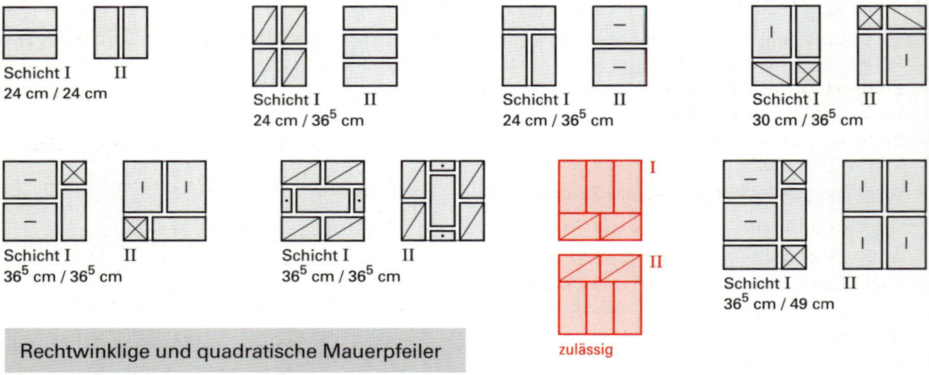

Rechtwinklige und quadratische Mauerpfeiler

Nischen sind Schwächungen in der Dicke des Mauerwerks; Vorlagen sind Verstärkungen. Der Abstand von Regelfuge und Nische beträgt **0,5 am** (6,25 cm) und bei 3 DF auch **1 am.**

Aussparungen und Schlitze
sind nur zulässig, wenn die Standfestigkeit der Wand dadurch nicht beeinträchtigt wird. Aussparungen und Schlitze sind im Mauerwerk herzustellen oder nachträglich zu fräsen.

Wand-dicke mm	Horizontale und schräge Schlitze nachträglich hergestellt		Vertikale Schlitze und Aussparungen nachträglich hergestellt			Vertikale Schlitze und Aussparungen in gemauerten Verbänden	
	Schlitzlänge unbeschränkt Tiefe mm	Schlitzlänge ≤ 1,25 m lang Tiefe mm	Tiefe mm	Einzel-schlitz-breite mm	Abstand der Schlitze und Aussparungen vor Öffnungen	Breite mm	Restwand-dicke mm
≥ 115	–	–	≤ 10	≤ 100	gefräste Schlitze ≤ 115 mm gemauerte Schlitze ≥ Schlitzbreite	–	–
≥ 175	0	≤ 25	≤ 30	≤ 100		≤ 260	≥ 115
≥ 240	≤ 15	≤ 25	≤ 30	≤ 150		≤ 385	≥ 115
≥ 300	≤ 20	≤ 30	≤ 30	≤ 200		≤ 385	≥ 175
≥ 365	≤ 20	≤ 30	≤ 30	≤ 200		≤ 385	≥ 175

Bei **schiefwinkligen Maueranschlüssen** unterscheidet man:

- schiefwinklige Mauerstöße
- schiefwinklige Mauerkreuzungen
- spitz- und stumpfwinklige Mauerecken

Fugenüberdeckungen sind zu vermeiden, wenn die jeweilige Regelfuge der durchgehenden Schicht um mindestens **0,5 am** von der Innenecke versetzt angeordnet wird.

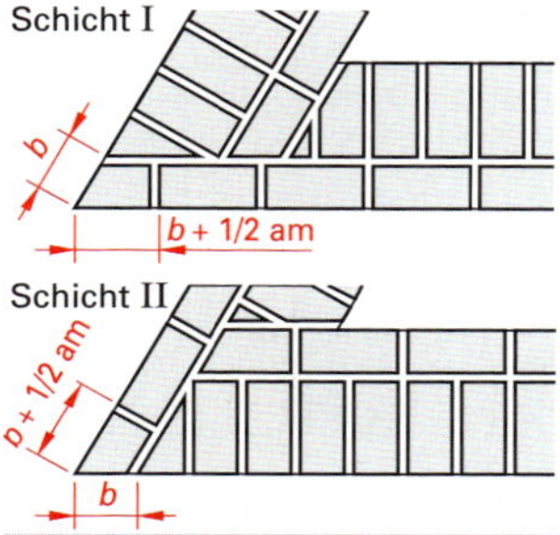

Schiefwinklige Mauerstöße/Mauerecken

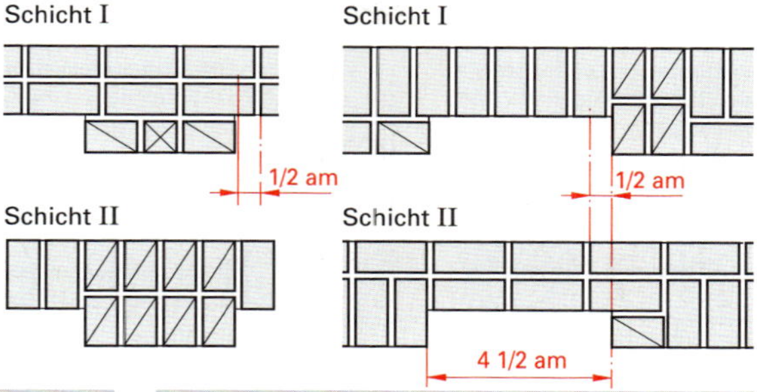

Vorlagen und Nischen

7.1.7 Ziegeldecken – Deckensysteme

Ziegeldecken sparen Beton, mindern das Deckengewicht und verbessern die Wärmedämmeigenschaften der Geschossdecke. Im Bauwerk werden sie verwendet als:

- **Stahlbetonrippendecke** mit nichttragenden Deckenziegeln (nach **DIN 4160**)
- **Stahlsteindecken** mit mittragenden Deckenziegeln (nach **DIN 4159**)
- **vorgefertigte Deckenplatten** aus Ziegeln

Folgende Voraussetzungen sind zwingend:

- lichter Abstand der Rippen $e \leq 70$ **cm**
- Maximale Verkehrslast von $p = 5$ **kN/m²**
- Auflagertiefe $a \geq 10$ **cm**
  Die Bewehrung der Deckenplatte ist mindestens bis zur Mitte des Auflagers zu führen und im Ringanker zu verankern.

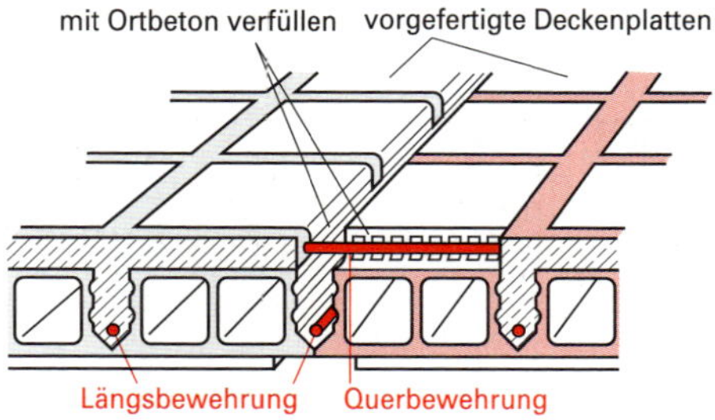

Verbindung zweier **Deckenplatten aus Ziegeln**

Ziegelrippendecke

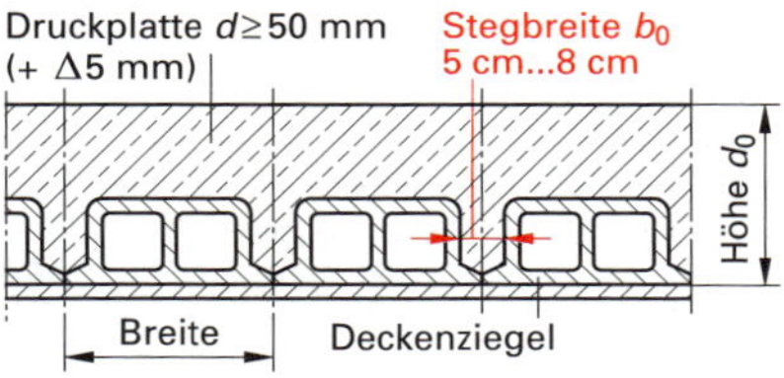

Ziegel als Zwischenbauteil nach DIN 4160, ohne Querstege, statisch nicht mitwirkend
Rohdichte der Ziegel 0,8 kg/dm³ bis 1,2 kg/dm³

Breite 333/500 mm	Tiefe 250/333 mm
Höhe 165/190/215/240/265/290/315/340 mm	

Stahlsteindecke

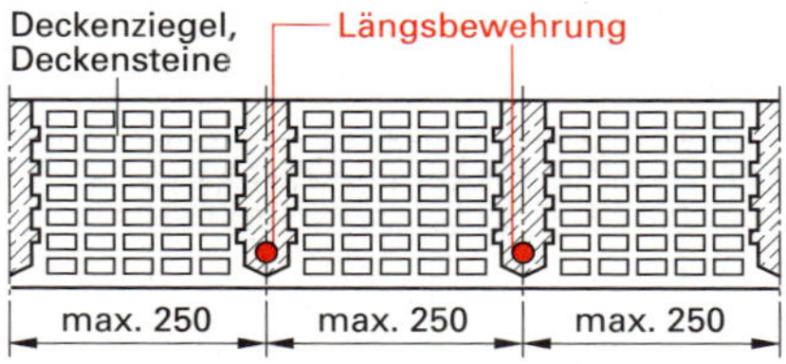

Ziegel für vollvermörtelte Stoßfugen nach DIN 4159, Fugenbeton mindestens C12/15
Rohdichte der Ziegel 0,6 kg/dm³ bis 1,0 kg/dm³

Breite 250 mm	Tiefe 166/250/333/500 mm
Höhe 115/165/190/215/240/265/290 mm	

Deckensysteme (Auswahl)

Massivdecken

ohne Hohlkörper

Vollplatte aus Stahlbeton
nach DIN 1045
Auflagertiefe a = 10 cm
Plattendicke $h \geq$ 7 cm; i.d.R. 14 … 18 cm;
Faustformel $d \approx 2{,}6 \cdot l + 2$ cm
l in m, d in cm
ein- oder zweichachsig gespannt

Vollplatte aus Leichtbeton
nach DIN 4219 oder DIN 1045
$h \geq 7$ cm

Vollplatte aus Porenbeton
nach DIN 4223
Stützlänge l < 5,90 m gilt DIN 4223
Plattendicke h = 15 cm bis 30 cm
Schlankheit l/h < 30 beachten

mit Hohlkörper

Stahlbeton-Hohlplatte
nach DIN 1045
(als *Röhbau-Decke* bekannt)
Plattendicke h in cm

23	28	33	38	43	48	53

Plattenbreite b in cm

18	23	28	33	38	45	50

mit Vergussbeton bzw. Ortbeton

Stahlbeton-Hohldielenplatte
nach DIN 1045
(auch als Balkendecke bekannt)
(als *Hourdis-Platte, Raab-Hohlbalkenplatte* bekannt)
Plattendicke h in cm

6	18	20	22

Plattenbreite b in cm

25	33,3	50

Auflagertiefe a = 5 cm (Stahl), a = 7 cm mit Vergussbeton

Spannbeton-Hohlplattendecke
nach DIN 4227
(teilweise auch als Balkendecke bekannt)
Stützlänge l = 12,00 m
Plattendicke h in cm

12	15	18	25

mit Vergussbeton

Stahlsteindecken
nach DIN 1045 mit Zwischenbauteilen nach DIN 4159
(teilweise auch als Rippendecke bekannt)

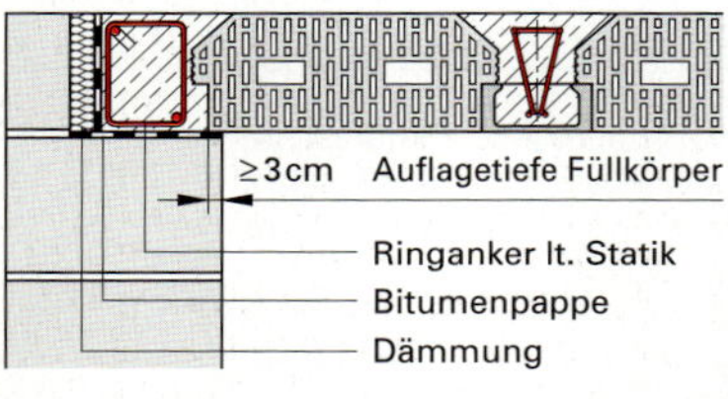

Rippendecken und Balkendecken

Stahlbetonrippendecke nach DIN 1045
mit Zwischenbauteilen nach DIN 4160
lichter Rippenabstand e = 70 cm
Aufbeton d = 5 cm bzw. 1/10 e; Rippenbreite b = 5 cm
als Kassettendecke längs und quer gespannt
Füllkörper aus Ziegel, Leichtbeton, Profil- bzw. Schalblech oder Trapezprofil nach DIN 18 807

Gitterträgerdecke als vorgefertigte Gitterträgerplatten aus dünnen Fertigteilplatten mit Ortbetonschicht (teilweise auch als Massivdecke bekannt)

Gitterträgerdecke als Balkendecke aus Gitterträgerbalken mit Zwischenbauteilen als statisch nicht wirksame Füllkörper
(als *Filigran-D-Träger* bekannt)
teilweise mit Tonhohlkörper als Zwischenbauteil
Deckendicke h = 6 cm bis 20 cm (variabel)
Stützlänge l nach Herstellerangaben (variabel)

Stahlbeton-Balkendecken nach DIN 1045
aus aneinandergereihten Fertigteilbalken (als *Raab-Balkendecke* bekannt oder komplett als *Filigran-Unterplatte* bekannt)
Plattendicke h in cm

18	20	22	vereinzelt bis 30

Plattenbreite b in cm

25	33,3	50	62,5	75

Stützlänge l = 6,00 m; als Unterplatte großflächig 6,00 m × 2,50 m

Fertigteildecken nach DIN 1045 ► S. 318
Trogplattenbreite 2,40 m bis 2,50 m
Aufbeton d = 4 cm
Stützlänge l = 10,00 m
(als T T-Platte oder π-Platte bekannt)

Stahlbeton-Plattenbalkendecken nach DIN 1045 ► S. 280
Plattendicke h = 7 cm
lichter Balkenabstand e = 70 cm : i.d.R. 2,50 m bis 3,00 m
als Fertigteil mit einer Plattenbreite von 2,50 m

Stahlbeton-Pilzdecke nach DIN 1045
Deckendicke h = 15 cm
Achsabstand der Stützen bzw. Rundsäulen 6,00 m (Erfahrungswert)

Dach- und Deckenplatten aus Bimsbeton oder Porenbeton
Stützlänge Dachplatten l < 4,90 m es gilt DIN 4223, sonst der Zulassungsbescheid
Stützlänge Deckenplatten l < 5,90 m es gilt DIN 4223, sonst der Zulassungsbescheid
Plattendicke h = 10 cm bis 30 cm ; Schlankheit l/h < 30 beachten

Holzbalkendecke nach DIN 1052 ► S. 289 ff
oder klassifiziert nach DIN 4102
Holzbalken 18 cm / 26 cm (Erfahrungswert)
Balkenachsabstand (häufig) 80 cm;
Durchbiegung $f < l/300$ beachten; Faustformel $d_f \approx l/20$

7.1.8 Hausschornsteine und Lüftungsschächte

Hausschornsteine sind Schächte in oder an Gebäuden, die Abgase von Feuerstätten für feste, flüssige oder gasförmige Brennstoffe über das Dach ins Freie ableiten (nach **DIN 18 160**). Es gibt:

- Rauchschornsteine für Kohle-, Koks- und Ölfeuerung
- Abgasschornsteine für Gasfeuerstätten
- offene Kamine

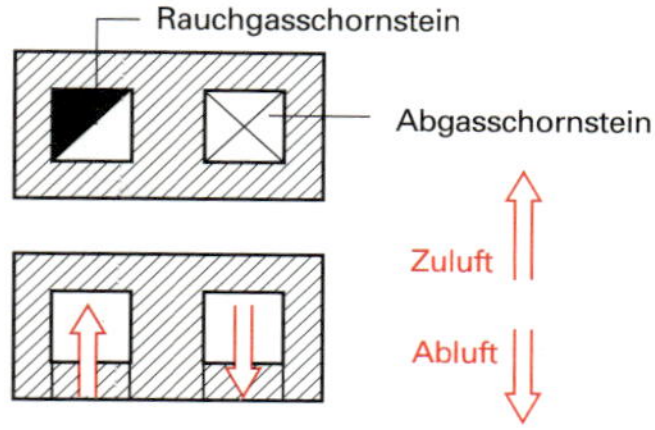

Einflüsse hemmen bzw. fördern den Schornsteinzug:

- Querschnittsform
- Querschnittsgröße
- Schornsteinhöhe
- Höhe des Schornsteinkopfes
- Lage des Schornsteins im Gebäude, Dachdurchführung möglichst in Firstnähe, Schornsteine dürfen nur einmal schräg bis zu 60° Neigung gezogen werden
- Windeinwirkung auf den Schornsteinkopf
- Art und Anzahl der angeschlossenen Feuerstätten
- Ausführungsqualität (undichte Fugen, raue Innenfläche)
- Richtungsänderung (gezogener Schornstein)

Ein Schornstein zieht, weil die heißen Verbrennungsgase im Schornstein leichter sind als die Außenluft. Die warme Luft steigt nach oben, während der Unterdruck im Schornstein die schwerere Frischluft zur Brennstelle nachströmen lässt.

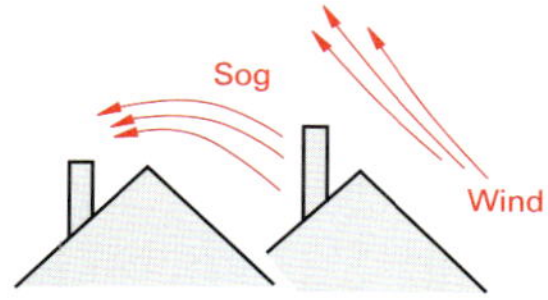

Windeinwirkung auf den Schornsteinzug

Lichter Querschnitt	Höhe des Schornsteins	Zusätzliche Anforderungen
• Mindestquerschnitt 100 cm² • kreisförmig oder rechteckig • kleinste Seitenlänge 10 cm • bei gemauerten Schornsteinen kleinste Seitenlänge 13,5 cm • Seitenverhältnis ≥ 1 : 1,5 • die richtige Querschnittsgröße richtet sich nach der planmäßigen Wärmeleistung der angeschlossenen Feuerstätten	• Mindesthöhe 4 m • Maximalhöhe richtet sich nach dem lichten Querschnitt • Schornsteinmündungen dürfen nicht in unmittelbarer Nähe von Fenstern und Balkonen liegen • mindestens 40 cm über den höchsten Kanten des Daches von mehr als 20° Dachneigung	• Abstand zu angrenzenden Bauteilen aus brennbaren Stoffen ≥ 5 cm, im Ausnahmefall ≥ 2 cm • Reinigungsöffnungen mindestens 20 cm tiefer als der unterste Feuerstättenanschluss, 10 cm/18 cm • Standsicher auf tragfähigen Fundamenten errichten • Schornsteinkopf wärmedämmen

Mindesthöhen von Schornsteinen am Dach

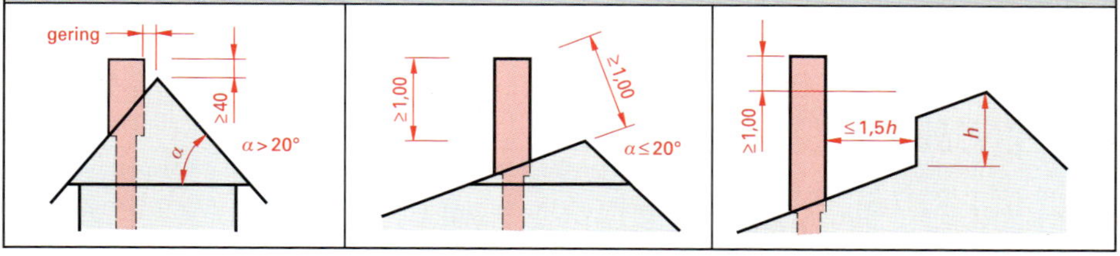

Lüftungsschächte

sind schornsteinähnliche Kanäle, die verbrauchte Luft (Entlüftung, Abluft) aus den Räumen abführen oder Frischluft (Belüftung, Zuluft) zuführen (z. B. bei fensterlosen Sanitärräumen, Kochnischen). Mindestquerschnitt 150 cm².

Schornsteine aus Formsteinen

Dreischalige Schornsteine mit Dämmstoffschicht und beweglicher Innenschale sind komplett gleichzeitig hochzuziehen. Die Schornsteine bestehen aus einer Innenschale (Innenrohr aus Schamotte 2 cm ... 3 cm dick), einer nicht brennbaren Dämmstoffschicht und einer Außenschale (aus künstlichen Steinen oder Leichtbeton). Schamottesteine sind feuerfeste Steine, hergestellt aus Ton und Quarzsand. Höhen 24 cm, 33 cm oder 49 cm.

Ein- und zweizügige Schornsteine

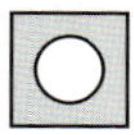		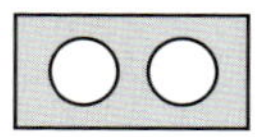	
lichter ∅ [cm]	Außenmaß [cm]	lichter ∅ [cm]	Außenmaß [cm]
12	34/34	12 + 12	36/68
14	34/34	14 + 14	38/68
16	36/36	16 + 16	40/72
18	40/40	18 + 12	43/73
20	40/40	18 + 14	43/73
22	43/43	20 + 12	43/73
25	50/50	20 + 14	43/73
12 L	38/52 (einzügig mit Lüftung)		

7

7.2 Betonbau, Stahlbetonbau, Spannbetonbau

7.2.1 Übersicht und Zuordnung

Baustoff Beton ▶ Kap. 6.7

Betonbau	Stahlbetonbau	Spannbetonbau
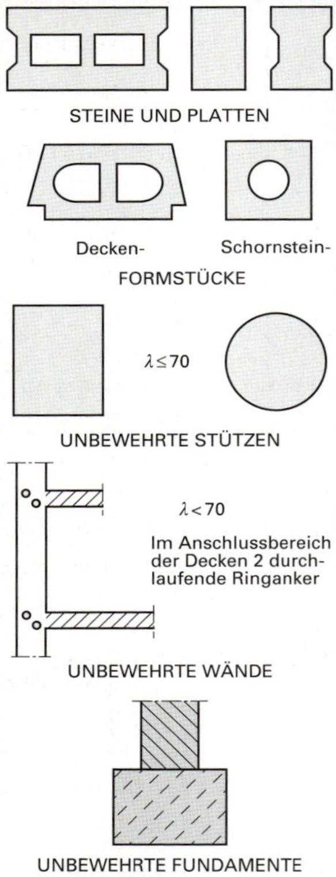	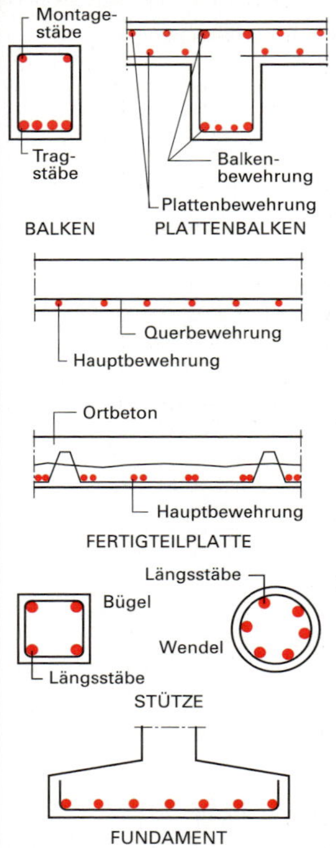	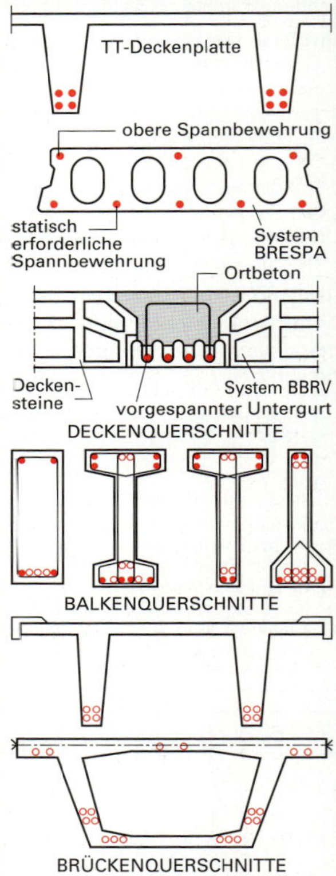
hohe Druckbeanspruchung	hohe Druck- und Zugbeanspruchung	sehr hohe Zugbeanspruchung
Beton nimmt die Druckspannung σ_D auf	Beton nimmt die Druckspannungen σ_D, Stahl nimmt die Zugspannungen σ_Z auf (möglich auch Stahleinlagen als Druckbewehrung → k_d*)	Spannstahl „überdrückt“ die Zugspannungen im Beton, sehr hohe Druckspannungen im Beton (Kriechverformung)

Beton und Stahl verbinden sich auf physikalische Weise zu Stahlbeton:

- Zement und Wasser hydratisieren zu Calciumhydroxid, das den Stahl dauerhaft vor Korrosion schützt, wenn der Beton ausreichend dicht und die Betondeckung genügend dick ist.
- die Haftung zwischen Beton und Stahl ist ausreichend groß (gerippte Oberfläche);
- die Wärmeausdehnungszahlen beider Baustoffe sind annähernd gleich groß

  Dehnung ε des Stahls bei Erwärmung um 1° Celsius: 0,010 mm/m
  Dehnung ε des Betons bei Erwärmung um 1° Celsius: 0,010 mm/m
  } nach DIN 1045-1

Vor diesen stoffimmanenten Eigenschaften ist der Beton „zuständig“ für die Aufnahme der Druckkräfte, der Stahl „zuständig“ für die Aufnahme der Zugkräfte.

7

7.2.2 Bemessung auf Druck – unbewehrter Beton

Festigkeitswerte des Betons in N/mm² nach DIN 1045

Kenngröße	Festigkeitsklasse C									Erläuterungen
	12/15	16/20	20/25	25/30	30/37	35/45	40/50	45/55	50/60	
Druckfestigkeit[1] $f_{ck,cyl}$ f_{cm}	12 20	16 24	20 28	25 33	30 38	35 43	40 48	45 53	50 58	Charakteristischer Wert (Zylinderdruckfestigkeit) Mittlere Druckfestigkeit $f_{cm} = f_{ck} + 8$ (in N/mm²)
Bemessungswert f_{cd} (zul σ_D)	5,7	7,6	9,4	11,8	14,2	16,5	18,9	21,3	23,6	unbewehrter Beton $f_{cd} = \alpha \cdot f_{ck}/\gamma_c$ mit $\alpha = 0{,}85$ $\gamma_c = 1{,}8$
Bemessungswert f_{cd} (zul σ_D)	6,8	9,1	11,3	14,2	17,0	19,8	22,7	25,5	28,3	bewehrter Beton $f_{cd} = \alpha \cdot f_{ck}/\gamma_c$ mit $\alpha = 0{,}85$ $\gamma_c = 1{,}5$
Zugfestigkeit f_{ctm}	1,6	1,9	2,2	2,6	2,9	3,2	3,5	3,8	4,1	$f_{ctm} = 0{,}30 \cdot f_{ck}^{2/3}$
E-Modul E_{cm}	25800	27400	28800	30500	31900	33300	34500	35700	36800	$E_{cm} = 9500 \cdot (f_{ck} + 8)^{1/3}$

[1] Der maßgebende Festigkeitswert für die rechnerischen Nachweise nach DIN 1045 ist allein die Zylinderdruckfestigkeit $f_{ck,cyl}$, da diese der vorhandenen einachsigen Druckfestigkeit im Bauwerk besser entspricht.

Beispiel

Welche Last F_{Rd} darf eine Stütze (30 cm/30 cm) auf ein Fundament aus C12/15 ableiten?

C12/15 $\Rightarrow$ zul $\sigma_D = f_{cd} = 5{,}7 \dfrac{\text{N}}{\text{mm}^2}$

Fläche (30/30) $\Rightarrow$ $A = 90\,000$ mm²

Maßgebend für den Spannungsnachweis: Fuge I – I

$$\text{zul } \sigma_D = \frac{F_{Rd}}{A} \quad \Rightarrow \quad F_{Rd} = \text{zul } \sigma_D \cdot A$$

$$\boldsymbol{F_{Rd}} = 5{,}7 \frac{\text{N}}{\text{mm}^2} \cdot 90\,000 \text{ mm}^2 = 513\,000 \text{ N} = \mathbf{513\ kN}$$

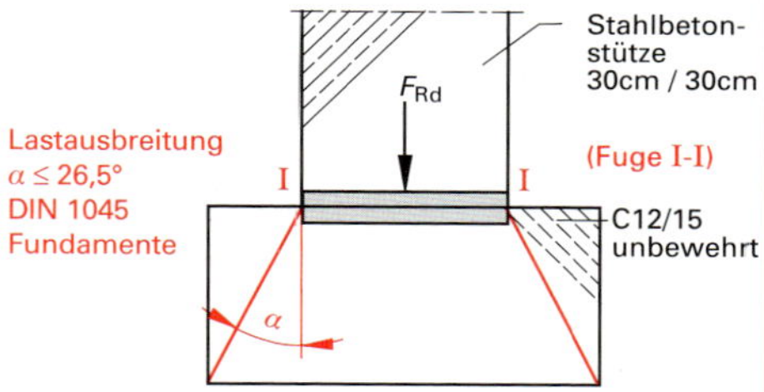

Bauteile aus unbewehrtem Beton

- eine klaffende Fuge darf höchstens bis zum Schwerpunkt des Querschnittes entstehen ▶ S. 336
- die Lastverteilung kann bis zu einem Winkel von 26,5° in Rechnung gestellt werden
- die Lastverteilung entspricht einer Neigung von 1 : 2 zur Lastrichtung
- die Lastverteilung bei unbewehrten Fundamenten darf mit 1 : *n* in Rechnung gestellt werden, die *n*-Werte sind von der Betonfestigkeit und der Bodenpressung abhängig ▶ S. 338

Teilflächenbelastung bei Fundamenten

Wird nur eine Teilfläche eines Querschnittes belastet, darf mit einer größeren zulässigen Teilfächenbelastung F_{Rd} gerechnet werden, wenn im Beton unterhalb der Belastungsfläche A_1 die Spaltzugkräfte z. B. durch Bewehrung aufgenommen werden. Die Maße der rechnerischen Lastverteilungsfläche A dürfen maximal das Dreifache der Belastungsfläche sein.

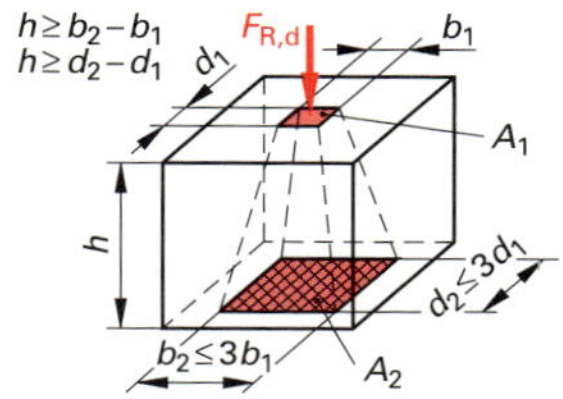

Bei einer örtlichen Krafteinleitung darf die aufnehmbare Teilflächenbelastung F_{Rd} für Normalbeton ermittelt werden aus

$$F_{Rd} = A_1 \cdot f_{cd} \sqrt{\frac{A_2}{A_1}} \leq 3{,}0 \cdot f_{cd} \cdot A_1$$

7.2.3 Bemessung für Biegung (*M*) mit / ohne Längskraft (*N*)

$$E_d \leq R_d$$

$$(M_{Ed} \leq M_{Rd} \quad \text{und} \quad N_{Ed} \leq N_{Rd})$$

Es ist nachzuweisen, dass der Bemessungswert der äußeren Beanspruchung E_d (hier M_{Ed}, N_{Ed}) den Bemessungswert des Bauteilwiderstands (aufnehmbare Momente M_{Rd} und Längskräfte N_{Rd}) nicht überschreitet.

Beanspruchung $E_d \leq$ Widerstand R_d

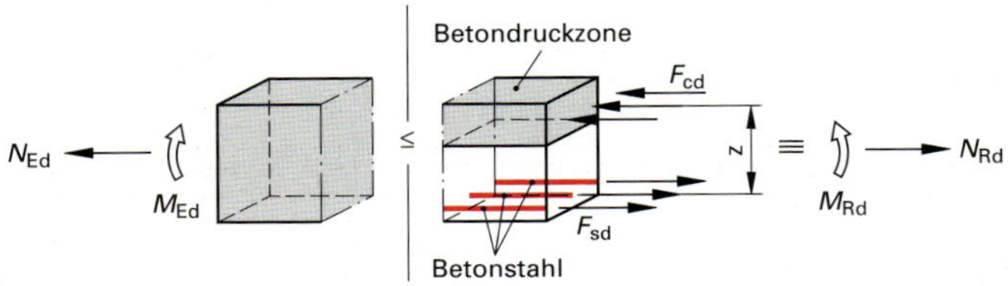

Die Beanspruchung E_d

erhält man durch Multiplikation der Lasten (z.B. ständige Einwirkung G_k, g_k, ► S. 78 Eigenlasten und veränderliche Einwirkung Q_k, q_k ► S. 85 Verkehrslasten) mit **lastabhängigen Teilsicherheitsbeiwerten** γ_F (► S. 90 Sicherheitskonzept) ⇒ Verkehrslast von Decken: $q_d = q_k \cdot \gamma_k = 5{,}00 \cdot 1{,}5 = 7{,}5$ **kN/m²**.

Die Tragfähigkeit des Bauteils oder der Bauteilwiderstand R_d

ergibt sich durch Division der Baustofffestigkeit (z.B. Streckgrenze des Betonstahls $f_{yk} = 500$ N/mm²) mit **materialabhängigen Teilsicherheitsbeiwerten** γ_M (z.B. $\gamma_s = 1{,}15$ ► S. 209 Betonstähle
⇒ $f_{yd} = f_{yk} / \gamma_s = 500 / 1{,}15 = 435$ **N/mm²)**

Werkstoffgesetz für Betone der Festigkeitsklassen C 12/15 bis C 50/60

Parabel-Rechteck-Diagramm

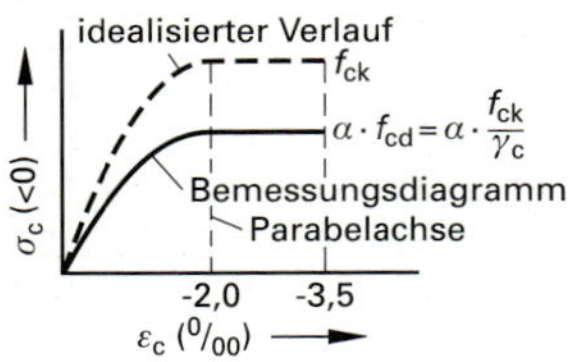

Spannungs-Dehnungs-Kennlinie für die Querschnittsbemessung

Idealisierte Darstellung des Verformungsverhaltens von Beton. Min. Stauchung $\varepsilon_{cu} = -3{,}5$ ‰

- α = 0,85 (Abminderungsfaktor für Dauerbelastung)
- f_{ck} charakteristische Betonfestigkeit
- γ_c = 1,5 (Teilsicherheitsbeiwert)
- f_{cd} zul. Druckspannung für die Bemessung (σ_c)
- ε_{cu} Betondehnung bzw. -stauchung

Werkstoffgesetz für Betonstahl BSt 500 S/M

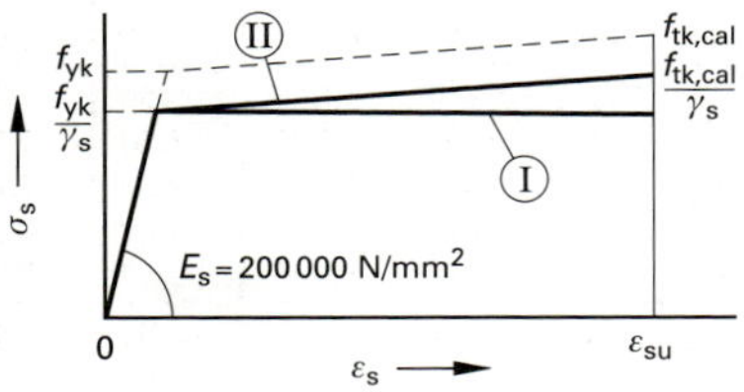

Spannungs-Dehnungskennlinie für die Querschnittsbemessung

Idealisierte Darstellung des Verformungsverhaltens von Betonstahl. Max. Dehnung $\varepsilon_{su} = 25$ ‰

- f_{yk} = 500 N/mm² (Streckgrenze)
- f_{tk} = 550 N/mm² (max. Zugfestigkeit)
- $f_{tk,cal}$ = 525 N/mm²
- γ_s = 1,15 (Teilsicherheitsbeiwert)

(I) ⇒ Begrenzung auf 435 N/mm² (f_{yk}/γ_s)

(II) ⇒ Max. Anstieg auf 456 N/mm² bei $\varepsilon_{su} = 25$ ‰

Dimensionsgebundene Bemessungstafel (k_d-Verfahren) für Rechteckquerschnitte ohne Druckbewehrung; C 12/15 bis C 50/60 und BSt 500 mit $\gamma_s = 1{,}15$

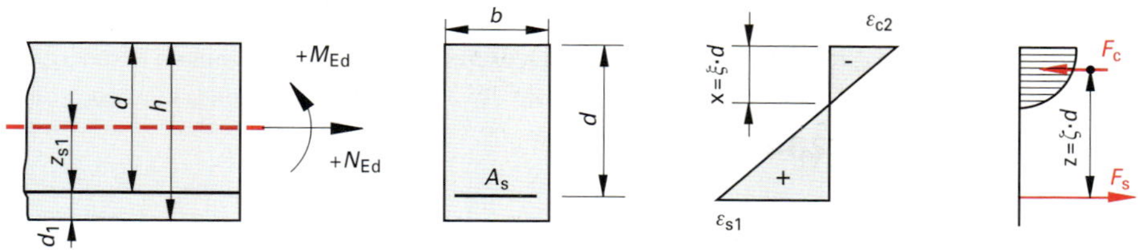

Balken im Längsschnitt	Balken im Querschnitt	Stauchung / Dehnung	Spannungen
h Höhe des Balkens *d* statische Höhe von OK Balken bis Achse Stahl z_{s1} Hebelarm; Achse Stahl bis zur 0-Linie M_{Ed} Bemessungsmoment N_{Ed} Bemessungsnormalkraft	*b* Breite des Balkens (1,00 m bei Decken) *d* statische Höhe von OK Balken bis Achse Stahl A_s Stahlquerschnitt (cm²)	ε_{c2} Betonstauchung am oberen Rand ε_{s1} Stahldehnung in der Schwerachse des Stahls *x* Höhe der Betondruckzone	F_c resultierende Betondruckkraft F_s resultierende Stahlzugkraft *z* Hebelarm der inneren Kräfte

$$k_d = \frac{d}{\sqrt{\frac{M_{Eds}}{b}}}$$

b in m
d in cm
A in cm²
mit $z_{S1} = d - h/2$

M in kNm
N in kN

$$A_s = k_s \cdot \frac{M_{Eds}}{d} + \frac{N_{Ed}}{43{,}5}$$

N_{Ed} ist als Druckkraft negativ einzusetzen.

$$M_{Eds} = M_{Ed} - N_{Ed} \cdot z_{S1}$$

Dimensionsgebundene Bemessungstafel (k_d-Verfahren) Biegung mit/ohne Längskraft

k_d für Betonfestigkeitsklasse Normalbeton C												ε_{c2}	ε_{s1}
12/15	16/20	20/25	25/30	30/37	35/45	40/50	45/55	50/60	k_s	ξ	ζ	‰	‰
14,37	12,44	11,13	9,95	9,09	8,41	7,87	7,42	7,04	2,32	0,025	0,991	– 0,64	25,00
7,90	6,84	6,12	5,47	5,00	4,63	4,33	4,08	3,87	2,34	0,048	0,983	– 1,26	25,00
5,87	5,08	4,55	4,07	3,71	3,44	3,22	3,03	2,88	2,36	0,069	0,975	– 1,84	25,00
4,94	4,27	3,82	3,42	3,12	2,89	2,70	2,55	2,42	2,38	0,087	0,966	– 2,38	25,00
4,38	3,80	3,40	3,04	2,77	2,57	2,40	2,26	2,15	2,40	0,104	0,958	– 2,89	25,00
4,00	3,47	3,10	2,78	2,53	2,35	2,20	2,07	1,96	2,42	0,120	0,950	– 3,40	25,00
3,63	3,14	2,81	2,51	2,29	2,12	1,99	1,87	1,78	2,45	0,147	0,939	– 3,50	20,29
3,35	2,90	2,60	2,32	2,12	1,96	1,84	1,73	1,64	2,48	0,174	0,927	– 3,50	16,56
3,14	2,72	2,43	2,18	1,99	1,84	1,72	1,62	1,54	2,51	0,201	0,916	– 3,50	13,90
2,97	2,57	2,30	2,06	1,88	1,74	1,63	1,53	1,46	2,54	0,227	0,906	- 3,50	11,91
2,85	2,47	2,21	1,97	1,80	1,67	1,56	1,47	1,40	2,57	0,250	0,896	– 3,50	10,52
2,72	2,36	2,11	1,89	1,72	1,59	1,49	1,41	1,33	2,60	0,277	0,885	– 3,50	9,12
2,62	2,27	2,03	1,82	1,66	1,54	1,44	1,36	1,29	2,63	0,302	0,875	– 3,50	8,10
2,54	2,20	1,97	1,76	1,61	1,49	1,39	1,31	1,24	2,66	0,325	0,865	– 3,50	7,26
2,47	2,14	1,91	1,71	1,56	1,44	1,35	1,27	1,21	2,69	0,350	0,854	– 3,50	6,50
2,41	2,08	1,86	1,67	1,52	1,41	1,32	1,24	1,18	2,72	0,371	0,846	– 3,50	5,93
2,35	2,03	1,82	1,63	1,49	1,38	1,29	1,21	1,15	2,75	0,393	0,836	– 3,50	5,40
2,28	1,98	1,77	1,58	1,44	1,34	1,25	1,18	1,12	2,79	0,422	0,824	– 3,50	4,79
2,23	1,93	1,73	1,54	1,41	1,30	1,22	1,15	1,09	2,83	0,450	0,813	– 3,50	4,27
2,18	1,89	1,69	1,51	1,38	1,28	1,19	1,13	1,07	2,87	0,477	0,801	– 3,50	3,83
2,14	1,85	1,65	1,48	1,35	1,25	1,17	1,10	1,05	2,91	0,504	0,790	– 3,50	3,44
2,10	1,82	1,62	1,45	1,33	1,23	1,15	1,08	1,03	2,95	0,530	0,780	– 3,50	3,11
2,06	1,79	1,60	1,43	1,30	1,21	1,13	1,07	1,01	2,99	0,555	0,759	– 3,50	2,81
2,03	1,75	1,57	1,40	1,28	1,19	1,11	1,05	0,99	3,04	0,585	0,757	– 3,50	2,48
1,99	1,72	1,54	1,38	1,26	1,17	1,09	1,03	0,98	3,09	0,617	0,743	– 3,50	2,17

7

7.2.4 Bemessung für Querkraft

$$V_{Ed} \leq V_{Rd}$$

Es ist nachzuweisen, dass der **Bemessungswert** der einwirkenden **Querkraft** V_{Ed} den **Bemessungswert** der aufnehmbaren **Querkraft** V_{Rd} (Bauteilwiderstand) nicht überschreitet.

Vereinfachtes Stabwerkmodell zur Erklärung des Kräfteverlaufs

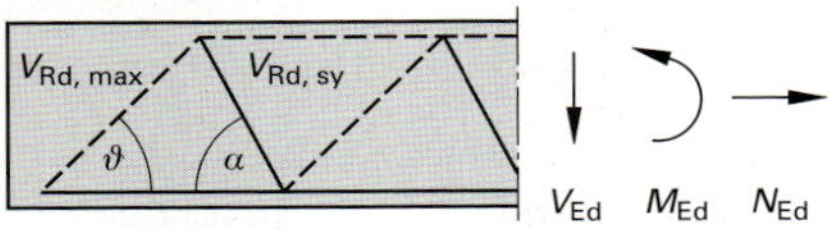

- - - - - - Druckstreben, ——— Zugstreben

ϑ Winkel der Betondruckstrebe

α Winkel der Querkraftbewehrung (α = 90° bei Bügeln, α = 45° bei aufgebogenen Längsstäben)

$V_{Rd,\,max}$ ⇒ idealisierte Betondruckstrebe unter dem Winkel ϑ (höchster Bauteilwiderstand)

$V_{Rd,\,sy}$ ⇒ idealisierte Zugstrebe; Kraft, die durch die Bewehrung aufgenommen werden muss ($45° \leq \alpha \leq 90°$)

V_{Ed} ⇒ die am aktuellen statischen System auftretenden Querkraft

M_{Ed} ⇒ das am aktuellen statischen System auftretende Biegemoment

N_{Ed} ⇒ die am aktuellen statischen System auftretende Normalkraft (hier Längszugkraft)

Maßgebender Schnitt für die Bemessungsquerkraft V_{Ed}

Die von der Querkraft V verursachte Schubspannung τ im Querschnitt hat ihr Maximum in Bereich der Nulllinie. Diese Spannung wird durch Querkraftbewehrung aufgenommen.

Grundwert τ_0 der Schubspannung

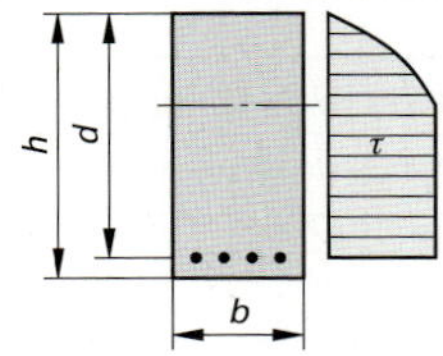

$$\tau_0 = \frac{V}{b \cdot z}$$

V Querkraft ohne Vorzeichen

b Breite des Bauteils

z Hebelarm der inneren Kräfte

Direkte Lagerung (► S. 267): V_{Ed} wird im Abstand d vom Auflagerrand ermittelt.

Indirekte Lagerung (► S. 267): V_{Ed} wird am Auflagerrand ermittelt.

Erforderliche Querkraftbewehrung $a_{sw,\,erf}$

$$a_{sw,erf} = 0{,}019\ \frac{V_{Ed}}{z} \geq a_{sw,\,min}$$ ► S. 263

⇒ gilt für reine Biegung ϑ = 40°

⇒ gilt für Biegung mit Längsdruck ϑ = 40°

$$a_{sw,erf} = 0{,}023\ \frac{V_{Ed}}{z} \geq a_{sw,\,min}$$ ► S. 263

⇒ gilt für Biegung mit Längszug ϑ = 45°

⇒ V in kN, z in m, a_s in cm²/m

Im Allgemeinen darf näherungsweise der Wert $z = 0{,}9 \cdot d$ angenommen werden. Eine exakte Berechnung ergibt sich aus $z = \zeta \cdot d$, darin in ζ ein Bemessungsbeiwert laut Tabelle Seite 261 und d die statische Höhe des Querschnittes von OK Balken bis Achse Stahl.

7

Beispiel

Bei direkter Lagerung eines Balkens (b/h = 20 cm/ 40 cm) sei die Bemessungsquerkraft V_{Ed} = 100 kN groß. Wie groß (cm²/m) ist die erforderliche Querkraftbewehrung?

Lösung: $a_{sw,\,erf} = 0{,}019 \cdot 100\,/\sim 0{,}33 = \mathbf{5{,}76\ cm^2}$

Beispiel

Derselbe Balken wie im linken Beispiel sei indirekt gelagert. Dadurch ist die Reduzierung der Auflagerkraft V_B nicht so groß: V_{Ed} = 110 kN

Lösung: $a_{sw,\,erf} = 0{,}019 \cdot 110\,/\sim 0{,}33 = \mathbf{6{,}33\ cm^2}$

Mindestquerkraftbewehrung $a_{sw,min}$ bei Balken

Die errechnete Querkraftbewehrung $a_{sw,erf}$ ▶ S. 262 muss mit der nach DIN 1045-1 vorgesehenen Mindestquerkraftbewehrung $a_{sw,min}$ verglichen und ggf. erhöht werden.
In **Balken ist immer eine Mindestquerkraftbewehrung $a_{sw,min}$ anzuordnen**! Die erforderliche Größe dieser Bewehrung steigt mit wachsender Betonfestigkeit an.

Mindestbewehrung $a_{sw,min}$ in cm² für lotrechte Bügel (α = 90°)

Beton	C 12/15	C 16/20	C 20/25	C 25/30	C 30/37	C 35/45	C 40/50	C 45/55	C 50/60
$\frac{a_{sw,min}}{b}$	0,051 cm/m	0,061 cm/m	0,070 cm/m	0,083 cm/m	0,093 cm/m	0,102 cm/m	0,112 cm/m	0,121 cm/m	0,131 cm/m

Mindestbewehrung $a_{sw,min}$ in cm² für aufgebogene Längsstäbe (α = 45°)

Beton	C 12/15	C 16/20	C 20/25	C 25/30	C 30/37	C 35/45	C 40/50	C 45/55	C 50/60
$\frac{a_{sw,min}}{b}$	0,036 cm/m	0,043 cm/m	0,049 cm/m	0,059 cm/m	0,066 cm/m	0,072 cm/m	0,079 cm/m	0,086 cm/m	0,093 cm/m

50 % der erforderlichen Querkraftbewehrung müssen aus Bügeln bestehen. *b* in cm.

Beispiel

Bestimme den Mindeststahlquerschnitt $a_{sw,min}$ für einen Stahlbetonbalken b/h = 20 cm/40 cm aus C 20/25.

$a_{sw,min}$ = 0,070 · b = 0,070 · 20 **= 1,40 cm²/m**

gewählt: Bügel ∅ 6, 2-schnittig,
s_l = 30 cm mit $a_{sw,vorh}$ **= 1,89 cm²/m**

Beispiel

Bestimme den Mindeststahlquerschnitt $a_{sw,min}$ aufgebogener Längsstäbe für einen Stahlbetonbalken b/h = 40 cm/80 cm aus C 50/60.

$a_{sw,min}$ = 0,093 · b = 0,093 · 40 = **3,72 cm²/m**

gewählt: 2 ∅ 16 mm mit $a_{sw,vorh}$ = **4,02 cm²/m**

Bewehrungsbereiche für Mindest- ($a_{sw,min}$) und erforderliche Querkraftbewehrung ($a_{sw,erf}$)

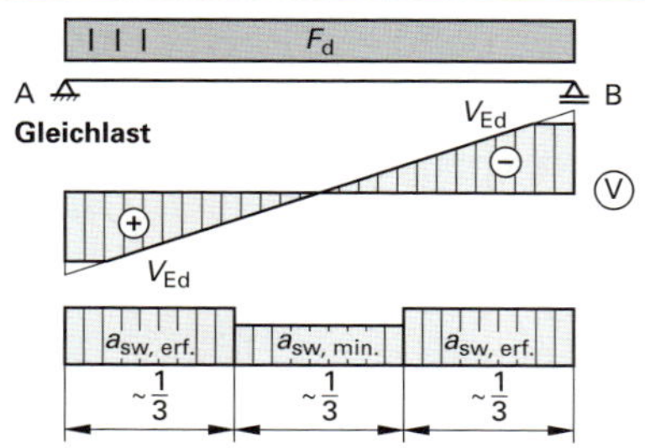

Bewehrungsbereiche für Mindest- ($a_{sw,min}$) und erforderliche Querkraftbewehrung ($a_{sw,erf}$)

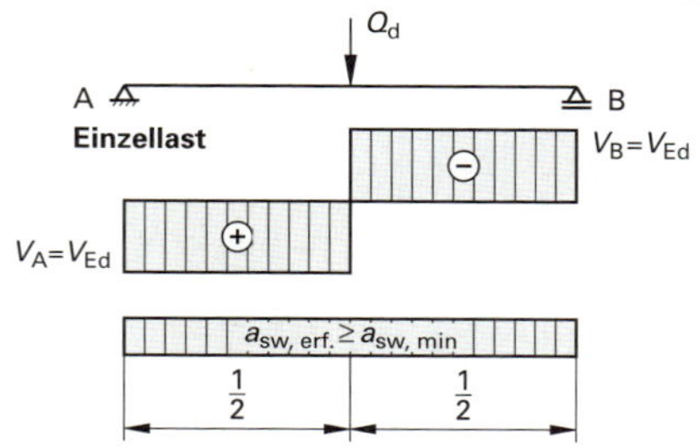

Beispiel

Das nebenstehende System (F_1 = 341 kN, F_2 = 341 kN) soll für die Querkraft (Bügel) bemessen werden. Das Eigengewicht wird vernachlässigt.

V_A = V_{Ed} = 341 kN

Erforderliche Querkraftbewehrung:

$a_{sw,erf}$ = 0,019 V_{Ed}/z = 0,019 · 341/0,9 · 0,70
= **10,3 cm²/m**

gewählt: Bügel ∅ 10, s = 15 cm ≤ 0,5 h
$a_{sw,vorh}$ **= 10,5 cm²/m**

Mindestbewehrung:

C 30/37: $a_{sw,min}$ = 0,093 · b = 0,093 · 40
= 3,72 cm²/m < 10,5 cm²/m

gewählt: Bügel ∅ 8, s = 25,0 cm ≤ 30 cm

Baustoffe: C 30/37; BSt 500
Stützweite: l_{eff} = 7,80 + 2 · 0,30/3 = 8,00 m
Bauteilhöhe: h = 76 cm
Statische Höhe: d = 70 cm (OK Bauteil ... Schwerachse Stahl)

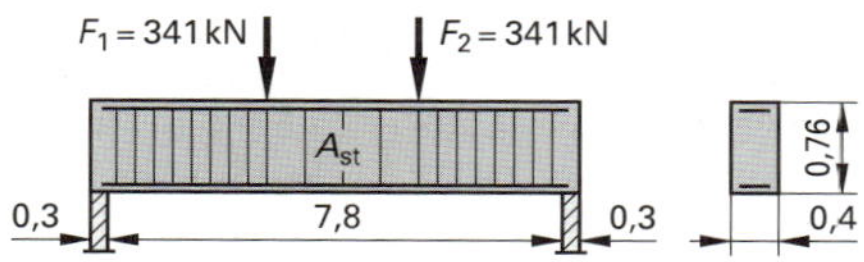

Bewehrungsführung:
Die Mindestbewehrung $a_{sw,min}$ in der Mitte zwischen den Kräften F_1 und F_2 (V = 0) anordnen, die erf. Querkraftbewehrung $a_{sw,erf}$ links und rechts der Kräfte bis zum Auflager (V = 341 kN).

7

7.2.5 Allgemeine Bewehrungsregeln

Betondeckung *c* und Expositionsklassen

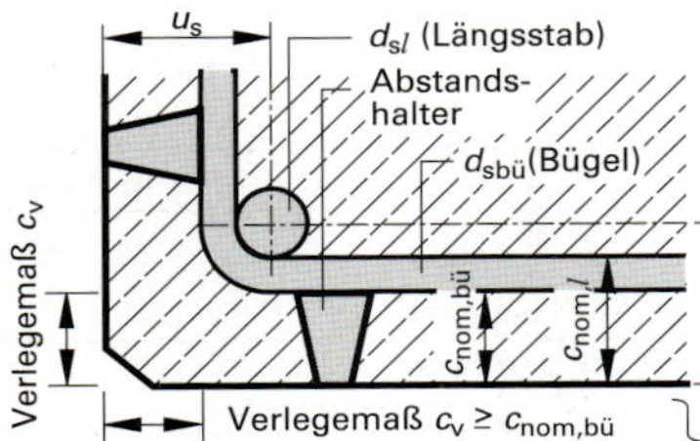

Verlegemaß c_V | Verlegemaß $c_V \geq c_{nom,bü}$ $\geq c_{nom,l} - d_{sbü}$ } DIN 1045-1

$\geq u - \frac{d_{sl}}{2} - d_{sbü}$ $\geq u_s - \frac{d_{sl}}{2} - d_{sbü}$ } DIN 4102-4

Das Verlegemaß c_V ergibt sich als größtes Maß aus den Nennmaßen der Betondeckung für die Längsstäbe und die Querbewehrungen (Bügel) bzw. aus den erforderlichen Betondeckungen für den Brandschutz.

Expositionsklasse	Stabdurchmesser d_s [mm]	Mindestmaße c_{min} [cm]	Nennmaße Verlegemaß c_{nom} [cm]
XC1	bis 10 12, 14 16,20 25 28	1,0 1,5 2,0 2,5 3,0	2,0 2,5 3,0 3,5 4,0
XC2, XC3	bis 20 25 28	2,0 2,5 3,0	3,5 4,0 4,5
XC4	bis 25 28	2,5 3,0	4,0 4,5
XD1, XD2, XD3	bis 28	4,0	5,5
XS1, XS2, XS3	bis 28	4,0	5,5

[1] Bei mehreren zutreffenden Expositionsklassen für ein Bauteil ist jeweils die Expositionsklasse mit der höchsten Anforderung maßgebend.

Stababstände *s* für Einzelstäbe und Stabbündel

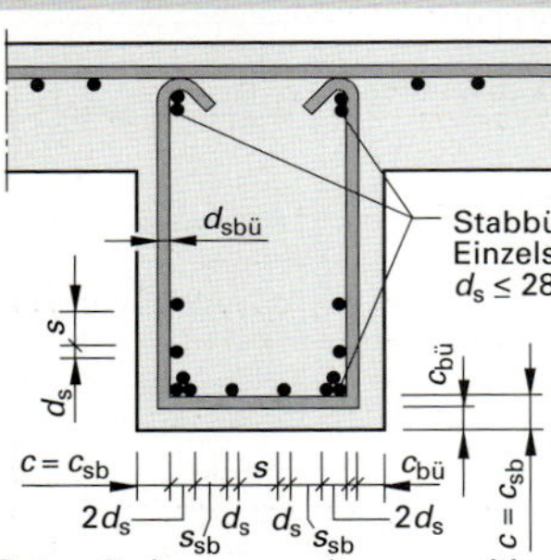

Betondeckung *c* und gegenseitiger Abstand *s* der Bewehrung.

$s \geq 2$ cm $\geq d_s$ $\qquad$ $s \geq d_g + 5$ mm

- $d_{sbü}$ Bügeldurchmesser
- d_s Durchmesser des Tragstabs
- s Abstand der Stäbe untereinander
- $c_{bü}$ Betondeckung Bügel
- c Betondeckung Tragstab

Stabbündel (sb)

Nach DIN 1045 bestehen Stabbündel aus zwei bis drei Einzelstäben, die auf der Baustelle zusammengerödelt werden können.

Einzelstabdurchmesser $d_s \leq 28$ mm

Vergleichsdurchmesser $d_{sv} = d_s \cdot \sqrt{n}$

n Anzahl der Einzelstäbe

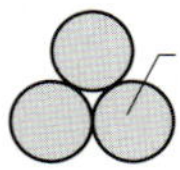

$d_{sv} = 20 \text{ mm} \sqrt{3}$
$= 34{,}6$ mm

Bei allen Nachweisen wird der Vergleichsdurchmesser d_{sv} eingesetzt, auch bei der Begrenzung des Mindestabstandes.

$s_{sb} \geq 2$ cm $\geq d_{sv}$

- s_{sb} Abstand der Stabbündel untereinander
- c_{sb} Betondeckung des Stabbündels wie bei Einzelstäben (s. Bild links)
- d_g Größtkorndurchmesser > 16 mm

7

Beispiel

Gesucht ist das Verlegemaß c_v bei einem Stahlbetonbalken aus C 20/25 und einer Expositionsklasse XC1. Längsstab: $d_{sl} = 25$ mm, Bügel: $d_{sbü} = 8$ mm

Betondeckung c_{nom}

- **für den Bügel:** 2 cm
- **für den Längsstab:** 3,5 cm

$c_v = 3{,}5$ cm $- 0{,}8$ cm $= 2{,}7$ cm > 2 cm (Bügel) $\Rightarrow$ **3 cm gerundet**

Biegen von Betonstählen

Haken, Winkelhaken und Schlaufen haben wegen der gekrümmten Stabenden den Vorteil, dass bei Zugstäben die Verankerungslänge gegenüber geraden Stabenden verkürzt werden darf. Damit die Stäbe beim Biegen nicht reißen, müssen nebenstehende Mindestwerte eingehalten werden.

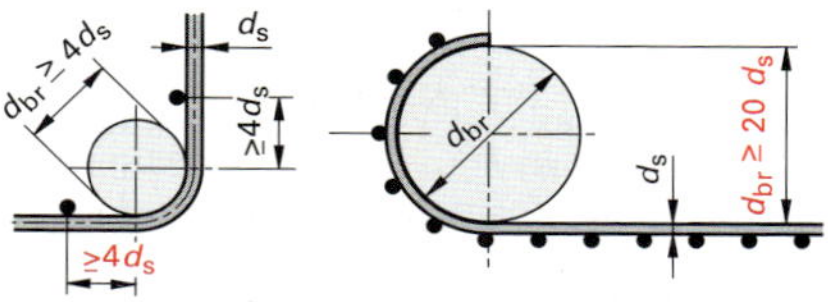

Biegungen an geschweißten Bewehrungen

Mindestwerte der Biegerollendurchmesser d_{br}

Bei Leichtbeton LC sind die Werte um 30 % zu erhöhen!	Haken, Winkelhaken, Schlaufen		Schrägstäbe oder andere gebogene Stäbe		
	Stabdurchmesser		Mindestwerte der Betondecke rechtwinklig zur Biegeebene		
	$d_s < 20$ mm	$d_s \geq 20$ mm	> 100 mm > 7 d_s	> 50 mm > 3 d_s	≤ 50 mm ≤ 3 d_s
Mindestwerte der Biegerollendurchmesser d_{br}	4 d_s	7 d_s	10 d_s	15 d_s	20 d_s

Hin- und Rückbiegen von Betonstählen bedeutet zusätzliche Gefügeschädigung für den Betonstahl. Beim Kaltbiegen sind folgende Bedingungen zu beachten:

- Stabdurchmesser $d_S < 14$ mm
- mehrfaches Hin- und Herbiegen unzulässig
- Rollendurchmesser $d_{br} \geq 6\ d_s$ bei vorwiegend ruhender Einwirkung

Beispiel

Beton C und LC. Ein BSt 500 S mit d_s = 20 mm soll mit einem Winkelhaken ausgebildet werden.
Normalbeton C: $d_{br} \geq 7 \cdot d_s$ = 7 mm · 2,0 = 14 mm
Leichtbeton LC: $d_{br} \geq 7 \cdot d_s$ = 7 mm · 2,0 = 14 mm; Erhöhung um 30 %: d_{br} = 1,3 · 14 mm = 18,2 mm

Verbundbedingungen und Verbundspannungen f_{bd}

Die Qualität des Verbundes hängt von der Oberfläche des Betonstahls, den Abmessungen des Bauteils und der Lage und dem Neigungswinkel der Bewehrung während des Betonierens ab.

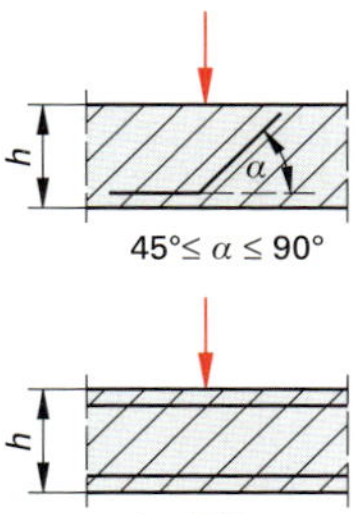	**gute Verbundbedingungen I** alle Stäbe im schraffierten Bereich • mit Neigung zwischen 45 ° und 90° • mit Neigung zwischen 0° und 45°, wenn $h \leq 30$ cm $h > 30$ cm (s. rechte Abbildung)	**mäßige Verbundbedingungen II** alle Stäbe im nicht schraffierten Bereich • für alle Stäbe von Bauteilen, die im Gleitverfahren hergestellt werden	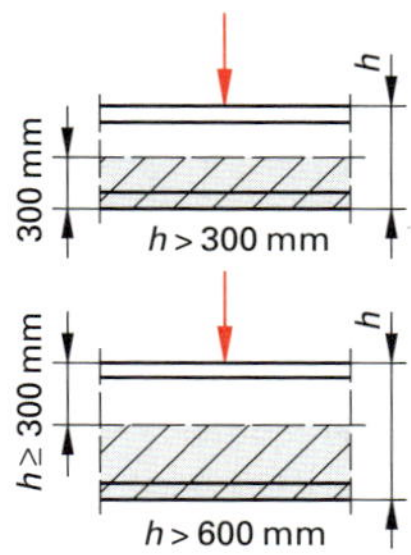

Bemessungswerte der Verbundspannung f_{bd} für Betonstahl bei guten Verbundbedingungen

	charakteristische Betondruckfestigkeit f_{ck} in N/mm²							$d_s \leq 32$ mm	
Beton C	12/15	16/20	20/25	25/30	30/37	35/45	40/50	45/55	50/60
f_{bd} N/mm²	1,6	2,0	2,3	2,7	3,0	3,4	3,7	4,0	4,3
	Für mäßige Verbundbedingungen sind die Werte mit dem Faktor 0,7 zu multiplizieren.								
	1,1	1,4	1,6	1,9	2,1	2,4	2,6	2,8	3,0

7

Verankerung von Längsbewehrung

► Das Grundmaß der Verankerungslänge ist die gerade Verankerungslänge, die für die Verankerung der Stabkraft $F_{sd} = A_s \cdot f_{yd}$ (mit $f_{yd} = f_{yk} / \gamma_s$) bei Annahme einer über die Verankerung und den Stabumfang konstanten Verbundspannung f_{bd} erforderlich ist.

Grundmaß der Verankerungslänge $l_b = \frac{d_s}{4} \cdot \frac{f_{yd}}{f_{bd}}$	erforderliche Verankerungslänge $l_{b,net} = \alpha_a \cdot l_b \cdot \frac{A_{s,erf}}{A_{s,vorh}} \geq l_{b,min}$
$l_{b,min} = 0{,}3\ \alpha_a \cdot l_b \geq 10\ d_s$ für Verankerungen von Zugstäben $l_{b,min} = 0{,}6\ l_b \geq 10\ d_s$ für Verankerungen von Druckstäben $f_{yd} = 435$ N/mm² f_{bd} Verbundspannung ► S. 265	α_a Beiwert zur Berücksichtigung der Wirksamkeit der Verankerungsarten ► S. 267 l_b Grundmaß der Verankerungslänge $A_{s,erf}$, $A_{s,vorh}$ erforderliche und vorhandene Querschnittsfläche der zu verankernden Bewehrung $l_{b,min}$ Mindestwert der Verankerungslänge

Grundmaß der Verankerungslänge l_b in cm

Betonfestigkeitsklasse	Verbundbedingung		Stabdurchmesser d_s in mm									
			6	8	10	12	14	16	20	25	28	32
C 12/15	gut	I	40	53	66	79	92	105	132	165	184	217
	mäßig	II	56	75	94	113	132	150	188	235	263	311
C 16/20	gut	I	33	43	54	65	76	87	109	136	152	174
	mäßig	II	47	62	78	93	109	124	155	194	217	248
C 20/25	gut	I	28	37	47	56	66	75	94	117	131	151
	mäßig	II	40	54	67	80	94	107	134	167	187	216
C 25/30	gut	I	24	32	40	48	57	65	81	101	113	129
	mäßig	II	35	46	58	69	81	92	115	144	161	184
C 30/37	gut	I	21	29	36	43	50	57	71	89	100	116
	mäßig	II	31	41	51	61	71	82	102	128	143	184
C 35/45	gut	I	19	26	32	39	45	52	64	81	90	102
	mäßig	II	28	37	46	55	64	74	92	115	129	146
C 40/50	gut	I	18	24	30	35	41	47	59	74	83	92
	mäßig	II	25	34	42	51	59	67	84	105	118	134
C 45/55	gut	I	16	22	27	33	38	44	55	68	76	87
	mäßig	II	23	31	39	47	55	62	78	97	109	124
C 50/60	gut	I	15	20	25	31	36	41	51	64	71	81
	mäßig	II	22	29	36	44	51	58	73	91	102	116

Beispiel

Zu bestimmen ist die Verankerungslänge $l_{b,net}$ für einen geraden Zugstab aus BSt IV, $d_s = 16$ mm im Verbundbereich I (gut).

$A_{s,erf} = 1{,}77$ cm², $A_{s,vorh} = 2{,}01$ cm², Beton C 30/37 $\Rightarrow$ $l_b = 57$ cm

$$l_{b,net} = \alpha_a \cdot l_b \cdot \frac{A_{s,erf}}{A_{s,vorh}} = 1{,}0 \cdot 57 \cdot \frac{1{,}77}{2{,}01} = \mathbf{50{,}2\ cm} \geq 0{,}3 \cdot \alpha_a \cdot l_b = 0{,}3 \cdot 1{,}0 \cdot 57 = 17{,}1\ \text{cm} \geq 10 \cdot d_s = 10 \cdot 1{,}6 = 16\ \text{cm}$$

7

Im Verankerungsbereich von Bewehrungsstäben treten quer zur Stabrichtung Zugspannungen auf, die durch eine Querbewehrung aufzunehmen sind.

Werden die üblichen konstruktiven Maßnahmen ergriffen (Bügel bei der Balkenbewehrung, Querbewehrung bei Platten und Wänden) braucht keine zusätzliche Querbewehrung angeordnet zu werden.

Für Matten gilt: Bei geraden Stabenden muss mindestens ein angeschweißter Stab innerhalb $l_{b,net}$ liegen, d.h. in der Regel hinter der theoretischen Auflagerlinie.

Zulässige Verankerungsarten von Betonstahl

Beiwerte α_a zur Berechnung der Verankerungslänge $l_{b,net}$ bei Zugstäben[1]			
Art und Ausbildung der Verankerung		Beiwerte α_a ohne Querstab	mit Querstab
Gerade Stabenden	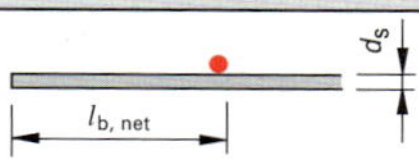	1,0	0,7
Haken 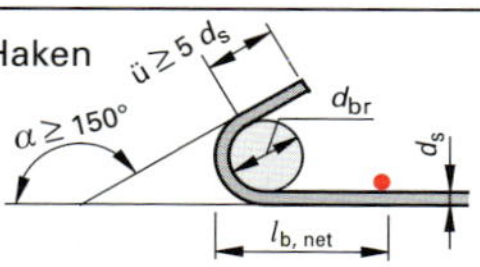	Winkelhaken 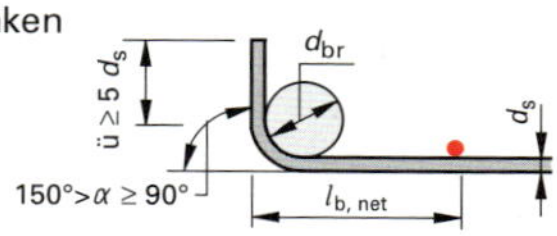	0,7	0,5
Schlaufen (Draufsicht)	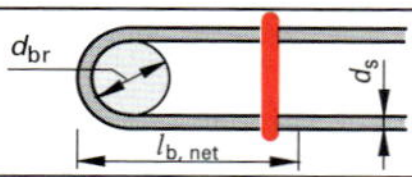	0,7	0,5

[1] Bei Druckstäben: $\alpha_a = 1{,}0$
Ausnahmen: gerades Stabende mit einem ($\alpha_a = 0{,}7$), mit zwei angeschweißten Querstäben ($\alpha_a = 0{,}5$)

Verankerungsbereiche und Verankerungslängen

Verankerungsbereiche	Verankerungslängen l_b, $l_{b,min}$
außerhalb von Auflagern 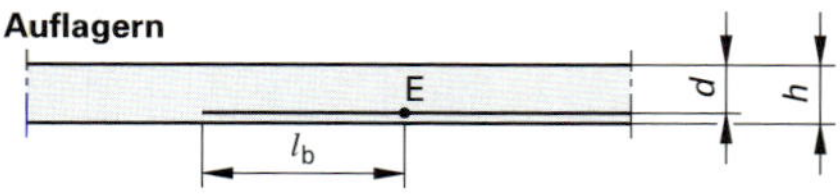	$l_b \geq l_{b,net}$ vom rechnerischen Endpunkt *E*
direktes Auflager 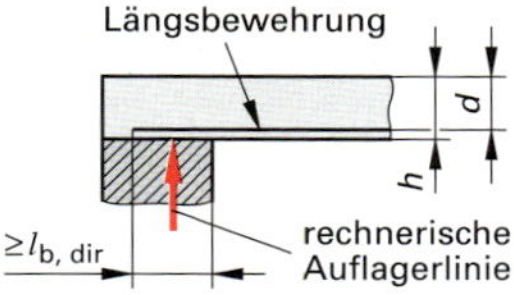 **indirektes Auflager** 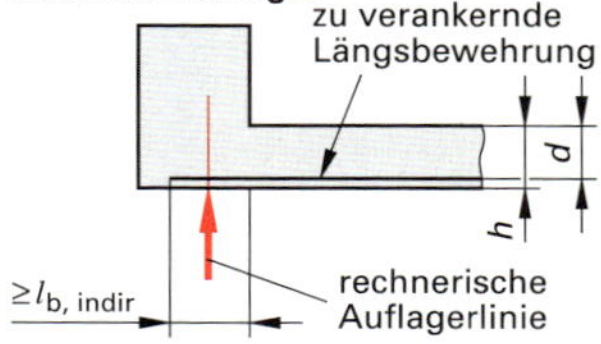 Ein Bauteil gilt als indirekt gelagert, wenn es seitlich in das Last abtragende Bauteil einbindet.	bei **dir**ekter/**indir**ekter Auflagerung $l_{b,dir} \geq \frac{2}{3} l_{b,net} \geq 6 \cdot d_s$ $l_{b,min} = 0{,}3\,\alpha_a \cdot l_b \geq 10\,d_s$ $l_{b,indir} \geq l_{b,net}$ $\geq 6 \cdot d_s$
Zwischenauflager 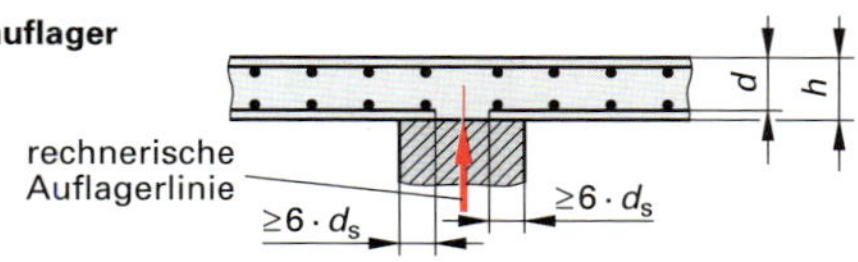	$l_b \geq 6 \cdot d_s$ die untenliegende Bewehrung sollte durchgehen, um evtl. Setzungen aufzunehmen (lt. DIN 1045-1)

7

Beispiel

Die Mattenbewehrung (R 335A mit $d_s = 8{,}0$ mm) einer Zweifeldplatte soll auf dem Zwischenlager gestoßen werden. Gesucht ist die Auflagerlänge l_b.

$l_b = 6 \cdot d_s = 6 \cdot 8 =$ **48 mm** (gerundet 50 mm)

Anmerkung: Die DIN 1045-1 empfiehlt, die Bewehrung durchlaufend einzulegen, um positive Momente infolge außergewöhnlicher Beanspruchungen (z.B. Auflagersetzungen) aufnehmen zu können.

Übergreifungsstöße von Stäben

- Übergreifungsstöße sollen **versetzt** angeordnet werden!
- **Mattenquerschnitt** in Trag-/Längsrichtung $\boldsymbol{A_s}$ oder $\boldsymbol{A_{s,l}}$ **(cm²)**, in Querrichtung $\boldsymbol{A_{s,q}}$ **(cm²)**
- **Randabstand** $\boldsymbol{s_0}$ ist einzuhalten, damit der Beton nicht abplatzt!

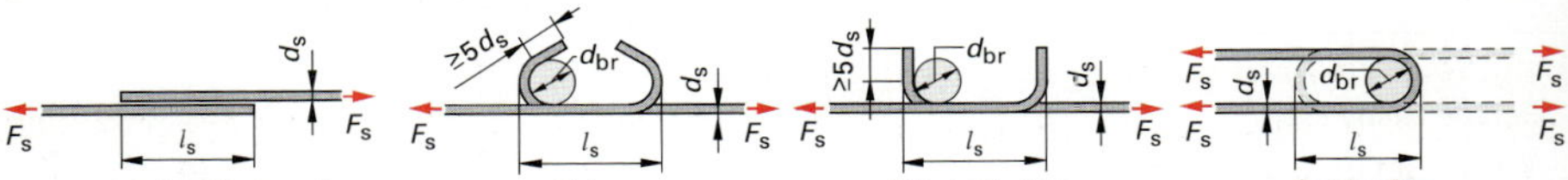

gerades Stabende | Haken | Winkelhaken | Schlaufen

► Die Übergreifungslänge l_s darf folgenden Wert nicht unterschreiten

$$l_s = l_{b,net} \cdot \alpha_1 \geq l_{s,min}$$

l_b das Grundmaß der Verankerungslänge ► S. 266
α_1 der Beiwert für die Übergreifungslänge ► s.u.
$l_{b,net}$ die Verankerungslänge ► S. 266
α_a der Beiwert ► S. 267

$l_{s,min}$ der Mindestwert der Übergreifungslänge mit

$$l_{s,min} = 0{,}3\, \alpha_a \cdot \alpha_1 \cdot l_b \geq 15\, d_s \geq 200 \text{ mm}$$

Beiwerte α_1 für die Übergreifungslänge

Längsversatz ⇒ wenn der Stoßmittenabstand ≥ 1,3 l_s		Anteil der ohne Längsversatz gestoßenen Stäbe am Querschnitt einer Bewehrungslage	
		≤ 30 %	> 30 %
Zugstoß	d_s < 16 mm	1,2[a]	1,4[a]
	d_s ≥ 16 mm	1,4[a]	2,0[b]
Druckstoß		1,0	1,0

[a] Falls $s \geq 10\, d_s$ und $s_0 \geq 5 \cdot d_s$ gilt $\alpha_1 = 1{,}0$
[b] Falls $s \geq 10\, d_s$ und $s_0 \geq 5 \cdot d_s$ gilt $\alpha_1 = 1{,}4$

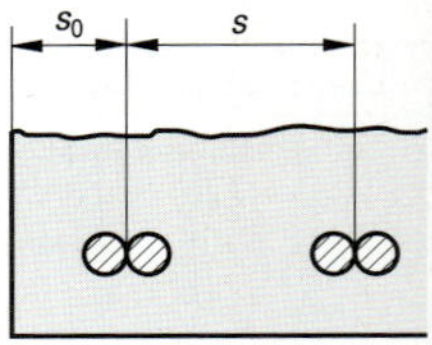

Querbewehrung im Übergreifungsbereich

Auf Querbewehrung ($A_{s,q}$) kann verzichtet werden, wenn

- der Anteil der gestoßenen Stäbe > 20 % ist
- die Stabdurchmesser d_s < 12 mm sind
- der Beton C ≤ 55/67 und die Stabe d_s < 16 mm sind

⇒ in allen anderen Fällen ist die Querbewehrung vorzusehen (DIN 1045-1)

Zugstoß

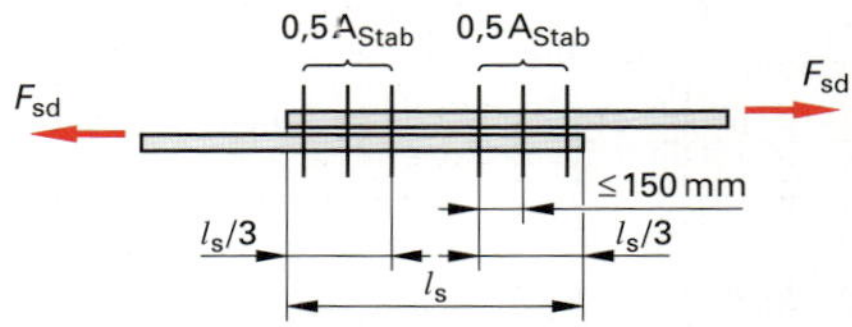

die Querschnittsfläche $A_{s,q}$ der Querbewehrung muss mindestens so groß sein wie die Querschnittsfläche eines gestoßenen Stabes.

Beispiel

Die Tragbewehrung eines Balkens (erf A_s = 8,0 cm², vorh A_s = 9,4 cm² (3 ∅ 20 mm)) wird durch Übergreifung gestoßen. Berechne die Übergreifungslänge l_s.
Baustoffe: C30/37, BSt 500 S, guter Verbundbereich

Lösung: $l_s = \alpha_1 \cdot l_{b,net} = \alpha_1 \cdot \alpha_a \cdot (\text{erf } A_s / \text{vorh } A_s) \cdot l_b \geq l_{s,min}$
$d_s \geq 16$ mm, $s < 10 \cdot d_s$, Stoßanteil l > 30 % ⇒ $\alpha_1 = 2{,}0$
⇒ $\alpha_a = 1{,}0$ ⇒ $l_b = 71$ cm ► S. 266

$l_s = 2{,}0 \cdot 1{,}0 \cdot (8{,}0 / 9{,}4) \cdot 71$ **= 121 cm**

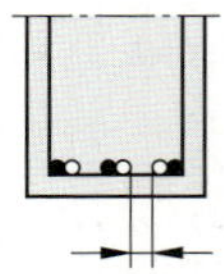

$s \geq d_s \geq 2$ cm

Übergreifungsstöße von Matten

Der Regelstoß ist der **Zwei-Ebenen-Stoß:**

- Stöße sollten **nicht** in hoch beanspruchten Bereichen (max. Biegemoment) liegen!
- **Q-Matten** haben Tragstöße in Längs- und Querrichtung, **R-Matten** nur in Längsrichtung
- **Mattenquerschnitt** in Trag-/Längsrichtung $a_{s,l}$ und Querrichtung $a_{s,q}$ in **cm²/m**

Tragstoß (Übergreifungsstoß in Längsrichtung)

► Die Übergreifungslänge l_s darf folgenden Wert nicht unterschreiten

$$l_s = l_b \cdot \alpha_2 \cdot \frac{a_{s,\,erf}}{a_{s,\,vorh}} \geq l_{s,\,min}$$

Dabei ist

- l_b das Grundmaß der Verankerungslänge
- α_2 der Beiwert zur Berücksichtigung des Mattenquerschnitts mit $\alpha_2 = 0{,}4 + a_{s,\,vorh}/8$ mit $1{,}0 \leq \alpha_2 \leq 2{,}0$
- $a_{s,\,erf}$ die erforderliche Querschnittsfläche der Bewehrung im betrachteten Schnitt in cm²/m
- $a_{s,\,vorh}$ die vorhandene Querschnittsfläche der Bewehrung im betrachteten Schnitt in cm²/m
- $l_{s,\,min}$ der Mindestwert der Übergreifungslänge mit $l_{s,\,min} = 0{,}3\ \alpha_2 \cdot l_b \geq s_q \geq 200$ mm
- s_q der Abstand der geschweißten Querstäbe

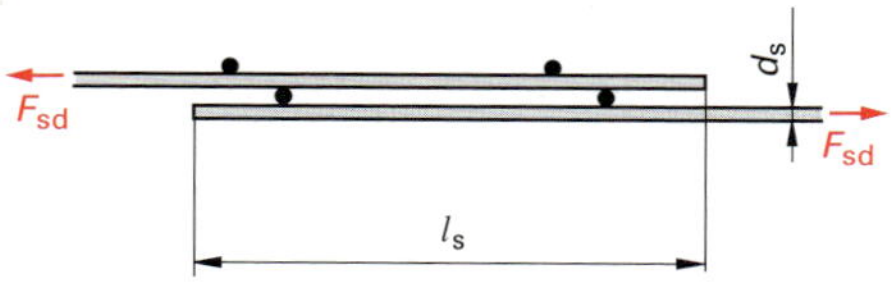

Übergreifungsstoß in Längsrichtung

Verteilerstoß (Übergreifungsstoß in Querrichtung)

Stab-∅ $d_{s,\,q}$	≤ 6 mm	> 6 mm ≤ 8,5 mm	> 8,5 mm ≤ 12 mm	> 12 mm
Übergreifungslänge $l_{s,\,q}$	$\geq s_l$ ≥ 150 mm	$\geq s_l$ ≥ 250 mm	$\geq s_l$ ≥ 350 mm	$\geq s_l$ ≥ 500 mm
s_l Stababstand der Längsstäbe				

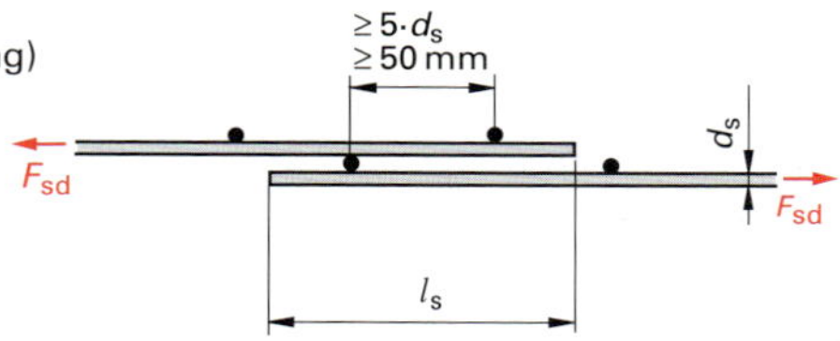

Übergreifungsstoß in Querrichtung

Maschenregel für den Zwei-Ebenen-Stoß

Die Übergreifungslänge l_s in cm sind rot gesetzt.

Q-Matten	Maschenanzahl im **guten** Verbundbereich I						Maschenanzahl im **mäßigen** Verbundbereich II					
	Tragstoß Längsrichtung			Tragstoß Querrichtung			Tragstoß Längsrichtung			Tragstoß Querrichtung		
	20/25	25/30	30/37	20/25	25/30	30/37	20/25	25/30	30/37	20/25	25/30	30/37
Q 188 A	1 – 29	1 – 25	1 – 22	2 – 29	2 – 25	2 – 22	2 – 41	2 – 35	2 – 32	3 – 41	2 – 35	2 – 32
Q 257 A	2 – 34	1 – 29	1 – 26	2 – 34	2 – 29	2 – 26	3 – 48	2 – 41	1 – 37	3 – 48	3 – 41	3 – 37
Q 335 A	2 – 38	2 – 33	1 – 29	3 – 38	2 – 33	2 – 29	3 – 55	3 – 47	2 – 42	5 – 55	3 – 47	3 – 42
Q 424 A	2 – 43	2 – 37	2 – 33	3 – 50	3 – 50	3 – 50	4 – 61	3 – 52	3 – 47	4 – 61	4 – 52	3 – 50
Q 524 A	5 – 50	2 – 43	2 – 39	3 – 50	3 – 50	3 – 50	4 – 72	4 – 61	3 – 55	5 – 72	4 – 61	4 – 55
Q 636 A	4 – 51	3 – 47	3 – 39	6 – 57	5 – 48	4 – 43	5 – 73	4 – 62	4 – 56	8 – 81	7 – 69	6 – 62

R-Matten	Maschenanzahl im **guten** Verbundbereich I						Maschenanzahl im **mäßigen** Verbundbereich II					
	Tragstoß Längsrichtung			Verteilerstoß Querrichtung			Tragstoß Längsrichtung			Verteilerstoß Querrichtung		
	20/25	25/30	30/37	20/25	25/30	30/37	20/25	25/30	30/37	20/25	25/30	30/37
R 188 A	1 – 29	1 – 25	1 – 25	1 – 15	1 – 15	1 – 15	1 – 41	1 – 35	1 – 32	1 – 15	1 – 15	1 – 15
R 257 A	1 – 34	1 – 29	1 – 26	1 – 15	1 – 15	1 – 15	1 – 48	1 – 41	1 – 37	1 – 15	1 – 15	1 – 15
R 335 A	1 – 38	1 – 33	1 – 29	1 – 15	1 – 15	1 – 15	2 – 55	1 – 47	1 – 42	1 – 15	1 – 15	1 – 15
R 424 A	1 – 43	1 – 37	1 – 33	2 – 25	2 – 25	2 – 25	2 – 61	2 – 52	1 – 47	2 – 25	2 – 25	2 – 25
R 524 A	1 – 50	1 – 43	1 – 39	2 – 25	2 – 25	2 – 25	2 – 72	2 – 61	2 – 55	2 – 25	2 – 25	2 – 25

Querkraftbewehrung

- Die Querkraftbewehrung sollte mit der Bauteilachse einen Winkel von **45°** $\leq \alpha \leq$ **90°** bilden.
- Sie kann aus **Bügeln** (mind. 50 %), **Schrägstäben** und **angeschweißten Querstäben** bestehen.
- Die Verankerung muss in der **Druckzone** erfolgen.
- Bügel müssen die **Zugbewehrung** umfassen.

Das freie Hakenende muss mind. **5 d_s** lang sein; der Winkelhaken beim Bügel sogar **10 d_s**. Damit der Stahlbetonbauer an der Biegemaschine nicht jede Hakenlänge berechnen muss, wird dem Außenmaß des Bewehrungsstabes l die Hakenlänge l_H zugegeben.

Haken, allgemein und für Bügel	**Winkelhaken,** allgemein	**Winkelhaken,** für Bügel
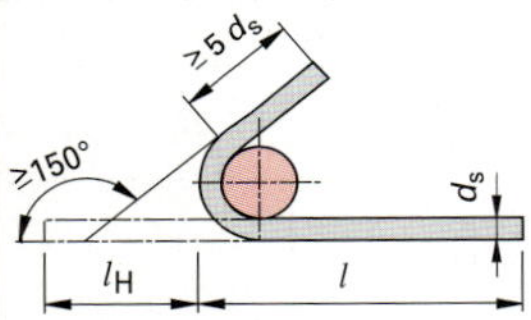	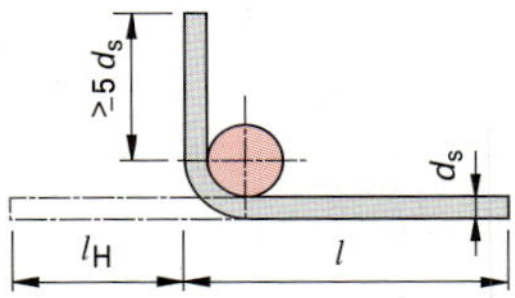	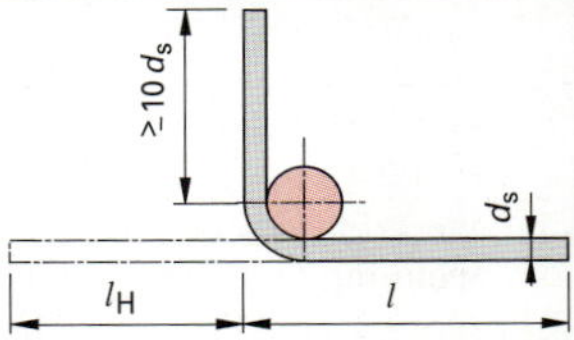

Längenzugaben l_H für Betonstahl BSt III und BSt IV					
9 d_s	**11 d_s**	**6 d_s**	**7 d_s**	**11 d_s**	**12 d_s**
$\varnothing < 20$	$20 \leq \varnothing \leq 32$	$\varnothing < 20$	$20 \leq \varnothing \leq 32$	$\varnothing < 20$	$20 \leq \varnothing \leq 32$

Schnittlängen bei Aufbiegungen

Biegemaße sind Außenmaße – Ausnahme: schräge Aufbiegungen sind Achsmaße

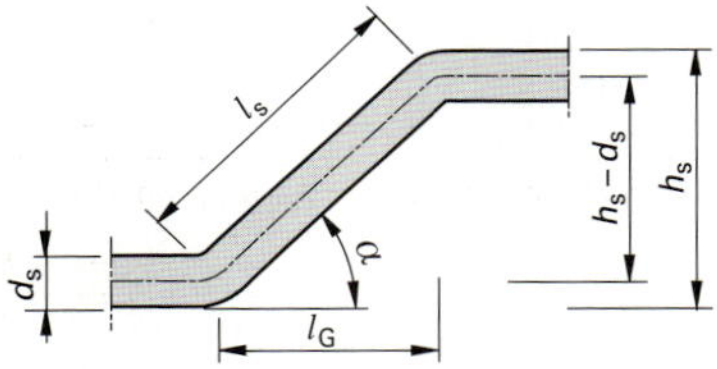

Geometrie der schrägen Aufbiegung
Berechnung der schrägen Aufbiegung l_S (Schmiege) und des Grundmaßes l_G

α	l_s	l_G
45 °	$1{,}414 \cdot (h_s - d_s)$	$1{,}000 \cdot (h_s - d_s)$
60 °	$1{,}154 \cdot (h_s - d_s)$	$0{,}577 \cdot (h_s - d_s)$

Beispiel

Berechne: • Endhaken $ü$ • Schmiege l_s • Grundmaß l_G • Länge l bis zum Schnitt

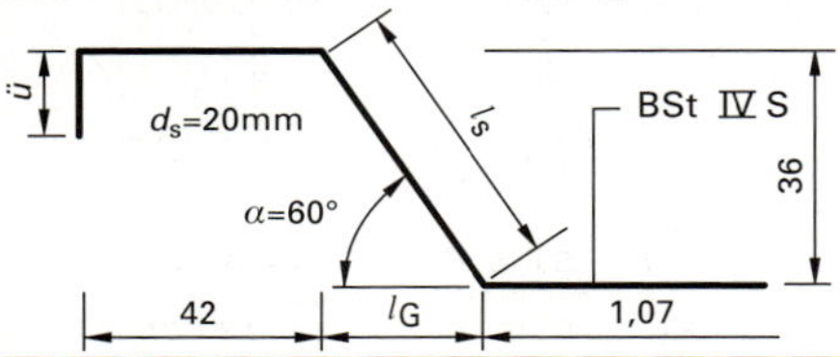

Hakenlänge $ü = 7 \cdot d_s = 7 \cdot 2{,}0$ cm $=$ **14 cm**

Schmiege $l_s = 1{,}154\ (h_s - d_s)$
$l_s = 1{,}154\ (36{,}0 - 2{,}0)$ $=$ **39,2 cm**

Grundmaß $l_G = 0{,}577\ (h_s - d_s)$
$l_G = 0{,}577\ (34{,}0 - 2{,}0)$ $=$ **19,6 cm**

Länge $l = 0{,}14$ m $+ 0{,}42$ m $+ 0{,}392$ m $+ 1{,}07$ m $=$ **2,02 m**

Beispiel

Ein Stahlbetonbalken 25 cm / 60 cm erhält für die Aufnahme der Querkräfte eine Bügelbewehrung $d_{sbü} = 8$ mm. Auf welche Länge muss der Stabstahl geschnitten werden, damit bei einer Verankerung durch Winkelhaken eine Betondeckung von $c_V = 3$ cm eingehalten wird?

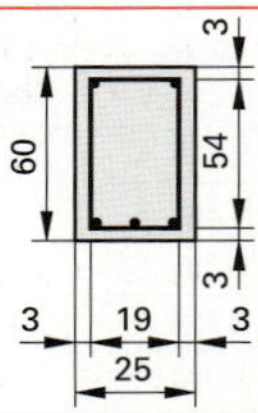

Winkelhaken: $l_H = 11 \cdot d_s$, da $d_{sbü} < 20$ mm $\Rightarrow$ $l_H = 11 \cdot 8$ mm $= 88$ mm $= 8{,}8$ cm

Breite des Bügels: $b_{bü} = 25 - 2 \cdot 3 = 19$ cm

Höhe des Bügels: $h_{bü} = 60 - 2 \cdot 3 = 54$ cm

Länge des Stahls: $l_{bü} = 2 \cdot 54 + 2 \cdot 19 + 2 \cdot 8{,}0 = 163{,}3$ $\Rightarrow$ $= 164$ cm (gerundet) $=$ **1,64 m**

7

Querschnittswerte $a_{sbü}$ für zweischnittige Bügel je Längeneinheit in cm²/m

Bügelabstand $s_{bü}$	∅ 6	∅ 8	∅ 10	∅ 12	∅ 14	∅ 16	Bügel pro Meter ≙ 1,0 m/$s_{bü}$
10 cm	5,65	10,05	15,71	22,62	30,79	40,21	10,0
15 cm	3,77	6,70	10,47	15,08	20,53	26,81	6,7
20 cm	2,83	5,03	7,85	11,31	15,39	20,11	5,0
25 cm	2,26	4,02	6,28	9,05	12,32	16,08	4,0
30 cm	1,88	3,35	5,24	7,54	10,26	13,40	3,3

Größte Längs- und Querabstände s_{max} von Bügelschenkeln und Querkraftzulagen

Querkraftausnutzung Festigkeitsklasse des Betons		≤ C50/60 ≤ LC50/55	> C50/60 > LC50/55	≤ C50/60 ≤ LC50/55	> C50/60 > LC50/55
		Längsabstand		Querabstand	
1	$V_{Ed} \leq 0{,}30\ V_{Rd,max}$ 300 mm	0,7 *h* bzw. 200 mm	0,7 *h* bzw. 800 mm	*h* bzw. 600 mm	*h* bzw.
2	$0{,}30\ V_{Rd,max} < V_{Ed} \leq 0{,}60\ V_{Rd,max}$ 300 mm	0,5 *h* bzw. 200 mm	0,5 *h* bzw. *h* bzw.	*h* bzw. 600 mm	400 mm
3	$V_{Ed} > 0{,}60\ V_{Rd,max}$	0,25 *h* bzw. 200 mm			

Der Längsabstand von Schrägstäben darf folgenden Wert nicht überschreiten: $s_{max} = 0{,}5\ h \cdot (1 + \cot \alpha)$
Mit guter Näherung kann die Zeile 2 für s_{max} verwendet werden; ⇒ auf die Berechnung $V_{Rd,max}$ kann dann verzichtet werden.

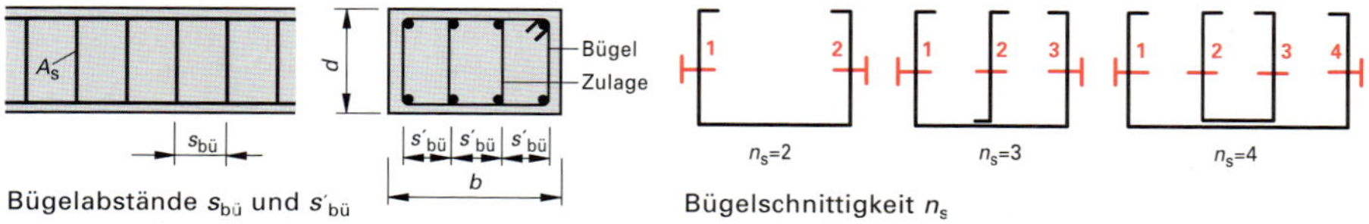

Bewehrungsbereiche $a_{sw,min}$ und **$a_{sw,erf}$** unter Gleichlast (genäherte Angaben)	**Bewehrungsbereiche $a_{sw,min}$** und **$a_{sw,erf}$** unter mittiger Einzellast
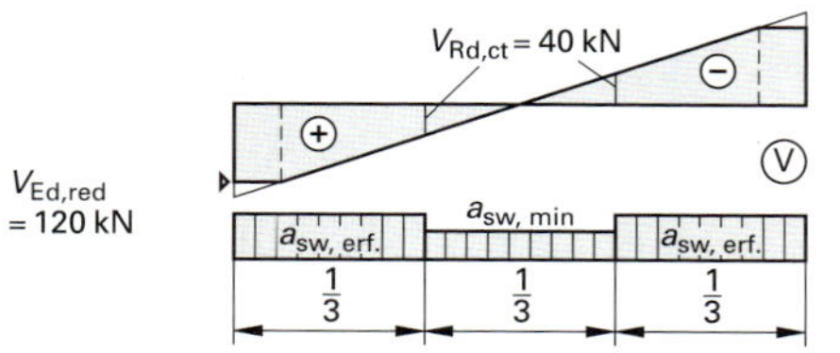	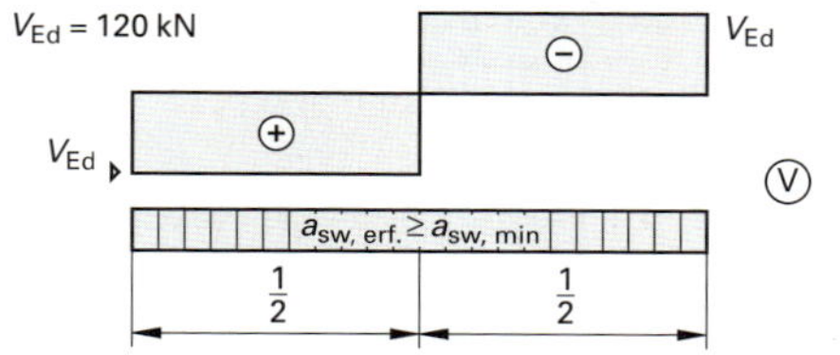

Beispiel

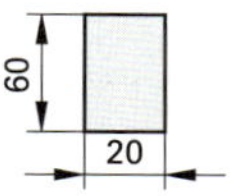

Balken $b/h = 20\,cm/60\,cm$
$d = 53\,cm$
C 35/45 $z = 53\,cm \cdot 0{,}9 = 48\,cm$

Bei einem Einfeldträger unter Gleichlast ist der Bemessungswert der einwirkenden Querkraft, die Auflagerkraft V_{Ed} = 120 kN, die reduzierte Querkraft $V_{Ed,red}$ = 110 kN. Der Balken ist für die Querkraft zu bewehren.

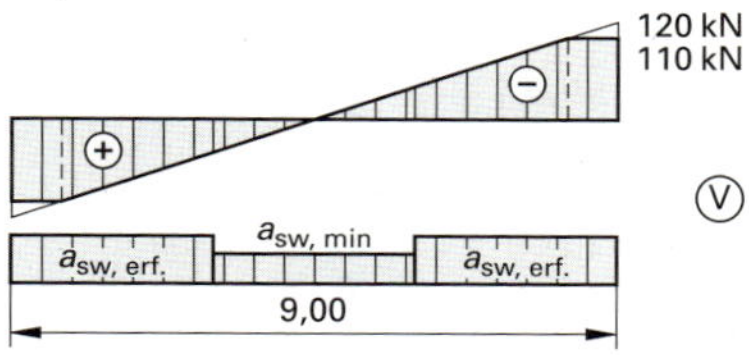

1. Bereich für die Mindestquerkraftbewehrung
   $a_{sw,min} = 0{,}102 \cdot 20 = 2{,}04$ cm²/m
   gewählt: Bügel ∅ 6, 2-schnittig,
   s_l = 25 cm (< 30 cm)
   $a_{sw,vorh}$ = 2,26 cm²/m > 2,04 cm²/m ► S. 263
2. Bereich der erforderlichen Bewehrung
   $a_{sw,erf} = 0{,}019 \cdot V_{Ed}/z$
   $= 0{,}019 \cdot 110/0{,}48 = 4{,}35$ cm²/m ► S. 262

gewählt: Bügel ∅ 8, 2-schnittig, s_l = 22,5 cm (< 0,5 · 60 = 30 cm); **$a_{sw,vorh}$ = 4,47 cm²/m** > 4,35 cm²/m

7

Sonstige Bewehrungsregeln und Konstruktionsregeln

Mindestbewehrung in der Biegezugzone

- als Feldbewehrung von Auflager zu Auflager
- bei Kragarmen über die gesamte Kragarmlänge
- als Stützbewehrung über Innenauslagern in die benachbarten Felder zu je $^1/_4\, l_{eff}$

$\min A_s = \dfrac{f_{ctm} \cdot W}{z \cdot f_{yk}}$	f_{ctm} Mittelwert der Betonzugfestigkeit n. Tabelle ► S. 259 W Widerstandsmoment (► S. 71) des ungerissenen Betonquerschnitts z Hebelarm der inneren Kräfte ► S. 261 f_{yk} Streckgrenze des Betonstahls BSt IV f_{yk} = 500 N/mm² ► S. 260

Höchstbewehrung: $\max A_s = 0{,}08 \cdot A_c$ bzw. $\max A_s = 0{,}09 \cdot A_{c,\,St}$

Stababstand s_l der **Hauptbewehrung**/Längsbewehrung/Biegezugbewehrung in **Plattentragrichtung**

$15\ \text{cm} \leq s_l = h \leq 25\ \text{cm}$	h Plattendicke

Querbewehrung ist eine rechtwinklig zur Tragrichtung angeordnete konstruktive Bewehrung

$\min a_{s,\,q} = 0{,}20 \cdot a_{s,\,l}$	$d_{s,\,q}$ Mindestdurchmesser der Querstäbe $d_{s,\,q}$ = 5 mm s_q Abstand der Querstäbe $s_q \leq$ 25 cm

Rechnerisch nicht berücksichtige Einspannungen am Auflager (Randbewehrung)

$a_{s,\,Rand} \geq 0{,}25 \ldots 0{,}30 \cdot \text{erf}\ a_{s,\,Feld}$

$l_{e,\,Feld} \geq 0{,}25 \cdot l$

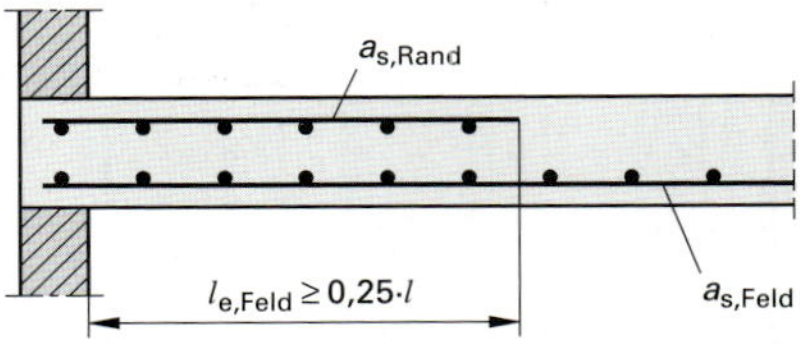

Abreißbewehrung bei nichtberücksichtigter Plattenstützung **parallel** zur Spannrichtung

$a_s = 0{,}60 \cdot \text{erf}\ a_{s,\,Feld}$

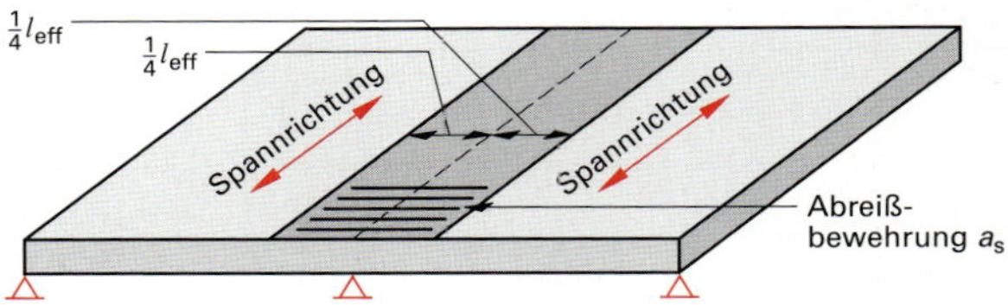

Randbewehrung an freien Rändern

$a_{Steckbügel}$ **gewählt,**
z.B. d_s = 6 … 8 mm,
s = 20 mm

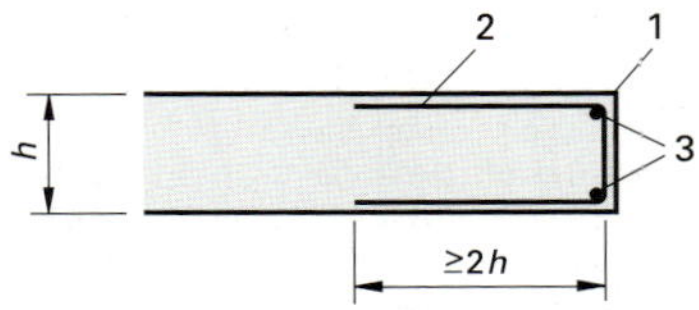

1 freier Rand
2 Steckbügel
3 Längsbewehrung

Untersützung für die untere Bewehrungslage, Abstandshalter

Radform 	Punktförmig, nicht befestigt 	Flächenförmig, nicht befestigt 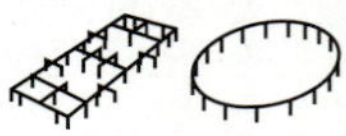
Linienförmig, nicht befestigt 	Punktförmig befestigt 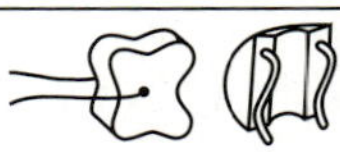	Flächenförmig, nicht befestigt 

7

7.2.6 Querschnittstafeln für Balken und Plattenbewehrung

Querschnitte von Balkenbewehrungen A_s in cm²

Durchmesser d_s (mm)	Stabanzahl n									
	1	2	3	4	5	6	7	8	9	10
6	0,28	0,57	0,85	1,13	1,41	1,70	1,98	2,26	2,54	2,83
8	0,50	1,01	1,51	2,01	2,51	3,02	3,52	4,02	4,52	5,03
10	0,79	1,57	2,36	3,14	3,93	4,71	5,50	6,28	7,07	7,85
12	1,13	2,26	3,39	4,52	5,65	6,79	7,92	9,05	10,2	11,3
14	1,54	3,08	4,62	6,16	7,7	9,24	10,8	12,3	13,9	15,4
16	2,01	4,02	6,03	8,04	10,1	12,1	14,1	16,1	18,1	20,1
20	3,14	6,28	9,42	12,6	15,7	18,8	22,0	25,1	28,3	31,4
25	4,91	9,82	14,7	19,6	24,5	29,5	34,4	39,3	44,2	49,1
28	6,16	12,3	18,5	24,6	30,8	36,9	43,1	49,3	55,4	61,6

Größte Anzahl der Stahleinlagen in einer Lage

Balkenbreite b_0 in cm	Durchmesser der Stahleinlagen d_s in mm						
	10	12	14	16	20	25	28
10	2	2	1	1	1	1	1
15	3	3	3	3	2	2	2
20	5	5	(5)	4	4	3	3
25	7	6	6	(6)	5	4	3
30	(9)	8	7	7	6	5	4
35	10	(10)	9	8	(8)	6	5
40	12	11	10	10	9	7	6
45	(14)	(13)	12	11	10	8	7
50	15	14	13	(13)	11	9	8
60	(19)	17	16	15	14	11	10
Bügel-∅ $d_{sbü}$	$d_{sbü}$ = 8 mm					$d_{sbü}$ = 10 mm	

Betondeckung der Bügel: $c_{bü}$ = 2,0 cm. Bei den Werten in ( ) werden die geforderten Abstände geringfügig unterschritten.

Kennwerte von Betonstahl

Durchmesser d_s mm	Querschnitt A_s cm²	Gewicht m kg/m
6	0,283	0,222
8	0,503	0,395
10	0,785	0,617
12	1,13	0,888
14	1,54	1,21
16	2,01	1,58
20	3,14	2,47
25	4,91	3,85
28	6,16	4,83
32	8,04	6,31
40	12,57	9,86

Querschnitte von Plattenbewehrungen a_s in cm²/m

Stababstand s cm	Stabdurchmesser in mm									Stäbe n pro m
	6	8	10	12	14	16	20	25	28	
6,0	4,71	8,38	13,09	18,85	25,66	33,52	53,36	81,83	102,67	16,7
6,5	4,35	7,73	12,08	17,40	23,68	30,95	48,33	75,54	94,77	15,4
7,0	4,04	7,18	11,22	16,16	21,99	28,73	44,87	70,14	88,00	14,3
7,5	3,77	6,70	10,47	15,08	20,52	26,81	41,88	65,47	82,13	13,4
8,0	3,53	6,28	9,82	14,14	19,24	25,14	39,26	61,38	77,00	12,5
8,5	3,33	5,91	9,24	13,31	18,11	23,66	36,95	57,76	72,47	11,8
9,0	3,14	5,59	8,73	12,57	17,10	22,34	34,90	54,56	68,44	11,1
9,5	2,98	5,29	8,27	11,90	16,20	21,17	33,06	51,68	64,84	10,5
10,0	2,83	5,00	7,85	11,31	15,39	20,11	31,41	49,10	61,60	10,0
10,5	2,69	4,79	7,48	10,77	14,66	19,15	29,91	46,76	58,67	9,5
11,0	2,57	4,57	7,14	10,28	13,99	18,28	28,55	44,64	56,00	9,1
11,5	2,46	4,37	6,83	9,84	13,39	17,49	27,31	42,70	53,57	8,7
12,0	2,36	4,19	6,54	9,42	12,83	16,76	26,17	40,92	51,33	8,3
12,5	2,26	4,02	6,28	9,05	12,32	16,09	25,13	39,28	49,28	8,0
15,0	1,89	3,35	5,24	7,54	10,26	13,41	20,94	32,73	41,07	6,7
17,5	1,62	2,87	4,49	6,46	8,79	11,49	17,95	28,06	35,20	5,7
20,0	1,41	2,51	3,93	5,65	7,69	10,05	15,71	24,55	30,80	5,0

Abstand s_l der Längsbewehrung:

max $s_l \leq$ 150 mm bei Plattendicke $h \leq$ 15 cm
150 mm $\leq s_l \leq$ 250 bei Plattendicke 15 cm $\leq h \leq$ 25 cm
max $s_l \leq$ 250 mm bei Plattendicke $h \geq$ 25 cm

Querbewehrung:

$a_{sq} \geq 0{,}20 \cdot a_s$
max $s_q \leq$ 250 mm
$d_{sq} \geq$ 5 mm

Lagermattenprogramm

Betonstahlmatten ► S. 210

Im Zuge der Anpassung der Lagermatten an die DIN 1045-1 wurde das Mattenprogramm von 18 auf 11 Mattentypen reduziert. Zur Unterscheidung der neuen Lagermatten auf Bewehrungsplänen, bei Bestellung und auf der Baustelle wird zur gewohnten Bezeichnung der Lagermatten (Q und R) der Zusatz A (normalduktil) eingeführt. Die Liste gilt ab 01.01.2008.

Mattentyp	Querschnitt längs / quer cm²/m	Länge / Breite m	Gewicht je Matte / je m² kg	Mattenaufbau in Längs- und Querrichtung: Stababstände mm	Stabdurchmesser Innen-/Randbereich mm	Anzahl der Längsrandstäbe links / rechts	Überstände Anfang/Ende links/rechts mm
Q188A	1,88		41,7	150 ·	6,0		75
	1,88		3,02	150 ·	6,0		25
Q257A	2,57		56,8	150 ·	7,0		75
	2,57		4,12	150 ·	7,0		25
Q335A	3,35	6,00	74,3	150 ·	8,0		75
	3,35	2,30	5,38	150 ·	8,0		25
Q424A	4,24		84,4	150 ·	9,0 / 7,0	– 4 / 4	75
	4,24		6,12	150 ·	9,0		25
Q524A	5,24		100,9	150 ·	10,0 / 7,0	– 4 / 4	75
	5,24		7,31	150 ·	10,0		25
Q636A	6,36	6,00	132,0	100 ·	9,0 / 7,0	– 4 / 4	62,5
	6,28	2,35	9,36	125 ·	10,0		25
R188A	1,88		33,6	150 ·	6,0		125
	1,13		2,43	250 ·	6,0		25
R257A	2,57		41,2	150 ·	7,0		125
	1,13		2,99	250 ·	6,0		25
R335A	3,35	6,00	50,2	150 ·	8,0		125
	1,13	2,30	3,64	250 ·	6,0		25
R424A	4,24		67,2	150 ·	9,0 / 8,0	– 2 / 2	125
	2,01		4,87	250 ·	8,0		25
R524A	5,24		75,7	150 ·	10,0 / 8,0	– 2 / 2	125
	2,01		5,49	250 ·	80		25

Unterstützung für die obere Bewehrung

SCHLANGE auf der unteren Bewehrung stehend	Typ A auf der Schalung (mit Kunststofffüßen)	Typ SBA auf der unteren Bewehrung stehend
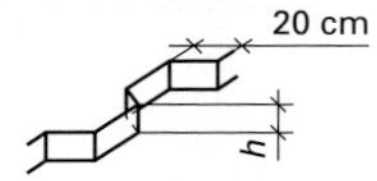	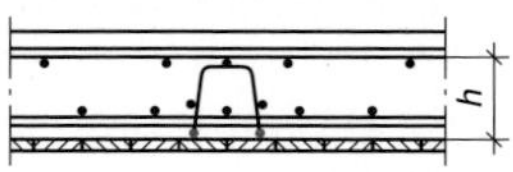	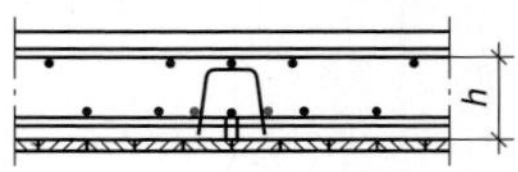
Stützlänge 2,00 m *h* = Unterstützungsabstand (cm)	Korblänge 2,00 m *h* = Unterstützungshöhe (cm)	Korblänge 2,00 m *h* = Unterstützungsabstand (cm)
Typenbezeichnung S	**Typenbezeichnung U**	**Typenbezeichnung SBA**

Typ	Gewicht je Korb	Typ	Gewicht je Korb	Typ	Gewicht je Korb	Typ	Gewicht je Korb	Typ	Gewicht je Korb	Typ	Gewicht je Korb
S 2	0,421	S 11	0,613	U 8	0,658	U 17	1,017	SBA 5	0,650	SBA 14	0,882
S 3	0,436	S 12	0,670	U 9	0,762	U 18	1,046	SBA 6	0,676	SBA 15	0,953
S 4	0,452	S 13	0,687	U 10	0,788	U 19	1,074	SBA 7	0,702	SBA 16	1,034
S 5	0,468	S 14	0,705	U 11	0,845	U 20	1,103	SBA 8	0,728	SBA 17	1,063
S 6	0,484	S 15	0,723	U 12	0,874	U 21	1,259	SBA 9	0,753	SBA 18	1,091
S 7	0,567	S 16	0,862	U 13	0,903	U 22	1,292	SBA 10	0,779	SBA 19	1,120
S 8	0,583	S 18	0,898	U 14	0,931	U 23	1,325	SBA 11	0,804	SBA 20	1,148
S 9	0,599	S 20	1,212	U 15	0,960	U 24	1,359	SBA 12	0,831	SBA 21	1,284
S 10	0,615	S 22	1,248	U 16	0,988	U 25	1,392	SBA 13	0,857	SBA 22	1,317

7.2.7 Konstruktionshinweise für Balken und Platten

Auflagerungsarten und Stützweiten l_{eff} bei Balken und Platten

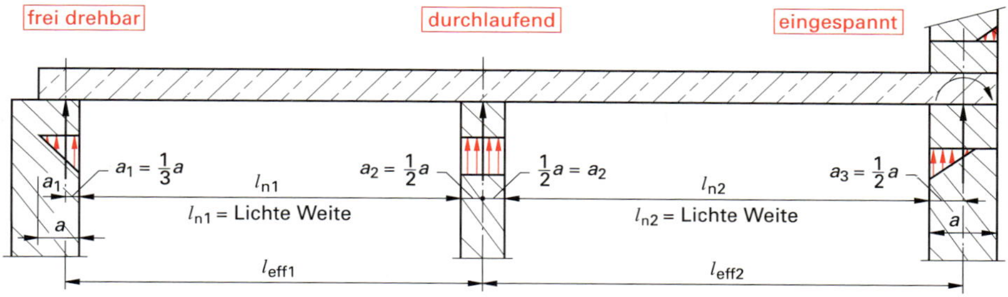

Balken $b/h \leq 4$ und $l_{eff}/h \geq 2$

- Auflagertiefe $\boldsymbol{a} \geq$ **10 cm**
- $A_{s,\,Auflager} \geq \frac{1}{4}\,A_{S,\,Feld}$ als konstruktive Randbewehrung bei ungewollter Einspannung
- Eine Querkraftbemessung ist durchzuführen
- Versatzmaß $a_1 = 0{,}54\ d$ (für reine Biegung mit/ohne Längsdruckkraft)
  $a_2 = 0{,}45\ d$ (für Biegung mit Längszugkraft)
- Verankerungskraft $F_{sd} = V_{Ed} \cdot \frac{a_1}{z} + N_{Ed} \geq V_{Ed}/2$ mit $z = 0{,}9\ d$

Stützweiten	
Einfeldträger	$\boldsymbol{l_{eff} = l_n + \frac{2}{3}\,a}$
Mehrfeldträger Endfeld	$\boldsymbol{l_{eff} = l_n + a_1 + a_2}$
Mittelfeld	$\boldsymbol{l_{eff} = l_n + a}$

Platten $b/h \geq 4$

- Auflagertiefe
  $\boldsymbol{a} \geq$ **7 cm** auf Mauerwerk oder Beton C8/10
  $\boldsymbol{a} \geq$ **5 cm** auf Beton C12/15 … C50/60 oder Stahl
  $\boldsymbol{a} \geq$ **3 cm** auf Stahlbeton oder Stahlträgern
  } **Empfehlung $\boldsymbol{a = h}$**
- Mindestdicke $\boldsymbol{h} \geq$ **7 cm** Deckenhöhe
  im Wohnungsbau i.d.R. $\boldsymbol{h} \geq$ **16 cm** (Schallschutz)
- Lastabtragung: Hauptbewehrung a_{sl} in Längsrichtung
  Querbewehrung $\boldsymbol{a_{sq} = 1/5\ a_{sl}}$ mit $\boldsymbol{d_s} \geq$ **6 mm** (BSt S) und $\boldsymbol{d_s} \geq$ **5 mm** (BSt M)
  Abstand der Querstäbe $\boldsymbol{s_q} \leq$ **250 mm.** Im Allgemeinen gilt: $\boldsymbol{l_{max,\,eff} / l_{min,\,eff} > 2}$
- Biegeschlankheit

$\boldsymbol{l_i = \alpha \cdot l_{eff}}$ allgemein $\boldsymbol{erf\ d = \frac{l_i}{35}}$

erforderliche Plattendicke d

Statisches System • bei Mehrfeldplatten min $l_{eff} \geq 0{,}8 \cdot$ max l_{eff}	erf d allgemein	erf d trennwandtragend
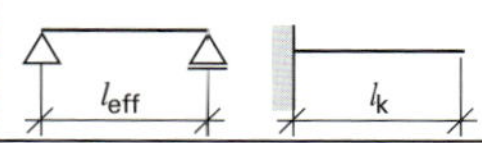	$\geq l_{eff}/35$ $\geq l_k/15$	$\geq l_{eff}^2/150$ $\geq l_k^2/26$
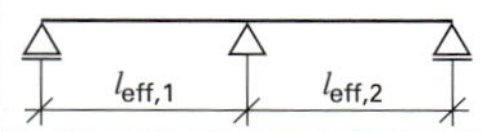	$\geq l_{eff,1}/44$ $\geq l_{eff,2}/44$	$\geq l_{eff,1}^2/234$ $\geq l_{eff,2}^2/234$
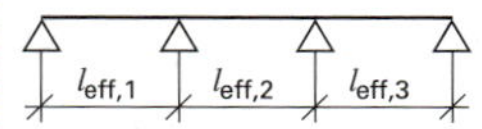	$\geq l_{eff,1,3}/44$ $\geq l_{eff,2}/58$	$\geq l_{eff,1,3}^2/234$ $\geq l_{eff,2}^2/417$

- Versatzmaß $\boldsymbol{v}$
- $a_{s,\,Auflager} \geq \frac{1}{2}\,a_{s,\,Feld}$
- Eine Querkraftbemessung ist i.d.R. nicht erforderlich
- Versatzmaß $a_1 = d$
- Verankerungskraft $\boldsymbol{F_{sd}}$

$$F_{sd} = V_{Ed} \cdot \frac{a_1}{z} + N_{Ed}$$

F_{Ed}, N_{Ed} in kN/m F_{sd} in kN/m
a, z in cm f_{yd} in N/mm²

$$\text{erf } a_s = F_{sd} \cdot \frac{10}{f_{yd}}$$

7

Beispiel: Stahlbetondecke

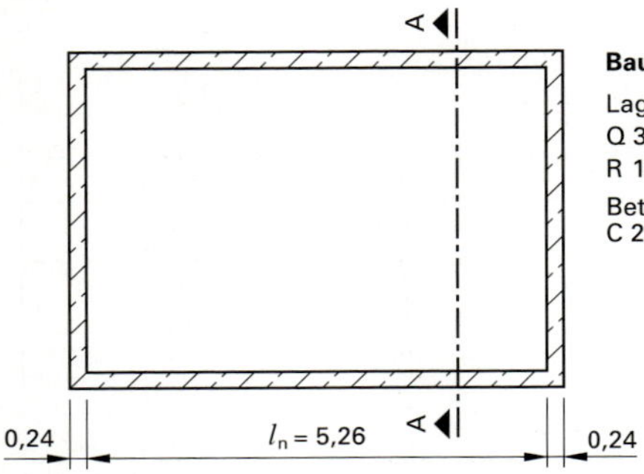

Baustoffe

Lagermatten

Q 335 A, $d_{s,l} = 8{,}0\,d$, $d_{s,q} = 8{,}0$

R 188 A, $d_{s,l} = 6{,}0$, $d_{s,q} = 6{,}0$

Beton

C 20/25

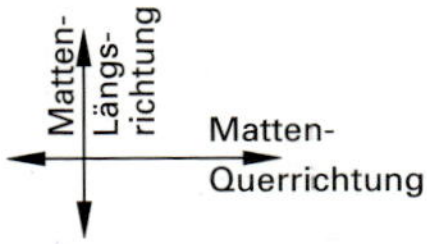

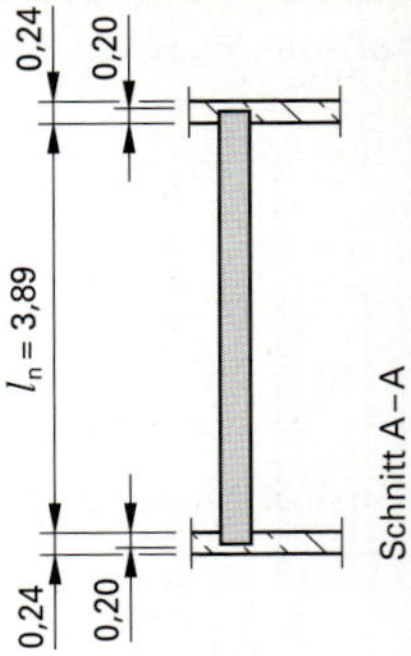

Einbindetiefe in die Wand

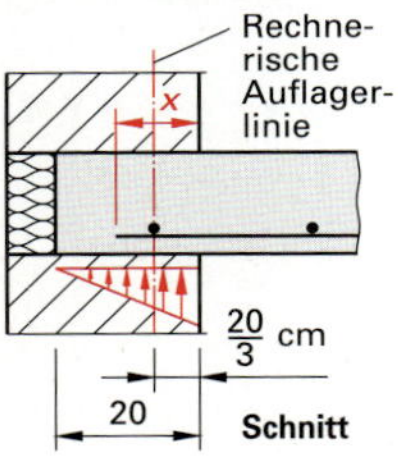

gewählte Einbindetiefe der Mattenbewehrung

$x = 12$ cm.

Gesamtbreite für Mattenbewehrung

$b_M = l_m + 2 \cdot x$

$b_M = 5{,}26\text{ m} + 2 \cdot 0{,}12\text{ m}$
$= 5{,}50\text{ m}$

Übergreifungslänge $l_{s,q}$ in Querrichtung

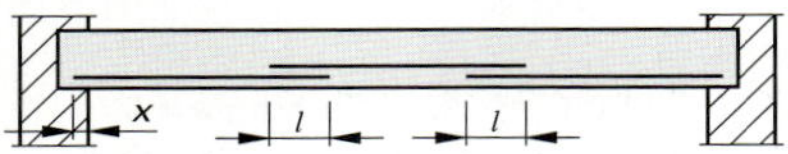

gewählt: $n = 3$ Matten

$$\text{vorh } l_{s,q} = \frac{n \cdot B - b_M}{n-1} = \frac{3 \cdot 2{,}15\text{ m} - 5{,}50\text{ m}}{3-1}$$

$= 0{,}48\text{ m} > 0{,}38\text{ m}$ oder 3 Maschen ▶ S. 269

Verankerung am Auflager

$l_{b,\,dir} \geq \frac{2}{3} \cdot l_{b,\,net} \geq 6 \cdot d_s$ ▶ S. 267

$l_{b,\,net} \geq \alpha_a \cdot l_b \cdot \frac{\text{erf } a_s}{\text{vorh } a_s} \geq l_{b,\,min}$

$\alpha_a = 0{,}7$ (Querstab im Auflagerbereich)

$l_b = 37$ cm ▶ S. 266

Fortsetzung Verankerung

erf $a_s = 1{,}67\text{ cm}^2/\text{m}$; vorh $a_s = 3{,}35\text{ cm}^2/\text{m}$

$l_{b,\,net} \geq l_{b,\,min} \geq 10\ d_s = 8{,}0$ cm

$l_{b,\,min} = 0{,}3 \cdot 0{,}7 \cdot 37 = 7{,}8\text{ cm} < 8{,}0\text{ cm}$

$l_{b,\,net} \geq 0{,}7 \cdot 37 \cdot \frac{1{,}67}{3{,}35} = 12{,}9$ cm

$l_{b,\,dir} \geq \frac{2}{3} \cdot 12{,}9 = 8{,}6\text{ cm} > 6 \cdot d_s$ gew.: $l_{b,\,dir} = 12$ cm

Konstruktive Randbewehrung

Rechnerisch nicht erfasste Einspannwirkungen müssen berücksichtigt werden:

25 % der Feldbewehrung ($0{,}25\ a_{s,\,Feld}$) ▶ S. 272

über $\frac{1}{4}$ der Länge des Endfeldes ($0{,}25\ l_{eff}$).

$a_{sR} = 0{,}25 \cdot a_{s,\,Feld} = 0{,}25 \cdot 3{,}35\text{ cm}^2 = 0{,}84\text{ cm}^2/\text{m}$

gew.: R 188 A

$l_E = 0{,}25 \cdot (3{,}89 + 2 \cdot 0{,}20/2) = 1{,}02$ m

Aus 2 Matten R 188 A wird die Randbewehrung geschnitten und positioniert.

erf $l_{s,q} \geq 15$ cm

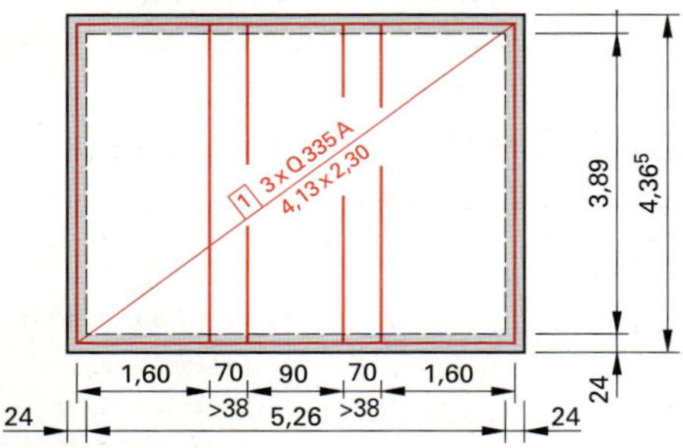

Untere Bewehrung

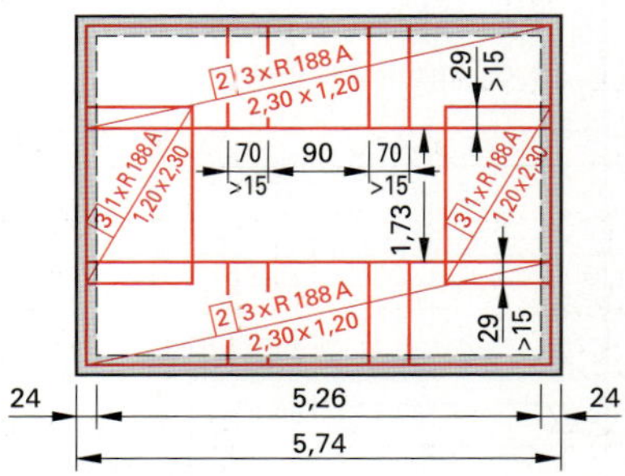

Obere Bewehrung

7.2.8 Bemessen und Bewehren

Balken

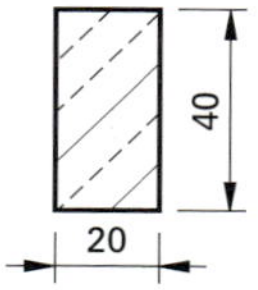

Schnittgrößen:

M_{Ed} = + 147,2 KNm
N_{Ed} = – 11,3 kN
V_A = 104,0 kN

Baustoffe:

C 30/37
BSt IV S

Expositionsklasse XC1

Bauteil in geschlossenen Räumen
gewählt: $c_{bü}$ = 2,0 cm

Stabdurchmesser d_s
gewählt: d_{sl} = 20 mm
$d_{sbü}$ = 10 mm

Konstruktives und statisches System

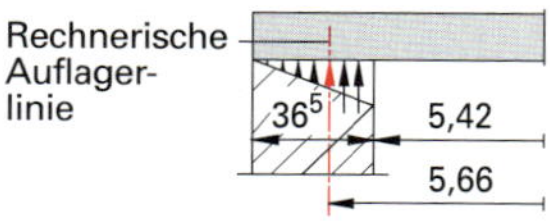

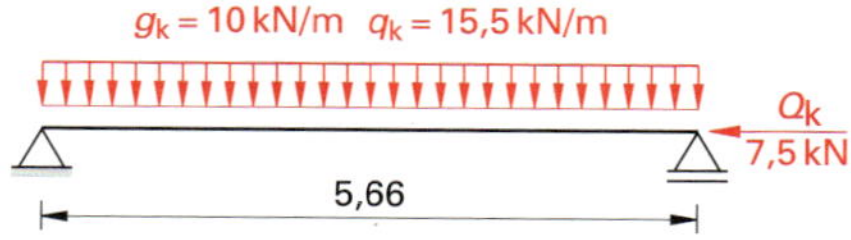

Biegebemessung

Statische Höhe *d*

$d = h - c_{bü} - d_{sbü} - \frac{d_s}{2}$

$d = 40\text{ cm} - 2{,}0\text{ cm} - 1{,}0\text{ cm} - \frac{2{,}0\text{ cm}}{2} = 36{,}0\text{ cm}$

Bemessungsmoment

$M_s = M - N \cdot z_s$ $\qquad z_s = d - \frac{h}{2}$

$z_s = 36{,}0\text{ cm} - \frac{40\text{ cm}}{2} = 16{,}0\text{ cm}$

$M_{Eds} = 147{,}2 - (-\,11{,}3 \cdot 0{,}16) = 149\text{ kNm}$

k_d-Wert ► S. 261

$k_d = \frac{d}{\sqrt{\frac{M_{Eds}}{b}}}$ $\qquad k_d = \frac{36{,}20}{\sqrt{\frac{149}{0{,}20}}} = 1{,}32$

$k_s = 2{,}99$

Erf. Stahlquerschnitt A_s

$\text{erf } A_s = k_s \cdot \frac{M_{Eds}}{d} + \frac{N_{Ed}}{43{,}5}$

$\text{erf } A_s = 2{,}99 \cdot \frac{149}{36{,}0} + -\frac{11{,}3}{43{,}5} = 12{,}1\text{ cm}^2$

vorh. Stahlquerschnitt $A_{s,\,vorh}$

gewählt: 4 ∅ 20 mm IV S
vorh $A_s = 12{,}6\text{ cm}^2 >$ erf $A_s = 12{,}1\text{ cm}^2$

Querkraftbemessung:

Maßgebende Querkraft

$V_{Ed} = V_A - (g_k \cdot \gamma_G + q_k \cdot \gamma_Q) \cdot r \qquad \text{mit} \quad r = \frac{a}{3} + d$

$V_{Ed} = 104 - (10{,}0 \cdot 1{,}35 + 15{,}5 \cdot 1{,}5) \cdot 0{,}48 = 86{,}4\text{ kN}$

Erforderliche Querkraftbewehrung $a_{sw,\,erf}$ ► S. 262

$a_{sw,\,erf} = 0{,}019 \cdot \frac{V_{ED}}{z} = 0{,}019 \cdot \frac{86{,}4}{0{,}9 \cdot 0{,}36} = 5{,}1\text{ cm}^2$

gew.: Bügel ∅ 8, 2-schnittig, $s = 17{,}5$ cm
mit $a_{sw,\,vorh} = 5{,}7\text{ cm}^2/\text{m}$

Mindestquerkraftbewehrung $a_{sw,\,min}$ ► S. 263

$a_{sw,\,min} = 0{,}093 \cdot bw = 0{,}093 \cdot 20 = 1{,}86\text{ cm}^2/\text{m}$

gew.: Bügel ∅ 6, 2-schnittig, $s = 25$ cm ($\leq 0{,}7 \cdot h$)
mit $a_{sw,\,vorh} = 2{,}26\text{ cm}^2/\text{m}$

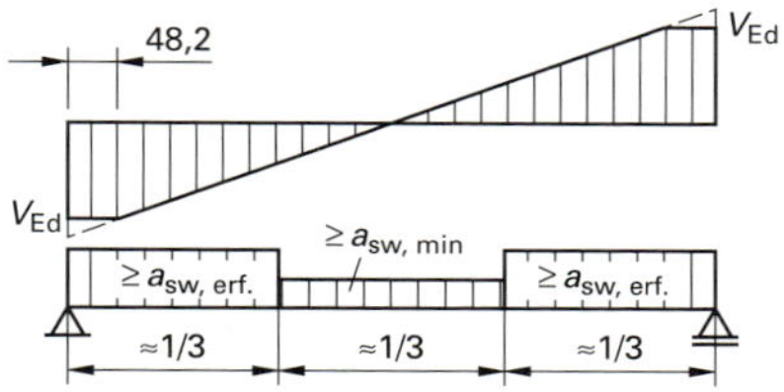

Bewehrungsführung

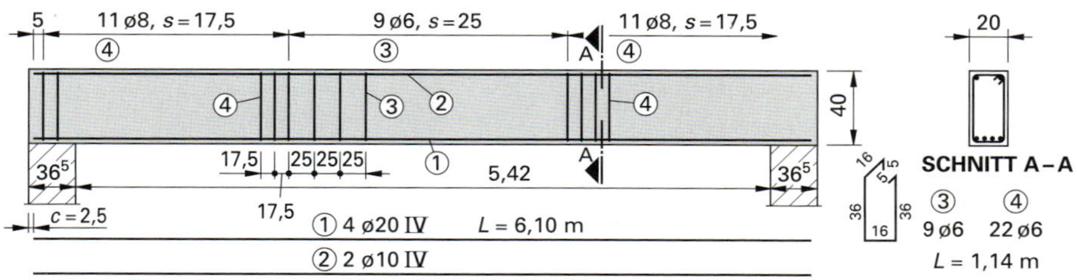

7

Plattenbalken

Plattenbalken bilden aus Balkensteg und Deckenflansch den (idealen) T-förmigen Querschnitt.

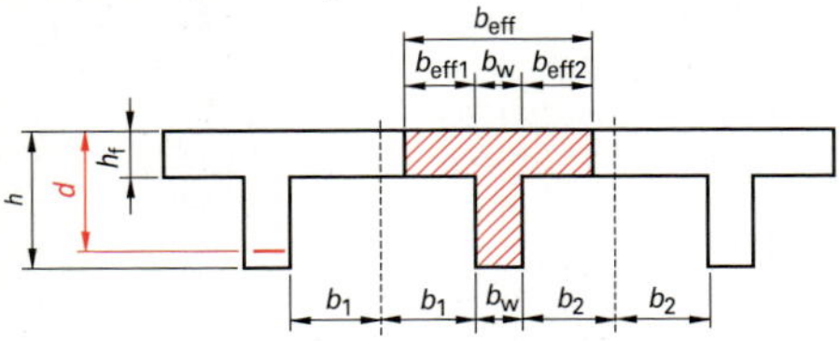

Mitwirkende Plattenbreite

$b_{eff} = b_{eff1} + b_w + b_{eff2}$

$b_{eff,i} = 0{,}2 \cdot b_i + 0{,}1 \cdot l_o \leq 0{,}2 \cdot l_o \leq b_i$

b_i = Abstand von Vorderkante Steg bis zur Mittelachse

statische Länge l_0

$l_{0\text{-Einfeldträger}}$ = statische Länge l_i (effektive Stützweite)

$l_{0\text{-Mehrfeldträger}}$ = 0,85 · statische Länge l_i im Endfeld

$l_{0\text{-Mehrfeldträger}}$ = 0,70 · statische Länge l_i im Mittelfeld

$l_{0\text{-Mehrfeldträger}}$ = 1,5 · statische Länge im Kragfeld

$l_{0\text{-Mehrfeldträger}}$ = 0,15 · statische Länge am $\text{Auflager}_{li,\,re}$

Statische Länge l_0 in Abhängigkeit vom statischen System

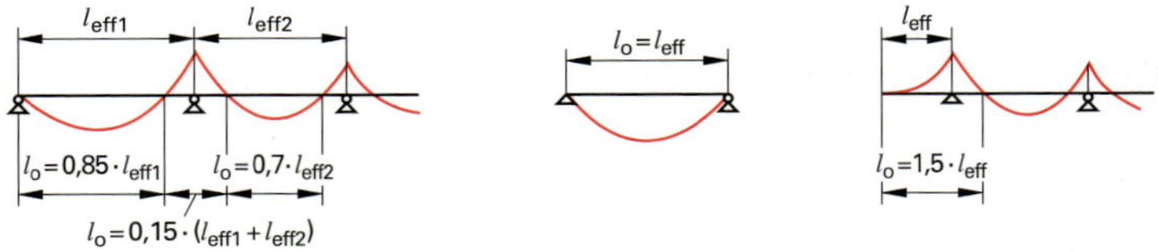

Bemessungsfall *A* ⇒ **schlanker Querschnitt:** Nulllinie in der Platte

vereinfachte Bemessung

$$\frac{b_{eff}}{b_w} > 5 \qquad A_s = \frac{1}{43{,}5}\left[\frac{M_{Eds}}{d - h_f/2} + N_{Ed}\right]$$

M in kNm; *N* in kN, *d* und h_f in m

Die Nulllinie in der Platte ermöglicht die Vernachlässigung des Steges. Die resultierende F_C der Betondruckspannung wird im Abstand *h*/2 vom OK Rand angenommen. Die Bemessung erfolgt nach der allgemeinen Spannungsformel

$\sigma = F/A$ bzw. $f_{yd} = M/(z \cdot A)$

Beispiel

Der dargestellte Plattenbalken ist zu bemessen.

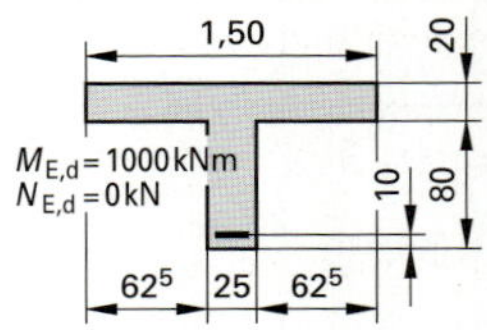

$$\frac{b_{eff}}{b_w} = \frac{1{,}50}{0{,}25} = 6 > 5$$

$$A_{s,\,erf} = \frac{1}{43{,}5}\left[\frac{1000}{0{,}90 - 0{,}20/2} + 0\right] = 28{,}8\ \text{cm}^2$$

gewählt: 10 ∅ 20 mm mit $A_{s,\,vorh} = 31{,}4\ \text{cm}^2$.
2-lagig eingebaut ▶ S. 273

Bemessungsfall *B* ⇒ **gedrungener Querschnitt:** Nulllinie im Steg

$\frac{b_{eff}}{b_w} \leq 5$

Ersatzbalken mit der Breite *b* und der Höhe *x* berechnen

$b_i = b_{eff} \cdot k$

Beiwerte *k*

h_f/d	b_{eff}/b_w 1,5	2	2,5	3	3,5	4	5
0,05	0,71	0,56	0,47	0,42	0,37	0,34	0,30
0,1	0,75	0,62	0,55	0,50	0,46	0,44	0,40
0,2	0,83	0,76	0,70	0,66	0,64	0,62	0,60
0,3	0,91	0,87	0,84	0,82	0,81	0,80	0,79
0,4	0,97	0,96	0,95	0,95	0,95	0,94	0,94
0,5	1,00	1,00	1,00	1,00	1,00	1,00	1,00

① Beiwert *k* bestimmen
② Breite b_i des Ersatzbalkens berechnen
③ Bemessungsquerschnitt $b_i / h / d$ festlegen
④ Bemessungsbeiwerte k_d und k_s bestimmen

$$k_d = \frac{d}{\sqrt{M_{Ed}/b}} = \ldots \quad \Rightarrow \quad \text{Tabellenwert } k_s$$

⑤ Erf. Stahlquerschnitt $A_s = k_s \dfrac{M_{Ed}}{d} + \dfrac{N}{43{,}5}$ berechnen.
⑥ Anzahl und Durchmesser der Betonstähle wählen.

Bedingung: $A_{s,\,vorh} \geq A_{s,\,erf}$

Beispiel

Der dargestellte Plattenbalken aus C 35/45 ist zu bemessen.

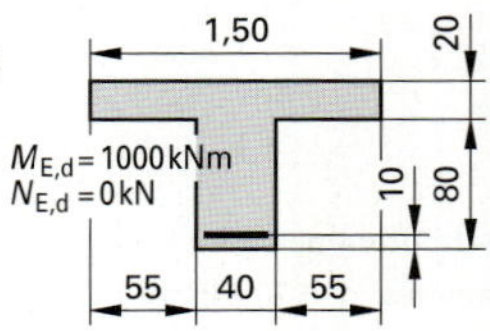

$$\frac{b_{eff}}{b_w} = \frac{1{,}50}{0{,}40} = 3{,}75 < 5$$

Beiwert *k*

$$\frac{h_f}{d} = \frac{0{,}20}{0{,}90} = 0{,}22$$

$$\frac{b_{eff}}{b_w} = \frac{1{,}50}{0{,}40} = 3{,}75 \qquad k \text{ (nach Interpolation)} = 0{,}67$$

Breite b_i des Ersatzbalkens

$b_i = b_{eff} \cdot k = 1{,}50 \cdot 0{,}67 = 1{,}00$ m
damit ergibt sich der Bemessungsquerschnitt
$b_i/h/d = 1{,}00\ \text{m}/1{,}00\ \text{m}/0{,}90$ m

Bemessungsbeiwerte k_d und k_s ▶ S. 261

$$k_d = \frac{d}{\sqrt{M_{Ed}/b}} = \frac{90}{\sqrt{1000/1{,}00}} = 2{,}85 \quad \Rightarrow \quad k_s = 2{,}38$$

$$A_{s,\,erf} = k_s \cdot \frac{M_{Ed}}{d} = 2{,}38\ \frac{1000}{90} = 26{,}4\ \text{cm}^2$$

gewählt: 9 ∅ 20 mm mit $A_{s,\,vorh} = 28{,}3\ \text{cm}^2 > 26{,}4\ \text{cm}^2$

7

Einfeldplatte

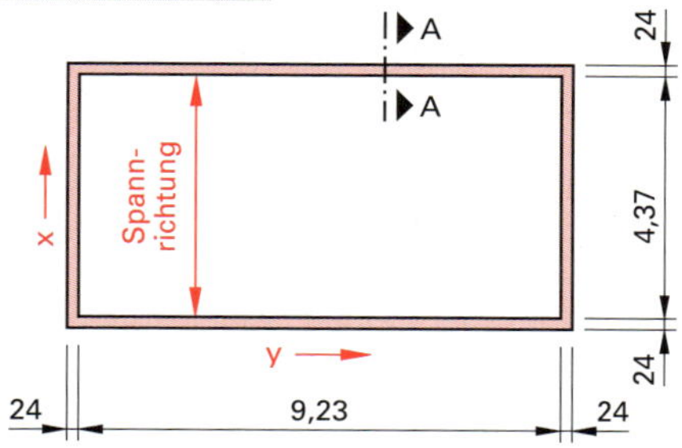

Baustoffe: C20/25
BSt 500 S
Expositionsklasse XC 1

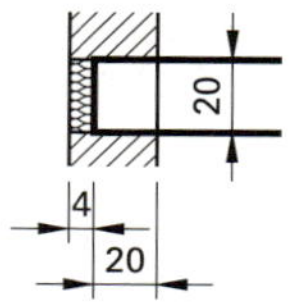

Schnittgrößen

max M_{Ed} = 32,29 kNm/m
max V_{Ed} = 28,64 kN/m

Bewehrung

$A_{s,\,erf}$ aus Biegebemessung = 4,47 cm²/m

gewählt: d_s = 8 mm; s = 10 cm mit $A_{s,\,vorh}$ = 5,03 cm²/m

$d = h - c_{nom} - d_s/2 = 20 - 2{,}0 - 0{,}8/2 \approx 17{,}5$ cm

Deckung der Zugkraftlinie

Versatzmaß a_1 bei Platte ohne Schubbewehrung

$a_1 = 1{,}0 \cdot d = 17{,}5$ cm

$$F_{sd,\,vorh} = \frac{M_{Eds}}{z} + N_{Ed} = \frac{32{,}29}{0{,}95 \cdot 0{,}175} + 0 = \mathbf{194\ kN/m} \text{ mit } z = \zeta \cdot d$$

$$F_{sd,\,aufn} = A_s \cdot f_{yd} = 5{,}03 \cdot 435 \cdot 10^{-1} = \mathbf{219\ kN/m} \text{ mit } f_{yd} = 435\ \text{N/mm}^2$$

Zugkraftdeckung

Verankerung am Endauflager

Randzugkraft $F_{sd,\,R}$

$$F_{sd,\,R} = V_{Ed} \cdot \frac{a_1}{z} + N_{Ed} = 28{,}6 \cdot \frac{1{,}0 \cdot d}{0{,}95 \cdot d} + 0 = 30{,}1\ \text{kN/m}$$

$$A_{s,\,erf} = \frac{F_{sd,\,R}}{f_{yd}} \cdot 10 = \frac{3{,}01 \cdot 10}{435} = 0{,}69\ \text{cm}^2/\text{m}$$

Auflagerbewehrung

$$A_{s,\,min} = 0{,}5 \cdot A_{s,\,Feld} = 0{,}5 \cdot 4{,}47 = 2{,}24\ \text{cm}^2/\text{m}$$

$$A_{s,\,vorh} = 0{,}5 \cdot 5{,}03 = 2{,}51\ \text{cm}^2/\text{m}\ (> A_{s,\,min} \text{ und } > A_{s,\,erf})$$

Verankerungslänge

$$l_{b,\,dir} = \frac{2}{3} \cdot l_{b,\,net} = \frac{2}{3} \cdot \alpha_a \cdot \frac{A_{s,\,erf}}{A_{s,\,vorh}} \cdot l_b \geq l_{b,\,min}$$

$$l_b = \frac{d_s}{4} \cdot \frac{f_{yd}}{f_{bd}} = \frac{0{,}8}{4} \cdot \frac{435}{2{,}3} = 38\ \text{cm}$$

$$l_{b,\,dir} = \frac{2}{3} \cdot 1{,}0 \cdot \frac{0{,}69}{2{,}51} \cdot 38 \approx 7\ \text{cm}$$

$$l_{b,\,min} = 0{,}3 \cdot \alpha_a \cdot l_b = 0{,}3 \cdot 1{,}0 \cdot 3{,}8 = 11{,}4\ \text{cm} > 6 \cdot d_s$$

$6 \cdot d_s = 6 \cdot 0{,}8 = 4{,}8$ cm **gewählt: 15 cm**

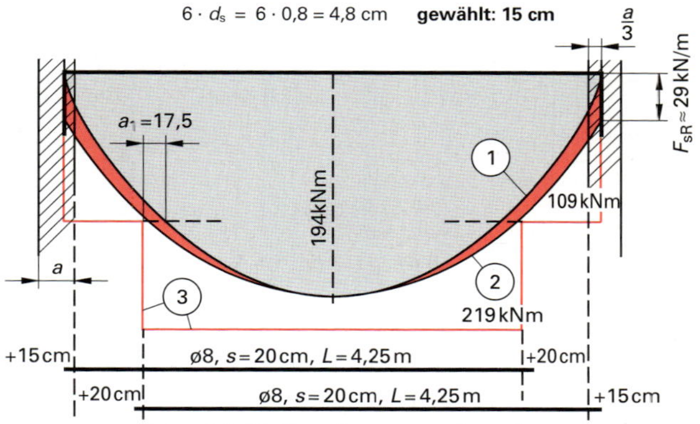

(verschränkte Bewehrungsanordnung)

(1) $\left[\frac{M_{Eds}}{Z} + N_{Ed}\right]$ – Linie (2) Zugkraftlinie (3) Zugkraftdeckungslinie

Die Zugkraft F_{sd} berechnet sich aus der Normalkraft, dem Bemessungsmoment und einem Zugkraftanteil aus der Querkraftabtragung. Dieser Zugkraftanteil wird durch das Versatzmaß ausgedrückt. Vereinfacht ergibt sich das Versatzmaß a_1 zu:

$a_1 = 0{,}5 \cdot 0{,}9\ d \cdot 1{,}2$
$= 0{,}54\ d$

Beispiel: Einachsig gespannte Durchlaufplatte

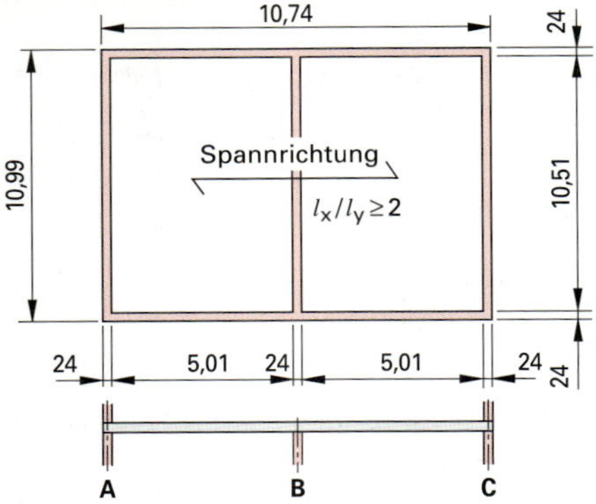

- **Innenbauteil: Expositionsklasse XC 1**
- **XC1** ⇒ C16/20 (Mindestbetonfestigkeitsklasse)
  gewählt: **C 20/25**
- **Betondeckung $c = c_{min} + \Delta c$**
  $d_s \leq$ **1,0 cm** (angenommen)
  c_{min} **= 1,0 cm**
  Δc **= 1,0 cm**
  nom c = 1,0 + 1,0 = 2,0 cm
- **Betonstahl B St 500 M mit normaler Duktilität**
  $\delta \geq$ **0,85** für Momentenumlagerung

① Effektive Stützweite l_{eff}

$$l_1 = l_{eff} = \frac{0{,}24\ \text{m}}{3} + 5{,}01\ \text{m} + \frac{0{,}24\ \text{m}}{2} = 5{,}21\ \text{m}$$

② Begrenzung der Durchbiegung (Biegeschlankheit)

erf. statische Nutzhöhe $d = \frac{l_{eff}}{44}$ ► S. 275

erf. $d = \frac{521{,}0\ \text{cm}}{44} = 11{,}8\ \text{cm}$

erf. Plattendicke $\boldsymbol{h = d + c + \frac{d_s}{2}}$

erf. $h = 11{,}8\ \text{cm} + 2{,}0\ \text{cm} + \frac{10}{2}\ \text{cm} = 14{,}3\ \text{cm}$

gewählt: h = 17 cm

③ Einwirkungen (Lasten)

► **unabhängige ständige Einwirkungen g (Eigenlasten)**
Platte: 0,17 · 0,25 ► Kap. 3.7.1 = 4,25 kN/m²
schwimmender Estrich und Belag ≅ 1,25 kN/m²
g_k = 5,50 kN/m²
Teilsicherheitsbeiwert γ_g = 1,35 — **g_d = 7,43 kN/m²** ► Kap. 3.9

► **unabhängige veränderliche Einwirkungen q** ► Kap. 3.7.3
Verkehrslast — **q_k = 5,00 kN/m²**
Teilsicherheitsbeiwert γ_q = 1,5 — **q_d = 7,50 kN/m²** ► Kap. 3.9

> Die in der unten abgebildeten Tabelle rot unterlegten Tabellenwerte gelten allgemein in der Statik, wenn min $l \geq$ 0,8 max l ist. Die Ergebnisse beziehen sich auf das oben ausgeführte Beispiel.

④ Schnittgrößenermittlung und Bemessungsmomente

► **Schnittgrößen unter Gebrauchslast** (Elastizitätstheorie nach DIN 1045-1) (g Eigenlast, q Verkehrslast)

Lastfälle LF und statisches System (mit ca. gleichen Stützlängen)	LF	Kraftgrößen	Tafelwert k	Schnittgrößen $m = g\,(q) \cdot k \cdot l^2$ (kNm/m) $v = g\,(q) \cdot k \cdot l$ (kN/m)		Einwirkungen g bzw. q
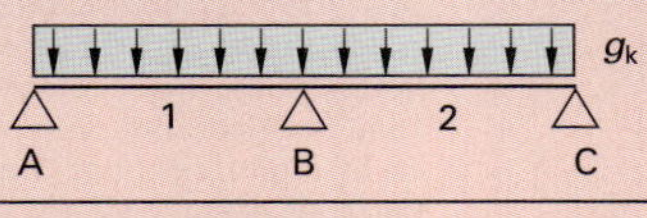	LF1	m_1	0,070	m_1 =	m_1 = 10,450	g_k = 5,50 kN/m²
		m_B	– 0,125	5,50 · 0,070 · 5,21²	m_b = – 18,662	LF1 ist der
		v_A	0,375		v_A = 10,746	Grundfall
		v_{Bli}	– 0,625		v_{Bli} = – 17,909	
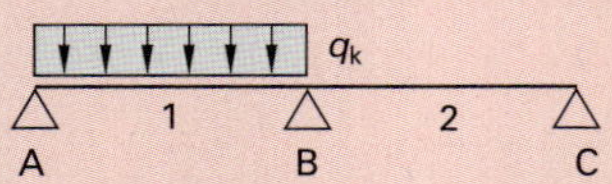	LF2	m_1	0,096	m_1 =	m_1 = 13,029	plus
		m_B	– 0,063	5,00 · 0,096 · 5,21²	m_b = – 8,5502	q_k = 5,00 kN/m²
		v_A	0,438	v_A =	v_A = 11,410	
		v_{Bli}	– 0,563	5,00 · (0,438) · 5,21	v_{Bli} = – 14,666	
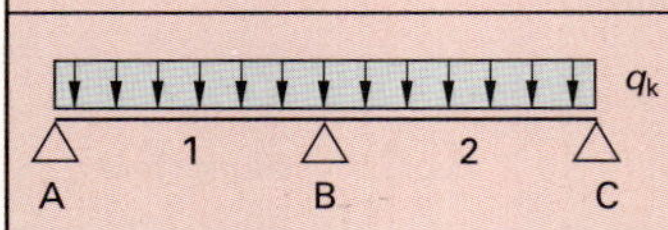	LF3	m_1	0,070		m_1 = 9,500	plus
		m_B	– 0,125	m_b =	m_b = – 16,965	q_k = 5,00 kN/m²
		v_A	0,375	5,00 · (–0,125) · 5,21²	v_A = 9,769	
		v_{Bli}	– 0,625		v_{Bli} = – 16,281	

7

▶ **Schnittgrößen im Grenzzustand der Tragfähigkeit und Momentenumlagerung)**
Stützmoment $m_{Ed,B}$ (LF 1 + LF 3)
$m_{Eb,B} = -18{,}662 \cdot 1{,}35 - 16{,}965 \cdot 1{,}50 = -50{,}641$ kNm/m
Momentenumlagerungen um 15 % (δ = 0,85, siehe Aufgabenstellung)
$m'_{Eb,B} = m_{Ed,B} \cdot \delta = -50{,}641 \cdot 0{,}85 = -43{,}045$ kNm/m $\Rightarrow$ nach Ausrundung $m_{Ed,B} = 40{,}2$ kN/m
(Gegenüber dem max. Feldmoment vor der Umlagerung (28,358 kNm/m), vergrößert sich das Feldmoment **nach** der Umlagerung um 3,049 kNm/m auf 31,406 kNm/m. Dieses Moment wird verglichen mit **max $m_{Ed,Feld}$ aus der LF-Kombination LF 1 + LF 2).**

max $m_{Ed,F1} = 10{,}450 \cdot 1{,}35 + 13{,}029 \cdot 1{,}50 = \mathbf{+33{,}651}$ **kNm/m** > **+31,406 kNm/m**

⑤ Bemessung in den Grenzzuständen der Tragfähigkeit

▶ **Bemessung im Stützbereich nach dem k_d-Verfahren**
Vorhandene statische Nutzhöhe d

$$d = h - c - \frac{d_s}{2} = 17\text{ cm} - 2\text{ cm} - \frac{1{,}0\text{ cm}}{2} = 14{,}5\text{ cm}$$

k_d-Rechenwert, k_s – Tabellenwert, ζ–Tabellenwert

$$k_d = \frac{d}{\sqrt{\frac{M}{b}}} = \frac{14{,}5}{\sqrt{\frac{40{,}216}{1{,}000}}} \text{ (mit } b = 1{,}000\text{ m Plattenbreite)} = \mathbf{2{,}29}$$

$\Rightarrow k_s = 2{,}57 \Rightarrow \zeta = 0{,}896$

Erforderlicher Stahlquerschnitt erf a_s

$$\text{erf } a_s = \frac{m_{Ed,B}}{d} \cdot k_s = \frac{40{,}216}{14{,}5} \cdot 2{,}57 = \mathbf{7{,}13\ cm^2/m}$$

gewählt: **K770** alt, mit vorh $a_s = 7{,}70$ cm²/m > erf $a_s = 7{,}13$ cm²/m

gewählt: **R 424 A** + **R 335 A** Zulage $\Rightarrow$ neu, mit vorh $a_s = 7{,}59$ cm²/m

▶ **Bemessung im Feldbereich nach den k_d-Verfahren**

$$k_d = \frac{d}{\sqrt{\frac{M}{b}}} = \frac{14{,}5}{\sqrt{\frac{33{,}651}{1{,}000}}} \text{ (mit } b = 1{,}000\text{ m Plattenbreite)} = \mathbf{2{,}50}$$

$\Rightarrow k_s = 2{,}51 \Rightarrow \zeta = 0{,}916$

Erforderlicher Stahlquerschnitt

$$\text{erf } a_s = \frac{m_{Ed,Feld}}{d \cdot k_s} = \frac{33{,}651}{14{,}5} \cdot 2{,}51 = \mathbf{5{,}83\ cm^2/m}$$

gewählt: **R 589** alt, mit vorh $a_s = 5{,}89$ cm²/m > erf $a_s = 5{,}83$ cm²/m

gewählt: **R 424 A** + **R 257 A** Zulage $\Rightarrow$ neu, mit vorh $a_s = 6{,}91$ cm²/m

⑥ Nachweise in den Grenzen der Gebrauchstauglichkeit

▶ **Begrenzung der Betondruckspannungen**
$\sigma_c \leq 0{,}6 \cdot f_{ck} \Rightarrow$ Nachweis nicht erforderlich, da **XC1**

▶ **Begrenzung der Betonstahlspannungen**
$\sigma_s \leq 0{,}8 \cdot f_{yk} = 0{,}8 \cdot 500 = 400$ N/mm² > 380 N/mm²

▶ **Begrenzung der Rissbreite infolge von Zwangsspannungen**

$$\min a_s = k_c \cdot k \cdot f_{ct,eff} \cdot \frac{A_{ct}}{\sigma_s}$$

$$\min a_s = 0{,}4 \cdot 0{,}8 \cdot 3{,}0 \cdot 100 \cdot \frac{17}{2} \cdot \frac{1}{380} = 2{,}15\text{ cm}^2/\text{m} < \textbf{vorh } a_s$$

▶ **Begrenzung der Durchbiegung**

$$\text{vorh } \frac{l_i}{d} = \frac{0{,}8 \cdot 5{,}210\text{ m}}{0{,}145\text{ m}} = \mathbf{28{,}2 < 35}$$

⑦ Allgemeine Bewehrungs- und Konstruktionsregeln

▶ **Grundmaß l_b der Verankerungslänge** $l_b = \frac{d_s}{4} \cdot \frac{f_{yd}}{f_{bd}}$

Bei Doppelstäben wird das Grundmaß auf den Vergleichsdurchmesser $d_{sv} = d_s \sqrt{n}$ (▶ S. 264) bezogen, der Bemessungswert der Streckgrenze des Stahls f_{yd} errechnet sich

$$f_{yd} = \frac{f_{yk}}{\gamma_s} = \frac{500}{1{,}15} = 435\text{ N/mm}^2$$

R 424 A

$$l_b = \frac{d_s}{4} \cdot \frac{f_{yd}}{f_{bd}} = \frac{0{,}6 \cdot \sqrt{2}}{4} \cdot \frac{435}{2{,}3} = \mathbf{40{,}1\ cm}$$

⑧ Bewehrungsführung

- Für die Bewehrungsführung gelten folgende Einzelheiten:
  a) Die Mindestbewehrung ist gleichmäßig über die Breite sowie anteilmäßig über die Höhe der Zugzone zu verteilen.
  b) Die im Feld erforderliche Mindestbewehrung ist zwischen den Endauflagern durchzuführen, sie ist an Endauflagern und über Innenauflagern mit den Mindestverankerungslängen zu verankern.
  c) Über Innenauflagern ist die Mindestbewehrung in die anschließenden Felder über eine Länge von mindetens einem Viertel der Stützweite, bei Kragarm über die volle Kragarmlänge einzulegen.
- **Feldbewehrung / untere Bewehrung**
  Einbindetiefe t / Verankerunglänge der Matte am Auflager $l_{b,\,dir}$ $\Rightarrow$ $t = l_{b,\,dir} = 16{,}0$ cm

Querrichtung: $b_M = 10{,}99 - 2 \cdot 0{,}24 + 2 \cdot 0{,}16 = 10{,}83$ m ▶ S. 276
vorh $l = 10{,}83 - 5 \cdot 2{,}15$ (Mattenbreite) $+ 5 \cdot 0{,}15$ (Überdeckung) $= 0{,}83$

⑨ Untere Bewehrung

Bei konstanten Querschnittsabmessungen und nahezu gleichmäßig verteilten Einwirkungen darf für $l_i = 0{,}8\, l_{eff}$ angenommen werden, wenn $0{,}8 < l_{eff1} / l_{eff2} < 1{,}25$ gilt.

Bei der Biegeabmessung ist zu beachten, dass die Biegezugbeanspruchung bei den positiven Momenten im unteren Plattenbereich und bei den negativen Momenten im oberen Plattenbereich liegt.

Momentennullpunkt
im Feld 2 von C nach links

$$x = \frac{2 \cdot C}{g_d + q_d} = \frac{2 \cdot 31{,}6}{14{,}93}$$

$x \approx 4{,}23$ (Rest ~ 1,00 m)

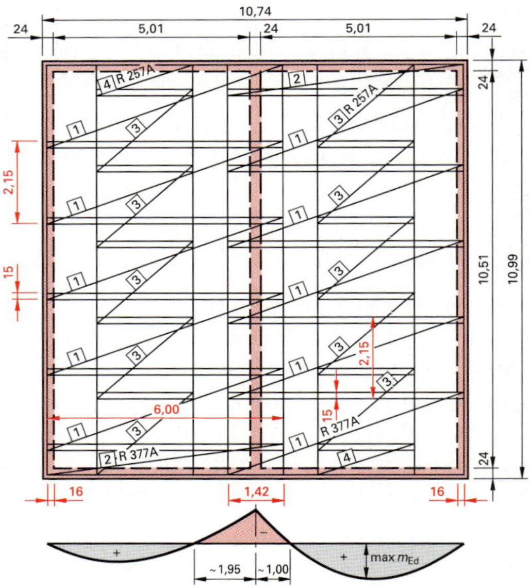

R 377 A
6,00 m × 2,15 m

R 257 A
5,00 m × 2,15 m

vgl. S. 210
bis Ende 2007

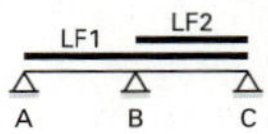

Der statische erforderliche Stahlquerschnitt wird abgedeckt durch die **Grundbewehrung R 377 A (Pos. 1 und 2)** und im Bereich des max. Feldmomentes mit der **Zulage R 257 A (Pos. 3 und 4)** $a_{s,\,vorh} = 6{,}34$ cm²/m $\geq a_{s,\,erf} = 5{,}83$ cm²/m (Länge der Zulage $l_{zul} = 2{,}50$ m).

Verankerungslängen l_b (▶ S. 266/267) an den Auflagern A und B
50% der Feldbewehrung ist bis zu den Auflagern zu führen

$l_{b,\,dir} = \frac{2}{3} \cdot l_{b,\,net}$ $\quad l_{b,\,net} = \alpha_a \cdot l_b \cdot \frac{a_{s,\,erf}}{a_{s,\,vorh}}$ $\quad \alpha_a = 0{,}7$; $l_b = 40{,}1$ cm; $a_{s,\,erf} = \frac{6{,}34}{2}$ cm²/m; $a_{s,\,vorh} = 3{,}77$ cm²/m

$l_{b,\,net} = 0{,}7 \cdot 40{,}1 \frac{3{,}17}{3{,}77} = 23{,}6 \geq l_{b,\,min} = 0{,}3 \cdot \alpha_a \cdot l$ $\quad$ $l_{b\,dir} = \frac{2}{3} 23{,}6 =$ **15,7 cm** (maßg.) $\geq 6\, d_s$ $\quad$ **gewählt:** $l_{b\,dir} = 16$ cm

Übergreifungslängen l_s (▶ S. 267) in Längsrichtung am Mittelauflager B (Tragstoß)
7 Die Feldbewehrung kann am Mittelauflager verankert werden ($l_b \geq 6\, d_s$, ▶ S. 267) sollte aber der Empfehlung der DIN 1045-1 folgend kraftschlüssig gestoßen bzw. durchgehend angeordnet werden.

$l_s = l_b \cdot \alpha_a \cdot l_b \cdot \frac{a_{s,\,erf}}{a_{s,\,vorh}} \geq l_{s,\,min}$ $\quad l_{s,\,min} = 0{,}3 \cdot l_b \geq s_q$ $\quad s_q \geq 20$ cm (Abstand d. Querstäbe)

$l_s = 40{,}1 \geq 1{,}0 \frac{3{,}17}{3{,}77} =$ **33,7 cm** (maßg.) $\geq$ $l_{s,\,min} = 0{,}3 \cdot 40{,}1 = 12$ cm $\quad$ **gewählt:** $l_s = 1{,}42$ m
$s_q = 25$ cm (Abstand der Querstäbe der R 377 A)

Übergreifungslängen $l_{s,\,q}$ (▶ S. 269) in Querrichtung (Verteilerstoß): $\quad l_{s,\,q} \geq s_l \geq$ **15 cm** bei $d_s = 6$ mm
Innerhalb der Übergreifungslänge müssen 2 Längsstäbe vorhanden sein! $\quad$ **gewählt:** $l_{s,\,q} = 15$ cm

⑩ Obere Bewehrung

Wegen der unbeabsichtigten Einspannung am Endauflager der Durchlaufplatte, ist die Randbewehrung oben für mindestens 25 % des Feldmomentes des angrenzenden Feldes konstruktiv zu bemessen und zu bewehren.
▶ S. 272

Die Randbewehrung ist mindestens auf 1/4 der effektiven Stützweite des angrenzenden Feldes anzuordnen.

Momentennullpunkt
für den symmetrischen LF3 im Feld 1 von A nach rechts für max B, damit A und C nicht maximal, mit A = 29,2 kN

$$x = \frac{2 \cdot A}{g_d + q_d} = \frac{2 \cdot 29{,}2}{14{,}92}$$

$x = 3{,}91$ m (Rest ~ 1,30 m)

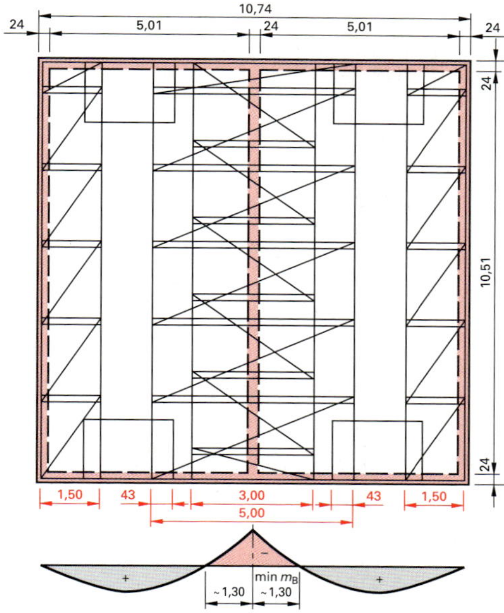

R 335 A
5,00 m × 2,15 m

R 377 A
6,00 m × 2,15 m

R 188 A
5,00 m × 2,15 m

vgl. S. 210
bis Ende 2007

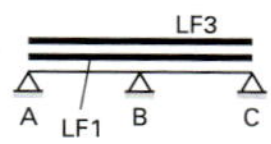

Verankerung der Stützbewehrung außerhalb von Auflagern

Die Länge der Stützbewehrung wird ermittelt, indem der Abstand der Momentennullpunkte bestimmt und die Versatzmaße a und die Verankerungslängen $l_{b,\,net}$ hinzuaddiert werden.

Bei der Lastfallkombination LF1 und LF2 (max. Feldmoment) verschiebt sich der Momentennullpunkt im „unbelasteten" Feld, gemessen vom Auflager B, auf ~ 1,95 m. Dieser Bereich wird für bei Felder mit **Grundbewehrung R 335 A** abgedeckt (Pos. 5).

$L_{erf} = 2\,(1{,}95 + 0{,}145 + 0{,}12) = 4{,}43$ m **gewählt: ganze Matte mit $L_{vorh} = 5{,}00$ m**

Für die Lastfallkombination LF1 und LF3 (min. Stützmoment) liegt der Momentennullpunkt bei ca. 1,25 m vom Auflager B entfernt (Statikprogramm „stab2D" als Freeware der TU Hannover, Statiklehrstuhl); dieser Bereich wird mit einer Matte **R 377 A** als **Zulage**bewehrung abgedeckt (Pos. 7).

Versatzmaß a ▶ S. 275 $a = d$ = 14,5 cm

Verankerungslänge $l_{b,\,net}$ ▶ S. 266 $l_{b,\,net} = l_{b,\,net} = \alpha_a \cdot l_b \cdot \frac{a_{s,\,erf}}{a_{s,\,vorh}}$ mit $a_{s,\,erf} = 0$ cm²/m

damit wird die Verankerungslänge $l_{b,\,min}$ maßgebend $l_{b,\,min} = 0{,}3 \cdot \alpha_a \cdot l = 0{,}3 \cdot 1{,}0 \cdot 40{,}1$ = 12 cm

$L_{erf} = 2\,(1{,}25 + 0{,}145 + 0{,}12) \cong 3{,}00$ m **gewählt: halbe Matte mit $L_{vorh} = 3{,}00$ m**

7

Randbewehrung ▶ S. 272

erf $a_{s,\,Rand}$ = $0{,}25 \cdot$ erf $a_{s,\,Feld} = 0{,}25 \cdot 5{,}83 = 1{,}46$ cm²/m **gewählt: R 188 A** (Pos. 9 und 10)

erf l_E = $0{,}25 \cdot l_{eff} = 0{,}25 \cdot 5{,}21 = 1{,}30$ m vom Auflagerrand

Einbindetiefe t = 16 cm

Beispiel Treppe: Bewehrungsplan

Längsschnitt/M 1 : 20 – cm (verkleinert)

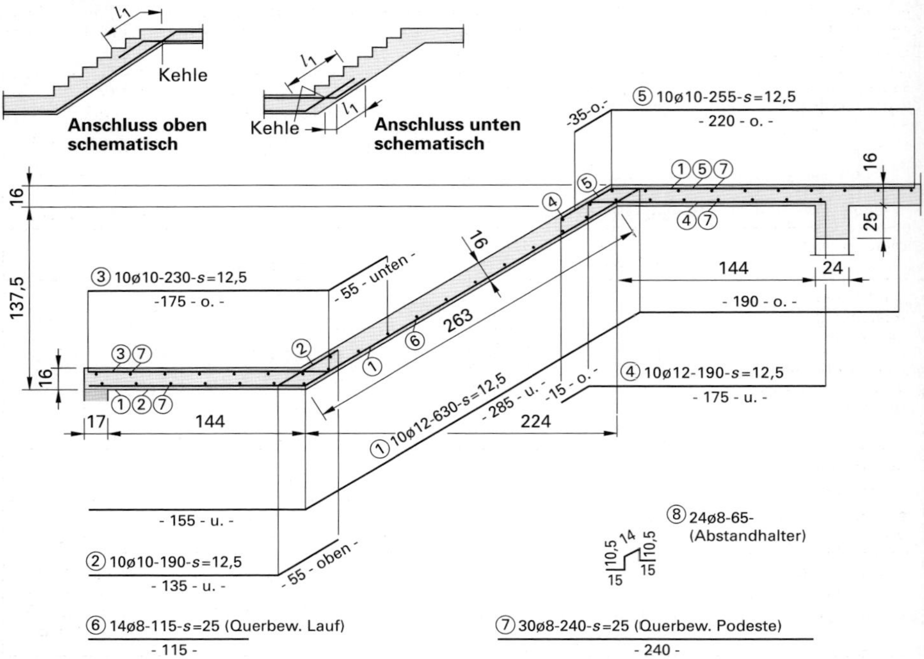

In der Regel werden bemaßt:
- die Bauteillängen in m, cm
- die Stablängen als Gesamtlänge in m
- die Stablängen als Teillängen in mm (neu), in der Praxis in cm
- die Stabdurchmesser in mm
- die Stababstände in mm (neu), in der Praxis in cm

Legende
C20/25
BSt IV S
CEM I 32,5
Betondeckung 2,5 cm

Stahlliste

Pos.	Anzahl	∅ mm	Einzel-länge m	Gesamtlänge ∅ 8	Gesamtlänge ∅ 10	Gesamtlänge ∅ 12
1	10	12	6,30			63,00
2	10	10	1,90		19,00	
3	10	10	2,30		23,00	
4	10	12	1,90			19,00
5	10	10	2,55		25,50	
6	14	8	1,15	16,10		
7	30	8	2,40	72,00		
8	24	8	0,65	15,60		
Gesamtlänge in m je ∅				103,70	67,50	82,00
Gewicht je ∅ in kg/m				0,395	0,617	0,888
Gesamtgewicht in kg je ∅				40,96	41,65	72,82
Gesamtgewicht in kg				**155,43**		

Statische und konstruktive Grundlagen

Längsgespannte Platte: Die Treppe bildet eine geknickte Einfeldplatte, die am Podestrand aufgelagert wird. Große Spannweiten *l* erfordern große Plattendicken (Höhe) *h*.

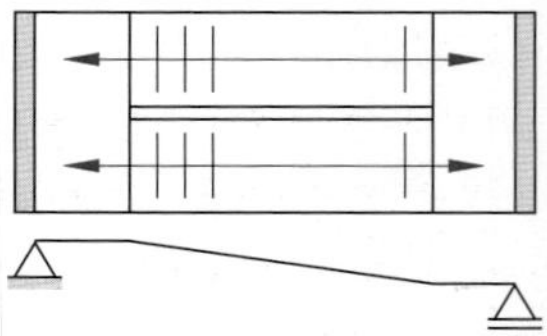

7

Stützen

Die Längsstäbe eines „stabförmigen Druckgliedes" (= Stütze mit $b/h \leq 4$) müssen gehalten werden, damit sie infolge einer Druckkraft nicht ausknicken. Bei rechteckförmigen Querschnitten geschieht das durch Bügel, bei runden Querschnitten durch Wendel.

Druckglieder nach DIN 1045 1) stehend hergestellte Stützen aus Ortbeton 2) liegend hergestellte Stützen und Fertigteile	Bügelbewehrte Stützen 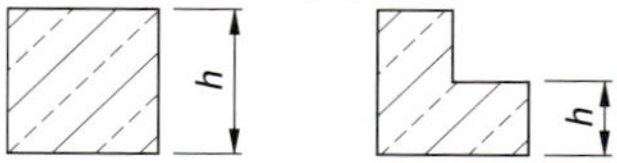 Vollquerschnitt Aufgelöster Querschnitt	Umschnürte Stützen  Vollquerschnitt Hohlquerschnitt
Mindestdicken	$h \geq 20$ cm[1)] $h \geq 12$ cm[2)]	$d_k \geq 20$ cm[1)] $d_k \geq 12$ cm[2)]
Anzahl und Abstände der Längsstäbe Jeder Längsstab ist durch einen Bügel zu sichern.	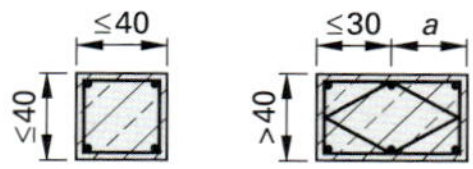 mind. 4 Stäbe a ≤ 30 cm	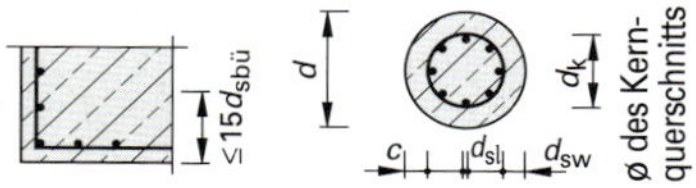 max. 5 Stäbe mind. 6 Stäbe
Mindestdurchmesser der Längsstäbe	$d_{sl} \geq 12$ mm mit max. Abstand $a \leq 30$ cm	
Bügel-∅ $d_{sbü}$ Wendel-∅ d_{sw}	$d_{sq} = d_{sbü} \geq 5$ mm für Matten $d_{sq} = d_{sbü} \geq 6$ mm für Stäbe	$d_{sq} \geq 1/4 \cdot \max d_e$ $d_{sq} \geq 12$ mm, wenn $d_{sv} \geq 28$ mm
Bügelabstände $s_{bü}$ Wendelabstände s_w	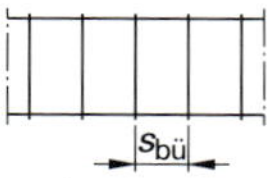 $s_{bü}$ { ≤ 12 d_{sl}; ≤ mind. h; ≤ 30 cm	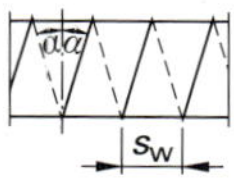 Ganghöhe s_w s_w { ≥ 12 d_{se}; ≤ min h; ≤ 30 cm

Beispiel

Eine quadratische Stütze (20 cm/20 cm) ist zu bewehren; die Länge der Anschlussbewehrung $l_ü$ soll berechnet werden (erf. $A_s = 7{,}61$ cm²).

Anzahl *n* der Längsstäbe
Mind. 4 Stäbe gewählt 4 ∅ 16 IV (> ∅ 12 mm)
vorh $A_s = 8{,}04$ cm² > erf $A_s = 7{,}61$ cm²

Bügel
Bügeldurchmesser gewählt $d_{sbü} = 8$ mm > 6 mm
Bügelabstand $s_{bü}$ gewählt $s_{bü} = 18$ cm
$\leq 12\, d_{sl} = 12 \cdot 1{,}6$
$= 19{,}2$ cm
$\leq h = 20$ cm

Übergreifungslänge l_s Anschlussbewehrung
Verbundbereich I, weil die Stäbe beim Betonieren 90° gegenüber der Waagerechten geneigt sind.

$$l_s = l_{b,net} \cdot \alpha_1 \qquad l_{b,net} = \alpha_a \cdot l_b \cdot \frac{A_{s,erf}}{As_{,vorh}}$$ ► S. 266

$\alpha_1 = 1{,}4$ (► S. 258) $\alpha_a = 1{,}0$; $l_b = 57$ cm; $\frac{A_{s,erf}}{As_{,vorh}} = 0{,}95$

$l_s = 1{,}0 \cdot 57 \cdot 0{,}95 \cdot 1{,}4 = 76$ cm; gewählt $l_s = 80$ cm

Bügelabstand im Stoßbereich (60 % v. Bügelabstand)
$s_{bü,Stoß} = 0{,}6 \cdot s_{bü}$
$s_{bü,Stoß} = 0{,}6 \cdot 18 =$ **10,8 cm** gewählt $s_{bü} = 10{,}5$ cm

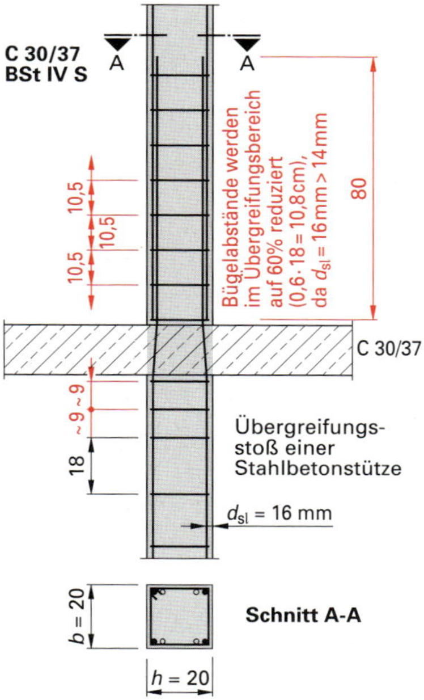

7

Wände

Lotrechte und waagerechte Bewehrung

- Der Bewehrungsgehalt sollte an beiden Seiten im Allgemeinen gleich groß sein
- $d_{sq} \geq 0{,}25\, d_{sl}$
- $a_{sq} \geq a_{sl}$
- Abstand der waagerechten Stäbe ≤ 35 cm

Steckbügel sind im Innern der Wand mit 0,5 l_b zu verankern

Stababstände der Wandbewehrung

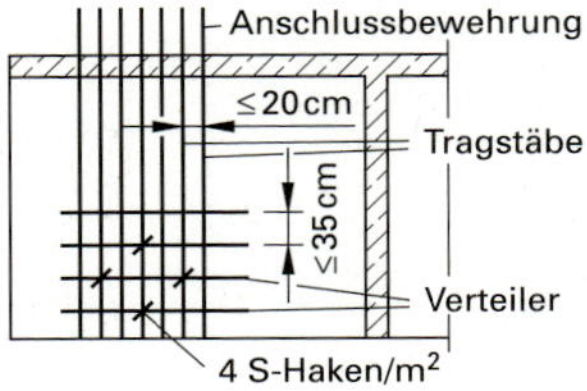

Längsschnitt

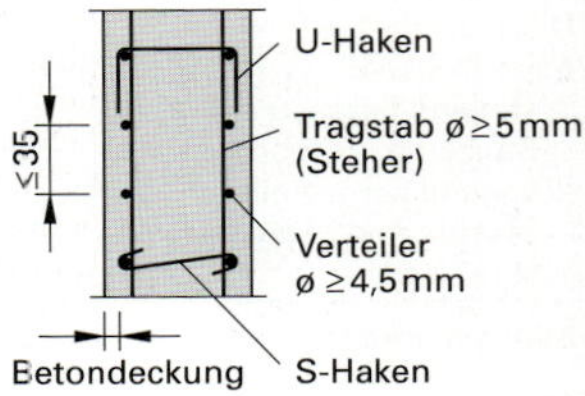

Mindestwanddicken für tragende Wände (in cm)

Mindestwanddicken in cm		unbewehrte Wände		Stahlbetonwände	
		Decken nicht durchlaufend	Decken durchlaufend	Decken nicht durchlaufend	Decken durchlaufend
C 12/15 oder LC 12/13	Ortbeton	20	14	–	–
ab C 16/20 oder LC 16/18	Ortbeton	14	12	12	10
	Fertigteil	12	10	10	8

Beispiel: Stützwand

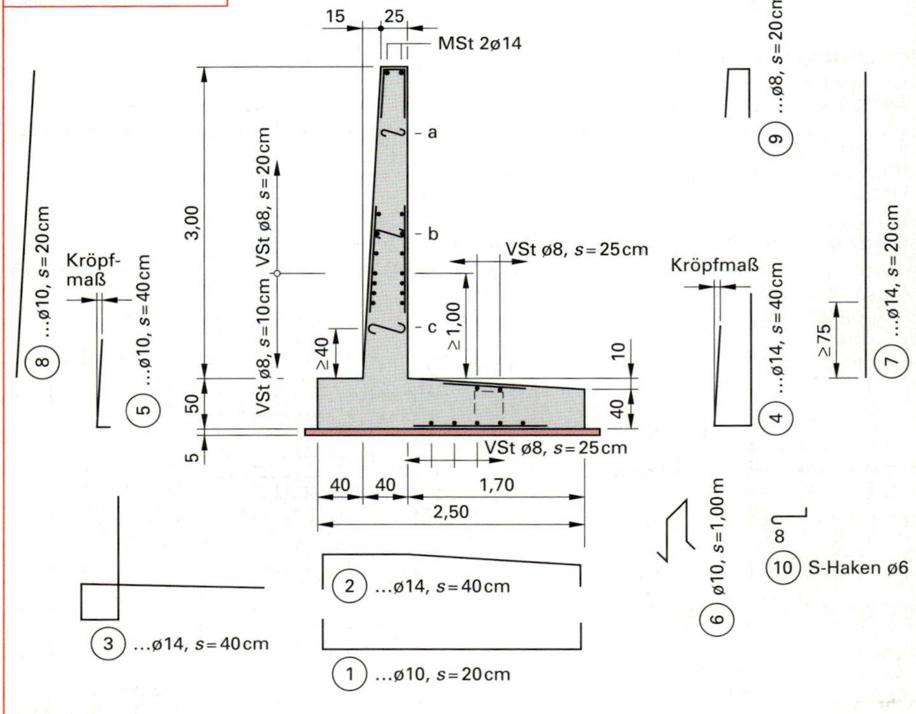

7

Bewehrte Einzel- und Streifenfundamente

unbewehrte Fundamente,
Flachgründungen ▶ Kap. 7.8

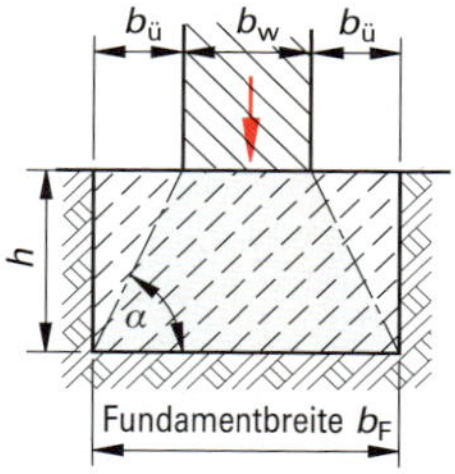

Für Seitenverhältnisse $h < n \cdot b_ü$ müssen Fundamente bewehrt werden. Sie sind auf Biegung zu bemessen; die Biegemomente werden näherungsweise ermittelt mit Hilfe untenstehender Spannungsverteilung (grobe Intervallschachtelung)

Momente M_{Sd} aus Stützenlast N_{Sd}

$$M_{Sd,x} = N_{Sd}\,(b_x - c_x)/8 \qquad M_{Sd,y} = N_{Sd}\,(b_y - c_y)/8$$

Bemessungsmomente m_{Sd}

$$m_{Sd,x} = \frac{1}{3}\,M_{Sd,x} \qquad m_{Sd,y} = \frac{1}{3}\,M_{Sd,y}$$

Bemessung

$$k_d = \frac{d}{\sqrt{\dfrac{m_{Sd}}{b/8}}} \qquad A_s = k_s\,\frac{m_{Sd}}{d}$$

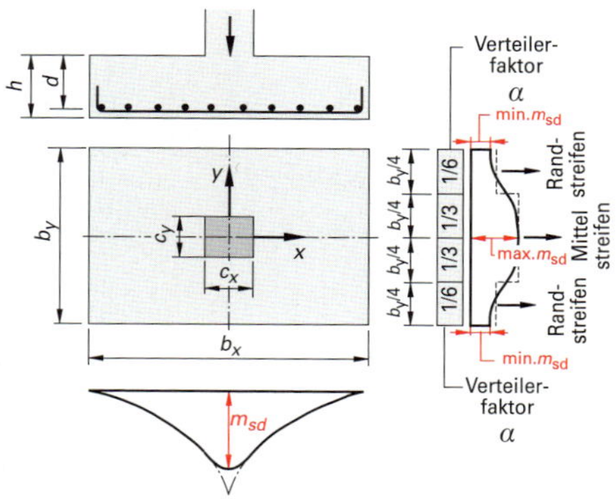

Beispiel

Gegeben: $b_x = 2{,}25$ m, $b_y = 1{,}50$ m, $c_x = 0{,}45$ m, $c_y = 0{,}30$ m, $d = 0{,}50$ m, $h \approx 0{,}45$ m; $N = -1100$ kN, C 20/25, BSt 500, erf $A_{sx} = 13{,}5$ cm², erf $A_{sy} = 11{,}9$ cm²

Gesucht: Bewehrungsanordnung

gewählt: 12 ∅ 12 mm mit vorh $A_s = 13{,}56$ cm² > erf $A_s = 13{,}48$ cm² je Bewehrungsrichtung

Bewehrung 2-fach gestaffelt!

Mittelstreifen: 2/3 · 12 = 8 Stäbe ∅ 12 mm

Randstreifen: 2 · 1/6 · 12 = 4 Stäbe → je 2 ∅ 12 mm

Bewehrungsgrundsätze

- Ein Einzelfundament trägt zweiachsig ab.
- Tragbewehrung ist rechtwinklig zueinander anzuordnen und mit Haken/Winkelhaken zu verankern.
- Die Bewehrung wird gestaffelt angeordnet ⇒ halber Abstand (doppelter Stahlquerschnitt) im mittleren Bereich.
- Bei großen Lasten ist eine Ringbewehrung (s.u.) vorzunehmen.
- Die Anschlussbewehrung ist im Fundament zu verankern.
- Im Übergreifungsbereich ist der Bügelabstand auf 60 % zu reduzieren.

Quadratisches Einzelfundament (Schnitt und Draufsicht)

Die Bewehrung wird zur Feldmitte konzentriert. Die Bemessung erfolgt zunächst näherungsweise für eine über die Fundamentbreite gleichmäßige Beanspruchung. Die Verteilung der Längsbewehrung wird konstruktiv berücksichtigt.

$M_{Sd,x} = M_{Sd,y} = N \cdot b/8$

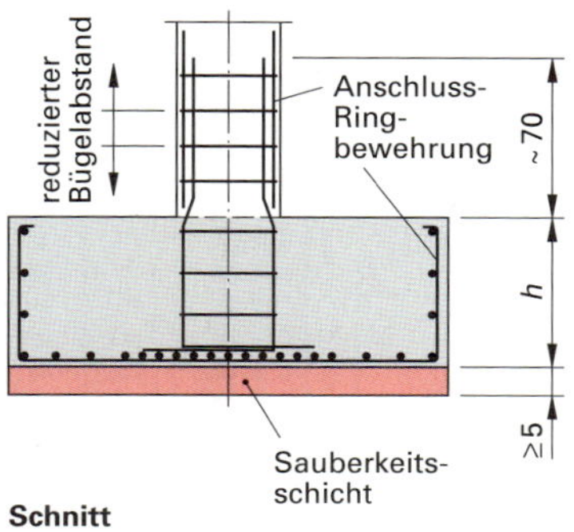

Schnitt

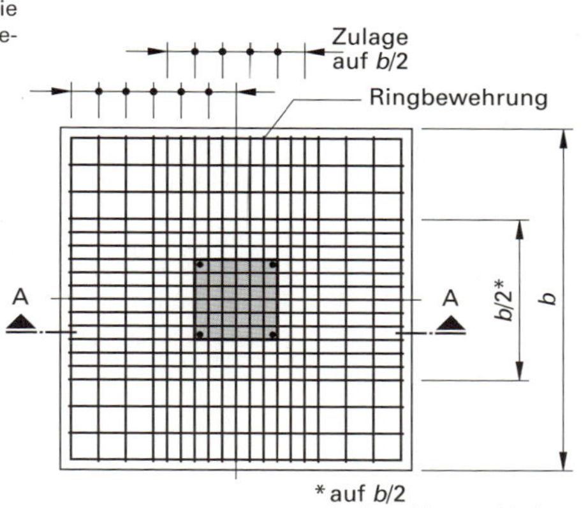

Draufsicht

* auf $b/2$
halber Abstand bei
gleichem Durchmesser

7

7.2.9 Spannbeton

Spannbeton nach **DIN 1045-1** ist Beton, der über hochfeste Stähle vorgespannt und unter Druck gesetzt wird.

- Das Spannbetonbauteil wird vollständig von den Zugspannungen befreit **(volle Vorspannung)**
- Geringe Zugspannungen werden zugelassen **(beschränkte Vorspannung)**

Je nach Verfahren werden die Stähle vor dem Erhärten des Beton **(sofortiger Verbund)** oder nach dem Erhärten des Betons gespannt **(nachträglicher Verbund).**

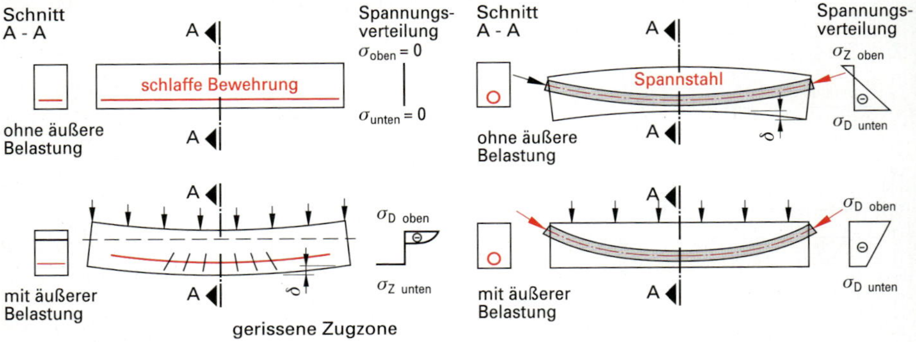

Stahlbetonbalken – Vergleich des Tragverhaltens – Spannbetonbalken

Beton

C 25/30 … C 100/115
LC 25/38 … LC 60/66

Arten der Vorspannung

- Vorspannung mit sofortigem Verbund
- Vorspannung mit nachträglichem Verbund
- Vorspannung ohne Verbund

Spannstahl (Auszug)

Stabstähle:
St 1050 … 1350 N/mm²
∅ 18 … 36 mm rund

Drähte:
St 1500 … 1800 N/mm²
∅ 5 … 13 mm
rund; oval; rechteckig

Litze:
St 1600 … 1800 N/mm²
∅ 3 … 5 mm
max. 7 Drähte verlitzt

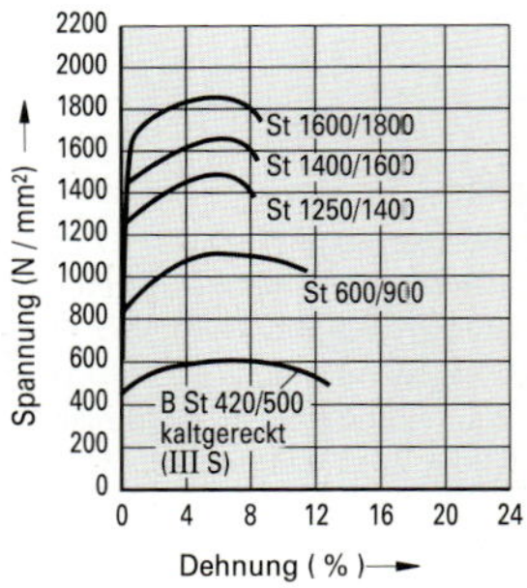

Hüllrohre

geriffelt oder gewellt; ausreichend steif und biegsam aus Blech oder Kunststoff

Einpressmörtel

Wasser-Zement-Gemisch mit w/z = 0,35 … 0,40
Druckfestigkeit 30 N/mm²
geringe Volumenverminderung; ausreichendes Fließvermögen
Zusatzmittel müssen für Spannbeton zugelassen sein

Spannverfahren (Auszug)

Spann-verfahren (Bezeich-nung)	Zulassungs-inhaber	Vor-spann-kraft kN	Spanndrähte Stahlgüte $f_{p,0,1k}/f_{p,k}$ N/mm²	∅ mm	Anzahl –	Verankerungs-arten
BBRV-SUSPA	Suspa-Spannbeton GmbH Max-Planck-Ring 1 40764 Langenfeld	212 248 283 318 566 849 1132 1485	1470/1670	7	6 7 8 9 16 24 32 42	Spannanker und Festanker mit aufgestauchten Köpfchen Feste u. bewegliche Kopplung
Bilfinger + Berger	B + B Vorspann-technik GmbH Diffenéstr. 12 68169 Mannheim	101 202 303 606 1212	1375/1570 oder 1420/1570	12,2	1 2 3 6 12	Keilverankerung
HOCHTIEF		180	1500/1770	15,3	1…19	Litzenspannglied
HOLZMANN		360	1500/1770	15,3	2…19	Litzenspannglied

Mindestbetonfestigkeit f_{cm} beim Vorspannen in N/mm²

Beton	Teil-vor-span-nung	Volle Vor-span-nung
C 25/30	11	21
C 30/37	13	26
C 35/45	15	30
C 40/50	17	35
C 45/55	19	38
C 50/60	21	42
C 55/67	23	46
C 60/75	25	50
C 70/85	30	60
C 80/95	35	70
C 90/105	40	80
C 100/115	45	90

7.3 Holzbau

7.3.1 Einstufungen im Holzbau

Allgemeine Hinweise:

- Mit der DIN 1052 (08.2004) gilt das Sicherheitskonzept nach DIN 1055-100.
- Die neue DIN 1052 (12.2008) ist hier nicht beschrieben. Sie darf nur angewendet werden, wenn sie in den einzelnen Bundesländern bauaufsichtlich bekannt gemacht worden ist. Für die DIN 1052 von 2004 und die DIN 1052 von 2008 gilt das Mischungsverbot.
- Einwirkungen werden nach ihrer zeitlichen Veränderung eingeteilt.
- Die Einbaufeuchte des Holzes darf in den Nutzungsklassen 1 und 2 höchstens 20 %, in der Nutzungsklasse 3 höchstens 25 % betragen.

Nutzungsklassen NKL von Holzbaustoffen

Nutzungsklasse	NKL 1	NKL 2	NKL 3
Ausgleichsholzfeuchte	5 % … 15 %	10 % … 20 %	12 % … 25 %
Nutzungsart	beheizte Innenräume	überdachte Tragwerke	frei der Witterung ausgesetzte Bauwerke

Klassen der Lasteinwirkungdauer KLED

Klasse	Dauer der Einwirkung	Beispiele für Einwirkung
ständig	länger als 10 Jahre	Eigenlasten
lang	6 Monate bis 10 Jahre	Verkehrslasten in Lagerräumen
mittel	1 Woche bis 6 Monate	Verkehrslasten, Spitzböden, Wohn-, Aufenthalts-, Büroräume und Flure
		Regelschneelast $s_0 > 2{,}0$ kN/m²
kurz	kürzer als 1 Woche	Regelschneelast $s_0 \leq 2{,}0$ kN/m² Windlast
sehr kurz	kürzer als 1 Minute	Anpralllasten

Faktoren zum Nachweis der Tragfähigkeit k_{mod} und der Gebrauchstauglichkeit k_{def} für Vollholz und Brettschichtholz

Klasse der Lasteinwirkungsdauer	k_{mod} für die Nutzungsklassen 1	2	3	k_{def} für die Nutzungsklassen 1	2	3
ständig	0,60	0,60	0,50	0,60	0,80	2,00
lang	0,70	0,70	0,55	0,50	0,50	1,50
mittel	0,80	0,80	0,65	0,25	0,25	0,75
kurz	0,90	0,90	0,70	0,00	0,00	0,00
sehr kurz	1,10	1,10	0,90	–	–	–

Bei Kombination mehrerer Einwirkungen wird für k_{mod} die Einwirkungszeit mit der kürzesten Lasteinwirkungsdauer für die gesamte Kombination angesetzt.

Teilsicherheitsbeiwerte γ_M für Baustoffe

Bemessungssituation	γ_M
Holzbauteile allgemein im Tragfähigkeitsnachweis	1,3
Stahl in Verbindungen auf Biegung	1,1
Auf Zug oder Scheren beanspruchte Stahlteile	1,25
Außergwöhnliche Beanspruchung	1,0
Alle Baustoffe im Gebrauchstauglichkeitsnachweis	1,0

Nutzungsklasse 1
Regeltemperatur 20 °C
Luftfeuchtigkeit i.d.R. 65 %

Nutzungsklasse 2
Regeltemperatur 20 °C
Luftfeuchtigkeit i.d.R. 85 %

Nutzungsklasse 3
Konstruktionen sind der Witterung ausgesetzt.

Im **Tragfähigkeitsnachweis** werden die Bauteile und Verbindungsmittel auf Versagen infolge Spannungsüberschreitung oder mangelnde Stabilität untersucht.

Im **Gebrauchstauglichkeitsnachweis** wird untersucht, ob die Bauteile sich in den Grenzen zulässiger Werte verformen.

Wegen der aufwändigen Rechenverfahren wird nachfolgend im **Tragfähigkeitsnachweis** nur der **Regelfall** behandelt. Dabei wird die Nutzungsklasse 1 oder 2 (NKL = 1 oder 2) und die Klasse der Lasteinwirkungsdauer mit mittel (KLED = mittel) angesetzt. Damit sind $\gamma_M = 1{,}3$ und $k_{mod} = 0{,}8$ berücksichtigt.

7.3.2 Festigkeitswerte nach DIN 1052 – neu

Bemessungswerte im Regelfall[1] für Vollholz VH in N/mm²

Art der Beanspruchung		Festigkeitsklasse für Nadelholz NH				Festigkeitsklasse für Laubholz LH			
		C24	**C30**	**C35**	**C40**	**D30**	**D35**	**D40**	**D60**
Biegung	$f_{m,d}$	14,8	18,5	21,5	24,6	18,5	21,5	24,6	36,9
Zug ∥	$f_{t,0,d}$	8,62	11,1	12,9	14,8	11,1	12,9	14,8	22,2
Zug ⊥	$f_{t,90,d}$	0,246				0,308			
Druck ∥	$f_{c,0,d}$	12,9	14,2	15,4	16,0	14,2	15,4	16,0	19,7
Druck ⊥	$f_{c,90,d}$	1,54	1,66	1,72	1,78	4,92	5,17	5,42	6,46
Schub und Torsion	$f_{v,d}$	1,66				1,85	2,09	2,34	3,26
Rollschub	$f_{R,d}$	0,615							
Rohdichte in kg/m³	ϱ_k	350	380	400	420	530	560	590	700

Bemessungswerte im Regelfall[1] für homogenes Brettschichtholz BSH, NH in N/mm²

Art der Beanspruchung		Festigkeitsklasse			
		GL 24 h	GL 28 h	GL 32 h	GL 36 h
Biegung	$f_{m,d}$	14,8	17,2	19,7	22,2
Zug ∥	$f_{t,0,d}$	10,2	12,0	13,8	16,0
Zug ⊥	$f_{t,90,d}$	0,308			
Druck ∥	$f_{c,0,d}$	14,8	16,3	17,8	19,1
Druck ⊥	$f_{c,90,d}$	1,66	1,85	2,03	2,22
Schub und Torsion	$f_{v,d}$	2,15			
Rollschub	$f_{R,d}$	0,615			
Rohdichte in kg/m³	ϱ_k	380	410	430	450

[1] Sollte der Regelfall ▶ S. 289 nicht vorliegen, so kann auf charakteristische Werte f_k für Vollholz VH und Brettschichtholz BSH zurückgerechnet werden, wenn die Tabellenwerte mit 1,625 multipliziert werden.

Es gilt dann

$$f_d = \frac{k_{mod} \cdot f_k}{\gamma_M}$$

Bemessungswerte im Regelfall[1] für Druckfestigkeiten bei schrägem Kraftangriff in N/mm² Material VH NH C 24

Kraft-Faser-Winkel α		0°	30°	45°	60°	90°
		– Zwischenwerte interpolierbar –				
Druck	$f_{c,\alpha,d}$	12,9	4,08	2,60	1,93	1,54

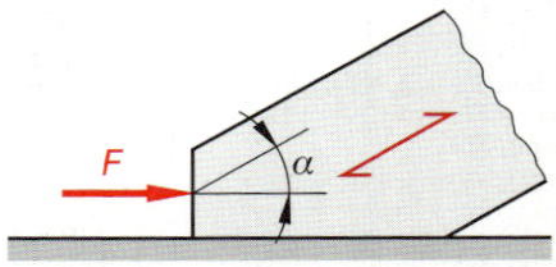

Elastizitäts- und Schubmodule in N/mm²

Vollholz	$E_{0,mean}$	$E_{90,mean}$	G_{mean}	Brettschichtholz	$E_{0,mean}$	$E_{90,mean}$	G_{mean}
NH C24	11 000	370	690	BSH GL24h/GL24c	11 600	390/320	720/590
NH C30	12 000	400	750	BSH GL28h/GL28c	12 600	420/390	780/720
NH C35	13 000	430	810	BSH GL32h/GL32c	13 700	460/420	850/780
NH C40	14 000	470	880	BSH GL36h/GL36c	14 700	490/460	910/850
LH D30	10 000	640	600	GK II ≙ S10 ≙ C24; GK I ≙ S13 ≙ C30;			
LH D35	10 000	690	650	LS 10 ≙ D30 (Eiche); LS 10 ≙ D35 (Buche);			
LH D40	11 000	750	700	LS 13 ≙ D40 (Buche); BS 11 ≙ GL24;			
LH D60	17 000	1130	1060	BS 14 ≙ GL28; BS 16 ≙ GL32; BS 18 ≙ GL36			

Bemessungssituation

- **Grenzzustand der Tragfähigkeit**

7 Teilsicherheitsbeiwerte $\gamma_G = 1{,}35$ und $\gamma_Q = 1{,}5$
Folgende Nachweise sind zu führen (vgl. ▶ Kap. 7.3.4)
Zug in Faserrichtung; Zug unter einem Winkel α; Druck in Faserrichtung; Druck rechtwinklig zur Faserrichtung; Druck unter einem Winkel α; Biegung; Biegung und Zug; Biegung und Druck; mittiger Druck (Knicken mit Ersatzstabverfahren (vgl. ▶ Kap. 7.3.5)

- **Grenzzustand der Gebrauchstauglichkeit**

für den Nachweis (vgl. ▶ Kap. 7.3.4) sind die charakteristischen Werte der Einwirkung zu verwenden ($\gamma = 1{,}0$)

Erläuterung der Bezeichnungen

C	**coniferous tree, Nadelholz**
D	**decidous tree, Laubholz**
GL	**Glued Laminated, Brettschichtholz**
h	**homogenes BSH**
(c	**combinated BSH)**

Bei homogenem BSH sind alle Bretter von gleicher Qualität.
Bei kombiniertem BSH sind die äußeren drei Bretter (mind. $h/5$) von benannter Qualität, die inneren eine Qualitätsstufe niedriger.

7.3.3 Querschnittswerte

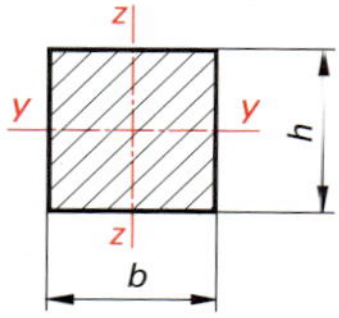

Widerstandsmomente (cm³)

$W_y = \frac{b \cdot h^2}{6}$

$W_z = \frac{h \cdot b^2}{6}$

Flächenmomente 2. Grades (cm⁴)

$I_y = \frac{b \cdot h^3}{12}$

$I_z = \frac{h \cdot b^3}{12}$

Trägheitsradien (cm)

$i_y = \sqrt{\frac{I_y}{A}}$

$i_z = \sqrt{\frac{I_z}{A}}$

Kanthölzer und Balken (Auszug nach **DIN 4074)**

Querschnitt	Fläche	Gewicht	Widerstandsmoment		Flächenmoment		Trägheitsradius	
b/h cm/cm	A cm²	pro Meter[1)] kg/m	W_y cm³	W_z cm³	I_y cm⁴	I_z cm⁴	i_y cm	i_z cm
6/6 *	36	2,16	36	36	108	108	1,73	1,73
6/8 *	48	2,88	64	48	256	144	2,31	1,73
6/10*	60	3,60	100	60	500	180	2,89	1,73
6/12*	72	4,32	144	72	864	216	3,46	1,73
6/14	84	5,04	196	84	1372	252	4,04	1,73
6/16	96	5,76	256	96	1044	288	4,62	1,73
6/18	108	6,48	324	108	2916	324	5,20	1,73
7/7	49	2,94	57	57	200	200	2,02	2,02
7/10	70	4,20	117	82	583	286	2,89	2,02
7/12	84	5,04	168	98	1008	343	3,46	2,02
7/14	98	5,88	229	114	1601	400	4,04	2,02
7/16	112	6,72	299	131	2385	457	4,62	2,02
7/18	126	7,56	378	147	3402	514	5,20	2,02
8/8 *	64	3,84	85	85	341	341	2,31	2,31
8/10*	80	4,80	133	107	667	427	2,89	2,31
8/12*	96	5,76	192	128	1152	512	3,46	2,31
8/14	112	6,72	261	149	1829	597	4,04	2,31
8/16*	128	7,68	341	171	2731	683	4,62	2,31
8/18	144	8,64	432	192	3888	768	5,20	2,31
8/20	160	9,60	533	213	5333	853	5,77	2,31
8/24	192	11,5	768	256	9216	1024	6,93	2,31
10/10*	100	6,0	167	167	833	833	2,89	2,89
10/12*	120	7,2	240	200	1440	1000	3,46	2,89
10/18	180	10,8	540	300	4860	1500	5,20	2,89
10/20*	200	12,0	667	333	6667	1667	5,77	2,89
10/22*	220	13,2	807	367	8873	1833	6,35	2,89
10/24	240	14,4	960	400	11520	2000	6,93	2,89
10/26	260	15,6	1127	433	14647	2167	7,51	2,89
12/12*	144	8,64	288	288	1728	1728	3,46	3,46
12/14*	168	10,1	392	336	2744	2016	4,04	3,46
12/16*	192	11,5	512	384	4096	2304	4,62	3,46
12/20*	240	14,4	800	480	8000	2880	5,77	3,46
12/24*	288	17,3	1152	576	13824	3456	6,93	3,46
14/14*	196	11,8	457	457	3201	3201	4,04	4,04
14/16*	224	13,4	597	523	4779	3659	4,62	4,04
14/20*	280	16,8	933	652	9333	4573	5,77	4,04
14/22	308	18,5	1129	719	12422	5031	6,35	4,04
16/16*	256	15,4	683	683	5461	5461	4,62	4,62
16/18*	288	17,3	864	768	7776	6144	5,20	4,62
16/20*	320	19,2	1067	853	10667	6827	5,77	4,62
16/22	352	21,1	1291	939	14197	7509	6,35	4,62
18/18	324	19,4	972	972	8748	8748	520	5,20
18/20	360	21,6	1200	1080	12000	9720	5,78	5,20
18/22*	396	23,8	1452	1188	15972	10692	6,35	5,20
20/20*	400	24,0	1333	1333	13333	13333	5,77	5,77
20/22	440	26,4	1613	1467	17747	14667	6,35	5,77
20/24*	480	28,8	1920	1600	23040	16000	6,93	5,77
22/22	484	29,0	1775	1775	19520	19520	6,35	6,35
22/26	572	34,3	2480	2097	32223	23071	7,51	6,35
22/30	660	39,6	3300	2420	49500	26620	8,66	6,35

1) bei $\varrho = 600$ kg/m³; * Vorratshölzer; alle fettgedruckten Querschnitte sind als KVH erhältlich.

7

7.3.4 Bemessungsregeln

Tragfähigkeitsnachweise				
Zug ‖ zur Faser	Druck ohne Knicken ‖ zur Faser	Abscheren Rechteck-querschnitt	Biegung ohne Kippen	Biegung mit Längskraft ohne Knicken und Kippen
$\frac{N_d/A_n}{f_{t,0,d}} \leq 1$	$\frac{N_d/A}{f_{c,0,d}} \leq 1$	$\frac{1{,}5 \cdot V_{d,z}/A}{f_{v,d}} \leq 1$	$\frac{M_y/W_y}{f_{m,d}} \leq 1$	$\frac{M_y/W_y}{f_{m,d}} + \frac{N_d/A_n}{f_{t/c,0,d}} \leq 1$
N_d Normalkraft; $V_{z,d}$ Querkraft; M_d Biegemoment (jeweils als Bemessungsgröße, A_n Nettoquerschnitt)				

Durchbiegung und Gebrauchsfähigkeitsnachweis für Träger im Feld (am Kragarmende)		
Art der Einwirkung	ohne Kriechen	mit Kriechen
ständige Einwirkung G	$w_{G,inst}$	$w_{G,fin} = (1 + k_{def}) \cdot w_{G,inst}$
eine veränderliche Einwirkung Q_1 charakteristische Bemessungssituation	$\mathbf{w_{Q,inst} \leq l/300}$ $(l_k/150)$	$w_{Q1,fin} = (1 + \Psi_2 \cdot k_{def}) \cdot w_{Q,inst}$
Gesamteinwirkung G und Q_1	w_{inst}	$w_{fin} = w_{G,fin} + w_{Q1,fin}$
quasi ständige Bemessungssituation		$\mathbf{w_{fin} - w_0 \leq l/200}$ $(l_k/100)$
charakteristische Bemessungssituation		$\mathbf{w_{fin} - w_{G,inst} \leq l/200}$ $(l_k/100)$
Vermeidung von Schwingungen	$\mathbf{w_{G,inst} - \Psi_2 \cdot w_{Q,inst} \leq 6\ mm}$	
w_{inst} ist die elastische Durchbiegung. Sie stellt sich sofort nach der Belastung ein. w_{fin} ist die Durchbiegung unter Berücksichtigung des Kriechens. Ψ_2 ist der Beiwert gem. Seite 90. l ist die Spannweite, l_k die Länge des Kragarms. w_0 ist die Überhöhung des Trägers.		

Je nach Nutzung des Tragwerks und Durchbiegung im Bestand können auch andere Anforderungen vereinbart werden.

7.3.5 Biegeknicken und Kippen von Hölzern mit Rechteckquerschnitt

„Biegeknicken" ist der plötzliche Übergang der ursprünglich geraden Achse eines schlanken stabförmigen Körpers in eine gekrümmte Form unter dem Einfluss einer Druckkraft. Um einen knickgefährdeten Druckstab zu bemessen, ist die Schlankheit λ des Stabes für beide Richtungen (y und z) zu bestimmen. Mit der größeren Schlankheit kann der nachfolgenden Tabelle der Knickbeiwert k_c als Abminderungsfaktor für $f_{c,0,d}$ entnommen werden.

Knickbeiwerte k_c (Zwischenwerte dürfen linear interpoliert werden)					
Schlankheit	**Vollholz NH**	**Vollholz LH**		**Brettschichtholz**	**Schlankeit**
λ	C24 … C40	D30 … D40	D60	GL 24h … GL 36h	l_{ef} ► S. 76
10	1,000	1,000	1,000	1,000	
30	0,946	0,943	0,963	0,977	$\lambda_y = \frac{l_{ef,y}}{i_y}$
50	0,792	0,781	0,849	0,894	
70	0,547	0,532	0,645	0,664	$\lambda_z = \frac{l_{ef,z}}{i_z}$
90	0,363	0,351	0,447	0,437	
110	0,252	0,244	0,316	0,301	$\lambda = \max\{\lambda_y; \lambda_z\}$
130	0,185	0,178	0,232	0,219	
150	0,141	0,136	0,178	0,166	k_c nach Tabelle
170	0,111	0,107	0,140	0,130	
190	0,089	0,086	0,113	0,104	**Nachweis**
210	0,073	0,071	0,093	0,086	
230	0,062	0,059	0,078	0,072	$\frac{N_d/A}{k_c \cdot f_{c,0,d}} \leq 1$
250	0,052	0,050	0,066	0,061	
„Kippen" ist das seitliche Ausweichen der Druckzone eines Biegebalken. Auf einen Kippnachweis kann verzichtet werden, wenn die Bedingung $l_{ef} \leq 140 \cdot b^2/h$ erfüllt ist. l_{ef} ist dabei der Abstand der Kipphalterung (z.B. der Auflager).					

7

Beispiel: Einfeld-Holzbalken

Ein Einfeld-Holzbalken mit einer Stützweite von l = 3,60 m ist durch eine Gleichstreckenlast auf Biegung beansprucht. Die Last setzt sich aus einer ständigen Einwirkung g_k = 1,70 kN/m und einer veränderlichen Einwirkung q_k = 2,00 kN/m (Verkehrslast, Wohnraum) zusammen. Der Regelfall liegt vor. Keine Überhöhung ($w_0 = 0$).

Tragfähigkeitsnachweis: ► S. 89

$E_d = 1{,}35 \cdot 1{,}70 + 1{,}50 \cdot 2{,}00 = 5{,}30$ kN/m (Bemessungseinwirkung)

$M_d = 5{,}30 \cdot 3{,}60^2/8 = 8{,}59$ kNm $= 8{,}59 \cdot 10^6$ Nmm

Bemessung

Gewählt: 80 × 240 KVH NH C24 mit $W_y = 768 \cdot 10^3$ mm³ und $I_y = 9216 \cdot 10^4$ mm⁴

$\sigma_{m,d} = M_d / W_y = 8{,}59 \cdot 10^6/(768 \cdot 10^3) = 11{,}2$ N/mm² (Beanspruchung)

(NKL = 1; KLED = mittel) ► S. 289

$f_{m,d} = 14{,}8$ N/mm² (Beanspruchbarkeit)

Nachweis: $\sigma_{m,d} / f_{m,d} = 11{,}2/14{,}8 = 0{,}757 \leq 1$ (erfüllt)

Kippnachweis: $l_{ef} = 3600$ mm $\leq 140 \cdot 80^2/240 = 3733$ mm (kein Kippnachweis erforderlich)

Gebrauchstauglichkeitsnachweise (Schubverformung vernachlässigt): ► S. 91

$\gamma_M = 1$; $E_d = 1{,}70 + 2{,}00 = 3{,}70$ kN/m

$M_{g,d} = 1{,}70 \cdot 3{,}60^2/8 = 2{,}75$ kNm $= 2{,}75 \cdot 10^6$ Nmm (infolge ständiger Einwirkung)

$M_{q,d} = 2{,}00 \cdot 3{,}60^2/8 = 3{,}24$ kNm $= 3{,}24 \cdot 10^6$ Nmm (infolge veränderlicher Einwirkung)

$$w_{g,inst} = \frac{M \cdot l^2}{9{,}6 \cdot E_{0,mean} \cdot I} = \frac{2{,}75 \cdot 10^6 \cdot (3{,}60 \cdot 10^3)^2}{9{,}6 \cdot 11\,000 \cdot 9216 \cdot 10^4} = 3{,}7 \text{ mm}$$ ► S. 70

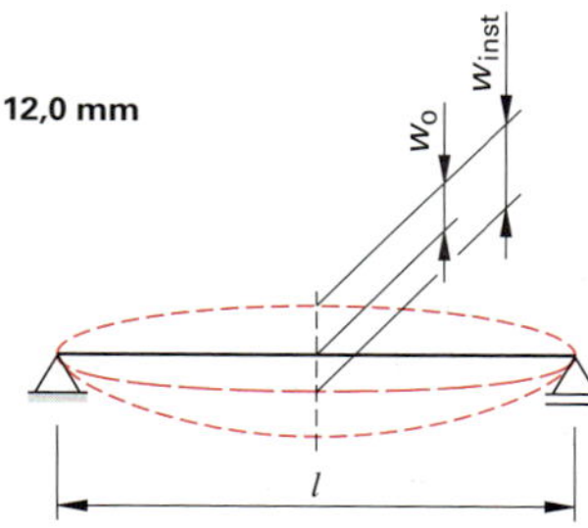

1) **$w_{q,inst} = w_{g,inst} \cdot q/g = 3{,}7 \cdot 2{,}00/1{,}70 = 4{,}4$ mm $\leq l/300 = 3600/300 = 12{,}0$ mm**

Durchbiegung mit Einfluss des Kriechens:
Ständige Einwirkung NKL 1; KLED = ständig → $k_{def} = 0{,}60$
veränderliche Einwirkung NKL1; KLED = mittel → $k_{def} = 0{,}25$

Beiwert $\Psi_2 = 0{,}3$ Kategorie A ► S. 90

$w_{g,fin} = (1 + k_{def}) \cdot w_{g,inst} = (1 + 0{,}60) \cdot 3{,}7 = 6{,}0$ mm

$w_{q,fin} = (1 + \Psi_2 \cdot k_{def}) \cdot w_{q,inst} = (1 + 0{,}3 \cdot 0{,}25) \cdot 5{,}3 = 5{,}7$ mm

$w_{fin} = 6{,}0 + 4{,}8 = 10{,}8$ mm

2) **$w_{fin} - w_0 = 10{,}8 - 0{,}0 = 10{,}8$ mm $\leq l/200 = 3600/200 = 18$ mm**

3) **$w_{fin} = w_{g,inst} = 10{,}8 - 3{,}7 = 7{,}1$ mm $\leq l/200 = 3600/200 = 18$ mm**

4) **$w_{g,inst} + \Psi_2 \cdot w_{q,inst} = 3{,}7 + 0{,}3 \cdot 4{,}4 = 5{,}0$ mm**
< 6 mm (ausreichend)

w_o Überhöhung im lastfreien Zustand
w_{inst} Durchbiegung infolge ständiger Einwirkung
untere Punktlinie bei zusätzlicher veränderlicher Einwirkung

Beispiel: Druckstütze

Eine Druckstütze aus Brettschichtholz GL 24h mit b/h = 160 mm/160 mm wird mit einer ständigen Einzellast G_k = 160 kN und einer veränderlichen Einzellast Q_k = 60 kN belastet. Die Ersatzstablänge beträgt l_{ef} = 2,60 m. Es liegt der Regelfall vor.

Tragfähigkeitsnachweis: ► S. 89

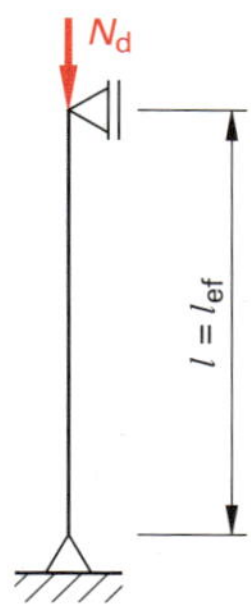

$E_d = N_d = 1{,}35 \cdot 160 + 1{,}50 \cdot 60 = 306$ kN (Bemessungseinwirkung)

$$\sigma_{c,0,d} = \frac{N_d}{A} = \frac{306 \cdot 10^3}{160^2} = 12{,}0 \text{ N/mm}^2 \text{ (Beanspruchung)}$$

Regelfall $f_{c,0,d} = 14{,}8$ N/mm²

Schlankheit $\lambda = \frac{l_{ef}}{i} = \frac{2600}{46{,}2} = 56{,}3$ ► S. 280

Knickbeiwert interpoliert: $k_c = 0{,}894 + (0{,}664 - 0{,}894) \cdot \frac{(56{,}3 - 50)}{(70 - 50)} = 0{,}822$

$k_c \cdot f_{c,0,d} = 0{,}822 \cdot 14{,}8 = 12{,}2$ N/mm² (Beanspruchbarkeit)

Nachweis: $\frac{\sigma_{c,0,d}}{k_c \cdot f_{c,0,d}} = \frac{12{,}0}{12{,}2} = 0{,}984 \leq 1$

7

7.3.6 Versatze

Für die Ausbildung von Versatzen gilt die **DIN 1052**.

- Verbindungen sind möglichst symmetrisch zur Stabachse anzuordnen.
- Die erforderliche seitliche Lagesicherung erfolgt durch Zapfen oder durch seitlich aufgenagelte Laschen oder durch Bolzen oder durch Sondernägel.

Stirnversatz	**Fersen- oder Rückversatz**	**doppelter Versatz**
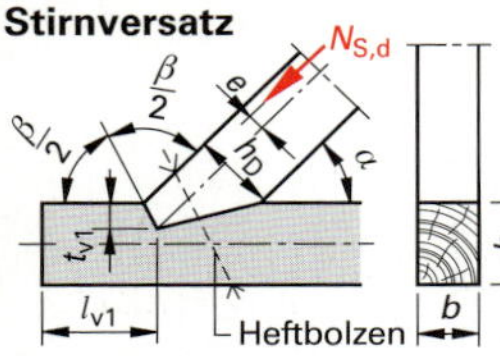 Ausmitte $e = 0{,}5(h_D - t_{v1})$	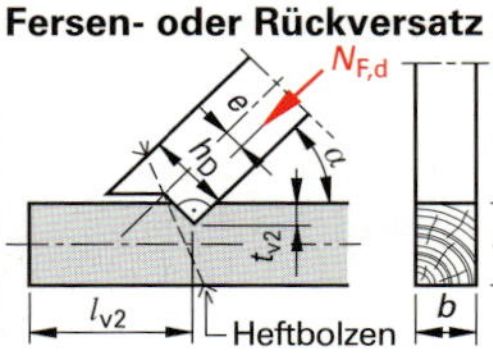	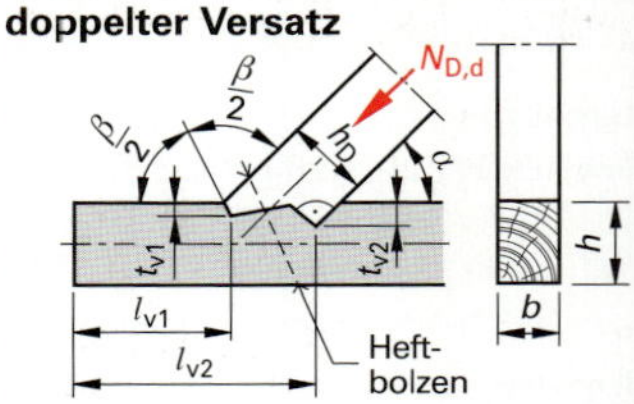
$R_{s,d} = b \cdot t_{v1} \cdot f_{c,0,d} \cdot k_S$	$R_{F,d} = b \cdot t_{v2} \cdot f_{c,0,d} \cdot k_F$	$R_{D,d} = R_{S,d} + R_{F,d}$ $R_{D,d} = b \cdot t_{v1} \cdot f_{c,0,d} \cdot k_S +$ $+ b \cdot t_{v2} \cdot f_{c,0,d} \cdot k_F$
$N_{s,d}/R_{S,d} \leq 1$	$N_{F,d}/R_{F,d} \leq 1$	$N_{S\,d}/R_{S,d} \leq 1$; $N_{D,d}/R_{D,d} \leq 1$;
$l_{v1} \geq N_{s,d} \cdot \cos\alpha/(b \cdot f_{V,d})$	$l_{v2} \geq N_{F,d} \cdot \cos\alpha/(b \cdot f_{V,d})$	$l_{v1} \geq N_{S,d} \cdot \cos\alpha/(b \cdot f_{V,d})$ $l_{v2} \geq N_{D,d} \cdot \cos\alpha/(b \cdot f_{V,d})$

Versatztiefe $t_v = t_{v2} \leq h/6$ bis $h/4$ nach Tabelle; $t_{v1} = 0{,}8 \cdot t_{v2} \leq t_{v2} - 10$ mm
Versatztiefe bei zweiseitigem Einschnitt je Seite $t_v \leq h/6$
Vorholzlänge $l_v = l_{v1} \geq 200$ mm; höchst anrechenbare Vorholzlänge $l_v = 8 \cdot t_v$; $l_{v1} = 8 \cdot t_{v1}$

Zulässige Versatztiefen t_v bzw. t_{v2} (Dachneigung α)

α	≤ 50°	51°	52°	53°	54°	55°	56°	57°	58°	59°	≥ 60°
t_v/h	0,250	0,242	0,233	0,225	0,217	0,209	0,200	0,192	0,184	0,175	0,167

Versatzbeiwerte k_S und k_F

α	15°	20°	25°	30°	35°	40°	45°	50°	55°	60°	65°
k_S	0,019	0,872	0,824	0,779	0,739	0,705	0,677	0,655	0,639	0,628	0,623
k_F	0,752	0,662	0,594	0,544	0,511	0,493	0,487	0,494	0,517	0,559	0,629

Beispiel

Der Sparren eines Sparrendaches mit der Abmessung $b \times h_D = 60$ mm $\times$ 200 mm hat eine Neigung von 56°. Die Sparrendruckkraft $N_d = 30$ kN ist durch doppelten Versatz aufzunehmen.

Dabei sollten Stirn- und Fersenversatz jeweils die Hälte der Sparrendruckkraft aufnehmen.

Der zugehörige Deckenbalken hat die Abmessung $b \times h = 60$ mm $\times$ 240 m. Die Hölzer sind aus KVH NH C24. Zu bestimmen sind die Einschnitttiefen (Versatztiefen) sowie die Vorholzlängen. Der Anschlussnachweis ist durchzuführen. Es liegt der Regelfall vor.

Größte Versatztiefen bei 56° Dachneigung $t_{v2} = 0{,}200 \cdot 240 =$ **48 mm**
$t_{v1} = 0{,}8 \cdot t_{v2} = 0{,}8 \cdot 48 = 38$ mm $\leq t_{v2} - 10 =$ **38 mm**

7 $R_{S,d} = 60 \cdot 38 \cdot 12{,}9 \cdot 0{,}637 = 18700$ N $= 18{,}7$ kN $\geq N_{D,d}/2 = 30/2 = 15$ kN $= N_{S,d}$
$R_{F,d} = 60 \cdot 48 \cdot 12{,}9 \cdot 0{,}525 = 19500$ N $= 19{,}5$ kN $\geq N_{D,d}/2 = 30/2 = 15$ kN
$R_{D,d} = 18{,}7 + 19{,}5 = 38{,}2$ kN (Beanspruchbarkeit); $N_{D,d} = 30$ kN (Beanspruchung)
Anschlussnachweise: $N_{S,d}/R_{S,d} = 15/18{,}7 = 0{,}802 \leq 1$; $N_{D,d}/R_{D,d} = 30/38{,}2 = 0{,}785 \leq 1$

Vorholzlänge: erf $l_{v1} = N_{S,d} \cdot \cos\alpha/(b \cdot f_{V,d}) = 15000 \cdot \cos 56°/(60 \cdot 1{,}66) = 84{,}2$ mm
erf $l_{v2} = N_{D,d} \cdot \cos\alpha/(b \cdot f_{V,d}) = 30000 \cdot \cos 56°/(60 \cdot 1{,}66) = 168{,}4$ mm
auszuführen l_{v1} **= 200 mm** ≥ 200 mm (Mindestforderung)
rechnerisch berücksichtigt $l_{v1} = 84{,}2$ mm $\leq 8 \cdot t_{v1} = 8 \cdot 38 =$ **304 mm**

7.3.7 Zimmermannsmäßige Holzverbindungen

Stoß

Stöße sind nur dort anzuordnen, wo die Hölzer unter der Stoßstelle unterstützt werden können. Sie sollten durch Klammern oder Laschen gesichert werden.

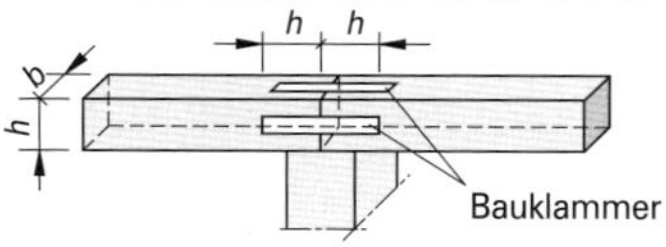

Gerader Stoß

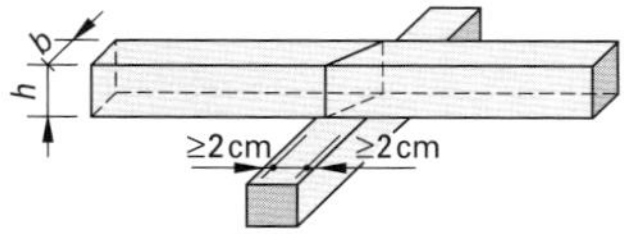

Schräger Stoß

Blatt

Das Blatt greift beiderseits durch die halbe Holzhöhe, Ober- und Unterseite der verblatteten Hölzer liegen bündig.

Längsverblattungen

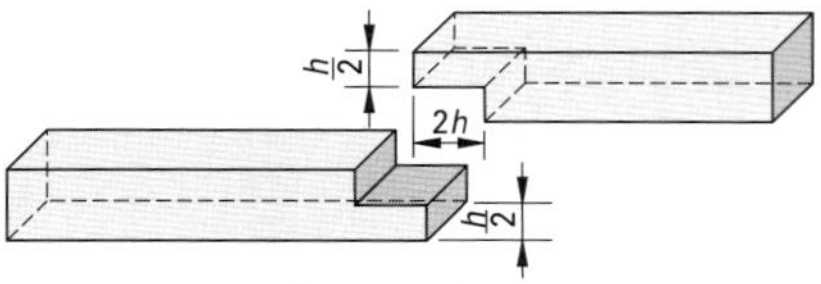

Gerades Blatt

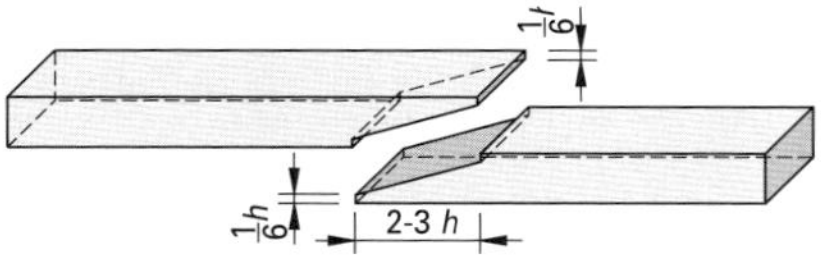

Schräges Blatt

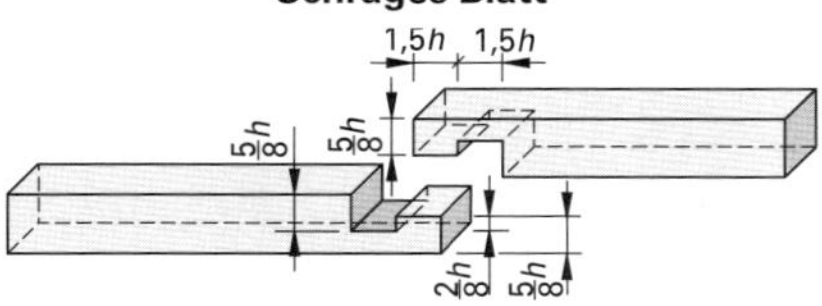

Gerades Hakenblatt

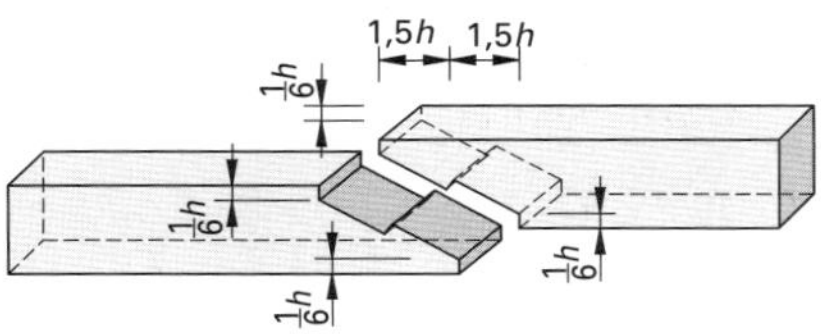

Schräges Hakenblatt

Querverblattungen

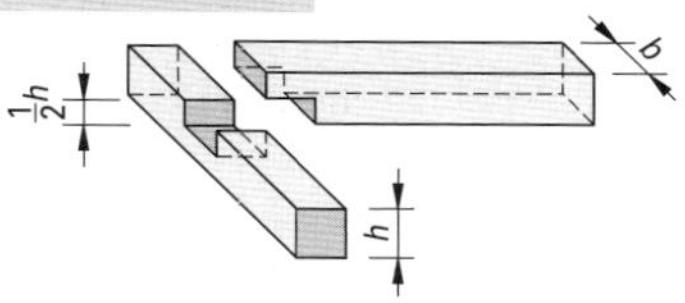

Gerades Blatt

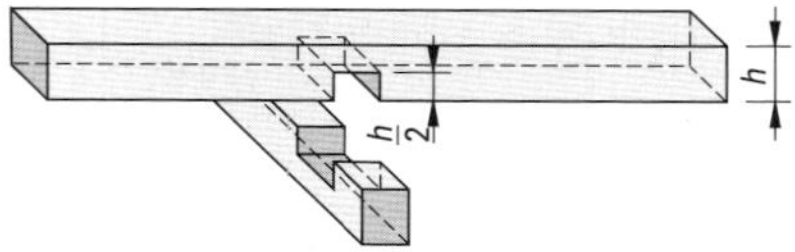

Gerade Überblattung

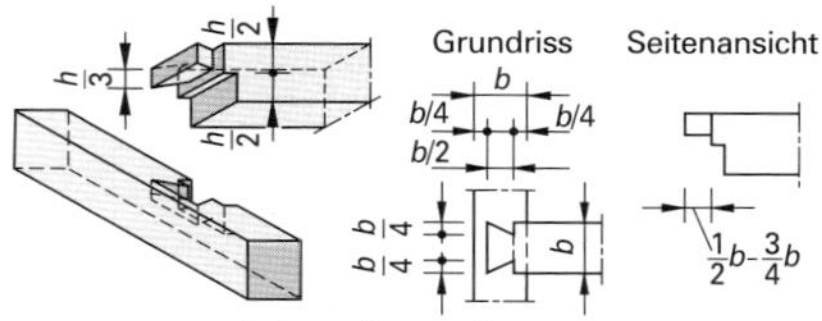

Schwalbenschwanz

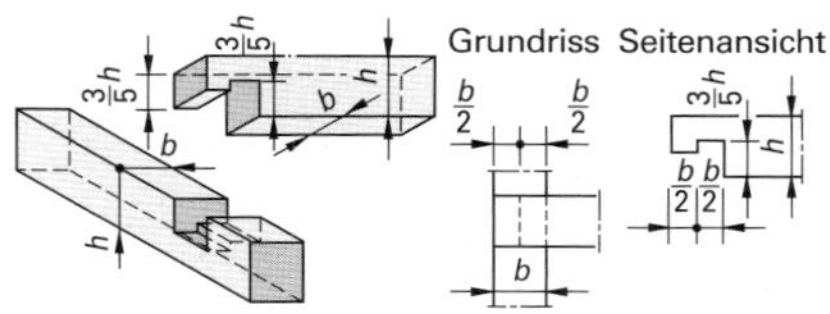

Hakenblatt

Eckverblattungen

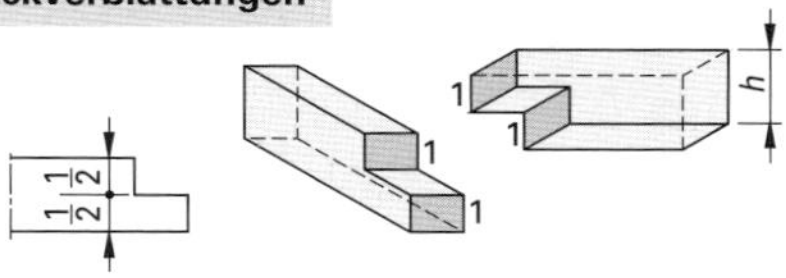

Gerades Eckblatt

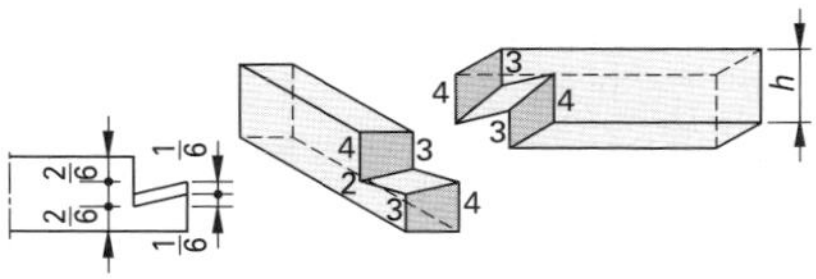

Schräges Eckblatt (Druckblatt)

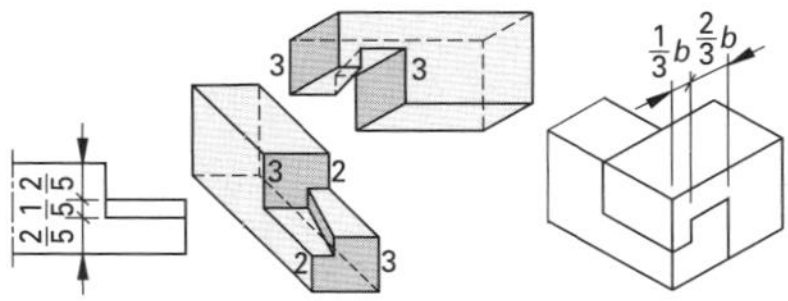

Hakeneckblatt

7

Kamm

Der Kamm sichert Hölzer, deren Achsen sich rechtwinklig kreuzen, in horizontaler Ebene gegen Verschieben.

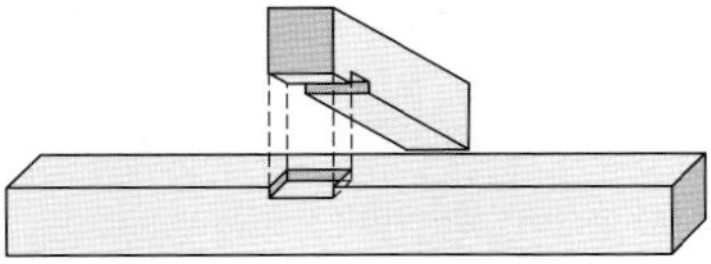

Gerader Kamm mit einseitigem Versatz (Stufenkamm oder einfache Verkämmung)

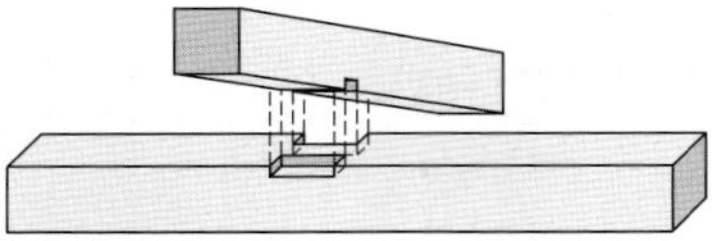

Gerader Kamm mit zweiseitigem Versatz (doppelte Verkämmung)

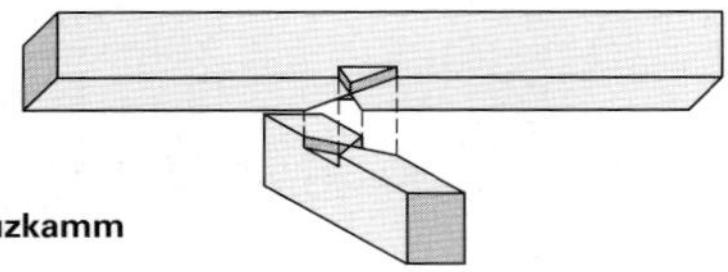

Kreuzkamm

Zapfen

Wenn Hölzer im Kreuzungspunkt enden (Pfosten-Rähm/Schwelle), werden sie mit einem Zapfen in ihrer Lage gesichert.

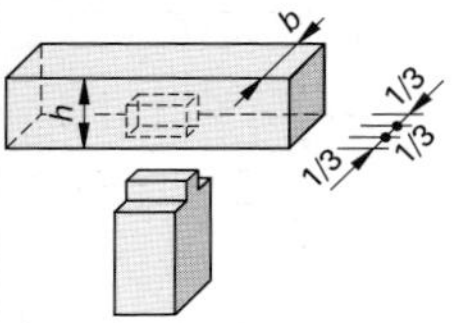

Gerader Zapfen

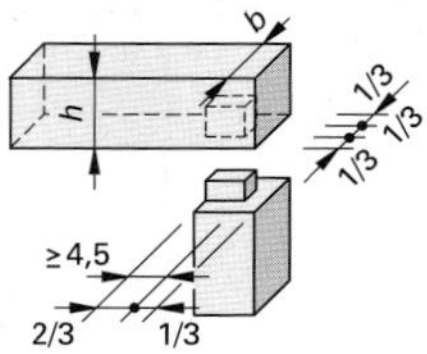

Geächselter Zapfen (abgesteckter Zapfen)

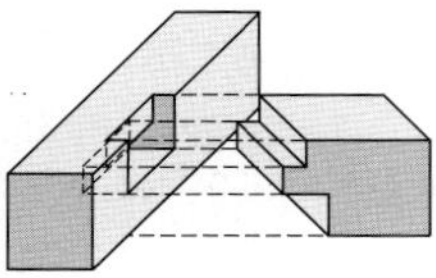

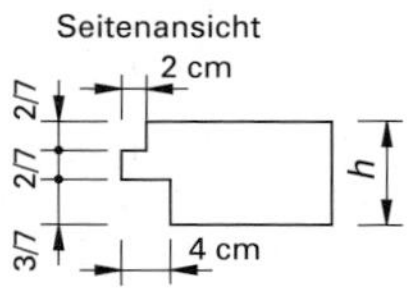

Zapfen mit gerader Brust

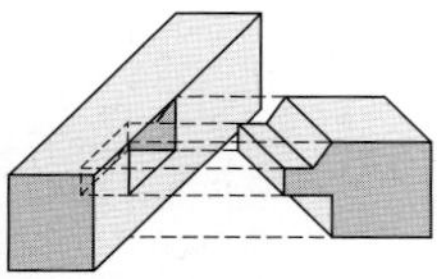

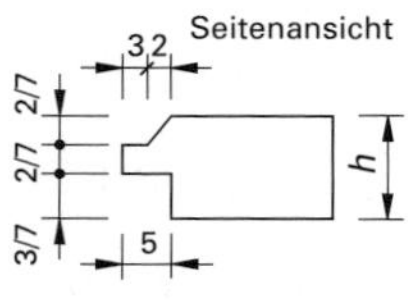

Zapfen mit schräger Brust

Versatz

Wenn zwei Hölzer in schräger Richtung aufeinander treffen, dann erfolgt ihre Verbindung durch Versatze.

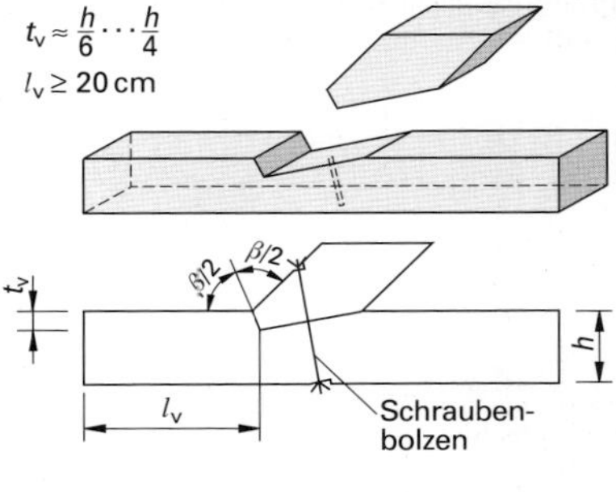

Stirnversatz

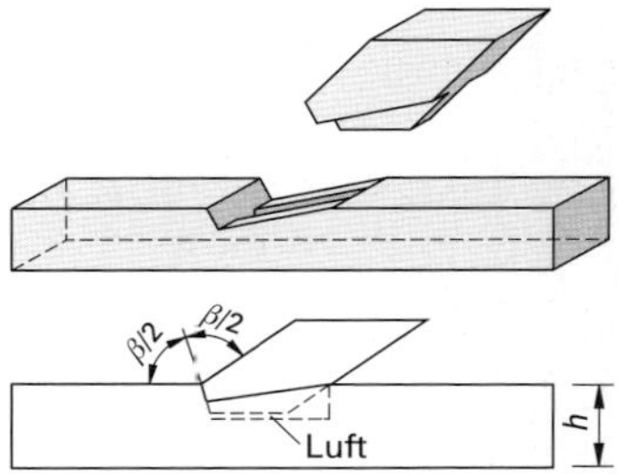

Strebenzapfen mit Versatz

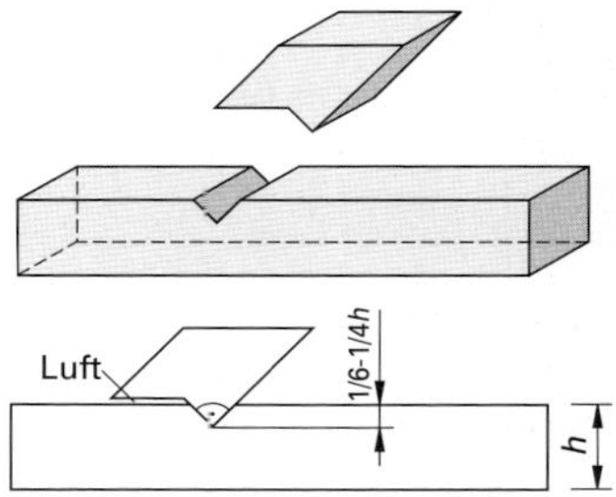

Fersenversatz

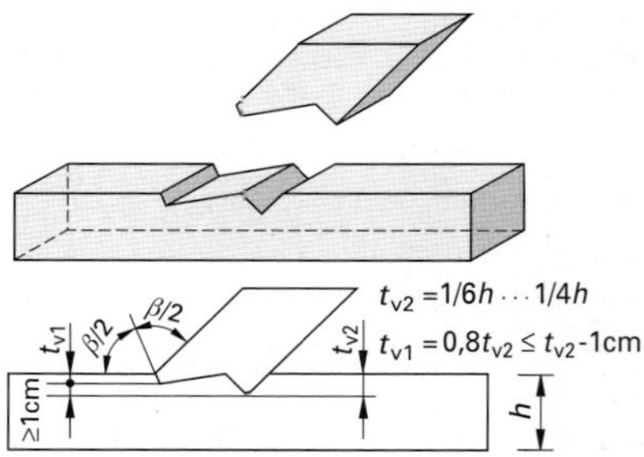

Doppelter Versatz

7

7.3.8 Holzkonstruktionen

Holzbalkendecke

Die Balken einer Holzdecke werden vorwiegend auf Biegung beansprucht und nach ihrer Anordnung und Auflagerung benannt. Sind die Zwischenwände des Geschosses < 20 cm, werden die Balken seitlich gestoßen. Benennung der Balken nach

- Anordnung: Ort- oder Giebelbalken, Wandbalken, Streichbalken (streicht an der Wand entlang), Zwischen- oder leere Balken.
- Auflagerung: Ganzbalken, Stoßbalken, Wechsel, Stichbalken

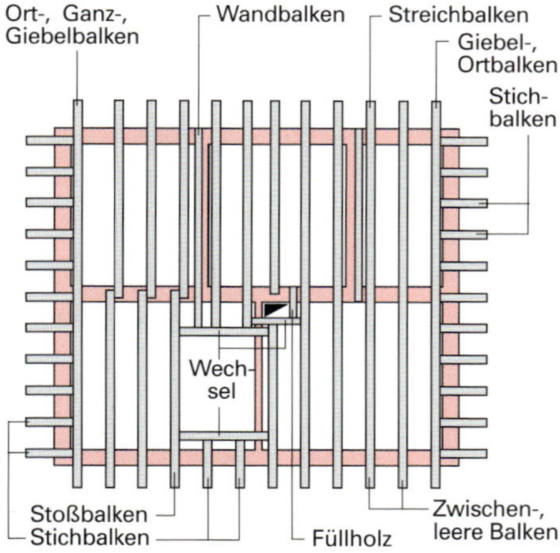

Holzbalkenlage, Balkenabstände 60 cm . . . 80 cm

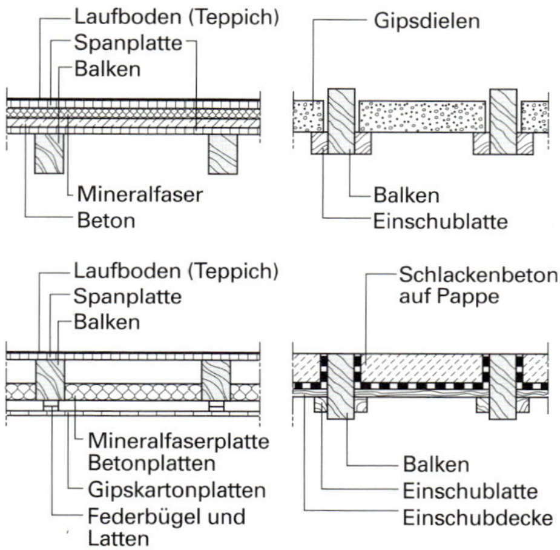

Bei Ein- und Zweifamilienhäusern sollte die Holzbalkendecke in einen Ringbalken eingebunden werden, der das Gebäude horizontal aussteift. Anschlüsse von Wänden an Holzbalkendecken sind durch Zuganker zu sichern. Die Zuganker sollen i.A. einen Abstand von 2,00 m haben und mindestens 1,00 m ins Feld hineinreichen bzw. drei Balken erfassen.

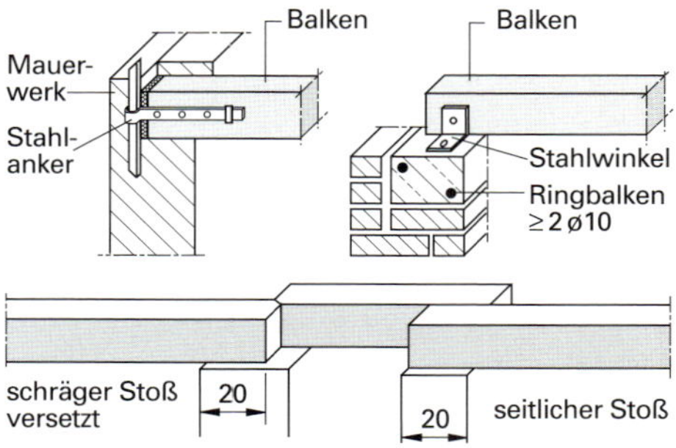

Stoßverbindungen

Dachkonstruktionen

Sparrendach

Statisches Prinzip: Die Sparren werden paarig angeordnet und stützen sich im First gegenseitg ab. Hohe Druckkräfte beanspruchen den Sparren auf Knicken, geringere Querkräfte auf Biegung. Je flacher die Dachneigung, desto größer die Horizontalkomponente am Fußpunkt.

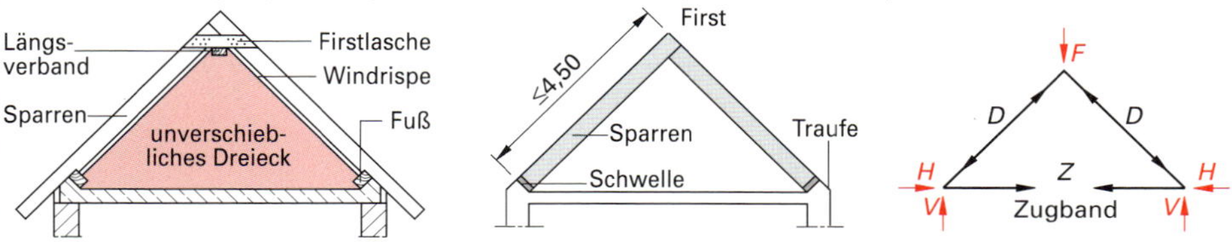

Queraussteifung: Unverschiebliches Dreieck aus Sparren - Decke – Sparren.
Längsaussteifung: Windrispen diagonal über die Dachfläche angeordnet.

7

Sparrendach

Konstruktive Durchbildung:

Sparrenfuß

- Stirn- oder Fersenversatz bei Holzbalkendecke
- Schwelle (durch Anker gesichert), bei Stahlbetondecke (Widerlager)

Firstpunkt

- Scherzapfen/Überblattung
- stumpfer Stoß

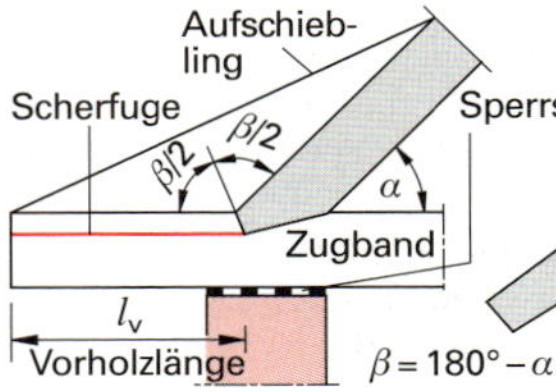

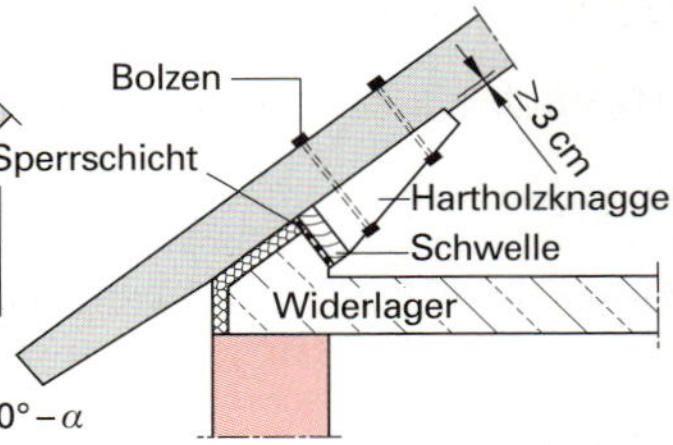

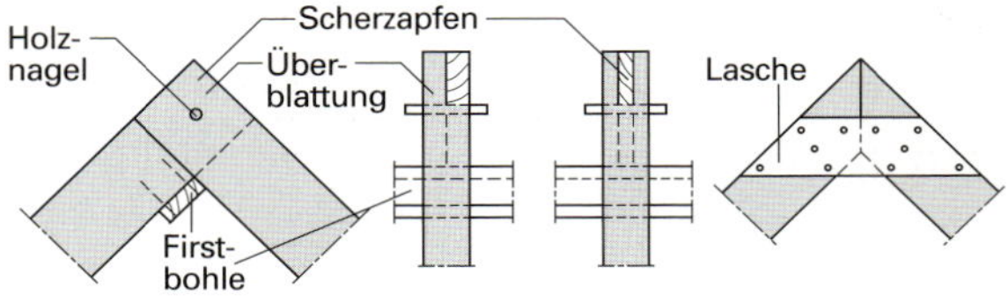

Statisches System

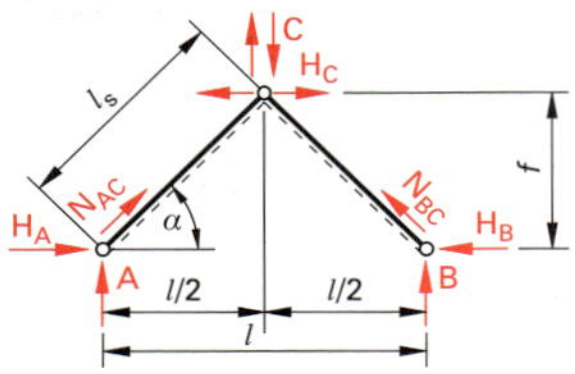

Kehlbalkendach

Wie Sparrendach, jedoch mit zusätzlicher Aussteifung (Kehlbalken, -riegel) ≈ im Drittelspunkt.

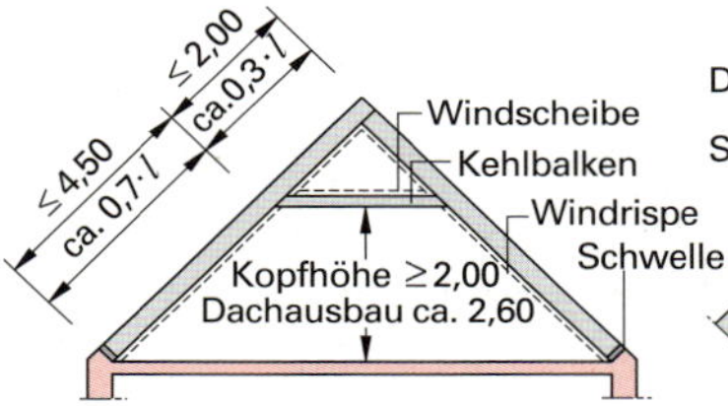

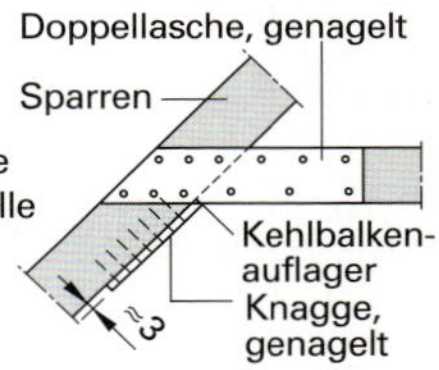

Statisches System

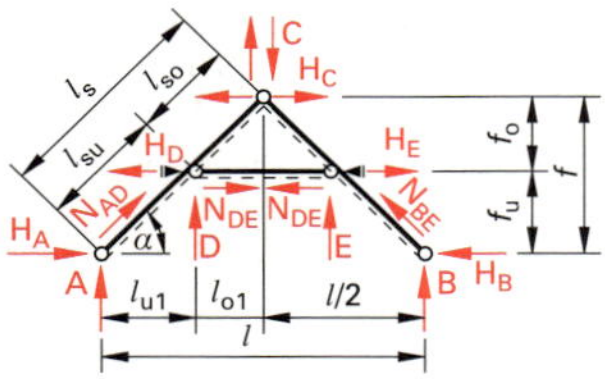

Pfettendach

Statisches Prinzip:

- mit 1fach stehendem Stuhl
- mit 2fach stehendem Stuhl
- mit 3fach stehendem Stuhl

Im Wesentlichen Biegebeanspruchung durch Querkräfte; geringe Längskräfte.

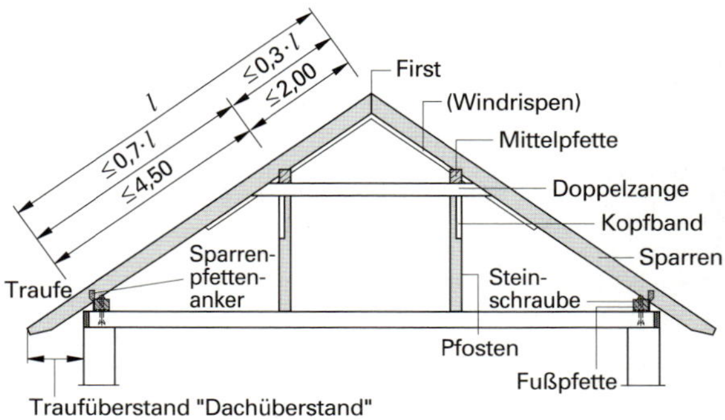

Queraussteifung:

Unverschiebliches Dreieck aus Sparren – Stiel – Decke.

7 Pfetten unterstützt durch Kopfbänder.

Konstruktive Durchbildung:

Übertragung der Kräfte über Klauen (Kerven). Sicherung des Sparrens durch Sparrennagel und/oder Sparren-Pfetten-Anker; die Schwelle wird durch Anker gehalten.

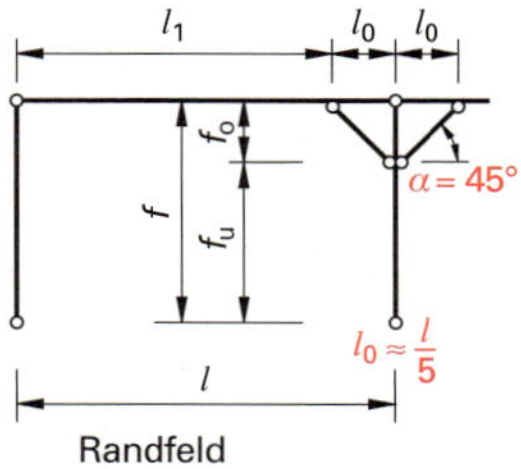

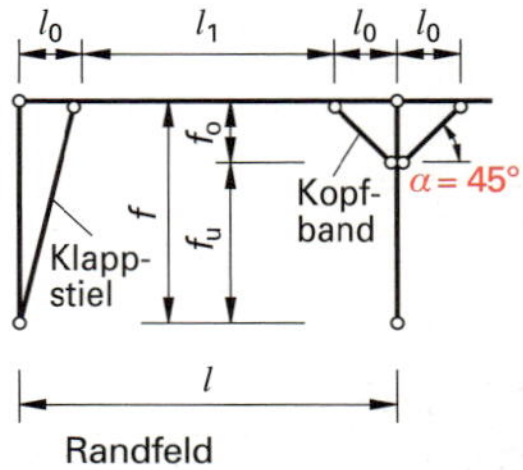

Fachwerkwand

- **Schwellen** z. B. 16 cm/12 cm übertragen die Lasten auf das Fundament/den Sockel und liegen außen bündig. Übliche Verbindungen sind: gerades/schräges Blatt.
- **Pfosten** / Stiele werden eingezapft (Zapfenloch > Zapfen). Im Wandeck abgesteckte (geächselte) Zapfen.
- **Streben** steifen das Gebäude aus (Wind) und werden paarweise in den Endgefachen der Wand angeordnet. Strebenstellung: Im Rähm außen – in der Schwelle innen, über Eck die Streben gegeneinander stellen.
- **Rähme** (Rahmenhölzer) bilden die obere Begrenzung der Wand, sie werden hochkant aufgelegt.
- **Riegel** Waagerechte Hölzer zwischen den Stielen, die das Ausknicken verhindern sollen.

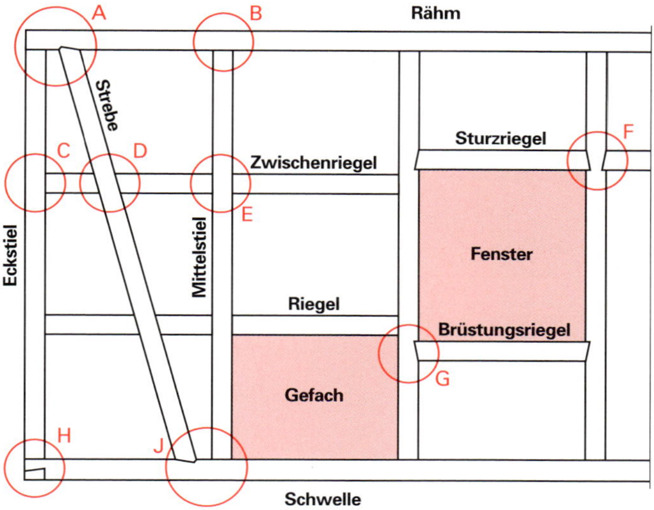

Detailpunkt (B) Geometriebedingungen für den Zapfen

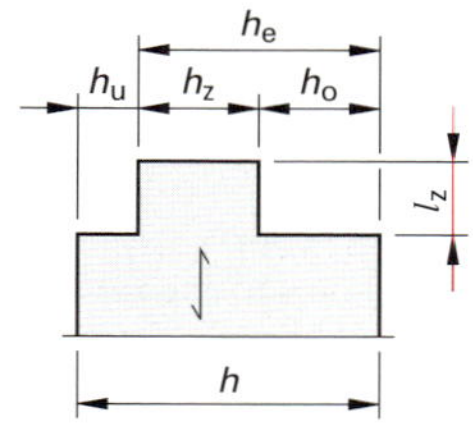

$15\,mm < l_z < 60\,mm$
$1{,}5 < h/b < 2{,}5$
$h_o \geq h_u$
$h_u/h \leq 1/3$
$h_z \geq h/6$

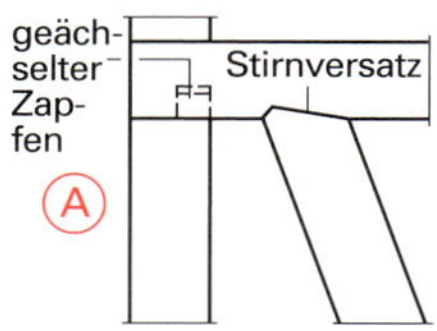

Anschluss Eckpfosten - Rähm
Strebe - Rähm

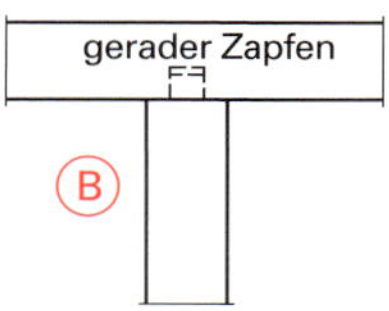

Anschluss Stiel - Rähm

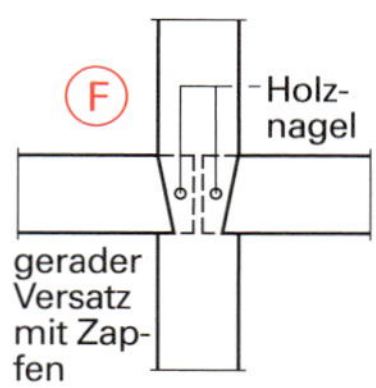

Anschluss Sturzriegel - Stiel

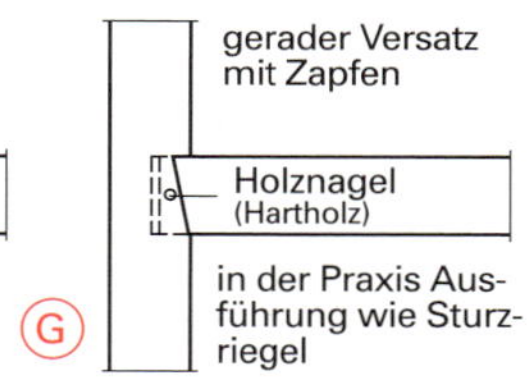

Anschluss Brüstungsriegel - Stiel

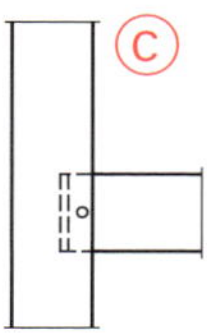

Anschluss Riegel - Eck-Pfosten

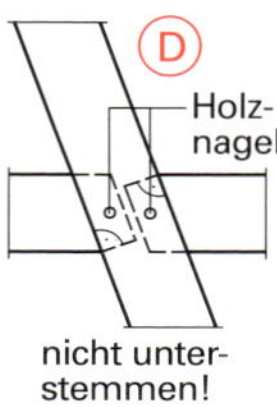

Anschluss Strebe - Riegel

Anschluss Stiel - Riegel

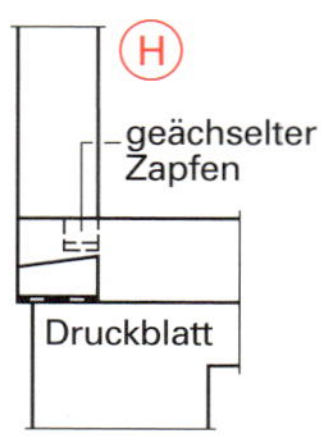

Anschluss Eckpfosten - Schwelle

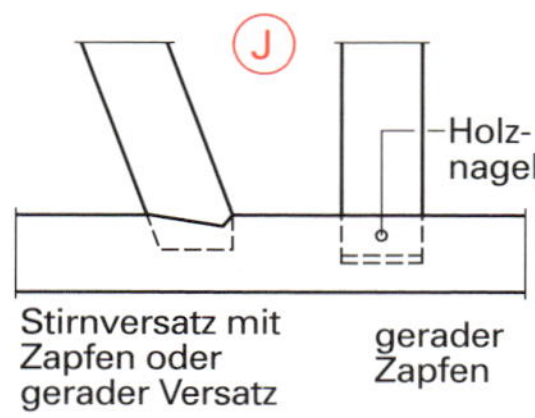

Anschluss Strebe - Schwelle
Stiel - Strebe

7

7.3.9 Verbindungsmittel

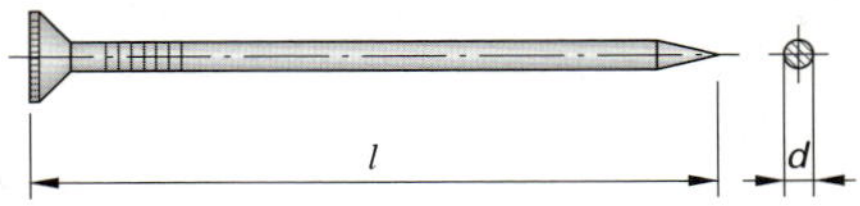

Nägel nach DIN EN 10230

Nägel mit rundem Querschnitt und mit glatter, gerauter, angerollter oder gerillter Schaftform, Flachkopf oder flachem Senkkopf mit oder ohne Einsenkung. Nägel werden rechtwinklig zum Schaft auf Ab-scheren beansprucht.

n Anzahl der Nägel
R_d zul. Nagelbelastung
m Schnittigkeit
N_d Beanspruchung

$$\text{erf } n = \frac{N_d}{m \cdot R_d}$$

Hierfür sind mindestens 2 Nägel je Anschluss erforderlich.

Der Durchmesser vorgebohrter Löcher für Nägel soll etwa 0,9 · d sein. Bei Stahlblech-Holz-Verbindungen darf der Lochdurchmesser im Stahlblech bis zu 1 mm größer sein als der Nageldurchmesser. Bei Holzwerkstoff-Verbindungen dürfen die Nägel nicht mehr als 2 mm versenkt werden.

Bei Rundholzverbindungen ohne passende Bearbeitung der Berührungsflächen sind die Tabellenwerte zu 2/3 in Rechnung zu stellen. Bei Holzwerkstoff-Holz-Verbindungen und Gipswerkstoff-Holz-Verbindungen sind geeignete Maßnahmen zur Vermeidung von Abplatzungen zu treffen; u.a. muss der Mindestabstand $a_1 = 20 \cdot d$ gemäß Tabelle Seite 301 betragen.

In der Tabelle ist der Normalfall **Holz-Holz-Verbindung C24**, $k_{mod} = 0{,}8$ beschrieben.

Bemessungswerte für Nägel im Regelfall

Nagel-abmessung	Nagelbelastung R_d je Scherfläche für NH C24		Mindest-holzdicke b	Mindest-einbinde-tiefe t_{req}
$d \times l$	R_d (nv)	R_d (vb)	NH außer (Kl)	NH
mm × mm	N	N	mm	mm
2,2 × 45 2,2 × 50	272	302	31 (24)	20
2,4 × 40 2,4 × 50	313	353	34 (24)	22
2,7 × 50 2,7 × 60	381	436	38 (24)	24
3,0 × 60 3,0 × 70 3,0 × 80	453	526	42 (24)	27
3,4 × 80 3,4 × 90	557	657	48 (24)	31
3,8 × 100	669	801	53 (27)	34
4,2 × 110	789	958	59 (29)	38
46 × 120	917	1130	64 (32)	42
5,0 × 140	1050	1310	70 (35)	45
5,5 × 140	1230	1550	77 (39)	50
6,0 × 160	1420	1800	84 (42)	54
7,0 × 200	1830	2370	107 (53)	63
8,0 × 280	2280	2990	130 (65)	72

Mindesteinbindetiefe $4d$. Bei $4d \leq t \leq t_{req}$ gilt $R_{d,red} = R_d \cdot t/t_{req}$.

l Nagellänge
d Nagel-∅

nv (nicht vorgebohrt):
$R_d = 73{,}9 \cdot d^{1{,}65}$

vb vorgebohrt:
$R_d = 73{,}9 \cdot d^{1{,}80} \cdot \sqrt{(1 - 0{,}01\, d)}$

NH Nadelholz
Kl Kiefer
R_d in N
l und d in mm

Kopfform:

Flachform

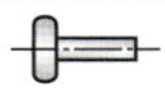

Senkform

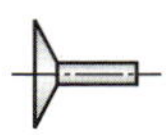

Stauchkopf

Normenverweise

Übergreifende Nägel (ohne Abstand) sind zulässig, wenn die Bindung $b_2 - t > 4d$ eingehalten wird (linkes Bild). ► S. 301, Beispiel

Minderung der Beanspruchbarkeit um 1/3 für Zugstöße mit außen liegenden Laschen. ► S. 301, Beispiel, R gemindert = 2/3 R_d

Bei Stahlblech-Holz-Verbindungen darf die Nagelbelastung R_d um 25 % erhöht werden.

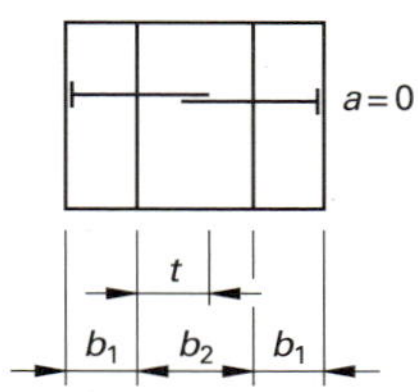

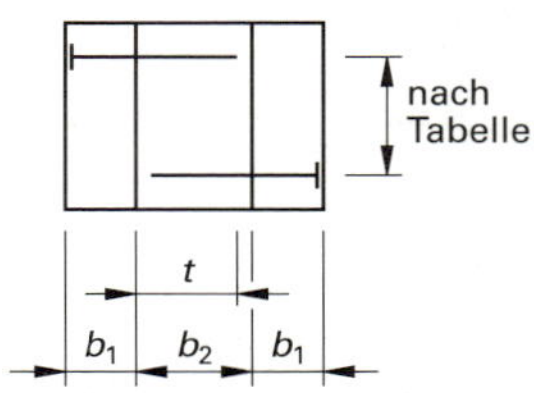

7

Mindestabstände für stiftförmige Verbindungmittel nach DIN 1052-04

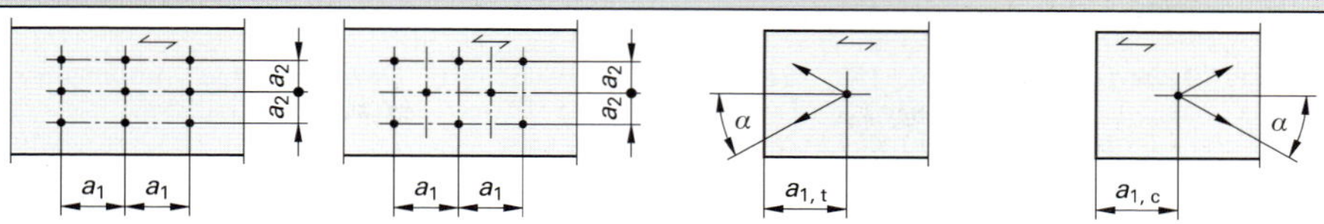

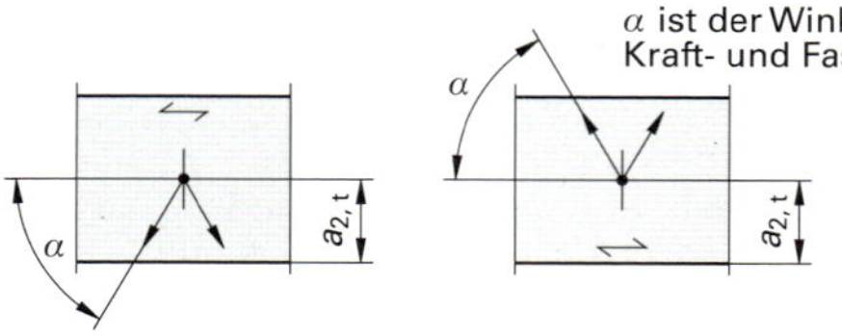

α ist der Winkel zwischen Kraft- und Faserrichtung

a_1:	parallel zur Faserrichtung
a_2:	rechtwinklig zur Faserrichtung
$a_{1,t}$:	beanspruchtes Hirnholzende
$a_{1,c}$:	unbeanspruchtes Hirnholzende
$a_{2,t}$:	banspruchter Rand
$a_{2,c}$:	unbeanspruchter Rand

	nicht vorgebohrt $\varrho_k \leq 420$ kg/m³	vorgebohrt
a_1 II Faser	$d < 5$ mm: $(5 + 5 \cdot \cos\alpha) \cdot d$ $d \geq 5$ mm: $(5 + 7 \cdot \cos\alpha) \cdot d$	$(3 + 2 \cdot \cos\alpha) \cdot d$
a_2, a_{2c}	$5 \cdot d$	$3 \cdot d$
$a_{1,t}$ II Faser	$d < 5$ mm: $(7 + 5 \cdot \cos\alpha) \cdot d$ $d \geq 5$ mm: $(10 + 7 \cdot \cos\alpha) \cdot d$	$(7 + 5 \cdot \cos\alpha) \cdot d$
$a_{1,c}$ II Faser	$d < 5$ mm: $7 \cdot d$ $d \geq 5$ mm: $10 \cdot d$	$7 \cdot d$
$a_{2,t}$	$d < 5$ mm: $(5 + 2 \cdot \sin\alpha) \cdot d$ $d \geq 5$ mm: $(5 + 5 \cdot \sin\alpha) \cdot d$	$(3 + 4 \cdot \sin\alpha) \cdot d$

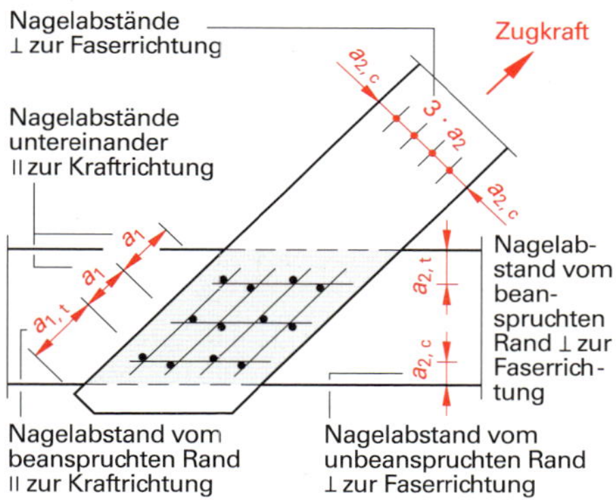

Beispiel

Der dargestellte Zugstoß ist zu bemessen:

- Größe und Anzahl der Nägel
- Länge der Laschen

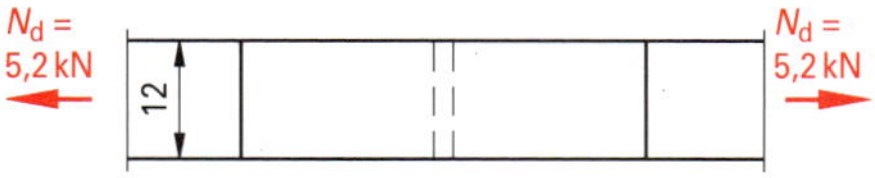

Nadelholz nicht vorgebohrt

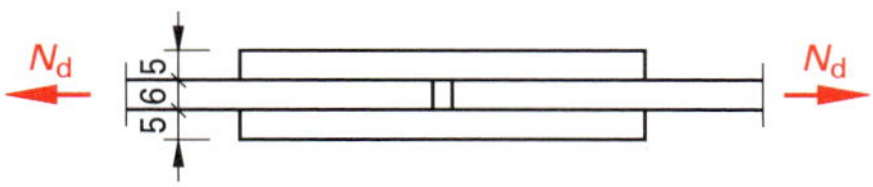

einschnittige Verbindung
$m = 1$

Mindestholzdicke *a*

$b = 50$ mm > 48 mm ▶ Tabelle S. 300

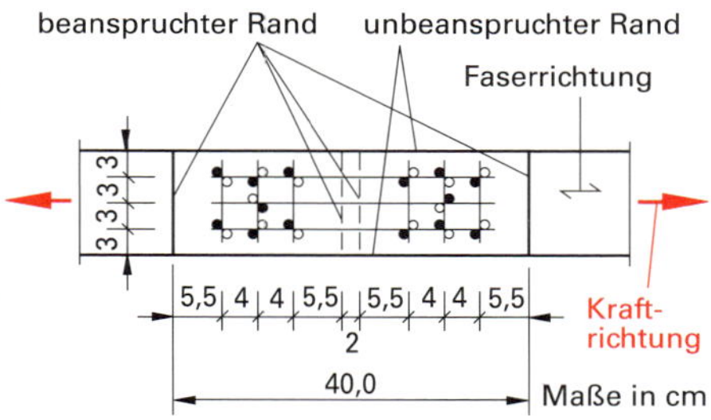

Größe der Nägel

gewählt: 3,4 mm × 90 mm mit $R_d = 557$ N (nv)

Erforderliche Anzahl *n* der Nägel

$\text{erf } n = \frac{5200 \text{ N}}{2/3 \cdot 557 \text{ N}} = 14$ gewählt: $n = 14$ Nägel

Einschlagtiefe *t*

$s = 40$ mm > 31 mm

$b_2 - t = 60 - 40 = 20 \geq 4d = 4 \cdot 3{,}4 = 13{,}6$ (mm)

Also: Übergreifung ohne Abstand zulässig! ▶ S. 300

Nagelabstände

vom unbelasteten Rand ⊥:

$a_{2,c}$: $5 \cdot d_n = 5 \cdot 3{,}4$ mm = 17 mm gewählt: 30 mm

vom belasteten Rand II:

$a_{1,t}$: $12 \cdot d_n = 12 \cdot 3{,}4$ mm = 41 mm gewählt: 55 mm

untereinander II:

a_1: $10 \cdot d_n = 10 \cdot 3{,}4$ mm = 34 mm gewählt: 40 mm

untereinander ⊥:

a_2: $5 \cdot d_n = 5 \cdot 3{,}4$ mm = 17 mm gewählt: 30 mm

Nägel, Drahtstifte und Klammern

DIN EN 10 230-1 Nagel 3,8 · 100 Senkkopf glatter Schaft Diamantspitze unbeschichtet

DIN EN 10 230-1	Art	Nennmaß (charakteristisch) in mm	Länge in mm	Kopf Art / Oberfläche	Schaft Form	Spitze Art/Form	Oberflächenüberzug

Übersicht / Definition / Begriffe (Auswahl)

Kopfform (Auswahl)	Spitzen
Flachkopf rund	Diamant
Senkkopf	Diamant versetzt
Senkkopf flach	Rundspitze
Stauchkopf rund	Meisselspitze
Stauchkopf oval	Glatter Abschnitt

Bezeichnung am Nagel

1. Kopf
2. Schaft
3. Länge
4. Durchmesser
   Nennmaß (charakteristisch)

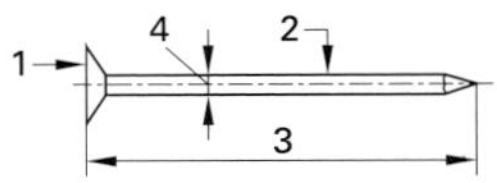

Ausführung	Darstellung	Länge in mm
Nagel Schaft glatt Flachkopf rund Senkkopf rund Senkkopf mit Einsenkung DIN EN 10 230-1		10/15/20/25 30/40/45/50 60/70/80/90 100/110/120 140/150/160 180/200/280
Nagel Vierkantschaft Flachkopf rund Senkkopf rund DIN EN 10 230-1		15/20/25/30/35 40/45/50/55/60 65/75/80/90/95 100/125/130/150 160/175/180/190 200/210/260
Nagel Schaft gerillt Stauchkopf rund DIN EN 10 230-1		20/25/30/35/40 50/60/70/80/90 100/110/120 130/140/150
Nagel Flachkopf extra groß DIN EN 10 230-1		20/25/30 35/40/50 60
Federkopf-Schraubnagel DIN EN 10 230-1		50/60/70 75/80/80 100
Leichtbauplatten-Stifte Schaft glatt DIN EN 10 230-1	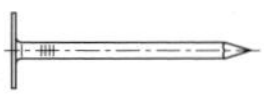	20/25/30/35 40/45/50/65 75/100
Nagel (Gipskartonplatte) DIN 18 182 glatt		37 … 70
Maschinenstift DIN 1143		35/40/45/50 55/60/65/70 80/90
Konvexringnagel DIN 68 163 Form Kt	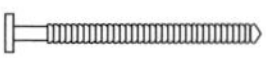	38/70 90
Schlaufe (Krampe) DIN 1159	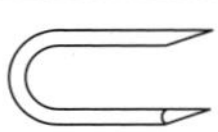	16/20/25 31/34/38 42/46

Ausführung	Darstellung	Länge in mm
Nagel Schaft gerillt Flachkopf rund Senkkopf rund DIN EN 10 230-1		20/25/30/40/50 60/70/80/90/100 110/120/130/140 150/160/170 180/200/220 250/280/200
Nagel Schaft glatt Stauchkopf rund DIN EN 10 230-1		10/15/20/25 30/40/45/50 60/70/80/90 100/110/120 140
Nagel Vierkantschaft Stauchkopf rund DIN EN 10 230-1		15/20/25/30/35 40/45/50/55/60 65/75/80/90 95/100/125
Nagel Schaft glatt Senkkopf 32° DIN EN 10 230-1		15/20/25 30/40
Nagel Schaft glatt, oval Stauchkopf oval Flach, angeschrägt	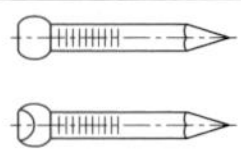	20/25/30/40 45/50/60/65 75/90/100 125/150
Gipsplattennagel Schaft glatt DIN EN 10 230-1		40/50/60 70/80 90/100
Nagel (Gipskartonplatte) DIN 18 182 gerillt		28 … 70
Tapezierstifte DIN 1157		10/13/16 20/25
Antispalt-Schraubnagel DIN 68 163		38/70 90 Form A
Hakenstift DIN 1158		30/35/50 65/80
Klammer (nicht genormt)	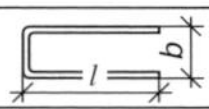	b = 1,8 … 25 l = 3 … 100

Nägel in den Ausführungen nach DIN EN 10 230-1 werden in verschiedenen Durchmessern bei gleicher Länge hergestellt.

Holzschrauben

Bezeichnung Holzschraube DIN 7996 – 4 × 40 – St – H

Benennung	DIN-Nummer	Gewinde-∅ *d* in mm	Nennlänge *l* in mm	Material Oberfläche	Kreuzschlitz-form

St Stahl; CuZn Kupfer-Zink-Legierung; Al-Leg Aluminium-Legierung; A Edelstahl-Rostfrei

Antriebsfläche

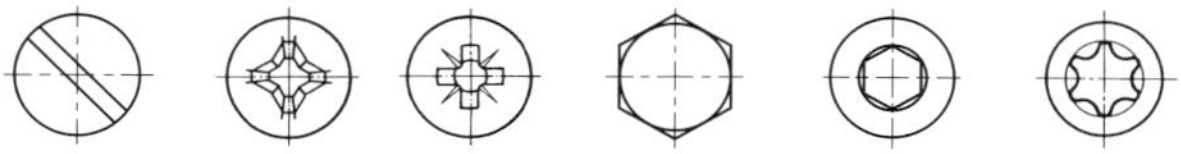

Oberfläche: blank, verzinkt, vernickelt, brüniert, galvanisiert

Gewinde, Schraubenspitze

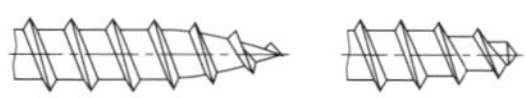

Bezeichnung an der Schraube

1. Kopf-∅
2. Länge
3. Kern-∅
4. Gewinde-∅ Schaft-∅

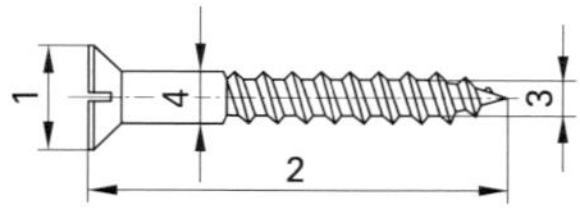

Arten und Durchmesser (Auszug)

Ausführung	Länge in mm	Gewinde-∅ *d* in mm 2,5	3,0	3,5	4,0	4,5	5,0	6,0
mit Schlitz	10	•						
	12	•	•	•	•			
DIN 95	16	•	•	•	•	•		
	20	•	•	•	•	•	•	•[1]
DIN 96	25	•	•	•	•	•	•	•[1]
	30	•	•	•	•	•	•	•[1]
DIN 97 mit Kreuzschlitz	35		•	•	•	•	•	
	40		•	•	•	•	•	•
DIN 7995	45			•	•	•	•	•
	50			•	•	•	•	•
DIN 7996	60			•	•	•	•	•
DIN 7997	70						•	•
	80						•	•

[1] nur Senkkopf

Kopfform	mit Schlitz	mit Kreuzschlitz
Linsensenkkopf	DIN 95	DIN 7995
Halbrundkopf	DIN 96	DIN 7996
Senkkopf	DIN 97	DIN 7997

Kopfdurchmesser ≈ $2 \cdot d$
Gewindekerndurchmesser ≈ $0{,}7 \cdot d$

Ausführung	Länge in mm	Gewinde-∅ *d* in mm 4,0	5,0	6,0	8,0	10	12	16	20
Sechskant-Holzschraube DIN 571	016	•	•						
	020	•	•	•					
	025	•	•	•	•				
	030	•	•	•	•	•			
	035	•	•	•	•	•	•		
	040	•	•	•	•	•	•		
(Schlüsselschrauben)	045		•	•	•	•	•		
	050		•	•	•	•	•	•	
	055			•	•	•	•	•	
	060			•	•	•	•	•	•
	065				•	•	•	•	•
	070				•	•	•	•	•
	075				•	•	•	•	•
	080				•	•	•	•	•
	090				•	•	•	•	•
	100				•	•	•	•	•
	110						•	•	•
	120						•	•	•
	130							•	•
	140							•	•
	150							•	•
	160							•	•
	170								•
	180								•
	190								•
	200								•

7

Wenn Holzverbindungen (oder Holzwerkstoffe/Stahlbleche auf Holz) später wieder abgelöst werden müssen, kommen vorzugsweise Holzschrauben nach **DIN 96, DIN 97 und DIN 571** zur Anwendung. Sie werden einschnittig auf Abscheren (Druckkräfte rechtwinklig zum Schaft) beansprucht und setzen dem Zug in Schaftrichtung (Ausziehkraft) großen Widerstand entgegen (► S. 303).

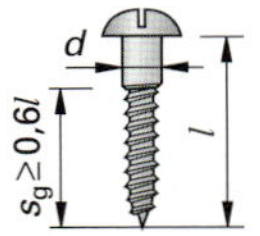

Halbrundholz-schraube DIN 96

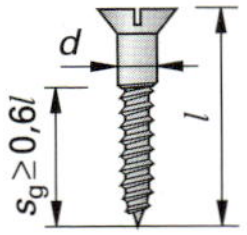

Senkholz-schraube DIN 97

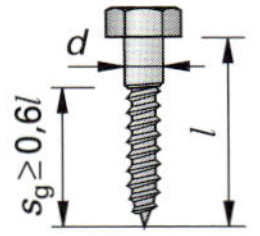

Sechskantholz-schraube DIN 571

Bezeichnung der Schraube

1. Kopf-∅ – d_k
2. Länge
3. Kern-∅
4. Gewinde-∅ = Schaft-∅ – d

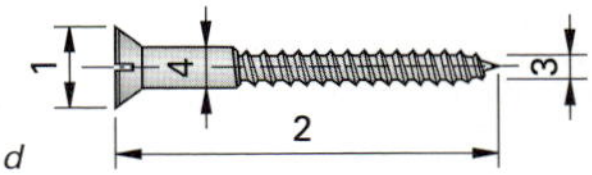

Zulässige Belastung rechtwinklig zur Schraubenachse

- wie Nägel für $d \leq 8$ mm
- wie Stabdübel für $d > 8$ mm

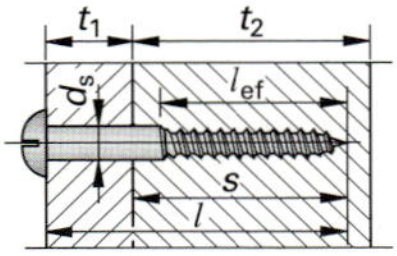

Wenn die Einschraubtiefe $\boldsymbol{s \geq 8 \cdot d_s}$, dann ist die Schraubenbelastung **zul *N*** einzusetzen.

Zulässige Belastung in Achsrichtung (Zug)
im Regelfall

$Z_d \leq 4{,}52 \cdot d_z \cdot l_{ef}$ (Gewinde)

$Z_d \leq 4{,}52 \cdot d_K$ (Kopf)

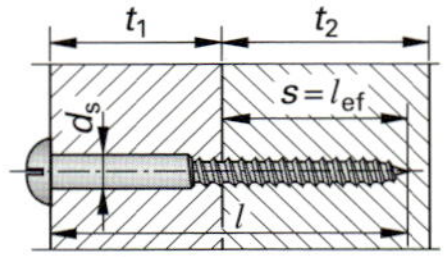

Abmessungen von Holzschrauben

Schaft-durchmesser d_s in mm	Herstellungslänge Halbrund kopf	Senkkopf	Sechskant-kopf
4	10 bis 80	10 bis 70	–
5	13 bis 100	13 bis 100	–
6	20 bis 130	20 bis 130	20 bis 60
8	30 bis 130	30 bis 150	25 bis 100
10	–	40 bis 150	30 bis 140
12	–	–	40 bis 200
16	–	–	60 bis 200
20	–	–	80 bis 200

Ausführung von Holzschraubenverbindungen

- Schraubendurchmesser $d_s \geq 4$ mm
- bei $d < 10$ mm, Vorbohrung zulässig
  Je Verbindung mindestens 4 Schrauben.
- bei $d \geq 10$ mm, Vorbohrung erforderlich
  Je Verbindung mindestens 2 Schrauben.
- Bohrlochdurchmesser
  glatter Schaft: *d;* Gewindeteil: 0,7 *d*
- Schraubenabstand bei $d \leq 8$ mm wie bei Nagelverbindungen, bei $d > 8$ mm wie bei Stabdübeln
- Einschraubtiefe $\geq 4\,d$

Holzverbinder, Blechformteile

Für die mechanischen Verbindungsmittel ist eine bauaufsichtliche (baurechtliche) Zulassung (BAZ) erforderlich. Holzverbinder aus feuerverzinktem Stahlblech/Edelstahl sind an folgende Materialgüten gebunden:

- Vollholz ab C24/D30, Brettschichtholz oder Sperrholz (Brettfurnierholz, BFU)
- Kammnägel (Rillennägel) mit ringförmig angeordneten parallelen Widerhaken
- Holzverbinder mit einer Plattenstärke 2 mm $\leq t \leq$ 4 mm nach BAZ
  Plattenstärke $t > 4$ mm aus Stahl St37 (S235JR)

Universal-beschlag

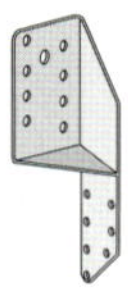

Sparren-pfettenanker

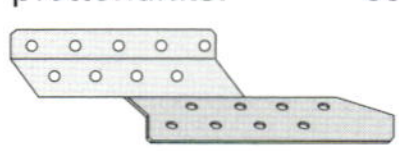

Balken-schuh

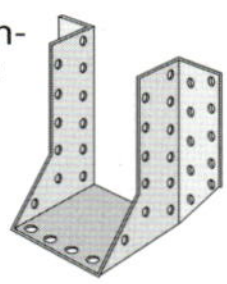

Balkenschuh mit eingebogenen Schenkeln

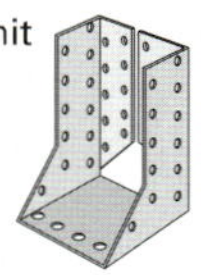

Winkel-beschlag

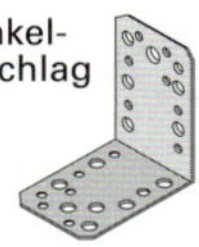

Spezial-beschläge

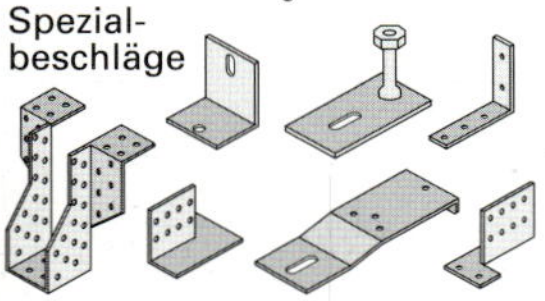

Nagelplatten

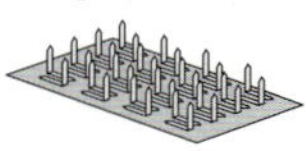

Darstellung auf Ingenieurplänen

Anzahl,
Kurzbezeichnung NaPl,
Abmessungen $b \times l$ in mm,
(Plattentyp, Fabrikat)

2 NaPl 114x200 (HN 200)

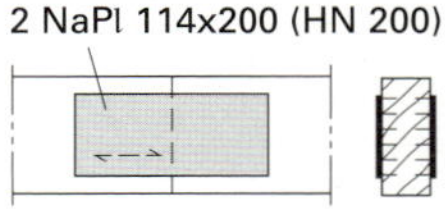

7

Dübel besonderer Bauart

Die heute gebräuchlichen Dübel besonderer Bauart unterscheiden sich nach **Einlassdübeln,** die in vorbereitete Vertiefungen eingelegt werden, und **Einpressdübeln,** die aus runden oder eckigen Scheiben mit aufgebogenen oder gegossenen zacken- oder stiftförmigen Krallen bestehen und in das Holz eingepresst werden. Eine Mischung aus beiden Arten sind **Einlass-/Einpressdübel,** bei denen die Grundplatte eingelassen und die Krallen eingepresst werden.

Einlassdübel EL	Einpressdübel EP	EL/EP-Dübel
Typ A1 Zweiseitiger Ringkeildübel: System Appel	Typ C1 Runder Verbinder: System Bulldog	Typ C10 (D) Zweiseitiger Verbinder: System Geka
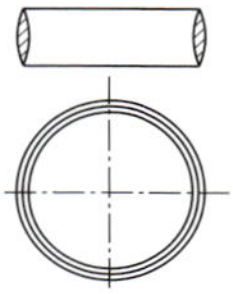	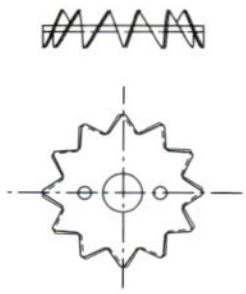	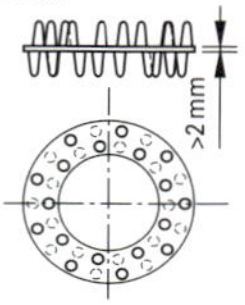
Leichtmetallguss	Temperguss	Temperguss

Ausführung von Dübelverbindungen

- Dübel dürfen nur für Nadelhölzer der Festigkeitsklassen ab C24 und GL24; Einlassdübel auch für Laubhölzer verwendet werden.
- Alle Dübel müssen durch Bolzen und Unterlegscheiben zusammengehalten werden.
- Rechteckige Hartholzdübel (z.B. fehlerfreies Eichenholz als EL-Dübel) müssen so eingelegt werden, dass ihre Fasern und die der zu verbindenden Hölzer gleichgerichtet sind.
- Verbindungen mit Dübeln, deren ∅ ≥ 13 cm sind, müssen an den Enden der Außenhölzer bzw. Außenlaschen Schrauben als Klemmbolzen erhalten.

Tragfähigkeit der Dübel besonderer Bauart (Auswahl)

Dübeltyp (Dübelart)	Außen-Durchmesser	Dicke (Ring bzw. Platte	Einlass-/ Einpresstiefe	Dübel-fehlfläche	Bolzen-durchmesser	Tragfähigkeit im Regelfall $R_{c,\alpha,d}$ für α		
	d_c	t	h_c	ΔA	d_b	0°	45°	90°
	mm	mm	mm	mm²	mm	kN	kN	kN
A1 (Appel)	65	5	15	980	12 … 24	11,3	9,55	8,27
	80	6	15	1200		15,4	13,0	11,2
	95	6	15	1430		19,9	16,7	14,3
	126	6	15	1890		30,5	25,1	21,4
	128	8	15	2880		31,2	25,7	21,8
C1 (Bulldog)	50	1,00	6,0	170	10 … 16	3,92		
	62	1,20	7,4	300	10 … 20	5,41		
	75	1,25	9,1	420	10 … 24	7,19		
	95	1,35	11,3	670	10 … 30	10,3		
	117	1,50	14,3	1000		14,0		
	140	1,65	14,7	1240		18,3		
C10 (Geka)	50	3	12	460	10 … 30	5,44		
	65	3		590		8,06		
	80	3		750		11,0		
	95	3		900		14,2		
	115	3		1040		19,0		

Dübelfehlfläche je Scherfuge und Anschlussseite, α Kraft-Faser-Winkel

Rechnerische Anzahl n_{ef} in Kraftrichtung hintereinander liegender Dübel besonderer Bauart

Dübelanzahl n	2	3	4	5	6	7	8	9	≤ 10
α = 0°	2,00	2,85	3,60	4,25	4,80	5,25	5,60	5,86	6,00
α = 45°	2,00	2,93	3,80	4,63	5,40	6,13	6,80	7,43	8,00
α = 90°	2,00	3,00	4,00	5,00	6,00	7,00	8,00	9,00	10,00

7

Mindestabstände der Dübel besonderer Bauart für α = 0°

Dübel-typ	Untereinander ∥ Faser	Belasteter Rand ∥ Faser	Unbelasteter Rand ∥ Faser	Untereinander ⊥ Faser	Ränder ⊥ Faser
A1	$2 \cdot d_c$	$2 \cdot d_c$	$1{,}2 \cdot d_c$	$1{,}2 \cdot d_c$	$0{,}6 \cdot d_c$
C1	$1{,}5 \cdot d_c$	$1{,}5 \cdot d_c$	$1{,}2 \cdot d_c$	$1{,}2 \cdot d_c$	$0{,}6 \cdot d_c$
C10	$2 \cdot d_c$	$2 \cdot d_c$	$1{,}2 \cdot d_c$	$1{,}2 \cdot d_c$	$0{,}6 \cdot d_c$

Bolzen, Passbolzen und Stabdübel

Bolzen (hier ohne Tabellenwerte) sind wie Metallschrauben mit Gewinde, Kopf und Mutter versehen. Bolzenverbindungen lassen relativ große Verschiebungen (Schlupf) zu, deshalb werden sie nur in untergeordneten Bauten (fliegende Bauten, Zirkus, Jahrmarkt) und als Heftbolzen zur Lagesicherung von Bauteilen verwendet. Bolzenlöcher dürfen bis zu 1 mm größer sein als der Bolzennenndurchmesser M12, M16, M20, M24 (Lochspiel ≤ 1 mm).

Passbolzen sind wie Bolzen ausgebildet. Sie werden wie Stabdübel gerechnet. Der Lochdurchmesser im Holz ist – wie auch bei Stabdübeln – gleich dem Nenndurchmesser (Lochspiel = 0 mm).

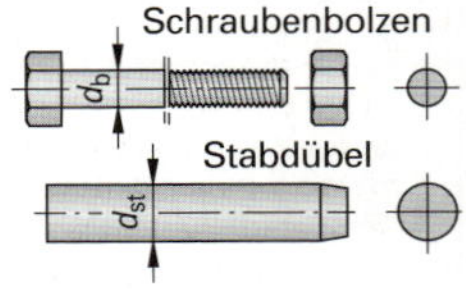

Stabdübel sind runde Stahlstifte mit d = 10, 12, 16, 20 und 24 mm Durchmesser. Tragende Verbindungen mit Stabdübeln und/oder Passbolzen sollten mindestens 4 Scherflächen aufweisen.

Mindesttragfähigkeit, erforderliche Holzdicken und Mindestabstände von Stabdübeln S 235 und Passbolzen 4.6 für den Regelfall NH VH C24 (Holz-Holz-Verbindung)

Durchmesser	Tragfähigkeit		Mindestholzdicken		Stabdübel-/Passbolzenabstände			
d	$R_{d\parallel}$	$R_{d\perp}$	$t_{1,req}$	$t_{2,req}$	a_1	$a_{1,t}$	$a_{1,c}$	a_2
mm	kN	kN	mm	mm	mm	mm	mm	mm
10	3,43	3,07	51	42	50	80	30	30
12	4,71	4,18	60	50	60	84	36	36
16	7,72	6,78	77	64	80	112	48	48
20	11,3	9,78	94	78	100	140	60	60
24	15,2	13,1	111	92	120	168	72	72

Werden Passbolzen verwendet, so darf die Tragfähigkeit um 20 % erhöht werden.
(Fußzeiger req = required, erforderlich; t = tension,Zug; c = compression, Druck)

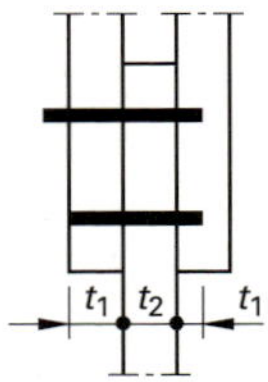

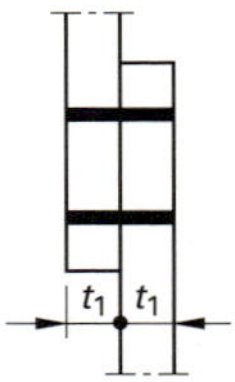

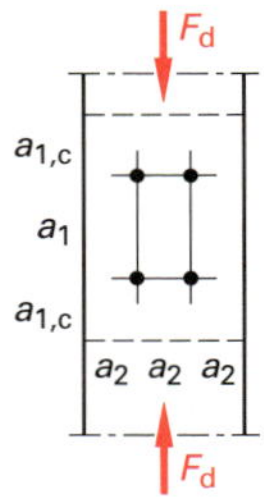

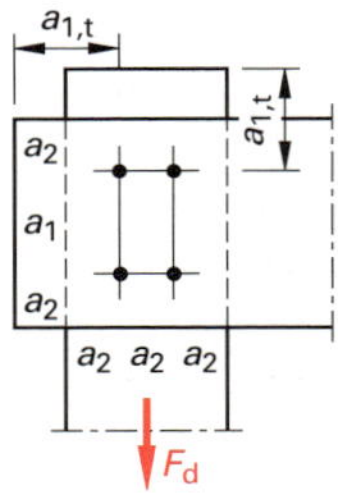

Liegen mehrere Stabdübel (Passbolzen) in einer Reihe in Kraft- und Faserrichtung hintereinander, so ist mit einer verminderten Anzahl n_{ef} je Reihe zu rechnen.

Anzahl n	2	3	4	5	6	7	8	9	10	11	12
n_{ef}	1,57	2,26	2,93	3,58	4,22	4,85	5,46	6,08	6,68	7,28	7,87

Beispiel

Der dargestellte Anschluss mit Stabdübeln ist in den Abmessungen für die Tragfähigkeit nachzuweisen. Konstruktionsvollholz NH C24, horizontal 2 Seitenhölzer 2×80 mm/180 mm, vertikal 1 Mittelholz (Zugstab) 80 mm/120 mm. Stabdübel Stahl S235 12 mm, 240 mm lang. Vertikale Zugkraft F_d = 28 kN. Standardfall. Maße in mm.

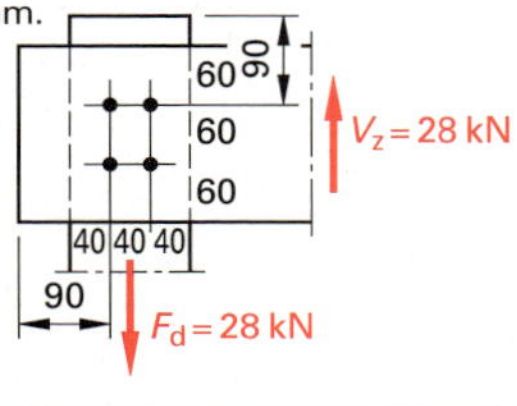

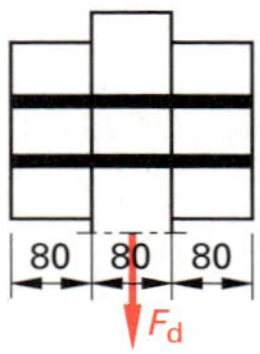

Abstände

a_1 = 60 mm ≥ 60 mm
$a_{1,t}$ = 90 mm ≥ 84 mm
a_2 = 40 mm ≥ 36 mm
t_1 = 80 mm ≥ 60 mm
t_2 = 80 mm ≥ 50 mm

Nachweise

- Anschlussnachweis Vertikalstab Horizontalstab
- Bauteilnachweis Vertikalstab auf Zug Horizontalstab auf Zug

7

7.4 Flachdächer

Flachdächer und flach geneigte Dächer sind wesentlich stärkeren Belastungen durch Regen, Hagel, Schnee, Hitze und Kälte ausgesetzt als mäßige Steildächer und Steildächer. Die Missachtung bauphysikalischer Erkenntnisse führt oft zu Bauschäden am Flachdach. Deshalb wird das Flachdach, auch unter dem Eindruck des äußeren Erscheinungsbildes, oft negativ beurteilt.

Bei sorgfältiger Bauausführung unter Anwendung der

- bauphysikalischen Erkenntnisse
- Wärmeschutzbestimmungen nach DIN 4108
- Schallschutzbestimmungen nach DIN 4109
- Brandschutzanforderungen nach DIN 4102
- Unfallschutzanforderungen gemäß Landesbauordnung
- Flachdachrichtlinien von 2004

und bei regelmäßiger Wartung und Instandhaltung sind keine Mängel zu erwarten. Insbesondere ist für ein Flachdach eine fugenlose Dachhaut und eine begehbare Konstruktion erforderlich.

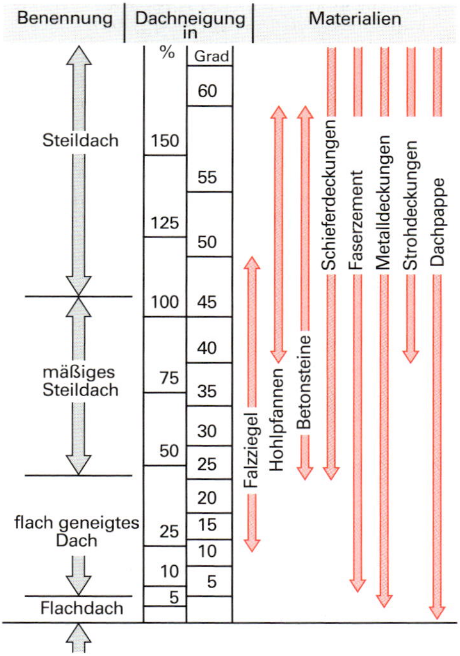

Begriffliche Unterteilung

Dachdeckungen werden bei Dächern mit einer Neigung von mehr als 5° bzw. ~ 9% durchgeführt.

Dachabdichtungen werden bei Dächern mit einer Neigung von 0° bis 5° bzw. ~ 9% durchgeführt.

Flachdächer

- belüftetes Flachdach / zweischaliges Flachdach **Kaltdach**
  - schwere Ausführung (z. B. Massivdecke)
  - leichte Ausführung (z. B. Holzkonstruktion)
- unbelüftetes Flachdach / einschaliges Flachdach **Warmdach**
  - schwere Ausführung (z. B. Massivdecke)
  - Umkehrdach oder IRMA-Dach (Insulated roof membrane assembly)
- Flachdachsonderformen
  - Terrassendach – als Sonderform des schweren einschaligen Flachdaches
  - begrünte Flachdächer (mit notwendiger Schichthöhe des Mutterbodens zwischen 2 cm für pflegearme Dachbegrünung und 25 cm für Stauden und Bodendecker) – Sonderform des Umkehrdaches

Die **Sicherung** von Dachabdichtungen und den dazugehörigen Schichten **gegen Abheben** durch Windlasten erfolgt durch

- Auflast (mindestens 5 cm Kiesschüttung)
- Verklebung (evtl. Voranstrich notwendig)
- mechanische Befestigung (hohe Reißfestigkeit der Dachabdichtung notwendig)

Unbelüftetes Flachdach

Bei einem unbelüfteten Flachdach sind dichtende, wärmedämmende und tragende Funktion des Daches in einer Schale vereint. Bei relativ geringer Konstruktionshöhe kann das unbelüftete Flachdach für beliebige Abmessungen und Grundrissformen konstruiert werden. Der prinzipielle Aufbau:

unbelüftetes Flachdach ohne Gefälle		unbelüftetes Flachdach mit Gefälle	
• Oberflächenschutz		• Oberflächenschutz	
• Dachhaut		• Dachhaut	
• Dampfdruckausgleichsschicht	oben	• Dampfdruckausgleichsschicht	außen
• Wärmedämmschicht	↕	• Wärmedämmschicht	↕
• Dampfsperrschicht		• Dampfsperrschicht	
• Ausgleichsschicht		• Ausgleichsschicht	
• Tragkonstruktion	unten	• Gefälleschicht	innen
		• Tragkonstruktion	

Tragkonstruktion

- sie liegt im warmen Bereich des Gebäudes
- sie muss so bemessen sein, dass die Durchbiegung nicht zu unverträglichen Beanspruchungen des Daches führt
- ist sie als Massivdecke über 12,00 m Länge ausgeführt, müssen Dehnungsfugen vorgesehen werden

Gefälleschicht

- sie sollte möglichst bereits in der Tragkonstruktion berücksichtigt werden
- sie sollte stets materialgleich mit der Tragkonstruktion sein

Ausgleichsschicht ► S. 235

- verwendet werden z. B. bituminöse unterseitig grob bestreute Dachbahnen
- sie ist trockene Unterlage für den Dachaufbau
- sie wirkt als Verschiebeschicht und überbrückt geringfügige Schwind- und Spannungsrisse
- sie ist keine Dampfsperre
- sie sollte auf einer sauberen Tragkonstruktion oder Gefälleschicht ausgeführt werden, wobei ein Voranstrich den Staub bindet und die Haftfähigkeit der Klebemittel verbessert

Dampfsperre ► S. 235

- sie verhindert, dass Wasserdampf in die Wärmedämmschicht eindringt
- sie kann lose aufgelegt werden
- sie kann punktweise, streifenweise oder vollflächig aufgeklebt werden
- verwendet werden z. B. Bitumendachdichtungsbahnen nach DIN 52130 oder Bitumenschweißbahnen nach DIN 52131 oder Glasvlies-Bitumendichtungsbahnen nach DIN 52143 oder Bitumenschweißbahnen mit Einlagen

Wärmedämmschicht ► S. 136

- sie soll temperaturbedingte Bewegungen der Tragkonstruktion verhindern
- sie soll den Wärmestrom durch den Dachaufbau nach außen vermindern
- sie muss temperaturbeständig, unverrottbar, trittfest, formbeständig und maßhaltig sein
- verwendet werden z. B. Wärmedämmstoffe mit erhöhter Druckbelastbarkeit WS/WDS oder WDH sowie druckbeanspruchbare Wärmedämmstoffe WD

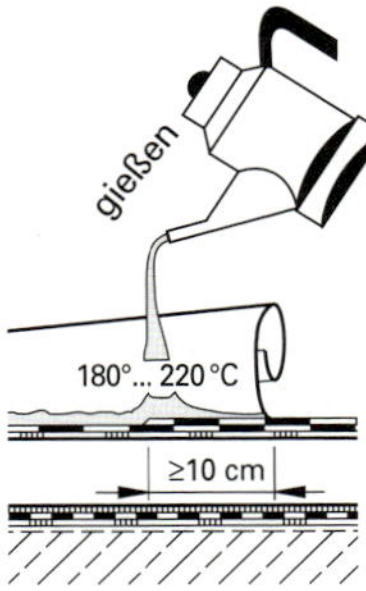

handwerklich sorgfältige Ausführung hat große Bedeutung

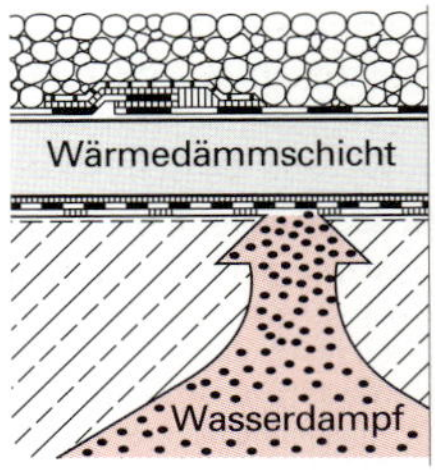

Wasserdamp muss unterhalb der Wärmedämmschicht abgeleitet werden

Dampfdruckausgleichsschicht ► S. 235

- sie soll die Eigenfeuchte, Restfeuchte oder den noch vorhandenen Wasserdampf druckmäßig ausgleichen
- sie sollte nach außen hin entlüftet werden
- verwendet werden z. B. gelochte Glasvlies-Bitumendachbahnen oder punktförmig aufgeklebte unterseitig grob bestreute Dachbahnen

Dachhaut ► S. 235

- sie soll die Dachkonstruktion vor der von außen einwirkenden Feuchtigkeit schützen
- sie ist mehrlagig auszuführen, wobei die Bahnen untereinander vollflächig zu verkleben sind
- verwendet werden z. B. Bitumendachdichtungsbahnen, Bitumenschweißbahnen, Dachdichtungen aus hochpolymeren Dachbahnen (Kunststoffdachbahnen) oder einlagige Dachdichtungen

Oberflächenschutzschicht (Kiesschicht)

- sie vermindert das Einwirken von UV-Strahlen und das Aufheizen der Dachhaut
- sie verbessert die Beständigkeit gegen Witterungseinflüsse
- sie vermindert die Gefahr der Entzündung durch Funkenflug und durch Gewichtserhöhung die Gefahr des Abhebens des Daches

Umkehrdach

Das Umkehrdach ist bauphysikalisch mit dem unbelüfteten Flachdach zu vergleichen. Dabei liegt die Wärmedämmung beim Umkehrdach auf der Dachhaut. Dampfsperrschicht und Dampfdruckausgleichsschicht entfallen. Die Wärmedämmschicht muss aus hochwertigen Spezialdämmplatten bestehen. Ein Mindestgefälle von 2% soll die Pfützenbildung vermindern.

Belüftetes Flachdach

Für die Funktionsfähigkeit eines Kaltdaches ist die Belüftung zwischen der Wärmedämmschicht und der oberen Schale des Daches ausschlaggebend. Da der thermische Auftrieb geringer ist als beim geneigten Dach, muss der Luftaustausch durch die Außenluft und eine ausreichende Luftraumhöhe bewirkt werden. Der Belüftungsraum wird durch Leichtbetonsteine, Holzbalken oder Verbundträger mit Gitterstegen konstruiert, die Dacheindeckung erfolgt mittels Dachschalung, Gleitschicht, Dachhaut und Kiesschicht.

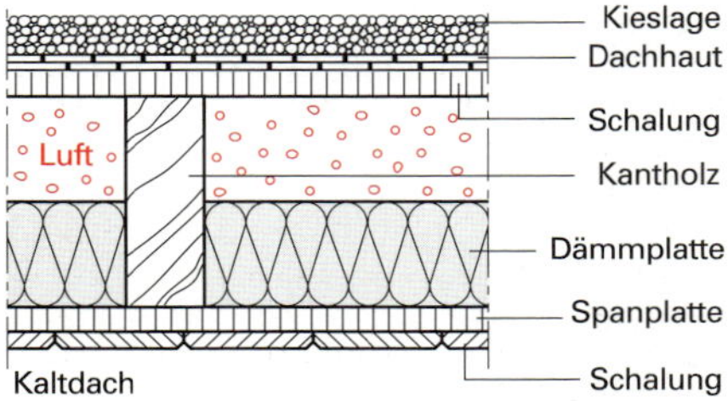

7.5 Stahlbau

- **Stahl** ist alles ohne Nachbehandlung schmiedbare **Eisen** mit höchstens 2% Kohlenstoffgehalt.
- **Stahlbau** umfasst die Konstruktion von Bauwerken sowie die Berechnung von Bauteilen und Verbindungsmitteln aus Stahl. Hauptnorm ist die **DIN 18800** (11.90). Sie ist dem gültigen Eurocode 3 (Tragwerke aus Stahl), **DIN V ENV 1993-1-1** weitgehend angepasst.
- **Stahlbauteile** sind Walzerzeugnisse oder aus Walzerzeugnissen gefertigte Teile.
- **Verbindungsmittel** aus Stahl sind Niete, Schrauben, Muttern, Unterlegscheiben, Bolzen und Schweißnähte.

7.5.1 Walzerzeugnisse

- Zu den **Walzerzeugnissen** gehören **Form-, Stab-** und **Breitflachstähle** sowie Bleche, Hohl- und Kaltprofile.

Erzeugnisart	Formstahl			Stabstahl		
Querschnitt	I	I	[	[	˥ L T	● ◓ ■ ▬ ⬢ ⯃
Bezeichnung	I-Stahl IPE-Stahl	HEB, HEM-, HEA-Stahl	U-Stahl $h \geq 80$ mm	U-Stahl $h < 80$ mm	Z, L-, T-Stahl	Rund-, Halbrund-, Vierkant-, Flach-, Sechskant- und Achtkantstahl
Bedeutung: P parallelflanschig, E Europaprofil, H breitflanschig, A leicht, B normal, M verstärkt (Profiltabellen)						

- Zu den **Blechen** gehören **Feinbleche** (bis 2,75 mm Dicke), **Mittelbleche** (3 mm bis 4,75 mm Dicke), **Grobbleche** (ab 4,75 mm Dicke), Bleche mit Oberflächenprofilierung (Riffel-, Warzen- und Raupenbleche) und Bleche mit Querschnittsprofilierung (Trapez-, Well- und Pfannenbleche).
- Zu den **Hohlprofilen** gehören **Rundrohre, Quadrat-** und **Rechteckrohre** ► S. 207
- **Kaltprofile** sind aus 1,5 mm bis 8 mm dickem Bandstahl kalt geformt. Die Kanten sind ausgerundet.

Gängige Kaltprofile	Querschnitt	[	L	˥	C	⎍
	Bezeichnung	U-Profil	Winkel-(L-)Profil	Z-Profil	C-Pofil	Hut-Profil

Herstell-Längen: Formstähle, U- und Z-Stähle bis 15 m, L- und T-Stähle bis 12 m, sonstige Stabstähle je nach Form und Durchmesser 6 m bis 15 m, Rundrohre 4 m bis 7,5 m, Quadrat- und Rechteckrohre bis 16 m und Kaltprofile bis 6 m.

7.5.2 Einwirkungen und Grundkombinationen

- **Einwirkungen** sind Lasten, Temperatureinflüsse und Zwangsverformungen (z. B. Stützensenkungen). Die Lastannahmen nach DIN 1055 ► S. 78 werden im Sinne der DIN 18 800 und der Eurocodes als charakteristische Größen der Einwirkungen (Fußzeiger k) bezeichnet.
- Statt der Einzellastfälle wird unterteilt in die Lastgruppe aller **ständigen Einwirkungen *G*,** die Lastgruppen der **veränderlichen Einwirkungen *Q*** (z. B. Verkehrslast, Wind- und Schneelast) sowie die **außergewöhnlichen Einwirkungen F_A** (z. B. Anprall-Lasten).
- G_k bezeichnet die charakteristische Größe aller ständigen Einwirkungen. Besteht die ständige Einwirkung nur aus einer Gleichstreckenlast, so kann auch g_k z. B. in kN/m oder kN/m² verwendet werden.
- $Q_{i,k}$ (i = 1, 2, ...) bezeichnet die charakteristische Größe der veränderlichen Einwirkungen i. Für Verkehrslast, Schneelast und Windlast können bei Gleichstreckenlasten die Bezeichnungen q_k, s_k und w_k verwendet werden.
- **Grundkombinationen** ersetzen die bisherigen Kombinationslastfälle H, HZ und HS.
- Die charakteristischen Größen der Einwirkungen (bisher Einzellastfälle) werden mit **Teilsicherheitsfaktoren** γ multipliziert und ergeben in der Überlagerung in den Grundkombinationen Bemessungseinwirkungen, die zur Ermittlung von Bemessungsschnittgrößen herangezogen werden.
- Werden mehrere veränderliche Einwirkungen kombiniert, so dürfen diese mit einem **Kombinationsbeiwert Ψ** abgemindert werden.

Kombinationen der Einwirkungen

Grundkombination 1 GK 1	Zusammenwirken **aller** ständigen Einwirkungen und jeweils einer ungünstig wirkenden veränderlichen Einwirkung: $\boldsymbol{E_d = \gamma_G \cdot G_k \oplus \gamma_Q \cdot Q_{i,k}}$
Grundkombination 2 GK 2	Zusammenwirken **aller** ständigen Einwirkungen und aller ungünstig wirkenden veränderlichen Einwirkungen: $\boldsymbol{E_d = \gamma_G \cdot G_k \oplus \Psi \cdot \gamma_Q \cdot \Sigma Q_{i,k}}$
außergewöhnliche Kombination:	Zusammenwirken **aller** ständigen Einwirkungen und aller ungünstig wirkenden veränderlichen Einwirkungen sowie einer außergewöhnlichen Einwirkung F_A: $\boldsymbol{E_d = \gamma_G \cdot G_k \oplus \Psi \cdot \gamma_Q \cdot \Sigma Q_{i,k} \oplus F_A}$
Der ungünstigere Wert $\boldsymbol{E_d}$ aus den Kombinationen ist als Bemessungseinwirkung zu verwenden. Bei Gleichstreckenlasten kann $\boldsymbol{E_d}$ durch $\boldsymbol{r_d}$ ersetzt werden. Kombinationsbeiwert $\boldsymbol{\Psi} = 0{,}9$.	

Teilsicherheitsbeiwerte der Einwirkungen für den Tragfähigkeitsnachweis

ständige Einwirkungen veränderliche Einwirkungen	γ_G = **1,35** γ_Q = **1,50**	alle Einwirkungen bei einer außergewöhnlichen Einwirkung	γ_G = **1,00** γ_Q = **1,00**
ständige Einwirkungen, die ungünstig wirkende veränderliche Einwirkungen vermindern	γ_G = **1,00**	alle Einwirkungen beim Gebrauchstauglichkeitsnachweis	γ_G = **1,00** γ_Q = **1,00**

Beispiel

Ein Einfeldträger wird durch eine ständige Einwirkung g_k = 4 kN/m (G_k) und durch zwei veränderliche Einwirkungen q_k = 3 kN/m ($Q_{1,k}$, Verkehrslast) und s_k = 1 kN/m ($Q_{2,k}$, Schneelast) beansprucht. Gesucht ist die maßgebende Bemessungseinwirkung q_d (E_d, Volllast).

Für den Tragfähigkeitsnachweis ist nach Tabelle γ_G = 1,35, γ_Q = 1,50 und Ψ = 0,9 zu setzen.

GK 2: E_d = 1,35 · 4 kN/m + 0,9 · 1,50 · (3 kN/m + 1 kN/m) = 10,8 kN/m
GK 1: E_d = 1,35 · 4 kN/m + 1,50 · 3 kN/m = 9,9 kN/m
GK 1: E_d = 1,35 · 4 kN/m + 1,50 · 1 kN/m = 6,9 kN/m

Maßgebend ist die Bemessungseinwirkung $\boldsymbol{r_d}$ **= 10,8 kN/m** (E_d, Bemessungslast).

7.5.3 Beanspruchungen und Beanspruchbarkeiten

- **Beanspruchungen** (Oberbegriff $\boldsymbol{S_d}$) sind Schnittgrößen und Spannungen, die sich infolge der Bemessungseinwirkungen am statischen System oder im Querschnitt ergeben.
- Für ebene Stabwerke, die in ihrer Ebene beansprucht sind, treten als Schnittgrößen die **Normalkraft** $\boldsymbol{N_d}$, die **Querkraft** $\boldsymbol{V_{z,d}}$ und das **Biegemoment** $\boldsymbol{M_{y,d}}$ auf.
- Aus den **Schnittgrößen** ergeben sich am Querschnitt bei elastischer Rechnung die **Normalspannung** $\boldsymbol{\sigma_d}$, die **Schubspannung** $\boldsymbol{\tau_d}$ und die **Vergleichsspannung** $\boldsymbol{\sigma_{v,d}}$.
- **Beanspruchbarkeiten** (Oberbegriff $\boldsymbol{R_d}$) sind die vom Querschnitt aufnehmbaren Schnittgrößen oder Spannungen.
- Nenngröße für die Spannungen ist der **charakteristische Wert der Streckgrenze** $\boldsymbol{f_{y,k}}$.
- Die Bemessungsstreckgrenze $\sigma_{R,d}$ ergibt sich durch Division des charakteristischen Wertes durch den **Teilsicherheitsbeiwert** γ_M der Widerstandsgrößen (Material γ_s für Stahl im Stahlbeton).
- Der Nachweis der Gebrauchstauglichkeit ist i.d.R. ein Nachweis der Größe der Verformung. Die maximale Durchbiegung wird berechnet mit

7 $\delta_{max} = \delta_G + \delta_Q - \delta_o$

δ_G Durchbiegung unter ständiger Einwirkung
δ_Q Durchbiegung unter veränderlicher Einwirkung
δ_o Überhöhung

Bemessungswerte der Beanspruchbarkeiten

Normalspannung	Schubspannung	Elastizitätsmodul	Schubmodul
$\sigma_{R,d} = f_{y,k} / \gamma_M$	$\tau_{R,d} = f_{y,k} / (\sqrt{3} \cdot \gamma_M)$	$E_d = E_k / \gamma_M$	$G_d = G_k / \gamma_M$

Teilsicherheitsbeiwerte der Widerstandsgrößen

Anwendung	γ_M
Festigkeiten und Steifigkeiten im Tragsicherheitsnachweis	1,1
Festigkeiten und Steifigkeiten im Tragsicherheitsnachweis bei Zwängungen, wenn γ_M = 1,1 die Wirkung vermindern würde	1,0
Festigkeiten und Steifigkeiten im Gebrauchstauglichkeitsnachweis, wenn keine Gefahr für Leib und Leben besteht	1,0
Festigkeiten und Steifigkeiten im Gebrauchstauglichkeitsnachweis, wenn Gefahr für Leib und Leben besteht	1,1

Charakteristische Werte der Baustähle

Stahlsorte	St 37	St 52	St 37	St 52
Erzeugnisdicke t in mm	≤ 40		> 40 und ≤ 80	
Streckgrenze $f_{y,k}$ in N/mm²	240	360	215	325
Zugfestigkeit $f_{u,k}$ in N/mm²	360	510	360	510
Elastizitätsmodul E_k	210 000 N/mm²			
Schubmodul G_k	81 000 N/mm²			
Temperaturdehnzahl α_T (bzw. ϑ)	$12 \cdot 10^{-6}\,K^{-1}$			
St 37 entspricht S 235 JR bzw. Fe 360 B St 52 entspricht S 355 J0 bzw. Fe 510 C				

7.5.4 Rechenverfahren

- Es werden hier ausschließlich ebene Stabtragwerke mit Einwirkungen in der Ebene betrachtet.
- Nachfolgende Betrachtungen beschränken sich auf das **Rechenverfahren elastisch - elastisch.**
- Die alternativen Rechenverfahren **elastisch – plastisch** und **plastisch – plastisch** werden hier nicht behandelt.
- Mit den **Bemessungseinwirkungen** werden am statischen System im gewählten Rechenverfahren die **Bemessungsschnittgrößen Normalkraft N_d, Querkraft $V_{z,d}$** und **Biegemoment $M_{y,d}$** errechnet.
- Die **Bemessungsschnittgrößen** ergeben mit den gewählten Stahlquerschnitten die **Bemessungsspannungen σ_d, $\sigma_{V,d}$** und τ_d als Beanspruchungen.

7.5.5 Nachweis der Tragfähigkeit

Ermittlung der Beanspruchungen (Spannungen)

Schnittgröße	Spannungsart	Spannungsformel	Spannungsart	Spannungsformel
Längskraft	Druck	$\sigma_{d,N} = N_d/A$	Zug	$\sigma_{d,N} = N_d/A_N$
Biegemoment	Biegedruck	$\sigma_{d,M} = M_{y,d} \cdot z/I_y$	Biegezug	$\sigma_{d,M} = M_{y,d} \cdot z/I_{y,N}$
Querkraft $V_{z,d}$	Schub	$\tau_d = V_{z,d} \cdot S_y/(I_y \cdot t)$	Schub (I-Träger)	$\tau_{m\,d} = V_{z,d}/A_{Steg}$
Kombination	Vergleichswert	$\sigma_{v,d} = \sqrt{(\sigma_d^2 + 3\,\tau_d^2)}$	mit	$\sigma = \sigma_{d,N} + \sigma_{d,M}$
$A_N = A - \Delta A$	$I_{y,N} = I_y - \Delta I_y$	$W_y = I_y/z_R$	$W_{y,N} = I_{y,N}/z_R$	$A_{Steg} = s \cdot (h - t)$
ΔA Lochabzug im Zugbereich, ΔI_y Abzugsflächenmoment 2. Grades für Löcher im Zugbereich des Querschnitts bezogen auf die Schwerpunktsachsen des ungeschwächten Querschnitts. A_{Steg} Querschnittsfläche des Steges von Mitte Flansch bis Mitte Flansch. z_R Abstand der Randfaser vom Schwerpunkt des Querschnitts. h, t, s Maße aus Profiltabellen ▶ S. 312				

Nachweis der Tragfähigkeit

Nachweisform	Allgemein	Normalspannungen	Schubspannungen	Vergleichsspannungen
Nachweis	$S_d/R_d \le 1$	$\sigma_d/\sigma_{R,d} \le 1$	$\tau_d/\tau_{R,d} \le 1$	$\sigma_{V,d}/\sigma_{R,d} \le 1$
Vergleichsspannungen werden nur aus Normal- und Schubspannungen ermittelt, die an derselben Querschnittstelle wirken. In Sonderfällen sind günstigere Nachweise möglich.				

7.5.6 Profiltabellen

Schmale I-Träger
nach DIN 1025
und Euronorm 19-57

$r_1 = s$

$h_1 \approx h - 2{,}4\,t - 2\,s$ (Steghöhe)

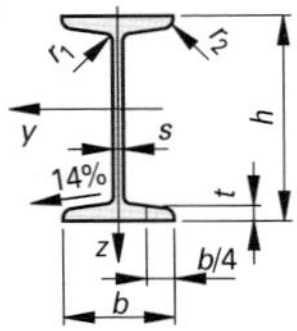

I	Abmessungen				Statische Werte					
	h	b	s	t	A	I_y	W_y	I_z	W_z	g
	mm	mm	mm	mm	cm^2	cm^4	cm^3	cm^4	cm^3	kN/m
80	80	42	3,9	5,9	7,57	77,8	19,5	6,29	3,00	0,059
100	100	50	4,5	6,8	10,6	171	34,2	12,2	4,88	0,083
120	120	58	5,1	7,7	14,2	328	54,7	21,5	7,41	0,111
140	140	66	5,7	8,6	18,2	573	81,9	35,2	10,7	0,143
160	160	74	6,3	9,5	22,8	935	117	54,7	14,8	0,179
180	180	82	6,9	10,4	27,9	1450	161	81,3	19,8	0,219
200	200	90	7,5	11,3	33,4	2140	214	117	26,0	0,262
220	220	98	8,1	12,2	39,5	3060	278	162	33,1	0,311
240	240	106	8,7	13,1	46,1	4250	354	221	41,7	0,362
260	260	113	9,4	14,1	53,3	5740	442	288	51,0	0,419
280	280	119	10,1	15,2	61,0	7590	542	364	61,2	0,479
300	300	125	10,8	16,2	69,0	9800	653	451	72,2	0,542
320	320	131	11,5	17,3	77,7	12510	782	555	84,7	0,610
340	340	137	12,2	18,3	86,7	15700	923	674	98,4	0,680
360	360	143	13,0	19,5	97,0	19610	1090	818	114	0,761
400	400	155	14,4	21,6	118	29210	1460	1160	149	0,924
450	450	170	16,2	24,3	147	45850	2040	1730	203	1,15
500	500	185	18,0	27,0	179	68740	2750	2480	268	1,41

Mittelbreite I-Träger
IPE-Reihe
nach DIN 1025
und Euronorm 19-57

$r \approx 1{,}5\,t$

$h_1 \approx h - 5\,t$

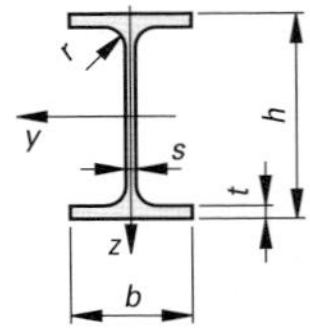

IPE	Abmessungen				Statische Werte					
	h	b	s	t	A	I_y	W_y	I_z	W_z	g
	mm	mm	mm	mm	cm^2	cm^4	cm^3	cm^4	cm^3	kN/m
80	80	46	3,8	5;2	7,64	80,1	20,0	8,49	3,69	0,600
100	100	55	4,1	5,7	10,3	171	34,2	15,9	5,79	0,081
120	120	64	4,4	6,3	13,2	318	53,0	27,7	8,65	0,104
140	140	73	4,7	6,9	16,4	541	77,3	44,9	12,3	0,129
160	160	82	5,0	7,4	20,1	869	109	68,3	16,7	0,158
180	180	91	5,3	8,0	23,9	1320	146	101	22,2	0,188
200	200	100	5,6	8,5	128,5	1940	194	142	28,5	0,224
220	220	110	5,9	9,2	33,4	2770	252	205	37,3	0,262
240	240	120	6,2	9,8	39,1	3890	324	284	47,3	0,307
270	270	135	6,6	10,2	45,9	5790	429	420	62,2	0,361
300	300	150	7,1	10,7	53,8	8360	557	604	80,5	0,422
330	330	160	7,5	11,5	62,6	11770	713	788	98,5	0,491
360	360	170	8,0	12,7	72,7	16270	904	1040	123	0,571
400	400	180	8,6	13,5	84,5	23130	1160	1320	146	0,663
450	450	190	9,4	14,6	98,8	33740	1500	1680	176	0,776
500	500	200	10,2	16,0	116	48200	1930	2140	214	0,907
550	550	210	17,2	134	106	67120	2440	2670	254	1,06
600	600	220	12,0	19,0	156	92080	3070	3390	308	1,22

Breite I-Träger
IPB-Reihe nach DIN 1025
und Euronorm 19-57

$r \approx 2\,s$ bis IPB240
$r = 24$ mm bis IPB280
$r = 27$ mm bis IPB700
$r = 30$ mm bis IPB800

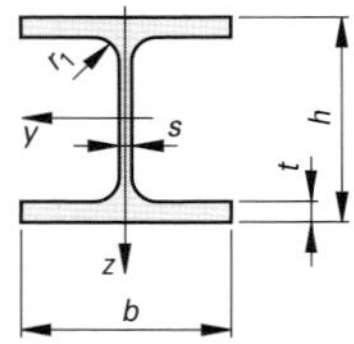

IPB HE-B	Abmessungen				Statische Werte					
	h	b	s	t	A	I_y	W_y	I_z	W_z	g
	mm	mm	mm	mm	cm^2	cm^4	cm^3	cm^4	cm^3	kN/m
100	100	100	6	10	26,0	450	89,9	167	33,5	0,204
120	120	120	6,5	11	34,0	864	144	318	52,9	0,267
140	140	140	7	12	43,0	1510	216	550	78,5	0,337
160	160	160	8	13	54,3	2490	311	889	111	0,426
180	180	180	8,5	14	65,3	3830	426	1360	151	0,512
200	200	200	9	15	78,1	5700	570	2000	200	0,613
220	220	220	9,5	16	91,0	8090	736	2840	258	0,715
240	240	240	10	17	106	11260	938	3290	327	0,832
260	260	260	10	17,5	118	14920	1150	5130	395	0,930
280	280	280	10,5	18	131	19720	1380	6590	471	1,03
300	300	300	11	19	149	25170	1680	8560	571	1,17
320	320	300	11,5	20,5	161	30820	1930	9240	616	1,27
340	340	300	12	21,5	171	36660	2160	9690	646	1,34
360	360	300	12,5	22,5	181	43190	2400	10140	676	1,42
400	400	300	13,5	24	198	57680	2880	10820	721	1,55
450	450	300	14	26	218	79890	3550	11720	781	1,71
500	500	300	14,5	28	239	107200	4290	12620	842	1,87
600	600	300	15,5	30	270	171000	5700	13530	902	2,12

U-Stahl
nach DIN 1026
(gekürzte Reihe)

$r_1 = t$

$r_2 \approx 0{,}5\,t$

$h_1 \approx h - 4{,}4\,t$

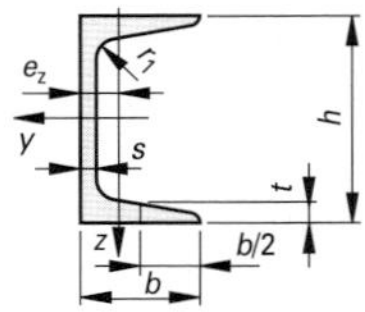

U	Abmessungen				Statische Werte						
	h	b	s	t	A	I_y	W_y	I_z	W_z	g	e_z
	mm	mm	mm	mm	cm^2	cm^4	cm^3	cm^4	cm^3	kN/m	cm
80	80	45	6	8	11,0	106	26,5	19,4	6,36	0,086	1,45
100	100	50	6	8,5	13,5	206	41,2	29,3	8,49	0,106	1,55
120	120	55	7	9	17,0	364	60,7	43,2	11,1	0,134	1,60
140	140	60	7	10	20,4	605	86,4	62,7	14,8	0,160	1,75
160	160	65	7,5	10,5	24,0	925	116	85,3	18,3	0,188	1,84
180	180	70	8	11	28,0	1350	150	114	22,4	0,220	1,92
200	200	75	8,5	11,5	32,2	1910	191	148	27,0	0,253	2,01
220	220	80	9	12,5	137,4	2690	245	197	33,6	0,294	2,14
240	240	85	9,5	13	42,3	3600	300	248	39,6	0,332	2,23
260	260	90	10	14	48,3	4820	371	317	47,7	0,379	2,36
280	280	95	10	15	53,3	6280	448	399	57,2	0,418	2,53
300	300	100	10	16	58,8	8030	535	495	67,8	0,462	2,70
320	320	100	14	17,5	75,8	10870	697	597	80,6	0,595	2,60
350	350	100	14	16	77,3	12840	734	570	75,0	0,606	2,40
380	380	102	13,5	16	80,4	15760	829	615	78,7	0,631	2,38
400	400	110	14	18	91,5	20350	1020	846	102	0,718	2,65

Gleichschenkliger Winkelstahl
nach DIN EN 10056
gekürzte Reihe
w_1, w_2 Wurzelmaße
d_1 Lochdurchmesser
min i kleinster Trägheitsradius
$r_2 \approx 0{,}5\, r_1$

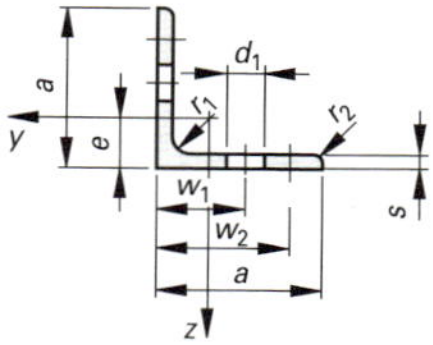

$a \times s$	Abmessungen				Statische Werte		
	r_1	e	d_1	w_1/w_2	A	$I_y = I_z$	min i
mm	mm	cm	mm	mm	cm²	cm⁴	cm
30× 3	5	0,84	–	–	1,74	1,41	0,57
40× 4	6	1,12	–	–	3,08	4,48	0,78
50× 5	7	1,40	13	30/–	4,8	11,0	0,98
60× 6	8	1,69	17	35/–	6,91	22,8	1,17
70× 7	9	1,97	21	40/–	9,4	42,4	1,37
75× 8	10	2,13	23	40/–	11,5	58,9	1,46
80× 8	10	2,26	23	45/–	12,3	72,3	1,55
90× 9	11	2,54	25	50/–	15,5	116	1,76
100×10	12	2,82	25	55/–	19,2	177	1,95
110×10	12	3,07	25	45/70	21,2	239	2,16
120×12	13	3,40	25	50/80	27,5	368	2,35
130×12	14	3,64	25	50/90	30	472	2,54
140×13	15	3,92	28	55/95	35	638	2,74

Ungleichschenkliger Winkelstahl
nach DIN EN 10056
gekürzte Reihe
w_1, w_2 Wurzelmaße im langen Schenkel
w_3 Wurzelmaß im kurzen Schenkel
d_1 (d_2) Lochdurchmesser im langen (kurzen) Schenkel

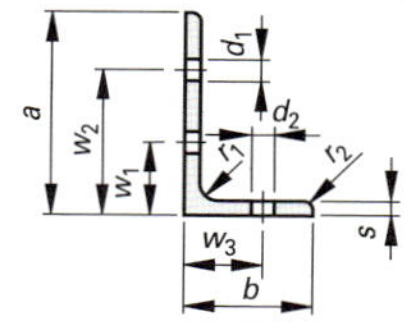

$r_2 \approx 0{,}5\, r_1$

$a \times b \times s$	Abmessungen					Statische Werte	
	r_1	e	d_1	w_1/w_2	w_3	A	min i
mm	mm	mm	mm	mm	mm	cm²	cm
50×30× 5	4,5	13	30/–	–	–	3,78	0,64
50×40× 5	4	13	30/–	–	–	4,27	0,84
60×30× 5	6	17	35/–	–	–	4,29	0,63
60×40× 6	6	17	35/–	–	–	5,68	0,85
70×50× 6	6	23	40/–	13	30	6,88	1,07
75×50× 7	6,5	23	40/–	13	30	8,30	1,07
80×40× 8	7	23	45/–	–	–	9,01	0,84
80×65× 8	8	23	45/–	21	35	11,0	1,36
90×60× 8	7	25	50/–	17	35	11,4	1,29
100×50× 8	9	25	55/–	13	30	11,5	1,05
100×65× 9	10	25	55/–	17	35	14,2	1,39
120×80×10	11	25	50/80	23	45	19,1	1,71
130×65×10	11	25	50/90	17	35	18,6	1,37
150×75× 11	10,5	28	60/105	21	40	23,6	1,59

7.5.7 Schraubenverbindungen

Symbole ▶ S. 108

Schraubenabmessungen in mm

Nenndurchmesser, Kennzeichnung	M12	M16	M20	M22	M24	M27	M30	M36
Regel-Lochdurchmesser d_L	13	17	21	23	25	28	31	37
Schaftdurchmesser R, HR d	12	16	20	22	24	27	30	36
Schaftdurchmesser P, HP d	13	17	21	23	25	28	31	37
R rohe Schraube (Schwarzschraube), P Passschraube, H hochfeste Schrauben								

Nennwerte der mechanischen Eigenschaften

Festigkeitsklasse	4.6	5.6	8.8	10.9
Zugfestigkeit $f_{u,b,k}$ in N/mm²	400	500	800	1000
Streckgrenze $f_{y,b,k}$ in N/mm²	240	300	640	900
Bruchdehnung	22%	20%	12%	9%

- Schrauben können durch die zu verbindenden Bauteile in Richtung der Schraubenachse (Zug), senkrecht zur Schraubenachse (Schub) und kombiniert beansprucht werden.
- Bei Zugbeanspruchung der Schrauben darf die Bemessungszugkraft N_d die Grenzzugkraft $N_{R,d}$ nicht überschreiten.
- Bei Schubbeanspruchung mit einer Bemessungsschubkraft V_d ist ein Nachweis auf Abscheren und Lochleibung zu führen. SL bedeutet Scher-/Lochleibungsverbindung.
- Der Nachweis auf Abscheren ist geführt, wenn die Abscherkraft $V_{a,d}$ je Schraube und Scherfläche die Grenzabscherkraft $V_{a,R,d}$ nicht überschreitet.
- Der Nachweis auf Lochleibung ist geführt, wenn die Lochleibungskraft $V_{l,d}$ je Schraube und je 10 mm maßgebende Blechdicke die Grenzlochleibungskraft $V_{l,R,d}$ nicht überschreitet.

7

Nachweise für Schraubenverbindungen

Zug	Abscheren	Lochleibung	Zug und Abscheren
$N_d/N_{R,d} \le 1$	$V_{a,d}/V_{a,R,d} \le 1$	$V_{l,d}/V_{l,R,d} \le 1$	$(N_d/N_{R,d})^2 + (V_{a,d}/V_{a,R,d})^2 \le 1$
N_d Zugkraft je Schraube, $V_{a,d}$ Schubkraft je Schraube und Scherfläche, $V_{l,d}$ Schubkraft je Schraube und je 10 mm maßgebender Blechdicke, $N_{R,d}$ Grenzzugkraft, $V_{a,d}/V_{a,R,d}$ Grenzabscherkraft/Grenzlochleibungskraft.			

Grenzzugkräfte $N_{R,d}$ in kN je Schraube

Festigkeitsklasse	Schraubennenngröße (M metrische Gewinde, Rechtsgewinde) M12	M16	M20	M22	M24	M27	M30	M36	Formeln und Hinweise
SL 4.6	22,4	39,9	62,3	75,4	89,7	114	140	205	$N_{R,d} = \min \begin{cases} A_{Sch} \cdot \sigma_{1,R,d} \\ A_{Sp} \cdot \sigma_{2,R,d} \end{cases}$
SL 5.6	28,0	49,8	77,9	94,2	112	142	175	252	$\sigma_{1,R,d} = f_{y,b,k}/(1{,}1 \cdot \gamma_M)$
SL/SLV 8.8	49,0	91,3	143	176	205	267	326	475	$\sigma_{2,R,d} = f_{u,b,k}/(1{,}25 \cdot \gamma_M)$
SL/SLV 10.9	61,3	114	178	220	257	334	408	594	$f_{y,b,k}$ und $f_{u,b,k}$ sind Nennwerte für Schraubenwerkstoffe.
SLP 4.6	24,5	45,0	68,6	82,3	97,4	122	150	213	A_{Sch}/A_p Schaft-/Spannungsquerschnitt
SLP 5.6	30,7	56,3	85,8	103	122	153	187	267	$\gamma_M = 1{,}1$
SLP/SLVP 8.8	49,0	91,3	143	176	205	267	326	475	
SLP/SLVP 10.9	61,3	114	178	220	257	334	408	594	

Grenzabscherkräfte $V_{a,R,d}$ in kN je Schraube und Scherfuge

Festigkeitsklasse	Schraubennenngröße M12	M16	M20	M22	M24	M27	M30	M38	Formeln und Hinweise
SL 4.6	24,7	43,9	68,5	82,9	98,6	125	154	222	$V_{a,R,d} = A_{Sch} \cdot \tau_{a,R,d} = \alpha_a \cdot f_{u,b,k}/\gamma_M$
SL 5.6	30,8	54,8	85,6	104	123	156	193	278	$\alpha_a = 0{,}6$ für die Festigkeitsklassen 4.6, 5.6 und 8.8
SL/SLV 8.8	49,3	87,7	137	166	197	250	309	444	$\alpha_a = 0{,}55$ für die Festigkeitsklasse 10.9
SL/SLV 10.9	56,5	101	157	190	226	287	354	509	$\gamma_M = 1{,}1$ (ungestützte Verbindung
SLP 4.6	29,0	49,5	75,5	90,5	107	134	165	235	$\gamma_M = 1{,}25$ vergl. Fußnote)
SLP 5.6	36,3	61,9	94,9	113	134	168	206	293	
SLP/SLVP 8.8	58,0	99,1	151	181	214	269	329	469	
SLP/SLVP 10.9	66,5	114	173	208	246 1	308	378	538	

Tabellenwerte gelten nur, wenn der glatte Schaftquerschnitt in der Scherfuge liegt. Bei einschnittigen ungestützten Verbindungen (nur eine Schraube in Kraftrichtung) sind die Tabellenwerte mit dem Faktor 0,88 abzumindern

Schraubenabstände (Achsmaße) für gebohrte Schraubenlöcher (d_L = Lochdurchmesser)

Abstand	e	e_1	e_2	e_3
Mindestwert	2,2 d_L	1,2 d_L	1,2 d_L	2,4 d_L
empfohlener Mindestwert	3,5 d_L	3,0 d_L	1,5 d_L	3,0 d_L
Höchstwerte bei Beulgefahr	6 d_L oder 12 t	3 d_L 6 t (8 t)	3 d_L 6 t (8 t)	3 d_L 12 t
Höchstwerte ohne Beulgefahr	10 d_L oder 20 t	3 d_L 6 t (8 t)	3 d_L 6 t (8 t)	10 d_L 20 t

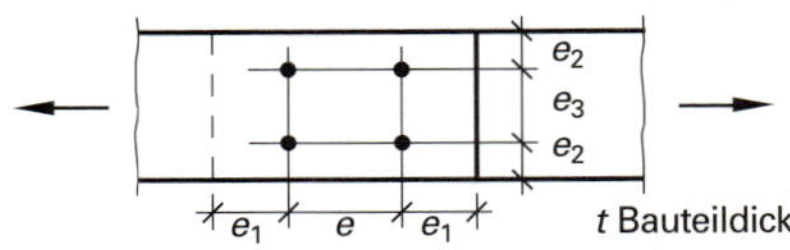

Eine lokale Beulgefahr besteht in geschraubten Stößen mit Druckkraftübertragung.
Die Klammerwerte gelten, wenn der freie Rand durch die Querschnittsform versteift wird.

Grenzlochleibungskräfte $V_{L,R,d}$ in kN für 10 mm Bauteildicke und St 37 (S 235)

Verbindungsart	e/d_L	e_1/d_L	α_2	M12	M16	M20	M22	M24	M27	M30	M36
SL oder SLV	2,2		1,606	42,0	56,1	104	114	124	94,6	105	126
		1,2	1,020	26,7	35,6	44,5	49,0	53,4	60,1	66,8	80,1
	≥ 3,5	≥ 3,0	3,000	78,5	105	131	144	158	177	197	236
SLP oder SLVP	2,2		1,606	45,6	59,6	73,6	80,6	87,6	98,1	109	130
		1,2	1,020	28,9	37,8	46,7	51,2	55,6	62,3	69,0	82,3
	≥ 3,5	≥ 3,0	3,000	85,4	112	138	1 151	164	184	204	243

Die Werte gelten, wenn $e_2 \geq 1{,}5\ d_L$ und $e_3 \geq 3\ d_L$ eingehalten werden. Bauteildicken 3 mm < $t \leq$ 40 mm.
Für Baustahl St 52 gelten die 1,5fachen Werte.
Zwischenwerte von e/d_L bzw. e_1/d_L können jeweils interpoliert werden.
Der kleinere Wert ist maßgebend

$$V_{L,R,d} = \alpha_2 \cdot t \cdot d_{sch} \cdot f_{y,k}/\gamma_M$$

7

Beispiel

Gesucht sind die Bemessungswerte der Beanspruchbarkeiten im Tragfähigkeitsnachweis für einen Baustahl St 37 (S 235) mit einer Erzeugnisdicke (z. B. Dicke der Teilquerschnitte eines Walzprofils) von $t \leq 40$ mm.

$\sigma_{R,d}$	$= 240/1{,}1$	$= 218\ N/mm^2$	(entspricht zulässiger Normalspannung)
$\tau_{R,d}$	$= 240/(\sqrt{3} \cdot 1{,}1)$	$= 126\ N/mm^2$	(entspricht zulässiger Schubspannung)
E_d	$= 210\,000/1{,}1$	$= 190\,900\ N/mm^2$	(Bemessungs-Elastizitätsmodul)
G_d	$= 81\,000/1{,}1$	$= 73\,600\ N/mm^2$	(Bemessungs-Schubmodul)

Ein Einfeldträger IPE 160 aus St 37 (S 235) mit einer Stützweite von $l = 4{,}0$ m und einer Gleichstreckenlast von $r_d = 10{,}8$ kN/m als Bemessungslast soll nach dem Verfahren elastisch – elastisch auf Tragfähigkeit untersucht werden (ohne Stabilitätsnachweis).

Bemessungsschnittgrößen: $\max M = M_{y,d} = 10{,}8 \cdot 4{,}0^2/8 = 21{,}6$ kNm

$V_{z,d} = 10{,}8 \cdot 4{,}0/2 = 21{,}6$ kN

Nachweis in Feldmitte:

$W_y = 109\ cm^3$			(Tabellenwert)
$S_d = \sigma_d$	$= 10 \cdot 2160/109$	$= 198\ N/mm^2$	(Beanspruchung)
$R_d = \sigma_{R,d}$	$= 240/1{,}1$	$= 218\ N/mm^2$	(Beanspruchbarkeit)
S_d/R_d	$= 198/218$	$= 0{,}908 \leq 1$	**(Nachweis erbracht)**

Nachweis am Auflager:

A_{Steg}	$= 5\,(160 - 7{,}4)$	$= 763\ mm^2$	(aus Tabellenwerten)
$S_d = \tau_d$	$= 1000 \cdot 21{,}6/763$	$= 28{,}3\ N/mm^2$	(Beanspruchung)
$R_d = \tau_{R,d}$	$= 240/(1{,}1 \cdot \sqrt{3})$	$= 126\ N/mm^2$	(Beanspruchbarkeit)
S_d/R_d	$= 28{,}3/126$	$= 0{,}225 \leq \mathbf{1}$	**(Nachweis erbracht)**

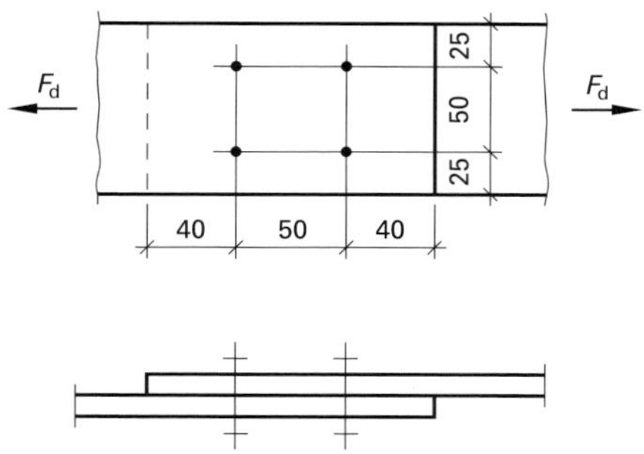

Für den Zugstoß eines Flachstahls ▱ 100 mm/8 mm aus St 37 (S 235) mit 4 Schrauben M12 SL 5.6 ist für eine Bemessungseinwirkung von $F_d = 120$ kN der Tragfähigkeitsnachweis zu führen.

Abscheren:

Anzahl der Schrauben $n = 4$, Scherflächen je Schraube $m = 1$

Beanspruchung je Schraube und Scherfläche:

$S_d = V_{a,d} = F_d/(n \cdot m)$,

$S_d = 120/(4 \cdot 1) = 30{,}0$ kN

Beanspruchbarkeit M12 SL 5.6 (gestützte Verbindung):

$R_d = V_{a,R,d} = 30{,}8$ kN

Nachweis:

$S_d/R_d = 30\ kN/30{,}8\ kN = 0{,}974 < 1$

Lochleibung:

Beanspruchung je Schraube: $S_d = V_{L,d} = F_d/n$, $S_d = 120/4 = 30$ kN

Beanspruchbarkeit: $t = 8$ mm $R_d = V_{L,R,d} = 0{,}8 \cdot 78{,}5\ kN = 62{,}8$ kN (Tabellenwert) oder

$R_d = V_{L,R,d} = 3{,}0 \cdot 0{,}8 \cdot 1{,}2 \cdot 24/1{,}1 = 62{,}8$ kN (Formel)

Nachweis: $S_d/R_d = 30\ kN/62{,}8\ kN = 0{,}478 < 1$

Bauteilnachweis:

$A_n = 0{,}8 \cdot (10{,}0 - 2 \cdot 1{,}3) = 5{,}92\ cm^2$

$S_d = \sigma_d = 120\ kN/5{,}92\ cm^2 = 20{,}3\ kN/cm^2$

$R_d = \sigma_{R,d} = 24/1{,}1 = 21{,}8\ kN/cm^2 \mathrel{\hat{=}} 218\ N/mm^2$

$S_d/R_d = 20{,}3/21{,}8 = 0{,}931 < 1$

Lochabstand:	$e = 50\ mm \geq 3{,}5\ d_L = 45{,}5$ mm	$e \leq 10\ d_L = 130$ mm	oder	$e \leq 20\ t = 160$ mm
	$e_3 = 50\ mm \geq 3\ d_L = 39$ mm	$e_3 \leq 10\ d_L = 130$ mm	oder	$e_3 \leq 20\ t = 160$ mm
Randabstände:	$e_1 = 40\ mm \geq 3\ d_L = 39$ mm	$e_1 \leq 3\ d_L = 39$ mm	oder	$e_1 \leq 6\ t = 48$ mm
	$e_2 = 25\ mm \geq 1{,}5\ d_L = 19{,}5$ mm	$e_2 \leq 3\ d_L = 39$ mm	oder	$e_2 \leq 6\ t = 48$ mm

7

7.5.8 Schweißverbindungen

Rechnerische Schweißnahtdicken *a*

Nahtart	Stumpfnaht	D(oppel)-HV-Naht	D(oppel)-HY-Naht	Doppelkehlnaht	Dreiblechnaht
Bild	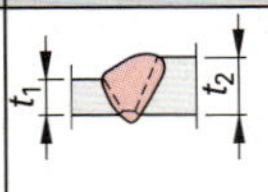	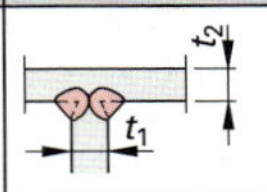	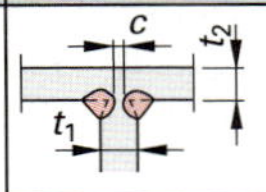	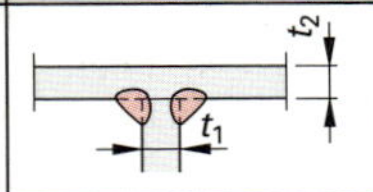	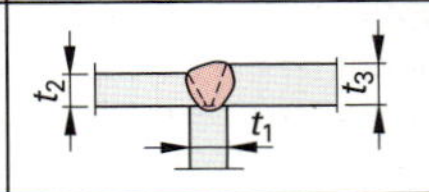
rechnerische Nahtdicke	$a = t_1$, wenn $t_1 \leq t_2$	$a = t_1$	$a = t_1$ $c \leq 1/5 \cdot t_1$, jedoch $c \leq 3$ mm	min $a = 2$ mm min $a = \sqrt{\max t} - 0{,}5$ max $a = 0{,}7$ min t (a und t in mm)	Kraftübertragung von t_2 nach t_3: $a = t_2 \leq t_3$. Kraftübertragung von t_1 nach t_2: $a = t_1$.

Mit *a* wird die rechnerische Schweißnahtdicke und mit *l* die rechnerische Länge einer Naht bezeichnet. $A_w = \Sigma\,(a \cdot l)$ ist die rechnerische Schweißnahtfläche, die sich aus mehreren Nähten verschiedener Länge und Dicke zusammensetzen kann. Bei konstanter Schweißnahtdicke *a* ist $\Sigma\,l$ die rechnerische Länge aller in einem Anschluss wirksamen Schweißnähte.

Symbole für Schweißnähte in der zeichnerischen Darstellung (Auswahl nach DIN 1912)

Bild Symbol	Bild Symbol	Bild Symbol	Bild Symbol
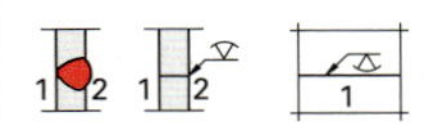	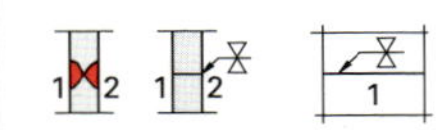	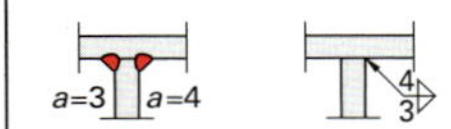	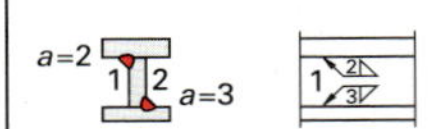

Beanspruchungen	Beanspruchbarkeiten	Nachweise
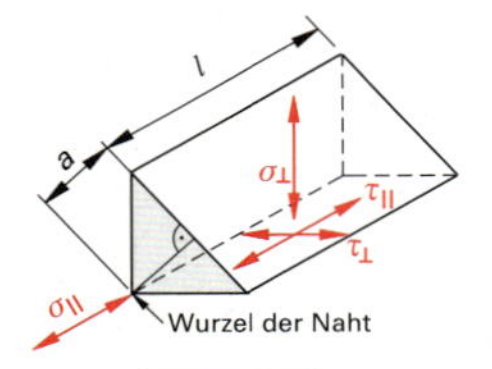 $\sigma_{w,v} = \sqrt{\sigma_\perp^2 + \tau_\perp^2 + \tau_\parallel^2}$	$\sigma_{w,R,d} = \alpha_w \cdot f_{y,k}/\gamma_M$ mit $\gamma_M = 1{,}1$ $f_{y,k} = 240$ N/mm² (St 37) $f_{y,k} = 360$ N/mm² (St 52) $\alpha_w = 0{,}55$ bei zugbeanspruchten Stößen von Formstählen mit $t > 16$ mm $\alpha_w = 0{,}95$ für Werkstoff-Gruppe 1 $\alpha_w = 0{,}80$ für Werkstoff-Gruppe 2	$S_d = \sigma_{w,v}$ $R_d = \sigma_{w,R,d}$ $S_d \backslash R_d < 1$ Gruppe 1: St 37 Gruppe 2: St 52 Bei durch- oder gegengeschweißten Nähten auf Zug mit nachgewiesener Nahtgüte bzw. auf Druck darf $\boldsymbol{\alpha_w = 1}$ gesetzt werden.

Winkelanschlüsse

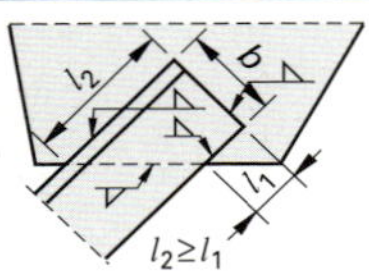

Nur Flankenkehlnähte:
$\Sigma\,l = l_1 + l_2$

Stirn- und Flankenkehlnähte:
$\Sigma\,l = l_1 + l_2 + b$

Umlaufende Naht:
$\Sigma\,l = l_1 + l_2 + 2\,b$

Trägeranschluss ohne Nachweis

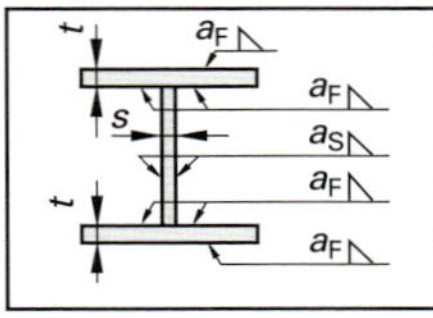

Werkstoff	Nahtdicken
St 37	$a_F \geq 0{,}5\ t$ $a_S \geq 0{,}5\ s$
St 52	$a_F \geq 0{,}7\ t$ $a_S \geq 0{,}7\ s$

Beispiel

Ein Winkel L 90 × 60 × 6 aus St 37 wird gemäß Skizze an ein Blech mit $t = 8$ mm angeschweißt. Wählen Sie die Schweißnaht und führen Sie den Anschlussnachweis für eine Zugkraft $F_d = 80$ kN.

7 min a = 2 mm; min $a = \sqrt{8} - 0{,}5 = 2{,}7$ mm
max a = 0,7 · 6 = 4,2 mm; **gew. a = 3 mm**
min l = 30 mm; min $l = 6 \cdot a = 18$ mm; max l = 150 mm
gew.: l_1 = 40 − 2 · 3 = 34 mm (Endkrater abgezogen)
l_2 = 100 − 2 · 3 = 96 mm (Endkrater abgezogen)
$\Sigma\,l = 96 + 34 = 130$ mm; $a_w = a \cdot \Sigma\,l = 3 \cdot 130 = 390$ mm²
$\tau = 80000/390 = 205$ N/mm² (einzige Spannungsart)
$S_d = \sigma_{w,v} = \tau = 205$ N/mm²
$R_d = \sigma_{w,R,d} = 0{,}95 \cdot 240/1{,}1 = 207$ N/mm²
Nachweis: $S_d/R_d = 205/207 = 0{,}99 < 1$

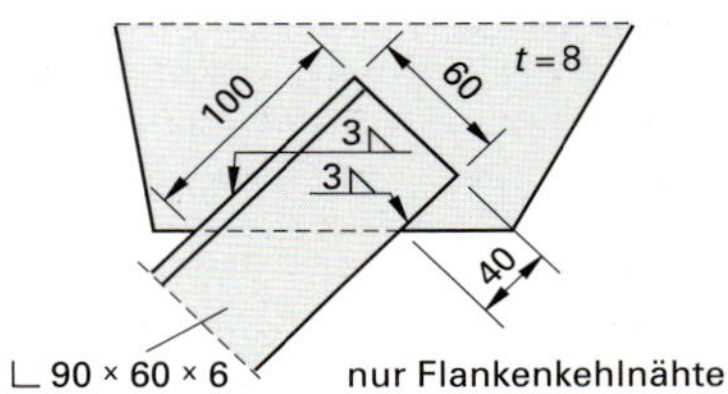

7.5.9 Biegeknicken

Die Nachweise beschränken sich auf das Biegeknicken von Walzträgern (Druckstützen) mit **I**- und **H**-Querschnitten. Knicklängen ▶ S. 76.

In Abhängigkeit vom Profil und von der Knickrichtung wird nach der Tabelle die **Knickspannungslinie** KSL *a*, *b* oder *c* bestimmt. Mit der Schlankheit und der von der Stahlgüte (St 37 bzw. St 52) abhängigen Bezugsschlankheit λ_a wird die bezogene Schlankheit $\bar{\lambda}_K = \lambda_K/\lambda_a$ berechnet. Die Knickspannungslinien sind hier nicht als Diagramm sondern mit den Funktionswerten ($\varkappa$-Werten) in einer Tabelle zusammengefasst. Die $\varkappa$-Werte der Tabelle können linear interpoliert werden. Sie heißen Abminderungsfaktoren.

Biegeknicken

$i_y = \sqrt{(I_y/A)}$ $\quad i_z = \sqrt{(I_z/A)}$

$\bar{\lambda}_{K,y} = s_{K,y}/(i_y \cdot \lambda_a)$

$\bar{\lambda}_{K,z} = s_{K,z}/(i_z \cdot \lambda_a)$

mit λ_a = 92,9 für St 37 und λ_a = 75,9 für St 52. Maßgebende Knickspannungslinie KSL *a* bis *c* und Abminderungsfaktoren $\varkappa$ nach nebenstehenden Tabellen (mit Interpolation).

Nachweis: $N_{pl,d} = \dfrac{A \cdot f_{y,k}}{\gamma_M}$

$$S_d/R_d = \frac{N_d}{\varkappa \cdot N_{pl,d}} < 1$$

Profil	Knicken um	KSL
I und IPE	*y*-Achse *z*-Achse	a b
HE-B ab 360	*y*-Achse *z*-Achse	a b
HE-B bis 340	*y*-Achse *z*-Achse	b c
Winkel	allgemein	c

$\bar{\lambda}_K$	$\varkappa$-Werte für KSL *a*	*b*	*c*
0,2	1,00	1,00	1,00
0,7	0,85	0,78	0,72
1,2	0,53	0,49	0,43
1,7	0,30	0,28	0,26
2,2	0,19	0,18	0,17
2,7	0,12	0,12	0,11

Profil mit Knicken um Achse			KSL
Hohlprofile 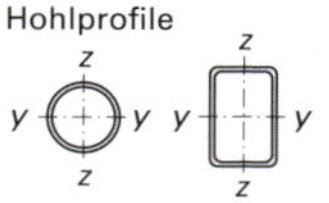	warm	*y-y*, *z-z*	*a*
	kalt	*y-y*, *z-z*	*b*
gewalzte I-Profile 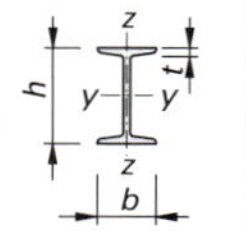	*h/b*>1,2, *t*≤40 mm	*y-y*	*a*
		z-z	*b*
	h/b>1,2, *t*<80 mm	*y-y*	*b*
		z-z	*c*
U-, L-, T- und Vollschnitte 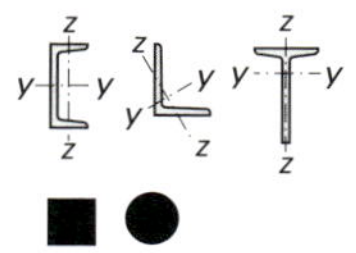			*c*

Beispiel

Eine Druckstütze HE-300B aus St 37 mit einer Knicklänge von $s_{Ky} = s_{Kz}$ = 400 cm wird mit einer Druckkraft von $N_d = F_d$ = 2500 kN beansprucht. Der Nachweis auf Biegeknicken ist zu führen.

Tabellenwerte: A = 149 cm², i_y = 13,0 cm, i_z = 7,58 cm; $f_{y,k}$ = 240 N/mm², γ_M = 1,1, λ_a = 92,9
$N_{pl,d} = A \cdot f_{y,k}/\gamma_M$ = 149 · 24/1,1 = 3250 kN, HE-B bis 340.

Knicken um *y*-Achse (in *z*-Richtung), $\bar{\lambda}_{K,y}$ = 400/(13,0 · 92,9) = 0,33, KSL b

Interpolation $\varkappa$ = 1,00 – (1,00 – 0,78) · (0,33 – 0,2)/(0,7 – 0,2) = 0,94

Beanspruchung: $S_d = F_d$ = 2500 kN, Beanspruchbarkeit: $R_d = \varkappa \cdot N_{pl,d}$ = 0,94 · 3250 = 3055 kN

Nachweis: S_d/R_d = 2500/3055 = 0,818 < 1

Knicken um *z*-Achse (in *y*-Richtung), $\bar{\lambda}_{K,z}$ = 400/(7,58 · 92,9) = 0,57, KSL c

Interpolation $\varkappa$ = 1,00 – (1,00 – 0,72) · (0,57 – 0,2)/(0,7 – 0,2) = 0,79

Beanspruchung: $S_d = F_d$ = 2500 kN, Beanspruchbarkeit: $R_d = \varkappa \cdot N_{pl,d}$ = 0,79 · 3250 = 2567 kN

Nachweis: S_d/R_d = 2500/2567 = 0,974 < 1

Beispiel

Eine Druckstütze aus einem Winkel L 60 × 6, St 52 mit einer Knicklänge von s_K = 200 cm wird mit einer Druckkraft von N_d = 35 kN beansprucht. Der Nachweis auf Biegeknicken ist zu führen.

Tabellenwerte: A = 6,91 cm²; min i = 1,17 cm, $f_{y,k}$ = 360 N/mm², γ = 1,1, λ_a = 75,9 KSL c

$N_{pl,d}$ = 6,91 · 36/1,1 ⇒ $N_{pl,d}$ = 226 kN, λ_{Ky} = 200/(1,17 · 75,9) = 2,25

Interpolation $\varkappa$ = 0,17 – (0,17 – 0,11) · (2,25 – 2,2)/(2,7 – 2,2) = 0,16

Beanspruchung: $S_d = N_d$ = 35 kN

Beanspruchbarkeit: $R_d = N_{pl,d}$ = 0,16 · 226 = 36,2 kN

Nachweis: S_d/R_d = 35/36,2 = 0,97 < 1

7

7.6 Fertigteilbau

Im Baubereich werden immer häufiger vorgefertigte Bauelemente wie Stützen, Balken, Decken, Wände und Treppen aus Stahlbeton, Stahl und Holz hergestellt. Die Richtlinien für Stahlbetonfertigteile enthält die DIN 1045, für Holzbauteile die DIN 1052 und für Stahlfertigteile die DIN 18800. Im Fertigteilbau wird zunehmend die Maßvorgabe nach der Modulordnung gemäß **DIN 18000** angestrebt; das **Grundmodul M = 10 cm** ist der größte gemeinsame Teiler modularer Bauweise. Man unterscheidet zwischen geschlossenen und offenen Bausystemen. Als Konstruktionssysteme unterscheidet man die Großtafelbauweise und den Skelett-(Gerippe-)Bau.

Großtafelbauweise

Bei der Großtafelbauweise werden Wandtafeln und Deckenplatten zu Räumen zusammengesetzt. Die Bauelemente haben neben der tragenden und aussteifenden Funktion zugleich eine raumabgrenzende Aufgabe. Die Elemente werden an den Stößen durch Anker, Dübel, Schrauben oder Nutfedern, Bolzenschlösser, mit und ohne Fugenverguss verbunden. Die Raumzelle ist ein Sondersystem, bei dem die Wand- und Deckenplatten eine raumgroße Zelle mit tragender und raumabschließender Funktion bilden.

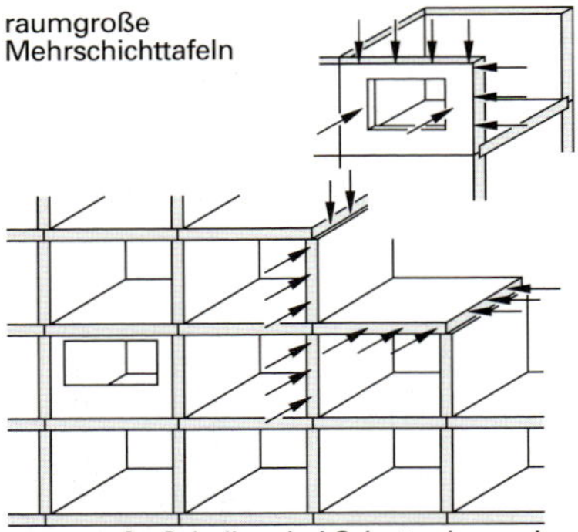

raumgroße Scheiben bei Schottenbauweise

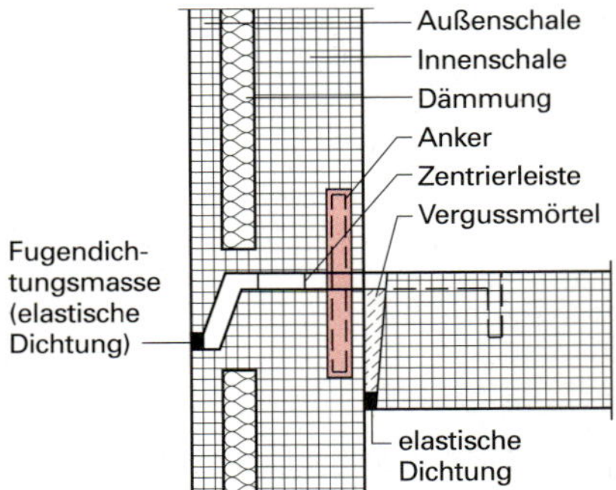

Dreischichtige Außenwandplatte

Fugen bei Bauwerken

Beim Zusammenfügen von Bauteilen ergeben sich Fugen. Diese müssen schlagregendicht und winddicht ausgeführt werden sowie den Anforderungen aus dem Wärme-, Schall- und Brandschutz genügen. Die **DIN 18540** gibt Vorschläge für die Fugenbreite *b* in Abhängigkeit vom Fugenabstand. Elastoplastische Dichtungen werden nach DIN 18540, mit imprägniertem Dichtungsband aus Schaumstoff nach DIN 18542, ausgeführt.

7

Arten der Dichtstoffe Form	Bezeichnung	Werkstoff	Fugenarten	Bauteil/ Bauwerk
Elementdichtstoffe	Folie	Metall	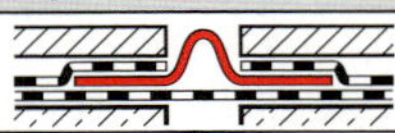	Brücken Terrassen
	Profile	Kautschuk oder Kunststoff		Fertigteile Verblendungen
	Bänder	Kunststoff	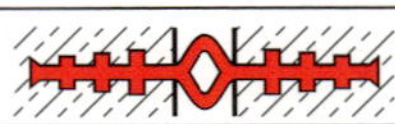	Brücken Behälter
Massendichtstoffe	gussförmige Stoffe	Heißvergussmassen Bitumen + Füller	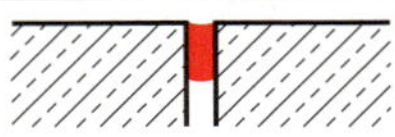	Betonfahrbahn
	elastische Fugenvergussmasse	Silikon-Kautschuk Polyurethan Polysulfid-Kautschuk	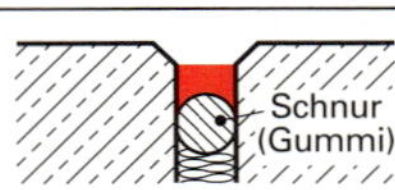	Fertigteile

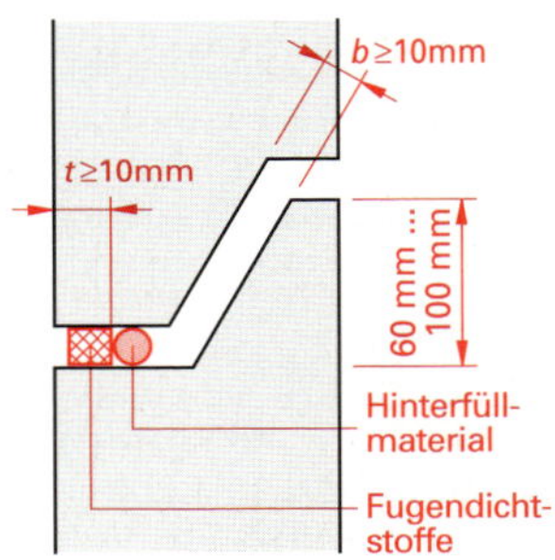

Fugenabstand	≤ 3,5 m	< 8,0 m
Fugenbreite *b*	~ 15 mm	30 mm
Fugentiefe *t*	~ 10 mm	15 mm

Stahlbetonskelettbau

Im Skelettbau übernehmen stabförmige Bauteile die tragende Funktion. Das vertikale Tragsystem kann aus durchgehenden Stützen, Pendelstützen, zweistieligen Rahmen, T-Rahmenteilen oder aus Pilzkopfelementen bestehen, die übereinander gestapelt werden. Stützen stellt man in vorgefertigte Köcherfundamente; sie werden zentriert, fixiert und mit Vergussbeton ummantelt. Stützenkonsolen oder Aussparungen im Stützenkopf schaffen die nötigen Auflager für Balken und Plattenbalken (TT-Platte, Trogplatte, Doppelstegplatte). Ein System von Ankerbolzen (Dollen) und Ankerlöchern sichern die Skelettelemente schon beim Aufbau gegen ein Kippen oder Abrutschen. Nach dem Vergießen der Löcher und Fugen mit Beton entstehen unverschiebliche Verbindungen zwischen Stützen und Balken.

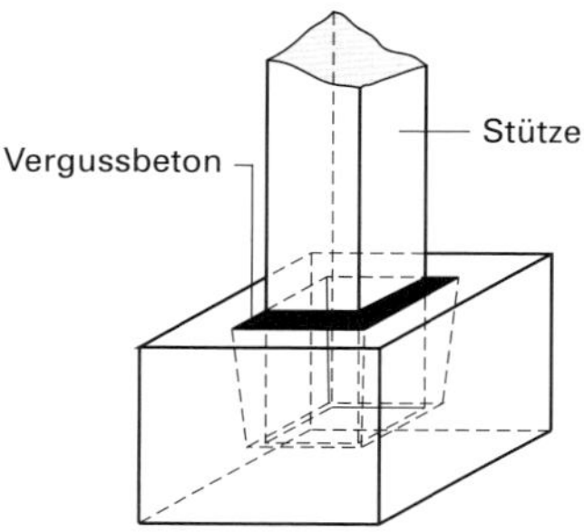

Blockfundament
mit ausgespartem Köcher

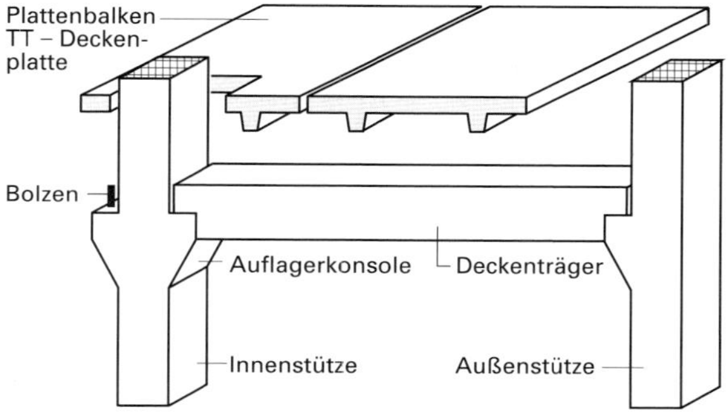

Skelettbausystem

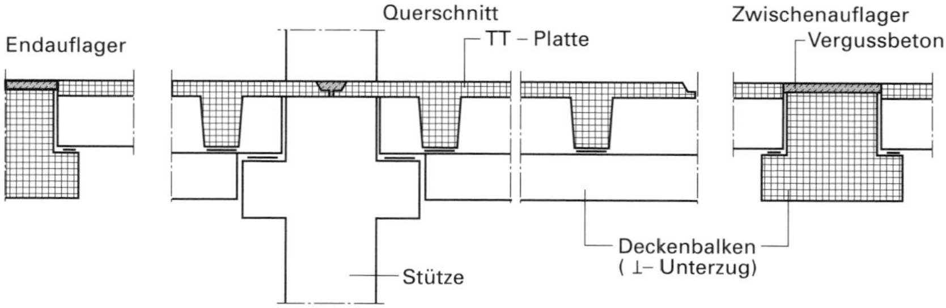

Fertigteilsystem

Auflagertiefe bei Platten $a \geq 5$ cm
Auflagertiefe bei Balken $a \geq 10$ cm

Fertigteilquerschnitte (Typenprogramm Skelettbau)

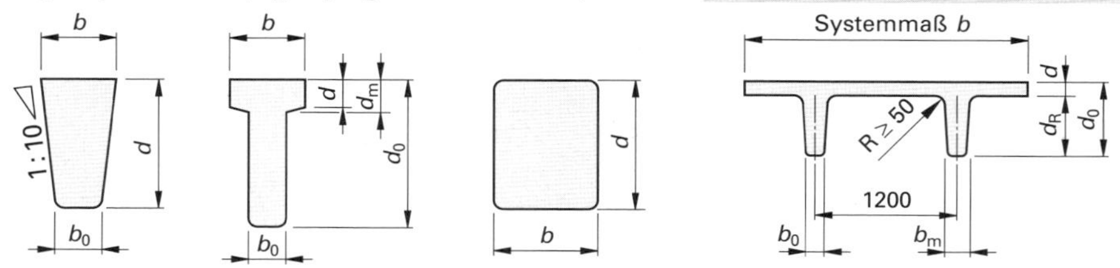

V-Pfetten (Maße in mm)			T-Binder		Stützen Riegel		TT-Deckenplatten
d	350	500	150	150	300	△ 100	b = 2400 mm
b	150/190	180/260	370	400	300	△ 100	$d \geq$ 60 mm (F 30)
b_0	80/150	80/160	120	150	max. 600/800		d_R = 300 mm (bis 700 mm)
d_0	–	–	600 … 1800 Δ 200				b_0 = 190 mm (bis 150 mm)

7

Modulordnung

Die Modulordnung nach DIN 18000 wurde mit dem Ziel entwickelt, vorgefertigte Bauteile des Rohbaus (des industriellen Bauens) miteinander kombinieren zu können. Dies ist auch im Mauerwerksbau durch die Einführung der 17,5 cm und 30,0 cm dicken Wände möglich. Entscheidend für das Kombinieren vorgefertigter Bauteile ist das Einhalten der Grenzmaße, Winkel- und Ebenheitstoleranzen. Die in der DIN 18001 definierten Toleranz-Begriffe werden in DIN 18002 auf den gesamten Hochbau übertragen.

Holzrahmenbau

Holzrahmen werden nach DIN 1052 bemessen und sind von Fachwerkwänden ▶ S. 299, Holzskelettbauten und Holztafelbauweisen zu unterscheiden.

Grenzmaße in mm für Bauwerksmaße im Hochbau nach DIN 18202

Bezug zum Bauwerk	Nennmaße in m				
	≤ 3 ≤ 6	> 3 ≤ 15	> 6 ≤ 30	> 15	> 30
Maße im Grundriss, z.B. Längen, Breiten, Achs- und Rastermaße	± 12	± 16	± 20	± 24	± 30
Maße im Aufriss, z.B. Geschosshöhen	± 16	± 16	± 20	± 30	± 30
Lichte Maße im Grundriss z.B. zwischen Stützen	± 16	± 20	± 24	± 30	–
Lichte Maße im Aufriss z.B. unter Decken	± 20	± 20	± 20	–	–
Öffnungen mit nicht oberflächenfertigen Leibungen	± 12	± 16	–	–	–
Öffnungen mit oberflächenfertigen Leibungen	± 10	± 12	–	–	–

Holzrahmenbau
- auch als Gerippe- oder Rippenkonstruktion benannt, Rippenabstand 62,5 cm
  □ 6 cm / 12 cm ... 6 cm / 16 cm
- in Nordamerika seit ca. 150 Jahren bekannt
- Weiterentwickelt u.a. von Walter Gropius ab 1941 (General Panel System)
- Beplankungswerkstoffe statisch notwendig, i.d.R. 1,25 m breit (2 · 62,5 cm)

Einschalige Holzrahmenwand
- Außenbekleidung (Holz)
- Lattung
- Holzwerkstoffplatte 13 mm
- Holzständer 6 cm / 12 cm Abstand 62,5 cm
- Wärmedämmung WL G035 über Ständertiefe 12 cm
- Dampfsperre
- Gipskartonplatte 12,5 mm
  U = 0,29 W/m² K ; F30B;
  R'_w = 35 dB
  Achsabstand 62,5 cm

Holzskelettbau
- mit Stützen (Ständern, Stiele) und Trägern
- Stiele gehen u.a. über zwei Geschosse
- tragende Bauteile aus Vollholz, Konstruktionsvollholz und Brettschichtholz (BSH)
- Verbindungsmittel wie Stabdübel, Metalldübel, Schrauben, Winkelstäbe, Nagelsysteme, Stahlblechformteile, Hakenplatten, Befestigungssysteme

Kräfteverlauf Holzrahmenbau

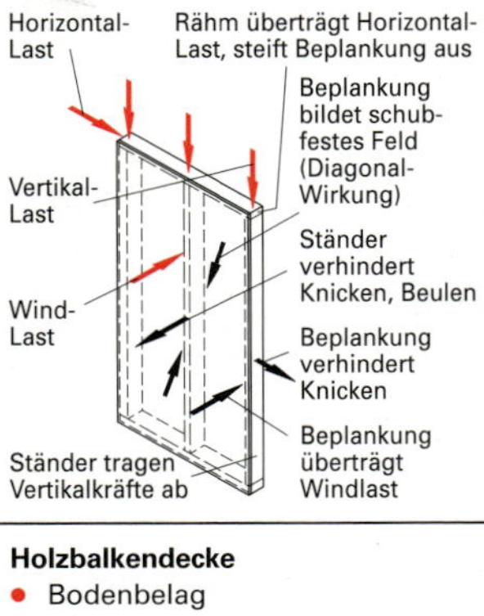

Zweischalige Holzrahmenwand
- Außenbekleidung (Holz, Putz)
- Lattung
- Windsperre
- Holzwerkstoffplatte 13 mm
- Holzständer 6 cm / 12 cm
- Wärmedämmung WL G035 über Ständertiefe 12 cm
- Dampfsperre
- Holzwerkstoffplatte 13 mm
- Lattung (Installationsebene) 60 mm
- Gipskartonplatte 12,5 mm
  U = 0,28 W/m² K ; F30B;
  R'_w = 38 ... 40 dB

Installationswand (innen)
- Gipskartonplatte
- Holzständer 6 cm / 6 cm
- Wärmedämmung 40 mm
- ruhender Luftraum 60 mm
- Holzständer 6 cm / 12 cm
- Wärmedämmung 40 mm
- Gipskartonplatte 2 · 12,5 cm
  U = 0,45 W/m² K ; F30B;
  R'_w = 53 dB

7

Holzbalkendecke
- Bodenbelag
- Holzwerkstoffplatte 22 mm
- Trittschalldämmung 25 mm
- Betonsteine 45 mm
- Trennlage
- Holzwerkstoffplatte 25 mm
- Holzbalken 8 cm / 22 cm
  U = 0,79 W/m² K ; F30B;
  R'_w = 54 dB

Holz-Beton-Verbunddecke
- Bodenbelag
- Estrich 50 mm
- Trennlage
- Trittschalldämmung 15 mm
- Wärmedämmung 25 mm
- Stahlbetonplatte 12 cm
- Trennlage
- Holzwerkstoffplatte 25 mm
- BSH 8 cm / 14 cm

Holztafelbau
- raumhohe, großformatige Platten
- Holzrahmen mit Wärmedämmung
- werksmäßig verbunden
- Verbindungsmittel wie Sondernägel, Sechskantschrauben
- Fugenbildung problematisch

7.7 Siedlungswasserwirtschaft Entwässerungszeichnung ▶ S. 105, 106

Alle bebauten Grundstücke müssen entsprechend den behördlichen Bestimmungen ordnungsgemäß entwässert werden, d.h. **Schmutz- und Regenwasser** werden getrennt (Trennsystem) oder gemischt (Mischsystem) in das öffentliche Kanalisationsnetz eingeleitet. Schmutz- und Regenwasser bezeichnet man mit dem Sammelbegriff **Abwasser**.

7.7.1 Planung der Entwässerung

Die Planung der Haus- und Grundstücksentwässerung obliegt dem Architekten bzw. Bauingenieur. Sie ist innerhalb der Gebäude gemäß den örtlichen Auflagen des Tiefbauamtes und nach **DIN EN 12056** Teile 1 ... 5 (01.2001) in Verbindung mit **DIN 1986-100** (12.2003) durchzuführen. Die Anlagen zur Beseitigung der Abwässer sind in einem Entwässerungsplan (Maßstab mindestens 1 : 500) darzustellen und soweit erforderlich durch eine Baubeschreibung und durch Bauzeichnungen im Maßstab 1 : 100, Grundrisse und Schnitte, zu erläutern. Diese Unterlagen müssen mit den Entwurfszeichnungen der Bauaufsichtsbehörde zur Genehmigung ▶ S. 388 vorgelegt werden. Für die Planung der Entwässerung außerhalb der Gebäude gilt die **DIN EN 752**.

Entwässerungspläne müssen folgende Angaben enthalten	
Lageplan	• die Kennzeichnung von Trenn- oder Mischsystem durch entsprechende Linien • vorhandene und geplante Leitungen und Kanäle mit Gefälleangaben außerhalb des Gebäudes • die Lage der vorhandenen und geplanten Brunnen und Sammelgruben • die Sohlenhöhe für die Anschlussstelle an die Sammelkanalisation und deren Abmessungen • alle erforderlichen Höhenkoten (-angaben) bezogen auf NN (Normalnull) oder HN
Grundriss und Schnitte	• die Lage, die Querschnitte und das Gefälle der Grund-, Fall- und Anschlussleitungen • die Höhen der Grundleitungen im Profil bis zur Kanalisation • die Lüftungen der Fallleitungen, die Reinigungsöffnungen, Schächte usw. • Sinnbilder und Zeichen (nach DIN 1986-100) für die Entwässerungsanlagen ▶ S. 105 • die vorgesehenen Baustoffe mit farblicher Kennzeichnung ▶ S. 102

Mindestgefälle von Leitungen nach DIN 1986

Nenndurchmesser (DN) in mm	innerhalb von Gebäuden Schmutzwasserleitungen	Regenwasserleitungen	Mischwasserleitungen	außerhalb von Gebäuden Schmutzwasserleitungen	Regen- u. Mischwasserleitungen
bis 100	1 : 50	1 : 100	1 : 50	1 : DN	1 : DN
125	1 : 66,7	1 : 100	1 : 66,7	1 : DN	1 : DN
150	1 : 66,7	1 : 100	1 : 66,7	1 : DN	1 : DN
ab 200	1 : 0,5 · DN	1 : 0,5 · DN	1 : 0,5 · DN	1 : DN	1 : DN

Leitungsteile

Dachrinne	Halbrunde Dachrinne 7 bis 9teilig, Kastenrinne; ohne oder mit Gefälle 1 : 200	
Fallrohr	führt das Wasser aus der Rinne ab. Abstand der Fallrohre untereinander 10,0 m bis 12,0 m	
Rohr		für Leitungsteile mit geradlinigem Leitungsverlauf
Abzweig	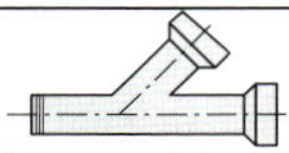	für die Zusammenführung zweier Leitungen mit gleicher oder unterschiedlicher Nennweite
Bogen	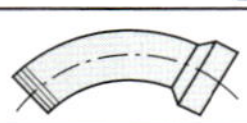	für die Richtungsänderung von Leitungen
Übergangsstück	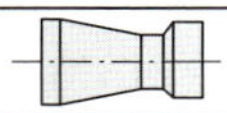	für die Vergrößerung der Nennweiten von Leitungen
Verbindungen	bewegliche und starre Rohrverbindungen müssen **DIN EN 476** entsprechen; sie müssen bei einem Innen- und Außendruck von 0 bar bis 0,5 bar bei der in ihrer Umgebung möglichen Wechselwirkung dauernd dicht bleiben.	

Für halbrunde, kastenförmige oder frei gewählte Dachrinnenformen sind nach DIN EN 612 nur noch die Zuschnittsbreiten und Werkstoffdicken festgelegt ▶ S. 323.

Für Rohre und Formstücke sind folgende Nennweiten **DN** (**D**iametre **N**ominal) zu verwenden: **DN** 32, 40, 50, 70, 100 (mm) und darüber hinaus nach DIN 4263

Formstücke sind Abzweige (45° und 87,5°/90°), Bögen (15°, 30°, 45°, 87,5°/90°) und Übergangsstücke

7.7.2 Entwässerungsleitungen

Freigefälleleitungen ► S. 354

Rohre und **Formstücke** müssen bestimmten Anforderungen entsprechen; z. B. müssen sie druckfest, formbeständig, absolut dicht sein und als Grundleitung frostsicher verlegt werden. Verbindungen werden als Steck-, Schraub-, Spann-, Stopfbuchsen-, Stemm-, Kleb-, Schweiß- oder Flanschverbindung ausgeführt. Als Dichtmittel sind elastische oder plastische Werkstoffe vorgeschrieben.

Rohrmaterial und Leitungsart nach DIN 1986	**DIN-Norm**	**Fall-leitung**	**Sammel-leitung**	**Grundleitung** unzugänglich im Baukörper	**Grundleitung** im Erdreich	**Lüftungs-leitung**	**Regenwasser-leitung** im Gebäude	**Regenwasser-leitung** im Freien
Steinzeugrohr mit Steckmuffe, STZ	EN 295	ja	ja	ja	ja	ja	ja	ja
Steinzeugrohr mit glatten Enden	EN 295	ja	ja	ja	ja	nein	ja	nein
Betonrohr mit Falz	EN 1916	nein	ja	ja	ja[1]	nein	nein	nein
Betonrohr mit Muffe	V 1201	nein	ja	ja	ja	nein	nein	nein
Stahlbetonrohr	EN 1916	nein	ja	ja	ja	nein	nein	nein
Blechrohre aus Zink, Kupfer, Aluminium, verzinkter Stahl	EN 612	nein	nein	nein	nein	nein	nein	ja
Gusseisernes Rohr ohne Muffe (SML)	EN 877	ja	ja	ja	ja	ja	ja	ja
Stahlrohr	► S. 323	ja	ja	ja	ja[3]	ja	ja	ja
PVC-U-Rohr mit normaler Wanddicke	Zulassg.	nein	nein	nein	nein	ja	ja	ja[2]
PVC-U-Rohr	19534	nein	nein	ja	ja	nein	nein	nein
PE-hart-Rohr	19535	ja	ja	ja	nein	ja	ja	ja
Polyethylenrohr (PE-HD)	19537	nein	nein	ja	ja	nein	nein	nein
PVC-Rohr (Polyvinylchlorid)	19538	ja	ja	ja	nein	ja	ja	ja[2]
PP-Rohr (Polypropylen)	19560	ja	ja	ja	nein	ja	ja	nein
ABS/ASA-Rohr (PP)	19561	ja	ja	ja	nein	ja	ja	nein
Faserzement-Rohre FZ	EN 12763	ja	ja	nur Klasse B		ja	ja	ja

[1] Betonrohre mit Falz nur ab DN 250 und nur zur Ableitung von Niederschlagswasser. [2] Nicht als Standrohr verwendbar. [3] Rohre und Formstücke sind außen mit einem Korrosionsschutz nach DIN 30670 zu versehen.

Nennweiten nur für Einzelanschlussleitungen

Entwässerungsgegenstand oder Leitungsart		**Nennweite der Einzelanschlussleitung DN** (in mm)	
Verbindungsleitung zwischen Wannenablaufventil und Badablauf		DU	≥ 32
Badewanne mit direktem Anschluss, Anschlussleitung bis zu 1 Meter Länge oberhalb des Fußbodens, eingeführt in eine Leitung ≥ DN 70			40
Handwaschbecken, Waschtisch, Sitzwaschbecken			40
Badewanne mit direktem Anschluss		0,8	50
Badewanne oder Brausewanne mit indirektem Anschluss (Badablauf), Anschlussleitung bis zu 2 m Länge			50
Brausewanne, Fußwaschbecken		0,5	50
Urinal als Einzelbecken		0,5	50
Küchenablaufstellen wie Spülbecken und -tisch (einfach und doppelt) einschließlich Geschirrspülmaschine		0,8	50
Bade- oder Brausewanne mit indirektem Anschluss (Badablauf), Anschlussleitung länger als 2 m			70
Waschmaschine		1,5	
Bodenablauf	DN 50	0,8	50
	DN 70	1,5	70
	DN 100	2,0	100
Klosett, Steckbeckenspülapparat		2,0	100

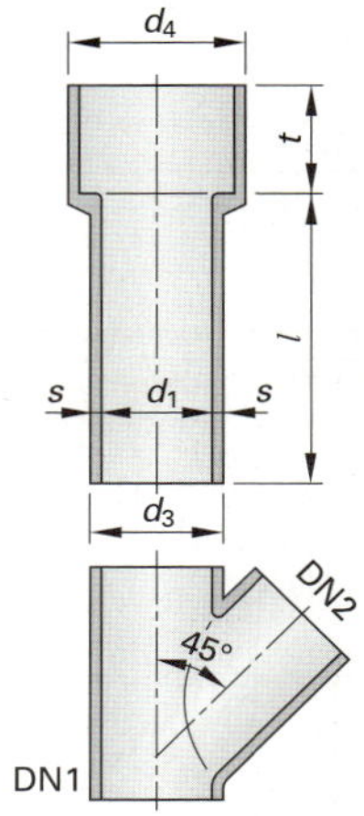

Schmutzwasserabfluss

$$Q_{WW} = 0{,}5\ \mathrm{l/s} \cdot \sqrt{\Sigma DU}$$

DU Anschlusswert einer Abwasserstelle

7

Konstruktionsmaße der Abwasserrohre

d_1, d_3, d_4, l und s ► S. 322

Rohrmaterial	DN	Rohrmaße in mm innen d_1	Rohrmaße in mm außen d_3	Maße der Muffe in mm innen	Maße der Muffe in mm außen d_4	Maße der Muffe in mm Länge l	Wanddicke s in mm
Steinzeug	100	100	131	200	–	70	15
(DIN EN 295)	125	126	159	230	–	70	16
	150	151	186	260	–	75	17
	200	202	242	330	–	85	20
erweiterte	700	Mindestnennweite 682 mm			mit Prüfbescheid		
Anwendung	800	Mindestnennweite 780 mm			mit Prüfbescheid		
Beton	100	100	146	162	208	60	23
(DIN EN 1916 und	150	150	206	222	278	60	28
DIN V 1201)	200	200	260	276	336	60	30
Stahl	40	39	42	45	–		1,4
(DIN EN 10255	50	50	53	56	–		1,4
und 10240)	70	69,8	73	76	–	Rohrlängen	1,5
	100	100	102	106	–	bis	1,75
	125	128	133	138,5	–	3000 mm	2,0
	150	154	159	164	–		2,5
	200	213,2	219	224	–		2,9
PVC-U,N	40	36,4	40	50,4	54	36	1,8
(DIN EN 1401)	50	46,4	50	61,4	65	41	1,8
	70	71,4	75	87,4	91	44	1,8
N ≙ normale	100	105,6	110	123,6	128	61	2,2
Wanddicke	125	120	125	141	146	72	2,5
	150	153,6	160	177,6	184	86	3,2
PVC	100	104	110	121	127	61	3
(Zulassung)	125	119	125	138	144	72	3
	150	152,8	160	174,8	182	86	3,6
	200	191	200	116	225	106	4,5
PE-hart	40	44	50	–	65	60	3
(DIN 19535)	50	50	56	–	70	60	3
PE-hart	70	69	75	–	90	60	3
Kanalrohr	100	101,4	110	–	125	60	4,3
(DIN 19537)	125	115,2	125	–	142	60	4,9
(DIN EN 1266)	150	147,6	160	–	180	150	6,2
PP	40	–	40	–	52	55	1,8
(Polypropylen)	50	–	50	–	62	56	1,8
(DIN 19560)	75	–	75	–	87	61	1,9
(oder Zulassung)	100	–	110	–	126	76	2,7
	125	–	125	–	142	82	3,1
	150	–	160	–	180	100	3,9

Erfahrungswerte für Dachrinnen und Fallrohre aus Metall

Anzuschließ. Dachgrundfläche A in m²	Regenwasserabfluss Q_r in l/s	Regenfall-Leitung Nenngröße ∅ in mm	Regenfall-Leitung Querschnitt A_R in cm²	Zugeordnete Dachrinne kastenförmig Nenngröße	Zugeordnete Dachrinne kastenförmig Rinnenquerschnitt in cm²	Zugeordnete Dachrinne halbrund Nenngröße	Zugeordnete Dachrinne halbrund Rinnenquerschnitt in cm²
40	1,2	60	28	200	28	200	25
60	1,8	70	38	–	–	–	–
87	2,6	80	50	250	42	250	43
87	2,6	80	50	250	42	280	63
157	4,7	100	79	333	90	333	92
253	7,6	120	113	400	135	400	145
283	8,5	125	122	–	–	–	–
460	13,8	150	177	500	220	500	245

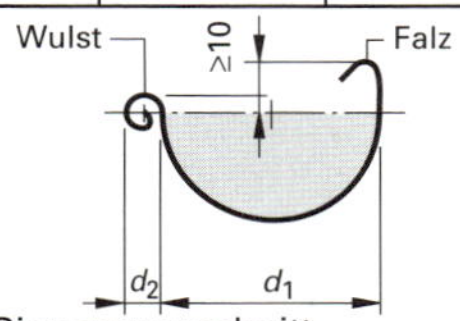

Rinnenquerschnitt

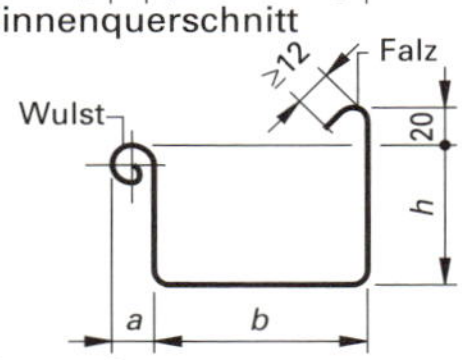

Kastenrinne

z.B. Nenngröße 200:
$b = 70$ mm; $h = 42$ mm

Betonrohre (Auswahl DIN EN 1916 / DIN V 1201)						
Kreisförmige Betonrohre				Eiförmige Betonrohre		
d mm	f mm	w mm	o mm	$d_o \times h$ mm × mm	f mm	w mm
100	80	≥ 22	–	500 × 750	320	≥ 64
150	120	≥ 24	–	600 × 900	375	≥ 74
200	160	≥ 26	–	700 × 1050	430	≥ 84
250	200	≥ 30	–	800 × 1200	490	≥ 94
300	240	≥ 40	≥ 50	900 × 1350	540	≥ 102
400	320	≥ 45	≥ 65	1000 × 1500	600	≥ 110
500	400	≥ 50	≥ 85	1200 × 1800	720	≥ 122
Übliche Baulängen 1000, 1500, 2000 mm						

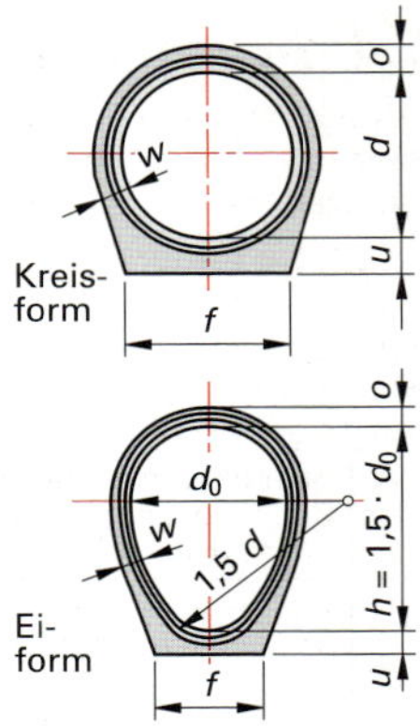

Stahlbetonrohre nach DIN V 1201 und DIN EN 639 sowie Stahlbetondruckrohre nach DIN EN 640 werden als kreisförmige Rohre in Nennweiten DN 200 bis DN 4000 und größer hergestellt. Sie werden zum Bau von größeren Kanälen, Wasserleitungen und als Schutzrohre verwendet und als Baulänge von 0,50 m bis 5,00 m geliefert.

7.7.3 Lüftungen, Reinigungsöffnungen, Schächte

- **Lüftungen der Fallleitungen** müssen bis über das Dach geführt werden. Die Oberkante der Lüftungsrohrmündung muss bei einer Dachneigung < 15° mindestens 150 mm und bei einer Dachneigung ≥ 15° mindestens 300 mm, lotrecht gemessen an der Firstseite, über der Dachhaut liegen. In der Nähe von Aufenthaltsräumen sind Rohrmündungen so zu verlegen, dass sie mindestens 1 m über dem Fenstersturz oder mindestens 2 m seitlich der gefährdeten Öffnung enden.
- **Reinigungsöffnungen** sind am oberen Ende der Sammelanschlussleitungen von Reihenanlagen, in Fallleitungen und im lotrechten Teil von Sammelleitungen und unmittelbar vor dem Übergang in eine Sammel- oder Grundleitung und in Grund- und Sammelleitungen vorzusehen. Sie sind nahe der Grundstücksgrenze anzuordnen. Um die ständige Kontrolle der Reinigungsöffnungen zu gewährleisten, müssen sie gegebenenfalls in einen Schacht verlegt werden.
- **Schächte** (Kontrollschächte, Einsteigschächte) schließen die Reinigungsöffnungen in Grundleitungen außerhalb der Gebäudegrundfläche und sind außerdem bei der Zusammenführung von Grundleitungen (ohne Formstücke) vorzusehen. Die Schächte müssen standsicher, wasserdicht und bei gemauerten Ausführungen innen verfugt sein und DIN EN 476, Fertigschächte aber noch DIN 19537 entsprechen.

Auflageringe (AR)
h = 40 mm; 60 mm; 80 mm
AR 625 × 60

Schachthälse (SH)
d = 800 mm; 1000 mm; 1200 mm; 1500 mm
obere Lichtweite 625 mm

Schachtringe (SR)
Bauhöhe 500 mm
SR 1000 × 500 DIN V 4034 und DIN EN 1916

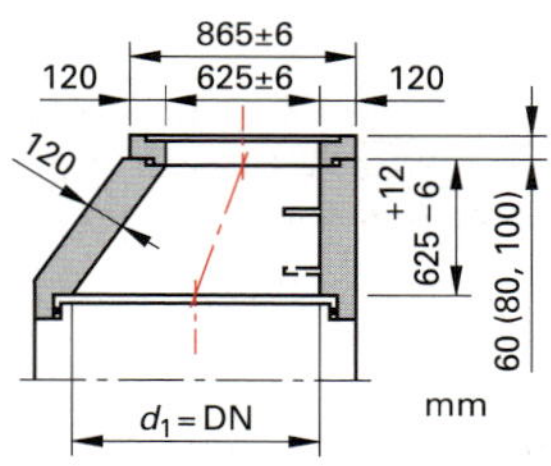

Auflagering, Schachthals

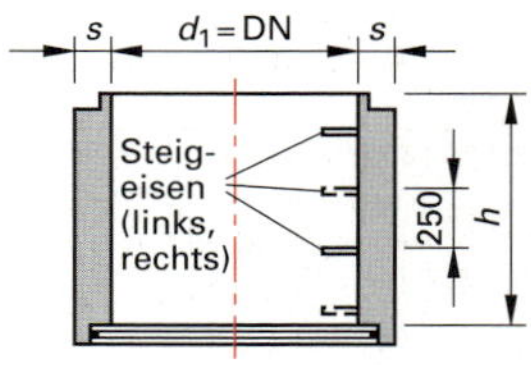

DN 1000, 1200, 1500

Schachtring

7

Schachtabmessungen		
Lichte Querschnittweite für besteigbare Schächte		**Schachttiefe**
○ ∅ ≥ 1 m	□ ≥ 0,8 m × 1,2 m oder ≥ 0,9 m × 0,9	bis zu einer Tiefe ≤ 2 m müssen diese Abmessungen durchgehend beibehalten werden
wie zuvor, jedoch kann oben eingezogen werden		tiefer als 2 m; ab 0,8 m Tiefe mit Steigeisen
□ ≥ 0,6 m × 0,8 m, ○ ∅ ≥ 0,8 m		≤ 0,8 m Tiefe

7.7.4 Bauprodukte der Grundstücksentwässerung (Auszug)

Die Bauprodukte der Grundstücksentwässerung wie Rohre, Formstücke, Schächte und Dichtmittel für Leitungen und Kanäle sind in der Bauregelliste (Teil A1, Ausgabe 2004/1 der DIBt-Mitteilungen) aufgelistet. Die Bauregelliste enthält geregelte und bauaufsichtlich zugelassene Bauprodukte.

Lfd. Nr.	Bauprodukt der Grundstücksentwässerung (Auszug)	Technische Regeln	Übereinstimmungsnachweis/ Verwendbarkeitsnachweis
1.1	Steinzeugrohre und Formstücke sowie Rohrverbindungen für Abwasserleitungen und -kanäle	DIN EN 295 (1999-05) mit Ausnahme der Bestimmungen für die Fremdüberwachung	ÜHP / P
1.2	Rohrverbindungen von Abwasserleitungen und -leitungen mit Elastomerdichtungen	DIN 4060 (1998-02)	ÜHP / Z
1.3	Kalt verarbeitete plastische Dichtstoffe für Abwasserkanäle und -leitungen aus Beton	DIN 4060 (1978-09)	ÜHP / Z
1.4	Rohre und Formstücke aus Gusseisen, deren Verbindung und Zubehör zur Entwässerung von Gebäuden	DIN EN 877 (2000-01) in Verbindung mit DIN 19522 (2000-01)	ÜHP / Z
1.5	Rohre und Formstücke aus längsnahtgeschweißtem feuerverzinktem Stahlrohr mit Steckmuffe für Abwasserleitungen	DIN EN 1123-1 (1999-03)	ÜHP / P
1.6	Kunststoff-Rohrleitungssysteme aus weichmacherfreiem Polyvinylchlorid (PVC-U) zum Ableiten von Abwasser innerhalb von Gebäuden	DIN EN 1329-1 (1999-12) in Verbindung mit DIN 19531-10 (1999-12); zusätzlich gilt DIN 4102-1 (1998-05)	ÜZ / Z
1.7	Rohre, Formstücke und Rohrleitungen aus weichmacherfreiem Polyvinalchlorid (PVC-U) für erdverlegte drucklose Abwasserkanäle und -leitungen	DIN EN 1401 (1998-12) in Verbindung mit DIN 19534-3 (2000-07)	ÜZ / Z
1.8	Rohre und Formstücke aus Polyethylen hoher Dichte (PE-HD) für heißwasserbeständige Abwasserleitungen (HAT) innerhalb von Gebäuden	DIN EN 1519 (2000-01) in Verbindung mit DIN 19535-10 (2000-01) zusätzlich gilt Hinweis 1.6	ÜZ / Z
1.9	Rohre und Formstücke aus Polyethylen hoher Dichte (PE-HD) für Abwasserkanäle und Leitungen	DIN EN 19537-2 (1988-01)	ÜZ / Z
1.10	Fertigschächte aus Polyethylen hoher Dichte (PE-HD) für Abwasserkanäle und -leitungen	DIN EN 19537-3 (1990-11)	ÜZ / Z
1.11	Kunststoff-Rohrleitungen aus chloriertem Polyvinylchlorid (PVC-U) zum Ableiten von Abwasser innerhalb von Gebäuden	DIN EN 1566-1 (1999-12) in Verbindung mit DIN 19538-10 (1999-12); zusätzlich gilt Hinweis 1.6	ÜZ / Z
1.12	Rohre und Formstücke aus glasfaserverstärktem Polyesterharz (UP-GF) für erdverlegte Abwasserkanäle und -leitungen	DIN 19565-1 (1989-03)	ÜZ / Z
1.13	Fertigschächte aus glasfaserverstärktem Polyesterharz (UP-GF) für erdverlegte Abwasserkanäle und -leitungen	DIN 19565-5 (1990-11)	ÜZ / Z
1.14	Faserzement-Rohre und -Formstücke für Abwasserleitungen	DIN 19840-2 (1989-05)	ÜZ / Z
1.15	Faserzement-Rohre und -Formstücke für Abwasserkanäle	DIN EN 587-1 (1996-11); zusätzlich gilt DIN 19850-1 (1996-11)	ÜZ / Z

ÜHP Übereinstimmungserklärung des Herstellers nach vorheriger Prüfung des Bauprodukts durch eine anerkannte Prüfstelle

ÜZ Übereinstimmungszertifikat durch eine anerkannte Zertifizierungsstelle

P Allgemeines bauaufsichtliches Prüfzeugnis

7.7.5 Wasserversorgung

Für die Dimensionierung von Wasserversorgungseinrichtungen für Trinkwasser für Wohngebäude, Verwaltungsgebäude, Schulen, Hotels, Krankenhäuser und landwirtschaftliche Anlagen ist das im DVGW (Verein Deutsche Vereinigung des Gas- und Wasserfaches) erschienene Arbeitsblatt W 410 heranzuziehen. Die Anforderungen an den Bau einer Trinkwasserversorgung sind in DIN 2000 und DIN 2001 ausgeführt. Die Herstellung oder Änderung einer Trinkwaserversorgungsanlage ist durch das Wasserversorgungsunternehmen (WVU) zu genehmigen.

Trinkwasser muss gesund, keimfrei, geruchlos, farblos, klar, wohlschmeckend und kühl sein. Das Trinkwasser nach DIN 1988 sollte in genügender Menge und ausreichendem Druck bereitgestellt werden. Die Temperatur des Trinkwassers sollte zwischen 5 °C und 15 °C, der Kalkgehalt zwischen 15 °dH und 25 °dH (°dH deutscher Härtegrad) liegen. Das Wasser sollte im Leitungsmaterial keine Korrosionsschäden hervorrufen.

Wasserhärtebereiche ► S. 58

°dH	mval/Liter	Bezeichnung	Beurteilung	Geschmack	Bemerkung
0 bis 4	0 bis 1,4	sehr weich	geeignet	fade	WM 1 } ca. Angaben
4 bis 8	1,4 bis 2,9	weich	gut geeignet	gut	WM 2 } ca. Angaben
8 bis 12	2,9 bis 4,2	mittelhart	gut geeignet	gut	WM 3 } ca. Angaben
12 bis 18	4,3 bis 6,4	ziemlich hart	tragbar	gut	WM 4 } ca. Angaben
19 bis 30	6,4 bis 10,7	hart	tragbar	gut	WM = Waschmittelgesetz
über 30	über 10,7	sehr hart	ungeeignet	bleiig	

Für die Dimensionierung von Wasserversorgungseinrichtungen ist vor allem der höchste Tagesverbrauch maßgebend. Der Spitzendurchfluss Q_s wird dann in Abhängigkeit von Wohneinheiten (WE) je Wohngebäude (WG) mittels Diagrammen oder logarithmischer Formeln gerechnet.

Gebäude in der Siedlungsstruktur	Tagesmittelwert Q_d in Liter/Einwohner/Tag
Altbauten, mehrgeschossig	130
Einzel- und Mehrfamilienhäuser	140 bis 150
Villen- und Stadtvillenbebauung	200 bis 500

Spitzendurchfluss in l/s
$Q_s = 1{,}50 + 0{,}43 \ln (WE/WG)$

Im Einzelfall kann für eine Wohnung mit Bad und WC 100 Liter (durchschnittlich) bis 220 Liter (Höchstwert) gerechnet werden. Der tägliche Wasserbedarf pro Einwohner für Trinken, Essen, Kochen und Reinigen liegt zwischen 20 und 30 Litern; für Wäsche bei 10 bis 15 Litern, für eine Klosettspülung zwischen 6 und 12 Litern, für ein Duschbad zwischen 40 und 100 Litern und für ein Wannenbad bis zu 400 Litern.

Gewinnung von Trinkwasser		
Grundwassergewinnung	**Oberflächenwassergewinnung**	**Quellwassergewinnung**
Es kann durch Brunnen erschlossen werden oder tritt als Quellwasser oder unter Druck als artesicher Brunnen zu Tage. Beste Qualität.	Entnahme aus Trinkwassertalsperren oder Seen. Muss in größerer Entfernung vom Ufer und in größerer Tiefe entnommen werden.	Quellfassungen können in Form von Gräben, Sickergalerien oder Stollen angeordnet werden.

7

Nichttrinkwasser ist der Sammelbegriff für alle Wasserarten, die kein Trinkwasser sind. Die Zapfstellen sind durch ein Schild „Kein Trinkwasser" zu kennzeichnen.

Abwasser gemäß Abwasserabgabengesetz: „... durch häuslichen, gewerblichen, landwirtschaftlichen oder sonstigen Gebrauch in seiner Eigenschaft veränderte und das bei Trockenwetter damit abfließende Wasser und das von Niederschlägen aus dem Bereich von bebauten oder befestigten Flächen abfließende Wasser."

7.7.6 Siedlungsentwässerung

▶ S. 105 ff, 352

Als maßgebliche Abflussgrößen werden **Trockenwetterabfluss Q_t** (mit den Einzelkomponenten: häusliches Schmutzwasser Q_h in (l/s · 1000 E), betriebliches Schmutzwasser Q_g in (l/s · ha) und Fremdwasserabfluss Q_f) und der Regenabfluss Q_r unterschieden.

Abwässer werden i.d.R. durch die Kanalisation gesammelt und abgeleitet, in Kläranlagen behandelt und danach in als Vorfluter dienende Gewässer eingeleitet. Als Entwässerungsverfahren wird in Deutschland überwiegend das Mischverfahren, in Nord-Deutschland davon abweichend das Trennverfahren angewendet. Nach Sanierung städtischer Anlagen werden zunehmend modifizierte Entwässerungssysteme (zumindest das Trennverfahren oder Regenwasserentlastung für Mischwasserkanäle gem. ATW-DVMK-M 177, z.B. Regenauslässe) eingebaut.

Schmutzwasserabfluss Q_h und Q_g

Schmutzwasserlastwert w_s = 150 Liter/Einwohner · Tag) (l/E · d)

Spitzenabfluss q_h = 4 l/(s · 1000 E) private Haushalte

Der amtlich ermittelte Wert 1990 betrug 147 Liter. Der heutige Wert ist auf 127 Liter (Stand gem. DWA für 2004) gesunken. Der ländliche Raum unterschreitet oft die 100-Liter-Grenze (Sachsen ∅ 88 Liter). Der geringere Wasserstand in der Kanalisation erhöht die Kosten für die Wartung.

Einwohnerzahl i. T.	Schmutzwasserlast w_s (l/(E · d)	Gewerbliches Schmutzwasser
< 5	150	gering (l/s · ha)
5 … 10	175 … 180	0,2 … 0,4
10 … 50	200 … 220	hoch (l/s · ha)
50 … 200	225 … 260	bis 1,0

Beispiel für Stundensatz 12 h

Schmutzwasserabfluss für 160 E/ha

$$q_h = \frac{160\ \text{E/ha} \cdot 150\ \text{l/(E} \cdot \text{d)}}{12\ \text{h/d} \cdot 3600\ \text{s/h}}$$

q_h = 0,56 Liter /(s · ha)

Regenwasserabfluss Q_r

Die Berechnung des Regenwasserabflusses Q_r einer Niederschlagsfläche A ist zunächst von der Berechnungsregenspende $r_{D,n}$ abhängig. Diese ist örtlich verschieden und wird heute vom DWD (Deutscher Wetter Dienst) aktualisiert und herausgegeben. Für die Bemessung ist eine Regendauer (z.B. 15 min) anzusetzen. Der denkbare Katastrophenregen bleibt dabei unberücksichtigt. Anhaltspunkte gibt die Regenkarte nach Reinhold und eine Datenreihe aus dem EDV-Programm des DWD.

$$Q_r = \psi \cdot A \cdot r_{D,n} \text{ in Liter/s}$$

mit ψ Abflussbeiwert r in Liter/(s · ha)
A kanalisierte Einzugsfläche ha (10 000 m²)
D Regendauer, n Häufigkeit

Regenkarte nach Reinhold (Stand 1940)

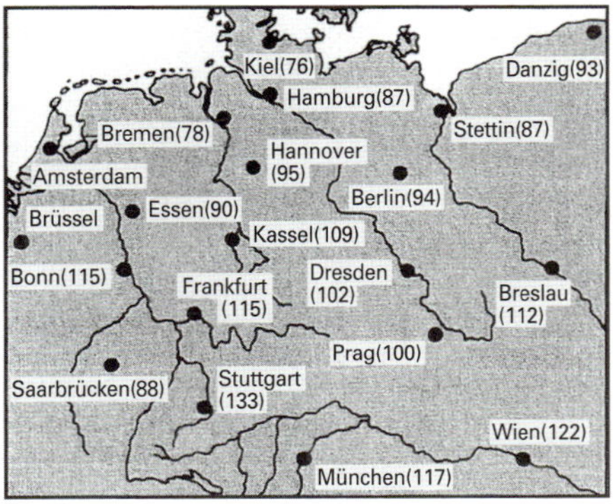

Vergleichswerte
Regenspende r = 100 l/(s · ha)
Regenstärke i = 0,6 mm/min
Regenhöhe h_N = 1 mm = 1 l/m²

Näherungswerte nach DWD 2000				
Ort/Region	D in min →	5	10	15
Nordwestdtl.		135	113	97
Mitteldeutschland	r in	157	124	103
Westdeutschland	l/(s · ha)	149	122	103
Süddeutschland		199	158	131
Südwestdtl.		192	143	114

Abflussbeiwerte ψ (Anhaltswerte)	
Metall-/Schieferdächer	0,90 … 0,95
Dachziegel/Dachpappe	0,90
Asphaltstraßendecken	0,90 … 1,00
Kieswege, dichte Oberflächen	0,85 … 0,90
Kieswege	0,15 … 0,50
Park- und Grünflächen	0,05 … 0,10

7.8 Bodenmechanik und Grundbau

7.8.1 Baugrunderkundungen

Für die Berechnung und die Ausbildung der Gründungen von Bauwerken ist die Kenntnis des Baugrundes erforderlich. Baugrunderkundungen haben das Ziel, die Art und die Eigenschaften des Baugrundes zu bestimmen oder Bodenproben zu erhalten.

Schürfgrube

Schürfgruben sind schlitzartige Erkundungen des Baugrundes, die von Personen betreten werden können. Da sie wirtschaftlich nur bis zu der im Allgemeinen nicht ausreichenden Tiefe von ≈ 2 m angelegt werden können, sind Schürfe für Baugrunduntersuchungen praktisch ohne Bedeutung.

Bohrungen

Bohrungen sind für genaue Untersuchungen des Baugrundes die häufigste Art der Baugrunderkundung. Dafür wird ein nahtloses Stahlrohr mit einem Außendurchmesser von 159 mm und einem Innendurchmesser von 147 mm in den Baugrund abgeteuft, indem der Boden im Rohr gefördert und das Rohr belastet wird.

Bohrmethoden:

- Drehbohrungen
- Rammbohrungen
- Schlagbohrungen

Sondierungen

Sondierungen sind Verfahren zur Baugrunderkundung, bei denen Stangen mit Durchmesser bis 50 mm in den Boden gerammt (Rammsondierungen) oder gedrückt (Drucksondierungen) werden. Bei der Sondierung mit der leichten Rammsonde treibt ein Rammbär mit einer Masse von 10 kg und einer Fallhöhe von 50 cm eine Sonde mit einem Spitzendurchmesser von 2,52 cm (= Spitzenquerschnitt von 5 cm²) in den Baugrund. Aus der erforderlichen Anzahl der Schläge je 10 cm Eindringtiefe kann auf die Tragfähigkeit des Baugrundes geschlossen werden.

Bei Drucksondierungen gibt der Eindringwiderstand einen Anhalt für die Tragfähigkeit des Baugrundes.

Durch Schlitze in den Sondenstangen lassen sich aus der Tiefe Bodenproben geringer Menge gewinnen, aus denen Bodenarten und Schichtenfolge erkannt werden können.

Die Güte der Baugrunduntersuchung steigt mit dem Aufwand. Schürfe und Bohrungen gestatten die Entnahme ungestörter, Sondierungen nur die Entnahme gestörter (im Gefüge veränderter) Bodenproben.

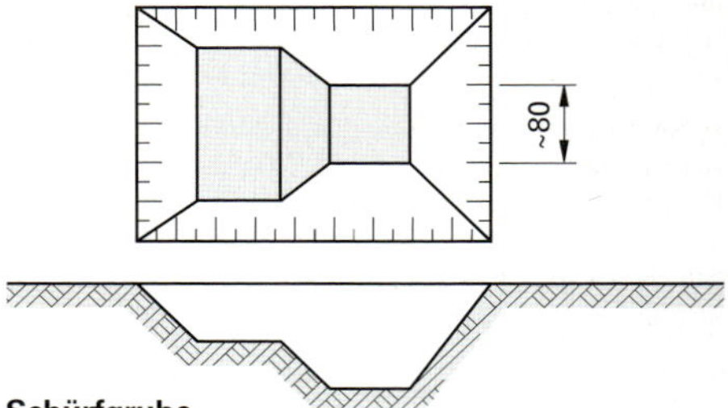

Schürfgrube

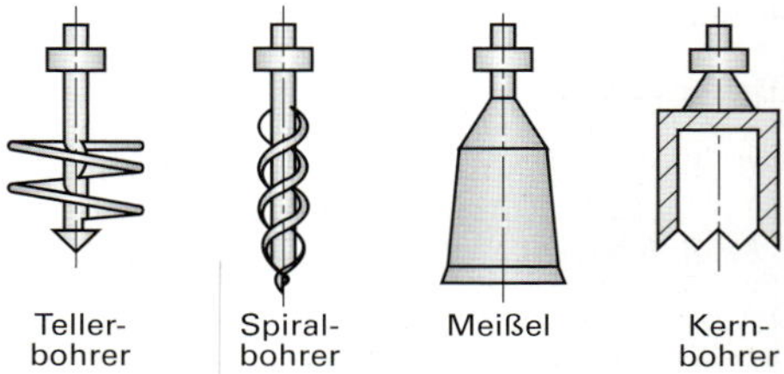

Bohrgeräte

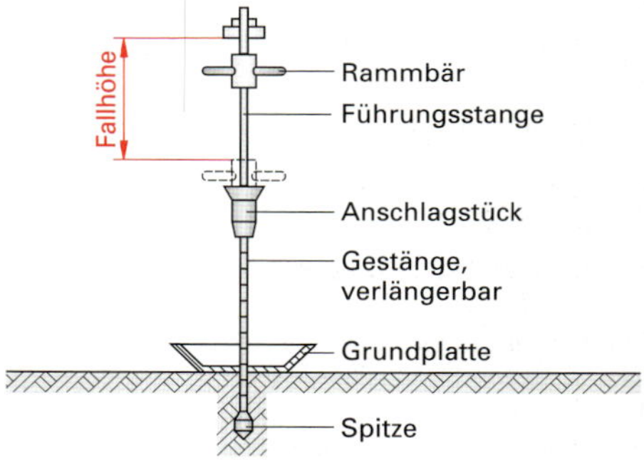

Rammsonde

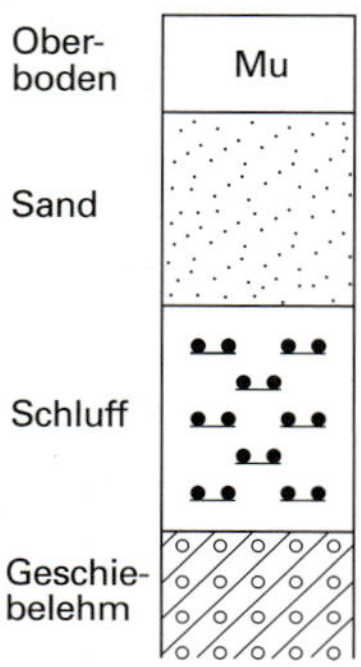

Schichtenfolge

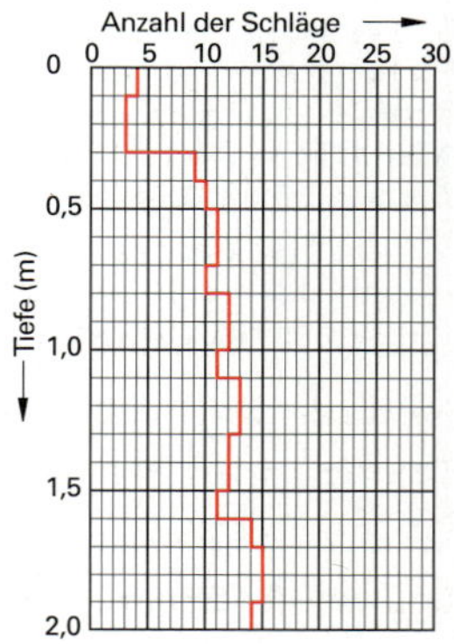

Sondierdiagramm Rammsonde

7.8.2 Bodenklassifikation

Die Einteilung der Bodenarten (Lockergesteine) erfolgt nach folgenden Merkmalen (DIN 18196):

- Korngrößenbereich
- Korngrößenverteilung
- plastische Eigenschaften
- organische Bestandteile

Korngrößenbereiche

- Feinstkorn oder Ton ≤ 0,002 mm
- Schluff > 0,002 mm bis 0,06 mm
- Sand > 0,06 mm bis 2 mm
- Kies (Grant) > 2 mm bis 63 mm
- Steine > 63 mm

Korngrößenverteilung

Die Korngrößenverteilung wird grafisch dargestellt, indem man die Masseanteile über die Korngröße aufträgt, wobei für die Korngröße ein logarithmischer Maßstab gewählt wird.

Charakteristische Werte der Korngrößenverteilung werden mit dem Korndurchmesser *d* bei 10 %, 30 % bzw. 60 % des Masseanteiles der Gesamtmenge bestimmt.

Ungleichförmigkeitszahl $C_U = \frac{d_{60}}{d_{10}}$

Krümmungszahl $C_C = \frac{(d_{30})^2}{d_{10} \cdot d_{60}}$

Weitgestufte Korngrößenverteilung:
$C_U > 6$, $C_C = 1 \dots 3$

Enggestufte Korngrößenverteilung:
$C_U < 6$

Intermittierende Korngrößenverteilung:
treppenartiger Verlauf der Sieblinie.

Plastische Eigenschaften

Die plastischen Eigenschaften von feinkörnigen Böden werden durch den Wassergehalt an der Fließgrenze w_L (≙ Übergang vom flüssigen Zustand in den plastischen Zustand) und an der Ausrollgrenze w_p (Übergang vom plastischen Zustand zum halbfesten Zustand) definiert:

leicht plastisch	$w_L \leq 35$ Masse-%
mittelplastisch	$35 < w_L \leq 50$ Masse-%
ausgeprägt plastisch	$w_L > 50$ Masse-%

Plastizitätszahl $I_p = w_L - w_P$

Definitionen der Fließgrenze und der Ausrollgrenze ▶ S. 334

Organische Bestandteile

Organische Bestandteile sind Beimengungen von Pflanzen, die dem Boden meist eine dunkle Farbe geben.

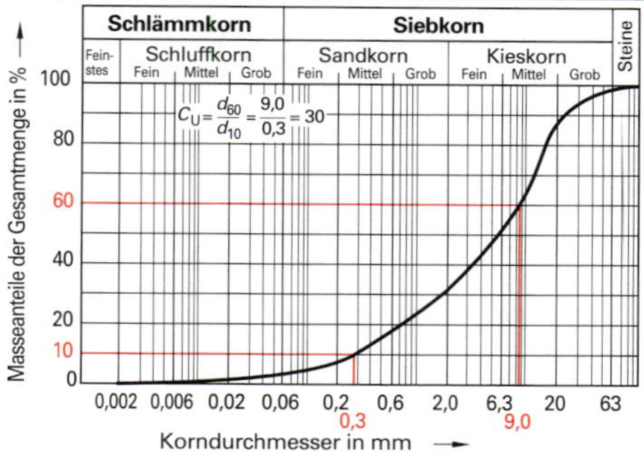

Weitgestufte Korngrößenverteilung

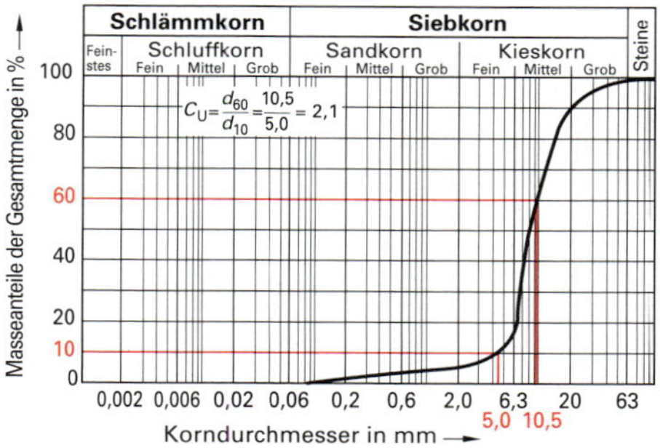

Enggestufte Korngrößenverteilung

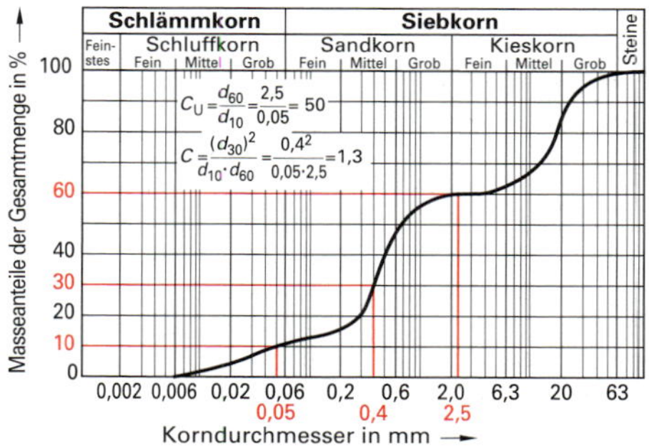

Intermittierend gestufte Korngrößenverteilung

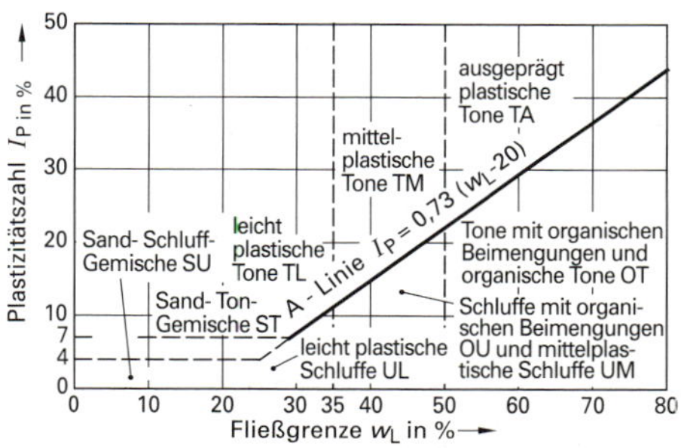

Plastizitätsdiagramm für feinkörnige Böden

7

Bodenklassifizierung; Gruppeneinteilung der Böden für bautechnische Zwecke

Hauptgruppen	Definition und Bezeichnung: Korngrößenanteile in Masse-% ≤0,06 mm	Korngrößenanteile in Masse-% > 2 mm	Bodengruppen		Kurzzeichen Gruppensymbol	bindig nicht bindig[1]	Erkennungsmerkmale	Beispiele
Grobkörnige Böden	≤ 5	> 40	Kies/Grant	**e**nggestufte Kiese	GE	nb	steile Körnungslinie infolge Vorherrschens eines Korngrößenbereichs	Fluss- und Strandkies Terrassenschotter Moränenkies vulkanische Schlacke
				weitgestufte Kies-Sand-Gemische	GW	nb	über mehrere Korngrößenbereiche kontinuierlich verlaufende Körnungslinie	
				intermittierend gestufte Kies-Sand-Gemische	GI	nb	treppenartig verlaufende Körnungslinie infolge Fehlens eines oder mehrerer Korngrößenbereiche	
		≤ 40	Sand	**e**nggestufte Sande	SE	nb	steile Körnungslinie infolge Vorherrschens eines Korngrößenbereiches	Dünen- und Flugsand Talsand, Berliner Sand Beckensand Tertiärsand
				weitgestufte Sand-Kies-Gemische	SW	nb	über mehrere Korngrößenbereiche kontinuierlich verlaufende Körnungslinie	Moränensand Terrassensand Granitgrus
				intermittierend gestufte Sand-Kies-Gemische	SI	nb	treppenartig verlaufende Körnungslinie infolge Fehlens eines oder mehrerer Korngrößenbereiche	
Gemischtkörnige Böden	5 bis 40	> 40	Kies-Schluff-Gemische	5 bis 15 Masse-% ≤ 0,06 mm	GU	nb(b)	weit oder intermittierend gestufte Körnungslinie Feinkornanteil ist schluffig	Moränenkies Verwitterungskies Hangschutt lehmiger Kies Lehm Geschiebelehm
				15 bis 40 Masse-% ≤ 0,06 mm	$G\overline{U}$	b		
			Kies-Ton-Gemische	5 bis 15 Masse-% ≤ 0,06 mm	GT	nb(b)	weit oder intermittierend gestufte Körnungslinie Feinkornanteil ist tonig	
				15 bis 40 Masse-% ≤ 0,06 mm	$G\overline{T}$	b		
		≤ 40	Sand-Schluff-Gemische	5 bis 15 Masse-% ≤ 0,06 mm	SU	nb(b)	weit oder intermittierend gestufte Körnungslinie Feinkornanteil ist schluffig	Flottsand Schwimmsand
				15 bis 40 Masse-% ≤ 0,06 mm	$S\overline{U}$	b		Auelehm Sandlöss
			Sand-Ton-Gemische	5 bis 15 Masse-% ≤ 0,06 mm	ST	nb(b)	weit oder intermittierend gestufte Körnungslinie Feinkornanteil ist tonig	lehmiger Sand Schleichsand
				15 bis 40 Masse-% ≤ 0,06 mm	$S\overline{T}$	b		Geschiebelehm, Geschiebemergel

[1] Böden mit einem Anteil von Körnern < 0,06 mm Durchmesser von > 15 Masse-% haben einen gewissen inneren Zusammenhalt und werden als **bindig** (b) bezeichnet. Böden, die weniger als 15 Masse-% von Körnern < 0,06 mm Durchmesser enthalten, haben diesen Zusammenhalt in der Regel nicht und werden als **nichtbindig** (nb) oder rollig bezeichnet.

Bodenklassifizierung; Gruppeneinteilung der Böden für bautechnische Zwecke

Hauptgruppen	Feinkornanteile in Masse-% ≤ 0,06 mm	Definition und Bezeichnung: Lage zur A-Linie ► S. 327	Bodengruppen		w_L in Masse-%	Kurzzeichen Gruppensymbol	bindig[1]	Erkennungsmerkmale: Trockenfestigkeit	Reaktion beim Schüttelversuch	Plastizität beim Knetversuch	Beispiele
Feinkörnige Böden	> 40	$I_P \leq 4$ Masse-% oder unterhalb der A-Linie	Schluff	**l**eicht plastische Schl**u**ffe	≤ 35	UL	b	niedrige	schnelle	keine bis leichte	Löß, Hochflutlehm
				mittelplastische Schl**u**ffe	35 bis 50	UM	b	niedrige bis mittlere	langsame	leichte bis mittlere	Seeton, Beckenschluff, Letten
		$I_P \geq 7$ Masse-% und oberhalb der A-Linie	Ton	**l**eicht plastische **T**one	≤ 35	TL	b	mittlere bis hohe	keine bis langsame	leichte	Geschiebemergel, Bänderton
				mittelplastische **T**one	35 bis 50	TM	b	hohe	keine	mittlere	Lösslehm, Beckenton, Keuperton
				ausgeprägt plastische **T**one	> 50	TA	b	sehr hohe	keine	ausgeprägte	Tarras Lauenburger Ton
organogene[2] u. Böden mit organischen Beimengungen	> 40	$I_P \geq 7$ Masse-% und unterhalb der A-Linie	nicht brenn- oder nicht schwelbar	Schl**u**ffe mit **o**rganischen Beimengungen und organogene[2] Schluffe	35 bis 50	OU	b	mittlere	langsame bis sehr schnelle	mittlere	Seekreide Kieselgur Mutterboden
				Tone mit **o**rganischen Beimengungen und organogene[2] Tone	> 50	OT	b	hohe	keine	ausgeprägte	Schlick Klei
	≤ 40			grob- bis gemischtkörnige Böden mit Beimengungen humoser Art		OH		Beimengungen pflanzlicher Art, meist helle Färbung, leichtes Gewicht, großes Porosität			Mutterboden Oberboden
				grob- bis gemischtkörnige Böden mit kalkigen, kieseligen Bildungen		OK		Beimengungen nicht pflanzlicher Art, meist helle Färbung, leichtes Gewicht, großes Porosität			Kalksand Tuffsand Wiesenkalk
organische Böden			brenn- oder schwelbar	**n**icht bis mäßig zersetzte Torfe		HN		an Ort und Stelle aufgewachsene (sedimentäre) Humusbildungen	faserig, holzreich, hellbraun bis braun		Niedermoortorf Hochmoortorf Bruchwaldtorf
				zersetzte Torfe		HZ			schwarzbraun bis schwarz		
				Schlamme als Sammelbegriff für **F**aulschlamm, Mudde, Gyttja, Dy, Sapropel		F		unter Wasser abgesetzte (sedimentäre) Schlamme aus Pflanzenresten, Kot und Mikroorganismen, oft von Sand, Ton und Kalk durchsetzt, blauschwarz oder grünlich bis gelbbraun, gelegentlich dunkelgraubraun bis blauschwarz, federnd, weichschwammig			Mudde Faulschlamm
Auffüllungen			Auffüllung aus natürlichen Böden; jeweiliges Gruppensymbol in eckigen Klammern			[ ]					
			Auffüllung aus Fremdstoffen			A					Müll, Schlacke, Bauschutt

[1] vgl. Seite 330; [2] unter Mitwirkung von Organismen gebildete Böden

Boden- und Felsklassen nach DIN 18300

Die Bodenklassifizierung nach DIN 18300 ≙ VOB Teil C teilt die Böden und Felsgesteine nach ihrer Lösbarkeit in 7 Klassen ein.

Klasse	**Bezeichnung** Definition nach der DIN 18300	**Beispiele** (Kurzzeichen ► S. 330, 331)
1	**Oberboden (Mutterboden)** Oberboden ist die oberste Schicht des Bodens, die neben anorganischen Stoffen, z. B. Kies-, Sand-, Schluff- und Tongemischen, auch Humus und Bodenlebewesen enthält.	Oberboden
2	**Fließende Bodenarten** Bodenarten, die von flüssiger bis breiiger Beschaffenheit sind und die das Wasser schwer abgeben.	Feinkörnige Böden der Gruppen UL, UM, UA, TL, TM, TA mit breiiger oder flüssiger Konsistenz ($I_C < 0{,}5$). Gemischtkörnige Böden der Gruppen $S\overline{U}$, $S\overline{T}$, $G\overline{U}$, $G\overline{T}$ mit breiiger und flüssiger Konsistenz ($I_C < 0{,}5$). Organische Böden der Gruppen HN, HZ und F mit hohem Wassergehalt. Böden mit organischen Beimengungen der Gruppen OU, OT, OH, OK mit breiiger oder flüssiger Konsistenz.
3	**Leicht lösbare Bodenarten** Nichtbindige bis schwachbindige Sande, Kiese und Sand-Kies-Gemische mit bis zu 15 Masse-% Beimengungen an Schluff und Ton (Korngröße < 0,06 mm) und mit höchstens 30 Masse-% Steinen von über 63 mm Korngröße und bis zu 0,01 m^3 Rauminhalt[1]. Organische Böden mit geringem Wassergehalt.	Grobkörnige Böden der Gruppen SW, SI, SE, GW, GI, GE. Gemischtkörnige Böden der Gruppen SU, ST, GU, GT. Feste Torfe.
4	**Mittelschwer lösbare Bodenarten** Gemische von Sand, Kies, Schluff und Ton mit einem Anteil von mehr als 15 Masse-% Korngröße kleiner als 0,06 mm. Bindige Bodenarten von leichter bis mittlerer Plastizität, die je nach Wassergehalt weich bis fest sind und die höchstens 30 Masse-% Steine von über 63 mm Korngröße bis zu 0,01 m^3 Rauminhalt[1] enthalten.	Feinkörnige Böden der Gruppen UL, UM, UA, TL, TM mit harter, halbfester, steifer und weicher Konsistenz ($I_C > 0{,}5$). Gemischtkörnige Böden der Gruppen $S\overline{U}$, $S\overline{T}$, $G\overline{U}$, $G\overline{T}$ mit harter, halbfester, steifer und weicher Konsistenz ($I_C > 0{,}5$).
5	**Schwer lösbare Bodenarten** Bodenarten nach den Klassen 3 und 4, jedoch mit mehr als 30 Masse-% Steinen von über 63 mm Korngröße bis zu 0,01 m^3 Rauminhalt. Nichtbindige und bindige Bodenarten mit höchstens 30 Masse-% Steinen von über 0,01 m^3 bis 0,1 m^3 Rauminhalt[1,2] Ausgeprägt plastische Tone, die je nach Wassergehalt weich bis fest sind.	Böden mit entsprechenden Anteilen von Steinen. Ausgeprägt plastischer Ton TA und Tone mit organischen Beimengungen OT von weicher bis halbfester Konsistenz.
6	**Leicht lösbarer Fels und vergleichbare Bodenarten** Felsarten, die einen inneren, mineralisch gebundenen Zusammenhalt haben, jedoch stark klüftig, brüchig, bröckelig, schiefrig, weich oder verwittert sind, sowie vergleichbare verfestigte bindige oder nichtbindige Bodenarten, z. B. durch Austrocknung, Gefrieren, chemische Bindungen. Nichtbindige und bindige Bodenarten mit mehr als 30 Masse-% Steinen von über 0,01 m^3 bis 0,1 m^3 Rauminhalt.[1,2]	Fels der links beschriebenen Art. Verfestigte Böden. Böden mit entsprechenden Anteilen von Steinen.
7	**Schwer lösbarer Fels** Felsarten, die einen inneren, mineralisch gebundenen Zusammenhalt und hohe Gefügefestigkeit haben und die nur wenig klüftig oder verwittert sind. Festgelagerter, unverwitterter Tonschiefer, Nagelfluhschichten, Schlackenhalden der Hüttenwerke und dergleichen. Steine von über 0,1 m^3 Rauminhalt[2].	Fels der links beschriebenen Art. Verfestigte Schlackenhalden.

[1] 0,01m^3 Rauminhalt entspricht einer Kugel mit einem Durchmesser von etwa 0,30 m.

[2] 0,1 m^3 Rauminhalt entspricht einer Kugel mit einem Durchmesser von etwa 0,60 m.

Kornverteilungskurven typischer Bodenarten

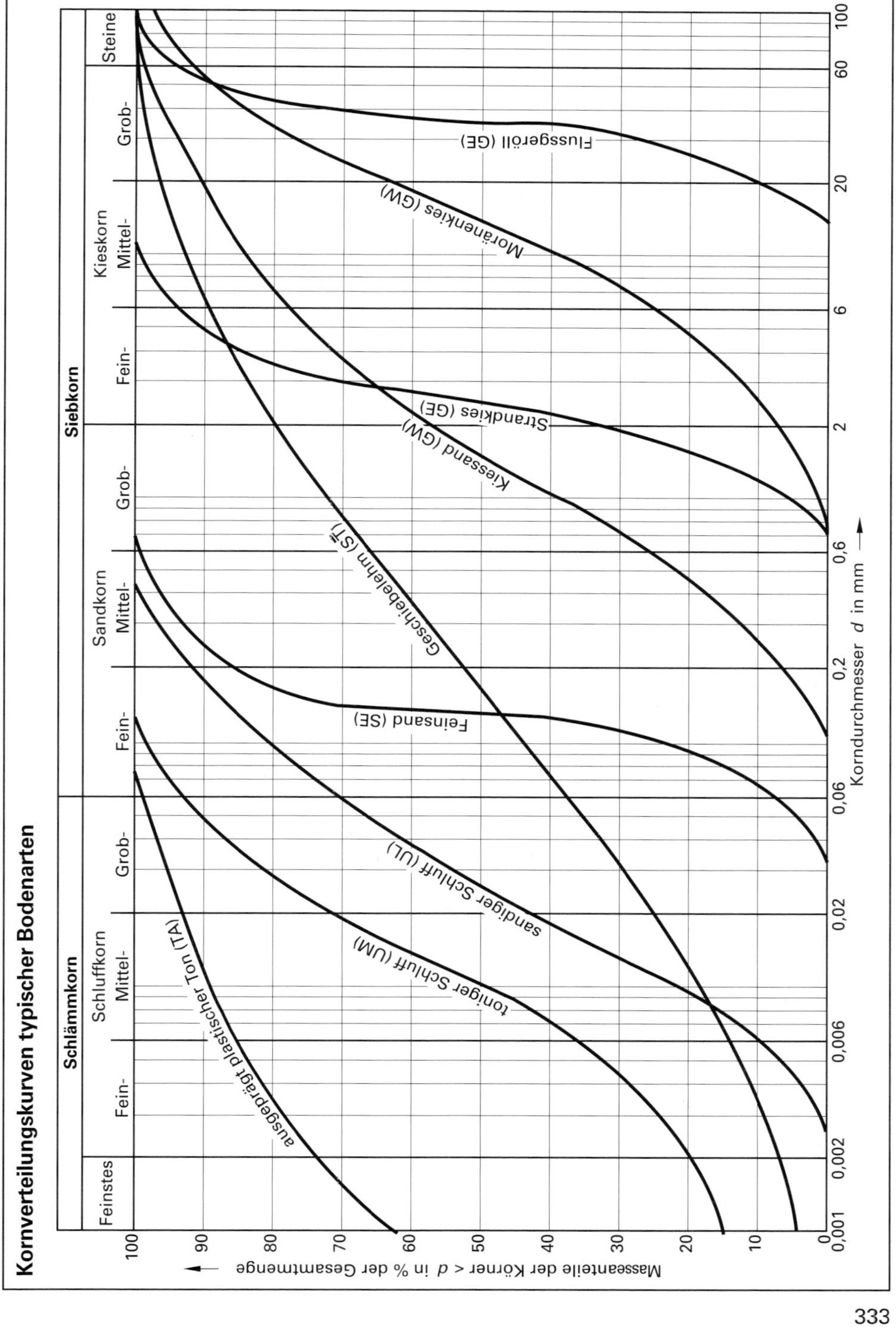

7

7.8.3 Bodenkennwerte

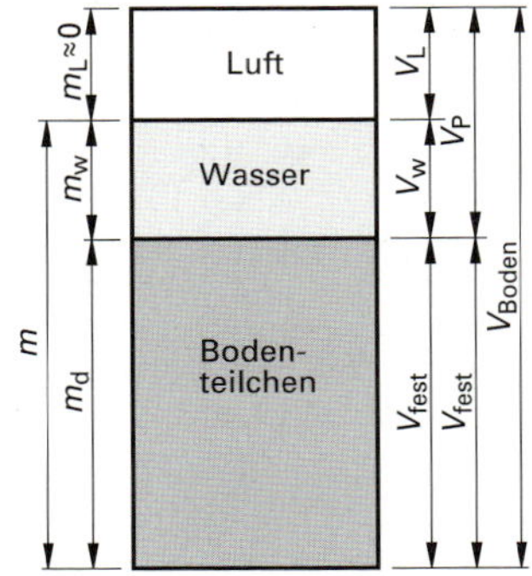

Wichte γ, Dichte ϱ

Dichte des feuchten Bodens: $\varrho = \frac{m}{V}$

Dichte des trockenen Bodens: $\varrho_d = \frac{m_d}{V}$

Wichte des feuchten Bodens: $\gamma = \frac{F_G}{V}$

Wichte des trockenen Bodens: $\gamma_d = \frac{F_{Gd}}{V}$

Wichte unter Auftrieb: $\gamma' = \frac{F_G'}{V}$

F_G Gewichtskraft, d trocken (englisch: dry)

Korndichte

Dichte der Körner, d.h. der festen Bodenteilchen. Entspricht der mittleren Dichte der Minerale ► S. 161

$$\varrho_s = \frac{m_d}{V_{fest}}$$

Porenanteil n ≙ Hohlraumgehalt H

Der Porenanteil n ist das Volumen der Poren V_P eines Bodens bezogen auf das Volumen der gesamten Probe V.

$$n = H = \frac{V_P}{V} = \frac{V - V_{fest}}{V} = \frac{\varrho_s - \varrho_d}{\varrho_s} = 1 - \frac{\varrho_d}{\varrho_s}$$

Porenzahl e

$$e = \frac{\varrho_s}{\varrho_d} - 1$$

Lagerungsdichte D

Die Lagerungsdichte D ist ein Kriterium, das die Tragfähigkeit nichtbindiger Böden beeinflusst.

$$D = \frac{\max n - n}{\max n - \min n}$$

$\max n$ Porenanteil bei lockerster Lagerung
$\min n$ Porenanteil bei dichtester Lagerung
n Porenanteil bei natürlicher Lagerung, vgl. DIN 18 126

Verdichtungsgrad D_{pr}

$$D_{pr} = \frac{\varrho_d}{\varrho_{pr}} \cdot 100\ [\%]$$

Der Verdichtungsgrad D_{pr} gibt für einen Boden das Maß der Verdichtung an. Der Vergleichswert im Nenner ist die durch den Proctor-Versuch nach DIN 18127 im Labor ermittelte Trockendichte ϱ_{pr}.

Wassergehalt w

Der Wassergehalt w wird auf die Masse des trockenen Bodens bezogen. $w = \frac{m - m_d}{m_d} = \frac{m_w}{m_d}$

Zustandsform/Konsistenz

Das Verhalten und die Tragfähigkeit bindiger (feinkörniger oder gemischtkörniger) Böden wird entscheidend vom Wassergehalt bestimmt. Als Maßstab dient der Vergleich des natürlichen Wassergehaltes w mit dem Wassergehalt an bestimmten Zustandsgrenzen.

Wassergehalt an der **Fließgrenze** w_L:	Wassergehalt am Übergang von der flüssigen zur plastischen Zustandsform. Ermittlung mit dem Casagrandegerät nach DIN 18122 (englisch: liquid).
Wassergehalt an der **Ausrollgrenze** w_P:	Wassergehalt am Übergang von der plastischen zur halbfesten Zustandsform. Ermittlung durch Ausrollen zu 3 mm dicken Walzen (P = Plastizitätsgrenze).
Wassergehalt an der **Schrumpfgrenze** w_S:	Wassergehalt am Übergang vom halbfesten zum harten/festen Zustand. Ermittlung im Trockenofen.

7

Abhängigkeit der Zustandsform vom Wassergehalt

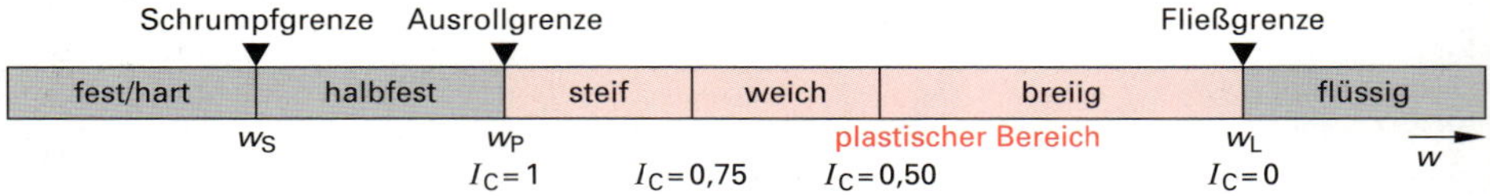

Plastizitätszahl: $I_P = w_L - w_P$

Konsistenzzahl $I_C = \frac{w_L - w}{w_L - w_P}$

Feldversuche zur Abschätzung der Zustandsform bindiger Böden

Zustandsform	Bodeneigenschaft
breiig	Boden, der beim Pressen in der Faust zwischen den Fingern hindurchquillt
weich	Boden, der sich leicht kneten lässt
steif	Boden, der sich schwer kneten lässt, aber zu 3 mm dicken Walzen ausrollen lässt, ohne zu reißen oder zu zerbröckeln.
halbfest	Boden, der beim Ausrollen zu 3 mm dicken Walzen bröckelt und reißt, aber noch feucht genug zur Formung eines Klumpens ist
hart/fest	Boden, der sich nicht mehr kneten, sondern nur noch zerbrechen lässt. Ein nachträgliches Zusammenballen der Teile ist nicht mehr möglich. Meist heller als im halbfesten Zustand.

Erfahrungswerte für Bodenkenngrößen (nach DIN 1055-2, Entwurf)

Nicht bindige Bodenarten

Bodenart	Kurzzeichen ▶ S. 330	Lagerungsdichte[1]	erdfeucht γ_K [kN/m³]	Wichte gesättigt $\gamma_{r,k}$ [kN/m³]	unter Auftrieb γ'_k [kN/m³]	Reibungswinkel φ'_k [°]
Kies, Sand, eng gestuft	GE, SE mit $C_U < 6$	locker mitteldicht dicht	16,0 17,0 18,0	18,5 19,5 20,5	8,5 9,5 10,5	30,0 32,5 35,0
Kies, Sand weit oder intermittierend gestuft	GW, GI SW, SI $6 \le C_U \le 15$	locker mitteldicht dicht	16,5 18,0 19,5	19,0 20,5 22,0	9,0 10,5 12,0	30,0 32,5 35,0
Kies, Sand, weit- oder intermittierend gestuft	GW, GI SW, SI $C_U > 15$	locker mitteldicht dicht	17,0 19,0 21,0	19,5 21,5 23,5	9,5 11,5 13,5	30,0 32,5 35,0

[1] Lagerungsdichte $D = \frac{\max n - n}{\max n - \min n'}$;

locker: $0{,}15 < D \le 0{,}30$; mitteldicht: $0{,}30 < D \le 0{,}50$; dicht: $0{,}50 < D < 0{,}75$

Ungleichförmigkeitszahl $C_U = \frac{d_{60}}{d_{10}}$

Bindige und organische Bodenarten (Auswahl)

Bodenart	Kurzzeichen ▶ S. 331	Zustandsform[2]	Wichte erdfeucht γ_K [kN/m³]	Wichte unter Auftrieb $\gamma_{r,k}$ [kN/m³]	Reibungswinkel φ'_k [°]	Kohäsion c'_K kN/m²	Kohäsion $c_{u,K}$ kN/m²
Leicht plastische Schluffe	UL	weich steif halbfest	17,5 18,5 19,5	9,0 10,0 11,0	27,5	0 2 5	0 15 40
Mittelplastische Schluffe	UM	weich steif halbfest	16,5 18,0 19,5	8,5 9,5 10,5	22,5	0 5 10	5 25 60
Leicht plastische Tone	TL	weich steif halbfest	19,0 20,0 21,0	9,0 10,0 11,0	22,5	0 5 10	0 15 40
Mittelplastische Tone	TM	weich steif halbfest	18,5 19,5 20,5	8,5 9,9 10,5	17,5	5 10 10	5 25 60
Ausgeprägt plastische Tone	TA	weich steif halbfest	17,5 18,5 19,5	7,5 8,5 9,5	15,0	5 10 15	15 35 75
Organischer Schluff, organischer Ton	OU OT	breiig weich steif	14,0 15,5 17,0	4,0 5,5 7,0	17,5	0 2 5	0 10 20

[2] Konsistenzzahl $I_C = (w_L - w)/(w_L - w_P)$;
breiig: $0{,}00 < I_C \le 0{,}50$; weich: $0{,}50 < I_C \le 0{,}75$; steif: $0{,}75 < I_C \le 1{,}00$; halbfest: $I_C > 1{,}00$

Scherfestigkeit

Die Scherfestigkeit eines Bodens kann man in der Scherbüchse bestimmen. Die Auswertung mehrerer Versuche ergibt einen annähernd linearen Zusammenhang zwischen der Druckspannung σ und der Schubspannung τ.

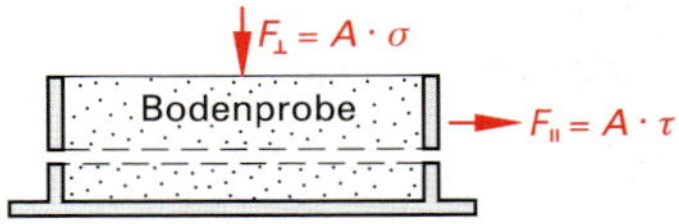

Coulomb'sches Gesetz $\tau = \sigma \cdot \tan \varphi' + c'$

φ' Reibungswinkel
c' Kohäsion (wirksame)
Bei nichtbindigen Böden ist $c' \cong 0$
Bei nicht entwässerten bindigen Böden gilt:
$\varphi \cong 0, \quad c' = c_u$

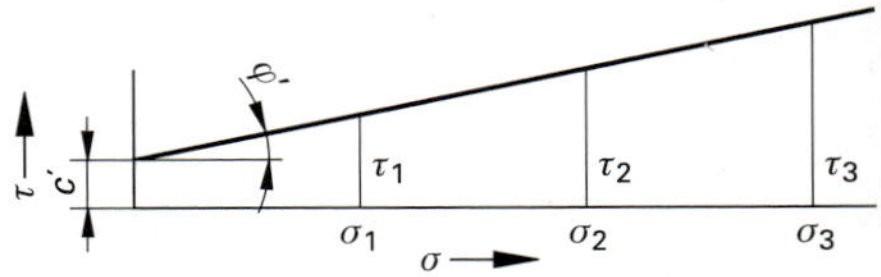

Bestimmung der Scherfestigkeit

7.8.4 Flächengründungen

Bei Flächengründungen werden die Bauwerkslasten unmittelbar über Streifen- oder Einzelfundamente in den Baugrund geleitet. Die vorhandenen Spannungen vorh σ dürfen die zulässigen Spannungen zul σ nicht überschreiten. Üblicherweise wird von einer geradlinigen Spannungsverteilung ausgegangen.
Die Sohle muss in frostfreier Tiefe mindestens 0,80 m unter Gelände liegen.

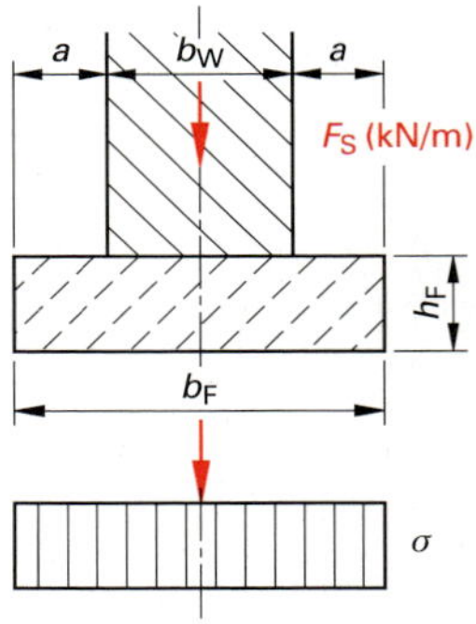

Streifenfundamente

Bodenpressung bei mittiger Belastung

F_S Last je m Fundament in kN/m
b_F Fundamentbreite in m
σ Bodenpressung in kN/m²

$$\sigma = \frac{F_S}{b_F}$$

Bodenpressung bei außermittiger Belastung

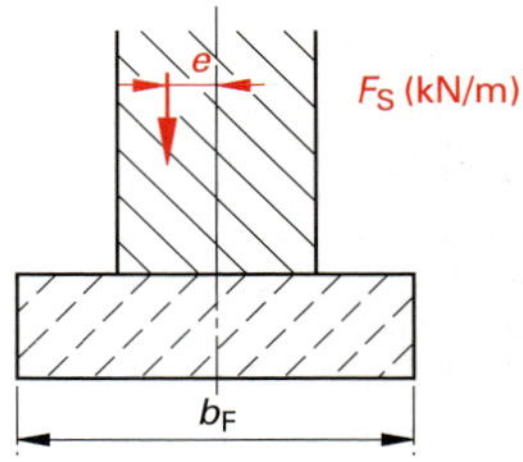

Da zwischen Fundament und Boden keine Zugspannungen übertragen werden können, muss zwischen Lastangriff im Kern (d. h. überall Druckspannungen, $e \leq b_F/6$) und Lastangriff außerhalb des Kernes (d.h. klaffende Sohlfuge, $e > b_F/6$) unterschieden werden.

$$\sigma_R = \frac{F_S}{b_F}\left(1 + \frac{6 \cdot e}{b_F}\right) \quad \text{für } e \leq \frac{b_F}{6} \qquad \text{für } e = \frac{b_F}{6} \Rightarrow \sigma_R = \frac{2 \cdot F_S}{b_F \cdot d_F}$$

$$\sigma_R = \frac{4 \cdot F_S}{3 \cdot (b_F - 2\,e)} \quad \text{für } \frac{b_F}{6} < e < \frac{b_F}{2}$$

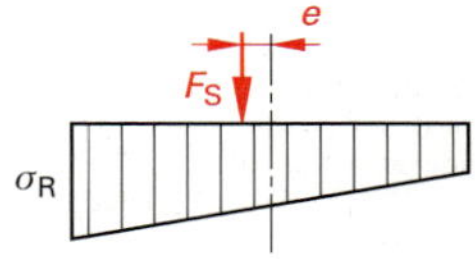

Nach DIN 1054 muss die aus ständigen Lasten resultierende Kraft die Sohlfläche im Kern schneiden, d. h. $e < b_F/6$. Die aus der Gesamtlast resultierende Kraft darf ein Klaffen der Sohlfuge höchstens bis zum Schwerpunkt der Sohlfläche verursachen, d.h. mit Sicherheitsbeiwert 1,5 folgt $e \leq b_F/3$.

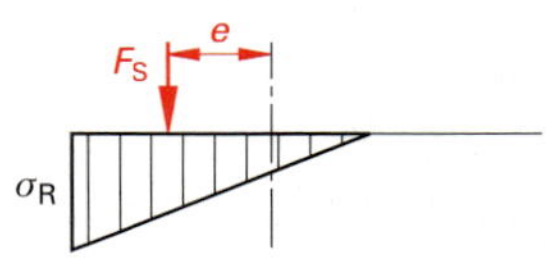

Einzelfundamente

Bodenpressung bei mittiger Belastung

σ Bodenpressung in kN/m²
F Mittige Last in kN
a_F, b_F Abmessungen des rechteckigen Fundamentes in m

$$\sigma = \frac{F}{A} = \frac{F}{a_F \cdot b_F}$$

Aufnehmbarer Sohldruck in kN/m² nach DIN 1054

Nichtbindiger Baugrund (Bodengruppen GE, GW, GI, SE, SW, SI, GU, GT, SU ► S. 330)

kleinste Einbindetiefe des Fundaments t	Fundamentbreite b_F in m: Bereich 1			Bereich 1				Bereich 2		
	0,30	0,50	1,00	1,50	2,00	2,50	3,00	1,50	2,00	3,00
0,30 m	150									
0,50 m		200	300	330	280	250	220	400	500	500
1,00 m		270	370	360	310	270	240	470	570	570
1,50 m		340	440	390	340	290	260	540	640	640
2,00 m		400	500	420	360	310	280	600	700	700

Bindiger Baugrund, Streifenfundamente b_F = 0,50 m ... 2,00 m (Bodengruppen ► S. 330)

kleinste Einbindetiefe des Fundaments t	Schluff UL steif/halbfest	Gemischtkörnige Böden SU, ST, GT, GU			Schluff-Ton Böden UM, TL, TM			Ton TA		
		steif	halbfest	fest	steif	halbfest	fest	steif	halbfest	fest
0,50 m	130	150	220	330	120	170	280	90	140	220
1,00 m	180	180	280	380	140	210	320	110	180	240
1,50 m	220	220	330	440	160	250	360	130	210	270
2,00 m	250	250	370	500	180	280	400	150	230	300

Anwendungsvoraussetzungen für die aufnehmbaren Sohldrücke

1. Die Werte gelten nur für starre Gründungskörper, bei denen die Annahme der geradlinigen Sohldruckverteilung annähernd zutrifft.
2. Bereich 1: Bei Fundamentbreiten bis 1,50 m betragen die Setzungen etwa 2 cm, bei breiteren Fundamenten sind diese proportional größer.
   Bereich 2: Bei Fundamentbreiten bis 1,50 m betragen die Setzungen ungefähr 1 cm, bei breiteren Fundamenten weniger als 2 cm.
3. Die Gründungssohle muss frostfrei liegen und gegen Auswaschen gesichert sein.
4. Die Baugrundverhältnisse müssen bis in eine Tiefe $t \geq 2\, b_F$ mindestens $t > 2$ m unter Gründungssohle annähernd gleichmäßig sein.
5. Die Lagerungsdichte enggestufter ($C_U < 3$) Bodengruppen SE, GE, GU, GT, SU muss $D \geq 0{,}3$ bzw. die Proctordichte ≥ 95 % sein. Die Lagerungsdichte aller übrigen nichtbindigen Böden muss $D \geq 0{,}45$ bzw. die Proctordichte > 98 % sein.
6. Die Werte des Bereichs 2 sind bei einem Abstand des Grundwasserspiegels d kleiner als b_F um bis zu 40 % zu verringern.
7. Die Werte für nicht bindige Böden dürfen interpoliert werden.
8. Die Werte dürfen nicht oder nur bedingt bei dynamisch belasteten oder durch Horizontalkräfte belasteten Fundamenten angesetzt werden.

Ausbildung und Berechnung unbewehrter Fundamente

Annähernd zentrisch belastete Streifenfundamente können unter einer der nebenstehenden Bedingungen ohne Bewehrung ausgeführt werden.

a) $\dfrac{h_F}{a} \geq 2$

b) $\dfrac{h_F}{a} \geq \sqrt{\dfrac{3 \cdot \sigma_{Boden}}{f_{ctd}}} \geq 1$

mit
h_F Fundamenthöhe
a Fundamentüberstand
σ_{Boden} vorh. Bodenpressung
f_{ctd} Bemessungswert für Betonzugfestigkeit

Beispiel

Berechnung der Fundamentabmessungen eines unbewehrten Streifenfundamentes aus Beton C 12/15: Streckenlast F_S = 200 kN/m, Wanddicke b_W = 0,49 m, Einbindetiefe t = 1,00 m, Bodenart: Ton (TA) fest, zul σ = 240 kN/m² aus Tabelle oben.

erf $b_F = \dfrac{200}{240} = 0{,}83$ m → gewählt $b_F = 0{,}85$ m

Fundamentüberstand a

$a = \dfrac{1}{2}(b_F - b_W) = \dfrac{1}{2} \cdot (0{,}85 - 0{,}49) = 0{,}18$ m

vorh $\sigma = \dfrac{F_S}{b_F} = \dfrac{200}{0{,}85} = 235$ kN/m²

$\dfrac{h_F}{a} = 1{,}08$ (vergl. Diagramm rechts)

$h_F = a \cdot \dfrac{h_F}{a} = 0{,}18 \cdot 1{,}08 = 0{,}19$ m

gewählt $h_F = 0{,}20$ m

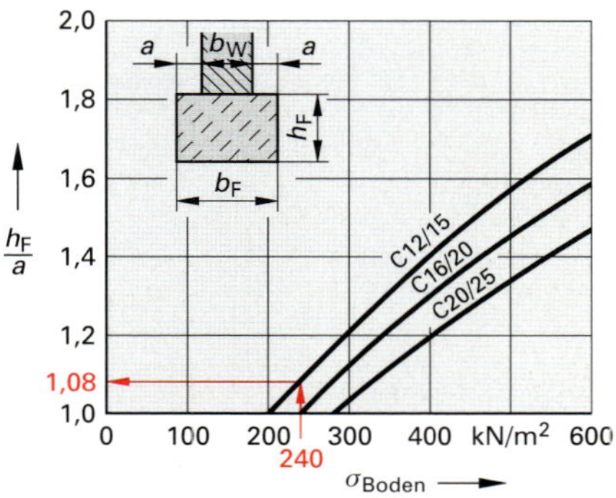

Zulässige Fundamentschlankheit h_F/a

7.8.5 Gebäudesicherung, Bodenaushubgrenzen, Unterfangung

Gründungsarbeiten neben bestehenden Gebäuden sowie Unterfangungen von Gebäuden erfordern eine sorgfältige Vorbereitung und dürfen nur nach bauaufsichtlich genehmigten Plänen ausgeführt werden.

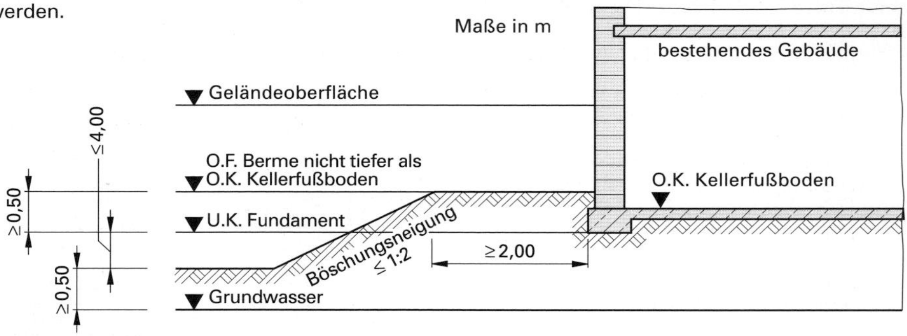

Bodenaushubgrenzen

Schnitt

Maße in m

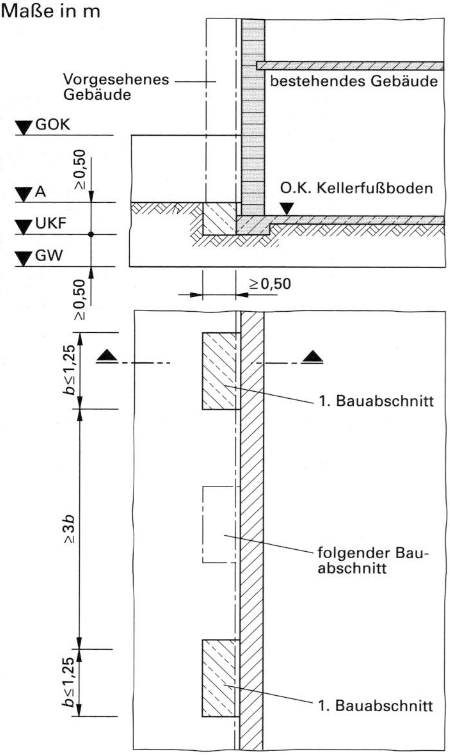

Draufsicht

GOK Geländeoberkante

GW Grundwasser

Gründung nebeneinander liegender Gebäude

Schnitt

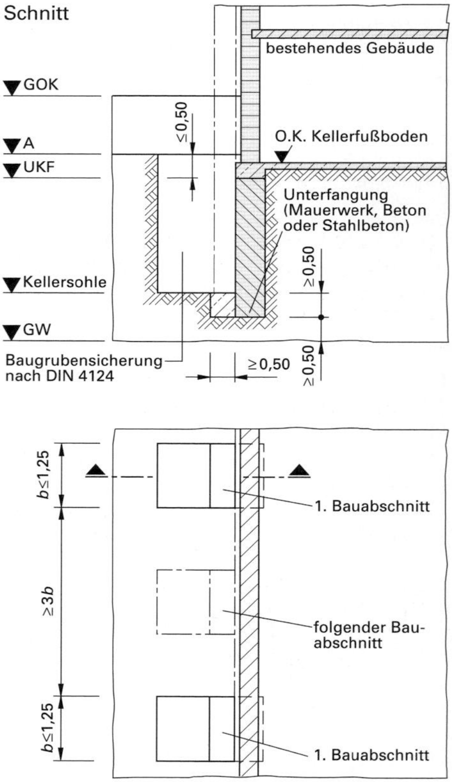

Draufsicht

UKF Unterkante Fundament

A Bodenaushubgrenze

Unterfangung

7

7.8.6 Erddruck

Bei der Berechnung des Erddrucks auf senkrecht oder schwach geneigte Stützwände geht man davon aus, dass sich die Wand geringfügig bewegt und sich hinter der Wand ebene Gleitflächen ausbilden (Coulomb'sche Erddrucktheorie).

Aktiver Erddruck auf senkrechte Stützwände bei waagerechtem Gelände

E_a Resultierende des aktiven Erddrucks kN/m
E_{ah} Horizontalkomponente des aktiven Erddrucks kN/m
e_{ah} horizontale Komponente der Flächenbelastung des aktiven Erddruckes kN/m²
K_a Erddruckbeiwert
K_{ah} horizontale Komponente
K_{ac} Erddruckbeiwert infolge Kohäsion bindiger Böden
K_{ach} horizontale Komponente von K_{ac}
δ Wandreibungswinkel
γ Wichte, φ Reibungswinkel
c Kohäsion
p Auflast je Flächeneinheit

$$e_{ah} = (\gamma \cdot h + p) \cdot K_{ah} - c \cdot K_{ach}$$

$$E_{ah} = \frac{1}{2} \cdot \gamma \cdot h^2 \cdot K_{ah} + p \cdot h \cdot K_{ah} - c \cdot h \cdot K_{ach}$$

$$E_a = E_{ah} \cdot \sin \delta$$

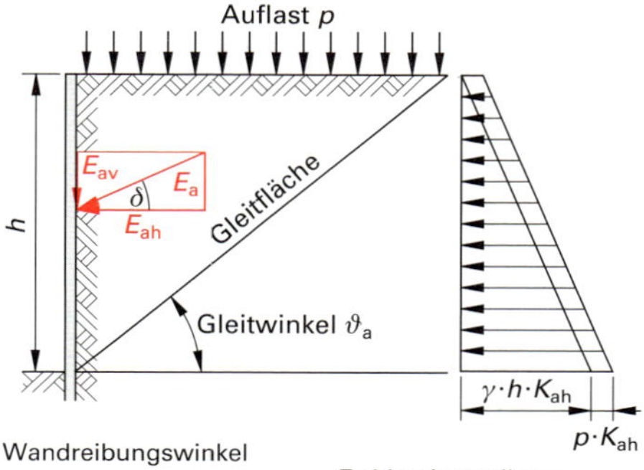

Wandreibungswinkel
Glatte Wände $\delta = 0$
Raue Wände $\delta = \frac{2}{3}$

Erddruckverteilung horizontale Komponente (ohne Kohäsion)

Erdruhedruck

Der Erdruhedruck wirkt auf Stützwände, bei denen keine Bewegungen möglich sind (z. B. bei Aussteifungen), oder auf steife, alle Bewegungen ausschließende Wände. Der Erdruhedruckbeiwert bei waagerechtem Gelände beträgt:

$K_a \approx 1 - \sin \varphi$

Erddruckverteilung

Erddruckbeiwerte
(Gelände horizontal, Stützwand senkrecht)

	φ =	15°	22,5°	30°	37,5°
K_{ah}	$\delta = 0°$	0,60	0,45	0,33	0,24
	$\delta = \frac{2}{3}\varphi$	0,53	0,38	0,28	0,20
K_{ach}	$\delta = 0°$	1,52	1,34	1,15	0,99
	$\delta = \frac{2}{3}\varphi$	1,33	1,11	0,91	0,75

Beispiel: Schwergewichtsmauer

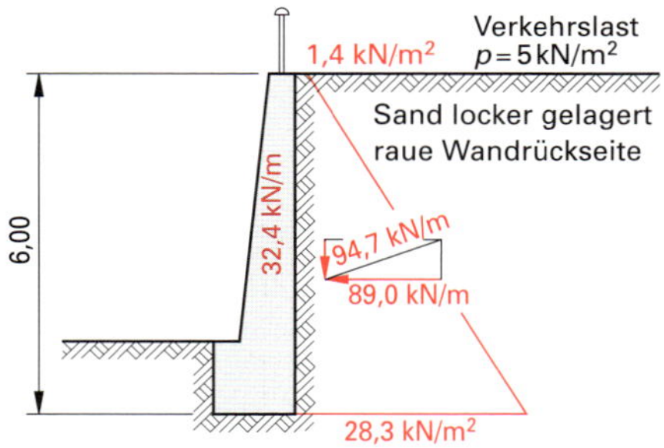

Erddruck auf die abgebildete Schwergewichtsmauer

Bestimmung der Bodenkennwerte:

Sand, locker gelagert:

$\gamma = 16$ kN/m³

$\varphi = 30°$ ► S. 335

$c = 0$

$\delta = \frac{2}{3} \cdot \varphi = \frac{2}{3} \cdot 30° = 20°$

$K_{ah} = 0{,}28$

$$e_{ah_o} = (\gamma \cdot h + p) \cdot K_{ah} - c \cdot K_{ah} = (16 \cdot 0 + 5) \cdot 0{,}28 - 0 = 1{,}4 \text{ kN/m}^2$$

$$e_{ah_u} = (\gamma \cdot h + p) \cdot K_{ah} - c \cdot K_{ah} = (16 \cdot 6{,}00 + 5) \cdot 0{,}28 - 0 = 28{,}28 \text{ kN/m}^2 \approx 28{,}3 \text{ kN/m}^2$$

$$E_{ah} = \frac{1}{2} \cdot \gamma \cdot h^2 \cdot K_{ah} + p \cdot h \cdot K_{ah} - 0 = \frac{1}{2} \cdot 16 \cdot 6{,}00^2 \cdot 0{,}28 + 5 \cdot 6{,}00 \cdot 0{,}28 = 89{,}04 \text{ kN/m} \approx 89{,}0 \text{ kN/m}$$

$$E_{av} = E_{ah} \cdot \tan \delta = 89{,}0 \cdot \tan 20° = 32{,}4 \text{ kN/m} \qquad \mathbf{E_a} = \sqrt{E_{ah}^2 + E_{av}^2} = \sqrt{89{,}0^2 + 32{,}4^2} = \mathbf{94{,}7\ kN/m}$$

7

7.9 Straßenbau

7.9.1 Einteilung der Straßen

Unsere Straßen werden nach mehreren Gesichtspunkten untergliedert. Die wichtigsten Unterteilungen sind die nach den Baulastträgern (Zuständigkeit für den Bau und die Unterhaltung) sowie die nach der Funktion.

Einteilung nach Baulastträgern	
Straßenart	Baulastträger
Bundesautobahnen	Bundesrepublik
Bundesfernstraßen	Bundesrep., Städte[1]
Landes-/Staatsstraßen	Länder, Städte[2]
Kreisstraßen	Kreise, Städte[2]
Gemeindestraßen	Städte, Gemeinden

[1] Bei > 80000 Einwohnern für die Ortsdurchfahrten
[2] Bei > 20000 Einwohnern für die Ortsdurchfahrten

Einteilung nach der Funktion	
Kategoriengruppe	Straßenkategorie
A anbaufreie Straßen außerhalb bebauter Gebiete mit maßgebender Verbindungsfunktion	A I Fernstraße A II überregionale/regionale Straße A III zwischengemeindliche Straße A IV flächenerschließende Straße A V untergeordnete Straße A VI Wirtschaftsweg
B anbaufreie Straßen innerhalb bebauter Gebiete mit maßgebender Verbindungsfunktion	B I Stadtautobahn B II Schnellverkehrsstraße B III Hauptverkehrsstr. B IV Hauptsammelstr.
C angebaute Straßen innerhalb bebauter Gebiete mit maßgebender Verbindungsfunktion	C III Hauptverkehrsstr. C IV Hauptsammelstr.
D innerhalb bebauter Gebiete mit maßgebender Erschließungsfunktion	D IV Sammelstraße D V Anliegerstraße
E innerhalb bebauter Gebiete mit maßgebender Aufenthaltsfunktion	E V Anliegerstraße E VI befahrbarer Wohnweg

7.9.2 Querschnittsgestaltung

Ausgangsgrößen für die Festlegung der Querschnittsabmessungen von Straßen sind die höchstzulässigen Fahrzeugabmessungen nach der Straßenverkehrszulassungsordnung (StVZO). Danach beträgt für Kraftfahrzeuge die maximale Breite 2,55 m (landwirtschaftliche Fahrzeuge 3,00 m) und die maximale Höhe 4,00 m.

Der Verkehrsraum und der lichte Straßenquerschnitt setzen sich zusammen aus

- Fahrzeugabmessungen
- seitlichen Bewegungsräumen (je nach Entwurfsgeschwindigkeit 0,00 m bis 1,25 m)
- oberem Bewegungsraum 0,25 m,
- seitlichen Sicherheitsräumen neben der Fahrbahn (je nach Entwurfsgeschwindigkeit 0,75 m bis 1,25 m)
- oberem Sicherheitsraum von 0,25 m.

Regelquerschnitte ► S. 342

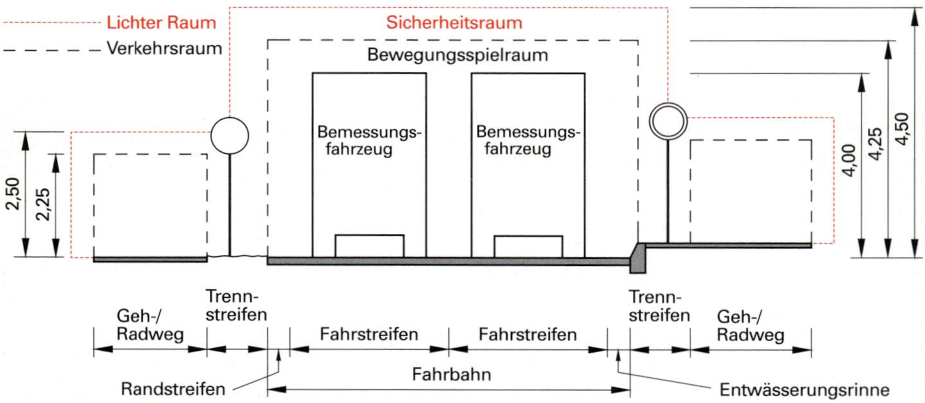

Bestandteile des Straßenquerschnittes

7.9.3 Linienführung

Der Lageplan von Straßen soll sich aus folgenden Trassierungselementen zusammensetzen:

- Gerade
- Kreisbogen
- Übergangsbogen

Die Grundlage für die Linienführung bildet die Entwurfsgeschwindigkeit V_e, die sich aus der Straßenkategorie und der angestrebten Qualität des Verkehrsablaufes ergibt. Anhaltswerte für V_e können den Tabellen auf ▶ S. 342 und S. 343 entnommen werden.

Gerade

Geraden haben wesentliche Nachteile. Zum einen lassen sich die Entfernungen und Geschwindigkeiten anderer Fahrzeuge nur schwer abschätzen und zum anderen erhöht sich die Blendgefahr. Geraden haben Vorteile im Bereich von Knotenpunkten, auf Brücken und für die Anpassung an andere Verkehrswege oder bei städtebaulichen Vorgaben.

Höchstlänge: max $L = 20 \cdot V_e$ mit L in m und V_e in km/h

Mindestlänge zwischen gleichgerichteten Kreisbögen: min $L = 6 \cdot V_e$

Kreisbogen

Für die Kreisbögen von Straßen sind möglichst große Radien zu verwenden. Einerseits müssen für die Radien Mindestwerte eingehalten, andererseits sollen die Radien auf die Länge benachbarter Geraden oder die Radien benachbarter Kreisbögen abgestimmt werden.

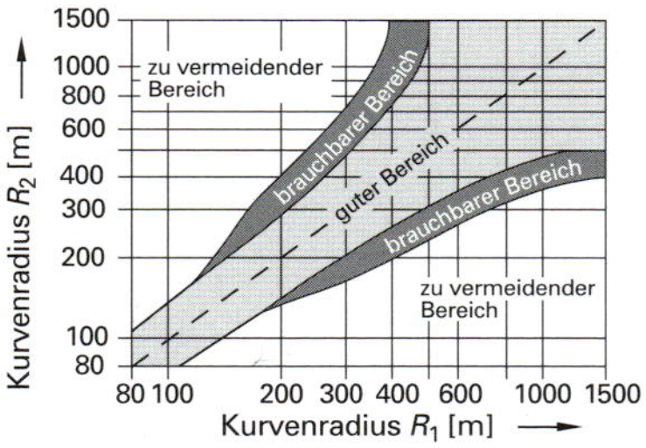

Abstimmung der Radienfolge bei Straßen der Kategoriengruppe A

Grenzwerte bei der Aufeinanderfolge von Geraden und Kreisbögen

Länge der Geraden L [m]	Kreisbogen min R [m]
$L \geq 300$ m	min $R > 400$ m
$L < 300$ m	min $R > L$

Übergangsbogen (Klothoide)

Übergangsbögen sollen eine allmähliche Änderung der Zentrifugalbeschleunigung ermöglichen, die Fahrbahnverwindung aufnehmen und zur besseren optischen Linienführung beitragen. Im Straßenbau wird als Übergangsbogen die Klothoide angewandt, bei der die Krümmung linear mit der Bogenlänge wächst.

Das Bildungsgesetz der Klothoide lautet:

$$A^2 = R \cdot L$$

A Parameter der Klothoide [m]
R Radius am Klothoidenende = Kreisbogenradius [m]
L Länge der Klothoide [m]

Kurvenmindestradien

Entwurfsgeschwindigkeit V_e (km/h)	Kreisbogenmindestradius R (m)	Mindestlänge des Kreisbogens L (m)
50	80	30
60	120	35
70	180	40
80	250	45
90	340	50
100	450	55
120	720	65

Klothoidenmindestparameter

V_e in km/h	min A in m
50	30
60	40
70	60
80	80
90	110
100	150 (120)
120	240 (120)
	( ) Ausnahmewert

Regelquerschnitte nach den Richtlinien für die Anlage von Straßen (RAS - Q 96)			
Querschnitt	**Straßen kategorie**	**Verkehrsstärke DTV (Kfz/24 h)**	**Entwurfs-geschwindig-keit V_e (km/h)**
RQ 35,5 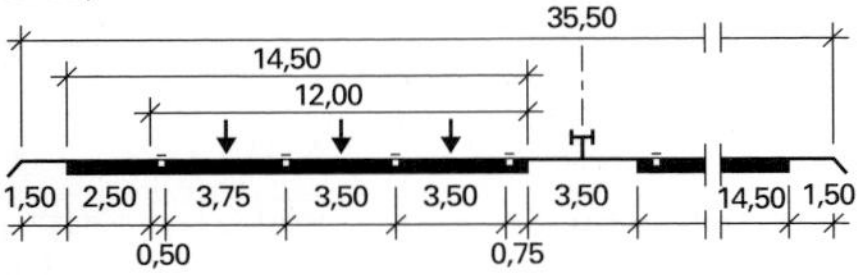	A I (B I)	50 000 ... 80 000	120 100
RQ 29,5 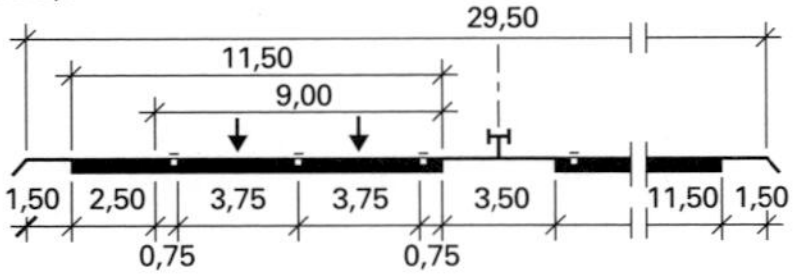	A I (B I)	20 000 ... 67 000	120 100
RQ 33 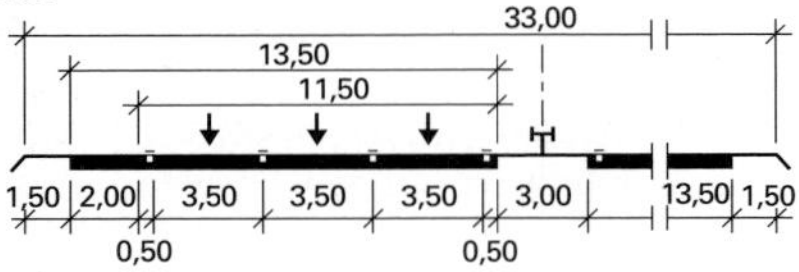	A II B I B II	50 000 ... 85 000	100 90
RQ 26 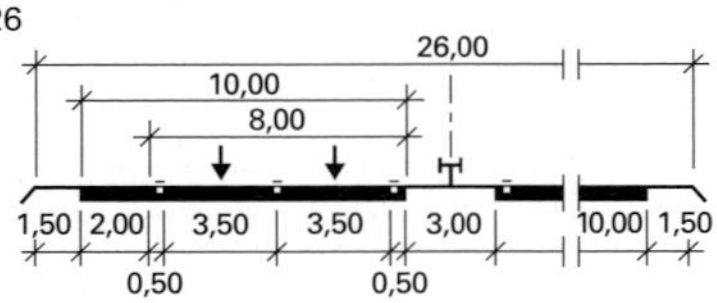	A II B I B II	20 000 ... 64 000	100 90
RQ 20 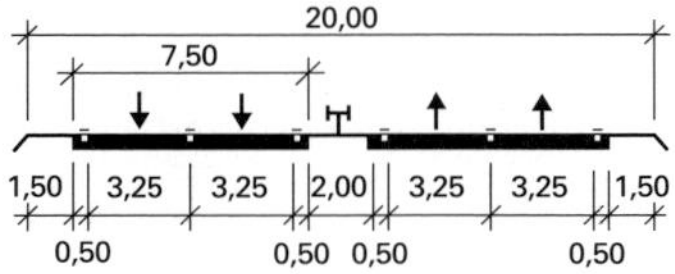	A II A III B I B II	13 000 ... 30 000	100 90 80 70 60
RQ 15,5 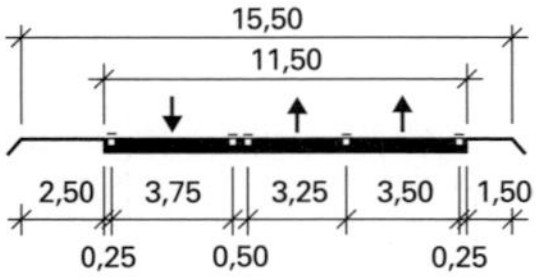	A I A II A III	6 000 ... 23 000	100 90 80
RQ 10,5 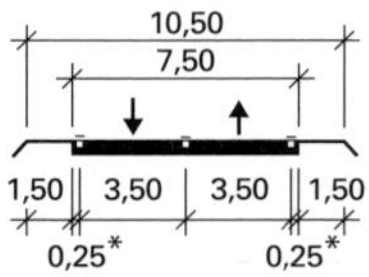	A I B II A III	< 18 000 * Bei > 900 Lkw/24 h Randstreifen auf 0,50 m verbreitern	90 80 70 60 50

7

Regelquerschnitte nach den RAS - Q 96 (Fortsetzung)			
Querschnitt	Straßen kategorie	Verkehrsstärke DTV (Kfz/24 h)	Entwurfs-geschwindig-keit V_e (km/h)
RQ 9,5 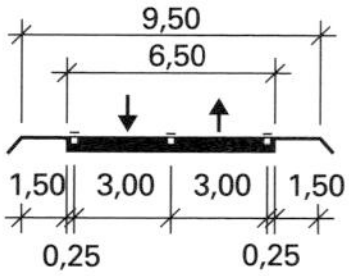	B II A III A IV	< 14000 Schwerverkehr < 300 Fz/24 h	80 70 60 50
RQ 7,5 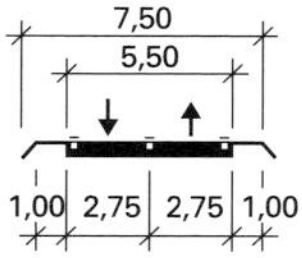	A IV A V	(< ~ 3000 Kfz/24 h) Schwerverkehr < 60 Fz/24 h	60 50

Regelquerschnitte nach den Empfehlungen für Erschließungsstraßen (EAE 95)			
Querschnitt	Begegnungs-fall	Verkehrsstärke Kfz/h	Geschwindig-keit km/h
Hauptverkehrsstraße HSS 3 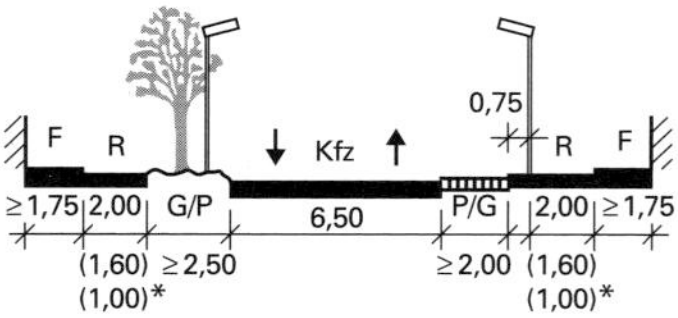	Bus/Bus	< 1000	40 ... 50
Sammelstraße SS 2 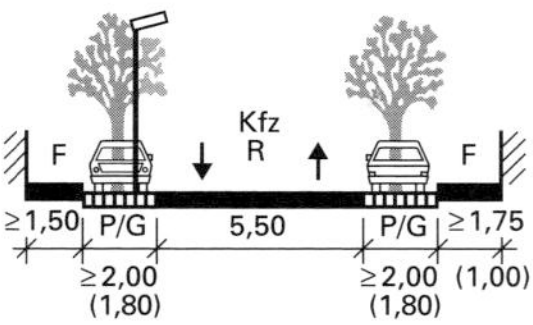	Lkw/Lkw	< 800 (Sammelstraße) < 400 (Anliegerstraße)	30 ... 40 ≤ 30 Anliegerstraße
Anliegerstraße AS 2 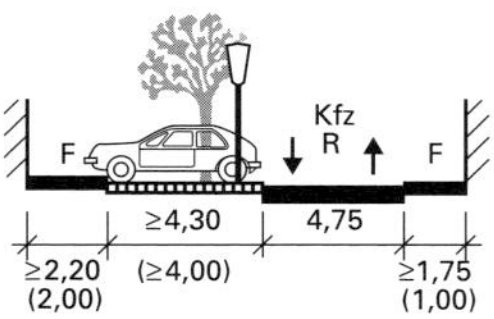	Lkw/Pkw Lkw/R	< 200	≤ 20
Anliegerstraße AS 3 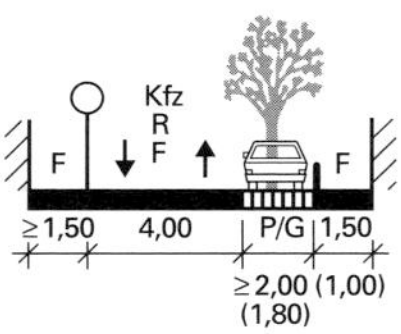	Pkw/Pkw Lkw/R	< 150	≤ 20

Kfz = Kraftfahrzeuge, R = Radfahrer, F = Fußgänger, P/G = Parkstreifen/Grünstreifen
(Klammerwerte = Ausnahmewerte bei beengten Verhältnissen) * Breite für einspurigen Radweg

7.9.4 Höhenplan

Die Achse der Straße im Höhenplan (Gradiente) wird zur Verdeutlichung der Höhenunterschiede meist in einer 10-fach überhöhten Darstellung gezeichnet. Die Gradiente besteht aus konstanten Längsneigungen sowie Ausrundungen in der Form von Kuppen und Wannen. Letztere erhalten die Form eines flachen Kreisbogens, der sich wegen der geringen Längsneigungen als quadratische Parabel berechnen lässt.

Konstante Längsneigung

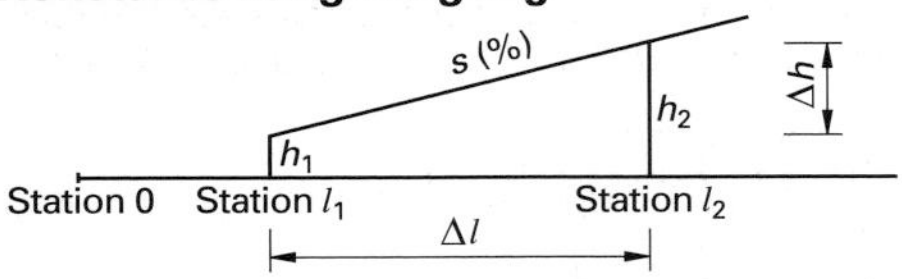

$$s = \frac{h_2 - h_1}{l_2 - l_1} \cdot 100\,\% = \frac{\Delta h}{\Delta l} \cdot 100\,\%$$

$$h_2 = h_1 + \Delta h = h_1 + \frac{s}{100} \cdot (l_2 - l_1), \qquad s \text{ in } \%$$

Höchstlängsneigungen

V_e in km/h	max s% bei Straßen der Kategoriengruppe A	B I/B II
50	9,0	12,0
60	8,0	10,0
70	7,0	8,0
80	6,0	7,0
90	5,0	6,0
100	4,5	5,0
120	4,0	–

Kuppen- und Wannenausrundung

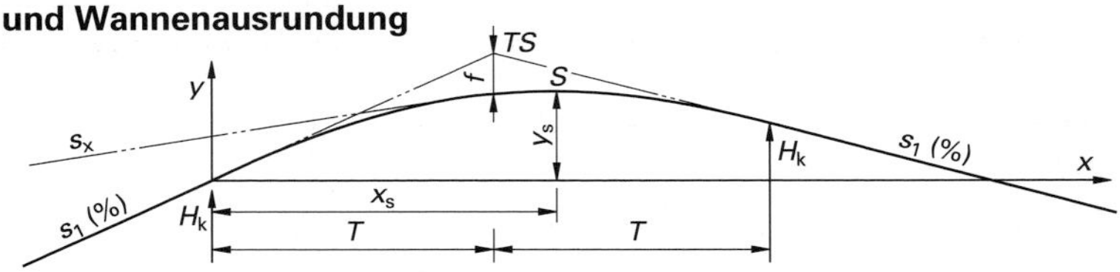

$$T = \frac{H}{2} \cdot \frac{s_2 - s_1}{100}$$

$$f = \frac{T^2}{2 \cdot H} = \frac{T}{4} \cdot \frac{s_2 - s_1}{100} = \frac{H}{8} \cdot \left(\frac{s_2 - s_1}{100}\right)^2$$

$$x_s = -\frac{s_1 \cdot H}{100}$$

$$y(x) = \frac{s_1}{100} \cdot x + \frac{x^2}{2\,H}$$

$$s(x) = s_1 + \frac{x}{H} \cdot 100\,\%$$

Mit H_k, H_w Ausrundungshalbmesser in m, Wanne + H_w, Kuppe – H_k
s_1, s_2 Längsneigung der Gradiente in %, Steigung + s_1, + s_2, Gefälle – s_1, – s_2
$y(x)$ Ordinate im beliebigen Punkt in m
TS Tangentenschnittpunkt
T Tangentenlänge in m
f Bogenstich in m
x_s Abszisse des Scheitelpunktes in m
$s(x)$ Längsneigung der Gradiente in einem beliebigen Punkt
S Scheitelpunkt

Kuppen- und Wannenmindesthalbmesser

Entwurfsgeschwindigkeit V_e in km/h	Kuppenmindesthalbmesser für Haltesicht min H_k in m	Kuppenmindesthalbmesser für Überholsicht min H_k in m	Wannenmindesthalbmesser Richtwerte min H_w in m
50	1400	28200	500
60	2400	30000	750
70	3150	35000	1000
80	4400	40000	1300
90	5700	48000	2400
100	8300	52000	3800
120	16000	–	8800

Mindestlänge der Tangente

Straßen der Kategoriengruppe	A	B
Mindesttangentenlänge T in m	$1{,}0 \cdot V_e$ in km/h	$0{,}75 \cdot V_e$ in km/h

7

7.9.5 Querneigung

Zur Entwässerung werden die Straßen geneigt gebaut. Die Mindest- oder Regelquerneigung min q in Geraden oder in Bögen mit sehr großem Radius beträgt

$$\min q = 2{,}5\,\%$$

In Kurven ist die Querneigung zur Kurveninnenseite anzulegen, damit ein Teil der Zentrifugalkraft von der Querneigung aufgenommen werden kann. Als maßgebende Geschwindigkeit wird die Geschwindigkeit v_{85} gewählt, die von 85 % aller unbehindert fahrenden Pkw nicht überschritten wird. v_{85} liegt näherungsweise, je nach dem Querschnitt, zwischen v_e und v_e + 20 km/h.

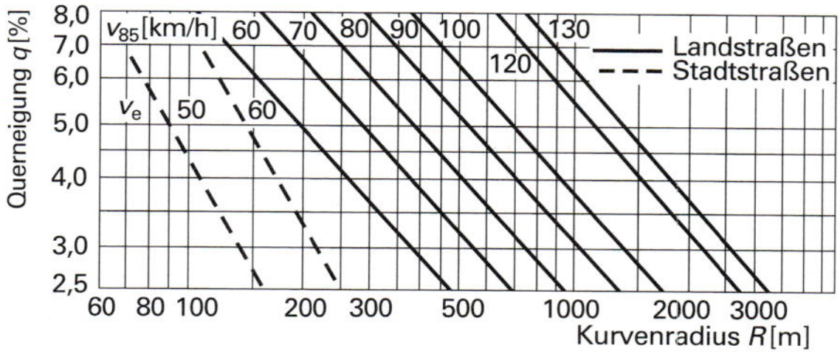

Querneigung in Abhängigkeit von der Geschwindigkeit v_{85} (v_e) und den Kurvenradien

Berechnung von Höhenunterschieden bei geneigten Fahrbahnflächen

$$\Delta h = \frac{q(\%)}{100} \cdot \Delta l$$

mit Δh Höhenunterschied
Δl Längenunterschied
q Querneigung in %

Beispiel: Berechnung eines Querprofiles

Für eine Stadtstraße mit der Gradientenhöhe von 10,000 m ü. NN und den angegebenen Breiten sowie Querneigungen ist das Querprofil zu berechnen und darzustellen.

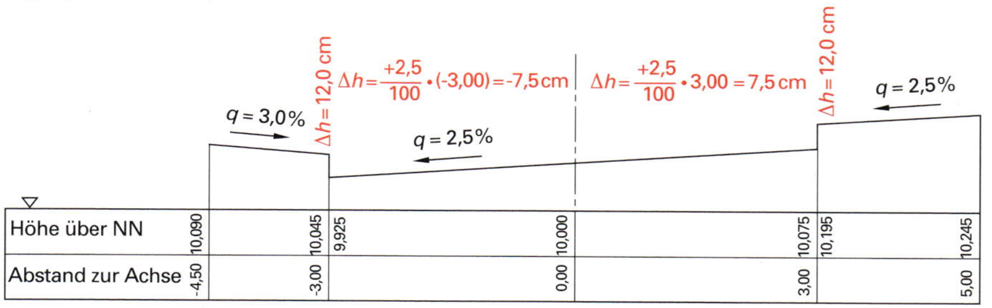

Anrampung und Verwindung

Im Verwindungsbereich ändert sich die Querneigung der Fahrbahnfläche, und zwar entweder zu größeren/kleineren Werten vor/nach Kurven oder für den Wechsel von Links- zu Rechtsneigung.

$$\text{Anrampungsneigung: } \Delta s = \frac{q_e - q_a}{L_v} \cdot a$$

mit q_a, q_e Querneigungen am Anfang und Ende der Verwindungsstrecke
L_v Länge der Verwindungsstrecke
a Abstand Fahrbahnrand – Drehachse

In den Verwindungsbereichen infolge wechselnder Querneigungen zwischen Bögen mit entgegengesetzter Krümmung muss die Entwässerung über eine ausreichende Längsneigung s sichergestellt werden.

Mindestlängsneigung	$s \geq \Delta s + 0{,}2\,\%$	besser: $s \geq \Delta s + 0{,}5\,\%$
in Verwindungsbereichen:	$s \geq 0{,}7\,\%$	besser: $s \geq 1{,}0\,\%$

7

7.9.6 Straßenoberbau und Fahrbahnaufbau

Bauklasse, bemessungsrelevante Beanspruchung

Grundlage für die Bestimmung der Dicken der einzelnen Schichten des Fahrbahnaufbaus ist die Verkehrsbelastung mit schweren Lastkraftwagen (> 3,5 t zul. Gesamtgewicht) und Bussen. Weil die Schädigung einer Straße mit der 4. Potenz der Achslast ansteigt, werden die Achslasten der schweren Lastkraftwagen in äquivalente 10 t Achslasten umgerechnet.

Erfahrungswerte für Bauklassen

Bauklasse	Bemessungsrelevante Beanspruchung *B* Mio. äquiv. 10 t-Achsen	Straßentypen, Busverkehrsflächen, Parkflächen
SV	> 32	Autobahnen, Schnellverkehrs-, Industriesammelstraßen
I	> 10 bis 32	Autobahnen, Schnellverkehrs-, Industriesammelstraßen
II	> 3 bis 10	Landstraßen bis ≈ 1800 LKW/Tag, Hauptverkehrsstraßen, Industriestraßen, Busfahrstreifen > 150 Busse/Tag
III	> 0,8 bis 3	Landstraßen bis ≈ 500 LKW/Tag, Hauptverkehrsstraßen, Wohnsammelstraßen, Busfahrstreifen < 150 Busse/Tag Industriestraßen, Parkflächen für Schwerverkehr, Anschlussstellen von Autobahnen (auch höher)
IV	> 0,3 bis 0,8	Landstraßen bis ≈ 150 LKW/Tag, Wohnsammelstraßen, Fußgängerzonen mit Ladeverkehr (auch III), Parkflächen für Schwerverkehr
V	> 0,1 bis 0,3	Anliegerstraßen, befahrbare Wohnwege PKW Parkflächen mit geringem Schwerverkehr
IV	bis 0,1	befahrbare Wohnwege, PKW Parkflächen

Gesamtdicke des Straßenoberbaus

Die Gesamtdicke des Straßenoberbaus richtet sich nach der Frostempfindlichkeit des Untergrundes und der Bauklasse der Straße.

Frostempfindlichkeit von Bodenarten

Frostempfindlichkeit	Bodenart ► S. 330, 331	Dicke des frostsicheren Straßenaufbaus, Regelfall
nicht frostempfindlich (F1)	GW, GI, GE, SW, SI, SE	entfällt
gering bis mittel frostempfindlich (F2)	ST[1], GT[1], SU[1], GU[1] TA, OT, OH, OK, TM	55 cm bei Bauklasse SV, I, II 50 cm bei Bauklasse III – IV 40 cm bei Bauklasse V – VI
sehr frostempfindlich (F3)	S$\overline{\text{T}}$, G$\overline{\text{T}}$, S$\overline{\text{U}}$, G$\overline{\text{U}}$, TL, UL, UM, OU	65 cm bei Bauklasse SV, I, II 60 cm bei Bauklasse III – IV 50 cm bei Bauklasse V – VI

[1] Falls die Anteile der Korngröße < 0,063 mm von 5 Masse-% bei $C_U \geq 15$ oder von 15 Masse-% bei $C_U < 6$ unterschritten werden, sind diese Bodenarten nach den zusätzlichen technischen Vorschriften für Erdarbeiten nicht frostempfindlich. Zwischenwerte können linear interpoliert werden.

Die Gesamtdicke des frostsicheren **Straßenoberbaus (Abstand Planum bis OK Straßendecke)** ergibt sich aus der Dicke des Regelfalles, indem die örtlichen Verhältnisse durch Zu- oder Abschläge berücksichtigt werden.

7

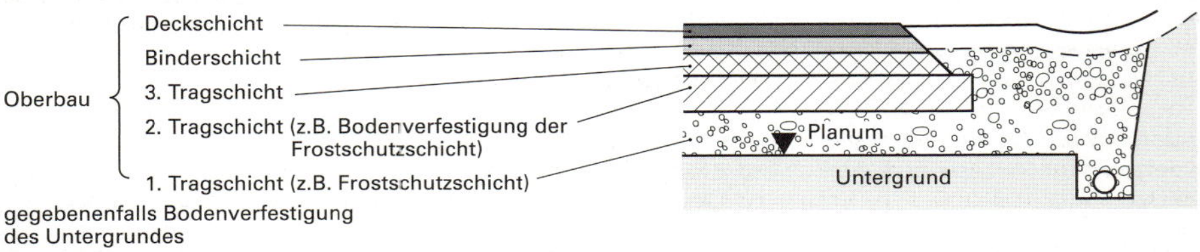

Prinzipieller Straßenaufbau Einschnitt

Fahrbahnaufbau nach den Richtlinien für die Standardisierung des Straßenoberbaus RStO (Auszug)

Bauweisen mit Asphaltdecke für Fahrbahnen

(Dickenangaben in cm, erforderlicher Verformungsmodul E_{v2} in MN/m² ▼)

Bauklasse	SV				I				II				III				IV				V				VI[7]			
Äquivalente 10-t-Achsübergänge in Mio *B*	> 32				> 10 – 32				> 3 – 10				> 0,8 – 3				> 0,3 – 0,8				> 0,1 – 0,3				≤ 0,1			
Dicke des frostsicheren Oberbaues	55	65	75	85	55	65	75	85	55	65	75	85	45	55	65	75	45	55	65	75	35	45	55	65	35	45	55	65
Deckschicht, Binderschicht, **Asphalttragschicht**, **Frostschutzschicht**	▼120 ▼45; 4, 8, 22/34				▼120 ▼45; 4, 8, 18/30				▼120 ▼45; 4, 8, 14/26				▼120 ▼45; 4, 4, 14/22				▼120 ▼45; 4, 14/18				▼100 ▼45; 4, 10/14				▼100 ▼45; 10/10			
Dicke der Frostschutzschicht	–	31[1]	41	51	25[2]	35	45	55	29[2]	39	49	59	–	33[1]	43	53	27[2]	37	47	57	21[1]	31	41	51	25	35	45	55
Deckschicht, Binderschicht, **Asphalttragschicht**, **Hydraulisch gebundene Tragschicht**, **Frostschutzschicht**	▼120 ▼45; 4, 8, 14, 15/41				▼120 ▼45; 4, 8, 10, 15/37				▼120 ▼45; 4, 8, 8, 15/35				▼120 ▼45; 4, 4, 8, 15/31				▼120 ▼45; 4, 10, 15/27				▼100 ▼45; 4, 10, 15/27				▼100 ▼45; 4, 10, 15/23			
Dicke der Frostschutzschicht	–	–	34[1]	44	–	28[1]	38	48	–	30[2]	40	50	–	–	34	44	–	26[2]	36	46	–	16[2]	26	36	–	16[2]	26	36
Deckschicht, Binderschicht, **Asphalttragschicht**, **Verfestigung**, **frostunempfindliches Material**	▼45; 4, 8, 18, 20/45				▼45; 4, 8, 14, 20/41				▼45; 4, 8, 10, 20/37				▼45; 4, 4, 10, 20/33				▼45; 4, 10, 15[4]/29				▼45; 4, 10, 15[4]/29				▼45; 4, 10, 15[4]/29			
Dicke des frostunempf. Materials	5[3]	15[3]	25	35	9[3]	19	29	39	13[3]	23	33	43	7[3]	17[3]	27	37	16[3]	26	36	46	6[3]	16[3]	26	36	6[3]	16[3]	26	36
Deckschicht, Binderschicht, **Asphalttragschicht**, **Schottertragschicht**, **Frostschutzschicht**	▼150 ▼120 ▼45; 4, 8, 18, 15/45				▼150 ▼120 ▼45; 4, 8, 14, 15/41				▼150 ▼120 ▼45; 4, 8, 10, 15/37				▼150 ▼120 ▼45; 4, 4, 10, 15/33				▼150 ▼120 ▼45; 4, 10, 15/29				▼120 ▼100 ▼45; 4, 8, 15/27				▼120 ▼100 ▼45; 10[5], 15/25			
Dicke der Frostschutzschicht	–	–	30[1]	40	–	–	34[1]	44	–	28[2]	38	48	–	–	32[1]	42	–	26[2]	36	46	–	18[2]	28	38	–	20[1]	30	40
Deckschicht, Binderschicht, **Asphalttragschicht**, **Kiestragschicht**, **Frostschutzschicht**	▼150 ▼120 ▼45; 4, 8, 18, 20/50				▼150 ▼120 ▼45; 4, 8, 14, 20/46				▼150 ▼120 ▼45; 4, 8, 10, 20/42				▼150 ▼120 ▼45; 4, 4, 10, 20/38				▼150 ▼120 ▼45; 4, 10, 20/34				▼120 ▼100 ▼45; 4, 8, 20/32				▼120 ▼100 ▼45; 10[5], 20/30			
Dicke der Frostschutzschicht	–	–	25[1]	35	–	–	29[1]	39	–	–	33[1]	43	–	–	27[1]	37	–	–	31[1]	41	–	–	23[1]	33	–	15[1]	25	35
Vollgebundener Oberbau[6]: Deckschicht, Binderschicht, **Asphalttragschicht**	▼45; 4, 8, 34/46				▼45; 4, 8, 30/42				▼45; 4, 8, 26/38				▼45; 4, 4, 26/34				▼45; 4, 4, 22/30				▼45; 4, 22/26				▼45; 4, 18/22			

Die Dicke der Deckschicht und die Ausbildung der Binderschicht sind in den jeweiligen Bauklassen gleich. Die verschiedenen Bauklassen unterschieden sich durch die Wahl der Tragschichten und sind nach wirtschaftlichen Gesichtspunkten auszuwählen.

1 Mit rundkörnigen Mineralstoffen nur bei örtlicher Bewährung anwendbar.

2 Nur mit gebrochenen Mineralstoffen und bei örtlicher Bewährung anwendbar.

3 Nur bei Bodenverfestigung im Baumischverfahren ausführbar.

4 Mit zusätzlichen Maßnahmen zur gezielten Rissbildung.

5 Die Deckschichten der Bauklasse VI sind als Tragdeckschichten auszubilden.

6 Der vollgebundene Oberbau sollte nicht bei Böden der Frostempfindlichkeitsklasse F3 (▶ S. 346) und nicht bei ungünstigen Wasserverhältnissen angewandt werden.

7 Für Rad- und Gehwege genügt eine Mindestschichtdicke des frostsicheren Oberbaus von 30 cm und in Ortslagen von 20 cm. Mit Ausnahme des Aufbaus in den Zeilen 1, 2 und 3 kann die Tragschicht um 2 cm verringert werden.

Fahrbahnaufbau nach den Richtlinien für die Standardisierung des Straßenoberbaus RStO (Auszug)

Bauweisen mit Betondecke für Fahrbahnen

(Dickenangaben in cm, erforderlicher Verformungsmodul E_{v2} in MN/m² ▼)

Bauklasse		SV	I	II	III	IV	V	VI
Äquivalente 10-t-Achsübergänge in Mio	*B*	> 32	> 10 – 32	> 3 – 10	> 0,8 – 3	> 0,3 – 0,8	> 0,1 – 0,3	≤ 0,1
Dicke des frostsicheren Oberbaues[1]		55 65 75 85	55 65 75 85	55 65 75 85	45 55 65 75	45 55 65 75	35 45 55 65	35 45 55 65
Betondecke Vliesstoff Hydraulisch gebundene Tragschicht (HGT) Frostschutzschicht		27 ▼120 15/42 ▼45	25 ▼120 15/40 ▼45	24 ▼120 15/39 ▼45	23 ▼120 15/38 ▼45	▼120 22/22 ▼45	▼100 20/20 ▼45	▼100 18/18 ▼45
Dicke der Frostschutzschicht		– – 33[1] 43	– 25[2] 35 45	– 26[2] 36 46	– – 27[2] 37	– 33[1] 43 53	– 25[2] 35 45	– 27[2] 37 47
Betondecke Schottertragschicht Schicht aus frostunempfindlichem Material		▼150 30 30/60 ▼45	▼150 28 30/58 ▼45	▼150 27 30/57 ▼45	▼150 26 30/56 ▼45			
Dicke der Schicht aus frostunempfindlichem Material		Ab 12 cm aus frostunempfindlichem Material, geringere Restdicke ist mit dem darüber liegenden Material auszugleichen.						

Bauweisen mit Pflasterdecke für Fahrbahnen sowie Rad- und Gehwege

(Dickenangaben in cm, erforderlicher Verformungsmodul E_{v2} in MN/m² ▼)

Bauklasse			III	IV	V	VI	Rad- und Gehwege[5]
Dicke des frostsicheren Oberbaues[1]			45 55 65 75	45 55 65 75	45 55 65 75	35 45 55 65	20 30 40 50
Pflasterdecke Pflasterbett **Asphalttragschicht** (Dränasphalt) **Frostschutzschicht**	keine Abbildung	keine Abbildung	10 3 ▼120 14/27 ▼45	8 3 ▼120 12/23 ▼45	8 3 ▼100 10/21 ▼45	8 3 ▼100 10/21 ▼45	▼80 8 3/11 ▼45
Dicke der Frostschutzschicht			– 28[2] 38 48	– 32[1] 42 52	– 24[1] 34 44	– 24[1] 34 44	– 19 29 39
Pflasterdecke Pflasterbett **Schottertragschicht** **Frostschutzschicht**	keine Abbildung	keine Abbildung	▼150 10 3 ▼120 25/38 ▼45	▼150 8 3 ▼150 20/31 ▼45	▼120 8 3 ▼100 15/26 ▼45	▼120 8 3 ▼100 15/26 ▼45	▼80 8 3 15/26 ▼45
Dicke der Frostschutzschicht			– – 27[2] 37	– – 34[1] 44	– 19[1] 29 39	– 19[2] 29 39	– – 14 24
Pflasterdecke Pflasterbett **Dränbetontragschicht** **Frostschutzschicht**	keine Abbildung	keine Abbildung	10 3 ▼120 20/33 ▼45	8 3 ▼120 15/26 ▼45	8 3 ▼100 15/26 ▼45	8 3 ▼100 15/26 ▼45	8 3 12/23 ▼45
Dicke der Frostschutzschicht			– – 32[2] 42	– 29[2] 39 49	– 19[2] 29 39	– 19[2] 29 39	– – 17 27

[1] Mit rundkörnigen Mineralstoffen nur bei örtlicher Bewährung anwendbar.
[2] Nur mit gebrochenen Mineralstoffen und bei örtlicher Bewährung anwendbar.
[3] Nur bei Bodenverfestigung im Baumischverfahren ausführbar.
[4] Bei Radwegen aus Beton kann die Betondecke auf 12 cm Dicke reduziert werden.
[5] Bei Gehwegen können statt der 8 cm dicken Pflastersteine auch 6 cm dicke Betonplatten gewählt werden.

7

7.9.7 Mengenberechnung im Erdbau

Straßendämme und Einschnitte, aber auch Erddämme oder Kanalquerschnitte sind wegen des natürlichen Geländes unregelmäßige Körper, für die keine genauen Berechnungsformeln existieren. Nach der VOB Teil C ≙ DIN 18300 dürfen übliche Näherungsverfahren angewendet werden, wenn darüber sonst nichts vorgeschrieben ist.

Für die Berechnung der Volumina werden in regelmäßigen Abständen l (20 m, 25 m, 50 m, 100 m) Querprofile gezeichnet, die als Grundlage für den Bau und die Mengenberechnung dienen, Die Flächen der einzelnen Querprofile werden nach der Formel von Gauß ▶ S. 21 berechnet.

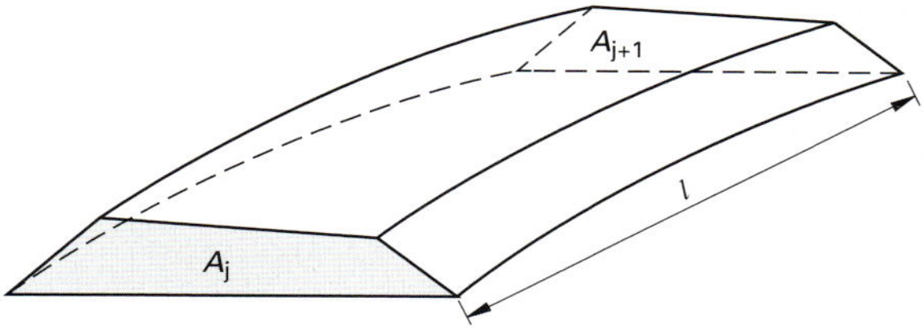

$$V = \frac{A_j + A_{j+1}}{2} \cdot l$$

$$A_j = \frac{1}{2} \cdot \Sigma\, y_i \cdot (x_{i-1} - x_{i+1})$$

Beispiel

Querprofil Station 0 + 100

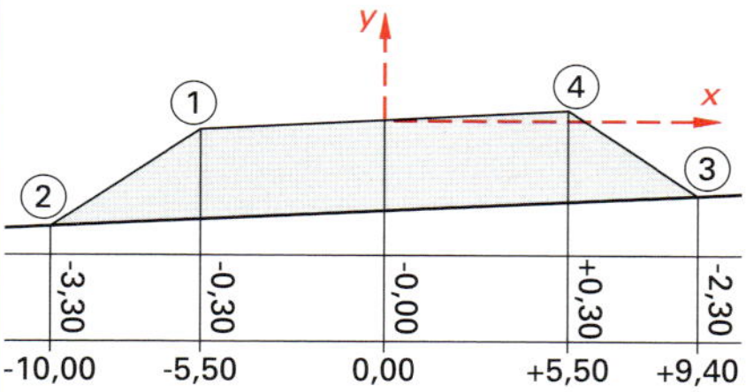

Querprofil 0 + 120

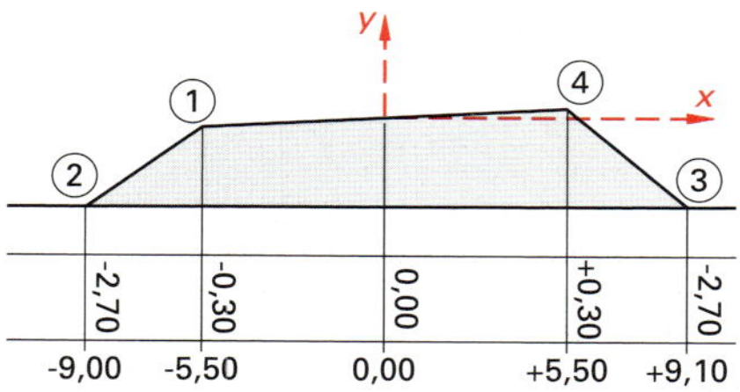

Falls keine elektronischen Rechenprogramme benutzt werden, wird die Berechnung in einer Tabelle durchgeführt. Nach der ersten Spalte mit der gewählten Punktnummer werden in den folgenden 2 Spalten die aus dem Querprofil berechneten Koordinaten eingetragen. Die eigentliche Berechnung erfolgt dann zweckmäßigerweise in einer Tabelle oder mit Computer.

Querprofil Station 0 + 100	Punkt Nr.	Koordinaten		$x_{i-1} - x_{i+1}$ in m	$y_i \cdot (x_{i-1} - x_{i+1})$ in m
		x_i in m	y_i in m		
	1	− 5,50	− 0,30	+ 5,50 − (− 10,00) = + 15,50	− 4,65
	2	− 10,00	− 3,30	− 5,50 − 9,40 = − 14,90	+ 49,17
	3	+ 9,40	− 2,30	− 10,00 − 5,50 = − 15,50	+ 35,65
	4	+ 5,50	+ 0,30	9,40 − (− 5,50) = + 14,90	+ 4,47
	Σ			0,00	+ 84,64

$A_j = \frac{1}{2} \cdot \Sigma\, y_i \cdot (x_{i-1} - x_{i+1})$ $\qquad$ $A_j = \frac{1}{2} \cdot 84{,}64 = 42{,}32\ m^2$

Querprofil Station 0 + 120	Punkt Nr.	Koordinaten		$x_{i-1} - x_{i+1}$ in m	$y_i \cdot (x_{i-1} - x_{i+1})$ in m
		x_i in m	y_i in m		
	1	− 5,50	− 0,30	+ 5,50 − (− 9,00) = + 14,50	− 4,35
	2	− 9,00	− 2,70	− 5,50 − 9,10 = − 14,60	+ 39,42
	3	+ 9,10	− 2,70	− 9,00 − 5,50 = − 14,50	+ 39,15
	4	+ 5,50	+ 0,30	+ 9,10 − (− 5,50) = + 14,60	+ 4,38
	Σ			0,00	+ 78,60

$A_{j+1} = \frac{1}{2} \cdot \Sigma\, y_i \cdot (x_{i-1} - x_{i+1})$ $\qquad$ $A_{j+1} = \frac{1}{2} \cdot 78{,}60 = 39{,}30\ m^2$

Volumen zwischen Stationen 0 + 100 und Station 0 + 120

$V = \frac{A_j + A_{j+1}}{2} \cdot l$ $\qquad$ $V = \frac{42{,}32 + 39{,}30}{2} \cdot 20{,}00 = 816{,}2\ m^3 \approx 816\ m^3$

7

7.10 Wasserbau und Hydraulik

7.10.1 Hydrostatik

Die Hydrostatik ist die Lehre von ruhenden Flüssigkeiten.

Flüssigkeitsdruck (Wasserdruck) infolge des Gewichtes der Flüssigkeit

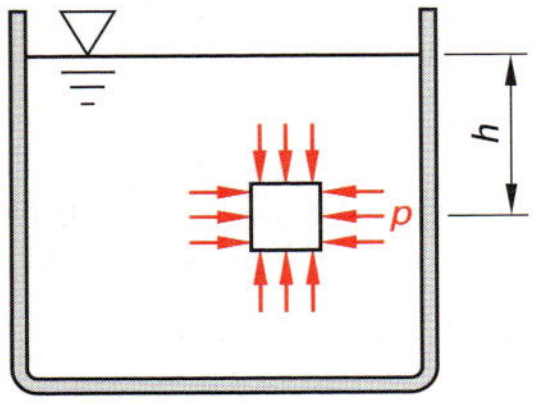

Der Flüssigkeitsdruck ist unabhängig von der Richtung

$$p = \varrho \cdot g \cdot h$$

mit ϱ Dichte der Flüssigkeit
g Erdbeschleunigung

$$g = \frac{9{,}81\ \text{m}}{\text{s}^2} \approx 10\ \frac{\text{m}}{\text{s}^2}$$

Beispiel

Druck in einem Wassergefäß in 6,00 m Tiefe, ϱ = 1000 kg/m³

$$p = 1000\ \frac{\text{kg}}{\text{m}^3} \cdot 10\ \frac{\text{m}}{\text{s}^2} \cdot 6{,}00\ \text{m}$$

$$p = 60\,000\ \frac{\text{kg}}{\text{m} \cdot \text{s}^2} = 60000\ \frac{\text{N}}{\text{m}^2}$$

$$p = 0{,}60\ \text{bar}$$

Verbundene Gefäße (kommunizierende Röhren)

In verbundenen Gefäßen steht der Flüssigkeitsspiegel überall auf gleicher Höhe.

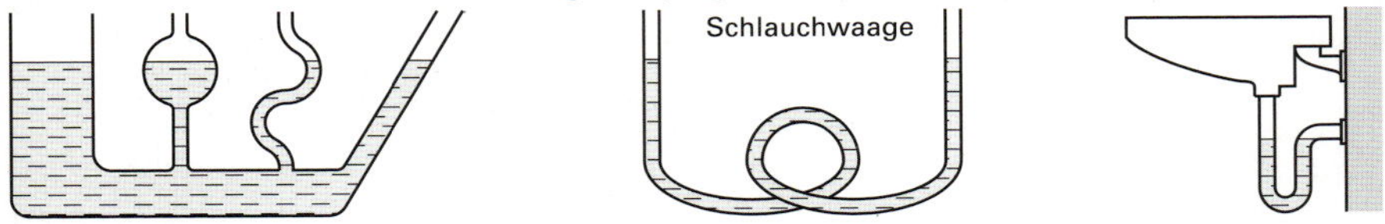

Druckkraft auf lotrechte Wand

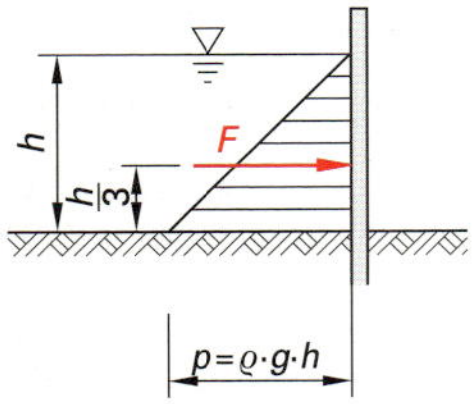

$$F = \frac{1}{2} \cdot \varrho \cdot g \cdot h^2$$

Beispiel

Druckkraft auf eine Spundwand mit einer Höhe h = 5,00 m

$$F = \frac{1}{2} \cdot 1000\ \frac{\text{kg}}{\text{m}^3} \cdot 10\ \frac{\text{m}}{\text{s}^2} \cdot (5{,}00\ \text{m})^2$$

$$= 125 \cdot 10^3\ \frac{\text{kgm}}{\text{s}^2 \cdot \text{m}}$$

$$F = 125\ \text{kN/m}$$

Druckkraft auf geneigte Wand

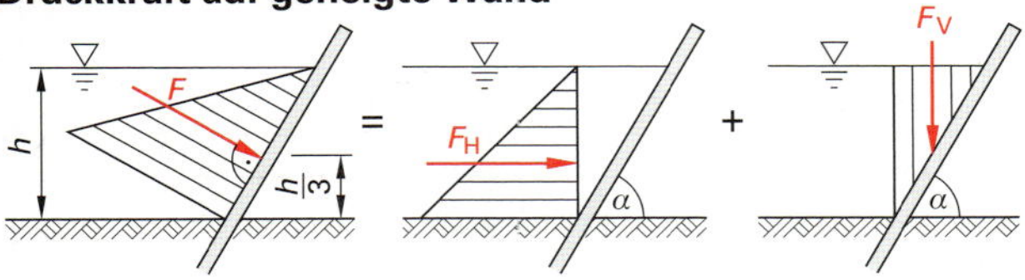

$$F_H = \frac{1}{2} \cdot \varrho \cdot g \cdot h^2$$

$$F_V = \frac{1}{2} \cdot \varrho \cdot g \cdot \frac{h^2}{\tan \alpha}$$

$$F = \sqrt{F_H^2 + F_V^2}$$

$$F = \frac{1}{2} \cdot \varrho \cdot g \cdot h^2 \cdot \frac{1}{\sin \alpha}$$

Druckfortpflanzung in Flüssigkeiten/ Hydraulische Pressen

7

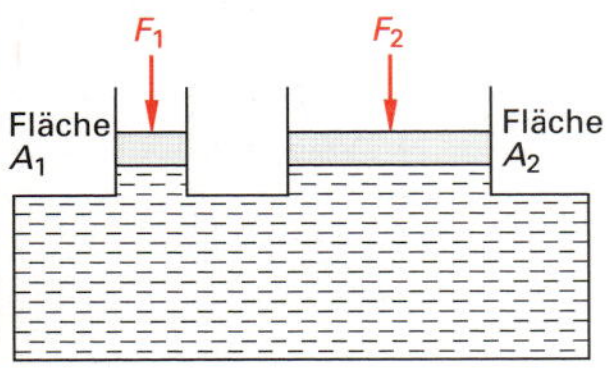

Der Flüssigkeitsdruck infolge Eigengewicht wird vernachlässigt

$$p = \frac{F_1}{A_1} = \frac{F_2}{A_2}$$

Beispiel

F_1 = 120 N; A_1 = 8 cm²;
A_2 = 400 cm²

$$F_2 = \frac{F_1 \cdot A_2}{A_1} = \frac{120\ \text{N} \cdot 400\ \text{cm}^2}{8\ \text{cm}^2}$$

F_2 = 6 000 N = 0,006 MN

F_1, F_2 Kolbenkräfte
A_1, A_2 Kolbenflächen
Indize 1 Druckkolben
Indize 2 Arbeitskolben

Auftrieb und Schwimmen

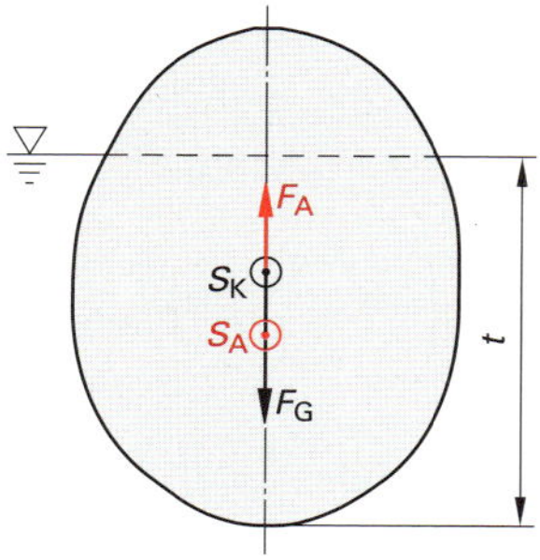

Archimedisches Prinzip

Der Auftrieb F_A entspricht dem Gewicht der verdrängten Flüssigkeit und wirkt senkrecht nach oben.

$$F_A = V_F \cdot \varrho_F \cdot g$$

Schwimmbedingung

Bei schwimmenden Körpern stimmt der Auftrieb mit dem Gewicht des Körpers überein.

$$F_G = F_A$$

F_A Auftrieb, Auftriebskraft
F_G Gewicht, Gewichtskraft
V_K Volumen des Körpers
V_F verdrängtes Volumen
S_K Schwerpunkt des Körpers = Angriffspunkt der Gewichtskraft F_G
S_A Schwerpunkt der verdrängten Flüssigkeit
Angriffspunkt des Auftriebes F_A
g Erdbeschleunigung $g = 9{,}81\ \text{m/s}^2 \approx 10\ \text{m/s}^2$
t Eintauchtiefe
ϱ_F Dichte der Flüssigkeit
ϱ_K Dichte des Körpers

Schwimmstabilität

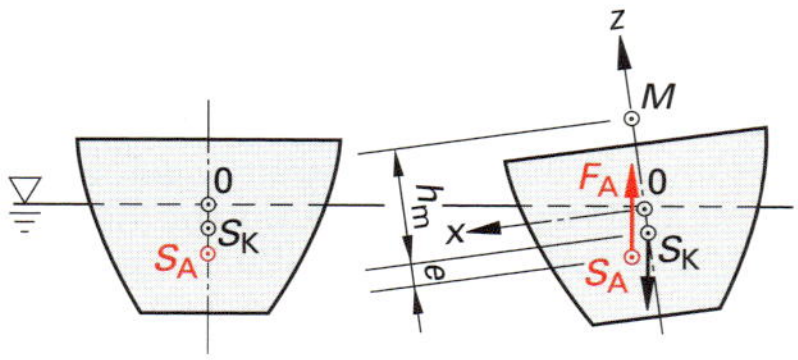

0 Drehachse in der Schwimmfläche
I_y Flächenmoment 2. Grades der Schwimmfläche bezogen auf die y-Achse (= Längsachse) ▶ S. 71, 72
M Metazentrum
e Abstand S_K - S_A
h_m metazentrische Höhe

Stabile Schwimmlage

$$h_m = \frac{I_y}{V_F} - e > 0$$

Beispiel

Berechnung der Eintauchtiefe, Nachweis der Schwimmstabilität

Holzquader a = 2,00 m, b = 2,00 m, l = 4,00 m

$\varrho_K = 0{,}800\ \text{kg/dm}^3 = 800\ \text{kg/m}^3$, $\varrho_F = 1{,}000\ \text{kg/dm}^3 = 1000\ \text{kg/m}^3$

$F_G = 2{,}00\ \text{m} \cdot 2{,}00\ \text{m} \cdot 4{,}00\ \text{m} \cdot 800\ \text{kg/m}^3 \cdot 10\ \text{m/s}^2 = 128 \cdot 10^3\ \frac{\text{kgm}}{\text{s}^2} = 128\ \text{kN}$

Schwimmlage 1

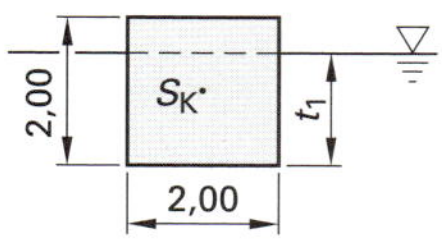

$V_F = a \cdot l \cdot t_1$ $\quad F_A = V_F \cdot \varrho_F \cdot g = a \cdot l \cdot t_1 \cdot \varrho_F \cdot g$

$F_A = F_G \Rightarrow$

$t_1 = \frac{a \cdot b \cdot l \cdot \varrho_K \cdot g}{a \cdot l \cdot \varrho_F \cdot g} = b \cdot \frac{\varrho_K}{\varrho_F} = 2{,}00\ \text{m} \cdot \frac{0{,}800\ \text{kg/dm}^3}{1{,}000\ \text{kg/dm}^3} = 1{,}60\ \text{m}$

$V_F = a \cdot l \cdot t_1$ $\quad V_F = 2{,}00\ \text{m} \cdot 4{,}00\ \text{m} \cdot 1{,}60\ \text{m} = 12{,}8\ \text{m}^3$

$e_1 = \frac{1}{2}(a - t_1)$ $\quad e_1 = \frac{1}{2} \cdot (2{,}00\ \text{m} - 1{,}60\ \text{m}) = 0{,}20\ \text{m}$

$I_y = \frac{l \cdot a^3}{12}$ $\quad I_y = \frac{4{,}00\ \text{m} \cdot (2{,}00\ \text{m})^3}{12} = 2{,}67\ \text{m}^4$

$h_m = \frac{I_y}{V_F} - e_1$ $\quad h_m = \frac{2{,}67\ \text{m}^4}{12{,}8\ \text{m}^3} - 0{,}20\ \text{m} = 0{,}01\ \text{m} > 0 \Rightarrow$ stabile Schwimmlage

Schwimmlage 2

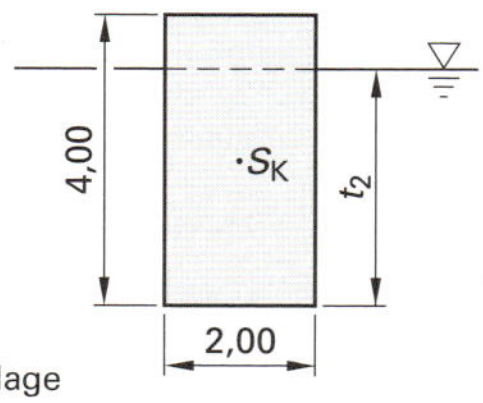

$V_F = a \cdot b \cdot t_2$ $\quad F_A = V_F \cdot \varrho_F \cdot g = a \cdot b \cdot t_2 \cdot \varrho_F \cdot g$

$F_A = F_G \Rightarrow t_2 = l \cdot \frac{\varrho_K}{\varrho_F}$ $\quad t_2 = 4{,}00\ \text{m} \cdot \frac{0{,}800\ \text{kg/dm}^3}{1{,}000\ \text{kg/dm}^3} = 3{,}20\ \text{m}$

$e_2 = \frac{1}{2}(l - t_2)$ $\quad e_2 = \frac{1}{2} \cdot (4{,}00\ \text{m} - 3{,}20\ \text{m}) = 0{,}40\ \text{m}$

$I_y = \frac{a \cdot b^3}{12}$ $\quad I_y = \frac{2{,}00\ \text{m} \cdot (2{,}00\ \text{m})^3}{12} = 1{,}33\ \text{m}^4$

$h_m = \frac{I_y}{V_F} - e_2$ $\quad h_m = \frac{1{,}33\ \text{m}^4}{12{,}8\ \text{m}^3} - 0{,}40\ \text{m} = -0{,}30\ \text{m} \Rightarrow$ labile Schwimmlage

Der Holzquader dreht sich also aus der labilen Schwimmlage in die stabile Schwimmlage.

7.10.2 Hydrodynamik

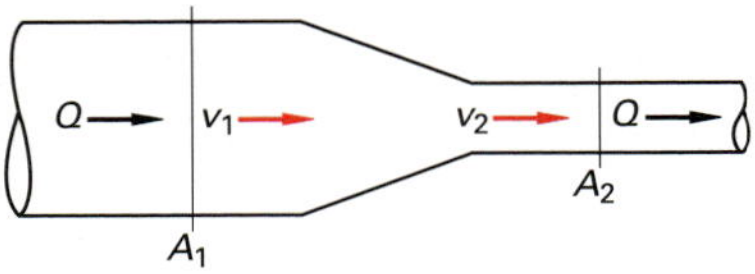

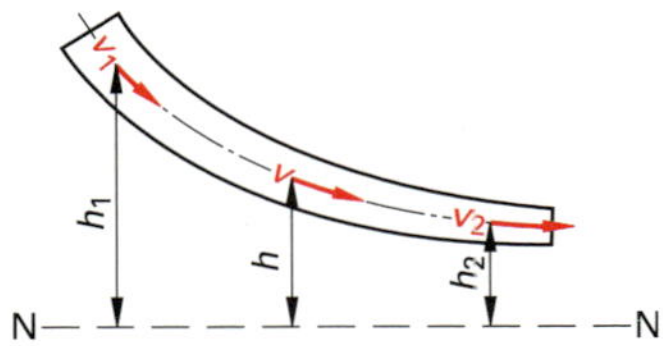

Die Hydrodynamik ist die Lehre von strömenden Flüssigkeiten.

Durchflussgleichung/Kontinuitätsbedingung

für stationäre Rohrströmung

$$Q = A_1 \cdot v_1 = A_2 \cdot v_2 = \text{const}$$

mit A Durchflussquerschnitt in m^2
v mittlere Durchflussgeschwindigkeit in m/s
Q Durchfluss in m^3/s

Bernoulli'sche Gleichung

für reibungsfreie Flüssigkeit

$$\frac{v^2}{2 \cdot g} + \frac{p}{\varrho \cdot g} + h = \text{const}$$

mit p Flüssigkeitsdruck
h geodätische Höhe

Bewegungsarten

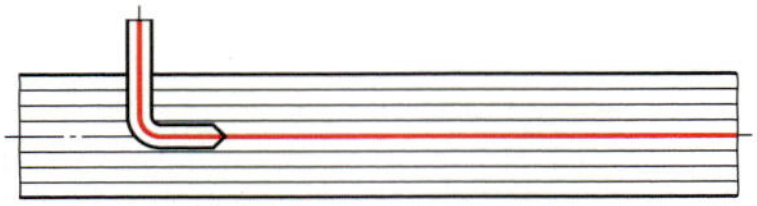

Laminare Flüssigkeitsströmung

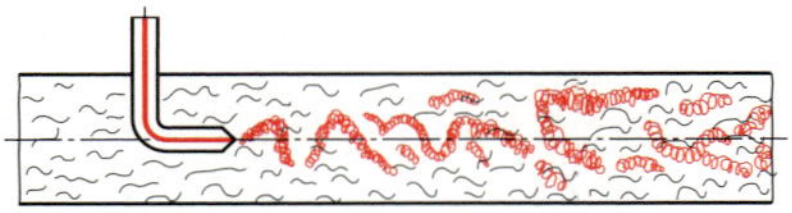

Turbulente Flüssigkeitsströmung

Bei der Bewegung von Flüssigkeiten unterscheidet man die laminare Strömung und die turbulente Strömung. Bei beiden Strömungsformen entstehen Reibungsverluste, die unterschiedlich berechnet werden. Die laminare Strömung tritt nur bei sehr geringen Geschwindigkeiten, z. B. Grundwasserströmung, auf. In Wasserleitungen, Abwasserrohren, Flüssen usw. ist die Strömung meist turbulent.

Flüssigkeitsreibung bei laminarer Strömung

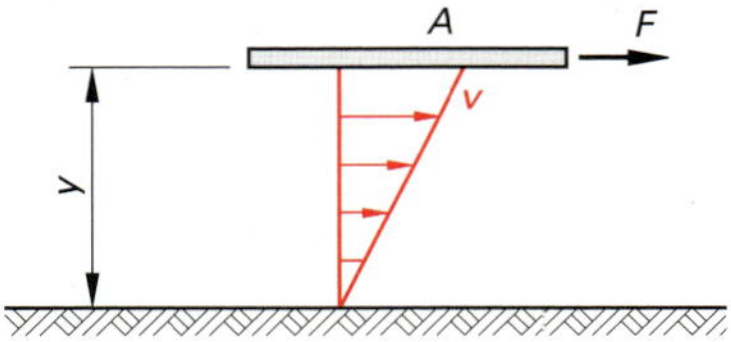

Newton'sches Gesetz

$$F = \nu \cdot \varrho \cdot A \cdot \frac{v}{y}$$

ν kinematische Viskosität (Zähigkeit) z. B.

Wasser $\vartheta = 0\ °C$ $\nu = 1{,}078 \cdot 10^{-6}\ m^2/s$
$\vartheta = 20\ °C$ $\nu = 1{,}01 \cdot 10^{-6}\ m^2/s$

7.10.3 Flüssigkeitsbewegung in vollen Rohren

Reibungsverlusthöhe h_r

$$h_r = \lambda \cdot \frac{l}{d} \cdot \frac{v^2}{2 \cdot g} \quad \text{für gerade Rohre}$$

mit λ Widerstandsbeiwert
l Rohrlänge
d Rohrdurchmesser
v Geschwindigkeit
g Erdbeschleunigung

7

Widerstandsbeiwerte λ

für laminare Strömung $\lambda = \frac{64}{R_e}$

Eine laminare Strömung liegt vor, wenn die **Reynolds-Zahl R_e =** $\frac{v \cdot d}{\nu} < 2300$ beträgt.

Rauigkeit für Rohre und Gerinne

Rohr- bzw. Gerinnematerial		absolute Rauigkeit k mm
Stahl	neue Rohre	0,01 … 0,1
	gering verrostet	0,1 … 0,4
	stark verkrustet	1 … 4
Kunststoff	neu	0,001 … 0,1
Drainrohre	gewellt	2,0
Steinzeug	Abwasserkanäle	0,3 … 1,5
Beton	neu, glatte Oberfläche	0,3 … 1,5
	alt	10 … 20

Widerstandsbeiwerte λ für turbulente Strömung ($R_e > 2300$)

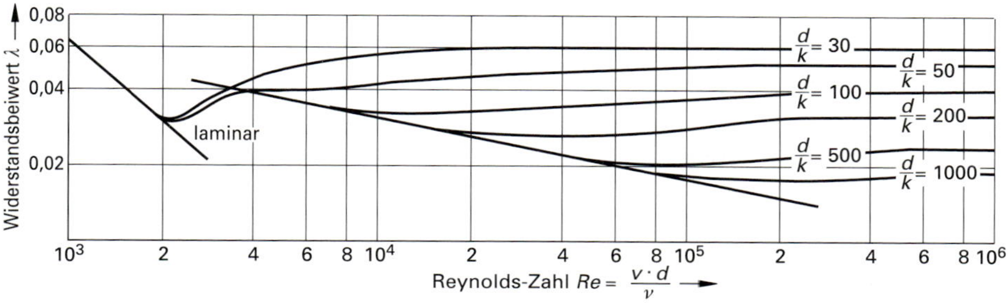

Beispiel

Berechnung des Reibungsverlustes in einer 200 m langen, geraden Wasserrohrleitung aus Stahl von 100 mm Durchmesser für einen Durchfluss Q von 6,0 l/s.

Rohrquerschnitt $A = \frac{\pi \cdot d^2}{4}$ $\quad A = \frac{\pi \cdot (0{,}100\ \text{m})^2}{4} = 0{,}00785\ \text{m}^2$

Fließgeschwindigkeit $v = \frac{Q}{A}$ $\quad v = \frac{0{,}0060\ \text{m}^3/\text{s}}{0{,}00785\ \text{m}^2} = 0{,}76\ \frac{\text{m}}{\text{s}}$

Reynolds-Zahl $R_e = \frac{v \cdot d}{\nu}$ $\quad R_e = \frac{0{,}76\ \frac{\text{m}}{\text{s}} \cdot 0{,}100\ \text{m}}{1{,}01 \cdot 10^{-6}\ \frac{\text{m}^2}{\text{s}}} = 75000 > 2300 \Rightarrow$ turbulente Strömung

Wandrauigkeit aus Tabelle ▶ S. 352 $k \approx 0{,}1$ mm $\quad \frac{d}{k} = \frac{100\ \text{mm}}{0{,}1\ \text{mm}} = 1000$

Widerstandsbeiwert aus Diagramm $\lambda = 0{,}019$

Reibungsverlusthöhe $h_r = \lambda \cdot \frac{l}{d} \cdot \frac{v^2}{2 \cdot g}$ $\quad h_r = 0{,}019 \cdot \frac{200\ \text{m}}{0{,}100\ \text{m}} \cdot \frac{\left(0{,}76\ \frac{\text{m}}{\text{s}}\right)^2}{2 \cdot 9{,}81\ \frac{\text{m}}{\text{s}^2}} = 1{,}12\ \text{m}$

7.10.4 Gerinnehydraulik

Für Gerinneströmungen liefert die Berechnung der Geschwindigkeit nach der empirischen Formel von **Manning-Strickler** eine gute Näherung. Die Formel ist einheitengebunden.

$$v \approx k_{St} \cdot r_{hy}^{\frac{2}{3}} \cdot J^{\frac{1}{2}}$$

$$r_{hy} = \frac{A}{l_u}$$

$$Q = v \cdot A$$

- v Fließgeschwindigkeit in m/s
- k_{St} Beiwert
- r_{hy} hydraulischer Radius in m
- l_u benetzter Umfang in m
- A Gerinnequerschnitt in m²
- J Gefälle (absolut)
- Q Abflussleistung in m³/s

Werkstoff	k_{St}
Stahl	60 ... 100
Beton	65 ... 100
Felsausbruch	20 ... 60
Erde	35 ... 50
Flussbett	30 ... 40

Beispiel

Berechnung der Abflussleistung eines Grabens mit einem Gefälle von J = 1‰ = 0,001.

Fließquerschnitt

$A = \frac{1}{2} \cdot (b_w + b_s) \cdot t = \frac{1}{2} \cdot (1{,}00\ \text{m} + 0{,}40\ \text{m}) \cdot 0{,}20\ \text{m} = 0{,}14\ \text{m}^2$

Böschungslänge

$l_b = \sqrt{t^2 + a^2}$ $\quad l_b = \sqrt{(0{,}20\ \text{m})^2 + (0{,}30\ \text{m})^2} = 0{,}36\ \text{m}$

hydraulischer Radius

$r_{hy} = \frac{A}{l_u}$ $\quad r_{hy} = \frac{0{,}14\ \text{m}^2}{0{,}36\ \text{m} + 0{,}40\ \text{m} + 0{,}36\ \text{m}} = 0{,}12\ \text{m}$

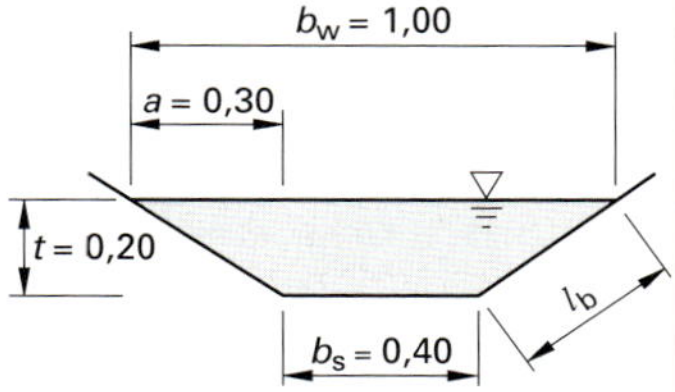

Beiwert aus Tabelle k_{St} = 30...40, gewählt k_{St} = 35

Fließgeschwindigkeit $v \approx k_{St} \cdot r_{hy}^{\frac{2}{3}} \cdot J^{\frac{1}{2}} \Rightarrow v \approx 35 \cdot 0{,}12^{\frac{2}{3}} \cdot 0{,}001^{\frac{1}{2}} = 0{,}27$ m/s

Abflussleistung $Q = v \cdot A$ $\quad Q = 0{,}27\ \text{m/s} \cdot 0{,}14\ \text{m}^2 = 0{,}038\ \text{m}^3/\text{s}$

7

7.10.5 Bemessung von Rohren für Freigefälleleitungen

Schmutz- und Regenwasserleitungen sind als Freigefälleleitungen nur teilweise mit Wasser gefüllt. Die Berechnung dieser Leitungen kann mit Hilfe der Formel von Manning-Strickler oder mit Hilfe von Tabellen erfolgen.

Bemessungstabelle für kreisförmige Rohre,
Rauigkeit k_B = 0,75 nach dem Arbeitsblatt 110 der Abwassertechnischen Vereinigung (ATV)

Gefälle			Nennweite DN = Innendurchmesser							
			DN 150		DN 250		DN 300		DN 400	
J [%]	J [‰]	1 : n	Q_{voll} l/s	v_{voll} m/s	Q_{voll} l/s	v_{voll} m/s	Q_{voll} l/s	v_{voll} m/s	Q_{voll} l/s	v_{voll} m/s
10,00	100,0	1 : 10	54,8	3,09	212	4,31	343	4,84	732	5,82
5,00	50,0	1 : 20	38,7	2,17	150	3,05	241	3,42	515	4,10
2,00	20,0	1 : 50	24,2	1,38	94,4	1,92	153	2,16	326	2,60
1,00	10,0	1 : 100	17,2	0,97	66,5	1,35	108	1,52	230	1,83
0,75	7,5	1 : 133	14,9	0,83	52,7	1,16	94,2	1,31	199	1,58
0,50	5,0	1 : 200	12,1	0,68	46,8	0,95	75,8	1,07	162	1,28
0,40	4,0	1 : 250	10,8	0,61	41,9	0,85	67,8	0,96	144	1,14
0,30	3,0	1 : 333	9,2	0,52	36,1	0,73	58,7	0,82	125	0,99
0,20	2,0	1 : 500	7.6	0,43[1]	29,4	0,60	47,7	0,67	102	0,81
0,10	1,0	1 : 1000	5.3	0,30[1]	20,6	0,42[1]	33,5	0,47[1]	71,8	0,57

[1] Die Fließgeschwindigkeit ist sehr gering, sodass die Gefahr von Ablagerungen und Verstopfungen besteht.
Q_{voll} = Abflussleistung bei Vollfüllung
v_{voll} = Fließgeschwindigkeit bei Vollfüllung

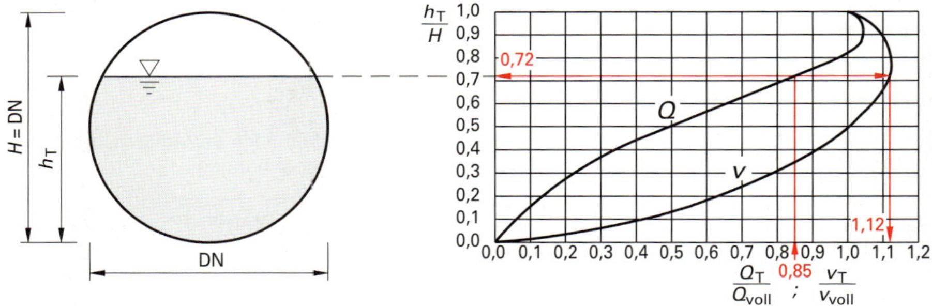

Beispiel

Welche Rohrleitung ist erforderlich, um eine Regenwassermenge von Q = 170 l/s mit einem Rohrgefälle von 0,75 % = 7,5‰ abzuleiten?

Wie groß ist die Füllhöhe und die Fließgeschwindigkeit?

① aus der obigen Tabelle in der Zeile für das angegebene Gefälle von 0,75 % eine Abflussleistung heraussuchen, die die vorgegebene Regenwassermenge übersteigt.

Ablesungen: DN = 400 mm, Q_{voll} = 199 l/s, v_{voll} = 1,58 m/s

7

② Ermitteln des Quotienten $\frac{Q_{Teilfüllung}}{Q_{vol}} = \frac{170}{199} = 0{,}85$

③ Mit Hilfe des Diagramms, und zwar der Q-Linie, die Füllhöhe bestimmen

$\frac{h_T}{H} = 0{,}72$ aus Diagramm $h_T = 0{,}72 \cdot H = 0{,}72 \cdot 400 = 288$ mm

④ Mit Hilfe des Diagramms, und zwar der v-Linie, die Fließgeschwindigkeit ermitteln

$\frac{v_T}{v_{voll}} = 1{,}12$ $v_T = 1{,}12 \cdot v_{voll} = 1{,}12 \cdot 1{,}58 = 1{,}77$ m/s

8 Baubetrieb

8.1 Vermessung und Bauabsteckung

8.1.1 Vermessungsgeräte

Fluchtstäbe

Fluchtstäbe bestehen aus kreisrunden Holzstäben mit einem Durchmesser von 2,8 cm und einer Stahlspitze. Sie sind 2,00 m lang und in 0,50 m lange, rote und weiße Felder geteilt. Fluchtstangen dienen zur vorübergehenden Markierung von Punkten im Felde.

Lot

Lote sind Metallstücke, die spitz geformt sind und an einem Faden aufgehängt werden. Sie dienen der Bestimmung der Lotrechten.

Rollbandmaß (Bandmaß)

Rollbandmaße sind 20 m, 25 m oder 50 m lange Bänder aus Stahl oder Kunststoff mit einer eingeätzten cm-Teilung. Sie können in Stahl- oder Kunststoffkapseln, die eine Haspel mit Griff und Kurbel haben, aufgerollt werden.

Winkelprismen

Winkelprismen sind Glasprismen, bei denen durch Brechung und Spiegelung Lichtstrahlen rechtwinklig abgelenkt werden. Doppelpentagonprismen bestehen aus übereinander angeordneten Winkelprismen. Beide Winkelprismen dienen der Absteckung von rechten Winkeln.

Nivellierinstrumente, Laser

Nivellierinstrumente bestehen aus einem Fernrohr mit Fadenkreuz, dem Fernrohrträger und dem Nivellierunterbau und werden mithilfe einer Anzugschraube fest auf ein Stativ geschraubt. Zur Scharfeinstellung von Fadenkreuz und Ziel dienen das Okular und die Entfernungsschraube. Je nach Bauart wird das Nivellierinstrument entweder durch 3 Fußschrauben (Norddeutsches Nivellier), durch die Kippschraube (Süddeutsches Nivellier) oder automatisch nach vorheriger Grobeinstellung (automatisch horizontierendes Nivellier) horizontiert. Laser-Nivelliere senden einen Lichtstrahl im sichtbaren oder unsichtbaren Bereich aus, und zwar entweder längs einer Linie (Richtlaser) oder drehend (Rotationslaser).

Nivellierlatten

Nivellierlatten sind 3 m ... 4 m lang, haben eine rot-weiße bzw. schwarz-weiße Zentimeterteilung und werden mithilfe eines Lattenrichters lotrecht über die einzumessenden Punkte gestellt.

Theodolite

Theodolite dienen der Messung von Horizontal- und von Vertikalwinkeln bzw. der Zenitdistanz
► S. 356

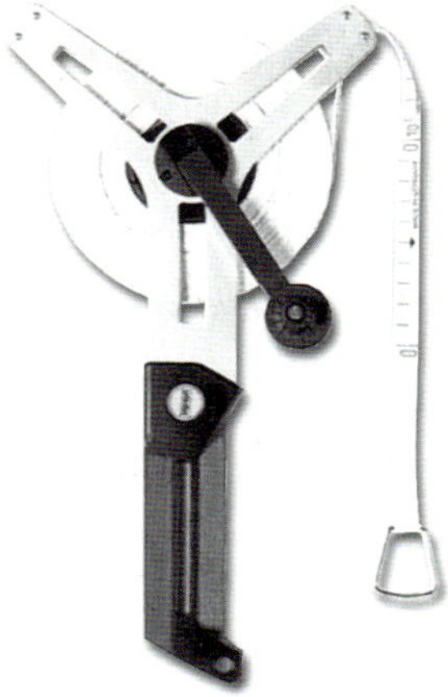

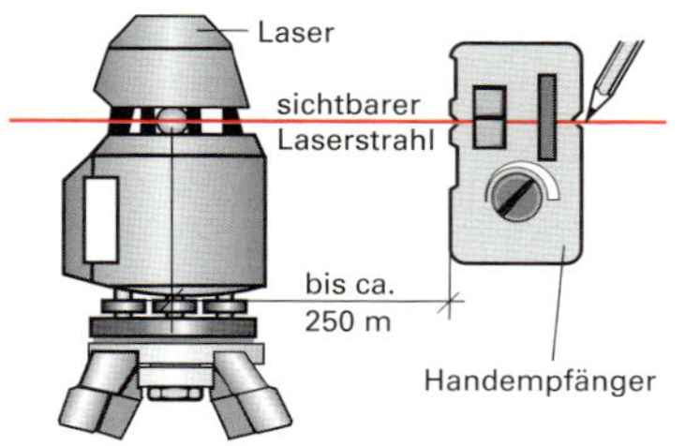

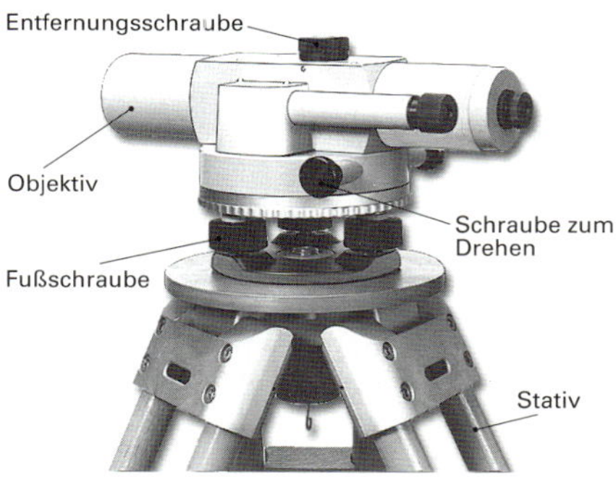

8.1.2 Grundlagen

Koordinatensysteme

Abweichend von den Definitionen der Mathematik wird im Vermessungswesen ein rechtsdrehendes Koordinatensystem mit der x-Achse nach Norden verwendet.

Maßeinheiten und weitere mathematische Grundlagen siehe ► S. 8 ff

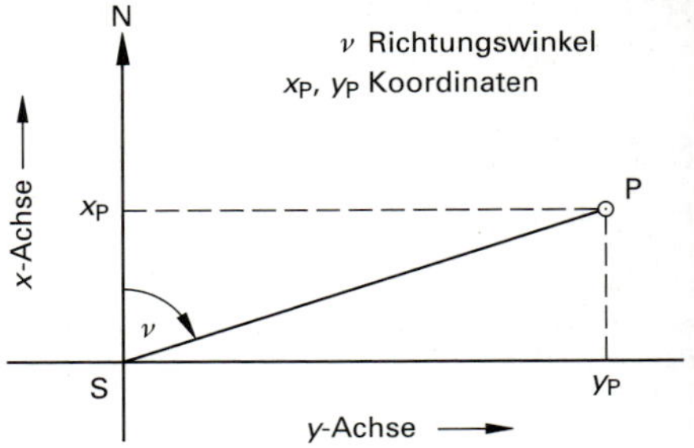

Längenmessungen

Als Entfernung *s* zwischen 2 Punkten wird ihr horizontaler Abstand verstanden. Aus diesem Grunde muss je nach Messart das in den Zeichnungen Dargestellte beachtet werden.

Messungen mit Rollbandmaßen

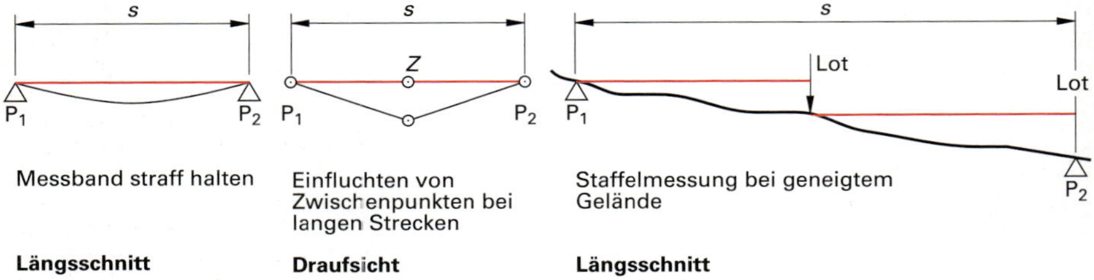

Messungen mit elektrooptischen Distanzmessern

Mit elektrooptischen Distanzmessern wird stets der schräge Abstand zwischen Gerät und Reflektor gemessen. Die Umrechnung auf den horizontalen Abstand *s* erfolgt elektronisch durch das Gerät oder nach der zusätzlichen Messung des Vertikalwinkels α bzw. der Zenitdistanz *z*.

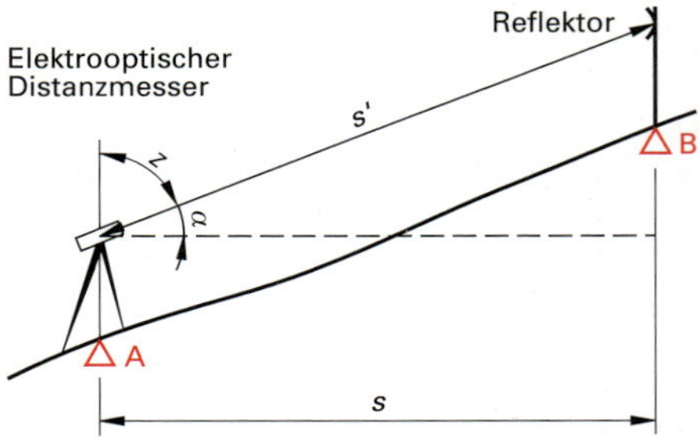

Winkelmessungen

Als Horizontalwinkel β zwischen dem Standpunkt S und zwei beliebig hohen Geländepunkten P_1 und P_2 wird der Winkel in der horizontalen Projektionsebene durch S verstanden. Die Messung erfolgt mithilfe eines Theodoliten, dessen Teilkreis horizontal gestellt ist.

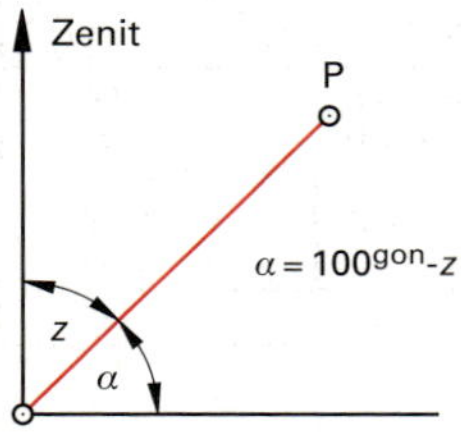

Der Vertikalwinkel α liegt zwischen der Verbindung vom Standpunkt S zum Geländepunkt P und der Horizontalen. Mit dem Theodoliten wird in der Regel die Zenitdistanz *z* gemessen.

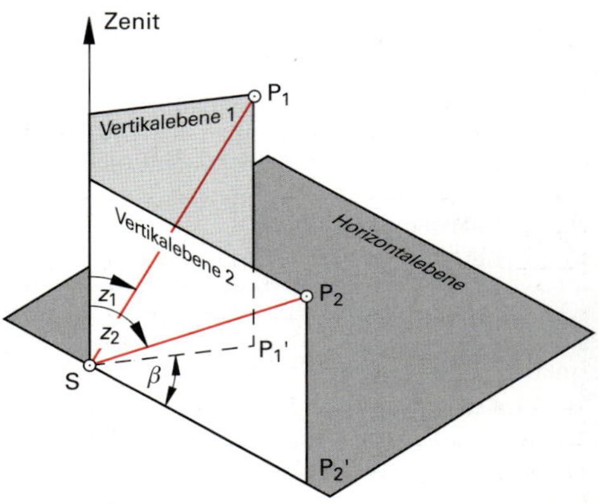

Absteckung von rechten Winkeln

Die Absteckung (= Übertragung in das Gelände) von rechten Winkeln im vorgegebenen Punkt A kann mit verschiedenen Methoden erfolgen.

Lehrsatz des Pythagoras

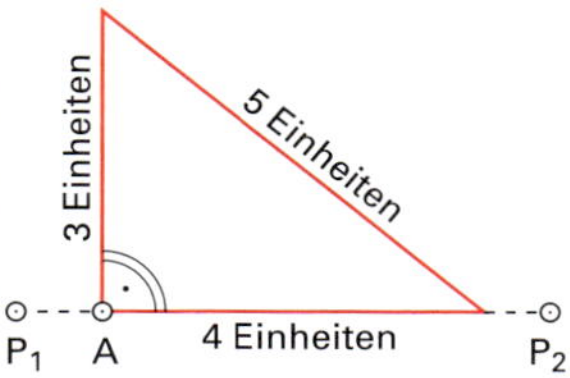

Schnurdreieck

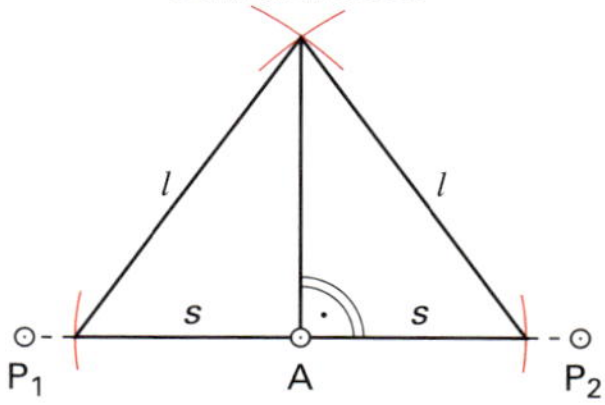

Winkelprisma/
Doppelpentagonprisma

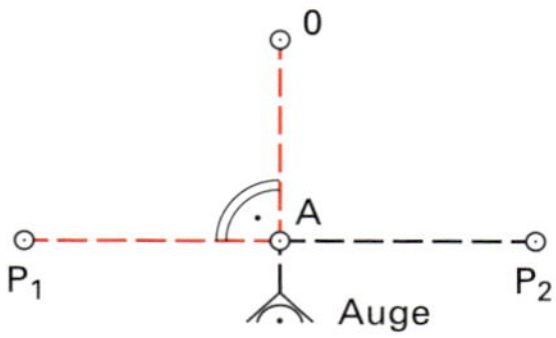

8.1.3 Lagemessungen

Beispiel

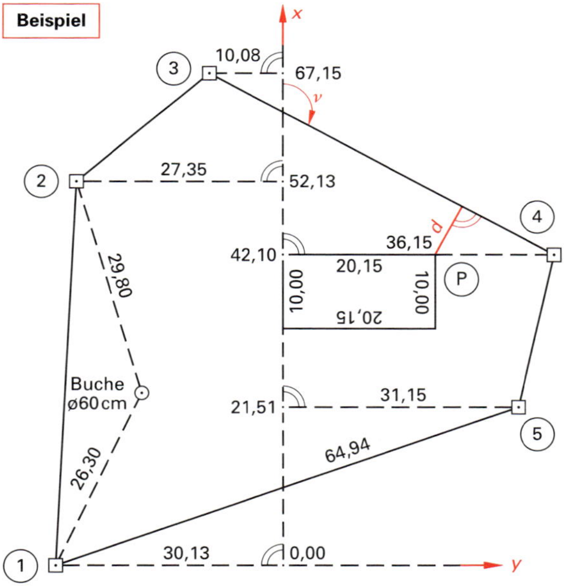

Das Ausmessen unregelmäßig begrenzter Flächen erfolgt vorzugsweise im Orthogonal- oder Koordinatenverfahren. Diese Art der Aufnahme vereinfacht die Kartierung maßstäblicher Zeichnungen sowie die Berechnung der Flächen. Die Basislinie kann frei oder längs gerader Grenzen oder Linien verlaufen; sie sollte möglichst in der Mitte der Aufnahmefläche liegen.

Einzelne Punkte, z.B. Bäume, Masten, Hausecken usw. können auch mit dem Dreiecksverfahren, das heißt durch Abstandsmessung zu 2 bekannten Punkten, aufgenommen werden (vergl. Zeichnung).

Anmerkung:

Im Vermessungswesen wird ein rechtsdrehendes Koordinatensystem mit der x-Achse nach Norden, der y-Achse nach Osten und dem Richtungswinkel ν rechtsdrehend von Norden verwendet. Die Punktnummerierung der Fläche erfolgt rechtsdrehend oder im Uhrzeigersinn.

Bei Verwendung des mathematischen Koordinatensystems (x-Achse nach rechts, y-Achse nach oben) ist die Nummerierung linksdrehend, Rechenweg und Ergebnisse sind identisch.

Berechnung der Fläche nach Gauß

$$A = \frac{1}{2} \cdot \sum_{i=1}^{i=n} y_i \cdot (x_{i-1} - x_{i+1}) = \frac{1}{2} \cdot \sum_{i=1}^{i=n} x_i \cdot (y_{i+1} - y_{i-1})$$

Punkt	Koordianten x [m]	Koordianten y [m]	$x_{i-1} - x_{i+1}$ [m]	$y_i \cdot (x_{i-1} - x_{i+1})$ [m²]	$y_{i+1} - y_{i-1}$ [m]	$x_i \cdot (y_{i+1} - y_{i-1})$ [m²]
1	0,00	– 30,13	21,51 – 52,13 = – 30,62	+ 922,58	– 27,35 – 31,15 = – 58,50	0,00
2	+ 52,13	– 27,35	0,00 – 67,15 = – 67,15	+ 1 836,55	– 10,08 – (– 30,13) = + 20,05	+ 1 045,21
3	+ 67,15	– 10,08	52,13 – 42,10 = + 10,03	– 101,10	36,15 – (– 27,35) = + 63,50	+ 4 264,03
4	+ 42,10	+ 36,15	67,15 – 21,51 = + 45,64	+ 1 649,89	31,15 – (– 10,08) = + 41,23	+ 1 735,78
5	+ 21,51	+ 31,15	42,10 – 0,00 = + 42,10	+ 1 311,42	– 30,13 – 36,15 = – 66,28	– 1 425,68
Σ			0,00	+ 5 619,34	0,00	+ 5 619,34

Fläche $A = \frac{1}{2} \cdot 5\,619{,}34 = 2\,809{,}67\ \text{m}^2 \approx 2810\ \text{m}^2$

8

Rechenprobe / Kontrolle der Strecke ① – ⑤ (Pythagorasprobe ► S. 360)

$s = \sqrt{\Delta x^2 + \Delta y^2} = \sqrt{(x_5 - x_1)^2 + (y_5 - y_1)^2} = \sqrt{(21{,}51 - 0{,}00)^2 + (31{,}15 - (-30{,}13))^2}$

$= \sqrt{21{,}51^2 + 61{,}28^2} = 64{,}95 \text{ m}$

s gemessen = 64,94 m;
s berechnet = 64,95 m; vorh $D = |\,64{,}95 - 64{,}95\,| = 0{,}01$ m (zulässiger Messfehler)

Berechnung des kürzesten Abstandes eines Punktes von einer Grenze / Geraden

$d = (x_G - x_P) \cdot \sin \nu - (y_G - y_P) \cdot \cos \nu$

Richtungswinkel der Geraden ③ – ④

$\tan \nu = \dfrac{\Delta y}{\Delta x} = \dfrac{y_4 - y_3}{x_4 - x_3} = \dfrac{36{,}15 - (-10{,}08)}{42{,}10 - 67{,}15} = \dfrac{46{,}23}{-25{,}05} = -1{,}846$ $\qquad \nu = 118{,}45° = 131{,}61^{\text{gon}}$

Koordinaten des Punktes P, hier Hausecke: $x_P = 42{,}10$ m, $y_P = 20{,}15$ m
Koordinaten eines Punktes auf der Geraden, z.B. Punkt 3: $x_G = 67{,}15$ m, $y_G = -10{,}08$ m

$d = (67{,}15 - 42{,}10) \cdot \sin 131{,}61^{\text{gon}} - (-10{,}08 - 20{,}15) \cdot \cos 131{,}61^{\text{gon}}$
$= 22{,}02 - 14{,}40 = +7{,}62$ m (rechts der Geraden)

8.1.4 Zeichen im Vermessungswesen (Auswahl nach **DIN 18702**)

Messpunkte

Trigonometrischer Punkt[1)]
(mit Nummer 10)

10

Polygonpunkt[2)]
(mit Nummer 10)

10

Kleinpunkt
(Vermarkung R = Rohr, N = Nagel) ⊙ R ⊙ N

Nivellementspunkt,
Mauerbolzen

Pegel

Grenzstein

Messlinien

Polygonseite

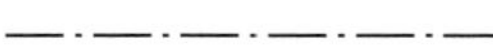

Messlinie

Senkrechte
durch Messgerät
durch Augenmaß

Topografie

Böschung

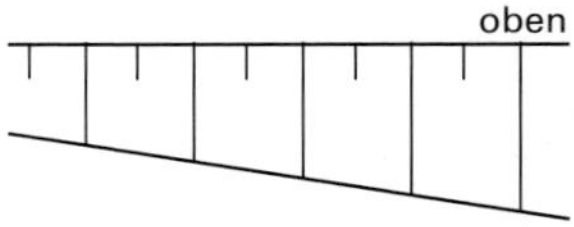

Damm
(mit Höhen)

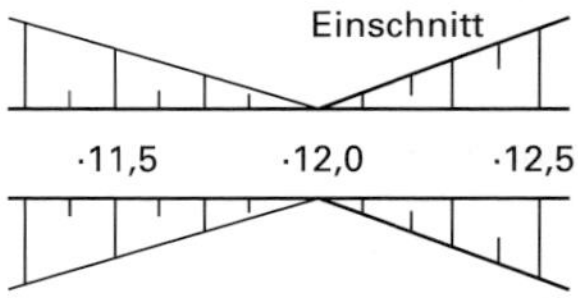

Baum

Eiche, ø 50 cm

Höhenlinien

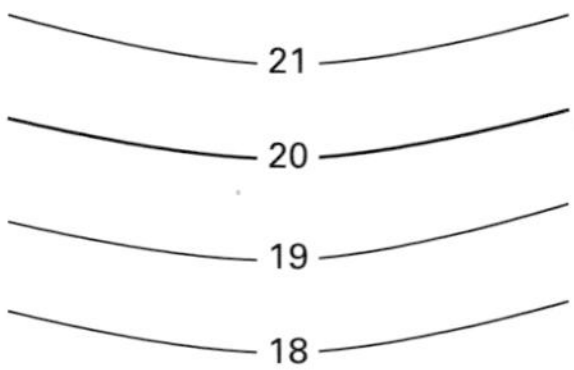

Teich

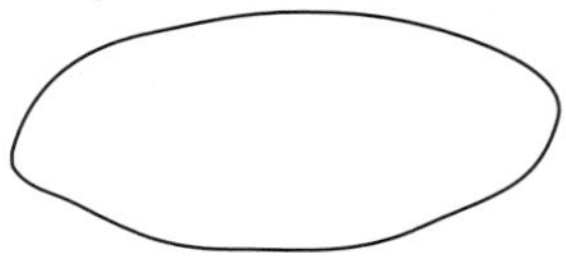

1) vom Landesvermessungsamt koordinatenmäßig festgelegter Punkt großräumiger Dreiecke
2) koordinatenmäßig festgelegter und vermarkter Punkt von Vieleckzügen (Polygonzügen)

8

Zeichen im Vermessungswesen (Auswahl nach DIN 18702, Fortsetzung)

Nutzungsart

Ackerland	• • • • • • • • • (in der Praxis)
Grünland	
Wiese (nass)	
Gartenland	
Obstanlagen	
Baumschule	
Weingarten	
Korbweiden	
Laubwald	
Nadelwald	
Mischwald	
Moor	
Heide	
Hof- und Gebäudefläche	Hf
Friedhof	
Park	
Nutzungsgrenze	— — — — — — —

Bebauung

Öffentliche Gebäude	Rathaus
Wohnhäuser (mit Haus-Nr.)	10
Hecke	
Zaun	
Mauer	
Stützmauer	

Versorungseinrichtungen

Leitungen unterirdisch (hier Wasserleitung mit 80 mm Durchmesser)	W (0,18) ø 80 mm
Leitungen oberirdisch (hier Niederspannungsleitung)	E (0,18)

(A = Abwasser; W = Wasser, G = Gas; Ö = Öl; H = Heizung, E = Niederspannung; ↯ = Hochspannung)

Stahlgittermast	
Stahlbetonmast	
Brunnen	
Schieber	W
Pumpe	
Hydrant, oberirdisch	
Hydrant, unterirdisch	
Straßenbeleuchtung	
Briefkasten, freistehend	
Fernsprechhäuschen	

8

8.1.5 Höhenmessungen

Eine Höhenmessung (Nivellement) dient der Bestimmung des Höhenunterschiedes zweier Punkte oder der Bestimmung der Höhenlage (bezogen auf Normalnull NN) eines neuen Punktes.

Arbeitsablauf bei Höhenmessungen:

① Lotrechtes Aufstellen der Nivellierlatte über dem Ausgangspunkt (Höhenfestpunkt)

② Aufstellen des Nivellierinstrumentes im Punkt S_1 (Zielweite ≤ 50 m)

③ Horizontieren des Fernrohres

④ Ablesen des Rückblickes R_1 auf der Nivellierlatte

⑤ Lotrechtes Aufstellen der Nivellierlatte auf einem geeigneten Wechselpunkt (Nivellierlattenuntersatz)

⑥ Ablesen des Vorblickes V_1 auf der Nivellierlatte

⑦ Umsetzen des Nivellierinstrumentes zum Punkt S_2 usw.

Beispiel für ein Nivellement

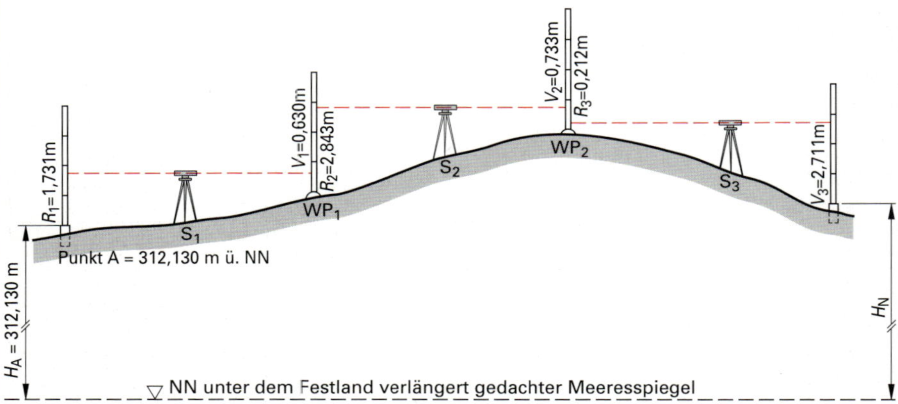

$$H_N = H_A + \underbrace{R_1 - V_1}_{\Delta h_1} + \underbrace{R_2 - V_2}_{\Delta h_2} + \ldots + \underbrace{R_n - V_n}_{\Delta h_n} = \sum_{i=1}^{n} R_i - \sum_{i=1}^{n} V_i = H_A + \sum_{i=1}^{n} \Delta h_i$$

Höhenunterschied Δh = Rückblick R – Vorblick V

Feldbuch (ohne Kontrolle und Fehlerausgleich)

Zielpunkt	Zielweite s m	Ablesungen Rückblick R m	Ablesungen Vorblick V m	Höhenunterschied $\Delta h_i = R_i - V_i$ + Steigen m	Höhenunterschied – Fallen m	Instrumentenhorizont m	Höhe der Punkte ü. NN	Bemerkungen
A	50	1,731				313,861	312,130	Höhenfestpunkt
WP1	47		0,630	1,101			313,231	Wechselpunkt 1
WP1	45	2,843				316,074		Wechselpunkt 1
WP2	43		0,733	2,110			315,341	Wechselpunkt 2
WP2	42	0,212				315,553		Wechselpunkt 2
N	47		2,711		2,499		312,842	Neupunkt N
Σ	274	4,786	4,074	3,211	2,499			

$\Delta H = \Sigma R - \Sigma V$ $\quad$ $\Delta H = \Sigma \Delta h_i$ $\quad$ $\Delta H = H_N - H_A$

$\Delta H = 4{,}786 - 4{,}074 = 0{,}712$ m $\quad$ $\Sigma H = 3{,}211 - 2{,}499 = 0{,}712$ m $\quad$ $\Delta H = 312{,}842 - 312{,}130 = 0{,}712$ m

8

Kontrolle und Fehlerausgleich bei Höhenmessungen

Höhenmessungen sollten stets kontrolliert werden. Das geschieht, indem man entweder die Höhenmessung bei einem bekannten Höhenpunkt A beginnt und bei einem anderen bekannten Höhenpunkt B endet (Anschlussnivellement $_{soll}\,\Delta H = H_B - H_A$) oder zum Ausgangshöhenpunkt zurücknivelliert (Schleifennivellement $_{soll}\,\Delta H = 0$). Die auftretende Abweichung oder der Fehler $_{vorh}\,f$ muss kleiner sein als der zulässige Fehler $_{zul}\,f$ und wird proportional zu den Zielweiten s_i ausgeglichen.

zulässiger Fehler: $_{zul}f = 0{,}002 + 0{,}006 \cdot \sqrt{\frac{\Sigma s}{1000}}$ in m

vorhandener Fehler: $_{vorh}f = {}_{soll}\,\Delta H - {}_{gemessen}\,\Delta H = {}_{soll}\,\Delta H - (\Sigma R - \Sigma V)$

Fehlerausgleich: $\Delta f_i = \frac{_{vorh}f}{\Sigma s} \cdot [s_i]$ mit $[s_i]$ als Summe der Zielweiten des Standpunktes.

Beispiel für ein Feldbuch einschließlich Kontrolle und Fehlerausgleich

Das folgende Beispiel lehnt sich an das auf der vorherigen Seite dargestellte Nivellement an. Neben dem Nivellement vom Höhenfestpunkt A zum Neupunkt N ist zur Kontrolle auf einem anderen Weg zurücknivelliert worden.

Zielpunkt	**Zielweite s** m	**Ablesungen** Rückblick R m	Vorblick V m	**Höhenunterschied** $\Delta h_i = R_i - V_i$ + = Steigen m	− = Fallen m	**Fehler ausgleich** Δf m	**Höhe der Punkte** ü. NN	**Bemerkungen**
A WP1	50 47	1,731	 0,630	 1,101		 + 0,001	312,130 313,232	Höhenfestpunkt Wechselpunkt 1
WP1 WP2	45 43	2,843	 0,733	 2,110		 + 0,001	 315,343	Wechselpunkt 1 Wechselpunkt 2
WP2 N	42 47	0,212	 2,711		 2,499	 + 0,001	 312,845	Wechselpunkt 2 Neupunkt N
N WP3	50 49	2,582	 0,351	 2,231		 + 0,001	 315,077	Neupunkt N Wechselpunkt 3
WP3 WP4	38 39	0,849	 2,651		 1,802	 0,000	 313,275	Wechselpunkt 3 Wechselpunkt 4
WP4 A	49 50	0,519	 1,665		 1,146	 + 0,001	 312,130	Wechselpunkt 4 Höhenfestpunkt
Σ	549	8,736	8,741	5,442	5,447	+ 0,005		

gemessen $\Delta H = \Sigma R - \Sigma V = 8{,}736 - 8{,}741 = -0{,}005$ m   gemessen $\Delta H = \Sigma h_i = 5{,}442 - 5{,}447 = -0{,}005$ m
soll $\Delta H = H_A - H_A = 312{,}130 - 312{,}130 = 0{,}000$ m

zul $f = 0{,}002 + 0{,}006 \cdot \sqrt{\frac{\Sigma s}{1000}}$ in m
$= 0{,}002 + 0{,}006 \cdot \sqrt{\frac{549}{1000}}$ in m
$= 0{,}006$ m

vorh f = soll ΔH – gemessen ΔH
$= 0{,}000 - (-0{,}005$ m$)$
$= +0{,}005$ m
vorh $f \le$ zul f ⇒ Messung einwandfrei

Berechnung der Fehlerausgleichsbeträge Δf

$\Delta f_1 = \frac{\text{vorh } f}{\Sigma s} \cdot [s_1]$
$= \frac{+0{,}005}{549} \cdot [50 + 47]$
$= +0{,}000\,88 \approx +0{,}001$ m

$\Delta f_2 = \frac{\text{vorh } f}{\Sigma s} \cdot [s_2]$
$= \frac{+0{,}005}{549} \cdot [45 + 43]$
$= +0{,}000\,80 \approx 0{,}001$ m

$\Delta f_3 = \frac{\text{vorh } f}{\Sigma s} \cdot [s_3]$
$= \frac{0{,}005}{549} \cdot [42 + 47]$
$= 0{,}000\,81 \approx 0{,}001$ m

$\Delta f_4 = \frac{\text{vorh } f}{\Sigma s} \cdot [s_4]$
$= \frac{0{,}005}{549} \cdot [50 + 49]$
$= 0{,}000\,90 \approx 0{,}001$ m

$\Delta f_5 = \frac{\text{vorh } f}{\Sigma s} \cdot [s_5]$
$= \frac{0{,}005}{549} \cdot [38 + 39]$
$= 0{,}000\,70 \approx 0$ m

Δf_5 als kleinster Wert wird abgerundet, damit $\Sigma \Delta f_i$ = vorh f wird.

$\Delta f_6 = \frac{\text{vorh } f}{\Sigma s} \cdot [s_6]$
$= \frac{0{,}005}{549} \cdot [49 + 50]$
$= 0{,}000\,90 \approx 0{,}001$ m

8

8.1.6 Koordinatenberechnungen

Berechnung der Entfernung $s_{A,E}$ zwischen zwei Punkten und des Richtungswinkels der Strecke aus ihren Koordinaten mithilfe des Lehrsatzes von Pythagoras ► S. 25 bzw. mit trigonometrischen Funktionen/Winkelfunktionen ► S. 26.

Strecke

$$s_{A,E} = \sqrt{(x_E - x_A)^2 + (y_E - y_A)^2} = \sqrt{\Delta x^2 + \Delta y^2}$$

Richtungswinkel

$$\tan \nu_{A,E} = \frac{y_E - y_A}{x_E - x_A} = \frac{\Delta y}{\Delta x}$$

Berechnung der Koordinaten des Punktes E aus den Koordinaten des Punktes A, dem Richtungswinkel $\nu_{A,E}$ und der Strecke $s_{A,E}$

$$x_E = x_A + s_{A,E} \cdot \cos \nu_{A,E}$$
$$y_E = y_A + s_{A,E} \cdot \sin \nu_{A,E}$$

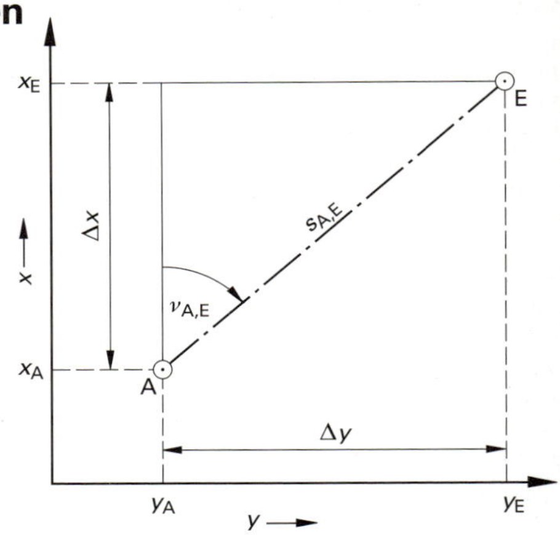

Beispiel

Gegeben: Koordinaten der Punkte A und E

x_A = 70 148,39 m; y_A = 11 495,80 m
x_E = 70 545,28 m; y_E = 11 426,10 m

Gesucht: Entfernung $s_{A,E}$ und Richtungswinkel $\nu_{A,E}$

$$s_{A,E} = \sqrt{(70\,545{,}28 - 70\,148{,}39)^2 + (11\,426{,}10 - 11\,495{,}80)^2}$$
$$s_{A,E} = \sqrt{(396{,}89)^2 + (-69{,}70)^2}$$
$$s_{A,E} = 402{,}96 \text{ m}$$
$$\tan \nu_{A,E} = \frac{11\,426{,}10 \text{ m} - 11\,495{,}80 \text{ m}}{70\,545{,}28 \text{ m} - 70\,148{,}39 \text{ m}} = \frac{-69{,}70 \text{ m}}{+396{,}89 \text{ m}} = $$
$$= -0{,}1756$$
$$\tan \nu_{A,E} = 388{,}933^{gon} \quad \text{IV. Quadrant}$$

Beispiel

Gegeben: Koordinaten des Punktes A

x_A = 70 148,39 m; y_A = 11 495,80 m

Strecke $s_{A,E}$ = 402,96 m,

Richtungswinkel $\nu_{A,E}$ = 388,933^{gon}

Gesucht: Koordinaten des Punktes E

$$x_E = 70\,148{,}39 \text{ m} + 402{,}96 \text{ m} \cdot \cos 388{,}933^{gon} = $$
$$= 70\,545{,}28 \text{ m}$$

$$y_E = 11\,495{,}80 \text{ m} + 402{,}96 \text{ m} \cdot \sin 388{,}933^{gon} = $$
$$= 11\,426{,}10 \text{ m}$$

8.1.7 Polygonzugberechnung

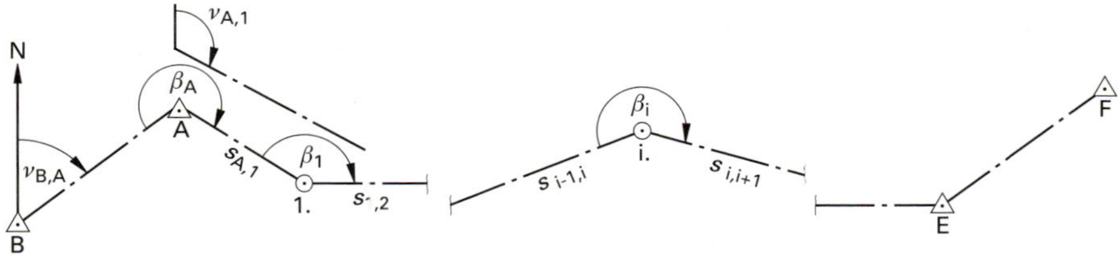

Bekannt:	Koordinaten des Anfangspunktes A, Anfangsrichtung $\nu_{B,A}$ z. B. über Koordinaten.
Gemessen:	Strecken $s_{A,1}$; $s_{1,2}$; ... Brechungswinkel β_A; β_1; β_2; ...
Gesucht:	Richtungswinkel der Strecken, Koordinaten der Polygonpunkte

Formeln für den Polygonpunkt 1:

$$\{\nu_{A,1}\} = \nu_{B,A} + \beta_A - 200^{gon}$$
$$x_1 = x_A + s_{A,1} \cdot \cos \nu_{A,1}$$
$$y_1 = y_A + s_{A,1} \cdot \sin \nu_{A,1}$$

allgemeine Formeln:

$$\{\nu_{i,i+1}\} = \nu_{i-1,i} + \beta_i - 200^{gon}$$
$$x_{i+1} = x_i + s_{i,i+1} \cdot \cos \nu_{i,i+1}$$
$$y_{i+1} = y_i + s_{i,i+1} \cdot \sin \nu_{i,i+1}$$

$$\text{mit } \{\nu\} = \begin{cases} \nu - 400^{gon} \text{ für } \nu > 400^{gon} \\ \nu \text{ für } 0 < \nu < 400^{gon} \\ \nu + 400^{gon} \text{ für } \nu < 0^{gon} \end{cases}$$

Falls – wie bei wichtigen Messungen üblich – der Endpunkt E und die Anschlussrichtung nach F bekannt sind, ist vor der endgültigen Berechnung ein Fehlerausgleich erforderlich.

8

8.1.7 Gebäudeabsteckung

Bei einer Gebäudeabsteckung werden die Ecken eines zu erstellenden Bauwerkes aus dem Lageplan in das Baugelände übertragen. Die Gebäudeecken A, B, C, D werden durch Pflöcke markiert, durch Diagonalenmessung kontrolliert und vor dem Ausschachten durch weitere Pflöcke A′, A″ usw. gesichert.

Nach dem Ausschachten der Baugrube werden die Gebäudeecken und Mauerfluchten durch Schnurgerüste außerhalb des Arbeitsraumes markiert. Zusätzlich wird durch Nivellement ► S. 360 unmittelbar neben dem Arbeitsraum ein Höhenpunkt oder die Erdgeschossfußbodenhöhe eingemessen.

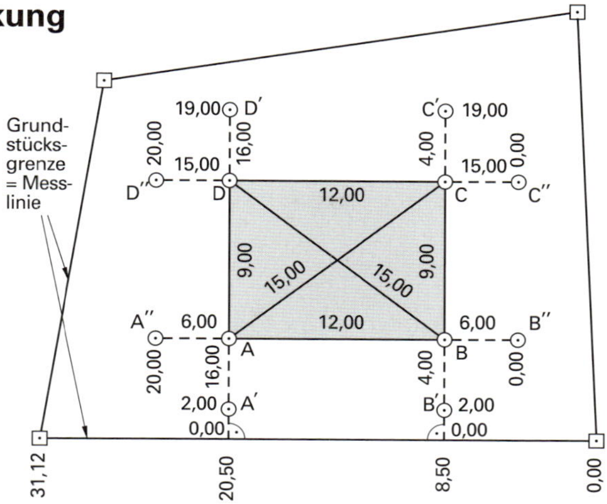

Bauabsteckungsplan

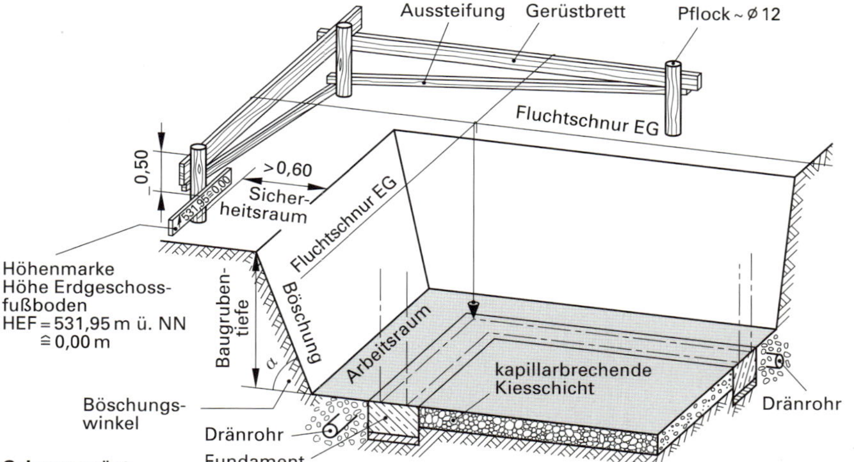

Schnurgerüst

Die Höhe H der Baugrubensohle, der Fundamentsohle, der Bodenplatte usw. wird durch Nivellieren vom Höhenpunkt HP (Ablesung Rückblick R) zu mehreren Standpunkten (Ablesungen Zwischenblicke Z) bestimmt

$H = HP + R - Z$

$H_{\text{Instr.}} = HP + R$

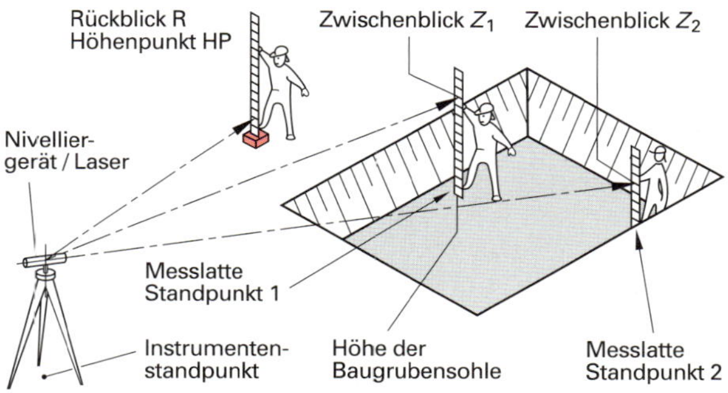

Einmessung der Baugrubentiefe

8

8.1.9 Bogenabsteckung

Grundlagen der Kreisbogenabsteckung

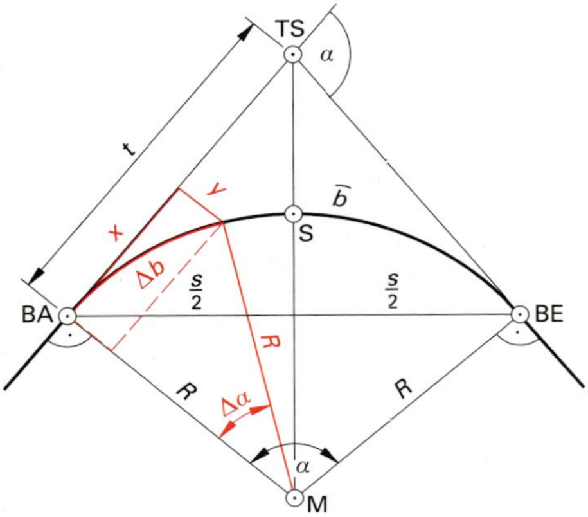

M Mittelpunkt
TS Tangentenschnittpunkt
BA Bogenanfang
BE Bogenende
S Bogenscheitel
α Mittelpunktswinkel
R Radius
t Tangentenlänge
s Sehnenlänge
$\widehat{b}$ Bogenlänge von BA bis BE
$\Delta\alpha$ Winkeländerung
$\Delta\widehat{b}$ Bogenabschnitt
x, y { Koordinaten bezogen auf BA / Absteckwerte

$$t = R \cdot \tan\frac{\alpha}{2}$$

$$s = 2 \cdot R \cdot \sin\frac{\alpha}{2}$$

$$\widehat{b} = \frac{\pi \cdot R \cdot \alpha^{gon}}{200^{gon}} = \frac{\pi \cdot R \cdot \alpha^{\circ}}{180^{\circ}}$$

Absteckwerte für vorgegebene Abzissen

$$y = R - \sqrt{R^2 - x^2}$$

Absteckwerte für vorgegebene Bogenabschnitte

$$x = R \cdot \sin\Delta\alpha; \quad y = R \cdot (1 - \cos\Delta\alpha)$$

$$\Delta\alpha^{gon} = \frac{\Delta\widehat{b}}{\pi \cdot R} \cdot 200^{gon}$$

Absteckung von der Tangente mit vorgegebenen Abzissen (Koordinaten in x-Richtung)

Beispiel

R = 12,00 m, α = 90^{gon} = 81°

Tangentenlänge t

$$t = 12{,}00\ \text{m} \cdot \tan\frac{90^{gon}}{2}$$

$$t = 12{,}00\ \text{m} \cdot \tan\frac{81^{\circ}}{2}$$

$$t = 10{,}25\ \text{m}$$

Ordinaten y

$$y = R - \sqrt{R^2 - x^2}$$

$$y = 12{,}00 - \sqrt{12{,}00^2 - x^2}$$

Punkt	Abzisse x m	Ordinate y m
0	0,00	0,00
1	2,00	0,17
2	4,00	0,69
3	6,00	1,61
4	8,00	3,06

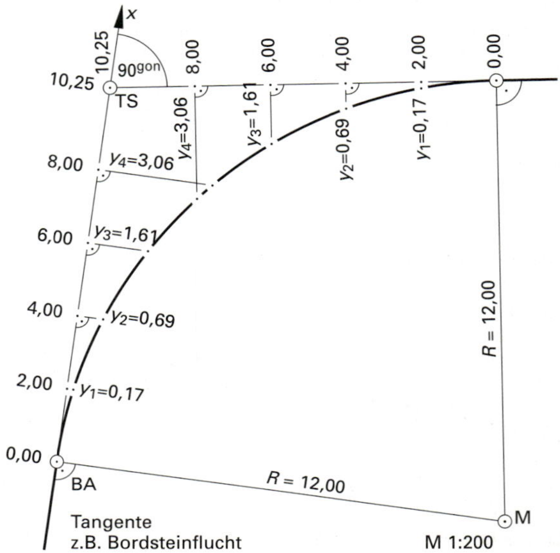

Absteckung von der Tangente für gleiche Bogenabschnitte $\Delta\widehat{b}$

Beispiel

Gegeben: Kreisbogen R = 450 m, Schnittwinkel der Tangenten bzw. der Anschlussgeraden $\alpha = 30^{gon} = 27°$
Gesucht: Bogenlänge, Tangentenlänge, Absteckwerte für Bogenabschnitte $\Delta\widehat{b}$ = 20 m

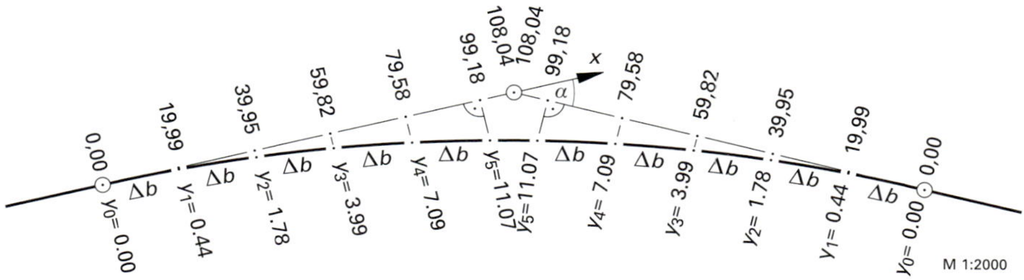

Bogenlänge

$$\widehat{b} = \frac{\pi \cdot R \cdot \alpha^{gon}}{200^{gon}} = \frac{\pi \cdot 450\text{ m} \cdot 30^{gon}}{200^{gon}} = 212{,}06\text{ m}$$

Tangentenlänge

$$t = R \cdot \tan\frac{\alpha}{2} = 450\text{ m} \cdot \tan\frac{30^{gon}}{2} = 108{,}04\text{ m}$$

Winkeländerung

$$\Delta\alpha = \frac{\Delta\widehat{b}}{\pi \cdot R} \cdot 200^{gon} = \frac{20\text{ m}}{\pi \cdot 450\text{ m}} \cdot 200^{gon} = 2{,}8294^{gon}$$

Absteckwerte

$x_1 = R \cdot \sin\Delta\alpha$ $\quad$ $y_1 = R \cdot (1 - \cos\Delta\alpha)$

$x_n = R \cdot \sin n \cdot \Delta\alpha$ $\quad$ $y_n = R \cdot (1 - \cos n \cdot \Delta\alpha)$

Punkt n	Bogenabschnitt $n \cdot 20{,}00$m	Winkel $n \cdot \Delta\alpha^{gon}$	Absteckwerte x in m	y in m
0	0,00	0,000	0,00	0,00
1	20,00	2,829	19,99	0,44
2	40,00	5,659	39,95	1,78
3	60,00	8,488	59,82	3,99
4	80,00	11,318	79,58	7,09
5	100,00	14,147	99,18	11,07

Absteckung nach dem Sehnen-Winkel-Verfahren

Die Absteckung nach dem Sehnen-Winkel-Verfahren erfolgt mittels eines Theodoliten (Standpunkt BA), eines Messbandes (Länge s) und mehrerer Fluchtstäbe. Grundlage ist folgender Lehrsatz:

- Für den gleichen Bogenabschnitt $\Delta\widehat{b}$ bzw. der gleichen Sehne s beträgt der Mittelpunktswinkel α das Doppelte des Umfangswinkels φ.

$$\widehat{b} = \frac{\pi \cdot R \cdot \alpha^{gon}}{200^{gon}} \qquad \varphi^{gon} = \frac{\Delta\widehat{b}}{\pi \cdot R} \cdot 100^{gon} \qquad s \cong \Delta\widehat{b} \text{ für } \Delta\widehat{b} \lessapprox \frac{R}{10}$$

$$\widehat{b}_R = \widehat{b} - n \cdot \Delta\widehat{b} \qquad \varphi_R^{gon} = \frac{\widehat{b}_R}{\pi \cdot R} \cdot 100^{gon}$$

Beispiel

Gegeben: Kreisbogen R = 450 m, Schnittwinkel der Tangenten bzw. Anschlussgeraden $\alpha = 30^{gon} = 27°$
Gesucht: Absteckzeichnung für $\Delta b \cong s$ = 20 m, Länge des Reststückes $b_R \cong s_R$

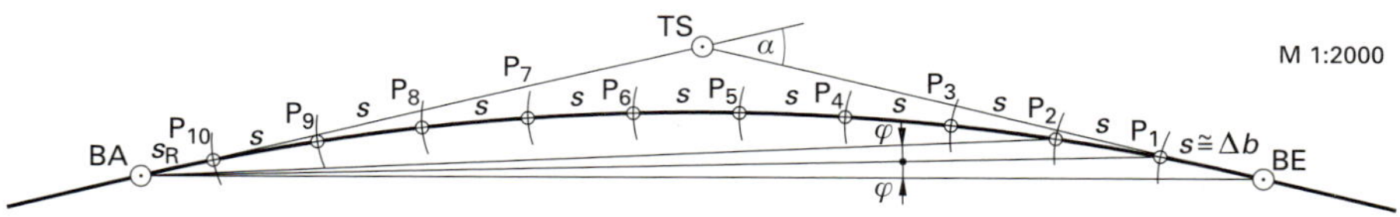

$$\widehat{b} = \frac{\pi \cdot 450\text{ m} \cdot 30^{gon}}{200^{gon}} = 212{,}06\text{ m} \qquad \varphi^{gon} = \frac{20\text{ m}}{\pi \cdot 450\text{ m}} \cdot 100^{gon} = 1{,}4147^{gon}$$

$$s_R \cong b_R = 212{,}06\text{ m} - 10 \cdot 20{,}00\text{ m} = 12{,}06\text{ m} \qquad \varphi_R = \frac{12{,}06\text{ m}}{\pi \cdot 450\text{ m}} \cdot 100^{gon} = 0{,}8531^{gon}$$

8

8.2 Kostengliederung, Grundflächen und Rauminhalte

Kostenermittlung und Kostenüberprüfung sind im Bauwesen von großer Bedeutung. Als eine allgemein gültige Grundlage dienen die Kostengliederung nach DIN 276 und die Berechnungsgrundlagen für die Grundflächen und Rauminhalte von Hochbauten nach DIN 277. Beide DIN-Normen sind grundsätzlich miteinander verknüpft und schaffen einheitliche Begriffe, die mit der Neufassung der Wohnflächenverordnung von 11/2003 vergleichbar sind. Die DIN 283 „Wohnungen" wurde ersatzlos gestrichen. Die Berechnung der Flächen für den öffentlich geförderten Wohnungsbau muss nach der WoFlV durchgeführt werden. Privatrechtlich kann DIN 283 zugrunde gelegt werden.

8.2.1 Kosten von Hochbauten

- Kosten sind die Aufwendungen für Güter (z. B. Materialien, Gegenstände, Einbauteile) und Leistungen (z. B. des Architekten, der Ingenieure, der Bauschaffenden und die Spesen) einschließlich Mehrwertsteuern.
- Hochbauten sind alle aus Baustoffen und Bauteilen hergestellten und fest mit dem Baugrund verbundenen Anlagen.
- Baugrundstücke sind Flächen nach öffentlich-rechtlichen Vorschriften bebauter oder bebaubarer Grundstücke.
- Erschließung ist die Gesamtheit aller Maßnahmen, die zur baulichen Nutzung führen (z. B. Anschluss für Gas-, Wasser- und Stromversorgung, Verkehrsanschlüsse, Ausbau von Park-, Abstell- und Grünflächen).

Kostengruppen

Kosten des Baugrundstückes (Gruppe 100)

- Wert des Grundstückes
  richtet sich nach dem Verkehrswert zum Zeitpunkt der Kostenermittlung; ist abhängig von der Lage, der Grundstücksgröße, der Bebaubarkeit, der Verkehrslage, der Wohnlage, der Nachbarschaft, von Gewerbefläche und Geschäftshäusern, den Umwelteinflüssen, der Erschließung.
- Erwerb (Kauf) des Grundstückes ⇒ ⇒ ⇒ ⇒ ⇒
  beinhaltet auch alle Nebenkosten wie Maklergebühr, Gutachtergebühren, Grunderwerbssteuer, Gebühren für notarielle Beurkundungen, Kosten für Vermessungs- und Katasterunterlagen.
- Freimachen des Grundstückes (rechtlicher, finanzieller Aspekt) bedingt Kosten für Miet- oder Pachtablösungen, Abfindungszahlungen, Beschränkung wie Wegerecht.

Kosten der Erschließung (Gruppe 200)

- Herrichtung des Grundstückes (sächlicher Aspekt, Dienstleistungen) bedingt Kosten für die Tätigkeiten wie Roden, Abtrennen von Versorgungsleitungen, genehmigte Abbrucharbeiten.
- Öffentliche Erschließung
  bedingt anteilige Kosten für die Herstellung von Wegen, Straßen, Versorgungsleitungen, Grünflächen und öffentliche Anlagen.
- Nicht öffentliche Erschließung
  bedingt Kosten, auch wenn ohne öffentlich-rechtliche Verpflichtung oder ohne Beauftragung Maßnahmen durchgeführt werden, um diese zu einem späteren Zeitpunkt in den Gebrauch der Allgemeinheit zu überführen.

Straßen- und Tiefbauvorhaben sind hier nicht erfasst.

Zuständig für die Aufgaben, die mit dem Bau, der Erneuerung oder der Unterhaltung der Straßen zusammenhängen, sind die Straßenbaulastträger – Bund, Länder, Landkreise, Städte, Gemeinden.

Kostengruppen

1 Grunderwerb
2 Untergrund, Unterbau, Entwässerung
3 Oberbau
4 Brücken
5 Stützwände
6 Tunnel
7 sonstige Bauwerke
8 Ausstattung
9 sonstige Anlagen und Kosten

Ingenieurbauten sind hier nicht erfasst.

Bauwerke
Brücken, Schächte, Tunnel, Klärbecken, Kaimauern

Bauteile
Widerlager, Flügelmauern, Gründungen z.B. Pfähle

Bauelemente – wie Hochbau
Balken, Stützen, Pfeiler, Platten, Wandteile, Elemente

Baustoffe – wie Hochbau nach Bauregelliste

120 Grundstücksnebenkosten
121 Vermessungsgebühren
122 Gerichtsgebühren
123 Notariatsgebühren
124 Maklerprovisionen
125 Grunderwerbssteuer
126 Wertermittlungen
127 Genehmigungsgebühren
128 Bodenordnung
129 Grundstücksnebenkosten

Kosten des Bauwerks (Gruppe 300)

- Baukonstruktionen bedingen Kosten für die Bauleistungen der gesamten Rohbau- und Ausbaumaßnahmen des Bauwerks einschließlich der Baustelleneinrichtung.
- Besondere Bauausführungen bedingen Kosten z.B. für Aufwendungen für besondere Gründungen, Gebäudeabdichtungen und Luftschutzanlagen.

Bauwerk-Technische Anlagen (Gruppe 400)

- für alle beweglichen oder festen technischen Anlagen, die zur Ingebrauchnahme des Bauwerks erforderlich sind.
- Installationen bedingen Kosten hinsichtlich lüftungstechnischer Anlagen, Heizungs- und Brauchwasseranlagen, Blitzschutzanlagen, elektrischer Kabel und Leitungsanlagen, Gas-, Wasser- und Abwasseranlagen, Fernmeldetechniken, sofern diese in das Objekt eingebaut werden.
- Zentrale Betriebstechnik bedingt Kosten für die Teile technischer Anlagen, die zum Betrieb der Installationen erforderlich sind, z.B. Behälter, Pumpen, Filter, Regeltechnik, Aufbereitungsanlagen, Rauchgasentstauber, Wärmetauscher, Motoraggregate für Ersatzstrom, Raumlufttechnik, Abfallbeseitigungsanlagen.
- Betriebliche Einbauten bedingen Kosten für alle mit dem Bauwerk fest verbundenen Einbauten, z.B. feste Kücheneinrichtungen, Laboreinrichtungen und Einbauten im Zusammenhang mit den Installationen und der Betriebstechnik.

Kosten der Außenanlagen (Gruppe 500)

- z.B. Einfriedungen, Geländegestaltung, Geländeaufbereitung, Versorgungsanlagen auf dem Grundstück, Baukunst im Freien, Gartenzonen, Tiergehege, Verkehrsanlagen, Grünanlagen.

Kosten für zusätzliche Maßnahmen (Gruppe 600)

- die bei der Herstellung des Bauwerks verursacht werden, z.B. für besondere Sicherheitsmaßnahmen, Schutzmaßnahmen und Witterungseinflüsse. Gemäß DIN auch Kosten für besondere Ausstattung und Kunstwerke.

Baunebenkosten (Gruppe 700)

- für die Planung, Durchführung und Bauaufsicht gemäß Vergütungsgrundlage bzw. Baugebührenordnung.

Kostenermittlung

Kostenschätzung – Kostenberechnung

Kostenplanung

Bedarfsangaben wie Flächengröße, Rauminhalte, Nutzungseinheiten, Planunterlagen, Erläuterungen

Finanzierung aus Eigenmitteln, Bauspardarlehen, Hypotheken, Steuervorteilen, Abschreibungen, Zuschüssen, Sonderdarlehen

Kostenanschlag – Kostenfeststetzung

Kostenkontrolle

Vergütungsgrundlage

Honorarordnung für Architekten und Ingenieure HOAI

Honorarzonen I … V nach Planungsaufwand z.B. III Einfamilienhaus

Landeshonorarordnung LHO
Ministerialerlass für die Gebührenrechnung bei öffentlichen Bauvorhaben

Gesonderte Gebührenordnungen

Gebühren der öffentlichen Hand

Objektüberwachung (Bauüberwachung) nach HOAI § 15

(1) **Überwachen der Ausführung des Objektes** auf Übereinstimmung mit der Baugenehmigung
(2) **Überwachen der Ausführung von Tragwerken** auf Übereinstimmung mit dem Standsicherheitsnachweis
(3) **Koordinieren** der an der Objektüberwachung fachlich Beteiligten.
(4) Überwachen und Detailkorrektur von Fertigteilen
(5) Aufstellen und Überwachen eines Zeitplanes (**Balkendiagramm**)
(6) Führen eines **Bautagebuches**
(7) **Gemeinsames Aufmaß** mit den bauausführenden Unternehmern
(8) **Abnahme der Bauleistungen** … unter Feststellung von Mängeln
(9) **Rechnungsprüfung**
(10) **Kostenfeststellung** nach DIN 276 oder nach Wohnungsrecht
(11) Antrag auf **behördliche Abnahme** und Teilnahme daran
(12) **Übergabe des Objektes** einschließlich Zusammenstellung und Übergabe der erforderlichen Unterlagen.
(13) Auflisten der **Gewährleistungsfristen**
(14) Überwachen der Beseitigung der **festgestellten Mängel**
(15) **Kostenkontrolle** durch Überprüfung der Leistungsabrechnung

Kostenschätzung (Formblattmuster nach DIN 276 Aufgestellt am ______

Baumaßnahme: Einfamilienwohnhaus	Bauweise: 2-geschossig freistehend
	Bauart:
Bauherr:	Grundstücksfläche: 1 200 m²
	Bebaute Fläche: 160 m²

Nutzfläche	280 m²	Brutto-Rauminhalt	1000 m³
Wohnfläche	m²	Umbauter Raum	m³
Nutzfläche	m²	Umbauter Raum	m³

hierzu: __ __ Blatt Skizzen, Zeichnungen, Planunterlagen; __ __ Blatt Einzelberechnungen
__ __ Blatt Erläuterungen

1		2	3
Kostengruppe	Teilbetrag (€)	Gesamtbetrag(€)	€/ [1]
100 Kosten des Baugrunddstücks			
110 Wert (80 €/m²) × 1 200 m²	96.000,00		
120 Erwerb	1.500,00		
130 Freimachen			
210 Herrichten	3.500,00		
200 Kosten der Erschließung Summe	101.000,00	101.000,00	
220 Öffentliche Erschließung	8.000,00		
230 Nichtöffentliche Erschließung	5.000,00		
240 Andere einmalige Ausgaben			
Summe	13.000,00	13.000,00	
nachrichtlich: Kosten pro m² Grundstück Summe			
300 Kosten des Bauwerkes			

Bauleistungen für Baukörper[2]	Menge	Einheit[3]	Einzelbetrag	Betrag
A	1 000	m³	150,00	150.000,00
B				
C				

Summe 150.000,00 — Gesamtbetrag: 150.000,00

Davon entfallen auf	Baukörper A	B	C	
Baukonstruktionen	105.000,00			105,00 €/m³
Installationen	15.000,00			19,00
Zentr. Betriebstechn.	–			
Betriebl. Einbauten	26.000,00			26,00

Besondere Bauausführungen
______ €
______ €
Summe ______
Summe

		2	3
400 Kosten des Geräte (vorhanden)	Summe	–	
500 Kosten der Außenanlagen	Summe	5.000,00	

Davon entfallen auf:

Abwasser u. Versorgungsanlagen	3.000,00 €
Verkehrsanlagen	– €
Grünflächen	2.000,00 €
Übrige Außenanlagen	– €

		2	3
600 Kosten für zusätzliche Maßnahmen	Summe	1.500,00	
700 Baunebenkosten	Summe	19.500,00	

Davon entfallen auf:

Archtitekten- u. Ingenieurleistungen	14.000,00 €
Verwaltungsleistungen	1.500,00 €
Behördliche Prüfungen	1.000,00 €
Geldbeschaffungskosten	3.000,00 €
Bauzinsen	€
Übrige Baunebenkosten	€

Gesamtkosten 290.000,00

[1] Zugrunde gelegte Werte nach Bedarf ausfüllen; [2] Bezugseinheiten einsetzen, z. B. m² Wohnfläche
[3] Berechnungsgrundlage, z. B. m², m³

8

8.2.2 Grundflächen und Rauminhalte

Grundflächen

- Die Größe der Flächen ist in m^2 anzugeben. Waagerechte Flächen werden in ihren tatsächlichen Abmessungen gemessen. Schräg liegende Flächen werden in ihrer lotrechten Projektion auf eine gedachte waagerechte Ebene gemessen.
- Die Fläche des Baugrundstückes kann in bebaute und unbebaute Fläche aufgegliedert werden.
- Als bebaute Fläche gilt die von Hochbauten bedeckte Grundstücksfläche, die sich aus der lotrechten Projektion der äußeren Abmessungen des Bauwerks auf die Grundstücksfläche ergibt (Ausführungsbeschreibung entfällt nach neuster DIN 277).
- Brutto-Grundfläche eines Bauwerks ist die Summe der Grundfläche aller Grundrissebenen. Dabei wird die Berechnung für jede Grundrissebene getrennt durchgeführt. Die getrennte Ermittlung von Grundflächen unter Schrägen bis/über 1,50 m ist ab 2004 aufgehoben.
  Für die Ermittlung der Brutto-Grundfläche jeder Grundrissebene sind die jeweiligen äußeren Abmessungen in Fußbodenhöhe maßgebend. Konstruktive und gestalterische Vor- und Rücksprünge bleiben unberücksichtigt.
- Grundflächen (sowohl Brutto-Grundflächen wie Netto- Grundflächen) werden nach Merkmalen der Umschließung und Oberdeckung getrennt ermittelt:

a	Grundflächen, allseitig umschlossen und überdeckt
b	Grundflächen, nicht allseitig in voller Höhe umschlossen, jedoch überdeckt
c	Grundflächen, von Bauteilen wie Geländer, Brüstungen oder Attika umschlossen, jedoch nicht überdeckt

- Netto-Grundfläche ist die nutzbare Grundfläche zwischen begrenzenden Bauteilen. Sie errechnet sich aus den lichten Fertigmaßen in Höhe des Fußbodens ohne Berücksichtigung von Fußleisten, Sockelleisten, Scheuerleisten o.Ä. Die Grundflächen von Fensteröffnungen, Türöffnungen, Nischen und Aussparungen sind bei der Ermittlung der Grundrissfläche nicht einzubeziehen.
- Konstruktionsfläche ist die Grundfläche – auch Querschnittsfläche genannt – der begrenzenden Bauteile sowie Stützen, Pfeiler, Schornsteine, Lichtschächte o. Ä. Die Grundflächen von Fensteröffnungen, Türöffnungen, Nischen und Aussparungen gehören zur Konstruktionsfläche.
- Nutzflächen werden nach Zweckbestimmung und Nutzung unterteilt (z. B. als Kellerfläche, Wohnfläche, Bürofläche). Die Einteilung in Nutzneben- und Nutzhauptfläche ist ab 2004 aufgehoben.
- Technische Funktionsfläche ist die Netto-Grundfläche von Räumen der betrieblichen Anlagen wie Abwassaufbereitungsanlagen, Abwasserbeseitigungsanlagen, Wasserversorgungsanlagen, Heizungsanlage, Anlagen für Lüftungen o.Ä.
- Verkehrsfläche ist die Netto-Grundfläche, die der Verkehrserschließung im Gebäude dient, z. B. Flächen von Treppenräumen, Fluren, Rampen, Dielen o.Ä.

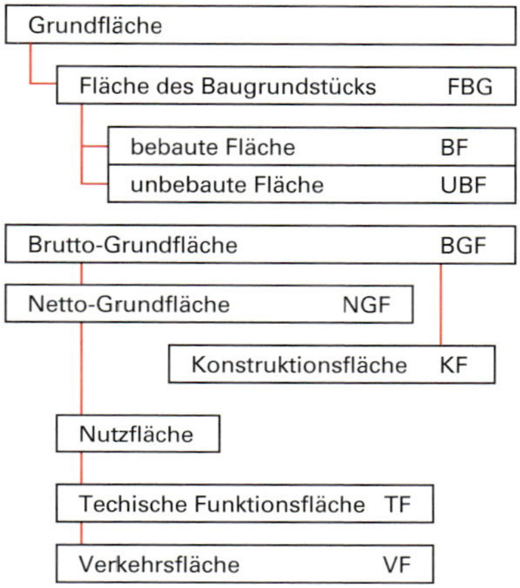

Grundflächen nach DIN 277

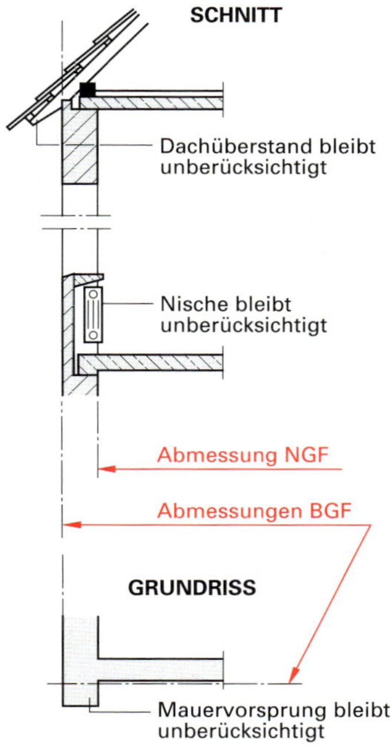

Begrenzungsmaße

Rauminhalte

- Der Rauminhalt ist in m³ anzugeben. Grundlage für die Berechnung der Rauminhalte sind die ermittelten Grundflächen. Der Brutto-Rauminhalt (BRI) von Bauwerken ergibt sich durch deren äußere Bezugsflächen als das Produkt der Brutto-Grundflächen mit der maßgeblichen Höhe. Die Höhe ist aus der untenstehenden Tabelle zu entnehmen.
- Der Netto-Rauminhalt (NRI) ergibt sich aus den inneren Bezugsflächen. Für eine Beurteilung der Gebäudekosten reicht in der Regel die Angabe des Brutto-Rauminhaltes aus. Konstruktive und gestalterische Vorsprünge und Rücksprünge sowie untergeordnete Bauteile (z. B. Kellerlichtschächte, Außentreppen, Kriechkeller, Dachüberstände, Lichtkuppeln, Dachgauben) bleiben unberücksichtigt. Merkmale der Umschließung und Überdeckung gelten wie bei den Grundflächen.

a	Brutto-Rauminhalte von allseitig umschlossenen und überdeckten Bauwerken
b	Brutto-Rauminhalte von nicht allseitig in voller Höhe umschlossenen, jedoch überdeckten Bauwerken
c	Brutto-Rauminhalte von Bauwerken, die umschlossen, jedoch nicht überdeckt sind

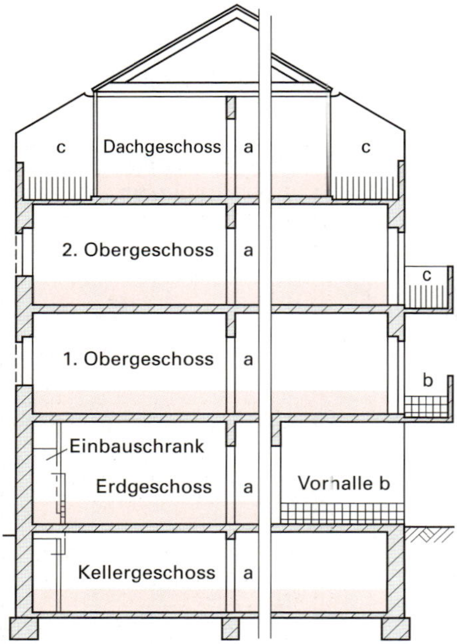

Merkmale der Umschließung und Überdeckung

Im Gegensatz zur BauNVO ► S. 374 werden nach DIN 277 alle vorhandenen Grundflächen erfasst, einschließlich der unterhalb der Geländeoberfläche. Im Bebauungsplan können Festsetzungen für das Maß der baulichen Nutzung für Teile baulicher Anlagen oberhalb und unterhalb der Geländeoberfläche getroffen werden.

Als Höhe wird angesetzt

a_1	im untersten Geschoss	**Höhe** = Raumhöhe + Dicke der begrenzenden unteren und oberen Bauteile (Decken)	a
a_2	im Normalgeschoss	**Höhe** = Raumhöhe + Dicke des begrenzenden oberen Bauteils	a
a_3	im Dachgeschoss	**Höhe** = Raumhöhe + Dicke der begrenzenden unteren und oberen Bauteile	a
a_4	in Geschossen, deren Unterfläche zugleich Außenfläche ist	**Höhe** = Raumhöhe + Dicke des begrenzenden unteren und oberen Bauteile	a
b_1	im untersten Geschoss	**Höhe** = Raumhöhe + Dicke des unteren Bauteils (Decke/Sohle)	b
b_2	zwischen allseitig umschlossenen und überdeckten Geschossen	**Höhe** = Raumhöhe	b
b_3	in Geschossen, unter nicht allseitig umschlossenen Geschossen oder deren Decke zugleich Außenfläche ist	**Höhe** = Raumhöhe + Dicke des oberen Bauteils (Decke/Dach)	b
b_4	in Geschossen, unter nicht allseitig umschlossenen Geschossen oder deren Unterfläche zugleich Außenfläche ist	**Höhe** = Raumhöhe + Dicke der begrenzenden unteren und oberen Bauteile (Decken)	b
b_5	in eingeschossigen Bauwerken	**Höhe** = Raumhöhe + Dicke der begrenzenden unteren und oberen Bauteile (Decken)	b
c_1	über einem Geschoss	**Höhe** = lichte Höhe des umschließenden Bauteils	c
c_2	auskragende Teile	**Höhe** = Gesamthöhe des umschließenden Bauteils	c

Grundflächen und Rauminhalte

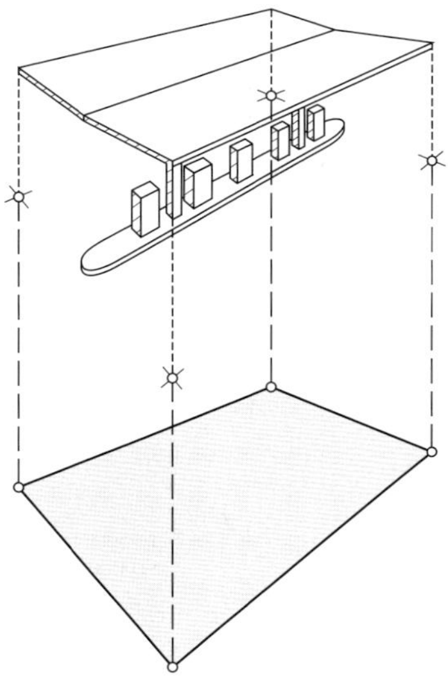

Bebaute Fläche einer Tankstelle

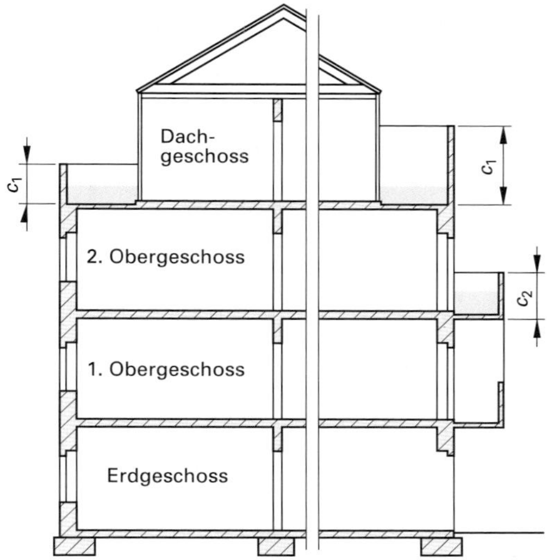

Brutto-Rauminhalte nach Merkmal ⓒ

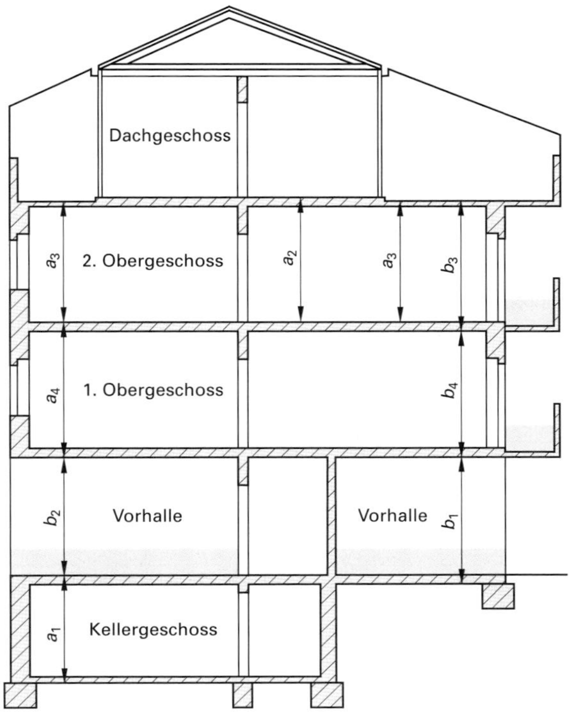

Brutto-Rauminhalte nach Merkmal ⓐ und ⓑ

DIN 277 – 02.2005

Gegenüber der DIN aus 06.1987 wurde zusätzlich geändert:

- Funktionsfläche FF wurde technische Funktionsfläche TF
- Konstruktionsrauminhalt KRI

II BV – 09.2001

Für den öffentlich geförderten Wohnungsbau regelt bis zum 31.1.2003 die Verordnung über die wohnwirtschaftliche Berechnung die Berechnung der Wohn-(Miet-)fläche.

WOFIV – 11.2003

Für Wohnbauten, die nach dem 01.01.2004 errichtet wurden und bei baulichen Änderungen älterer Wohnungen.

DIN 283 – 03.1951

Die DIN ist ganz zurückgezogen.

8

8.2.3 Wohnungen und Wohnflächen

Eine Wohnung ist die Summe der Räume, die zur Erfüllung eines Haushaltes gehören. Unterschieden werden:

- Wohn- und Schlafräume mit mindestens 10 m²
- Küchen oder Wohnküchen, Letztere mit mindestens 12 m²
- Diele, Windfang, Vorraum, Flur, beheizte Wintergärten mit höchstens 6 m²

Berechnet werden:

- die Grundflächen von Wohnräumen, Schlafräumen, Küchen und Nebenräumen für jeden einzelnen Raum oder
- die Grundflächen aus den Rohbaumaßen unter Berücksichtigung von 3 % Abzug

Einzubeziehen sind:

- Nischen, die bis zum Fußboden herunterreichen und mehr als 13 cm tief sind
- Erker und Wandschränke mit mehr als 0,5 m² Grundfläche
- Raumteile unter Treppen, soweit die lichte Höhe mindestens 2 m beträgt

Nicht einzubeziehen sind:

- Türnischen
- Schornstein- und Mauervorlagen mit mehr als 0,1 m² Grundfläche
- Stützen und Streben, Öfen und Heizkörper
- Fenster- und Türöffnungen, Umrahmungen, Scheuerleisten

Die Grundflächen sind anzurechnen:	
VOLL	Grundflächen mit einer lichten Höhe von mehr als 2,00 m
ZUR HÄLFTE	Grundflächen mit einer lichten Höhe zwischen 1,00 m und 2,00 m sowie nicht beheizte Wintergärten
ZU EINEM VIERTEL	Grundflächen von Balkonen, Loggien und gedeckten Freisitzen
NICHT	Grundflächen mit einer lichten Höhe unter 1,00 m und nicht gedeckte Freisitze

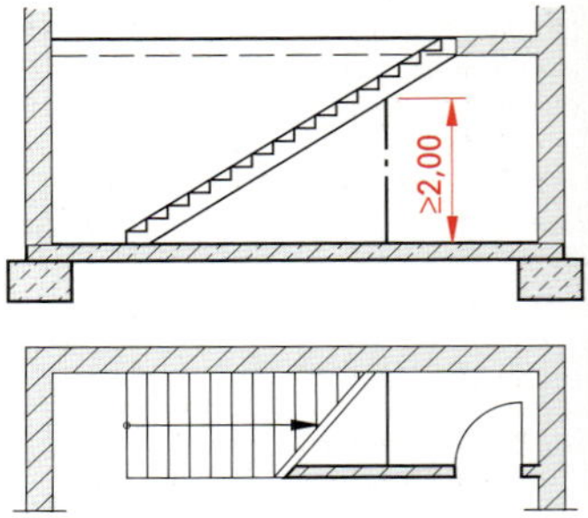

Treppenraum

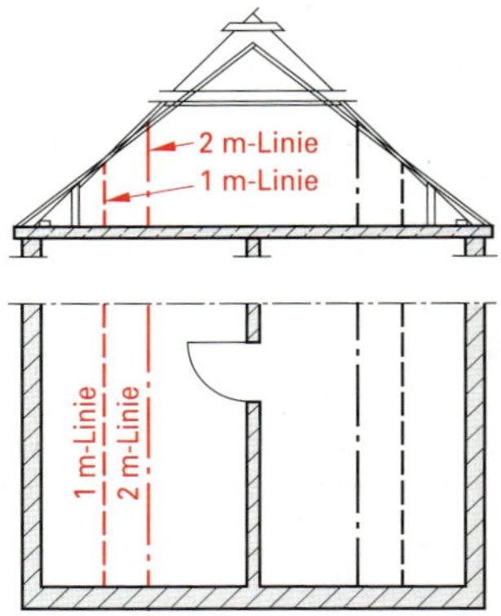

Dachraum

Problempunkte Dach- und Treppenraum

Beispiel zur Wohnraumberechnung (Vergleichsrechnung nach zurückgezogener DIN 283)

	Rohbaumaße m	Rohbaufläche m²	**Fertigmaße** Rohbaumaß – Putzdicke m	Grundfläche m²
Wohnzimmer	4,125 · 5,310	21,90	4,095 · 5,280	21,62
Schlafzimmer	4,125 · 4,400	18,15	4,095 · 4,370	17,90
Kinderzimmer	4,125 · 4,265	17,55	4,095 · 4,225	17,30
Küche	2,885 · 1,950	5,63	2,825 · 1,920	5,42
Bad	2,300 . 1,600	3,68	2,270 · 1,570	3,56
Flur	0,550 · 1,600 + 1,200 · 3,620	0,88 4,34	0,525 · 1,570 1,170 · 3,590	0,82 4,20
Schornstein (Abzug) beim betr. Raum	0,290 · 0,800 0,290 · 1,550 ⇒	72,13 – 0,68 71,45	0,290 · 0,800 0,290 · 1,550	70,82 – 0,68 70,14
davon 97 %	0,97 · 71,45	69,31	Alternativrechnung 100 %	70,14
Unterschiedsbetrag	►►► 0,83 m²			

Die Gegenüberstellung der Rechnungen mit Rohbaumaßen abzüglich 3 % und der Rechnung mit Fertigmaßen (roter Teil des Beispiels) zeigt, dass sich eine kleinere Summe bei der Rechnung mit den Rohbaumaßen abzüglich 3 % ergeben hat. Dieses Rechnungsverfahren ergibt stets den kleineren Betrag für die Grundfläche.

8.2.4 Wohnflächenverordnung

Die Wohnflächenverordnung (WoFlV) lässt dem Bauherrn mehrere Möglichkeiten der Flächenberechnung. Das gewählte Verfahren ist für den Rechtsnachfolger verbindlich. Im öffentlich geförderten Wohnungsbau ist die wohnungswirtschaftliche Berechnung nach der WoFlV durchzuführen, in anderen Fällen ist wahlweise nach **DIN 277** oder **DIN 283** (obwohl ersatzlos zurückgezogen) oder nach der WoFlV zu verfahren. In Zweifelsfällen sollte von der Bewilligungsbehörde für den öffentlich geförderten Wohnungsbau Auskunft darüber eingeholt werden, welche Berechnungsgrundlage zu verwenden ist.

In einigen Kommunen wird bereits die neue Wohnflächenverordnung als Grundlage der Berechnung vorgegeben. Informationen sind i.d.R. unter http://www.Name der Kommune.de mit Link Hochbauamt o.ä. abzurufen.

Auszug Wohnflächenverordnung 11/2003

§ 1 Anwendungsbereich, Berechnung der Wohnfläche

(1) Wird nach dem Wohnraumförderungsgesetz die Wohnfläche berechnet, sind die Vorschriften dieser Verordnung anzuwenden.

(2) Zur Berechnung der Wohnfläche sind die nach § 2 zur Wohnfläche gehörenden Grundflächen nach § 3 zu ermitteln und nach § 4 auf die Wohnfläche anzurechnen.

§ 2 Zur Wohnfläche gehörende Grundflächen

(1) Die Wohnfläche einer Wohnung umfasst die Grundflächen der Räume, die ausschließlich zu dieser Wohnung gehören. Die Wohnfläche eines Wohnheims umfasst die Grundfläche der Räume.

(2) Zur Wohnfläche gehören auch die Grundflächen von

1. Wintergärten, Schwimmbädern und ähnlichen nach allen Seiten geschlossenen Räumen sowie
2. Balkonen, Loggien, Dachgärten und Terrassen,

wenn sie aussschließlich zu der Wohnung oder dem Wohnheim gehören.

(3) Zur Wohnfläche gehören **nicht** die Grundflächen folgender Räume:

1. Zubehörräume, insbesondere:
   a) Kellerräume,
   b) Abstellräume und Kellerersatzräume außerhalb der Wohnung,
   c) Waschküchen,
   d) Bodenräume,
   e) Trockenräume
   f) Heizungsräume und
   g) Gargagen.
2. Räume, die nicht den an ihre Nutzung zu stellenden Anforderungen des Bauordnungsrechts der Länder genügen, sowie
3. Geschäftsräume.

§ 3 Ermittlung der Grundfläche

(1) Die Grundfläche ist nach den lichten Maßen zwischen den Bauteilen zu ermitteln; dabei ist von der Vorderkante der Bekleidung der Bauteile auszugehen. Bei fehlenden begrenzenden Bauteilen ist der bauliche Abschluss zu Grunde zu legen.

(2) Bei der Ermittlung der Grundfläche sind einzubeziehen die Grundflächen von

1. Tür- und Fensterbekleidungen sowie Tür- und Fensterumrahmungen,
2. Fuß-, Sockel- und Schrammleisten,
3. fest eingebauten Gegenständen, wie z.B. Öfen, Heiz- und Klimageräten, Herden, Bade- oder Duschwannen,
4. freiliegenden Installationen,
5. Einbaumöbeln und
6. nicht ortsgebundenen, versetzbaren Raumteilern.

(3) Bei der Ermittlung der Grundflächen bleiben **außer Betracht** die Grundflächen von

1. Schornsteinen, Vormauerungen, Bekleidungen, freistehenden Pfeilern und Säulen, wenn sie eine Höhe von mehr als 1,50 m aufweisen und ihre Grundfläche mehr als 0,1 m^2 beträgt,
2. Treppen mit über drei Steigungen und deren Treppenabsätze,
3. Türnischen und
4. Fenster- und offenen Wandnischen, die nicht bis zum Fußboden herunterreichen und 0,13 m oder weniger tief sind.

(4) Die Grundfläche ist durch Ausmessung im fertig gestellten Wohnraum oder auf Grund einer Bauzeichnung zu ermitteln. Wird die Grundfläche auf Grund einer Bauzeichnung ermittelt, muss diese die Ermittlung der lichten Maße zwischen den Bauteilen im Sinne des Absatzes 1 ermöglichen.
Ist die Grundfläche nach einer Bauzeichnung ermittelt worden und ist abweichend von dieser Bauzeichnung gebaut worden, ist die Grundfläche durch Ausmessung im fertig gestellten Wohnraum oder auf Grund einer berichtigten Bauzeichnung neu zu ermitteln.

§ 4 Anrechnung der Grundflächen

Die Grundflächen

1. von Raumen und Raumteilen mit einer lichten Höhe von mindestens zwei Metern **vollständig,**
2. von Räumen und Raumteilen mit einer lichten Höhe von mindesten einem Meter und weniger als zwei Metern sind **zur Hälfte,**
3. von unbeheizbaren Wintergärten, Schwimmbäder und ähnlichen nach allen Seiten geschlossenen Räumen sind zur Hälfte,
4. von Balkonen, Loggien, Dachgärten und Terrassen sind in der Regel **zu einem Viertel,** höchsten jedoch zur Hälfte

anzurechnen.

Kommentar

- Fertigmaße sind die lichten Maße zwischen den Wänden einschließlich der Bekleidung (zum Beispiel Putz) ohne Berücksichtigung von Wandgliederungen, Scheuerleisten, Öfen, Heizkörper, Herden und dergleichen.
- Die Berechnung nach der Zweiten Berechnungsverordnung nach Rohbaumaßen - 3 % für Putz und Fliesen gibt es nicht mehr.
- Raumteile unter Treppen sind bis zu 2 Meter lichte Höhe der Grundfläche zugerechnet (§ 3 (3) 2).
- Häufigste Anwendung unter Dachschrägen ist, die Grundfläche bis zur lichten Höhe von 1,50 m zu ermitteln. Das Ergebnis ist rechnerisch das Gleiche (zu § 4 (2)).

8.3 Bauplanungsrecht

Öffentlich-rechtliche Regelungen über die Zulässigkeit des Bauens bilden den Rechtsrahmen, um die Sicherheit und Ordnung bei der Nutzung von Grund und Boden und bei der Errichtung und Nutzung von Bauten zu gewährleisten.

Übersicht und Abkürzungsverzeichnis			
Baugesetzbuch einschl. Städtebauförderungsgesetz	BauGB	Landesbauordnungen	LBO
		Bauvorlagenverordnung	BauVorlVO
Baunutzungsverordnung einschl. Planzeichenverordnung	BauNVO	Garagenverordnung	GarVO
Raumordnungsgesetz	ROG	Allgemeine Durchführungsverordnung zur Landesbauordnung	DVBauO
Bürgerliches Gesetzbuch	BGB	Denkmalschutzgesetz	DSchG

8.3.1 Baugesetzbuch

Die städtebauliche Entwicklung ist zentraler Inhalt des BauGB, die insbesondere durch die **Bauleitplanung** gesichert wird.

§ 1 Aufgabe, Begriff und Grundsätze der Bauleitplanung

(1) Aufgabe der Bauleitplanung ist es, die bauliche und sonstige Nutzung der Grundstücke in der Gemeinde nach Maßgabe dieses Gesetzes vorzubereiten und zu leiten.

(2) Bauleitpläne sind der Flächennutzungsplan (vorbereitender Bauleitplan) und der Bebauungsplan (verbindlicher Bauleitplan).

(3) Die Gemeinde hat die Bauleitpläne aufzustellen, soweit es ... erforderlich ist.

(6) Bei der Aufstellung der Bauleitpläne sind öffentliche und private Belange gegeneinander und untereinander gerecht abzuwägen.

§ 2 Aufstellung der Bauleitpläne, Verordnungsermächtigung

(1) Die Bauleitpläne sind von der Gemeinde in eigener Verantwortung aufzustellen. Die Gemeinde hat den Beschluss, einen Bauleitplan aufzustellen, ortsüblich bekannt zu machen.

ZWEITER ABSCHNITT, Vorbereitender Bauleitplan (Flächennutzungsplan)

§ 5 Inhalt des Flächennutzungsplans (Auszug aus BauGB)

(2) Im Flächennutzungsplan können insbesondere dargestellt werden:

1. **die für die Bebauung vorgesehenen Flächen nach der allgemeinen Art ihrer baulichen Nutzung (Bauflächen), nach der besonderen Art ihrer baulichen Nutzung (Baugebiete) sowie nach dem allgemeinen Maß der baulichen Nutzung; Bauflächen, für die eine zentrale Abwasserbeseitigung nicht vorgesehen ist, sind zu kennzeichnen;**
2. **die Ausstattung des Gemeindegebiets mit Einrichtungen und Anlagen zur Versorgung mit Gütern und Dienstleistungen des öffentlichen und privaten Bereichs, insbesondere mit den der Allgemeinheit dienenden baulichen Anlagen und Einrichtungen des Gemeinbedarfs, wie mit Schulen und Kirchen sowie mit sonstigen kirchlichen und sozialen, gesundheitlichen und kulturellen Zwecken dienenden Gebäuden und Einrichtungen, sowie die Flächen für Sport- und Spielanlagen;**
3. **die Flächen für den überörtlichen Verkehr und für die örtlichen Hauptverkehrszüge;**
4. **die Flächen für Versorgungsanlagen, für die Abfallentsorgung und Abwasserbeseitigung, für Ablagerungen sowie für Hauptversorgungs- und Hauptwasserleitungen;**
5. **die Grünflächen, wie Parkanlagen, Dauerkleingärten, Sport-, Spiel-, Zelt- und Badeplätze, Friedhöfe;**
6. **die Flächen für Nutzungsbeschränkungen oder für Vorkehrungen zum Schutz gegen schädliche Umwelteinwirkungen im Sinne des Bundes-Immissionsschutzgesetzes;**
7. **die Wasserflächen, Häfen und die für die Wasserwirtschaft vorgesehenen Flächen sowie die Flächen, die im Interesse des Hochwasserschutzes und der Regelung des Wasserabflusses freizuhalten sind;**
8. **die Flächen für Aufschüttungen, Abgrabungen oder für die Gewinnung von Steinen, Erden und anderen Bodenschätzen;**
9. **a) die Flächen für die Landwirtschaft und b) Wald;**
10. **die Flächen für Maßnahmen zum Schutz, zur Pflege und zur Entwicklung von Natur und Landschaft.**

(3) Im Flächennutzungsplan sollen gekennzeichnet worden:

1. **Flächen, bei deren Bebauung besondere bauliche Vorkehrungen gegen äußere Einwirkungen oder bei denen besondere bauliche Sicherungsmaßnahmen gegen Naturgewalten erforderlich sind;**
2. **Flächen, unter denen der Bergbau umgeht oder die für den Abbau von Mineralien bestimmt sind;**
3. **für bauliche Nutzungen vorgesehene Flächen, deren Böden erheblich mit umweltgefährdenden Stoffen belastet sind.**

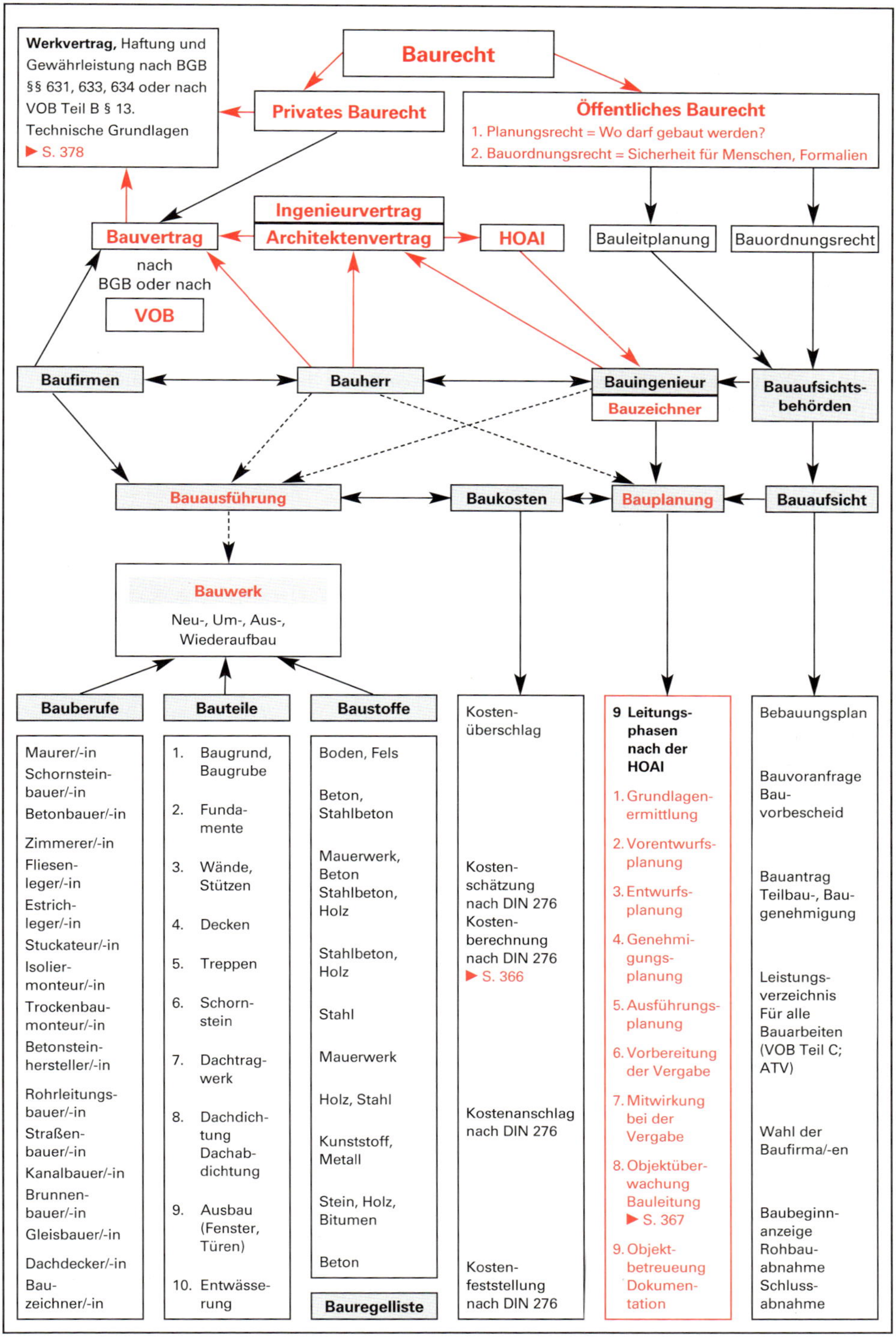
Baurecht
Privates Baurecht
Werkvertrag, Haftung und Gewährleistung nach BGB §§ 631, 633, 634 oder nach VOB Teil B § 13.
Technische Grundlagen
▶ S. 378
Öffentliches Baurecht
1. Planungsrecht = Wo darf gebaut werden?
2. Bauordnungsrecht = Sicherheit für Menschen, Formalien
Ingenieurvertrag
Architektenvertrag
Bauvertrag
nach BGB oder nach
VOB
HOAI
Bauleitplanung
Bauordnungsrecht
Baufirmen
Bauherr
Bauingenieur
Bauzeichner
Bauaufsichts-behörden
Bauausführung
Baukosten
Bauplanung
Bauaufsicht
Bauwerk
Neu-, Um-, Aus-, Wiederaufbau
Bauberufe
Bauteile
Baustoffe
Maurer/-in
Schornstein-bauer/-in
Betonbauer/-in
Zimmerer/-in
Fliesen-leger/-in
Estrich-leger/-in
Stuckateur/-in
Isolier-monteur/-in
Trockenbau-monteur/-in
Betonstein-hersteller/-in
Rohrleitungs-bauer/-in
Straßen-bauer/-in
Kanalbauer/-in
Brunnen-bauer/-in
Gleisbauer/-in
Dachdecker/-in
Bau-zeichner/-in
1. Baugrund, Baugrube
2. Funda-mente
3. Wände, Stützen
4. Decken
5. Treppen
6. Schorn-stein
7. Dachtrag-werk
8. Dachdich-tung Dachab-dichtung
9. Ausbau (Fenster, Türen)
10. Entwässe-rung
Boden, Fels
Beton, Stahlbeton
Mauerwerk, Beton Stahlbeton, Holz
Stahlbeton, Holz
Stahl
Mauerwerk
Holz, Stahl
Kunststoff, Metall
Stein, Holz, Bitumen
Beton
Bauregelliste
Kosten-überschlag
Kosten-schätzung nach DIN 276
Kosten-berechnung nach DIN 276
▶ S. 366
Kostenanschlag nach DIN 276
Kosten-feststellung nach DIN 276
9 Leitungs-phasen nach der HOAI
1. Grundlagen-ermittlung
2. Vorentwurfs-planung
3. Entwurfs-planung
4. Genehmi-gungs-planung
5. Ausführungs-planung
6. Vorbereitung der Vergabe
7. Mitwirkung bei der Vergabe
8. Objektüber-wachung Bauleitung
▶ S. 367
9. Objekt-betreueung Dokumen-tation
Bebauungsplan
Bauvoranfrage Bau-vorbescheid
Bauantrag Teilbau-, Bau-genehmigung
Leistungs-verzeichnis Für alle Bauarbeiten (VOB Teil C; ATV)
Wahl der Baufirma/-en
Baubeginn-anzeige Rohbau-abnahme Schluss-abnahme

8

8.3.2 Landesbauordnungen

Die Landesgesetzgebung regelt in der Landesbauordnung LBO das Bauordnungsrecht.

Die Vorschriften beziehen sich auf das Grundstück und die einschlägige Bebauung, auf die Sicherheit und Ordnung, auf die Grenzen des Baugrundstückes, auf einzelne Baustoffe, Bauteile und Bauarten, auf den Brandschutz, den Schallschutz, auf die am Bau Beteiligten und auf das bauaufsichtliche Genehmigungsverfahren.

►►► **Wichtig:** Die Erteilung der Baugenehmigung erfolgt ausschließlich in der Schriftform.

Die einzelnen Landesbauordnungen, z. B. die Niedersächsische Bauordnung, die Hessische Bauordnung, die Bauordnung für das Land Nordrhein-Westfalen, weisen Unterschiede auf, auch wenn sie im wesentlichen Aufbau der Musterbauordnung entsprechen. Die Musterbauordnung ist vom Bundesministerium für Wohnungsbau und den zuständigen Landesministerien erörtert worden.

Beispiel

Niedersächsische Bauordnung (NBauO)
Allgemeine Durchführungsverordnung zur Niedersächsischen Bauordnung (DVNBauO)

Bauteile	N BauO §§	DVN BauC §§
Tragende und aussteifende Wände u. Unterstützungen (Pfeiler, Stützen und Unterzüge)	30	5 + 9
Außenwände nichttragend und nichtaussteifend	30	6
Trennwände	30	7
Brandwände	**30**	**8**
Decken	31	10
Dächer	32	11
Verkleidungen	20 30 31 34	12
Dämmschichten	20 30 31	13

Bauteile	N BauO §§	DVN BauO §§
Treppen	34	15
Treppenräume generell: an der Außenwand oder innenliegend, im Brandfall mind. so sicher wie an der Außenwand. Unmittelbarer Ausgang ins Freie. Mittelbarer Ausgang zulässig, wenn § 17, Abs. 8, Ziffer 1- 5, DVNBauO erfüllt ist. Treppenräume nicht notwendiger Treppen sind wie die notwendigen zu behandeln.	34	17 5
Sicherheitstreppenräume	34	18
Ein- und Ausgänge Flure	35	19
Aufzugsanlagen	36	20
Lüftungsanlagen, Installationsschächte u. Kanäle	39	22
Heizräume, Brennstofflagerräume	40 26	25

Erforderlich zur Trennung von Wohn- und Betriebsgebäuden, wenn der umbaute Raum des Betriebsgebäudes größer als 2000 m^3 ist. DVN: Brandabschnittsgröße von 3500 m^3 nicht überschreiten. Ausnahmen bis 6500 m^3 zulässig bei guten Rettungswegen für Tiere.

Außenwandverkleidungen bei 2 Vollgeschossen und nicht ausgebautem Dachgeschoss aus normalentflammbaren Baustoffen zulässig, wenn der Grenzabstand mind. 5 m beträgt. Bei einem Vollgeschoss keine Anforderung.

§ 16 Anforderung an Treppen (7) Die lichte Durchgangshöhe von Treppen muss senkrecht gemessen mindestens 2 m betragen. Die Stufenhöhe von Treppen darf nicht mehr als 19 cm, die Auftrittsbreite in der Lauflinie nicht weniger als 26 cm betragen. Die Auftrittsbreite gewendelter Stufen darf an der schmalsten Stelle nicht kleiner als 10 cm sein.

8.3.3 Baunutzungsverordnung und Planzeichenverordnung

Die Baunutzungsverordnung (BauNVO) regelt Art und Umfang der **baulichen Nutzung**. Es werden im Flächennutzungsplan die für die Bebauung vorgesehenen Flächen wie folgt ausgewiesen:

1	Wohnbauflächen	W	5	Kleinsiedlungsgebiete	WS	10	Mischgebiete	MI
2	gemischte Bauflächen	M	6	reine Wohngebiete	WR	11	Kerngebiete	MK
3	gewerbliche Bauflächen	G	7	allgemeine Wohngebiete	WA	12	Gewerbegebiete	GE
4	Sonderbauflächen	S	8	besondere Wohngebiete	WB	13	Industriegebiete	GI
			9	Dorfgebiete	MD	14	Sondergebiete	SO
allgemeine Art der baulichen Nutzung (Bauflächen)			besondere Art der baulichen Nutzung (Baugebiete)					

Reine Wohngebiete dienen ausschließlich dem Wohnen. Ausnahmsweise können Läden und nicht störende Handwerksbetriebe, die zur Deckung des täglichen Bedarfs dienen, sowie kleine Betriebe des Beherbergungsgewerbes zugelassen werden.

8

Maß der baulichen Nutzung (BauNVO)

Bei der Bestimmung des Maßes der baulichen Nutzung dürfen, auch wenn eine Geschossflächenzahl oder eine Baumassenzahl nicht dargestellt wird, folgende Obergrenzen nicht überschritten werden.

Zulässiges Maß der baulichen Nutzung (Auszug)

Baugebiet	GRZ	GFZ	BMZ
in Kleinsiedlungsgebieten (WS)	0,2	0,4	–
in reinen Wohngebieten (WR) allgemeinen Wohngebieten (WA) Ferienhausgebieten	0,4	1,2	–
in besonderen Wohngebieten (WB)	0,6	1,6	–
in Dorfgebieten (MD) Mischgebieten (MI)	0,6	1,2	–
in Kerngebieten (MK)	1,0	3,0	–
in Gewerbegebieten (GE) Industriegebieten (GI) sonstigen Sondergebieten	0,8	2,4	10,0
in Wochenendhausgebieten	0,2	0,2	–

WS Kleinsiedlungsgebiete §2 BauNVO (farbig: Rot)
WR reine Wohngebiete §3 BauNVO (farbig: Rot)
WA allgemeine Wohngebiete §4 BauNVO (farbig: Rot)
WB besondere Wohngebiete §4a BauNVO (farbig: Rot)
MD Dorfgebiete §5 BauNVO (farbig: Braun)
MI Mischgebiete §6 BauNVO (farbig: Braun)
MK Kerngebiete §7 BauNVO (farbig: Braun)
GE Gewerbegebiete §8 BauNVO (farbig: Grau)
GI Industriegebiete §9 BauNVO (farbig: Grau)

Soweit es erforderlich ist, wird das Maß der baulichen Nutzung durch folgende Angaben festgelegt:

der Geschossflächenzahl (**GFZ**) oder der Größe der Geschossfläche, der Baumassenzahl oder der Baumasse
der Grundflächenzahl (**GRZ**) oder der Größe der Grundflächen der baulichen Anlagen
der Zahl der Vollgeschosse (**Z**)

- **Vollgeschosse**
  Geschosse, die nach landesrechtlichen Vorschriften als Vollgeschosse angerechnet werden.
- **Grundflächenzahl**
  Eine dimensionslose Zahl, die angibt, wie viel m^2 Grundfläche je m^2 Grundstücksfläche zulässig ist.

$$\mathrm{GRZ} = \frac{\text{Grundfläche}}{\text{Grundstücksfläche}}$$

- **Geschossflächenzahl**
  Eine dimensionslose Zahl, die angibt, wie viel m^2 Geschossfläche je m^2 Grundstücksfläche zulässig ist.

$$\mathrm{GFZ} = \frac{\text{Geschossfläche}}{\text{Grundstücksfläche}}$$

- **Baumassenzahl**
  Eine dimensionslose Zahl, die angibt, wie viel m^3 Baumasse je m^2 Grundstücksfläche zulässig sind.
- **Bauweisen**
  Im Bebauungsplan wird, soweit es erforderlich ist, die Bauweise als offene oder geschlossene festgesetzt. In offener Bauweise werden die Gebäude mit Bauwich (seitlicher Abstand) als Einzelhäuser, Doppelhäuser oder Hausgruppen errichtet. In geschlossener Bauweise werden die Gebäude ohne seitlichen Grenzabstand errichtet. Auf die **Baulinie** muss, auf die **Baugrenze** darf gebaut werden.

Planzeichen (BauNVO)

Zahl der Vollgeschosse (Z)
als Höchstgrenze — römische Ziffer z. B. IV
zwingend — römische Ziffer im Kreis z. B. (IV)

Grundflächenzahl GRZ
als Dezimalzahl — z. B. 0,4
als Dezimalzahl mit GRZ — z. B. GRZ 0,4

Geschossflächenzahl GFZ
als Dezimalzahl im Kreis — z. B. (0,6)
als Dezimalzahl mit GFZ — z. B. GFZ 0,6

Baumassenzahl BMZ
als Dezimalzahl im Rechteck — z. B. [2,5]
als Dezimalzahl mit BMZ — z. B. BMZ 2,5

Baulinie —·· —·· —·· — zinnoberrot

Baugrenze —·——·——· — ultramarinblau

Bauweisen
o — offen
g — geschlossen
△ — in Reihe, d. h. nur Hausgruppen zugelassen
△ — nur Einzel- oder Doppelhäuser zugelassen

8

8.3.4 Kataster und Grundbuch

Nach Artikel 70, 72 und 74 des Grundgesetzes unterliegt das amtliche (öffentliche) Vermessungswesen der Gesetzgebung der Bundesländer. Die daraus erwachsenden Aufgaben werden von den Behörden der Vermessungsverwaltung und der Katasterverwaltung (Ämter) sowie den öffentlich bestellten Vermessungsingenieuren und anderen behördlichen Vermessungsstellen wie Flurbereinigungsbehörden, Stadtvermessungsämter, Straßenbauämter wahrgenommen.

Die **Landesvermessung** betreibt die Grundlagenvermessung, die topografische Landesaufnahme sowie die Landeskartenwerke. Bei den heutigen Anforderungen bezüglich der Genauigkeit und Aktualität werden topografische Karten über die Fotogrammetrie erfasst, d.h., ein ausgewähltes Landesgebiet wird vom Flugzeug aus mit der Luftbildkamera fotografiert.

Topografische Landeskarten zeigen die unterschiedlichsten Landschaftsformen mit ihrer Besiedlung, Verkehrserschließung, der Vegetation, der Bodennutzung sowie verwaltungsmäßiger Aufgliederung. Die Deutsche Grundkarte gehört mit dem Maßstab 1 : 5 000 zu großmaßstäbigen Karten. Topografische Karten haben den Maßstab 1 : 25 000, 1 : 50 000 oder 1 : 100 000. Die topografischen Übersichtskarten haben den Maßstab 1 : 200 000 oder 1 : 500 000 und sind kleinmaßstäbige Karten.

Im **Liegenschaftskataster** sind sämtliche Liegenschaften (Grundeigentum) in Karten und Büchern vollständig und aktuell dargestellt und beschrieben. Diese Daten sind schutzwürdig, sodass nur Eigentümer, Erbbauberechtigte und Personen und Stellen mit berechtigtem Interesse Auskunft und Auszüge erhalten. Das Kataster enthält folgende Nachweise:

- Eigentümer und Erbbauberechtigte
- Flurstückbezeichnungen (Gemeinde, Gemarkung, Flur, Flurstücksnummer)
- Straße, Hausnummer • Gebäudebestand • Größe der Fläche
- Bestandsangaben des Grundbuches
- rechtliche Besonderheiten wie Baulast oder Naturschutzgebiet

Auskunft

Auszüge

Einblick

Das **Grundbuch** wird vom Grundbuchamt beim **Amtsgericht** geführt. Für jedes Grundstück wird ein gesondertes Grundbuchblatt unter Eintragung aller verbundenen Rechte angefertigt. Das Grundbuchblatt besteht aus mehreren Teilen:

- Bestandsverzeichnis
- Abteilung I, Eintragungen des Eigentümers oder Erbbauberechtigten mit Einzelheiten über den Erwerb
- Abteilung II, Eintragungen über auf dem Grundstück ruhenden Lasten und Beschränkungen, z. B. Wegerecht für den Nachbarn, Grunddienstbarkeiten
- Abteilung III, Eintragungen über Hypotheken, Grund- und Rentenschulden

Der Besitzwechsel eines Grundstückes durch Kauf-, Tausch-, Erbschafts- oder Schenkungsvertrag bedarf immer einer notariellen oder gerichtlichen Beurkundung.

8.3.5 Technische Grundlagen

► S. 99 Bauzeichnen ► S. 404

Unter technischen Grundlagen versteht man allgemein

- technische Vorschriften, z. B. durch ein Minisierium eingeführte Vorschriften wie TRGS 451 »Umgang mit Gefahrstoffen im Hochschulbereich«
- Ausführungsverordnungen, z. B. Garagenverordnung als Bestandteil der Landesbauordnungen
- Richtlinien, z. B. durch ein Ministerium eingeführt, wie die Richtlinie für die Standardisierung des Straßenoberbaus.

DIN-Normen werden durch Fachausschüsse im Deutschen Institut für Normung e.V. ausgearbeitet und gelten als anerkannte Regeln der Technik (verbindliche Empfehlungen).

ISO-Normen werden durch die internationale Normenorganisation entwickelt, um den internationalen Waren-, Güter- und Dienstleistungsverkehr zu erleichtern.

EN DIN (Euronormen) werden vom europäischen Komitee für Normung (CEN) herausgegeben.

Anwendungsnorm (AN), gibt an unter welchen Bedingungen Produkte verwendet/angewendet werden können.

Restnorm (RN) erhält zusätzliche Festlegungen und ergänzt die europäische Norm.

Merkblätter werden von Fachverbänden, z. B. der Baustoffindustrie oder der Berufsgenossenschaft, herausgegeben und dienen der Beratung. Teilweise werden Ausführungsregeln gegeben, um die Arbeit zu erleichtern.

Zulassungsbescheide bestätigen die allgemeine bauaufsichtlich/baurechtliche Zulassung von Baustoffen und Bauteilen, wie z. B. Schnellbaugerüste verschiedener Firmen.

Unfallverhütungsvorschriften werden von den Bauberufsgenossenschaften herausgegeben (z. B. zur Baustellen-Kreissäge) und dienen zur Sicherheit der Bauschaffenden. Jeder Unternehmer ist verpflichtet, für die höchstmögliche Sicherheit seiner Mitarbeiter zu sorgen. **Wichtig: Der Bauschaffende hat die gebotene Arbeitssicherheit zu beachten, wie z. B. das Tragen der persönlichen Schutzausrüstung.**

8 VDE-Bestimmungen sind Grundlagen für die sichere Ausführung von Elektroinstallationen.

8.4 Baustoffbedarf und Arbeitszeitbedarf

Die genannten Werte sind Mittelwerte unter Beachtung der aufgeführten Randbedingungen. Sie dienen als Grundlage der Arbeitsvorbereitung, Kalkulation und zur Baustoffbestellung.

Mauerwerk

Steinart	Formate	Maße cm	Wanddicke	je m³ Mauerwerk Steine[1] Stück	Mörtel[2] l	Arbeitszeit h	je m² Mauerwerk Steine[1] Stück	Mörtel[2] l	Arbeitszeit h
Vollsteine	DF	24 × 11,5 × 5,2	11,5 24	573 549	241 284	8,3 7,9	66 132	28 68	1,0 1,9
Vollsteine	NF	24 × 11,5 × 7,1	11,5 24 36,5	428 411 407	224 263 274	7,2 6,8 6,5	49 99 148	26 63 100	0,8 1,6 2,4
Porenziegel Hochlochziegel Lochsteine	2 DF	24 × 11,5 × 11,3	11,5 24 36,5	287 275 271	162 203 218	6,1 5,8 5,5	33 66 99	19 49 79	0,7 1,4 2,0
	3 DF	24 × 17,5 × 11,3	17,5 24	188 185	160 174	5,6 5,4	33 45	28 42	1,0 1,3
Porenziegel	12 DF	36,5 × 24 × 23,8	24	46	110	4,1	12	26	1,0
Leichtbeton-	16 DF	49 × 24 × 23,8	24	33	85	3,9	8	22	0,9
Hohlblocksteine	20 DF	49 × 30 × 23,8	30	26	87	3,9	8	26	1,1
Kalksand- Planelemente	(48 DF) (64 DF)	100,0 × 17,5 × 49,9 100,0 × 24,0 × 49,9	17,5 24	11,4 8,3	13 13	2,3 1,9	2 2	2,2 3,0	0,40 0,45
Verblendschale	DF	24 × 11,5 × 5,2	11,5	–	–	–	66	28	2,6

[1] Einschließlich eines Bruchanteils von 3 %
[2] Einschließlich eines Verlustanteiles von 20 %

Bei unvermörtelten Stoßfugen bis 40 % geringerer, bei verfüllten Mörteltaschen bis 25 % höherer Mörtelbedarf.

Putzarbeiten

Putzart	Bauteil	Dicke cm	je m² Putz Mörtel l	Arbeitszeit h[1]
Spritzbewurf	Wand/Decke	–	6	0,10
geriebener Putz	Wand Wand	1,5 2,0	17 22	0,68 0,78
geglätteter Putz	Wand Decke	1,5 1,5	17 22	0,85 0,97
Rappputz	Wand Decke	– –	11 11	0,27 0,30

[1] Werte einschließlich Mischen von angeliefertem Fertigmörtel

Estricharbeiten

Estrichart	Nutzboden gerieben	Nutzboden geglättet
Dicke (cm)	2,5 3,5	3,5
Mörtel (l/m²)	27 37	37
Arbeitszeit (h/m²)	0,50 0,60	0,70

[1] Werte einschließlich Mischen von angeliefertem Fertigmörtel

Betonarbeiten

Bauteil	Arbeitszeit für Einbau (h/m³) mit Kran	mit Pumpe	Arbeitszeit (h/m²) Abziehen	Abreiben
Sauberkeitsschicht	0,7 … 1,0	0,5 … 0,6	0,15 … 0,25	
Fundamente	0,7 … 0,9	0,5 … 0,6	0,05 … 0,15	
Platten, Decken	0,7 … 0,9	0,5 … 0,6	0,10 … 0,15	0,15 … 0,25
Unterzüge, Stürze	0,8 … 1,0	0,6 … 0,7		
Stützen	2,0 … 2,5	1,7 … 2,1		
Wände d = 15 … 25 cm d = 25 … 50 cm	2,0 … 2,6 1,1 … 1,8	2,0 … 2,2 1,0 … 1,6		

Bewehrungsarbeiten

Durchmesser	Abladen	Schneiden/Biegen	Verlegen Decke	Verlegen Balken
bis ∅ 10	0,8 h/1 t	13,5 h/1 t	35 h/1 t	39 h/1 t
bis ∅ 16	0,7 h/1 t	7,5 h/1 t	22 h/1 t	27 h/1 t

Anhaltswerte für konventionelle, systemlose Schalung

Schalung für	Holzbedarf in m³ je m² geschalte Fläche			Holzverlust je Einsatz in %	Arbeitszeit h/m²
	Bretter	Kantholz	Rundholz		
Fundamente	0,03	0,025	–	20 ... 30	0,8 ... 1,2
Wände bis 4 m Höhe Wände bis 8 m Höhe	0,03 0,03	0,025 0,040	– –	20 ... 30 20 ... 30	0,6 ... 0,9 1,0 ... 1,3
Volldecken in 3 m Höhe Volldecken in 5 m Höhe	0,03 0,03	0,025 0,025	0,025 0,050	20 ... 25 20 ... 25	0,5 ... 0,7 0,7 ... 0,9
Treppenläufe, gerade Treppenläufe, gewendelt	0,03 0,04	0,035 0,050	0,050 0,070	30 ... 40 50 ... 100	1,4 ... 2,4 2,5 ... 1,5
Balken in 3 m Höhe Balken in 5 m Höhe	0,04 0,04	0,030 0,030	0,035 0,060	40 ... 60 40 ... 60	1,2 ... 1,5 1,3 ... 1,6
Stützen	0,04	0,040	–	40 ... 60	1,1 ... 1,6

Erdarbeiten

Art der Arbeit	Bodenart	Grabentiefe	**Arbeitszeit**
Graben mit Hand ausheben Boden lösen und bis 0,50 m vom Grabenrand werfen	leicht lösbare Bodenarten	< 1,50 m 1,50 m ... 2,50 m	0,8 h/m³ ... 1,2 h/m³ 1,6 h/m³ ... 2,0 h/m³
	mittelschwer lösbare Bodenarten	< 1,50m 1,50 m ... 2,50 m	1,6 h/m³ ... 1,9 h/m³ 2,5 h/m³ ... 2,8 h/m³
	schwer lösbare Bodenarten	< 1,50 m 1,50 m ... 2,50 m	3,2 h/m³ ... 3,5 h/m³ 4,3 h/m³ ... 4,6 h/m³
Ein- und Aussteifen von waagerechtem Normenverbau	leicht lösbare Bodenarten	< 2,00 m 2,00 m ... 3,00 m	0,4 h/m² ... 0,6 h/m² 0,5 h/m² ... 0,8 h/m²
	schwer lösbare Bodenarten	< 2,00 m 2,00 m ... 3,00 m	0,5 h/m² ... 0,7 h/m² 0,6 h/m² ... 1,0 h/m²

Rohrverlegungsarbeiten

Rohrdurchmesser mm	**Arbeitszeit** (h/m)[1]			
	Kunststoffrohre	Steinzeugrohre	Betonmuffenrohre	Stahlbetonrohre
150	0,3 ... 0,5	0,7 ... 0,9	0,6 ... 0,8	
250	0,5 ... 0,7	0,9 ... 1,2	0,8 ... 1,1	
300	0,7 ... 0,9	1,2 ... 1,4	1,1 ... 1,3	
400		1,5 ... 1,7	1,3 ... 1,6	5,0 ... 6,0
500		1,9 ... 2,3	1,7 ... 2,2	6,0 ... 7,0
800				10,0 ... 13,0

[1] Arbeitsvorgänge: Abladen, Transport im Baustellenbereich bis Grabensohle, Verlegen, Dichten der Rohre

Beispiel

Berechnung des Baustoffbedarfes und der Arbeitszeit für eine Gartenmauer:
Länge l = 7,99 m, Breite b = 0,24 m, Höhe h = 1,25 m, Vollsteine NF

Methode I

Volumen $V = 7{,}99\ \text{m} \cdot 0{,}24\ \text{m} \cdot 1{,}25\ \text{m} = 2{,}40\ \text{m}^3$

Baustoffbedarf und Arbeitszeit aus Tabelle
Mauerwerk Zeile 5

Steine	411 Stück/m³	· 2,40 m³	= 986 Stück
Mörtel	263 l/m³	· 2,40 m³	= 631 l
Arbeitszeit	6,8 h/m³	· 2,40 m³	= 16,3 h

Methode II

Ansichtsfläche $A = 7{,}99 \cdot 1{,}25 = 9{,}99\ \text{m}^2$

Steine	99 Stück/m²	· 9,99 m²	= 989 Stück
Mörtel	63 l/m²	· 9,99 m²	= 629 l
Arbeitszeit	1,6 h/m	· 9,99 m²	= 16,0 h

Die geringfügigen Differenzen erklären sich aus Rundungsabweichungen der Ausgangswerte.

8

8.5 Kalkulation

Eine Aufgabe der Kalkulation besteht darin, vor der Ausführung von Bauarbeiten die Kosten zu bestimmen, um auf dieser Grundlage ein Angebot abgeben zu können.

Die Kosten der Erstellung eines Bauwerkes gliedert man in:

	Einzelkosten der Teilleistungen
+	Gemeinkosten der Baustelle
=	Herstellungskosten
+	Allgemeine Geschäftskosten
=	Selbstkosten des Unternehmens
+	Wagnis und Gewinn
=	Netto-Angebotssumme
+	Mehrwertsteuer
=	**Brutto-Angebotssumme**

Beispiel

Zum Aushub einer Baugrube ist ein Hydraulikbagger vorgesehen. Das Gerät löst und lädt stündlich 25 m^3 Boden. Die Gerätekosten je Betriebsstunde betragen 75,00 €, die Zuschläge für die Gemeinkosten der Baustelle betragen 15 %, der allgemeinen Geschäftskosten 10 % und für Wagnis und Gewinn 3 %.

Berechnung des Einheitspreises:

Einzelkosten der Teilleistung lösen und laden von 1 m^3 Aushub	75,00 €/h: 25 m^3/h	= **3,00 €/m^3**
Zuschlag für Gemeinkosten der Baustelle	3,00 €/m^3 · 0,15	= **0,45 €/m^3**
Herstellungskosten		= **3,45 €/m^3**
Allgemeine Geschäftskosten	3,45 €/m^3 · 0,10	= **0,35 €/m^3**
Selbstkosten		= **3,80 €/m^3**
Wagnis und Gewinn	3,80 €/m^3 · 0,03	= **0,11 €/m^3**
	Einheitspreis (Netto)	= **3,91 €/m^3**

Einzelkosten der Teilleistungen (EKT), sind alle einer Teilleistung ► S. 384 und 385 direkt zuzuordnenden Kosten, und zwar:

Lohnkosten	Lohn, Soziallöhne, Sozialabgaben des Arbeitgebers, Fahrtkostenerstattung usw.	
	Zeitlohn	Zeitlohn (€) = Stunden (h) × Stundenlohn (€/h)
	Zeitakkord	Einzelvorgabezeit × Geldfaktor × Produktionsmenge
	Prämienlohn	Zeit- oder Akkordlohn + Prämie
Gerätekosten	Gerätevorhaltung	Abschreibung und Verzinsung, Reparaturkosten
	Gerätebetrieb	Kosten der Bedienung, Betriebskosten, Wartung
	Gerätebereitstellung	An- und Abtransport, Um- und Aufbau
Materialkosten	Baustoffe, Bauhilfsstoffe (Rüst- und Schalmaterial), Baubetriebsstoffe	

Gemeinkosten der Baustelle sind alle Kosten der Baustelle, die nicht einer Leistung allein zugeordnet werden können, sondern einer Vielzahl von Leistungen zugeordnet werden müssen, und zwar:

Baustelleneinrichtungs-Kosten	Bauunterkunft, Strom- und Wasseranschluss usw.
Gerätekosten	Turmdrehkran, Kleingerät und Werkzeug (Bereitstellungsgeräte)
Personenkosten	Bauleiter, Polier, Planbearbeitung, Abrechnung
Sonstige Kosten	Baustellenversicherung, Bauzinsen

Allgemeine Geschäftskosten sind alle im Gesamtunternehmen anfallenden Kosten, die nicht einzelnen Baustellen zugeordnet werden können:

Verwaltung	Gehälter, Unternehmereinkommen, Büromiete, Porto, Telefon, Pkw, Reisekosten
Bauhof	Löhne, Miete, Betrieb
Abgaben	Steuern, Beiträge zu Berufsverbänden, freiwillige soziale Aufwendungen

Der allgemeine Gemeinkostensatz kann nach folgender Formel ermittelt werden:

$$\text{Gemeinkosten } \% = \frac{\text{Jahresgemeinkosten (€)} \times 100\ \%}{\text{Jahresfertigungslöhne (€)}}$$

Wagnis und Gewinn

Der kalkulatorische Ansatz für Wagnis und Gewinn soll nicht erkennbare Unwägbarkeiten abdecken und dem Unternehmen einen Gewinn ermöglichen. Die Ansätze betragen wenige Prozente und sind stark von der Konjunkturlage abhängig.

Mehrwertsteuer

Die Mehrwertsteuer beträgt ab 2007 19 % der Netto-Angebotssumme.

Kostenkurve und Erlöskurve

Aufgrund der oben genannten Kostenarten lässt sich eine Abhängigkeit zwischen den Kosten des Unternehmens und der erbrachten Leistungsmenge darstellen. Der Erlös ist bei dem üblichen Einheitspreisvertrag ▶ S. 384 im Baugewerbe proportional zur erbrachten Leistung. (Gesamtpreis = ausgeführte Menge × Einheitspreis)

Fixe Kosten sind Kosten, die von der erbrachten Leistung unabhängig sind, wie z. B.:

- Gerätevorhaltungskosten
- Gerätebereitstellungskosten
- Gemeinkosten der Baustelle
- Allgemeine Geschäftskosten
- Fixe Kosten sind alle Kosten, die dem Betrieb durch die Installation der Maschinen und Geräte entstehen, gleich ob die Maschinen sehr häufig oder gar nicht benutzt werden.

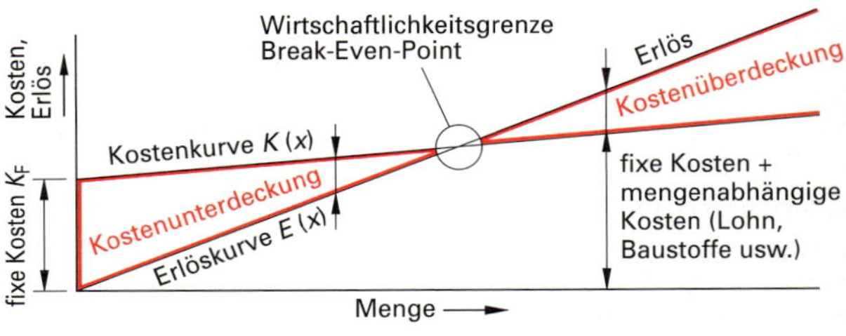

Gewinnfunktion $G: x \rightarrow G(x) = E(x) - K(x)$

maximaler Gewinn $G'(x) = 0$

Gesamte Lohnkosten im Bauunternehmen

Grundlohn		Stundenlohn × geleistete Arbeitsstunden		% des Grundlohnes	100,0 %	Gesamtlohn 143,3 %
Gesetzliche und tarifliche **Soziallöhne**	Sozialkosten	Feiertage		4,5	43,3 %	
		Ausfalltage		3,9		
		Krankheitstage		6,6		
		Weihnachtsgeld		7,2		
		Urlaub, Urlaubsgeld		21,1		
Sozialabgaben des Arbeitgebers			% Gesamtlohn		45,0 %	
		Rentenversicherung	9,9	14,1		
		Arbeitslosenversicherung	2,2	3,1		
		Krankenversicherung	8,4	12,0		
		Unfallversicherung	6,1	8,7		
		sonstige	5,0	7,1		
Lohngebundene Kosten Haftpflicht usw.			3,0	4,3	4,3 %	
Lohnnebenkosten Fahrgeld, Auslösung usw.				5 … 30	~ 16,0 %	
Gesamtkosten für geleistete Arbeit					207,6 %	

Nettolohn des Arbeitnehmers

Bruttolohn			100,0 %
Arbeitnehmeranteil zur Sozialversicherung	Krankenversicherung	8,4 %	20,5 %
	Rentenversicherung	9,9 %	
	Arbeitslosenversicherung	2,2 %	
Steuern	je nach Steuerklasse und Verdienst	0 % bis max. 50 %	~ 14,5 %
Nettolohn des Arbeitnehmers			~ 65,0 %

Beispiel

Zum Beispiel auf Seite 379 ist der Gesamtpreis als Brutto-Angebotssumme für eine 3500 m³ große Baugrube auszuweisen.

Einheitspreis 3,91 €/m³

Menge des Angebotes 3500 m³

Netto-Angebotssumme

3,91 €/m³ · 3500 m³	= 13 685,00 €
19 % Mehrwertsteuer	= 2 600,15 €
Brutto-Angebotssumme	= **16 285,15 €**

Beispiel

Der Mittellohn einer Baukolonne beträgt 13,50 € (Grundlohn). Der Gesamtmittellohn ist zu berechnen.

Mittellohn	= 13,50 €
Sozialkosten 13,50 € · (43,3 % + 45,0 %)	= 11,92 €
lohngebundene Kosten 13,50 € · 4,3 %	= 0,58 €
Lohnnebenkosten 13,50 € · 16 %	= 2,61 €
Gesamtmittellohn	= **28,16 €**

Lohntabellen für das Baugewerbe (auszugsweise für das Land Niedersachsen)

Kontaktadressen

Zentralverband des
Deutschen Baugewerbes e.V.
Kronenstraße 55-58
10171 Berlin

Hauptverband der
Deutschen Bauindustrie e.V.
Kurfürstenstraße 129
10785 Berlin

Industriegewerkschaft
Bauen – Agrar – Umwelt
Olof-Palme-Straße 19
60429 Frankfurt a.M.

Aufgrund des Tarifvertrages zur Regelung der Löhne, Gehälter und Ausbildungsvergütungen für das Baugewerbe gelten seit September 2008 die nachstehenden Vergütungen. Die durchschnittliche regelmäßige Wochenarbeitszeit im Kalenderjahr beträgt 40 Stunden. Für die Abrechnung von Akkord-Lohnarbeiten ist als Zeitfaktor der Tarifstundenlohn zu Grunde zu legen. Für die tatsächlich geleisteten Stunden innerhalb der Akkordarbeit ist der Bauzuschlag zu gewähren.

Lohnzuschläge für

- Überstunden 25 %
- Nachtarbeit (in der Zeit von 20.00 Uhr bis 5.00 Uhr) 20 %
- Sonn- und Feiertage (die auf einen Sonntag fallen) 75 %
- Sonstige Feiertage 200 %

Berufsbezeichnung	Lohngruppe	Tarifstundenlohn TL	Bauzuschlag BZ	Gesamtstundenlohn
Werkpolier	6	16,79 €	0,99 €	17,78 €
Bauvorarbeiter	5	15,36 €	0,91 €	16,27 €
Spezialfacharbeiter	4 Ecklohn	14,62 €	0,86 €	15,48 €
Baufacharbeiter	3	13,39 €	0,79 €	14,18 €
Baufachwerker	2	13,04 €	0,76 €	13,80 €
Baumaschinenführer	4	14,87 €	0,88 €	15,75 €
Fliesenleger	4	15,10 €	0,89 €	15,99 €
Auszubildende	1. Ausbildungsjahr 2. Ausbildungsjahr 3. Ausbildungsjahr	580,00 € 901,00 € 1 138,00 €	Ecklohn = Tarifstundenlohn (TL) der Lohngruppe 4	

Werkpoliere, Berufsgruppe 1

Arbeitnehmer, die die Werkpolierprüfung vor dem zuständigen Prüfungsausschuss gemäß den geltenden Prüfungsvorschriften abgelegt haben, vom Arbeitgeber als Werkpolier eingestellt und im Rahmen der aufgeführten Tätigkeitsmerkmale beschäftigt werden.

Tätigkeitsmerkmale: Führung, Anleitung und Mitarbeit in einer Gruppe von Arbeitnehmern und Auszubildenden in Teilbereichen der Bauausführung und Wartung; Verteilung und Überwachung der Arbeiten; Anfertigung von Notizen für Aufmaß und Abrechnung für die übertragenen Arbeiten; Unterstützung des Poliers bzw. Schachtmeisters in dessen Aufgabenbereich; zeitweilige Stellvertretung für den Polier bzw. Schachtmeister.

Hinweise

- **Erschwerniszulagen**

Arbeiten mit Schutzkleidung	0,40 €/h	bzw.	0,90 €/h	bzw.	4,10 €/h
Arbeiten mit Atemschutzgerät	0,65 €/h	bzw. bis zu			2,05 €/h
Schmutzarbeiten	0,80 €/h	bzw. bis zu			3,70 €/h
hohe Arbeiten über 20 m / 30 m / 50 m	1,45 €/h	bzw.	1,70 €/h	bzw.	2,00 €/h
heiße Arbeiten	1,10 €/h	bzw. bis zu			1,70 €/h
Druckluftarbeiten 100 kPa / 370 kPa	1,70 €/h	bis			12,05 €/h
Taucherarbeiten	18,10 €/h	bzw. bis zu			71,60 €/h

- **Fahrtkostenabgeltung**
  ab 10 km 0,30 €/km max. 15,00 € für eine Entfernung oder die notwendigen Kosten bei der Benutzung öffentlicher Verkehrsmittel. Die eventuell bereitgestellte kostenlose Beförderung durch den Arbeitgeber ist in Anspruch zu nehmen.
- **Beginn und Ende der Arbeitszeit an der Arbeitsstelle**
  Die Arbeitszeit beginnt und endet an der Arbeitsstelle, sofern zwischen Arbeitgeber und Arbeitnehmer keine andere Vereinbarung getroffen wird. Bei Baustellen von größerer Ausdehnung beginnt und endet die Arbeitszeit an der vom Arbeitgeber im Einvernehmen mit dem Betriebsrat zu bestimmenden Sammelstelle.
- **Freistellung zur Ausführung von Ehrenämtern (nach der HW-Ordnung)**
  Der Arbeitnehmer ist für die notwendig ausfallende Arbeitszeit ohne Fortzahlung des Lohnes und ohne Anrechnung auf den Urlaub freizustellen.

8

8.6 Bauvertragsrecht

Der Bauvertrag zwischen einem Bauherrn und einem Bauunternehmer unterliegt gesetzlichen und vertraglichen Regelungen. Falls zwischen beiden keine weiter gehenden Abmachungen getroffen werden, gelten das Werkvertragsrecht des Bürgerlichen Gesetzbuches (§§ 631-651 BGB) und die allgemeinen Grundsätze des BGB. Das Werkvertragsrecht des BGB ist für die Abwicklung von Bauvorhaben nicht oder nur bedingt geeignet. Deshalb hat man für Bauverträge die Vergabe- und Vertragsordnung für Bauleistungen VOB entwickelt, deren Anwendung stets ausdrücklich vereinbart werden muss. Die Regelungen der VOB gehen dann vor denen des BGB.

Gliederung der Vergabe- und Vertragsordnung für Bauleistungen VOB

Allgemeine Bestimmungen für die Vergabe von Bauleistungen **VOB Teil A = DIN 1960**	**Allgemeine Vertragsbedingungen für die Ausführung von Bauleistungen** **VOB Teil B = DIN 1961**	**Allgemeine Technische Vertragsbedingungen, für Bauleistungen** **VOB Teil C = ATV** **= DIN 18299 ... DIN 18451**

Arten der Ausschreibung und Vergabe

Öffentliche Ausschreibung	**Beschränkte Ausschreibung**	**Freihändige Vergabe**
Verfahren:	**Verfahren:**	**Verfahren:**
Öffentliche Ankündigung der Ausschreibung, Anforderung der Unterlagen durch Unternehmer, Übersendung der Ausschreibungsunterlagen,	Aufforderung einer beschränkten Anzahl (3 ... 8) von Unternehmern durch Übersendung der Ausschreibungsunterlagen,	Aufforderung eines oder mehrerer Unternehmer zur Abgabe eines Angebotes,
Abgabe des Angebotes, Öffnung der Angebote (Submissionstermin),	Abgabe des Angebotes, Öffnung der Angebote (Submissionstermin),	
Prüfung und Wertung der Angebote, ggf. Verhandlungen über Inhalt	Prüfung und Wertung der Angebote,	Prüfung und Wertung der Angebote, ggf. Verhandlung über deren Inhalt,
Vergabeankündigung Auftragserteilung innerhalb der Zuschlagsfrist	Auftragserteilung innerhalb der Zuschlagsfrist	Erteilung des Auftrages

Vertragsarten nach der VOB

- **Leistungsverträge**
  - **Pauschalvertrag**
    Vertragsgrundlage: Baubeschreibung und Leistungsprogramm.
    Abrechnung: Pauschalsumme für die gesamte Bauleistung.
  - **Einheitspreisvertrag**
    Vertragsgrundlage: Baubeschreibung und Leistungsverzeichnis.
    Abrechnung: Einheitspreis × ausgeführte Menge.
- **Nachweisverträge**
  - **Stundenlohnvertrag**
    Für Bauleistungen geringeren Umfanges mit vorwiegendem Lohnkostenanteil.
  - **Selbstkostenerstattungsvertrag**
    Für Bauleistungen, die vor der Vergabe nicht eindeutig bestimmt werden können, sodass auch keine eindeutige Preisermittlung vorher möglich ist.

Der **Einheitspreisvertrag** ist die häufigste Vertragsart im Baugewerbe. Die VOB enthält eine Vielzahl genauer Regelungen für die Abrechnung und über die Gültigkeit des Einheitspreises bei großen Abweichungen zwischen der ausgeschriebenen und der ausgeführten Menge (± 10%-Regelung).

Beispiel für ein Leistungsverzeichnis (LV)				
Ordnungszahl	Menge Abrechnungs-einheit	Teilleistung	Einheitspreis in €	Gesamtpreis der Ordnungszahl
		Abschnitt 4: Mauerarbeiten		
4.1	68 m³	Mauerwerk für das Kellergeschoss in den Dicken 30 cm und 36,5 cm nach DIN 1053 herstellen, Kalksandlochsteine: KSL 12-1,4-2 DF oder 3 DF Mörtelgruppe II	205,00	13 940,00
4.2	10 m²	Mauerwerk für das Kellergeschoss in der Dicke von 11,5 cm, sonst wie OZ 4.1	26,10	261,00

Zeitlicher Ablauf der Bauarbeiten

Ausschreibung ⟶ Vergabe ⟶ Ausführung der Bauarbeiten ⟶ Abnahme ⟶ Mängelansprüche ⟶

Ausführung:

Der Auftragnehmer (Bauunternehmer) hat die Bauleistung nach den anerkannten Regeln der Technik sowie den gesetzlichen und behördlichen Bestimmungen in eigener Verantwortung durchzuführen.

Die Abnahme ist die Entgegennahme der fertigen Bauleistung durch den Bauherrn. Die Abnahme erfolgt förmlich während einer Abnahmeverhandlung oder 12 Werktage nach schriftlicher Mitteilung des Auftragnehmers oder 6 Werktage nach Benutzung durch den Auftraggeber.

Mit der Abnahme beginnt die Verjährungsfrist für Mängelansprüche. Sie beträgt für Bauwerke nach VOB 4 Jahre (BGB 5 Jahre), für Reparaturen u.ä. 2 Jahre. Während dieser Frist hat der Auftraggeber alle hervortretenden Mängel, die auf eine vertragswidrige Leistung zurückzuführen sind, auf seine Kosten zu beseitigen.

Allgemeine Technische Vertragsbedingungen (ATV), VOB Teil C

Für jedes Gewerk (Erdarbeiten, Bohrarbeiten, Mauerarbeiten, Beton- und Stahlbetonarbeiten usw.) enthält die VOB allgemeine technische Vertragsbedingungen, die dem Bauherrn eine einwandfreie Ausführung nach dem neuesten Stand der Technik sichern soll.

Die ATV haben fast alle die gleiche Gliederung:

ATV	
	• 0. Hinweise für die Leistungsbeschreibung (kein Vertragsbestandteil) • 1. Geltungsbereich • 2. Stoffe, Bauteile / Boden, Fels • 3. Ausführung • 4. Nebenleistungen, besondere Leistungen • 5. Abrechnung
zu 1. Geltungsbereich	Hier wird die Gültigkeit der verschiedenen technischen Vorschriften gegeneinander genau abgegrenzt.
zu 2. Stoffe und Bauteile	In diesem Abschnitt werden die zu verwendenden Stoffe vorgeschrieben. Meist werden die entsprechenden DIN-Normen genannt.
zu 3. Ausführung	Der Abschnitt Ausführung beinhaltet die Grundsätze der Ausführung oft unter Bezug auf bestehende DIN-Normen.
zu 4. Nebenleistungen, besondere Leistungen	Hier werden für jedes Gewerk Leistungen genannt, die auch ohne Erwähnung im Leistungsverzeichnis zur vertragsgemäßen Leistung (= Nebenleistungen) gehören, z. B. Messungen für die Ausführung und Abrechnung, Schutz- und Sicherheitsmaßnahmen nach den Unfallverhütungsvorschriften. Besondere Leistungen müssen gesondert vergütet werden.
zu 5. Abrechnung	Der Abschnitt Abrechnung beinhaltet für jedes Gewerk Regelungen, die eine praktische Abrechnung ermöglichen sollen ▶ S. 386, 387.

Abrechnungsgrundsätze für alle Gewerke

Aufmaß	Das Aufmaß soll auf der Grundlage der Zeichnungen erfolgen. Nur wenn keine Zeichnungen vorliegen (Renovierungsarbeiten) oder die Leistung in den Zeichnungen nicht dargestellt ist, wird die ausgeführte Arbeit örtlich aufgemessen.
Konstruktionsmaße	Konstruktionsmaße sind die in den Bauzeichnungen angegebenen Maße für den Rohbau. Die Abrechnung für die Ausbaugewerke (Putz-, Estrich-, Fußbodenbelags-, Malerarbeiten usw.) erfolgt nach diesen Maßen, obwohl die Längen und Flächen beispielsweise durch den Putz kleiner sind.
Abrechnungseinheiten	Im Leistungsverzeichnis sind die Abrechnungseinheiten für die jeweiligen Positionen gemäß Abschnitt 0.5 der jeweiligen ATV anzugeben.
VOB-Teil C	Verbindlich ist z. Zt. die Ausgabe VOB 2006

Abrechnung von Beton- und Stahlbetonarbeiten nach VOB Teil C

Bauteil	**Abrechnungseinheiten**	**Abrechnungsgrundsätze** (Auswahl nach DIN 18331)
Massige Bauteile, z. B. Fundamente, Stützwände	m^3	Abrechnung getrennt nach Bauart und Maßen Volumen aus tatsächlichen Abmessungen errechnen
Wände	m^2	
Wanddurchdringungen	m^2	Es wird nur eine Wand, und zwar die dickere, durchgehend abgerechnet.
Stützen	m Stück	Längen von OF Decke bis UF Decke (bis UF Balken, falls Balken breiter als Stütze); tatsächliche Abmessungen
Balken	m Stück	Längen bis zu den Stützen (vgl. Zeichnung unten), falls die Balken breiter als die Stützen sind, wird über die Stützen durchgemessen; tatsächliche Abmessungen
Deckenplatten	m^2	Tatsächliche Abmessungen, äußere Begrenzungen
Durchdringungen von Stütze, Balken, Decke Breite Stütze = Breite Balken		Der Beton wird nur einmal abgerechnet, und zwar bei gleicher Betongüte gemäß der Zeichnung 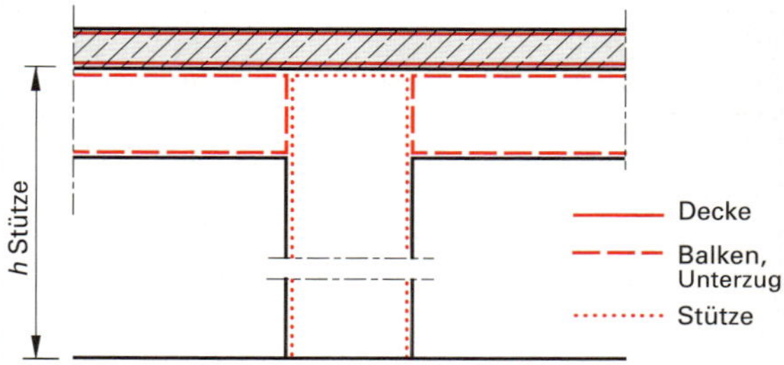
Öffnungen Einbindungen Durchdringungen	m^3 m^2	Abzug bei Einzelgröße über 0,5 m^3 Abzug bei Einzelgröße über 2,5 m^2 Die Herstellung von Öffnungen ist eine besondere Leistung.
Schalung falls getrennt ausgeschrieben	m^2	Abwicklung der geschalten Fläche einschließlich der Außenfläche von Öffnungen, Öffnungen in den geschalten Flächen > 2,5 m^2 werden abgezogen.
Betonstahl stets getrennt ausschreiben	kg, t	Gewicht nach den Ausführungszeichnungen (Stahlliste), Bindedraht und Verschnitt werden nicht abgerechnet Verschnitt > 10 % bei Betonstahlmatten

Abrechnung von Mauerarbeiten nach VOB Teil C

Bauteil	**Abrechnungs-einheiten**	**Abrechnungsgrundsätze** (Auswahl nach DIN 18330)
Mauerwerk (Hintermauerwerk)	m²	Maße der Fläche getrennt nach Bauarten und Dicken
Verblendmauerwerk (Dämmschicht)	m²	Maße der Außenseite der Außenschale
nachträgliche Verfugung	m²	Maße der Fläche
Höhe des Mauerwerks	m²	Durchgehendes Mauerwerk mit einbindender Decke — Stahlbetondecke unterbricht Mauerwerk 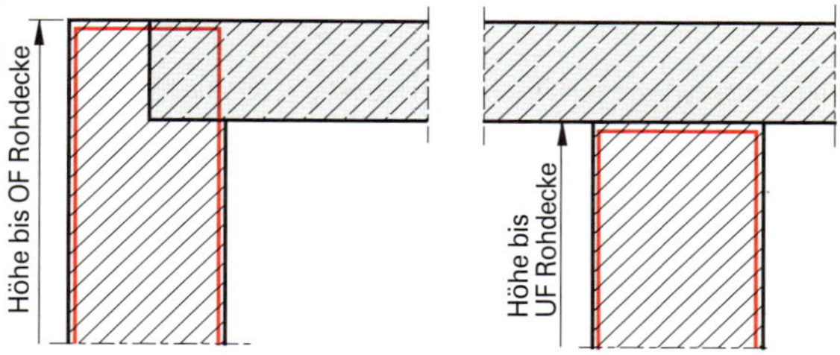 —— Abzurechnendes Mauerwerk **Schnitt**
Durchdringungen	m²	Die dickere Wand geht durch 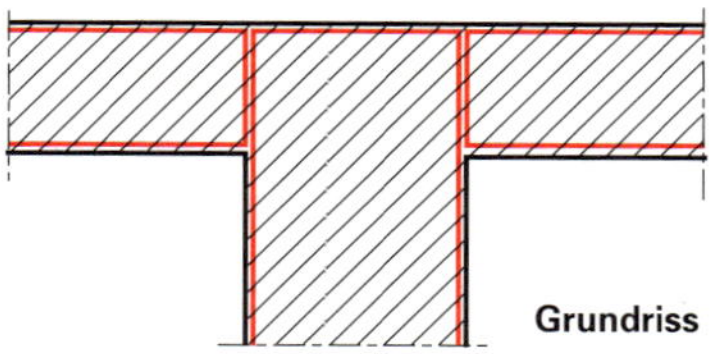 **Grundriss**
Öffnungen		über 2,5 m² Einzelfläche werden abgezogen
Stützen, Vorlagen, Unterzüge, Fachwerkteile		über 30 cm Einzelbeite werden angezogen, d.h. Wandmauerwerk wird bei Breiten dieser Bauteile bis einschließlich 30 cm durchgehend abgerechnet.
Pfeiler	Stück, m	Pfeiler < 50 cm Breite werden gesondert abgerechnet, wenn die beidseites liegenden Öffnungen abgezogen werden. Anderenfalls gelten sie als Wandmauerwerk, wenn sie mit der Mauerwerksart übereinstimmen. 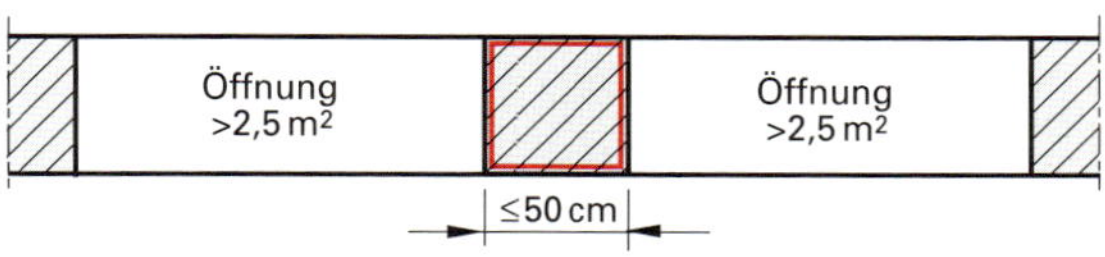
Herstellung und Schließen von Öffnungen, Aussparungen, Schlitzen u.Ä.	Stück	Besondere Leistungen, d.h. gesondert abrechnen
Leibungen von Sicht- und Verblendmauerwerk	m	Abrechnung nach größter Länge
Sohlbänke, Stürze, Rollschichten, gemauerte Stufen	m	Abrechnung nach größter Länge

8

8.7 Bauplanung

Bauvorhaben müssen sorgfältig geplant werden. Die Planung wird von Architekten, Ingenieuren und Bautechnikern auf der Grundlage der behördlichen Vorschriften (Bundesverordnungen, Landesbauordnungen, örtliche Bauvorschriften) und der einschlägigen DIN-Normen unter Beteiligung des Bauherrn durchgeführt. Man unterscheidet: Planvorlagen, Arbeitsvorbereitung, Ausführung.

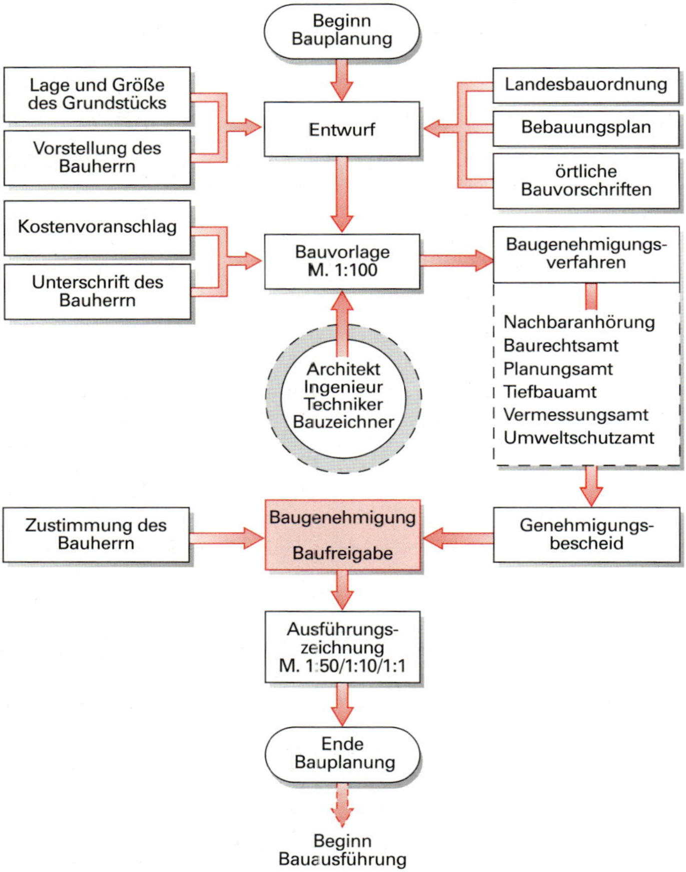

Darstellung eines Planungsablaufs

Planvorlagen

- Das Planungsbüro erstellt einen Vorentwurf M. 1 : 200.
- Nach Zustimmung des Bauherrn stellt dieser den Bauantrag.
- Zur Genehmigung ist für jedes Bauwerk einzureichen:
  - a) amtlich geprüfter Lageplan mit dem neuen Bauvorhaben
  - b) Entwurf M. 1 : 100 mit Grundrissen, Schnitten, Ansichten
  - c) Standsicherheitsnachweis (Statik)
  - d) Grundstücksentwässerungsplan
  - e) Wärmeschutzberechnung
  - f) Wohn- und Nutzflächenberechnung DIN 277
  - g) Berechnung des umbauten Raumes
  - h) Kostenschätzung nach DIN 276
  - i) Baubeschreibung (z. B. auf Formblatt)
  - j) Erhebungsbogen zur Statistik
- Im Baugenehmigungsverfahren wird von der Bauaufsichtsbehörde geprüft, ob alle notwendigen Vorschriften eingehalten wurden.
- Nachdem ein schriftlicher Genehmigungsbescheid (Baugenehmigung) vorliegt, können vom Architektur- oder Ingenieurbüro die Ausführungszeichnungen M. 1 : 50 – m, cm, Teil- und Sonderzeichnungen erstellt werden.
- Erstellung des Leistungsverzeichnisses.

Arbeitsvorbereitung

- beinhaltet die Auswahl des optimalen Bauverfahrens hinsichtlich der Betriebsmittel unter Berücksichtigung der innerbetrieblichen Bedingungen
- beinhaltet die Planung des Arbeitsablaufes hinsichtlich des Einsatzes von Material, Arbeitsgeräten, Maschinen und Arbeitskräften
- beinhaltet die Planung der Baustelleneinrichtung unter Berücksichtigung der örtlichen Verhältnisse bzgl. Zufahrt, Vorflut, Wasser- und Stromanschluss, Telefon, Verkehrssicherheit, Verkehrsführung und Verkehrsbedingungen, Baustellenabsperrung
- beinhaltet die Planung und Aufstellung einer Baustellenerstausstattung (Magazin)
- beinhaltet die Bereitstellung der Sicherheitsdatenblätter und Betriebsanweisungen nach GefStoffVO ▶ S. 240.

Bauabläufe

Für die Darstellung der Bauabläufe können drei Methoden gewählt werden:

- Balkendiagramm mit Angabe der Arbeitstage oder Arbeitswochen, IST- und SOLL-Spalte
- Liniendiagramm oder Geschwindigkeitsplan-Methode (auch Zeit-Weg-Diagramm genannt)
- Netzplantechnik unter Verwendung von Datenverarbeitungsanlagen

Balkendiagramme sind besonders anschaulich und eignen sich bei fast allen Einsatzplanungen von Arbeitskräften und Maschinen zur Grobplanung und zur Feinplanung.

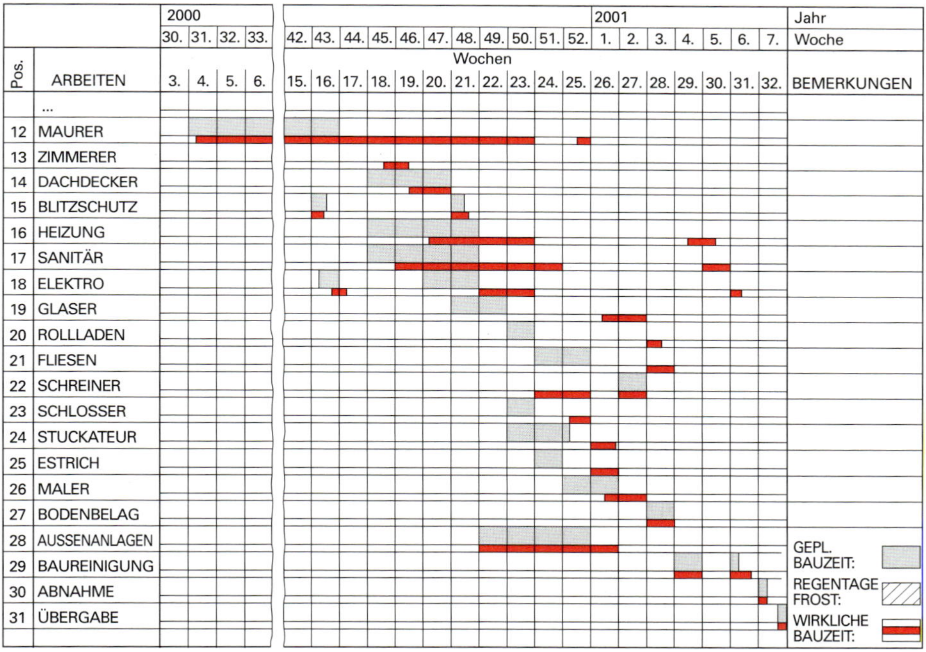

Liniendiagramme werden insbesondere bei Bauvorhaben mit eindeutiger Fertigungsrichtung verwendet, z. B. im Straßenbau, Stollenbau, Rohrleitungsbau und Gleisbau. Dabei ist die Neigung der Geraden ein Maß für die Baugeschwindigkeit.

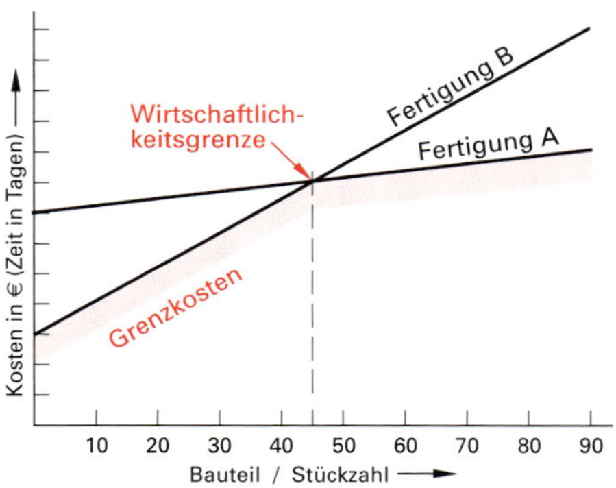

Diagramm zur Auswahl des optimalen Bauverfahrens, z. B. im Fertigteilbau ► S. 382

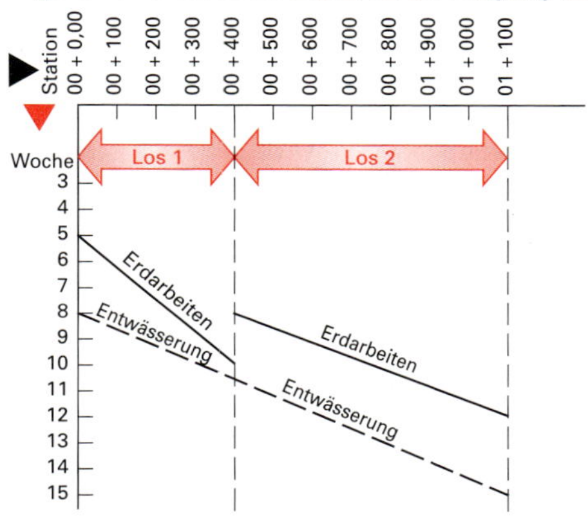

Liniendiagramm für eine Straßenbaustelle

Netzplantechnik

Netzplantechnik (DIN 69900 T1 und T2) wird eingesetzt, um komplexe Projekte zu planen, zu steuern und zu analysieren (z. B. Bau einer städtischen Kläranlage, Bau eines Industriewerkes). Zwei Verfahren sind zu unterscheiden. Zulässig sind Mischformen aus grafischer NPT und ergänzender Tabellenform (z. B. mittels EDV). Die Arbeitsschritte der Netzplantechnik sind :

ein **Projektstrukturplan**,	d. h. die Auflistung der Tätigkeiten bei einem Projekt
eine **Vorgangsliste**,	d. h. eine Kontrollliste, damit alle Tätigkeiten erfasst werden
eine **Netzplanzeichnung**,	d. h. die zeichnerische Verbindung der Vorgänge
die **Zeitplanung**,	d. h. eine aussagefähige Zeitrechnung.

Vorgangsknotenmethode/MPM (Metra-Potential-Method)

- Jeder **Vorgang** wird durch einen sogenannten Vorgangsknoten dargestellt.
- Die Verbindungspfeile bestimmen die Reihenfolge der Vorgänge.
- Die Darstellung durch Kreise oder Rechtecke ist äquivalent.

FAZ FEZ

Nr.	Bezeichnung	
D	GP	FP

SAZ SEZ

D	Dauer des Vorgangs	SAZ	Spätester Anfangszeitpunkt
FAZ	Frühester Anfangszeitpunkt	SEZ	Spätester Endzeitpunkt
FEZ	Frühester Endzeitpunkt	GP	Gesamtpuffer
		FP	Freier Puffer ≙ Zeitreserve

Vorgangspfeilmethode/CPM (Critical-Path-Method)

- Ein **Netzplan** besteht aus Vorgängen (Aufgaben, Tätigkeiten, Maschineneinsatz) und Ereignissen (Anfang bzw. Ende eines Vorganges). Der zeitliche Ablauf lässt sich von links nach rechts darstellen, dabei haben nachfolgende Ereignisse eine höhere Nummer als vorhergehende Ereignisse.

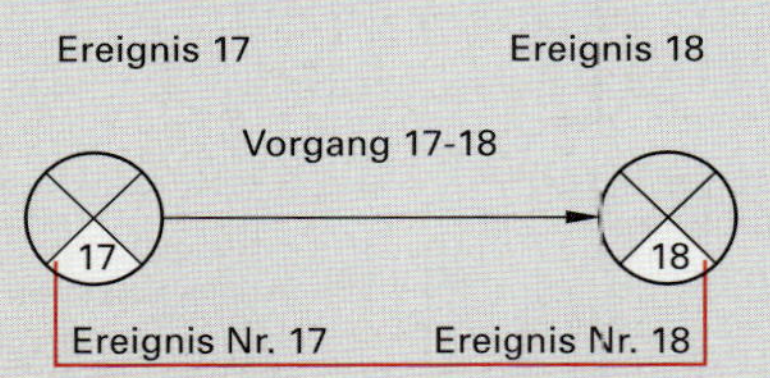

Fehlerquellen
Schleife:
Die Ereignisse hängen voneinander ab.

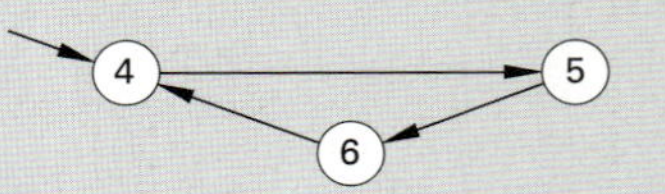

Offene Maschen:
Ein Vorgang bleibt ohne Ereignis.

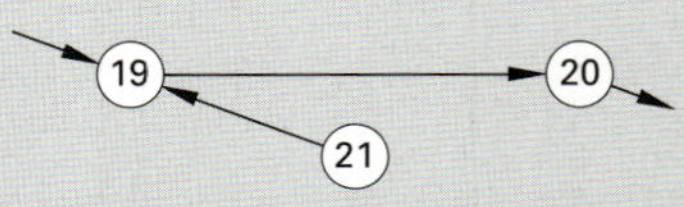

- Die **Dauer** eines Vorganges wird am Pfeil vermerkt. Dabei wird für jedes Ereignis der früheste Zeitpunkt in den linken Quadraten eingetragen. Führen verschiedene Vorgänge zu einem Ereignis, wird immer die Summe der längsten Kette eingetragen. Ausgehend vom spätesten Zeitpunkt des Projektendes wird zurückgerechnet, indem im rechten Quadranten das spätestzulässige Eintreffen eines Ereignisses notiert wird.
- Die **Pufferzeit** zeigt die Zeitreserve in einem Projekt an. Pufferzeit = spätester Anfangszeitpunkt – frühester Anfangszeitpunkt
- **Kritischer Weg** ist der Weg, der im gesamten Projekt die geringste Pufferzeit hat.
- **Projektdauer** ist die Differenz zwischen dem Startzeitpunkt und dem frühesten Eintreffen des Ereignisses.

Beispiel

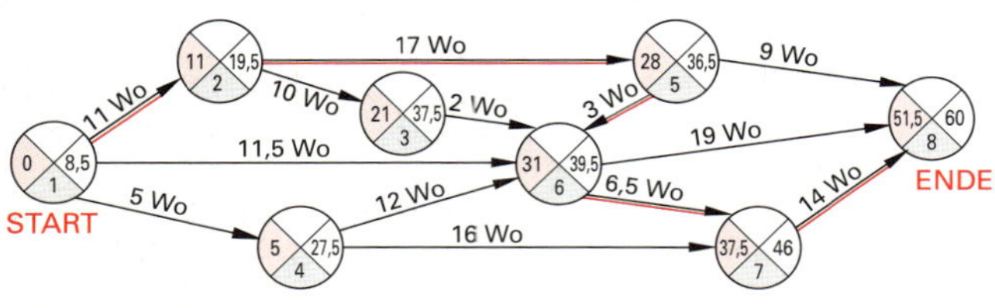

Kritischer Weg: 1-2-5-6-7-8
Gesamtzeit: 51,5 Wo
Im Ereignis 1 (START) wird mit 8,5 Wochen ein verspäteter Anfang gesetzt.
Das Ereignis 4 hat einen freien Puffer von 14 Wochen (**14** + 5 + 12 = 31).

8

Baustelleneinrichtung

Der Baustelleneinrichtungsplanung kommt besondere Bedeutung zu:

- Eine Veränderung der Einrichtung während der Bauzeit kann mit Mehrkosten verbunden sein.
- Einrichtungsfehler (z. B. lange Transportwege, fehlende Lagermöglichkeiten) können sich auf die Herstellungskosten auswirken.

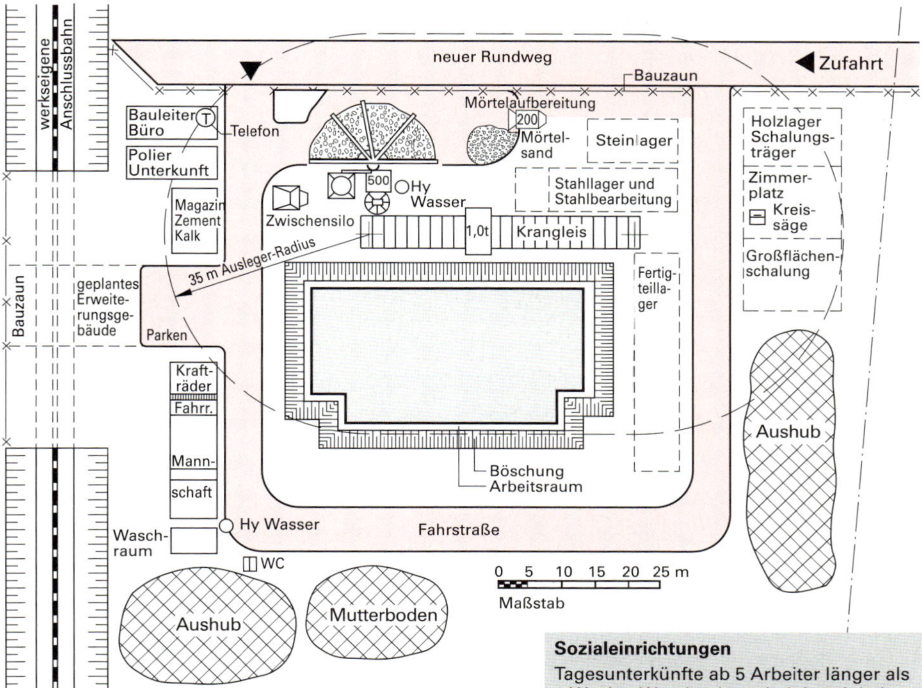

Zeichen, Symbole, Abkürzungen

Hy	Wasser	T	Telefon
San	sanitäre Einrichtung	ϟ	Strom
Zi	Zimmerplatz	Bauf.	Bauführer

Sozialeinrichtungen

Tagesunterkünfte ab 5 Arbeiter länger als 1 Woche, Waschgelegenheit je 5 Arbeiter, ab 2 Wochen eine Vorrichtung Toiletten mit Entleerungsservice für max. 2 Wochen und 15 Arbeiter

Beispiel für einen Baustelleneinrichtungsplan

Der Baustelleneinrichtungsplan wird in der Regel im Maßstab 1 : 200 gezeichnet. Die Bezeichnung erfolgt nach festgelegten Sinnbildern, Zeichen und Abkürzungen. Der Baustelleneinrichtungsplan ist für die Baustelle verbindlich. Auf größeren Baustellen ist ein Sanitätsraum einzurichten. Die Einrichtung der Tagesunterkünfte für die Beschäftigten, Aborte und Waschanlagen, Bauwagen und Polierbude unterliegen insbesondere folgenden Bestimmungen:

- Ausführungsverordnung zum Gesetz über die Unterkunft bei Bauten vom Februar 1959
- Arbeitsschutzverordnung für Winterbaustellen vom August 1968
- Arbeitsstättenverordnung von August 2004
- Tarifvertragliche Regelungen
- Richtlinien für die Unterkünfte ausländischer Arbeitnehmer vom März 1971
- Grundsätzliche Forderungen der Gewerbeaufsicht
- EG-Baustellenrichtlinie

Arbeitsstättenverordnung

Anhang zu § 3 und § 6

4.3 Erste-Hilfe-Raum

(1) Erste-Hilfe-Räume müssen an ihren Zugängen gekennzeichnet und mit Rettungstransportmitteln leicht zugänglich sein.

(2) Sie sind mit erforderlichen Einrichtungen und Materialien zur ersten Hilfe auszustatten.

8

8.8 Schalungsbau und Gerüstbau

Schalungsbau

Die Schalung ist ein Bauhilfsmittel, das dem Beton seine spätere, gewünschte Form und Oberflächenstruktur verleiht. Die Schalkonstruktion muss maßgenau, standfest, dicht und wiederverwendbar sein; sie muss beim Einfüllen und Verdichten des Frischbetons den auftretenden Druck (ca. 0,03 MN/m² bis 0,4 MN/m²) standhalten und muss sich nach dem Erhärten leicht und erschütterungsfrei entfernen lassen **(DIN 18218)**. Die Schalung besteht aus Schalhaut und Tragkonstruktion.

Frischbetondruck p_b auf lotrechte Schalung in Abhängigkeit von der Konsistenz

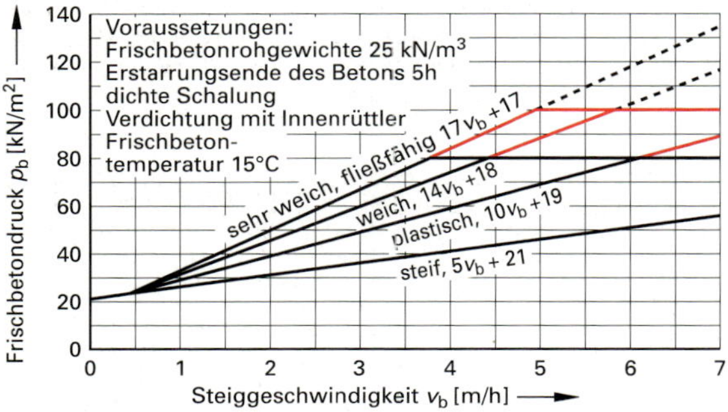

- andere Rohwichten als 25 kN/m³ → Umrechnung von p_b mit γ_b/25
- andere Frischbetontemperaturen als 15 °C

  < 15 °C: → p_b um 3 % erhöhen für 1 °C Temperatur-Unterschied

  > 15 °C: → p_b um 3 % vermindern für 1 °C Temperatur-Unterschied, Verminderung von p_b jedoch maximal um 30 %

Wand und Stützen ———

Stützen ——— (rot)

Die **Schalhaut (DIN 18217)** bestimmt die Sichtfläche des Betons (glatt, rau, profiliert). Als Material kommen Bretter, Schaltafeln aus Voll- oder Sperrholz oder Metall (50 cm × 100 cm ... 200 cm) in Betracht. Kunststoffbeschichtete Hartfaser- und Furnierplatten (d = 4 mm ... 10 mm) benutzt man als Vorsatzschalung, die vor eine Tragkonstruktion gestellt wird; hierzu zählen auch Matrizen (gewebeverstärkte Polyurethan-, Polysulfid- und Naturkautschukmatten). Wird die Schalhaut später nicht mehr entfernt (z. B. bei Kassettendecken), nennt man dies eine **verlorene Schalung**.

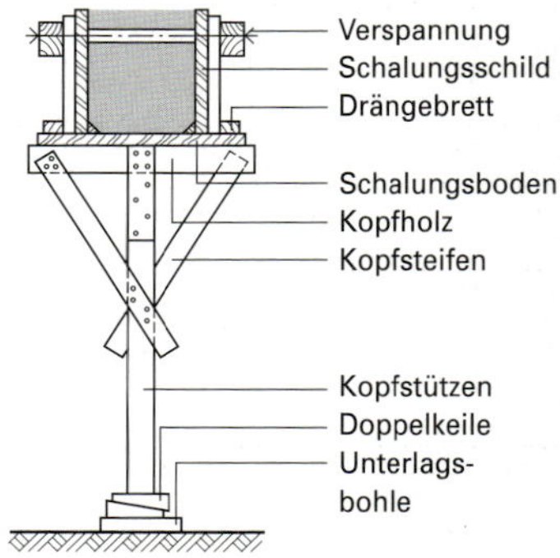

Balkenschalung aus Holz

Die **Tragkonstruktion** überträgt sämtliche Lasten bis zum Ausschalen des Betonteils auf den Untergrund. Man verwendet Träger, Stützen, Zwingen und Zargen aus Holz, Stahl oder Aluminium ► S. 393. Die Verspannung hält die Schalung in der geplanten Form und Lage. Art und Anzahl der Verspannungen richten sich nach dem Schalungsdruck und nach der Schalungskonstruktion. Als Verspannung eignen sich Drähte ∅ < 8 mm, Spanndrähte ∅ ≥ 8 mm mit Spannschlössern, spannbare Ketten und Spannanker mit Schraubenbolzen.

Trennmittel werden vor dem Einbau der Bewehrung auf die Schalhaut ganzflächig aufgetragen; sie vermindern die Haftung (Adhäsion, ► S. 45) zwischen Frischbeton und Schalhaut. Außerdem sollen sie die Schalhaut vor Korrosion und Fäulnis schützen. Trennmittel sind Schalungsöle, Pasten, Wachse und Beschichtungen bei vorgefertigten Schalelementen.

Öle werden meist als **Emulsionen** verwendet, deshalb dürfen sie nicht bei niedrigen Temperaturen und Frost verarbeitet werden. Die Bewehrung darf nicht mit dem Trennmittel in Berührung kommen (Verringerung der Haftung).

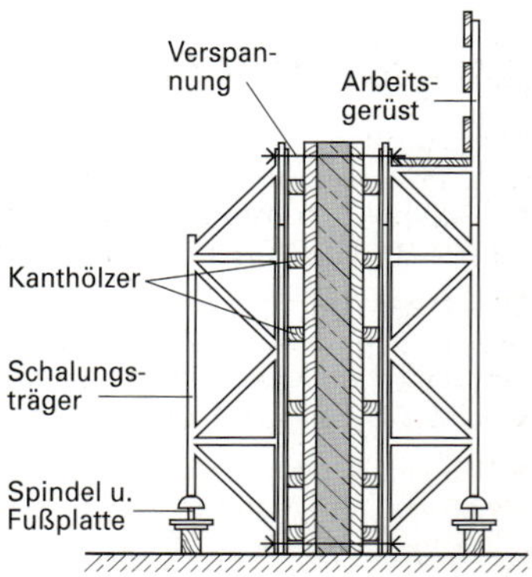

Großflächige Wandschalung

Schalungsträger unterstützen die Schalhaut und tragen zur Stabilität und Aussteifung bei.
Als Schalungsträger aus Holz werden Kanthölzer der Sortierklasse S 10 eingesetzt. Häufiger werden Vollwand- oder Fachwerkträger eingesetzt.
Schalungsträger aus Metall gibt es als Stahl- oder Aluminiumträger. Stahlschalungsträger weisen eine besondere Profilierung aus und werden für Wandschalungen eingesetzt.
Schalungsträger aus Aluminium sind leichte, profilierte Träger ausschließlich für Decken.

Zulässige Traglasten einer Schalungsstütze Länge 2,60 m

DIN 4421		PrEN 1065	
Traglast in kN	Länge in m	Traglast in kN	Länge in m
30,0	1,80	20	1,80
28,8	1,90	20	1,90
26,0	2,00	20	2,00
23,6	2,10	20	2,10

Schalungsstützen dienen der Unterstützung und sind in der Höhe verstellbar. Schalungsstützen aus Metall bestehen aus zwei ineinander steckenden Rohren mit Fuß- und Kopfplatte. Rüststützen bestehen aus mehreren Metallrohren, die in sich ausgesteift sind. Lasttürme werden aus verschiedenen Stahlelementen zu verschiedenen Bauhöhen aufeinander gesteckt.

Einsatzbereiche von Schalungsarten

Schalungsart	Schalungsmaterial	Einsatzbereich
Schwarten	Tanne bzw. Fichte	Sichtbeton mit unregelmäßiger Struktur
Brettschalung, rau	Tanne bzw. Fichte mit sägerauer Oberfläche	Beton ohne besondere Anforderung an seine Sichtfläche
Brettschalung, einseitig poliert	Tanne bzw. Fichte einseitig sandgestrahlter oder abgeflammter Oberfläche	Sichtbeton mit Holzstruktur
Plattenschalung (Schaltafeln)	Tanne bzw. Fichte imprägiert mit Standardmaß 150 cm × 50 cm	Beton ohne besondere Anforderung an seine Sichtfläche
Sperrholz, beharzt	Tischlerplatte beharzt aus Nadelholz	Beton ohne besondere Anforderung an seine Sichtfläche, Tapezier- und Streichbeton
Sperrholz, polyester-beschichtet	Tischlerplatte aus Nadelholz mit Polyester-beschichtung	Glatter Beton

Schalungsart	Schalungsmaterial	Einsatzbereich
Schichtstoffplatten	Melamin- bzw. Phenolbeschichtung auf Stab- bzw. Stäbchenmittellage	Glatter Beton
Polysulfid-Schalung	Polysulfid	Strukturierter Sichtbeton
Gummischalung (aufblasbare Schalung)	Polypropylen-Silikonkautschuk	Strukturierter Sichtbeton Rohrherstellung
Stahlschalung	Stahl	Beton ohne besondere Anforderung an seine Sichtfläche
Stahlblechwickelrohre	Bandstahl mit spiralförmig verlaufenden Falznähten	Sichtbeton
Polystyrol-Schalung	Polystyrol-Hartschaum	Strukturierter Sichtbeton, Verdrängungskörper für Systemdecken und Aussparungen

Ausschalungsfristen

Der Bauleiter darf das Ausschalen nur anordnen, wenn er sich von der ausreichenden Festigkeitsentwicklung $r = f_{cm2}/f_{cm28}$ des Betons überzeugt hat. Besondere Vorsicht ist geboten bei Dächern und Geschossdecken.

Die Ausschalungsfristen sind gegenüber den Anhaltswerten zu verdoppeln, wenn die Betontemperatur in der Erhärtungszeit unter + 5 °C lag. Bei Verwendung von Gleitschalungen kann i.d.R. von kürzeren Fristen ausgegangen werden.

Die neue DIN 1045 (07.2001) gibt keine Ausschalungsfristen mehr vor. Insbesondere sind Erhärtungs- oder Reifegradprüfungen vorzunehmen. Die Arbeitsschritte sind in einem Betonierplan festzulegen. Die Tabellenwerte sind im üblichen Hochbau ausreichend.

Anhaltswerte für Ausschalfristen

Zementfestigkeitsklassen	Wände, Stützen, und die seitliche Schalung von Balken	Deckenplatten	Weitgespannte Deckenplatten und Bodenplatten von Balken und Rahmen
MN/m²	Tage	Tage	Tage
32,5	3	8	20
32,5 R	2	5	10
42,5	2	5	10
42,5 R + 52,5	1	3	6

8

Gerüstbau

Im Gerüstbau unterscheidet man nach **DIN 4420** Schutz- und Arbeitsgerüste sowie Traggerüste nach DIN 4221.

Schutzgerüste dienen als Fanggerüste oder Schutzdächer gegen das Herabfallen von Personen und Gegenständen; sie dürfen nicht als Arbeitsplattform benutzt werden! Fanggerüste sind erforderlich, wenn die Arbeitshöhe (von OK Gelände bis OK zu fertigendes Bauteil) > 5 m beträgt. Fanggerüste können durch Fangnetze mit einer Maschenweite < 5 cm ersetzt werden.

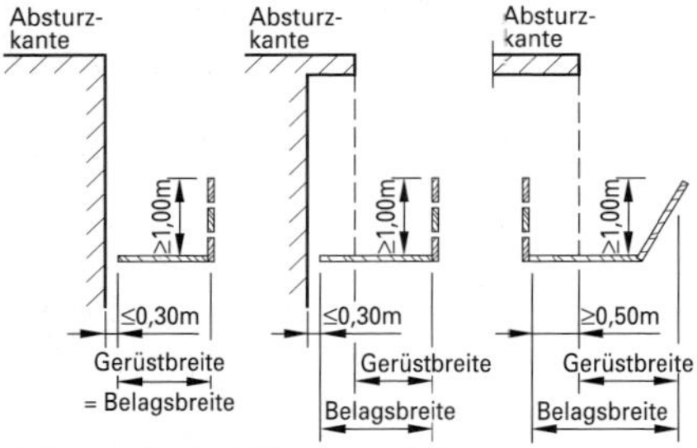

Belagbreite bei Absturzgefahr

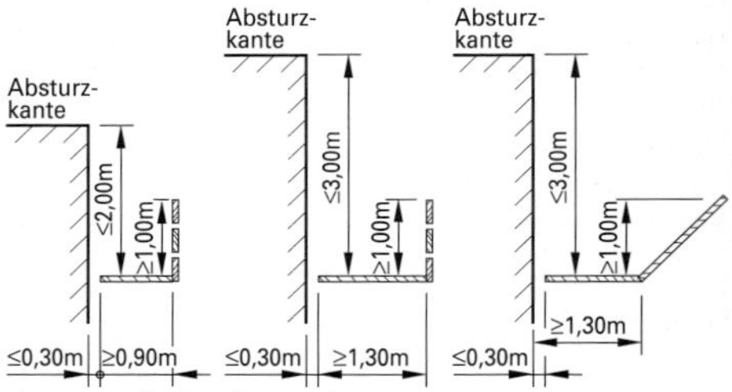

Fanggerüstbreiten

Arbeitsgerüste dienen als Stand- und Lagerplatz für Personen, Arbeitsmittel und Baustoffe in großen Höhen. Diesen Anforderungen müssen die Gerüstarten wie Bockgerüst, Stangengerüst, Leitergerüst, Stahlrohrkupplungsgerüst, Auslegergerüst, Hängegerüst und Konsolgerüst je nach Belastung entsprechen.

Gruppen der Arbeitsgerüste

Gruppe	Gerüstart	Belastung Einzellast	Mindestbreite[1] der Belagfläche	Benutzungsmerkmale bei einer Gerüstfeldlänge von 2,50 m
I	alle	–	0,50 m	1 Person + Werkzeug
II III	Bock-, Leiter-, Stahlrohr-gerüst	1,5 kN 2,0 kN	0,60 m (0,50 m für Leitergerüst) 0,60 m	2 Personen + Werkzeug Materiallagerung unzulässig
IV V VI	Bock-, Stahlrohr-gerüst	3,0 kN 4,5 kN 6,0 kN	0,90 m	**max. Flächenpressung** 5,0 kN/m² (pro Person ≙ 100 kg; 7,5 kN/m² Material mit Faktor 10,0 kN/m² 1,2 multiplizieren)

[1] einschließlich Bordbrettbreite

Gerüstbock aus Holz

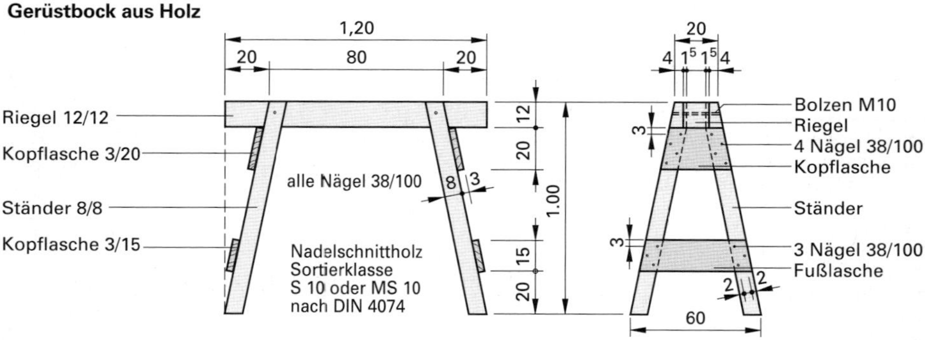

Traggerüste sind Baukonstruktionen, die auf der Baustelle aus Einzelteilen zusammengesetzt und wieder auseinander genommen werden, z. B. Lehrgerüste für den Beton- und Stahlbeton oder den Mauerwerksbau.

8

Gerüstbauteile

Gerüstbauteile sind die tragenden Teile des Gerüstes, die Verbindungsmittel, die Verankerungen, der Gerüstbelag und die Leitern.

Tragende Gerüstbauteile sind die konstruktiven Elemente des Gerüstes; miteinander fest verbunden steifen sie das Gerüst in alle Richtungen aus und geben dadurch dem Gerüst die geforderte Standsicherheit. Rundholzstangen und Holzleitern, die hierfür verwendet werden können, werden zunehmend durch korrosionsgeschützte Stahlrohre (Stahlrohrkupplungsgerüst), Rahmengerüste und Modulsysteme ersetzt.

Verbindungsmittel sind Bauteile, die Ständer, Riegel und Verstrebungen unverschieblich miteinander verbinden. Für Gerüstbauteile aus Holz sind dies Rüstdrähte, Gerüstketten und Gerüstklammern. Für die Stahlrohre verwendet man genormte Drehkupplungen und Zugkupplungen, Stahlbolzen und Konsolen.

Verankerungen sind Verbindungsteile zwischen dem Gerüst und dem Gebäude; sie verhindern das Kippen des Gerüstes. Alle nicht freistehenden Gerüste müssen verankert sein. Anzahl, Anordnung und Art der Verankerungen müssen nach den einschlägigen DIN-Vorschriften ausgeführt werden. Die Verankerung darf am Gebäude nur an ausreichend festen Bauteilen befestigt werden.

Der **Gerüstbelag**, z. B. Gerüstbretter und Bohlen, muss dicht verlegt werden und darf weder ausweichen noch wippen. Die Belagsabmessungen richten sich nach der Stützweite der Querriegel und nach der zu erwartenden Belastung.

Stützweiten für Gerüstbretter und -bohlen						
Brett- bzw. **Bohlenbreite** in cm	**Gerüstgruppe**	**Brett**- oder **Bohlendicke** in cm				
		3	3,5	4	4,5	5
		Stützweite in m				
20	I, II, III	1,25	1,50	1,75	2,25	2,50
24, 28	I, II, III	1,25	1,75	2,25	2,50	2,75
20	IV	1,25	1,50	1,75	2,25	2,50
24, 28	IV	1,25	1,75	2,00	2,25	2,50
20, 24, 28	V	1,25	1,25	1,50	1,75	2,00
20, 24, 28	VI	1,00	1,25	1,25	1,50	1,75

Leitern bestehen aus zwei Holmen und Sprossen. Das Material, Holz, Stahl oder Aluminium, muss unbedingt fehlerfrei sein; schadhafte Leitern sind nicht mehr begehbar, sie müssen ausgewechselt werden. Leitern sind standsicher aufzustellen und entsprechend zu sichern. Innerhalb des Gerüstes müssen Leitern ≥ 1 m über den Austritt hinausragen. Durchgehende Leitergänge sind zu vermeiden.

Der **Seitenschutz** ist erforderlich, wenn der Gerüstbelag mehr als 2 m über dem Boden liegt; er ist umlaufend an der Außenseite des Gerüstes, auch an den Stirnseiten, anzubringen.

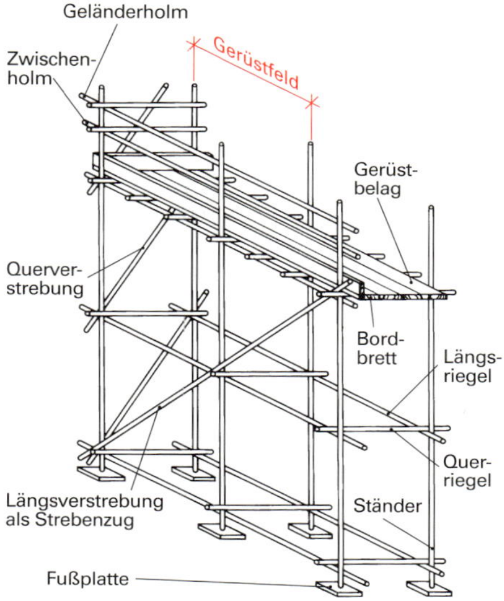

Gerüstbauteile

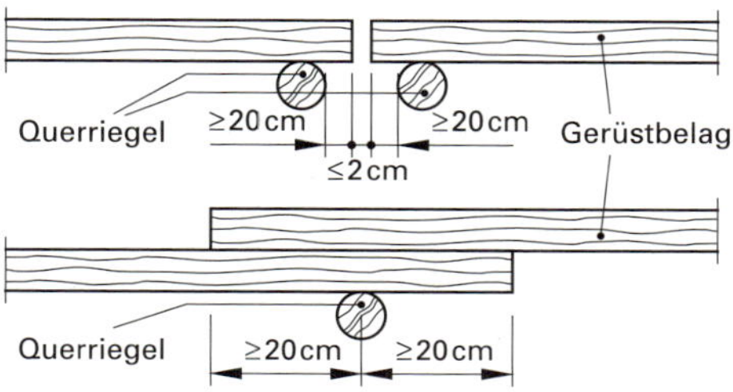

Stoß des Gerüstbelages

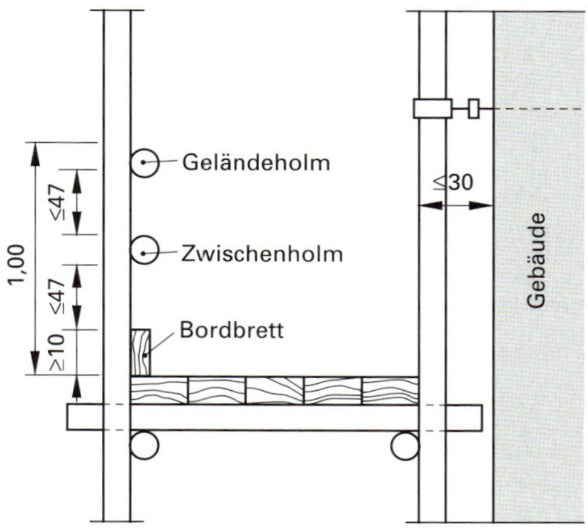

Seitenschutz

8

8.9 Baugruben

Die in den folgenden Bildern dargestellten Baugrubensicherungen können nach **DIN 4124** (Unfallverhütungsvorschrift Bauarbeiten) unter den genannten Randbedingungen ausgeführt werden. Zusätzliche Nachweise und Maßnahmen erfordern:

- Störungen des Bodengefüges, wie Klüfte, Verwerfungen, einfallende Schichtung, Schieferung
- nicht oder nur wenig verdichtete Verfüllungen oder Aufschüttungen
- erhebliche Anteile weicher Böden (Seeton, Beckenschluff, organische Böden u.ä.)
- Grundwasserabsenkung durch offene Wasserhaltung
- Zufluss von Schichtenwasser, nicht entwässerte Fließsandböden
- Verlust der Kapillarkohäsion bei nichtbindigen Böden durch Austrocknen.

Böschungsausbildung

Bodenart ▶ S. 330/331	Böschungswinkel β	Neigungsverhältnis
nicht bindig (Sand, Kies)	45°	1 : 1
bindig, weich	45°	1 : 1
bindig, steif bis halbfest	60°	1 : 0,58
leichter Fels	80°	1 : 0,18

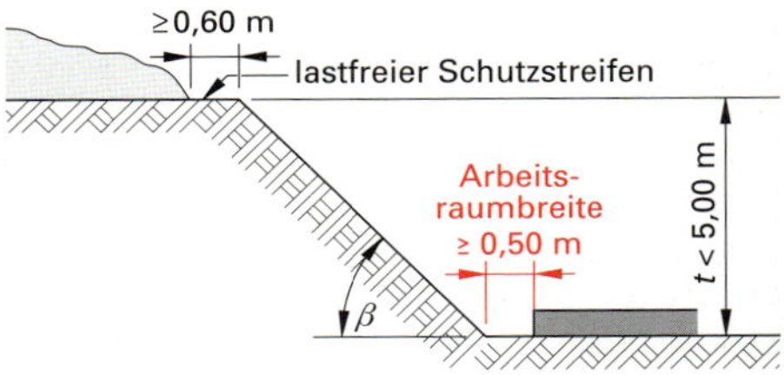

Sicherung von Grabenwänden

Tiefe (m)	Boden	Ausbildung der Graben- und Baugrubenwände	
bis 1,25	standfest	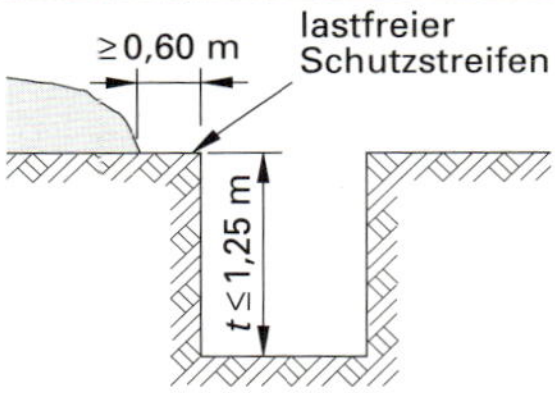 	Geländeneigung < 1 : 10 bei nichtbindigen Böden < 1 : 2 bei steifen bindigen Böden Verkehrslasten siehe DIN 4124
1,25 m bis 1,75 m	steifiger bindiger Boden ▶ S. 335	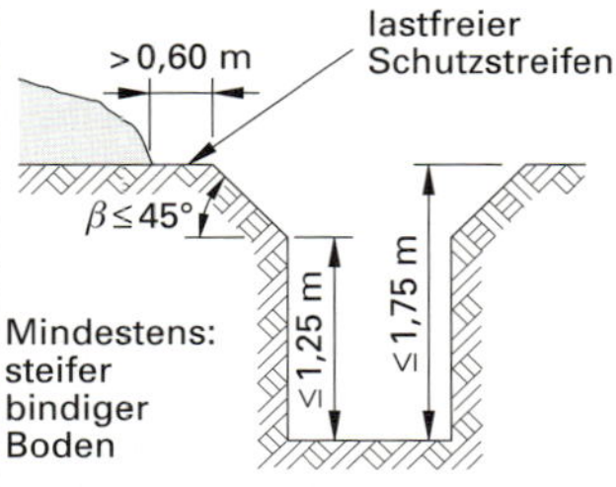 Mindestens: steifer bindiger Boden	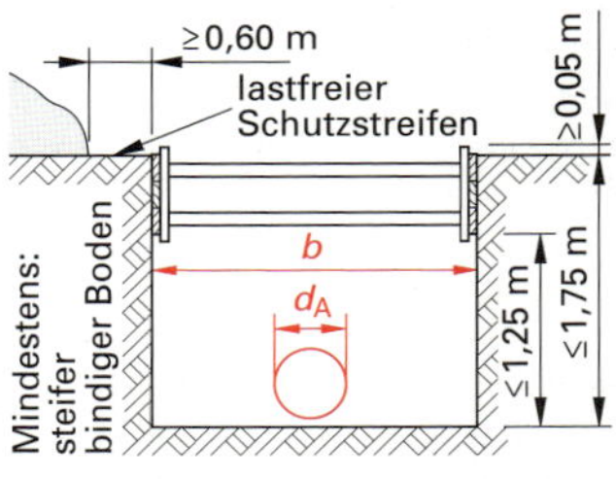
über 1,75 m	stets Grabenverbau		

Mindestgrabenbreiten nach DIN 4124, für Abwasserleitungen nach DIN EN 1610

Äußerer Leitungs- bzw. Rohrschaftdurchmesser d_A [m]	Abwasserkanäle DN [mm]	Lichte Mindestbreite b [m] – Verbauter Graben: Regelfall	Verbauter Graben: Umsteifung	Geböschter Graben: $\beta \leq 60°$	Geböschter Graben: $\beta > 60°$ (DIN 4124)	Geböschter Graben: $\beta > 60°$ (EN 1610)
bis 0,40 m	< 225	$b = d_A + 0{,}40$	$b = d_A + 0{,}70$	$b = d_A + 0{,}40$	$b = d_A + 0{,}40$	$b = d_A + 0{,}40$
(nur DIN EN 1610)	225 bis 350	$b = d_A + 0{,}50$		$b = d_A + 0{,}40$		$b = d_A + 0{,}50$
> 0,40 m bis 0,80 m	350 bis 700	$b = d_A + 0{,}70$		$b = d_A + 0{,}40$	$b = d_A + 0{,}70$	$b = d_A + 0{,}70$
> 0,80 m bis 1,40 m	700 bis 1200	$b = d_A + 0{,}85$		$b = d_A + 0{,}40$	$b = d_A + 0{,}70$	$b = d_A + 0{,}85$
> 1,40 m	> 1200	$b = d_A + 1{,}00$		$b = d_A + 0{,}40$	$b = d_A + 0{,}70$	$b = d_A + 1{,}00$

Waagerechter Grabenverbau

Hinweise für die Anwendung

Bohlen müssen mit dem Aushub fortschreitend eingebaut werden. Boden muss wenigstens auf Bohlenbreite frei stehen. Besondere Sicherungen sind bei gleichkörnigen nichtbindigen Böden (Feinsand, Schluffböden) durchzuführen, z. B. 2 m lange Brusthölzer.

Der dargestellte waagerechte Normverbau nach DIN 4124 bzw. den Unfallverhütungsvorschriften kann ohne statischen Nachweis verwendet werden, wenn alle folgenden Bedingungen eingehalten sind:

- Die Geländeoberfläche verläuft annähernd waagerecht.
- Es steht ein nichtbindiger Boden oder ein bindiger Boden ► S. 330, 331 an, der von Natur aus mindestens eine steife Konsistenz ► S. 335 aufweist oder durch eine geeignete Wasserhaltung, z. B. durch eine Vakuumanlage, in einen solchen Zustand versetzt wird.
- Bauwerkslasten üben keinen Einfluss auf Größe und Verteilung des Erddrucks aus.
- Fahrzeuge, Baumaschinen und Baugeräte halten einen ausreichend großen Abstand vom Verbau ein.

  Regelabstände
  übliche Straßenfahrzeuge 0,60 m
  Bagger, Hebezeuge bis 12 t Gesamtgewicht 0,60 m
  Bagger, Hebezeuge bis 18 t Gesamtgewicht 1,00 m
  } von der Hinterkante der Bohlen bei festem Straßenoberbau von > 15 cm Dicke

- Die Unfallverhütungsvorschrift „Bauarbeiten“ regelt in DIN 4124 die Einzelheiten.

Querschnitt | Längsschnitt

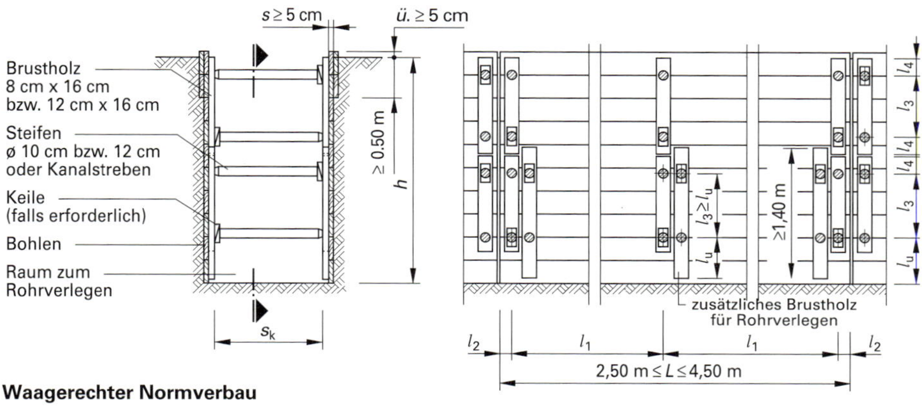

Waagerechter Normverbau

Abmessungen der Verbauteile Holz S 10 oder MS 10 bzw. $f_{m,k} = 24$ N/mm²		**Brusthölzer 8 cm × 16 cm**					**Brusthölzer 12 cm × 16 cm**				
		Bohlendicke *s*					Bohlendicke *s*				
Bemessungsgröße		**5 cm**	**6 cm**			**7 cm**	**5 cm**	**6 cm**			**7 cm**
Größte Wandhöhe *h*	in m	3,00	3,00	4,00	5,00	5,00	3,00	3,00	4,00	5,00	5,00
Größte Stützweite l_1 der Bohlen	in m	1,90	2,10	2,00	1,90	2,10	1,90	2,10	2,00	1,90	2,10
Größte Kraglänge l_2 der Bohlen	in m	0,50	0,50	0,50	0,50	0,50	0,50	0,50	0,50	0,50	0,50
Größte Stützweite l_3 der Brusthölzer	in m	0,70	0,70	0,65	0,60	0,60	1,10	1,10	1,00	0,90	0,90
Größte Kraglänge l_4 der Brusthölzer	in m	0,30	0,30	0,30	0,30	0,30	0,40	0,40	0,40	0,40	0,40
Größte Kraglänge l_u der Brusthölzer	in m	0,60	0,60	0,55	0,50	0,50	0,80	0,80	0,75	0,70	0,70
Größte Knicklänge s_k der Steifen	in m	1,65	1,55	1,50	1,45	1,35	1,95	1,85	1,80	1,75	1,65
Größte Steifenkraft *F*	in kN	31	34	37	40	43	49	54	57	59	64

Senkrechter Grabenverbau

Bei sehr losen, rolligen, weichen und anderen schlecht stehenden Bodenarten, die nur auf wenige Zentimeter abgeschachtet werden können oder sofort abgefangen werden müssen, kommen nur senkrechte Verbauarten in Betracht. Man unterscheidet: Senkrechter Verbau mit Holzbohlen oder senkrechter Verbau mit Kanaldielen (Kölner Verbau)

- **Senkrechter Normverbau mit Holzbohlen**

  Beim senkrechten Verbau mit Holzbohlen muss der Boden vorübergehend so standfest sein, dass die Bohlen dem Aushub nachfolgen können. Außer bei steifen bindigen Böden darf der Aushub höchstens um 0,50 m auf einer Länge von höchstens 5 m vorauseilen. Bei vorübergehend standfesten nicht bindigen oder weichen bindigen Böden ist die Vorauseilung auf 0,25 m und höchstens drei Bohlen nebeneinander zu begrenzen. Wenn einerseits die genannten Bedingungen für den waagerechten Grabenverbau eingehalten werden und andererseits Straßenfahrzeuge sowie unbelastete Bagger und Hebezeuge einen Abstand von mindestens 60 cm von der Bohlenkante einhalten, darf der dargestellte Normverbau ohne statischen Nachweis verwendet werden. Nach der StVZO zugelassene Baufahrzeuge sowie Bagger bis 12 t Gesamtgewicht brauchen keinen Abstand einzuhalten.

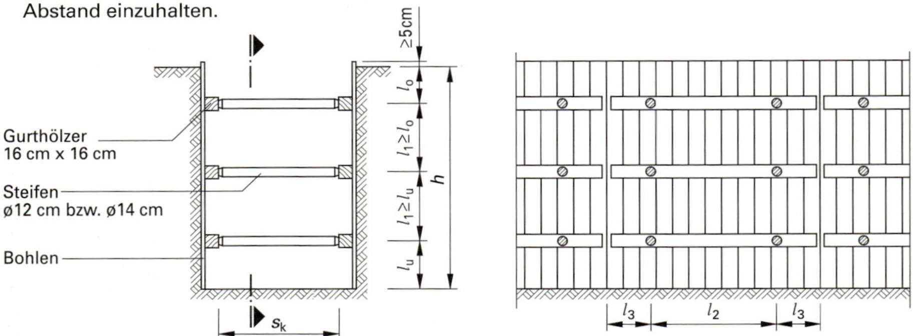

Querschnitt Längsschnitt

Senkrechter Normverbau, Verbauteile aus Holz ohne Darstellung der Befestigungsmittel

Verbauteile aus Holz	Bohlendicke *s*				
Bemessungsgröße in m	5 cm	6 cm			7 cm
Größte Wandhöhe h	3,00	3,00	4,00	5,00	5,00
Größte Kraglänge l_o der Bohlen	0,50	0,60	0,60	0,60	0,70
Größte Stützweite l_1 der Bohlen	1,80	2,00	1,90	1,80	2,00
Größte Kraglänge l_u der Bohlen	1,20	1,40	1,30	1,20	1,40
Größte Stützweite l_2 der Gurthölzer	1,60	1,50	1,40	1,30	1,20
Größte Kraglänge l_3 der Gurthölzer	0,80	0,75	0,70	0,65	0,60
Größte Knicklänge s_k von Rundholzsteifen ∅ 12cm	1,70	1,65	1,50	1,30	1,25

- **Kanaldielenverbau**

  Kanaldielen halten den Boden noch sicherer, weil sie vor dem Aushub eingerammt werden. Bei großen Tiefen kann der Holzbohlen- oder Kanaldielenverbau in Abschnitten eingebracht werden. Die Überdeckungen müssen im Bereich der Gurthölzer liegen und mindestens 20 cm betragen.

Kanaldielen Hersteller/Profil	*b* mm	*h* mm	*d* mm	Gewicht kg/m	Gewicht kg/m²	Widerstandsmoment cm³/m
Krupp/KD III S; Krings/KD 3, MGF/FKD 375/6,5; ABI/KD 300/6,5	375	40	6,5	23,3	62,0	80
Krings/KD IV/6,0; MGF/FKD 400/6; ABI/KD 400/6,0	400	50	6,0	22,1	55,0	102
Hoesch/HKD VI/6; Krupp/KD VI6,0; MGF/FDK 600/6	600	80	6,0	37,5	62,0	182
Hoesch/HKD VI/8; Krupp/KD VI/8,0; Krings/KD VI/8,0; MGF/FKD 600/8	600	80	8,0	50,0	83,0	242
MGF/FKD 750/8; ABI/KD 750/8,0; Krings/KD 750/8,0; SBH/KD 750/8	750	92	8,0	55,3	74,5	260

ABI Anlagetechnik · Baumaschinen · Industriebedarf Maschinenfabrik und Vertriebsgesellschaft
MGF Maschinen- und Geräte- Fabrik
SBH Tiefbautechnik

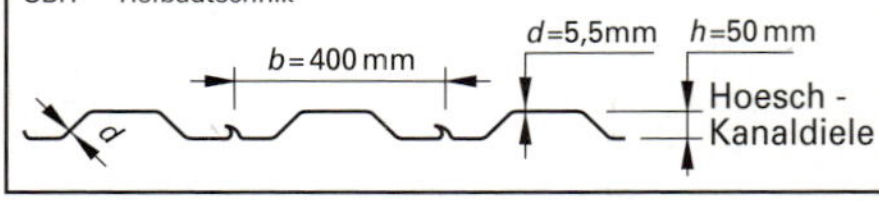

8.10 Baustellenabsicherung für Straßenbauarbeiten

Regelplan 2-streifige Verkehrsführung gilt für Ortsstraßen **Regelplan 1-streifige Verkehrsführung**

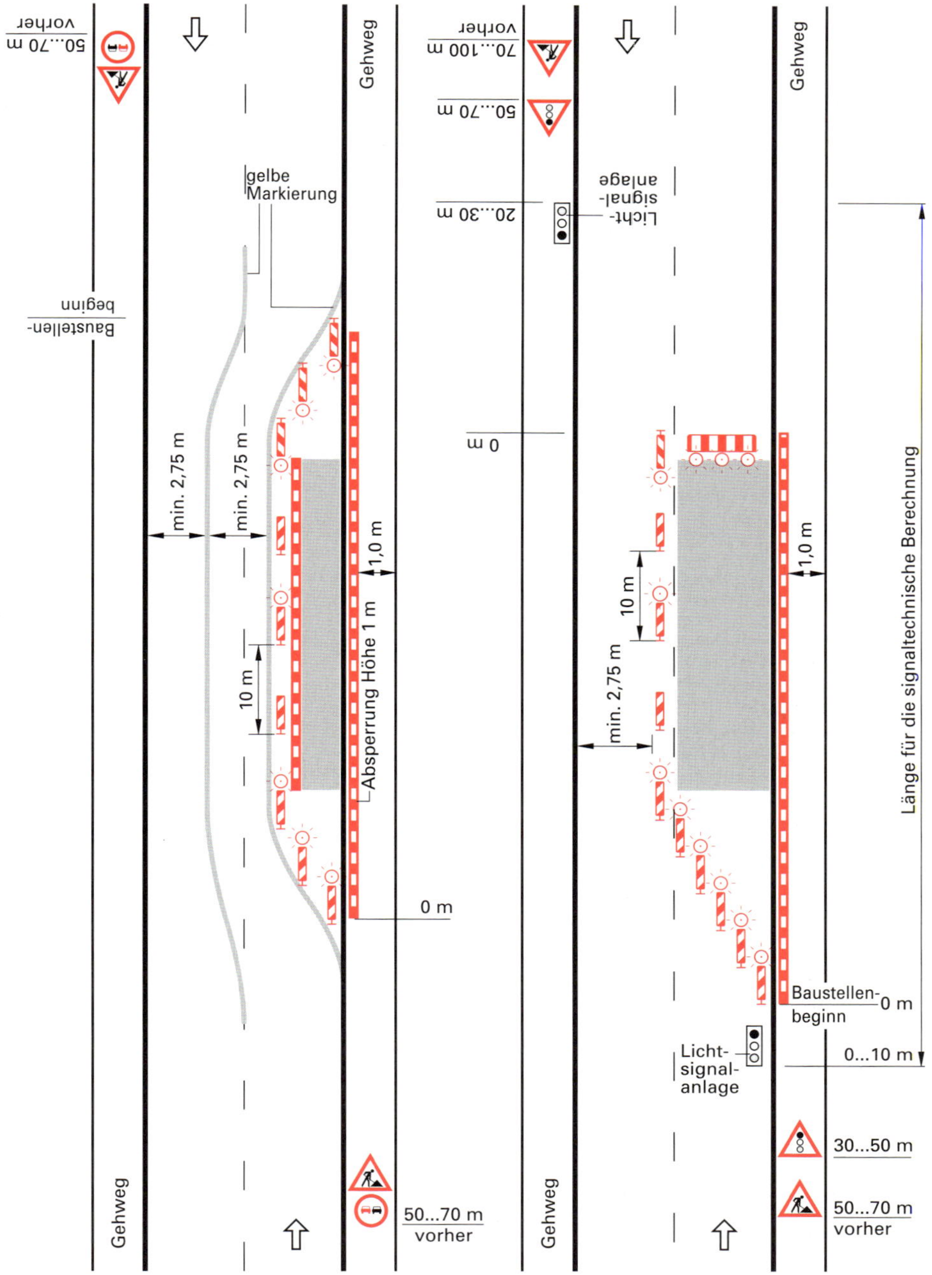

8

Literaturhinweis

Kapitel 1: Mathematik
Fachmathematik Bautechnik, Nestle u.a.: Verlag Europa-Lehrmittel, Haan-Gruiten
Arndt, Formellexikon, Verlag Europa-Lehrmittel, Haan-Gruiten
Schülerduden, Verlag Bibliographisches Institut; Mannheim/Wien/Zürich

Kapitel 2: Naturwissenschaften
Physik für technische Berufe, Heywang/Schmiedel/Süss; H. u. T, Hamburg
Grundstufe Bautechnik, Nestle u.a.; Verlag Europa-Lehrmittel, Haan-Gruiten
Chemie für Schule und Beruf, Ignatowitz; Verlag Europa-Lehrmittel, Haan-Gruiten
Vogler, Haustechnik; Teubner, Stuttgart
Böge, Technologie/Technik, Vieweg, Braunschweig

Kapitel 3: Grundlagen der Statik und Lastannahmen
Bautabellen, Schneider; Werner-Verlag, Neuwied
Bautechnische Zahlentafeln, Wendehorst/Muth; Teubner, Stuttgart

Kapitel 4: Technisches Zeichnen – Bauzeichnen
Fachkunde für Bauzeichner, Galla u.a.; Teubner, Stuttgart
Bauzeichnen, Dahmlos/Witte; Schroedel, Hannover
Einführung in das Projektionszeichnen, Frede/Altenidiker; Verlag W. Girardet, Essen
Wohnungsbaunormen, Frommhold/Hasenjäger; Werner-Verlag, Neuwied
Böttcher/Forberg, Technisches Zeichnen, Teubner/Beuth, Stuttgart/Berlin
Tabellenbuch Holztechnik, Peschel u.a.; Verlag Europa-Lehrmittel, Haan-Gruiten
Technisches Zeichnen – Grundlagen, Peschel u.a.; Verlag Europa-Lehrmittel, Haan-Gruiten

Kapitel 5: Bauphysik
Bauphysik, Berber; H. u. T., Hamburg
Rigips, Planen und Bauen mit Rigips; Bodenwerder
Wendehorst, Bautechnische Zahlentafeln, Otto W. Wetzell; Teubner, Stuttgart
Technischer Ausbau, RWE-Bauhandbuch; Energie-Verlag, Heidelberg
Schall, Wärme, Feuchte, Gösele/Schiele; Bauverlag, Wiesbaden

Kapitel 6: Technologie der Baustoffe
Jubelt/Schreiter, Gesteinsbestimmungsbuch; VEB, Deutscher Verlag für Grundstoffindustrie, Leipzig
Dietrich/Skinner, Die Gesteine und ihre Mineralien; Ott-Verlag
Baustoffkunde, Schättler, Vogel; Buchverlag, Würzburg
Scholz, Baustoffkenntnis; Werner-Verlag, Köln
Pilz u.a., Technologie der Baustoffe; Technik Verlagsgesellschaft
Technologie, Fliesen-, Platten- und Mosaikleger, Enssle; Handwerk & Technik, Hamburg
Zement-Taschenbuch; Bauverlag, Wiesbaden
Zementchemie für Bauingenieure, Czernin; Bauverlag, Wiesbaden
Betonkalender, Teil I u. II; Bundesverband der Deutschen Zementindustrie
Baustoff Glas; Nathan International, München
Lohmann, H.; Holz Handbuch, DRW-Verlag, Düsseldorf

Kapitel 7: Bautechnik und Baukonstruktion
Ziegel-Dokumentation; Ziegel-Bauberatung; Bonn, vgl. Anschriften
Kalksandstein, Planung, Konstruktion, Ausführung; Hannover, vgl. Anschriften
KS-Mauerfibel, Wessig; Kalksandstein-Information, Hannover
Hbl-Handbuch, Brand u.a.; Beton-Verlag GmbH, Düsseldorf
Fachstufe für Hochbauberufe, Nestle u.a.; Verlag Europa-Lehrmittel, Haan-Gruiten
Styropor-Information, Information BASF; Ludwigshafen, vgl. Anschriften
Fachregeln des Dachdeckerhandwerks; Zentralverband, vgl. Anschriften
Frick, Knöll, Neumann, Baukonstruktionslehre, Teil 1 und 2; Teubner, Stuttgart
Stahl im Hochbau, Band I und II; Stahleisen-Verlag, Düsseldorf
Kohlmeyer, Stahlbau nach DIN 18800 (11.90) Werner-Verlag, Neuwied
Stahlbetonbau, Lohmeyer; Teubner-Verlag, Stuttgart
Beispiele zur Bemessung nach DIN 1045; Deutscher Betonverein, Wiesbaden
Bemessungstafeln für Biegung; Betonstahlinstitut, Düsseldorf
Simmer, Grundbau; Teubner-Verlag, Stuttgart
Velske/Mentlein/Eymann, Straßenbautechnik; Werner-Verlag, Neuwied
Mentlein; Pflasteratlas; Verlagsgesellschaft R. Müller
Mentlein; Tiefbau-Normen, Werner Verlag/Beuth
Richtlinien für die Standardisierung des Straßenoberbaus RStO
Stahlbetonbau, Teil 1, Wagner u.a.; Werner-Verlag, Neuwied
Fachkunde für Bauzeichner, Galla u.a.; Teubner-Verlag, Stuttgart
BMF-Holzverbinder-Stahlblech-Holz-Nagelverbindungen; Eigenverlag, vgl. Anschriften
Holzbauhandbuch, Lohmann; Bruderverlag, Karlsruhe
Richter, D. / Heindel M., Baufachkunde Straßen- und Tiefbau; B.G. Teubner, Stuttgart
Tabellenbuch für Metallbautechnik Verlag Europa-Lehrmittel, Haan-Gruiten

Kapitel 8: Baubetrieb
Volquardts/Matthews, Vermessungskunde, Teil I u. II; B. G. Teubner, Stuttgart
Hoffmann, Kremer, Zahlentafeln für den Baubetrieb; Teubner, Stuttgart
Technische Mathematik für Bauberufe, Bläsi; Holland + Josenhans-Verlag, Stuttgart
Beck-Texte Baugesetze; Deutscher Taschenbuch-Verlag, München
Baurecht in Niedersachsen, Blumenbach/Groschupf; R. Boorberg-Verlag, Stuttgart
Der Altbau, Rau/Braune; Verlagsanstalt A. Koch, Tübingen
Die Bauzeitplanung, Fritz; Das Baugewerbe, Ausgabe A 6/67
Arbeitstechnische Merkblätter für den Bauvertrieb; REFA e.V.
Organisationslehre und Datenverarbeitung für Berufsschulen, Hambusch-Schmalohr; Winklers-Verlag, Gebrüder Grimm, Wiesbaden

Quellen – Anschriften – Internetadressen

Verlag und Autoren danken den einschlägigen Organisationen, Verbänden und Gesellschaften für die Unterstützung der aktuellen Gestaltung des Tabellenbuches.

Quellen

Arbeitsgemeinschaft Ziegeldach e.V., Bonn

Baustahlgewebe GmbH, Düsseldorf

Betonkalender, Verlag Wilhelm Ernst und Sohn, Berlin

Beton (Zeitschrift), Betonverlag, Düsseldorf

Fa. Braas & Co. GmbH, Oberursel

Bundesinstitut für Berufsbildung, „Lehrgang Tiefbau", Berlin

Carl Zeiss, Oberkochen

Forschungsgesellschaft für das Straßen- und Verkehrswesen, Köln, Berlin

Heidelberger Zement AG, Leimen

Hoesch AG, Dortmund

Lohmeyer, „Stahlbetonbau",
Verlag B. G. Teubner, Stuttgart

Kohl, „Baufachkunde/Grundlagen",
Verlag B. G. Teubner, Stuttgart

Nestle u.a., „Fachstufe für Hochbauberufe",
Verlag Europa-Lehrmittel, Haan-Gruiten

Nestle u.a., „Fachkunde Bau",
Verlag Europa-Lehrmittel, Haan-Gruiten

Walz, „Herstellung von Beton",
Betonverlag Düsseldorf

„Ziegel-Bauberatung" Bd. 2, Bundesverband der Ziegelindustrie e.V., Bonn

Zimmermeister-Kalender, Bruderverlag, Karlsruhe

Anschriften

DIN-Normen: Deutsches Institut für Normung e.V.
Burggrafenstr. 6, 10787 Berlin

Deutsche Gesellschaft für Mauerwerksbau e.V.
Kortumstr. 50, 45130 Essen

Beuth-Verlag,
Burggrafenstr. 6, 10787 Berlin

Bundesverband der Deutschen Ziegelindustrie e.V.
Schaumburg-Lippe-Str. 4, 53113 Bonn

Kalksandstein-Information GmbH & Co. KG
Entenfangweg 15, 30419 Hannover

Arbeitsgemeinschaft Holz e.V.
Füllenbachstr. 6, 40474 Düsseldorf

Zentralverband des Deutschen Dachdeckerhandwerks
Fritz-Reuter-Str. 8, 50968 Köln

Beratungsstelle für Stahlverwendung
Kasernenstr. 36, 40213 Düsseldorf

Aluminium-Zentrale e.V.
Postfach, Königsallee 30, 40212 Düsseldorf

Zinkberatung e.V.
Fr.-Ebert-Str. 37, 40210 Düsseldorf

Arbeitsgemeinschaft Bitumen Industrie (ARBIT)
Steindamm 71, 20099 Hamburg

Gesellschaft zur Förderung der Abwassertechnik (GFA)
Theodor-Heuss-Allee 17, 53773 Honnef

Fa. Braas & Co. GmbH
Postfach 1630, 61440 Oberursel

BASF-Informationen
Carl Bosch-Straße 38, 67063 Ludwigshafen

Arbeitsgemeinschaft Deutsche Kunststoffindustrie (Aki), Karlstr. 21, 60329 Frankfurt

Fliesen-Beratungsstelle e.V.
Postfach 1254, 30938 Burgwedel

Verlag Beton und Technik; über Bauberatung Zement
Pferdmengestr. 7, 50968 Köln

Bau-Berufsgenossenschaft Hannover
Hildesheimer Str. 309, 30519 Hannover

Presse- und Informationsamt der Bundesregierung
Welckerstr. 11, 53113 Bonn

Forschungsgesellschaft für das Straßen- und Verkehrswesen
Konrad-Adenauer-Straße 13, 50973 Köln

FGSV Verlag GmbH
Wesselinger Str. 17, 50999 Köln

Internetadressen

Adresse	Erklärung – Infomaterial
info@wzi.de · www.wienerberger.de	Verordnung über energiesparenden Wärmeschutz
http://www.poroton.org	Mauerwerksbau, Baustoffe
http://www.delta-draht.de	Betonstahlmatten
http://www.Betonstahlmatten.de	Neue ausführliche Bemessungshilfen
http://www.isb-ev.de	Institut für Stahlbetonbewehrung e.V.
http://www.isbcad.de	Software für Bemessung und Bewehrungspläne
http://www.betonverein.de	Planung und Ausführung von Betonbauwerken
http://www.beton.org	Betonguide auf CD-ROM, Transportbeton
http://www.beuth.de	DIN-Normen
http://www.vdz-online.de	Broschüren Beton
http://www.bdzement.de	Merkblätter der Zementberatung
http://www.dafstb.de	Deutscher Ausschuss für Stahlbeton
http://www.infoholz.de	Informationsdienst Holz
http://www.heidelbergercement.de	Betontechnische Daten
http://www.bosch.com	Holzbearbeitungsmaschinen
http://www.halfen-emeris.cz/pdf-katalog	Befestigungen im Beton
http://www.juris.de	Gesetze und Verordnungen

DIN-Normen Stand 29. 02. 2008

DIN	Teile	Titel
Kapitel 1 Mathematik		
1301		Einheiten, Einheitennamen, -zeichen
1302		Allgemeine mathematische Zeichen
1338		Formelschreibweise und Formelsatz
Kapitel 2 Naturwissenschaften		
1304		Allgemeine Formelzeichen
1306		Dichte, Begriffe, Angaben
1313		Physikalische Größen, Gleichungen
18015	1 + 2	Elektrische Anlagen
40900		Schaltzeichen, Grafische Symbole für Schaltungsunterlagen
Kapitel 3 Statik und Lastannahmen		
1055	1	Einwirkungen auf Tragwerke
	2	Entwurf Bodenkennwerte
	3	–; Verkehrslasten
	4	–; Windlasten
	5	–; Schnee- und Eislasten
1055	100	Grundlagen der Tragwerksplanung
1072		Straßen- und Wegbrücken; Lastannahmen
1080	6	Begriffe, Formelzeichen und Einheiten
Kapitel 4 Technisches Zeichnen		
5	1	Zeichnungen, Axonometrische und Isometrische Projektion
	2	Dimetrische Projektion
	10	-; Projektionen, Begriffe
6	1 + 2	Technische Zeichnungen
ISO 5456	1,2,3	Projektionsmethoden
15	1 + 2	Technische Zeichnungen; Linien
201		Technische Zeichnungen, Schraffuren
406	10...12	Maßeintragung in Zeichnungen
824		Faltung auf Ablageformat
919		Zeichnungen für Holzverarbeitung
1356	1	Bauzeichnungen
	6	Bauaufnahmezeichnungen
ISO 3766		Darstellung von Bewehrungen
6771	1	Schriftfelder für Zeichnungen, Pläne und Listen
6774	1	Technische Zeichnungen
6776	1	Beschriftung, Schriftzeichen
EN ISO 5457		Papierformate
18015	3	Elektrische Anlagen in Wohngebäuden
EN ISO 3098	0, 2, 4	Schriften
ISO 128	20, 30, 50	Technische Zeichnungen
EN 14076		Holztreppen
Kapitel 5 Bauphysik		
4102	4/A1	Brandverhalten von Baustoffen und Bauteilen
EnEV		Energie-Einsparverordnung
4108	1	Wärmeschutz und Energie-Einsparung
		–; Mindestanforderungen
		–; Klimabedingter Feuchteschutz
	4/A1	–; Wärme- und feuchteschutztechnische Kennwerte
4108 V	6	–; Berechnung des Jahresheizwärme- und Jahresheizenergiebedarfs
	7	–; Luftdichtheit von Bauteilen und Anschlüssen – Beispiele
EN ISO 6946	–	Bauteile, Wärmedurchlasswiderstand, Wärmedurchgangskoeffiziient, Berechnungsverfahren
EN ISO 10077	1, 2	Wärmetechnisches Verhalten von Fenstern, Türen, Abschlüssen
EN 832		Wärmetechnisches Verhalten
EN 12524		Baustoffe, wärme- und feuchtetechnische Eigenschaften
4109		Schallschutz im Hochbau
18161	1	Korkerzeugnisse als Dämmstoffe für das Bauwesen
18164	1 + 2	Schaumkunststoffe als Dämmstoffe
18165	1 + 2	Faserdämmstoffe für das Bauwesen
18174		Schaumglas als Dämmstoff
18195	1 ... 10	Bauwerksabdichtungen; Grundsätze
	4	–; Abdichtungen gegen Bodenfeuchte und nicht stauendes Sickerwasser
	5	–; Abdichtungen gegen nicht drückendes Wasser auf Deckenflächen und in Nassräumen
	6	–; Abdichtungen gegen von außen drückendes Wasser und aufstauendes Sickerwasser
Kapitel 6 und 7 Baustoffe und Bautechnik		
EN 771	1	Mauerziegel
	2	Kalksandsteine
	3	Leicht-, Normalbetonsteine
	4	Porenbetonsteine
V 20 000	401 ... 404	Anwendungsnorm Baustoffe
V 105	100	Mauerziegel
V 106	100	Kalksandsteine
V 4165	100	Porenbetonsteine
V 18 151	100	Leichtbetonsteine
V 18 153	100	Normalbetonsteine
398		Hüttensteine, Vollsteine, Lochsteine, Hohlblocksteine
EN 1304	A1	Dachziegel
1053	1 ... 3	Mauerwerk, Berechnung, Ausführung
	4	Fertigbauteile
1053	100	Mauerwerk (neues Sicherheitskonzept)
1056		Freistehende Schornsteine in Massivbauart
1057		Mauersteine für freistehende Schornsteine
EN 490		Dach- und Formsteine aus Beton
4158		Zwischenteile aus Beton für Stahlbeton- und Spannbetondecken
4159		Ziegel für Decken und Vergusstafeln, statisch mitwirkend
4160		Deckenziegel, nicht mitwirkend
4172		Maßordnung im Hochbau
18148		Hohlwandplatten aus Leichtbeton

DIN	Teile	Titel
18150	1 + 2	Baustoffe und Bauteile für Hausschornsteine
18151	100	Hohlblöcke aus Leichtbeton
18152	100	Vollsteine und Vollblöcke aus Leichtbeton
18153	100	Mauersteine aus Beton
18162		Wandbauplatten aus Leichtbeton
18163		Wandbauplatten aus Gips
18175		Glasbausteine
18180		Gipskartonplatten
18181		Gipskartonplatten im Hochbau
18184		Gipskarton-Verbundplatten; mit Polystyrol- oder Polyurethan-Hartschaum
18500	1 … 4	Betonwerkstein
18515		Fassadenbekleidungen aus Naturwerkstein, Betonwerkstein und keramischen Baustoffen
18000		Modulordnung im Bauwesen
18160	1 +2	Abgasanlagen
18530		Massive Deckenkonstruktionen für Dächer
		BINDEMITTEL
1060	1 … 3	Baukalk
EN 459	1	Baukalke
1164	1, 2, 8	Portland-, Eisenportland-, Hochofen- und Trasszement
	31	–; Bestimmung des Hüttensandanteils von Eisenportland- und Hochofenzement und des Trassanteils
	100	–; Portlandölschieferzement
EN 196	1 … 7 + 21	Prüfverfahren für Zement; Bestimmung der Festigkeit
1168	1 + 2	Baugipse
4208		Anhydritbinder
EN 413	1	Putz- und Mauerbinder
51043		Trass; Anforderungen, Prüfung
		BETON UND MÖRTEL
488	1 … 6	Betonstahl
1045	1 + 2	Tragwerke aus Beton, Stahlbeton und Spannbeton
EN 206	1	Beton: Festlegungen, Eigenschaften
1045	3	–; Bauausführungen
1045	4	–; Herstellung von Fertigteilen
1075		Betonbrücken
EN 1916		Rohre und Formstücke aus Beton, Stahlfaserbeton und Stahlbeton (für Abwasserleitungen und Kanäle)
V 1201		Rohre und Formstücke aus Beton
4219	1 + 2	Leichtbeton und Stahlleichtbeton mit geschlossenem Gefüge
4227	1 + 5	Spannbeton
1048	1 … 5	Prüfverfahren für Beton
4164		Poren- und Schaumbeton
4226		Gesteinskörnungen für Beton
18540		Abdichten von Außenwandfugen im Hochbau mit Fugendichtstoffen
18550	1 … 4	Putz; Begriffe und Anforderungen
		GLAS
1259	1, 2	Glas, Glasarten, Glaserzeugnisse
EN 572	1 … 4	Glas im Bauwesen
		HOLZ UND HOLZBAU
4070	1 + 2	Nadelholz
4071		Ungehobelte Bretter und Bohlen aus Nadelholz; Maße

DIN	Teile	Titel
4072		Gespundete Bretter aus Nadelholz;
4073		Gehobelte Bretter aus Nadelholz; Maße, nordische Hölzer
4074	1 + 2	Sortierung von Nadelholz
	5	–; Sortierung von Laubholz
EN 335	1, 2	Dauerhaftigkeit von Holz und Holzprodukten
68705	1 … 4	Sperrholz
68750		Holzfaserplatten; poröse und harte Holzfaserplatten; Gütebedingungen
68754	1	Harte und mittelharte Holzfaserplatten
68763		Spanplatten; Flachpressplatten
68764		Spanplatten; Strangpressplatten
1101		Holzwolle-Leichtbauplatten und Mehrschichtbauplatten als Dämmstoffe
1052		Holzbauwerke Berechnung und Ausführung
1104	2	Mehrschicht-Leichtbauplatten aus Schaumkunststoffen und Holzwolle
52175		Holzschutz; Begriff, Grundlagen
68800	T 1/2	Holzschutz im Hochbau
		KUNSTSTOFFE UND BITUMIGE STOFFE
EN 12591		Straßenbaubitumen; Anforderungen
52123		Prüfung von Bitumen- und Polymerbitumenbahnen
52128		Bitumendachbahnen, Rohfilzeinlage
52129		Nackte Bitumenbahnen
52130		Bitumen-Dachdichtungs-Bahnen;
52131		Bitumen-Schweißbahnen
		ERDBAU UND GRUNDBAU
1054		Baugrund; Sicherheitsnachweis im Erd- und Grundbau
4014	1 + 2	Bohrpfähle herkömmlicher Bauart
4018		Baugrund; Berechnung der Sohldruckverteilung unter Flächengründungen
4019 V	100	Baugrund; Setzungsberechnungen
4021	1	Baugrund; Aufschluss durch Schürfe und Bohrungen sowie von Proben
4023		Geotechnische Erkundung und Untersuchung – Zeichnerische Darstellung der Ergebnisse von Bohrungen
4107		Baugrund; Setzungsbeobachtungen an entstehenden und fertigen Bauwerken
4123		Gebäudesicherung im Bereich von Ausschachtungen, Gründungen und Unterfangungen
4124		Baugruben und Gräben; Böschungen, Arbeitsraumbreiten, Verbau, UVV
4420	1 + 2	Arbeits- und Schutzgerüste, Leitergerüste
18196		Bodenklassifikation
EN ISO 14688		Benennung, Beschreibung und Klassifizierung von Boden (ersetzt teilweise DIN 4022
		STAHLBAU
EN 1993	1	Eurocode 3, Bemessung und Konstruktion von Stahlbauten
18800	1 … 4	Stahlbauten
4113		Aluminium im Hochbau
		ENTWÄSSERUNG
EN 12056	1 … 4	Schwerkraftentwässerungsanlagen innerhalb von Gebäuden

DIN	Teile	Titel
1986	100	Zusätzliche Bestimmungen zu DIN EN 752 und DIN EN 12056
1988	1 ... 8	Trinkwasser-Leitungsanlagen in Grundstücken
EN 295	1	Steinzeugrohre und Formstücke sowie Rohrverbindungen für Abwasserleitungen und -kanäle
EN 752	1 ... 7	Entwässerungssysteme außerhalb von Gebäuden
EN 805		Wasserversorgung
		STRASSENBAU
EN 1342		Pflastersteine aus Naturstein
EN 1338		Pflastersteine aus Beton
EN 1334		Pflasterziegel
RAS-L		Richtlinien für die Anlage von Straßen, Linienführung
RAS-Q		Richtlinien für die Anlage von Straßen, Querschnittsgestaltung
RStO		Richtlinien für die Standardisierung des Oberbaus von Verkehrsflächen

Kapitel 8 Baubetrieb

276		Kosten im Hochbau
277	1...3	Grundflächen und Rauminhalte von Hochbauten;
1960		VOB, Teil A
1961		VOB, Teil B
18299 ... 18451		VOB, Teil C ≙ ATV Allgemeine technische Vertragsbedingungen
4420	1 ... 3	Schutz- und Arbeitsgerüste (vgl. auch DIN EN 12811-1)
4124		Baugruben und Gräben
18702		Zeichen für Vermessungsrisse
2. BV		Berechnungsverordnung
Bausteine		Sicherheitshinweise der Bau-Berufsgenossenschaft
Gefahrstoffe		4. Verordnung zur Novellierung der Gefahrstoffverordnung
RSA		Richtlinien für die Sicherung von Arbeitsstellen an Straßen
PlanzV		Planzeichenverordnung
69900	1 + 2	Netzplantechnik
EN ISO 9000		Qualitätsmanagementsysteme

Eine umfassende und den aktuellen Stand wiedergebende Aufstellung der Normen und Vorschriften ist der jeweils gültigen Ausgabe des „Führers durch die Baunormung", Beuth Verlag GmbH, Berlin, Wien, Zürich und weiteren in Frage kommenden Verzeichnissen zu entnehmen. Maßgebend für das Anwenden der Norm ist deren Fassung mit dem neuesten Ausgabedatum, die beim Beuth Verlag GmbH, Burggrafenstraße 6, 10787 Berlin erhältlich ist.

Europäische Vorschriften

Eurocode 1	Lastannahmen (DIN EN 1991) • Einwirkungen auf Bauwerke
Eurocode 2	Planung von Stahlbeton- und Spannbetonbauwerken (DIN EN 1992) • Planung • Bemessung • Konstruktion • Ausführung
Eurocode 3	Stahlbau (DIN EN 1993) • Bemessung • Konstruktion (Verbindung, Profile)
Eurocode 4	Verbundkonstruktionen aus Stahl und Beton (DIN EN 1994)
Eurocode 5	Holzbau (DIN EN 1995) • Bemessung • Nachweise • Verbindungen
Eurocode 6	Mauerwerksbauten (DIN EN 1996)
Eurocode 7	Geotechnik • Erd- und Grundbau • Flach- und Flächengründungen
Eurocode 8	Bauwerke in erdbebengefährdeten Gebieten

Normungsebenen

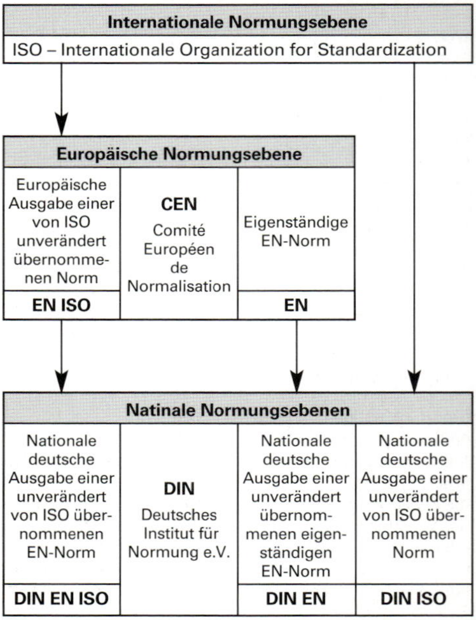

DIN-Normen (auch DIN-EN- und DIN ISO-Normen) gelten als verpflichtende Empfehlung. DIN V-Normen sind vorläufige Normen.

A

B

C

D

E

H

I

M

N

S

T

U

V